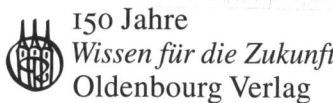

150 Jahre
Wissen für die Zukunft
Oldenbourg Verlag

Das Rechnungswesen der Unternehmung als Entscheidungs- instrument

Band 2: Übungsaufgaben, Lösungsvorschläge und Erläuterungen

von

Reinhard Heyd

und

Günter Meffle

5., überarbeitete Auflage

Oldenbourg Verlag München

Die Vorauflage erschien im Bildungsverlag EINS.

Bibliografische Information der Deutschen Nationalbibliothek

Die Deutsche Nationalbibliothek verzeichnet diese Publikation in der Deutschen
Nationalbibliografie; detaillierte bibliografische Daten sind im Internet über
<http://dnb.d-nb.de> abrufbar.

© 2008 Oldenbourg Wissenschaftsverlag GmbH
Rosenheimer Straße 145, D-81671 München
Telefon: (089) 4 50 51-0
oldenbourg.de

Lektorat: Wirtschafts- und Sozialwissenschaften, wiso@oldenbourg.de
Herstellung: Anna Grosser
Coverentwurf: Kochan & Partner, München
Gedruckt auf säure- und chlorfreiem Papier
Gesamtherstellung: Druckhaus „Thomas Müntzer" GmbH, Bad Langensalza

ISBN 978-3-486-58551-3

Vorwort zu Band 2

Die Verfasser ergänzen mit dem vorliegenden Werk den Band 1 des Gesamtwerkes. Während sich der erste Band mit Sachdarstellungen und Fallbeispielen beschäftigt, werden in Band 2 eine Kontrolle des Basiswissens sowie Vertiefungen und weiterführende Informationen angeboten. Damit ist jederzeit eine Überprüfung der Kenntnisse möglich. Die Aufgabenstellung lässt den Weg vom Einfachen zum Schwierigen und eine Anlehnung an die Fallbeispiele des ersten Bandes erkennen. Der Lösungsteil erlaubt eine vollständige Lernkontrolle und hilft durch Zwischenergebnisse mit Erläuterungen, Hindernisse beim selbstständigen Lernen zu überwinden.

Die Verfasser bedanken sich beim Fortis Verlag für die gute Zusammenarbeit und bitten den Benutzer des Werkes, auch auf dem Wege direkter Kontakte, um Kritik und Anregungen.

Die Verfasser

Vorwort zur 3. Auflage von Band 2

Die weitere Durchsicht und Aktualisierung des Werkes verstärkt die Möglichkeiten zur Kenntnisüberprüfung und Lernkontrolle.
Anregungen und Kritik werden gerne entgegengenommen und umgesetzt.
Auf Wunsch wurden, auch in die Folgeauflage von Band 1, aufgenommen:
Stufenweise Divisionskalkulation, Sonderposten mit Rücklageanteil, Vertiefung der Internationalen Rechnungslegung.

Die Verfasser

Vorwort zur 4. Auflage von Band 2

In dem vorliegenden Band 2 und in der 5. Auflage des ersten Bandes wurde Kapitel 6 (Grundzüge der Internationalen Rechnungslegung) vollständig neu bearbeitet und auf den aktuellen Stand (31.10.2005) gebracht. Die Inhalte in allen anderen Kapiteln wurden kritisch durchgesehen. Der Umsatzsteuersatz wurde – die voraussichtliche Gesetzesänderung vorwegnehmend – bereits auf 19 % angepasst.

Rückmeldungen von Benutzern des zweibändigen Lehrwerkes zeigen, dass es die wesentlichen Inhalte des Faches „Finanz- und Rechnungswesen" im Grundstudium betriebswirtschaftlicher Studiengänge an Fachhochschulen und Berufsakademien abdeckt. Die didaktische Konzeption der Sachdarstellung mit Fallbeispielen (Band 1) sowie der Übungsaufgaben, Lösungsvorschläge und Erläuterungen (Band 2) hat sich sehr gut bewährt und wird weiter ausgebaut und ergänzt.

Herbst 2005 *Die Verfasser*

Vorwort zur 5. aktualisierten und ergänzten Auflage

Mit dem Gesetz zur Unternehmenssteuerreform und dem Referentenentwurf für ein Bilanzrechtsmodernisierungsgesetz werden sowohl handelsrechtliche als auch steuerliche Regelungen neu gefasst. In der Neuauflage dieses Übungsbandes wurden die Änderungen berücksichtigt bzw. wurde auf sie hingewiesen.

Die Zielsetzung dieses Bandes, mit umfassenden Übungsaufgaben und Lösungsvorschlägen eine Leistungskontrolle beim Erarbeiten der wesentlichen Themengebiete aus dem Finanz- und Rechnungswesen, wurde von den Lesern und Nutzern sehr positiv beurteilt. Für Anregungen und Verbesserungsvorschläge sind die Autoren und der Verlag immer dankbar.

Sommer 2008   *Die Verfasser*

Inhaltsverzeichnis

0   Einführung

0.1   Aufgaben des Rechnungswesens

0.2   Gliederung des Rechnungswesens

0.3   Controlling

0.4   EDV-gestütztes Rechnungswesen

A

Kontrolle

1. Welche Aufgaben erfüllt das Rechnungswesen im Hinblick auf
   - den Kreis von Adressaten
   - die zeitliche Orientierung?

2. a) Welche Teil-Bereiche gehören zum betrieblichen Rechnungswesen?

   b) Wodurch sind diese Bereiche gekennzeichnet?

3. Welche Informationen aus dem Rechnungswesen sind für den Gründer eines Unternehmens von Bedeutung
   - zum Zeitpunkt der Gründung
   - nach Ablauf des ersten Jahres nach der Gründung
   - für die laufende („tagesgenaue") Unterrichtung
   - für die Vorbereitung künftig zu treffender Entscheidungen?

   Nennen Sie jeweils zwei Beispiele!

4. Wie unterscheiden sich strategisches und operatives Controlling? Warum kann das Rechnungswesen weitestgehend dem operativen Controlling zugeordnet werden?

5. Warum ist das EDV-gestützte Rechnungswesen wirtschaftlicher und zugleich leistungsfähiger?

Vertiefung

6. Die beiden Diagramme zeigen den Verlauf der Umsatzerlöse und des Ergebnisses (Gewinn/Verlust) in den vergangenen 6 Jahren seit der Gründung des Unternehmens.

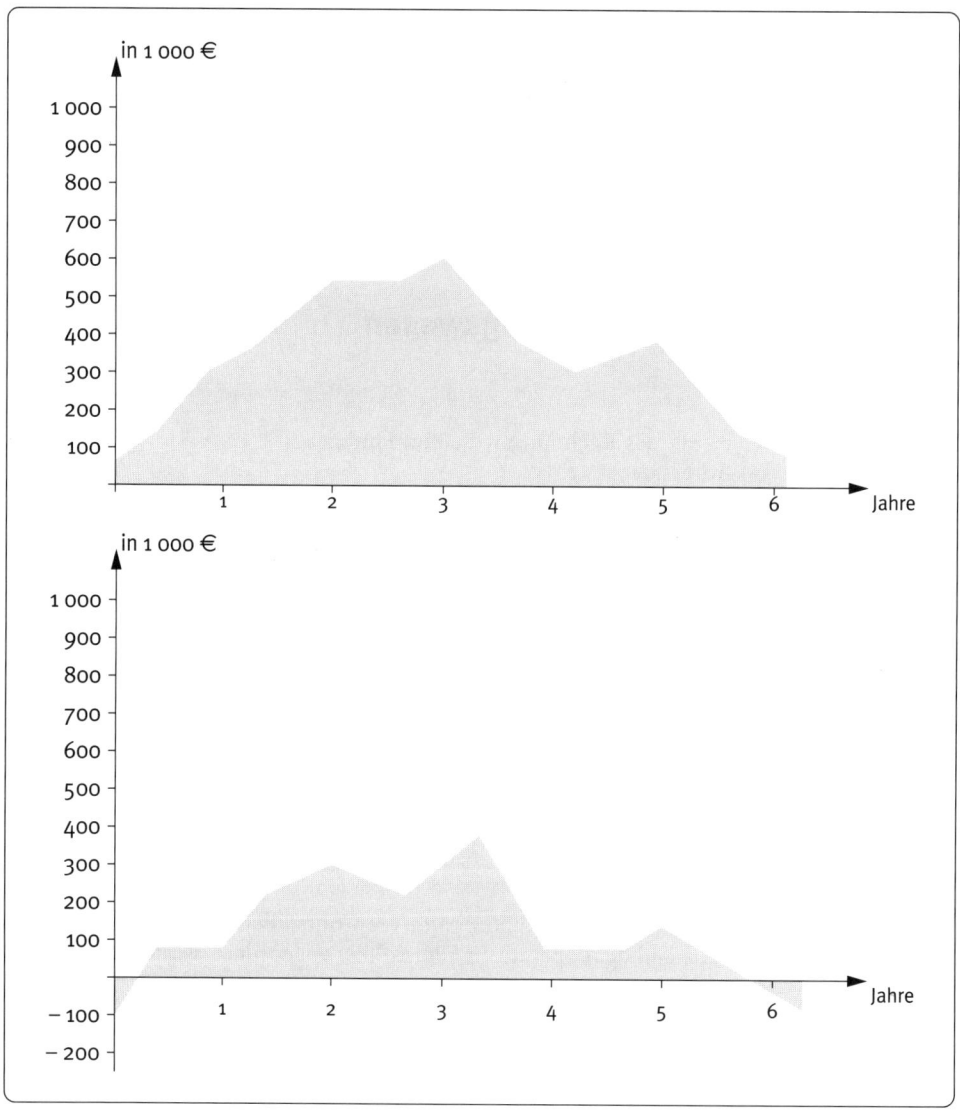

a) Aus welchen Teilbereichen des Rechnungswesens stammt die aufgezeigte Entwicklung?

b) Wie interpretieren Sie die Entwicklung der Umsatzerlöse und des Ergebnisses?

c) Welche Aufgaben erfüllen die Informationen aus dem Rechnungswesen im vorliegenden Falle?

7. In einem kleinen Industriebetrieb soll das Rechnungswesen weiter ausgebaut werden. Anlässlich einer Präsentation des Leiters des Rechnungswesens wird folgender „Ausdruck" zur Erläuterung vorgelegt:

	Januar	Februar	März
Anfangsbestand Bank			
Geplante *Einnahmen* z.B. Zahlungseingänge aus Umsatz			
– Geplante *Ausgaben* z.B. für Personal, Rohstoffe			
Endbestand Bank (Endbestand)			
Fehlbetrag/Bankkredit[1]			

a) Welcher Teilbereich des Rechnungswesens ist von der Weiterentwicklung betroffen? Welche Aufgaben bzw. Ziele kann das Rechnungswesen mit der Einführung der vorgeschlagenen Rechnung erfüllen?

b) Welche Information enthält die vorgestellte schematische Darstellung für zu treffenden betriebswirtschaftlichen Entscheidungen?

8. a) Sind in dem nachfolgenden „Ausdruck" die Merkmale des Controlling erfüllt?

b) Welche Aussagen können anhand der vorliegenden Darstellung getroffen werden?

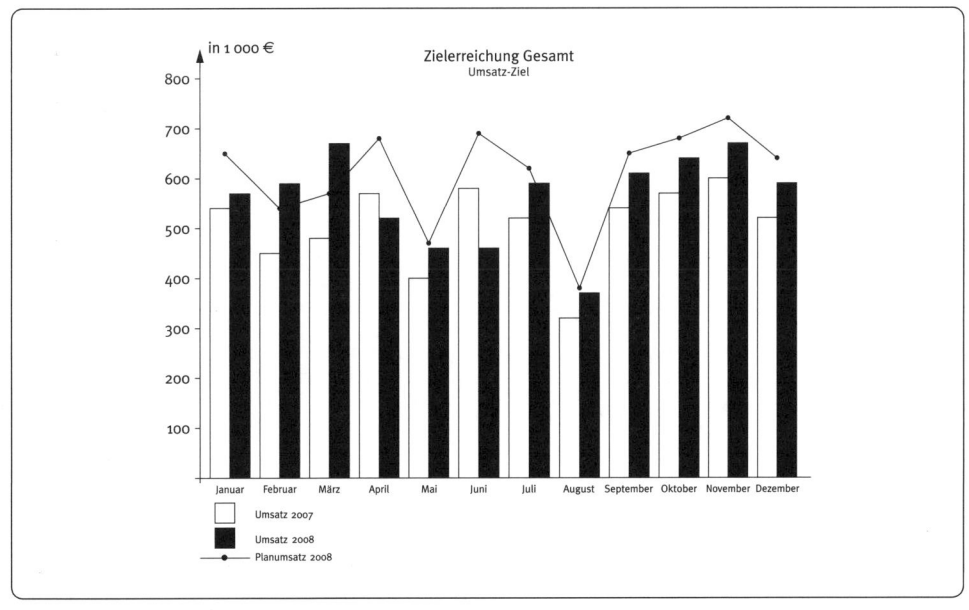

1 Kosten- und Leistungsrechnung

1.1 Aufgaben der Kosten- und Leistungsrechnung

1.1.1 Organisatorischer Zusammenhang zwischen Finanzbuchführung und Kosten- und Leistungsrechnung (Rechnungskreise I und II)

1.1.2 Zielkriterien für die Beurteilung der Kosten- und Leistungsrechnung

A

Kontrolle

1. Nennen Sie wesentliche Unterscheidungsmerkmale zwischen der Finanzbuchführung und der Kosten- und Leistungsrechnung!

2. Welche Aufgaben werden der Kosten- und Leistungsrechnung nach traditioneller Gliederung zugewiesen?

3. Welche Aufgaben soll eine entscheidungsorientierte Kosten- und Leistungsrechnung erfüllen?

4. Beschreiben Sie kurz die wesentlichen Aufgaben des Controlling im Rahmen der Kosten- und Leistungsrechnung!

5. Wie unterscheiden sich Ein- und Zweikreissystem grundsätzlich?

6. Warum verlangen abschlussorientierte Kontenrahmen zwei getrennte Rechnungskreise?

7. a) Erläutern Sie die Zielkriterien für die Beurteilung der Kosten- und Leistungsrechnung!

   b) Warum kann es zwischen der Anforderung nach Vollständigkeit/Genauigkeit und Wirtschaftlichkeit zur Zielkonkurrenz kommen?

Vertiefung

8. Prognose- und Vorgabeinformationen sind zukunftsorientierte Größen. In welcher Hinsicht unterscheiden sie sich trotzdem?

9. Welche Zielkriterien haben beim Aufbau einer entscheidungsorientierten Kosten- und Leistungsrechnung einen hohen Stellenwert? Begründen Sie Ihre Aussage!

10. Ist es – Ihrer Meinung nach – begründet, im Zusammenhang mit den beiden Rechnungskreisen abschlussorientierter Kontenrahmen von externem und internem Rechnungswesen zu sprechen?

11. Würde eine Vereinheitlichung der Gliederungsvorschriften der Bilanz und Gewinn- und Verlustrechnung im Rahmen der Europäischen Union (EU) bzw. des europäischen Binnenmarktes das Ein- oder das Zweikreissystem fördern? Begründen Sie Ihre Meinung!

12. Siegfried Kümmerle ist Hersteller von Windsurfartikeln. Der wachsende Bedarf nach aktiver Freizeit- und Urlaubsgestaltung ermöglichte Kümmerle vor einigen Jahren einen raschen Aufbau seines Unternehmens. In letzter Zeit führten die günstigen Absatzchancen zu einem starken Angebotsdruck auf dem Markt. Diese Entwicklung hatte Folgen für Kümmerle:

- Der Gewinn der Unternehmung war in den letzten beiden Jahren rückläufig.
- Einige Konkurrenzunternehmen bieten gleichwertige Surfer preisgünstiger an.

Kümmerle beabsichtigt, seine bisher ordnungsgemäß aufgebaute Finanzbuchführung durch eine moderne Kosten- und Leistungsrechnung so auszugestalten und auszuwerten, dass er für seine künftigen Entscheidungen die erforderlichen Informationen erhält.

a) Welche Aufgaben muss die Kosten- und Leistungsrechnung bei der vorliegenden Unternehmenssituation erfüllen?

b) Welche Bedeutung haben bei dem bevorstehenden Aufbau der Kosten- und Leistungsrechnung die Zielkriterien „Aktualität", „Relevanz" und „Wirtschaftlichkeit"?

1.2 Strömungsgrößen – Ausgaben, Aufwendungen, Kosten – Einnahmen, Erträge, Leistungen

1.2.1 Auswirkungen der verschiedenen Ebenen des Rechnungswesens

1.2.2 Zusammenhänge zwischen den Ebenen des Rechnungswesens (Abgrenzungen)

Kontrolle

1. a) Definieren Sie die Strömungsgrößen Ausgaben, Aufwendungen, Kosten und Einnahmen, Erträge, Leistungen!

   b) Ordnen Sie die verschiedenen Strömungsgrößen den einzelnen Bestandsgrößen und den Ebenen des Rechnungswesens zu!

   c) In welche Unterarten lassen sich gliedern:
      - Kosten und Leistungen
      - neutrale Aufwendungen und neutrale Erträge?

2. Wie unterscheiden sich

   a) Ausgaben im engeren und weiteren Sinne?

   b) Einnahmen im engeren und weiteren Sinne?

   c) Welche Aufgabe haben die unter a) und b) genannten Strömungsgrößen bei der Finanzplanung?

3. Nennen Sie für die folgenden Aufwandsarten je ein Beispiel:

   a) betriebsfremde Aufwendungen,

   b) außerordentliche Aufwendungen,

   c) periodenfremde Aufwendungen.

4. Ordnen Sie den Begriffen der Finanzbuchführung die entsprechenden Begriffe der Kosten- und Leistungsrechnung zu:

   a) Zweckaufwand,

   b) Betriebsertrag.

5. Stellen Sie fest, in welcher Höhe neutrale Aufwendungen, Zweckaufwendungen und Grundkosten anfallen!

   a) Spende des Betriebes an das Deutsche Rote Kreuz 1 000,00 €.

   b) Eingekaufte Rohstoffe werden in der Fertigung verbraucht für 2 500,00 €.

   c) Barverkauf eines Pkw für 2 000,00 €, der noch mit 3 000,00 € zu Buch stand.

   d) Überweisung von 4 000,00 € für Gewerbesteuer. Im Vorjahr wurde für die zu erwartende Nachzahlung eine Rückstellung von 3 500,00 € gebildet.

   e) Inwieweit handelt es sich bei den unter a) bis d) vorgekommenen neutralen Aufwendungen um betriebsfremde, außerordentliche und periodenfremde Aufwendungen?

6. a) Warum wird der kalkulatorische Unternehmerlohn nicht zu den Grundkosten, sondern zu den Zusatzkosten gerechnet?

   b) Unentgeltliche Lieferungen an Kunden sind keine Grundleistungen, sondern Zusatzleistungen. Begründen Sie die Richtigkeit dieser Aussage!

7. Stellen Sie fest, inwieweit es sich bei den unter a) bis e) erfassten neutralen Erträgen um außerordentliche, betriebsfremde und periodenfremde Erträge handelt!

   a) Von einem Arbeitnehmer werden Zinsen in Höhe von 400,00 € überwiesen, die er für ein Arbeitgeberdarlehen zu bezahlen hat.

   b) Eine auf den Erinnerungswert von 1,00 € abgeschriebene Schreibmaschine wird für 250,00 € bar verkauft.

   c) Verkauf von Erzeugnissen im Betrag von 8 000,00 € an einen Kunden gegen Barzahlung.

   d) In der Bilanz ergab sich am Jahresanfang ein Bestand an unfertigen Erzeugnissen von 4 000,00 €. Am Ende der Abrechnungsperiode wird ein Inventurbestand von 4 500,00 € ermittelt.

   e) Für das vergangene Jahr erhält der Unternehmer für zu viel bezahlte Gewerbesteuer eine Steuerrückvergütung von 1 200,00 €, die auf sein Bankkonto überwiesen wird.

8. Begründen Sie, ob es sich bei den nachfolgenden Geschäftsfällen um Ausgaben, Aufwendungen oder Kosten handelt!

   a) Zahlung einer Tilgungsrate für ein aufgenommenes Darlehen durch Banküberweisung.

   b) Kauf von Fremdbauteilen, die durch Bankscheck bezahlt werden.

   c) Abschreibungen auf eine Maschine, die vor einigen Jahren angeschafft wurde.

A

  d) Banküberweisung für Löhne.

  e) Verbrauch von Hilfsstoffen in der Fertigung.

9. Handelt es sich um Einnahmen, Erträge oder Leistungen? Begründen Sie Ihre Entscheidung!

  a) Unternehmer leistet Kapitaleinlage durch Banküberweisung.

  b) Verkauf von Erzeugnissen an Mitarbeiter gegen bar.

  c) Zinsgutschrift der Bank.

  d) Unentgeltliche Lieferung von Erzeugnissen an ein Altenheim.

Vertiefung

10. Kennzeichnen Sie in der unten stehenden Tabelle, inwieweit bei nachfolgenden Geschäftsfällen vorliegen:
Ausgaben (Auszahlungen)/Einnahmen (Einzahlungen) der Ebene 1 des Rechnungswesens,
Aufwendungen/Erträge (Ebene 2 des Rechnungswesens), Kosten/Leistungen (Ebene 3 des Rechnungswesens)!

Nr.	Geschäftsfall	Rechnungswesen					
		Ebene 1		Ebene 2		Ebene 3	
		Ausgaben a)	Einnahmen b)	Aufwendungen c)	Erträge d)	Kosten e)	Leistungen f)
1	Privatentnahme des Inhabers	–	–	–	–	–	–
2	Banküberweisung für Akkordlöhne	–	–	–	–	–	–
3	Darlehensgewährung an Mitarbeiter	–	–	–	–	–	–
4	Barverkauf von Handelswaren	–	–	–	–	–	–
5	Zahlung von Vertreterprovision	–	–	–	–	–	–
6	Zahlungseingang von Kundenforderungen	–	–	–	–	–	–
7	Zahlungseingang für vermietete Wohnungen	–	–	–	–	–	–
8	Lohnsteuerüberweisung für Arbeitnehmer	–	–	–	–	–	–
9	Einkommensteuerzahlung des Inhabers	–	–	–	–	–	–
10	Banküberweisung für Gewerbesteuer	–	–	–	–	–	–
11	Überweisung für Spende an polit. Partei	–	–	–	–	–	–

11. In der Finanzbuchführung ergeben sich auf den nachstehenden Konten in einer Periode die folgenden Zu- bzw. Abgänge:

	Anfangsbestände	Zugänge	Abgänge
Flüssige Mittel (Kasse, Bank)	50 000,00 €	130 000,00 €	100 000,00 €
Forderungen	150 000,00 €	110 000,00 €	70 000,00 €
Verbindlichkeiten	110 000,00 €	90 000,00 €	80 000,00 €

A

Ermitteln Sie

a) die Einzahlungen und Auszahlungen der Periode sowie den Zahlungssaldo!

b) die Einnahmen und Ausgaben im weiteren Sinne! Wie hoch ist der „Zahlungssaldo" (Einnahmeüberschuss bzw. Ausgabendefizit)?

c) Berechnen Sie auch den Zahlungssaldo aus Einnahmen und Ausgaben im weiteren Sinne durch den Vergleich der Bestandsgrößen (Bestandsminderungen bzw. -mehrungen)!

d) Wie beurteilen Sie die Aussagefähigkeit des „Zahlungssaldos" als Differenz zwischen den Einnahmen und Ausgaben im weiteren Sinne!

12. Die Strickmaschinenfabrik Gustav Manz, Goslar, weist in der GuV-Rechnung der vergangenen Abrechnungsperiode folgende Positionen (z.T. zusammengefasst) aus:

Aufwendungen		Gewinn und Verlust	Erträge
Löhne und Gehälter	325 500,00	Umsatzerlöse	585 200,00
Soziale Aufwendungen	160 500,00	Bestandserhöhungen	
Materialaufwand	230 200,00	an uE und fE	65 800,00
Sonstige betriebliche		Erträge aus Beteiligungen	192 500,00
Aufwendungen	61 800,00	Erträge aus sonstigen	
Kursverluste aus		Wertpapieren*	48 500,00
Wertpapierverkäufen*	11 200,00	Sonstige Zinsen	14 200,00
Verluste aus dem Abgang			
von Gegenständen des AV	2 300,00		
Gewinn	114 700,00		
	906 200,00		906 200,00

* Wertpapiere des Betriebsvermögens

a) Erläutern Sie anhand dieser GuV-Rechnung, in welchen Fällen Aufwendungen nicht gleichzeitig mit Ausgaben bzw. Erträge nicht mit Einnahmen identisch sind. Ziehen Sie je 2 Posten aus der GuV-Rechnung als Beispiel heran!

b) Ermitteln Sie die
   - Betriebserträge und den Zweckaufwand,
   - neutralen Erträge und neutralen Aufwendungen.

c) Wie beurteilen Sie die Aussagefähigkeit des hier ausgewiesenen Gewinns? Welche Folgerungen sind daraus zu ziehen?

1.3 Sachliche Abgrenzung

1.3.1 Unternehmensbezogene Abgrenzungen

Kontrolle

1. Ein Unternehmen ermittelt für zwei aufeinander folgende Abrechnungsperioden die Ergebnisse:

   1. Periode:

Aufwendungen	160 000,00 €	Erträge	185 000,00 €
davon		davon	
Neutrale Aufwendungen	40 000,00 €	Neutrale Erträge	70 000,00 €
Kosten	120 000,00 €	Leistungen	115 000,00 €

   2. Periode:

Aufwendungen	188 000,00 €	Erträge	155 000,00 €
davon		davon	
Neutrale Aufwendungen	60 000,00 €	Neutrale Erträge	15 000,00 €
Kosten	128 000,00 €	Leistungen	140 000,00 €

   a) Berechnen Sie für die beiden Abrechnungsperioden das Gesamtergebnis, das neutrale Ergebnis und das Betriebsergebnis!

   b) Warum ist im vorliegenden Falle die Trennung des Gesamtergebnisses in Teilergebnisse für die Unternehmensleitung aufschlussreich?

2. Ermitteln Sie aus der Ergebnistabelle des Fallbeispiels in Band 1 in der Spalte „unternehmensbezogene Abgrenzungen" im Einzelnen die

   a) betriebsfremden,

   b) außerordentlichen,

   c) periodenfremden Aufwendungen und Erträge!

3. Wie setzen sich die Leistungen der Spielzeugwarenfabrik zusammen (vgl. Ergebnistabelle des Fallbeispiels, in Band 1)?

4. Die Finanzbuchführung der Elektro-Motoren-GmbH weist für das 1. Quartal 20 . . die folgenden Aufwendungen und Erträge aus:

Konto-Nr.	Bezeichnung	€
500	Umsatzerlöse für Erzeugnisse	300 000,00
522	Bestandserhöhung an Erzeugnissen	150 000,00
546	Erträge aus dem Abgang von Gegenständen des Sachanlagevermögens	65 000,00
548	Erträge aus der Auflösung von Rückstellungen	15 000,00
56	Erträge aus Finanzanlagen	15 000,00
60	Aufwendungen für Roh-, Hilfs- und Betriebsstoffe	80 000,00
62/63	Löhne und Gehälter	150 000,00
64	Soziale Abgaben	50 000,00
65	Abschreibungen auf Sachanlagen	70 000,00
687	Werbung	50 000,00
688	Spenden	6 000,00
693	Verluste aus Schadensfällen	4 000,00
700/770	Gewerbesteuer	40 000,00

a) Erstellen Sie eine Ergebnistabelle!

b) Stimmen Sie die Ergebnisse ab!

c) Wie beurteilen Sie die Ergebnissituation des Unternehmens?

Vertiefung

5. Die Schmuckwarenfabrik Paul Linser weist am Ende des 1. Halbjahres 20. . die folgenden Aufwands- und Ertragspositionen aus:

Konto-Nr.	Bezeichnung	€
500	Umsatzerlöse für Erzeugnisse	700 000,00
52	Bestandsverminderung an Erzeugnissen	40 000,00
53	Andere aktivierte Eigenleistungen	15 000,00
540	Erträge aus Vermietung	7 500,00
545	Erträge aus der Herabsetzung der Pauschalwertberichtigungen auf Kundenforderungen	3 500,00
571	Zinserträge	5 000,00
600	Aufwendungen für Roh-, Hilfs- und Betriebsstoffe	280 000,00
620/23	Löhne, Gehälter	150 000,00
64	Soziale Abgaben	35 000,00
671	Miete für Anlagegegenstände (Leasing)	24 000,00
687	Werbung	36 000,00
696	Verluste aus dem Abgang von Gegenständen des Sachanlagevermögens	15 000,00
700/770	Gewerbesteuer	19 000,00

a) Ermitteln Sie die Ergebnisse tabellarisch!

b) Stimmen Sie die Ergebnisse ab!

c) Analysieren und beurteilen Sie die verschiedenen Ergebnisse!

6. Heinrich Müller ist Inhaber einer Kleiderfabrik. Aus gesundheitlichen Gründen übertrug Müller die Leitung seines Unternehmens dem Geschäftsführer Fritz Kramer. Seit Kramer vor zwei Jahren diese übernommen hat, sind Verluste aufgetreten.

Die Gewinn- und Verlustrechnung des letzten Jahres zeigt folgendes Bild:

A	Gewinn und Verlust (Beträge in 1 000 €)		E
Aufwendungen (zusammengefasst)	1 800	Erträge (zusammengefasst)	1 650
		Verlust	150
	1 800		1 800

Müller überlegt, ob er sich wegen der Misserfolge von seinem Geschäftsführer trennen soll. Kramer wehrt sich gegen die erhobenen Vorwürfe. Er ist der Meinung, die Ergebnisse seien auf außerbetriebliche Vorgänge und Ereignisse zurückzuführen, für die er als Geschäftsführer nicht verantwortlich gemacht werden könne.

Könnte sich der Geschäftsführer mit Hilfe der vorgenommenen Trennung des Gesamtergebnisses in ein unternehmensbezogenes (neutrales) Ergebnis und in das Betriebsergebnis gegenüber dem Inhaber des Unternehmens rechtfertigen? Begründen Sie Ihre Meinung!

1.3.2 Betriebsbezogene Abgrenzung durch kostenrechnerische Korrekturen – kalkulatorische Kosten

Kontrolle

1. a) Welche Arbeitsschritte sind für die Erstellung der Ergebnistabelle im Bereich des Rechnungskreises II erforderlich?

   b) Welche Aufgabe erfüllt die Spalte kostenrechnerische Korrekturen? Erläutern Sie mit Hilfe eines Beispiels!

2. Ermitteln Sie die Ergebnisse und stimmen Sie diese ab!

Konten	Rechnungskreis I		Rechnungskreis II					
	Ergebnisbereich ≙ GuV		Abgrenzungsbereich				Kosten- und Leistungsbereich	
	Finanzbuchführung		Unternehmensbezogene Abgrenzungen		Kostenrechnerische Korrekturen		Betriebsergebnis-rechnung	
			Neutrale		Verrechnete			
	Aufwen-dungen	Erträge	Aufwen-dungen	Erträge	Aufwen-dungen	Kosten	Kosten	Leistungen
Summen Ergebnisse:	780 000,00 –	1 030 000,00 –	110 000,00 –	380 000,00 –	30 000,00 –	35 000,00 –	675 000,00 –	650 000,00 –
Endsummen:	–	–	–	–	–	–	–	–

Vertiefung

3. In der Ergebnisrechnung der Geschäftsbuchführung weist ein Industriebetrieb für die Abrechnungsperiode die folgenden Positionen (zum Teil stark zusammengefasst) aus:

Konto-Nr.	Bezeichnung	€
50	Umsatzerlöse	4 800 000
52	Bestandsverminderungen an unfertigen Erzeugnissen und fertigen Erzeugnissen	250 000
5	Verschiedene neutrale Erträge	1 180 000
60	Aufwendungen für Roh-, Hilfs- und Betriebsstoffe	1 250 000
62/63	Löhne und Gehälter	2 170 000
6/7	Andere betriebliche Aufwendungen	200 000
671	Miete (Maschinen)	30 000
7	Verschiedene neutrale Aufwendungen	2 250 000

Für den im Unternehmen tätigen Inhaber wird ein Unternehmerlohn von 48 000,00 € verrechnet.

a) Ermitteln Sie in einer Ergebnistabelle
   - das Gesamtergebnis (Unternehmungsergebnis)
   - das neutrale Ergebnis
   - das Ergebnis aus kostenrechnerischen Korrekturen!

b) Stimmen Sie die Ergebnisse der beiden Rechnungskreise ab!

c) Wie wirkt es sich auf die kostenrechnerischen Korrekturen aus, wenn der Betrieb die Maschinen nicht gemietet (Konto 671), sondern gekauft hat? In diesem Falle Abschreibung in der Finanzbuchführung, unter Ausnutzung des steuerlich höchstzulässigen Satzes, 32 000,00 €. Kalkulatorische Abschreibung 30 000,00 €. Stimmen Sie die Ergebnisse ab!

d) In welcher Höhe liegen Anders- bzw. Zusatzkosten vor? (vgl. auch Angaben unter c)

4. In der Ergebnisrechnung eines Einzelunternehmens der pharmazeutischen Industrie ergeben sich am Ende der Abrechnungsperiode unter anderem die folgenden Aufwendungen:

Konto-Nr.	Kontenbezeichnung	Betrag in €
650	Abschreibungen auf Maschinen	40 000,00
693	Verluste aus Wertminderungen des Umlaufvermögens	55 000,00
750	Zinsaufwendungen	73 000,00

A

Angaben zu den einzelnen Aufwandspositionen:

- Bei den Abschreibungen auf Maschinen (Konto 650) wurden die in der Richtsatztabelle der Finanzverwaltung erlaubten höchstmöglichen Abschreibungssätze gewählt.

- Die Wertminderungen im Umlaufvermögen (Konto 693) sind durch Rohstoffverluste bedingt, die durch einen Brand im Rohstofflager verursacht wurden. Diese Bestände waren unterversichert.

- Die Zinsaufwendungen (Konto 750) sind im Wesentlichen auf eine Darlehensschuld zurückzuführen. Das Unternehmen ist über den Branchendurchschnitt hinaus verschuldet.

Der Inhaber der Einzelunternehmung ist im Unternehmen selbst tätig; dadurch wird ein Prokurist eingespart, für den in der Abrechnungsperiode 15 000,00 € aufgewendet werden müssten.

Ein Mitarbeiter ist der Auffassung, die Aufwendungen der Finanzbuchführung (Konten 650, 693 und 750) müssten in *voller Höhe* in die Kosten- und Leistungsrechnung übernommen werden, da sie betriebsbedingt seien. Dagegen dürften für den im Betrieb tätigen Einzelunternehmer keine Kosten angesetzt werden, weil kein Gehalt ausgezahlt wird.

Der Leiter des Rechnungswesens widerspricht der Auffassung des Mitarbeiters.

Wie beurteilen Sie die Aussagen des Mitarbeiters?

1.3.2.1 Kalkulatorische Abschreibungen

Kontrolle

1. Ein Industriebetrieb hat im vergangenen Jahr eine Mehrzweckmaschine zum Preis von 480 000,00 € angeschafft. Die betriebsgewöhnliche Nutzungsdauer wird mit 10 Jahren veranschlagt. Bilanziell wird die Maschine mit 20 % degressiv[1] abgeschrieben, kalkulatorisch linear.[2]

a) Wie hoch ist die bilanzielle und kalkulatorische Abschreibung am Ende des 2. Jahres nach der Anschaffung?

---

[1] degressive Abschreibung = Abschreibung in fallenden Beträgen (Abschreibung vom Buchwert, wenn geometrisch-degressiv). Die degressive Abschreibung ist handelsrechtlich möglich, steuerrechtlich ab 2008 nicht mehr zulässig. Sie wirkt aber aus bestehenden Abschreibungsplänen noch nach.

[2] lineare Abschreibung = Abschreibung in gleichen Beträgen (Abschreibung von den Anschaffungskosten).

b) Begründen Sie die Aussage: „Kalkulatorische Abschreibungen sind kostenwirksam, aber ergebnisneutral." Veranschaulichen Sie Ihre Begründung mit Hilfe eines skizzierten Ausschnittes aus der Ergebnistabelle mit den Zahlen nach a)!

c) Ein Betriebsberater empfahl der Unternehmensleitung, die kalkulatorischen Abschreibungen künftig vom jeweiligen Wiederbeschaffungswert vorzunehmen. Die verantwortlichen Führungskräfte im Unternehmen entschieden sich jedoch für die Anschaffungskosten.

    1. Warum empfahl der Betriebsberater die kalkulatorische Abschreibung vom Wiederbeschaffungswert?

    2. Welche Gründe könnten die Unternehmensleitung veranlasst haben, die kalkulatorische Abschreibung vom Anschaffungswert vorzuziehen? Begründen Sie Ihre Entscheidung!

2. Welche Aussagen sind richtig bzw. falsch? Begründen Sie Ihre Behauptung!

a) Die Höhe der kalkulatorischen Abschreibung kann unabhängig von steuerlichen und handelsrechtlichen Vorschriften festgelegt werden.

b) Die bilanziellen Abschreibungen sind stets höher als die vergleichbaren kalkulatorischen Abschreibungen.

c) Die in der Kosten- und Leistungsrechnung verrechneten kalkulatorischen Abschreibungen sind stets Anderskosten.

d) Sind die bilanziellen Abschreibungen höher als die kalkulatorischen, so „verkürzt" der übersteigende Betrag in der Finanzbuchführung den Gewinn.

e) Mit Preisindices können Tageswerte, aber keine Wiederbeschaffungskosten ermittelt werden.

Vertiefung

3. Ein Betrieb hat eine Maschine mit Anschaffungskosten von 100 000,00 € binnen 10 Jahren linear nach den Bestimmungen des Einkommensteuergesetzes bilanziell voll abgeschrieben. Die betriebsgewöhnliche Nutzungsdauer der Maschine wurde mit 12 Jahren veranschlagt.

a) Wie hoch beläuft sich die kalkulatorische Abschreibung des 11. Jahres, wenn linear von den Wiederbeschaffungskosten 150 000,00 € abgeschrieben wird?

b) Führen Sie eine kostenrechnerische Korrektur im 11. Jahr in der Ergebnistabelle (Ausschnitt) durch!

4. In einem Großhandelsunternehmen wird eine Transporteinrichtung nach der Richtsatztabelle der Finanzverwaltung mit jährlich 6 ⅔ % vom Anschaffungswert 240 000,00 € linear abgeschrieben. Die Abschreibungshöhe entspricht der vom Betrieb geschätzten betriebsgewöhnlichen Nutzungsdauer.

a) Wie hoch beläuft sich in diesem Falle die kalkulatorische und bilanzielle Abschreibung, wenn von gleich hohem Wiederbeschaffungswert ausgegangen wird?

b) Warum werden im vorliegenden Falle keine kostenrechnerischen Korrekturen notwendig?

c) Nach 12 Jahren der Nutzung soll vom Wiederbeschaffungswert abgeschrieben werden. Preisindex im Anschaffungsjahr 120 %, im 13. Jahr der Nutzung 150 %. Berechnen Sie den Wiederbeschaffungswert! Wie beurteilen Sie die Maßnahme des Handelsbetriebes?

1.3.2.2 Kalkulatorische Zinsen

A

Kontrolle

1. Aus einem Industriebetrieb liegen folgende Daten vor: Auf die Anschaffungskosten der maschinellen Anlagen von 1 200 000,00 € wurden bisher für die ersten 2 Jahre kalkulatorische Abschreibungen von jährlich 10 % vorgenommen. Der durchschnittliche Bestand des Umlaufvermögens beläuft sich auf 350 000,00 €. Unter den durchschnittlichen vorhandenen Schulden von 780 000,00 € befinden sich 210 000,00 € Verbindlichkeiten an Lieferanten, 6 000,00 € Rückstellungen und 4 000,00 € zinsfrei zur Verfügung gestellte Anzahlungen eines Auftraggebers.

   a) Auf wie viel € beläuft sich das betriebsnotwendige Kapital bei Anwendung der Restwertmethode beim Anlagevermögen?

   b) Welcher Betrag ist vierteljährlich bei einem Zinssatz von 8 % als kalkulatorischer Zins zu verrechnen?

   c) Welche Auswirkung ergibt sich in der Spalte „kostenrechnerische Korrekturen", wenn in der Finanzbuchführung Zinsaufwendungen von 28 800,00 € im gleichen Abrechnungszeitraum (vgl. b) ausgewiesen sind?

   d) Auf wie viel € beläuft sich das betriebsnotwendige Kapital beim Einsatz der Durchschnittswertmethode?

2. Prüfen Sie die folgenden Aussagen auf ihren Wahrheitsgehalt:

   a) Kalkulatorische Zinsen werden vom betriebsnotwendigen Vermögen berechnet.

   b) Die Verrechnung kalkulatorischer Zinsen hat ausschließlich die Aufgabe, in den Selbstkosten der Produkte für das Eigenkapital des Unternehmers den Zinsverlust zu erfassen.

   c) Der Kalkulationszinssatz für die Berechnung der kalkulatorischen Zinsen orientiert sich am Kapitalmarktzins.

   d) Wiederbeschaffungswerte beim Anlagevermögen bzw. Tageswerte beim Umlaufvermögen erfüllen die Anforderung nach „Richtigkeit" der KuL-Rechnung.

   e) Bei der Ermittlung des betriebsnotwendigen Vermögens bleiben stets die folgenden Vermögensposten unberücksichtigt: Unbebaute Grundstücke, Wertpapiere, Miethäuser.

   f) Kalkulatorische Zinsen sind stets Anderskosten.

Vertiefung

3. In einer Kartonagenfabrik werden die folgenden kalkulatorischen Durchschnittswerte ermittelt. Beim Anlage- und Umlaufvermögen wird dabei von den Anschaffungskosten ausgegangen.

Gebäude	450 000,00 €	Eigenkapital	900 000,00 €
Maschinen	550 000,00 €	Hypotheken-	
Betriebs- und		darlehen	220 000,00 €
Geschäftsausstattung	75 000,00 €	Verbindlichkeiten	
Vorräte	60 000,00 €	an Lieferer	95 000,00 €
Forderungen	86 000,00 €	Rückstellungen	30 000,00 €
Bank	24 000,00 €		

Anmerkung:
Bei den Vermögensteilen handelt es sich um betriebsnotwendiges Vermögen.

a) Berechnen Sie die kalkulatorischen Zinsen für **einen** Monat bei einem landesüblichen Zinssatz von 7,5 %! Berücksichtigen Sie, dass die Bank das Guthaben von 24 000,00 € mit 1 % verzinst.

b) Ein Betriebsberater stellt fest: Eine weitere Aufnahme von Fremdkapital scheidet für das Unternehmen auf absehbare Zeit aus. Er empfiehlt, als Kalkulationszinssatz künftig nicht den landesüblichen Zinssatz (z. Z. 7,5 %), sondern den Zins zugrunde zu legen, den das Unternehmen bei Einsatz des Betriebskapitals in einem alternativen Industriebetrieb erzielen könnte (etwa 10 %). Außerdem sollte künftig beim Anlage- und Umlaufvermögen (z.B. Vorräte) nicht von den Anschaffungskosten, sondern von den Wiederbeschaffungs- bzw. Tageswerten ausgegangen werden. Wie ist die Aussage des Betriebsberaters Ihrer Meinung nach zu erklären?

4.

Aktiva		Bilanz der Fendt-Motorenwerke, Ulm	Passiva
	1 000 €		1 000 €
Anlagevermögen		Eigenkapital	550
Fabrikgebäude	200	**Wertberichtigungen**	
Maschinen	550	auf Fabrikgebäude	50
Betriebs- und Geschäftsausstattung	120	auf Maschinen	150
Beteiligungen	95	auf Betriebs- und Geschäftsausstattung	35
Umlaufvermögen		**Fremdkapital**	
zusammengefasst	255	Rückstellungen	15
		Darlehen	240
		Verbindlichkeiten aus	
		Lieferungen und Leistungen	180
	1 220		1 220

Angaben zu den einzelnen Bilanzposten:

■ Durch die Beteiligung hat das Unternehmen bei einem wichtigen Abnehmer Mitspracherecht.

■ Im Umlaufvermögen sind nicht betriebsnotwendige Wertpapiere im Wert von 60 000,00 € (Kurswert) enthalten.

■ Die bilanziellen Abschreibungen sind höher als es der tatsächlichen Wertminderung entspricht. Die Abschreibungen auf Fabrikgebäude sind um 5 000,00 €, auf Maschinen um 50 000,00 € und auf Betriebs- und Geschäftsausstattung um 10 000,00 € zu hoch angesetzt.

- Es wird unterstellt, dass die übrigen Bilanzwerte des Umlaufvermögens mit den Durchschnittswerten übereinstimmen.

a) Berechnen Sie das betriebsnotwendige Kapital auf der Basis der Restwertmethode beim Anlagevermögen!

b) Wie hoch sind die kalkulatorischen Zinsen, wenn ein Zinssatz in Höhe von 8 % zugrunde gelegt wird?

c) Wie wirken sich die Vorgänge in der Spalte „kostenrechnerische Korrekturen" aus, wenn tatsächlich 15 000,00 € Zinsen zu bezahlen sind? Skizzieren Sie hierzu einen Auszug aus der Ergebnistabelle!

d) Häufig wird gegen die Berechnungsmethode der kalkulatorischen Zinsen der folgende Einwand erhoben: Die Verzinsung der *kalkulatorischen Restwerte* führe zwangsläufig zu einer Abnahme der periodisch verrechneten Zinsen und belaste deshalb die Kalkulation ungleichmäßig. Wie beurteilen Sie diese Aussage?

A

1.3.2.3 Kalkulatorische Wagnisse

Kontrolle

1. Die Chemie-Werke GmbH ermittelt die monatlich zu verrechnenden kalkulatorischen Einzelwagnisse für das laufende Jahr (Werte in 1000 €).

Art der Einzelwagnisse	Durchschnittlicher Verlust (letzte 5 Jahre)	Bezugsgröße (≙ 100 %)	Durchschnittlicher Wert der Bezugsgröße (letzte 5 Jahre)	Wert der Bezugsgröße im laufenden Jahr
Beständewagnis (unfertige, fertige Erzeugnisse)	7 500	Lagerbestand	150 000	125 000
Vertriebswagnis	280	Forderungsbestand	4 000	4 200
Gewährleistungswagnis	30	Umsatz	12 500	11 900

a) Berechnen Sie den durchschnittlichen Verlust der einzelnen Wagnisse in % (Wagniszuschlag)!

b) Wie hoch ist das jeweils monatlich zu verrechnende kalkulatorische Einzelwagnis?

2. Überprüfen Sie die Richtigkeit der folgenden Aussagen! Begründen Sie Ihre Feststellungen!

a) Das allgemeine Unternehmungswagnis wird durch den Gewinn abgegolten und ist nicht in der Kostenrechnung zu erfassen.

b) Zu den kalkulatorischen Wagnissen gehören auch die Wagnisse, die durch Fremdversicherungen abgedeckt sind.

c) Kalkulatorische Wagnisse gehören nicht zu den Kosten, die mit Ausgaben verbunden sind.

d) Kalkulatorische Kosten haben die Aufgabe, als „normalisierte Kosten" in Zukunft zu erwartende Wagnisverluste langfristig auszugleichen.

Vertiefung

3. In einem Industriebetrieb, der Haushaltsgeräte herstellt, betrugen in den letzten fünf Jahren die zu tragenden Gewährleistungen durchschnittlich 450 000,00 €. Die Kosten des Umsatzes (Selbstkosten der verkauften Erzeugnisse) betrugen im gleichen Zeitraum 9 Mio. €.

   In der laufenden Abrechnungsperiode betragen die Kosten der abgesetzten Erzeugnisse mit Gewährleistungsverpflichtungen 180 000,00 €.

   a) Berechnen Sie den Wagniszuschlag! Wie viel € sind als kalkulatorische Wagnisse zu verrechnen?

   b) Wie werden die in der Abrechnungsperiode zu leistenden Gewährleistungen in Höhe von 5 000,00 € erfasst?

   c) Ist es berechtigt, bei der Verrechnung kalkulatorischer Wagnisse von einer Art von Selbstversicherung zu sprechen? Begründen Sie Ihre Aussage!

   d) Wie wirken sich die eingetretenen Wagnisverluste und die verrechneten kalkulatorischen Wagnisse auf die Ergebnisse im Rechnungskreis I und II aus? Stimmen Sie die Ergebnisse mit Hilfe eines Ausschnittes aus der Ergebnistabelle ab (vgl. Skizze, S. 24)!

   e) Ein Mitarbeiter dieses Unternehmens ist der Auffassung: „Durch die Verrechnung kalkulatorischer Wagnisse erfüllen wir sämtliche Zielkriterien, die an die Kostenrechnung gestellt werden." Wie beurteilen Sie diese Aussage?

1.3.2.4 Kalkulatorischer Unternehmerlohn und kalkulatorische Miete

Kontrolle

1. Welche Aussage bzw. Aussagen sind richtig?

   Der kalkulatorische Unternehmerlohn wirkt sich aus

   a) auf das Gesamtergebnis,

   b) auf das Betriebsergebnis,

   c) auf das neutrale Ergebnis.

   Begründen Sie Ihre Entscheidung!

2. Ein Industriebetrieb wird in der Rechtsform der offenen Handelsgesellschaft (OHG) betrieben. Der kalkulatorische Unternehmerlohn der beiden mitarbeitenden Gesellschafter soll auf der Grundlage des Umsatzes einer vergleichbaren Kapitalgesellschaft verrechnet werden.

Umsatz der Kapitalgesellschaft	4 500 000,00 €
Vergütung je Gesellschafter (Geschäftsführer)	48 000,00 €
Umsatzbeteiligung je Geschäftsführer 0,5 %	
Umsatz der OHG	4 100 000,00 €
Entnahmen der Gesellschafter der OHG	
Gesellschafter A = 30 000,00 €	
Gesellschafter B = 36 000,00 €	

a) Buchen Sie die Privatentnahmen (Barentnahmen)!

b) Berechnen Sie den kalkulatorischen Unternehmerlohn!

c) Warum ist es wichtig, dass der Unternehmerlohn nicht überhöht angesetzt wird?

3. Welche Aussagen sind richtig bzw. falsch? Begründen Sie Ihre Aussage!

a) Der kalkulatorische Unternehmerlohn ist Aufwand, führt jedoch niemals zu Ausgaben.

b) Der kalkulatorische Unternehmerlohn wird zu den Zusatzkosten gerechnet.

c) Der kalkulatorische Unternehmerlohn ist – entsprechend dem Gehalt eines Geschäftsführers – steuerlich abzugsfähig.

d) Der kalkulatorische Unternehmerlohn hat ausschließlich die Aufgabe, die Personalkosten des Betriebes vollständig zu erfassen.

Vertiefung

4. a) Warum wird eine kalkulatorische Miete angesetzt?

b) Warum setzt der Inhaber der Schmuckwarenfabrik (siehe einführendes Fallbeispiel Band 1) keine kalkulatorische Miete für die eigenen Betriebsgebäude und Grundstücke an?

c) Welche Buchung löst die kalkulatorische Miete in der Finanzbuchführung aus, wenn diese für betrieblich genutzte Räume angesetzt wird, die dem Privatvermögen des Inhabers (Einzelunternehmer) zugehören?

d) Welche Orientierungsmöglichkeit gibt es für die Bemessung des Unternehmerlohns bzw. der kalkulatorischen Miete?
Welche Gemeinsamkeiten bestehen zwischen den beiden kalkulatorischen Kostenarten? Gehen Sie auch auf die Zielkriterien der Kostenrechnung ein!

e) Warum ist wohl die Verrechnung kalkulatorischer Miete im Industriebetrieb von geringerer Bedeutung als im Einzelhandel?

5. Das Modehaus Mia Schön, Düsseldorf, befindet sich in der Innenstadt. Bei einer Vermietung der Geschäftsräume ließe sich ein Mietertrag erzielen, der weit über den tatsächlichen Aufwendungen liegt, die das eigengenutzte Gebäude verursacht.
Ein Betriebsberater rät in diesem Falle zu der Verrechnung einer kalkulatorischen Miete.

a) Wie beurteilen Sie die Empfehlung des Beraters?

b) Welche rechnungstechnischen Auswirkungen würden sich ergeben, wenn eine kalkulatorische Miete angesetzt wird?

1.4 Grundlagen der Kostentheorie

1.4.1 Abhängigkeit der Kosten vom Beschäftigungsgrad – andere Kosteneinflussgrößen

Kontrolle

1. Beurteilen Sie die folgenden Aussagen im Hinblick auf ihre Richtigkeit bzw. Genauigkeit!

   a) Fixe Kosten sind beschäftigungsunabhängige Kosten.

   b) Variable Kosten sind zeitabhängige Kosten.

   c) Die fixen Stückkosten (k_f) erhöhen sich bei zunehmender Beschäftigung. Sie sind rückläufig, wenn die Ausbringung abnimmt.

   d) Bei proportional-variablem Kostenverlauf sind die variablen Stückkosten (k_v) konstant, die gesamten Stückkosten (k) unter Berücksichtigung fixer Kostenbestandteile dagegen degressiv.

   e) Die Kapazität ist das Leistungsvermögen eines Betriebs, der Beschäftigungsgrad gibt die Ausnutzung der Kapazität in Prozent an.

   f) Veränderungen des Beschäftigungsgrades sind die alleinige Kosteneinflussgröße.

2. *Kostentabelle (Kosten in €)*

Ausbringungsmenge	fixe Gesamtkosten (K_f), €	fixe Stückkosten (k_f), €
0	60 000,00	
1 000	60 000,00	
2 000	60 000,00	
3 000	60 000,00	
Kapazitätserweiterung		
4 000	100 000,00	
5 000	100 000,00	
6 000	100 000,00	

   a) Vervollständigen Sie die Tabelle!

   b) Stellen Sie die Verläufe der (fixen) Gesamt- und Stückkosten grafisch dar!

   x-Achse (je 1 000 Stück $\triangleq$ 2 cm); K (je 10 000,00 € $\triangleq$ 1 cm), k (je 10,00 € $\triangleq$ 1 cm)

   c) Welche betriebswirtschaftlichen Erkenntnisse können abgeleitet werden?

   d) Bestimmen Sie die Nutz- und Leerkosten vor der Kapazitätserweiterung bei einer Ausbringungsmenge von 3 000 Stück. Bisherige Kapazität 3 999 Stück.

3. *Kostentabelle (Kosten in €)*

	(1)	(2)	(3)	(4)	(5)	(6)
x	K_v	k_v	K_v	k_v	K_v	k_v
100	2 000,00		1 600,00		2 200,00	
200	4 000,00		2 400,00		5 000,00	
300	6 000,00		3 000,00		9 000,00	

a) Vervollständigen Sie die Tabelle!

b) Stellen Sie jeweils die Gesamtkosten (K_V) und die Stückkosten (k_v) grafisch dar! x-Achse (je 100 Stück $\triangleq$ 3 cm) K_V (je 1 000,00 € $\triangleq$ 1 cm) bzw. k_v (je 5,00 € $\triangleq$ 1,5 cm)

c) Welche betriebswirtschaftlichen Erkenntnisse ergeben sich?

Vertiefung

4. Die Kostenstruktur eines Betriebes wird im Abstand von fünf Jahren grafisch dargestellt und ausgewertet.

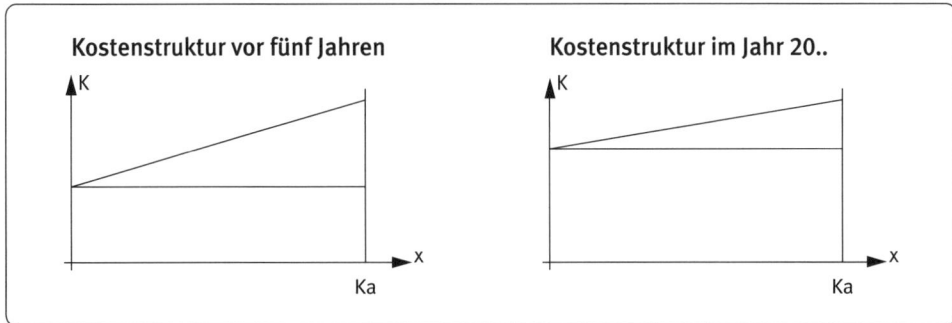

Beurteilen Sie die Entwicklung! Was könnten Sie aus einer umgekehrten Entwicklung entnehmen?

5. Was können Sie – auch unter Beachtung der Erlöse – aus den Kostenverläufen ① bis ④ schließen?

Menge (Stück)	mögliche Kostenverläufe, €				Umsatzerlöse für ① bis ④ €
	①	②	③	④	
0	–	12 000,00	8 000,00	7 000,00	–
100	1 500,00	12 000,00	8 600,00	7 800,00	2 000,00
200	3 000,00	12 000,00	9 200,00	8 300,00	4 000,00
300	4 500,00	12 000,00	9 800,00	8 500,00	6 000,00
400	6 000,00	12 000,00	10 400,00	8 900,00	8 000,00
500	7 500,00	12 000,00	11 000,00	9 250,00	10 000,00
600	9 000,00	12 000,00	11 600,00	9 760,00	12 000,00
700	10 500,00	12 000,00	12 200,00	11 550,00	14 000,00
800	12 000,00	12 000,00	12 800,00	14 200,00	16 000,00
900	13 500,00	12 000,00	13 400,00	17 000,00	18 000,00
1 000	15 000,00	12 000,00	14 000,00	21 000,00	20 000,00

6. a) Nennen Sie fixe Kosten, die unmittelbar ausgabenwirksam bzw. nicht unmittelbar ausgabenwirksam sind!

b) Beurteilen Sie die folgenden Feststellungen bei einer Kostenanalyse:
   - Bisherige Jahresmiete für Lagerräume 24 000,00 €. Nach Abschluss eines Fünfjahresvertrags beläuft sich die gesamte Miete auf 100 000,00 €.
   - Variable Stückkosten bei einer Erzeugung von 800 Stück 6,80 €, bei 1 200 Stück 9,20 € und bei 200 Stück 7,50 €.

c) Unter welchen Bedingungen hat ein Großbetrieb gegenüber kleineren Betrieben Kostennachteile?

d) Ein Zweiproduktbetrieb dehnt sein Sortiment auf fünf Produkte aus. Produkt 3 muss unter Selbstkosten verkauft werden. Dennoch rechnet sich der Inhaber des Betriebs Vorteile aus. Was spricht für seine Auffassung?

e) Ausschuss und Nachbesserungen verursachen in einem Industriebetrieb zusätzliche Kosten. Der Unternehmer lehnt jedoch höhere Qualitätsvorgaben ab. Was kann ihn dazu bewegen?

f) Steigenden Kosten für die Beschaffung von Werkstoffen und im Rahmen eines neuen Lohntarifs stehen gleich bleibende, zum Teil sogar fallende Verkaufspreise gegenüber. Welche Maßnahmen kann die Geschäftsführung ergreifen?

1.4.2 Ertragsgesetzliche Kostenverläufe

1.4.2.1 Allgemeines Ertragsgesetz (Produktionsfunktion Typ A)

Kontrolle

1. a) Welche Aussagen trifft das Ertragsgesetz?

   b) Welche Voraussetzungen müssen für die Gültigkeit des Gesetzes vorliegen?

2. Beschreiben Sie die Bedeutung der folgenden Punkte: Wendepunkt (W), Optimum (O) und Sättigung (S)!

3. Was verstehen Sie unter der Substituierbarkeit der Produktionsfaktoren?

Vertiefung

4. Definieren Sie den Begriff Grenzertrag als Differenzenquotient und als Differenzialquotient!

5. Im Gesetz vom abnehmenden Ertragszuwachs geht man davon aus, dass ein Produktionsfaktor frei variiert, also sein Einsatz beliebig gesteigert werden kann. Weshalb muss von einer bestimmten Grenze an der Ertragszuwachs abnehmen bzw. sich ins Negative verkehren?

6. Was versteht man unter Wirkschwelle des Ertragsgesetzes? Begründen Sie diesen Ausdruck!

7. Wo wird nach dem allgemeinen Ertragsgesetz das Ertragsmaximum erreicht? Warum weicht es vom Ertragsoptimum ab?

8. Wann ist der Grenzertrag identisch mit dem Durchschnittsertrag?

9. Welche Voraussetzungen müssen gegeben sein, damit von einer optimalen Kombination von Produktionsfaktoren gesprochen werden kann?

10. Begründen Sie die folgenden Aussagen:

    a) Die Veränderung des Gesamtertrags ist vom Grenzertrag des variablen Faktors abhängig.

b) Der Gesamtertrag, dividiert durch die eingesetzte Menge des variablen Faktors, ergibt den Durchschnittsertrag.

c) Bei der Produktionsfunktion Typ A besteht zwischen den Einsatzmengen der Produktionsfaktoren keine feste Relation.

1.4.2.2 Von der Produktionsfunktion Typ A zur Kostenfunktion – Kritische Kostenpunkte

Kontrolle

A

1. Die folgende ertragsgesetzliche Gesamtkostenfunktion (3. Grades) liegt vor:

$K = 500 + 90x + 3x^2 - 0{,}04x^3$.
Die Erlösfunktion ist $E = 50\,x$.
Der Preis ist ein Datum.

a) Ermitteln Sie aus $K : k$, k_v, K'. Berechnen Sie die jeweiligen Tiefpunkte dieser Funktionen!

Legen Sie an

b) die Wertetabellen für $x = 0, 10, 20, 30, \ldots 100$!
Kopf der Tabelle: x, E, K, e, k, k_v, K'!

c) die Kurven für E und K bzw. e, k, k_v, K'!

d) Tragen Sie die kritischen Kostenpunkte in die Grafik ein!

2. Legen Sie aufgrund der folgenden Kostentabelle die Grafiken für K und E sowie für e, k, k_v, K' an! Bestimmen Sie auf den Grafiken die kritischen Kostenpunkte! Beträge in €.

x	e	k_v ($K_v : x$)	K'	k ($K : x$)	K	K_v	K_f
1	15 000	21 000	21 000	51 000	51 000	21 000	30 000
2	15 000	17 000	13 000	32 000	64 000	34 000	30 000
3	15 000	14 000	8 000	24 000	72 000	42 000	30 000
4	15 000	11 000	2 000	18 500	74 000	44 000	30 000
5	15 000	9 000	1 000	15 000	75 000	45 000	30 000
6	15 000	8 333	5 000	13 333	80 000	50 000	30 000
7	15 000	7 857	5 000	12 143	85 000	55 000	30 000
8	15 000	8 750	15 000	12 500	100 000	70 000	30 000
9	15 000	11 666	35 000	15 000	135 000	105 000	30 000
10	15 000	14 000	45 000	18 000	180 000	140 000	30 000

3. Wie lässt sich aus der ertragsgesetzlichen Produktionsfunktion die Kostenfunktion Typ A entwickeln?

4. Weshalb kann die Gesamtkostenfunktion als Umkehrfunktion der Ertragsfunktion angesehen werden?

5. Beschreiben Sie Wesen und Bedeutung der sechs kritischen Kostenpunkte!

Vertiefung

6. Was stellt der Wendepunkt auf der Gesamtkostenkurve dar, welcher Punkt der Stückkostenkurve entspricht dem Wendepunkt, welche Aussagen sind dazu möglich?

7. Untersuchen Sie den Schnittpunkt der Grenzkosten mit den variablen Stückkosten. Was entnehmen Sie daraus?

8. Stellt die folgende Funktion eine ertragsgesetzliche Kostenfunktion dar? Begründung.
$K = 0,06 \, x^3 - 2,0 \, x^2 + 50 \, x + 700$.

9. Worin liegt die betriebswirtschaftliche Bedeutung des Betriebsminimums, des Betriebsmaximums und des Betriebsoptimums?

10. Warum fällt bei ertragsgesetzlichem Kostenverlauf der Punkt des Betriebsoptimums und des Gewinnmaximums auseinander?

11. Welche der folgenden Behauptungen sind falsch?

    Berichtigen Sie gegebenenfalls die von Ihnen als falsch erkannte Aussage bzw. Aussagen! – Begründen Sie die von Ihnen vorgenommene Berichtigung bzw. Berichtigungen!

    a) Die Kostenfunktion ist eine Umkehrfunktion (inverse Funktion) der monetären Produktionsfunktion und lautet deshalb:

       $x = f(r_1 \cdot q_1, r_2 \cdot q_2 \ldots r_n \cdot q_n)$

    b) Bei ertragsgesetzlichem Kostenverlauf

       (1) führt eine Verminderung des Preises für Anlagegüter (z. B. Maschinen) zu einer Veränderung des Steigungsmaßes der Gesamtkostenkurve (K);

       (2) lassen sich die Stückkosten (k) grafisch bestimmen durch den Tangens des Winkels, den ein Fahrstrahl aus dem Nullpunkt des Koordinatensystems mit einem beliebigen Punkt der Gesamtkostenkurve (K) bildet;

       (3) ist die „Wirkschwelle" des Ertragsgesetzes durch das Minimum der variablen Durchschnittskosten (Stückkosten) k_v gekennzeichnet.

1.4.3 Lineare Kostenverläufe – Verbrauchsfunktionen (Produktionsfunktion Typ B)

1.4.3.1 Vom ertragsgesetzlichen zum linearen Kostenverlauf

Kontrolle

1. Warum entwickelte Gutenberg aus der Produktionsfunktion A die Produktionsfunktion B?

2. Was ist unter einer Verbrauchsfunktion zu verstehen?

3. Warum verdeutlicht die Stückkostenkurve den Degressionseffekt?

4. Welchen Unterschied sehen Sie bezüglich der Auswirkung der fixen Kosten in der Produktionsfunktion A und B?

Vertiefung

5. Eine Betriebsabteilung produziert 100 Leistungseinheiten zu Stückkosten (k) von 30,00 €. Die (konstanten) Grenzkosten betragen 20,00 €. Wie lautet die Gesamtkostenfunktion dieser Abteilung?

6. Was können Sie aus den folgenden linearen Kostenfunktionen entnehmen?

   a) $K = 500 + 10\,x$ (Kapazität 100 x, Beschäftigungsgrad 45 x);

   b) $K = 1\,000 + 6\,x$ (Kapazität 60 x, Beschäftigungsgrad 54 x).

7. Untersuchen Sie, inwieweit das Gesetz der Massenproduktion auch auf Handelsbetriebe anwendbar ist!

8. Wo können im Handelsbetrieb limitationale Produktionsfaktoren gefunden werden?

9. Warum gelten limitationale Produktionsfunktionen auch bei wechselnder Intensität des Betriebsmitteleinsatzes?

10. Vergleichen Sie bei ertragsgesetzlichem bzw. linearem Kostenverlauf das Minimum der Kosten (k), der Grenzkosten (K') und der variablen Kosten (k_v)!

11.

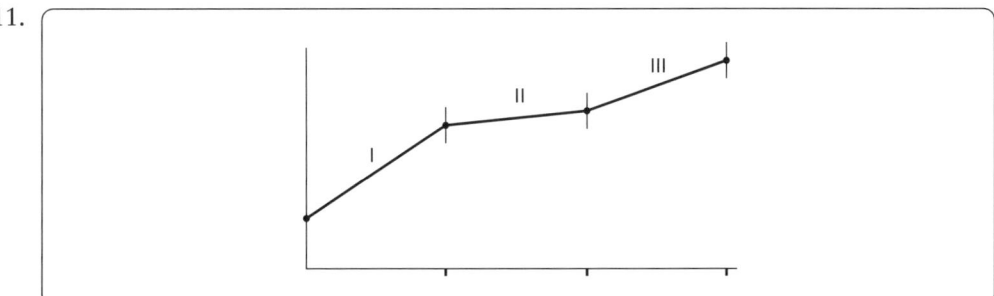

Es wird behauptet, der obige Kostenverlauf spiegele in gewissem Sinne das Ertragsgesetz wider.

Information: In Phase II wirken sich Mengenrabatte auf Werkstoffe aus, in Phase III Nacht- und Schichtzuschläge im Lohnbereich.

Überprüfen Sie die Behauptung!

12. Wie beurteilen Sie die folgenden Aussagen:

   a) Verbrauchsfunktionen stellen die Beziehungen dar zwischen dem Einsatz der Produktionsfaktoren und der Ausbringung.

   b) Das Ertragsgesetz führt zu S- bzw. U-förmigem Kostenverlauf, Verbrauchsfunktionen zu linearen Kostenverläufen.

   c) Ertragsgesetzliche Kostenverläufe kommen im Industrie- und Handelsbetrieb nicht vor.

1.4.3.2 Kritische Kostenpunkte bei linearen Kostenfunktionen

Kontrolle

1. Die Abteilung Rasenmäher eines Industriebetriebs stellt den Typ K 70 Standard her. Kostenuntersuchungen für die Quartale des Jahres 20. . haben ergeben:

Quartale 20. .	erzeugte und verkaufte Menge, Stück	Gesamtkosten (€)
I.	180	104 000,00
II.	125	82 000,00
III.	225	122 000,00
IV.	150	92 000,00

Kapazität je Quartal 250 Stück, Verkaufserlös je Stück 600,00 €

a) Stellen Sie die Beschäftigungsgrade in den vier Abrechnungszeiträumen fest!

b) Bei welcher Stückzahl wird der Break-even-Point (NS) erreicht? Rechnerische Lösung.

c) Stellen Sie in zwei Diagrammen, welche die gesamten Kosten und Erlöse bzw. die Stückkosten und Stückerlöse enthalten, die Nutzenschwelle grafisch dar!
Maßstab: x-Achse 1 cm = 20 Stück, y-Achse 1 cm = 10 000,00 €.

d) Wie hoch sind die Quartalsergebnisse, das Betriebsoptimum und das Gewinnmaximum?

e) Bei welchen Stückzahlen (Anzahl aufrunden) wird ein Gewinn von 10 000,00 € je Quartal bzw. ein Verlust von 10 000,00 € je Quartal erzielt? Versuchen Sie auch, die gesuchten Mengen auf einem Diagramm nach c) zu bestimmen!

2. a) Erläutern Sie, warum beim
   - ertragsgesetzlichen Kostenverlauf Betriebsoptimum ≠ Gewinnmaximum,
   - linearen Kostenverlauf Betriebsoptimum = Gewinnmaximum

   gilt?

   b) Warum fehlen bei linearen Kostenverläufen die kritischen Kostenpunkte „Betriebsminimum" und „Nutzengrenze"?

3. Berechnen Sie aufgrund der folgenden Angaben die fixen Kosten, die Nutzenschwelle und den Umsatz, der für einen Gewinn von 200 000,00 € erzielt werden muss!

	Umsätze €	Selbstkosten €
Februar 20. .	1 200 000,00	1 050 000,00
März 20. .	1 500 000,00	1 230 000,00

4. Ein Großhandelsbetrieb hat im Jahr 20. . 280 000,00 € fixe Handlungskosten. Der Wareneinsatz und der variable Teil der Handlungskosten betragen 80 % des Umsatzes.

   a) Ab welcher Umsatzhöhe wird Gewinn erzielt?

   b) Welcher Umsatz erbringt einen Gewinn von 100 000,00 €?

   c) Wie viel wäre bei einem Verlust von 40 000,00 € umgesetzt worden?

Vertiefung

5. a) In den Aufgaben wird im Allgemeinen die erzeugte Menge der abgesetzten Menge gleichgesetzt. Wie gehen Sie bei der Mengenberechnung für Nutzenschwelle, Gewinn bzw. Verlust vor, wenn die erzeugte Menge höher bzw. niedriger als die abgesetzte Menge ist?

   b) Wie wirkt es sich auf das Verhältnis der fixen zu den variablen Kosten aus, wenn die Absatzmengen nach oben bzw. nach unten tendieren?

   c) Warum kann die ermittelte Nutzenschwelle immer nur ein Näherungswert sein? Ist ihre Berechnung dennoch sinnvoll? Begründung!

6. In einem Handelsbetrieb sind für die ersten beiden Quartale die folgenden Umsätze (U) und Selbstkosten (K) festgestellt worden (Beträge in €):

	1. Quartal	2. Quartal
U	2 600 000,00	9 000 000,00
K	4 800 000,00	7 200 000,00

   a) Bei welchem Quartalsumsatz wird die Nutzenschwelle erreicht?

   b) Bei welchem Quartalsumsatz entsteht ein Gewinn von 800 000,00 € bzw. ein Verlust von 500 000,00 €?

   c) Die Kapazität erlaubt einen maximalen Umsatz je Quartal von 10 000 000,00 €. Wie hoch ist das Ergebnis bei voller Ausnutzung der Kapazität?

7. Ein Wertanalyse-Team stellt fest, dass für die Produktion eines Artikels ein anderer gleichwertiger Rohstoff, der je kg um 0,30 € billiger ist, eingesetzt werden kann. 4 kg des Rohstoffs werden benötigt, bisheriger Preis je kg 3,00 €.

   Weitere Angaben: Fertigungslohn je Einheit 3,40 €, proportionale Fertigungsgemeinkosten je Einheit 1,60 €, proportionale Vertriebsgemeinkosten je Einheit 1,00 €. Fixkostenbestandteil der Fertigungsgemeinkosten 22 000,00 €, der Vertriebsgemeinkosten 10 000,00 €, der Materialgemeinkosten 2 000,00 €. Der Markt nimmt maximal 8 000 Einheiten auf, die zum Stückpreis von 24,00 € verkauft werden können.

   Berechnen Sie den Break-even-Point bei Verwendung des bisherigen und bei Einsatz des anderen Rohstoffes! Um wie viel Prozent sinkt der Rohstoffeinsatz, sinkt die erforderliche Menge?

8. Berechnen Sie aufgrund der folgenden Darstellung den Break-even-Point und das Ergebnis bei 400 Stück! Welche Menge (x Stück) ist herzustellen und zu verkaufen, um den Stückgewinn von 5,00 € zu erreichen?

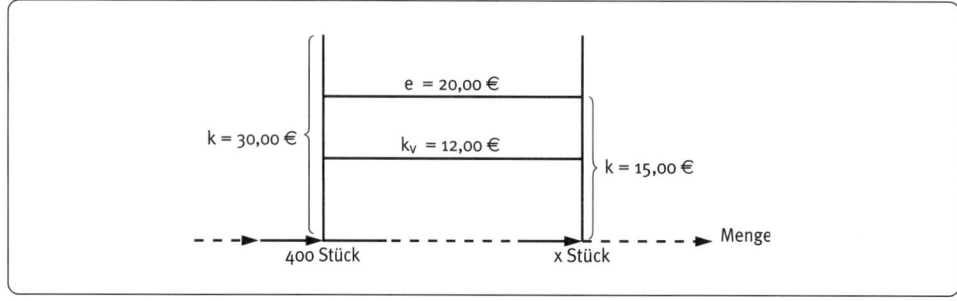

9. Die Kostenplanungen für ein neues Erzeugnis lassen für ein Vierteljahr bei zwei technisch verschiedenen Verfahren den Break-even-Point (NS) jeweils bei etwa 1 000 hergestellten und verkauften Stück erwarten.

$$\text{NS bei Verfahren 1} = \frac{200\,000}{(600 - 400)} = 1\,000 \text{ Stück}$$

$$\text{NS bei Verfahren 2} = \frac{120\,000}{(600 - 480)} = 1\,000 \text{ Stück}$$

Der Artikel stößt auf lebhaftes Interesse, und ein Beschäftigungsgrad ist zu erwarten, der die Nutzenschwelle um 50 % übersteigt. Es soll überprüft werden, welchem Verfahren unter diesem Aspekt der Vorzug zu geben ist.

a) Versuchen Sie zunächst, unter Beachtung kostentheoretischer Grundlagen, ohne Berechnung den richtigen Weg aufzuzeigen!

b) Führen Sie den rechnerischen Nachweis!

10. Beurteilen Sie die Kosten- und Erlösentwicklung eines Betriebs in drei aufeinander folgenden Jahren (1. bis 3.).

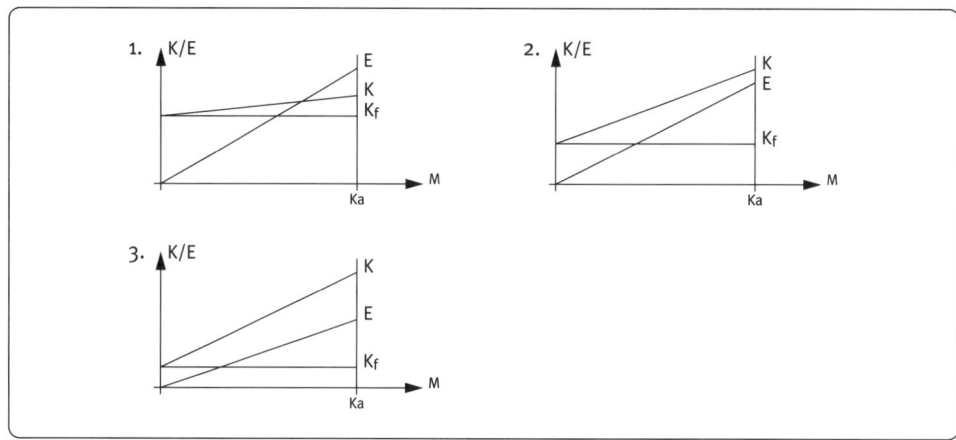

11. Ein Handelsbetrieb hat eine Kapazität (maximale Höhe des Umsatzes) von 1 500 000,00 €. Die Nutzenschwelle wird bei einem Beschäftigungsgrad von 60 % erreicht, die variablen Einzelkosten sind 75 % des Umsatzes.

Welcher Gewinn wird erzielt, wenn der Ausnutzungsgrad auf 90 % gesteigert werden kann?

1.4.3.3 Veränderungen der Kosten- und Erlösstrukturen

Kontrolle

1. Für das erste und das zweite Quartal 20 .. haben Kostenuntersuchungen ergeben:

Quartale 20 ..	erzeugte und verkaufte Menge (Stück)	Selbstkosten (€)	Erlöse (Umsatz) (€)
I.	90	660 000,00	720 000,00
II.	40	410 000,00	320 000,00

a) Wie hoch muss der Absatz sein, wenn ein Gewinnsatz von 20 % der Selbstkosten gewünscht wird?

b) Die Umsatzrentabilität (Gewinn als Prozentsatz der Erlöse) soll 5 % betragen. Berechnen Sie den notwendigen Absatz!

2. Bei der Auftragsproduktion des 3,0-l-Motors M 104 wurde die Nutzenschwelle je Monat berechnet:

$$x = \frac{600\ 000}{(9\ 500 - 6\ 500)} = 200 \text{ Stück}$$

a) Die Absatzlage verschlechtert sich. Der Verlust soll nicht unter 5 % der Selbstkosten sinken. Welche Stückzahl muss dafür mindestens abgesetzt werden?

b) Eine Umsatzrentabilität von 2,5 % ist anzustreben. Auf welche Stückzahl muss der Absatz steigen?

3. Die Warenverkaufspreise eines Großhandelsbetriebs enthalten 70 % variable Kosten. Die fixen Kosten sind mit 390 000,00 € ermittelt worden.

a) Welcher Umsatzhöhe entspricht der Break-even-Point?

b) Wie verschiebt sich die Nutzenschwelle, wenn starke Konkurrenz zu einer durchschnittlichen Preissenkung um 10 % zwingt?

c) Ab wann wird der Gewinn erzielt, wenn sich bei der Hälfte der Kunden eine Preiserhöhung von 6 % durchsetzen lässt?

Vertiefung

4. Unabhängig von der Ausbringung treten bei der Produktion eines automatischen Getriebes monatlich 1 000 000,00 € Kosten auf. Die produktionsabhängigen Kosten belaufen sich auf 1 000,00 € je Stück, die Kapazität ist am Break-even-Point zu 66 ⅔ % ausgenutzt, ein Stückerlös von 2 500,00 € wird erreicht.

   a) Welcher Absatz muss angestrebt werden, damit der Gewinnzuschlag auf die Selbstkosten 30 % beträgt?

   b) Beurteilen Sie das Ergebnis unter a)!

5. Ein Industriebetrieb stellt u.a. Trockenrasierer her. Im Quartal 20. . entstehen 600 000,00 € fixe Kosten.

   Weitere Angaben: Verkaufspreis je Stück 90,00 €. Proportionale Stückkosten für die ersten 4 500 Stück 45,00 €, danach 54,00 €. Ab 9 000 Stück aufwärts muss ein Preisnachlass von 10 % eingeräumt werden.

   Welche Menge muss erzeugt und abgesetzt werden, damit ein Periodengewinn von 90 000,00 € entsteht?

6. Die Kapazität eines Handelsbetriebs liegt bei einem Umsatz von 1 200 000,00 €. Die variablen Kosten je 1,00 € Umsatz sind mit 0,60 € anzusetzen. Die Leistungsfähigkeit soll um ein Drittel gesteigert werden, und durch Mieten zusätzlicher Lagerräume bzw. Anschaffung von Anlagen erhöhen sich die fixen Kosten um 60 000,00 € auf 360 000,00 €. Günstigere Einkäufe senken die variablen Kosten um 10 %.

   a) Bestimmen Sie den Break-even-Point vor und nach der Kapazitätsausweitung!

   b) Hat sich die Kapazitätsausweitung bei einem Umsatz von 1 000 000,00 € gelohnt?

   c) Ab welcher Umsatzhöhe bringt die Kapazitätsausweitung ein besseres Ergebnis?

7. In der Abteilung für Damenmoden eines Handelsbetriebs machen die variablen Kosten die Hälfte des Umsatzes aus, die fixen Kosten betragen 200 000,00 €.

   a) Welcher Umsatz muss erzielt werden, wenn der geplante Gewinn von 60 000,00 € erreicht werden soll?

   b) Welcher Umsatz ist anzustreben, wenn bei gleich bleibendem Gewinn von 60 000,00 € eine Preissenkung um 15 % erforderlich wird?

   c) Mit welchem Umsatz kann sich die Abteilung begnügen, wenn bei gleich bleibendem Gewinn die Preise um 10 % gesteigert werden können?

1.4.3.4 Rationalisierungsinvestitionen

Kontrolle und Vertiefung

1. Angebote für die Blechschneidemaschinen La 100 und La 101 in Lasertechnik liegen vor. Die Unternehmung will einen Massenartikel für Automobilwerke herstellen. Aufgrund der Angebote und betriebsinterner Vorausrechnungen hat sich für eine Abrechnungsperiode ergeben (Beträge in €):

Kosten	La 100	La 101
K_f	1 600 000,00	2 400 000,00
k_v	120,00	70,00

   a) Welche Maschine wählen Sie, wenn mit dem Absatz von 30 000 Stück gerechnet werden kann?

   b) Wie hoch ist die „Übergangsmenge"?

   c) Vergleichen Sie La 100 und La 101 in einem Diagramm.

2. Die Abteilung Alu-Gusstechnik einer Unternehmung übernimmt Lohnaufträge. Ihre vom Unternehmungsergebnis isoliert betrachtete Ergebnisrechnung erbringt bei einem Ausstoß von 1 500 Stück einen Überschuss von 80 000,00 €.

   Für die eingesetzte Kokillengussmaschine sind in diesem Zeitraum 900 000,00 € K_f und k_v von 800,00 € anzusetzen.

   a) Wie hoch ist der interne Verrechnungspreis?

   b) Beim Einsatz einer moderneren Maschine steigen die K_f auf 1 300 000,00 €, die k_v sinken dagegen auf 500,00 €.

   Lohnt sich der Einsatz der leistungsfähigeren Maschine?

3. Ein Unternehmen kann den Auftrag für Armaturenmodule eines sehr gefragten Fahrzeugtyps erhalten. Die Alternative zwischen einer besseren (1) und einer weniger leistungsfähigeren Kunststoffpressanlage (2) besteht. Die Entscheidung wird u.a. von der vorliegenden Überschlagsrechnung für die Übergangsmenge bestimmt (Zahlen einer Abrechnungsperiode, €):

$$x = \frac{(1\ 500\ 000 - 1\ 100\ 000)}{(250 - 210)} = \frac{400\ 000}{40} = 1\ 000$$

   a) Wie viel Stück sind jeweils bei einem Verkaufserlös von 610,00 € je Stück herzustellen, wenn ein Gewinn von 100 000,00 € erzielt werden soll?

   b) Es muss mit einem um 20 % reduzierten Verkaufserlös je Stück gerechnet werden. Kann dies die Kaufentscheidung für die angebotenen Maschinen beeinflussen?

4. Ihre Aufgabe ist, die vorliegende Grafik auszuwerten.

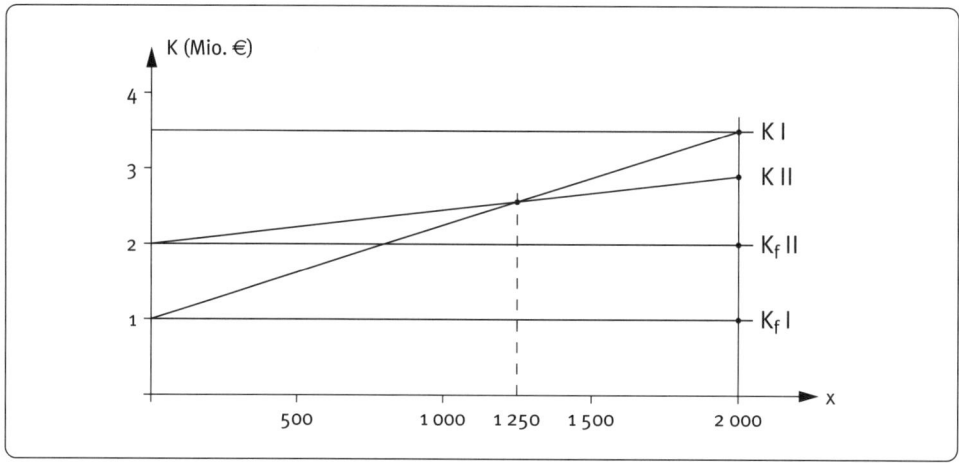

a) Stellen Sie aus den Angaben der Grafik die Berechnung der Übergangsmenge zusammen.

b) Berechnen Sie den Break-even-Point für I und für II. Stückerlös 1 500,00 €. Welche Erkenntnisse gewinnen Sie, auch unter der Voraussetzung, dass der Markt in der vorliegenden Abrechnungsperiode 3 000 Stück aufnimmt.

Kontrolle

1. Auf einer Maschinengruppe werden Autogetriebe bearbeitet. Kostenaufstellungen haben monatliche Fixkosten von 78 000,00 € und variable Stückkosten von 420,00 € ergeben. Ein Industrieroboter führt sämtliche Arbeitsgänge durch und senkt bei monatlichen Fixkosten von 150 000,00 € die variablen Stückkosten auf 240,00 €.

a) Bei welcher Stückzahl verursachen beide Anlagen dieselben Kosten?

b) Wie wirken sich bearbeitete Mengen von 300 bzw. 600 Stück auf die Stückkosten beider Anlagen aus?

c) Welche allgemeinen Erkenntnisse können Sie aus den Ergebnissen von b) gewinnen?

2. a) Warum sollte nicht überstürzt auf moderne Anlagen umgestellt werden?

b) Häufig existiert nach Umstellung auf die leistungsfähigere Anlage im Betrieb noch die alte Anlage. Welche Probleme im Kostenbereich können sich hierdurch ergeben, welche Abhilfen bieten sich an?

c) Maschinelle Anlagen haben eine bestimmte Kapazität. Wie wirkt sich dies auf Produktion, Absatz und eine mögliche Umstellung auf verbesserte Anlagen aus?

3. Auf einer Stanzmaschine wird ein Blechteil hergestellt, das je Stück einen Erlös von 0,50 € erbringt. Die Maschine ist abgeschrieben, eine Ersatzinvestition ist geplant.

   Die erzeugnisfixen[1] Kosten, der alten Maschine sind mit 250,00 € angesetzt, bei der neuen Maschine ist mit 500,00 € zu rechnen. Dafür sind die proportionalen Kosten auf der neuen Maschine mit 0,29 € je Stück um 0,08 € günstiger.

   a) Von welcher Menge an lohnt sich die neue Maschine?

   b) Wie hoch sind die Nutzenschwellen beider Maschinen?

   c) Stellen Sie Übergang und Nutzenschwellen in einem Diagramm dar!

   d) Wie viel € trägt die Erzeugung des Blechteils zum Betriebsergebnis bei, wenn 8 000 Stück erzeugt und abgesetzt werden können und ab 5 000 Stück weitere 200,00 € fixe Kosten (Werbeaktionen) auftreten? Vergleichen Sie die alte mit der neuen Maschine!

4. In einer Abteilung wurden bisher in Handarbeit 90 000 Stück eines Teilerzeugnisses hergestellt. Herstellkosten 40 500,00 € (nur proportionale Kosten). Eine Maschinenfabrik bietet für diese Fertigung einen Maschinensatz und einen Automaten an. An Herstellkosten (fix und proportional) werden errechnet:

	100 000 Stück €	200 000 Stück €	300 000 Stück €	400 000 Stück €
Maschinensatz: Fixkosten Prop. Kosten	36 000,00 20 000,00	36 000,00 40 000,00	36 000,00 60 000,00	36 000,00 80 000,00
Automat: Fixkosten Prop. Kosten	54 000,00 13 000,00	54 000,00 26 000,00	54 000,00 39 000,00	54 000,00 52 000,00

   a) Berechnen Sie die Herstellkosten je Stück bei den verschiedenen Beschäftigungsgraden!

   b) Von welcher Stückzahl an lohnt Maschinen- bzw. Automatenfertigung?

Vernetzung zu den Abschnitten 1.4.3.3 und 1.4.3.4

5. **Erfolgsziele, Beschaffungs- und Investitionsentscheidungen im Profitcenter**

   5.1 *Vorteile der Profitcenter* (u. a. richtige, sinnvolle Antworten):

   Ein „Betrieb" im Betrieb entsteht mit gesonderter Ergebnisermittlung (die sonstige übliche Gewinnpoolung entfällt), Kostenkontrolle, Selbstverantwortung, auch Handlungsfreiheit in gewissen Rahmen (daraus höhere Motivation der Mitarbeiter), Verwirklichung der „lean production" durch kürzere Entscheidungswege mit Abbau von Hierarchien.

---

[1] Teil der gesamten Fixkosten eines Anlagegutes, der für die Erzeugung eines bestimmten Produktes anzurechnen ist (auch als „artikelfixe Kosten" bezeichnet).

5.2 Erfolgsziele, Beschaffungs- und Investitionsentscheidungen im Profitcenter

Eine Unternehmung stellt unter anderem Parabolantennen „Astra 3" für Satellitenempfang her. Die Antenne wird dem Handel zum Preis von 600,00 € angeboten. Kostenanalysen haben ergeben: Die k_v betragen 250,00 €, von den fixen Kosten entfallen auf das Produkt „Astra 3" 105 000,00 €. Die Kapazität beträgt je Abrechnungsperiode 700 Stück.

Im Rahmen einer betrieblichen Neuorganisation mit Kostenoptimierung sollen Fertigung und Vertrieb von „Astra 3"ein „Profitcenter" bilden, d.h. wie ein selbstständiger Betrieb behandelt werden. An der Spitze steht ein „Projektleiter", der gegenüber der Unternehmungsspitze verantwortlich ist.

5.2.1. Welche Vorteile verspricht sich die Unternehmensführung von der Bildung von Profitcentern?

5.2.2. Erfolgsvorgaben:

5.2.2.1 Dem verantwortlichen Leiter wird vorgegeben, eine Umsatzrendite von 5 % zu erreichen.

5.2.2.2 Eine weitere Leitlinie ist der gewünschte Gewinnsatz von 10 % der Selbstkosten.

Wie hoch muss der Umsatz jeweils sein, um diese Ziele zu erreichen?

5.3 Im Kostenträgerzeitblatt ergibt sich für die folgende Abrechnungsperiode ein Verlust von 15 %. Um welche Mengen sind Produktion und Absatz gegenüber den Vorgaben verändert?

5.4 Der Projektleiter übt nun Druck auf die Zulieferer aus. 40 % der bisherigen k_v sind Metalllieferungen, und es gelingt, deren Einstandspreise um 20 % zu senken. Gleichzeitig soll die Fertigungstiefe reduziert werden, d.h. der Anteil des bezogenen Materials und der Fremdbauteile soll steigen. Ferner wird eine Lieferung „just in time" abgesprochen.

Folgen: Die k_v steigen um 100,00 €, die K_f sinken um 40 000,00 €. Beurteilen Sie die Maßnahmen und ihre Folgen!

5.5 Der Projektleiter macht sich die Forderungen der Geschäftsleitung nach „lean production" zu eigen. Wo sind im Kostenbereich die Hebel anzusetzen?

5.6 Der Projektleiter schlägt der Geschäftsführung vor, die veralteten Anlagen durch moderne zu ersetzen. Die K_f steigen nun um 30 000,00 €, der Lohnanteil kann um 50,00 € abgebaut werden. Ein Controller hat die Aufgabe, den Vorschlag zu überprüfen.

Eine Preissenkung um 10 % lässt eine Absatzsteigerung um 20 % erwarten.

Der Controller der Unternehmung soll den Vorschlag beurteilen.

5.7 **Investitionsentscheidung** (Aufgabe mit Entscheidungsbewertungstabelle)

Ein Zulieferer der Autoindustrie beabsichtigt, die Fertigung neuartiger Auspuffanlagen mit Rußfilter aufzunehmen, um die folgenden Anforderungen des „Pflichtenheftes" zu erfüllen:

Schadstoffreduzierung um 50 %, Leistungssteigerung des Motors um 5 %, Geräuschminderung um 10 %, Rücknahmezusage zur Entsorgung und zur Wiederverwendung wertvoller Rohstoffe. Die Montage erfolgt direkt durch eigene Arbeitskräfte am Band der Abnehmer.

Der neu zu schaffende Fertigungsbereich „Auspuffanlagen" wird zu einem „Profitcenter" mit selbstständiger Leitung, Kostenrechnung und eigener Ergebnisermittlung ausgebaut. Für die notwendigen Investitionen stehen wahlweise Maschinengruppe A und B zur Verfügung. Es muss entschieden werden, ob A oder B anzuschaffen ist.

Informationen:

Aus dem Bereich der Kosten- und Leistungsrechnung liegt folgende Kostenprognose vor:

	Maschinengruppen	
	A	B
Anschaffungskosten	2 000 000,00 €	5 000 000,00 €
beschäftigungsabhängige Kosten (k_v) je Stück	1 460,00 €	960,00 €
beschäftigungsunabhängige Kosten (K_f) je Abrechnungsperiode	400 000,00 €	800 000,00 €
Kapazität	1 000 Stück	1 800 Stück

Die Aufgaben 5.7.1 bis 5.7.4 beziehen sich auf eine Abrechnungsperiode.

5.7.1 Bestimmen Sie die kritische Menge (Übergangsmenge = Ü)!

5.7.2 Berechnen Sie die Nutzenschwellen (Break-even-Points) für beide Maschinengruppen!

Die auf Gruppe A erzeugte Auspuffanlage bringt einen Stückpreis von 2 600,00 €, diejenige auf B einen um 300,00 € höheren Stückpreis, weil eine spezielle Oberflächenveredelung aufgebracht werden kann, welche die Lebensdauer um etwa 25 % verlängert.

5.7.3 Bei welcher Menge bringt der Einsatz von A bzw. B das gleiche Ergebnis?

5.7.4 Stellen Sie die Berechnungsergebnisse unter 5.7.1 bis 5.7.3 in einem Diagramm dar (Kosten/Erlöse 1 cm = 100 000 €, Menge 2 cm = 100 Stück)!

Kommentieren Sie die weiteren Informationen:

- Es muss damit gerechnet werden, dass von den Abnehmern im Wechsel der Abrechnungsperioden verschieden hohe Stückzahlen mit Mindest- bzw. Höchstmengen verlangt werden.

- Mittelfristig wird mit steigenden Absatzzahlen gerechnet.

- Bei Anschaffung von Maschinengruppe A werden 10 Facharbeiter benötigt, bei Anschaffung von B nur 2 Fachkräfte.

- Der Zulieferer musste in der Vergangenheit wiederholt zur Kurzarbeit übergehen. Bei der Entscheidung für Maschinengruppe A können die bei „Normalbeschäftigung" frei werdenden Arbeitsplätze problemlos „umgewidmet" werden. Bei Entscheidung für B müssen 8 Facharbeiter entlassen werden, wenn diese nicht bereit sind, als „Bandarbeiter" bei den Abnehmern in der „Direktmontage" tätig zu werden. Für 3 der zu entlassenden Facharbeiter ist die Vorruhestandsregelung möglich.

  Die bei Alternative B benötigten 2 Arbeitskräfte müssen in einem 2 Monate dauernden Lehrgang umgeschult werden.

- Die Oberflächenveredelung im Rahmen der Fertigung durch Gruppe B ergibt wegen der Schwermetallbelastung der Abwässer Auflagen der städtischen Kläranlage. Die Stadt verlangt den Einbau eines „Vorreinigers" oder die Einrichtung eines „geschlossenen Wasserkreislaufs". Preis dieser Anlagen 300 000,00 bis 500 000,00 €. Diese „Umweltinvestition" wird von der Unternehmensleitung als Zukunftsinvestition gesehen, weil die Anlagen auch für andere Fertigungsbereiche des Unternehmens zunehmend verwendet werden können.

- Für die Beschaffung von A stehen eigene Mittel zur Verfügung. Der Mehrpreis von B müsste durch einen Kredit bei der Hausbank aufgebracht werden, die bereit ist, diesen zu gewähren. Die vom Zulieferer bisher „gehaltene" Eigenkapitalquote von 35 % würde dadurch allerdings auf 28 % gesenkt. Die Abteilung „Finanzen" sieht jedoch durch die Investition die Liquidität zwar angespannter als bisher, aber als beherrschbares Risiko.

5.7.5 Ziehen Sie alle Informationen für die Entscheidungsfindung heran! Erstellen Sie eine Entscheidungsbewertungstabelle (siehe unten stehendes Muster)!

Entwickeln Sie neben dem. Kostenvergleich andere Entscheidungskriterien, die im vorliegenden Zusammenhang bedeutsam sind!

Bewerten Sie die einzelnen Kriterien nach Ihrer Einschätzung im Hinblick auf ihren jeweiligen Zielerreichungsgrad mit Punkten! 5 Punkte = Zielerreichung sehr gut, 4 Punkte = Zielerreichung gut, 3 Punkte = Zielerreichung befriedigend, 2 Punkte = Zielerreichung ausreichend, 1 Punkt = Zielerreichung mangelhaft.

5.7.6 Fassen Sie Ihre Entscheidung in einem Bericht zusammen!

Entscheidungsbewertungstabelle (Muster):

Kriterien	Gewichtung %	Maschinengruppe A		Maschinengruppe B	
		Punkte	Gewichtete Bewertung (Prozentsatz · Punkte)	Punkte	Gewichtete Bewertung (Prozentsatz · Punkte)
■ Kostenvergleich ■ weitere selbstge- wählte Kriterien					
	100				

1.4.3.5 Betriebliche Anpassungsprozesse

Kontrolle

1. a) Legen Sie die folgende Tabelle für drei Monate an und füllen Sie die freien Spalten aus! Monatskapazität der Anlagen 15 000 Stück. Die Ausnutzung der Anlagen (Intensität) soll an die veränderten Ausbringungen angepasst werden. Es ist von einer täglichen Arbeitszeit von 7,5 Stunden und monatlich 20 Arbeitstagen auszugehen.

x (Stück)	K_f (€)	K_v (€)	K (€)	k_v (€)	k (€)	T (Stunden)	J (Stück/h)
3 750	60 000,00			12,00			
9 000				8,00			
12 000				14,00			

b) Entwerfen Sie dazu ein Diagramm für K, K_v und K_f! Maßstab: x-Achse 1 cm = 1 000 Stück, y-Achse 1 cm = 20 000,00 €.

2. In einem Unternehmen soll bei wechselnder Beschäftigung zeitlich angepasst werden. Ergänzen Sie die folgende Tabelle nach Eintragung in Ihren Arbeitsunterlagen und stellen Sie die Daten auch in einem Diagramm dar! Maßstab: x-Achse 2 cm = 100 Stück; y-Achse 1 cm = 10 000,00 €. Bei Menge 700 Stück sind zwei Zeilen – ohne Aufschlag und mit Aufschlag durch Überstunden bzw. Schichtbetrieb – angelegt worden. Bei einer Normalbeschäftigung von 400 Stück wird täglich 8 Stunden gearbeitet.

x (Menge je Arbeitstag)	K_f (€)	K_v (€)	K (€)	k_v (€)	k (€)	T (Stunden)	J (Stück je 8 Stunden)
250				60,00			
400				60,00		8	50
700	40 000,00			60,00			
700				100,00			

3. Stellen Sie die Kostenstrukturen vor und nach quantitativer Anpassung durch Ergänzen der Tabelle und im Diagramm dar! Bisherige Kapazität 560 Stück. Maßstäbe im Diagramm: x-Achse 2 cm = 100 Stück, y-Achse 1 cm = 2 000,00 €.

x (Stück)	K_f (€)	K_v (€)	K (€)	k_v (€)	k (€)	T (tägliche Arbeitsstunden)	J (Leistung einer Maschine je Arbeitsstunde)	N (Zahl der Maschinen)
560	8 000,00			30,00		7	4	
840	14 000,00			30,00		7	4	

Vertiefung

4. Die Geschäftsleitung (GL) einer Metallwarenfabrik muss sich entscheiden, welche Form der betrieblichen Anpassung jeweils in Frage kommt:

■ Die Firma stellt Haushaltsartikel her, u.a. Bestecke, Kannen, Thermosflaschen. Die Absatzstatistik zeigt starke saisonale Schwankungen.

■ In einem aufgekauften Werk werden elektronische Bauteile gefertigt. Eine Ausweitung der Ausbringung ist erforderlich, weil die Abnehmer der Bauteile anhaltend expandieren.

■ Die GL erörtert Möglichkeiten, um bei den Haushaltsartikeln die Beschäftigungsschwankungen auszugleichen bzw. die Produktion der elektronischen Bauteile dem erhöhten Absatz anzupassen.

Welche Entscheidungen werden getroffen? Begründen Sie Ihre Auffassung!

A

5. Was können Sie aus dem Diagramm entnehmen?

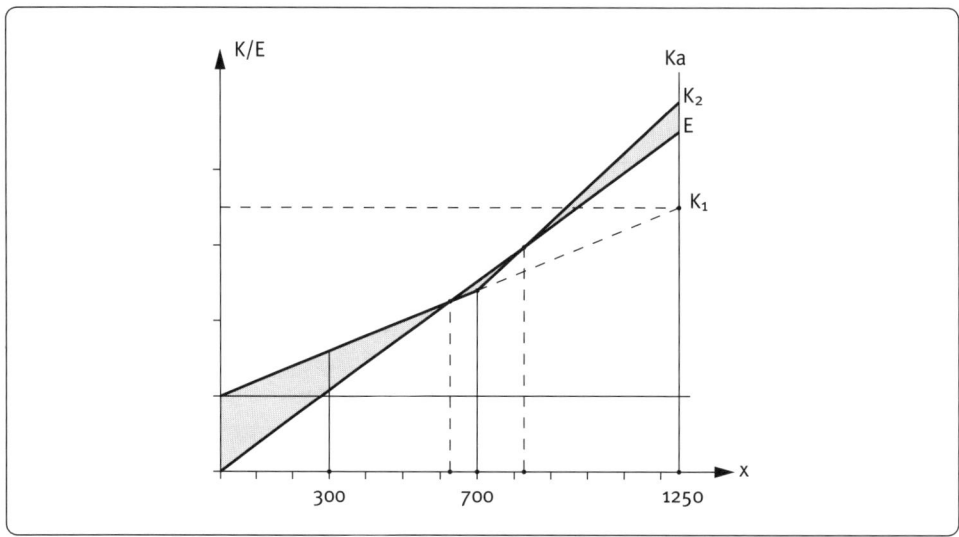

6. Erläutern Sie die Darstellung im nachstehenden Diagramm!

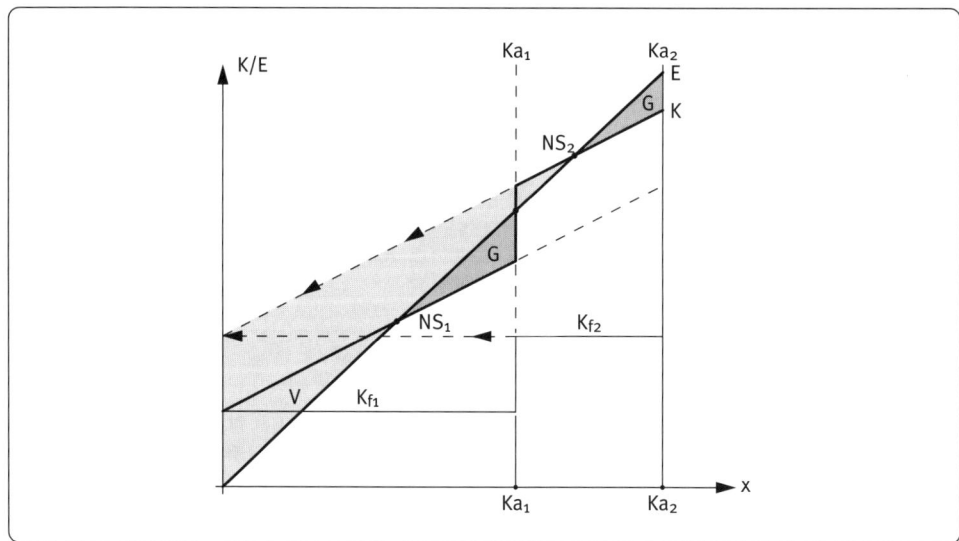

7.

Abrechnungs-zeitraum	x (Stück)	K_f (€)	K_v (€)	K (€)	k_v (€)	k (€)	h (tägliche Arbeitszeit)	J
1.	1 000	120 000,00			150,00		8	20
2.	1 200							
3.	1 800				195,00			
4.	3 600	240 000,00			180,00			

Ergänzen Sie unter Beachtung der nachfolgenden Hinweise die freien Spalten!
In Abrechnungszeitraum 2: eine intensitätsmäßige Anpassung an die gestiegene Stückzahl; in Abrechnungszeitraum 3: eine zeitliche Anpassung an die weiter gestiegene Menge (die höheren k_v gelten nur für die zusätzliche Menge, die intensitätsmäßige Anpassung bleibt – auch im 4. Abrechnungszeitraum); in Abrechnungszeitraum 4: ab 1 801 Stück quantitätsmäßige Anpassung (die zeitliche entfällt). Jetzt drei Schichten. Die k_v stellen den Durchschnittswert in den drei Schichten dar.

8. Welche der folgenden Aussagen sind richtig bzw. falsch? Begründen Sie Ihre Auffassung!

    a) Zeitliche Anpassungen fuhren stets zu einem linearen/progressiven Anstieg der variablen Kosten bei Beschäftigungszunahmen.

    b) Für intensitätsmäßige Anpassungen müssen bestimmte technische Voraussetzungen vorliegen.

    c) Die optimale Intensität entspricht der maximalen Leistungsabgabe eines Betriebsmittels.

    d) Quantitative Anpassungen setzen nachhaltige und anhaltende Nachfrageänderungen voraus.

    e) Die Stilllegung von Betriebsmitteln ist eine Form der quantitativen Anpassung.

9. Ein Passagierschiff fährt in den Sommermonaten täglich von einem Nordseebad zur Insel Helgoland. Für die Hin- und Rückfahrt benötigt das Schiff im Allgemeinen je drei Stunden. Den Gästen stehen auf der Insel drei bis vier Stunden zur freien Gestaltung des Aufenthaltes zur Verfügung. Der Andrang der Fahrgäste in den Sommermonaten ist so groß geworden, dass die zur Verfügung stehenden 30 Sitzplätze nicht ausreichen. Aufgrund der Nachfrage wurde ermittelt, dass etwa 150 Fahrgäste je Fahrt abgewiesen werden müssen. Die Reederei entschloss sich deshalb vor einem Jahr, das Schiff umzubauen, um weitere 100 Sitzplätze zu gewinnen.

    a) Um welche Anpassungsform handelt es sich?

    b) Hätten sich im vorliegenden Falle noch andere Anpassungsformen angeboten? Begründen Sie Ihre Aussage!

10. In der Metallwarenfabrik Hugo Herbst werden Profilleisten gefertigt, die an verschiedene Abnehmer geliefert werden. Bei „Normalbeschäftigung" wurden bisher monatlich 8 000 Stück hergestellt. Wegen einer Nachfragesteigerung sollen im kommenden Monat 9 600 Profilleisten gefertigt werden. Für die Produktion der Profilleisten waren bisher fünf Maschinen und fünf Arbeitskräfte im Einsatz.
    Aufgrund eines kostenrechnerischen Vergleichs soll geprüft werden, welche betriebliche Anpassungsform zweckmäßig ist.

    Daten:
    Arbeitstage monatlich 20, tägliche Arbeitszeit 8 Stunden (h).
    Kosten bei Normalbeschäftigung 8 000 Stück:
    Materialeinzelkosten: 0,40 €
    Akkordlohn: 0,60 € je Stück
    Überstundenzuschlag: 25 %

Übrige variable Kosten (Energiekosten, Nacharbeitskosten) lt. Tabelle (€):

Ausbringung (x)	5 Stück/h ①	8 Stück/h	10 Stück/h ②	12 Stück/h ③
variable Stückkosten (k_v)	0,90	0,85	0,80	1,05

① Minimalintensität, ② Optimalintensität, ③ Maximalintensität

Fixkosten: 15 000,00 €
Fixkostenzunahme je Maschine   3 000,00 €

a) Ermitteln Sie für die Ausgangssituation (monatliche Produktion von 8 000 Stück):
   - die variablen Stückkosten, k_v
   - die gesamten Stückkosten, k, (Durchschnittskosten)!

   Gehen Sie bei der Berechnung von der Gesamtkostenfunktion aus, die der betrieblichen Ausgangssituation (Produktion 8 000 Stück) zugrunde liegt!

b) Berechnen sie die kostenmäßigen Auswirkungen, wenn eine
   - intensitätsmäßige Anpassung,
   - zeitliche Anpassung,
   - quantitative Anpassung

   erfolgt!

c) Welche Alternative sollte das Unternehmen wählen, wenn die Nachfragesteigerung
   - vorübergehend (saisonal) bedingt ist,
   - langfristig aufgrund von Marktanalysen bestehen dürfte?

   Begründen Sie die Entscheidung, die Sie im vorliegenden Falle vorschlagen!

11. Die Fritz Stein GmbH stellt elektronische Bauteile her. Aufgrund eines größeren Auftrags eines Elektrokonzerns muss die Fertigungsplanung von monatlich 32 000 Bauteilen (Ausgangssituation) auf monatlich 38 400 Teile ausgedehnt werden. Folgende alternative Anpassungsmöglichkeiten werden erörtert:
   - Zeitliche Anpassung durch Überstunden
   - Intensitätsmäßige Anpassung
   - Kombination verschiedener Anpassungsformen

Daten für die Berechnung:

Bisheriger Maschineneinsatz (bei Monatsproduktion von 32 000) 5 Maschinen (N)

Intensität (J^1):   40 Teile/h (J_{opt})
                        50 Teile/h (J_{max})

Arbeitszeit (T):   8 h täglich bei 20 Arbeitstagen im Monat (Einschichtbetrieb)

Kosten: Fixe Gesamtkosten (K_f) 80 000,00 €
                     Bei Inbetriebnahme einer weiteren Maschine fallen 15 000,00 € Fixkosten an.

---

[1] J = Bezeichnung für λ

Variable Stückkosten (k_v) 6,00 € (darin enthaltener Lohnkostenanteil 4,00 €)
Bei Überschreiten der Normalbeschäftigung von 32 000 Stück ist für Überstunden ein Lohnkostenzuschlag von 30 % zu rechnen.
Bei Überschreiten von Jopt erhöhen sich die variablen Stückkosten (k_v) auf 7,00 €.

Aufgaben:

1. Ermitteln Sie die Gesamtkosten (K) und die Stückkosten (k) bei zeitlicher Anpassung! Gehen Sie bei der Berechnung von der bisherigen Beschäftigung aus (Normalbeschäftigung). Berechnen Sie für diese Ausgangssituation und die neu entstehende Beschäftigung von 38 400 Einheiten in einer Tabelle K_f, k_v, K_v, K und k!

2. Berechnen Sie die Gesamtkosten (K) und Stückkosten (k) bei intensitätsmäßiger Anpassung!

   Erstellen Sie eine Kostentabelle wie bei 1.!

3. Führen Sie eine quantitative Anpassung durch! Entwerfen Sie auch hierzu eine Kostentabelle wie bei 1. und 2.!

4. Für welche Anpassungsform sollte sich das Unternehmen Ihrer Meinung nach entscheiden?

   Ziehen Sie neben den Berechnungsergebnissen (1. bis 3.) für die Entscheidungsbegründung die folgenden Daten heran:

   - Der Einsatz einer „Hausfrauenschicht" und der Übergang zur „Mehrschichtarbeit" ist nicht möglich.

   - Der Betriebsrat stimmt einer Mehrarbeit (Überstunden) von täglich bis zu 2 Stunden zu. Diese Zusage gilt jedoch nur vorübergehend, längstens für die kommenden 2 Monate.

   - Der Elektrokonzern hat den Auftrag (monatliche Abnahme von 6 400 Teilen) zunächst nur für 6 Monate erteilt. Folgeaufträge sind in Aussicht gestellt, wenn es der Stein GmbH gelingt, die monatlichen Liefertermine pünktlich einzuhalten und gleich bleibende Qualität zu gewährleisten.

1.5 Vollkostenrechnung

1.5.1 Kostenartenrechnung

1.5.1.1 Kostenartenrechnung – Teilbereich der Kostenrechnung

1.5.1.2 Gliederung der Kosten

Kontrolle

1. a) Woher stammt das Zahlenmaterial, das in der Kostenartenrechnung verwendet wird?

   b) Welcher grundsätzliche Unterschied besteht zwischen Voll- und Teilkostenrechnung?

c) In welche Teilbereiche gliedert sich die Kostenrechnung? Warum gilt die Kostenartenrechnung als erste Stufe der Kosten- und Leistungsrechnung?

d) Wie unterscheiden sich Einzel- und Gemeinkosten? Nennen Sie Beispiele aus dem Indus-
trie- und Handelsbetrieb!

e) Welche Gruppen von Kosten werden nach der Art der verbrauchten Kostengüter unterschieden? Inwieweit bestehen Unterschiede zwischen Industrie und Handel?

2. Bestimmen Sie die in den folgenden Geschäftsfällen bzw. Abschlussbuchungen zu erfassen-
den Aufwendungen nach der *Art der verbrauchten Kostengüter*! Unterscheiden Sie auch
die Kostenarten nach ihrer *Zurechenbarkeit auf die Kostenträger*!

a) Fertigungslöhne brutto 180 000,00 €
   Gehälter brutto 75 000,00 €
   255 000,00 €

   Abzüge:
   Sozialversicherung 23 500,00 €
   Lohn- und Kirchensteuer 19 500,00 € 43 000,00 €
   Bankbelastung 212 000,00 €

b) Sozialversicherungsanteil des Betriebes 23 500,00 €

c) Banküberweisung für Reparaturen am Dach des Betriebsgebäudes
   einschließlich 19 % USt 11 305,00 €

d) Postbanküberweisung der Umsatzsteuer (Zahllast) 12 500,00 €

e) Gewerbesteuerzahlung für das III. Quartal 6 500,00 €

f) Bezahlte Zinsen für das letzte Quartal 15 000,00 €; kalkulatorisch
   verrechnete Zinsen im gleichen Zeitraum 20 000,00 €

g) Verbrauch von Fertigungsmaterial im letzten Monat 38 500,00 €

h) Banküberweisung für Spezialwerkzeuge, die für den Auftrag 00175
   verwendet werden, einschließlich 19 % USt 14 458,50 €

i) Bilanzielle Abschreibungen im letzten Quartal 120 000,00 €
   Kalkulatorische Abschreibung im gleichen Zeitraum 90 500,00 €

Vertiefung

3. Aufgrund einer statistischen Betriebsergebnisrechnung wurden in einem Industriebetrieb
   im vergangenen Monat die folgenden Kosten ermittelt: Beträge in €

Aufwendungen für Rohstoffe	354 500,00
Hilfs- und Betriebsstoffaufwand	75 500,00
Löhne (davon Fertigungslöhne 75 000,00 €)	132 500,00
Gehälter	101 500,00
Soziale Abgaben	77 200,00
Aufwendungen für Altersversorgung	15 800,00
Sonstige Personalaufwendungen (Weiterbildung u.a.)	5 500,00
Mieten	15 200,00

Fremdreparaturen	28 800,00
Büromaterial	1 500,00
Werbung	10 500,00
Verpackungskosten (Spezialverpackung)	9 500,00
Betriebssteuern	12 000,00

Kalkulatorische Kosten:

Kalkulatorische Abschreibungen	52 000,00
Kalkulatorische Wagnisse	9 200,00
Kalkulatorische Zinsen	10 800,00
Kalkulatorischer Unternehmerlohn	9 000,00
Kosten insgesamt:	921 000,00

A

Berechnen Sie – jeweils in % der Gesamtkosten:

a) die Einzel- und Gemeinkosten,

b) die Kosten nach der Art der verbrauchten Kostengüter!

4. Die Arzneimittelgroßhandlung Josef Grünspecht OHG, Hamburg, weist in der Betriebsergebnisrechnung für das abgelaufene Quartal folgende Werte aus:

	Beträge in €
Aufwendungen für Waren	1 299 000,00
Vertriebsprovisionen	24 700,00
Löhne	86 500,00
Gehälter	119 000,00
Soziale Abgaben	60 200,00
Kalkulatorische Abschreibungen	95 000,00
Betriebliche Steuern	52 700,00
Kalkulatorische Zinsen	37 500,00
Büromaterial	12 000,00
Energie, Treibstoffe	16 000,00
Werbung	4 500,00
Kalkulatorischer Unternehmerlohn	48 000,00
Kosten insgesamt	1 855 100,00

a) Berechnen Sie – jeweils in % der Gesamtkosten:
   - die Einzel- und Gemeinkosten
   - die Kosten nach der Art der verbrauchten Kostengüter!

b) Wie ist die unterschiedliche Kostenarten-Gliederung zwischen Groß- und Einzelhandelsbetrieben zu erklären, wie diese vom Institut für Handelsforschung dargestellt wird (siehe Übersicht Band 1)?

5. Aktiengesellschaften stellen in ihren veröffentlichten Geschäftsberichten aufgrund der Gewinn- und Verlustrechnung verschiedene Aufwendungen zu bestimmten Aufwands- bzw. Kostengruppen zusammen. Nach der Art der verbrauchten Kostengüter werden u.a. die Werkstoffkosten (Materialkosten) und die Personalkosten (Leistungen an Mitarbeiter) in ihrer langfristigen Entwicklung aufgezeigt.

6. *Auszug aus den Geschäftsberichten der X-AG und der Y-AG (Beträge in €)*

Jahr		2000	2001	2002	2003
X AG (Konzernzahlen)	Personalkosten Zahl der Mitarbeiter Materialkosten	3 099 Mio. 122 601 5 698 Mio.	5 205 Mio. 126 652 9 080 Mio.	8 260 Mio. 187 961 15 216 Mio.	12 205 Mio. 218 822 20 679 Mio.
Y AG (Konzernzahlen)	Personalkosten Zahl der Mitarbeiter Materialkosten	4 463 Mio. 192 000 9 092 Mio.	6 413 Mio. 183 000 11 598 Mio.	11 779 Mio. 247 000 19 752 Mio.	15 192 Mio. 260 000 31 331 Mio.

a) Vergleichen Sie die Entwicklung der Personalkosten und der Zahl der Mitarbeiter in beiden Aktiengesellschaften sowie die Zunahme der Materialkosten auf der Basis des Jahres 2000!

b) Welche Aufschlüsse können aus dem Vergleich der Zahlen gewonnen werden?

1.5.2 Kostenstellenrechnung

1.5.2.1 Einstufiger Betriebsabrechnungsbogen

Kontrolle

1. **Einstufiger BAB mit 4 Hauptkostenstellen**

Der Betriebsabrechnungsbogen eines kleinen Industriebetriebes weist zum Quartalsende 20 . . nach Verteilung der Gemeinkosten folgende Gemeinkostensummen in den 4 Hauptkostenstellen aus:

	Material	Fertigung	Verwaltung	Vertrieb
Summen (€):	47 000,00	179 000,00	32 667,00	34 333,00

Es fielen im gleichen Zeitraum folgende Einzelkosten an (€):

Fertigungsmaterial	150 000,00
Fertigungslöhne	140 000,00
Sondereinzelkosten der Fertigung	1 000,00

Die Bestandsvermehrungen an fertigen Erzeugnissen betrugen im gleichen Zeitabschnitt 4 000,00 €. Bei den unfertigen Erzeugnissen liegt weder ein Minder- noch ein Mehrbestand vor.

a) Erstellen Sie eine Gesamtkalkulation bis zu den Selbstkosten des Umsatzes!

b) Berechnen Sie die Gemeinkosten-Zuschlagsätze! Für die Verwaltungs- und Vertriebsgemeinkosten sind die Herstellkosten des Umsatzes Bezugsgrundlage.

2. Wie beurteilen Sie die Richtigkeit bzw. Vollständigkeit der folgenden Aussagen:

a) Der BAB hat die alleinige Aufgabe, die Gemeinkosten im Mehrproduktunternehmen verursachungsgerecht auf die Kostenstellen zu verteilen.

b) Bezugsgrößen für die Istzuschläge sind im Industriebetrieb das Fertigungsmaterial und die Fertigungslöhne.

c) Einzelkosten und Stelleneinzelkosten bzw. Gemeinkosten und Stellengemeinkosten sind identische Begriffe der Kostenrechnung.

d) Die Herstellkosten des Umsatzes ergeben sich durch Addition der Bestandsvermehrungen bzw. durch Subtraktion der Bestandsverminderungen an unfertigen und fertigen Erzeugnissen auf der Grundlage der Herstellkosten der Produktion.

Vertiefung

3. **Einstufiger BAB mit Verteilung der Gemeinkosten** (Beträge in €)

Gemeinkostenarten	Zahlen der Kostenarten-rechnung	Material	Fertigung	Verwaltung	Vertrieb
Gemeinkostenmaterial	15 000,00	2 000,00	12 000,00	800,00	200,00
Kraftstrom, Brennstoffe	14 000,00	1 500,00	8 500,00	2 000,00	2 000;00
Hilfslöhne	26 000,00	4 000,00	19 500,00	–	2 500,00
Gehälter	32 500,00	6 000,00	3 000,00	18 500,00	5 000,00
Fremdreparaturen	4 000,00	200,00	1 800,00	1 000,00	1 000,00
Betriebssteuern	18 900,00	?	?	?	?
Mieten	4 800,00	?	?	?	?
Kalkulatorische Abschreibungen	36 000,00	6 500,00	19 500,00	5 500,00	4 500,00
Kalkulatorischer Unternehmerlohn	12 000,00	?	?	?	?
Summe der Gemeinkosten	163 200,00	?	?	?	?

a) Verteilen Sie die einzelnen Gemeinkosten (Stellengemeinkosten) nach Schlüsseln!

	Material	Fertigung	Verwaltung	Vertrieb
Betriebssteuern	1	3	2	1
Mieten	200 m^2	1 000 m^2	300 m^2	100 m^2
Unternehmerlohn	1	2	5	2

b) Berechnen Sie die Zuschlagsätze für die Gemeinkosten! Erstellen Sie hierzu eine Gesamtkalkulation bis zu den Selbstkosten! Fertigungsmaterialverbrauch 240 000,00 €, Fertigungslöhne 120 000,00 €, Sondereinzelkosten der Fertigung 15 000,00 €.

Es wird unterstellt, dass die Herstellkosten der Produktion mit den Herstellkosten des Umsatzes übereinstimmen.

c) Welche Verteilungsgrundlagen ermöglichen für die einzelnen Gemeinkosten bei dem vorliegenden BAB eine direkte Verteilung?

d) Warum wird in den Betrieben darauf geachtet, den Anteil der Stellengemeinkosten möglichst klein zu halten?

4. **Einstufiger BAB mit erweitertem Fertigungsbereich**[1]

Auszug aus der Ergebnistabelle einer Maschinenfabrik (Zahlen in 1 000 €)

Konto-Nr.	Konten	Geschäftsbuchführung Ergebnisrechnung		Kosten- und Leistungsbereich	
		Aufwendungen	Erträge	Kosten	Leistungen
500	Umsatzerlöse		8 400		8 400
52	Bestandsveränderungen		420		420
546	Erträge aus dem Abgang von Anlagegegenständen		125		
600	Aufwendungen für Rohstoffe	1 500		1 500	
602/603	Aufwendungen für Hilfs- und Betriebsstoffe	600		600	
620	Fertigungslöhne	2 600		2 600	
63	Gehälter, Hilfslöhne	1 100		1 100	
65	Abschreibungen	450		520	
696	Verluste aus dem Abgang von Gegenständen des Sachanlagevermögens	100			
73	Sonstige Aufwendungen	1 806		996	
733	Sondereinzelkosten der Fertigung	240		240	
751	Zinsaufwendungen	100		130	
	Ergebnisse:	8 496 449	8 945	7 686 1 134	8 820
		8 945	8 945	8 820	8 820

Nach der Verteilung der Gemeinkosten auf die Hauptkostenstellen im BAB weist dieser folgende Endsummen aus:

Materialstelle 120 000,00 €, Fertigungsstelle I (Automatensaal) 1 300 000,00 €, Fertigungsstelle II (Montagesaal) 960 000,00 €, Verwaltungsstelle 900 000,00 €. Die Endsumme der Kostenstelle Vertrieb ist unleserlich ausgedruckt.

a) Berechnen Sie zunächst die fehlenden Vertriebsgemeinkosten!

b) Ermitteln Sie die Zuschlagsätze für die Gemeinkosten für die abgelaufene Periode! Stellen Sie hierzu eine Gesamtkalkulation bis zu den Herstellkosten des Umsatzes auf!

Informationen: Auf die Fertigung I entfallen 1 000 000,00 € Fertigungslöhne. Bezugsgrundlage für die Verwaltungsgemeinkosten sind die Herstellkosten der Produktion, für die Vertriebsgemeinkosten die Herstellkosten des Umsatzes.

c) Worauf sind die Abweichungen der Ergebnisse in den beiden Tabellenspalten (Ergebnistabelle) zurückzuführen?

---

[1] Bei mehreren Fertigungshauptkostenstellen spricht man von einem erweiterten Fertigungsbereich.

1.5.2.2 Mehrstufiger Betriebsabrechnungsbogen

Kontrolle

1. a) Wie unterscheiden sich ein- und mehrstufiger BAB?

   b) Welche grundsätzlichen Unterschiede gibt es zwischen dem BAB im Industrie- und Handelsbetrieb?

   c) Welche Verfahren gibt es für die innerbetriebliche Leistungsverrechnung? Inwieweit kommt es bei der Wahl des Verfahrens zu einem Zielkonflikt zwischen dem Anforderungskriterium der Genauigkeit und Richtigkeit mit der Forderung nach Wirtschaftlichkeit?

   d) Wie unterscheiden sich primäre und sekundäre Gemeinkosten?

2. Die Karosseriebau-AG verfügt über eine eigene Stromversorgung und eine eigene Reparaturabteilung. Für beide Hilfskostenstellen gelten die folgenden Angaben:

	Stromerzeugung	Reparaturstelle
Primäre Gemeinkosten	5 000,00 €	40 000,00 €
Leistungserstellung/Periode	100 000 kWh	4 000 h
Leistungsabgabe Strom	–	10 000 kWh
Leistungsabgabe Reparaturen	200 h	–

Führen Sie die innerbetriebliche Leistungsverrechnung nach dem Gleichungsverfahren durch!

Vertiefung

3. **Mehrstufiger BAB mit erweitertem Fertigungsbereich**

   Die Firma Fritz Steidle ist eine Spezialfabrik für die Herstellung von Herrenoberhemden. Für das abgelaufene Geschäftsjahr stellt die Kostenartenrechnung folgende Zahlen zur Verfügung (Beträge in €):

Fertigungsmaterial	310 000,00	Hilfs- und Betriebsstoffe	36 000,00
Fertigungslöhne	760 000,00	Hilfslöhne	74 000,00
Gehälter	144 000,00	Soziale Abgaben	204 000,00
Betriebssteuern	52 000,00	Verschiedene Gemeinkosten	139 000,00
Kalkulatorische Abschreibungen	47 000,00	Kalkulatorischer Unternehmerlohn	44 000,00

Der BAB ist in folgende Kostenstellen gegliedert:

Allgemeine Kostenstelle		Fertigungshilfskostenstelle	Fertigungshauptkostenstellen				
Wärmeversorgung	Material	Technisches Büro	I Zuschneiderei	II Näherei	III Büglerei	Verwaltung	Vertrieb

Bestandsveränderungen:

Unfertige Erzeugnisse	AB. 150 000,00	EB. 170 000,00
Fertige Erzeugnisse	AB. 340 000,00	EB. 270 000,00

a) Nach Verteilung der Gemeinkostenarten (nach Belegen bzw. nach Schlüsseln) auf die Kostenstellen ergeben sich die folgenden Summen der primären Gemeinkosten:

Wärmever- sorgung	Material	Technisches Büro	Zuschnei- derei	Näherei	Büglerei	Verwaltung	Vertrieb
40 000,00	60 000,00	60 000,00	80 000,00	200 000,00	120 000,00	100 000,00	80 000,00

Ermitteln Sie auch die Gesamtsumme der angefallenen Gemeinkosten!

b) Die Kostenstelle „Wärmeversorgung" ist entsprechend der Dampfabgabe an Heizungskörper und Bügeltische im Verhältnis 2 : 2 : 6 : 9 : 18 : 8 : 5 auf die übrigen Kostenstellen aufzuteilen!

c) Die Gemeinkosten des Technischen Büros werden nach der Zahl der für die Fertigungshauptkostenstellen geleisteten Arbeitsstunden verteilt: Zuschneiderei 1 680 Stunden, Näherei 3 920 Stunden, Büglerei 2 240 Stunden.

d) Berechnen Sie die Endsummen der Hauptkostenstellen!

e) Ermitteln Sie die Gemeinkostenzuschläge (1 Dezimale) aufgrund einer Gesamtkalkulation bis zu den Herstellkosten!

Informationen: Aufteilung der Fertigungslöhne auf die Fertigungshauptkostenstellen

Zuschneiderei	160 000,00 €
Näherei	420 000,00 €
Büglerei	180 000,00 €
insgesamt	760 000,00 €

Bezugsgrundlage für die Verwaltungsgemeinkosten sind die Herstellkosten der Produktion, für die Vertriebsgemeinkosten die Herstellkosten des Umsatzes.

4. Innerbetriebliche Leistungsverrechnung

Entwickeln Sie das Gleichungssystem, wenn folgende innerbetriebliche Leistungen gegenseitig zu verrechnen sind:

Symbole: k = Verrechnungssatz

K = Primärkosten der Hilfskostenstelle

x = abgegebene Mengen (= erster Index), empfangene Mengen
    (= zweite Indexzahl)

X = Gesamtleistung je Hilfskostenstelle

	▼ Input ▼			Hauptstellen	Gesamtleistung (X)
	Dampferzeugung (1)	Strom (2)	Reparatur (3)		
Primärkosten (K)	5 000,00 –	10 000,00	9 500,00		
Dampferzeugung Abgabe x2/x3	–	5 000 m³	3 500 m³	51 500 m³	60 000 m³ output
Stromleistung Abgabe x1/x3	2 000 kWh	–	1 000 kWh	77 000 kWh	80 000 kWh output
Reparatur Abgabe x1/x2	70 h	150 h	–	780 h	1 000 h output

A

5. Der BAB wird von Fachleuten für das Rechnungswesen im Bereich des Handels trotz der damit verbundenen Vorteile (Aussagefähigkeit) oft als problematisch bezeichnet, weil u.a. die Frage der „Schlüsselung" nicht befriedigend lösbar sei. Auffallend sei der hohe Anteil an Stellengemeinkosten. Die Schlüsselung der allgemeinen und besonderen Hilfskostenstellen bereite Schwierigkeiten.

a) Teilen Sie die von den Fachleuten geäußerte Meinung? Ziehen Sie zur Beantwortung Beispiele aus dem BAB (Fallbeispiel 2, Band 1, Seite 142) heran!

b) Erörtern Sie plausible Schlüssel für die Verteilung der Kosten der Hilfskostenstellen (siehe BAB des Fallbeispiels 2 in Band 1)!

6. Die Konfektionsgroßhandlung Maurer GmbH erfasst auf dem eingerichteten BAB 2 Hilfskostenstellen und 3 Hauptkostenstellen.

Erstellen Sie aufgrund der unten stehenden Angaben den BAB nach dem folgenden Muster:

Kostenstellen Gemein- kostenarten	Beträge €	Vertei-lungs-grundlage	Hilfskostenstellen		Hauptkostenstellen		
			Lager	Verwaltung	Damenklei-dung	Herrenklei-dung	Kinderklei-dung

Angaben aus der Kostenartenrechnung:

Fremdleistungskosten	80 000,00	Personalkosten	960 000,00
Soziale Abgaben	192 000,00	Kalkulatorische	
Mieten	51 000,00	Abschreibungen	800 000,00
Kalkulatorische Zinsen	125 000,00	Betriebliche Steuern	250 000,00

a) Verteilen Sie die Gemeinkosten auf 5 Kostenstellen!

Die Aufwendungen für Fremdleistungen sind im Verhältnis 2 : 2 : 4 : 5 : 7 zu verteilen. Personalkosten können lt. Gehaltslisten verteilt werden: 240 000,00 €; 160 000,00 €; 200 000,00 €; 240 000,00 €; 120 000,00 € in der Reihenfolge der Kostenstellen des BAB. Die Sozialabgaben werden im Verhältnis der Personalkosten verteilt.

Die Abschreibungen werden nach der Inventarliste im Verhältnis 5 : 4 : 2 : 6 : 3 verteilt. Die Miete wird nach dem beanspruchten Raum 500 m² : 50 m² :100 m² :150 m² : 50 m² aufgeteilt, Steuern und Zinsen im Verhältnis 1 : 1 : 8 : 10 : 5.

b) Verteilen Sie die ermittelten Gemeinkosten der Hilfskostenstellen „Lager" im Verhältnis der beanspruchten Fläche 180 m² : 210 m² : 110 m² auf die Hauptkostenstellen! Runden Sie auf volle €.

Die Gemeinkosten der Kostenstelle „Verwaltung" sind im Verhältnis 3 : 5 : 2 auf die Hauptkostenstellen zu verteilen!

Um welche Art von Hilfskostenstellen handelt es sich beim vorliegenden BAB?

c) Ermitteln Sie die Gemeinkosten (Handlungskosten) jeder Hauptkostenstelle!

d) Berechnen Sie die Selbstkosten und den Handlungskostenzuschlag für jede Warengruppe!

Daten aus der Finanzbuchführung:

Aufwendungen für Warengruppe I, Damenkleidung   1 920 000,00 €
Aufwendungen für Warengruppe II, Herrenkleidung   2 180 000,00 €
Aufwendungen für Warengruppe III, Kinderkleidung   1 750 000,00 €

e) Der Leiter des Rechnungswesens schlägt vor, die vorliegende Betriebsabrechnung zu einer „Warengruppen-Ergebnisrechnung" auszubauen. Welche Maßnahmen sind zu treffen? Wie beurteilen Sie die Genauigkeit, mit der die Warengruppen-Ergebnisse ermittelt werden können?

1.5.3 Kostenträgerrechnung

1.5.3.1 Normalkostenrechnung – Kostenüberdeckung und Kostenunterdeckung

Kontrolle

1. a) Wie werden Normalzuschlagsätze ermittelt?

   b) Warum wird mit Normalzuschlägen gerechnet?

   c) In welchem Falle spricht man von einer Kostenunter- bzw. -überdeckung?

2. a) Wie unterscheidet sich die Normalkostenrechnung von der Plankostenrechnung grundsätzlich?

   b) Beurteilen Sie die Aussagefähigkeit der Normalkostenrechnung für die Beurteilung der Wirtschaftlichkeit von Kostenstellen!

3. *Ausschnitt aus einem Betriebsabrechnungsbogen* (Beträge in €)

Kostenarten	Zahlen der Kostenartenrechnung	Material	Fertigung	Verwaltung	Vertrieb
Gemeinkostenmaterial	20 000,00	2 000,00	12 000,00	4 000,00	2 000,00
Hilfslöhne	160 000,00	10 000,00	120 000,00	20 000,00	10 000,00
Gehälter	100 000,00	10 000,00	20 000,00	60 000,00	10 000,00
Soziale Abgaben	80 000,00	10 000,00	50 000,00	14 000,00	6 000,00
Abschreibungen auf Maschinen	256 000,00	19 000,00	229 000,00	4 000,00	4 000,00
Sonstige Gemeinkosten	164 000,00	32 000,00	87 000,00	28 000,00	17 000,00
Summen	780 000,00	83 000,00	518 000,00	130 000,00	49 000,00

Aus der Ergebnisrechnung stehen für den gleichen Zeitraum folgende Werte zur Verfügung:

Roh-, Hilfs- und Betriebsstoffe   190 000,00 €
Löhne und Gehälter   500 000,00 €

Mehrbestand an fertigen und unfertigen Erzeugnissen zusammen 70 000,00 €.

Der Betrieb rechnete in der Abrechnungsperiode mit folgenden Normalgemeinkostenzuschlägen:

für Fertigungsgemeinkosten mit 210 %, für Materialgemeinkosten mit 60 %, für Verwaltungsgemeinkosten (auf Herstellkosten der Produktion) mit 15 %, für Vertriebsgemeinkosten (auf Herstellkosten des Umsatzes) mit 5 %.

a) Stellen Sie in übersichtlicher Form die Istkosten den Normalkosten gegenüber. Berechnen Sie die Istgemeinkostenzuschläge!

b) Wie groß war die Über- oder Unterdeckung insgesamt in jedem der vier Kostenbereiche des BAB?

Vertiefung

4. **Normalkostenrechnung in einem Handelsbetrieb**

In einem Großhandelsbetrieb werden 2 Warengruppen geführt. Für die Warengruppe I wurde ein Normalkostenzuschlag von 45 %, für die Warengruppe II von 60 % ermittelt. Die Istkostenrechnung des BAB ergab für die Warengruppe I einen Istzuschlag von 42 % und für die Warengruppe II von 65 %. Am Ende einer Abrechnungsperiode wurden die folgenden Zahlen zusammengestellt:

Bezeichnung der Kosten	Istkosten	%	Normalkosten	%
Warenkosten* Warengruppe I	120 000,00		120 000,00	
Handlungskosten Warengruppe I	50 400,00	42 %	54 000,00	45 %
– Selbstkosten Warengruppe I	170 400,00		174 000,00	
Warenkosten Warengruppe II	250 000,00		250 000,00	
Handlungskosten Warengruppe II	162 500,00	65 %	150 000,00	60 %
– Selbstkosten Warengruppe II	412 500,00		400 000,00	
= Selbstkosten insgesamt	582 900,00		574 000,00	

*   Warenkosten = Wareneinsatz

a) Ermitteln Sie in der Darstellungsform des Fallbeispiels „Industriebetrieb" (in Band 1) die Deckungsdifferenzen!

b) Die Ursachen für den Übergang zur Normalkostenrechnung (siehe Band 1, S. 147) gelten generell für den Industrie- und Handelsbetrieb. Sind diese Aussagen für den Handelsbetrieb Ihrer Meinung nach noch zu präzisieren bzw. gegebenenfalls einzuschränken?

5. Nach Verteilung der Gemeinkosten auf die Haupt- und Hilfskostenstellen weist der BAB eines Industriebetriebes die folgenden Summen aus (€):

Zahlen der Kostenarten- rechnung	Kraftzentrale (A)	Material (B)	Arbeitsvor- bereitung (C)	Fertigung I (D)	Fertigung II (E)	Verwaltung (F)	Vertrieb (G)
1 160 000,00	150 000,00	40 000,00	40 000,00	240 000,00	360 000,00	170 000,00	160 000,00

Die Hilfskostenstellen sind noch auf die zugehörigen Kostenstellen umzulegen.

Für die Leistungsabgabe der Hilfskostenstellen gelten folgende Schlüssel:

Kraftzentrale (kWh):

$$\frac{\begin{array}{cccccc} B & C & D & E & F & G \end{array}}{\begin{array}{cccccc} 2\,000 & 1\,000 & 9\,000 & 10\,000 & 5\,000 & 3\,000 \end{array}}$$

Arbeitsvorbereitung (h):

$$\frac{\begin{array}{cc} D & E \end{array}}{\begin{array}{cc} 800 & 1\,200 \end{array}}$$

Einzelkosten:

Fertigungsmaterial	360 000,00 €
Fertigungslöhne I	180 000,00 €
Fertigungslöhne II	240 000,00 €
Sondereinzelkosten der Fertigung (Lizenzen)	15 000,00 €

Normalzuschläge:
Materialgemeinkosten 10 %, Fertigungsgemeinkosten I 150 %, Fertigungsgemeinkosten II 160 %, Verwaltungsgemeinkosten 15 %, Vertriebsgemeinkosten 10 %

Bezugsgrundlage: Herstellkosten für Verwaltungs- und Vertriebsgemeinkosten (Bestandsveränderungen sind nicht zu berücksichtigen)

a) Verteilen Sie die Summen der Hilfskostenstellen nach den angegebenen Schlüsseln auf die zugehörigen Kostenstellen!

b) Stellen Sie die Istkosten den Normalkosten in Tabellenform gegenüber und berechnen Sie die Ist-Zuschläge!

c) Wie hoch sind die Deckungsdifferenzen in den einzelnen Kostenstellen? Stellen Sie hierzu die Normalkosten und die Istkosten „unter dem Strich" des BAB einander gegenüber!

1.5.3.2 Kostenträgerzeitrechnung

Kontrolle

1. a) Welche Aufgaben hat die Kostenträgerzeitrechnung bzw. die kurzfristige Ergebnisrechnung (KER)?

b) Wie entstehen

- das Betriebsergebnis,

- das Umsatzergebnis?

2. Welche der folgenden Aussagen sind richtig bzw. falsch? Begründen Sie Ihre Aussage!

   a) Sind in allen Bereichen (Kostenstellen) die Normalkosten höher als die Istkosten, so ist das Umsatzergebnis höher als das Betriebsergebnis.

   b) Ist das Betriebsergebnis größer als das Umsatzergebnis, so hat der Betrieb besser „gewirtschaftet" als vorgesehen.

3. Entwerfen Sie – entsprechend dem Muster des Industriebetriebes – ein Kostenträgerzeitblatt für eine Lebensmittelgroßhandlung mit den Artikeln Trockensortiment, Obst, Gemüse, Tiefkühlkost und Feinkost!

4. Aus der Kosten- und Leistungsrechnung stehen folgende Zahlen und Angaben zur Verfügung:

Istgemeinkosten aufgrund des **BAB**:

Material 32 000,00 €, Fertigung I 185 000,00 €, Fertigung II 162 000,00 €, Verwaltung 105 000,00 €, Vertrieb 79 000,00 €.

Einzelkosten:

Bezeichnung	Insgesamt (€)	Erzeugnisgruppe A (€)	Erzeugnisgruppe B (€)
Fertigungsmaterial	705 000,00	425 000,00	280 000,00
Fertigungslöhne I	134 000,00	50 000,00	84 000,00
Fertigungslöhne II	92 000,00	42 000,00	50 000,00
Sondereinzelkosten des Vertriebs	32 000,00	21 000,00	11 000,00

Bestandsveränderungen:

Fertigungsstufe	Anfangsbestand (€)	Endbestand (€)
Unfertige Erzeugnisse – Gruppe A	72 000,00	58 000,00
Unfertige Erzeugnisse – Gruppe B	52 000,00	56 000,00
Fertige Erzeugnisse – Gruppe A	78 000,00	88 000,00
Fertige Erzeugnisse – Gruppe B	76 000,00	81 000,00

Nettoverkaufserlöse:

Insgesamt	1 560 000,00 €	
Erzeugnisgruppe A		950 000,00 €
Erzeugnisgruppe B		610 000,00 €

Normalzuschlagsätze:

MGKZ 5 %, FGKZ I 160 %, FGKZ II 205 %, VwGKZ 10 %, VtGKZ 8 %. Das Werk verwendet als Bezugsgrößen für die Verwaltungsgemeinkosten die Herstellkosten der Produktion, für die Vertriebsgemeinkosten die Herstellkosten des Umsatzes.

   a) Erstellen Sie das Kostenträgerblatt (vgl. Fallbeispiel Band 1, S. 151 f.)!

   b) In welcher Höhe sind die Erzeugnisgruppen A und B am Umsatzergebnis beteiligt?

   c) Berechnen Sie die Kostenüber- und -unterdeckungen, und stimmen Sie das Umsatzergebnis mit dem Betriebsergebnis ab!

   d) Worin besteht der Unterschied zwischen Umsatzergebnis und Betriebsergebnis?

Vertiefung

5. Eine Fensterfabrik stellt Kunststofffenster mit einer neuartigen Wärmedämmung und Holzfenster her. Die Herstellung der Kunststofffenster ist aufwendiger als die Produktion der Holzfenster.

   Für die vergangene Abrechnungsperiode soll aufgrund der Betriebsergebnis- und Normalkostenrechnung ein *Kostenträgerzeitblatt* erstellt werden.

   In der Abrechnungsperiode angefallene **Istkosten** (€):

Fertigungsmaterial	250 000,00	Fertigungslöhne	350 000,00
Materialgemeinkosten	50 000,00	Fertigungsgemeinkosten	480 000,00
Verwaltungsgemeinkosten	110 000,00	Vertriebsgemeinkosten	50 000,00

Verteilung der Einzelkosten auf die Kostenträger:

	Holzfenster (€)	Kunststofffenster (€)
Fertigungsmaterial	110 000,00	140 000,00
Fertigungslöhne	100 000,00	250 000,00

Der Betrieb rechnete bisher mit folgenden **Normalzuschlägen:** MGKZ 15 %, FGKZ 130 %, VwGKZ 10 %, VtGKZ 5 %.

Für die Ermittlung des Verwaltungs- und Vertriebsgemeinkostenzuschlags werden die *Herstellkosten des Umsatzes* zugrunde gelegt.

Bestandsveränderungen an unfertigen und fertigen Erzeugnissen:

	Unfertige Erzeugnisse		Fertige Erzeugnisse	
	Anfangsbestand (€)	Endbestand (€)	Anfangsbestand (€)	Endbestand (€)
Kunststofffenster	50 000,00	60 000,00	95 000,00	90 000,00
Holzfenster	40 000,00	70 000,00	105 000,00	100 000,00

Nettoverkaufserlöse:
Kunststofffenster 1 200 000,00 €, Holzfenster 300 000,00 €.

1. Teil:
Kostenträgerzeitblatt und Rekonstruktion der Betriebsergebnisrechnung

a) Stellen Sie das Kostenträgerzeitblatt auf!

   Ermitteln Sie im Einzelnen
   - die Istzuschlagsätze
   - das Betriebsergebnis
   - das Umsatzergebnis insgesamt und je Kostenträger
   - die Deckungsdifferenzen!

   Stimmen Sie das Umsatzergebnis mit dem Betriebsergebnis ab!

b) Kontrollieren Sie das Betriebsergebnis! Rekonstruieren Sie hierzu die Spalte „Betriebsergebnisrechnung" in der Ergebnistabelle! Weisen Sie die Gemeinkosten zusammengefasst in einer Summe aus!

c) Erwägen Sie aufgrund der Ergebnisse (vgl. a) und der Aufgaben im Text für die Geschäftsleitung der Fensterfabrik alternative Entscheidungen!

2. Teil:
Berücksichtigung innerbetrieblicher Leistungen

Angenommen, der Betrieb hätte in der Periode von den hergestellten Fenstern einen Teil von 30 000,00 € für die Erneuerung der Fenster des Fabrikgebäudes verwendet.

a) Welche Auswirkung ergäbe sich in diesem Falle für die Herstellkosten des Werks?

b) Wie wird das Betriebsergebnis durch diesen Vorgang beeinflusst, wenn von den gleichen Nettoverkaufserlösen ausgegangen wird? Rechnerischer Nachweis erforderlich!

A

6. In einem Handelsbetrieb wird für die verschiedenen Warengruppen mit Normalkosten gerechnet. Durch Erweiterung der Kostenrechnung zur Ergebnisrechnung sollen die Ergebnisse je Warengruppe in den einzelnen „Profit-Centers" als Entscheidungsgrundlage für die Sortimentspolitik (Sortimentsexpansion bzw. -kontraktion) herangezogen werden. Das Unternehmen weist in den Warengruppen stärkere Umsatzschwankungen auf.

Ein Mitarbeiter des Unternehmens ist der Auffassung, dass die kurzfristige Ergebnisrechnung auf Vollkostenbasis als sortimentspolitisches Informationsinstrument nicht geeignet ist. Nehmen Sie zu dieser Meinung Stellung!

1.5.3.3 Kostenträgerstückrechnung (Kalkulation): Divisionskalkulation (Arten), Zuschlagskalkulation

Divisionskalkulation und Äquivalenzziffernrechnung

Kontrolle

1. a) Welche Aufgaben hat die Kostenträgerstückrechnung (Kalkulation)?

   b) Welche Besonderheiten ergeben sich für den Handelsbetrieb?

2. a) Die Kostenträgerstückrechnung kann eingeteilt werden
   - nach dem Zeitpunkt der Durchführung der Kalkulation,
   - nach der Art des Produktionsverfahrens bzw. der Sortimentsstruktur.
   Nennen Sie die Arten, die sich nach den beiden Einteilungsgesichtspunkten ergeben!

   b) Beschreiben Sie die Arten kurz und geben Sie die jeweilige Bedeutung für den Industrie- bzw. Handelsbetrieb an!

3. Eine Kunststofffabrik stellt ein einheitliches Massenerzeugnis her. Eine Kostenstellenrechnung liegt nicht vor. Der Betriebsergebnisrechnung werden folgende Zahlen entnommen (zusammengefasst):

Roh-, Hilfs- und Betriebsstoffe	150 000,00 €
Fertigungslöhne	210 000,00 €
Gehälter	165 000,00 €
Soziale Abgaben	72 000,00 €

Betriebssteuern	36 000,00 €
Kalkulatorische Kosten	85 000,00 €
Sonstige Aufwendungen	62 000,00 €

a) Ermitteln Sie die Selbstkosten je Leistungseinheit, wenn in der Abrechnungsperiode 12 000 Stück des Erzeugnisses hergestellt werden!

b) Welcher Angebotspreis ergibt sich bei einem Gewinnzuschlag von 20 %?

c) Warum verzichtet das Werk auf eine Kostenstellenrechnung?

d) Welche Gesichtspunkte würden für die Einführung einer Kostenstellenrechnung sprechen?

4. In einer pharmazeutischen Fabrik werden chemische Lösungen in verschiedenen Konzentrationen hergestellt.

In der vergangenen Abrechnungsperiode wurden von den einzelnen Konzentrationen hergestellt:

Konzentration   I: 7 000 l, Materialeinzelkosten insgesamt 35 000,00 €
Konzentration II: 4 000 l, Materialeinzelkosten insgesamt 32 000,00 €
Konzentration III: 1 000 l, Materialeinzelkosten insgesamt 5 500,00 €

Die restlichen Einzel- und Gemeinkosten von 33 000,00 € sind den drei Konzentrationen wie folgt zuzurechnen:

Konzentration	Äquivalenzziffer
I	1,0
II	2,0
III	1,5

Berechnen Sie in übersichtlicher Form:

a) die Selbstkosten insgesamt,

b) die Selbstkosten je Liter der einzelnen Konzentration!

Vertiefung

5. In einem Handelsbetrieb mit 3 verschiedenen Artikeln werden mit Hilfe von Äquivalenzziffern die Handlungskosten ermittelt. Der für jeden Artikel ermittelbare Wareneinsatz (Einzelkosten) wird mit der jeweiligen Äquivalenzziffer „gewichtet". Für Artikel A wird als Ausgangsbasis die Äquivalenzziffer 1,0 angesetzt.

Die Handlungskosten betragen insgesamt 50 000,00 €. Weitere Daten siehe nachfolgende Tabelle!

a) Berechnen Sie die Handlungskosten je Artikel, die Selbstkosten je Artikel insgesamt und je Einheit (Stück)!

b) Welche Überlegungen können im Handel für die Gewinnung von „Kostengewichtsfaktoren" (Äquivalenzziffern) von Bedeutung sein?

Artikel	Menge in Stück	Wareneinsatz (1) €	Äquivalenzziffer (2)	Rechnungseinheiten (3)	Handlungskosten (4) €	Selbstkosten insgesamt (5) €	Selbstkosten je Einheit (6) €
A	1 000	90 000,00	1,0	90 000	–	–	–
B	1 500	20 000,00	1,5	30 000	–	–	–
C	2 000	40 000,00	2,0	80 000	–	–	–
				–	–	–	–

A

6. In einer Glaswarenfabrik werden drei Sorten zylinderförmiger Blumenvasen (Sorte I, II und III) hergestellt, die sich in der Größe voneinander unterscheiden:

Sorte   I: Durchmesser 2 cm, Höhe   8 cm
Sorte II: Durchmesser 2 cm, Höhe 10 cm
Sorte III: Durchmesser 3 cm, Höhe   8 cm

In der vergangenen Abrechnungsperiode wurden von den drei Sorten folgende Produktionsziffern ermittelt: Sorte I = 20 000 Stück, Sorte II = 15 000 Stück, Sorte III = 9 000 Stück.

Die Selbstkosten betragen insgesamt 413 000,00 €.

a) Berechnen Sie die Selbstkosten je Vase, wenn der Betrieb die Divisionskalkulation anwendet!

b) Wenden Sie die Äquivalenzziffernrechnung an! Berechnen Sie zunächst die einzelnen Äquivalenzziffern! Wählen Sie die Sorte mit dem kleinsten Inhalt (Volumen) als Bezugssorte (Äquivalenzziffer 1,0) aus!

c) Berechnen Sie mit Hilfe der ermittelten Äquivalenzziffern die Selbstkosten je Vase jeder einzelnen Sorte!

d) Vergleichen Sie das Ergebnis unter c) mit dem Ergebnis bei Anwendung der Divisionskalkulation! Welche Folgen könnten sich ergeben, wenn der Betrieb die Divisionskalkulation beibehält?

e) Ein Mitarbeiter des Werks hatte vorgeschlagen, bei der Berechnung der Äquivalenzziffern aus Vereinfachungsgründen lediglich die einzelnen Durchmesser der drei Vasengläser zugrunde zu legen. Wie beurteilen Sie diesen Vorschlag?

Stufenweise Divisionskalkulation

1. Ein Unternehmen produziert drei homogene Erzeugnisse in unverbundener Fertigung an drei verschiedenen Standorten. Die Verwaltungs- und Vertriebsabteilung befindet sich am Stammsitz des Unternehmens. Zur Kalkulation der drei Erzeugnisse wird hinsichtlich der Herstellkosten die Divisionskalkulation, hinsichtlich der Verwaltungs- und Vertriebsgemeinkosten die Zuschlagskalkulation angewandt.

Folgende Zahlen liegen vor:

	Unternehmen insgesamt	Produkt I	Produkt II	Produkt III
Ausbringungsmenge		2 000 €	2 500 €	3 000 €
Herstellkosten	112 000 €	30 000 €	40 000 €	42 000 €
Herstellkosten je Ausbringungseinheit	22 400 €			
Verwaltungs- und Vertriebsgemein-kosten				
Verwaltungs- und Vertriebsgemein-kostenzuschlagsatz				
Verwaltungs- und Vertriebsgemein-kosten je Ausbringungseinheit				
Selbstkosten je Ausbringungsein-heit				

Berechnen Sie die Herstellkosten je Ausbringungseinheit, den Verwaltungs- und Vertriebsgemeinkostenzuschlagssatz und die Selbstkosten je Ausbringungseinheit für alle drei Produkte.

2. Ein Unternehmen fertigt ein homogenes Produkt in mehreren Stufen. Aufgrund von Absatzschwankungen und wegen Engpässen bei der Maschinenbeanspruchung werden nach jeder Produktionsstufe entweder Halbfabrikate ans Lager gegeben oder vom Lager entnommen. Bestimmen Sie den Wert einer Einheit der Halbfabrikate am Ende jeder Produktionsstufe sowie die Selbstkosten des Erzeugnisses am Ende des Produktionsprozesses.

Produktionsstufe	Stufenkosten	Einsatzmenge der Vorstufe	Ausbringungsmenge je Produktionsstufe	Lagerzuführungen bzw. -entnahmen
I	60 000 €		10 000	+ 800
II		9 200	8 700	+ 200
III		8 500	8 100	− 700
IV		8 800	8 500	− 500
V		9 000	9 000	

3. Die Herstellung eines homogenen Massenerzeugnisses erfolgt in mehreren Produktionsstufen. Dabei sind am Ende jeder Stufe Lagerzuführungen bzw. Lagerentnahmen der Halbfabrikate möglich. Außerdem reduziert sich das Produktgewicht durch die Bearbeitungsvorgänge auf jeder Stufe. Nachstehende Mengen werden auf jeder Produktionsstufe hergestellt unter Einsatz der angegebenen Stufenkosten.

Berechnen Sie die Produktionskoeffizienten je Fertigungsstufe und die Selbstkosten je Produkteinheit des Fertigerzeugnisses.

Produktions-stufe	Einsatz-menge	Ausbrin-gungsmenge	Stufenkosten	Stufenkos-ten je Aus-bringungs-einheit	Produktions-koeffizient	Koeffizient des Gesamt-bedarfs	Selbstkos-ten je End-produktein-heit
I		10 000	60 000				
II	9 200	8 700	36 150				
III	8 500	8 100	32 250				
IV	8 800	8 500	33 750				
V	9 000	9 000	40 500				

A

Zuschlagskalkulation

Kontrolle

1. Ein Hersteller von Holzdecken und Wandverkleidungen veranschlagt für die Herstellung einer Kassettendecke die folgenden Einzelkosten:

   Fertigungsmaterial 700,00 €, Fertigungslöhne 1 500,00 €. In der Buchhaltung sind in der vergangenen Abrechnungsperiode angefallen: Fertigungsmaterial 25 000,00 €, Fertigungslöhne 80 000,00 €, Gemeinkosten 100 000,00 €.

   a) Berechnen Sie den Zuschlagssatz für die Gemeinkosten
   - auf Lohnbasis
   - auf Basis der gesamten Einzelkosten!

   b) Berechnen Sie die Selbstkosten der Kassettendecke! Berücksichtigen Sie jeweils beide Zuschlagsgrundlagen!

   c) Welche Gründe könnten den Betrieb veranlassen, die Kalkulation auf Lohnbasis durchzuführen?

2. Gegen die einfache (summarische) Zuschlagskalkulation wird eingewendet, sie entspräche nicht der Forderung nach einer verursachungsgerechten Kostenverrechnung! Inwieweit ist dieser Vorwurf berechtigt? Trifft dieser Einwand auch für die differenzierende Zuschlagskalkulation zu?

3. *Auszug aus dem BAB eines Handelsbetriebes*

Hauptkostenstellen (Warengruppen)	A		B		
Artikel	A_1	A_2	B_1	B_2	B_3
Wareneinsatz	50 000,00	120 000,00	60 000,00	75 000,00	45 000,00
Handlungskosten	20 000,00	40 000,00	8 400,00	15 000,00	6 750,00
Handlungskostensatz I	40 %	33 ⅓ %	14 %	?	?

   a) Ermitteln Sie für die Artikel B_2 und B_3 den Handlungskostensatz!

   b) Welche Selbstkosten ergeben sich für eine Sendung von Artikel B_3, wenn diese Ware für 952,00 € einschließlich 19 % Umsatzsteuer bezogen wird?

   c) Wie lassen sich kostenrechnerisch die verhältnismäßig großen Unterschiede in den Handlungskostensätzen zwischen Warengruppe A und B erklären?

4. Für ein Angebot (Vorkalkulation) sollen die Selbstkosten für eine Spezialkurbelwelle berechnet werden. Folgende Daten sind zugrunde zu legen:

   Fertigungsmaterial 50,00 €, Fertigungslöhne für Dreharbeiten 25,00 € und für Schleifarbeiten 20,00 €.

   Sondereinzelkosten:
   Stücklizenzgebühr 15,00 € für die Herstellung
   Spezialverpackung für den Versand 25,00 €

Aus der Normalkostenrechnung werden folgende Zuschlagsätze entnommen:

Materialgemeinkostenzuschlag	30 %
Fertigungsgemeinkostenzuschlag Dreherei	100 %
Fertigungsgemeinkostenzuschlag Schleiferei	120 %
Verwaltungsgemeinkostenzuschlag	8 %
Vertriebsgemeinkostenzuschlag	8 %

Vertiefung

5. Ein Hersteller elektronischer Werkzeuge hat im letzten Quartal eine Kleinserie von 150 Heckenscheren, Typ H 2, 560 mm/13 mm, hergestellt. Für diese Produktion soll eine Kostenkontrolle durchgeführt werden. Der BAB des vergangenen Quartals weist u. a. folgende Werte aus:

	Material	Fertigungshauptstellen			Verwaltung	Vertrieb
		Kunststoff-presserei	Wickelei	Montage		
Istkosten	18 000,00	40 100,00	30 400,00	50 000,00	50 500,00	21 200,00
Normalkosten	5 400,00	40 150,00	30 500,00	50 100,00	46 747,50	31 165,00
Deckungsdifferenzen	− 12 600,00	+ 50,00	+ 100,00	+ 100,00	− 3 752,50	+ 9 965,00
Istzuschläge	20 %	149,5 %	159 %	119 %	15,6 %	6,5 %
Normalzuschläge	6 %	150 %	160 %	120 %	15 %	10 %

Folgende Einzelkosten sind angefallen (Beträge in €):

Fertigungsmaterial	4 000,00
Fertigungslöhne	
■ Kunststoffpresserei	1 200,00
■ Wickelei	1 500,00
■ Montage	1 800,00

a) Führen Sie für die Serie eine Kalkulation bis zu den Selbstkosten durch! Ziehen Sie die erforderlichen Unterlagen aus der Betriebsabrechnung heran!

b) Wie viel € betrugen die Selbstkosten für eine Heckenschere des Typs H 2?

6. Kalkulation in einer Stahlgroßhandlung

In der Stahlgroßhandlung Müller, Duisburg, gehören Rundstahl, Stabstahl und Baustahl zum Sortiment. Die Wettbewerbssituation im Stahlhandel zwingt dazu, über das Marketinginstrument des Preises hinaus, stahlbegleitende und stahlergänzende Produkte aufzunehmen. Außerdem soll der Stahl künftig „nach Maß" geliefert werden, um sofort in der Produktion des Abnehmers ohne Abfall verwendet werden zu können. Bisher sind im Unternehmen die Handlungskosten mit Hilfe von Äquivalenzziffern ermittelt worden; diese wurden in ihrer jeweiligen Höhe auf die zugehörigen Wareneinsätze der Warengruppen bezogen. Die Handlungskostenzuschläge sind wie folgt ermittelt worden:

$$\text{Handlungskostenzuschlag} = \frac{\text{Handlungskosten lt. Äquivalenzziffern} \cdot 100}{\text{Wareneinsatz je Warengruppe}}$$

Im Zuge der Erweiterung des Sortiments wird die Einführung einer differenzierenden Zuschlagskalkulation auf der Basis einer Kostenstellenrechnung erörtert.

a) Was spricht für die Beibehaltung des bisherigen Verfahrens?

b) Ein Mitarbeiter ist der Auffassung, es bestehe kein Anlass, eine Kostenstellenrechnung einzuführen, da bisher schon eine differenzierende Zuschlagskalkulation auf Basis von Äquivalenzziffern bestanden hätte.

   Wie beurteilen Sie diese Aussage?

1.5.3.4 Maschinenstundensatzrechnung

Kontrolle

1. Die Firma Heller & Schüle stellt Fräs- und Schleifautomaten für holzverarbeitende Betriebe her. Seit einigen Jahren ist der Betrieb bei verschiedenen Maschinenarbeitsplätzen zur Kalkulation mit Maschinenstundensätzen übergegangen. Für die folgenden Drehmaschinen wird von der Betriebsleitung der Übergang zu Maschinenstundensätzen für notwendig gehalten.

Daten (Basiszeitraum 1 Jahr)	Halbautomatische Drehmaschine „MA 1"	Vollautomatische Drehmaschine (CNC-gesteuert) „MA 2"
Baujahr	2000	2002
Anschaffungskosten	160 000,00 €	270 000,00 €
Wiederbeschaffungskosten	180 000,00 €	300 000,00 €
Betriebsgewöhnliche Nutzungsdauer	10 Jahre	8 Jahre
Kalkulatorische Zinsen	7 % vom durchschnittlich investierten Kapitel	
Instandhaltung	4 % vom jeweiligen Wiederbeschaffungswert	
Raumkosten (30,00 € je m²) p. a.[1]	8 m²	12 m²
Energiekosten:		
■ Anschlusswerte	8 kW	20 kW
■ durchschnittliche Auslastung des Nennwerts (Strompreis 0,15 € je kWh)	60 %	60 %
Gesamte Maschinenlaufzeit (T_G)	52 Wochen zu je 40 Stunden	
Stillstandszeit (T_{St})	300 Stunden	
Instandhaltungszeit (T_{Ih})	80 Stunden	

a) Berechnen Sie die Laufstunden (T_L) der beiden Drehmaschinen (Normalstunden)!

b) Ermitteln Sie die Kosten je Maschinenstunde jeweils für die einzelnen maschinenabhängigen Kosten jeder Drehmaschine!

c) Wie hoch ist der Maschinenstundensatz je Drehmaschine?

d) Für eine Kleinserie von Wellen sollen die Fertigungskosten vorkalkuliert werden. Die Kostenträger werden in der Dreherei am Maschinenarbeitsplatz „MA 1" bearbeitet. Daten: Fertigungslohn 120,00 €, Rest-Fertigungsgemeinkosten (Normalkosten) 200 %, 15 Maschinenstunden. Der bisherige einheitliche Fertigungsgemeinkostenzuschlag auf der Grundlage der Fertigungslöhne betrug in der „Bohrerei" 500 %.

---

[1] pro anno, im Jahr

1. Berechnen Sie die Fertigungskosten auf der Grundlage der Maschinenstundensatz- bzw. der Zuschlagskalkulation!

2. Welche Folgerung ziehen Sie aus dem Vergleich der Ergebnisse?

e) Warum hielt im vorliegenden Falle die Betriebsleitung die Maschinenstundensatz-Rechnung für notwendig?

f) Welche Änderung erfährt der BAB durch die Kalkulation mit Maschinenstundensätzen?

2. Beurteilen Sie die folgenden Aussagen!

a) Die Restgemeinkosten sind ausschließlich „personalabhängig" und deshalb auf den Fertigungslohn zu beziehen.

b) Die Ist-Maschinenstunden können niemals genau mit den Normalsätzen übereinstimmen.

c) Bezugsgröße für die maschinenabhängigen Fertigungsgemeinkosten sind die Maschinenstunden.

d) Maschinenstundensätze sind stets vorteilhaft, wenn die Kostenträger in einer Fertigungsstelle mehrere Maschinen bzw. Maschinengruppen beanspruchen.

Vertiefung

3. a) Ermitteln Sie auf der folgenden – noch unvollständigen – Maschinenstundensatzkarte den Maschinenstundensatz!

Maschine Nr.: 35		Index des Anschaffungsjahres: 120 %	
Bezeichnung: Fräs- und Schleifautomat		Index des Wiederbeschaffungsjahres: 140 %	
Standort: Halle 3			
Anschaffungsjahr: 2000		Jährliche Normal-Laufzeit:	
Anschaffungskosten: 120 000,00 €		1 600 Maschinenstunden	
Kostenart	Daten		Berechnung
Abschreibung	Nutzungsdauer 10 Jahre p. a.		?
Kalkulatorische Zinsen	10 % auf das durchschnittlich gebundene Kapital		?
Instandhaltung	5 % von den Wiederbeschaffungskosten p. a.		?
Raumkosten	Flächenbedarf 12 m²; Verrechnungssatz 0,05 €/Stunde		?
Energie	Anschlusswert 10 kW, Auslastung 70 %; Strompreis 0,15 € je kW		?
	Maschinenstundensatz:		?

b) Ein Betriebsberater schlug die Maschinenstundensatzrechnung in diesem Betrieb vor, weil neben Mehrzweck- und Universalmaschinen (vgl. Maschinenstundensatzkarte der Maschine Nr. 35) auch zahlreiche Spezialmaschinen zum Einsatz kommen.

Wie begründete der Berater seinen Vorschlag?

4. Ausschnitt aus einem Betriebsabrechnungsbogen des vergangenen Monats (Fertigungs- und Materialbereich eines Metall verarbeitenden Betriebes) vor der Einführung der Maschinenstundensatzrechnung:

Maschinenstunden:

Laufzeit der NC-gesteuerten Drehmaschine (D 1)	450 Stunden
Laufzeit der Fräsmaschine (F 1)	410 Stunden
Laufzeit der Lackieranlage (L 1)	220 Stunden

A

Zahlen der Kostenartenrechnung (€)		Material (€)	Fertigungsstellen		
			Dreherei (D) (€)	Fräserei (F) (€)	Lackiererei (L) (€)
Hilfslöhne	10 000,00	1 000,00	3 500,00	2 500,00	3 000,00
Gehälter	11 500,00	1 500,00	4 300,00	3 700,00	2 000,00
Soziale Abgaben	5 000,00	600,00	1 900,00	1 800,00	700,00
Kalkulatorische Abschreibungen	14 000,00	1 200,00	4 150,00	4 650,00	4 000,00
Zinsen	5 200,00	400,00	1 600,00	1 850,00	1 350,00
Raumkosten	3 600,00	50,00	1 800,00	1 500,00	250,00
Instandhaltung	900,00	25,00	250,00	380,00	245,00
Energiekosten	1 400,00	85,00	750,00	330,00	235,00
Istgemeinkosten	51 600,00	4 860,00	18 250,00	16 710,00	11 780,00
Einzelkosten:					
■ Material		48 600,00			
■ Fertigungslöhne			4 612,50	5 570,00	4 712,00

a) Trennen Sie die Fertigungsgemeinkosten in maschinenabhängige Kosten und in lohnabhängige Restgemeinkosten! Richten Sie dabei die erforderlichen Spalten im BAB ein!

b) Wie hoch ist der jeweilige Restgemeinkostenzuschlag?

c) Ermitteln Sie die Maschinenstundensätze für die Maschinenarbeitsplätze (D 1, F 1 und L 1) der einzelnen Fertigungskostenstellen!

d) Führen Sie mit Hilfe der ermittelten Sätze der Maschinenstundensatzrechnung eine Nachkalkulation des Auftrags 5603 durch!

Maschinenstunden D 1	10 h
Fertigungslöhne Dreherei	200,00 €
Maschinenstunden F 1	7 h
Fertigungslöhne Fräserei	150,00 €
Maschinenstunden L 1	3 h
Fertigungslöhne Lackiererei	120,00 €
Fertigungsmaterial	80,00 €

Berechnen Sie die Herstellkosten des Auftrags!

e) Warum weichen die aufgrund des BAB ermittelten Maschinenstunden- und Restgemeinkostensätze von den in der Vorkalkulation verwendeten Werten ab?

5. Ein Hersteller von sanitären Erzeugnissen (Krankenstühle, Krücken u.a.) hat in der vergangenen Abrechnungsperiode (1 Jahr) für die Fertigungsstelle Sägerei (S) folgende Zahlen ermittelt:

Gemeinkosten	Gesamte Fertigungsgemeinkosten (S) €	Sägerei (S)		Restgemeinkosten (S) €
		Maschine A 1 €	Maschine A 2 €	
Hilfs- und Betriebsstoffe	6 500,00			6 500,00
Energiekosten	14 200,00	9 800,00	3 200,00	1 200,00
Personalkosten	12 800,00			12 800,00
Kalkulatorische Abschreibung	168 000,00	125 000,00	?	?
Kalkulatorische Zinsen	30 500,00	15 200,00	14 100,00	1 200,00
Kalkulatorische Wagnisse	16 300,00	9 100,00	4 200,00	3 000,00
Raumkosten	9 500,00	4 200,00	3 800,00	1 500,00
Instandhaltung	11 700,00	5 900,00	4 400,00	1 400,00
Sonstige Kosten	3 000,00			300,00
Summen	272 500,00	169 200,00	?	?
Laufzeit:		1 800 Stunden	1 600 Stunden	RGKZ
Maschinenstundensatz:		94,00	?	?

75

a) Berechnen Sie für die Kostenstelle Sägerei (S) die gesamten Fertigungslöhne (Stundenlohnsatz 15,00 €; Maschinenlaufzeit stimmt mit der Arbeitszeit überein)!

b) Für die Maschine A 2 sind noch die kalkulatorischen Abschreibungen zu berechnen! Anschaffungskosten 160 000,00 €, Alter der Maschine 3 Jahre, veranschlagte Nutzungsdauer 8 Jahre. Um die Preissteigerungen bei Investitionsgütern zu berücksichtigen, wird im jährlichen Abschreibungsbetrag ein Preisindex von 1,25 berücksichtigt.

c) Ermitteln Sie den Maschinenstundensatz für die Maschine A 2! Berechnen Sie den Restgemeinkostenzuschlagsatz!

1.5.3.5 Kalkulation des Verkaufspreises (Vorwärts-, Differenz- und Rückwärtskalkulation)

Kontrolle

1. Wie unterscheiden sich

   a) Vorwärts-, Rückwärts- und Differenzkalkulation?

   b) Kalkulationszuschlag und Handelsspanne im Handel?

2. Welche Unterschiede bzw. Gemeinsamkeiten ergibt ein Vergleich der Kalkulationsschemata der Industrie und des Handels?

3. a) Ermitteln Sie für einen Handelsbetrieb für die Ware A bzw. B Kalkulationszuschlag und Handelsspanne!

   Ware A Bezugspreis 580,00 €, Nettoverkaufspreis 1 100,00 €
   Ware B Bezugspreis 980,00 €, Nettoverkaufspreis 1 200,00 €

   b) Warum wird im Einzelhandelsbetrieb beim Kalkulationszuschlag bzw. bei der Handelsspanne häufig vom Bruttoverkaufspreis (Nettoverkaufspreis + Umsatzsteuer) ausgegangen?

4. Welcher Kalkulationszuschlag bzw. welche Handelsspanne ergibt sich, wenn in einem Handelsbetrieb die folgenden Kalkulationsgrößen angewandt werden: Handlungskostensatz 30 %, Gemeinzuschlag 15 %, Kundenskonto 2 %, Kundenrabatt 8 %?

5. Die Fensterfabrik Gerhard Rau wird beauftragt, für den Einbau von Kunststofffenstern in die örtliche Hauptschule einen Kostenvoranschlag vorzulegen. Für die Angebotskalkulation sind folgende Normalzuschläge zugrunde zu legen: Materialgemeinkosten 15 %, Fertigungsgemeinkosten 130 %, Verwaltungsgemeinkosten 10 %, Vertriebsgemeinkosten 5 %.

   Veranschlagte Einzelkosten: Fertigungsmaterial 5 000,00 €, Fertigungslöhne 8 500,00 €.

   Berechnen Sie den Angebotspreis! Berücksichtigen Sie dabei 10 % Gewinnzuschlag, 5 % Kundenrabatt und 2 % Kundenskonto.

6. Ein Kunde der Metallwarenfabrik Fritz Rich GmbH wünscht ein Angebot über 400 Stück Souvenir-Teelöffel mit Wappenmotiv entsprechend der beigefügten Zeichnung.

   a) Kalkulieren Sie den Angebotspreis unter Beachtung der Angaben des Technischen Büros und der Normalzuschlagsätze der Betriebsabrechnung!

   Einzelkosten:
   Fertigungsmaterial (Blechverbrauch u.a.) 350,00 €; Stanzerei: je 6 Maschinenstunden und Fertigungsstunden; Maschinenstundensatz 21,50 €, Stundenlohn 13,00 €; Formerei: je 4 Maschinen- und Fertigungsstunden; Maschinenstundensatz 30,00 €, Stundenlohn 13,50 €; Galvanik: Laufzeit der Galvanisieranlage 2 Stunden, Fertigungszeit 8 Stunden; Stundensatz Galvanisieranlage 12,50 €, Stundenlohn 13,50 €.

   Sondereinzelkosten der Fertigung: 80,00 € (Formkosten)

   Zuschläge:
   Materialgemeinkostenzuschlag 5 %, Restgemeinkostenzuschläge: Stanzerei 40 %, Formerei 50 %, Galvanik 60 %; Verwaltungsgemeinkostenzuschlag 25 %, Vertriebsgemeinkostenzuschlag 20 %, Gewinnzuschlag 12 %, Kundenskonto 3 %, Vertreterprovision 5 %, Kundenrabatt 4 %.

   b) Welcher Gewinn in € und % ergibt sich, wenn aus Konkurrenzgründen ein Verkaufspreis von 4,50 € je Stück zugestanden werden muss?

Vertiefung

7. Ein Hersteller von Elektro-Haushaltsgeräten ermittelt in der Vorkalkulation für den Geschirrspülautomaten G 50 de Luxe einen Listenpreis von 1 625,00 €.

   a) Überprüfen Sie das Ergebnis der Vorkalkulation! Verwendete Kalkulationsgrundlagen: Fertigungsmaterial 400,00 €, Materialgemeinkostenzuschlag 10 %, Fertigungslöhne 180,00 €, Fertigungsgemeinkosten 200 %, Verwaltungs- und Vertriebsgemeinkostenzuschlag 25 %, Gewinnzuschlag 4 %, Kundenskonto 2 %, Kundenrabatt 20 %.

   b) Wie viel € für Fertigungsmaterial dürfen höchstens aufgewendet werden, wenn aus Konkurrenzgründen der Automat nur für 1 560,00 € abgesetzt werden kann? (Der Gewinnzuschlag von 4 % gilt als Untergrenze.)

   Wie hoch wären die aufwendbaren Fertigungslöhne, wenn der Fertigungsmaterialaufwand nicht gesenkt werden kann?

   c) Inwieweit lässt sich nach Ihrer Meinung die erforderliche Minderung des Aufwandes an Fertigungsmaterial bzw. Fertigungslohn in der Praxis verwirklichen?
   Begründen Sie Ihre Aussagen!

8. Marquardt & Deibele sind Hersteller von Sanitärmöbeln. Im Produktionsprogramm befinden sich u.a. Krankenstühle und Krankenstöcke. Zur Abrundung des Programms werden in die Angebotspalette Wanderstöcke als Handelswaren aufgenommen. Ein Großhändler bietet die Wanderstöcke („Kastanienbraun") bei einer Abnahme von 1 000 Stück mit 10 % Rabatt auf den Listenpreis (ohne Umsatzsteuer) von 3 500,00 € an. Bei Barzahlung werden 3 % Skonto gewährt. Die Bezugskosten für die Sendung betragen 34,50 €. Als Handlungskostensatz wurden 30 % angesetzt.

A

a) Zu welchem Verkaufspreis (Nettopreis) können die Wanderstöcke dem Einzelhandel angeboten werden, wenn ein Gewinnzuschlag von 20 % sowie Kundenskonto von 2 %, Vertreterprovision von 8 % und Kundenrabatt von 5 % gewährt werden?

b) Wie könnte im vorliegenden Falle der Handlungskostensatz ermittelt worden sein?

c) Die dem Fachhandel angebotenen Wanderstöcke sind zu teuer. Fachgeschäfte weisen auf günstigere Angebote des Großhandels hin. Der gleiche Wanderstock in „Kastanienbraun" könne von der Konkurrenz zum Stückpreis von 4,00 € bezogen werden. In einer Kalkulation soll nun ermittelt werden, welche „Gewinneinbuße" gegebenenfalls in Kauf zu nehmen ist, wenn ebenfalls zu 4,00 € angeboten wird!

d) Der Teilhaber Rolf Marquardt möchte auf einen Gewinnzuschlag von mindestens 5 % nicht verzichten. Einkäufer Fritz soll beim Großhandel einen entsprechend niedrigeren Einkaufspreis durch Verhandlungen anstreben. Von welchem Preis muss er ausgehen?

e) Angenommen, der unter d) ermittelte Einkaufspreis kann beim Großhändler durchgesetzt werden. Berechnen Sie den Kalkulationszuschlag und die Handelsspanne, mit der künftig gerechnet werden kann!

1.5.4 Geschlossene Kostenrechnung (Gesamtschau der Kostenarten-, Kostenstellen-, Kostenträgerzeitrechnung)

Kontrolle und Vertiefung

1. Die Wielandwerke GmbH, Ulm, Hersteller von Werkzeugen und Handhabungsgeräten, fertigen nach Auftrag. Die Kosten- und Leistungsrechnung auf der Grundlage von Vollkosten ist nach Einführung der Kostenstellenrechnung um die Normalkostenrechnung erweitert worden. Um der Geschäftsleitung über den Stand der Kosten- und Leistungsrechnung einen Überblick zu verschaffen, soll in einer Übersicht der Zusammenhang zwischen Teilbereichen der Kosten- und Leistungsrechnung in einer Gesamtschau dargestellt werden. Aufgrund dieser Darstellung soll geprüft werden, inwieweit der erreichte Stand der Kostenrechnung in der Lage ist, ausreichend Informationen für Kontrollen bzw. Entscheidungen in den Funktionsbereichen Beschaffung, Fertigung und Absatz zu treffen (siehe Übersicht Band 1, S. 177).

Bei der Erläuterung der „Gesamtschau" der in den Wielandwerke GmbH aufgebauten Kosten- und Leistungsrechnung kommt es unter anderem zu den folgenden Aussagen:

(1) Die „Betriebsergebnisrechnung" ist ein wesentlicher Teil der Ergebnistabelle. Die Kosten und Leistungen entsprechen im Wesentlichen den Aufwendungen und Erträgen der Ergebnisrechnung in der GuV-Rechnung.

(2) Die Kostenartenrechnung entnimmt Werte aus der „Betriebsergebnisrechnung" mit dem Ziel, die Kosten nach verschiedenen Gesichtspunkten zu gliedern bzw. zu analysieren.

(3) Die Gemeinkosten münden über die Kostenstellenrechnung in die Kostenträgerzeitrechnung ein, während die Einzelkosten unmittelbar der Kostenträgerzeitrechnung zugeführt werden.

(4) Die Kostenträgerzeitrechnung erfasst alle Kosten und Leistungen; sie führt zum Betriebsergebnis, das mit dem Betriebsergebnis der Spalte „Betriebsergebnisrechnung" der Ergebnistabelle übereinstimmt.

(5) Die Normalkostenrechnung baut auf der Istkostenrechnung auf; sie ermittelt das gesamte Umsatzergebnis sowie die einzelnen Umsatzergebnisse der Kostenträger.

(6) Istkostenrechnung und Normalkostenrechnung stellen die Unterlagen für die Kostenträgerstückrechnung bereit.

Sind die in dem Text dargelegten Aussagen zutreffend bzw. bedürfen die Feststellungen und Erläuterungen einer Ergänzung?

2. Ein Mitarbeiter im Rechnungswesen der Wielandwerke GmbH (siehe Aufgabe 1) ist der Auffassung, dass die Kosten- und Leistungsrechnung als *Informations-, Kontroll- und Entscheidungsinstrument* einen hohen Stand erreicht habe. Er begründet diese Aussagen mit folgenden Feststellungen:

(1) Die Vollkostenrechnung ermöglicht die genaue Ermittlung der gesamten Selbstkosten für jeden einzelnen Kostenträger.

(2) Der BAB erlaubt die Kontrolle der Wirtschaftlichkeit der Funktionsbereiche und Betriebsabteilungen.

(3) Das Kostenträgerzeitblatt zeigt die Kostenträger, die Gewinn bzw. Verlust bringen; es liefert damit Informationen für die Sortimentsgestaltung.

(4) Die Einkaufsabteilung erhält Entscheidungshilfen über die Preisobergrenze bei der Beschaffung von Werkstoffen.

(5) Die Verkaufsabteilung erfährt den Angebotspreis, der nicht unterschritten werden sollte (Preisuntergrenze).

a) Sind die Feststellungen des Mitarbeiters zutreffend?

b) Begründen Sie Ihre Aussagen!

1.5.5 Plankostenrechnung auf Vollkostenbasis

1.5.5.1 Starre Plankostenrechnung

1.5.5.2 Flexible Plankostenrechnung

Kontrolle

1. Ein wichtiges Zielkriterium, an dem die Verfahren der Kostenrechnung zu messen sind, ist die Aussagefähigkeit (Relevanz) eines Verfahrens.

Inwieweit können die Verfahren der Normalkostenrechnung, der starren bzw. der flexiblen Plankostenrechnung diese Zielsetzung erfüllen? Berücksichtigen Sie dabei auch das Zielkriterium der Wirtschaftlichkeit der Kostenrechnung

2. Wie beurteilen Sie die folgenden Aussagen:

   a) Eine Beschäftigungsabweichung liegt vor, wenn die Istkosten (K_{Ist}) des tatsächlichen Beschäftigungsgrades höher bzw. niedriger sind als die verrechneten Plankosten (K_{verr}).

   b) Eine Verbrauchsabweichung ist gegeben, wenn die Sollkosten (K_{Soll}) der Istbeschäftigung (B_{Ist}) von den Istkosten (K_{Ist}) der Istbeschäftigung (B_{Ist}) abweichen.

   c) Bei der flexiblen Plankostenrechnung müssen die Plankosten in ihre fixen und proportionalen Bestandteile aufgelöst werden.

3. a) In einer Fertigungshauptkostenstelle werden für eine starre Plankostenrechnung folgende Daten zugrunde gelegt:
   - Planbeschäftigung (B_{plan})   5 000 Stück
   - Plangemeinkosten (K_{plan})   30 000,00 €
   - Istbeschäftigung (B_{Ist})   4 000 Stück
   - Istgemeinkosten (K_{Ist})   28 000,00 €

   Berechnen Sie:

   a1) den Plankostenverrechnungssatz,

   a2) die verrechneten Plankosten,

   a3) die Gesamtabweichung zwischen den Istgemeinkosten und den verrechneten Plangemeinkosten!

   a4) Stellen Sie die Gesamtabweichung auch grafisch dar, indem Sie die obigen Daten berücksichtigen! x-Achse: 3 cm = 1 000 Stück, y-Achse: 3 cm = 10 000,00 €.

   b) Das Unternehmen führt für die Fertigungshauptkostenstelle eine Kostenauflösung durch! Es ergeben sich 20 000,00 € proportionale und 10 000,00 € fixe Plangemeinkosten. Übrige Daten siehe a)

   Berechnen Sie:

   b1) den proportionalen Plankostenverrechnungssatz,

   b2) den fixen Plankostenverrechnungssatz,

   b3) den gesamten Plankostenverrechnungssatz für die Planbeschäftigung,

   b4) die verrechneten Plankosten,

   b5) die Gesamtabweichung,

   b6) die Sollkosten,

   b7) die Verbrauchsabweichung,

   b8) die Beschäftigungsabweichung!

   b9) Fertigen Sie eine Skizze (Maßstab wie bei a)), und kennzeichnen Sie die Gesamtabweichung, Verbrauchs- und Beschäftigungsabweichung!

Vertiefung

4. Im Zusammenhang mit der Einführung einer starren Plankostenrechnung stellt ein Mitarbeiter fest: „Je höher der Anteil der fixen Kosten an den Gemeinkosten einer Kostenstelle ist, desto weniger geeignet ist das Verfahren, wenn stärkere Beschäftigungsschwankungen auftreten."

   Wie beurteilen Sie diese Aussage?

5. In einem Handelsbetrieb soll die Kosten- und Leistungsrechnung weiter ausgebaut werden, sodass die „Relevanz" verbessert wird und Informationen für Entscheidungen bereitstehen.

   Um Erfahrungen zu sammeln, soll zunächst für die Kostenstelle „Fuhrpark" eine Plankostenrechnung eingeführt werden, um diesen „aufwandsträchtigen" Teilbereich in seinem Kostengebaren wirksamer kontrollieren zu können.

   Bei einer Planbeschäftigung der Periode (B_{plan}) von 5 500 km werden in der Kostenstelle Fuhrpark für die primären Gemeinkosten Plankosten (K_{plan}) in Höhe von 4 950,00 € ermittelt. Auf eine Trennung der Plankosten in variable und fixe Bestandteile wird verzichtet.

   a) Berechnen Sie den Plankostenverrechnungssatz (k_{plan})!

   b) Wie beurteilen Sie den Aussagewert der Ergebnisse in den folgenden Fällen im Hinblick auf die oben genannte wirksame Kostenkontrolle:
      - die Istbeschäftigung (B_{Ist}) der Periode beträgt 5 500 km (entspricht also der Planbeschäftigung), die Istgemeinkosten (K_{Ist}) betragen 5 250,00 €,
      - die Istbeschäftigung (B_{Ist}) der folgenden Periode beträgt 4 000 km, die Istgemeinkosten (K_{Ist}) 3 600,00 €.

   c) Welches Verfahren der Plankostenrechnung kommt in diesem Betrieb zur Anwendung? Sind von dem hier praktizierten Verfahren Ihrer Meinung nach positive Auswirkungen für das Kostengebaren zu erwarten? Begründen Sie Ihre Aussagen!

1.6 Teilkostenrechnung

1.6.1 Deckungsbeitrag – Deckungsbeitragsrechnung

Kontrolle

1. Im Abrechnungszeitraum 20. . sind für die Fertigung in einem Ein-Produkt-Unternehmen die folgenden Daten ermittelt worden. Die Herstellung ist weitgehend automatisiert.

Menge (hergestellt und verkauft)	Umsatzerlöse (E)	Selbstkosten (K)
6 000 (Kapazität 8 000 Stück)	342 000,00 €	242 000,00 € (davon 200 000,00 € fix)

   a) Ermitteln Sie den Deckungsbeitrag insgesamt und je Stück rechnerisch!

   b) Wie hoch ist die Nutzenschwelle? Ermitteln Sie tabellarisch die Deckungsbeiträge und die Ergebnisse (Gewinn bzw. Verlust) bei 2 000 Stück, an der Nutzenschwelle, bei 6 000 Stück und bei einem Beschäftigungsgrad von 100 %!

c) Veranschaulichen Sie in zwei Diagrammen die Lösungen in a) und b) mit den Werten für die Gesamt- und Stückproduktion (K und k) bzw. die Umsatzerlöse (E und e)!

Wählen Sie geeignete Maßstäbe!

2. In der Metallwarenfabrik Otto Schock werden mehrere Erzeugnisse hergestellt. Für das *Produkt B* liegen die folgenden Zahlen vor:

Selbstkosten B	640 000,00 €
Umsatzerlöse B	520 000,00 €
Verlust B	120 000,00 €

Die Kostenauflösung ergab fixe Kosten von 300 000,00 €. Der Betriebsinhaber ist der Auffassung, Artikel B sei aus dem Fertigungsprogramm zu nehmen, denn bei Wegfall des Verlustträgers B müsse sich das gesamte Betriebsergebnis entsprechend verbessern. Wie beurteilen Sie die Aussage des Betriebsinhaber?

Vertiefung

3. Beschreiben Sie kurz die folgenden Unternehmenssituationen. Welche Entscheidungen können erwogen werden, wenn Ihnen nur die folgenden Informationen vorliegen:

a) Unternehmen A: $e < k_v$

b) Unternehmen B: $DB = K_f$

c) Unternehmen C: Produktion und Absatz unterliegen Schwankungen. In vier Abrechnungszeiträumen ergeben sich folgende Größen:

Produktion und Verkauf (Stück)	Gegenüberstellung von Deckungsbeiträgen, Kosten und Erlösen
200	$DB < K_f$
600	$DB > K_f$
800	$DB < K_f$
950	$E > K$

Beschreiben Sie die jeweilige Ergebnissituation (mit Begründung)! Welche Entscheidungen sind abzuleiten?

d) Beurteilen Sie die folgende Aussage: „Solange ein positiver Deckungsbeitrag besteht, kann die Produktion unbesorgt aufrechterhalten bleiben."

Spielt es dabei eine Rolle, ob eine Einprodukt- oder eine Mehrproduktunternehmung vorliegt? Begründung.

4. Aus der Statistik eines Handelsbetriebs entnehmen Sie: In der Warengruppe Spielwaren entfallen auf 1,00 € Umsatz 0,64 € variable Kosten.

a) Stellen Sie die Deckungsbeitragsrechnung für die erste Abrechnungsperiode auf! Weitere Angaben: Fixe Gesamtkosten 560 000,00 €, Verlustbeitrag 20 000,00 €.

b) Bei welcher Umsatzhöhe wird der Break-even-Point erreicht?

5. Aufgrund der aufbereiteten Zahlenunterlagen zweier Abrechnungszeiträume wurde das folgende Diagramm erstellt.

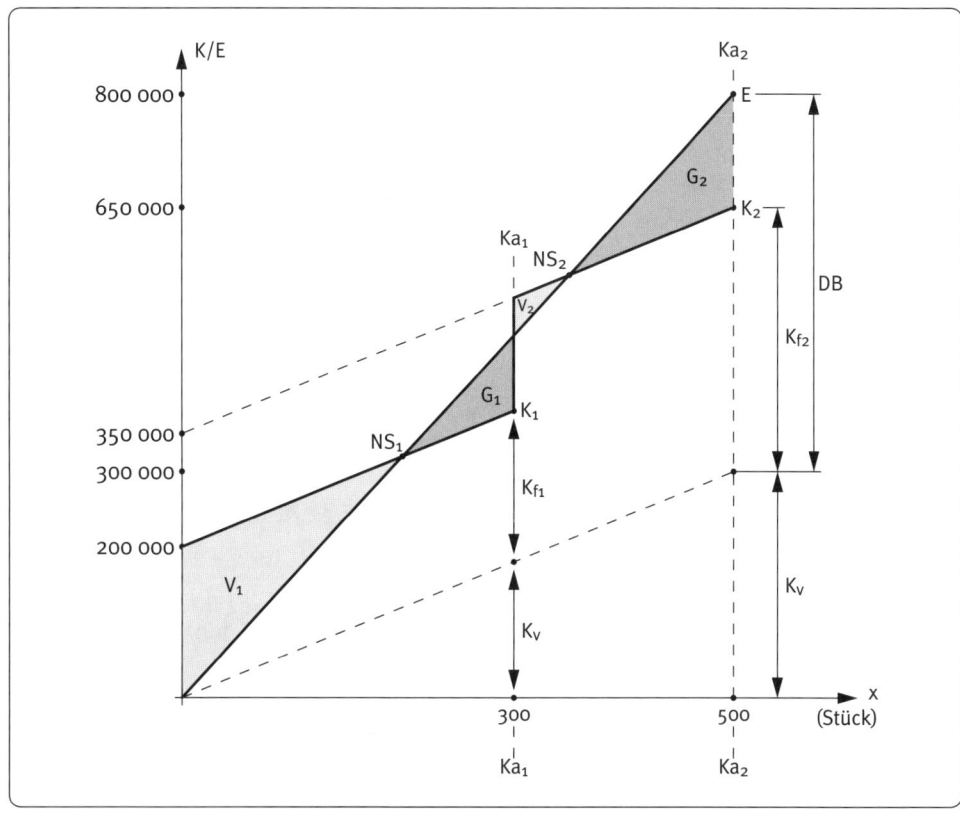

A

a) Bestimmen Sie rechnerisch die beiden Nutzenschwellen!

b) Stellen Sie die Teilkostenrechnungen für 100, 300, 315 und 500 Stück auf! Was können Sie aus den Ergebnissen entnehmen?

c) Nehmen Sie an, Produktion und Absatz gehen nach bisher 500 Stück im folgenden Abrechnungszeitraum auf 250 Stück zurück. Wie hoch ist das Ergebnis, und was schließen Sie im Vergleich mit b) daraus?

6. In einem Handelsbetrieb erbringt eine Warengruppe einen Deckungsbeitrag von 196 000,00 €. Die variablen Kosten je 1,00 € Umsatz betragen 0,72 €.

a) Welcher Umsatz erbringt diesen Deckungsbeitrag?

b) Stellen Sie eine Vollkostenrechnung auf! Der Deckungsbeitrag enthält einen Gewinnbeitrag von 36 000,00 €, der Rest sind fixe Handlungskosten.

c) Wie ändern sich die Zuschlagssätze der Vollkostenrechnung, wenn der Umsatz um 20 % steigt?

7. Ein Industriebetrieb stellte im vergangenen Monat März 900 Stück eines Zubehörteiles für einen Großabnehmer her. Die Kapazität ist 1 000 Stück. Der Verkaufspreis je Stück ist 20,00 €. Vollkosten (Selbstkosten) sind in der betreffenden Periode lt. Kostenträgerzeitblatt in Höhe von 15 400,00 € angefallen. Eine Kostenauflösung ergibt 10 000,00 € fixe und 5 400,00 € variable Kosten.

   Im April geht der Absatz und die Produktion auf 540 Stück zurück.

   a) Ermitteln Sie für den Monat März und den Folgemonaten April nach den Daten der Teilkostenrechnung den Deckungsbeitrag je Stück und je Periode (Monat) sowie das Betriebsergebnis! Stellen Sie die Berechnung auf Vollkostenbasis gegenüber!

   b) Worauf ist die Ergebnisabweichung bei den beiden Verfahren zurückzuführen?

   c) Welche Auswirkung ergibt sich, wenn die Kapazität im Folgemonat Mai voll ausgelastet werden kann?

8. Weisen Sie anhand der nachfolgenden Zahlen (rechnerisch) nach, warum bei der Vollkostenrechnung eine „Hochrechnung" der Stückgewinne zu falschen Ergebnissen führt und damit z.B. für Plan- und Kontrollzwecke eine sehr problematische Informationsbasis zu betrieblichen Entscheidungen liefert.

   $K = 10\,000\,€$, $K_v = 6\,000\,€$, $K_f = 4\,000\,€$, $E = 12\,000\,€$, $x = 1\,000$.

   a) Berechnen Sie den Periodengewinn und den Stückgewinn für $x = 1\,000$!

   b) Welcher falsche Periodengewinn ergibt sich, wenn der für $x = 1\,000$ ermittelte Stückgewinn „hochgerechnet" wird auf eine Beschäftigung von $x = 2\,000$?

   Welches Ergebnis wäre nach der Teilkostenrechnung richtig?

   c) Welcher Periodengewinn ergibt sich nach Vollkosteninformation, wenn der unter a) ermittelte Stückgewinn für eine Beschäftigung von 500 Stück zugrunde gelegt wird?

   Welches Ergebnis wäre nach der Teilkostenrechnung richtig?

9. Formen Sie die nachfolgenden Zahlen aus der Betriebsabrechnung in eine Teilkostenrechnung um! Der Artikel soll nach Meinung der Geschäftsleitung weiter produziert werden, zumal dann mit einer Verdoppelung des Beschäftigungsgrades gerechnet werden kann. Wie beurteilen Sie diese Entscheidung?

Umsatzerlöse für 16 000 Stück	64 000,00 €
Selbstkosten (davon 34 000,00 € fix)	104 000,00 €
Verlust	40 000,00 €

10. Wie beurteilen Sie die folgenden Aussagen? Begründen Sie Ihre Auffassung!

   a) Bei der Teilkostenrechnung wird das Prinzip einer verursachungsgerechten Kostenzurechnung in höherem Maße erfüllt als bei der Vollkostenrechnung!

   b) Die Teilkostenrechnung berücksichtigt stärker die Wettbewerbssituation auf dem Markt, die Vollkostenrechnung die Selbstkosten als wesentlichen Bestandteil der Preisbildung.

c) Bei der mehrstufigen Deckungsbeitragsrechnung wir der Fixkostenblock in „erzeugnis-abhängige" und „unternehmensabhängige" Fixkosten aufgespalten.

d) Bei der Teilkostenrechnung wird auf die Ermittlung der Selbstkosten je Kostenträger verzichtet.

e) Ein Industriebetrieb kann auf eine Vollkostenrechnung verzichten, wenn er zur Teilkos-tenrechnung übergeht.

f) Bei etwa gleich bleibender Beschäftigung würde die Vollkostenrechnung ausreichen, da der Beschäftigungsgrad die wichtigste Kosteneinflussgröße ist.

A

11. Der Beschäftigungsgrad für den Trockenrasierer SL 240 beträgt auf den Monat bezogen 40 % = 2 000 Stück. Aus der monatlichen Betriebsabrechnung wurde für diesen Artikel bei gleich bleibenden Erzeugnisbeständen ein Kostenträgerblatt mit Kostenauflösung auf-gestellt (Beträge in €):

		insgesamt	fix	variabel
Fertigungsmaterial	60 000,00			60 000,00
Materialgemeinkosten	10 000,00		8 000,00	2 000,00
Materialkosten		70 000,00		
Fertigungslöhne	25 000,00			25 000,00
Fertigungsgemeinkosten	125 000,00		115 000,00	10 000,00
Fertigungskosten		150 000,00		
Herstellkosten		220 000,00		
Verwaltungs- und Vertriebsgemeinkosten		55 000,00	50 000,00	5 000,00
Selbstkosten		275 000,00	173 000,00	102 000,00
Verlust		40 000,00		
Verkaufserlöse		235 000,00		

a) Stellen Sie die Voll- und Teilkostenrechnung einander gegenüber – jeweils für die gesamte Menge und ein Stück!

b) Berechnen Sie die Nutzenschwelle!

c) Stellen Sie die Voll- und Teilkostenrechnung bei einem Beschäftigungsgrad von 70 % einander gegenüber [wie bei a)]!

Hinweis: Gehen Sie in den Lösungen zu a) und c) bei der Vollkostenrechnung von den Selbstkosten aus (Verkaufserlöse – Selbstkosten = Gewinn bzw. Verlust)!

1.6.2 Verfahren der Kostenauflösung

1.6.2.1 Synthetische Kostenauflösung als buchtechnisches Verfahren

Kontrolle

1. Die buchtechnische Kostenauflösung hat im 1. Quartal 20. . die folgende Aufteilung erge-ben (Beträge in €):

Materialgemeinkosten	200 000,00, davon 60 % fix;
Fertigungsgemeinkosten	1 350 000,00, davon 80 % fix;

Verwaltungsgemeinkosten	750 000,00, davon 75 % fix;
Vertriebsgemeinkosten	600 000,00, davon 50 % fix;
Fertigungsmaterial	1 000 000,00,
Fertigungslöhne	450 000,00.

Stellen Sie die Selbstkosten der Erzeugung nach dem Kalkulationsschema und aufgrund der Kostenauflösung zusammen!

2. Wie würden Sie bei der buchtechnischen Kostenauflösung der folgenden Kostenarten vorgehen? Erwarten Sie eher ein Übergewicht der fixen oder der variablen Kosten? Telefonkosten, Abschreibungen auf Sachanlagen, Löhne, Gehälter, Miete für Geschäftsräume, Kraftfahrzeugsteuer, Werbung, Fremdbauteileaufwand, Grundsteuer, Zinsaufwand für Darlehensschuld, Fremdreparaturen an Maschinen, Versicherungsaufwand, verbrauchtes Büromaterial, Stromverbrauch.

3. Welche Überlegungen sind bei der buchtechnischen Kostenauflösung im *Handelsbetrieb* anzustellen?

1.6.2.2 Analytische Kostenauflösung als Differenzenquotientenverfahren

Kontrolle

1. Der Inhaber eines Zulieferbetriebs der Autoindustrie hat für die ersten vier Monate des Jahres 20 . . eine Aufstellung der erzeugten Schiebedächer P 70 und ihrer Kosten anfertigen lassen:

Monate in 20. .	Erzeugte Menge (Stück)	Gesamtkosten (K), €
Januar	2 000	880 000,00
Februar	3 000	1 020 000,00
März	1 800	852 000,00
April	4 500	1 230 000,00

Stellen Sie

a) rechnerisch und

b) auf einem Diagramm (500 Stück = 1 cm; 100 000,00 € = 1 cm)

die Höhe der fixen Kosten (K_f) und die variablen Kosten (K_v und k_v) fest!

2. Die Kostenrechnungsabteilung eines Industriebetriebs hat die Kosten (K) bei verschiedenen Beschäftigungsgraden (BG) ermittelt. Berechnen Sie unter der Voraussetzung, dass die variablen Kosten proportional verlaufen, die fixen Kosten (K_f)!

BG %	Kosten (K), €
40	3 200 000,00
55	3 650 000,00
80	4 400 000,00
90	4 700 000,00

Vertiefung

3. Bei welchem Umsatz eines Handelsbetriebs wird die Gewinnschwelle erreicht, wenn die folgenden Angaben zur Verfügung stehen?

Monat	Umsatz (€)	Gesamtkosten (€)
Mai 20. .	1 320 000,00	1 080 000,00
Juni 20. .	720 000,00	900 000,00

Hinweis zur Lösung:

An den Zuwachsraten (K2 – K1) bei einer Umsatzzunahme (U2 – U1) lassen sich die variablen Kosten je 1,00 € Umsatz und daraus die variablen Gesamtkosten (K) und die fixen Kosten (K_f) bestimmen:

$$k_v \text{ (je 1,00 € Umsatz)} = \frac{K2 - K1}{U2 - U1}$$
$$K_v = U \cdot k_v$$
$$K_f = K - K_v$$

4. Ein Industriebetrieb stellt Lenkgetriebe in verschiedenen Ausführungen her. Die variablen Kosten zeigen einen linearen Verlauf. Bei schwankenden Umsätzen kann von einem gleich bleibenden Mengenverhältnis der Lenkgetriebe ausgegangen werden. Die Zahlen der ersten drei Quartale 20 . . lauten:

Quartale 20. .	Umsatz (U) = Verkaufserlöse netto, €	Kosten (K), €
I	60 000,00	70 000,00
II	110 000,00	90 000,00
III	200 000,00	126 000,00

Stellen Sie

a) rechnerisch und

b) im Diagramm

die Höhe der fixen Kosten und die variablen Kosten jedes Quartals fest!

Hinweis zur Lösung:
Tragen Sie auf der x-Achse den Umsatz und auf der y-Achse die Kosten und den Umsatz ein. 20 000,00 € = 1 cm.

5. In einer Tuchgroßhandlung liegen an zwei aufeinander folgenden Monaten die folgenden Zahlen vor:

	1. Monat €	2. Monat €
Umsätze	800 000,00	1 120 000,00
Selbstkosten	650 000,00	800 000,00

a) Wie hoch sind die fixen Kosten?

b) Stellen Sie die Teilkostenrechnungen für die beiden Monate auf!

c) Berechnen Sie, von welchem Umsatz an Gewinn erzielt wird (Nutzenschwelle)!

d) Welcher Umsatz ist notwendig, wenn man sich mit 100 000,00 € Gewinn begnügt?

e) Welcher Umsatz ist erforderlich, um den geplanten Gewinn von 400 000,00 € zu erreichen?

f) Stellen Sie die Lösungen a) bis e) grafisch dar! In der Waagerechten 1 cm = 100 000,00 € Umsatz, in der Senkrechten 1 cm = 100 000,00 € Umsatz bzw. Kosten.

1.6.2.3 Grafisches Verfahren (Streupunktdiagramm)

Kontrolle

1. In der Kostenstelle Montage wird ein Produkt versandfertig hergerichtet. Für das Jahr 20. . liegen jetzt Angaben über Produktionsmenge und -kosten vor:

Monate	Menge (Stück)	Kosten, €
Januar	20	25 000,00
Februar	12	20 000,00
März	24	27 500,00
April	35	25 000,00
Mai	46	30 000,00
Juni	30	22 500,00
Juli	60	45 000,00
August	80	50 000,00
September	80	52 500,00
Oktober	50	37 500,00
November	40	30 000,00
Dezember	15	25 000,00

a) Ermitteln Sie mit Hilfe eines Streupunktdiagramms die ungefähre Höhe der fixen Kosten!

b) Stellen Sie die Beschäftigungsabweichung von der durchschnittlichen Beschäftigung fest, und überprüfen Sie mit Hilfe des Differenzenquotientenverfahrens den Fixkostenbetrag! Maßstäbe im Diagramm: 1 cm = 10 Stück; 2 cm = 10 000,00 €.

Vertiefung

2. a) Nennen Sie Kosteneinflussgrößen, die das Streupunktverfahren gegenüber dem Differenzenquotientenverfahren vorteilhaft erscheinen lassen!

b) Warum sollte das Streupunktverfahren durch geeignete rechnerische Ergänzungen verfeinert werden?

c) Beurteilen Sie im Rahmen eines Vergleichs das Streupunktverfahren und das buchtechnische (synthetische) Verfahren!

3. Setzen Sie in dem folgenden Streupunktdiagramm die Trendgerade ein, und überprüfen Sie die festgestellten fixen Kosten durch ein Differenzenquotientenverfahren! Übertragen Sie hierzu das Streupunktdiagramm in Ihre Unterlagen!

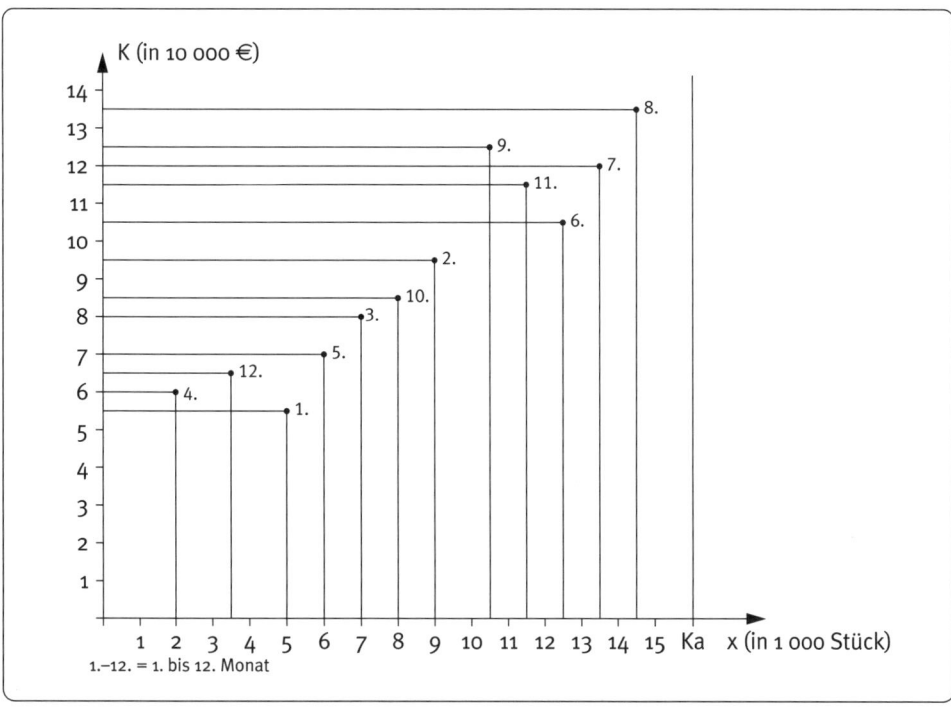

1.6.3 Vergleich von Voll- und Teilkostenrechnung

Kontrolle

1. Der Beschäftigungsgrad für das Erzeugnis in einem Ein-Produkt-Unternehmen beträgt auf den Monat bezogen 40 % = 2 000 Stück. Aus der monatlichen Betriebsabrechnung wurde für diesen Artikel bei gleich bleibenden Erzeugnisbeständen ein Kostenträgerblatt mit Kostenauflösung aufgestellt (Beträge in €):

		insgesamt	fix	variabel
Fertigungsmaterial	60 000,00			60 000,00
Materialgemeinkosten	10 000,00		8 000,00	2 000,00
Materialkosten		70 000,00		
Fertigungslöhne	25 000,00			25 000,00
Fertigungsgemeinkosten	125 000,00		115 000,00	10 000,00
Fertigungskosten		150 000,00		
Herstellkosten		220 000,00		
Verwaltungs- und Vertriebsgemeinkosten	55 000,00		50 000,00	5 000,00
Selbstkosten		275 000,00	173 000,00	102 000,00
Verlust		40 000,00		
Umsatzerlöse		235 000,00		

a) Stellen Sie die Voll- und die Teilkostenrechnung einander gegenüber – jeweils für die gesamte Menge und ein Stück!

b) Berechnen Sie die Nutzenschwelle!

c) Stellen Sie die Voll- und die Teilkostenrechnung bei einem Beschäftigungsgrad von 70 % einander gegenüber (wie bei a))!

Hinweis: Gehen Sie in den Lösungen zu a) und c) bei der Vollkostenrechnung von den Selbstkosten aus (Verkaufserlöse – Selbstkosten = Gewinn bzw. Verlust)!

2. Formen Sie die nachfolgenden Zahlen aus der Betriebsabrechnung in eine Teilkostenrechnung um! Es soll nach Meinung der Geschäftsleitung weiter produziert werden, zumal da mit einer Verdoppelung des Beschäftigungsgrades gerechnet werden kann. Wie beurteilen Sie diese Entscheidung?

Umsatzerlöse für 16 000 Stück	64 000,00 €
Selbstkosten (davon 34 000,00 € fix)	104 000,00 €
Verlust	40 000,00 €

3. Überprüfen Sie die folgenden Aussagen! Berichtigen Sie, soweit notwendig!

   a) Ein Kostenträger, der keinen Deckungsbeitrag erbringt, darf nicht weiter erzeugt bzw. angeboten werden.

   b) Nur Artikel, die einen Gewinn abwerfen, dürfen im Fertigungs- bzw. Verkaufsprogramm bleiben.

   c) Ein Angestellter hat den Auftrag, Verkaufspreise zu kalkulieren. Er stellt fest: „Wir brauchen keine Deckungsbeitragsrechnung."

   d) Bei stark schwankenden Beschäftigungsgraden kann auf die Deckungsbeitragsrechnung nicht verzichtet werden.

Vertiefung

4. Ein Unternehmer hat für den Mikrowellenherd „M 12" nach dem Schema der Zuschlagskalkulation eine Kostenträgerzeitrechnung für 20.. auf Vollkostenbasis aufgestellt. Ein beachtlicher Stückgewinn wurde ausgewiesen. Für das Folgejahr ist durch Marktsättigung mit einem Absatzrückgang auf ca. 60 % der Menge von 20.. zu rechnen. Der Unternehmer sieht jedoch den Stückgewinn als beruhigendes Polster an.

   Ein Unternehmungsberater weckt Zweifel an dieser Auffassung und überzeugt den Unternehmer, indem er das Zahlenmaterial im Sinne der Deckungsbeitragsrechnung aufbereitet. Der Unternehmer ist von den gewonnenen Erkenntnissen so angetan, dass er künftig auf die Kostenträgerzeit- und Stückrechnung (Vollkostenrechnung) verzichten will.

   Beurteilen Sie die Meinung des Unternehmers!

5. Der Vertrieb einer Sofortbildkamera bringt einen Deckungsbeitrag von 196 000,00 €. Eine Kamera wird mit 144,00 € variablen Kosten erworben und hat einen Verkaufserlös von 200,00 €. Der Deckungsbeitrag enthält einen Gewinnbeitrag von 36 000,00 €.

   a) Welche Stückzahl ist für den obigen Deckungsbeitrag erforderlich?

   b) Stellen Sie eine Vollkostenrechnung auf!

6. a) Bei Stückzahlen unterhalb der Nutzenschwelle wird nur ein Teil der fixen Kosten gedeckt. Welche fixen Kosten können zeitweilig ungedeckt bleiben, welche sollten möglichst gedeckt werden?

   b) In einem Betrieb besteht keine Teilkostenrechnung. Welche Gefahren sehen Sie bei schwankendem Beschäftigungsgrad? Wie kann den Gefahren auch bei fehlender Teilkostenrechnung möglichst begegnet werden?

   c) Der Soll-Ist-Vergleich in der Kostenstelle Fertigung ergibt:

Fertigungslöhne	200 000,00 €
FGKZ Soll	300 %
FGKZ Ist	400 %

A

   Inwiefern kann aus diesen Zahlen auf eine Änderung des Beschäftigungsgrades geschlossen werden? Es kann davon ausgegangen werden, dass die FGK weitgehend fix sind und dass keine weiteren Ursachen für eine Kostenabweichung vorliegen.

7. Für eine Produktgruppe (Handelswaren) wird in der Teilkostenrechnung bei einem Umsatz von 1 600 000,00 € und 480 000,00 € fixen Kosten ein Verlust von 20 000,00 € festgestellt. Um wie viel Prozent muss der Umsatz steigen, um das geplante Ergebnis, einen Gewinn von 80 000,00 €, zu erreichen.

8. Ein Unternehmer möchte seine Vollkostenrechnung durch eine Teilkostenrechnung ergänzen. Wie ist im Betrieb vorzugehen, damit eine effiziente Teilkostenrechnung eingerichtet werden kann?

9. Ergebnisanalysen in getrennten Abteilungen eines Großhandelsbetriebs haben ergeben, dass die Warengruppe A einen Gewinnbeitrag leistet, die Warengruppe B einen Verlustbeitrag. In 1,00 € Umsatz von A sind 0,79 €, von Gruppe B 0,60 € beschäftigungsabhängige (variable) Kosten enthalten. Der Geschäftsführer gibt die Parole aus: „Gewinnartikel A muss bei Umsatzausweitungen gefördert werden, die Umsätze von B können demgegenüber vernachlässigt werden." Nehmen Sie Stellung zu dieser Entscheidung.

1.6.4 Einstufige Deckungsbeitragsrechnung – Anwendung bei betrieblichen Absatz- und Produktionsentscheidungen

1.6.4.1 Bestimmung von Preisuntergrenzen

Kontrolle

1. In einem Zweigwerk werden nur Anhängerkupplungen „Lkw bis 3,5 t" produziert. Kapazität je Quartal 8 000 Stück. Der Abrechnungszeitraum ist das 1. Quartal 20 . . (Beträge in €)

Verkaufserlöse (2 500 Stück · 600,00)	1 500 000,00
Variable Kosten	500 000,00
Deckungsbeitrag	1 000 000,00
Fixe Kosten	950 000,00
Gewinn	50 000,00

Die Abnehmer halten sich zurück, und die Geschäftsleitung beschließt, durch preisliche Maßnahmen zur Belebung beizutragen.

a) Der Erlös je Stück soll sich an den Selbstkosten des 1. Quartals ausrichten. Absatz und Produktion steigen im 2. Quartal auf 4 000 Stück. Beschreiben Sie die Auswirkungen!

b) Nehmen Sie an, das Lager könne nur durch eine Erlössenkung auf 1/3 des bisherigen Stückerlöses geräumt werden. Der Markt reagiert, im Quartal werden 8 000 Stück nachgefragt. Beschreiben Sie die Auswirkungen!

Um wie viel € müsste bei dieser Menge der Stückerlös angehoben werden, damit der „Break-even-Point" erreicht wird?

c) Warum setzt die langfristige Preisuntergrenze bei Beschäftigungsschwankungen falsche Signale?

2. Die Umsatzerlöse der Warengruppe einer Filiale betragen 4 000 000,00 €, der Wareneinsatz und die variablen Handlungskosten zusammen 2 540 000,00 €. Eingerechnet sind in den Verkaufspreisen 20 % Kundenrabatt, 2 % Kundenskonto und 3 % Provision.

a) Berechnen Sie den Deckungsbeitrag der Warengruppe!

b) Um wie viel Prozent kann der Verkaufspreis (netto) herabgesetzt werden, wenn die Unternehmung auf einen Deckungsbeitrag verzichtet?

3. Skizzieren Sie in einfacher Form auf zwei Diagrammen die kurz- und die langfristige Preisuntergrenze!

Vertiefung

4. Das bisher sehr gefragte tragbare Radiogerät „World Super 600" wird ausschließlich in einem selbstständig abrechnenden Zweigwerk hergestellt. Das Gerät entspricht nicht mehr voll dem Stand der Technik. Die Nachfrage bröckelt ab, und die Teilkostenrechnung zeigt für den letzten Abrechnungszeitraum ein unbefriedigendes Bild (Beträge in €)

Verkaufserlöse (8 000 · 500,00)	4 000 000,00
Variable Kosten	1 440 000,00
Deckungsbeitrag	2 560 000,00
Fixe Kosten	2 720 000,00
Verlust	160 000,00

Um den Zeitraum bis zur Entwicklung eines voll konkurrenzfähigen Gerätes zu überbrücken, entschließt sich die Geschäftsleitung zu einer aggressiven Preispolitik.

a) Der Preis (Stückerlös) soll jetzt um 26 % herabgesetzt werden. Der Absatz belebt sich, 14 000 Stück werden im folgenden Abrechnungszeitraum erzeugt und verkauft. Untersuchen Sie die Ergebnisauswirkung!

b) Bei einem Stückpreis, der auf den variablen Stückkosten aufbaut, hätte ein Absatz von 16 000 Stück erwartet werden dürfen. Wie hoch hätte der Stückpreis bei dieser Menge angesetzt werden müssen, damit auch die fixen Kosten ausgeglichen worden wären?

5. Für die Warengruppe Gartenmöbel ist die folgende Deckungsbeitragsrechnung aufgestellt worden:

Barverkaufspreise		600 000,00 €
variable Kosten:		
Einstandspreise	400 000,00 €	
Handlungskosten	20 000,00 €	420 000,00 €
Deckungsbeitrag		180 000,00 €
Fixe (Handlungs-)Kosten		140 000,00 €
Gewinnbeitrag		40 000,00 €

A

a) Um wie viel Prozent können die Verkaufspreise jeweils herabgesetzt werden, wenn der Betrieb auf den Gewinnbeitrag bzw. auf den Deckungsbeitrag verzichtet?

b) Welcher Umsatz muss in der folgenden Abrechnungsperiode erzielt werden, wenn der Betrieb einen früheren Verlustbeitrag von 20 000,00 € ausgleichen und einen Gewinnbeitrag von 50 000,00 € erzielen will?

6. a) Warum muss die langfristige Preisuntergrenze in künftigen Abrechnungsperioden immer wieder korrigiert werden?

b) Welche Probleme ergeben sich, wenn bei steigender Nachfrage der Preis über die bisher preisbestimmende kurzfristige Preisuntergrenze angehoben werden soll?

c) Überprüfen Sie die Aussage: „Nur die kurzfristige Preisuntergrenze ergibt einen Deckungsbeitrag, nicht aber die langfristige."

d) „Im Handelsbetrieb orientiert sich die kurzfristige Preisuntergrenze an den Einstandspreisen." Beurteilen Sie diese Aussage!

e) Wann sollte ein Preis unter der kurzfristigen Preisuntergrenze akzeptiert werden, wann nicht?

7. Ein Betrieb kann in einer Abrechnungsperiode 100 000 Hygrometer erzeugen. Der Auftragsbestand für diesen Zeitraum beläuft sich auf 90 000 Stück. Auf der Grundlage der Vollbeschäftigung wurde die folgende Stückkalkulation aufgestellt:

Fixe Kosten	7,00 €
Proportionale Kosten	33,00 €
Selbstkosten	40,00 €
Gewinn	5,00 €
Verkaufspreis	45,00 €

a) Gesamt- und Stückergebnis des Betriebs bei Aufträgen von 90 000 Stück? Stellen Sie die Vollkosten- und die Teilkostenrechnung einander gegenüber!

b) Im Verlauf der Abrechnungsperiode geht eine weitere Bestellung über 20 000 Stück ein. Der Kunde akzeptiert nur einen Stückpreis von 38,00 €. Wegen Überschreitens der Kapazität müssen Überstunden geleistet werden, für die Ausgaben von 20 000,00 € anfallen. Stellen Sie Vollkosten- und Teilkostenrechnung für die weitere Bestellung einander gegenüber!

8. Unter der Überschrift „Bahn will dem Reisegeschäft Dampf machen" wird in einem Gutachten der Deutschen Bahn AG empfohlen: „Reisevermittlern sollten den Anregungen ... zufolge Sonderkonditionen bis zur Grenzkostenschwelle und attraktive Provisionen geboten werden."

a) Für welche Art von Preispolitik soll sich danach die Deutsche Bahn entscheiden?

b) Warum erscheint der Vorschlag gerade bei der Deutschen Bahn besonders bedenkenswert?

c) Wie könnte sich die Realisierung auf die „traditionell defizitäre" Deutsche Bahn auswirken?

Hinweis: Die variablen Stückkosten werden, wenn sie proportional verlaufen, auch als **Grenzkosten** (K') bezeichnet. Als Grenzkosten bezeichnet man den Kostenzuwachs, der durch die Produktion der jeweils letzten Produktionseinheit eines Gutes entsteht. Da bei den proportional-variablen (linearen) Kosten der Kostenzuwachs gleich bleibend ist, sind auch die Grenzkosten konstant ($k_v = K'$).

9. Ein Großhandelsbetrieb vertreibt drei Warengruppen, die in Profitcentern mit selbstständiger Ergebnisermittlung abgerechnet werden. Aus der Betriebsabrechnung sind die Deckungsbeitragsrechnungen aufgestellt worden:

	A	B	C
Umsatzerlöse	1 500 000,00	2 400 000,00	1 000 000,00
variable Kosten:			
Wareneinsatz	1 100 000,00	1 900 000,00	680 000,00
Handlungskosten	100 000,00	140 000,00	40 000,00
Deckungsbeitrag	300 000,00	360 000,00	280 000,00
Fixe (Handlungs-)Kosten	250 000,00	320 000,00	200 000,00
Gewinnbeitrag	50 000,00	40 000,00	80 000,00

a) Um wie viel Prozent können die Verkaufspreise herabgesetzt werden, wenn der Betrieb auf den Gewinnbeitrag bzw. den Deckungsbeitrag verzichtet?

b) Ab welcher Umsatzhöhe kommt das Unternehmen bei A, B, C im Einzelnen und für das Unternehmen insgesamt in den Gewinnbereich?

10. In einem Handelsbetrieb sind in der vergangenen Abrechnungsperiode für drei Artikelgruppen die folgenden Zahlen ermittelt worden:

	Artikel		
	I	II	III
Umsatzerlöse, €	16,00	40,00	32,00
variable Kosten, €	10,00	28,00	17,00
verkaufte Mengen (Stück)	92	56	104

a) Artikel III wird in der folgenden Abrechnungsperiode 20 % billiger angeboten. Dadurch erhöht sich sein Absatz um 26 Stück. Wie viel Stück von III müssten abgesetzt werden, um den bisherigen Deckungsbeitrag zu erreichen? Wie verhielte es sich, wenn eine einmalige Werbeaktion für III 300,00 € Kosten verursachte?

b) Nehmen Sie an, der Absatz von I wäre durch den Lockartikel III auf 120 Stück und von II auf 80 Stück gestiegen. Wie ist die Auswirkung unter Beachtung der Angaben in a)?

11. Der Stückpreis soll auf die Selbstkosten beim derzeitigen Beschäftigungsgrad (siehe folgende Teilkostenrechnung) für einen Kleinartikel herabgesetzt werden.

Umsatzerlöse (16 000 Stück · 6,00 €)	96 000,00 €
Variable Kosten	40 000,00 €
Deckungsbeitrag	56 000,00 €
Fixe Kosten	52 000,00 €
Gewinn	4 000,00 €

Der Absatz schnellt auf 24 000 Stück hoch. Allerdings sind durch Zusatzinvestitionen die fixen Kosten ab 20 000 Stück um 30 000,00 € höher (quantitative Anpassung).

a) Bestimmen sie das Ergebnis bei 24 000 Stück!

b) Welche Auswirkungen sind zu erwarten, wenn der Stückpreis bis auf die kurzfristige Preisuntergrenze ermäßigt wird?

12. Der Produktbereich „Portabels" hat für die abgelaufene Abrechnungsperiode folgende Teilkostenrechnung aufgestellt (Beträge in €):

Produkt	Teleglobe „Standard"	Teleglobe „Super"	insgesamt
Verkaufspreis/Stück (p) variable Stückkosten (k_v)	900,00 500,00	1 500,00 800,00	
Deckungsbeitrag/Stück (db)	400,00	700,00	
Deckungsbeitrag (x · db) Fixkosten (K_f)	280 000,00	350 000,00	630 000,00 500 000,00
Ergebnis (Gewinn)			130 000,00

Die Periodenkapazitäten betragen: Standard 1 000, Super 800 Stück.

a) In der folgenden Abrechnungsperiode wird der Preis des Produkts „Standard" auf 750,00 € gesenkt. Der Absatz steigt um 20 %, bei „Super", dessen Preis unverändert bleibt, sinkt der Absatz um 5 %.

b) In einer weiteren Abrechungsperiode wird versucht, Preiserhöhungen durchzusetzen, bei „Standard" um 5 %, bei „Super" um 8 %, ausgehend von den Preisen laut obiger Tabelle. Dadurch sinkt bei „Standard" der Beschäftigungsgrad auf 60 %, bei „Super" auf 50 %.

Untersuchen Sie bei a) und b) die Ergebnisauswirkungen.

c) Einer rezessiven Entwicklung soll durch Herabsetzen der Preise auf „langfristige Preisuntergrenzen", d.h. auf die Selbstkosten, begegnet werden. Warum lassen die hier vorliegenden Zahlen eine solche Festlegung nicht zu und welche Probleme ergeben sich, wenn die Beschäftigungsgrade stark schwanken?

1.6.4.2 Entscheidungen über Zusatzaufträge

Kontrolle

1. In einer selbstständig abrechnenden Zweigniederlassung läuft die Produktion eines Radarabstandswarngerätes nur zögernd an. Die Fertigungskapazität ist auf 1 000 Stück je Monat ausgelegt. 150 Stück wurden im ersten Monat produziert und abgesetzt. Kostenrechnung dieses Monats:

Selbstkosten (davon fix 60 %)	300 000,00 €
Verlust	30 000,00 €
Verkaufserlös	270 000,00 €

Man rät dem Hersteller zu einem Vertrieb über die Fahrzeughersteller, die für zusätzliche Geräte 1 200,00 € bezahlen wollen. Dafür kann aber durch feste Abnahmeverträge mit einer Kapazitätsausnutzung von insgesamt 80 % gerechnet werden.

Überprüfen Sie, ob dem Hersteller zum Abschluss dieser Verträge geraten werden kann!

2. Bei Produktion und Verkauf von 600 Stück einer „16 KByte Memory Card" in einer Abteilung mit selbstständiger Kosten- und Ergebnisrechnung ergibt sich die folgende Teilkostenrechnung je Stück:

Erlös	70,00 €
variable Kosten	30,00 €
Deckungsbeitrag	40,00 €
fixe Kosten	45,00 €
Verlust	5,00 €

Ein weiterer Abnehmer tritt auf. Er ist bereit, 300 Stück abzunehmen, wenn sich der Verkäufer mit einem Erlös von 50,00 €/Stück begnügt.

Wie hoch ist jetzt das Ergebnis insgesamt und je Stück? Es wird nur die Memory Card hergestellt.

3. Ein Industriebetrieb stellt auch Alufelgen Typ 195/65 her. Im 3. Quartal 20. . entstehen bei einer Erzeugung von 5 000 Stück 700 000,00 € fixe Kosten bei 250,00 € proportionalen Stückkosten. Verkaufspreis je Stück 450,00 €. Für Aufträge ab 2 000 Stück muss ein Nachlass von 30 % eingeräumt werden. Ein Großmarkt nimmt zusätzliche Mengen zu 290,00 €/Stück ab.

   a) Welche Menge wurde zusätzlich erzeugt und abgesetzt, damit ein Quartalsgewinn von 90 000,00 € entstand?

   b) Wie weit könnte man dem Großmarkt noch preislich entgegenkommen, wenn ein Gewinn von 51 000,00 € akzeptiert wird?

4. Die monatliche Teilkostenrechnung bei Produktion und Absatz von 400 Motorsägen St 250 hat ergeben:

Umsatzerlöse	240 000,00 €
variable Kosten	144 000,00 €
Deckungsbeitrag	96 000,00 €
fixe Kosten	100 000,00 €
Verlust	4 000,00 €

A

Der Absatz könnte in den folgenden Abrechnungsperioden bei einem Nachlass von 20 % um 600 Stück (Mehrabsatz) erweitert werden, wobei ab 800 Stück stufenfixe Kosten von 70 000,00 € auftreten.

a) Berechnen Sie das mögliche Ergebnis!

b) Welche Entscheidungen können Sie nun treffen. Begründungen.

c) Bei welcher Menge kann nach der *quantitativen Anpassung* der „Break-even-Point" erreicht werden?

5. Kostenanalysen eines Handelsbetriebes haben ergeben, dass Artikel A einen Deckungsbeitrag von noch 60 000,00 €, aber einen Verlustbeitrag von 20 000,00 € erbringt. Der Deckungsbeitrag je 1,00 € Umsatz beträgt 0,15 €.

a) Wie hoch ist der Umsatz gewesen?

b) Wie hoch muss der Umsatz sein, damit er außer den variablen auch die fixen Kosten abdeckt?

c) Um wie viel Prozent könnte der Preis im Durchschnitt gesenkt werden, wenn für Zusatzaufträge auf die kurzfristige Preisuntergrenze (Mindestpreis) herabgegangen wird?

6. *Auszug aus dem Wirtschaftsteil einer Tageszeitung:*

Meinung des Ersten Bevollmächtigten der IG Metall: „Ein Auftrag von BMW mit 70 Millionen EURO (sei) zu niedrig kalkuliert worden, wobei 10 Millionen bewusst zu niedrig angesetzt worden seien. In Wirklichkeit sei dieser Auftrag mit 20 Millionen
① „Miese" abgerechnet worden. Welche **Kalkulationsabteilung kann sich eine solche Fehleinschätzung** leisten?"

Meinung der Geschäftsführung: „Wir waren damals in der Situation, wo in Europa vier Großaufträge zu vergeben waren. Bei dreien hatten wir mitgemacht, zwei haben wir verloren, weil die Konkurrenz sehr stark im Preis war. Wir waren alle hungrig und brauchten die Aufträge. Bei BMW war es der *letzte Großauftrag, der die Kapazität in*
② *... füllen konnte. Da haben wir einen* **Preis akzeptiert, der unterhalb unserer Vollkosten liegt,** *der aber deutlich betriebswirtschaftlich unser Ergebnis wesentlich verbessert hat. Hätten wir den Auftrag nicht bekommen, wäre es verschlechtert worden. Wir sind als Geschäftsführung ja häufig in der Situation, solche Grenzfälle entscheiden zu müssen.*
③ Das war ein solcher Grenzfall. **Der positive Einfluss auf die Gesellschaft war wesentlich größer als der akzeptierte vorkalkulierte Verlust."** ...

④ „**Neue technologische Ansprüche** seitens der Kunden sowie das Betreten **neuer hoch-technologischer Felder** bei unseren Produkten haben bei *einigen Aufträgen zu deutlichen* **Unterschreitungen der vorkalkulierten Kosten** *geführt*, sodass dieses Geschäftsjahr voraussichtlich nicht nicht mehr mit einem Gewinn abgerechnet werden kann."

a) Beurteilen Sie die Entscheidungen der Geschäftsführung!

b) Wie stellen Sie sich zur Auffassung der IG Metall?

c) Beurteilen Sie die Aussagen ① bis ④ (Fettdruck)!

7.

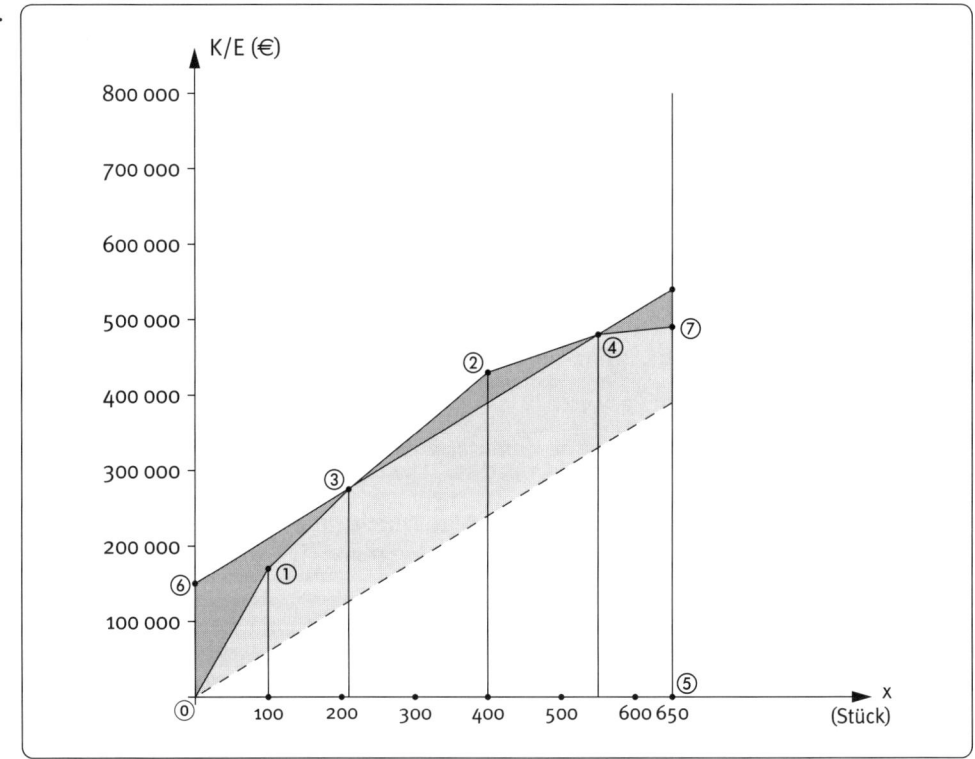

a) Kennzeichnen Sie die Punkte (1) bis (7) (Benennung)!

b) Was stellen die dunkelgrauen Flächen, die hellgrau unterlegte Fläche und die Linien bzw. Kurven dar?

c) Beurteilen Sie die Entwicklung der Kosten, Erlöse und Ergebnisse aufgrund der Zusatzaufträge!

1.6.4.3 Sortimentsentscheidungen im Mehr-Produkt-Unternehmen

Kontrolle

1.

Vollkostenrechnung (Beträge in € je Stück)				Teilkostenrechnung (Beträge in € je Stück)			
Bezeichnung	A	B	C	Bezeichnung	A	B	C
Selbstkosten	1 700	2 350	1 720	Umsatzerlös	1 600	2 400	1 800
Gewinn		50	80	variable Kosten	1 000	2 000	1 500
Verlust	100						
				Deckungsbeitrag	600	400	300
Umsatzerlös	1 600	2 400	1 800				
				fixe Kosten		1 300	
						1 270	
				Gewinn		30	

a) Welches Produkt fördern Sie, wenn bei A *oder* B *oder* C 150 Stück Mehrabsatz möglich sind?
Begründung.

b) Warum ist im vorliegenden Falle die Vollkostenrechnung für Ihre Entscheidung ungeeignet?

c) Wie würden Sie entscheiden, wenn ein Absatzeinbruch von 200 Stück bei A *oder* B *oder* C zu verkraften wäre?

2. In einem Handelsbetrieb, der die drei Warengruppen (Kostenträger) Papierwaren (Pa), Büromaschinen (Bü) und Schreibwaren (Sch) anbietet, ergibt die Kostenanalyse für 20 . .

Warengruppen	Pa €	Bü €	Sch €
Verkaufspreise (netto)	2 500 000,00	2 000 000,00	1 600 000,00
variable Einzelkosten (Wareneinsatz)	1 358 000,00	931 200,00	993 000,00
variable Gemeinkosten	142 000,00	35 800,00	68 300,00
fixe Gemeinkosten (HK)		899 000,00	

a) Berechnen Sie die Deckungsbeiträge jedes Kostenträgers und den Gewinnbeitrag des Gesamtbetriebs! Kundenrabatt 20 %, Kundenskonto 3 %.

b) Welcher Kostenträger sollte aufgegeben werden?

c) Den ausgefallenen Umsatz können die anderen Warengruppen im Verhältnis 2 : 3 übernehmen. Wie entwickelt sich das Ergebnis in €! Welche prozentuale Änderung stellen Sie fest?

A

Vertiefung

3. Im Produktionsprogramm hat ein Betrieb die Erzeugnisse I und II. Die Kostenrechner stützen sich bisher ausschließlich auf die Vollkostenrechnung. Folgende Zahlen stehen zur Verfügung: Zuschlagsatz für Materialgemeinkosten 20 %, für Fertigungsgemeinkosten 100 %, für Verwaltungs- und Vertriebsgemeinkosten 50 %. Einzelkosten und Umsatzerlöse (je Stück), €:

	I	II
Fertigungsmaterialverbrauch	2,40	1,60
Fertigungslöhne	0,80	0,80
Stückerlös	6,60	5,80

a) Stellen Sie die Stückergebnisse beider Produkte fest!

b) Der Buchhalter empfiehlt, das Produkt I zu streichen, weil der Stückerlös noch nicht einmal die Selbstkosten deckt. Beurteilen Sie diesen Vorschlag!

c) Ein Betriebsberater schlägt vor, die Teilkostenrechnung einzuführen. Man stellt nun fest: Die Material- und die Fertigungsgemeinkosten sind je zur Hälfte fix. 25 % der proportionalen Herstellkosten entsprechen den proportionalen Verwaltungs- und Vertriebsgemeinkosten. Die freien Kapazitäten lassen die Übernahme eines Zusatzauftrags von 20 000 Stück von I mit einem Stückpreis von 5,60 € zu. Belegen Sie Ihre Entscheidung rechnerisch!

d) Nehmen Sie an, bei Produkt II gehe die Nachfrage zurück. Wie hoch kann der Preis kurzfristig und wie hoch langfristig angesetzt werden, wenn mit einem Rückgang von bisher 40 000 auf 25 000 Stück gerechnet werden muss?

4. Die Deckungsbeitragsrechnungen eines Handelsbetriebes mit den drei Kostenträgern A, B und C zeigen folgendes Bild:

Kostenträger	A €	B €	C €
Barumsätze	2 000 000,00	3 000 000,00	1 800 000,00
variable Kosten	2 100 000,00	2 550 000,00	1 440 000,00
Deckungsbeitrag	− 100 000,00	+ 450 000,00	+ 360 000,00
		710 000,00	
fixe Kosten		1 080 000,00	
Verlust		370 000,00	

Der Betrieb ist nur zum Teil ausgelastet, A zu 40 %, B zu 60 % und C zu 90 %. Die volle Auslastung kann erreicht werden.

a) Ein Mitarbeiter schlägt vor, den Artikel A zu fördern, dessen Kapazität am geringsten ausgenutzt ist. Was ist Ihre Meinung dazu?

b) Welches Ergebnis ist zu erwarten, wenn der ungünstigste Artikel ausgeschieden wird, die anderen Gruppen seine fixen Kosten übernehmen können und für diese Gruppen eine volle Auslastung erreicht wird?

5. Eine Maschinenfabrik ist im vergangenen Jahr von der Voll- auf die Teilkostenrechnung übergegangen.

   a) *Tabelle (Ausschnitt) über monatliche Instandhaltungskosten, abhängig von der Ausbringung*

Monat	Ausbringung (Stück)	Gesamtkosten (€)
Januar	1 280	1 800,00
Mai	880	1 320,00
August	720	1 280,00
November	1 520	1 960,00

A

   Bestimmen Sie mit Hilfe der analytischen Kostenauflösung (Differenzenquotientenverfahren) die fixen und die proportionalen Kosten!

   b) Die Maschinenfabrik stellt u.a. drei Werkzeuge A, B und C her, wofür das folgende Zahlenmaterial (Jahreszahlen) zusammengestellt worden ist:

Erzeugnis Bezeichnung	Produktion und Absatz (Stück)	Verkaufspreis (Stück, €)	proportionale Kosten (Stück, €)
A	600	400,00	220,00
B	600	360,00	240,00
C	300	320,00	320,00

   Um den Verkauf der Produkte A und B in Gang zu halten, muss C im Programm gehalten werden. Wenn C entfiele, müsste bei A und B ein Absatzrückgang von je einem Drittel in Kauf genommen werden.

   Berechnen Sie, wie weit der Verkaufspreis von C noch unter die kurzfristige Grenze gesenkt werden kann, bevor C wirklich aufgegeben wird!

6. In einem Handelsbetrieb werden die Kosten dreier Warengruppen in drei selbstständig abrechnenden Abteilungen untersucht. Die drei folgenden Artikel können im Verhältnis der Barpreise zu den variablen Kosten als typisch für die jeweilige Warengruppe angesehen werden:

Warengruppen	A (€)	B (€)	C (€)
Einstandspreise und variable Handlungskosten	35,00	224,00	11,70
Barpreise	50,00	280,00	18,00

   Die Fixkostenanteile der drei Warengruppen belaufen sich auf 132 000,00 € bei A, 80 000,00 € bei B und 175 000,00 € bei C.

   a) Ab welchem Umsatz erbringen die Warengruppen einen Gewinnbeitrag?

   b) Ab welcher Umsatzhöhe ist A günstiger als B, und ab wann C günstiger als A?

7. Ein Industriebetrieb hat in seinem Sortiment die drei Produkte A, B und C. Für die Abrechnungsperiode März 20. . haben die Kostenrechner das folgende Zahlenmaterial zusammengestellt:

Produkte	A	8	C	insgesamt, €
Stück	80	200	1 200	
Umsatzerlöse, € (E)	320 000,00	400 000,00	240 000,00	960 000,00
Selbstkosten, € (K)	270 000,00	420 000,00	210 000,00	900 000,00
davon proportional, €	216 000,00	168 000,00	63 000,00	447 000,00
fix, €				453 000,00
Ergebnis, € (Gewinn +, Verlust −)	+ 50 000,00	− 20 000,00	+ 30 000,00	+ 60 000,00

a) Bestimmen Sie die Rangfolge der Produkte bei freier Kapazität! Der Absatz kann um 50 Stück von A oder B oder C gesteigert werden..Welche Auswirkung auf das Ergebnis stellen Sie fest? Welche Sortimentsentscheidung ist auf Voll- bzw. Teilkostenbasis zu treffen? Es besteht kein Sortimentsverbund.

b) Auf dringende Kundenwünsche hin wurde ein weiterer Artikel D entwickelt, der als Zusatzartikel für B gedacht ist. Die Planung für 200 Stück D (entspricht der Menge von B) ergab allerdings die folgende Teilkostenrechnung für ein Stück D:

Stückpreis	70,00 €
variable Stückkosten	75,00 €
negativer Deckungsbeitrag	5,00 €

Wenn D nicht hergestellt wird, so sinkt der Absatz von B auf 60 % der bisherigen Menge, da zwischen B und D ein partieller Sortimentsverbund besteht.

Auf wie viel € könnte der Verkaufspreis für D unter die kurzfristige Preisuntergrenze gesenkt werden, bis man D aufgibt und den Absatzrückgang von B hinnimmt?

8. Das Sortiment eines Metall verarbeitenden Betriebs setzt sich aus den Leichtmetalltüren T 301, T 401 und T 501 zusammen. Am Ende des ersten Halbjahres 20 . . sind die folgenden Zahlen zusammengestellt worden:

Artikel	T 301	T 401	T 501
Stück	960	640	520
Umsatzerlöse, €	384 000,00	320 000,00	312 000,00
Selbstkosten, €	307 200,00	280 000,00	360 000,00
davon			
proportional, €	96 000,00	181 760,00	144 040,00
fix, € (T 301, 401, 501)		525 400,00	

a) Bestimmen Sie für Produkt T 301 den Periodendeckungsbeitrag und den Deckungsbeitrag je Stück!

b) Das Verlustprodukt soll entfallen. Überprüfen Sie die Ergebnisauswirkung!

c) Wie verändert sich das Ergebnis, wenn T 301 bzw. T 401 aufgegeben wird?

d) Gegenüber dem Ergebnis des ersten Halbjahres sind noch Absatzsteigerungen bei T 301 oder T 401 oder T 501, evtl. auch bei mehreren Artikeln, möglich. Welche Reihenfolge (Rangfolge) legen Sie für die drei Produkte fest?

e) Im folgenden Halbjahr bestehen Absatzreserven für T 301 oder T 401. Wie viel Stück von T 301 bzw. T 401 sind im zweiten Halbjahr zu verkaufen, damit der Verlustbeitrag von T 501 aus dem ersten Halbjahr ausgeglichen wird?

9. Wie beurteilen Sie folgende Aussagen:

a) Produkte mit negativem Deckungsbeitrag sind aus dem Sortiment zu entfernen.

b) Bei Sortimentsverbund im Absatz ist für die Sortimentsgestaltung der Periodendeckungsbeitrag maßgebend.

c) Die Vollkostenrechnung gibt für Sortimentsentscheidungen falsche Signale.

d) Für die Rangfolge der Produktförderung ist bei freien Kapazitäten der Stückdeckungsbeitrag (db) maßgebend.

10. Kostenuntersuchungen in einem Industriebetrieb ergaben:

Ergebnisgruppen *)	E I	E II	E III
Prozentsatz der proportionalen Kosten am Umsatz	70	80	65
fixe Kosten	300 000,00 €	260 000,00 €	385 000,00 €
Umsatzbeteiligung im Verhältnis	2	5	3

*) Innerhalb der Gruppen I bis III werden gleichartige Artikel, aber mit unterschiedlicher Größe und Leistung hergestellt.

a) Wie hoch sind der Gesamtgewinn sowie die einzelnen Deckungs- und Gewinnbeiträge? Bei E I gilt: Fixe Kosten ≙ Deckungsbeitrag.

b) Der Gesamtumsatz kann um 1 000 000,00 € gesteigert werden. Welche Erzeugnisgruppe würden Sie fördern, wenn die Ausdehnung bei I und II möglich ist?

11. In einer Tuchweberei liegen an zwei aufeinander folgenden Monaten die folgenden Zahlen vor:

	1. Monat	2. Monat
Umsatz	800 000,00 €	1 100 000,00 €
Selbstkosten	650 000,00 €	800 000,00 €

a) Welcher Umsatz ist notwendig, wenn sich die Geschäftsleitung mit 100 000,00 € Gewinn begnügt?

b) Stellen Sie eine Grafik auf, aus der die Gewinnentwicklung herausgelesen werden kann! (X-Achse 1 cm = 100 000,00 € Umsatz, Y-Achse 1 cm = 100 000,00 € Umsatz bzw. Kosten.)

Aufgliederung nach Artikelgruppen: Weitere Kostenuntersuchungen ergaben für den zweiten Monat folgende Aufteilung auf die drei Tuchqualitäten A, B und C:

Bezeichnung	insgesamt (€)	A (€)	B (€)	C (€)
Umsatz	1 100 000,00	500 000,00	400 000,00	200 000,00
fixe Kosten	250 000,00	100 000,00	100 000,00	50 000,00
proportionale Kosten	550 000,00	320 000,00	170 000,00	60 000,00
Menge	34 000 m	20 000 m	10 000 m	4 000 m

c) Ermitteln Sie die Deckungsbeiträge insgesamt und je 1 m sowie den Gewinn insgesamt für die drei Artikel!

d) Um wie viel Prozent („Sicherheitsstrecke") können die Preise für A, B und C herabgesetzt werden, damit weder Gewinn noch Verlust entsteht? Die fixen und proportionalen Kosten sowie die erzeugte und verkaufte Menge ändern sich (zunächst) nicht.

e) Wie entwickelt sich das Ergebnis, wenn der Kostenträger mit dem geringsten Deckungsbeitrag ausscheidet und der Kostenträger mit dem höchsten Deckungsbeitrag den ausgefallenen Umsatz übernimmt?

12. Eine Spielwarenhandlung hat für drei gängige Spielemagazine die Absatzmengen und Zahlen aus der Teilkostenrechnung zusammengestellt (Beträge je Stück):

	Spielemagazine		
	A	B	C
Verkaufserlös, €	69,00	45,00	98,00
variable Kosten, € (Einzelkosten)	44,00	28,00	68,00
Anzahl der verkauften Magazine, Stück	22	16	11

Expansion: Das Sortiment wird in der Folgeperiode um das Magazin „Zwölf in einem" (Magazin D) erweitert, das bei 40,00 €/Stück variablen Kosten zum Stückpreis 70,00 € angeboten wird. Überprüfen Sie das Ergebnis, wenn in der Folgeperiode von A 18, von B 19, von C 5 und von D 8 Stück verkauft werden! Wie ist demnach die künftige Absatzpolitik zu gestalten?

13. In einem Mehr-Produkt-Unternehmen sind Teilkosten- und Ergebnisrechnungen aufgestellt worden (Beträge in 1 000 €):

	Erzeugnisse		
	A	B	gesamt
Umsatzerlöse (E) variable Kosten (K$_v$)	600 400	900 420	1 500 820
Periodendeckungsbeiträge (DB) Fixkosten (K$_f$)	200	480	680 530
Ergebnis (betrieblicher Gewinn)			150

Ein neu eingestellter „Controller" hat den Fixkostenblock von 530 000,00 € im Sinne einer verursachungsgerechten Zurechnung auf die Erzeugnisse A und B aufgeschlüsselt und aus der einstufigen eine mehrstufige Deckungsbeitragsrechnung entwickelt (Beträge in 1000 €):

| | Erzeugnisse | | |
	A	B	gesamt
Umsatzerlöse (E) variable Kosten (K_v)	600 400	900 420	1 500 820
Periodendeckungsbeitrag I erzeugnisfixe Kosten	200 250	480 180	680 430
Periodendeckungsbeitrag II unternehmungsfixe Kosten	−50	+300	+250 100
Ergebnis (betrieblicher Gewinn)			150

A

a) Welche Schwierigkeiten sind bei einer verursachungsgerechten Zurechnung zu überwinden?

b) Der Controller will in Zukunft die mehrstufige Deckungsbeitragsrechnung um eine weitere Stufe ausbauen. Er legt der Geschäftsleitung das folgende Schema vor:

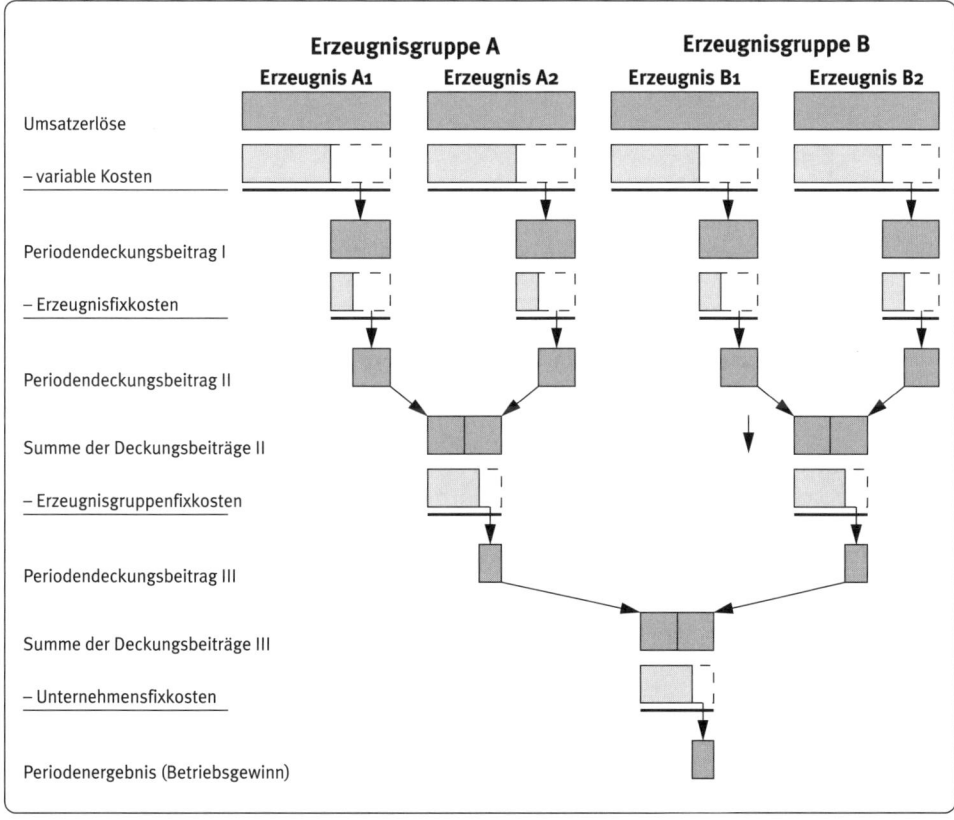

Analysieren Sie diese Aufstellung. Was verspricht sich der Controller von einer weitergehenden Gliederung der mehrstufigen Deckungsbeitragsrechnung? Welche Auswirkung auf den Entscheidungsspielraum der Geschäftsleitung sind zu erwarten?

c) Vergleichen Sie die einstufige mit der mehrstufigen Deckungsbeitragsrechnung im Hinblick auf ihre Aussagefähigkeit (Informationsgehalt), wenn folgende Ziele angestrebt werden:

Gewinnmaximierung, marktgerechte Sortimentspolitik, soziale Verantwortung, reine Umsatzsteigerung, frühes Erreichen des Break-even-Points, möglichst volle Ausnutzung der Kapazitäten, rasche Modernisierung des Maschinenparks (Ersatzinvestitionen), Abbau der fixen Kosten.

1.6.4.4 Optimales Sortiment in Engpasssituationen – relativer Deckungsbeitrag

Kontrolle

1. Eine Maschinenfabrik erzeugt Werkzeuge der Typen A, B und C. Ein weiteres Werkzeug D wird bezogen. Aus der monatlichen Betriebsabrechnung sind die folgenden Zahlen zusammengestellt worden:

Typ	Verkaufserlös je Stück €	proportionale Stückkosten €	geplante und absetzbare Menge Stück	Fertigungzeit je Stück Stunden
A	1 500,00	1 200,00	240	3
B	2 000,00	800,00	350	30
C	3 200,00	1 500,00	400	20

a) Ermitteln Sie den gesamten Deckungsbeitrag der Typen A, B und C, wenn die geplante Stückzahl erzeugt und abgesetzt wird! Legen Sie dabei die Rangfolge der Typen fest, wenn die Nachfrage nach allen drei Typen steigt und freie Kapazitäten vorhanden sind!

b) Wegen Aufgabe anderer Produkte werden Fertigungskapazitäten in Höhe von 1 800 Fertigungsstunden frei. Der Markt nimmt weitere Mengen von A, B und C auf. Welche Rangfolge bestimmen Sie für die Mehrerzeugung, und wie hoch ist jetzt der gesamte Deckungsbeitrag der hergestellten Werkzeuge?

c) Nehmen Sie an, wegen anderweitiger Lieferverpflichtungen müsse die bisherige monatliche Fertigungszeit für die Produkte A, B und C um 5 220 Stunden gekürzt werden. Welcher Deckungsbeitrag verbleibt insgesamt, wenn der absolute Deckungsbeitrag bzw. wenn der relative Deckungsbeitrag zugrunde gelegt wird?

2. Die Verkaufsabteilung eines Industriebetriebs holt einen Auftrag über 600 Stück des Erzeugnisses B zum Verkaufspreis von 17,00 € je Stück herein. Bei der Ausführung muss in einer Kostenstelle ein Engpass beachtet werden, der eine entsprechende Einschränkung bei Produkt A erzwingt. Produkt B belastet die Engpassstelle mit 10 Minuten je Stück und verursacht 13,50 € proportionale Kosten. Der Preis von Produkt A übersteigt seine proportionalen Kosten um 9,00 € je Stück und durchläuft die Engpassstelle in 15 Minuten.

a) Wie viele Einheiten von A müssen bei Annahme des Auftrags entfallen?

b) Entscheiden Sie mit Blick auf die Ergebnisauswirkung, ob der Auftrag angenommen werden soll!

Vertiefung

3. In einem Schuhgeschäft sollen die Damenschuhe „Adria" und „Amalfi" als Sonderangebot ausgezeichnet werden. Folgende Angaben liegen dazu vor:

	Adria (€)	Amalfi (€)
Verkaufspreis (netto) je Paar	70,00	120,00
variable Kosten	28,00	72,00
Deckungsbeitrag	42,00	48,00
Deckungsbeitrag in % des Verkaufspreises	60	40

Welche Anweisungen ergehen an die Verkäuferinnen, wenn

a) insgesamt mit einem Absatz von 100 Paar Schuhen gerechnet wird,

b) aufgrund der Lagerbestände ein Umsatz von 16 800,00 € erwartet werden kann,

c) bei besonders starkem Kundenandrang die Verkaufszeit für ein Paar „Adria" mit 10 Minuten, für ein Paar Amalfi mit 15 Minuten zu veranschlagen ist?

Belegen Sie die Lösungen zu a) bis c) durch Berechnungen!

4. In einer Armaturenfabrik werden Druckminderer in drei Ausführungen hergestellt. Die folgende Plantabelle bezieht sich auf die erste Woche. Änderungen des Programms sind möglich, aber als „Arbeitskapazität" stehen nur drei Facharbeiter mit je 40 Stunden pro Woche zur Verfügung. Die fixen Kosten von 1 000, 00 € beziehen sich auf die Gesamtheit der Produkte.

Art des Erzeugnisses	geplante Stückzahl	Stückzeit in Minuten	proportionale Stückkosten (€)	Stückerlös (€)
A	120	30	20,00	28,00
B	60	40	32,00	45,00
C	25	60	42,00	60,00

a) Ermitteln Sie den Deckungsbeitrag je Stück und insgesamt für jedes Erzeugnis! Wie ist die Auswirkung auf das betriebliche Ergebnis?

b) Welche Stückzahl könnte von jeder Produktart maximal hergestellt werden, wenn jeweils auf die Fertigung der übrigen Produktarten verzichtet würde? Wie hoch wäre dann der Gesamtdeckungsbeitrag einer jeden Produktart?

c) Welche betriebswirtschaftliche Konsequenz ist unter dem Gesichtspunkt der Gewinnmaximierung aus diesen Ergebnissen zu ziehen? Beachten Sie die obige Plantabelle!

d) Für die Folgewoche besteht das Produktionsprogramm aus 60 Stück A, 15 Stück B und 80 Stück C. Die übrigen Daten bleiben unverändert. Vor Beginn der Produktion erklärt sich ein Kunde bereit, 100 Stück einer Sonderanfertigung (S) zum Stückpreis 30,00 € abzunehmen. Die Vorkalkulation für S ergibt 23,00 € proportionale Stückkosten und eine Stückzeit von 24 Minuten. Ausführungszeitraum des Auftrags: Zweite Woche. Entscheiden Sie (mit rechnerischem Nachweis), ob der Auftrag angenommen werden soll! Wie lautet bei Annahme das optimale Produktionsprogramm für die zweite Woche?

5. N. Herberts & Co., Lacke und Farben, stellen drei Sorten Außenfassadenfarben her: *Standard*, *Rekord* und *Exquisit*. Die Aufbereitung der Zahlen aus der Betriebsabrechnung ergab:

	Standard (S)	Rekord (R)	Exquisit (E)
Erlöse je Gebinde	60,00 €	70,00 €	100,00 €
proportionale Kosten je Gebinde	28,00 €	34,00 €	50,00 €
maximale Abnahme (Gebinde je Periode)	2 120 Stück	2 300 Stück	2 600 Stück

Die programmgesteuerte Mischmaschine wird je Gebinde für S 8 Minuten, für R 6 Minuten und für E 10 Minuten beansprucht. Sie steht je Periode 840 Stunden zur Verfügung. Die fixen Kosten des Produkts Außenfassadenfarbe belaufen sich auf 185 200,00 €.

Ermitteln Sie

a) die Deckungsbeiträge je Minute,

b) die Rangfolge der Produkte,

c) das gewinnmaximale Produktionsprogramm mit Betriebsergebnis!

d) Wie gestalten Sie das Produktionsprogramm, wenn von Exquisit nur noch 1 300 Gebinde abgenommen werden, aber auf die anderen Sorten ausgewichen werden kann? Wie hoch ist das Betriebsergebnis?

6. Von vier Erzeugnissen kann ein Industriebetrieb innerhalb des Planungszeitraums jeweils höchstens 1 000 Stück verkaufen. Eine Kostenanalyse ergibt:

	A	B	C	D
Stückerlös	90,00 €	42,00 €	56,00 €	17,00 €
Grenzkosten (= k_v)	70,00 €	32,00 €	40,00 €	12,00 €

Bereitschaftskosten (K_f) im Planungszeitraum: 40 000,00 €

	Fertigungsstellen		
	I	II	III
Kapazität im Planungszeitraum, Stunden	20 000	21 000	14 000
Beanspruchung für eine Einheit, Stunden			
A	7	6	7
B	3	3	2
C	5	6	4
D	4	2	5

a) Bestimmen Sie das gewinnmaximale Produktionsprogramm und das entsprechende Betriebsergebnis!

b) Wie verändert sich das Betriebsergebnis, wenn die 1 000 Stück von D unbedingt zu liefern sind?

7. Ein Betrieb der Nahrungsmittelindustrie erzeugt die vier Marmeladesorten A, B, C und D. Alle Sorten enthalten Heidelbeeren, die aber in diesem Jahr wegen Ernteausfällen nur in beschränkter Menge angeboten werden. Es konnten nur 8 000 kg zu je 3,00 € beschafft

werden. Daher ist die Produktion einzuschränken. Im vergangenen Abrechnungszeitraum wurden von jeder Sorte 25 000 Gläser abgesetzt. Aufstellung für die Sorten A, B, C und D:

Sorte	benötigte Menge Heidelbeeren (g) je Glas	weitere variable Kosten je Glas (€)	Verkaufserlös je Glas (€)
A	300	1,00	2,35
B	200	1,20	2,30
C	50	1,50	1,75
D	100	0,90	1,60

A

a) Berechnen Sie die gesamten variablen Kosten je Glas und den jeweiligen Deckungsbeitrag!

b) Wie hoch ist der Deckungsbeitrag je Engpasseinheit?

c) Stellen Sie unter Beachtung des Engpasses das optimale Produktionsprogramm auf! Es könnten dieselben Mengen wie im vergangenen Abrechnungszeitraum abgesetzt werden.

8. Eine Unternehmung stellt u.a. das Erzeugnis X her. Zur Zeit sind pro Monat nur 5 000 Stück zum Stückpreis von 28,40 € abzusetzen. Für die Produktion der monatlichen Menge stehen alternativ zwei bereits vorhandene Anlagen zur Verfügung:

	Anlage A	Anlage B
monatliche Kapazität	6 000 Stück	8 000 Stück
monatliche Fixkosten	19 000,00 €	44 000,00 €
Grenzkosten $\triangleq k_v$	23,00 €	20,60 €

a) Welche der beiden Anlagen ziehen Sie für die monatliche Fertigung vor?

b) Wegen zu erwartender Instandsetzungen soll Anlage A aufgegeben und verkauft werden. Welches Ergebnis wird jetzt bei der Produktion von 5 000 Stück erzielt?

c) Bei welchem Absatz wird nach Ausscheiden von A die Nutzenschwelle erreicht, und um wie viel Stück ist der Absatz zu steigern, damit eine Sicherheitsspanne[1] von 25 % entsteht?

d) Der Geschäftsführer meint, die gewünschte Absatzsteigerung für eine Sicherheitsspanne von 25 % werde am ehesten über eine Preissenkung von 2,00 € je Stück bewirkt. Was ist Ihre Meinung?

e) Eine Belebung der Wirtschaft erlaubt zu einem späteren Zeitpunkt den Absatz von 10 000 Stück je Monat. Es steht nur noch Anlage B zur Verfügung.

Drei Möglichkeiten bieten sich wahlweise an:

① Der Betrieb begnügt sich mit Produktion und Absatz aufgrund der Kapazität von B.

② Nachtschichten erweitern die Kapazität um 2 000 Stück. Zu beachten ist dabei jedoch eine Erhöhung der proportionalen Stückkosten für diese 2 000 Stück um 3,00 € und der Fixkosten um 9 000,00 €.

---

[1] Sicherheitsspanne $= \dfrac{100 \cdot (\text{erreichter Absatz/Umsatz} - \text{Absatz/Umsatz bei NS})}{\text{erreichter Absatz/Umsatz}}$, d.h. der Prozentsatz, um den der Absatz bzw. Umsatz bei der Nutzenschwelle niedriger liegt als der erreichte Absatz bzw. Umsatz.

③ Eine kleine Zusatzanlage (Z) erweitert die Kapazität um 4 000 Stück. Die proportionalen Stückkosten dieser Anlage liegen um 2,00 € günstiger, es entstehen zusätzliche Fixkosten von 12 000,00 €.

Welche Entscheidung treffen Sie? Denken Sie über eine weitere Möglichkeit ④ nach!

9. Die Einlagerungsmöglichkeiten eines Großhandelsbetriebs sind begrenzt. Die verpackten Warengruppen I, II und III sind in einem umbauten Raum von 10 x 6 x 2,5 m unterzubringen. Angaben aus der Kostenrechnung und Rauminhalte, jeweils je verpackte Einheit:

	I	II	III
Verkaufspreis (€)	152,00	274,00	440,00
variable Kosten (€)	120,00	210,00	320,00
Deckungsbeitrag (€)	32,00	64,00	120,00
Rauminhalt (m³)	0,5	1,2	2,0

Der Markt nimmt alle drei Warengruppen auf.

a) Welcher Warengruppe geben Sie den Vorrang? Rechnerischer Nachweis.

b) Welche Entscheidungen für die Zukunft sind zu treffen, welche Folgen sind dabei zu bedenken?

1.6.4.5 Eigenfertigung oder Fremdbezug

In Abschnitt 1.6.4.5 sind die *langfristigen Entscheidungen* behandelt. Zur lnformation hier ein Hinweis auf mögliche *kurzfristige Entscheidungen* (K_f bleiben dann unbeachtet).

Entscheidung durch Kostenvergleich (quantitative Entscheidungskriterien)

Kurzfristige Entscheidungen:

Legt man dem „Make-or-Buy-Problem" ausschließlich quantitative Entscheidungskriterien zugrunde, so sind für Betriebe, wenn sie von der

- Eigenfertigung zum Fremdbezug bzw. vom
- Fremdbezug zur Eigenfertigung übergehen, **kurzfristig** nicht die **Vollkosten**, sondern lediglich die **beschäftigungsabhängigen variablen Kosten je Stück** entscheidungsbedeutsam. Sind diese bei der Eigenfertigung höher als der Einstandspreis beim Fremdbezug, so wird der Fremdbezug bevorzugt; sind diese niedriger als der Einstandspreis, so fällt die Entscheidung für die Eigenfertigung. Für kurzfristige Entscheidungen ist von der folgenden Gegenüberstellung auszugehen:

$$\text{Einstandspreis (ep)} \lessgtr \text{variable Stückkosten (k}_v\text{)}$$

Die Vollkostenrechnung führt auch in diesem Bereich zu Fehlentscheidungen, weil bei Aufgabe der Eigenfertigung zumindest kurzfristig nicht die gesamten Kosten (Vollkosten) wegfallen, sondern in der Regel nur die variablen Kosten der Eigenfertigung. Umgekehrt: Beim Wechsel vom Fremdbezug zur Eigenfertigung fallen bei nicht ausgelasteter Kapazität für die Eigenfertigung meist nur die beschäftigungsabhängigen variablen Kosten zusätzlich an.

Langfristige Entscheidungen

Unter **mittel- bis langfristigem Aspekt** müssen in den Kostenvergleich auch die **Fixkosten** aufgenommen werden. Dies gilt nicht nur für den Übergang von der Eigenfertigung zum Fremdbezug, sondern auch umgekehrt: Wenn bei Aufnahme der Eigenfertigung z.B. eine Ersatzinvestition für eine Maschine erforderlich ist, so werden auf der Grundlage der Teilkostenrechnung unter **langfristigem Aspekt** neben den variablen Kosten auch die Fixkosten in den Kostenvergleich aufgenommen.

- Für die Ermittlung der **Übergangsmenge** (Eigenfertigung und Fremdbezug sind gleich „günstig") gilt dann als Entscheidungshilfe (ep = Einstandspreis je Stück):

$$\text{Eigenfertigung} = \text{Fremdbezug}$$
$$K_f + k_v \cdot x = ep \cdot x$$

$$m_{\ddot{u}} = \frac{K_f}{ep - v}$$

- Werden tatsächlich höhere Mengen als die Übergangsmenge erwartet, so ist die Eigenleistung vorteilhaft, weil sich Fixkostendegressionseffekte einstellen.

- Werden tatsächlich kleinere Mengen als die Übergangsmenge erwartet, so ist die Fremdleistung günstiger. Hier gibt es keine Fixkosten und auch keine Fixkostenremanenz.

Kontrolle

1. Ein Kleinteil wird zum Preis von 2,00 € je Stück bezogen. Jahresabnahme 200 000 Stück. Bei Eigenherstellung belaufen sich die variablen Stückkosten auf 0,40 €, an fixen Kosten sind 140 000,00 € zu erwarten.

   a) Bestimmen Sie, welche Ersparnis (kurz- bzw. langfristiger Planungshorizont) bei richtiger Entscheidung auftritt!

   b) Bei wie viel Stück wird die „kritische Grenze" (Übergangsmenge) erreicht?

2. Die geplante und absetzbare Menge von Werkzeug D beträgt 150 Stück, der Einstandspreis je Stück 1 600,00 €, der Verkaufserlös 2 240,00 €.

   Vorüberlegungen werden angestellt, ob Werkzeug D selbst gefertigt werden soll. Die Grenzkosten je Stück (= k_v) würden sich auf 1 200,00 €, die Fertigungszeit auf 15 Stunden belaufen. Dafür müsste ein anderes Produkt E mit den folgenden Stückdaten eingeschränkt werden: Verkaufserlös 1 400,00 €, Grenzkosten (= k_v) 1 100,00 €, Fertigungszeit 12,5 Stunden. Die fixen Kosten ändern sich nicht. Wofür entscheiden Sie sich? Führen Sie den rechnerischen Nachweis!

3. Die Adam Bruns KG, Eimsbüttel, stellt Rollläden her. Rollladenverriegelungen wurden bisher bezogen und sollen nun gegebenenfalls selbst hergestellt werden. Dafür müsste ein Teil der bisher erzeugten Gurtspanner wegen zeitlicher Engpässe entfallen. Gewünschte Monatsmenge an Verriegelungen 10 000 Stück. Um die Entscheidung zu ermöglichen, hat die Kostenrechnungsabteilung die folgenden Zahlen zusammengestellt:

	Gurtspanner	Plandaten für Rollladenverriegelungen
Verkaufserlös/Stück	5,00 €	10,00 €
proportionale Stückkosten	4,00 €	6,00 €
Fertigungszeit	6'	4'

a) Überprüfen Sie, unter welcher Voraussetzung die Eigenfertigung der Verriegelungen zu empfehlen ist!

b) Wie hoch könnten die proportionalen Kosten bei Eigenfertigung sein, damit zwischen Gurtspannern und Verriegelungen kein Unterschied besteht?

c) Welche Gründe können für eine Eigenfertigung der Verriegelungen sprechen, selbst wenn sie sich rein rechnerisch als ungünstiger erweist?

4. Kayser & Hagen OHG, Kunststoffverarbeitung, führen im Sortiment 10 l Gießkannen, die zum Stückpreis von 12,50 € abgesetzt werden können. Die Kapazität beläuft sich auf 50 000 Stück im Monat. Dabei ist mit 200 000,00 € fixen Kosten und 2,50 € proportionalen Stückkosten zu rechnen.

a) Bestimmen Sie die Nutzenschwelle!

b) Welches Ergebnis bringt die Ausnutzung zu 70 %?

c) Der starke Konkurrenzdruck legt den Gedanken nahe, Kunststoffgießkannen als Handelsware zu führen. Ab welcher Stückzahl ist der Fremdbezug günstiger, wenn das Stück zu 7,50 € bezogen werden kann?
Wie lautet Ihre kurzfristige Entscheidung?

d) Von welchen Gesichtspunkten ist Ihre Entscheidung (siehe c)) abhängig?

5. Eine Elektrowarenhandlung hat bisher Reparaturen und Nachbesserungen zu durchschnittlich 42,00 € je Auftrag ausführen lassen. Für die Einrichtung und Unterhaltung einer eigenen Werkstätte liegt folgendes Zahlenmaterial vor:

	Kleinwerkstätte	Werkstätte mittlerer Größe
Technische Anlagen, Anschaffungskosten (€)	96 000,00	240 000,00
betriebsgewöhnliche Nutzungsdauer (Jahre)	6	6
Jahreskapazität, Aufträge	8 000	10 000
Abschreibungen	?	?
Zinsen	?	?
Gehälter (€)	20 000,00	20 000,00
weitere Fixkosten (€)	16 000,00	20 000,00
Löhne (variabel) (€)	88 000,00	58 000,00
Materialverbrauch (€)	160 000,00	192 000,00
sonstige variable Kosten (€)	12 000,00	10 000,00
Zinsfuß (kalkulatorisch)	8 %	8 %

Bisherige Reparaturaufträge pro Jahr: 6 000.

a) Ermitteln Sie die „kritische Menge" (Übergangsmenge) zwischen „Kleinwerkstätte" und „mittlerer Werkstätte"!

b) Welche Entscheidung treffen Sie, ausgehend von der bisherigen Menge der jährlichen Aufträge?

6. Die Betriebsabrechnung stellt für Produkt B die folgenden Unterlagen zur Verfügung: Kosten je Einheit bei Normalbeschäftigung 32,00 €, Deckungsbeitrag je Einheit 17,00 € und Erlös je Einheit 33,00 €. Ein Zulieferer bietet Produkt B für 23,00 € zuzüglich 2,00 € Bezugskosten (Fracht und Verpackung) an.

Entscheiden Sie (Begründung nach Voll- und Teilkostenrechnung), ob Eigenfertigung oder Fremdbezug in Frage kommt! Überprüfen Sie, ob die Auslastung der Kapazitäten dabei von Bedeutung ist!

7. Bei einer Kapazität von 5 000 Stück sind im April 4 500 Stück erzeugt und verkauft worden. Stückerlös 400,00 €. Gesamtkosten 1 470 000,00 €, davon 840 000,00 € fix. Wegen anderweitiger Beanspruchung der Anlagen soll das Erzeugnis bezogen und zum bisherigen Preis weiterverkauft werden. Ab welcher Menge ist ein Fremdbezug zum Preis von 350,00 € je Stück günstiger? Gegenüber dem Fremdbezug soll eine Kostenersparnis von 250 000,00 € erreicht werden. Welche Stückzahl ist dazu nötig? Beurteilen Sie diesen Sachverhalt!

Wie entscheiden Sie sich unter kurzfristigem Aspekt, wenn Sie von ep = 350,00 € ausgehen?

8. Die Produktion des Taschenrechners „Mikro 10", der bei 5,00 €/Stück variablen Kosten und sechs Minuten Fertigungszeit einen Stückerlös von 25,80 € erbringt, muss eingeschränkt werden, wenn der bisher aus Hongkong zu 80,00 €/Stück bezogene Tischrechner „Mikro 30" selbst erzeugt werden soll.

25 000 Stück „Mikro 30" werden monatlich nachgefragt. Man rechnet mit einer Fertigungszeit von 15 Minuten, 28,00 € variablen Stückkosten und einem Erlös von 130,00 €.

a) Ziehen Sie die Eigenherstellung oder den Fremdbezug von „Mikro 30" vor?

b) Welche weiteren Entscheidungskriterien stehen zur Debatte?

9. Bei Türbeschlägen TB 16, deren Produktion zu Lasten von Türverriegelungen TV 3 gehen müsste, steht noch offen, ob sie bei einem Bedarf von 10 000 Stück selbst erzeugt oder als Handelsware beschafft werden sollen. Daten für die Berechnung liegen vor:

	ep (€)	k_v (€)	p (€)	Fertigungszeit (in Minuten)
Eigenfertigung TB 16	–	20,00	57,00	30
Fremdbezug TB 16	38,00	–	57,00	–
Türverriegelung TV 3	–	12,00	21,00	20

ep = Einstandspreis je Stück

Treffen Sie für TB 16 eine rechnerisch begründete Entscheidung!

10. Der Videorecorder „Stereo M 50 VHS" erbringt einen Erlös von 1 500,00 € je Stück und kann entweder für 1 000,00 € bezogen oder selbst erzeugt werden, wobei sich die beschäftigungsabhängigen Kosten je Stück auf 25 % des Erlöses belaufen und ein Erzeugnis die Fertigungsabteilungen mit zwei Stunden beansprucht. Der Markt nimmt im Quartal 6 000 Stück auf.

Die Eigenherstellung geht zu Lasten der Videocamera „Video 8 Handycam", die bei einem Stückerlös von 3 000,00 € 1 200,00 € variable Kosten verursacht und die Fertigungsabteilungen in sechs Stunden durchläuft.

a) Entscheiden Sie beim Videorecorder zwischen Eigenfertigung und Fremdbezug!

b) Nehmen Sie an, die Produktion der Videocamera kann wegen vertraglicher Bindungen nur um 600 Stück gesenkt werden. Welchen Einfluss hat dieser Umstand auf Ihre Entscheidung?

11. Artikel A, der bisher als Handelsware vertrieben worden ist, soll selbst hergestellt werden, wenn sich dadurch Kostenvorteile ergeben. Dafür muss ein Teil der Erzeugung von Artikel B entfallen.

Die Berechnungen haben ergeben:

Kostenvorteil A:

Einstandspreise 250 Stück · 400,00 € =	100 000,00 €
Variable Kosten 250 Stück · 160,00 € =	40 000,00 €
Kostenvorteil bei eigener Erzeugung:	60 000,00 €

Zeitbedarf bei Fertigung von A:

250 Stück · 4 Stunden =	1 000 Stunden

Ausgefallene Artikel B:

$$\frac{1\,000 \text{ Stunden}}{2,5 \text{ Stunden}} = 400 \text{ Stück}$$

Opportunitätskosten (Nutzenentgang) durch Wegfall von B:

400 Stück · (720,00 € – 560,00 €) =	64 000,00 €

a) Beurteilen Sie die Absicht, zur Eigenfertigung von A überzugehen!

b) Nennen Sie Möglichkeiten betrieblicher Anpassungsprozesse, die der Eigenfertigung einen Kostenvorsprung verschaffen können!

Überblick zu Abschnitt 1.6 Teilkostenrechnung

Entscheidungsfelder: Absatz und Produktion	Entscheidungshilfen
Kurzfristige Entscheidungen: ■ kurzfristige Preisuntergrenze ■ Zusatzaufträge ■ Sortimentspolitik ■ Optimales Sortiment in Engpasssituationen ■ Eigenfertigung oder Fremdbezug	variable Stückkosten ($p = k_v$) variable Stückkosten ($p = k_v$) absoluter Stückdeckungsbeitrag (db) bzw. Perioden- oder Gesamtdeckungsbeitrag (DB) bei Sortimentsverbund Relativer Stückdeckungsbeitrag ($db_{rel} = \dfrac{db}{\text{Engpasseinheit}}$) Variable Stückkosten ($ep = k_v$)
Langfristige Entscheidungen: Eigenfertigung oder Fremdbezug	Fixe Kosten + variable Stückkosten ($K_f + k_v \cdot x \lessgtr ep \cdot x$)

Vernetzung zu Abschnitt 1.6

1. **Sortimentsentscheidungen und Engpasssituationen**

Ein Unternehmen der Elektroindustrie hat sich auf die Herstellung von Leiterplatten für PCs spezialisiert. Aufgrund einer Monatsplanung liegen die folgenden Zahlen vor:

Typ	P €	k_v €	Absatzplanung ($\triangle$ Kapazität) Stück	Fertigungszeit, Minuten
Homework	200	40	3 000	96
Business	300	100	4 800	200
Highclass	500	200	2 000	240

1 Ermitteln Sie den gesamten Deckungsbeitrag, wenn die Planung realisiert werden kann.

2 Verschiedene Engpässe wecken Zweifel, ob das Monatsprogramm erfüllt werden kann.

2.1 *Herstellung:* Maschinenausfälle und die Nachfrage nach anderen Produktgruppen reduzieren die zur Verfügung stehende Arbeitszeit auf 17 800 Stunden.

2.2 *Beschaffung:* Ein wichtiger Lieferer gerät in Konkurs. Ersatzlieferer sind kurzfristig nicht zu gewinnen, eine Eigenfertigung setzt Investitionen voraus, deren Finanzierung nicht sichergestellt ist. Vom Typ Highclass sind nur noch 320 Stück einplanbar, bei Homework ist bei den (bezogenen) Fremdbauteilen mit einem Mehraufwand von 20,00 € je Stück zu rechnen.

2.3 *Absatz:* Marktuntersuchungen lassen bei Typ Highclass Aufträge von 3 800 Stück erwarten, von Homework sind mindestens 2 000 und höchstens 2 500 Stück absetzbar, Typ Business hat eine Obergrenze von 4 200 Stück.

Stellen Sie für 2.1 bis 2.3, *jeweils getrennt betrachtet,* das optimale Produktionsprogramm zusammen!

3 Überlegungen bestehen, den Standardartikel Business als Handelsware hereinzunehmen. Er kann zum Preis von 250,00 € beschafft werden. Dem Artikel Business sind 420 000,00 € fixe Kosten zuzurechnen.

Entscheiden Sie, ob Business bezogen werden soll.

4 Im Hochpreissegment soll zusätzlich das verbesserte Modell Highclass Super mit einer vorläufigen Ausbringung von 600 Stück angeboten werden, das bei einem Stückpreis von 600,00 € variable Stückkosten in Höhe von 280,00 € verursacht und die Fertigungskapazität mit 300 Minuten je Stück beansprucht. Die dazu erforderliche Produktionseinschränkung soll vom Typ Business getragen werden.

4.1 Wie viel Stück vom Business entfallen?

4.2 Lohnt sich die Umstellung, wenn neben der rein kostenrechnerischen (quantitativen) Betrachtung auch „qualitative" Überlegungen entscheidungsrelevant sind?

5 Vom Typ Homework werden überraschend 500 weitere Stück nachgefragt. Ein Lieferer könnte einspringen und den Artikel Homework zum Preis von 150,00 € anbieten. Wenn Homework selbst erzeugt würde, so müssten Lohnaufträge gestrichen werden, die bei einem Stückpreis von 180,00 € 45,00 € variable Stückkosten verursachen und die Fertigungsabteilung mit je 80 Minuten beanspruchen.

Treffen Sie eine Entscheidung auf rechnerischer Grundlage! Könnten auch andere Gesichtspunkte eine Rolle spielen?

2. Entscheidung über kurzfristige Preisuntergrenze, Zusatzauftrag sowie Eigenfertigung oder Fremdbezug

Die Frisch GmbH stellt Elektrowerkzeuge her. Abnehmer sind vorwiegend Industrieunternehmen und Handwerksbetriebe. In den letzten Jahren wurden auch Erzeugnisse zur Belieferung von Heimwerkermärkten aufgenommen.

Deutliche Umsatzrückgänge, bedingt durch die zunehmende Konkurrenz ausländischer Betriebe, und der starke Anstieg der Kosten in den indirekten Leistungsbereichen des Unternehmens (Logistik, EDV, Forschung und Entwicklung) sowie die hohen Lohn- und Lohnnebenkosten haben zu einem negativen Betriebsergebnis geführt.

Folgende gegensteuernde Maßnahmen werden in Erwägung gezogen:

- Vertrieb und Marktforschung sollen feststellen, ob durch Preissenkungen bis „in die Nähe" der kurzfristigen Preisuntergrenze das Ergebnis verbessert werden kann.
- Aus einem früheren Ostblockland wird ein Zusatzauftrag für das Produkt „Homeworker 2000" in Aussicht gestellt, der 20 % unter dem „kalkulierten Angebotspreis" liegt.
- Die Produktion soll „verschlankt" werden (Lean Production).

Mit dem französischen „Kooperationsbetrieb" Frison soll deshalb geklärt werden, ob die Firma daran interessiert ist, die „deckungsbeitragsschwache" Heimwerkerproduktlinie B 107 zu fertigen und die Frisch GmbH zu beliefern.

Informationen aus den verschiedenen Bereichen des Unternehmens:
Absatz:
Erfahrungen in der Vergangenheit und Modellrechnungen zeigen, dass bei unseren hochwertigen Erzeugnissen die Preiselastizität der Nachfrage im Kundenbereich Industrie und Handwerksbetrieb sehr gering ist. Wir raten in diesem Bereich dringend von „preispolitischen Experimenten" ab. Preissenkungen könnten zu einer Imageeinbuße führen, da die Kunden mit den höheren Preisen die Garantie für hochwertige Qualität verbinden.

Im Segment „Heimwerker" gehen wir davon aus, dass bei unserem Produkt „Homeworker 2000" von einer Preiselastizität von 1 auszugehen ist, d.h. bei einer 10 % Preissenkung ist eine entsprechende Absatzsteigerung zu erwarten. Ob die erzielbare Ertragsverbesserung langfristig wirksam bleibt, ist zu bezweifeln. Bei den Angeboten in den Heimwerkermärkten sind wir ebenfalls im oberen Preissegment angesiedelt; auch hier wird ein nicht unerheblicher Teil der Kunden den Qualitätsanspruch mit einem bestimmten Preisniveau unserer Produkte verbinden.

Bei dem möglichen Zusatzauftrag aus dem ehemaligen „Ostblockstaat" handelt es sich um eine „Erstbestellung" aus diesem Land.

Beschaffung:
Der französische Kooperationspartner Frison hat langjährige Erfahrungen in der elektrotechnischen Heimwerkerproduktion. Die Produkte sind hochwertig. Von wenigen Ausnahmen abgesehen, wurden die Lieferzeiten eingehalten. Die Firma Frison bietet die Produktion von „Homeworker de luxe" zu einem Stückpreis von 900,00 € an.

Personalabteilung:

Die Ausgliederung der Fertigung von „Homeworker de luxe" führt zu einem Verlust von 20 Arbeitsplätzen. 5 Mitarbeiter treten im laufenden Jahr noch in den Ruhestand, für 2 Mitarbeiter kann die Vorruhestandsregelung in Kraft treten. 9 Arbeitsplätze können „umgewidmet" werden. 4 Mitarbeiter, die 1–2 Jahre im Unternehmen sind, müssen entlassen werden.

Auszug aus der Kosten- und Leistungsrechnung:

	Homeworker 2000	Homeworker de Luxe	insgesamt
Stückpreis (p), €	800,00	1 500,00	
Variable Stückkosten (k$_v$), €	500,00	1 150,00	
db/Stück, €	300,00	350,00	
Einstandspreis bei Fremdbezug (ep, €)		(900,00)	
DB je Periode, €	300 000,00	150 000,00	450 000,00
Fixkosten (K$_f$), €			320 000,00*
Ergebnis, Gewinn			130 000,00

* Analysen lassen den Schluss zu, dass die fixen Kosten gleichmäßig auf Homeworker 2000 und Homeworker de luxe entfallen.

Kontrolle und Vertiefung

2.1 Führen Sie eine Modellrechnung für die mögliche Absatzausdehnung bei „Homeworker 2000" durch! Die Kapazität ist zu zwei Dritteln ausgenutzt. Soll sich die Firma für diese Möglichkeit entscheiden? Begründen Sie Ihre Auffassung!

2.2 Wie sollte über den möglichen Zusatzauftrag Ihrer Meinung nach unter Berücksichtigung der Ergebnisse der KuL-Rechnung bzw. aufgrund der Informationen des Vertriebs entschieden werden?

2.3 Entscheiden Sie mit Hilfe einer **Entscheidungsbewertungstabelle** (Muster, siehe folgende Seite), ob die Eigenfertigung des „Homeworker de luxe" beibehalten oder vom Kooperationspartner Frison bezogen werden soll. Die Kapazität ist zu 75 % ausgenutzt.

Entwickeln Sie Entscheidungskriterien und bringen Sie diese in der Tabelle durch Gewichtung (in Prozent; Summe der Prozentsätze muss 100 betragen) entsprechend ihrem Bedeutungsgehalt in eine Rangfolge! Bewerten Sie die einzelnen Kriterien nach Ihrer Einschätzung im Hinblick auf ihrem jeweiligen Zielerreichungsgrad mit Punkten! 5 Punkte = Zielerreichung sehr gut, 4 Punkte = Zielerreichung gut, 3 Punkte = Zielerreichung befriedigend, 2 Punkte = Zielerreichung ausreichend, 1 Punkt = Zielerreichung mangelhaft.

Fassen Sie Ihre Entscheidung in einem kurzen Bericht zusammen!

Entscheidungsbewertungstabelle

Kriterien	Gewichtung %	Eigenfertigung		Fremdbezug	
		Punkte	gewichtete Bewertung	Punkte	gewichtete Bewertung
■ Kostenvergleich ■ weitere selbstge- wählte Kriterien					

1.6.5 Erweiterte Formen der Deckungsbeitragsrechnung

1.6.5.1 Fixkostendeckungsrechnung

Kontrolle

1. Ein Industriebetrieb bietet die vier Erzeugnisse A bis D an. Für die abgelaufene Abrechnungsperiode wurden die folgenden Zahlen ermittelt:

	A	B	C	D
Produzierte und verkaufte Menge (Stück)	2 600	3 200	1 800	1 500
Verkaufserlös/Stück (€)	60,00	50,00	200,00	270,00
Variable Kosten/Stück (€)	28,00	33,00	95,00	105,00
Fixe Kosten insgesamt (€)	496 100,00			

a) Bestimmen Sie das Ergebnis aufgrund der einstufigen Deckungsbeitragsrechnung!

b) Eine Fixkostenaufspaltung hat ergeben:
   - erzeugnisfixe Kosten (Reihenfolge A bis D): 42 000,00 €, 69 000,00 €, 60 000,00 €, 83 000,00 €.
   - Aufteilung in Erzeugnisgruppen: A ist Erzeugnisgruppe I, B und C Gruppe II, D Gruppe III. Auf die Erzeugnisgruppen entfallen: I 24 000,00 €, II 70 000,00 €, III 91 000,00 €.
   - A, B und C werden in der Kostenstelle I bearbeitet; Fixkostenanteil 10 000,00 €, D in der Kostenstelle II mit 25 000,00 € Fixkostenanteil.
   - Der Rest der fixen Kosten sind unternehmensfixe Kosten.

   Stellen Sie die Fixkostendeckungsrechnung auf und beurteilen Sie die einzelnen Schichten!

c) Bestimmen Sie in der Schicht mit negativem Deckungsbeitrag den Break-even-Point, gleich bleibender Verkaufserlös/Stück unterstellt. Wie ist die Auswirkung auf das Ergebnis?

2. a) Begründen Sie anhand von Beispielen, wann und warum von der einstufigen zur Fixkostendeckungsrechnung (mehrstufigen Deckungsbeitragsrechnung) übergegangen werden sollte!

   b) Welche Aussagekraft messen Sie jeweils den Deckungsbeiträgen I bis IV zu?

   c) Welche Unterschiede bei Berechnung von Break-even-Points erkennen Sie in der mehrstufigen Deckungsbeitragsrechnung gegenüber der einstufigen?

   d) Warum ist die mehrstufige Deckungsbeitragsrechnung in Handelsbetrieben von besonderer Bedeutung?

Vertiefung

3. Stellen Sie das Schema einer sinnvollen *Fixkostendeckungsrechnung im Handelsbetrieb* auf! Informationen dazu: Kaufhaus mit vier Filialen, Non-Food-Artikel (drei Abteilungen), eine Food-Abteilung mit fünf Artikelgruppen.

4. Die einstufige Deckungsbeitragsrechnung eines Industriebetriebs, der verschiedene Erzeugnisse herstellt, ergibt einen Verlustbeitrag. Überprüfen Sie dazu die folgenden Verbesserungsvorschläge von Mitarbeitern:

   a) Es müssen Maßnahmen zur Senkung der fixen Kosten bzw. der variablen Stückkosten ergriffen werden.

   b) Die Preise sämtlicher Produkte sind gleichmäßig zu erhöhen.

   c) Die Preise sämtlicher Produkte sind gleichmäßig zu senken.

   d) Nach Aufspalten der fixen Kosten ist eine Fixkostendeckungsrechnung aufzustellen.

   e) Eine umfassende und andauernde Werbeaktion für sämtliche Produkte ist notwendig.

   Nennen Sie im Hinblick auf die betriebliche Situation die Vor- und Nachteile bzw. Erkenntnismöglichkeiten der genannten Vorschläge!

5. Agthe schlägt eine weitere Unterteilung der fixen Kosten in *ausgabenwirksame* und *nicht ausgabenwirksame* vor. Beurteilen Sie diesen Vorschlag!

6. Eine kritische Anmerkung zur Fixkostendeckungsrechnung lautet: Die fixen Kosten entstehen schon durch die Bereitstellung von Kapazitäten, nicht erst bei der Produktion selbst. Insoweit ist die Fixkostendeckungsrechnung mindestens zum Teil fehlerhaft. Untersuchen Sie diese Auffassung!

7. Überprüfen Sie, ob die Fixkostendeckungsrechnung als Entscheidungsgrundlage für eine langfristige Preisuntergrenze besser geeignet ist als die übliche Festlegung, die auf p = k beruht!
   (p = Stückpreis, k = Stückkosten)

8. Überlegen Sie, ob die Fixkostendeckungsrechnung (mehrstufige Deckungsbeitragsrechnung) auch im Einproduktbetrieb sinnvoll ist!

9.

Stufenweise Fixkostendeckungsrechnung (Beträge in 1000 €)						
Warengruppen	A		B		C	
Artikel	Nr. 1	Nr. 2	Nr. 3	Nr. 4	Nr. 5	Nr. 6
Umsatzerlöse – K$_v$	40 30	30 27	140 90	80 50	90 60	110 70
Deckungsbeitrag I – Fixkosten/Artikel	10 –	3 5	50 40	30 –	30 10	40 –
Deckungsbeitrag II – Fixkosten/Warengruppen	10	– 2 5	10	30 45	20	40 10
Deckungsbeitrag III	3		– 5		50	
– Fixkosten des Unternehmens			48 55			
Periodenergebnis			– 7			

Der Leiter des Rechnungswesens sieht in einer „Verschlankung" des Sortiments eine Möglichkeit, das negative Betriebsergebnis zu beseitigen. Nach seiner Auffassung lässt sich aus der „SFD" (stufenweise Fixkostendeckungsrechnung) die Sortimentskontraktion deutlich ablesen.

a) Ist es zutreffend, dass durch eine Sortimentskontraktion der Verlust beseitigt werden kann? Überprüfen Sie die Aussage rechnerisch!

b) Stimmen Sie dem Lösungsvorschlag des Leiters des Rechnungswesens zu? Begründen Sie Ihre zustimmende bzw. ablehnende Meinung!

1.6.5.2 Relative Einzelkostenrechnung

Kontrolle

1. In einem Handelsbetrieb sind durch Kostenanalysen die Voraussetzungen für eine relative Einzelkostenrechnung geschaffen worden (Beträge in €):

Verkaufsabteilungen	①			②	
Artikel	A	B	C	D	E
Umsatzerlös/Stück	65,00	98,00	48,00	72,00	115,00
Anzahl (Stück)	200	500	350	460	640
Einzelkosten je Artikel (Einstandspreis)	40,00	60,00	30,00	56,00	55,00
Einzelkosten der Artikelgruppe/Abteilung	31 000,00			19 300,00	
Einzelkosten der Gesamtleistung des Betriebs	25 000,00				

a) Stellen Sie die relative Einzelkostenrechnung auf und ermitteln Sie die Deckungsbeiträge und das Ergebnis!

b) Welche Entscheidungen treffen Sie, um Schwachstellen zu beseitigen?

2. a) Welche Vorteile hat die Rechnung mit relativen Einzelkosten im Vergleich zur Fixkostendeckungsrechnung?

b) Welcher Nachteil ist dabei in Kauf zu nehmen?

c) Untersuchen Sie anhand der „Grundrechnungen", ob bzw. unter welchen Voraussetzungen der Break-even-Point eines Artikels bzw. der Unternehmung ermittelt werden kann!

Vertiefung

3. Überprüfen Sie die Aussage: „Letztlich sind alle Kosten variabel und ausgabenwirksam!" Welche Auswirkung besteht auf die Rechnung mit relativen Einzelkosten?

4. Welche Probleme treten bei der relativen Einzelkostenrechnung auf, wenn mit starken Schwankungen des Beschäftigungsgrades zu rechnen ist?

5. Inwieweit ist die relative Einzelkostenrechnung in der Lage, zur Bestimmung von Preisuntergrenzen beizutragen?

6. Wie stellen Sie sich zu der Forderung, die Erfolgsprämien für Abteilungsleiter in Handelsbetrieben an den Deckungsbeiträgen statt an den Umsätzen auszurichten?

7. Die Deckungsbeiträge der Verkaufsabteilung A eines Handelsbetriebs sind monatlich und als „kumulierte" Werte gemäß folgender Tabelle erfasst worden:

Monatliche Entwicklung der Deckungsbeiträge einer Verkaufsabteilung und ihrer Artikel (in 1000 €)

Monate	J	F	M	A	M	J	J	A	S	O	N	D
Deckungsbeiträge der Artikel	245	227	306	325	356	312	278	306	327	410	512	575
Einzelkosten der Verkaufsabteilung	265	265	272	272	274	268	268	272	272	290	311	315
Deckungsbeiträge der Verkaufsabteilung	−20	−38	34	53	82	44	10	34	55	120	201	260
Kumulierte Deckungsbeiträge der Artikel	245	472	778	1 103	1 459	1 771	2 049	2 355	2 682	3 092	3 604	4 179
Kumulierte Deckungsbeiträge der Verkaufsabteilung	−20	− 58	− 24	29	111	155	165	199	254	374	575	835

Was können Sie entnehmen, vor allem aus der Entwicklung der Deckungsbeiträge und der Einzelkosten der Abteilung?

8. In einem Filialbetrieb des Warenhandels ergibt die für das gesamte Sortiment aufgestellte einstufige Deckungsbeitragsrechnung an zwei aufeinander folgenden Abrechnungsperioden das folgende Bild (Beträge in €):

	Abrechnungsperioden	
	I	II
Umsatzerlöse variable Kosten	600 000 630 000	800 000 840 000
Deckungsbeitrag (negativ) fixe Kosten	30 000 150 000	40 000 150 000
Verlust(-Beitrag)	180 000	190 000

In der Zentrale der Unternehmung liegen dazu zwei Vorschläge auf dem Tisch:

1. Vorschlag: Sofortige Schließung der Filiale wegen „Unwirtschaftlichkeit".

2. Vorschlag: Übergang zu artikelbezogener relativer Einzelkostenrechnung.

Untersuchen Sie die Vor- und Nachteile der Vorschläge!

1.6.6 Flexible Plankostenrechnung auf Teilkostenbasis (Grenzplankostenrechnung)

Kontrolle

1. a) Aufteilung der fixen Kosten: Bei einem geplanten Beschäftigungsgrad von 90 % werden 300 000,00 € fixe Kosten erwartet. Bestimmen Sie den Anteil der Nutz- und Leerkosten, wenn sich der effektive Beschäftigungsgrad auf 68 % beschränkt!

   b) Verbrauchsabweichung mit Anzahl der bearbeiteten Artikel in der Produktionsstufe 6 als Bezugsgröße.

	Planzahlen	Istzahlen
zu bearbeitende Erzeugnisse (Stück)	30 000	36 000
Plankosten (€) fix	60 000,00	60 000,00
variabel	120 000,00	160 000,00

Bestimmen Sie den Plan(kosten)verrechnungssatz, die Sollkosten, die Verbrauchsabweichungen sowie die Nutz- und Leerkosten. Die Kapazität beträgt 40 000 Stück. Legen Sie eine geeignete Grafik an!

2. Welches sind die wichtigsten Vor- und Nachteile der Grenzplankostenrechnung? Begründung und Beispiele.

3. Wie unterscheiden sich flexible Plankosten auf Teilkostenbasis von flexiblen Plankosten auf Vollkostenbasis?

Vertiefung

4. In einem Handelsbetrieb werden für drei Artikelgruppen A, B und C am Ende einer Abrechnungsperiode die folgenden Planzahlen und Istzahlen einander gegenübergestellt:

	Planzahlen			Istzahlen		
	A	B	C	A	B	C
Umsatz (€)	360 000	250 000	400 000	420 000	200 000	380 000
Plankosten (€)	252 000	150 000	300 000	302 400	136 000	247 000
in % des Umsatzes	70	60	75	72	68	65
fixe Kosten (€)		500 000			500 000	

Berechnen Sie die Verbrauchs- und Preisabweichungen sowie die Nutz- und Leerkosten bei einer Umsatzkapazität von 1 200 000,00 €!

5. Welche Unterlagen stehen Ihnen für die Festlegung von Plankosten im Teilkostenbereich zur Verfügung?

6. Werten Sie mit Eintrag der entsprechenden Bezeichnungen die folgende Grafik aus! Wie könnte zusätzlich eine Preisabweichung in diese Grafik aufgenommen werden?

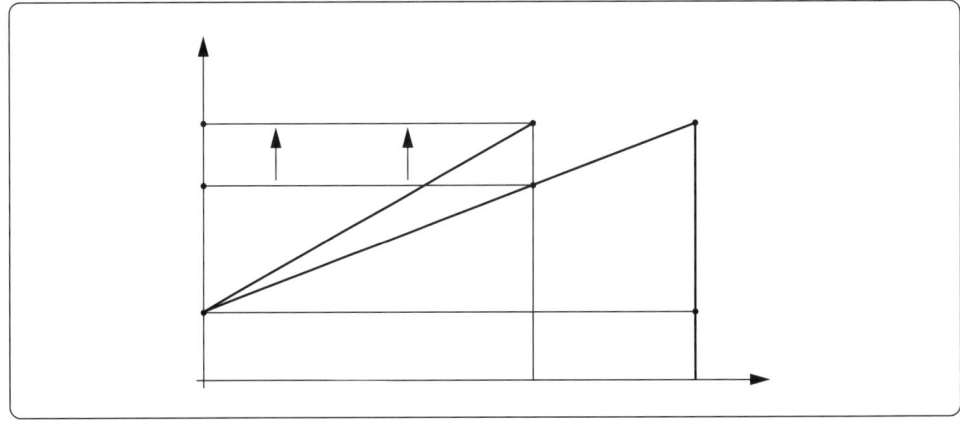

7. Überprüfen Sie die folgenden Aussagen! Berichtigen Sie, soweit erforderlich!

   a) Die Grenzplankosten beziehen sich auf vergangene Abrechnungsperioden, die Teilkostenrechnung (direct costing) auf die laufende Periode.

   b) Die Zielsetzung der Grenzplankostenrechnung ist, realistische Angebotspreise festzulegen.

   c) Die Grenzplankostenrechnung sollte durch eine mehrstufige Deckungsbeitragsrechnung erweitert werden.

   d) Die Grenzplankostenrechnung ist für eine Nachkalkulation auf Vollkostenbasis ungeeignet.

   e) Die Grenzplankostenrechnung stellt Unterlagen für Entscheidungen innerhalb des Sortiments (Förderung bzw. Reduzierung) bereit.

A

8. In einem Betrieb wird in der Kostenarten- und Kostenstellenrechnung mit flexiblen Plankosten gerechnet. Die Beschäftigungssituation (B) wird in der nachfolgenden Skizze dargestellt:

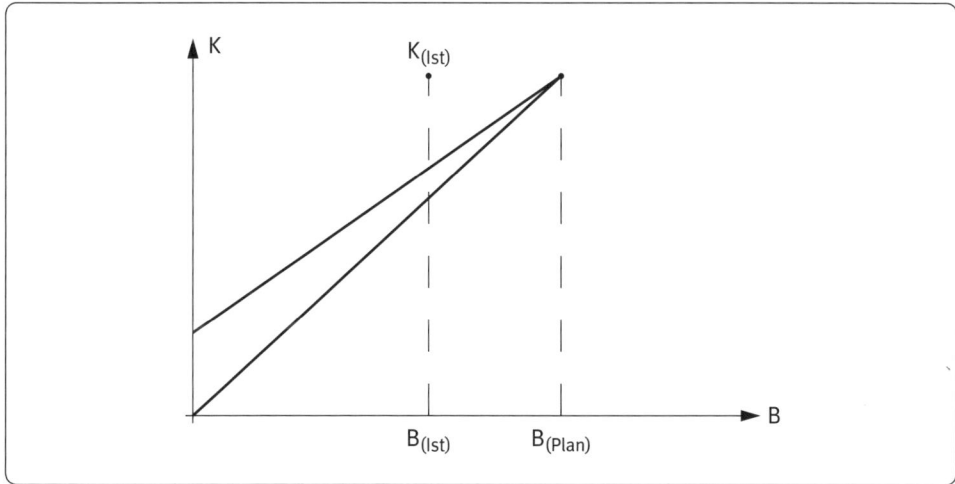

   a) Kennzeichnen Sie durch Eintragung der entsprechenden Symbole die Plankosten (K'plan), den Verlauf der verrechenbaren Plankosten (K'verr), den Verlauf der Sollkosten (K'soll); außerdem die Verbrauchsabweichung (ΔV) und Beschäftigungsabweichung (ΔB)!

   b) Wie sind die Verbrauchs- und Beschäftigungsabweichung ökonomisch zu erklären?

9. Aus den Daten der Grundrechnung bzw. der Finanzbuchführung wird die folgende gestufte Ergebnisrechnung aufgestellt (Beträge in 1000 €):

Erzeugnisgruppen	I		II	
Erzeugnisarten	**A**	**B**	**C**	**D**
Umsatzerlöse – Variable Erzeugnisarteneinzelkosten	400 350	500 300	200 110	150 120
Deckungsbeitrag 1	150	200	90	30
– Variable Erzeugnisgruppeneinzelkosten	50		25	
Deckungsbeitrag 2	300		95	
– Fixe Kosten:				
▷ ausgabewirksam	350			
▷ nicht ausgabewirksam	70			
Periodenergebnis (Verlust)	25			

a) Welche Informationen können aus der vorliegenden gestuften Ergebnisrechnung allgemein gewonnen werden?

b) Wie ist das vorliegende negative Ergebnis zu interpretieren? Nennen Sie Beispiele für kurz- bzw. längerfristige Entscheidungen zur Verbesserung der Situation!

1.7 Weiterentwicklungen der Kosten- und Leistungsrechnung

1.7.1 Prozesskostenrechnung

1.7.1.1 Schwachstellen der traditionellen Vollkostenrechnung

1.7.1.2 Grundkonzept der Prozesskostenrechnung

Kontrolle

1. Beschreiben Sie die Vorgehensweise bei der Einführung einer Prozesskostenrechnung. Welche Schwierigkeiten sind in den einzelnen Phasen zu erwarten?

2. Worin bestehen die wesentlichen Vorteile der Prozesskostenrechnung gegenüber der traditionellen Vollkostenrechnung?

3. Beurteilen Sie folgende Aussagen: Die Prozesskostenrechnung

   a) ist eine Teilkostenrechnung, weil sie sich stets auf Teilprozesse bezieht.

   b) wählt als Kalkulationsobjekte stets messbare Prozessgrößen aus.

   c) ist für die Kostenerfassung dispositiver Tätigkeiten besonders geeignet.

   d) dient sowohl der Kalkulation wie auch der Kontrolle der Wirtschaftlichkeit.

   e) führt zu einer verursachungsgerechteren Kostenzurechnung bei mehreren Varianten bzw. Produkttypen.

Vertiefung

4. In einem Handelsunternehmen werden bislang die Sortimentsbereiche mit einheitlichen Handlungskostenzuschlagssätzen kalkuliert. Diese ergeben sich für jede Warengruppe wie folgt:

Warengruppe	Handlungskostenzuschlag
Damenschuhe	50 %
Herrenschuhe	50 %
Kinderschuhe	50 %

Nach Durchführung einer Funktionsanalyse ergaben sich folgende Einzelverrichtungen nebst den dafür anfallenden Kosten in einer Abrechnungsperiode (Beträge in €):

Damenschuhe

Einzelverrichtungen	Anzahl	Kosten
Durchführung von Sonderbestellungen	150	2 400,00
Als Geschenk verpacken	50	500,00
Beratungsgespräche	450 à 15 Minuten	5 625,00
Bevorratung passender Strümpfe und Accessoires	900	7 200,00

Herrenschuhe

Einzelverrichtungen	Anzahl	Kosten
Durchführung von Sonderbestellungen	30	480,00
Als Geschenk verpacken	100	100,00
Beratungsgespräche	300 à 5 Minuten	1 350,00
Bevorratung passender Strümpfe und Accessoires	200	900,00

Kinderschuhe

Einzelverrichtungen	Anzahl	Kosten
Durchführung von Sonderbestellungen	50	800,00
Als Geschenk verpacken	30	300,00
Beratungsgespräche	200 à 10 Minuten	1 800,00
Bevorratung passender Strümpfe und Accessoires	200	800,00

Ermitteln Sie jeweils die Prozesskostensätze für die einzelnen Verrichtungen.

Zur Verrechnung der dispositiven Aufgaben im Schuhgeschäft werden zusätzlich 10 % Umlage auf die ermittelten Prozesskostensätze aufgeschlagen.

5. (in Verbindung mit 4.) Die Lieferung eines Schuhherstellers umfasst u. a.

   - einen Posten Damenschuhe zu Einstandspreisen von 110,00 €. Es wird davon ausgegangen, dass keine Sonderbestellungen auf dieses Modell anfallen, allerdings wird es üblicherweise als Geschenk zu verpacken sein, das Beratungsgespräch wird durchschnittlich 15 Minuten dauern und es wird die Bevorratung passender Strümpfe erforderlich sein.

- einen Posten Herrenschuhe zu Einstandspreisen von 70,00 €. Hier muss mit Sonderbestellungen gerechnet werden, jedoch ist eine Verpackung als Geschenk nicht vorgesehen, das Beratungsgespräch wird normalerweise 5 Minuten dauern und passende Strümpfe sind nicht zu bevorraten.
- einen Posten Kinderschuhe zu Einstandspreisen von 55,00 €. Auch hier werden Sonderbestellungen für einzelne Schuhgrößen notwendig sein, die Schuhe werden üblicherweise als Geschenk zu verpacken sein, ein Verkaufsgespräch wird durchschnittlich 10 Minuten dauern und es sind passende Einlagen zu bevorraten.

a) Ermitteln Sie jeweils die Selbstkosten nach traditioneller Zuschlagskalkulation und Prozesskostenrechnung.

b) Worauf sind die Unterschiede inhaltlich zurückzuführen?
   (Ausgangszahlen wie in Aufgabe 4)

1.7.2 Target Costing (Zielkostenmanagement)

1.7.2.1 Gründe für die Entstehung des Target Costing – Ziele

1.7.2.2 Zielkostenplanung

1.7.2.3 Zielkostensteuerung

1.7.2.4 Globalkonzepte für Zielkostenbeeinflussung

Kontrolle

1. a) Welche Gründe führten zur Entstehung des Target Costing?

   b) Was versteht man unter Zielkostenplanung?

   c) Beschreiben Sie kurz die Arbeitsschritte bei der Zielkostenplanung! Welche Aufgabe erfüllt in diesem Zusammenhang die Conjoint-Analyse?

2. Beurteilen Sie folgende Aussagen: Das Target Costing

   a) dient der Ermittlung vollkostendeckender Angebotspreise.

   b) versucht marktgerechte Produkte zu marktkonformen Preisen anzubieten.

   c) zeigt Rationalisierungspotenziale in den frühen Phasen des Produktlebenszyklus auf.

   d) versucht die anteilige Wertschätzung einer Produkteigenschaft mit ihrem Anteil an den Produktkosten in Einklang zu bringen.

   e) lässt sich erst anwenden, wenn Kostenplanungen hinreichend präzise vorliegen, da sonst Fehleinschätzungen befürchtet werden müssen.

Vertiefung

3. Ein Fahrradmodell im unteren Preissegment soll neu konzipiert werden. Folgende Faktoren hinsichtlich der technischen Leistungsfähigkeit (harte Funktionen) und hinsichtlich der Benutzerfreundlichkeit (weiche Funktionen) sind für die Zielgruppe mit folgender Gewichtung bedeutsam.

A

Harte Funktionen	Gewichtung	Weiche Funktionen	Gewichtung
H1 Geschwindigkeit	30	W1 Farbe	10
H2 Stabilität/Sicherheit	30	W2 Form	40
H3 Zahl der Gänge	10	W3 Sitzkomfort	20
H4 Funktionalität der Lenkstange	15	W4 Lenkkomfort	20
H5 Funktionalität des Sattels	15	W5 Markenname/Prestige	10
	100		100

Die Bedeutung der harten Funktionen wird insgesamt mit 40 %, die der weichen Funktionen mit 60 % gewichtet. Gewichtungsfaktoren 40 % und 60 %.

Alle harten und weichen Funktionen sollen durch folgende 10 Komponenten verwirklicht werden. Ihr Anteil an den Herstellkosten des Fahrrads insgesamt wurde wie folgt ermittelt:

K1 Rahmen	30
K2 Felgen	7
K3 Lenkstange	12
K4 Reifen	7
K5 Ventile	2
K6 Sattel	12
K7 Kette	5
K8 Pedale	7
K9 Gepäckständer	8
K10 Kettenschaltung	10
	100

Die Teilgewichte der Produktkomponenten an den harten und weichen Funktionen wurden durch eine Conjoint-Analyse wie folgt ermittelt:

	Farbe	Form	Sitzkomfort	Lenkkomfort	Name/Prestige
Rahmen	85	70	15	15	70
Felgen	5				
Lenkstange	5			60	10
Reifen					
Ventile					
Sattel		10	80		10
Kette					
Pedale		10	5	20	
Gepäckständer	5	10			
Kettenschaltung				5	10
	100	100	100	100	1 100

	Geschwindigkeit	Stabilität/ Sicherheit	Zahl der Gänge	Funktionalität der Lenkstange	Funktionalität des Sattels
Rahmen	15	20		20	20
Felgen	5	15			
Lenkstange		20		80	
Reifen	10	10			
Ventile		5			
Sattel		5			80
Kette	10		20		
Pedale	10	5			
Gepäckständer		20			
Kettenschaltung	50		80		
	100	100	100	100	100

Bestimmen Sie die Teilgewichte der einzelnen Komponenten an den harten und weichen Produktfunktionen und errechnen Sie die Zielkostenindizes.

Für welche Komponenten ist eine Rationalisierung, für welche eine Produktwertsteigerung zu empfehlen?

2 Finanzwirtschaft

2.1 Finanzierung

2.1.1 Finanzwirtschaftliche Vorgänge im betrieblichen Umsatzprozess

2.1.2 Ziele der Finanzwirtschaft

A

Kontrolle

1. Wie unterscheiden sich

    a) Finanzierung – Investition

    b) Finanzierung – Desinvestition

    c) Finanzierung – Kapitalabfluss?

2. Beschreiben Sie die vier Phasen des betrieblichen Umsatzprozesses anhand von Beispielen!

3. Nennen Sie Vorgänge und untersuchen Sie ihre Auswirkungen auf die Bilanz, wenn der Unternehmung

    a) Mittel von „außen"

    b) Mittel von „innen" zugeführt werden!

4. a) Erläutern Sie anhand eines Beispiels den Zusammenhang zwischen Unternehmenszielen und den Bereichszielen der Finanzierung!

    b) Welche allgemeinen finanzwirtschaftlichen Zielsetzungen sind bei Entscheidungen im Bereich der Finanzierung und Investition zu unterscheiden?

Vertiefung

5. Nennen Sie Finanzierungsvorgänge, die

    a) nicht gleichbedeutend sind mit Geldbeschaffung

    b) zu einer Bilanzverkürzung führen!

6. Die Bilanz eines Herstellers von Holzdecken und Wandverkleidungen weist zum Ende des Jahres folgende Positionen aus:

Aktiva		Bilanz zum 31.12.20. .	Passiva
Gebäude	180 000,00	Eigenkapital	170 000,00
Maschinen	60 000,00	langfristige Verbindlichkeiten	130 000,00
Fertigerzeugnisse	30 000,00	kurzfristige Verbindlichkeiten	21 500,00
Rohstoffe	22 000,00		
Bank	29 500,00		
	321 500,00		321 500,00

Im laufenden Geschäftsjahr fallen u. a. die folgenden Geschäftsfälle an:

1. a) Aufnahme eines kurzfristigen Bankkredits in Höhe von 4 500,00 €

    b) Verwendung von 1 500,00 € Kreditmittel zum Einkauf von Rohstoffen

2. Einbringung eines vom Unternehmer im Erbgang erworbenen Grundstücks im Wert von 60 000,00 €

3. a) Rohstoffe im Wert von 2 000,00 € werden zu Fertigerzeugnissen umgeformt: anteilige Abschreibungen (Gebäude 200,00 €, Maschinen 300,00 €) zusammen 500,00 €; Löhne und sonstige Aufwendungen 800,00 €.

    b) Der Gesamtwert dieser Fertigerzeugnisse wird zuzüglich 200,00 € Gewinn am Absatzmarkt bar verkauft.

4. Zahlung von 1 000,00 € als Tilgungsrate für einen langfristigen Bankkredit.

Inwieweit bzw. in welcher Höhe wirken sich die Vorgänge (1. bis 4.) im Zahlungs-, Investitions- bzw. Kapitalbereich des Unternehmens aus? Welche Bilanzauswirkungen ergeben sich? Welche Phase des Umsatzprozesses lässt sich jeweils erkennen?

2.2 Kapitalbedarfsrechnung

2.2.1 Bestimmungsfaktoren des Kapitalbedarfs

2.2.2 Finanzplan

Kontrolle

1. Wie wirken sich auf den Kapitalbedarf aus

    a) zunehmende Betriebsgröße

    b) geringere Kapitalbindung?

2. Wie wirken sich auf die Kapitalbindung aus

    a) Verkürzung der Lagerdauer der Fertigerzeugnisse

    b) Verlängerung des Kundenziels

    c) Vorauszahlungen an Lieferanten

    d) Kürzere Fertigungszeiten

    e) Fertigungssynchrone Lieferungen (Just-in-time) im Beschaffungs- bzw. Absatzbereich?

3. Worauf ist es zurückzuführen, dass im Handelsbetrieb der Kapitalbedarf wachsende Tendenzen aufweist?

4. Ermitteln Sie die Kapitalbindung für einen bestimmten Rohstoff: Täglicher Verbrauch 500,00 €, Lagerdauer des Rohstoffs fünf Tage, Zahlungsziel des Lieferanten 20 Tage, Fertigungszeit vier Tage, Lagerdauer der Fertigerzeugnisse 15 Tage, Kundenziel 30 Tage.

5. a) Aus welchen Teilplänen setzt sich die unternehmerische Gesamtplanung zusammen?

    b) Warum gilt der Absatzplan als Leitplan der Gesamtplanung?

6. **Finanzplan** eines kleinen Industriebetriebes

    Daten:
    Aus dem **Umsatzplan:** 1. Vierteljahr (Januar bis März 2006)
    Januar 5 200 Stück, Februar 6 000 Stück, März 7 500 Stück
    Preis: 15,00 € je Stück

    Von den Kunden zahlen 40 % sofort, 50 % nach 30 Tagen und 10 % nach 60 Tagen.
    Außerdem gehen im Januar noch 42 000,00 €, im Februar 26 000,00 € alte Forderungen
    ein.

    Aus dem **Beschaffungs- und Produktionsplan:**
    Monatliche Ausgaben (fortlaufende Produktion):

– Rohstoffeinkäufe	18 000,00 €
– Personalkosten	35 000,00 €
– sonstige Fertigungskosten	8 000,00 €
Außerdem fallen monatliche Verwaltungskosten an:	12 000,00 €

    Im Januar werden 21 000,00 € und im Februar 30 000,00 € alte Verbindlichkeiten bezahlt.
    Kreditzinsen für einen Bankkredit werden im März in Höhe von 12 000,00 € fällig.

    a) Erstellen Sie einen Finanzplan (siehe Band 1, Muster)!
        Bankguthaben am 31.12.2005: 5 200,00 €. Alle Zahlungen werden über das Bank-
        konto abgewickelt!

    b) Welcher Überschuss/Fehlbetrag (finanzieller Engpass) ergibt sich in den ersten drei
        Monaten?

    c) Stellen Sie die Entwicklung des Bankkontos dar! Es wird davon ausgegangen, dass die
        Bank bereit ist, Fehlbeträge durch Einräumung eines Kredites (Kontokorrentkredit)
        abzudecken.

    d) Wie könnte im vorliegenden Falle der finanzielle Engpass beseitigt werden? Welche
        Auswirkungen ergeben sich für die Bereichsziele und Teilpläne anderer Funktionsberei-
        che?

    e) Schlagen Sie ein Bereichsziel für die Finanzierung vor, das der Situation angemessen ist!

Vertiefung

7. In einem Verbrauchermarkt wird der jährliche Wareneinsatz mit 720 000,00 € veran-
    schlagt. Das Geschäft verfügt über einen durchschnittlichen Lagerbestand von
    120 000,00 €. Die Lieferanten gewähren 30 Tage Ziel.

    Wie hoch ist der Kapitalbedarf, wenn der „Markt" an die Kunden nur bar verkauft?

8. Warum gehört der Finanzplan zur operativen und nicht zur strategischen Planung?

9. Die Schneider Karosseriebauwerke, Stuttgart, legen zum 31.12.2006 für die *kurzfristige Finanzplanung* folgende vorläufige Schlussbilanz vor (Beträge in €):

Aktiva	Schlussbilanz zum 31.12.2006		Passiva
Gebäude	810 000,00	Eigenkapital	1 900 000,00
Maschinen	420 000,00	Darlehen	570 000,00
Rohstoffe	500 000,00	Verbindlichkeiten an	
Fertigerzeugnisse	700 000,00	Lieferanten	700 000,00
Forderungen an Kunden	480 000,00		
Bank	260 000,00		
	3 170 000,00		3 170 000,00

Daten:

Umsatzplan: je Monat 280 000,00 €, Kundenzahlungsziel ein Monat

Beschaffungsplan:

Rohstoffe Rechnungsbetrag je Monat 40 000,00 €

Zahlungsziel der Lieferanten: zwei Monate

Produktionsplan:

(Kostenplanung)

Sonstige Fertigungskosten je Monat	45 000,00 €
Verwaltungs- und Vertriebskosten je Monat	55 000,00 €

In den Sonstigen Fertigungskosten und Verwaltungs- und Vertriebskosten sind folgende Abschreibungen enthalten:

Gebäude 1 % p. a. – Maschinen 5 % p. a.

Basis für die Berechnung der Abschreibungen sind die jeweils in der Schlussbilanz angegebenen Werte!

Kosten der Monatsproduktion:

Rohstoffverbrauch (Fertigungsmaterial)	120 000,00 €
Sonstige Fertigungskosten	45 000,00 €
Herstellkosten	165 000,00 €
Verwaltungs- und Vertriebskosten	55 000,00 €
Selbstkosten	220 000,00 €
Herstellkosten der monatlich verkauften Erzeugnisse:	175 000,00 €
(Herstellkosten des Umsatzes)	
Selbstkosten der monatlich verkauften Erzeugnisse:	230 000,00 €

Einnahmen aus Kundenforderungen (Posten der Schlussbilanz):

Januar 40 %, Februar 40 %, März 20 %

Ausgaben für fällige Verbindlichkeiten (Posten der Schlussbilanz):

Januar 20 %, Februar 40 %, März 25 %, April: Rest

a) Stellen Sie einen Finanzplan für die ersten drei Monate des Jahres 2007 auf! Alle Zahlungsvorgänge werden über das Bankkonto abgewickelt.

b) Erstellen Sie eine Zwischenbilanz zum 31.03.2007! Wie beurteilen Sie die Finanzplanung in diesem Zeitraum, wenn als Bereichsziel „Sicherung der Zahlungsfähigkeit durch Minimierung der Liquiditätsreserven" vorgegeben ist?

2.3 Arten der Finanzierung im Überblick

2.3.1 Außen- und Innenfinanzierung

2.3.2 Vergleich der Eigen- und Fremdfinanzierung

Kontrolle

1. Ordnen Sie folgende Finanzierungsarten der Außen- bzw. Innenfinanzierung zu. Inwieweit wird Eigen- und Fremdkapital zugeführt?
   a) Kreditfinanzierung
   b) Abschreibungsfinanzierung
   c) Eigenfinanzierung
   d) Selbstfinanzierung
   e) Leasing

2. Lässt sich für den Finanzierungsbereich der Unternehmung die folgende Faustregel rechtfertigen:
   Bevor Mittel von außen beschafft werden, sind vorrangig die internen Finanzierungsquellen auszuschöpfen!

3. Nennen Sie Vor- und Nachteile der Eigen- und Fremdfinanzierung aus der Sicht der kapitalaufnehmenden Unternehmung!

4. a) Erläutern Sie den Leverage-Effekt! Führen Sie das Beispiel (siehe Fallbeispiel in Band 1) fort, indem Sie den Eigenkapitalanteil auf 10 % verringern!
      Welche Auswirkung ergibt sich unter sonst gleichen Bedingungen für die Rentabilität des Eigenkapitals?

   b) Wie kann es zu einem negativen Leverage-Effekt kommen?

      Zusatzinformationen zu „Leverage-Effekt"

      Der Leverage-Effekt tritt auf bei Investitionen mit Eigen- und Fremdkapital und im Verhältnis von Eigen- und Fremdkapital in der Bilanz.
      Andere Berechnungsmöglichkeit (Bezug auf die „19 %" in Band 1):

$$\frac{15 \cdot 1\,000\,000}{100} = \frac{9 \cdot 400\,000}{100} + \frac{x \cdot 600\,000}{100}$$

$$x = 19\,\%$$

„Grundlegende Aufgabe" zu Leverage-Effekt (Investition = Gesamtkapital):

Fall a: Berechnung der R^{GK}

Gesamtkapital	1 000 000
davon EK	300 000
Zinssatz FK	9 %
Zinssatz EK	20 %

Fall b: Berechnung des R^{EK}

Investition	2 000 000
davon EK	40 %
R^{GK}	25 %
Z^{FK}	10 %

Fall c: Berechnung des FK-Zinssatzes

Gesamtkapital	1 000 000
davon EK	20 %
R^{EK}	32 %
R^{GK}	20 %

Fall d: Berechnung des Verschuldungsgrades (mit FK und EK):

Investition	3 800 000
R^{GK}	15 %
R^{EK}	25 %
R^{FK}	6 %

5. Ein Unternehmen ist in der Lage, aus einer Investition von 200 000,00 € einen Gewinn (Bruttogewinn) von 20 000,00 € zu erzielen, was einer Gesamtkapitalrentabilität von 10 % entspricht.

Es ergeben sich die folgenden Möglichkeiten der Finanzierung:

Alternative 1: Finanzierung nur mit Eigenkapital

Alternative 2: Finanzierung zu je 50 % mit Eigen- und Fremdkapital

Alternative 3: Finanzierung mit 90 % Fremdkapital, 10 % Eigenkapital.

Der Zinssatz für das Fremdkapital beträgt 8 %.

Berechnen Sie:

a) den jeweiligen Verschuldungsgrad,
b) die Rentabilität des Eigenkapitals mit Hilfe der Formel für den Leverage-Effekt!

6. a) Was verstehen Sie unter dem optimalen Verschuldungsgrad?
   b) Wie erklären Sie die Aussage: „Der Siedepunkt der Rentabilität ist der Gefrierpunkt der Liquidität?"
   c) Warum spricht man beim optimalen Verschuldungsgrad von einem Zielkompromiss?

7. a) Wie unterscheiden sich die vertikalen von den horizontalen Finanzierungsregeln grundsätzlich?
   b) Welche Aussagen treffen die Fassungen der goldenen Bilanzregel?
   c) Warum kann die goldene Bilanzregel für den Unternehmer nur grobe Faustregel sein?

Vertiefung

8. In verschiedenen Industrieunternehmen werden bei der Finanzierung unterschiedliche „Faustregeln" angewandt:

- *Unternehmen A:* „Risikoreiche Investitionen finanzieren wir stets mit eigen- bzw. selbstfinanzierten Mitteln."

- *Unternehmen B:* „Wir steuern Entnahmen und Einlagen unserer Gesellschafter mit dem Ziel, durch das Eigenkapital eine volle Deckung des Anlagevermögens zu erreichen."

- *Unternehmen C:* „Wir halten die Barbestände so knapp, damit die laufenden Zahlungsverpflichtungen gerade erfüllt werden können. In finanziellen Engpasssituationen beanspruchen wir den eingeräumten Kontokorrentkredit."

- *Unternehmen D:* „Bei der Festlegung des Verhältnisses Eigen- und Fremdkapital orientieren wir uns vornehmlich am Leverage-Effekt."

- *Unternehmen E:* „Die von uns in den letzten Jahren verfolgte Zielsetzung, konsolidiert zu finanzieren, indem wir kurzfristige Verbindlichkeiten zulasten langfristiger Schulden reduzieren, haben wir auch im vergangenen Geschäftsjahr fortgesetzt."

Welche finanzwirtschaftlichen Ziele bzw. Finanzierungsregeln sind aus den Faustregeln erkennbar? Kommt es zu konkurrierenden bzw. komplementären Zielsetzungen?

9. **Entscheidung über Eigen- oder Fremdfinanzierung**

Die Firma Gebrüder Heller OHG, Aalen, stellt Kinderoberbekleidung her. Die Gesellschafter beabsichtigen die Fertigung von Kinderunterwäsche mit in das Produktionsprogramm aufzunehmen. Die in letzter Zeit nicht mehr voll beanspruchte Produktionskapazität soll dadurch wieder ausgelastet und darüber hinaus erweitert werden. Die Investitionen, die im Anlagevermögen erforderlich sind, belaufen sich auf 400 000,00 €.

Von den Gesellschaftern Hans und Otto Heller werden die beiden folgenden Finanzierungsalternativen diskutiert:

1. Zuführung von je 200 000,00 € aus dem Privatvermögen der beiden Gesellschafter; dazu müssten Teile ihres privaten Grundbesitzes veräußert werden;
2. Aufnahme eines langfristigen Bankkredits (Darlehen) bei der Hausbank zum derzeitigen Zinssatz von 8 %.

Die beiden Unternehmer wollen durch die geplanten Investitionen langfristig den Bestand des Unternehmens sichern, wobei nicht nur die Zahlungsfähigkeit (Liquidität) erhalten, sondern vor allem auch die Rentabilität verbessert werden soll.

Als Entscheidungshilfe wird u. a. auch die Bilanz des letzten Jahres und der erwirtschaftete Gewinn zugrunde gelegt:

Aktiva	Bilanz zu Beginn des Geschäftsjahres (in 1 000 €)		Passiva
Bebaute Grundstücke	1 000	Eigenkapital H. Heller	700
Maschine	600	Eigenkapital O. Heller	500
Vorräte (enthaltene eiserne	800	Grundschuld	900
Bestände 200 000,00 €)		Rückstellungen (kurzfristig)	200
Kundenforderungen	520	Bank (Kontokorrent)	120
Postgiro	70	Verbindlichkeiten an Lieferer	490
Kasse	10	Wechselverbindlichkeit	90
	3 000		3 000

Reingewinn am Ende des Geschäftsjahres 96 000,00 €
Zinsen für das Fremdkapital 105 000,00 €

Aufgaben:

Prüfen Sie nach der vorliegenden Bilanz (zunächst ohne Berücksichtigung der bilanziellen Auswirkungen der Investition), inwieweit eingehalten wurden

a) die vertikale Finanzierungsregel (1:1-Regel),
b) die goldene Bilanzregel
   ba)Deckungsgrad I,
   bb)Deckungsgrad II.
   Der durchschnittliche Deckungsgrad I beträgt in diesem Geschäftszweig und bei gleicher Betriebsgröße 103 % (Band 1).
c) Berechnen Sie
   ca) die Rentabilität des Eigenkapitals,
   cb) die Rentabilität des Gesamtkapitals.
   Die durchschnittliche Rentabilität des Eigenkapitals ist in diesem Geschäftszweig und bei dieser Betriebsgröße 9,9 %(Band 1).

d) Für welche der beiden Finanzierungsarten würden Sie sich entscheiden, wenn Sie die Zielsetzungen des Unternehmens – Sicherheit und Verbesserung der Eigenkapitalrentabilität – gegeneinander abwägen? Begründen Sie die getroffene Entscheidung ausführlich in einem Bericht!

Arbeitanweisung:

Verwenden Sie für die Berechnung des Verschuldungsgrades und der Eigenkapitalrentabilität eine Matrixdarstellung (siehe unten)! Beachten Sie Folgendes: Der Gewinn in Höhe von 96 000,00 € wurde im letzten Jahr ausgeschüttet. Nach Durchführung der Investition in Höhe von 400 000,00 € rechnen die Gesellschafter mit einer Gesamtkapitalrentabilität von 9 %. Diese Rendite entspricht dem branchenüblichen Durchschnittssatz. Im besten Falle wird eine künftige Gesamtkapitalrentabilität von 15 % und unter Berücksichtigung verschiedener Risiken eine Rendite von 3 % als ungünstigster Fall angenommen.

Als Zinssatz für das zu verzinsende Fremdkapital wird ein Durchschnittssatz von 8 % unterstellt.

Entscheidungsmatrix

Finanzierungsalternativen	Eigenfinanzierung	Fremdfinanzierung
Neues Gesamtkapital (nach Investition)		
Fremdkapital Eigenkapital		
Verschuldungsgrad		
Gewinn (brutto) bei einer Gesamtkapitalrentabilität von a) 9 % .... b) 15 % .... c) 3 % .... – 8 % Zinsen	....	....
Reingewinn (netto)		
Eigenkapitalrentabilität		

2.4 Fremdfinanzierung

2.4.1 Kreditgeschäft der Banken

2.4.1.1 Kreditvertrag

2.4.1.2 Sicherung der Kredite

2.4.1.3 Bankkredite unterschiedlicher Verfügbarkeit (Darlehen, Kontokorrentkredit)

Kontrolle

1. In der Kreditabteilung der Deutschen Bank AG, Filiale Esslingen, liegen zur Zeit u.a. die folgenden Kreditgesuche vor:

Fall 1:

Die Adler-Brauerei-AG beabsichtigt, eine neue vollautomatisierte Flaschenabfüllanlage anzuschaffen. Von den Anschaffungskosten in Höhe von 1 100 000,00 € können aus Eigenmitteln nur 400 000,00 € aufgcbracht werden.

Fall 2:

Die Fruchtsaft-GmbH „Remstal" hat einen Geldbedarf von 15 000,00 € während der Obsternte, den die Firma nicht selbst decken kann.

Fall 3:

Karl Huber und Eva Grün wollen heiraten und benötigen 20 000,00 €, um ihre neue Wohnung einzurichten.

Analysieren Sie die drei Fälle und beantworten Sie dabei folgende Fragen:

a) Warum sind die bei der Deutschen Bank vorliegenden Kreditgesuche keine Anträge im Rechtssinne?

b) Ordnen Sie die beantragten Kredite nach folgenden Gesichtspunkten
   - Verwendungszweck,
   - Gegenstand der Übertragung,
   - Laufzeit und
   - Verfügungsart!

A

2. Welche Kreditarten werden zugerechnet:

a) den verstärkten Personalkrediten,

b) den Realkrediten?

3. Wie unterscheiden sich grundsätzlich die verstärkten Personalkredite von den Realkrediten?

4. Wie beurteilen Sie den Satz: „Jede Sicherheit ist letztlich nur so viel wert wie der Schuldner selbst"?

5. Die Bürgschaft ist – in rechtlicher Hinsicht

a) ein einseitiges Rechtsgeschäft,

b) ein zweiseitiges Rechtsgeschäft,

c) ein einseitig verpflichtendes Rechtsgeschäft,

d) ein zweiseitig verpflichtendes Rechtsgeschäft.

Welche Aussage bzw. Aussagen halten Sie für richtig?

6. Wie unterscheiden sich grundsätzlich

a) Stille Zession – offene Zession

b) Grundschuld – Hypothek?

7. Warum ist der Diskontkredit wesentlich billiger als der Kontokorrentkredit?

8. Die Hausbank bietet der Scholz GmbH ein Darlehen zum Nennbetrag von 80 000,00 € zu den folgenden Bedingungen an:

Damnum 5 %, Zinssatz 6 %, Laufzeit 8 Jahre, Rückzahlung am Ende der Laufzeit.

a) Berechnen Sie den effektiven Zinssatz!

b) Ermitteln Sie die Zinsen, Tilgung bzw. Annuität (beim Annuitätendarlehen) für das
   - Annuitätendarlehen (Annuitätenfaktor: 0,161 036),
   - Ratentilgungsdarlehen,
   - Fälligkeitsdarlehen!

Hinweise für die Tabelle des Annuitätendarlehens: Legen Sie folgende Spalten an: Darlehen am Jahresanfang, Annuität (Annuitätendarlehen), Zinsen, Tilgung, Darlehen am Jahresende!

9. Für einen Kontokorrentkredit gelten die folgenden Bedingungen: Sollzinssatz 14,25 %, Überziehungsprovision (Zinssatz) 4 %.

Prüfen Sie, inwieweit sich die Inanspruchnahme des Kontokorrentkredites zur Zahlung während der Skontofrist lohnt, wenn folgende Zahlungsbedingungen gelten:

a) „Bei Zahlung binnen 10 Tagen 3 % Skonto, 30 Tage netto."

b) „Zahlung binnen 8 Tagen 1,5 % Skonto, 90 Tage Ziel."

Vertiefung

10. Das Hotel-Restaurant „Fernblick", das vor drei Jahren von dem Hotelier Trinkhaus erbaut und mit einem hohen Anteil an Fremdkapital finanziert wurde, ist nicht mehr in der Lage, seinen Zahlungsverpflichtungen nachzukommen.

Die von den Kreditinstituten bereits vor dem Baubeginn geäußerten Bedenken wegen des ungünstigen Standortes und der unangemessenen Größe des Vorhabens haben sich bestätigt. Die beiden Hauptgläubiger, die örtliche Sparkasse und das Bankhaus Scheu KG, sicherten deshalb ihre Kredite bereits bei der Altbaufinanzierung unmittelbar am Hotelgebäude, an Einrichtungsgegenständen und an den im Depot der Sparkasse befindlichen Aktien des Hoteliers ab.

A. Kreditsicherungen

1. *Grundpfandkredite*
   Grundschuld zulasten des Hotelgrundstücks 400 000,00 €, zugunsten der Sparkasse (1. Rangstelle). Zweck: Sicherung eines langfristigen Darlehens (Investitionskredit).
   Grundschuld zulasten des Hotelgrundstücks 60 000,00 €; zugunsten des Bankhauses Scheu KG (2. Rangstelle). Zweck: Sicherung eines mittelfristigen Darlehens.
   Beleihungswert des Hotelgrundstücks: Die Sparkasse ging bei der Ermittlung des bei einer evtl. Zwangsversteigerung erzielbaren Verkaufspreises des Grundstücks vom Sachwert aus (Bodenwert + Herstellungskosten des Gebäudes) 1 000 000,00 €. Von diesem Beleihungswert wurde aus Sicherheitsgründen ein Abschlag von 60 % vorgenommen (Sicherheitsabschlag).

2. *Lombardkredit*

Verpfändung der im Depot der Sparkasse befindlichen Aktien des Hoteliers 5 000 Aktien, Kurs zum Zeitpunkt der Verpfändung 3,00 € je 1,00-€-Aktie. Beleihungssatz 50 %vom Kurswert. Zweck: Kurzfristiges Darlehen für Erweiterung der Aussichtsterrasse.

3. *Sicherungsübereignungskredit*

Übereignung des Hotelmobiliars, Neuwert 150 000,00 €, zu berücksichtigende Abschreibung insgesamt 30 000,00 €. Das Sicherungsgut wird mit 50 % des Zeitwertes beliehen. Zweck: Sicherung eines Kontokorrentkredits (Kreditlinie 50 000,00 €).

B. **Verwertung der Sicherungsgegenstände**

1. Die Zwangsversteigerung des Hotelgrundstücks erbrachte einen Versteigerungserlös (netto) von 410 000,00 €.

2. Der Kurs der Aktien stand zur Zeit ihrer Verwertung auf 1,40 € je 1,00-€-Aktie. Die Forderung der Sparkasse betrug zum Zeitpunkt der Verwertung 7 200,00 €.

3. Ein Teil des Hotelmobiliars im Wert von 50 000,00 €, das vor drei Jahren – vor der Einräumung des Kontokorrentkredits – beschafft wurde, ist noch nicht bezahlt. Die Verwertung des Mobiliars erbrachte im Ganzen 25 000,00 €.

Der aus dem Kontokorrentkredit zugunsten der Scheu KG errechnete Endsaldo ist 40 000,00 €.

Fragen zum Sachverhalt:

a) Wie erfolgt die
- Bestellung der Grundpfandrechte am Hotelgrundstück,
- Sicherungsübereignung des Mobiliars,
- Verpfändung der Aktien (vgl. A. 1. bis 3.)?

b) Berechnen Sie den auszuzahlenden
- Lombardkredit und den Wert des
- Sicherungsübereignungskredits!

c) Wie erklären Sie die von der Sparkasse verhältnismäßig niedrig angesetzten Beleihungswerte für den Lombard- und Grundschuldkredit?

d) Wie wird der Erlös aus der Zwangsversteigerung des Hotelgrundstücks unter die Gläubiger verteilt (vgl. B. 1.)? Welche Rechtsfolgen ergeben sich für die beiden Kreditgeber?

e) Berechnen Sie den Erlös aus der Verwertung der verpfändeten Aktien!

11. **Finanzierungsvorschläge zur Finanzierung mit Darlehen**

Die Frick GmbH stellt Badmöbel nach den individuellen Wünschen der Kunden her. Der Hersteller, der seit Jahren erfolgreich ist, führt dies auf das Konzept zurück, die Produkte den Kunden in Sonderanfertigung zu liefern und vor Ort einzubauen. Der Ausbau der Produktion erforderte in den letzten Jahren erhebliche Investitionen, die teilweise intern, aber auch extern durch Aufnahme von Bankdarlehen finanziert wurden. Die Bilanzen der letzten Jahre zeigen, dass die Goldene Bilanzregel (Band 1) den allgemeinen Normen entsprochen hat. Die Firma begleitet darüber hinaus die Zahlungsströme durch einen mittelfristigen Finanzplan. Diese Vorschaurechnung weist für die kommenden drei Jahre eine knappe Deckung der finanziellen Verpflichtungen aus, da erst danach ein Bankdarlehen abgelöst und Leasingverträge durch Mietoption zu einer geringeren Belastung führen. Finanzielle Engpässe wurden bisher durch einen Kontokorrentkredit ausgeglichen.

Bedingt durch die große Nachfrage nach Wohnungen entschließt sich die Firmenleitung, zusätzlich zur bisherigen Auftragsproduktion in beschränktem Umfang auch eine Serienproduktion aufzunehmen und die Modelle dem Fachhandel anzubieten. Neben weiteren Investitionen im Sachanlagenbereich sind Finanzierungsmittel für den Aufbau eines Außendienstnetzes und für intensive Werbemaßnahmen notwendig. Ein Teil des Kapitalbedarfs kann durch die Erhöhung der Stammeinlagen der Gesellschafter Otto und Fritz Frick aufgebracht werden. Außerdem werden weitere Leasingverträge abgeschlossen. Die Restfinanzierung übernimmt die Bank mit einem Darlehen, das grundpfandrechtlich an den Betriebsgrundstücken abgesichert wird.

Die Bank unterbreitet folgende Finanzierungsvorschläge:

Vorschlag 1: Auszahlung zu 98 % – Nominalzinssatz 6,5 %, Laufzeit acht Jahre – Tilgung am Ende der Laufzeit, Darlehensbetrag 1 Mio. €.

Vorschlag 2: Auszahlung zu 98 % – Nominalzinssatz 6,5 %, Laufzeit acht Jahre – Tilgung in jährlichen Raten, Darlehensbetrag 1 Mio. €.

a) Stellen Sie die Tilgungspläne auf (Tabellen)!

b) Wie beurteilen Sie die Pläne aufgrund der dargestellten Unternehmenssituation! Inwieweit werden – Ihrer Meinung nach – die Ziele Sicherheit, Liquidität und Rentabilität verwirklicht? Werden Finanzierungsregeln ausreichend berücksichtigt?

c) Ein Mitarbeiter schlägt vor, der Bank einen weiteren Finanzierungsvorschlag als Kompromiss zu den beiden Vorschlägen zu unterbreiten. Arbeiten Sie einen Vorschlag aus, den Sie sich als weitere Alternative vorstellen können! Begründen Sie Ihren Vorschlag!

12. Belegen Sie die folgenden Aussagen durch eine Berechnung bzw. ein Zahlenbeispiel:

a) „Je kürzer bei einem Skontosatz die Skontobezugsspanne (Zahlungsziel – Skontofrist), desto teurer ist der Lieferantenkredit (Jahreszinssatz)!"

b) „Obwohl der Lieferantenkredit eigentlich nur ein kurzfristiger Kredit ist, nehmen ihn viele Unternehmen als revolvierenden Umsatzkredit permanent in Anspruch, sodass sie – genauso wie beim Kontokorrentkredit – über einen eisernen Finanzierungsbestand verfügen."

13. **Finanzierungsentscheidung: Wechseldiskontkredit – Kontokorrentkredit – Darlehen**

Die Schmuckwarengroßhandlung Joos GmbH, Aachen, erhält am 20.08.20. . von dem Schmuckwarenhersteller Alfred Pfleiderer, Pforzheim, ein besonders preisgünstiges Angebot über Modeschmuck. Das Angebot gilt jedoch nur, wenn es „sofort" angenommen wird. Außerdem verlangt der Hersteller die Überweisung des Gesamtbetrages von 20 000,00 € (ohne jeden weiteren Abzug) spätestens zehn Tage nach Lieferung am 10.09. Liefertermin: 30.08.20. .

Die Joos GmbH möchte das Angebot annehmen. Nach Rücksprache mit den Reisenden der Firma bestehen für das Weihnachtsgeschäft noch sehr gute Absatzchancen. Nach dem Finanzplan („Geldmittelvorschaurechnung") beträgt das Bankguthaben am 01.09.20. . 3 000,00 € (siehe unten stehenden Finanzplan).

Der Finanzplan (vereinfachte Darstellung) zeigt für die kommenden fünf Monate (September bis Januar) die folgende Entwicklung der Einnahmen und Ausgaben bzw. des Bankguthabens und des Bankkredits (eingeräumter Kontokorrentkredit):

A

Auszug Finanzplan (Beträge in €)	September	Oktober	November	Dezember	Januar
Anfangsbestand Bank:	3 000,00	–	–	6 340,00	33 140,00
Einnahmen					
Zahlungseingänge aus Umsatz bzw. Kundenforderungen	60 000,00	65 000,00	70 000,00	85 000,00	95 000,00
Sonstige Einnahmen, z. B. Zinsen	8 000,00	8 000,00	7 000,00	6 000,00	6 500,00
Summe der verfügbaren Mittel	71 000,00	73 000,00	77 000,00	97 340,00	134 640,00
Ausgaben					
Schmuckwaren	40 000,00	35 000,00	32 000,00	28 000,00	23 000,00
Betriebsmittel	2 300,00	12 000,00	3 000,00	1 000,00	2 000,00
Personal	19 000,00	20 000,00	23 000,00	24 500,00	24 500,00
Steuern	10 000,00	4 020,00	3 800,00	9 560,00	4 580,00
Sonstige Ausgaben (Kredittilgung, Zinsen u.a.)	4 200,00	3 180,00	3 160,00	1 140,00	2 120,00
Summe der Ausgaben	75 500,00	74 200,00	64 960,00	64 200,00	56 200,00
Endbestand Bank/Überschuss			6 340,00	33 140,00	78 440,00
Fehlbetrag/Bankkredit	4 500,00	5 700,00			

Für die Finanzierung soll zunächst der am 25.08.20. . von einem Kunden eingegangene Wechsel herangezogen werden, der zum Diskont an die Hausbank gegeben wird: Betrag 4 000,00 €, Tag der Ausstellung 15.8.20. . , Verfall 25.11.20. . , Bezogener Horst Betz, Stuttgart.

Der Restbetrag soll über den bei der Hausbank über 15 000,00 € eingeräumten *Kontokorrentkredit* oder mit einem *Bankdarlehen* finanziert werden.

Kreditbedingungen:

- *Wechseldiskontkredit:*

Diskontsatz	Höhe des Wechselbetrages
11,5 %	bis unter 1 000,00 €
10,5 %	bis unter 10 000,00 €
9,75 %	ab 10 000,00 €
Hauptrefinanzierungssatz 6 % – Die Bedingungen gelten nur, wenn die Restlaufzeit der Wechsel nicht mehr als 90 Tage beträgt und die Wechsel an einem Bankplatz (Sitz der Landeszentralbank bzw. einer ihrer Filialen) zahlbar sind. Aufschlag für Laufzeit bis 120 Tage = 0,50 %.	

- *Kontokorrentkredit:*
  Kreditspielraum bis 21 000,00 €, Sollzinsen 13,25 %, bei Überschreiten des Kreditrahmens zusätzlich 4 % Zinsen, Habenzinsen 0,5 %.

■ *Darlehen:*
Hausbankangebot: 20 000,00 € (Personalkredit), Zinssatz 12,5 %, Laufzeit vier Monate, Tilgung: Am Ende der Laufzeit.

Aufgaben:

a) Ordnen Sie die im Sachverhalt angesprochenen Finanzierungsmöglichkeien in die „Systematik der Kreditarten" ein!

b) Worauf sind die unterschiedlichen Kreditbedingungen bei den drei Kreditarten (siehe obigen Sachverhalt) zurückzuführen?

c) Erstellen Sie die vorgesehene Diskontabrechnung! Diskontierung: 10.09.20. . Wie wirkt sich das Ergebnis auf den Finanzplan aus?

d) Für welche Kreditart (Kontokorrentkredit oder Darlehenskredit) sollte sich die Joos GmbH im vorliegenden Falle entscheiden?

Berücksichtigen Sie neben den Finanzierungskosten auch andere Gesichtspunkte, die bei der Entscheidung von Bedeutung sind! Erstellen Sie als Hilfsmittel eine Entscheidungstabelle, in welche Sie die Entscheidungskriterien und die beiden Kreditarten eintragen.

Stützen Sie Ihre Entscheidung durch eine Berechnung! Warum können die Zinsen für den Kontokorrentkredit nur ungenau ermittelt werden?

Beziehen Sie in die Berechnung auch die Auswirkungen auf den Finanzplan ein!

2.4.2 Kapitalmarktkredite

2.4.2.1 Schuldscheindarlehen

2.4.2.2 Festverzinsliche Kapitalmarktpapiere

Kontrolle

1. a) Welchen Vorteil hat beim Schuldscheindarlehen die Form der indirekten Kreditgewährung für den Kreditnehmer?

   b) Warum sind Lebensversicherungen besonders geeignete Kapitalsammelstellen für die Gewährung von Schuldscheindarlehen?

   c) Vergleichen Sie das Schuldscheindarlehen mit der Industrieobligation im Hinblick auf die mit dem Kredit verbundenen Kosten und die Publizität!

   d) Warum besteht für die Emittenten von Industrieobligationen staatliche Genehmigungspflicht, Prospektzwang und eine Zulassungsprüfung an der Börse?

2. Bestimmen Sie die effektive Zinslast des Emittenten!

   a) Anleihe von 1 000 000,00 €, Zinssatz 8 %, Emission zu 95 %, Tilgung nach zehn Jahren einem Betrag.

   b) Zahlen wie bei a), aber Emissionskosten 40 000,00 €, wiederkehrende Kosten 20 000,00 €.

c) Zahlen wie b), aber Tilgung in zehn gleich großen Jahresraten, beginnend am Ende des ersten Jahres der Laufzeit.

d) Zahlen wie bei c), aber Tilgung nach zwei tilgungsfreien Jahren mit acht gleich großen Jahresraten.

3. Eine Industrie AG legt am 02.01.2006 eine Anleihe von 140 000 000,00 € auf. Die Anleihe ist wie folgt ausgestattet (Auszug):

Zinssatz 9 %, Zinstermin 02.01. (Ganzjahreszinsen),
Emissionskurs 94, Rückzahlungskurs 100,
Laufzeit längstens zehn Jahre mit drei tilgungsfreien Jahren,
Tilgung in gleich großen Raten.

Die Emissionskosten betragen 700 000,00 €, die laufenden Kosten (für Einlösung der Zinsen) sind jährlich mit 350 000,00 € anzusetzen.

a) Wie hoch ist die effektive Zinslast des Emittenten?

b) Welchen Zinsbetrag hat der Emittent insgesamt aufzubringen?

c) Stellen Sie die Buchungssätze an den folgenden Daten auf: 02.01.2006, 31.12.2006, 02.01.2011!

4. Nennen Sie die besonderen Ausstattungsmerkmale von Wandelanleihen!

5. Die Electronic-AG begibt eine Wandelanleihe, die in Aktien der Electronic-AG im Verhältnis 4:1 unter Zuzahlung von 0,60 € je Aktie umgetauscht wird. Anleger Specht steht vor der folgenden Entscheidungssituation:

Direkter Kauf von 100 Aktien, deren Kurs 2,80 € je 1,00-€-Stück ist, oder Kauf von Wandelanleihen, die dann in Aktien im Nennwert 1,00 € umgetauscht werden. (Die Wandelobligationen notieren zum Nennwert 100,00 €.)

a) Welche Entscheidung ist zu treffen?

b) Warum wird sich der Kurs der Wandelanleihe dem Wert nähern, für den folgende Aussage gilt: Kurswert der Wandelanleihe + Zuzahlung = Kurswert der Bezugsaktien!

6. Wie unterscheidet sich die Wandelanleihe von der Optionsanleihe
   - aus der Sicht des Anlegers,
   - aus der Sicht der emittierenden Unternehmung?

7. Eine AG begibt eine 3%ige Optionsanleihe, wobei je Teilschuldverschreibung von 500,00 € zwei Optionsscheine mit Berechtigung zum Bezug von 200 Inhaberaktien im Nennwert von 1,00 € beigefügt sind. Der Bezugskurs (Optionskurs) für die 1-€-Aktie ist mit 6,00 € festgelegt.

a) Wie viel gewinnt (+) bzw. verliert (–) der Inhaber von zwei Optionsscheinen beim Kauf von 200 Aktien, wenn sich der Börsenkurs (Wert je Aktie im Nennwert von 1,00 €) wie folgt entwickelt: 7,60 €, 9,00 €, 10,20 €, 5,40 €?

b) Berechnen Sie auch den jeweiligen rechnerischen Wert des Optionsscheins entsprechend der unter a) aufgezeigten Kursentwicklung! Zeigen Sie die „Hebelwirkung" auf, die durch die Kursentwicklung der Aktien ausgelöst wird!

Vertiefung

8. Die Kaufhof AG begibt eine 7 ½ %-Inhaber-Teilschuldverschreibung von 2004 im Gesamtbetrag von 150 Mio. €.

   Ausstattung:
   Ausgabekurs: 99 ¾ %; Verzinsung: 7 ½ % jährlich. Der Zinslauf beginnt am 01.01.2005. Der 1. Zinsschein ist am 02.01.2006 fällig.

   Laufzeit: Zehn Jahre. Die Anleihe wird am 02.01.2015 zum Nennwert zurückbezahlt. Die Teilschuldverschreibungen sind unkündbar.

   a) Um welche Art von Tilgung handelt es sich bei der Teilschuldverschreibung der Kaufhof AG? Welche Vor- bzw. Nachteile hat diese Art der Tilgung für den Emittenten?

   b) Die Kaufhof AG verzichtet auf eine vorzeitige Kündigung. Warum behalten sich Emittenten bei langen Laufzeiten meist das Recht vor, die Anleihe vorzeitig zu kündigen?

   c) Berechnen Sie die effektive Zinsbelastung der Kaufhof AG. Berücksichtigen Sie dabei angenommene Emissionskosten in Höhe von 4,5 Mio. € und jährlich wiederkehrende Kosten (ohne Zinsen) mit 0,75 Mio. €.

   d) Erfassen Sie den Emissionsvorgang buchmäßig! Mit welchem jährlichen Betrag ist das Disagio abzuschreiben, wenn die lineare Abschreibungsmethode angewandt wird?

9. Eine AG hat Wandelschuldverschreibungen ausgegeben im Gesamtbetrag von 80 Mio. €, die während der Umtauschfrist im Verhältnis 2:1 umgetauscht werden können.

Aktiva	Bilanz nach der Emission der Wandelanleihe	Passiva
	Mio. €	Mio. €
Verschiedene Vermögensgegenstände 400	Gezeichnetes Kapital	200
	Kapitalrücklage	5
	Gesetzliche Rücklage	15
	Andere Gewinnrücklagen	40
	Wandelanleihe	80
	Übrige Passiva	60
400		400

   a) Wie verändert sich die Kapitalstruktur, wenn alle Inhaber der Wandelanleihe von ihrem Umtauschrecht Gebrauch machen? – Es wird unterstellt, dass die nicht betroffenen Bilanzposten unverändert bleiben.

   b) Wie würde sich die Kapitalstruktur verändern, wenn anstelle der Wandelanleihe eine Optionsanleihe von 80 Mio. € im Verhältnis 2:1 und einem Optionspreis von 2,00 € je 1,00-€-Aktie ausgegeben worden wäre? Es wird unterstellt, dass alle Inhaber der Optionsanleihen ihre Bezugsrechte ausüben.

10. **Emission einer Teilschuldverschreibung der Allunion AG – Laufzeit 2002 bis 2017**

Teil 1: *Entscheidung über die Art der Finanzierung*

Die Allunion AG benötigte im Frühjahr 2004 ungefähr 280 Mio. € zur Finanzierung umfangreicher Investitionen, mit denen eine Erweiterung des Produktionsprogramms und die weitere Rationalisierung der Produktion durchgeführt werden sollen.

Vorstand und Aufsichtsrat hatten zwischen den folgenden Arten der Finanzierung zu entscheiden:
1. Beteiligungsfinanzierung in Form der Kapitalerhöhung gegen Einlagen oder
2. Fremdfinanzierung durch Ausgabe von Teilschuldverschreibungen.

Die Entscheidung fiel schließlich zugunsten der Fremdfinanzierung. In dem Prospekt der Teilschuldverschreibungen vom April 2004 wird u.a. erläuternd zu der Ankündigung der Emission hinzugefügt: „Die Allunion AG wird nichts unversucht lassen, um evtl. mögliche Absatzeinbußen, die infolge der €-Aufwertungen und den dadurch verursachten Preiserhöhungen für alle Modelle eintreten können, auf ein Mindestmaß zu beschränken. In Anpassung an die allgemeine Abschwächung der Automobilnachfrage musste das Werk im Januar 2004 für fünf Tage Kurzarbeit einlegen. Die anhaltenden Kostensteigerungen werden die Ertragssituation auch 2004 belasten. Die Preiserhöhungen zum Anfang des Jahres können diese Mehrbelastungen nur zum Teil decken. Die Ertragsentwicklung wird deshalb auch 2004 noch nicht befriedigend sein."

a1) Wie unterscheidet sich die Beteiligungsfinanzierung grundsätzlich von der Finanzierung durch Ausgabe von Teilschuldverschreibungen?

b1) Warum hat wohl das Werk die Finanzierung mit Teilschuldverschreibungen der Beteiligungsfinanzierung vorgezogen? *(Stichworte für die Bearbeitung:* Lage des Unternehmens, Tiefstand des Aktienkurses der Allunion-Aktie zum Zeitpunkt der Finanzierung, langfristige Entwicklung des Unternehmens, steuerliche Abzugsfähigkeit von Kapitalkosten, ständig fortschreitende Geldentwertung erwartet.)

c1) Warum kommt für die Allunion AG die Aufnahme eines Schuldscheindarlehens in direkter bzw. indirekter Form der Kreditgewährung nicht in Betracht?

Teil 2: *Ausstattung der Industrieobligation*

Die 7 %ige Teilschuldverschreibung der AG in Höhe von 300 000 000,00 € wird am 01.03.2004 zu 98,5 % ausgegeben. Der Zins wird jährlich nachträglich am 01.03. gezahlt. Der erste Zinsschein ist am 01.03.2005 fällig. Die Schuldverschreibung ist nach fünf Jahren in zehn Raten durch jährliche Auslosung je einer Serie von 30 Mio. € zum Nennbetrag zurückzuzahlen. Die erste Tilgungsrate ist am 01.03.2010, die letzte spätestens am 01.03.2019 fällig.

Die Schuldnerin kann erstmals zum 01.03.2010 und danach zu jedem Zinstermin die noch nicht ausgelosten Teilschuldverschreibungen zum Nennbetrag kündigen.

a2) Wie viele Mittel fließen der AG zu (Verfügungsbetrag), wenn die Emissionskosten (einmalige Kosten) 12 Mio. € betragen? Wird der im Eingangsproblem angegebene Kapitalbedarf gedeckt?

b2) Nennen Sie Beispiele für Emissionskosten!

145

c2) Zählen Sie einige wiederkehrende Kosten auf, die neben den Zinsen anfallen!

d2) Warum hat wohl die AG eine fünfjährige tilgungsfreie Zeit festgelegt?

e2) Berechnen Sie auch die Zinsbelastung (Gesamtbetrag) während der gesamten Laufzeit für das Unternehmen (Emissionskosten bleiben unberücksichtigt).

11. **Emission von Wandel- und Optionsanleihen bei der Deutschen Walzwerke AG**

Teil 1: *Bedingte Kapitalerhöhung bei der Deutschen Walzwerke AG (Auszug aus der Tagesordnung zur Hauptversammlung am 12.07.2001):*

...

...

5. Beschlussfassung über die Schaffung eines **bedingten Kapitals**

Aufsichtsrat und Vorstand schlagen vor:
- den Vorstand zu ermächtigen, bis zum 30.06.2014 mit Zustimmung des Aufsichtsrats auf den Inhaber lautende Wandel-, Options- und Gewinnschuldverschreibungen im Gesamtnennbetrag bis zu 600 Mio. € – auch in Teilbeträgen – mit einer Laufzeit von bis zu 15 Jahren zu begeben.

... Der Vorstand wird ermächtigt, nachdem er die Zustimmung des Aufsichtsrats eingeholt hat, die weiteren Einzelheiten der Durchführung und Begebung der Wandel-, Options- und Gewinnschuldverschreibungen[1] festzusetzen.
- das Grundkapital der Gesellschaft um bis zu 200 Mio. € durch Ausgabe von bis zu 200 000 000 Aktien im Nennwert von je 1,00 € bedingt zu erhöhen.

Arbeitsanweisungen und Fragen:

a1) Die AG bevorzugt in den letzten Jahren die Emission von Sonderformen der Schuldverschreibung. Welche Gründe sprechen für die Wandel- bzw. Optionsanleihe?

bl) Die AG hat von der Ermächtigung der Hauptversammlung (2001) Gebrauch gemacht und sich in den Folgejahren für die Emission von Optionsanleihen entschieden. Welche Gründe könnte dies haben?

cl) Warum ist für die unter b) genannte Ausgabe von Optionsanleihen eine bedingte Kapitalerhöhung erforderlich?

Teil 2: *Neuemission der Deutschen Walzwerke AG am 08.01.2003 –*
250 000 000,00 €, 3 % Optionsanleihe von 2003-2013

Vorstand und Aufsichtsrat haben von der in der Hauptversammlung vom 12.07.2001 erteilten Ermächtigung Gebrauch gemacht und beschlossen, eine 3 %ige Optionsanleihe mit folgenden Anleihe- und Optionsbedingungen auszugeben:

Emissionspreis: 100 %
Ausgabe: 08.01.2003
Laufzeit: zehn Jahre
Rückzahlung: 09.01.2013 zu pari

---

[1] Gewinnschuldverschreibungen = Anleihen mit einer vom Gewinn abhängigen Zusatzverzinsung.

Optionsrecht:	Jede Obligation von 1 000,00 € ist mit zwei Optionsscheinen ausgestattet; der Inhaber kann die Option in der Zeit vom 11.02.2003 bis 30.11.2012 ausüben. Sie berechtigt zum Bezug von 150 Aktien der Deutschen Walzwerke AG.
Optionspreis:	8,14 € je 1,00-€-Aktie

Arbeitsanweisungen und Fragen:

a2) Wie hoch ist der Mittelzufluss für die Deutsche Walzwerke AG aus der Optionsanleihe, wenn für Bankenprovision, Druckkosten, Börsenzulassung u. a. 4 % des Nennwertes anzusetzen sind?

b2) Berechnen Sie die effektive Zinsbelastung der AG, wenn neben den einmaligen Emissionskosten (siehe a) für laufende Kosten (Zinsscheineinlösung u. a.) insgesamt 0,2 % des Nennwertes anfallen?

c2) Wie viel würde der Inhaber von zwei Optionsscheinen beim Kauf von drei Inhaberaktien gewinnen bzw. verlieren, wenn der Kurs während der Optionsfrist folgenden Verlauf nimmt: 8,00 €, 8,74 €, 9,14 €, 11,94 €?

Stellen Sie eine Tabelle auf mit folgenden Spalten:

Aktienkurse, Kursveränderungen in %, Optionspreis, Gesamtpreis für Aktien, rechnerischer Wert der Option, Veränderung des Wertes der Option in % (Hebelwirkung)!

Teil 3: *Neuemission von Optionsanleihen im Oktober 2005 aufgrund des am 30.06.2005 von der Hauptversammlung genehmigten Rahmens*

Die Deutsche Walzwerke AG hat zugleich drei Optionsanleihen ausgegeben: 300 Mio. € zu 6,5 %, 120 Mio. US-$ zu 9 ¾ % und 230 Mio. sfr. (CHF) zu 3 %.

Warum wurden Ihrer Meinung nach neben Euro-Optionsanleihen auch Optionsanleihen in US-$ und sfr. (CHF) ausgegeben? Wie lassen sich die unterschiedlichen Nominalzinssätze erklären?

2.4.3 Sonderformen der Fremdfinanzierung

2.4.3.1 Leasing

Kontrolle

1. Warum wird Leasing als Sonderform der Fremdfinanzierung bezeichnet?

2. Welche Unterscheidungen (Leasing-Arten) können beim Leasing getroffen werden
   - nach dem Leasing-Gegenstand
   - nach dem Leasing-Geber?

3. Wie unterscheiden sich

   a) Operate- und Finanzierungs-Leasing,

   b) Vollamortisations- und Teilamortisationsverträge?

   c) Warum wird bei EDV-Anlagen der Vollamortisationsvertrag, bei Automobilen der Teilamortisationsvertrag bevorzugt?

d) Weshalb legen Leasing-Gesellschaften beim Finanzierungs-Leasing (Finance-Leasing) die Grundmietzeit entsprechend den Anforderungen des Leasing-Erlasses der Finanzverwaltung fest?

4. Ein Unternehmer steht vor der Alternative, ein Investitionsgut mit Anschaffungskosten von 500 000,00 € zu leasen bzw. nach Kreditaufnahme (Vollfinanzierung) zu kaufen. Er überprüft die folgenden Angebote:

Angebot der Südwestbank AG: Darlehen von 500 000,00 €, Zinssatz 9 %, Tilgung in zehn gleichen Jahresraten, beginnend am Ende des ersten Jahres der Laufzeit.

Angebot der Finance Leasing GmbH: Monatliche Miete während der Grundmietzeit von vier Jahren 15 000,00 €, nach Verlängerungsoption 3 000,00 €.

a) Führen Sie einen Kostenvergleich für die Grundmietzeit durch! Nutzungsdauer der Anlage zehn Jahre, lineare Abschreibung.

b) Führen Sie einen Kostenvergleich für die gesamte Nutzungsdauer durch!

Stellen Sie für die Berechnungen nach a) und b) eine Tabelle nach folgendem Muster auf:

Kreditkauf						Leasing	Unterschied Leasing/Kreditkauf	
Jahr	Tilgung	Zinsen	Geldabfluss	Abschreibungen	Aufwand	Zahlungen (in Grundmietzeit; nach Verlängerung)	Auszahlung	Aufwand

c) Beurteilen Sie den Vergleich!

Vertiefung

5. Worauf gründet sich die folgende Aussage: „Grundsätzlich kann festgestellt werden, dass Leasing im Regelfall teurer ist als die übrigen Arten der Finanzierung."

6. Wie beurteilen Sie die folgenden, von großen Leasing-Gesellschaften in einem Prospekt hervorgehobenen Vorteile des Leasing:

a) „Leasing heißt für den Unternehmer: Investieren ohne Kapitaleinsatz."

b) „Leasing bringt Steuererleichterungen: Leasing-Raten sind Betriebsausgaben, die sofort und in voller Höhe steuerlich abzugsfähig sind."

c) „Leasing erhält den Kreditspielraum, da die Sicherungsgegenstände im Eigentum des Kreditnehmers unbelastet bleiben. Das Bilanzbild wird durch Leasing nicht verschlechtert."

7. Ein Holz verarbeitender Industriebetrieb mittlerer Größe hat aufgrund der anhaltend guten Auftragslage der letzten Jahre die Produktionsanlagen erweitert. Das Vorhaben wurde vorwiegend mit Bankdarlehen finanziert, die durch Grundpfandrechte und durch Sicherungsübereignung von maschinellen Anlagen abgesichert wurden.

Einige Zeit nach Inbetriebnahme der erweiterten Anlagen stellte sich heraus, dass die Lackieranlage des Betriebes dem Produktionsausstoß nicht mehr gewachsen ist. Die Bezahlung von Überstundenlöhnen und die zunehmende Störanfälligkeit der Anlagen führen zu Kostensteigerungen, die auf Dauer vom Unternehmen nicht getragen werden können. Die Unternehmensleitung beschließt deshalb eine weitere, elektronisch gesteuerte Lackieranlage zum Preis von 500 000,00 € zu beschaffen.

Für die Finanzierung der Anlage stehen zwei alternative Finanzierungsarten zur Wahl, über welche die Unternehmensleitung zu entscheiden hat:
■ Aufnahme eines Bankkredits oder   ■ Mieten der Anlage (Leasing).

Informationen für die Entscheidungsfindung:

Laufzeit des Darlehens fünf Jahre, Tilgung am Ende des Jahres in gleichen Raten, Zinssatz 10 %, vom jeweiligen Kreditbetrag. Die Bank verlangt dingliche Sicherheiten!

Leasing-Bedingungen: Grundmietzeit fünf Jahre, jährliche Leasing-Gebühr (Mietzins) 110 000,00 €. Nach Ablauf der Grundmietzeit kann die Anlage für weitere fünf Jahre zu einer Jahresmiete von 50 000,00 € gemietet werden.

Die betriebsgewöhnliche Nutzungsdauer der Lackieranlage beträgt zehn Jahre.

a) Um welche Art von Leasing kann es sich handeln (Begründung)?

b) Erstellen Sie eine Vergleichsrechnung zwischen Kreditkauf und Leasing nach dem Muster bei Aufgabe 4!
Berechnen Sie die jeweilige finanzielle Belastung und den Gesamtaufwand bei beiden Finanzierungsmöglichkeiten.

c) Führen Sie eine Anschluss-Vergleichsrechnung durch! Berücksichtigen Sie dabei die steuerlichen Auswirkungen bei beiden Finanzierungsarten. Legen Sie der Berechnung einen Steuersatz von 40 % für die vom Gewinn zu zahlenden Steuern zugrunde und vergleichen Sie die Ergebnisse mit der Berechnung b).

Verwenden Sie für die Vergleichsrechnung das folgende Schema:

Kreditkauf					Leasing		
Jahr	Zinsen	Abschrei-bungen	insgesamt	Steuerminderung 40 %	Leasing-Rate	Steuerminderung 40 %	Steuerminderung Kredit – Leasing

d) Für welche Finanzierungsalternative hat sich wohl die Unternehmensleitung entschieden?
Berücksichtigen Sie neben den Ergebnissen der beiden Vergleichsrechnungen auch die im Eingangsproblem dargestellte Situation des Unternehmens!

8. Sie sollen entscheiden, ob ein NC-Bohrwerk mit einem Anschaffungswert von 840 000,00 € und einer Nutzungsdauer von zehn Jahren geleast oder nach Kreditaufnahme gekauft werden soll. Für Ihre Entscheidung stehen zur Verfügung:

Angebot der Hausbank: Auszahlung eines Darlehens mit einem Disagio von 4 %, Tilgung in acht gleichen Jahresraten. Die erste Rate ist ein Jahr nach Kreditaufnahme fällig. Zinssatz 8 %.

Angebot der „Deutsche Leasing AG" (Auszug): Monatliche Miete während der Grundmietzeit von drei Jahren netto 35 000,00 €, nach Verlängerungsoption 3 500,00 €.

a) Vergleichen Sie auf einer Tabelle die Aufwendungen für die Grundmietzeit (mit Zwischenaddition) mit denen der gesamten Nutzungsdauer! Abschreibung linear.

b) Beurteilen Sie den Vergleich auch unter dem Aspekt der ertragsabhängigen Steuern!

9. Eine Neuinvestition mit Anschaffungskosten von 1 500 000,00 € muss zu einem großen Teil fremd finanziert bzw. kann gemietet werden (Mietfinanzierung). Nutzungsdauer sechs Jahre, lineare Abschreibung. Folgende Angaben sind zusammengestellt worden:

Kreditaufnahme:
- Eigene Mittel in Höhe von 200 000,00 € stehen zur Verfügung;
- Die kreditgebende Bank zahlt mit einem Damnum (Disagio) von 2 % aus;
- Zinssatz 10 %;
- Rückzahlung des Kredits nach sechs Jahren in einer Summe.

Mietfinanzierung:
- Grundmietzeit vier Jahre;
- Monatlicher Mietsatz 2,5 % der Anschaffungskosten;
- Zahlung eines einmaligen Betrages für die Installation in Höhe von 16 000,00 €, der auf die Grundmietzeit zu verteilen ist.

a) Vergleichen Sie die Beanspruchung der flüssigen Mittel und die Kosten für das erste Jahr der Nutzung! Anschaffung der Anlage im Januar 20 . .

b) Welche monatliche Mehrbelastung ergibt sich, wenn die „ungünstigere" Art der Finanzierung gewählt wird?

c) Die „ungünstigere" Art der Finanzierung bringt unter Beachtung der gesamten Nutzungsdauer einen Kostenvorteil. Weisen Sie diese Behauptung rechnerisch nach! Nach der Grundmietzeit sinkt der monatliche Mietsatz auf 0,25 %.

2.4.3.2 Factoring

Kontrolle

1. Wie unterscheidet sich Factoring von der
   - Diskontierung von Wechseln
   - der Forderungsabtretung beim Zessionskredit?

2. Wie wird die „Finanzierungsfunktion" des Factorings in der Bilanz sichtbar?

3. Warum hat das Factoring bei kleineren und mittleren Unternehmen die größte Verbreitung erfahren?

4. Welche Aufgabe erfüllt das Sperrkonto?

5. Ein Industriebetrieb überträgt einer Factorbank die Finanzierungs- und Dienstleistungsfunktion. Die Delkrederefunktion wird nicht übernommen.

   Berechnen Sie die Kapitalfreisetzung und die Barauszahlung, wenn die Factorbank Zinsen von 0,9 % je Monat berechnet, 10 % des Umsatzes auf ein Sperrkonto übernimmt und eine Dienstleistungsprovision von 1,5 % des Umsatzes ansetzt.

   Die Unternehmung hat bei einem Monatsumsatz von 1 000 000,00 € ihren Kunden ein durchschnittliches Zahlungsziel von 30 Tagen gewährt.

6. Auf den 31. Dezember 20 . . verkauft ein Industriebetrieb die folgenden Kundenforderungen an die Factor-Ring AG:

Beträge (€)	fällig im Folgejahr am
18 560,00	19.01.
42 920,00	15.02.
33 640,00	01.03.
49 880,00	31.03.

Konditionen der Factor-Ring AG: Gebühren für Überwachung und Einzug 2,5 %, für Risikoübernahme 1,5 %, Zinsen 9 %.

A

a) Berechnen Sie den mittleren Verfalltag! Ermitteln Sie die Factoring-Kosten!

b) Wie hoch ist die Barauszahlung, wenn der Factor auf den 31.12.20 . . 85 % der Forderungen bezahlt?

Vertiefung

7. Ein mittelständischer Unternehmer, der Schmuckwaren produziert, lässt durch einen Unternehmensberater die „Schwachstellen" in seinem Betrieb analysieren. In dem Abschlussbericht des Beraters heißt es u. a.:

„Die Abnehmer nutzen in ihrer überwiegenden Mehrheit das vom Unternehmen gewährte Zahlungsziel von 60 Tagen voll aus. Über 15 % der Kunden überschreiten das Zahlungsziel. Die Forderungsausfälle liegen über dem Branchendurchschnitt. Die Zahlungsweise der Kunden hat dazu geführt, dass es zeitweise zu Liquiditätsengpässen kommt, die durch teure Kontokorrentkredite überbrückt werden müssen. Das Unternehmen war gezwungen, die Lieferantenkredite voll auszunutzen und auf Skontierungsmöglichkeiten weitgehend zu verzichten.

Wir schlagen vor, mit einer Factoring-Gesellschaft Kontakt aufzunehmen!"

Warum empfiehlt der Betriebsberater dem Unternehmer einen Factoring-Vertrag? Welche Funktionen sollte der Factor in diesem Falle übernehmen, damit die „Schwachstellen" in diesem Unternehmen beseitigt werden? Welche Größen sind rechnerisch heranzuziehen, um eine Entscheidung für bzw. gegen Factoring zu treffen?

8. Die Factor-Zentrale Nord übernimmt von einer Großhandlung am 24.10.20 . . eine am 24.11.20 . . fällige Forderung von 719 200,00 €. Bedingungen: Gesamtgebühren 3,75 %, Zinsen 10,5 %, jeweils aus dem Forderungsbetrag.

a) Ermitteln Sie die Factoring-Kosten und die Barauszahlung zum 24.10.20. . !

b) Welchem Zinssatz entsprechen die Factoring-Kosten?

9. Analysieren Sie den folgenden Text bzw. Positionen der Bilanz und Gewinn- und Verlustrechnung:

Die „Muster" GmbH ist ein Handelsunternehmen in der Textilbranche. Vor drei Jahren wurde es gegründet. Aufgrund ansprechender Produkte von guter Qualität ist es schnell gelungen, ein Umsatzvolumen von 7 Mio. € zu erreichen. Die Bonität der Abnehmer kann man als durchschnittlich bezeichnen. Das Unternehmen hat bereits selbst eine Bonitätskontrolle der Debitoren betrieben. Dennoch konnten Forderungsausfälle von 25 000,00 € nicht vermieden werden. Das Unternehmen arbeitet mit Gewinn. Die Zukunftsperspektiven sind positiv. Sofern die nötigen Mittel vorhanden sind, kann der Umsatz erheblich gesteigert werden.

Seit Gründung steht die Hausbank mit einem Betriebsmittelkredit zur Verfügung. Die Umsatzausweitung hatte zur Folge, dass erheblich mehr Mittel in Forderungen und Warenlager gebunden wurden. Der Mittelbedarf übersteigt die Möglichkeiten der Hausbank. Zusätzliche klassische Kreditsicherheiten stehen dem Unternehmen nicht zur Verfügung. Finanziert wurde die Ausweitung durch die Inanspruchnahme von Lieferantenkrediten. Hierdurch sind aber die Skonti verlorengegangen.

Es ist nicht unüblich, dass in solchen Fällen die Hausbank den Kontakt zum Factor herstellt. Die Gespräche mit dem Unternehmen haben folgende Kostenstruktur ergeben:
- Factoring-Gebühr 1,1 %,
- Zinsen 10,25 % auf die in Anspruch genommenen Gelder,
- ankaufbare Forderungen 700 000,00 € (von 850 000,00 €),
- Sperrkonto 10 %,
- Sonstige Gebühren 3 750,00 €

Auswirkungen von Factoring auf die Bilanz der Muster GmbH

(Zahlen in 1000 €)

Aktiva	vorher	nachher	Passiva	vorher	nachher
I. Anlagevermögen			**I. Eigenkapital**		
Fuhrpark	150	150	Stammkapital	250	250
Einrichtungen	110	110	**II. langfristiges Fremdkapital**		
II. Umlaufvermögen			Darlehen	180	180
Warenbestände	700	700	**III. kurzfristiges Fremdkapital**		
Forderungen	850	150	Kreditoren	800	170
III. Liquide Mittel			Bankverbindlichkeiten	600	600
Bankguthaben	5	75			
Kasse	15	15			
Bilanzsumme	1 830	1 200	**Bilanzsumme**	1 830	1 200

Eigenkapitalquote:	13,7 %	20,8 %
Umschlag Kreditoren:	63 Tg.	13 Tg.

Auswirkungen von Factoring auf die GuV-Rechnung der Muster GmbH
(Auszug, Beträge in €)

Aufwand		Ertrag	
1,1 % Factoringgebühren aus 7 Mio. € Umsatz	77 000,00	4 % Skonto aus 4 600 000 € Wareneinsatz Vermeidung	184 000,00
10,25 % Sollzinsen aus 630 000 € Investment	64 575,00	von Delkredereverlusten Kosten der Bonitätsbeurteilung	25 000,00
Sonstige Gebühren	3 750,00	Konditionsverbesserung im Einkauf	6 000,00
			15 000,00
Summe Aufwand	145 325,00	**Summe Ertrag**	230 000,00
Mehreinnahmen	84 675,00		
	230 000,00		230 000,00

2.5 Eigenfinanzierung (Beteiligungsfinanzierung) am Beispiel der Kapitalerhöhung bei der Aktiengesellschaft

2.5.1 Kapitalerhöhung gegen Einlagen (AktG §§ 182-191)

2.5.2 Genehmigtes Kapital (AktG §§ 202 ff.)

Kontrolle

A

1. a) Warum ist die Aktie als Finanzierungsinstrument besonders geeignet?

   b) Welche Rechte sind mit dem Erwerb einer Stammaktie verbunden?

2. Warum ist der Ausgabebetrag stimmrechtsloser Vorzugsaktien nach AktG § 139 begrenzt?

3. Warum ist der Rückkauf eigener Aktien auf bestimmte Fälle bzw. auf 10 % des Grundkapitals begrenzt?

4. **Kapitalerhöhung gegen Einlagen**

   Eine AG erhöht das Grundkapital von 1,2 Mio. € um 0,2 Mio. auf 1,4 Mio. € gegen Einlagen. Der Kurs der alten Aktien ist 3,60 € je 1,00-€-Aktie. Den Aktionären werden die jungen Aktien zum Preis von 2,80 € je 1,00-€-Aktie angeboten.

   Vereinfachte und zusammengefasste Bilanz:

Aktiva	Bilanz vor der Kapitalerhöhung		Passiva
Geldkonten	180 000,00	Gezeichnetes Kapital	1 200 000,00
Übrige Aktiva	23 320 000,00	Kapitalrücklage	80 000,00
		Gewinnrücklagen	
		1. gesetzliche Rücklage	40 000,00
		2. andere Gewinnrücklagen	2 480 000,00
		Übrige Passiva	19 700 000,00
	23 500 000,00		23 500 000,00

   a) Buchen Sie die Aktienemission!
      Angenommene Emissionskosten von 4 000,00 € werden durch die Bank überwiesen.

   b) Stellen Sie die vereinfachte Bilanz nach der Kapitalerhöhung auf!
      Welcher Vermögenszuwachs ergibt sich?

   c) Berechnen Sie das Bezugsverhältnis!

   d) Welcher „Mittelkurs" ist nach vollzogener Kapitalerhöhung zu erwarten?

   e) Welchen rechnerischen Wert hat das Bezugsrecht?

   f) Wie viel € erhält ein Aktionär, wenn er zehn alte Aktien besitzt, keine Bezugsrechte hinzuerwirbt und seine „Bezugsrechtsspitze" zum rechnerischen Wert verkauft (ohne Spesen)?

   Vergleichen Sie sein Vermögen vor und nach der Kapitalerhöhung!

5. Berechnen Sie aufgrund der unten stehenden Angaben jeweils das Bezugsverhältnis und den rechnerischen Wert des Bezugsrechts (Beträge in €):

	bisheriges Grundkapital	Kapitalerhöhung	neues Grundkapital	Kurswert alte Aktien	Kurswert junge Aktien
a)	200 000,00	100 000,00		25,00	13,00
b)	1 500 000,00		2 000 000,00	18,00	10,00
c)	3 000 000,00	500 000,00		21,00	14,00

6. Die Kaiser-Maschinenbau Aktiengesellschaft plant wegen steigender Nachfrage nach ihren „Schrottpressen", die Produktionskapazität des Betriebes zu erhöhen und die zur Konjunkturförderung vom Staat gewährte Investitionszulage auszunutzen.

   Aufgrund der eingeholten Kostenvoranschläge werden für die geplante Erweiterung der Fabrikgebäude und Erschließung neuen Baugeländes voraussichtlich 6 Mio. € benötigt.

   Der Vorstand der Kaiser-Maschinenbau AG einigt sich in der Vorstandssitzung darauf, die 6 Mio. € für die Finanzierung der Gebäudeerweiterung und Grundstückserschließung durch eine genehmigte Erhöhung des Grundkapitals (bisher 25 000 000,00 €) zu beschaffen. Geplantes Bezugsverhältnis 5:1. Nennwert je Aktie 5,00 €.

   a) Erklären Sie die Bedeutung der genehmigten Kapitalerhöhung für die Unternehmungsleitung der Aktiengesellschaft!

   b) Wie hoch muss der Bezugskurs (€) für eine junge Aktie festgesetzt werden, damit die vorgesehenen 6 Mio. € auch tatsächlich zufließen, und wie wird das Agio im Rechnungswesen behandelt?

   c) Widerlegen Sie die Behauptung eines Kleinaktionärs, die „Altaktionäre" würden durch die Ausgabe der jungen Aktien Verluste hinnehmen müssen, weil der Börsenkurs der alten Aktien sinke!

   d) Welchen Betrag muss ein Käufer (der bisher kein Aktionär ist) aufwenden, wenn er sich mit einer jungen Aktie an der Kaiser-Maschinenbau AG beteiligen will (ohne Berücksichtigung der Kaufspesen)?

   Der Börsenkurs der alten Aktien beträgt derzeit 7,80 €/Stück. Der Kurswert des Bezugsrechts ist gleich dem rechnerischen Wert.

Vertiefung

7. Aus dem Geschäftsbericht der Traub AG, Reichenbach (Hersteller von elektronisch gesteuerten Werkzeugmaschinen, führendes Unternehmen in der Fertigung numerisch gesteuerter Drehmaschinen und flexibler Fertigungszellen):

   Die geplante und im Gang befindliche Geschäftsausweitung machte eine Sicherung der finanziellen Basis notwendig. Durch die Umwandlung der Traub GmbH in eine Aktiengesellschaft zum 01.01.2005 wurden die Voraussetzungen zum Gang an die Börse geschaffen. Im Mai 2006 bot ein Platzierungskonsortium unter Führung der Deutschen Bank AG 267 000 Stammaktien einem neuen Aktionärskreis zur Zeichnung an. Eine Kapitalerhöhung um weitere 100 000 Stammaktien erfolgte im Sommer 2006. Damit schöpfte der Vorstand die Ermächtigung der Hauptversammlung vom 18.03.2000 voll aus, bis zum 27.03.2007 das Grundkapital um nominal 5 Mio. € durch die Ausgabe von Inhaberaktien zu erhöhen. Das Grundkapital erhöhte sich nach dieser Maßnahmen auf jetzt 37 Mio. €. Die Eigenkapitalquote stieg auf über 40 %. Der gesamte Emissionserlös trug neben der Selbstfinanzierung zur Finanzierung des Wachstums wesentlich bei. Um Belegschaft und Unternehmen noch stärker miteinander zu verbinden, beteiligt TRAUB seine Mitarbeiter im Rahmen einer „investiven Erfolgsbeteiligung" am Erfolg des Unternehmens. Diese Mittel wurden als Guthaben bei TRAUB gehalten mit der Absicht, den Mitarbeitern zu einem späteren Zeitpunkt den Erwerb von Aktien zu erleichtern.

a) Welche Zielsetzungen des Unternehmens und welche Bereichsziele der Finanzierung werden in dem Geschäftsbericht der Firma Traub deutlich?

b) Welche Arten der Kapitalerhöhung werden angesprochen? Erklären Sie die erwähnten Aktienarten!

8. **Genehmigtes Kapital**

Auszug aus dem Bezugsangebot der Vereinigten Chemiewerke AG (19.03.2005)

Die ordentliche Hauptversammlung der Vereinigten Chemiewerke AG vom 13.07.2004 hat den Vorstand ermächtigt, bis zum 30.06.2006 das Grundkapital mit Zustimmung des Aufsichtsrates *wahlweise* durch Ausgabe neuer Inhaber-Stammaktien und/oder neuer, stimmrechtsloser Inhaber-Vorzugsaktien gegen Geldeinlagen um bis zu 300 000 000,00 € zu erhöhen. Dabei ist den Aktionären ein Bezugsrecht einzuräumen.

Mit den Mitteln aus dieser Kapitalerhöhung sollen die Wachstumsziele der Unternehmung abgesichert werden.

Der Vorstand hat mit Zustimmung des Aufsichtsrates von der oben genannten Ermächtigung Gebrauch gemacht und beschlossen, das Grundkapital von 1 500 000 000,00 € um 150 000 000,00 € durch Ausgabe von 30 000 000 neuen Inhaber-Stammaktien zu je 5,00 € zu erhöhen.

Üben Sie bitte Ihr Bezugsrecht in der Zeit vom 26.03. bis 09.04.2005 einschließlich gegen Einreichung der Gewinnanteilscheine Nr. 28 der alten Stammaktien sowie der Gewinnanteilscheine Nr. 3 der Vorzugsaktien bei einem der genannten Kreditinstitute aus.

Der Kleinaktionär Maile erhält von seiner Bank die folgende Aufstellung:

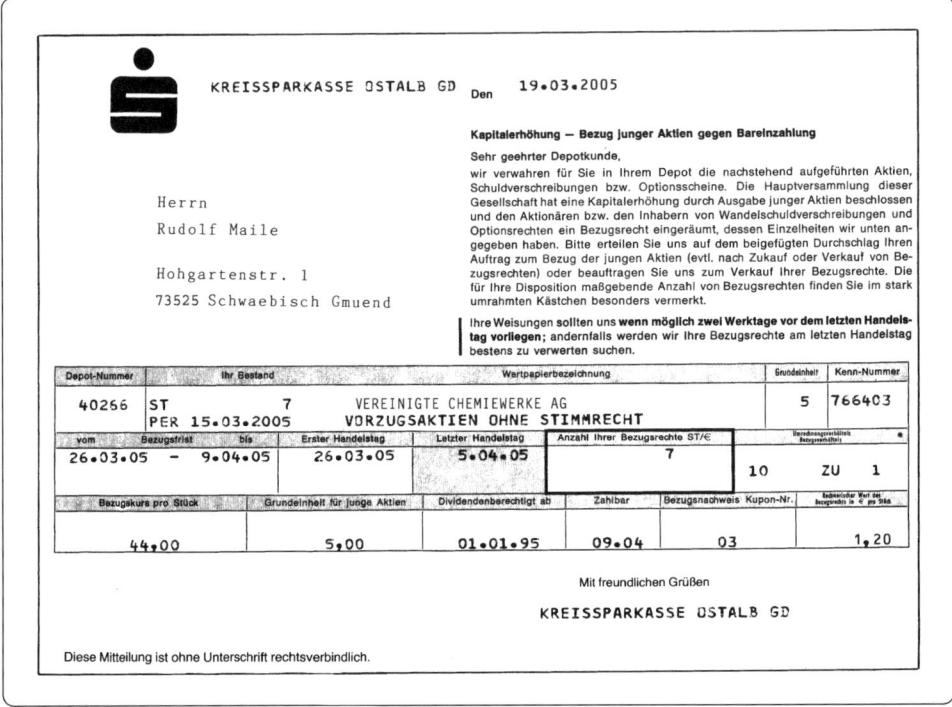

a) Was bedeutet das angegebene Verhältnis 10 : 1?

b) Welchen Kurs der alten Aktien legte die Bank bei dem im Bezugsangebot ausgewiesenen rechnerischen Wert des Bezugsrechts zugrunde?

c) Wie lautet die Abrechnung in beiden Fällen, wenn der Aktionär
  ■ drei junge Aktien erwerben möchte
  ■ von seinem Bezugsrecht keinen Gebrauch machen möchte (Spesen bleiben unberücksichtigt)?

d) Warum stimmt der rechnerische Wert des Bezugsrechtes mit dem tatsächlichen Wert nicht überein?

e) Inwieweit haben die Vereinigten Chemiewerke AG mit diesem Bezugsangebot das „genehmigte Kapital" ausgeschöpft?

f) Warum wurde im vorliegenden Falle nicht nur den Stammaktien, sondern auch den Vorzugsaktionären ein Bezugsrecht eingeräumt? – Warum hat Ihrer Meinung nach die AG für die von ihr angegebenen Wachstumsziele diese Art der Finanzierung gewählt?

2.5.3 Kapitalerhöhung aus Gesellschaftsmitteln (AktG §§ 207-220)

2.5.4 Bedingte Kapitalerhöhung – Emission von Belegschaftsaktien (AktG §§ 192-201)

Kontrolle

1. a) Wie unterscheiden
   - sich Kapitalerhöhung gegen Einlagen, genehmigtes Kapital, Kapitalerhöhung aus Gesellschaftsmitteln und bedingte Kapitalerhöhung?

   b) Warum geht bei manchen Aktiengesellschaften der Kapitalerhöhung gegen Einlagen eine Kapitalerhöhung aus Gesellschaftsmitteln unmittelbar voraus?

2. Eine AG erhöht das Grundkapital von 2 400 000,00 € auf 3 000 000,00 € durch Ausgabe von Berichtigungsaktien. Die letzte Jahresbilanz weist u.a. die folgenden Posten aus: Kapitalrücklage 120 000,00 €, Gesetzliche Rücklagen 220 000,00 €, andere Gewinnrücklagen 3 500 000,00 €. Die Kosten der Kapitalerhöhung von 16 000,00 € werden durch Bank überwiesen.

   a) Die Kapitalerhöhung soll aus den umwandlungsfähigen Rücklagen gespeist werden, wobei die Kapitalrücklage und die gesetzliche Rücklage bis zur gesetzlichen Höchstgrenze herangezogen werden sollen [AktG § 208 Abs. 1 und 2].

      Stellen Sie den Stand der Konten nach der Kapitalerhöhung fest!

   b) Geben Sie das Bezugsverhältnis an!

   c) Berechnen Sie den inneren Wert (Bilanzkurs) der Aktien **vor** und **nach** der Durchführung der Kapitalerhöhung!

   d) Welcher rechnerische Wert des Bezugsrechts ergibt sich (Nennwert je Aktie 5,00 €. Gehen Sie vom Bilanzkurs je Aktie aus.)?

   e) Der Kleinaktionär Schmelzle besitzt 30 Aktien.

      1. Welche Abrechnung (ohne Spesen) erhält Schmelzle von seiner Bank, wenn er die Bank beauftragt, 7 Aktien zu kaufen und den „Spitzenbetrag" seiner Bezugsrechte zu ihrem rechnerischen Wert zu verkaufen?

      2. Wie wirkt sich der Verkauf der „Spitzenbeträge" auf das Barvermögen, Aktienvermögen und Gesamtvermögen Schmelzles aus?

   f) Die bisherige Dividende von 0,60 € je Aktie soll auch nach der Kapitalberichtigung beibehalten werden.

      1. Berechnen Sie die auszuzahlende Dividendensumme an die Aktionäre vor und nach der Kapitalerhöhung aus Gesellschaftsmitteln!

      2. Wie wirkt sich (vgl. f) 1.) die Kapitalberichtigung voraussichtlich auf die Dividendenrendite aus?

157

3. Aus dem Geschäftsbericht 2005 der Industrierobot AG: „Im Rahmen des 5. Vermögensbildungsgesetzes wurde den Mitarbeitern die Möglichkeit eingeräumt, wahlweise jeweils 50 oder 100 Aktien steuerlich begünstigt zum Vorzugskurs zu erwerben. Zusätzlich bestand die Möglichkeit, dem Unternehmen ein Arbeitnehmerdarlehen von 312,00 € zu geben, das mit 7 % pro Jahr verzinst wird.

   Insgesamt erwarben 91 175 Mitarbeiter je 50 oder 100 Aktien. 27 675 Mitarbeiter zeichneten ein Arbeitnehmerdarlehen. "

   a) Welche Voraussetzungen müssen für die Ausgabe von Belegschaftsaktien erfüllt sein?

   b) Welche Ziele verfolgt die AG mit der Ausgabe von Belegschaftsaktien?

Vertiefung

4. Auf der ordentlichen Hauptversammlung der Handhabungsmaschinen AG, Ludwigshafen, haben Vorstand und Aufsichtsrat vorgeschlagen, das Grundkapital der Gesellschaft von derzeit 1 541 151 000,00 € im Verhältnis 20 : 1 auf 1 618 208 550,00 € aus Gesellschaftsmitteln zu erhöhen. Dabei sollen die in der gesetzlichen Rücklage befindlichen 77 057 550,00 € für die Umwandlung verwendet werden.

   a) Wie wirkt sich die vorgesehene Kapitalerhöhung aus
      - auf den Aufbau des Eigenkapitals der AG;
      - auf das Vermögen der AG?

   b) Berechnen Sie den rechnerischen Wert des Bezugsrechts, wenn der Kurs der alten Aktien 2,52 € je 1,00-€-Aktie zum Zeitpunkt der Kapitalerhöhung ist!

   c) Der Kleinaktionär Maier besitzt 200 Aktien zu 1,00 € Nennwert der Handhabungsmaschinen AG.

      1. Welche Abrechnung (ohne Spesen) erhält Maier von seiner Bank, wenn er die Bank beauftragt, seine Bezugsrechte zu verkaufen?

      2. Wie wirkt sich der Verkauf der Bezugsrechte auf das Barvermögen, Aktienvermögen und Gesamtvermögen Maiers aus?

5. Die Vereinigten Alu-Werke AG erzielten 2003 einen Jahresüberschuss von 608 Mio. € und schütteten nach Zuweisung in die Gewinnrücklagen eine Dividende von 1,00 € je 5,00-€-Aktie aus. Bei einem erhöhten Jahresüberschuss von 710 Mio. € im Jahre 2005 betrug die Dividende 1,05 €. Nachdem sich der Jahresüberschuss 2006 nahezug verdoppelt hatte und sich nun auf 1,403 Mrd. € belief, wurde die Dividende lediglich auf 1,20 € je Aktie angehoben. 2006 betrugen die Gewinnrücklagen das Dreifache des Grundkapitals.

   Ein Sprecher einer Kleinaktionärsvereinigung vertrat den Standpunkt, das Werk müsse vor der nächsten Kapitalerhöhung gegen Einlagen die Aktionäre, welche die Treue gehalten hätten, an dem erwirtschafteten Gewinn in Form von Dividenden teilhaben lassen, der durch die Politik der „Gewinnthesaurierung"[1] in den letzten Jahren dem Unternehmen zu gute gekommen seien.

   Wie können Vorstand und Aufsichtsrat dieses Problem lösen, ohne von der bisherigen Dividendenpolitik abzugehen?

---

[1] Thesaurieren (lat.) = Geld horten.

6. **Kapitalerhöhung gegen Einlagen und Kapitalerhöhung aus Gesellschaftsmitteln in Kombination**

Der Vorstand einer AG erläutert anlässlich der ordentlichen Hauptversammlung den Aktionären seine Absicht, in einem alternativen Produktionszweig zu investieren. Die aufzubringende Investitionssumne wird mit 600 Mio. € veranschlagt.

Der Vorstand schlägt in diesem Zusammenhang vor, das bisherige Grundkapital von 560 Mio. € auf 800 Mio. € zu erhöhen. Dies soll zum Teil durch die Ausgabe von Berichtigungsaktien im Verhältnis 7 : 1 erfolgen. Der Rest soll durch eine Kapitalerhöhung gegen Einlagen aufgebracht werden. Der Bezugspreis der jungen Aktien ist 19,00 € je Stück (5,00 € Nennwert); dabei sollen die Berichtigungsaktien bereits bezugsberechtigt sein. Der Kurs der alten Aktien (vor Berichtigung) wird mit 29,50 € je Stück (5,00 € Nennwert) angenommen.

A

a) Ermitteln Sie den rechnerischen Wert des Bezugsrechts für die nach Ausgabe der Berichtigungsaktien zu emittierenden jungen Aktien aus der Kapitalerhöhung gegen Einlagen!

b) Erläutern Sie zwei denkbare Absichten des Vorstandes, die er mit der Ausgabe von Berichtigungsaktien bezweckt!

c) Ist der Vorschlag des Vorstandes (vgl. Sachverhalt) geeignet, den Investitionsbedarf im vorliegenden Falle zu decken? (Rechnerischer Nachweis.)

d) Aktionär Lechner besitzt schon vor der Berichtigung 500 alte Aktien zu je 5,00 € Nennwert. Berechnen Sie, welchen Betrag Lechner aufwenden muss, wenn er seine eigenen Bezugsrechte voll ausnutzen will, aber keine neuen Bezugsrechte erwirbt. (Bezugsrecht für die Berichtigungsaktien an der Börse 4,50 €, das der übrigen Aktien wird mit 1,60 € angenommen.)

7. **Kapitalerhöhung gegen Einlagen – Dividendennachteil – Kapitalerhöhung aus Gesellschaftsmitteln**

Sachverhalt 1
Der Vorstand einer AG schlägt der Hauptversammlung zur Finanzierung von Erweiterungsinvestitionen eine Erhöhung des Grundkapitals um 60 Mio. € auf 660 Mio. € vor. Der Börsenkurs der alten Aktien beträgt 26,00 € für den Nennwert von 5,00 €. Die jungen Aktien sollen in Stücken zu je 5,00 € Nennwert zum Bezugskurs von 18,00 € ausgegeben werden. Bei einer geplanten Dividende von 0,90 € ist für die jungen Aktien eine Dividendenberechtigung *für die letzten vier Monate*[1] des Geschäftsjahres vorgesehen. Datum der Hauptversammlung: 01.07.20. .

Die bereits vor der Emission vorhandenen Rücklagen gliedern sich in 65 Mio. € gesetzliche und 250 Mio. € andere Gewinnrücklagen.

Unter Annahme der Verwirklichung dieses Vorschlags sind folgende **Aufgaben** zu lösen:

a1) Wie viel € fließen der AG zu und wie hoch ist das Agio (ohne Berücksichtigung von Emissionskosten)?

b1) Wie viel liquide Mittel sind erforderlich, wenn die für das Geschäftsjahr geplante Dividende tatsächlich ausgeschüttet wird?

---

[1] Ein Dividendennachteil wirkt wie eine Erhöhung des Bezugskurses für junge Aktien, ein Vorteil umgekehrt.

c1) Wie hoch ist der rechnerische Wert des Bezugsrechts in €?

d1) Berechnen Sie den Bilanzkurs in % vor und nach der Kapitalerhöhung (eine Kommastelle)!

e1) Wie hoch müsste der Bezugskurs für eine 5,00-€-Aktie für den Fall sein, dass bei einem Bezugsverhältnis von 6 : 1 und dem oben angegebenen Grundkapital 120 Mio. € beschafft werden sollen?

Sachverhalt 2

In der Hauptversammlung am 01.07.20. . kommt von einer Großaktionärsgruppe folgender Gegenvorschlag: Weil der Vorstandsvorschlag zu wenig Mittel einbringe, solle die Kapitalerhöhung mit einem Bezugsverhältnis von 8 : 3 und die Ausgabe der jungen Aktien zu 150 % des Nennwertes von je 5,00 € erfolgen. Für das laufende Geschäftsjahr werden nur 15 % (= 0,75 € je Aktie) Dividende vorgeschlagen; die jungen Aktien sollen dabei aber *voll dividendenberechtigt* sein.

Unter Annahme der Verwirklichung dieses Vorschlags sind folgende **Aufgaben** zu lösen:

a2) Wie viel € zusätzlich bringt die Durchführung dieses Vorschlags gegenüber der Verwirklichung des Vorstandsvorschlags gemäß Sachverhalt 1 (ohne Berücksichtigung von Emissionskosten)?

b2) Berechnen Sie die Aktienrendite, die ein Altaktionär ohne die Kapitalerhöhung bei einer Dividende von 15 % (= 0,75€ je Aktie) gehabt hätte! Sein Steuersatz: 40 %.

c2) **Nach** der Kapitalerhöhung soll der Dividendensatz so hoch sein, dass sich unter Zugrundelegung des rechnerischen Durchschnittskurses (volle %) mindestens die unter b2) errechnete Rendite ergibt.
Berechnen Sie die auf 0,01 € aufgerundete Dividende! Vgl. mit c1).

d2) Im Zusammenhang mit der Kapitalerhöhung will ein Aktionär, der 300 alte Aktien zu je 5,00 € Nennwert besitzt, Auskunft darüber, wie viel Bezugsrechte er nach dem in Sachverhalt 1 gemachten Vorschlag zum Erwerb von 100 jungen Aktien noch kaufen muss. Geben Sie diese Auskunft!

e2) Wie viele junge Aktien kann ein anderer Aktionär, der 600 alte Aktien zu je 5,00 € Nennwert besitzt, nach dem in Sachverhalt 1 gemachten Vorschlag kaufen, wenn er noch insgesamt 10 000,00 € anlegen will (ohne Kosten)?

Sachverhalt 3

Der Sprecher einer Kleinaktionärsvereinigung ist mit beiden Vorschlägen nicht einverstanden. Unter Hinweis auf die vorhandenen Rücklagen fordert er, zunächst voll dividendenberechtigte Gratisaktien auszugeben und danach anschließend die für die Investitionen notwendigen Mittel durch Ausgabe einer Wandelschuldverschreibung hereinzubringen.

Aufgaben:

a3) Welches Bezugsverhältnis ergäbe sich, wenn alle Rücklagen soweit gesetzlich zulässig zur Ausgabe von sog. Gratisaktien herangezogen würden?

b3) Wie hoch wäre der rechnerische Durchschnittswert aller Aktien nach Ausgabe der „Gratisaktien"?

c3) Inwiefern ist der Ausdruck „Gratisaktie" nicht gerechtfertigt? Legen Sie Ihrer Antwort auch das Rechenergebnis von b3) zugrunde!

8. **Ausgabe von Belegschaftsaktien im Jubiläumsjahr**

Zu ihrem 125jährigen Jubiläumsjahr hat die Badische Metallwarenfabrik AG erstmals Belegschaftsaktien ausgegeben. Für die rund 8 000 Beschäftigten des Unternehmens (einschließlich Pensionäre) können Aktien zum Vorzugskurs von 50 % des Kurswertes erworben werden (Börsenkurs zum Zeitpunkt der Ausgabe 3,96 € je 1,00-€-Aktie). Die Aktionäre müssen lediglich eine Sperrfrist einhalten. Innerhalb dieser Frist dürfen die Aktien nicht veräußert werden. Die Belegschaftsaktionäre können mit einer Dividende von 0,16 € je 1,00-€-Aktie rechnen. Jeder Beschäftigte kann bis zu 150 Aktien erhalten.

A

a) Von welchen Möglichkeiten des Aktiengesetzes kann die AG bei ihrer Maßnahme Gebrauch machen?

b) Warum wurde Ihrer Meinung nach der Bezug auf 150 Aktien je Mitarbeiter begrenzt?

c) Welche Vorteile hat der Mitarbeiter, wenn er die angebotenen Belegschaftsaktien erwirbt?

d) Welchen Sinn hat die Sperrfrist?

9. **Dividendenrendite von Belegschaftsaktien**

Auszug aus dem „Börsenreport" einer AG an die Mitarbeiter
„Ab kommenden Montag, 19.12.20. . kann jeder – auch Sie – ein Stück der Schwarzbach-AG kaufen.

Der Kaufpreis für eine Schwarzbach-Aktie im Nennwert von 5,00 € beträgt 10,50 €. Die Kursentwicklung kann nach oben oder unten gehen; sie ist aber von unserem gemeinsamen Erfolg und damit vom Einsatz jedes einzelnen Mitarbeiters abhängig.

Zu Ihren Ertragsaussichten:
Die Schwarzbach-AG wird in der Lage sein, für das jetzige und kommende Geschäftsjahr eine Dividende von mindestens 0,50 € je Aktie an Sie auszuschütten. Auf der Basis dieses Kaufpreise ergibt sich eine Rendite von knapp 5 %. Damit Sie vergleichen können: Derzeit beträgt der Sparzins für Einlagen mit gesetzlicher Kündigungsfrist ca. 3 %.

Warum geht die Schwarzbach-AG an die Börse?
Im Verlaufe dieses Jahres gelangten als Wiedergutmachung für unsere Gesellschaft 10 % der Stammaktien aus dem früheren Familienbesitz Weidmüller in den Besitz der Schwarzbach-AG. Um diese eigenen Aktien möglichst rasch zu verwerten, sollten diese in breiter Streuung bei interessierten Kapitalanlegern untergebracht werden."

a) Welche Überlegung könnte die Schwarzbach-AG veranlasst haben, die vorgesehene breitere Streuung des Aktienkapitals anzustreben? Welche unternehmerischen Zielsetzungen sind aus dem Text des „Börsenreports" erkennbar?

b) Von welcher gesetzlichen Möglichkeit hat die Schwarzbach-AG bei der Ausgabe von Belegschaftsaktien Gebrauch gemacht?

c) Wie viele Mittel fließen der AG aus Belegschaftsaktien zu, wenn insgesamt 100 000 Aktien von Betriebsangehörigen erworben werden?

d) Überprüfen Sie die von der Schwarzbach-AG angekündigte Dividendenrendite rechnerisch! Welche Steuergutschrift ergibt sich für einen Belegschaftsaktionär, wenn er 100 Aktien erwirbt? Gehen Sie dabei von 0,50 € Bardividende je Aktie aus!

2.6 Selbstfinanzierung

2.6.1 Offene Selbstfinanzierung

Kontrolle

1. Wie unterscheiden sich Eigenfinanzierung (Beteiligungsfinanzierung) und offene Selbstfinanzierung?

2. Welche Aussagen sind richtig bzw. falsch? Begründen Sie Ihre Aussage!

   a) Offene Selbstfinanzierung und Eigenfinanzierung führen zu einer Erhöhung des Eigenkapitals.

   b) Bei der Eigenfinanzierung stammen die Mittel von außen, bei der Selbstfinanzierung von innen.

   c) Der Komplementär trägt zur offenen Selbstfinanzierung bei, der Kommanditist leistet hierzu keinen Beitrag.

   d) Entnahmen der Gesellschafter der OHG bzw. der Komplementäre der KG schmälern, Einlagen erhöhen die Eigenfinanzierung.

   e) Der Beitrag zur Selbstfinanzierung durch einen Komplementär errechnet sich wie folgt: Selbstfinanzierung = Gewinnanteil – Privatentnahmen + Einlagen.

3. In der Merkle OHG weisen die Kapitalkonten der Gesellschafter Otto und Kurt Merkle folgende Bewegungen auf:

   Otto Merkle: Einlage 25 000,00 €, Gewinnanteil 48 000,00 €, Privatentnahmen 30 000,00 €

   Kurt Merkle: Gewinnanteil 60 000,00 €, Privatentnahmen 40 000,00 €

   Wie viel Mittel wurden im Geschäftsjahr aus Eigenfinanzierung bzw. offener Selbstfinanzierung der OHG zugeführt?

4. Der Jahresüberschuss einer AG beträgt nach Abzug der Ertragsteuern 540 000,00 €. Außerdem werden folgende Bilanzposten ausgewiesen: gezeichnetes Kapital 2 500 000,00 €, gesetzliche Rücklagen 220 000,00 €, andere Gewinnrücklagen 290 000,00 €, Verlustvortrag 25 000,00 €.

   a) Berechnen Sie die jeweilige Höhe der Rücklagenzuweisung [gesetzliche Rücklage nach AktG § 150 Abs. 2, andere Gewinnrücklagen: Höchstbetrag nach AktG § 58 Abs. 2], den Bilanzgewinn, die Dividendensumme (Dividende 0,18 €, zugesichert, je 1,00-€-Aktie) und den Gewinnvortrag auf neue Rechnung!

   b) Wie hoch ist im vorliegenden Falle
      - die gesetzlich erzwungene Selbstfinanzierung
      - die freiwillig veranlasste Selbstfinanzierung?

   c) Ermitteln Sie den Selbstfinanzierungsgrad vor und nach der Zuführung von Gewinnrücklagen!

5. a) Wie unterscheidet sich die gesetzlich erzwungene von der freiwillig veranlassten Selbstfinanzierung bei der AG?

   b) Welche Möglichkeiten der freiwillig veranlassten Selbstfinanzierung gibt es bei der AG, zu welchem Zeitpunkt jeweils?

Vertiefung

6. Aus dem Weisungsvorschlag einer Bank für ihre Depotkunden zur Hauptversammlung der Akku-AG, Bremen: „Nach sorgfältiger Prüfung der Verwaltungsvorschläge empfehlen wir, zu den einzelnen Punkten der Tagesordnung nach den Vorschlägen der Verwaltung abzustimmen" ...

A

   zu Punkt 2: Beschlussfassung über die Gewinnverwendung: „Im abgelaufenen Geschäftsjahr 2003 konnte die Akku-AG einen Umsatz von 19 809 Mio. € erzielen, das sind 17 % mehr als im Vorjahr. Der Jahresüberschuss (Gewinn) vor Steuern stieg um 46,9 % auf 1 316 Mio. €. Der Gewinn nach Steuern beträgt 555 Mio. €, das sind 42,3 % mehr als im Vorjahr. Den Gewinnrücklagen wurden 150 Mio. € zur Stärkung des Eigenkapitals zugeführt. Wir schlagen der Hauptversammlung vor, aus dem Bilanzgewinn von 405 Mio. € eine Dividende von 0,90 € je Aktie auszuschütten."

   Ein Aktionär erteilt seiner Bank die Weisung, diesem Vorschlag der Verwaltung nicht zuzustimmen. Begründung: Die Zuführung zu den Gewinnrücklagen sei überhöht. In früheren Jahren hätte sich die Akku-AG mit bescheideneren Rücklagenzuweisungen begnügt. Der erhöhte Jahresüberschuss solle nun endlich dazu verwendet werden, Dividendenzahlungen an die Aktionäre kräftig zu erhöhen.

   Rücklagen- und Dividendenpolitik der Akku-AG

Jahre	1999	2000	2001	2002	2003	2004	2005	2006
Jahresüberschuss nach Steuern (in Mio. €)	330	325	236	390	555	998	910	820
Gewinnrücklagenzuweisung (in Mio. €)	50	40	30	80	150	352	200	265
Dividenden (€ je 5,00-€-Aktie)	0,70	0,70	0,50	0,70	0,90	1,00	1,00	1,00

   a) Wie beurteilen Sie die von der Akku-AG betriebene Rücklagen- bzw. Dividendenpolitik, wie sie aus der Trabelle erkennbar ist?

   b) Wie beurteilen Sie die von dem Aktionär beklagte „übertriebene Selbstfinanzierung?"

7. Der Vorstandsvorsitzende der VW AG hat einer „ertragsorientierten Dividendenpolitik" den Vorzug gegeben.

   Beschreiben Sie aus der Sicht der AG und der Aktionäre je einen Vor- und Nachteil der von der VW AG vertretenen Dividendenpolitik, und vergleichen Sie mit einer Ausschüttungspolitik, die sich an der Dividendenkontinuität orientiert!

8. Die Konten der Hansen-AG zeigen in stark zusammengefasster Form zum Abschluss des Geschäftsjahres 20. . folgende Werte in €:

Immaterielle Anlagewerte und Sachanlagen	60 400 000,00
Finanzanlagen	8 200 000,00
Vorräte	5 450 000,00

Geldvermögen	850 000,00
Sonstige Posten des Umlaufvermögens	6 130 500,00
Gezeichnetes Kapital (gestückelt in 5,00-€-Aktien)	32 500 000,00
Kapitalrücklage	1 000 000,00
Gesetzliche Rücklage	3 230 500,00
Andere Gewinnrücklagen	15 500 000,00
Rückstellungen	5 250 000,00
Verbindlichkeiten gegenüber Kreditinstituten	11 150 000,00
Sonstige Verbindlichkeiten	4 300 000,00

Vorstand und Aufsichtsrat stellen den Jahresabschluss fest. Laut Satzung sind 70 % des Jahresüberschusses in andere Gewinnrücklagen einzustellen.

a) Berechnen Sie den Jahresüberschuss! Die Vergütungen für Vorstand und Aufsichtsrat sind auf den betreffenden Aufwandskonten bereits gebucht.

b) Führen Sie die Verwendung des Jahresüberschusses durch! Beachten Sie bei den Einstellungen in die Rücklagen die gesetzlichen Bestimmungen. Der Vorstand besteht auf der höchstmöglichen Rücklagenzuweisung.

c) Welche Bardividende je Aktie (Nennwert 5,00 €) kann die Hauptversammlung maximal durchsetzen (Dividende jeweils auf volle 0,01 € aufrunden)?

2.6.2 Verdeckte Selbstfinanzierung

Kontrolle

1. a) Wie unterscheidet sich die offene von der verdeckten Selbstfinanzierung grundsätzlich?

   b) Welche Vorteile hat – vom Standpunkt des Unternehmens aus – die verdeckte Selbstfinanzierung im Vergleich zur offenen Selbstfinanzierung?

2. Aus welchen Gründen kann das Steuerrecht stille Rücklagen nicht in dem Maße zulassen wie das Handelsrecht, auch wenn sie letztlich nur zu einer Gewinnverlagerung führen?

3. Wie unterscheidet sich die gesetzlich erzwungene von der freiwillig veranlassten verdeckten Selbstfinanzierung?

4. a) Wie unterscheidet sich bilanziertes (ausgewiesenes) und wirkliches Eigenkapital?

   b) Wie setzt sich das bilanzierte und wirkliche Eigenkapital bei der AG zusammen?

5. Die Anschaffungskosten einer Maschine betragen 60 000,00 €. Jährlich werden bilanziell 15 000,00 €, kalkulatorisch 10 000,00 € abgeschrieben; betriebsgewöhnliche Nutzungsdauer 6 Jahre,

   a) Zeigen Sie – tabellarisch – die bilanziellen und kalkulatorischen Abschreibungsbeträge, die Bildung und Auflösung der stillen Rücklagen!

   b) Warum spricht man im vorliegenden Falle von einer „unmerklichen Auflösung" stiller Rücklagen?

6. a) Ein Pkw wird für 36 000,00 € netto angeschafft. Nach 4 Nutzungsjahren wird der Pkw für 20 000,00 € verkauft. Sein Restbuchwert ist zu diesem Zeitpunkt noch 7 200,00 € (lineares Abschreibungsverfahren).

   Wie hoch ist die verdeckte Selbstfinanzierung (Höhe der stillen Rücklagen) im Laufe der 4 Jahre? Durch welchen buchungstechnischen Vorgang wird die Auflösung der stillen Rücklagen sichtbar (Umsatzsteuersatz 19 %)?

   b) Für die voraussichtlichen Kosten eines schwebenden Prozesses wird eine Rückstellung von 30 000,00 € gebildet.

   Inwieweit wurden stille Rücklagen gebildet, wenn im folgenden Jahr Prozesskosten in Höhe von
   - 25 000,00 €
   - 20 000,00 €
   - 30 000,00 €
   - 40 000,00 €
   bezahlt werden müssen!

Vertiefung

7. a) Warum darf das HGB die Bildung von willkürlichen stillen Rücklagen nicht zulassen?

   b) Verhindern – Ihrer Meinung nach – die §§ 253 i. V. m. den §§ 279/280 des HGB die willkürliche Bildung stiller Rücklagen?

8. *Aus dem Geschäftsbericht (Anhang) einer AG:*

   „(3) Bilanzierungs- und Bewertungsgrundsätze: ... Beim beweglichen Anlagevermögen wurde überwiegend die degressive Abschreibungsmethode angewandt. Bei Zugängen von beweglichen Anlagegegenständen in der ersten Hälfte des Geschäftsjahres wird grundsätzlich die volle Jahresrate, bei Zugängen in der zweiten Hälfte eine halbe Jahresrate verrechnet. Geringwertige Wirtschaftsgüter werden im Sinne von EStG § 6 Abs. 2 im Zugangsjahr voll abgeschrieben."[1]

   Ein Vertreter der Kleinaktionäre kritisiert die seit Jahren von der Verwaltung betriebene Abschreibungspolitik des Unternehmens als Mittel, um den Aktionären den wirklichen Gewinn vorzuenthalten. Anders der Vorstandssprecher: „Wir nutzen die vom Steuerrecht zugelassenen höchstmöglichen bilanziellen Abschreibungssätze. Wir sehen darin eine Möglichkeit, einen Teil unserer Investitionen günstiger zu finanzieren als dies bei der offenen Selbstfinanzierung möglich ist."

   Nehmen Sie Stellung zu den Äußerungen des Vorstandes und der Kritik der Kleinaktionäre!

---

[1] Die bilanzielle Behandlung von geringwertigen Wirtschaftsgütern wurde mit Wirkung ab 1.1.2008 neu geregelt. Wirtschaftsgüter mit Anschaffungs- oder Herstellungskosten bis 150 € sind sofort abzuschreiben. Dadurch entfallen die besonderen Aufzeichnungspflichten. Nach § 6 Abs. 2a EStG sind Wirtschaftsgüter mit Anschaffungs- oder Herstellungskosten zwischen 150 € und 1.000 € als Sammelposten zu aktivieren und im Zugangsjahr sowie in den folgenden vier Jahren planmäßig abzuschreiben.

9. Die Anfangsbilanz der Karosseriebau-AG weist – stark zusammengefasst – folgende Posten auf.

Aktiva		Bilanz der Karosserie-AG (in 1000 €)		Passiva
Sachanlagen	660 000	Gezeichnetes Kapital		500 000
Finanzanlagen	240 000	Kapitalrücklagen		10 000
Umlaufvermögen	450 000	Gesetzliche Rücklagen		40 000
		andere Gewinnrücklagen		90 000
		Gewinnvortrag		10 000
		Rückstellungen		100 000
		Verbindlichkeiten		600 000
	1 350 000			1 350 000

Eine Schutzvereinigung von Kleinaktionären kritisiert in der Hauptversammlung die in den letzten Jahren vom Vorstand betriebene Abschreibungspolitik. Überhöhte Abschreibungen hätten nicht nur das in der Bilanz ausgewiesene Eigenkapital verfälscht, den Aktionären sei darüber hinaus auch eine angemessene Dividende vorenthalten worden.

a) Berechnen Sie
- das bilanzierte Eigenkapital,
- den Börsenkurswert (Börsenkurs je Aktie 6,75 € je 5,00-€-Aktie),
und decken Sie die vermuteten stillen Rücklagen auf!

b) Welcher Bilanzkurs lässt sich ermitteln?

c) Wie beurteilen Sie die Argumente der Schutzvereinigung der Kleinaktionäre im vorliegenden Falle?

d) Von namhaften Betriebswirtschaftlern wird das Verfahren, über den Börsenkurswert auf das wirkliche Eigenkapital einer AG zu schließen, für problematisch gehalten. Worauf gründen die Experten wohl ihre Bedenken?

2.7 Umfinanzierung

Kontrolle

1. Wie unterscheiden sich

a) Kapitalfreisetzungen und Umfinanzierungen im engeren Sinne,

b) Kapitalfreisetzung und Selbstfinanzierung?

2. Die Lackierwarenfabrik GmbH, Stuttgart, weist seit drei Jahren in den Jahresabschlüssen Verluste (Jahresfehlbeträge) aus. Im letzten Jahr vergrößerte sich der Verlust von 827 000,00 € auf 918 000,00 €. Um das Unternehmen aus der Verlustzone herauszuführen, schlägt ein Expertengremium u.a. die folgenden Maßnahmen vor:

1. Veräußerung des ursprünglich für eine Betriebserweiterung vorgesehenen Grundstücks.

2. Durch eine Änderung im Bestellwesen sollen künftig die Lagerbestände verkleinert werden.

3. Eine straffere Organisation des Mahnwesens soll die hohen Außenstände abbauen.

4. Durch Verhandlungen mit einem Kreditgeber wird versucht, die bisherige Darlehens-schuld in eine Beteiligung umzuwandeln.

Bei welchen von den vorgeschlagenen Maßnahmen kommt es zu einer Rationalisierung

a) aus vorübergehender Kapitalfreisetzung,

b) aus endgültiger Kapitalfreisetzung?

A

3. Berechnen Sie die jeweiligen Rationalisierungserfolge der Lackierwarenfabrik GmbH (vgl. Aufgabe 2), wenn Ihnen folgende Angaben zur Verfügung stehen:

a) Die Anschaffungskosten des Grundstücks (vgl. 1.) betrugen 80 000,00 €, der Verkaufs-erlös 240 000,00 €. Im letzten Jahr wurde das Grundstück in der Bilanz mit 65 000,00 € angesetzt. Berücksichtigen Sie bei der Berechnung der Kapitalfreisetzung, dass der erzielte Gewinn mit 30 % Gewinnsteuern belastet wird!

b) Die monatliche Bestellung der Unternehmung wird durch folgende Daten bestimmt (vgl. 2. bei Aufgabe 2): Beim Bezug der Rohstoffe, die bisher von fünf verschiedenen Lieferanten bezogen wurden, musste mit einer Lieferzeit von 30 Tagen gerechnet wer-den. Der Tagesbedarf an Rohstoffen beläuft sich auf 1 500 kg zu je 3,00 € je kg. Als eiserner Bestand wurde bisher ein 6-Tage-Bedarf veranschlagt. – Künftig bestellt das Unternehmen nur noch bei den drei Lieferanten, die durch den Ausbau ihrer Kapazitä-ten in der Lage sind, 7 Tage nach dem Bestelldatum zu liefern. Außerdem gilt der eiserne Bestand als überhöht; künftig soll er auf 6 000 kg verkleinert werden.

c) Die durchschnittlichen Außenstände an Kundenforderungen (vgl. 3. der Aufgabe 2) betrugen 6 Mio. €. Der Jahresumsatz belief sich auf 36 Mio. €. Durch eine Verbesse-rung des Mahnwesens gelingt es, die Zeitspanne vom Verkauf der Erzeugnisse bis zum Zahlungseingang auf 40 Tage zu verringern (Zielgewährung laut Zahlungsbedingun-gen: 30 Tage nach Lieferung). Wie viel Mittel können jährlich freigesetzt werden, wenn der Umsatz unverändert bleibt?

4. Nennen Sie ein Beispiel für eine Umschichtung innerhalb des Eigenkapitals (Umfinanzie-rung im engeren Sinne). Vergleichen Sie Band 1, Übersicht!

Vertiefung

5. Welche Vorteile bzw. welche Gefahren sind mit der Anlage vorübergehend freigesetzter Finanzmittel verbunden, wenn diese

a) zur Vermehrung des Vorratsvermögens,

b) zur Schuldentilgung,

c) zur Anlage in Wertpapieren verwendet werden?

6. Die Anschaffungskosten einer stillgelegten Maschine betrugen 95 000,00 €, der Verkaufs-erlös (ohne Umsatzsteuer) der bereits abgeschriebenen Maschine 15 000,00 €.

Wie hoch ist die endgültige Kapitalfreisetzung?

7. Die monatliche Bestellmenge wird durch folgende Daten bestimmt:

Beim Bezug der Rohstoffe musste mit einer Lieferzeit von 25 Tagen gerechnet werden. Der Tagesbedarf an Rohstoffen ist 2 000 kg zu 5,00 € je kg. Als eiserner Bestand wurde bisher ein 5-Tage-Bedarf angesetzt.

Künftig gelingt es, die Lieferungen binnen 10 Tagen nach dem Bestelldatum zu erhalten. Der eiserne Bestand gilt als überhöht und soll deshalb auf 8 000 kg verkleinert werden.

Berechnen Sie den Rationalisierungserfolg!

8. Die Zeitspanne vom Verkauf der Erzeugnisse bis zum Eingang der Zahlung betrug bisher durchschnittlich 45 Tage. Durch Reorganisation des Mahnwesens konnten die Außenstände auf durchschnittlich 36 Tage verkürzt werden (Zielgewährung lt. Zahlungsbedingungen: 30 Tage nach Lieferung). Die durchschnittlichen Außenstände an Kundenforderungen sind 450 000,00 €.

a) Wie viele Mittel werden freigesetzt?

b) Es wird der Anschluss an eine Factoring-Gesellschaft erwogen. Welche Funktionen sollten vom Factor Ihrer Meinung nach übernommen werden? Siehe Abschnitt Factoring in Band 1.

c) Inwieweit stellt Factoring eine Maßnahme der Umfinanzierung dar?

2.8 Finanzierung aus Abschreibungsrückflüssen

2.8.1 Kapitalfreisetzungs- und Kapazitätserweiterungseffekt

2.8.2 Erweiterung der Gesamtkapazität – Entstehung von Scheingewinnen

Kontrolle

1. Auf welchen Grundannahmen beruht der Kapazitätserweiterungseffekt (Ruchti-Effekt)?

2. Was verstehen Sie unter Perioden- und Gesamtkapazität? Wie hängen beide beim Kapazitätserweiterungseffekt zusammen?

3. Welche Aussage ist richtig:

a) „Beim Ruchti-Effekt handelt es sich um eine bestandsmäßige Vergrößerung des Anlagevermögens. "

b) „Der Ruchti-Effekt ist eine wertmäßige Vergrößerung des Anlagevermögens?"

4. Ein Industriebetrieb stellt ein neuartiges Erzeugnis her. Die stetig sich verbessernde Auftragslage und die anhaltende Branchenkonjunktur verlangen eine fortlaufende Ausdehnung der Produktionskapazität. Der Leiter des Rechnungswesens schlägt dem Unternehmer vor, die durch Eigenfinanzierung beschaffte Erstausstattung von 10 Maschinen zu je

50 000,00 € (Nutzungsdauer 8 Jahre) durch Verwendung der Abschreibungserlöse auszudehnen. Dabei soll jeweils eine neue Maschine beschafft werden, sobald hierfür genügend Mittel aus den Abschreibungen zur Verfügung stehen.

a) Erstellen Sie aufgrund der obigen Angaben einen Plan zur Finanzierung aus Abschreibungen nach folgendem Muster:

Jahre	Zahl der Maschinen	Anschaffungs- werte €	Abschreibun- gen €	Buchwerte €	Abschreibungs- mittel €	Restgeld
Beginn 1. J. Ende 1. J.	10	500 000,00	– 62 500,00	– 437 500,00	– 62 500,00	–
Beginn 2. J. usw.						

A

Beachten Sie, dass die freigesetzten Mittel am Ende des Jahres dazu verwendet werden, neue Maschinen zu kaufen, sobald der Betrag hierfür ausreicht.

b) Um wie viel % lässt sich die Kapazität bis zum Ende des 5. Jahres ausdehnen?

c) Beurteilen Sie im Zusammenhang mit der Frage b) den folgenden Text: „Dieser Effekt ist eine Folge der unterschiedlichen Umschlagsgeschwindigkeit des Kapitals bzw. der Anlagen; die Umschlagsdauer des Kapitals ist unter bestimmten Voraussetzungen gleich der Hälfte der Nutzungsdauer der Anlagen (Maschinen), sodass mit Hilfe der Abschreibungsmittel eine Verdoppelung der Kapazität bzw. eine Kapitalfreisetzung von 50 % möglich sein müsste."

Treffen die oben erwähnten Voraussetzungen im Beispiel zu (vgl. Frage b)?

d) Wann entsteht in dem Plan der kritische Punkt der Substanzerhaltung? Durch welche Maßnahmen könnte dieser kritische Punkt hinausgeschoben bzw. gemildert werden?

5. Die Investitionsplanung einer Maschinenfabrik sieht die Anschaffung von 10 neuen Maschinen zu je 10 000,00 € mit einer zehnjährigen Nutzungsdauer vor.

Es sollen beschafft werden:

      3 Maschinen zu Beginn des 1. Jahres,
      3 weitere Maschinen zu Beginn des 2. Jahres,
je   2 weitere zu Beginn des 3. und 4. Jahres, zusammen
    10 Maschinen.

Zu Beginn des 4. Jahres ist die geplante Investition abgeschlossen. Die aus diesen Maschinen anfallenden Abschreibungsbeträge sollen, sobald ihre Höhe die Neuanschaffung einer weiteren Maschine gestattet, wieder zu Beginn des folgenden Jahres reinvestiert werden. Es wird vorausgesetzt, dass die liquiden Mittel jeweils am Markt verdient werden.

a) Die angesammelten Abschreibungen sind bei einer 10 %igen linearen und 20 %igen degressiven Abschreibung für die ersten 5 Jahre gegenüberzustellen (Tabellen). Es wird unterstellt, dass der jeweilige Abschreibungsverlauf mit dem Verlauf der Wertminderung übereinstimmt.

Wie viele neue Maschinen können aus den Abschreibungsbeträgen bei linearer bzw. degressiver Abschreibung bis zum Beginn des 6. Jahres beschafft werden?

b) Welche betriebswirtschaftlichen Folgerungen ziehen Sie aus dieser Art der Neuinvestitionen aus Abschreibungen?

6. Die Ergebnisrechnung und Betriebsergebnisrechnung einer OHG weisen folgende zusammengefasste Positionen aus:

Positionen	Gewinn- und Verlustrechnung in 1 000 €		Betriebsergebnisrechnung in 1 000 €	
	Aufwendungen	Erträge	Kosten	Leistungen
Umsatzerlöse		1 300		1 300
Abschreibungen	250		200	
Übriger Aufwand	1 000		1 000	
	1 250	1 300	1 200	1 300
Gewinn	50		100	
	1 300	1 300	1 300	1 300

Sämtliche Verkäufe erfolgen gegen Barzahlung; die übrigen Aufwendungen sind voll ausgabewirksam. Der Gewinn wird von den Gesellschaftern entnommen. Der Maschinenbestand – 40 Maschinen zu je 50 000,00 € Anschaffungswert – wird mit 10 % kalkulatorisch und mit 12,5 % bilanziell vom Anschaffungswert abgeschrieben.

a) Wie viele Maschinen können aus den Abschreibungen dieser Periode finanziert werden (Begründung)?

b) Wie setzen sich – unter Beachtung der obigen Angaben – die innen finanzierten Mittel dieser Unternehmung zusammen (Innenfinanzierung)?

c) Kann bei voller Reinvestition der Abschreibungen im vorliegenden Falle auch die Gesamtkapazität erhöht werden? Begründen Sie Ihre Meinung!

d) Wie viele Maschinen könnten in der Periode angeschafft werden, wenn der Gewinn nicht ausgeschüttet, sondern zusätzlich investiert würde?

Vertiefung

7. Ein Industriebetrieb kommt mit einem neuartigen Erzeugnis auf den Markt. Die gute Auftragslage und die anhaltende Branchenkonjunktur verlangen eine fortlaufende Ausdehnung der Produktionskapazität. Der Leiter des Rechnungswesens schlägt dem Unternehmer vor, die durch Eigenfinanzierung beschaffte Erstausstattung von 10 Maschinen zu je 100 000,00 €, Nutzungsdauer 5 Jahre, durch Verwendung der Abschreibungsgegenwerte auszudehnen. Dabei soll jeweils eine neue Maschine beschafft werden, sobald dafür genügend Mittel aus den Abschreibungen zur Verfügung stehen. Der Firmenchef hält diese „Vorwegverwendung" der Abschreibungsrückflüsse für problematisch und sieht darin eine zweckfremde Verwendung der Abschreibungen.

Wie beurteilen Sie die Aussagen des Firmenleiters?

8. Für den Ausbau des Absatzbereiches eines Industriebetriebes, der durch den Einsatz von eigenen Mitarbeitern (Reisenden) intensiviert werden soll, wurden 10 Personenkraftwagen im Anschaffungswert von je 20 000,00 € durch Eigenfinanzierung beschafft.

Die Nutzungsdauer der Pkw ist 4 Jahre, das Abschreibungsverfahren linear. Es wird unterstellt, dass Abschreibungs- und Nutzungsverlauf übereinstimmen. Die Leistungsabgabe beträgt je Fahrzeug während der gesamten Nutzungsdauer 120 000 km (30 000 km im Jahr).

a) Erstellen Sie in einer Tabelle den Verlauf der Finanzierung aus Abschreibungsgegenwerten für 8 Jahre. Beachten Sie, dass die am Ende jeden Jahres freigesetzten Mittel dazu verwendet werden, neue Pkw zu kaufen, sofern der Betrag hierfür ausreicht!

b) Auf wie viele Pkw lässt sich der Pkw-Bestand maximal erweitern, wenn die Voraussetzungen des Ruchti-Effektes gegeben sind?

   Wann ist der Punkt der Substanzerhaltung (Kapazitätskrise) erreicht?

c) Bei welcher Kapazität „stabilisiert" sich die Anzahl der Pkw?

d) Weisen Sie rechnerisch nach, dass in der 1. Nutzungsperiode die Periodenkapazität erweitert, die Gesamtkapazität jedoch unverändert bleibt!

e) Angenommen, der Betrieb hätte die Pkw bilanziell geometrisch-degressiv mit 20 %, kalkulatorisch wie bisher linear abgeschrieben.[1]

   Wie viele Pkw können zu Beginn des 2. Jahres beschafft werden?

   Wie setzt sich die Finanzierung in diesem Falle zusammen?

9. Diskutieren Sie jeweils die Auswirkungen auf den Kapazitätserweiterungseffekt!

   a) Die anfänglich durch Außenfinanzierung beschafften Maschinen sind im Produktionsablauf miteinander verbunden, also nicht teilbar.

   b) Die Wiederbeschaffungskosten der Maschinen steigen fortlaufend von Jahr zu Jahr.

   c) Ein Unternehmen arbeitet ohne Gewinnspanne, kann aber die Abschreibungen voll in den Marktpreisen verrechnen.

   d) Die bilanziellen Abschreibungen übersteigen die kalkulatorischen Abschreibungen.

   e) Ein Unternehmen geht bei der Neuinvestition künftig von der linearen zur degressiven Abschreibungsmethode über.

10. Wie beurteilen Sie die folgenden Aussagen zum Problem der Substanzerhaltung:

    a) Scheingewinne entstehen durch steigende Wiederbeschaffungspreise.

    b) Scheingewinne sind die Wertdifferenz zwischen den Wiederbeschaffungskosten am Tage der Ersatzbeschaffung und den „historischen" Anschaffungswerten.

    c) Substanzverluste entstehen nicht, wenn kalkulatorisch vom höheren Wiederbeschaffungswert abgeschrieben wird.

11. In einer Fabrik, die aufgrund ihrer Marktsituation expandiert, wurden am 02.01.2002 5 Arbeitsplätze mit einer maschinellen Ausstattung, die je Platz 20 000,00 € kostete, in Betrieb genommen. Die betriebliche Nutzungsdauer je Ausstattung wurde aufgrund von Erfahrungen auf 5 Jahre geschätzt. Die Abschreibung wurde kalkulatorisch mit 40 % degressiv durchgeführt. Der Marktpreis gestattet die Unterbringung der Abschreibung in der Kostenrechnung, sodass zu Beginn (02.01.) des Jahres 2003 und der folgenden Jahre immer weitere Arbeitsplätze eingerichtet und in Betrieb genommen werden können.

---

[1] Die degressive Abschreibung ist handelsrechtlich möglich, steuerrechtlich ab 2008 nicht mehr zulässig. Sie wirkt aber aus bestehenden Abschreibungsplänen noch nach.

a) Wie viele Arbeitsplätze sind im Jahre 2006 im Betrieb entstanden?

b) Am 02.01.2007 werden die 5 Erstausstattungen des Jahres 2002 durch 5 neue Ausstattungen, die wiederum je 20 000,00 € kosteten, ersetzt. Der Lieferer nahm die ausgeschiedenen Ausstattungen zum Restwert in Zahlung.

Soweit die Ersatzbeschaffungen nicht durch Abschreibungen zu finanzieren waren, wurde Kredit aufgenommen. Auch entschloss man sich, vorerst nur Ersatzbeschaffungen durchzuführen und neue zusätzliche Arbeitsplätze erst nach Rückzahlung des Kredits einzurichten.

b1) Wie hoch ist der Anfang 2007 aufzunehmende Kredit?
b2) Für welche Zeit wird er beansprucht?
b3) Welche Art von Kredit ist angebracht (Begründung)?

c) Welche Finanzierungsart wurde vornehmlich durch den oben beschriebenen Vorgang gezeigt? Was kann ein Aktionär, was ein Arbeitnehmer gegen oder für diese Art von Finanzierung sagen?

2.9 Investitionsrechnung

2.9.1 Statische Verfahren

2.9.1.1 Kostenvergleichsrechnung

Kontrolle

1. Alternative Investition – Ersatzinvestition – kritische Auslastungsmenge

a) Welche Entscheidung treffen Sie aufgrund des Kostenvergleichs?

	Investitionsgüter	
	A	B
Anschaffungskosten (€)	290 000,00	330 000,00
Nutzungdauer (Jahre)	10	8
Restwert (€)	10 000,00	10 000,00
Zinssatz (%)	11	11
Auslastung (Stück/Jahr)	6 500	6 500
Summe der variablen Betriebskosten (€)	98 000,00	112 000,00
Summe der fixen Kosten – noch ohne Kapitaldienst – (€)	60 000,00	80 000,00

Zu welchem Ergebnis gelangen Sie, wenn das Investitionsgut A nur mit 4 000 Stück/Jahr ausgelastet ist?

b) Begründen Sie aufgrund der folgenden Zahlenaufstellung, ob Sie das alte Investitionsgut weiter nutzen oder sich für ein Ersatzgut entscheiden!

	Investitionsgüter	
	alt	Ersatz
Anschaffungskosten (€)	400 000,00	345 000,00
Nutzungsdauer (Jahre)	8	8
Restwert (€)	18 000,00	13 000,00
Auslastung (Stück/Jahr)	42 000	26 000
Zinsfuß (%)	10	10
Restliche Nutzungsdauer (Jahre)	4	
Resterlöswert:		
Ende 6. Jahr	100 000,00	
Ende 10. Jahr	25 000,00	
Fixe Kosten – noch ohne Beachtung von		
Abschreibungen, Zinsen und Resterlösen – (€)	96 000,00	84 000,00
Variable Kosten (€)	300 000,00	380 000,00

A

c) Auf einer Maschinengruppe werden Autogetriebe bearbeitet. Kostenaufstellungen haben monatliche Fixkosten von 78 000,00 € und variable Stückkosten von 420,00 € ergeben. Eine Handhabungsmaschine (Industrieroboter) führt sämtliche Arbeitsgänge durch und senkt bei monatlichen Fixkosten von 150 000,00 € die variablen Stückkosten auf 240,00 €.

Lösen Sie die folgenden Aufgaben rechnerisch:

ca) Bei welcher Stückzahl (kritische Menge) verursachen beide Anlagen dieselben Kosten?

cb) Wie wirken sich bearbeitete Mengen von 300 bzw. 600 Stück auf die Stückkosten beider Anlagen aus?

cc) Welche allgemeinen Erkenntnisse können Sie aus den Ergebnissen von cb) gewinnen?

2. Erläutern Sie die Begriffe Kapitalkosten, Kapitaldienst, Betriebskosten, kritische Auslastung, Resterlöswert!

3. Beurteilen Sie die Kostenvergleichsrechnung! Für welche Investitionen eignet sie sich?

4. Wann wird die Kostenvergleichsrechnung als Periodenrechnung dargestellt, wann ist ein Vergleich je Leistungseinheit unumgänglich?

5. Welcher Unterschied besteht zwischen der Kostenvergleichsrechnung als Alternativentscheidung und als Ersatzentscheidung?

Vertiefung

6. Ein Investitionsgut mit einer Nutzungsdauer von 10 Jahren ist 6 Jahre genutzt. Die Vergleichsrechnung mit den Daten eines Ersatzinvestitionsgutes ergibt einen Kostenvorteil des gebrauchten Anlagegutes. Ein Angestellter vertritt die Auffassung: „Das Ergebnis der Rechnung hat bewiesen, dass ein Ersatz erst am Ende der Nutzungsdauer zweckmäßig ist." Überprüfen Sie diese Aussage!

7. a) Für geplante Ersatzinvestitionen stehen die folgenden Daten zur Verfügung:

	Berichtsjahr		Folgejahr	
	gebraucht	Ersatz	gebraucht	Ersatz
Anschaffungskosten (€)	250 000,00	320 000,00	250 000,00	290 000,00
Nutzungsdauer (Jahre)	10	10	10	10
Restwert (€)	22 000,00	14 000,00	22 000,00	10 000,00
Auslastung (Stück)	8 000	8 000	7 000	7 000
Zinsfuß (%)	12	12	11	11
Restliche Nutzungsdauer (Jahre):	5		4	
Resterlöse (€):				
Ende 5. Jahr	90 000,00		60 000,00	
Ende 6. Jahr				
Ende 10. Jahr	30 000,00		30 000,00	
sonstige K_f (€)	70 000,00	80 000,00	70 000,00	60 000,00
K_v (€)	196 000,00	180 000,00	175 000,00	150 000,00

Überprüfen Sie für beide Jahre, ob die Ersatzinvestition vorteilhaft ist! Welcher Schluss ergibt sich aus den Vergleichsrechnungen?

b) Die Bearbeitung von Gelenkwellen soll in das Produktionsprogramm aufgenommen werden. Drei Anlagen stehen wahlweise zur Verfügung:

	Anlagen		
	A	B	C
Anschaffungskosten (€)	110 000,00	120 000,00	140 000,00
Nutzungsdauer (Jahre)	6	6	6
Kapazität (Stück)	16 000	16 000	20 000
Restwert (€)	8 000,00	12 000,00	14 000,00
Zinsfuß (%)	12	12	12
K_f, sonstige (€)	66 000,00	70 000,00	80 000,00
K_v (Kapazität ausgenutzt, €)	148 000,00	136 000,00	120 000,00

ba) Welche Anlage ist anzuschaffen, wenn von 15 000 Stück/Periode auszugehen ist?

bb) Berechnen Sie die kritischen Mengen!

bc) Welche Anlage wird gewählt, wenn auf die Dauer nur ein Absatz von 5 000 bzw. 6 000 Stück bzw. 6 500 Stück zu erwarten ist? Begründen Sie die richtige Auswahl anhand der unter b) berechneten kritischen Mengen!

8. In einem Industriebetrieb soll eine verbesserte Laser-Blechschneidemaschine die bisherige Maschine ersetzen. Die zurechtgeschnittenen Blechteile werden nach weiterer Be- und Verarbeitung in das Fertigprodukt eingebaut. Zwei Blechschneidemaschinen sind angeboten. Als Kostenvorteil für die Maschine CO 17 haben sich je Periode (Jahr) 92 600,00 € ergeben. Untersuchen Sie die Aussage: „In diesem Falle haben wir uns voll am Kostenvorteil orientiert, um die Erträge brauchen wir uns nicht zu kümmern."

9. Für die Investitionsgüter A und B haben Kostenanalysen ergeben:

	A	B
K_f (€)	250 000,00	300 000,00
k_v (€)	33,00	28,00

Stellen Sie die kritische Auslastungsmenge rechnerisch und grafisch fest! Wie hoch sind bei dieser Auslastung die Gesamt- und die Stückkosten?

10. Welche quantifizierbaren Zielgrößen sind bei den einzelnen statischen Verfahren für die Entscheidung bedeutsam?

Welche Ziele konkurrieren in hohem Maße mit den rein ökonomischen Zielgrößen?

2.9.1.2 Gewinnvergleichsrechnung

Kontrolle

1. Vorausberechnungen lassen für alternative Investitionsgüter die folgenden Daten erwarten:

	Investitionsgüter	
	A	B
Erlöse (€)	240 000,00	320 000,00
Kosten (€)	160 000,00	220 000,00
möglicher Absatz (Stück)	640	825

Führen Sie die Gewinnvergleichsrechnung für die Periode und je Stück durch!

2. Die kritischen Mengen und die Nutzenschwellen zweier Investitionsgüter A und B sind rechnerisch und grafisch festzustellen. Wählen Sie in der Grafik den geeigneten Maßstab!

	A	B
Stückerlös (€	200,00	250,00
k_v (€)	120,00	130,00
K_f der Abrechnungsperiode (€)	150 000,00	180 000,00

3. Beschreiben Sie das Wesen der Gewinnvergleichsrechnung, auch im Vergleich mit der Kostenvergleichsrechnung, und erläutern Sie ihre Vor- und Nachteile!

Vertiefung

4. Erläutern Sie, wie der optimale Ersatzzeitpunkt durch eine Gewinnvergleichsrechnung gefunden werden kann!

5. Auf einer Stanzmaschine wird ein Blechteil hergestellt, der je Stück einen Erlös von 0,50 € erbringt. Die Maschine ist abgeschrieben, eine Ersatzinvestition ist geplant.

Die erzeugnisfixen Kosten[1] der alten Maschine sind mit 250,00 € angesetzt, bei der neuen Maschine ist mit 500,00 € zu rechnen. Dafür sind die variablen Kosten auf der neuen Maschine mit 0,29 € je Stück um 0,08 € günstiger.

a) Von welcher Menge an lohnt sich die neue Maschine?

b) Wie hoch ist der Break-even-Point beider Maschinen?

c) Stellen Sie Übergang und Break-even-Point in einem Diagramm dar!

---

[1] Teil der gesamten Fixkosten eines Anlagegutes, der für die Erzeugung eines bestimmten Produktes anzurechnen ist (auch als „artikelfixe Kosten" bezeichnet).

d) Wie viel € trägt die Erzeugung des Blechteils zum Betriebsergebnis bei, wenn 8 000 Stück erzeugt und abgesetzt werden können und ab 5 000 Stück weitere 200,00 € fixe Kosten (Werbeaktionen) auftreten?

Vergleichen Sie die alte mit der neuen Maschine!

6. Ein Industriebetrieb will freie Kapazitäten durch Lohnaufträge nutzen. Der gewünschte Bearbeitungsvorgang kann wahlweise auf zwei angebotenen Anlagen ausgeführt werden. Ein Erlös von 250,00 € je Stück wurde vereinbart. Die folgenden Zahlenangaben für ein Quartal sollen die richtige Entscheidung ermöglichen.

	Anlage I	Anlage II
Fixe Kosten (€)	80 000,00	110 000,00
Variable Kosten je Stück (€)	110,00	60,00
Kapazität (Stück)	700	1 100

a) Führen Sie eine Gewinnvergleichsrechnung durch! Gehen Sie dabei von einer Nachfrage von 560 Stück bzw. von 800 Stück aus!

b) Bestimmen Sie die kritische Menge nach der Gewinnvergleichs- und nach der Kostenvergleichsrechnung! Kommentieren Sie das Ergebnis!

7. Der Ersatz eines Anlagegutes ist geplant. Als Entscheidungsgrundlage liegt die folgende Tabelle vor:

	gebrauchte Anlage	Ersatzanlage
Anschaffungskosten (€)	800 000,00	900 000,00
Kapazität/Periode (Stück)	5 000	6 000
Nutzungsdauer (Jahre)	10	10
Stückerlös (€)	80,00	90,00
fixe Kosten (€) insgesamt	100 000,00	140 000,00
variable Kosten (€)	280 000,00	240 000,00

Beide Anlagen erzeugen den gleichen Artikel, auf der Ersatzanlage jedoch in deutlich höherer Qualität, daher der Preisunterschied.

a) Die Zahlen der Gegenüberstellung gelten bei voller Ausnutzung der Kapazität. Wie entscheiden Sie sich in diesem Falle, wie, wenn nur 3 000 Stück nachgefragt werden?

b) Berechnen Sie die kritischen Mengen nach der Kosten- und der Gewinnvergleichsverrechnung sowie die Break-even-Points!

8. a) In welchen Fällen kann der auf ein Investitionsgut entfallende Gewinn exakt festgestellt werden?

b) Wann führt bei Alternativinvestitionen die Kostenvergleichsrechnung und die Gewinnvergleichsrechnung zum gleichen Ergebnis?

2.9.1.3 Rentabilitätsvergleichsrechnung

Kontrolle

1. Welche der beiden folgenden Anlagen bringt die höhere Rentabilität? Vergleichen Sie auch mit dem (banküblichen) Zinssatz!

	A	B
Anschaffungskosten (€)	160 000,00	144 000,00
Nutzungsdauer (Jahre)	8	6
Zinssatz, banküblich, %	11	11
Auslastung (Stück)	1 200	1 200
Liquidationserlös (zu erwarten, €)	10 000,00	5 000,00
fixe Kosten (noch ohne Abschreibung, €)	30 000,00	32 000,00
variable Kosten (€)	76 000,00	56 000,00
Erlöse (€)	132 750,00	125 700,00

2. Der geplante Ersatz einer Anlage soll unter Rentabilitätsgesichtspunkten überprüft werden, wobei die Rentabilität der Ersatzanlage nicht unter 25 % liegen soll. Die Anschaffungskosten der neuen Anlage betragen 540 000,00 €, der mögliche Resterlös 40 000,00 €. Jährliche Kosten der gebrauchten Anlage 600 000,00 €, der Ersatzanlage 537 500,00 €.

3. Beschreiben Sie das Wesen der Rentabilitätsvergleichsrechnung! Nehmen Sie dabei auch zu den Vor- und Nachteilen Stellung!

4. Welche wesentlichen Unterschiede erkennen Sie zur Kosten- bzw. Gewinnvergleichsrechnung?

5. Welche Rolle spielen die kalkulatorischen Zinsen in der Rentabilitätsvergleichsrechnung? Begründen Sie Ihre Auffassung!

Vertiefung

6. Wie überbrücken Sie deutliche Unterschiede in den Anschaffungskosten und den Nutzungszeiten, wenn Sie die Auswahl unter zwei Investitionsgütern haben?

7. Die folgende Gegenüberstellung soll Entscheidungsgrundlage für eine Investition sein.

	Investitionsgüter	
	A	B
Anschaffungskosten (€)	300 000,00	180 000,00
Nutzungsdauer (Jahre)	8	5
Erlöse (€)	260 000,00	179 000,00
Kosten (€)	220 000,00	157 000,00

Die Differenz der Anschaffungskosten könnte laut Schätzung mit 12 000,00 € zum Gewinn beitragen. Welche Entscheidung (rechnerische Begründung) treffen Sie?

8. Die Rentabilitätsvergleichsrechnung für eine Anlage, die im Auftrag einer Automobilfabrik Nockenwellen herstellen soll, hat eine Verzinsung von 20 % ergeben. Alternativ kann eine Anlage erworben werden, für die folgende Gewinnvergleichsrechnung vorliegt:

Anschaffungskosten (€)	1 250 000,00
Restwert (€)	50 000,00
Beschäftigungsgrad 80 % (Stück)	80 000
Zinssatz (kalkulatorischer, %)	12
Kosten (€)	470 000,00
Erlöse (€)	560 000,00
Gewinn (€)	90 000,00

Stellen Sie diese Rechnung auf die Rentabilitätsvergleichsrechnung um (Begründung). Wie entscheiden Sie sich?

2.9.1.4 Amortisationsvergleichsrechnung

1. Berechnen Sie aufgrund der folgenden Angaben a) und b) die jeweiligen Amortisationszeiten! Nehmen Sie dazu Stellung!

a)

	Alternative Investitionsgüter	
	A	**B**
Anschaffungskosten (€)	735 000,00	610 000,00
Nutzungsdauer (Jahre)	10	8
Restwert (€)	15 000,00	10 000,00
Gewinn/Jahr (€)	130 000,00	110 000,00

Die Geschäftsleitung hat als maximale Amortisationszeit vier Jahre festgesetzt.

b) Eine Ersatzinvestition ist geplant. Die Anschaffungskosten belaufen sich auf 420 000,00 €, die Nutzungsdauer auf sechs Jahre und der Restwert auf 30 000,00 €. Die jährliche Kostenersparnis ist mit 60 000,00 € eingeschätzt worden. Die Finanzierung wird im Durchschnitt Jahreszinsen von 28 000,00 € verursachen, einkalkuliert werden 48 000,00 € Zinsen.

2. Beschreiben Sie das Wesen der Amortisationsvergleichsrechnung! Nennen und begründen Sie Ihre Vor- und Nachteile!

3. Welcher Unterschied besteht zwischen Amortisationsvergleichsrechnung und der „Finanzierung aus Abschreibungsrückflüssen" (vgl. Abschnitt 2.8)?

4. Inwiefern verbessert sich die Aussagekraft der Amortisationsvergleichsrechnung, wenn von einer „Durchschnitts- bzw. Repräsentativperiode" ausgegangen wird?

Vertiefung

5. a) Für die Herstellung eines innovativen Artikels besteht die Auswahl unter 2 Produktionsanlagen, die bei einer Nutzungsdauer von jeweils 6 Jahren zum Preis von 180 000,00 € bzw. 140 000,00 € angeboten werden. Es werden zunächst niedrige, dann steigende und schließlich wieder fallende Rückflüsse erwartet. Die entsprechenden Schätzwerte sind in Tabellen zusammengestellt worden:

Jahre	Produktionsanlagen	
	A (€)	B (€)
1.	30 000,00	20 000,00
2.	50 000,00	45 000,00
3.	80 000,00	70 000,00
4.	40 000,00	32 000,00
5.	20 000,00	15 000,00
6.	20 000,00	15 000,00

Versuchen Sie, die Amortisationszeit möglichst genau in Monaten zu bestimmen!

b) Nennen Sie Gründe für die schwankende Höhe der Rückflüsse!

c) Welche Amortisationszeiten würden sich bei der Durchschnittsrechnung ergeben?

6. Welche Problematik ergibt sich, wenn Unternehmungen Höchstzeiten für die Amortisation festlegen?

7. Welche der vorausgehenden Vergleichsrechnungen kann als besonders vorteilhafte Ergänzung der Amortisationsvergleichsrechnung angesehen werden?

8. Bei gleich hohen Erlösen hat eine Ersatzanlage gegenüber der gebrauchten Anlage durchschnittlich einen jährlichen Kostenvorteil von 30 000,00 €. Die Ersatzanlage kann zum Preis von 260 000,00 € angeschafft werden, ihr Resterlös liegt erfahrungsgemäß bei 10 % der Anschaffungskosten, die Nutzungsdauer beträgt acht Jahre, die Amortisationszeit soll 3,5 Jahre nicht überschreiten. Überprüfen Sie, ob die Bedingung für einen Kauf erfüllt ist!

9. In einer Metallwarenfabrik soll eine Maschine durch eine neue wirtschaftlichere mit einer höheren Fertigungskapazität ersetzt werden.

a) Um welche Investitionsarten handelt es sich im vorliegenden Falle, wen Sie von den Investitionszielen ausgehen?

b) Nach einer Vorauswahl von Angeboten verschiedener Hersteller stehen noch zwei alternative Maschinen zur Wahl. Von den Investitionsgütern sind folgende Planungsdaten bekannt:

	Investitionsgut A	Investitionsgut B
Anschaffungskosten (€)	1 400 000,00	2 200 000,00
Nutzungsdauer (Jahre)	10	10
Auslastungsmenge (Stück/Jahr) (= Absatzmenge)	8 000	8 000
Gesamte Stückkosten (k) einschließlich kalkulatorische Zinsen (€/Stück)	240,00	180,00
Stückerlös (unterschiedliche Qualitäten, €/Stück)	300,00	250,00
Kalkulatorischer Zins (%)	12	12

Für welche Maschine entscheiden Sie sich, wenn Sie die folgenden Investitionsverfahren anwenden (Restwerterlöse bleiben unberücksichtigt):

(1) Kostenvergleichsrechnung

(2) Gewinnvergleichsrechnung

(3) Rentabilitätsrechnung

(4) Amortisationsrechnung

Begründen Sie Ihre Entscheidung anhand der errechneten Ergebnisse.

c) Welche anderen, nicht quantitativen Zielkriterien sind bei den Investitionsentscheidungen mit zu berücksichtigen?

d) Wie unterscheiden sich statische und dynamische Verfahren der Investitionsrechnung grundsätzlich?

2.9.2 Dynamische Verfahren

Kontrolle

Ermittlung von Endwert und Barwert (siehe Tabelle in Band 1 auf den Seiten 387 bis 396).

1. Eine Einzahlung von 50 000,00 € (K_0) wird heute erbracht. Wie hoch ist K_n bei 8 % Zinsen in fünf Jahren?

2. Eine Auszahlung von 50 000,00 € (K_n) ist in fünf Jahren fällig. Was wäre heute auszuzahlen (K_0), damit in fünf Jahren bei 8 % Zinsen 50 000,00 € erreicht werden?

Auf- und Abzinsungen bei mehrmaligen Zahlungen

3. Erläutern Sie die Begriffe Barwert und Endwert!

4. Beschreiben Sie den Unterschied zwischen der statischen und der dynamischen Investitionsrechnung mit Blickrichtung auf die Begriffe
   - Kosten und Erträge,
   - Ausgaben und Einnahmen.

5. Inwieweit werden bei der dynamischen Investitionsrechnung alle Nutzungsperioden beachtet?

6. Ermitteln Sie die Endwerte!

   a) *Einmalige Zahlung:* Ein Darlehen von 160 000,00 € wird zum Zinssatz 10 % acht Jahre zur Verfügung gestellt. Wie viel € sind einschließlich Zinseszinsen am Ende der Laufzeit zurückzuzahlen?

   b) *Mehrfache gleich große Zahlungen:* Anlage auf das Ende jedes Jahres 15 000,00 €. Über welchen Betrag einschließlich 12 % Zinseszinsen kann am Ende des zehnten Jahres verfügt werden?

7. Ermitteln Sie die Barwerte!

   a) *Einmalige Zahlung:* Eine Auszahlung von 250 000,00 € ist in sieben Jahren fällig. Was wäre heute auszuzahlen, wenn ein Zinssatz von 9 % zugrunde gelegt wird?

   b) *Mehrfache gleich große Zahlungen:* Eine Lagerhalle ist für acht Jahre gegen einen Jahresbetrag von 24 000,00 € gemietet. Wie viel ist zu zahlen, wenn zu Beginn des Mietverhältnisses auf einmal bezahlt wird? Zinssatz 11 %.

Finanzmathematische Basisformeln (Zinsätze 5 %–14,5 %)

- Formelanhang (n von 1–20 Jahre; p von 5,0–14,5 %)

Beachten Sie: $q = 1 + i$; $q - 1 = i$

q^n	$(1 + i)^n$	Aufzinsungsfaktor
$\dfrac{1}{q^n}$	$\dfrac{1}{(1 + i)^n}$	Abzinsungsfaktor
$\dfrac{q - 1}{q^n - 1}$	$\dfrac{i}{(1 + i)^n - 1}$	Restwertverteilungsfaktor
$\dfrac{q^n(q - 1)}{q^n - 1}$	$\dfrac{i(1 + i)^n}{(1 + i)^n - 1}$	Kapitalwiedergewinnungsfaktor (= Annuitätenfaktor bzw. Verrechnungsfaktor)
$\dfrac{q^n - 1}{q - 1}$	$\dfrac{(1 + i)^n - 1}{i}$	Endwertfaktor
$\dfrac{q^n - 1}{q^n(q - 1)}$	$\dfrac{(1 + i)^n - 1}{i(1 + i)^n}$	Barwertfaktor[1] (= Abzinsungssummenfaktor)

5,0 % n	q^n	$\dfrac{1}{q^n}$	$\dfrac{q - 1}{q^n - 1}$	$\dfrac{q^n(q - 1)}{q^n - 1}$	$\dfrac{q^n - 1}{q - 1}$	$\dfrac{q^n - 1}{q^n(q - 1)}$
1	1,050000	0,952381	1,000000	1,050000	1,1000000	0,952381
2	1,102500	0,907029	0,487805	0,537805	2,050000	1,859410
3	1,157625	0,863838	0,317209	0,367209	3,152500	2,723248
4	1,215506	0,822702	0, 232012	0,282012	4,310125	3,545951
5	1,276282	0,783526	0,180975	0,230975	5,525631	4,329477
6	1,340096	0,746215	0,147018	0,197017	6,801913	5,075692
7	1,407100	0,710681	0,122820	0,172820	8,142008	5,786373
8	1,477455	0,676839	0,104722	0,154722	9,549109	6,463213
9	1,551328	0,644609	0,090690	0,140690	11,026564	7,107822
10	1,628895	0,613913	0,079505	0,129505	12,577893	7,721735
11	1,710339	0,584679	0,070389	0,120389	14,206787	8,306414
12	1,795856	0,556837	0,062825	0,112825	15,917127	8,863252
13	1,885649	0,530321	0,056456	0,106456	17,712983	9,393573
14	1,979932	0,505068	0,051024	0,101024	19,598632	9,898641
15	2,078928	0,481017	0,046342	0,096342	21,578564	10,379658
16	2,182875	0,458112	0,042270	0,092270	23,657492	10,837770
17	2,292018	0,436297	0,038699	0,088699	25,840366	11,274066
18	2,406619	0,415521	0,035546	0,085546	28,132385	11,689587
19	2,526950	0,395734	0,032745	0,082745	30,539004	12,085321
20	2,653298	0,376889	0,030243	0,080243	33,065954	12,462210

A

[1] Auch Diskontierungssummenfaktor, Kapitalisierungsfaktor genannt.

5,5 %	q^n	$\dfrac{1}{q^n}$	$\dfrac{q-1}{q^n-1}$	$\dfrac{q^n(q-1)}{q^n-1}$	$\dfrac{q^n-1}{q-1}$	$\dfrac{q^n-1}{q^n(q-1)}$
n						
1	1,055000	0,947867	1,000000	1,055000	1,000000	0,947867
2	1,113025	0,898452	0,486618	0,541618	2,055000	1,846320
3	1,174241	0,851614	0,315654	0,370654	3,168025	2,697933
4	1,238825	0,807217	0,230295	0,285294	4,342266	3,505150
5	1,306960	0,765134	0,179176	0,234176	5,381091	4,270284
6	1,378843	0,725246	0,145179	0,200179	6,888051	4,995530
7	1,454679	0,687437	0,120964	0,175964	8,266894	5,682967
8	1,534687	0,651599	0,102864	0,157864	9,721573	6,334566
9	1,619094	0,617629	0,088840	0,143839	11,256260	6,952195
10	1,708144	0,585431	0,077668	0.132668	12,875354	7,537626
11	1,802092	0,554911	0,068571	0,123571	14,583498	8,092536
12	1,901207	0,525982	0,061029	0,116029	16,385591	8,618518
13	2,005774	0,498561	0,054684	0,109684	18,286798	9,117079
14	2,116091	0,472569	0,049279	0,104279	20,292572	9,589648
15	2,232476	0,447933	0,044626	0,099626	22,408663	10,037581
16	2,355263	0,424581	0,040583	0,095583	24,641140	10,462162
17	2,484802	0,402447	0,037042	0,092042	26,996403	10,864609
18	2,621466	0,381466	0,033920	0,088920	29,481205	11,246074
19	2,765647	0,361579	0,031150	0,086150	32,102671	11,607654
20	2,917757	0,342729	0,028679	0,083679	34,868318	11,950382

6,0 %	q^n	$\dfrac{1}{q^n}$	$\dfrac{q-1}{q^n-1}$	$\dfrac{q^n(q-1)}{q^n-1}$	$\dfrac{q^n-1}{q-1}$	$\dfrac{q^n-1}{q^n(q-1)}$
n						
1	1,060000	0,943396	1,000000	1,060000	1,000000	0,943396
2	1,123600	0,889996	0,485437	0,545437	2,060000	1,833393
3	1,191016	0,839619	0,314110	0,374110	3,183600	2,673012
4	1,262477	0,792094	0,228592	0,288591	4,374616	3,465106
5	1,338226	0,747258	0,177396	0,237396	5,637093	4,212364
6	1,418519	0,704961	0,143363	0,203363	6,975319	4,917324
7	1,503630	0,665057	0,119135	0,179135	8,393838	5,582381
8	1,593848	0,627412	0,101036	0,161036	9,897468	6,209794
9	1,689479	0,591898	0,087022	0,147022	11,491316	6,801692
10	1,790848	0,558395	0,075868	0,135868	13,180795	7,360087
11	1,898299	0,526788	0,066793	0,126793	14,971643	7,886875
12	2,012196	0,496969	0,059277	0,119277	16,869941	8,383844
13	2,132928	0,468839	0,052960	0,112960	18,882138	8,852683
14	2,260904	0,442301	0,047585	0,107585	21,015666	9,294984
15	2,396558	0,417265	0,042963	0,102963	23,275970	9,712249
16	2,540352	0,393646	0,038952	0,098952	25,672528	10,105895
17	2,692773	0,371364	0,035445	0,095445	28,212880	10,477260
18	2,854339	0,350344	0,032357	0,092357	30,905653	10,827603
19	3,025600	0,330513	0,029621	0,089621	33,759992	11,158116
20	3,207135	0,311805	0,027185	0,087185	36,785591	11,469921

6,5 % n	q^n	$\dfrac{1}{q^n}$	$\dfrac{q-1}{q^n-1}$	$\dfrac{q^n(q-1)}{q^n-1}$	$\dfrac{q^n-1}{q-1}$	$\dfrac{q^n-1}{q^n(q-1)}$
1	1,065000	0,938967	1,000000	1,065000	1,000000	0,938967
2	1,134225	0,881659	0,484262	0,549262	2,065000	1,820626
3	1,207950	0,827849	0,312576	0,377576	3,199225	2,648476
4	1,286466	0,777323	0,226903	0,291903	4,407175	3,425799
5	1,370087	0,729881	0,173635	0,240635	5,693641	4,155679
6	1,459142	0,685334	0,141568	0,206568	7,063728	4,841014
7	1,553987	0,643506	0,117331	0,182331	8,522870	5,484520
8	1,654996	0,604231	0,099237	0,164237	10,076856	6,088751
9	1,762570	0,567353	0,085238	0,150238	11,731852	6,656104
10	1,877137	0,532726	0,074105	0,139105	13,494423	7,188830
11	1,999151	0,500212	0,065055	0,130055	15,371560	7,689042
12	2,129096	0,469683	0,057568	0,122568	17,370711	8,158725
13	2,267487	0,441017	0,051283	0,116283	19,499808	8,599742
14	2,414874	0,414100	0,045941	0,110940	21,767295	9,013842
15	2,571841	0,388827	0,041353	0,106353	24,182169	9,402669
16	2,739011	0,365095	0,037378	0,102378	26,754010	9,767764
17	2,917046	0,342813	0,033906	0,098906	29,493021	10,117577
18	3,106644	0,321890	0,030855	0,095855	32,410067	10,432466
19	3,308587	0,302244	0,028156	0,093156	35,516722	10,734710
20	3,523645	0,283797	0,025756	0,090756	38,825309	11,018507

7,0 % n	q^n	$\dfrac{1}{q^n}$	$\dfrac{q-1}{q^n-1}$	$\dfrac{q^n(q-1)}{q^n-1}$	$\dfrac{q^n-1}{q-1}$	$\dfrac{q^n-1}{q^n(q-1)}$
1	1,070000	0,934579	1,000000	1,070000	1,000000	0,934579
2	1,144900	0,873439	0,483092	0,553092	2,070000	1,808018
3	1,225043	0,816298	0,311052	0,381052	3,214900	2,624316
4	1,310796	0,762895	0,225228	0,295228	4,439943	3,387211
5	1,402552	0,712986	0,173891	0,243891	5,750739	4,100197
6	1,500730	0,666342	0,139796	0,209796	7,153291	4,766540
7	1,605781	0,622750	0,115533	0,185553	8,654021	5,389289
8	1,718186	0,582009	0,097468	0,167468	10,259803	5,971299
9	1,838459	0,543934	0,083487	0,153486	11,977989	6,515232
10	1,967151	0,508349	0,072378	0,142378	13,816448	7,023582
11	2,104852	0,475093	0,063357	0,133357	15,783599	7,498674
12	2,252192	0,444012	0,055902	0,125902	17,888451	7,942686
13	2,409845	0,414964	0,049651	0,119651	20,140643	8,357651
14	2,578534	0,387817	0,044345	0,114345	22,550488	8,745468
15	2,759032	0,362446	0,039785	0,109795	25,129022	9,107914
16	2,952164	0,338735	0,035858	0,105858	27,888054	9,446649
17	3,158815	0,316574	0,032425	0,102425	30,840217	9,763223
18	3,379932	0,295864	0,029413	0,099413	33,999033	10,059087
19	3,616528	0,276508	0,026753	0,096753	375378965	10,335595
20	3,869684	0,258419	0,024393	0,094393	40,995492	10,594014

A

7,5 % n	q^n	$\dfrac{1}{q^n}$	$\dfrac{q-1}{q^n-1}$	$\dfrac{q^n(q-1)}{q^n-1}$	$\dfrac{q^n-1}{q-1}$	$\dfrac{q^n-1}{q^n(q-1)}$
1	1,075000	0,930233	1,000000	1,075000	1,000000	0,930233
2	1,155625	0,865333	0,481928	0,556928	2,075000	1,795565
3	1,242297	0,804961	0,309538	0,384538	3,230625	2,600526
4	1,335469	0,748801	0,223568	0,298568	4,472922	3,349326
5	1,435629	0,696559	0,172165	0,247165	5,808391	4,045885
6	1,543302	0,647962	0,138045	0,213045	7,244020	4,693846
7	1,659049	0,602755	0,113800	0,188800	8,787322	5,296601
8	1,783478	0,560702	0,095727	0,170727	10,446371	5,857304
9	1,917239	0,521583	0,081767	0,156767	12,229849	6,378887
10	2,061032	0,485194	0,070686	0,145686	14,147087	6,864081
11	2,215609	0,451343	0,061698	0,138897	16,208119	7,315424
12	2,381780	0,419854	0,054278	0,129278	18,423728	7,735278
13	2,560413	0,395562	0,048064	0,123064	20,805508	8,125840
14	2,752444	0,363313	0,042797	0,117797	23,365921	8,489154
15	2,958877	0,337966	0,038287	0,113287	26,118365	8,827120
16	3,180793	0,314387	0,034391	0,109391	29,077242	9,141507
17	3,419353	0,292453	0,031000	0,106000	32,258035	9,433960
18	3,675804	0,272049	0,028029	0,103029	35,677388	9,706009
19	3,951489	0,253069	0,025411	0,100411	39,353192	9,959078
20	4,247851	0,235413	0,023092	0,098092	43,304681	10,194491

8,0 % n	q^n	$\dfrac{1}{q^n}$	$\dfrac{q-1}{q^n-1}$	$\dfrac{q^n(q-1)}{q^n-1}$	$\dfrac{q^n-1}{q-1}$	$\dfrac{q^n-1}{q^n(q-1)}$
1	1,080000	0,925926	1,000000	1,080000	1,000000	0,925926
2	1,116400	0,857339	0,480769	0,560769	2,080000	1,783265
3	1,259712	0,793832	0,308034	0,388034	3,246400	2,577097
4	1,360489	0,735030	0,221921	0,301921	4,506112	3,312127
5	1,469328	0,680583	0,170457	0,250456	5,866601	3,992710
6	1,586874	0,630170	0,136315	0,216315	7,335929	4,622880
7	1,713824	0,583490	0,112072	0,192072	8,922803	5,206370
8	1,850930	0,540269	0,094015	0,174015	10,636628	5,746639
9	1,999005	0,500249	0,080080	0,160080	12,487558	6,246888
10	2,158925	0,463193	0,069030	0,149029	14,486562	6,710081
11	2,331639	0,428883	0,060076	0,140076	16,645487	7,138964
12	2,518170	0,397114	0,052695	0,132695	18,977126	7,536078
13	2,719624	0,367698	0,046522	0,126522	21,495297	7,903776
14	2,937194	0,340461	0,041297	0,121297	24,214920	8,244237
15	3,172169	0,315242	0,036830	0,116830	27,152114	8,559479
16	3,425943	0,291890	0,032977	0,112977	30,324283	8,851369
17	3,700018	0,270269	0,029629	0,109629	33,750226	9,121638
18	3,996019	0,250249	0,026702	0,106702	37,450244	9,371887
19	4,315701	0,231712	0,024128	0,104128	41,446263	9,603599
20	4,660957	0,214548	0,021852	0,101852	45,761964	9,818147

8,5 % n	q^n	$\dfrac{1}{q^n}$	$\dfrac{q-1}{q^n-1}$	$\dfrac{q^n(q-1)}{q^n-1}$	$\dfrac{q^n-1}{q-1}$	$\dfrac{q^n-1}{q^n(q-1)}$
1	1,085000	0,921659	1,000000	1,085000	1,000000	0,921659
2	1,177225	0,849455	0,479616	0,564616	2,085000	1,771114
3	1,277289	0,782908	0,306539	0,391539	3,262225	2,554022
4	1,385859	0,721574	0,220288	0,305288	4,539514	3,275597
5	1,503657	0,665045	0,168766	0,253766	5,925373	3,940642
6	1,631468	0,612945	0,134607	0,219607	7,429030	4,553587
7	1,770142	0,564926	0,110369	0,195369	9,060497	5,118514
8	1,920604	0,520669	0,092331	0,177331	10,830639	5,639183
9	2,083856	0,479880	0,078424	0,163424	12,751244	6,119063
10	2,260983	0,442285	0,067408	0,152408	14,835099	6,561348
11	2,453167	0,407636	0,058493	0,143493	17,096083	6,968984
12	2,661686	0,375702	0,051153	0,136153	19,549250	7,344686
13	2,887930	0,346269	0,045023	0,130023	22,210936	7,690955
14	3,133404	0,319142	0,039842	0,124842	25,098866	8,010097
15	3,399743	0,294140	0,035421	0,120420	28,232269	8,304237
16	3,688721	0,271097	0,031614	0,116614	31,632012	8,575333
17	4,002262	0,249859	0,028312	0,113312	35,320733	8,825192
18	4,342455	0,230285	0,025430	0,110430	39,322995	9,055476
19	4,711563	0,212244	0,022901	0,107901	43,665450	9,267720
20	5,112046	0,195616	0,020671	0,105671	48,377013	9,463337

9,0 % n	q^n	$\dfrac{1}{q^n}$	$\dfrac{q-1}{q^n-1}$	$\dfrac{q^n(q-1)}{q^n-1}$	$\dfrac{q^n-1}{q-1}$	$\dfrac{q^n-1}{q^n(q-1)}$
1	1,090000	0,917431	1,000000	1,090000	1,000000	0,917431
2	1,188100	0,841680	0,478469	0,568469	2,090000	1,759111
3	1,295029	0,772183	0,305055	0,395055	3,278100	2,531295
4	1,411582	0,708425	0,218669	0,308669	4,573129	3,239720
5	1,538624	0,649931	0,167093	0,257092	5,984711	3,889651
6	1,677100	0,596267	0,132920	0,222920	7,523335	4,485919
7	1,828039	0,547034	0,108691	0,198691	9,200435	5,032953
8	1,992563	0,501866	0,090674	0,180674	11,028474	5,534819
9	2,171893	0,460428	0,076799	0,166799	13,021036	5,995247
10	2,367364	0,422411	0,065820	0,155820	15,192930	6,417658
11	2,580426	0,387533	0,056947	0,146947	17,560293	6,805191
12	2,812665	0,355535	0,049651	0,139651	20,140720	7,160725
13	3,065805	0,326179	0,043567	0,133567	22,953385	7,486904
14	3,341727	0,299246	0,038433	0,128433	26,019189	7,786150
15	3,642482	0,274538	0,034059	0,124059	29,360916	8,060688
16	3,970306	0,251870	0,030300	0,120300	33,003399	8,312558
17	4,327633	0,231073	0,027046	0,117046	36,973705	8,543631
18	4,717120	0,211994	0,024212	0,114212	41,301338	8,755625
19	5,141661	0,194490	0,021730	0,111730	46,018458	8,950115
20	5,604411	0,178431	0,019546	0,109546	51,160120	9,128546

A

9,5 % n	q^n	$\dfrac{1}{q^n}$	$\dfrac{q-1}{q^n-1}$	$\dfrac{q^n(q-1)}{q^n-1}$	$\dfrac{q^n-1}{q-1}$	$\dfrac{q^n-1}{q^n(q-1)}$
1	1,095000	0,913242	1,000000	1,095000	1,000000	0,913242
2	1,199025	0,834011	0,477327	0,572327	2,095000	1,747253
3	1,312932	0,761654	0,303580	0,398580	3,294025	2,508907
4	1,437661	0,695574	0,217063	0,312063	4,606957	3,204481
5	1,574239	0,635228	0,165436	0,260436	6,044618	3,839709
6	1,723791	0,580117	0,131253	0,226253	7,618857	4,419825
7	1,887552	0,529787	0,107036	0,202036	9,342648	4,949612
8	2,066869	0,483824	0,089046	0,184046	11,230200	5,433436
9	2,263222	0,441848	0,075205	0,170205	13,297069	5,875284
10	2,478228	0,403514	0,064266	0,159266	15,560291	6,278798
11	2,713659	0,368506	0,055437	0,150437	18,038518	6,647304
12	2,971457	0,336535	0,048188	0,143188	20,752178	6,983839
13	3,253745	0,307338	0,042152	0,137152	23,723634	7,291178
14	3,562851	0,280674	0,037068	0,132068	26,977380	7,571852
15	3,901322	0,256323	0,032744	0,127744	30,540231	7,828175
16	4,271948	0,234085	0,029035	0,124035	34,441553	8,062260
17	4,677783	0,213777	0,025831	0,120831	38,713500	8,276037
18	5,122172	0,195230	0,023046	0,118046	43,391283	8,471266
19	5,608778	0,178292	0,020613	0,115613	48,513454	8,649558
20	6,141612	0,162824	0,018477	0,113477	54,122233	8,812382

10,0 % n	q^n	$\dfrac{1}{q^n}$	$\dfrac{q-1}{q^n-1}$	$\dfrac{q^n(q-1)}{q^n-1}$	$\dfrac{q^n-1}{q-1}$	$\dfrac{q^n-1}{q^n(q-1)}$
1	1,100000	0,909091	1,000000	1,100000	1,000000	0,909091
2	1,210000	0,826446	0,476191	0,576190	2,100000	1,735537
3	1,331000	0,751315	0,302115	0,402115	3,310000	2,486852
4	1,464100	0,683013	0,215471	0,315471	4,641000	3,169865
5	1,610510	0,620921	0,163798	0,263797	6,105100	3,790787
6	1,771561	0,564474	0,129607	0,229607	7,715610	4,355261
7	1,948717	0,513158	0,105406	0,205405	9,487171	4,868419
8	2,143589	0,466507	0,087444	0,187444	11,435888	5,334926
9	2,357948	0,424098	0,073641	0,173641	13,579477	5,759024
10	2,593742	0,385543	0,062745	0,162745	15,937425	6,144567
11	2,853117	0,350494	0,053963	0,153963	18,531167	6,495061
12	3,138428	0,318631	0,046763	0,146763	21,384284	6,813692
13	3,452271	0,289664	0,040779	0,140779	24,522712	7,103356
14	3,797498	0,263331	0,035746	0,135746	27,974983	7,366687
15	4,177248	0,239392	0,031474	0,131474	31,772482	7,606080
16	4,594973	0,217629	0,027817	0,127817	35,949730	7,823709
17	5,054470	0,197845	0,024664	0,124664	40,544703	8,021553
18	5,559917	0,179859	0,021930	0,121930	45,599173	8,201412
19	6,115909	0,163508	0,019547	0,119547	51,159090	8,364920
20	6,727500	0,148644	0,017460	0,117460	57,274999	8,513564

10,5 % n	q^n	$\dfrac{1}{q^n}$	$\dfrac{q-1}{q^n-1}$	$\dfrac{q^n(q-1)}{q^n-1}$	$\dfrac{q^n-1}{q-1}$	$\dfrac{q^n-1}{q^n(q-1)}$
1	1,105000	0,904977	1,000000	1,105000	1,000000	0,904977
2	1,221025	0,818984	0,475059	0,580059	2,105000	1,723961
3	1,349233	0,741162	0,300659	0,405659	3,326025	2,465123
4	1,490902	0,670735	0,213892	0,318892	4,675258	3,135858
5	1,647447	0,607000	0,162176	0,267175	6,166160	3,742858
6	1,820429	0,549321	0,127982	0,232982	7,813606	4,292179
7	2,011574	0,497123	0,103799	0,208799	9,634035	4,789303
8	2,222789	0,449885	0,085869	0,190869	11,645609	5,239188
9	2,456182	0,407136	0,072106	0,177106	13,868398	5,646324
10	2,714081	0,368449	0,061257	0,166257	16,324579	6,014773
11	2,999059	0,333438	0,052525	0,157525	19,038660	6,348211
12	3,313961	0,301754	0,045377	0,150377	22,037720	6,649964
13	3,661926	0,273080	0,039445	0,144445	25,351680	6,923045
14	4,046429	0,247132	0,034467	0,139467	29,013607	7,170176
15	4,471304	0,223648	0,030248	0,135248	33,060035	7,393825
16	4,940791	0,202397	0,026644	0,131644	37,531339	7,596221
17	5,459574	0,183164	0,023545	0,128545	42,472130	7,779386
18	6,032829	0,165760	0,020863	0,125863	47,931703	7,945146
19	6,666276	0,150009	0,018531	0,123531	53,964532	8,095154
20	7,366235	0,135755	0,016493	0,121493	60,630808	8,230909

11,0 % n	q^n	$\dfrac{1}{q^n}$	$\dfrac{q-1}{q^n-1}$	$\dfrac{q^n(q-1)}{q^n-1}$	$\dfrac{q^n-1}{q-1}$	$\dfrac{q^n-1}{q^n(q-1)}$
1	1,110000	0,900901	1,000000	1,110000	1,000000	0,900901
2	1,232100	0,811622	0,473934	0,583934	2,110000	1,712523
3	1,367631	0,731191	0,299213	0,409213	3,342100	2,443715
4	1,518070	0,658731	0,212326	0,322326	4,709731	3,102446
5	1,685058	0,593451	0,160570	0,270570	6,227801	3,695897
6	1,870415	0,534641	0,126377	0,236377	7,912860	4,230538
7	2,076160	0,481658	0,102215	0,212215	9,783274	4,712196
8	2,304538	0,433926	0,084321	0,194321	11,859434	5,146123
9	2,558037	0,390925	0,070602	0,180602	14,163972	5,537048
10	2,839421	0,352184	0,059801	0,169801	16,722009	5,889232
11	3,151757	0,317283	0,051121	0,161121	19,561430	6,206515
12	3,498451	0,285841	0,044027	0,154027	22,713187	6,492356
13	3,883280	0,257514	0,038151	0,148151	26,211638	6,749870
14	4,310441	0,231995	0,033228	0,143228	30,094918	6,981865
15	4,784589	0,209004	0,029065	0,139065	34,405359	7,190870
16	5,310894	0,188292	0,025517	0,135517	39,189948	7,379162
17	5,895093	0,169633	0,022471	0,132471	44,500843	7,548794
18	6,543553	0,152822	0,019843	0,129843	50,395936	7,701617
19	7,263344	0,137678	0,017563	0,127563	56,939488	7,839294
20	8,062312	0,124034	0, 015576	0,125576	64,202832	7,963328

A

11,5 % n	q^n	$\dfrac{1}{q^n}$	$\dfrac{q-1}{q^n-1}$	$\dfrac{q^n(q-1)}{q^n-1}$	$\dfrac{q^n-1}{q-1}$	$\dfrac{q^n-1}{q^n(q-1)}$
1	1,115000	0,896861	1,000000	1,115000	1,000000	0,896861
2	1,243225	0,804360	0,472813	0,587813	2,115000	1,701221
3	1,386196	0,721399	0,297776	0,412776	3,326025	2,422619
4	1,545608	0,646994	0,210774	0,325774	4,744421	3,069614
5	1,723353	0,580264	0,158982	0,273982	6,290029	3,649878
6	1,921539	0,520416	0,124791	0,239791	8,013383	4,170294
7	2,142516	0,466741	0,100655	0,215655	9,934922	4,637035
8	2,388905	0,418602	0,082799	0,197799	12,077438	5,055637
9	2,663629	0,375428	0,069126	0,184126	14,466343	5,431064
10	2,969947	0,336706	0,058377	0,173377	17,129972	5,767771
11	3,311491	0,301979	0,049751	0,164751	20,099919	6,069750
12	3,692312	0,270833	0,042714	0,157714	23,411410	6,340583
13	4,116928	0,242900	0,036895	0,151895	27,103722	6,583482
14	4,590375	0,217847	0,032030	0,147030	31,220650	6,801329
15	5,118268	0,195379	0,027924	0,142924	35,811025	6,996708
16	5,706869	0,175227	0,024432	0,139432	40,929293	7,171935
17	6,363159	0,157155	0,021443	0,136443	46,636161	7,329090
18	7,094922	0,140946	0,018868	0,133868	52,999320	7,470036
19	7,910838	0,126409	0,016641	0,131641	60,094242	7,596445
20	8, 820584	0,113371	0,014705	0,129705	68,005080	7,709816

12,0 % n	q^n	$\dfrac{1}{q^n}$	$\dfrac{q-1}{q^n-1}$	$\dfrac{q^n(q-1)}{q^n-1}$	$\dfrac{q^n-1}{q-1}$	$\dfrac{q^n-1}{q^n(q-1)}$
1	1,120000	0,892857	1,000000	1,120000	1,000000	0,892857
2	1,254400	0,797194	0,471698	0,591698	2,120000	1,690051
3	1,404928	0,711780	0,296349	0,416349	3,374400	2,401831
4	1,573519	0,635518	0,209234	0,329234	4,779328	3,037349
5	1,762342	0,567427	0,157410	0,277410	6,352847	3,604776
6	1,973823	0,506631	0,123226	0,243226	8,115189	4,111407
7	2,210681	0,452349	0,099118	0,219118	10,089012	4,563757
8	2,475963	0,403883	0,081303	0,201303	12,299693	4,967640
9	2,773079	0,360610	0,067679	0,187679	14,775656	5,328250
10	3,105848	0,321973	0,056984	0,176984	17,548735	5,650223
11	3,478550	0,287476	0,048415	0,168415	20,654583	5,937699
12	3,895976	0,256655	0,041437	0,161437	24,133133	6,194374
13	4,363493	0,229144	0,035677	0,155677	28,029109	6,423548
14	4,887112	0,204620	0,030871	0,150871	32,392602	6,628168
15	5,473566	0,182696	0,026824	0,146824	37,279715	6,810864
16	6,130394	0,163122	0,023390	0,143390	42,753280	6,973986
17	6,866041	0,145644	0,020457	0,140457	48,883674	7,119630
18	7,689966	0,130040	0,017937	0,137937	55,749715	7,249670
19	8,612762	0,116107	0,015763	0,135763	63,439681	7,365777
20	9,646293	0,103667	0,013879	0,133879	72,052442	7,469444

12,5 % n	q^n	$\dfrac{1}{q^n}$	$\dfrac{q-1}{q^n-1}$	$\dfrac{q^n(q-1)}{q^n-1}$	$\dfrac{q^n-1}{q-1}$	$\dfrac{q^n-1}{q^n(q-1)}$
1	1,125000	0,888889	1,000000	1,125000	1,000000	0,888889
2	1,265625	0,790123	0,470588	0,595588	2,125000	1,679012
3	1,423828	0,702332	0,294931	0,419931	3,390625	2,381344
4	1,601807	0,624295	0,207708	0,332708	4,814453	3,005639
5	1,802032	0,554929	0,155854	0,280854	6,416260	3,560568
6	2,027287	0,493270	0,121680	0,246680	8,218292	4,053839
7	2,280697	0,438462	0,097603	0,222603	10,245579	4,492301
8	2,565785	0,389744	0,079832	0,204832	12,526276	4,882045
9	2,886508	0,346439	0,066260	0,191260	15,092061	5,228485
10	3,247321	0,307946	0,055622	0,180622	17,978568	5,536431
11	3,653236	0,273730	0,047112	0,172112	21,225889	5,810161
12	4,109891	0,243315	0,040194	0,165194	24,879125	6,053476
13	4,623627	0,216280	0,034496	0,159496	28,989016	6,269757
14	5,201580	0,192249	0,029751	0,154751	33,612643	6,462006
15	5,851778	0,170888	0,025764	0,150764	38,814223	6,632894
16	6,583250	0,151901	0,022388	0,147388	44,666001	6,784795
17	7,406156	0,135023	0,019513	0,144512	51,249252	6,919818
18	8,331926	0,120020	0,017049	0,142049	58,655408	7,039838
19	9,373417	0,106685	0,014928	0,139928	66,987334	7,146523
20	10,545094	0,094831	0,013096	0,138096	76,360751	7,241353

13,0 % n	q^n	$\dfrac{1}{q^n}$	$\dfrac{q-1}{q^n-1}$	$\dfrac{q^n(q-1)}{q^n-1}$	$\dfrac{q^n-1}{q-1}$	$\dfrac{q^n-1}{q^n(q-1)}$
1	1,130000	0,884956	1,000000	1,130000	1,1300000	0,884956
2	1,276900	0,783147	0,469484	0,599484	2,130000	1,668102
3	1,442897	0,693050	0,293522	0,423522	3,406900	2,361153
4	1,630474	0,613319	0,206194	0,336194	4,849797	2,974471
5	1,842435	0,542760	0,154315	0,284315	6,480271	3,517231
6	2,081952	0,480319	0,120153	0,250153	8,322706	3,997550
7	2,352605	0,425061	0,096111	0,226111	10,404658	4,422610
8	2,658444	0,376160	0,078387	0,208387	12,757263	4,798770
9	3,004042	0,332885	0,064869	0,194869	15,415707	5,131655
10	3,394567	0,294588	0,054290	0,184290	18,419749	5,426243
11	3,835861	0,260698	0,045842	0,175841	21,814317	5,686941
12	4,334523	0,230706	0,038986	0,168986	25,650178	5,917647
13	4,898011	0,204165	0,033350	0,163350	29,984701	6,121812
14	5,534753	0,180677	0,028668	0,158667	34,882712	6,302488
15	6,254270	0,159891	0,024742	0,154742	40,417464	6,462379
16	7,067326	0,141496	0,021426	0,151426	46,671735	6,603875
17	7,986078	0,125218	0,018608	0,148608	53,1139060	6,729093
18	9,024268	0,110812	0,016201	0,146201	61,1125138	6,839905
19	10,197423	0,098064	0,014134	0,144134	70,749406	6,937969
20	11,523088	0,086782	0,012354	0,142354	80,946829	7,024752

A

13,5 % n	q^n	$\dfrac{1}{q^n}$	$\dfrac{q-1}{q^n-1}$	$\dfrac{q^n(q-1)}{q^n-1}$	$\dfrac{q^n-1}{q-1}$	$\dfrac{q^n-1}{q^n(q-1)}$
1	1,135000	0,881057	1,000000	1,135000	1,000000	0,881057
2	1,288225	0,776262	0,468384	0,603384	2,135000	1,657319
3	1,462135	0,683931	0,292122	0,427122	3,423225	2,341250
4	1,639524	0,602583	0,204693	0,339693	4,885360	2,943833
5	1,883559	0,530910	0,152791	0,287791	6,544884	3,474743
6	2,137840	0,467762	0,118646	0,253646	8,428443	3,942505
7	2,426448	0,412125	0,094641	0,229641	10,566283	4,354630
8	2,754019	0,363106	0,076966	0,211966	12,992731	4,717735
9	3,125811	0,319917	0,063505	0,198505	15,746750	5,037652
10	3,547796	0,281865	0,052987	0,187987	18,872561	5,319517
11	4,026748	0,248339	0,044602	0,179602	22,420357	5,567857
12	4,570359	0,218801	0,037811	0,172811	26,447106	5,786658
13	5,187358	0,192776	0,032240	0,167240	31,017465	5,979434
14	5,887651	0,169847	0,027621	0,162621	36,204823	6,149281
15	6,682484	0,149645	0,023757	0,158757	42,092474	6,298926
16	7,584619	0,131846	0,020502	0,155502	48,774957	6,430772
17	8,608543	0,116164	0,017743	0,152743	56,359577	6,546936
18	9,770696	0,102347	0,015392	0,150392	64,968120	6,649283
19	11,089740	0,090173	0,013380	0,148380	74,738816	6,739456
20	12,586855	0,079448	0,011651	0,146651	85,828556	6,818904

14,0 % n	q^n	$\dfrac{1}{q^n}$	$\dfrac{q-1}{q^n-1}$	$\dfrac{q^n(q-1)}{q^n-1}$	$\dfrac{q^n-1}{q-1}$	$\dfrac{q^n-1}{q^n(q-1)}$
1	1,140000	0,877193	1,000000	1,140000	1,000000	0,877193
2	1,299600	0,769468	0,467290	0,607290	2,140000	1,646661
3	1,481544	0,674972	0,290732	0,430731	3,439600	2,321632
4	1,688960	0,592080	0,203205	0,343205	4,921144	2,913712
5	1,925415	0,519369	0,151264	0,291284	6,610104	3,433081
6	2,194973	0,455587	0,117158	0,257157	8,535519	3,888668
7	2,502269	0,399637	0,093192	0,233192	10,730491	4,288305
8	2,852586	0,350559	0,075570	0,215570	13,232760	4,638864
9	3,251949	0,307508	0,062168	0,202168	16,085347	4,946372
10	3,707221	0,269744	0,051714	0,191714	19,337295	5,216116
11	4,226232	0,236617	0,043394	0,183394	23,044516	5,452733
12	4,817905	0,207559	0,036669	0,176669	27,270749	5,660292
13	5,492411	0,182069	0,031164	0,171164	32,088654	5,842362
14	6,261349	0,159710	0,026609	0,166609	37,581065	6,002072
15	7,137938	0,140096	0,022809	0,162809	43,842414	6,142168
16	8,137249	0,122892	0,019615	0,159615	50,980352	6,265060
17	9,276464	0,107800	0,016915	0,156915	59,117601	6,372859
18	10,575169	0,094561	0,014621	0,154621	68,394066	6,467420
19	12,055693	0,082948	0,012663	0,152663	78,969235	6,550369
20	13,743490	0,072762	0,010986	0,150986	91,024928	6,623131

14,5 % n	q^n	$\dfrac{1}{q^n}$	$\dfrac{q-1}{q^n-1}$	$\dfrac{q^n(q-1)}{q^n-1}$	$\dfrac{q^n-1}{q-1}$	$\dfrac{q^n-1}{q^n(q-1)}$
1	1,145000	0,873362	1,000000	1,145000	1,000000	0,873362
2	1,311025	0,762762	0,466201	0,616200	2,145000	1,636124
3	1,501124	0,666168	0,289350	0,434350	3,456025	2,302292
4	1,718787	0,581806	0,201729	0,346729	4,957149	2,884098
5	1,968011	0,508127	0,149792	0,294792	6,675935	3,392225
6	2,253372	0,443779	0,115688	0,260688	8,643946	3,836005
7	2,580111	0,387580	0,091766	0,236766	10,897318	4,223585
8	2,954227	0,338498	0,074198	0,219198	13,477429	4,562083
9	3,382590	0,295631	0,060858	0,205858	16,431656	4,857714
10	3,873066	0,258193	0,050469	0,195469	19,814246	5,115908
11	4,434660	0,225496	0,042217	0,187217	23,687312	5,341404
12	5,077686	0,196940	0,035559	0,180559	28,121972	5,538344
13	5,813950	0,172000	0,030121	0,175121	33,199658	5,710344
14	6,656973	0,150218	0,025632	0,170632	39,013609	5,860563
15	7,622234	0,131195	0,021896	0,166896	45,670582	5,991758
16	8,727458	0,114581	0,018764	0,163764	53,292816	6,106339
17	9,992940	0,100071	0,016124	0,161124	62,020275	6,206409
18	11,441916	0,087398	0,013886	0,158886	72,013215	6,293807
19	13,100994	0,076330	0,011983	0,156982	83,455131	6,370137
20	15,000638	0,066664	0,010357	0,155357	96,556125	6,436801

A

2.9.2.1 Kapitalwertmethode

Kontrolle

1. Zwei gleich teure Investitionsobjekte stehen zur Wahl. Entscheiden Sie aufgrund der folgenden Angaben!

		Investitionsobjekt A		Investitionsobjekt B	
Anschaffungskosten (€)		360 000,00		360 000,00	
Nutzungsdauer (Jahre)		10		8	
Kalkulationszinsfuß (%)		11,5		11,5	
Erwarteter Liquidationserlös (€)		25 000,00		15 000,00	
Einnahmen (E) €	Ausgaben (A) €	E	A	E	A
		105 000	60 000	175 000	113 000
		120 000	48 000	162 000	121 000
		180 000	82 000	202 000	150 000
		90 000	30 000	124 000	64 000
		125 000	53 000	157 000	77 000
		102 000	45 000	198 000	95 000
		137 000	61 000	176 000	129 000
		116 000	49 000	216 000	184 000
		98 000	37 000		
		119 000	59 000		

2. Vorausberechnungen lassen erwarten, dass eine betriebliche Investition (interne Anlage) von 1 200 000,00 € („Auszahlung") nach Ablauf von acht Jahren einen Betrag von 2 100 000,00 € („Einzahlung") erbringt. Bei einer außerbetrieblichen (externen) Anlage kann von einer Verzinsung von 10 % ausgegangen werden. Vergleichen Sie die beiden Anlagemöglichkeiten miteinander!

3. Von welchen Faktoren ist die Höhe des Kapitalwertes abhängig?

4. Nennen Sie die Vor- und Nachteile der Kapitalwertrechnung!

5. Was können Sie aus einem positiven und einem negativen Kapitalwert sowie aus dem Kapitalwert 0 entnehmen?

Vertiefung

6. Ein Industriebetrieb will ein Reservegrundstück erwerben. Es kostet heute: 250 000,00 €. Unter Beachtung möglicher Preissteigerungen ist nach vier Jahren mit einem Erlös von 330 000,00 €, nach sechs Jahren von 450 000,00 € zu rechnen. Überprüfen Sie die Investition bei einem Kalkulationszinssatz von 8 % für die Spanne von vier Jahren und von 10 % für die Spanne von sechs Jahren!

7. Welche der folgenden zur Wahl stehenden Anlagen ist am günstigsten?

	Anlage 1	Anlage 2
Anschaffungskosten (€)	240 000,00	270 000,00
Nutzungsdauer (Jahre)	5	7
Kalkulationszinsfuß (%)	10	10
Erwarteter Liquidationserlös (€)	16 000,00	–
Überschüsse in den Nutzungsjahren (€)	40 000,00	35 000,00
	60 000,00	80 000,00
	72 000,00	45 000,00
	75 000,00	28 000,00
	56 000,00	66 000,00
		50 000,00
		60 000,00

8. Erläutern Sie Behandlung und Auswirkung von Liquidationserlösen in der Kapitalwertrechnung!

9. Welche der folgenden Behauptungen sind richtig, teilweise richtig bzw. falsch? Begründen Sie Ihre Aussage!

   Unter dem Kapitalwert einer Investition versteht man

   a) die Summe aller auf t_0 mit dem Kalkulationszinssatz abgezinsten Einnahmen,

   b) die Differenz zwischen den barwertigen Einnahmen und den barwertigen Ausgaben,

   c) die Summe aller auf t_0 mit dem Kalkulationszinssatz i abgezinsten Zahlungen.

10. Nehmen Sie zu den folgenden Aussagen Stellung: Der Kapitalwert einer vorteilhaften Investition, die jährliche Einnahmenüberschüsse (Rückflüsse) aufweist, wird unter sonst gleichen Bedingungen

a) mit steigendem Kalkulationszinssatz i fallen,

b) mit steigendem Liquidationserlös (L, Restwert) abnehmen,

c) mit steigender Nutzungsdauer (n) im Allgemeinen zunehmen.

11. Die jährlichen Überschüsse eines Investitionsgutes, das Anschaffungskosten von 300 000,00 € verursacht, stellen sich bei einer Nutzungsdauer von sechs Jahren auf 80 000,00 €.

A

a) Entscheiden Sie sich bei einem Kalkulationszinssatz von 11,5 % für die Investition?

b) Bei welchem Kalkulationszinssatz lohnt sich die Anlage gerade noch?

c) Inwieweit ändert sich Ihre Entscheidung, wenn bei a) und b) ein Liquidationserlös von 40 000,00 € zu beachten ist?

12. Die Südalu Hütte GmbH soll an eine Automobilfabrik geschmiedete Leichtmetallfelgen für das serienmäßig damit ausgestattete Modell W 140 liefern. Für die notwendigen Investitionen stehen zwei Objekte, die jeweils fünf Jahre genutzt werden können, zur Wahl. Sie sollen über einen Bankkredit finanziert werden, der zu einem Zinssatz von 12 % aufgenommen werden kann. Zur Entscheidungsfindung stehen die folgenden Daten zur Verfügung:

	Maschinengruppe NC 13 (teilautomatisch)		Maschinengruppe NC 14 (vollautomatisch)	
Anschaffungskosten (€)	1 000 000,00		1 500 000,00	
Liquidationserlös nach fünf Jahren (€)	200 000,00		300 000,00	
	Einnahmen	Ausgaben	Einnahmen	Ausgaben
1. Jahr (€)	350 000,00	100 000,00	600 000,00	150 000,00
2. Jahr (€)	450 000,00	120 000,00	650 000,00	160 000,00
3. Jahr (€)	500 000,00	140 000,00	700 000,00	160 000,00
4. Jahr (€)	500 000,00	140 000,00	700 000,00	180 000,00
5. Jahr (€)	450 000,00	160 000,00	690 000,00	200 000,00

(1) Welche Entscheidung treffen Sie *allein* aufgrund der Kapitalwerte von NC 13 bzw. NC 14?

(2) Nehmen Sie an, der Unterschiedsbetrag der Anschaffungskosten werde

- als fiktive Differenzinvestition mit geschätzten jährlichen Überschüssen von 200 000,00 € angesehen. Kalkulationszinssatz 12 %, kein Liquidationserlös;
- in ein kleineres Aggregat investiert (reale Differenzinvestition), das für Lohnaufträge arbeitet und einen jährlichen Überschuss von 180 000,00 € abwirft. Kalkulationszinssatz 14 %.

Liquidationserlös 50 000,00 €.

In beiden Fällen ist ebenfalls von einer Nutzungsdauer von fünf Jahren auszugehen. Beachten Sie die Ergebnisse von (1) und (2) im Zusammenhang!

2.9.2.2 Methode des internen Zinssatzes

Kontrolle

1. Die Anschaffungskosten einer Maschinengruppe betragen 1 400 000,00 €. Bei einer Nutzungsdauer von acht Jahren werden die jährlichen Überschüsse wie folgt vorausberechnet: 166 000,00 €; 187 000,00 €; 205 000,00 €; 229 000,00 €; 264 000,00 €; 289 000,00 €; 305 000,00 €; 320 000,00 €.
   Als Kalkulationszinssatz werden 11 % angesetzt.
   a) Wie hoch sind die Kapitalwerte bei Versuchszinssätzen von 6 und 14 %?
   b) Wie hoch ist der Zinssatz beim Kapitalwert 0 (= interner Zinssatz)?
   c) Bestimmen Sie den internen Zinssatz grafisch!
   d) Welche Entscheidung treffen Sie?

2. Die Nutzungsdauer eines Investitionsgutes mit Anschaffungskosten von 640 000,00 € beträgt sechs Jahre. Im Jahresdurchschnitt ist von 150 000,00 € Überschuss auszugehen. Gehen Sie von einem Kalkulationszinssatz von 14 % aus und überprüfen Sie, ob sich die Investition lohnt! Rechnerische und grafische Lösung.

3. a) Stellen Sie Vor- und Nachteile der internen Zinssatzmethode dar!
   b) Weshalb müssen bei der internen Zinssatzmethode die abgezinsten Einnahmen und Ausgaben zum Kapitalwert 0 führen?
   c) Was müssen Sie bei der Auswahl der „Versuchszinssätze" beachten?
   d) Wie ist vorzugehen, wenn zu vergleichende Investitionsgüter unterschiedlich hohe jährliche Überschüsse aufweisen?
   e) Inwiefern tritt eine erhebliche Vereinfachung der Rechnung ein, wenn ein Investitionsgut eine *unbestimmte Nutzungsdauer* hat?

Vertiefung

4. Ein Investitionsgut wird zum Preis von 80 000,00 € angeschafft. Es erbringt bei einer Nutzungsdauer von zehn Jahren einen jährlichen Überschuss von 12 000,00 €. Wie hoch ist die Rendite, wenn der Restwert nach zehn Jahren
   a) 0,00 € beträgt,
   b) die Hälfte der Anschaffungskosten beträgt,
   c) den Anschaffungskosten entspricht?

5. Ein Investor stellt einem Industriebetrieb eine von ihm für 230 000,00 € beschaffte Spezialmaschine für vier Jahre zur Verfügung. An jährlichen „Einzahlungen" (Miete) erhält der Investor 170 000,00 €, die „Auszahlungen" (Abschreibungen, steigende Reparaturaufwendungen, Versicherungen u.a.) lassen steigende Beträge erwarten – 50 000,00 €, 90 000,00 €, 120 000,00 € und 150 000,00 €. Als Verzinsung werden 10 % gewünscht. Nach Ablauf der vier Jahre erbringt die Maschine noch einen Erlös von 10 000,00 €.
   a) Hat der Investor sein Ziel erreicht?
   b) Wie hoch ist die tatsächliche Verzinsung?
   Begründen Sie Ihre Auffassung rechnerisch und grafisch!

6. Die Investition einer automatischen Abfüllanlage ist geplant. Die Entscheidung über die Anschaffung hängt von der Analyse der folgenden Daten ab:
Anschaffungskosten 480 000,00 €, Nutzungsdauer 12 Jahre, jährliche Überschüsse 70 000,00 €, Kalkulationszinssatz 13,5 %.

a) Wie entscheiden Sie sich? Rechnerische und grafische Begründung.

b) Wenden Sie zur *Kontrolle auch die Kapitalwertmethode* an!

7. Verlängern Sie in entsprechenden Lösungen zum Fallbeispiel, in Band 1, Seiten 410–412 zu den Aufgaben 2 und 6 (siehe Schema unten, gestrichelte Linie) die Verbindungsgerade bis zur y-Achse! Stellen Sie fest, welchen Wert die Entfernung vom Ursprung (0) bis zum Schnittpunkt mit der y-Achse darstellt (?) und definieren Sie diesen Wert! Was stellen die Punkte (•) dar?

A

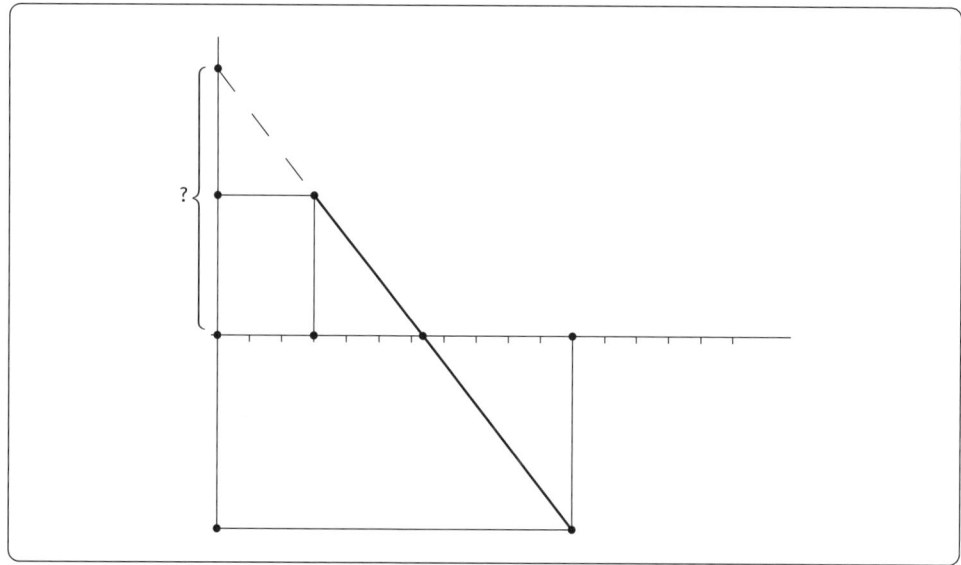

8. a) Ermitteln Sie bei einem Kapitalisierungszinssatz von 14 %, welches Investitionsgut vorzuziehen ist!

	Investitionsgüter	
	A	B
Anschaffungskosten (€)	720 000,00	720 000,00
Nutzungsdauer (Jahre)	4	5
Liquidationserlös am Ende der Nutzungsdauer (€)	40 000,00	20 000,00
Überschüsse (€):		
1. Jahr	300 000,00	250 000,00
2. Jahr	280 000,00	230 000,00
3. Jahr	260 000,00	190 000,00
4. Jahr	200 000,00	150 000,00
5. Jahr	–	140 000,00

b) Berechnen Sie für A die Kapitalwerte für die Kalkulationszinssätze 8 und 12 %, und stellen Sie den internen Zinsfuß rechnerisch und grafisch fest!

9. Nehmen Sie zu den folgenden Aussagen bzw. Fragen Stellung!

   a) Die Rendite eines Investitionsgutes ist dann höher als der Kalkulationszinsfuß, wenn die Überschüsse (e – a) positiv sind.

   b) Eine Investition ist vorteilhaft, wenn der interne Zinsfuß höher als der Kalkulationszinssatz ist bzw. wenn die Anschaffungskosten wieder zurückfließen.

   c) Ist der Kapitalwert einer Investition gleich 0, so ist der interne Zinsfuß ebenfalls gleich 0.

   d) Der Ablauf einer Investition wird wie folgt dargestellt:

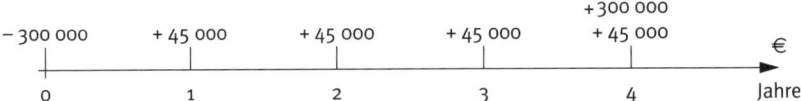

   Was können Sie entnehmen?

   e) Überprüfen Sie die folgenden Aussagen!
   - Ohne Angabe eines Kalkulationszinssatzes ist ein Kapitalwert nicht errechenbar.
   - Man benötigt den internen Zinsfuß, um den Kapitalwert zu berechnen.
   - Der Kapitalwert ist gleich 0, wenn der Kalkulationszinssatz dem Prozentsatz der Überschüsse über die Anschaffungskosten entspricht.
   - Der interne Zinsfuß ist gleich 0, wenn der Kalkulationszinssatz gleich 0 ist.

2.9.2.3 Annuitätenmethode

Kontrolle

1. Eine NC-Anlage, die Drehteile verschiedener Abmessungen herstellt, kann zu 700 000,00 € angeschafft werden. Bei der erwarteten Vollauslastung und einer Nutzungsdauer von fünf Jahren wird mit jährlichen Überschüssen von 160 000,00 €, 190 000,00 €, 210 000,00 €, 220 000,00 € und 240 000,00 € gerechnet.

   a) Wie hoch ist der Kapitalwert bei einem Kalkulationszinsfuß von 10 %?

   b) Wie hoch ist die Annuität, welche Entscheidung treffen Sie?

2. Die durchschnittlichen jährlichen Überschüsse einer Spritzgussmaschine für Kunststofferzeugnisse betragen bei einer Nutzungsdauer von zehn Jahren 80 000,00 €. Anschaffungskosten 750 000,00 €; als Liquidationserlös sind 4 % der Anschaffungskosten zu erwarten. Wie hoch ist die Annuität bei einer Nutzungsdauer von zehn Jahren? Kalkulationszinsfuß 9 %.

3. Fragen zur Annuitätenmethode

   a) Erläutern Sie Wesen und Bedeutung!

   b) Nennen Sie die Vor- und Nachteile!

   c) Welcher entscheidende Unterschied besteht zur Kapitalwertmethode?

   d) Warum können verschieden hohe Anschaffungskosten bzw. Nutzungszeiträume vernachlässigt werden?

   e) Wie kann der optimale Ersatzzeitpunkt definiert werden?

Vertiefung

4. Ein Spediteur schafft einen Lastzug zum Preis von 800 000,00 € an. Die Nutzungsdauer ist mit fünf Jahren anzusetzen. Jährliche Überschüsse von 200 000,00 € sind zu erwarten.

   a) Überprüfen Sie bei einem Kalkulationszinssatz von 10 %, ob sich die Investition lohnt!

   b) Versuchen Sie auch, nach der Methode des internen Zinssatzes vorzugehen!

   c) Wie verhielte es sich, wenn mit einem Liquidationserlös von 80 000,00 € gerechnet werden kann?

5. Ein Versicherungsnehmer hat heute Anspruch auf die Auszahlung einer Lebensversicherung in Höhe von 200 000,00 €. Statistisch gesehen beträgt seine Lebenserwartung 12 Jahre. Anstelle der Auszahlung der Versicherungssumme kann er auch eine jährliche Rente von 24 000,00 € wählen. Gehen Sie bei der Entscheidung des Versicherungsnehmers von einem Kalkulationszinsfuß von 9 bzw. 11 % aus.

   a) Berechnen Sie mit Hilfe des Annuitätenfaktors, ob der Versicherungsnehmer auf das Angebot eingehen soll!

   b) Weisen Sie die Richtigkeit Ihrer Rechnung mit der Methode des internen Zinsfußes nach!

   c) Mit welchem Kalkulationszinsfuß hat die Versicherung gerechnet?

6. a) Der Erwerb einer Beteiligung in einer Wachstumsbranche wird erwogen, die zum Preis zum 2 000 000,00 € angeboten wird. Der Investor setzt einen Kalkulationszinssatz von 14 % an, erwartet einen Jahresgewinn von 200 000,00 € und geht nach fünf Jahren Nutzung von einem Verkaufserlös von 3 000 000,00 € aus. Kann die Investition empfohlen werden?

   b) Wie verhält es sich, wenn von 15 Jahren Nutzung ausgegangen wird, derselbe Kalkulationszinssatz und 150 000,00 € jährlicher Gewinn angesetzt werden und aufgrund der bisherigen Indexzahlen ein Verkaufserlös von 4 000 000,00 € möglich erscheint?

   c) Bei welchem Kalkulationszinssatz beträgt die Annuität 0,00 €?

   Erläutern Sie die Bedeutung einer Annuität von 0,00 € und kommentieren Sie die Höhe des ermittelten Zinssatzes!

   Gehen Sie von den Daten in 6a) aus!

   Hinweis: Wählen Sie die grafische Darstellung! Grundlage dafür ist ein „Versuchszinssatz", z.B. 10 %.

7. Eine Unternehmung hat Lohnaufträge übernommen, die eine Dauerbeschäftigung versprechen. Aus zwei Angeboten für Bearbeitungsmaschinen sind die „investitionsrelevanten" Daten zusammengestellt worden:

	Daten	
	Maschine A	**Maschine B**
Anschaffungskosten (€)	220 000,00	300 000,00
Nutzungsdauer (Jahre)	6	8
mutmaßlicher Liquidationserlös (€)	10 000,00	15 000,00
Überschüsse (€):		
1. Jahr	75 000,00	80 000,00
2. Jahr	60 000,00	75 000,00
3. Jahr	60 000,00	75 000,00
4. Jahr	55 000,00	65 000,00
5. Jahr	50 000,00	60 000,00
6. Jahr	40 000,00	55 000,00
7. Jahr		50 000,00
8. Jahr		45 000,00
Summe der Überschüsse	340 000,00	505 000,00

Angaben zur Bestimmung des Kalkulationszinssatzes: Banküblicher Zinssatz 9 %, Risikozuschlag 5 %.

a) Welche Entscheidung treffen Sie aufgrund der Kapitalwerte?

b) Vergleichen Sie mit den Zahlen nach der Annuitätenmethode, und beurteilen Sie den Unterschied!

8. Im Handelsblatt vom 29. Juli 20 . . wird unter der Überschrift „Neuordnung kommunaler Infrastrukturinvestitionen" u.a. ausgeführt:

Neben bereits bekannten Finanzierungstechniken, vom Leasing-Modell bis hin zu Fonds-Konstruktionen, sei unter anderem das kommunale Factoring ein neuer Ansatz. Dabei schließe die öffentliche Hand mit einem privaten Dienstleistungsbetrieb einen langfristigen Vertrag, z.B. einen Entsorgungsvertrag, der dieses Unternehmen bei einer öffentlichen Aufgabe, etwa der Abfallbeseitigung, zum „Erfüllungsgehilfen" der Gemeinde mache.

Die Kommune trete das Entsorgungsentgelt vertraglich an das Unternehmen ab. Finanziert werde die Anlage dadurch, dass der Dienstleistungsbetrieb – gleichzeitig Investor und Betreiber der Anlage – einen Teil des ihm künftig zustehenden Gebührenaufkommens an eine Bank verkaufe. Das Kreditinstitut stelle die benötigten Mittel in Höhe des Barwertes der Forderungen bereit.

a) Überprüfen Sie, welche Methoden der dynamischen Investitionsrechnung angewandt werden können!

b) Versuchen Sie, für ein Investitionsvorhaben von 10 000 000,00 € ein Zahlenmodell über eine Laufzeit von 15 Jahren zu entwerfen. Jährlich sollen 1 500 000,00 € Gebührenanteil an das finanzierende Kreditinstitut, das einen Kalkulationszinsfuß nicht unter 10 % wünscht, abgeführt werden.

c) Wie hoch ist der interne Zinsfuß, wenn Sie von den Konditionen unter b) ausgehen? Rechnerische und grafische Lösung.

d) Welcher jährliche Gebührenanteil (Konditionen siehe b)) muss an das Kreditinstitut abgeführt werden, wenn der Investor auf exakt 10 % Kapitalisierungszinssatz besteht?

e) Welche Vorteile hat sich der „Dienstleistungsbetrieb – gleichzeitig Investor und Betreiber der Anlage" – gegenüber einer konventionellen Finanzierung ausgerechnet?

3 Bewertung nach Handels- und Steuerrecht

3.1 Ziele der Bewertung

3.2 Grundsätze ordnungsmäßiger Bilanzierung

A

Kontrolle

1. a) Nennen Sie interne und externe Adressaten des Jahresabschlusses!

   b) Warum vertreten Gläubiger, tätige Gesellschafter und außenstehende Teilhaber bei der Festlegung von Wertansätzen in der Bilanz unterschiedliche Zielvorstellungen?

   c) Warum sind für die Erstellung des Jahresabschlusses rechtliche Vorschriften und die Einhaltung der Grundsätze ordnungsmäßiger Bilanzierung erforderlich?

2. Welche grundsätzlichen Ziele verfolgt der Gesetzgeber bei der Fassung von Rechtsnormen im Handels- bzw. Steuerrecht?

3. Welche Verstöße gegen die Ordnungsmäßigkeit der Bilanzierung können Sie bei den folgenden Vorgängen erkennen?

   a) Die Transportkosten für eine neu angeschaffte Maschine und für Geschäftsautos wurden auf dem Konto 679 „Sonstige Aufwendungen für die Inanspruchnahme von Rechten und Diensten" erfasst.

   b) Ein Teil der Bilanzposition „fertige Erzeugnisse" wird in der Folgeperiode unter der Bilanzposition „Rohstoffe" ausgewiesen.

   c) Von den in der Inventur erfassten „unfertigen Erzeugnissen" wurden 25 % des Wertes nicht bilanziert.

Vertiefung

4. Warum ist eine eindeutige Abgrenzung der einzelnen Bilanzierungsgrundsätze nicht möglich? Bilden Sie ein Beispiel für die Begründung!

5. Die Veröffentlichungspflicht des Jahresabschlusses für Kapitalgesellschaften durch das HGB bleibt in der Diskussion umstritten: Dem Argument, es bestehe an der Publizität ein allgemeines Interesse, wird auf der anderen Seite entgegengehalten, die gesetzliche Regelung verletze wichtige Grundrechte. Nehmen Sie zu den beiden Argumenten Stellung!

6. Zum Geschäftsjahresende 20 . . liegen bei der Müller KG, München, folgende vorläufige Bilanzzahlen der Buchhaltung vor:

Aktiva	Vorläufige Bilanz (€)		Passiva
A. Anlagevermögen		**A. Eigenkapital**	
Grundstücke und Gebäude	1 160 300,00	Kapital Müller	8 000 700,00
Maschinen und		Kommanditkapital	3 750 500,00
maschinelle Anlagen	4 175 200,00	**B. Pauschalwertberichtigungen**	
Betriebs- und		**zu Forderungen**	412 950,00
Geschäftsausstattung	1 860 700,00	**C. Rückstellungen**	
Wertpapiere	1 250 500,00	Pensionsrückstellungen	2 180 400,00
B. Umlaufvermögen		andere Rückstellungen	1 220 500,00
Vorräte	6 060 150,00	**D. Verbindlichkeiten**	
Forderungen aus		Verbindlichkeiten an	
Lieferungen und		Kreditinstitute	4 870 650,00
Leistungen	5 228 300,00	Verbindlichkeiten aus	
Flüssige Mittel	3 230 800,00	Warenlieferungen und	
		Leistungen	1 280 250,00
		sonstige Verbindlichkeiten	1 250 000,00
	22 965 950,00		22 965 950,00

Im Einzelnen wird zu den obigen Angaben festgestellt:

- Die vor zehn Jahren beschafften unbebauten Grundstücke (Anschaffungskosten 80 000,00 €) wurden den gestiegenen Grundstückspreisen angepasst und mit 140 000,00 € bilanziert.
- In der Position „Maschinen und maschinelle Anlagen" sind Personenkraftwagen enthalten, die im Frühjahr 20 . . mit 120 000,00 € angeschafft wurden (Nutzungsdauer fünf Jahre). Wegen Modelländerungen nach der Automobilausstellung in Frankfurt wurden die vollen Anschaffungskosten abgeschrieben.
- Auf die nicht einzelwertberichtigten Forderungen wurde die Pauschalwertberichtigung mit 15 % angesetzt. Die Ausfälle der letzten fünf Jahre betrugen im Durchschnitt 7 %.
- Die KG wird von einem Patentinhaber wegen angeblicher Verletzung des Patentrechts auf Schadenersatz von 80 000,00 € verklagt. Eine Rückstellung hierfür wurde nicht gebildet.

Darüber hinaus ist anzumerken:

- Ohne sachlichen Grund (willkürlich) und ohne Hinweis im Anhang sind die beweglichen Anlagegüter (Neuanschaffungen) degressiv[1], in der Vorperiode wurden diese Vermögensgegenstände (einschließlich Neuzugänge) linear abgeschrieben (Wechsel einer Bewertungsmethode); vgl. HGB § 252 Abs. 1, Ziff. 6 und § 284 Abs. 2.
- Im Vorjahr mit den Anschaffungskosten von 250 000,00 € bewertete abnutzbare Anlagegegenstände sind in der Folgeperiode ohne Neuzugang mit 300 000,00 € bilanziert worden.

Inwieweit liegen Verstöße gegen Grundsätze ordnungsmäßiger Bilanzierung vor?

---

[1] Die degressive Abschreibung ist handelsrechtlich möglich, steuerrechtlich ab 2008 nicht mehr zulässig. Sie wirkt aber aus bestehenden Abschreibungsplänen noch nach.

3.3 Wertarten in Handels- und Steuerrecht

3.3.1–3.3.6 Anschaffungs-, Herstellungs- und Wiederbeschaffungskosten – vom Tages- bis zum Teilwert

1. a) Welche der folgenden Wertarten sind steuerliche Wertbegriffe: Tageswert, gemeiner Wert, Wiederbeschaffungskosten, Teilwert?

   b) Welche der genannten Wertarten sind marktabhängig? Gibt es noch andere marktabhängige Wertarten, wenn ja, welche?

2. a) Eine Möbelfabrik hat einen Lieferwagen angeschafft:

Kaufpreis	48 500,00 €	
Überführungskosten	350,00 €	48 850,00 €
Umsatzsteuer 19 %		9 281,50 €
		58 131,50 €
vom Händler verauslagte Zulassungsgebühren	155,00 €	
Umsatzsteuer hierauf	29,45 €	184,45 €
Rechnungsbetrag		58 315,95 €

   Die Kraftfahrzeugsteuer und die Haftpflichtversicherung von 2 125,00 € wurden vom Käufer überwiesen.

   Ermitteln Sie die Anschaffungskosten des Lieferwagens!

   b) Der Betrieb bezieht Schnittholz:

Materialwert		6 780,00 €
– Rabatt 5 %		339,00 €
		6 441,00 €
+ Transportkosten	150,00 €	
+ Transportversicherung	25,00 €	175,00 €
		6 616,00 €
+ Umsatzsteuer 19 %		1 257,04 €
Rechnungspreis		7 873,04 €

   Vom Rechnungspreis wurden 3 277,60 € mit Verrechnungsscheck bezahlt. Über den Restbetrag wird ein Wechsel ausgestellt. Der Lieferant stellt der Möbelfabrik den folgenden vereinfachten Beleg zu:

Diskont	55,00 €
Spesen	12,00 €
	67,00 €
Umsatzsteuer 19 %	12,73 €
Gesamtbetrag	79,73 €

   Ermitteln Sie die Anschaffungskosten des Schnittholzes!

3. Welche der folgenden Aufwendungen sind beim Erwerb von Grundstücken aktivierungspflichtig?

   a) Beratungskosten eines Architekten

   b) Gebühren für Notariat und Grundbuchamt

   c) Haftpflichtversicherung für das Grundstück

   d) Grundsteuer

   e) Zinsen bei Aufnahmen von Fremdkapital (Grundschuld)

   f) Grunderwerbsteuer

4. a) Welcher bilanzpolitische Spielraum ergibt sich für den Ansatz der Herstellungskosten nach HGB bzw. Einkommensteuergesetz (mit Einkommensteuerrichtlinien)?

   b) Warum dürfen Vertriebskosten weder handels- noch steuerrechtlich in die Herstellungskosten einbezogen werden?

5. In einem Industriebetrieb fallen für die Erstellung einer innerbetrieblichen Transportanlage in der Periode lt. Kostenrechnung an: Fertigungsmaterial 25 000,00 €, Materialgemeinkosten 5 200,00 €, Fertigungslöhne 72 000,00 €, Fertigungsgemeinkosten 70 000,00 €, Sondereinzelkosten der Fertigung (Spezialwerkzeuge) 9 500,00 €, Verwaltungsgemeinkosten 10 700,00 €.

   In den Materialkosten sind 400,00 €, in den Fertigungskosten 2 000,00 € und in den Verwaltungsgemeinkosten 600,00 € kalkulatorischer Unternehmerlohn eingerechnet. Der Betrieb arbeitet bei Normalbeschäftigung.

   a) Wie ist nach Handelsrecht (HGB § 255) bzw. nach Steuerrecht (R 6.3 EStR) zu bilanzieren? Der Betrieb setzt handels- und steuerrechtlich den jeweils niedrigstmöglichen Wert an.[1]

   b) Wie groß ist der jeweilige bilanzpolitische Bewertungsspielraum des Betriebes im vorliegenden Falle?

6. a) Welche Vorstellungen verbindet man mit dem Begriff des Firmenwertes[2] (Geschäftswertes)?

   b) Wie unterscheiden sich originärer und derivativer Firmenwert?

   c) Welcher bilanzpolitische Spielraum ergibt sich beim Firmenwert nach HGB?

   d) Welche steuerlichen Vorschriften gelten für die Bilanzierung des Firmenwertes?

   e) Ermitteln Sie den Substanz- und Firmenwert aus den folgenden Angaben: Kaufpreis eines Unternehmens 8 Mio. €, übernommene Verbindlichkeiten 3 Mio. €, durch Umbewertung der Buchwerte ermittelte Tageswerte der Vermögensgegenstände 9 Mio. €.

7. a) Warum wird der Teilwert als „Fiktion" (Unterstellung, Annahme) bezeichnet?

   b) Welcher Zweck soll mit der Bilanzierung dieses Wertes erreicht werden?

---

[1] Die Bemessung des handelsrechtlichen Herstellungskostenbegriffs wird durch das Bilanzrechtsmodernisierungsgesetz neu geregelt und den steuerlichen Vorschriften angenähert (§ 255 Abs. 2 und 3 E-HGB).

[2] Nach dem Referentenentwurf für ein Bilanzrechtsmodernisierungsgesetz gilt der derivative Firmenwert als Vermögensgegenstand. Es gelten die allgemeinen Regelungen zur planmäßigen und außerplanmäßigen Abschreibungen. Die Sondervorschriften nach § 255 Abs. 4 HGB sollen aufgehoben werden (§ 246 Abs. 1 Satz 2 E-HGB).

c) Grenzen Sie den Teilwert vom gemeinen Wert ab!

d) Welche Teilwertvermutungen wurden von der Rechtsprechung für die Bewertung in der Praxis entwickelt? – Unter welcher Voraussetzung wird von der Finanzbehörde ein unter der Teilwertvermutung liegender Wert anerkannt?

Vertiefung

8. Ein Hersteller von Frottierwaren bezieht Ende 2005 aus Oberitalien einen größeren Posten Bademäntel (Handelswaren) zum Preis von insgesamt 15 000,00 €. An Anschaffungsnebenkosten sind angefallen: Versandkosten 500,00 €, Verpackungskosten 100,00 €, Transportversicherung 350,00 €, Vermittlungsprovision 750,00 €.

   a) Wie wirkt sich die Aktivierung der Anschaffungsnebenkosten auf das Ergebnis 2005 und 2006 aus, wenn die Ware am 05.02.2006 zu 20 000,00 € weiterverkauft wird?

   Es wird unterstellt, dass keine weiteren Geschäfte getätigt werden. Neben den Anschaffungsnebenkosten sind für allgemeine Verwaltungskosten (Aufwendungen) 10 % vom Erlös anzusetzen.

   b) Welche Änderung im Ergebnisausweis ergäbe sich 2005 und 2006, wenn die Aktivierung der Anschaffungskosten unterlassen wird?

9. Die folgenden Aussagen (a und b) gelten für einen Betrieb, der in der laufenden Periode wenig produziert und seine früheren Lagerbestände verkauft. Bilanzpolitisches Ziel: gleichmäßiger Periodenerfolg, um Gewinnsteuern einzusparen.

   a) Der Betrieb sollte die Herstellungskosten mit dem steuerlich zulässigen Höchstwert bilanzieren.

   b) Die Bestände müssten mit dem gesetzlich zulässigen Mindestbetrag bilanziert werden.

   Welche Aussage (a oder b) ist zutreffend, wenn der Betrieb in der laufenden Periode viel produziert und wenig absetzt? Begründen Sie Ihre Feststellungen!

10. In der Brinkmann AG sind 250 silberne Leuchter am Bilanzstichtag nach HGB zu bewerten. Folgende Zahlen je Einheit stehen zur Verfügung (Angaben je Stück)

Einzelkosten:

Material	150,00 €
Lohnkosten	110,00 €
Sondereinzelkosten	15,00 €
Zusatzkosten:	
Wagniszuschlag	45,00 €

Gemeinkosten (fix):

Anteilige Abschreibungen	40,00 €
Betriebs- und Verwaltungskosten	115,00 €

Im Abrechnungszeitraum sind bei einer Jahresproduktion von 800 Stück 124 000,00 € Gemeinkosten (nur fixe Kosten) angefallen. Die Kapazität war nur zu 50 % ausgelastet (Beschäftigungsgrad = 50 %).

a) Bewerten Sie den Bestand an Leuchten nach HGB, wenn bilanzpolitisch
- ein möglichst niedriger
- ein möglichst hoher Gewinn

ausgewiesen werden soll.

(Es wird unterstellt, dass neben den Silberleuchtern keine anderen Erzeugnisse hergestellt werden.)

b) Wie groß ist der bilanzpolitische Spielraum?[1]

11. Die Gerätebau-GmbH, Düsseldorf, verfügt am Jahresende 2006 über einen Lagerbestand von 3 800 Spezialgeräten (fertige Erzeugnisse). Bei Normalbeschäftigung können je Abrechnungszeitraum 20 000 Stück hergestellt werden. Aufgrund der Auftragslage wurden 2006 nur 10 000 Stück gefertigt.

Die Nachkalkulation für Normalbeschäftigung ergab für 2006 folgende Zahlen:

Kosten	Gesamtkosten (K) 1 000 €	Fixkosten (K$_f$) 1 000 €	Proportionalvariable Kosten (K$_v$) 1 000 €
Fertigungsmaterial	1 200	–	1 200
Materialgemeinkosten	60	40	20
Fertigungslöhne	600	–	600
Fertigungsgemeinkosten	960	800	160
Herstellkosten	2 820	840	1 980

Im Fixkostenanteil sind Zusatzkosten in Höhe von 240 000,00 € enthalten.

a) Ermitteln Sie den niedrigstmöglichen Wertansatz des Schlussbestandes nach Handelsrecht!

b) Bestimmen Sie den niedrigstmöglichen Wertansatz des Schlussbestandes nach Steuerrecht!

12. In einem Unternehmen der Elektroindustrie werden im Anhang zum Firmenwert die folgenden Angaben gemacht:

02.01.2006	300 000,00 €
Abschreibung nach HGB § 255 Abs. 4, Satz 2	150 000,00 €
31.12.2006	150 000,00 €

a) Wie hoch war der ursprüngliche Firmenwert?

b) Welche Bewertungsentscheidung wurde getroffen? Welche alternativen Entscheidungen wären möglich gewesen? Überprüfen Sie die vorgenommene Bewertung nach Handels- und Steuerrecht![2]

13. Welche Teilwertvermutungen gelten in den folgenden Fällen (a bis c)? Sind die einzelnen Teilwertvermutungen – Ihrer Meinung nach – widerlegbar?

a) Bei einem von einem deutschen Unternehmen in den USA erworbenen Werk entstehen Absatzschwierigkeiten und Verluste. Bei der ursprünglichen Planung und Entscheidung des Kaufs wurde der Käufergeschmack der Amerikaner z. T. falsch eingeschätzt bzw. Nachfrageverschiebungen konnten nicht vorausgesehen werden. Die deutsche Muttergesellschaft bewertet deshalb den derivativen Firmenwert mit dem niedrigeren Teilwert.

---

[1] Die Bemessung des handelsrechtlichen Herstellungskostenbegriffs wird durch das Bilanzrechtsmodernisierungsgesetz neu geregelt und den steuerlichen Vorschriften angenähert (§ 255 Abs. 2 und 3 E-HGB).

[2] Nach dem Referentenentwurf für ein Bilanzrechtsmodernisierungsgesetz gilt der derivative Firmenwert als Vermögensgegenstand. Es gelten die allgemeinen Regelungen zur planmäßigen und außerplanmäßigen Abschreibungen. Die Sondervorschriften nach § 255 Abs. 4 HGB sollen aufgehoben werden (§ 246 Abs. 1 Satz 2 E-HGB).

b) Eine Spezialmaschine, mit der Metallteile hergestellt werden, ist nicht mehr ausgelastet, weil durch die Bevorzugung von Kunststoffteilen bei den Abnehmern die Erzeugnisse der Maschine nur noch in begrenztem Umfang abgesetzt werden können.

c) In einem Industriebetrieb wird bei einer Gruppe von Fertigerzeugnissen eine überdurchschnittlich lange Lagerdauer festgestellt. Es wird deshalb vorgeschlagen, diese Wertminderung der Erzeugnisse durch einen Abschlag von 20 % auf die bisher bilanzierten Herstellungskosten zu erfassen.

A

3.4 Grundsätze der Bewertung (Bewertungsprinzipien)

3.4.1 Zielsetzungen von Handels- und Steuerbilanz – Maßgeblichkeitsgrundsatz

3.4.2 Die einzelnen Bewertungsgrundsätze in Handels- und Steuerbilanz

Kontrolle

1. Zum Jahresabschluss am 31.12.20. . sind in der Metallwarenfabrik GmbH u.a. die folgenden Bilanzposten zu bewerten:

Bilanzposition	Bisheriger Ansatz in der Bilanz	Wert am Bilanzstichtag
Unbebaute Grundstücke	Anschaffungskosten 250 000,00 €	Tageswert 350 000,00 €
Rohstoffe	Anschaffungskosten 80 000,00 €	Tageswert 70 000,00 €

a) Welche Wertansätze müssen am Bilanzstichtag für die beiden genannten Bilanzpositionen vorgenommen werden? Zitieren Sie die für den Bilanzansatz zutreffenden gesetzlichen Bestimmungen!

b) Erläutern Sie an den beiden Beispielen das Wesen der folgenden Bewertungsgrundsätze:
   - Niederstwertprinzip;
   - Imparitätsprinzip;
   - Maßgeblichkeit der Handelsbilanz für die Steuerbilanz.

2. a) Kennzeichnen Sie in der folgenden Tabelle die Auswirkungen von Wertänderungen aufgrund von Bewertungsvorgängen bei Vermögensgegenständen und Schulden! Bilden Sie jeweils ein Zahlenbeispiel!

Bewertung	Wertänderung	Auswirkungen	
		als Aufwand/Ertrag im GuV-Konto	Mehrung/Minderung des Eigenkapitals
des Vermögens	Werterhöhung Wertminderung	– –	– –
der Schulden	Werterhöhung Wertminderung	– –	– –

b) Erklären Sie die Auswirkungen innerhalb des unter a) aufgeführten Schemas, wenn es zu *Über- bzw. zu Unterbewertungen* des Vermögens kommt! Welche Folgen können sich jeweils daraus für die verschiedenen Bilanzadressaten ergeben?

3. In der Praxis erstellen die meisten Betriebe nur eine Bilanz, deren Wertansätze sich ausschließlich an den Vorschriften des Steuerrechts (EStG §§ 6 ff.) orientieren.

   Warum kann hier von einer „Umkehrung" des Maßgeblichkeitsprinzips gesprochen werden?

4. Der Grundsatz der kaufmännischen Vorsicht steht im Zielkonflikt mit dem Grundsatz der periodengerechten Ergebnisermittlung.

   a) Erläutern Sie diesen Zielkonflikt an einem selbst gewählten Zahlenbeispiel!

   b) Inwieweit lässt sich in den Bestimmungen des Handelsgesetzbuches erkennen [vgl. HGB § 253 Abs. 2 und 253 Abs. 1], dass der Gesetzgeber einen Kompromiss zwischen den beiden Bewertungsprinzipien anstrebt?

5. Die Bundschuh-Electronic-AG erwirbt am 03.02.2004 ein Aktienpaket der Haushaltsgeräte-AG von 16 000 Stück zum Stückkurs von 15,00 € (je 5,00-€-Aktie). Zweck der Anlage: Einflussnahme auf die Haushaltsgeräte-AG.

   a) Wie sind die Aktien bei der Beschaffung zu buchen, wenn die Bank für Maklergebühr und Provision 1,1 % vom Kurswert berechnet?

   b) Am Bilanzstichtag 31.12.2004 fällt der Kurs der Aktie auf 14,00 €. Zum Zeitpunkt des Bilanzstichtages ist jedoch bereits wieder eine Kurserholung in Sicht! Treffen Sie eine Bewertungsentscheidung für die Handelsbilanz!

   c) Am Bilanzstichtag 31.12.2005 steigt der Kurs aufgrund von Börsenspekulationen auf 15,50 €. Welche Bewertung schlagen Sie vor, wenn am 31.12.2004 die Aktien mit 14,00 € je Stück bilanziert worden wären?

   d) Im Jahre 2006 fällt der Kurs stetig ab, da sich seit Anfang des Jahres eine anhaltend schlechte Ertragslage abzeichnet. Ein langfristiges Sanierungskonzept soll das Unternehmen vor dem Zusammenbruch bewahren. Welche Bewertungsentscheidung ist zu treffen, wenn die Aktien am 31.12.2005 noch mit 11,00 € an der Börse notiert werden? (Es wird unterstellt, dass die Aktien am 31.12.2005 mit 15,00 € bilanziert wurden.)

   e) Wie wären die Aktien am 31.12.2004 und 31.12.2005 zu bewerten, wenn es sich um Wertpapiere des Umlaufvermögens handelte?

6. Es ist am Bilanzstichtag eine Auslandsschuld von 120 000,00 US-$ zu bewerten.

   Umrechnungskurse am 01.07.2005 , dem Tage der Kreditaufnahme:
   Geldkurs: 1,215
   Briefkurs: 1,221

   Umrechnungskurs am Bilanzstichtag des gleichen Jahres:
   Geldkurs: 1,155
   Briefkurs: 1,185
   Kurs jeweils für 1,00 €.

Vertiefung

7. Ist es zutreffend, dass durch die steuerrechtliche Behandlung der Herstellungskosten das Maßgeblichkeitsprinzip durchbrochen wird? Ziehen Sie für Ihre Begründung (HGB § 255 Abs. 2) heran!

8. Ein Unternehmen der Metallindustrie (AG) beabsichtigt, die kurze Zeit vor dem Bilanzstichtag erworbenen geringwertigen Wirtschaftsgüter im Gesamtwert von 16 000,00 € zum Jahresende in der Handelsbilanz – entsprechend der betriebsgewöhnlichen Nutzungsdauer von fünf Jahren – mit 20 % linear abzuschreiben. In der Steuerbilanz sollen die Wirtschaftsgüter nach EStG § 6 Abs. 1 behandelt werden, da die Voraussetzungen hierfür vorliegen.

   a) Welche Wertansätze würden sich nach den Vorstellungen dieses Betriebes in Handels- und Steuerbilanz am 31.12. ergeben?

   b) Sind die beiden Wertansätze zulässig? Begründen Sie Ihre Entscheidung!

9. Der Grundsatz der periodengerechten Ergebnisermittlung des Steuerrechts kann durchbrochen werden, z.B. wenn aus konjunkturpolitischen Gründen die degressive Abschreibung durch Rechtsverordnung ausgesetzt bzw. der degressive Abschreibungssatz erhöht wird.

   a) Erläutern Sie, wie sich eine Erhöhung der degressiven Abschreibung auf das Periodenergebnis auswirkt!

   b) Halten Sie es für richtig, dass der Grundsatz periodengerechter Ergebnisermittlung in manchen Fällen bewusst konjunkturpolitischen Zielen untergeordnet wird? Begründen Sie Ihre Meinung!

10. Warum wurde in das HGB für die Bewertung des Anlage- und Umlaufvermögens die Bestimmung aufgenommen, dass der niedrigere Wert in der Handelsbilanz angesetzt werden darf, der auf einer nur steuerrechtlich zulässigen Abschreibung beruht [vgl. HGB § 254 und 253 Abs. 5]?

3.4.3 Sonderposten mit Rücklageanteil[1]

Kontrolle

1. a) Beschreiben Sie die Auswirkungen der Bildung und Auflösung von Sonderposten mit Rücklageanteil im Hinblick auf
   - die Finanzierung
   - das Ergebnis und die Ertragssteuern.

   b) Inwieweit vermögen Sie in der Bildung dieser Sonderposten wirtschaftspolitische Ziele zu erkennen?

   c) Wie lauten die Grundsätze der Behandlung der Sonderposten im Rechnungswesen?

   d) Erläutern Sie den Eigen - bzw. Fremdkapitalcharakter der Sonderposten. Inwieweit führen unterschiedliche hohe Ertragsteuern zu unterschiedlicher Gewichtung?

---

[1] Nach dem Referentenentwurf für das Bilanzrechtsmodernisierungsgesetz soll die umgekehrte Maßgeblichkeit abgeschafft werden.

2. a) Welche Funktion erfüllt der Sonderposten mit Rücklageanteil? Welche Fallgruppen sind denkbar?

   b) Bleiben Veräußerungsgewinne tatsächlich endgültig steuerfrei, wenn ein Sonderposten mit Rücklageanteil gebildet wird?

   c) Worin liegt die steuerliche Wirkung des Sonderpostens mit Rücklageanteil?

   d) Nennen Sie einige Beispiele für steuerfreie Rücklagen und indirekte steuerliche Abschreibungen.

3. Rücklage für Ersatzbeschaffung, R 6.6 EStG
   Eine Maschine wird durch einen Brand am 01.09.2005 zerstört. Buchwert am 01.01.2005 1 440 000,00 €. (Anschaffungskosten 2 400 000,00 €, Nutzungsdauer 10 Jahre, lineare Anschaffungskosten). Entschädigung der Versicherung am 15.11.2005 mit 1 600 000,00 € fest zugesagt. Neue Maschine, Nutzungsdauer 8 Jahre (linear abzuschreiben) am 18.04.06 mit AK von 1 800 000,00 € beschafft.

   a) Wie ist am 01.09., am 15.11. und am 31.12. zu buchen?

   b) Wie lauten die Buchungen am 18.04.2006 und 31.12.2006?

4. Reinvestitionsrücklage bei Veräußerungsgewinn gemäß § 6 Abs. 3 EStG
   Buchwert von Gebäude nach zeitanteiliger Abschreibung am 01.10.05 800 000,00 €, Verkauf zu 3 200 000,00 € am 01.10.05. Am 01.05.06 Kauf von Reinvestitionsobjekt (Gebäude/Grundstück) zum Preis 3 600 000,00 €. Keine VoSt beachten.

   Behandlung im Rechnungswesen?

   Erläutern Sie den Unterschied beim Kauf bzw. der Erstellung eines Gebäudes zum Kauf eines Grundstücks!

5. Auszug aus § 7g EStG: Sonderabschreibungen und Ansparabschreibungen zur Förderung kleiner und mittlerer Betrieb.

   (1) Bei neuen beweglichen Wirtschaftsgütern des Anlagevermögens können unter den Voraussetzungen des Absatzes 2 im Jahr der Anschaffung oder Herstellung und in den vier folgenden Jahren neben den Absetzungen für Abnutzung oder Herstellung und in den vier folgenden Jahren neben den Absetzungen für Abnutzung nach § 7 Abs. 1 oder 2 Sonderabschreibungen bis zu insgesamt 20 vom Hundert der Anschaffungs- oder Herstellungskosten in Anspruch genommen werden.

   (3) Steuerpflichtige können für die künftige Anschaffung oder Herstellung eines Wirtschaftsguts im Sinne des Absatzes 1 eine den Gewinn mindernde Rücklage bilden (Ansparabschreibung). Die Rücklage darf 40 vom Hundert der Anschaffungs- oder Herstellungskosten des begünstigten Wirtschaftsguts nicht überschreiten, das der Steuerpflichtige voraussichtlich bis zum Ende des zweiten auf die Bildung der Rücklage folgenden Wirtschaftsjahrs anschaffen oder herstellen wird.

   Beispiel: Eine GmbH, die die Bedingung nach § 7g EStG erfüllt, hat eine neue abnutzbare Anlage für 160 000,00 € (netto) erworben, für die sie im Vorjahr eine Ansparrücklage in Höhe von 40 % der (künftigen) Anschaffungskosten gebildet hat. Ihre Nutzungsdauer beträgt 8 Jahre. Die Maschine soll linear mit 12,5 % und zusätzlich nach § 7g EStG mit 20 % im Anschaffungsjahr (Sonderabschreibung zur Förderung kleiner und mittlerer Betriebe) abgeschrieben werden.

   a) Wie kann grundsätzlich den Analysten des handelsrechtlichen Jahresabschlusses vermittelt werden, dass es sich bei der Sonderabschreibung um die Ausübung eines steuerlichen Wahlrechts handelt und nicht um eine wirtschaftliche Wertminderung?

b) Wie lauten die Buchungssätze in den jeweiligen Jahren?

c) Stellen Sie die lineare Abschreibung und die Abschreibung nach § 7g EStG gegenüber und zeigen Sie die Bildung und Auflösung des Sonderpostens mit Rücklageanteil.

3.5 Bewertungsvereinfachungsverfahren

3.5.1 Gewogener Durchschnitt

3.5.2 Verbrauchsfolgeverfahren Fifo und Lifo

Kontrolle

1. a) Wie unterscheidet sich die Einzelbewertung von den Bewertungsvereinfachungsverfahren?

   b) Warum handelt es sich bei den Verfahren der Bewertungsvereinfachung um Fiktionen?

   c) Welche Unterstellungen gelten bei den Verfahren Fifo und Lifo?

2. In einer Möbelfabrik werden im Laufe des Jahres 20 . . folgende Holzvorräte für die Verarbeitung gekauft:

Käufe am:	Mengen in m^3	Anschaffungskosten je m^3
10.01.20 . .	10	504,00 €
15.04.20 . .	25	500,00 €
16.07.20 . .	8	510,00 €
30.10.20 . .	10	508,00 €

Der Schlussbestand **des Vorjahres** war 5 m^3 zu je 495,00 €. Am Bilanzstichtag 31.12.20 . . befinden sich noch 13 m^3 im Rohstofflager. An diesem Tag wird das Holz mit 504,00 € gehandelt.

   a) Berechnen Sie die Wertansätze nach dem gewogenen Durchschnitts- und den Verbrauchsfolgeverfahren!

   b) Mit welchem Wert muss die Möbelfabrik ihren Bestand in Handels- bzw. Steuerbilanz ansetzen, wenn sie einen möglichst niedrigen Gewinn ausweisen will?

3. Welche der folgenden Aussagen sind richtig? Begründen Sie Ihre Feststellung!

   a) Das Lifo-Verfahren führt bei steigenden Preisen zur Überbewertung der Schlussbestände.

   b) Das Fifo-Verfahren führt bei fallenden Anschaffungskosten zur Bildung stiller Rücklagen.

   c) Das Fifo-Verfahren ist ohne Nachweis steuerlich zugelassen.

   d) Eine Sammelbewertung ist nur zulässig, wenn es sich um annähernd gleichartige Vermögensgegenstände handelt.

   e) Das Niederstwertprinzip verhindert bei fallenden Anschaffungskosten eine Überbewertung der Schlussbestände, wenn das Lifo-Verfahren angewandt wird.

Vertiefung

4. In einer Fabrik für chemische Erzeugnisse werden während der Abrechnungsperiode zu verschiedenen Zeitpunkten Rohstoffe bezogen, u.a. flüssige Ausgangsstoffe, wie Säuren und Laugen, und feste Stoffe, wie Mineralien und Drogen.
   Die einzelnen Arten flüssiger Stoffe werden in Tanks gelagert, wobei es durch Vermischung des jeweiligen Zugangs zu unterschiedlichen Anschaffungskosten mit den bisherigen Beständen kommt. – Die festen Stoffe werden z.T. in Behälter gefüllt, wobei die Zugänge und Entnahmen der Stoffe jeweils von oben erfolgen. Daneben werden Behälter verwendet, bei denen die Beschickung ebenfalls von oben, die Entleerung jedoch unten erfolgt. Bei sämtlichen Zugängen während der Periode sind die Anschaffungskosten laufend gestiegen. Bei der Bewertung der Schlussbestände steht der Betrieb vor folgenden Entscheidungsalternativen:
   - Bewertung der Schlussbestände zu den Durchschnittspreisen der bezogenen Stoffe,
   - Bewertung zu den Anschaffungskosten der zuletzt bezogenen Stoffe,
   - Bewertung zu den Anschaffungskosten der am Anfang bezogenen Stoffe.

   a) Welche Verfahren der Bewertungsvereinfachung sind in der obigen Problemstellung erwähnt?

   b) Welches Verfahren wird die Unternehmung bevorzugen, wenn stille Rücklagen gebildet werden sollen?

   c) Prüfen Sie, inwieweit die einzelnen Verfahren bei den verschiedenen Vorräten steuerlich zulässig sind!

5. In einer AG werden zwei Gruppen von Rohstoffen gelagert, deren Preisentwicklung am Markt gegenläufig ist. Bei der Rohstoffgruppe I steigen die Anschaffungskosten wegen der zunehmenden Verknappung, bei der Rohstoffgruppe II hat aufgrund einer Änderung in der Bedarfsstruktur ein Preisverfall eingesetzt.

   Ein Wirtschaftsprüfer wird beauftragt, für die zu erstellende Handelsbilanz den bilanzpolitischen Spielraum bei den beiden Rohstoffgruppen zu ermitteln. Ziel der Verwaltung der AG ist es, den Dividendensatz gegenüber dem Vorjahr nicht zu kürzen. Hierzu sollen auch die im Rohstofflager vorhandenen „Gewinnreserven" voll genutzt werden.

	Gruppe I	Gruppe II
Anfangsbestände:	30 000 ME zu 7,00 € je ME	50 000 ME zu 15,00 € je ME
Zugänge im Jahr:	20 000 ME zu 8,00 € je ME 25 000 ME zu 10,00 € je ME 40 000 ME zu 10,50 € je ME	15 000 ME zu 11,00 € je ME 6 000 ME zu 10,00 € je ME 4 000 ME zu 8,00 € je ME
Schlussbestände:	20 000 ME	30 000 ME
Marktwerte (Tageswerte):	11,00 € je ME	8,00 € je ME

   a) Ermitteln Sie die Wertansätze für die Handelsbilanz nach dem gewogenen Durchschnitts-, Fifo- und Lifo-Verfahren für die Rohstoffgruppe I!

   b) Wie wirken sich die Ansätze der Rohstoffgruppe I nach den drei Verfahren auf den ausschüttungsfähigen Gewinn (Bilanzgewinn) der Periode aus? Welche Unterschiede im Ergebnis entstehen?

Hinweis für die Lösung: Es wird ein *Vermögen* von 880 000,00 € (ohne bilanzierte Rohstoffe) und ein Eigenkapital von 950 000,00 € (ohne Bilanzgewinn) angenommen. Tragen Sie für alle drei Verfahren die Bilanzansätze für die Rohstoffe nach folgendem Muster ein:

A	Bilanz		P
Vermögen	880 000,00	Eigenkapital	950 000,00
Rohstoffe	?	Bilanzgewinn	?
	?		?

A

c) Welche Bewertungsentscheidung ist zu treffen, um das von der Verwaltung der AG angestrebte Ziel zu erreichen?

d) Treffen Sie – entsprechend den Fragen a) und b) – auch für die Rohstoffgruppe II die angemessene Entscheidung!

e) Der Betriebsratsvorsitzende des Werks verurteilt die vorgesehenen bilanzpolitischen Maßnahmen als Gewinnmanipulation, die dazu diene, dem Betrieb zulasten der Arbeitnehmer Substanz zu entziehen. – Ein Sprecher des Vorstandes verteidigt die bilanzpolitische Maßnahme als Teil der Unternehmenspolitik, die dazu beitrage, langfristig den Bestand des Unternehmens zu sichern und damit die Arbeitsplätze zu erhalten. Nehmen Sie zu den Argumenten Stellung!

3.6 Bilanzpolitischer Spielraum in Handels- und Steuerbilanz

3.6.1 Zusammenfassender Überblick über die bilanzpolitischen Instrumente

3.6.2 Begrenzung des bilanzpolitischen Spielraums bei Kapitalgesellschaften

Kontrolle

1. a) Was versteht man unter Bilanzpolitik?

   b) Welcher Zusammenhang besteht zwischen bilanzpolitischen Maßnahmen und den Zielsetzungen der Unternehmenspolitik?

   c) Nennen Sie die bilanzpolitischen Instrumente!

2. Prüfen Sie die Richtigkeit der folgenden Aussagen:

   a) Die bilanzpolitischen Instrumente bestimmen den Bilanzierungs- und Bewertungsspielraum.

   b) Bilanzierungswahlrechte in der Handelsbilanz bedeuten stets Bilanzierungsgebote in der Steuerbilanz.

   c) Passivierungswahlrechte in der Handelsbilanz führen zu Passivierungsgeboten in der Steuerbilanz.

   d) Ausgeübte Bilanzierungswahlrechte in der Handelsbilanz verhindern die Verwirklichung einer einheitlichen Zielsetzung in Handels- und Steuerbilanz.

e) Ausgeübte Bewertungswahlrechte (Methoden- und Wertansatzwahlrechte) in der Handelsbilanz führen zwangsläufig zu einer gleichgerichteten Bilanzpolitik in der Steuerbilanz.

3. Erläutern Sie anhand von zwei Beispielen den größeren bilanzpolitischen Spielraum der Handelsbilanz im Vergleich zum Steuerrecht! Ziehen Sie die Tabelle im Band 1 heran.

4. Nennen Sie die wesentlichen bilanzpolitischen Begrenzungen für die Kapitalgesellschaft!

5. Warum wird die Bildung stiller Rücklagen bei Kapitalgesellschaften durch Unterbewertungsverbote eingeengt bzw. die Auflösung stiller Rücklagen im Wertaufholungsgebot erzwungen?

6. Erläutern Sie den Sinn von HGB § 280 Abs. 3!

7. Ein Anlagegut mit einem Anschaffungswert von 100 000,00 € wird in einer Industrie-AG bei einer betriebsgewöhnlichen Nutzungsdauer von zehn Jahren linear abgeschrieben. Am Ende des 3. Nutzungsjahres wird außerplanmäßig auf 42 000,00 € abgeschrieben. Die Finanzverwaltung erkennt diesen Wert als Teilwert an.

Im 5. Nutzungsjahr fällt der Grund für die außerplanmäßige Abschreibung weg. Stellen Sie eine Abschreibungstabelle auf, in der Sie die Werteentwicklung darstellen! Berücksichtigen Sie HGB § 280! Führen Sie auch eine Spalte „fiktive Abschreibungen" (vgl. Fallbeispiel 1, Band 1).

Die Unternehmenssituation soll nach außen hin möglichst günstig dargestellt werden.

Vertiefung

8. In einem holzverarbeitenden Industriebetrieb (Einzelunternehmung) wurde ein vorläufiger Gewinn von 350 000,00 € ermittelt. Die **bilanziellen Wertansätze (a bis m)** sind nach folgenden Kriterien zu überprüfen:
   - Einhaltung der gesetzlichen Vorschriften. (Es wird eine Einheitsbilanz erstellt.) Berichtigen Sie, wenn erforderlich, den Wertansatz unter Angabe der gesetzlichen Vorschrift!
   - Der ermittelte steuerpflichtige Gewinn soll möglichst niedrig gehalten werden.

   Bei jedem Fall ist anzugeben, um wie viel € sich der Gewinn gegebenenfalls ändert!

   a) Am 01.10.20.. wurde eine Bandsäge erworben:

Listenpreis netto	19 000,00 €
+ Transportkosten	1 000,00 €
	20 000,00 €
+ 19 % Umsatzsteuer	3 800,00 €
Rechnungspreis	23 800,00 €

   Der Rechnungspreis wurde unter Abzug von 2 % (vom Listenpreis der Bandsäge) beglichen. Die Montagekosten betrugen 1 400,00 € + 19 % USt = 1 666,00 €.

Die betriebsgewöhnliche Nutzungsdauer ist zehn Jahre.

Bisheriger Bilanzansatz zum 31.12.2007	20 000,00 €
- AfA 10 % / drei Monate	500,00 €
	19 500,00 €

b) Eine Schreibmaschine, die am 01.04.2007 angeschafft wurde, ist als geringwertiges Wirtschaftsgut (gWG) behandelt worden. Betriebsgewöhnliche Nutzungsdauer vier Jahre. Listenpreis (netto) 500,00 €, Rabatt 5 %. Außerdem wurden 2 % Skonto = 9,50 € (gerundet) abgezogen.

c) Folgendes Patent wurde aktiviert:

Kaufpreis des Patents einschließlich 19 % Umsatzsteuer = 59 500,00 €.

Zu diesem Preis wurde das Patent am 02.06. d. J. aktiviert.

Das Patent kann voraussichtlich acht Jahre genutzt werden. Der Patentschutz läuft 20 Jahre.

Bilanzansatz am 31.12.2007	58 000,00 €

d) Im März dieses Jahres wurde ein Möbel-Einzelhandelsgeschäft gekauft. Im Kaufpreis enthaltener Firmenwert = 71 400,00 € einschließlich 19 % Umsatzsteuer. Auf eine Aktivierung des Firmenwertes am 31.12.2007 wurde verzichtet.

e) Das unbebaute Grundstück der Firma, das vor drei Jahren für 30 000,00 € für den Bau von Garagen beschafft wurde, verliert an Wert, weil durch die geänderte Führung der Bundesstraße eine Zubringerstraße zu dem Grundstück nicht gebaut wird. Ein Sachverständiger schätzt den Wert des Grundstücks auf 20 000,00 €.

Bewertung am 31.12.2007 mit	30 000,00 €

f) Bei der Inventur am 31.12.20.. befinden sich noch 20 Büroregale auf Lager. Die Betriebsabrechnung liefert folgende Zahlen: Materialeinzelkosten je Stück 250,00 €, Fertigungslöhne je Stück 180,00 €, Materialgemeinkosten 10 %, Fertigungsgemeinkosten 120 %, Sondereinzelkosten der Fertigung 29,00 €, Verwaltungsgemeinkosten 25 %, Vertriebsgemeinkosten 10 %.

Bewertung am 31.12.2007	14 000,00 €

g) Nach dem gewogenen Durchschnittsverfahren wurde eine Sammelbewertung von Profilleisten aus Messing durchgeführt.

Der Buchhalter ermittelte aus der Finanzbuchführung folgende Daten:

Anfangsbestand:	am 01.01.2007 130 m zu je 17,00 €/m
Zugänge:	am 01.04.2007 150 m zu je 16,00 €/m
	am 15.06.2007 120 m zu je 19,00 €/m
	am 11.10.2007 200 m zu je 17,00 €/m
Abgänge:	am 15.02.2007 80 m am 20.06.20.. 100 m
	am 10.04.2007 120 m am 15.09.20.. 150 m

Die Art der Lagerhaltung lässt nicht darauf schließen, aus welcher Lieferung der Schlussbestand stammt.

Die Profilleisten werden am Bilanzstichtag mit netto 16,00 € angeboten.

Bewertung am 31.12.2007   2 572,50 €

h) Unter den Gegenständen des Umlaufvermögens befinden sich u.a. Wechsel und Wertpapiere:

   1. Wechsel über 15 000,00 €, Bezogener Möbel-Franz, Offenburg, Verfalltag 31.03.
      n.J., Diskontsatz der Hausbank 9 %.

      Bewertung am 31.12.2007   15 000,00 €

   2. Aktien 500 Stück der Kaufhaus-AG zu 32,50 € je Stück   =   16 250,00 €
      Spesen hierauf (Maklergebühr, Provision u.a.)   =   190,00 €
      Kurs am Bilanzstichtag: 38,00 €
      Bewertung am 31.12.2007 (19 000–190)   18 810,00 €

i) Kundenforderung an Firma Helmer und Stucki, Zürich

   entstanden am 10.12.2007   50 000,00 CHF

	Geld	Brief
Kurs am 10.12.20. .	1,58 CHF	1,60 CHF
Kurs am 31.12.20. .	1,59 CHF	1,61 CHF

   Bewertung am 31.12.20. .   31 446,54 €

j) Der Forderungsbestand betrug am 31.12.2007 928 200,00 € einschließlich 19 %
   Umsatzsteuer. Nach den Erfahrungen der letzten Jahre beträgt das Ausfallrisiko 5 %
   des Forderungsbestandes.

   Bilanzierung der Forderungen am 31.12.2007
   Forderungen   928 200,00 €
   – 5 % Pauschalwertberichtigung   46 410,00 €
   Bewertung am 31.12.2007   881 790,00 €

k) Im August des Bilanzierungsjahres wurde ein Großauftrag hereingenommen. Als Festpreis sind mit dem Kunden 200 000,00 € vereinbart worden (ohne Umsatzsteuer). Bis
   zum 31.12.2007 erhöhten sich die Aufwendungen für die Ausführungen des Auftrags
   unerwartet auf 204 000,00 €. Bis zum Zeitpunkt der Ausführung des Auftrags im
   März des Folgejahres werden die Aufwendungen (Materialpreiserhöhung, Lohnerhöhungen) auf 209 000,00 € (Wert ohne Umsatzsteuer) veranschlagt.

   Bewertung als Rückstellung am 31.12.2007   9 000,00 €

l) Im Herbst des Bilanzierungsjahres wurde einem Handwerksbetrieb ein Auftrag über
   verschiedene Reparaturarbeiten am Betriebsgebäude erteilt. Wegen des schlechten Wetters unterblieben die Arbeiten im laufenden Jahr und sind im April des Folgejahres ausgeführt worden. Vereinbarte Reparaturkosten etwa 9 520,00 € einschließlich 19%
   Umsatzsteuer.

   Bewertung als Rückstellung am 31.12.2007   8 000,00 €

m) Im laufenden Geschäftsjahr (am 30.09.) wurde bei der Kreissparkasse ein Darlehen in
   Höhe von 150 000,00 € aufgenommen. Die Auszahlung erfolgte mit einem Abgeld
   (Damnum) von 6 %. Die Laufzeit ist fünf Jahre. Das erste Jahr ist tilgungsfrei.

Bilanzierung des Darlehens am 31.12.2007   <u>150 000,00 €</u>

Das Damnum wurde sofort bei der Auszahlung des Darlehens als Aufwand erfasst und am Jahresende über Gewinn- und Verlustkonto abgeschlossen.

9. Bei den Fällen a) bis m) der oben stehenden Aufgabe 8 handelt es sich um die Erstellung der Einheitsbilanz einer Einzelunternehmung.

Untersuchen Sie die bilanzpolitischen Spielräume bzw. Bilanzierungspflichten, die sich in den Fällen a) bis m) ergeben, wenn unterstellt wird, dass es sich bei dem holzverarbeitenden Betrieb um eine AG handelt! Geben Sie die jeweiligen Wertansätze für die Handelsbilanz an!

A

Beachten Sie die Bilanzpolitik des Unternehmens: Aus Gründen der Substanzerhaltung soll der Gewinn möglichst niedrig gehalten werden!

10. Im Rahmen des von der Unternehmenspolitik vorgegebenen Zielsystems einer Aktiengesellschaft werden in der „Handelsbilanzpolitik" die wirtschaftliche Lage von Fall zu Fall tendenziell eher positiv bzw. negativ dargestellt.

Entscheiden Sie über die taktischen Ziele, die in der Handelsbilanzpolitik – Ihrer Meinung nach – in den folgenden Fällen jeweils angestrebt werden sollten:

a) Die Unternehmensleitung beabsichtigt, die Beziehungen zu Lieferanten und Kunden dauerhaft auszubauen.

b) Die Verwaltung der AG bereitet eine „Kapitalerhöhung gegen Einlagen" vor.

c) Die Liquiditätslage hat sich im Geschäftsjahr zunehmend verschlechtert.

d) Die AG befindet sich mit verschiedenen Produkten in einer Auslaufphase (sinkende „Lebenszykluskurve") und somit in einem betrieblichen Abschwung.

e) Trotz günstiger Ertragslage will die Verwaltung an einer stabilen Dividende (Dividendenkontinuität) festhalten und den Dividendensatz nicht erhöhen.

11. Ein Industriebetrieb, der in der Rechtsform der AG betrieben wird, stellt Freizeitkleidung und Frottierwaren her. Das Unternehmen unterliegt phasenweise stärkeren, branchenspezifischen konjunkturellen Schwankungen. Bei der augenblicklichen guten Beschäftigungslage verfolgt das Unternehmen folgende Zielsetzung: Die Möglichkeiten der Bildung stiller Rücklagen werden ausgeschöpft, der zu versteuernde Gewinn soll möglichst klein gehalten werden, um die Ertragssteuern zu minimieren.

Entscheiden Sie in folgenden Fällen im Rahmen des Wertaufholungsgebotes nach HGB § 280 Abs. 1 bzw. Abs. 2, indem Sie die Bestrebungen des Unternehmens berücksichtigen:

a) Eine Produktionsanlage wurde wegen einer angekündigten Erfindung in ihrem Wert um $\frac{1}{3}$ gemindert, sodass nach einer außerplanmäßigen Abschreibung, die auch als Teilwertabschreibung von der Finanzbehörde anerkannt wurde, die Anlage einen Buchwert von 160 000,00 € in Handels- und Steuerbilanz ausweist.

Am Ende des Folgejahres stellte es sich heraus, dass die Erfindung auf einen verwandten Anlagetyp begrenzt bleibt und deshalb auf den Wert der Produktionsanlage des Werks keinen Einfluss hat.

b) Auf eine Auslandsbeteiligung von 2 500 000,00 € wurde vor zwei Jahren eine außerplanmäßige Abschreibung von 1 500 000,00 € in der Handelsbilanz und eine gleichlautende Teilwertabschreibung in der Steuerbilanz vorgenommen, weil Streiks und Unruhen zu Produktionsausfällen und Absatzeinbußen führten.

Bis zum Berichtsjahr hat sich die Lage normalisiert, sodass die Beteiligung wieder ihren ursprünglichen Wert von 2 500 000,00 € erreicht.

c) Welcher Bewertungsunterschied ergibt sich – bei gleicher „Unternehmensstrategie" –, wenn es sich in den Fällen a) und b) nicht um eine AG, sondern um eine OHG handelt?

3.7 Latente Steuern (Aktive und passive Steuerabgrenzung)

Kontrolle

1. a) Welche Aufgabe hat die aktive und passive Steuerabgrenzung (latente Steuern) in der Handelsbilanz?

   b) Wie ist es zu erklären, dass aktive Steuerabgrenzungen vorgenommen werden dürfen, für die passive Steuerabgrenzung jedoch eine Bilanzierungspflicht besteht?

2. Welche der folgenden Aussagen sind richtig bzw. falsch? Begründen Sie Ihre jeweilige Stellungnahme!

   a) Die Erfassung latenter Steuern engt den bilanzpolitischen Spielraum für die Kapitalgesellschaft ein.

   b) Die Aktivierung von Ingangsetzungskosten nach HGB § 269 in der Handelsbilanz (als Bilanzierungshilfe) führt zu einer passiven Steuerabgrenzung.

   c) Aufwandsrückstellungen, z.B. für Großreparaturen, die in der Handelsbilanz erlaubt sind, lösen eine Bilanzierungspflicht von Rückstellungen für latente Steuern aus.

3. Prüfen Sie, ob in den folgenden Fällen Steuerabgrenzungen zu bilden sind bzw. gebildet werden können:

   a) Bewegliche Anlagegüter mit Anschaffungskosten bis 410,00 € werden als geringwertige Wirtschaftsgüter behandelt.[1]

   b) Für Pensionen wird eine Rückstellung gebildet.

   c) Abnutzbare, bewegliche Vermögensgegenstände werden mit dem steuerlich höchstzulässigen Abschreibungssatz von 20 % geometrisch-degressiv abgeschrieben.[2]

   d) Das Disagio bei der Emission einer Anleihe wird in der Handelsbilanz aktiviert.

In den Aufgaben 4. bis 6. sind Steuersätze von 55, 60 und 65 % anzunehmen.

4. Eine Aktiengesellschaft hat Aufwendungen für „Ingangsetzung und Erweiterung" im Jahre 20. . in Höhe von 1 000 000,00 € als Bilanzierungshilfe aktiviert. In der Steuerbilanz musste der Posten sofort als Aufwand abgesetzt werden.

---

[1] Die bilanzielle Behandlung von geringwertigen Wirtschaftsgütern wurde mit Wirkung ab 1.1.2008 neu geregelt.

[2] Die degressive Abschreibung ist handelsrechtlich möglich, steuerrechtlich ab 2008 nicht mehr zulässig. Sie wirkt aber aus bestehenden Abschreibungsplänen noch nach.

Wie wird der Sachverhalt unter Beachtung der §§ 274 Abs. 1 und 282 des HGB behandelt?

5. In der Handelsbilanz wird eine „Aufwandsrückstellung" für künftige Großreparaturen gebildet, die in der Steuerbilanz nicht erlaubt ist (HGB § 249 Abs. 1 Satz 3). Jährlich werden 100 000,00 € zurückgestellt, da nach fünf Jahren mit einem Aufwand von 500 000,00 € zu rechnen ist. Wie ist der Sachverhalt unter Beachtung von HGB § 274 im Rechnungswesen zu behandeln?

Vertiefung

6. Eine GmbH hat am 05.01.2006 ein Darlehen von 1 000 000,00 € mit einem Disagio von 6 % aufgenommen, rückzahlbar nach zehn Jahren in einem Betrag. Man hat sich entschieden, das Disagio nach HGB § 250 Abs. 3 Satz 1 nicht zu aktivieren. Wie ist der Sachverhalt zu behandeln, wenn HGB § 274 Abs. 2 angewandt werden soll?

7. Begründen Sie die folgenden *richtigen* Aussagen:

   a) HGB § 274 Abs. 1 wirkt sich in der Kapitalgesellschaft als Bremse für die Bildung stiller Rücklagen aus.

   b) Die Bildung von Aktivposten gem. HGB § 274 Abs. 2 kann als eine Maßnahme angesehen werden, das Bilanzbild „freundlicher" erscheinen zu lassen.

8. Aus welchem Grunde entscheiden sich viele Kapitalgesellschaften bei gleichzeitiger Anwendung von HGB § 274 für Bewertungen nach Handelsrecht, wenn das Handelsrecht gegenüber dem Steuerrecht abweichende Möglichkeiten zulässt? Bei Bewertung im Sinne einer Einheitsbilanz könnten doch Probleme nach HGB § 274 vermieden werden!

9. Verrechnung von Rückstellungen und aktiver Rechnungsabgrenzung: Im Jahr 20.. werden Aufwendungen für Ingangsetzung in Höhe von 1 500 000,00 € aktiviert und in den darauf folgenden vier Jahren abgeschrieben (HGB §§ 269 und 282).

   Daneben werden im Jahr 20.. und den vier folgenden Jahren Aufwandsrückstellungen von je 600 000,00 € angelegt. Der betreffende Gesamtaufwand tritt erst im sechsten Jahre auf. Wie ist der gesamte Sachverhalt nach HGB § 274 bei einem Steuersatz von 30 % für Steuern vom Einkommen und Ertrag zu behandeln?

4 Jahresabschluss und Gewinnverwendung

4.1 Einzelunternehmung und Personengesellschaften

4.1.1 Gliederungswahlrechte bei der Bilanz und Gewinn- und Verlustrechnung

4.1.2 Offenlegungswahlrechte (Publizitätswahlrechte)

4.1.3 Wahlrechte bei der Gewinnverwendung

A

Kontrolle

1. a) Wie setzt sich der Jahresabschluss zusammen bei
   - Einzelunternehmung bzw. Personengesellschaften
   - Kapitalgesellschaften?

   b) Ist es Ihrer Meinung nach berechtigt, bei den weiteren Wahlrechten (Gliederung, Offenlegung und Gewinnverwendung) von einer Erweiterung der bilanzpolitischen Instrumente (Bilanzierungs- und Bewertungswahlrechte) zu sprechen? Begründen Sie Ihre Aussage!

2. a) Welche Mindestanforderungen müssen die Gliederungen von Jahresabschlüssen bei Einzelunternehmungen und Personengesellschaften erfüllen?

   b) Gibt es Begrenzungen der Entscheidungsmöglichkeiten für Personengesellschaften beim
   - Offenlegungswahlrecht
   - Wahlrecht der Gewinnverwendung?

3. Welche Bedeutung hat die gesetzliche Regelung der Gewinnverwendung bei OHG und KG?

4. Die Gebrüder Mozer OHG erzielten im vergangenen Geschäftsjahr einen Reingewinn von 179 782,14 €.

   Anfangskapital von Horst Mozer   1 200 000,00 €
   Anfangskapital von Otto Mozer   800 000,00 €

   Die beiden geschäftsführenden Gesellschafter haben von ihrem gesetzlichen Entnahmerecht Gebrauch gemacht. Außerdem hat Horst Mozer während des Geschäftsjahres Einlagen geleistet.

Horst Mozer				Otto Mozer
Entnahmen		Einlagen		Entnahmen
Wertstellung	Betrag (€)	Wertstellung	Betrag (€)	
15.01.2006 20.04.2006 15.06.2006	10 000,00 9 000,00 7000,00	31.03.2006 31.08.2006	20 000,00 30 000,00	jeweils am Monatsletzten während des Geschäftsjahres: 2 000,00 €
insgesamt	26 000,00		50 000,00	

Der Jahresgewinn soll nach den Bestimmungen des HGB verteilt werden.

a) Berechnen Sie die Zinsgutschriften bzw. Zinsbelastungen für beide Gesellschafter! Verwenden Sie dabei die jeweils am besten geeignete Methode der Zinsberechnung!

b) Stellen Sie die Gewinnverteilung bis zu den Endkapitalien in übersichtlicher Form dar!

c) Wie lauten die Buchungssätze für den Abschluss der Privatkonten und für die Gewinnanteile?

5. An einer KG sind beteiligt:

Komplementär A: Eigenkapital am Jahresanfang	250 000,00 €
Komplementär B: Eigenkapital am Jahresanfang	100 000,00 €
Kommanditist C: Kommanditkapital (Kommanditeinlage)	50 000,00 €

Von der Kommanditeinlage sind 80 % geleistet. Der Restbetrag ist seit Jahresanfang (01.01.2006) fällig.

Die beiden Komplementäre erhalten eine gewinnabhängige Tätigkeitsvergütung (als Gewinnvoraus) von je 24 000,00 €. Die Kapitalkonten verzinsen sich nach dem Stand am Jahresanfang, die ausstehenden Einlagen und die Entnahmen nach ihrer jeweiligen Wertstellung. Zinssatz 5 %. Ein Restgewinn wird unter die Gesellschafter A, B und C im Verhältnis 2 : 2 : 1 verteilt.

Privatentnahmen:

Komplementär A		Komplementär B
am 15.04.2006	4 000,00 €	am 10.02.2006 , 10.04.2006 , 10.06.2006
am 15.10.2006	8 000,00 €	10.08.2006 , 10.10.2006 , 10.12.2006
		jeweils 1 200,00 €

Jahresreingewinn 111 735,00 €

a) Stellen Sie zum Jahresende am 31.12.2006 eine Gewinnverteilung auf!

b) Wie lauten die Buchungssätze für den Abschluss der Privatkonten und die Gewinnanteile?

Vertiefung

6. a) Eine expandierende Einzelunternehmung (Handelsbetrieb), die nicht unter das Publizitätsgesetz fällt, verwendet für die Gliederung der Bilanz und Gewinn- und Verlustrechnung die für die große Kapitalgesellschaft vorgeschriebenen Gliederungsschemata (HGB § 266 Abs. 2 und § 275 Abs. 2).

b) Eine Kommanditgesellschaft, welche die Größenmerkmale des Publizitätsgesetzes nicht erfüllt, verwendet für die Gliederung der Bilanz das für die kleine Kapitalgesellschaft vorgeschriebene Schema (HGB § 266 Abs. 1). Die KG besteht aus einem Komplementär und acht Kommanditisten.

c) Die Komplementäre einer KG verzichten vertraglich auf Entnahmen und lassen sich dafür eine Tätigkeitsvergütung (monatlich) auszahlen, die am Gehalt eines Geschäftsführers in einer vergleichbaren GmbH orientiert ist. Die Kommanditisten beanspruchen von den jährlichen Gewinnanteilen nur 20 % als Ausschüttung.

Welche Zielsetzungen werden bei den Entscheidungen a) bis c) bei der Ausübung der Wahlrechte erkennbar?

7. Wie beurteilen Sie den Informationswert der Gliederung der Bilanz und Gewinn- und Verlustrechnung, wie sie in Band 1 vorgeschlagen wird?

8. **Fragen zu der Musteraufgabe „OHG", Band 1:**

   a) Welchen Sinn hat Ihrer Meinung nach die in § 12.2 des Gesellschaftsvertrages getroffene Vereinbarung?

   b) Warum schlägt der Steuerberater eine Änderung des bisherigen Gesellschaftsvertrages vor? Halten Sie – über die beiden Vorschläge hinausgehend – noch weitere Änderungen für angezeigt?

A

9. Arthur Meffert sen. und Bruno Meffert jun. sind Gesellschafter einer OHG.

   Auszug aus den Vereinbarungen im Gesellschaftsvertrag:

   § 4,1:
   Bruno Meffert erhält als geschäftsführender Gesellschafter vorweg aus dem Jahresgewinn eine Tätigkeitsvergütung von 36 000,00 €.

   § 4,2:
   Danach werden die Kapitalien der beiden Gesellschafter nach dem Stand zu Beginn des Geschäftsjahres mit 5 % verzinst. Aus den Privatentnahmen sind 6 % Zins zu berechnen.

   § 4,3:
   Übersteigt der Gewinn die Tätigkeitsvergütung und die Zinsen, so ist er nach Köpfen zu verteilen.

   § 4,4:
   Grundlage für die Gewinnverteilung ist der Steuerbilanzgewinn des jeweiligen Geschäftsjahres.

   Daten der Finanzbuchführung des abgelaufenen Geschäftsjahres:

   Gewinn laut Steuerbilanz: 87 170,00 €

Gesellschafter	Stand der Kapitalkonten zu Beginn des Geschäftsjahres (€)	Privatentnahmen während des Geschäftsjahres (€)	zu verzinsende Privatentnahmen mit
Arthur Meffert	350 000,00	24 000,00	43 200,00 Zinszahlen
Bruno Meffert	300 000,00	20 000,00	36 600,00 Zinszahlen

   a) Führen Sie die Gewinnverteilung tabellarisch bis zu den Endkapitalien am Ende des Geschäftsjahres durch!

   b) Nennen Sie die zugehörigen Buchungssätze!

10. Die Firma Dieterle & Marquardt OHG konnte in den letzten Jahren wegen der anhaltend guten Auftragslage ihre Produktionskapazität erweitern. Zur Entlastung der beiden geschäftsführenden Gesellschafter soll der Schwiegersohn des Rolf Marquardt, der Diplom-Kaufmann Anton Bader, als zusätzlicher geschäftsführender Gesellschafter in die OHG eintreten.

Auszug aus dem geänderten Gesellschaftsvertrag:

§ 5:

Jeder Gesellschafter erhält eine Verzinsung seines zum Geschäftsjahresbeginn vorhandenen Kapitals. Entnahmen sind bis zur gesetzlich festgelegten Höhe zulässig. Zinssatz für Kapital, Entnahmen und Einlagen: 2 % über dem jeweiligen Hauptrefinanzierungssatz.

Ein verbleibender Restgewinn ist auf die Gesellschafter Dieterle, Marquardt und Bader nach Köpfen zu verteilen.

§ 5a:

Anton Bader stellt mit Wirkung vom 01.01.2006 der OHG seine Arbeitskraft zur Verfügung. Er leistet seine Einlage in der Weise, dass er den jährlich 18 000,00 € übersteigenden Gewinnanteil solange nicht entnehmen darf, bis sein Kapitalkonto 60 000,00 € erreicht hat. Auf eine Verzinsung der Entnahmen bis zur Erfüllung der Einlagepflicht wird verzichtet.

Jahresreingewinn des ersten Geschäftsjahres nach Neuaufnahme von Anton Bader am 31.12.2006: 140 112,00 €

Stand der Kapitalkonten zu Beginn des Geschäftsjahres am 01.01.2006:
Heinz Dieterle: 650 000,00 €, Rolf Marquardt 550 000,00 €

Laufende Entnahmen jeweils am Quartalsende:
Heinz Dieterle 5 600,00 €, Rolf Marquardt: 5 000,00 €

Anton Bader entnimmt den ihm jährlich zustehenden Betrag in voller Höhe.

Hauptrefinanzierungssatz am 31.12.2006 4 %.

a) Führen Sie in einer Tabelle die Gewinnverteilung durch, und berechnen Sie die jeweiligen Endkapitalien!

b) Wie lauten die Buchungssätze für den Abschluss der Privatkonten und die Gewinnanteile?

c) Wie beurteilen Sie die hier vertraglich für Anton Bader geregelte Einlageverpflichtung im Hinblick auf die Kreditwürdigkeit der OHG?

d) Angenommen, die OHG gerät in den kommenden Jahren in die Verlustzone. Welches Problem ergibt sich für den Gesellschafter Bader, wenn er über keine anderen Einkünfte verfügt? – Wie ließe sich dieses Problem im Gesellschaftsvertrag lösen?

11. Die Bilanz der Möller KG weist zum Ende des Geschäftsjahres am 31.12.2006 folgende zusammengefasste Zahlen (€) aus:

Aktiva	Bilanz zum 31. Dezember 2006		Passiva
Ausstehende Kommanditeinlage		Kapital Möller	450 000,00
Vollmer	30 000,00	Kommanditkapital Vollmer	100 000,00
Anlagevermögen	1 200 000,00	Fremdkapital	1 350 000,00
Umlaufvermögen	670 000,00		
	1 900 000,00		1 900 000,00

Im Jahr 2006 wurde ein Reingewinn von 180 931,00 € erzielt.

Bewegungen auf dem Privatkonto von Komplementär Möller:

Entnahmen:		*Einlagen:*	
am 30.06.2005	20 000,00 €	am 15.03.2005	30 000,00 €
am 31.12.2005	15 000,00 €	am 20.08.2005	10 000,00 €

Kommanditist Vollmer zahlte am 15.06.2005 auf die ausstehende Einlage 25 000,00 € ein.

Der Gesellschaftsvertrag enthält in § 7 folgende Vereinbarung:

Komplementär Möller erhält für seine Tätigkeit eine Vorausvergütung von 24 000,00 € p.a[1]. Die Kapitalien werden nach ihrem Stande zu Beginn des Geschäftsjahres unter Beachtung der Entnahmen und Einlagen mit 6 % verzinst. Für Privatentnahmen und ausstehende Einlagen besteht Zinspflicht (Zinssatz: 6 %). Ein Restgewinn oder Verlust wird auf die Gesellschafter Möller und Vollmer im Verhältnis 2 : 1 verteilt.

a) Ermitteln Sie für die beiden Gesellschafter die zu verrechnenden Zinsen!

b) Führen Sie in einer Tabelle die Gewinnverteilung zum 31.12.2008 durch. Ermitteln Sie die Kapitalien zum 01.01.2008!

c) Wie lauten die Buchungssätze für den Abschluss des Privatkontos und der Gewinnanteile?

12. In der neu gegründeten Betz-KG soll die Gewinnverteilung zwischen dem Komplementär Betz und dem Kommanditisten Dreher im Gesellschaftsvertrag geregelt werden. Über folgende Fragen besteht bereits Einigung:

Die Kapitalkonten werden nach dem Stande zu Beginn des Geschäftsjahres verzinst, Zinssatz 6 %. Betz erhält eine Tätigkeitsvergütung (Unternehmerlohn) von 36 000,00 € p. a. Ein Gewinnrest bzw. ein Verlust soll auf Betz und Dreher im Verhältnis 4 : 1 verteilt werden. Auf eine Verzinsung der laufenden Entnahmen und Einlagen des Komplementärs wird verzichtet.

Jahresanfangskapital Betz: 400 000,00 €; Kommanditkapital Dreher 100 000,00 €.

Die beiden Gesellschafter wollen sich noch über die folgenden Verteilungsmodelle einigen:

Modell 1: Tätigkeitsvergütung und Zinsen sind **gewinnabhängig** und werden **anteilig** aus dem Jahresgewinn bezahlt.

Modell 2: Tätigkeitsvergütung und Zinsen sind **gewinnunabhängig**. Sie werden als **Aufwendungen** in die Gewinnverteilung aufgenommen, ohne Rücksicht auf das jeweilige Jahresergebnis.

Um zu einer aussagefähigen Entscheidungshilfe zu gelangen, wird für beide Modelle eine Berechnung durchgeführt, wobei verschiedene Jahresergebnisse (Situationen 1–3)angenommen werden: Jahresreingewinn 80 000,00 €, Jahresreingewinn 8 800,00 €, Jahresreinverlust 8 000,00 €.

---

[1] pro anno = jährlich

a) Berechnen Sie unter Berücksichtigung der drei angenommenen Jahresergebnisse den Gewinn bzw. Verlustanteil für die Gesellschafter nach dem Verteilungsmodell 1! (Reicht der Gewinn für die Tätigkeitsvergütung und die Zinsen nicht aus, so ist eine anteilige Kürzung vorzunehmen.)

b) Führen Sie die Berechnung unter a) für das Verteilungsmodell 2 durch!

c) Wägen Sie anhand der unter a) und b) ermittelten Ergebnisse die Vor- und Nachteile der beiden Verteilungsmöglichkeiten gegeneinander ab!

13. Folgende zusammengefasste Zahlen einer Kommanditgesellschaft liegen zum Jahresende vor (Beträge in €).

Aktiva		Bilanz zum 31. Dezember 2006	Passiva
Ausstehende Einlagen		Kapital Komplementär A	300 000,00
Kommanditist B	10 000,00	Kommanditkapital B	60 000,00
Verlustanteil		Fremdkapital	370 000,00
Kommanditist B	20 000,00		
Anlagevermögen	450 000,00		
Umlaufvermögen	250 000,00		
	730 000,00		730 000,00

Die Kommanditeinlage ist seit dem 30.06.2006 fällig.

a) Wie buchen Sie am Geschäftsjahresende (31.12.2007) einen Gewinnanteil des Kommanditisten B von 35 000,00 €?

b) Angenommen, Kommanditist B scheidet durch fristgemäße Kündigung am 31.12.2007 aus. Welche Ansprüche bzw. Verpflichtungen entstünden für B?

c) Welche Buchungen werden ausgelöst, wenn der Verlustanteil des B (am 31.12.2007) 70 000,00 € beträgt?

14. Prüfen Sie den Wahrheitsgehalt folgender Aussagen.

a) Verlustanteile des Kommanditisten sind gleichbedeutend mit einer Erhöhung der ausstehenden Einlagen des Kommanditisten.

b) Gewinnanteile dürfen in jedem Falle erst ausgeschüttet werden, wenn das Konto „ausstehende Einlagen" ausgeglichen ist.

c) Ausstehende Einlagen entsprechen in ihrer Höhe der unmittelbar persönlichen Haftung des Kommanditisten.

d) Das Kommanditkapital ist auch dann in voller Höhe auszuweisen, wenn es durch rückständige Einlagen oder Verlustanteile gemindert ist.

e) Beträge auf dem Konto „Gewinnanteil" des Kommanditisten sind stets kurzfristige Schulden der KG.

4.2 Kapitalgesellschaften am Beispiel der AG

4.2.1 Phasen der Erstellung des Jahresabschlusses

4.2.2 Gliederungsvorschriften für die Bilanz und Gewinn- und Verlustrechnung

4.2.2.1 Aufbau des Bilanzschemas (Kontoform) mit Anlagen- und Verbindlichkeitenspiegel

4.2.2.2 Aufbau der Gewinn- und Verlustrechnung nach dem Gesamtkosten- und dem Umsatzkostenverfahren

4.2.2.3 Erweiterung der Gewinn- und Verlustrechnung – Ergebnisverwendung

4.2.3 Anhang

4.2.4 Lagebericht

4.2.5 Offenlegungs- und Prüfungspflichten

A

Kontrolle

1. a) Aus welchen Teilen setzt sich der Jahresabschluss der Aktiengesellschaft zusammen?

   b) In welcher zeitlichen Ablauffolge vollzieht sich die Abwicklung des Jahresabschlusses bei der Aktiengesellschaft?

2. a) Nennen Sie die Posten der grobgegliederten Bilanz nach Handelsgesetzbuch!

   b) Aus welchen Positionen setzt sich das Eigenkapital der Kapitalgesellschaft zusammen?

   c) Wie unterscheiden sich Bilanzgewinn und Jahresüberschuss?

3. a) Durch welche Vorschriften hat der Gesetzgeber versucht, beim Jahresabschluss der AG das Prinzip der Bilanzklarheit zu verwirklichen?

   b) Welche Aufgaben erfüllt der Anlagenspiegel bei veröffentlichten Bilanzen der Aktiengesellschaften?

   c) Welche Aufgaben hat der Lagebericht? Was versteht man unter einem Sozialbericht?

Vertiefung

4. Fragen zu dem zusammenfassenden Fallbeispiel Band 1:

   a) Warum wurden bei der Chemiewerke-AG keine Beträge in die gesetzliche Rücklage eingestellt?

   b) Prüfen Sie die Höhe der Rücklagenzuweisung für eigene Aktien mit Hilfe der Angaben im Anhang! Der Vorstand sprach in diesem Zusammenhang von einer notwendigen „Ausschüttungssperre" der Rücklagen für eigene Aktien. Was ist damit gemeint?

   c) Inwieweit hat der Vorstand den gesetzlichen Spielraum bei der Bemessung der Höhe der anderen Gewinnrücklagen genutzt? Könnten im vorliegenden Falle noch weitere Beträge in andere Gewinnrücklagen eingestellt werden?

d) Wie errechnet sich der Gewinnvortrag der Chemiewerke-AG für das neue Jahr, wenn auf das dividendenberechtigte Grundkapital eine Dividende von 1,00 € je Aktie ausgeschüttet wird? (Vgl. Angaben in dem zusammenfassenden Fallbeispiel, Band 1)

e) Ordnen Sie die Inhalte des vorliegenden Lageberichts den verschiedenen Aufgaben zu, die ein Lagebericht erfüllen muss bzw. erfüllen sollte!

f) Welchen Zweck erfüllt der Anlagenspiegel in Verbindung mit dessen Aussagen im Bd. 1.

g) Wie beurteilen Sie die Aussagefähigkeit des im Anhang dargestellten „Verbindlichkeitenspiegels"?

h) Um die Aussagefähigkeiten der zu veröffentlichenden GuV-Rechnung zu verbessern, sollten die Positionen (1 bis 8) bei der Chemiewerke-AG als Zwischenwert ausgewiesen und als „Betriebsergebnis" bezeichnet werden. Ferner ist vorgesehen, die Positionen (9 bis 12) zusammenzufassen bzw. zu saldieren und als „Finanzergebnis" auszuweisen. Wie beurteilen Sie diese über die gesetzlichen Mindestgliederungsvorschriften hinausgehenden Maßnahmen? (Siehe Band 1).

i) Welche bilanzpolitische Zielsetzung lässt sich aus den Angaben im Anhang erkennen? Belegen Sie Ihre Aussage!

j) Die Chemiewerke-AG verwenden für die Darstellung der GuV-Rechnung das Gesamtkostenverfahren. Auf das Umsatzkostenverfahren wurde bewusst verzichtet. Welche Gründe könnte dies haben?

5. Erstellen Sie einen Anlagenspiegel nach HGB § 268 Abs. 2, der die Entwicklung des Anlagengegenstandes bis zum Ausscheiden zeigt!

   Berücksichtigen Sie die folgenden Angaben:
   Eine maschinelle Anlage (Bilanzposten A. II., 2) wird zu Beginn des Jahres 1997 zu 100 000,00 € angeschafft. Die Anlage hat eine betriebsgewöhnliche Nutzungsdauer von zehn Jahren, das Abschreibungsverfahren ist geometrisch-degressiv. Der steuerlich höchstzulässige Satz von 20 % wird ausgenutzt. Am 30.06.2001 wird die Maschine für 40 000,00 € zuzüglich 16 % Umsatzsteuer bar verkauft.

6. Kapitalgesellschaften dürfen in der zu veröffentlichenden Bilanz nach indirekter Abschreibung auf Anlagegüter auf der Passivseite keinen Wertberichtigungsposten ausweisen (vgl. HGB § 266 – Bilanzgliederung).
   Warum kann es für Kapitalgesellschaften trotzdem zweckmäßig sein, in der Finanzbuchführung die Anlagegegenstände indirekt abzuschreiben und dafür Wertberichtigungskonten einzurichten, die im IKR auch angeboten werden?

7. a) In der Maschinenbau-AG, Mannheim, ist für die Jahre 2004 bis 2006 ein Anlagenspiegel nach HGB § 268 Abs. 2 zu erstellen. Für die Bilanzposition A. II. 2 „Technische Anlagen und Maschinen" liegen aus der Geschäftsbuchführung bzw. der Anlagenkartei folgende Daten vor:

	2004 €	2005 €	2006 €
Zugänge zu AHK	480 000,00	240 000,00	120 000,00
Abschreibungen am Endes des Jahres	60 000,00	100 000,00	105 000,00
Zuschreibung*		10 000,00	

* nach HGB § 280 (1) (Wertaufholungsgebot)

Weitere Angaben:

Eine Maschine (in den Zahlen der Tabelle auf S. 226 enthalten), die Anfang 2004 mit 50 000,00 € Anschaffungskosten bilanziert wurde, scheidet zum 30.06.2006 aus; es wird ein Verkaufserlös von 25 000,00 € zuzüglich 19 % Umsatzsteuer (Barzahlung) erzielt. Abschreibungen auf diese Maschine: 2004 = 5 000,00 €, 2005 = 5 000,00 €, 2006 (bis 30.06.) = 2 500,00 €.

b) Ermitteln Sie auch den Buchwert der ausscheidenden Maschine zum 30.06.2006! Welcher Mehr- bzw. Mindererlös entsteht beim Verkauf?

A

8. Die Positionen des Eigenkapitals setzen sich in einer AG zum 01.01.2006 zusammen aus:

Gezeichnetes Kapital 4 000 000,00 €, Gewinnrücklagen 1 130 000,00 € (gesetzliche Rücklage 380 000,00 €, andere Gewinnrücklagen 750 000,00 €), Kapitalrücklage besteht nicht.

Der Jahresüberschuss des Geschäftsjahres beträgt 250 000,00 €, der Verlustvortrag aus dem Vorjahr 30 000,00 €. Der Jahresabschluss wird von Vorstand und Aufsichtsrat festgestellt (Bilanzaufstellung nach teilweiser Ergebnisverwendung).

a) Welche Beträge werden im Berichtsjahr in die Gewinnrücklagen eingestellt, wenn die Satzung vorsieht, dass bis zu 70 % des korrigierten Jahresüberschusses in die anderen Gewinnrücklagen eingestellt werden dürfen?

b) Auf wie viel € beläuft sich der Bilanzgewinn?

c) Wie viel € dürfen in die gesetzlichen und anderen Gewinnrücklagen eingestellt werden, wenn das gezeichnete Kapital 2 000 000,00 € und der Jahresüberschuss 400 000,00 € betragen? Alle anderen Zahlen unverändert.

9. Aus dem Jahresabschluss der Motorenwerke-AG: Gezeichnetes Kapital 5 000 000,00 €, Kapitalrücklage 30 000,00 €, gesetzliche Rücklage 400 000,00 €, Gewinnvortrag aus dem Vorjahr 5 000,00 €, Jahresüberschuss 550 000,00 € (Nennwert je Aktie 5,00 €).

a) Ermitteln Sie den gesetzlich höchstzulässigen Betrag, der in die anderen Gewinnrücklagen eingestellt werden kann!

b) Berechnen Sie den Bilanzgewinn und die höchstmögliche Dividende in vollen €! Ein Restgewinn wird auf neue Rechnung vorgetragen.

10. a) In einer AG ist ein Jahresfehlbetrag von 150 000,00 € entstanden, der durch eine Entnahme aus der gesetzlichen Rücklage ausgeglichen werden soll.

Stand der Konten vor der Entnahme: Gezeichnetes Kapital 4 000 000,00 €, Kapitalrücklage 100 000,00 €, gesetzliche Rücklage 250 000,00 €, andere Gewinnrücklagen 280 000,00 €, Gewinnvortrag aus dem Vorjahr 30 000,00 €.

Wie beurteilen Sie die geplante Auflösung der gesetzlichen Rücklage? Berichtigen Sie das Vorgehen der AG gegebenenfalls!

b) In einem der folgenden Geschäftsjahre erwirtschaftet die AG einen Jahresüberschuss von 18 000,00 €. Aus dem Vorjahr ist ein Verlustvortrag von 25 000,00 € vorhanden. Der Verlustvortrag soll nach den gesetzlichen Bestimmungen ausgeglichen werden.

Der Stand der Eigenkapitalkonten vor dem Ausgleich: Gezeichnetes Kapital 4 000 000,00 €, Kapitalrücklage 100 000,00 €, gesetzliche Rücklage 400 000,00 €, andere Gewinnrücklagen 240 000,00 €. Dividende wird nicht ausgeschüttet.

11. Der Vorstand der Textilwerke-AG legt folgende vorläufige Bilanz mit teilweise zusammengefassten Positionen zum 31. Dezember 2006 vor (1000 €):

Aktiva	Vorläufige Bilanz zum 31. Dezember 2006		Passiva
Anlagevermögen	453 000	Gezeichnetes Kapital	200 000
Eigene Aktien	1 500	gesetzliche Rücklage	18 000
übriges Umlaufvermögen	347 000	Rücklagen für eigene Aktien	800
		andere Gewinnrücklagen	50 000
		Jahresüberschuss	92 000
		Gewinnvortrag (Vorjahr)	500
		langfristige Verbindlichkeiten	360 000
		kurzfristige Verbindlichkeiten	80 200
	801 500		801 500

Der Jahresabschluss wird durch Vorstand und Aufsichtsrat festgestellt. Im laufenden Geschäftsjahr wurden für die Ausgabe von Belegschaftsaktien 20 000 eigene Aktien (Kurs 35,00 € je 5,00-€ Aktie) erworben.

a) Der Hauptversammlung ist ein Gewinnverwendungsvorschlag zu unterbreiten.

   Welchen Betrag (Bilanzgewinn) **kann** der Vorstand zur Ausschüttung **maximal** bzw. **muss** er **minimal** der Hauptversammlung anbieten (Satzungsbestimmungen über die Gewinnverwendung liegen nicht vor)?

b) Angenommen, der Vorstand legt den Jahresabschluss mit dem minimalen Bilanzgewinn der Hauptversammlung zur Beschlussfassung vor.

   Welche Bindung besteht für die Hauptversammlung?

   Welche Möglichkeiten der Beschlussfassung gibt es in diesem Falle für die Hauptversammlung?

12. Prüfen Sie, inwieweit in der folgenden Bilanz (Aufstellung **nach** teilweiser Ergebnisverwendung) gegen handelsrechtliche Vorschriften verstoßen wurde bzw. welche Unstimmigkeiten erkennbar sind:

Aktiva	Bilanz (in 1000 €)		Passiva
Sachanlagen		Grundkapital	18 000
Unbewegliche Anlagen	21 000	satzungsmäßige Rücklagen	5 000
Bewegliche Anlagen	19 000	andere Gewinnrücklagen	20 000
Wertpapiere des Anlagevermögens	120	Verbindlichkeiten aus	
Beteiligungen	850	Warenlieferungen	12 000
Umlaufvermögen		langfristige Verbindlichkeiten	10 000
Forderungen	15 550	Gewinnvortrag	80
Vorräte	8 880	Bilanzgewinn	3 320
Flüssige Mittel	3 000		
	68 400		68 400

13. In der Geschäftsbuchführung einer Aktiengesellschaft liegen zum Abschlussstichtag am 31. Dezember 2006 u. a. folgende Zahlen vor:

Konto-Nr.	Kontenbezeichnung	€
332	Gewinnvortrag (Vorjahr)	5 200,00
480	Umsatzsteuer	60 000,00
500	Umsatzerlöse Erzeugnisse	2 800 000,00
502	Umsatzerlöse Handelswaren	700 000,00
521	Bestandsmehrung an unfertigen Erzeugnissen	150 000,00
522	Bestandsverminderung an fertigen Erzeugnissen	120 000,00
55	Erträge aus Beteiligungen	15 700,00
571	Zinserträge	10 800,00
546	Erträge aus dem Verkauf von Gegenständen des Anlagevermögens	1 150,00
548	Erträge aus der Auflösung von Rückstellungen	12 500,00
600	Rohstoff- und Fremdbauteileaufwand	2 100 000,00
603	Hilfsstoffaufwand	150 000,00
608	Aufwendungen für Handelswaren	450 000,00
620	Löhne	200 000,00
63	Gehälter	120 000,00
64	Arbeitgeberanteil an der Sozialversicherung	90 000,00
65	Abschreibungen auf Sachanlagen	210 000,00
68	Aufwendungen für Kommunikation	8 500,00
695	Pauschal- und Einzelabschreibung auf Forderungen	50 500,00
70	Betriebliche Steuern	15 200,00
75	Zinsen und ähnliche Aufwendungen	34 500,00
76	Außerordentliche Aufwendungen	34 500,00
77	Steuern vom Einkommen und Ertrag	60 000,00

a) Stellen Sie eine GuV-Rechnung nach dem Gesamtkostenverfahren auf [HGB § 275 Abs. 2] (Aufstellung **vor** der Ergebnisverwendung).

b) Ergänzen Sie die GuV-Rechnung [siehe a)] um die „Ergebnisverwendung" nach AktG § 158 Abs. 1! (Aufstellung **nach** teilweiser Ergebnisverwendung).

Angaben hierzu:

Die gesetzlichen Rücklagen sind aufgefüllt nach AktG § 150 Abs. 2.

Die anderen Gewinnrücklagen werden unter voller Ausschöpfung des Spielraums von Vorstand und Aufsichtsrat gebildet [AktG § 58 Abs. 2].

Den satzungsmäßigen Rücklagen sind 10 000,00 € zuzuweisen.

c) Stellen Sie den kontenmäßigen Zusammenhang in Buchungssätzen dar für die Ergebnisverwendung vor bzw. nach der Aufstellung des Jahresabschlusses [vgl. a) und b)]!

d) Stellen Sie den Bilanzausschnitt vor bzw. nach der Ergebnisverwendung dar!

14. Ein Industriebetrieb (große Kapitalgesellschaft) erstellt die Gewinn- und Verlustrechnung nach HGB § 275 aufgrund der folgenden Zahlenangaben (Beträge in 1000 €)

Umsatzerlöse	140 000
Erlöse aus dem Verkauf von Kantinenware	40
Garantieaufwendungen (Fremdleistungen)	7 000
weitere Erlösschmälerungen	1 000
aktivierte Eigenleistungen	400
Bestandserhöhung unfertige Erzeugnisse	200
Bestandsminderung fertige Erzeugnisse	1 000
Erträge aus Beteiligungen	8 000
Löhne und Gehälter	48 000

sonstige betriebliche Aufwendungen	11 600
Auflösung nicht beanspruchter Rückstellungen	300
Aufwand für Körperschaft- und Gewerbeertragsteuer	16 000
Aufwand für Gewerbekapital- und Vermögensteuer sowie sonstige Steuern	1 000
Aufwendungen für Roh-, Hilfs- und Betriebsstoffe	30 000
Aufwendungen für bezogene Leistungen	1 000
Zinsaufwendungen	2 000
Abschreibungen auf Sachanlagen	8 000
soziale Abgaben	10 000

a) Stellen Sie die Gewinn- und Verlustrechnung nach dem Gesamtkostenverfahren auf!

b) Stellen Sie die Gewinn- und Verlustrechnung nach dem Umsatzkostenverfahren auf!

Dazu liegt das folgende aufbereitete Zahlenmaterial aus der Kostenrechnung vor (Beträge in 1000 €):

Kostenarten		Material	Fertigung	Verwaltung	Vertrieb
Summen	78 300	2 500	54 000	18 000	3 800
Fertigungsmaterial	18 000	18 000			
Fertigungslöhne	15 000		15 000		

In den Summen der Kostenstellen sind enthalten:

		Material	Fertigung	Verwaltung	Vertrieb
Weitere betriebliche Aufwendungen	11 600	300	7 000	3 000	1 300
kalkulatorische Abschreibungen auf Sachanlagen	6 000	600	3 600	1 200	600
kalkulatorische Zinsen	3 000	500	2 000	200	300
Gewerbesteuer	1 700	100	1 000	400	200

15. Untersuchen Sie, ob das Gesamt- oder das Umsatzkostenverfahren die engere Verbindung zur internen Gewinn- und Verlustrechnung hat!

16. Eine Unternehmung stellt die zu veröffentlichende Gewinn- und Verlustrechnung nach dem Umsatzkostenverfahren auf. Dabei seien (Hinweis im Anhang) besonders deutlich die Ziele der Kostenrechnung und der extern orientierten Rechnungslegung zu erkennen. Begründen Sie diese Feststellung!

17. Welche Vorarbeiten sind zu leisten, wenn aus der Gewinn- und Verlustrechnung eines *Handelsbetriebs* die externe Gewinn- und Verlustrechnung nach HGB § 275 Abs. 3 entwickelt werden soll?

18. Wie wirken sich die bilanzpolitischen Bewertungsmöglichkeiten auf das Gesamt- bzw. das Umsatzkostenverfahren aus?

5 Auswertung des Jahresabschlusses

5.1 Auswertung der Bilanz

5.1.1 Aufstellung einer Strukturbilanz

Kontrolle

A

1. Erstellen Sie aufgrund der nachfolgenden Bilanz einer AG eine Strukturbilanz mit Betragsspalten (1000 €) und Prozentspalten! Führen Sie auf Vorspalten eine weitere Unterteilung des Anlage- und Umlaufvermögens sowie des Fremdkapitals durch!

Aktiva	Bilanz zum 31.12.2006 (€)		Passiva
A. Anlagevermögen		A. Eigenkapital	
I. Immaterielle Vermögens-		I. Gezeichnetes Kapital	48 000 000,00
gegenstände		II. Kapitalrücklage	9 600 000,00
1. Patente	4 000 000,00	III. Gewinnrücklagen	
II. Sachanlagen		1. gesetzliche Rücklage	1 600 000,00
1. Grundstücke und Bauten	17 600 000,00	2. andere Gewinnrücklagen	17 600 000,00
2. technische Anlagen und		IV. Bilanzgewinn	8 960 000,00
Maschinen	30 400 000,00	B. Rückstellungen	
3. Betriebs- und Geschäfts-		1. Rückstellungen für	
ausstattung	11 200 000,00	Pensionen	12 800 000,00
4. Geleistete Anzahlungen	2 560 000,00	2. Steuerrückstellungen	1 920 000,00
III. Finanzanlagen		3. sonstige Rückstellungen	1 120 000,00
1. Beteiligungen	14 400 000,00	C. Verbindlichkeiten	
2. Wertpapiere des Anlage-		1. Anleihen	24 000 000,00
vermögens	8 000 000,00	■ davon Restlaufzeit bis zu	
3. Darlehensforderungen	5 600 000,00	1 Jahr: 1 600 000,00	
B. Umlaufvermögen		2. Verbindlichkeiten gegen-	
I. Vorräte		über Kreditinstituten	6 400 000,00
1. Roh-, Hilfs- und		■ davon Restlaufzeit bis zu	
Betriebsstoffe	12 160 000,00	1 Jahr: 640 000,00	
2. unfertige Erzeugnisse	3 680 000,00	3. Verbindlichkeiten aus	
3. fertige Erzeugnisse	6 720 000,00	Lieferungen und Leistungen	5 600 000,00
4. geleistete Anzahlungen	3 040 000,00	■ davon Restlaufzeit bis zu	
II. Forderungen und sonstige		1 Jahr: 5 600 000,00	
Vermögensgegenstände		4. Schuldwechsel	1 280 000,00
1. Forderungen aus Liefe-		■ davon Restlaufzeit bis zu	
rungen und Leistungen	8 320 000,00	1 Jahr: 1 280 000,00	
■ davon mit einer Rest-		5. sonstige Verbindlichkeiten	320 000,00
laufzeit von mehr als		■ davon Restlaufzeit bis	
1 Jahr: 160 000,00		1 Jahr: 320 000,00	
2. sonstige Vermögens-		D. Rechnungsabgrenzungsposten	160 000,00
gegenstände	2 720 000,00		
■ davon mit einer Rest-			
laufzeit von mehr als			
1 Jahr: 320 000,00			
III. Wertpapiere des Umlaufver-			
mögens	1 120 000,00		
IV. Kasse, Bank, Postgiro	6 080 000,00		
C. Rechnungsabgrenzungsposten	1 760 000,00		
	139 360 000,00		139 360 000,00

Die Bilanz ist unter Berücksichtigung der „teilweisen Verwendung des Jahresergebnisses" aufgestellt worden (HGB § 268 Abs. 1). Die Wertberichtung zu Forderungen ist mit den Forderungen aus Lieferungen und Leistungen verrechnet. Von den Rückstellungen sind die Pensionsrückstellungen lang- bzw. mittelfristig. Die höchstmögliche Dividende soll ausgeschüttet werden. Anzahl der Aktien 9 600 000 (Nennwert je 5,00 €)

2. Was können Sie aus den drei folgenden, stark vereinfachten Strukturbilanzen entnehmen, wenn
   - es sich um die aufeinander folgenden Bilanzen *einer Unternehmung* handelt;
   - es sich um die Bilanzen *dreier Unternehmungen desselben Geschäftszweiges* für 20 . . handelt;
   - drei Bilanzen von Unternehmungen verschiedener Geschäftszweige vorliegen Angaben in %?

Aktiva	1. Bilanz		Passiva
Anlagevermögen	40	Eigenkapital	55
Umlaufvermögen	60	Fremdkapital	45
	100		100

Aktiva	2. Bilanz		Passiva
Anlagevermögen	30	Eigenkapital	42
Umlaufvermögen	70	Fremdkapital	58
	100		100

Aktiva	3. Bilanz		Passiva
Anlagevermögen	20	Eigenkapital	28
Umlaufvermögen	80	Fremdkapital	72
	100		100

Vertiefung

3. Welche Bedeutung haben die §§ 251, 268 Abs. 5 und 7 und 285 Nr. 1. bis 3. des HGB, wenn in einer aufbereiteten Bilanz das Fremdkapital weiter untergliedert werden soll?

4. Wie wirken sich „ausstehende Einlagen auf das gezeichnete Kapital", eigene Aktien, ein Jahresfehlbetrag, ein Verlustvortrag bei Aufstellung einer Strukturbilanz aus?

5. Ist es gerechtfertigt, die Rechnungsabgrenzungsposten den kurzfristigen Forderungen bzw. den kurzfristigen Verbindlichkeiten zuzurechnen? Begründen Sie Ihre Auffassung!

6. Ein Bilanzbetrachter orientiert sich ausschließlich an den Gliederungszahlen der Strukturbilanz. Welche Vorteile und welche Grenzen dieser Betrachtensweise erkennen Sie?

7. Erhaltene Anzahlungen auf Bestellungen werden beim kurzfristigen Fremdkapital eingeordnet. Wodurch unterscheiden sie sich von den sonstigen kurzfristigen Verbindlichkeiten?

5.1.2 Bilanzkennzahlen

5.1.2.1 Kapitalstruktur

5.1.2.2 Vermögensstruktur

5.1.2.3 Anlagendeckung (Kapitalverwendung)

5.1.2.4 Liquidität

Kontrolle

1. Die Oberhauser Schleifmittel AG legt der Hauptversammlung am 05.07. des Folgejahres die Bilanz für 2006 vor.

Aktiva	Bilanz (Beträge in €)		Passiva
A. Anlagevermögen		**A. Eigenkapital**	
I. Sachanlagen		I. Gezeichnetes Kapital	1 500 000,00
1. bebaute		(Grundkapital)	
Grundstücke	160 000,00	II. Kapitalrücklage	75 000,00
2. Fabrikgebäude	800 000,00	III. Gewinnrücklagen	
3. maschinelle		1. gesetzliche	
Anlagen	1 600 000,00	Rücklage	125 000,00
4. Fuhrpark	360 000,00	2. andere Gewinn-	
5. Betriebs- und		rücklagen	800 000,00
Geschäfts-		IV. Bilanzgewinn	218 000,00
ausstattung	210 000,00	**B. Rückstellungen**	
II. Finanzanlagen		1. Rückstellungen für	
1. Beteiligungen	400 000,00	Pensionen	200 000,00
B. Umlaufvermögen		2. Steuerrückstellungen	80 000,00
I. Vorräte		3. sonstige Rück-	
1. Roh-, Hilfs- und		stellungen	41 700,00
Betriebsstoffe	300 000,00	**C. Verbindlichkeiten**	
2. unfertige Erzeug-		1. Anleihen	600 000,00
nisse	70 000,00	2. Verbindlichkeiten aus	
3. fertige Erzeugnisse		Lieferungen und	
und Waren	90 000,00	Leistungen	550 000,00
II. Forderungen und		3. Wechselverbindlich-	
sonstige Vermögens-		keiten	63 800,00
gegenstände	267 500,00	4. sonstige Verbindlich-	
1. Forderungen aus Lieferungen		keiten	187 000,00
und Leistungen		**D. Rechnungsabgrenzungs-**	
2. Wechsel-		**posten**	12 000,00
forderungen	44 000,00		
III.Kasse, Postgiro, Bank			
1. Kasse und Postgiro	36 000,00		
2. Bank	110 000,00		
C. Rechnungsabgrenzungs-			
posten	5 000,00		
	4 452 500,00		4 452 500,00

Die Forderungen unter B. II. 1. und die Verbindlichkeiten unter B. 2. und 3. sowie C. 2. bis 4. haben eine Laufzeit bis zu einem Jahr. Höhe der Dividende: 0,70 € je Aktie, Anzahl der Aktien 300 000.

Berechnen und beurteilen Sie

a) die Kennzahlen der Kapitalstruktur mit Verschuldungsgrad, der Anlagendeckung und der Vermögensstruktur (Anlage- und Vorratsintensität).

b) die Kennzahlen der Liquidität 1. bis 3. Grades.

2. Die Säge- und Hobelwerk AG; Eberbach, veröffentlicht auf den 31. Dezember 2006 für das vergangene Geschäftsjahr bzw. das Vorjahr die folgenden Bilanzen, die nach HGB § 266 aufgestellt wurden (Beträge in €):

Aktiva	Bilanzzahlen des Berichtsjahres und des Vorjahres					Passiva
	Berichtsjahr	Vorjahr			Berichtsjahr	Vorjahr
A. Anlagevermögen			**A. Eigenkapital**			
I. Sachanlagen			I. Gezeichnetes			
1. Grundstücke			Kapital		1 000 000,00	800 000,00
und Bauten	400 000,00	550 000,00	II. Kapitalrücklage		210 000,00	60 000,00
2. Technische			III. Gewinnrück-			
Anlagen und			lagen			
Maschinen	850 000,00	600 000,00	1. gesetzliche			
3. Andere			Rücklage		40 000,00	40 000,00
Anlagen	150 000,00	80 000,00	2. andere			
4. Betriebs- und			Gewinnrück-			
Geschäftsaus-			lagen		800 000,00	750 000,00
stattung	250 000,00	260 000,00	IV. Bilanzgewinn		105 000,00	58 000,00
II. Finanzanlagen	0,00	300 000,00	**B. Rückstellungen**			
B. Umlaufvermögen			1. Rückstellungen			
I. Vorräte			für Pensionen		25 000,00	23 000,00
1. Roh-, Hilfs-			2. Steuerrück-			
und Betriebs-			stellungen		10 000,00	8 000,00
stoffe	40 000,00	155 000,00	3. sonstige Rück-			
2. unfertige			stellungen		15 000,00	5 000,00
Erzeugnisse	60 000,00	55 000,00	**C. Verbindlichkeiten**			
3. fertige			1. Darlehensschuld		300 000,00	500 000,00
Erzeugnisse	40 000,00	50 000,00	2. Verbindlich-			
II. Forderungen und			keiten aus			
sonstige Ver-			Lieferungen und			
mögensgegen-			Leistungen		200 000,00	350 000,00
stände			3. Wechselverbind-			
1. Forderungen			lichkeiten		15 000,00	62 000,00
aus Lieferun-			4. sonstige Ver-			
gen und			bindlichkeiten		30 000,00	70 000,00
Leistungen	350 000,00	330 000,00	**D. Rechnungsabgren-**			
2. sonstige Ver-			**zungsposten**		1 000,00	2 000,00
mögensgegen-						
stände						
20 000,00						
Wechselfor-						
derungen						
30 000,00	50 000,00	60 000,00				
III. Wertpapiere	250 000,00	63 000,00				
IV. Kasse und Bank	309 000,00	220 000,00				
C. Rechnungsabgren-						
zungsposten	2 000,00	5 000,00				
	2 751 000,00	2 728 000,00			2 751 000,00	2 728 000,00

Hinweise zu den Bilanzen:

- Die Forderungen aus Lieferungen und Leistungen und die sonstigen Forderungen und Wechselforderungen (Positionen A. II. 1. und 2.) haben eine **Restlaufzeit bis zu einem Jahr** (HGB § 268 Abs. 4).
- Die Verbindlichkeiten (Position C. 2. bis 4.) haben **eine Restlaufzeit bis zu einem Jahr** (HGB § 268 Abs. 4).
- Die Pensionsrückstellungen und Darlehensschulden sind als mittel- bzw. langfristiges Fremdkapital anzusehen.
- Im Berichtsjahr ist wie im Vorjahr der Bilanzgewinn so auszuschütten, dass ein auf 0,05 € abgerundeter Betrag Dividende entsteht.

A

Vergleichen Sie die Bilanzkennzahlen beider Jahre, und beurteilen Sie den Stand und die Entwicklung!

Anzahl der Aktien: Im Berichtsjahr 200 000, im Vorjahr 160 000.

3. In einem Betrieb zeigen die beiden aufeinander folgenden vereinfachten Strukturbilanzen das folgende Bild:

Aktiva		Aufbereitete Bilanz zum 31. Dezember 2006			Passiva
	€	%		€	%
Anlagevermögen	360 000,00	48,64	Eigenkapital	500 000,00	67,57
Umlaufvermögen	380 000,00	51,36	Fremdkapital		
			langfristig	–	
			kurzfristig	240 000,00	32,43
	740 000,00	100		740 000,00	100

Aktiva		Aufbereitete Bilanz zum 31. Dezember 2007			Passiva
	€	%		€	%
Anlagevermögen	520 000,00	46,43	Eigenkapital	480 000,00	42,86
Umlaufvermögen	600 000,00	53,57	Fremdkapital		
			langfristig	410 000,00	36,61
			kurzfristig	230 000,00	20,53
	1 120 000,00	100		1 120 000,00	100

Beurteilen und begründen Sie anhand der Bilanzkennzahlen die Entwicklung!

4. Bereiten Sie die folgende vereinfachte Bilanz einer Einzelunternehmung auf, und beurteilen Sie anhand der Kennzahlen für Kapitalstruktur, Anlagendeckung und Vermögensstruktur den Stand der Unternehmung!

Aktiva	Bilanz zum 31. Dezember 2006		Passiva
Grundstücke und Gebäude	180 000,00	Eigenkapital	15 000,00
technische Anlagen	1,00	Darlehensschuld	100 000,00
Geschäftsausstattung	16 000,00	Verbindlichkeiten an Lieferer	423 001,00
Vorräte	300 000,00		
Forderungen an Kunden	24 000,00		
Bank und Kasse	18 000,00		
	538 001,00		538 001,00

5. Ordnen Sie durch Ankreuzen die folgenden Begriffe bzw. Formeln den Bereichen Kapitalstruktur (K), Anlagendeckung (A) und Vermögensstruktur (V) zu!

	K	A	V
a) Anlagenquote	?	?	?
b) Verschuldungsgrad	?	?	?
c) $\dfrac{\text{Fremdkapital}}{\text{Eigenkapital}}$	?	?	?
d) $\dfrac{\text{Eigenkapital + langfristiges Fremdkapital}}{\text{Anlagevermögen}}$	?	?	?
e) $\dfrac{\text{Umlaufvermögen}}{\text{Gesamtvermögen}}$	?	?	?
f) Investierung	?	?	?
g) Kennzahl für Risiken bei Fälligkeit von Fremdkapital	?	?	?

6. Begutachten und begründen Sie die folgenden Aussagen! Berichtigen Sie, soweit erforderlich!

   a) Unter Anlagendeckung verstehen wir das Verhältnis $\dfrac{\text{Fremdkapital}}{\text{Anlagevermögen}}$.

   b) Eine Zurechnung der Darlehensschuld zum kurzfristigen Fremdkapital, des Roh-, Hilfs- und Betriebsstoffbestands zum Anlagevermögen und eines Teils der Kraftfahrzeuge und sämtlicher Grundstücke zum Umlaufvermögen ist unter bestimmten Voraussetzungen bei der Aufbereitung der Bilanz denkbar.

   c) $\dfrac{\text{Anlagevermögen} \cdot 100}{\text{Umlaufvermögen}} = 130\,\%$ ist typisch für den Handelsbetrieb.

   d) $\dfrac{\text{Eigenkapital} \cdot 100}{\text{Anlagevermögen}} > 100\,\%$ ist ein Idealzustand.

   e) $\dfrac{\text{Fremdkapital} \cdot 100}{\text{Gesamtkapital}} = 100\,\%$ ist nicht vorstellbar.

   f) Die Kennzahl $\dfrac{\text{Eigenkapital} \cdot 100}{\text{Gesamtkapital}}$ erbrachte 150 %.

7.

Kennzahl in 20. .	Kennzahl im Vorjahr %	Branchendurchschnitt %
a) Eigenkapitalanteil 45 %	31	40
b) Anteil des Umlaufvermögens 60 %	70	50
c) Anlagendeckung durch Eigenkapital 115 %	130	68
d) Verschuldungsgrad 19 %	36	83
e) Anlagendeckung durch langfristiges Kapital 130 %	80	105
f) Anteil des Anlagevermögens 34 %	54	90

Begutachten Sie die Lage der Unternehmungen unter a) bis f) in 2006 !

8. Berechnen Sie aufgrund der folgenden Angaben einer Einzelunternehmung die Kennzahlen für die Stichtagsliquidität 1. bis 3. Grades (Beträge in €)!

Aktiva	Vereinfachte Bilanz zum 31. Dezember 2006		Passiva
Bebaute Grundstücke	60 000,00	Kapital	400 000,00
Betriebsgebäude	270 000,00	Darlehensschuld	150 000,00
technische Anlagen und		Verbindlichkeiten	100 000,00
Geschäftsausstattung	120 000,00		
Vorräte	90 000,00		
Forderungen	80 000,00		
Bank	18 000,00		
Kasse, Postgiro	12 000,00		
	650 000,00		650 000,00

Die Forderungen und Verbindlichkeiten sind in den folgenden 30 Tagen fällig.

9. In einem Handelsbetrieb werden Kennzahlen der Liquidität ermittelt. Die Vorarbeiten ergeben die folgende Gegenüberstellung (Beträge in €):

flüssige Mittel und Forderungen			Verbindlichkeiten
Kasse, Bank, Postgiro	82 600,00	Verbindlichkeiten	270 000,00
Forderungen345 000,00			

a) Wie hoch sind die Kennzahlen der Barliquidität und der einzugsbedingten Liquidität?

b) Was kann ein Betrieb unternehmen, wenn ein Engpass in der Liquidität besteht?

10.

Aktiva	Bilanz des 1. Jahres (vereinfacht), €		Passiva
Anlagevermögen	250 000,00	Kapital	87 000,00
Vorräte	40 000,00	Darlehen	50 000,00
Forderungen	28 000,00	Verbindlichkeiten	192 000,00
Bank	9 000,00		
Kasse	2 000,00		
	329 000,00		329 000,00

Aktiva	Bilanz des 2. Jahres (vereinfacht), €		Passiva
Anlagevermögen	235 000,00	Kapital	142 000,00
Vorräte	56 000,00	Darlehen	200 000,00
Forderungen	43 000,00	Verbindlichkeiten	210 000,00
Bank	214 000,00		
Kasse	4 000,00		
	552 000,00		552 000,00

a) Beurteilen Sie die Bilanzen beider Jahre im Hinblick auf die Liquidität 2. Grades!

b) Was hat zu der Veränderung geführt? Beurteilen Sie die Maßnahme(n), soweit diese aus den Bilanzen erkennbar sind!

11. Folgende aufbereitete Bilanzen liegen vor (Beträge in €):

A	Schlussbilanz zum 31.12.2006		P
Anlagevermögen	520 000	Eigenkapital	370 000
Umlaufvermögen	210 000	Fremdkapital,	
(davon Vorräte 100 000)		langfristig	200 000
		kurzfristig	160 000
	730 000		730 000

A	Zwischenbilanz zum 31.03.2007		P
Anlagevermögen	385 000	Eigenkapital	340 000
Umlaufvermögen	340 000	Fremdkapital,	
(davon Vorräte 60 000)		langfristig	160 000
		kurzfristig	225 000
	725 000		725 000

A	Zwischenbilanz zum 30.06.2007		P
Anlagevermögen	355 000	Eigenkapital	340 000
Umlaufvermögen	160 000	Fremdkapital,	
(davon Vorräte 48 000)		langfristig	160 000
		kurzfristig	15 000
	515 000		515 000

a) Verfolgen Sie die Liquiditätsentwicklung, indem Sie die erforderlichen Berechnung anstellen!

Die Forderungen und das kurzfristige Fremdkapital haben eine Restlaufzeit von bis zu drei Monaten.

b) Welche Maßnahmen hat der Unternehmer vor Erstellung der Zwischenbilanz zum 31.03.2006 ergriffen?

c) Welche Beurteilung für die künftige Unternehmenspolitik lässt die Zwischenbilanz zum 30.06.2007 zu?

12. **Auszug aus der Bilanz einer Handels-AG zum** 31. Dezember 2006 (Beträge in €, zum Teil zusammengefasste Zahlen)

	Passiva
A. Eigenkapital	
I. Gezeichnetes Kapital	10 000 000,00
II. Kapitalrücklage	2 000 000,00
III. Gewinnrücklagen	
1. gesetzliche Rücklage	850 000,00
2. andere Gewinnrücklagen	3 000 000,00
IV. Gewinnvortrag	80 000,00
V. Jahresüberschuss	4 000 000,00
B. Rückstellungen	5 000 000,00
C. Verbindlichkeiten	16 000 000,00
D. Rechnungsabgrenzungsposten	700 000,00

Laut Satzung der AG beträgt die gesetzliche Rücklage 30 % des gezeichneten Kapitals.

Verwenden Sie den Jahresüberschuss gemäß AktG §§ 150 Abs. 1 und 2 und § 58 Abs. 2 und berechnen Sie die Kennzahlen der Kapitalstruktur!

Die Aktionäre haben Anspruch auf den Bilanzgewinn (AktG § 58 Abs. 4). Es ist ein voller €-Betrag zu berechnen! Anzahl der Aktien 2 000 000.

13. a) Aus welchen Bilanzkennzahlen können Sie entnehmen, ob die folgenden Ziele erreicht worden sind: Sicherung der Zahlungsfähigkeit, Erhöhung der Eigenkapitalquote, soziale Einstellung gegenüber den Mitarbeitern?

    b) Die Kennzahlen der Kapitalstruktur eines Industriebetriebs entsprechen dem langjährigen Branchendurchschnitt. Dennoch kommt die Geschäftsführung zu einer weniger günstigen Beurteilung. Welche weiteren Komponenten sind herangezogen worden?

    c) Welche Vorschriften in den §§ 264 ff. des HGB können zur Berechnung von Bilanzkennzahlen herangezogen werden?

    d) Welche Maßnahmen sind zu empfehlen, wenn der Deckungsgrad II deutlich geringer als 100 % ist?

    e) Bei ständig hervorragender Barliquidität weist der Jahresabschluss ein eher bescheidenes Ergebnis aus. Woran kann dies liegen, welche Abhilfen bieten sich an?

    f) Aussage des Geschäftsführers einer Kapitalgesellschaft: „Auf eine positive Kennzahl der Liquidität ersten Grades können wir durchaus verzichten, solange nur im Rahmen der Liquidität zweiten Grades die Schulden abgedeckt sind."

    Wie beurteilen Sie diese Feststellung?

14. Ein Warenhaus hat den Deckungsgrad II wie folgt berechnet:

$$\text{DG II:} \quad \frac{\left(\dfrac{\text{Eigenkapital} + \text{Fremdkapital}}{2\,000\,000 + 8\,000\,000} \right) \cdot 100}{\left(\begin{array}{c} 3\,500\,000 + 5\,800\,000 \\ \text{Anlagevermögen} + \text{Durchschnittsbestand} \\ \text{an Waren} \end{array} \right)}$$

Welche Schlüsse können Sie aus diesen Zahlen ziehen?

5.1.3 Bewegungsbilanz

Kontrolle

1. Die Mittlere Datentechnik AG hat im Berichts- und im Vorjahr die folgenden Strukturbilanzen entwickelt (Beträge in 1000 €):

Aktiva   Strukturbilanzen (1000 €)   Passiva

	Berichtsjahr	Vorjahr		Berichtsjahr	Vorjahr
Anlagevermögen (AV) ■ Sachanlagen ■ Finanzanlagen	79 100 32 000	87 700 40 000	**Eigenkapital (EK)** ■ Gezeichnetes Kapital ■ Kapitalrücklagen ■ Gewinnrücklagen	50 000 1 500 38 900	50 000 1 500 32 800
Zwischensumme AV	111 100	127 700	Zwischensumme EK	90 400	84 300
Umlaufvermögen (UV) ■ Vorräte ■ Forderungen ■ flüssige Mittel	52 970 15 576 26 854	38 760 11 750 26 630	**Fremdkapital** ■ lang- und mittelfristig ■ kurzfristig	79 600 36 500	90 000 30 540
Zwischensumme UV	95 400	77 140	Zwischensumme FK	116 100	120 540
Gesamtvermögen	206 500	204 840	Gesamtkapital	206 500	204 840

Informationen aus dem Anlagenspiegel (Beträge in 1000 €)

Vermögensgegenstände	Buchwerte Vorjahr	Zugänge AHK	Abgänge	Abschreibungen	Buchwert Berichtsjahr
Sachanlagen (zusammengefasst)	87 700	26 400	7 000	28 000	79 100
Finanzanlagen	40 000	5 000	–	13 000	32 000

a) Erstellen Sie aus den Strukturbilanzen eine *Bewegungsbilanz!* Beurteilen Sie die Finanzierungs- und Investierungsvorgänge, und bestimmen Sie die Finanzierungsarten!

b) Gliedern Sie in einer *verfeinerten Bewegungsbilanz* die Finanzierung nach Außen- und Innenfinanzierung auf, und bestimmen Sie den lang- und kurzfristigen Bereich der Mittelverwendung! Ermitteln Sie die Gliederungszahlen, und ergänzen Sie die unter a) vorgenommene Beurteilung!

Vertiefung

2. Beurteilen Sie die aufeinander folgenden „Finanzierungsrechnungen". (Auszüge aus den Veröffentlichungen einer AG) im Einzelnen und vom Trend her gesehen!

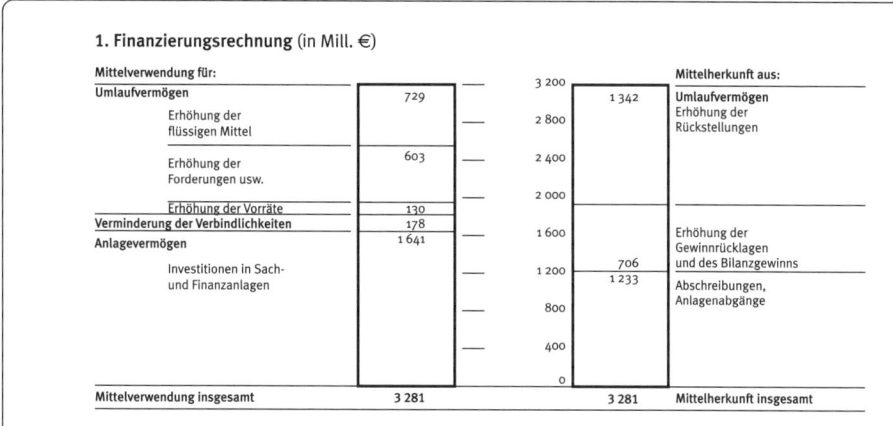

1. Finanzierungsrechnung (in Mill. €)

Mittelverwendung für:			Mittelherkunft aus:
Umlaufvermögen	729	1 342	**Umlaufvermögen** Erhöhung der Rückstellungen
Erhöhung der flüssigen Mittel			
Erhöhung der Forderungen usw.	603		
Erhöhung der Vorräte	130		
Verminderung der Verbindlichkeiten	178		Erhöhung der Gewinnrücklagen und des Bilanzgewinns
Anlagevermögen	1 641	706	
Investitionen in Sach- und Finanzanlagen		1 233	Abschreibungen, Anlagenabgänge
Mittelverwendung insgesamt	3 281	3 281	**Mittelherkunft insgesamt**

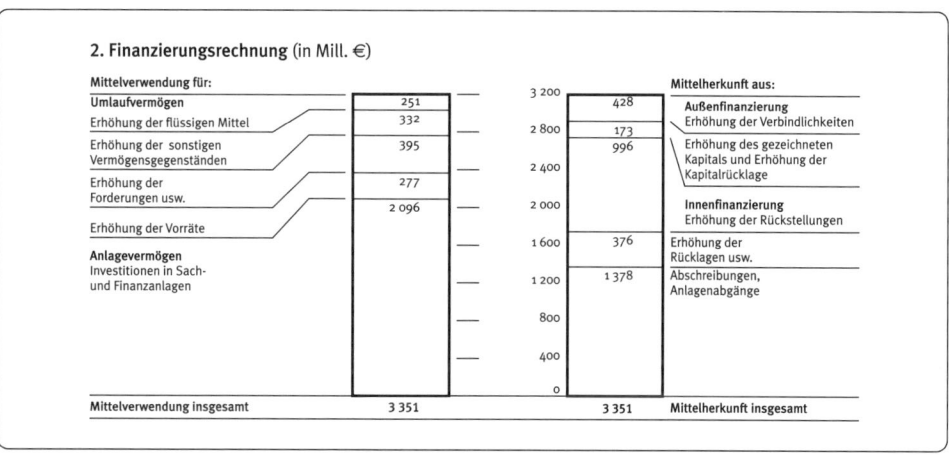

2. Finanzierungsrechnung (in Mill. €)

Mittelverwendung für:			Mittelherkunft aus:
Umlaufvermögen	251	428	**Außenfinanzierung** Erhöhung der Verbindlichkeiten
Erhöhung der flüssigen Mittel	332	173	
Erhöhung der sonstigen Vermögensgegenständen	395	996	Erhöhung des gezeichneten Kapitals und Erhöhung der Kapitalrücklage
Erhöhung der Forderungen usw.	277		**Innenfinanzierung** Erhöhung der Rückstellungen
Erhöhung der Vorräte	2 096		
Anlagevermögen Investitionen in Sach- und Finanzanlagen		376	Erhöhung der Rücklagen usw.
		1 378	Abschreibungen, Anlagenabgänge
Mittelverwendung insgesamt	3 351	3 351	**Mittelherkunft insgesamt**

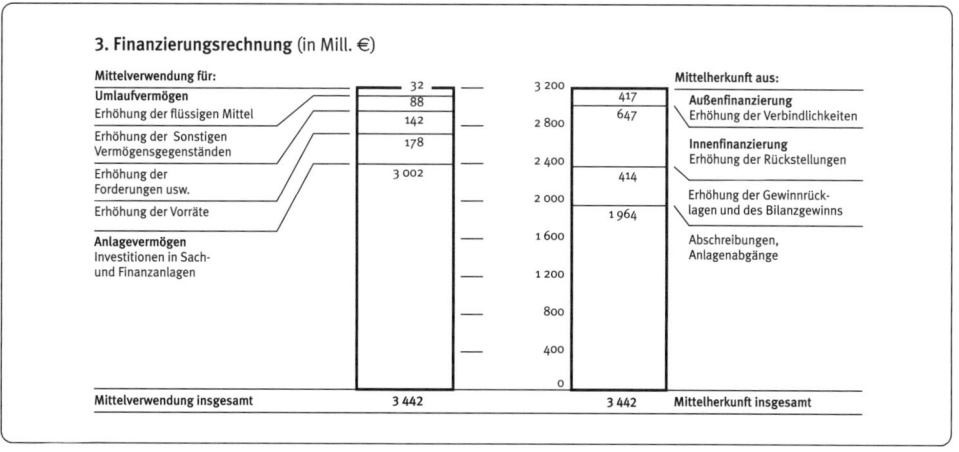

3. Finanzierungsrechnung (in Mill. €)

Mittelverwendung für:			Mittelherkunft aus:
Umlaufvermögen	32	417	**Außenfinanzierung** Erhöhung der Verbindlichkeiten
Erhöhung der flüssigen Mittel	88	647	
	142		**Innenfinanzierung** Erhöhung der Rückstellungen
Erhöhung der Sonstigen Vermögensgegenständen	178		
Erhöhung der Forderungen usw.	3 002	414	Erhöhung der Gewinnrück- lagen und des Bilanzgewinns
Erhöhung der Vorräte		1 964	
Anlagevermögen Investitionen in Sach- und Finanzanlagen			Abschreibungen, Anlagenabgänge
Mittelverwendung insgesamt	3 442	3 442	**Mittelherkunft insgesamt**

A

3. Aus dem Jahresabschluss (Anhang) einer AG entnehmen Sie die folgenden Bewegungsbilanzen. Geben Sie zum formalen Aufbau Ihre Stellungnahme ab und beurteilen Sie bei den Ihnen vertrauten Bilanzposten Finanzierung und Investitionen! Die AG hat Niederlassungen im Ausland.

Die Mittelherkunft und -verwendung zeigt folgendes Bild:

Herkunft der Mittel	Mio. €	%	Verwendung der Mittel	Mio. €	%
AG (Inland und Ausland)			Zugänge und Zuschreibungen		
Innenfinanzierung:			Immaterielle Anlagewerte	37	0,7
Abschreibungen und Abgänge			Sachanlagen	2 562	51,5
Immaterielle Anlagewerte	43	0,9	Finanzanlagen	85	1,7
Sachanlagen	1 870	37,6	Erhöhung der Vorräte	360	7,2
Finanzanlagen	77	1,6	Erhöhung der Forderungen	901	18,1
Erhöhung der Gewinnrücklagen	276	5,5	Erhöhung der flüssigen Mittel	262	5,3
Erhöhung der Rückstellungen	141	2,8	Minderung der Kapitalrücklagen		
	2 407	48,4	(Währungsumrechnungsdifferenzen)	263	5,3
Außenfinanzierung:			Minderung des Gewinns nach Anteilen		
Erhöhung des Grundkapitals	400	8,0	Dritter	141	2,8
Erhöhung der Kapitalrücklage	470	9,4	Minderung des Ausgleichspostens für		
Erhöhung der Verbindlichkeiten	1 701	34,2	Anteile in Fremdbesitz	367	7,4
	2 571	51,6			
Gesamt	4 978	100,0	Gesamt	4 978	100,0
AG (Inland)			Zugänge und Zuschreibungen		
Innenfinanzierung:			Sachanlagen	918	38,4
Abschreibungen und Abgänge			Beteiligungen	550	23,0
Sachanlagen	836	35,0	übrige Finanzanlagen	23	1,0
Beteiligungen	1	–	Erhöhung der Vorräte	250	10,4
übrige Finanzanlagen	23	1,0	Erhöhung der Forderungen	471	19,7
Einstellung aus dem Jahresüberschuss			Erhöhung der flüssigen Mittel	74	3,1
in die anderen Gewinnrücklagen	70	2,9	Minderung des Sonderpostens mit		
Erhöhung der Rückstellungen	76	3,2	Rücklageanteil	105	4,4
Erhöhung des Bilanzgewinns	33	1,4			
	1 039	43,5			
Erhöhung des Grundkapitals	400	16,7			
Erhöhung der Kapitalrücklage	470	19,7			
Erhöhung der sonstigen Verbindlichkeiten mit einer Laufzeit von mindestens vier Jahren	295	12,3			
Erhöhung der anderen Verbindlichkeiten	187	7,8			
	1 352	56,5			
	2 391	100,0		2 391	100,0

4. Erstellen Sie aus den folgenden vereinfachten Bilanzen der Vereinigten Textilwerke AG die Bewegungsbilanz! Versuchen Sie, aus der Bewegungsbilanz die Entwicklung der Unternehmung zu erkennen!

Aktiva   Bilanzen (1000 €)   Passiva

	Berichtsjahr	Vorjahr		Berichtsjahr	Vorjahr
Sachanlagen	630	570	Gezeichnetes Kapital	360	360
Beteiligungen	120	144	Rücklagen	195	240
Vorräte	360	240		555	
Forderungen	145	270	Bilanzverlust	18 537	–
flüssige Mittel	150	180	Bilanzgewinn	–	42
Aktive Rechnungsabgrenzung	21	12	Verbindlichkeiten (langfristig)	530	433
			Verbindlichkeiten (kurzfristig)	359	341
	1 426	1 416		1 426	1 416

Im Berichtsjahr wurden 0,55 € Dividende je Aktie aus dem Bilanzgewinn des Vorjahres ausgezahlt. Anzahl der Aktien 72 000.

Auszug aus dem Anlagenspiegel (Beträge in 1000 €)

	Buchwert Vorjahr	Zugänge	Abgänge	Abschreibungen	Buchwert Berichtsjahr
Sachanlagen	570	300	60	180	630
Beteiligungen	144	16	40	–	120

5. Ein Großunternehmen der Chemie-Industrie versendet in einem Kurzbericht an die Aktionäre die beiden zum Teil zusammengefassten Bilanzen (Beträge in Mio. €).

Aktiva   Bilanzen   Passiva

	Berichts-jahr	Vorjahr		Berichts jahr	Vorjahr
Sachanlagen	1 510	1 588	gezeichnetes Kapital	2 000	2 000
Finanzanlagen	1 152	1 076	Kapitalrücklage	164	164
Vorräte	1 868	2 554	Gewinnrücklagen:		
Forderungen	2 324	2 146	gesetzliche Rücklage	36	18
flüssige Mittel	722	94	andere Gewinnrücklagen	–	26
sonstiges Umlaufvermögen	428	416			2 208
			Bilanzverlust	–	110	2 098
			Bilanzgewinn[1]	378	–
			Rückstellungen[1]	1 694	1 360
			Schulden (langfristig)	996	1 170
			Schulden (kurzfristig)	2 736	3 246
	8 004	7 874		8 004	7 874

Auszug aus dem Anlagenspiegel (Beträge in Mio. €)

	Buchwert Vorjahr	Zugänge	Abgänge	Abschreibungen	Buchwert Berichtsjahr
Sachanlagen	1 588	400	80	398	1 510
Finanzanlagen	1 076	600	524	–	1 152

Erstellen Sie eine einfache und eine verfeinerte Bewegungsbilanz, beurteilen Sie die Investierungs- und Finanzierungsvorgänge und bestimmen Sie den lang- und kurzfristigen Kapitalbedarf! Anzahl der Aktien: 400 000. Dividende je Aktie auf eine Stelle nach dem Komma runden.

6. a) Wie stellt sich der Kauf eigener Aktien in der Bewegungsbilanz dar? Überprüfen Sie, inwieweit dabei ein Finanzierungsvorgang erkennbar ist!

   b) Welcher Unterschied besteht zwischen der Bilanzkennzahl Anlagendeckung (Deckungsgrad I und II) und der Anlagenentwicklung, die in der Bewegungsbilanz sichtbar wird?

   c) Wie könnte sich in der Bewegungsbilanz eine Aufteilung der Abschreibungen auf Sachanlagen in nutzungsbedingte und überhöhte auswirken?

---

[1] Davon „langfristig" für Altersversorgung (Pensionen): Im Vorjahr 870 Mio. €., im Berichtsjahr 720 Mio. €.

d) Was ist bei Aufstellung einer Bewegungsbilanz zu beachten, wenn das Ergebnis in Form eines Jahresüberschusses bzw. Jahresfehlbetrages ausgewiesen wird, d.h. noch keine Verwendung des Jahresergebnisses (siehe HGB § 268 Abs. 1) vorgenommen ist?

e) Aus dem Anlagenspiegel einer Unternehmung wurde die Entwicklung der Sachanlagen zusammengestellt:

Stand am 01.01.2006	3 500 000,00 €
Zugänge	1 500 000,00 €
	5 000 000,00 €
Abgänge	1 000 000,00 €
Abschreibungen	1 200 000,00 €
Stand am 31.12.2006	2 800 000,00 €

Bei der nachfolgenden Aufstellung einer Bewegungsbilanz ist dazu lediglich eingetragen worden:

Mittelverwendung	Bewegungsbilanz (€)	Mittelherkunft
...	... | Verminderung der Aktiva:	
	Sachanlagen	700 000,00
	...	...

Beurteilen Sie dieses Vorgehen!

f) Aus welchen Zahlen einer Bewegungsbilanz lässt sich der Beginn einer negativen Entwicklung ablesen?

g) Ordnen Sie die folgenden Posten einer Bewegungsbilanz bei Mittelherkunft bzw. Mittelverwendung ein! Welche Finanzierungsarten können Sie entnehmen? Lieferanzahlungen (Zugang), Erhöhung von Kapitalrücklagen, Bildung einer Rücklage für eigene Aktien, Ermäßigung der gesetzlichen Rücklagen, Abschreibungen auf Beteiligungen, Auflösung von Rückstellung, Aufnahme einer Anleihe, Verkauf eigener Anteile, Abgang beim Bilanzgewinn, Wertaufholung gemäß § 280 HGB, Erhöhung des gezeichneten Kapitals (Ausgabe über pari), Abgang bei im Bau befindlichen Anlagen.

7. Finanzierung der Burgstadt-AG – 2006/2007

Auszug aus dem Geschäftsbericht 2007 (Beträge in Mio. €)

Kapitalerhöhung	480,2	Investitionen Anlagevermögen	1 148,0
Einstellung in Rücklagen	45,0		
Einstell. in Sonderposten mit Rücklageanteil	27,8		
Abschreibungen	592,6		
Erhöhung Pensionsrückstellungen	47,3	Auflösung des Sonderp. mit Rücklageanteil u. Tilgung mittel- und langfristiger Verb.	45,8
Abgänge Anlagevermögen und Erhöhung mittel- und langfristige Verbindlichkeiten	346,6		1 193,8
		Erhöhung Warenvorräte	268,8
		Erhöhung Sonst. Umlaufvermögen	33,3
	1 539,5	Erhöhung Flüssige Mittel	57,3
Bilanzgewinn	100,8	Verminderung übrige Rückstellungen	76,7
Erhöhung übrige Verbindlichkeiten und Wertberichtigungen	76,0	Ausschüttung Dividende 2000	86,4
	176,8		522,5
Mittelherkunft	1 716,3	Mittelverwendung	1 716,3

Wie beurteilen Sie die Investitions- und Finanzierungsvorgänge im Abrechnungszeitraum 2007 des „Handelsriesen" Burgstadt-AG?

5.2 Auswertung der Ergebnisrechnung

5.2.1 Aufstellung einer Strukturergebnisrechnung (Strukturerfolgsrechnung)

Kontrolle

1. Die Gewinn- und Verlustrechnung 2006 der Industriekeramik AG (Beträge in €) ist zum Zwecke weiterer Auswertungen zu bereinigen und aufzubereiten.

   Was können Sie aus der Strukturergebnisrechnung entnehmen?

1. Umsatzerlöse	30 000 000,00
2. Verminderung des Bestandes an fertigen und unfertigen Erzeugnissen	500 000,00
3. andere aktivierte Eigenleistungen	800 000,00
4. sonstige betriebliche Erträge	1 500 000,00
5. Materialaufwand	
a) Aufwendungen für Roh-, Hilfs- und Betriebsstoffe	9 700 000,00
b) Aufwendungen für bezogene Leistungen	2 100 000,00
6. Personalaufwand	
a) Löhne und Gehälter	6 200 000,00
b) soziale Abgaben und Aufwendungen für Unterstützung, davon für Altersversorgung 400 000,00	1 500 000,00
7. Abschreibungen	
a) auf immaterielle Vermögensgegenstände des Anlagevermögens und Sachanlagen	3 600 000,00
b) auf Vermögensgegenstände des Umlaufvermögens	400 000,00
8. sonstige betriebliche Aufwendungen	4 300 000,00
9. Erträge aus Beteiligungen	800 000,00
10. Erträge aus Ausleihungen des Finanzanlagevermögens	600 000,00
11. sonstige Zinsen und ähnliche Erträge	500 000,00
12. Abschreibungen auf Finanzanlagen	1 600 000,00
13. Zinsen und ähnliche Aufwendungen	700 000,00
14. Ergebnis der gewöhnlichen Geschäftstätigkeit	3 600 000,00
15. außerordentliche Erträge	900 000,00
16. außerordentliche Aufwendungen	1 200 000,00
17. außerordentliches Ergebnis	300 000,00
18. Steuern vom Einkommen und vom Ertrag	1 100 000,00
19. sonstige Steuern	200 000,00
20. Jahresüberschuss	2 000 000,00

Vertiefung

2. Welche Konten der Kontenklasse 5 bis 7 des IKR könnten zu einer besseren Aussagekraft der aufbereiteten GuV-Rechnung beitragen?

3. Welche Posten aus der veröffentlichten GuV-Rechnung sollten bei einer Aufbereitung für Zwecke der Kostenrechnung entfallen? Welche Informationen aus der internen GuV-Rechnung wären zusätzlich wichtig?

4. Eine AG stellt ihre GuV-Rechnung nach dem Umsatzkostenverfahren auf. Versuchen Sie, unter Beachtung von HGB §§ 275 Abs. 3 und 285 Nr. 8 schematisch eine aufbereitete GuV-Rechnung darzustellen!

5.2.2 Ergebniskennzahlen

5.2.2.1 Ergebnisstruktur

5.2.2.2 Aufwands- und Ertragsstrukturen

A

Kontrolle

1. Berechnen Sie aus der Strukturergebnisrechnung der Musterlösung zu Abschnitt 5.2.1 (im Band 1 Seite 540), die folgenden Kennzahlen (in Klammern die Kennzahlen vor fünf Jahren)!

   Vier Kennzahlen der Ergebnisstruktur (70 %, 30 %; 95 %, 5 %), Materialintensität (33,8 %), Personalintensität (52 %), Abschreibungsintensität (8 %), Umsatzquote (88 %), Quote der sonstigen betrieblichen Erträge (3 %).

   Beurteilen Sie die Langzeitentwicklung!

2. Was können Sie aus den folgenden Zahlen verschiedener aufbereiteter GuV-Rechnungen entnehmen?

   a) Ergebnis der gewöhnlichen Geschäftstätigkeit   +   600 000,00 €
   Finanzergebnis   +   900 000,00 €

   b) Jahresüberschuss vor Steuern   1 300 000,00 €
   Jahresfehlbetrag nach Steuern   200 000,00 €

   c) Jahresfehlbetrag   2 000 000,00 €
   außerordentliches Ergebnis   –   5 000 000,00 €

   d) Finanzergebnis   –   800 000,00 €
   außerordentliches Ergebnis   +   2 300 000,00 €
   Jahresüberschuss   950 000,00 €

3. Vergleichen Sie die Kennzahlen der Vergleichsbetriebe (Zeitvergleich) mit dem Branchendurchschnitt (Branchenvergleich) laut nachfolgender Tabelle! Geben Sie Ihr Urteil ab!

Art	Vergleichsbetriebe		Branchendurch-schnitt, %
	Berichtsjahr, %	Vorjahr, %	
a) Abschreibungsintensität	30	12	20
b) Umsatzquote	65	75	90
c) Anteil des Personalaufwands	36	45	32
d) Quote der sonstigen betrieblichen Erträge	11	27	20

4. In Anhang des Jahresabschlusses einer AG wird die folgende Tabelle veröffentlicht. Berechnen Sie die *Kennzahlen der Materialintensität* und die *Kennzahlen des Personalaufwands am Gesamtertrag*. Nehmen Sie zu der Entwicklung Stellung!

	2003 Mio. €	2004 Mio. €	2005 Mio. €	2006 Mio. €
Umsatzerlöse	10 003	20 645	23 736	26 714
+ – Bestandsveränderungen	+ 600	– 200	– 400	+ 1 000
+ Eigenleistungen	1 000	–	700	400
■ Materialaufwand (Roh-, Hilfs- und Betriebsstoffe)	5 368	10 055	11 748	13 462
■ Personalaufwand	2 676	5 972	6 701	8 705
davon:				
Nettolohn- und Gehaltssumme	(1 695)	(3 374)	(3 851)	(4 294)
Lohnsteuer und Sozialabgaben	(866)	(2 163)	(2 411)	(2 746)
Aufwendungen für Altersvorsorge	(115)	(435)	(439)	(257)
außerordentlicher Personalaufwand				(1 408)
■ Aufwand aus den „übrigen Aufwandsposten"	778	1 465	1 482	1 405
■ Abschreibungen	637	827	1 122	1 212
■ Steuern vom Einkommen und Ertrag, sonstige Steuern	337	1 852	2 143	1 360
■ Jahresüberschuss	207	474	540	570
davon:				
Zuführungen zu Rücklagen	(45)	(231)	(270)	(273)
Dividendensumme	(162)	(243)	(270)	(297)

Vertiefung

5. Berechnen Sie aus der vorliegenden *internen* Gewinn- und Verlustrechnung einer Aktiengesellschaft die Kennzahlen der Materialaufwandsquote, der Personalintensität und der Abschreibungsintensität.

Aufwendungen   Interne Gewinn- und Verlustrechnung einer AG (Beträge in 1000 €)   Erträge

Aufwendungen			Erträge		
5002	Kundenskonti	9 000	5000	Umsatzerlöse für Fertig- erzeugnisse	9 310 000
5120	Bestandsveränderungen an fertigen Erzeugnissen	36 800	5110	Bestandsveränderungen an unfertigen Erzeugnissen	57 200
6000	Rohstoffaufwand	1 967 000	5200	aktivierte Eigenleistungen	45 500
6001	Fremdbauteileaufwand	468 600	5400	sonstige betriebliche Erträge	43 200
6030	Hilfsstoffaufwand	624 200	5432	Erträge aus dem Abgang	
6040	Betriebsstoffaufwand	311 800		vom Anlagevermögen	5 300
6060	Energie- und Treibstoffaufwand	1 481 900	5440	Erträge aus Auflösungen	
6100	Fremdleistungen	112 500		von Rückstellungen	45 000
6200	Fertigungslöhne	1 225 200	5500	Erträge aus Beteiligungen	20 600
6201	Hilfslöhne	320 800	5700	Zinserträge	58 000
6210	Gehälter	517 400			
6300	Soziale Abgaben	253 400			
6400	Aufwendungen für Alters- versorgung und Unterstützung	102 600			
6510	Abschreibungen auf Beteiligungen	29 700			
6520–6540	Abschreibungen auf Sach- anlagen	574 000			
6700	Mietaufwand	66 100			
6720	Gebühren, Beiträge	33 800			
6730	Rechts- und Beratungskosten	98 300			
6800	Bürokosten	67 600			
6840	Werbung	129 400			
6860	Provision	78 700			
6900	Versicherungen	76 200			
6911	Abschreibungen auf Forderungen	4 000			
6930	sonstige betriebliche Aufwen- dungen	204 300			
6960	Verluste aus dem Abgang von Gegenständen des Anlage- vermögens	2 100			
7000	Gewerbesteuer	3 700			
7010	Vermögensteuer	7 200			
7090	sonstige Steuern	32 000			
7500	Zinsaufwendungen	53 900			
7700	Körperschaftsteuer	252 600			
3400					
		9 584 800			9 584 800

6. a) Wie wirkt sich arbeitsintensive bzw. kapitalintensive Fertigung auf bestimmte Kennzahlen der Gewinn- und Verlustrechnung aus?

   b) Welche Ursache stellen Sie fest, wenn
   - die folgenden Kennzahlen steigen: Quote des Materialaufwands, Quote der Steuerbelastung, Quote der Zinsbelastung;
   - die folgenden Kennzahlen fallen: Quote der Abschreibungen, Arbeitsintensität.

   Was unternehmen Sie in diesen Fällen?

   c) Welches „Insider"-Wissen ist erforderlich, um eine verbesserte Auswertung der Ergebnisrechnungen zu erreichen?

   d) Man spricht bei Auswertung der Ergebnisrechnung von einer „Diagnose- und einer Prognosefunktion". Was können Sie sich darunter vorstellen?

   e) Zur Berechnungsgrundlage „Gesamtertrag" wird kritisch angemerkt: Die einzelnen Posten haben eine unterschiedliche Wertbasis, die betrieblichen Erträge sollten bereinigt werden. Trifft dies zu? Begründung.

7. *Auszug aus „Die Profitparade der Börsenfirmen" aus dem Managermagazin 10/20. .*

Gesellschaft	Gewinn vor Steuern, 1000 €	Gewinnentstehung			
		betriebliches Ergebnis, %	Beteiligungs-ergebnis, %	Finanzergebnis, %	außerordentliches Ergebnis, %
Daimler-Chrysler	4 683 000	78	0,3	21,7	0,0
VIAG	559 899	119,7	10,3	9,6	− 20,4
Krupp	185 264	353,2	− 21,4	− 77,4	− 154,3
Preußag	140 195	65,8	76,4	− 15,5	− 26,7
Hoch-Tief	103 941	− 24,8	− 10,9	135,7	0,0
Neckarwerke	44 479	295,7	− 1,0	− 194,7	0,0
Bergmann	43 475	1,9	− 7,3	27,9	77,5

   a) Wie muss die Tabelle Ihres Erachtens gelesen werden?

   b) Beurteilen Sie die Lage der genannten Gesellschaften, soweit diese aus den obigen Ergebnissen erkennbar ist!

5.2.2.3 Rentabilität

Kontrolle

1. Aus den aufbereiteten Bilanzen und Gewinn- und Verlustrechnungen eines Industriebetriebs werden die für Rentabilitätsrechnungen erforderlichen Zahlen entnommen (Beträge in 1000 €):

	Berichtsjahr	Vorjahr
Grundkapital (gezeichnetes Kapital)	100 000	80 000
Kapitalrücklage	11 600	1 600
gesetzliche Rücklage	6 400	6 400
andere Gewinnrücklagen	23 500	22 000
Bilanzgewinn	6 000	12 800
Fremdkapital:		
langfristig	160 000	120 000
kurzfristig	50 000	60 000
Umsatzerlöse	560 000	640 000
–	–	–
Zinsaufwendungen	16 800	9 600
Jahresüberschuss	7 500	14 800
Einstellung in die anderen Gewinnrücklagen	1 500	2 000
Bilanzgewinn	6 000	12 800
beschlossene Dividende je Aktie	0,30 €	0,80 €
Anzahl der Aktien	20 000 000	16 000 000

Berechnen und beurteilen Sie:

a) für beide Jahre die Kennziffern der Rentabilität des Eigen- und Gesamtkapitals sowie die Umsatzrentabilität,

   Das Grundkapital wurde zu Beginn des Berichtsjahres erhöht.

b) das Kurs/Gewinnverhältnis (Börsenkurs zum Zeitpunkt der Bilanzfeststellung im Berichtsjahr 15,00 €, im Vorjahr 28,00 €,

c) die Kapitalertragszahlen (RoI) beider Jahre!

2. Übernehmen Sie das nachstehende Schema in Ihre Aufzeichnungen, und setzen Sie diejenigen Größen ein, die für die Berechnungen heranzuziehen sind!

Berechnung der	Die Größen heißen in der	
	Bilanz	GuV-Rechnung
a) Rentabilität des Gesamtkapitals	?	?
b) Rentabilität des Eigenkapitals	?	?
c) Umsatzrentabilität (Umsatzrendite)	?	?

3. **Rentabilität des Gesamtkapitals und Finanzierung**

a) Weshalb muss bei ihrer Berechnung der Zinsaufwand dem Jahresüberschuss zugerechnet werden?

b) Welcher Fehler ergibt sich, da im Fremdkapital auch zinsloses Fremdkapital enthalten ist?

c) Welche Auswirkung haben stille Rücklagen (= stille Reserven) bei der Beurteilung von Kennzahlen der Finanzierung bzw. Rentabilität?

4. Berechnen Sie die Eigenkapitalverzinsung einer Handels-OHG bzw. Handels-KG für 20 . . aufgrund der folgenden Angaben:

a) OHG

Aktiva	Bilanz zum 31.12. des Vorjahres (zusammengefasst, €)		Passiva
Vermögen	3 000 000,00	Eigenkapital:	
		Kapital A	600 000,00
		Kapital B	1 000 000,00
		Fremdkapital	1 400 000,00
	3 000 000,00		3 000 000,00

Gewinn 20. . laut GuV-Rechnung: 414 000,00 €
Privatentnahmen A und B in 2006:   120 000,00 €
Privateinlagen A und B in 2006:   80 000,00 €

Als Unternehmerlohn sind für A und B jeweils 7 000,00 € monatlich anzusetzen.

b) KG

Aktiva	Bilanz zum 31.12.2006 (zusammengefasst, €)		Passiva
Vermögen	5 000 000,00	Eigenkapital:	
(davon ausstehende Einlage C		Komplementär A	800 000,00
300 000,00)		Kommanditist B	1 200 000,00
		Kommanditist C	1 000 000,00
		Fremdkapital	2 000 000,00
		(davon Darlehenskonto B	
		160 000,00, Gewinnanteil-	
		konto B 180 000,00)	
	5 000 000,00		5 000 000,00

Darlehen B besteht aus nicht ausgezahlten Gewinnanteilen der Jahre vor 2006 , die mit 10 % zu verzinsen sind. Der Darlehenszins ist als Zinsaufwand gebucht worden.

Gewinn 2006 laut GuV-Rechnung: 493 800,00 €. Der Gewinnanteil des C für 2006 in Höhe von 150 000,00 € ist vor Bilanzaufstellung mit der ausstehenden Einlage verrechnet worden. Unternehmerlohn des Komplementärs 9 000,00 € je Monat. Entnahme des Komplementärs im Jahr 2006: 120 000,00 €.

5. Berechnen Sie die Rentabilität des Eigen- und Gesamtkapitals und die Umsatzrentabilität!

   a) Gewinn eines Industriebetriebs 112 000,00 €, Umsatz 3 Mio. €, Eigenkapital 1,6 Mio. €, Fremdkapital 0,4 Mio. € (Jahreszinssatz für das Fremdkapital 8 %).

   b) Ein Elektro-Konzern weist die folgenden Zahlen aus: Gewinn 54 Mio. €, Eigenkapital 350 Mio. €, Fremdkapital 850 Mio. €, durchschnittlicher Jahreszinsfuß für das Fremdkapital 9 %. Zusatzfrage: Wie wird das langfristige Fremdkapital verzinst, wenn das kurzfristige 340 Mio. € beträgt? Umsatz 2 700 Mio. €

Vertiefung

6. Die Rentabilitätsrechnungen von vier Unternehmungen haben ergeben:

   Unternehmung A: Eigenkapitalrentabilität 1,7 %, Gesamtkapitalrentabilität 5,8 %.
   Unternehmung B: Verzinsung des Fremdkapitals mit 10 %, keine Eigenkapitalrentabilität.
   Unternehmung C: Eigenkapitalrentabilität 20 %, Gesamtkapitalrentabilität 20 %.
   Unternehmung D: Eigenkapitalrentabilität 12 %, Gesamtkapitalrentabilität 7,2 %.
   Welche Aussagen können Sie zur Lage dieser Unternehmungen machen?

7. Der Informationsdienst des Instituts der deutschen Wirtschaft veröffentlichte im August
   2004 die folgende Darstellung:

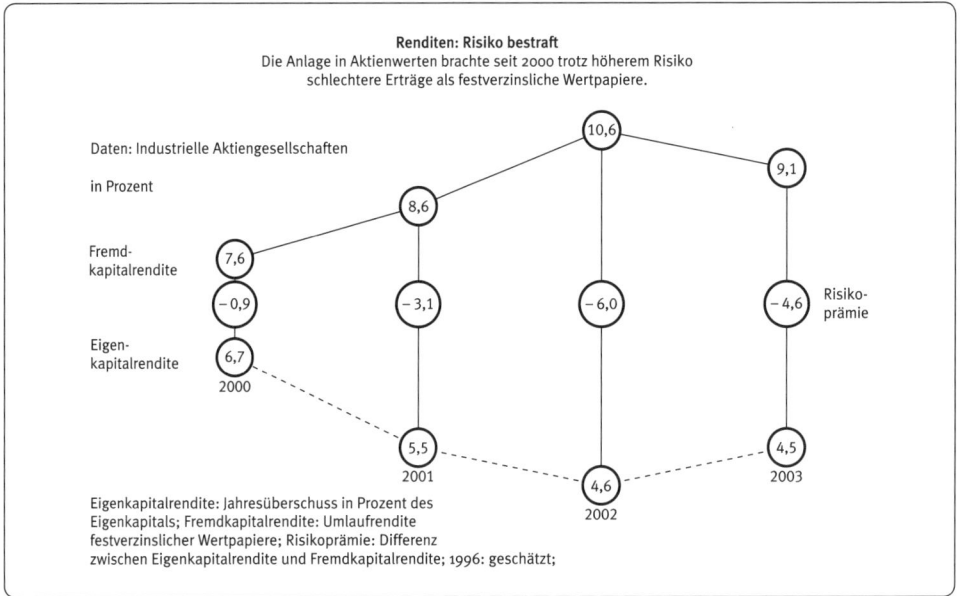

Nehmen Sie dazu Stellung, ob die Aussage in der Überschrift stimmt!

8. Was können Sie aus den folgenden Kennzahlen entnehmen?

   a) Kurs/Gewinn-Verhältnis (KGV) im Berichtsjahr 18, im Vorjahr 10. Der Jahresüber-
      schuss hat sich kaum verändert.

   b) Kurs/Gewinn-Verhältnis (KGV) 6, im Vorjahr 12. Der Jahresüberschuss ist gegenüber
      dem Vorjahr um ein Drittel gesunken.

   c) Gezeichnetes Kapital einer AG 42 000 000,00 €, Anzahl der Aktien 8 400 000. Im Vor-
      jahr Jahresüberschuss 10 500 000,00 €, KGV 14, im Berichtsjahr 6 300 000,00 €.

   Berechnen Sie die Börsenkurse beider Jahre, und versuchen Sie, die Entwicklung zu
   beurteilen.

9. Die Berechnung der Kapitalertragszahl (RoI) eines Unternehmens ergibt im Jahr 2006 (in €):

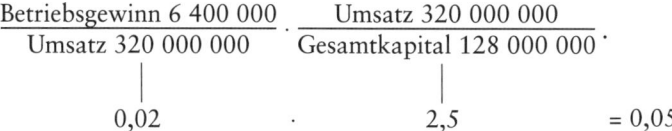

$$\underbrace{\frac{\text{Betriebsgewinn } 6\,400\,000}{\text{Umsatz } 320\,000\,000}}_{0,02} \cdot \underbrace{\frac{\text{Umsatz } 320\,000\,000}{\text{Gesamtkapital } 128\,000\,000}}_{2,5} = 0,05$$

Die durchschnittliche Kennzahl der Branche beträgt 0,08. 70 % des Umsatzes bestehen aus proportionalen Kosten.

A

a) Die Umsatzrendite kann nicht gesteigert werden. Welche Größe muss geändert werden, damit die Branchenziffer erreicht wird (Berechnung)? Schlagen Sie dafür geeignete Maßnahmen vor!

b) Welche Umsatzsteigerung ist notwendig, damit der Betrieb den Branchendurchschnitt erreicht?

c) Um wie viel Prozent muss der Gewinn gesteigert werden, damit die Kennzahl 0,08 erreicht wird? Umsatz und Kapital bleiben in bisheriger Höhe. Um wie viel Prozent müssen die proportionalen Kosten reduziert werden?

d) Aus welchen betrieblichen Zahlen hat die Internationale Landmaschinen-Gruppe (ILG) das nachfolgende Schaubild ermittelt?

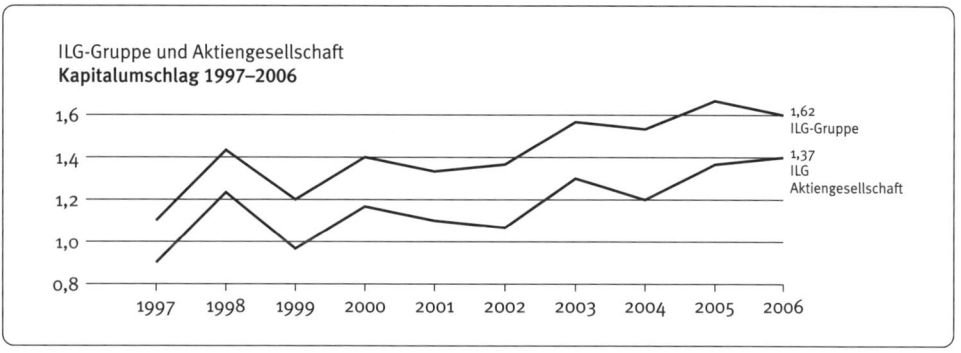

10. a) Welche Verbindung besteht zwischen nicht beanspruchten Liefererskonti und Fremd-kapitalzinsen?

b) Welchen Vorteil sehen Sie darin, wenn bei Rentabilitätsrechnungen vom Mittelwert aus Anfangs- und Endkapital ausgegangen wird?

c) Welche Probleme tauchen auf, wenn Sie die Rentabilitätssätze von Kapitalgesellschaf-ten mit denjenigen von Nichtkapitalgesellschaften vergleichen wollen?

d) Ein Unternehmer verändert bei niederen Fremdkapitalzinsen seine Kapitalstruktur zugunsten des Fremdkapitalanteils. Wie ist die Auswirkung auf die Verzinsung des Eigenkapitals, welche Bedenken sind vorzubringen?

e) Wie erklären Sie verringerte Rentabilität bei erhöhtem Umsatz? Ist auch eine gegentei-lige Entwicklung denkbar?

f) Erläutern Sie den Unterschied zwischen Kurs/Gewinn-Verhältnis und der effektiven Verzinsung (Bruttodividende als Prozentsatz des Börsenkurses) von Aktien!

11. Im Managermagazin 11/20 . . wird die Messzahl „Gesamtscore" von Industriebetrieben nach folgendem Muster ermittelt:

Rendite		Sicherheit		Wachstum		Gesamtscore
Eigenkapitalrendite	Betriebsrendite	Eigenkapitalquote	Liquiditätsquote	Bilanzsumme	Umsatz	
Jahresüberschuss (zuzüglich Steuern) als Prozentsatz des Eigenkapitals	Betriebliches Ergebnis als Prozentsatz des Umsatzes	Eigenkapital als Prozentsatz des Gesamtkapitals	Liquide Mittel + Wertpapiere als Prozentsatz des Gesamtvermögens	Prozentuales Wachstum der Bilanzsumme (letzte drei Jahresabschlüsse)	Prozentuales Wachstum des Umsatzes (letzte drei Jahresabschlüsse)	Summe laut Gewichtung

Die einzelnen Messzahlen werden zur Berechnung des Gesamtscores gewichtet: Rendite mit 4, Sicherheit und Wachstum mit je 1, wobei innerhalb der drei Bereiche die erste Kennzahl doppelt so stark gewichtet wird wie die zweite.

a) Berechnen Sie die Kennzahl „Gesamtscore" einer Unternehmung aufgrund der folgenden Angaben (in der Reihenfolge der Tabelle) jeweils in Prozent: 40, 12, 28, 20, 18, 10.

b) Welchen Sinn hat die Berechnung der Kennzahl „Gesamtscore"?

c) Beurteilen Sie die Gewichtung!

12. Kennzahlensystem nach „Du Pont" (siehe Band 1).

a) Welche Verbindung besteht zur Kennziffer „Return on Investment"?

b) Inwieweit ist dieses System bei Sortimentsentscheidungen brauchbar?

c) In welchen Bereich des Rechnungswesen würden Sie das folgende alternative „Du Pont-System" einordnen?

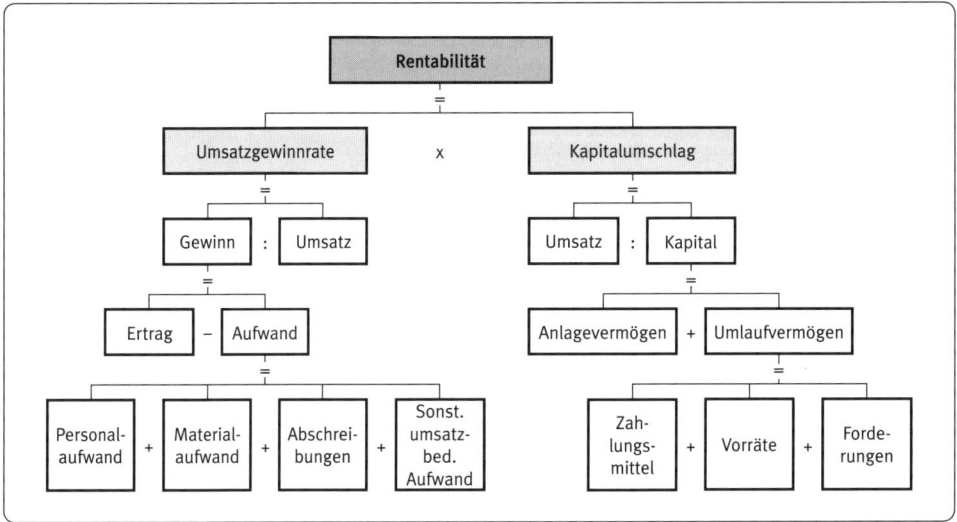

5.2.2.4 Cashflow und Kapitalflussrechnung; Berechnung des Cashflow aus einer angepassten und vereinfachten GuV-Rechnung

Kontrolle

1. a) Ermitteln Sie aus der folgenden vereinfachten GuV-Rechnung den Cashflow. Stellen Sie die beiden Verfahren der Berechnung einander gegenüber!

   b) Wie ist der Cashflow zu beurteilen, wenn Investitionen in Höhe von 445 Mio. € geplant sind? – Wie hoch ist die Cashflow-Umsatzrate (Umsatzerlöse = 1 Mrd. €)?

A

Aufwendungen   Beträge in Mio. €   Erträge

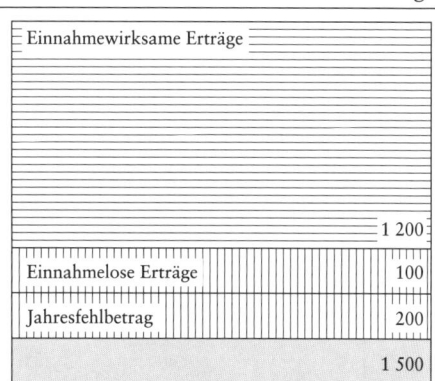

2. Die teilweise verdichteten Bilanzen einer AG werden vorgelegt (Beträge in 1000 €):

Aktiva   Bilanzen   Passiva

	Berichts-jahr	Vorjahr		Berichts-jahr	Vorjahr
Anlagevermögen			**Eigenkapital**		
Sachanlagen	95 220	69 320	gezeichnetes Kapital		
Finanzanlagen	11 000	9 000	(≙ Grundkapital)	50 000	40 000
Umlaufvermögen	63 280	60 880	Kapitalrücklage	9 000	1 000
			gesetzliche Rücklage	3 000	3 000
			andere Gewinnrücklagen	26 000	19 000
			Bilanzgewinn	2 000	6 700
			Fremdkapital		
			Rückstellungen		
			langfristig	5 000	3 500
			kurzfristig	4 500	6 000
			Verbindlichkeiten		
			(lang- und kurzfristig)	70 000	60 000
	169 500	139 200		169 500	139 200

Entwicklung der Sachanlagen und Finanzanlagen (Auszug aus dem Anlagenspiegel), 1000 €

	Stand 01.01.	Zugänge	Umbuchun-gen	Abgänge	Abschreibun-gen	Stand 31.12.
Sachanlagen	69 320	54 000	–	7 700	21 000	95 220
Finanzanlagen	9 000	3 000	–	1 000	–	11 000

Im Berichtsjahr ist aus dem Bilanzgewinn des Vorjahres eine Dividende von 0,80 € je Aktie ausbezahlt worden.

Berechnen Sie den gesamten Cashflow des Berichtsjahres und den Cashflow je Aktie! Beurteilen Sie das Ergebnis! Anzahl der Aktien im Berichtsjahr 10 000 000; im Vorjahr 8 000 000.

3. Vergleichen Sie die nachfolgenden Aufstellungen! Was können Sie entnehmen?

   a) Finanzierung der Investitionen in der Rheinstahl AG (in Millionen €)

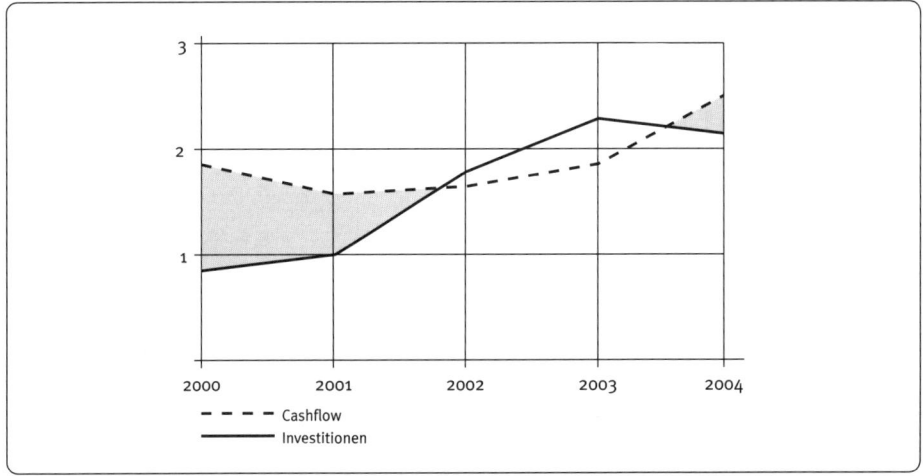

   b) Chemiegruppe AG – Investitionen und Abschreibungen 1997–2006 (in Mio. €)

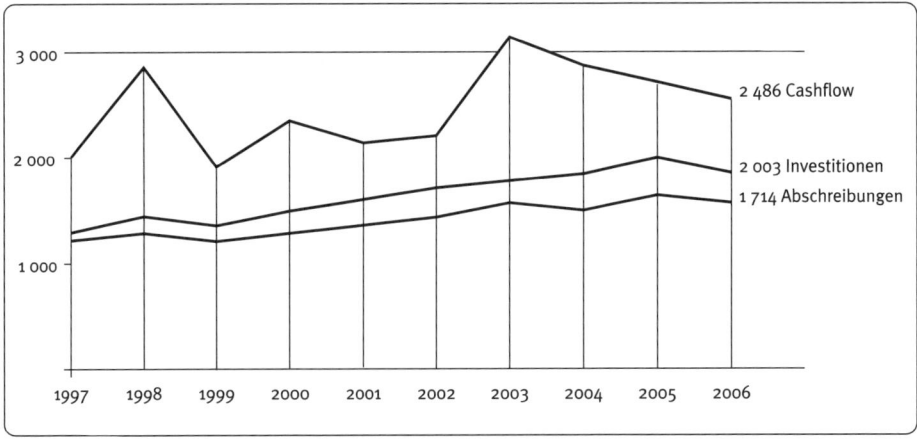

c) Cashflow und Investitionen der Fahrzeugwerke AG

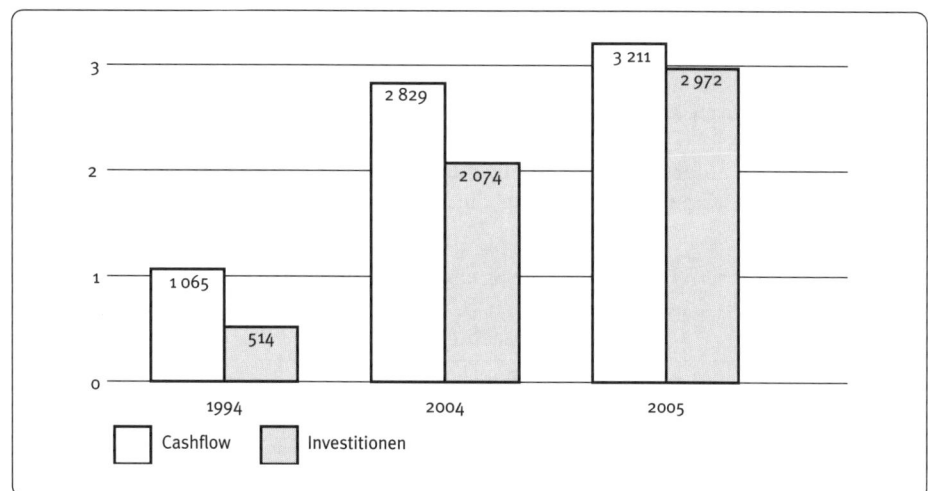

A

4. Berechnen Sie den *Cashflow* einer Aktiengesellschaft aus den nachfolgenden Zahlenangaben (Beträge in 1000 €):

Verlustvortrag aus dem Vorjahr 300, Entnahme aus den Gewinnrücklagen 9 500, Erträge aus der Auflösung langfristiger Rückstellungen 80, Verlust aus Abgang von Anlagevermögen 10, Ertrag aus Beteiligungen 30, Aufwendungen aus Verlustübernahme (die AG hat den Verlust einer Tochtergesellschaft übernommen) 700, Abschreibungen auf Sachanlagen 10 800, Erträge aus Abgang von Anlagevermögen 50, Bilanzgewinn 2 400.

Vertiefung

5. Auszüge aus der Ansprache des Vorstandsvorsitzenden der Vereinigten Fahrzeugwerke AG für das Geschäftsjahr 2006 und aus den Abschlussunterlagen (Anhang bzw. Lagebericht nach HGB §§ 284 ff. und 289) der Nutzfahrzeuge AG für 2006

Vereinigte Fahrzeugwerke AG:

„... Lassen Sie mich nach diesen etwas ausführlichen Anmerkungen zu unseren Investitionen ... zu den finanzwirtschaftlichen Daten zurückkehren. Die kurzfristige Liquiditätsposition hat sich gegenüber dem Vorjahr im Konzern um 550 Mio. € verschlechtert, obwohl sich der *Cashflow* um 795 Mio. € auf 3,9 Mrd. € erhöhte. Der höhere *Cashflow* hat bewirkt, dass sich die Deckungsrelation im langfristigen Finanzierungshaushalt von 73 % auf 81 % verbessert hat. Allerdings ergab sich im langfristigen Finanzierungshaushalt eine Deckungslücke zwischen den Investitionen und dem *Cashflow* von 915 Mio. € gegenüber 1,1 Mrd. € im Vorjahr ...“

Nutzfahrzeuge AG:

„Die Sachanlageinvestitionen erreichen in der AG für den Zeitraum 2004 bis 2006 eine Größenordnung von 8,5 bis 9 Mrd. €, ... je etwa 3 Mrd. € sind 2005 und 2006 aufzubringen. ...

Jahresüberschuss der Nutzfahrzeuge AG 2004   687 317 861,00 €
Cashflow der Nutzfahrzeuge AG 2004   3 211 000 000,00 €

Beschreiben Sie die Beziehungen zwischen dem Jahresüberschuss, dem höheren *Cashflow* und den Investitionen, die höher (Vereinigte Fahrzeugwerke AG) bzw. niedriger (Nutzfahrzeuge AG) als der *Cashflow* sind?

6. Entwickeln Sie aufgrund der nachfolgenden vereinfachten Bilanzen über eine Bewegungsbilanz in einer Kapitalflussrechnung die Berechnung von Cashflow und Nettoliquidität (siehe Band 1).

Stellen Sie zu Ihrer Orientierung zuerst eine Bewegungsbilanz auf!

Aktiva			Vereinfachte Bilanzen (1000 €)			Passiva
	Vorjahr	Berichtsjahr		Vorjahr	Berichtsjahr	
Sachanlagen	119 800	165 500	Grundkapital	80 000	100 000	
Finanzanlage	42 100	48 300	Kapitalrücklage	12 000	22 000	
Vorräte	58 200	45 000	Gewinnrücklagen	40 000	45 000	
geleistete Anzahlungen	8 000	6 500	Bilanzgewinn	11 500	14 600	
sonstige Gegenstände des			Rückstellungen:			
Umlaufvermögens (auch RAP)	31 200	36 800	für Pensionen	20 000	24 000	
Zahlungsmittel	4 000	3 000	lang- und mittelfristig	4 000	8 000	
Wertpapiere des Umlaufvermögens			kurzfristige	600	1 700	
sonstige liquide Mittel (Besitz-	500	700	Verbindlichkeiten:			
wechsel u.a.)			Anleihen	60 000	52 000	
	1 300	2 000	sonstige mittel- und langfristige	12 000	17 000	
			kurzfristige (auch RAP)	16 000	14 100	
			erhaltene Anzahlungen	2 000	4 400	
			kurzfristige Bankkredite	7 000	5 000	
	265 100	307 800		265 100	307 800	

Dividendenausschüttung im Berichtsjahr 0,70 € je Aktie aus dem Bilanzgewinn des Vorjahres. Anzahl der Aktien: Vorjahr 16 000 000, Berichtsjahr 20 000 000.

Entwicklung der Sach- und Finanzanlagen im Berichtsjahr

	Sachanlagen	Finanzanlagen
Stand am 31.12. des Vorjahres	119 800	42 100
Zugänge	103 900	30 000
Abgänge	25 000	10 000
Abschreibungen	33 200	13 800
Stand am 31.12. des Berichtsjahres	165 500	48 300

7. In der Fachliteratur wird die Cashflow-Rechnung u.a. um die folgenden Kennzahlen erweitert. Beurteilen Sie die Aussagekraft!

a) $\text{Cashflow-Rendite} = \dfrac{\text{Cashflow} \cdot 100}{\text{Gesamtkapital}}$ bzw. $\dfrac{\text{Cashflow} \cdot 100}{\text{Eigenkapital}}$

b) $\text{Cashflow-Quotient} = \dfrac{\text{Eigenkapital}}{\text{Cashflow}}$

Beurteilen Sie danach die folgenden Ergebnisse:

Cashflow-Quotient ≤ 1

Cashflow-Quotient > 5

c) Umsatz-Cashflow-Rate = $\dfrac{\text{Cashflow} \cdot 100}{\text{Umsatz}}$

d) Cashflow je Aktie (siehe Fallbeispiel, Band 1, Seite 554)

e) Fremdkapital
   – liquide Mittel   ...
   = Nettoverschuldung   ...

Entschuldungsgrad = $\dfrac{\text{Cashflow}}{\text{Nettoverschuldung}}$

Tilgungsdauer (Jahre) = $\dfrac{100}{\text{Entschuldungsgrad}}$ bzw. $\dfrac{\text{Nettoverschuldung}}{\text{Cashflow}}$

A

f) Verschuldungsgrad (Richtzahl bedeutender Aktiengesellschaften):

8. a) Wie kann der Cashflow von Personenunternehmen mit demjenigen von Kapitalgesellschaften vergleichbar gemacht werden?

   b) „Ein niedriger Eigenkapitalanteil kann durch den Cashflow kompensiert werden." Untersuchen Sie diese Aussage!

   c) Welche Abschreibungs- und Rückstellungspolitik ist zu betreiben, um den „disponiblen Geldrückfluss" zu maximieren?

   d) Untersuchen Sie (mit Begründung), ob der Cashflow als vergangenheitsorientierte und/ oder als zukunftsbezogene Größe anzusehen ist!

9. Entnehmen Sie mögliche Entscheidungen des Managements einer Unternehmung aus den vorliegenden Zahlen!

	Prozentuale Anteile am Cashflow		
	Jahresüberschuss	Abschreibungen	Zuführung zu den langfristigen Rückstellungen
1. Jahr	76	14	16
2. Jahr	55	22	23
3. Jahr	37	48	15

10. Beurteilen Sie den folgenden internationalen Aktienvergleich (Quelle: West Capital).

Aktien im Vergleich

Name/Land	KCV	KGV
Bundesrepublik Deutschland:		
Bayer	3,5	7,9
BASF	3,1	7,5
RWE StA	3,7	19,1
Siemens	4,7	16,2
Thyssen	3,4	8,3
Viag	3,0	13,8
Veba	3,3	14,3
VW StA	2,3	9,1

Name/Land	KCV	KGV
Großbritannien:		
British Telecom	5,6	11,2
British Petroleum	5,5	12,2
BAT	9,4	11,6
Frankreich:		
Louis-Vitton-Moet-Hennessy	20,7	23,7
CGE	4,3	10,3
Elf Aquitaine	3,1	6,9

USA:		
IBM	6,3	10,9
General Motors	2,7	5,9
Philip Morris	10,9	14,4

Japan:		
Tokyo Electrik Power	9,2	72,2
Toyota	11,6	21,6
Nippon Electric	12,3	41,7

Italien:		
Montedison	3,5	8,5
Fiat	4,6	8,1

Schweiz:		
Nestle	9,2	15,0

Holland:		
Philips	2,6	9,9

11. Kapitalflussrechnungen der Vereinigten Stahlwerke AG[1]

Konzern-Kapitalflussrechnung 2005 (in Mio. €)

Mittelherkunft aus der Geschäftstätigkeit

Jahresüberschuss	+ 1 702
Abschreibungen und Abgänge von immateriellen Vermögensgegenständen und Sachanlagen	+ 3 223
Abschreibungen auf Finanzanlagen	+ 12
Erhöhung der Pensionsrückstellungen	+ 883
Erhöhung der mittel- und langfristigen übrigen Rückstellungen	+ 310
Cashflow	**+ 6 130**

Mittelherkunft aus Finanzierungsvorgängen

Erhöhung der kurzfristigen übrigen Rückstellungen	+ 387
Erhöhung mittel- und langfristiger Verbindlichkeiten	+ 517
Erhöhung kurzfristiger Verbindlichkeiten und der Rechnungsabgrenzungsposten	+ 2 052
Verminderung der Forderungen aus Lieferungen und Leistungen	+ 275
	+3 231

Mittelverwendung

Zugänge zu immateriellen Vermögensgegenständen	− 1 571
Zugänge zu Sachanlagen	− 5 057
Nettozugänge zu Finanzanlagen	− 379
Zugänge zu vermieteten Fahrzeugen abzüglich Abschreibungen und Abgänge	− 1 368
Erhöhung der Vorräte (netto)	− 856
Erhöhung sonstiger Aktiva	− 1 868
Veränderung des Eigenkapitals	− 42
Ausschüttung für 2004	− 503
	− 11 644
Veränderung der Nettoliquidität	**− 2 283**

Konzern-Kapitalflussrechnung 2006 (in Mio. €)

Mittelherkunft aus der Geschäftstätigkeit

Jahresüberschuss	+ 6 809
Abschreibungen und Abgänge von immateriellen Vermögensgegenständen und Sachanlagen	+ 3 449
Abschreibungen auf Finanzanlagen	+ 80
Veränderung der Pensionsrückstellungen	− 4 253
Veränderung der mittel- und langfristigen übrigen Rückstellungen	+ 1 206
Bewertungsänderung bei Vorräten	− 1 300
Cashflow	**+ 5 991**

Mittelherkunft aus Finanzierungsvorgängen

Erhöhung des gezeichneten Kapitals und der Kapitalrücklagen	+ 1 955
Erhöhung der Gewinnrücklagen	+ 97
Erhöhung mittel- und langfristiger Verbindlichkeiten	+ 434
Erhöhung der kurzfristigen übrigen Rückstellungen	+ 1 387
Erhöhung kurzfristiger Verbindlichkeiten und der Rechnungsabgrenzungsposten	+ 2 960
Erhöhung sonstiger mittel- und langfristiger Passivposten	+ 2 459
	+ 9 292

Mittelverwendung

Zugänge zu immateriellen Vermögensgegenständen (einschließlich mit den Rücklagen errechneter Geschäftswerte 2001)	− 1 323
Zugänge zu Sachanlagen	− 5 919
Nettozugänge zu Finanzanlagen	− 378
Zugänge zu vermieteten Fahrzeugen abzüglich Abschreibungen und Abgänge	− 1 365
Erhöhung der Vorräte (netto) (vermindert um Bewertungsänderungen)	− 2 651
Erhöhung der Forderungen aus Lieferungen und Leistungen und sonstiger Aktiva	− 2 924
Ausschüttung für 2005	− 504
	− 15 054
Veränderung der Nettoliquidität	**+ 219**

---

[1] Vergleichen Sie mit der Bewegungsbilanz!

Entwicklung der Nettoliquidität 31.12.2005

Zahlungsmittel	3 179	4 460	− 1 281
Sonstige Wertpapiere	5 113	5 167	− 54
Übrige Liquidität	5 910	6 479	− 569
	14 202	16 106	
Kurzfristige Verbindlichkeiten gegenüber Kreditinstituten	− 1 553	1 174	− 379
Veränderung der Nettoliquidität	12 649	14 932	− 2 283

Entwicklung der Nettoliquidität 31.12.2006

Zahlungsmittel	3 179	2 985	− 194
Sonstige Wertpapiere	5 113	5 900	+ 787
Übrige Liquidität	5 910	5 753	− 157
	14 202	14 638	
Kurzfristige Verbindlichkeiten gegenüber Kreditinstituten	− 1 553	− 1 770	− 217
Veränderung der Nettoliquidität	12 649	12 868	+ 219

A

Untersuchen Sie die obigen Rechnungen unter folgenden Aspekten: Die Pensionsrückstellungen sind 2005 mit 6 %, 2006 mit 3,5 % abgezinst worden. Die Vorräte sind 2005 mit der handelsrechtlichen Untergrenze, 2006 unter Beachtung der Vorschriften des Steuerrechts bewertet worden.

Die Abschreibung auf vermietete Fahrzeuge werden nicht dem Cashflow zugerechnet.

Weisen Sie anhand der beiden Rechnungen die größere Bedeutung des „KCV" gegenüber dem „KGV" nach!

5.2.2.5 Wertschöpfung

Kontrolle

1. **Wertschöpfungen** (nach dem Geschäftsbericht 2005 der Industrieroboter GmbH), vereinfachte Form

Entstehung der Wertschöpfung	20 .. Mio. €	Vorjahr Mio. €
Umsatzerlöse	13 265	12 474
+ Erhöhung des Bestandes an fertigen und unfertigen Erzeugnissen	126	36
+ Andere aktivierte Eigenleistungen	94	74
= Gesamtleistung	13 485	12 584
+ sonstige betriebliche Erträge	910	812
= Unternehmensleistung	14 395	13 396
− Vorleistungen außer Abschreibung:		
Aufwendungen für Roh-, Hilfs- und Betriebsstoffe sowie für bezogene Waren	6 114	5 579
Verluste aus Wertminderungen oder dem Abgang von Gegenständen des Umlaufvermögens außer Vorräten und Einstellung in die Pauschalwertberichtigung zu Forderungen	109	48
Aufwendungen aus Verlustübernahme	41	33
Sonstige betriebliche Aufwendungen	1 871	2 092
= Wertschöpfung (vor Abzug der Abschreibungen)	6 260	5 644
− Vorleistungen aus Abschreibungen:		
Abschreibungen auf Sachanlagen und immaterielle Anlagewerte	690	560
Abschreibungen auf Finanzanlagen	253	244
Verluste aus dem Abgang von Gegenständen des Anlagevermögens	5	4
= Wertschöpfung (nach Abzug der Abschreibungen)	5 312	4 836

Verteilung der Wertschöpfung	2005		Vorjahr	
	Mio. €	%	Mio. €	%
Wertschöpfung	5 312 ≙ 100,0		4 836 ≙ 100,0	
davon an **Mitarbeiter:** Löhne und Gehälter, soziale Abgaben, Aufwendungen für Altersversorgung und Unterstützung	↑ 4 288 ≙	↑ 80,7	↑ 3 811 ≙	↑ 78,8
Öffentliche Hand: Steuern	739 ≙	13,9	736 ≙	15,2
Unternehmen: Rücklagen	180 ≙	3,4	180 ≙	3,7
Darlehensgeber: Zinsen für bereitgestellte Finanzierungsmittel	65 ≙	1,2	65 ≙	1,4
Gesellschafter: Dividende	40 ≙	0,8	44 ≙	0,9

Kommentieren Sie die Gewichtungen bei der Aufteilung der Wertschöpfung. Inwieweit können aus den prozentualen Veränderungen Schlüsse gezogen werden?

2. Untersuchen Sie, ob sich die Wertschöpfungsrechnung mehr dem betriebswirtschaftlichen oder dem volkswirtschaftlichen Bereich zuordnen lässt!

3. Welche Auswirkungen sind in der „Gewichtung" der Wertschöpfungsposten zu erwarten, wenn

a) die Vorleistungen steigen,

b) die Dividenden durch Entnahmen aus den Rücklagen gespeist werden,

c) die Fremdkapitalkosten sinken,

d) die Steuern angehoben werden?

4. **Wertschöpfung der Burgstadt AG und ihre Verteilung** (Auszug aus dem Geschäftsbericht 2005)

	2005 Mio. €	2004 Mio. €
Entstehung Unternehmensleistung	13 121	12 164
./. Vorleistungen	9 806	8 974
Wertschöpfung Verteilung	3 315	3 190
Mitarbeiter	2 592	2 386
Staat	457	544
Kreditgeber	63	39
Aktionäre	158	135
Im Unternehmen verbleibend	45	86

a) Wie unterscheiden sich die Größen „Vorleistung" und „Unternehmensleistung" dieser Handels-AG in ihren Bestandteilen von einem Industriebetrieb?

b) Ermitteln Sie die Anteile der an der Verteilung „Beteiligten" jeweils in Prozent der Wertschöpfung in den beiden Jahren! Welche konkreten „Werte" verbergen sich hinter den an die „Beteiligten" verteilten Größen?

Vertiefung

5. Wie stellen Sie sich zu Vorschlägen, als Grundlage für die Erhebung der Steuern vom Einkommen und Ertrag die Wertschöpfung zu verwenden?

6. Beschreiben Sie, wie sich der Trend zu verringerter Fertigungstiefe in den Wertschöpfungsrechnungen auswirkt.

7. Beurteilen Sie, wie sich eine Umstellung auf Anlagenleasing auf die Wertschöpfung auswirkt!

A

8. Wo sehen Sie in der Wertschöpfung des Warenhandels wesentliche Unterschiede zu derjenigen des Industriebetriebs?

9. a) Stellen Sie aus den nachfolgenden GuV-Rechnungen nach dem Schema „Entstehung und Verwendung" (siehe Fallbeispiel, Band 1) die Wertschöpfungspositionen der drei branchengleichen AGs A, B, C jeweils für 2004 und 2005 auf.

   Hinweis: Die C-AG schließt gemäß HGB § 275 Abs. 3 (Umsatzkostenverfahren) ab. Begnügen Sie sich hier mangels Angaben aus dem internen Bereich der Unternehmung mit ungefähren Zahlen.

   b) Welche markanten Positionen fallen Ihnen auf? Suchen Sie eine Begründung für die herausragenden Zahlen.

   c) Analysieren Sie die Entwicklung von 2004 auf 2005.

   d) Stellen Sie eine vergleichende Betrachtung der drei Unternehmungen an.

Konzern-Gewinn- und Verlustrechnung der A-AG

	Anhang	2005 in Mio. €	2004 in Mio. €
Umsatzerlöse	(20)	76 392	73 495
Bestandserhöhung und andere aktivierte Eigenleistungen	(21)	4 160	2 142
Gesamtleistung		**80 552**	**75 637**
Sonstige betriebliche Erträge	(22)	7 977	2 871
Materialaufwand	(23)	(39 552)	(37 646)
Personalaufwand	(24)	(23 199)	(22 371)
davon für Altersversorgung 862 (i.V. 1 247) Mio. €			
Abschreibungen auf immaterielle Vermögensgegenstände, Sachanlagen und vermietete Fahrzeuge	(25)	(4 378)	(3 951)
Sonstige betriebliche Aufwendungen	(26)	(12 292)	(10 187)
Beteiligungsergebnis	(27)	48	14
Zinsergebnis	(28)	1 121[1]	1 017[2]
Abschreibungen auf Finanzanlagen und auf Wertpapiere des Umlaufvermögens	(29)	(172)	(187)
Ergebnis der gewöhnlichen Geschäftstätigkeit		10 096	5 197
Steuern vom Einkommen und vom Ertrag	(30)	(2 743)	(2 981)
Sonstige Steuern	(30)	(544)	(514)
Jahresüberschuss	(31)	**6 809**	**1 702**
Einstellungen in Gewinnrücklagen		(5 870)	(984)
Konzernfremden Gesellschaften zustehender Gewinn		−(446)	(56)
Auf konzernfremde Gesellschafter entfallender Verlust		+ 67	29
Bilanzgewinn der A-AG		**560**	**691**

---

[1] Zinserträge 2 047, Zinsaufwendungen 926.
[2] Zinserträge 1 654, Zinsaufwendungen 637.

Konzern-Gewinn- und Verlustrechnung der B-AG (Beträge in 1000 €)

für das Geschäftsjahr	Konzern-anhang	2005	2004
Umsatzerlöse	(16)	26 515 351	24 467 201
Bestandserhöhung und andere aktivierte Eigenleistungen	(17)	124 257	478 247
Gesamtleistung		**26 639 608**	**24 945 448**
Sonstige betriebliche Erträge	(18)	775 420	764 353
Materialaufwand	(19)	15 280 148	14 523 905
Personalaufwand	(20)	4 700 120	4 498 911
Abschreibungen auf immaterielle Vermögensgegenstände und Sachanlagen	(21)	1 548 800	1 489 108
Sonstige betriebliche Aufwendungen	(22)	4 346 140	3 880 027
Beteiligungsergebnis	(23)	7 192	− 25 836
Zinsergebnis	(24)	146 116[1]	35 815[2]
Zinsaufwendungen aus Leasingfinanzierung	(25)	131 938	124 682
Ergebnis der gewöhnlichen Geschäftstätigkeit	(26)	1 561 190	1 203 147
Steuern vom Einkommen und vom Ertrag		889 430	617 849
Sonstige Steuern		113 698	130 404
Jahresüberschuss	(27)	**558 062**	**454 894**
		2001	2000
Verwendung des Jahresüberschusses:			
Jahresüberschuss:		**558 062**	**454 894**
Anderen Gesellschaftern zustehender Gewinn		− 8 281	7 504
Auf andere Gesellschafter entfallender Verlust		+ 7 295	−
Einstellung in die Gewinnrücklagen		364 095	259 890
Bilanzgewinn		**192 981**	**187 500**

Gewinn- und Verlustrechnung des C-AG

	Anhang	2005 Mio. €	2004 Mio. €
Umsatzerlöse	(13)	65 352,2	59 221,1
Herstellungskosten der zur Erzielung der Umsatzerlöse erbrachten Leistungen		56 195,7	51 314,5
Bruttoergebnis vom Umsatz		**+ 9 156,5**	**+ 7 906,6**
Vertriebskosten		5 202,6	4 661,7
Allgemeine Verwaltungskosten		1 948,8	1 659,1
Sonstige betriebliche Erträge	(14)	3 732,3	2 817,3
Sonstige betriebliche Aufwendungen	(15)	3 523,9	2 779,6
Beteiligungsergebnis	(16)	- 130,4	+ 90,8
Zinsergebnis	(17)	+ 998,5[3]	+ 615,2[4]
Abschreibungen auf Finanzanlagen und auf Wertpapiere des Umlaufvermögens		94,8	193,3
Ergebnis der gewöhnlichen Geschäftstätigkeit		**+ 2 986,8**	**+ 2 136,2**
Steuern vom Einkommen und vom Ertrag		1 948,7	1 356,3
Jahresüberschuss		**1 038,1**	**779,9**

---

[1] Erträge 596 061, Aufwendungen 449 945.
[2] Erträge 315 969, Aufwendungen 280 154.
[3] Zinserträge 2 606,5, Zinsaufwendungen 1 608.
[4] Zinserträge 1 456,6, Zinsaufwendungen 841,4.

Aus Anhang:

	2005 Mio. €	2004 Mio. €
Jahresüberschuss	1 038,1	779,9
Ergebnisvortrag der C-AG	+ 3,2	+ 4,0
Entnahme aus der Rücklage der C-AG für eigene Aktien	0	+ 11,3
Veränderung der Gewinnrücklagen (C-AG: Einstellung in andere Gewinnrücklagen)	– 681,6	– 646,6
Anteile anderer Gesellschafter an der Veränderung der Gewinnrücklagen sowie an den Ergebnisvorträgen abzüglich Vorabausschüttungen	+ 32,8	+ 201,4
Anderen Gesellschaftern zustehender Jahresgewinn	– 54,0	– 42,1
Auf andere Gesellschafter entfallen der Jahresverlust	0	+ 0,6
Bilanzgewinn	**338,5**	**308,5**

	2005 Mio. €	2004 Mio. €
Materialaufwand		
Aufwendungen für Roh-, Hilfs- und Betriebsstoffe sowie für bezogene Waren	34 716,9	30 582,7
Aufwendungen für bezogene Leistungen	2 815,6	2 305,2
	37 532,5	32 887,9
Personalaufwand		
Löhne und Gehälter	13 189,2	12 361,5
Soziale Abgaben und Aufwendungen für Altersversorgung und Unterstützung	2 918,1	2 782,1
– davon für Altersversorgung	(885,3)	(825,8)
	16 107,3	15 143,6

A

Abschreibungen Anlagevermögen:
2005: 5 318,4; 2004: 4 944,1.
Erträge aus Beteiligungen: 2005: 46,1; 2004: 145,4.

10. Gewinn- und Verlustrechnungen der Internet Computer AG (Beträge in 1000 €)

	Anhang	2001	2000
Umsatzerlöse	(9)	3 961 140	4 408 801
Bestandsveränderungen der Erzeugnisse	(10)	– 244 455	42 533
Andere aktivierte Eigenleistungen		108 945	137 089
Sonstige betriebliche Erträge	(11)	137 270	203 359
Materialaufwand	(12)	– 2 384 739	– 2 602 946
Personalaufwand	(13)	– 1 174 775	– 1 191 343
Abschreibungen auf immaterielle Vermögensgegenstände des Anlagevermögens, Sachanlagen und vermietete Erzeugnisse		– 254 065	– 246 282
Sonstige betriebliche Aufwendungen	(14)	– 1 129 459	– 1 149 497
Ergebnis aus Beteiligungen		85 852	412 324
Abschreibungen auf Finanzanlagen	(15)	– 110 382	– 76 240
Zinsergebnis	(16)	– 5 096	– 7 928
Ergebnis der gewöhnlichen Geschäftstätigkeit		– 1 009 764	– 70 130
Außerordentliches Ergebnis	(17)	– 224 894	107 567
Steuern vom Einkommen und vom Ertrag	(18)	– 26 831	– 15 033
Jahresfehlbetrag/Jahresüberschuss		– 1 261 489	22 404

		2001	2000
Ergebnisverwendung			
Jahresfehlbetrag/Jahresüberschuss		– 1 261 489	22 404
Entnahmen aus der Kapitalrücklage		779 464	–
Entnahmen aus Gewinnrücklagen			
aus der gesetzlichen Rücklage		7 625	–
aus anderen Gewinnrücklagen		474 400	–
Bilanzgewinn		–	22 404

Aus dem Anhang wird entnommen:

(16) Zinsergebnis	Konzern		Internet Computer AG	
	2005	2004	2005	2004
Erträge aus anderen Wertpapieren, Ausleihungen und sonstigen Finanzanlagen	2 200	2 146	4 260	11 464
(davon aus verbundenen Unternehmen)	(–)	(–)	(2 187)	(9 367)
Sonstige Zinsen und ähnliche Erträge	20 462	22 355	63 424	41 112
(davon aus verbundenen Unternehmen)	(–)	(–)	(51 496)	(25 317)
Zinsen und ähnliche Aufwendungen	113 342	81 990	72 780	60 504
(davon an verbundene Unternehmen)	(–)	(–)	(59 893)	(48 271)
Gesamt	– 90 660	– 57 489	– 5 096	– 7 928

Ermitteln Sie die Wertschöpfung der Internet Computer AG für 2005 und 2004. Erläutern Sie, besonders für 2005, die Entwicklung und ihre Auswirkung!

11.

Wertschöpfung Rheinmetall-Gruppe 2005 Entstehung der Wertschöpfung	2005 in Mio. €	2004 in Mio. €
Urnsatzerlöse	2 634,6	3 251,9
Bestandsveränderungen an fertigen und unfertigen Erzeugnissen	+ 144,8	+ 17,8
Andere aktivierte Eigenleistungen	15,4	16,8
Gesamtleistung	2 794,8	3 286,5
Alle übrigen Erträge	373,8	268,9
	3 168,6	3 555,4
Vorleistungen		
Aufwendungen für Roh-, Hilfs- und Betriebsstoffe sowie bezogene Leistungen	1 330,6	1 599,7
Sonstige Aufwendungen	495,0	534,0
Wertschöpfung vor Abzug der Abschreibungen	1 343,0	1 421,7
Vorleistungen		
Abschreibungen auf immaterielle Vermögensgegenstände des Anlagevermögens und Sachanlagen	157,0	180,0
Wertschöpfung	1 186,0	1 241,7
Verwendung der Wertschöpfung		
Wertschöpfung	1 186,0	1 241,7
davon für die Mitarbeiter	935,0	1 026,9
öffentliche Hand	102,8	101,6
Darlehensgeber	25,1	30,6
Aktionäre der Rheinmetall Berlin AG	23,9	26,6
Unternehmen der Rheinmetall-Gruppe und Minderheitsgesellschafter	99,2	56,0

Stellen Sie Verwendung und Quoten (%) der Wertschöpfung beider Jahre fest! Beurteilen Sie die Entwicklung!

12. Stellen Sie aus den vorliegenden Zahlen Cashflow, Jahresüberschuss und Bilanzgewinn fest! Untersuchen Sie die berechneten Positionen kritisch (möglich/nicht möglich)!

Entstehung der Wertschöpfung	2005 Mio. €
Umsatzerlöse	16 623
+ Erhöhung des Bestands an fertigen und unfertigen Erzeugnissen	180
+ Andere aktivierte Eigenleistungen	66
= Gesamtleistung	16 869
+ alle übrigen Erträge	1 395
= Unternehmensleistung	18 264
– Vorleistungen außer Abschreibungen	
Materialaufwand	7 819
Aufwendungen aus Verlustübernahme	60
Sonstige betriebliche Aufwendungen	2 944
= Wertschöpfung vor Abzug der Abschreibungen	7 441
– Vorleistungen aus Abschreibungen:	
Abschreibungen auf immaterielle Vermögensgegenstände des Anlagevermögens und Sachanlagen	824
Abschreibungen auf Finanzanlagen und auf Wertpapiere des Umlaufvermögens	281
= **Wertschöpfung** (nach Abzug der Abschreibungen)	6 336

Verteilung der Wertschöpfung	2005	
	Mio. €	%
Wertschöpfung	6 336	100,0
davon anMitarbeiter		
Aufwendungen für Altersversorgung und Unterstützung	5 025	79,3
an Öffentliche Hand		
Steuern	921	14,5
an Unternehmen		
Rücklagen	225	3,6
an Darlehensgeber		
Zinsen für bereitgestellte Finanzierungsmittel	122	1,9
an Gesellschafter		
Dividende	43	0,7

5.3 Grenzen der Aussagefähigkeit des Jahresabschlusses

Kontrolle

1. a) Die Berechnung des Verschuldungsgrades einer AG ergibt:

$$\frac{26\,000\,000\,(\cdot\,100)}{13\,000\,000} = 2,0 \text{ (bzw. 200 \%)}$$

Nach HGB § 268 Abs. 7 in Verbindung mit § 251 sind im Anhang Verbindlichkeiten ausgewiesen **worden aus:**

- Begebung und Übertragung von Wechseln   1 600 000,00 €
- Bürgschaften   5 000 000,00 €
- Gewährleistungsverträgen   3 000 000,00 €

Beurteilen Sie die Aussagefähigkeit des Verschuldungsgrades!

b) Der Cashflow einer AG für 2005 setzt sich wie folgt zusammen:

Jahresüberschuss	2 500 000,00 €
Abschreibungen	4 000 000,00 €
Zuweisungen zu den langfristigen Rückstellungen	3 500 000,00 €
Cashflow	10 000 000,00 €
Gezeichnetes Kapital	12 500 000,00 €

Anzahl der Aktien 250 000. Die Wirtschaftspresse lobt: „Der Cashflow je Aktie liegt weit über dem Branchendurchschnitt von 25,00 € je Aktie."

Informationen aus dem Jahresabschluss 20 . .

„Anlagenspiegel: Die AG hat alle legalen Abschreibungsmöglichkeiten ausgenutzt. Rein ‚nutzungsbedingt' waren Abschreibungen von 1 500 000,00 € angemessen ... Erstmalig wurden Pensionsrückstellungen (langfristig) gebildet. In den folgenden Jahren ist aufgrund der Belegschaftsstruktur mit einer Erhöhung dieser Rückstellungen um jährlich 500 000,00 € zu rechnen."

Wie stellen Sie sich zu der Pressemitteilung?

c) Die Kennzahlen der Rentabilität sind aus dem Jahresabschluss einer AG für 2005 entwickelt worden:

$$\text{Eigenkapitalrentabilität} = \frac{2\,400\,000 \cdot 100}{30\,000\,000} = 8\,\%$$

$$\text{Gesamtkapitalrentabilität} = \frac{(2\,400\,000 + 2\,000\,000) \cdot 100}{70\,000\,000} = 6,3\,\%$$

Der Lagebericht erwähnt den steigenden Kapitalbedarf der Unternehmung. Welche Entscheidung (Beteiligungs- oder Kreditfinanzierung) würden Sie aufgund der Kennzahlen für 20 . . treffen?

In der Folge weist der Lagebericht auf die zunehmende Enge des Kapitalmarkts und auf Maßnahmen der Bundesbank zur Reduktion inflatorischer Tendenzen hin. Eine Steigerung der Fremdkapitalzinsen auf 9 bis 10 % sei zu erwarten.

Beurteilen Sie die Kennzahlen von 2005 unter diesem Aspekt!

d) Welchen Einfluss können die folgenden Entwicklungen bzw. geplanten Maßnahmen auf die ermittelten Kennzahlen aus der Auswertung des Jahresabschlusses haben:
- Schulung der Belegschaft.
- Die Ausgaben für Forschung und Entwicklung („F + E") werden von 3 % auf 7 % des Umsatzes gesteigert.
- Die Absatzlage lässt eine Reduktion des Beschäftigungsgrades von 92 % auf 55 % erwarten.
- Übergang vom bisherigen Eigentum am Anlagevermögen auf Leasing.
- Konsequente Bewertung nach möglichen Wertuntergrenzen.
- Erweiterung des bisherigen langfristigen Kredits von 5 000 000,00 € auf die Kreditobergrenze von 9 000 000,00 €.
- Erhöhte Kulanzgewährung aufgrund der Konkurrenzsituation.
- Ein Gesetz zur Senkung der Unternehmenssteuern, die bisher etwa 60 % des „Ergebnisses vor Steuern" betrugen, auf etwa 45 %.

Vertiefung

2. Die Die Strukturbilanzen und die Strukturergebnisrechnungen einer Maschinenfabrik in der Rechtsform der AG liegen zum 31. Dezember 2005 (Berichtsjahr) und zum 31. Dezember des Vorjahres vor (Beträge in 1000 €). Ein Auszug aus dem Anlagenspiegel zeigt die Entwicklung des Anlagevermögens.

Aktiva   Strukturbilanzen   Passiva

Aktiva	Vorjahr 1000 €	Vorjahr %	Berichtsjahr 1000 €	Berichtsjahr %	Passiva	Vorjahr 1000 €	Vorjahr %	Berichtsjahr 1000 €	Berichtsjahr %
Anlagevermögen Sachanlagen Finanzanlagen	1 580 500 643 100	34,5 14,1	2 518 900 413 400	49,7 8,2	**Eigenkapital** Gezeichnetes Kapital Kapitalrücklage Gewinnrücklagen	760 000 122 000 714 200		950 000 502 000 920 300	
Zwischensumme Anlagevermögen	2 223 600	48,6	2 932 300	57,9	Zwischensumme Eigenkapital	1 596 200	34,9	2 372 300	47,4
Umlaufvermögen Vorräte Forderungen, lang- und mittelfristig kurzfristig flüssige Mittel	1 171 670 – 959 000 215 900	25,6 21 4,7	979 100 856 820 263 900	19,9 16,9 5,2	**Fremdkapital** lang- und mittelfristig kurzfristig	1 389 700 1 584 570	30,4 34,6	1 266 100 1 391 020	25 27,5
Rechnungs- abgrenzung	7 200	0,1	2 600	0,1	Rechnungs- abgrenzung	6 900	0,1	5 300	0,1
Zwischensumme Umlaufvermögen	2 353 770	51,4	2 102 420	42,1	Zwischensumme Fremdkapital	2 981 170	65,1	2 662 420	52,6
Gesamtvermögen (Bilanzsumme)	4 577 370	100	5 034 720	100	Gesamtkapital Bilanzsumme	4 577 370	100	5 034 720	100

Anzahl der Aktien: Vorjahr 152 000 000, Berichtsjahr 190 000 000.

Aus dem Anlagenspiegel wird die **Entwicklung des Anlagevermögens** entnommen (Beträge in 1000 €):

	Buchwert Vorjahr	Zugänge	Abgänge	Abschreibungen	Buchwert Berichtsjahr
Sachanlagen	1 580 500	2 184 800	572 400	674 000	2 518 900
Finanzanlagen	643 100	–	200 000	29 700	413 400

Strukturergebnisrechnungen

A

Nr.	Bezeichnung der Position	Vorjahr		Berichtsjahr	
		1000 €	%	1000 €	%
1.	Umsatzerlöse	7 855 000		9 401 000	
2.	Erhöhung (+) bzw. Verminderung (–) des Bestands an fertigen und unfertigen Erzeugnissen	– 17 300		+ 35 530	
3.	andere aktivierte Eigenleistungen	28 100		45 500	
4.	sonstige betriebliche Erträge	119 600		193 500	
	Betriebliche Erträge (Gesamtleistung des Betriebs)	7 985 400		9 675 530	
5.	Materialaufwendung	4 194 300		4 868 630	
6.	Personalaufwendungen	2 011 800		2 528 900	
7.	Abschreibungsaufwand	388 000		674 000	
8.	sonstige betriebliche Aufwendungen	727 600		858 800	
	Gesamte betriebliche Aufwendungen	7 321 700		8 930 330	
	Betriebsergebnis	663 700		745 200	
9./10.	Beteiligungserträge	6 200		20 600	
11.	Zinserträge	–		58 000	
	Finanzerträge	6 200		78 600	
12.	Abschreibungen auf Finanzanlagen	–		29 700	
13.	Zinsaufwendungen	102 000		72 000	
	Finanzaufwendungen	102 000		111 700	
	Finanzergebnis	– 95 800		– 33 100	
	Ergebnis der gewöhnlichen Geschäftstätigkeit	567 900		712 000	
14.	außerordentliche Erträge	44 600		12 000	
15.	außerordentliche Aufwendungen	35 400		2 000	
17.	außerordentliches Ergebnis	+ 9 200		+ 10 000	
	Jahresergebnis vor Steuern	577 100		722 100	
18./19.	Gesamter Steueraufwand	270 100		335 500	
20.	Jahresergebnis nach Steuern (Jahresüberschuss)	307 000		386 600	
	Gewinnvortrag	2 200		3 400[1]	
	Einstellungen in Gewinnrücklagen gesetzliche Rücklage andere Gewinnrücklagen	309 200 – 184 200[3]		390 000 19 330[2] 183 635[4]	
	Bilanzgewinn	125 000		187 035[5]	

---

[1] Bilanzgewinn Vorjahr 125 000 – 121 600 (152 000 000 · 0,80) = 3 400 (1000 €).
[2] 5 % von 386 600.
[3] Laut Beschluss der Hauptversammlung.
[4] 50 % aus (386 600 – 19 330) = 183 635.
[5] Bilanzgewinn 187 035 – 180 500 (190 000 000 · 0,95) = 6 535 Gewinnvortrag auf das Folgejahr.

Aufgabenstellung (in Klammer jeweils die Durchschnittswerte der Branche): Die berechneten Kennzahlen sind zu beurteilen, die Zusatzinformationen einzubeziehen.

a) Bestimmen Sie die Kennzahlen der Kapitalstruktur (Eigenkapitalquoten 22,8 % und 28,5 %, Fremdkapitalquoten 77,2 % und 71,5 %, Verschuldungsgrade 3,39 und 2,51) und der Anlagendeckung, Deckungsgrad II (115 % und 105 %).

Zusatzinformation: Die Hauptversammlung hat eine Kapitalerhöhung von nominell 475 Mio. € in den folgenden beiden Jahren genehmigt. Der Ausgabekurs der jungen Aktien soll attraktiv sein.

b) Errechnen Sie die Rentabilität des Eigen- und des Gesamtkapitals sowie die Umsatzrentabilität und das Kursgewinnverhältnis, jeweils für das Berichtsjahr (25 %, 11 %, 6,5 %, 20). Die Finanzaufwendungen des Berichtsjahres sind Fremdkapitalzinsen, der Börsenkurs je Aktie im Nennwert von 5,00 € beträgt am 31.12. des Berichtsjahres 24,00 €.

Zusatzinformation: Im Hinblick auf die geplante Kapitalerhöhung hat die Unternehmung alle Möglichkeiten der Höherbewertung und der Wertaufholung wahrgenommen.

c) Stellen Sie eine einfache und eine verfeinerte Bewegungsbilanz auf! (Innenfinanzierung 60 %, langfristiger Kapitalbedarf 45 %.)

Zusatzinformation: Gemäß HGB § 268 Abs. 7 sind „unter dem Strich" Haftungsverpflichtungen in Höhe von insgesamt 600 Mio. € angegeben worden.

d) Bestimmen Sie den Cashflow beider Jahre insgesamt und je Aktie (6,00 € bzw. 5,00 € je Aktie). Zugang bei den langfristigen Rückstellungen im Vorjahr 150 Mio. €, im Berichtsjahr 250 Mio. €.

Zusatzinformtion: Der höhere Cashflow im Berichtsjahr ist auf den Investitionsschub dieses Jahres und auf eine Anpassung der Pensionsrückstellungen zurückzuführen.

e) Bestimmen Sie die Material-, Personal- und Abschreibungsintensität beider Jahre! (46 %, 35 %, 5 %.)

Zusatzinformation: Die Unternehmung tendiert dahin, die Fertigungstiefe weiter zu verringern.

f) Wie hoch ist die Liquidität ersten bis dritten Grades im Berichtsjahr (42 %, 92 %, 125 %)?

Zusatzinformation: Am 31.12. des Berichtsjahres stehen Verhandlungen mit wichtigen Kunden vor dem Abschluss. Auftragsvolumen 420 Mio. €.

3. **Aussagefähigkeit eines Jahresabschlusses**

Die **Chemiewerke-AG**, Mannheim, veröffentlichte für die beiden letzten Geschäftsjahre die folgenden Kurzfassungen ihrer Jahresabschlüsse (Beträge in Mio. €).

Aktiva	Berichts-jahr	Vorjahr	Passiva	Berichts-jahr	Vorjahr
A. Anlagevermögen			**A. Eigenkapital**		
I. Sachanlagen	289	247	I. Gezeichnetes Kapital	110	110
II. Finanzanlagen	131	115	II. Kapitalrücklage	8	8
B. Umlaufvermögen			III. Gewinnrücklagen		
I. Vorräte	150	170	1. gesetzliche Rücklagen	3	3
II. Forderungen	151	140	2. andere Gewinnrücklagen	125	92,2
III. Flüssige Mittel	81	87	IV. Bilanzgewinn	22	19,8
			B. Rückstellungen		
			1. Pensionsrückstellungen	49	47
			2. andere Rückstellungen	13	21
			C. Verbindlichkeiten		
			1. Verbindlichkeiten gegen-über Kreditinstituten	272	232
			2. Verbindlichkeiten aus Liefe-rungen und Leistungen	186	210
			3. sonstige Verbindlichkeiten	14	16
	802	759		802	759

Informationen aus dem Anhang

Bilanzpositionen

- Bei den **Finanzanlagen** handelt es sich bei den Zugängen um eine Beteiligung an einer branchengleichen Kapitalgesellschaft.
- Die **Forderungen** haben eine Restlaufzeit bis zu einem Jahr.
- Die **Verbindlichkeiten (C. 2. und C. 3.)** haben eine Restlaufzeit von unter einem Jahr. Die Verbindlichkeiten gegenüber Kreditinstituten (C. 1.) haben eine Restlaufzeit von 1 bis 5 Jahren.
- Der **Bilanzgewinn** im Berichtsjahr wird für eine Dividendenausschüttung von 1,00 € je 5,00-€-Aktie gegenüber 0,90 € im Vorjahr verwendet.
- **Pensionsrückstellung:** Im Vorjahr derselbe Zugang wie im Berichtsjahr, also 2 Mio. €.

Positionen der Gewinn- und Verlustrechnung

- Bei den **sonstigen betrieblichen Erträgen** handelt es sich um Erträge aus der Auflösung von Rückstellungen, die in vorangegangenen Geschäftsjahren gebildet wurden.
- Die **sonstigen betrieblichen Aufwendungen (Sammelposition)** enthalten vor allem Aufwendungen für Instandhaltung sowie Miet- und Pachtaufwendungen.

Gewinn- und Verlustrechnung (Beträge in Mio. E)		Berichtsjahr		Vorjahr
Umsatzerlöse		900		850
Bestandsveränderungen		12		8
andere aktivierte Eigenleistungen		8		–
sonstige betriebliche Erträge		3		4
		923		862
Aufwendungen für Roh-, Hilfs- und Betriebsstoffe	491		460	
Personalaufwendungen	297		296	
Abschreibungen auf Sachanlagen	48		38	
sonstige betriebliche Aufwendungen	2	838	2,5	796,5
		85		65,5
Erträge aus Finanzanlagen		37		20,0
		122		85,5
Abschreibungen auf Finanzanlagen	19		12	
Zinsen und ähnliche Aufwendungen	30,2	49,2	26	38,0
Ergebnis der gewöhnlichen Geschäftstätigkeit		72,8		47,5
Steuern vom Einkommen und Ertrag		14		7
sonstige Steuern		4		1,5
Jahresüberschuss		54,8		39
Einstellung in andere Gewinnrücklagen		32,8		19,2
Bilanzgewinn		22,0		19,8

Informationen aus dem Lagebericht

... Die Umsatzsteigerung war vor allem mengenbedingt ...

a) Erstellen Sie eine Bewegungsbilanz! Gliedern Sie dabei die Mittelherkunftseite auf nach Innen- und Außenfinanzierung sowie die Mittelverwendungsseite nach lang- und kurzfristigem Kapitalbedarf (verfeinerte Bewegungsbilanz)! Ermitteln Sie die Anteile der einzelnen Finanzierungsarten bzw. Investitionen an der gesamten Mittelaufbringung bzw. -verwendung in Prozent!

Rekonstruieren Sie – soweit möglich – einen Auszug aus dem Anlagenspiegel!

b) Stellen Sie eine Strukturergebnisrechnung beider Jahre auf!

Ermitteln Sie dabei auch

- die Anteile des „Betriebsergebnisses" und des „Finanzergebnisses" in Prozent am „Ergebnis aus der gewöhnlichen Geschäftätigkeit" für Vorjahr und Berichtsjahr!
- die Anteile der Material- und Personalaufwendungen sowie der Abschreibungen auf Sachanlagen an der Gesamtleistung in Prozent für Vorjahr und Berichtsjahr!
- die Umsatzentwicklung in Prozent!

c) Berechnen Sie den Cashflow und das Kurs-Gewinn-Verhältnis (KGV) für das Berichtsjahr und das Vorjahr! Kurs zum Zeitpunkt der Bilanzfeststellung 9,00 € je Aktie und im Vorjahr 7,00 € je Aktie.

- Welchen Aussagewert haben Cashflow und Kurs-Gewinn-Verhältnis (Price-Earnings-Ratio) allgemein?
- Wie beurteilen Sie den Aussagewert für die Chemiewerke-AG?

d) Berechnen Sie die Kennzahlen der Rentabilität für das Berichts- und das Vorjahr.
- Rentabilität des Gesamtkapitals
- Rentabilität des Eigenkapitals
- Umsatzrentabilität

Gehen Sie bei der Berechnung der Kapitalrentabilität vom durchschnittlichen Eigen- bzw. Gesamtkapital aus!

e) Fassen Sie die Entwicklung der Chemiewerke-AG im Berichtszeitraum in einem Kurzbericht zusammen!

Gehen Sie insbesondere auf die Investitions- und Finanzierungsentscheidungen, die Ergebniszusammensetzung und -entwicklung ein!

f) Inwieweit verbessern die Angaben im Anhang bzw. im Lagebericht, so wie sie auszugsweise in der Aufgabe angegeben sind, die Aussagen bzw. die Interpretation der ermittelten Kennzahlen?

4. Leasing und Factoring – Auswirkungen auf die Aussagefähigkeit

a) Welche Positionen des Jahresabschlusses zeigen gegenüber dem Vorjahr Veränderungen, wenn im Jahr 2005 auf Anlageleasing bzw. Factoring übergegangen worden ist?

b) Welche auffallenden Abweichungen der Kennzahlen sind zu berücksichtigen?

c) Beurteilen Sie, ob das Bild des Jahresabschlusses durch Leasing bzw. Factoring „günstiger" gestaltet werden kann!

d) Versuchen Sie, mit selbstgewählten Zahlen und in teilweise zusammengefasster Form die Bilanz und Gewinn- und Verlustrechnung (Kapitalgesellschaft) *mit und ohne Leasing bzw. Factoring* aufzustellen (Gegenüberstellung). Die GuV-Rechnung wird nach HGB § 275 Abs. 2 aufgestellt.

5. Im Jahresabschluss 2005 ist die . . . AG dazu übergegangen, die Erzeugnisse mit Vollkosten zu bewerten (vgl. HGB § 255 Abs. 2) und die sehr hohen Pensionsrückstellungen mit 6 % (EStG § 6a Abs. 3 Nr. 2) statt, wie bisher mit 3,5 %, abzuzinsen.

a) Welche Absicht erkennen Sie hinter der Entscheidung der Geschäftsführung?

b) Bei welchen Kennzahlen muss gegenüber dem Vorjahr von einer „eingeschränkten Aussagekraft" ausgegangen werden?

A

6 Grundzüge der Internationalen Rechnungslegung

6.4 Jahresabschlussbestandteile und -inhalte gemäß internationalen Rechnungslegungsnormen

Kontrolle

1. Was versteht man unter dem Other Comprehensive Income und worin liegt seine Bedeutung? Nennen Sie einige Beispiele, bei denen das Other Comprehensive Income bebucht wird.

A

6.7 Sachanlagevermögen

Kontrolle

1. Ein deutscher Elektronik-Konzern, der nach IFRS bilanziert, hat eine Maschine in seinem Anlagevermögen, Anschaffungskosten 400 000,00 €, Nutzungsdauer 8 Jahre.

   a) Welche Abschreibungsmethode ist – sofern es keine Besonderheiten in der Wertentwicklung gibt – anzuwenden?

   b) Am Ende des 2. Jahres liegt der Nettoverkaufspreis der Maschine bei 260 000,00 €, der Value in use (Barwert der erwarteten Cashflows bei fortgesetzter Nutzung der Maschine) liegt bei 280 000,00 €.

   - Wie hoch ist der Recoverable Amount?
   - Muss ein Impairment durchgeführt werden?

   c) Der Konzern bewertet im Konzernabschluss nach IFRS seine Grundstücke nach der Neubewertungsmethode (Allowed Alternative Treatment). Die Anschaffungskosten eines unbebauten Grundstücks liegen bei 5 Mio. €. Zum ersten auf die Anschaffung folgenden Bilanzstichtag liegt der Fair Value bei 5,3 Mio. €. Was ist zu tun? Stellen Sie den Buchungssatz auf.

   d) Ein Jahr später ist der Wert des Grundstücks durch Baupläne eines Recyclingunternehmens in unmittelbarer Nähe stark beeinträchtigt. Ein Fair Value liegt zu diesem Bilanzstichtag bei 4,4 Mio. €. Was ist zu tun? Stellen Sie auch hier den Buchungssatz auf.

   e) Durch Rechtsmittel der Konzernleitung werden die Baupläne des Nachbarn verworfen. Die Gründe für die Wertminderung des Grundstücks fallen weg. Am darauf folgenden Bilanzstichtag beträgt der Fair Value 5,8 Mio. €. Was ist zu tun? Stellen Sie den Buchungssatz auf.

Vertiefung

2. Die A-AG hat am 25.01.01 eine Maschine zu Anschaffungskosten von 150 000,00 € erworben. Sie entschließt sich, diese auf die Nutzungsdauer von 6 Jahren linear abzuschreiben. Alle zwei Jahre soll eine Fair-Value-Bewertung durchgeführt werden. Ende 02 beträgt der beizulegende Zeitwert 120 000,00 €.

a) Stellen Sie den Buchungssatz für die Fair Value Bewertung auf.

b) Welche Vorgänge sind in den Folgejahren mit welchen Beträgen auf der Aktiv- und auf der Passivseite der Bilanz darzustellen?

Ende 04 beträgt der beizulegende Zeitwert 10 000,00 €.

c) Was ist bilanziell zu tun? Stellen Sie die Buchungssätze auf und erläutern Sie die Vorgehensweise.

d) Wie ist weiterhin planmäßig linear abzuschreiben?

3. Die B-AG führt jährlich Impairmenttests auf Basis von Cash Generating Units durch. Die Unit C (Artikelgruppe F) hat Sachanlagevermögen von 100 000,00 €, immaterielle Werte von 200 000,00 € und Aktien (bewertet zum Börsenkurs) von 50 000,00 € sowie einen Goodwill von 80 000,00 € zugewiesen. Der Nutzungswert der Unit, berechnet nach der Discounted Cash Flow Methode, beträgt

a) 500 000,00 €

b) 400 000,00 €

c) 200 000,00 €.

Beschreiben Sie, welche Auswirkungen sich jeweils auf die Buchwerte der Aktiva-Kategorien ergeben.

4. Die Anschaffungskosten eines abnutzbaren Anlageguts betragen am 01.07.04 1 500 000,00 €. Die Abschreibung erfolgt linear über eine Nutzungsdauer von zehn Jahren. Am 31.12.05 wäre eine Veräußerung der Maschine für 1 280 000,00 € möglich; hierbei würden Veräußerungskosten von 80 000,00 € anfallen. Bei einer weiteren Nutzung der Maschine im Unternehmen würden ab dem 31.12.05 für vier Jahre jeweils Einzahlungsüberschüsse von 320 000,00 € pro Jahr zu erzielen sein (Anfall am Jahresende). Der relevante Zinssatz beträgt 10 %.

a) Ermitteln Sie den Buchwert zum 31.12.05 bei planmäßiger Abschreibung.

b) Prüfen Sie, ob am 31.12.05 eine außerplanmäßige Abschreibung (Impairment) vorzunehmen ist.

5. Für eine Fertigungsanlage gelten folgende Daten: Anschaffungskosten am 01.07.03 800 000,00 €. Die Nutzungsdauer beträgt acht Jahre, die Abschreibungen sind linear zu verrechnen. Am 31.12.04 beträgt der erzielbare Betrag 520 000,00 €. Am 31.12.05 beläuft sich der Fair Value auf 500 000,00 €.

Zeigen Sie die Entwicklung der Bilanzwerte auf.

6. Eine Fertigungsanlage wird am 13.01.04 für 720 000,00 € erworben. Die Nutzungsdauer beträgt acht Jahre, die Abschreibung wird linear vorgenommen. Am 31.12.04 beträgt der Fair Value 700 000,00 €.

a) Wie kann die Bewertung zum 31.12.04 nach dem Allowed Alternative Treatment erfolgen? Welcher Passivposten ist zu bilden?

b) Wie hat die Bewertung zum 31.12.05 zu erfolgen? Wie entwickelt sich der zugehörige Passivposten?

7. Am 01.01.01 beträgt der Buchwert einer Sachanlage 1 200 000,00 €. Eine Veräußerung wäre zum Preis von 1 600 000,00 € möglich (= Fair Value). Die Restnutzungsdauer beträgt

8 Jahre; die Abschreibung erfolgt linear. Am 31.12.04 werden bei einer Überprüfung des Gebäudewertes die folgenden Fair Values festgestellt:

Fall a) 900 000,00 €
Fall b) 800 000,00 €
Fall c) 700 000,00 €
Fall d) 600 000,00 €
Fall e) 500 000,00 €.

Geben Sie für die verschiedenen Fälle die bilanzielle Behandlung der relevanten Posten zum 31.12.04 an; die Neubewertungsmethode wird angewendet. In welchen der Fälle ergeben sich Erfolgswirkungen? Geben Sie die entsprechenden Beträge an.

A

6.9 Intangible Assets

Kontrolle

1. Die Innovativ-AG ist mit der Entwicklung elektronischer Mess- und Datenübertragungsgeräte befasst. Am 01.02.04 beginnt die Erforschung von Impulsübertragungen bei alternativen Wetterverhältnissen. Am 31.01.05 liegen die Erkenntnisse in Form eines Abschlussberichts vor. Ausgaben pro Monat: 600 000 €. Am 01.02.05 wird der Prototyp eines neuen Fernmeldeaggregates entwickelt. Am 30.06.02 ist die Entwicklung erfolgreich abgeschlossen. Es werden folgende Ausgaben pro Monat verrechnet: Einzelkosten: 580 000,00 €, Gemeinkosten: 620 000,00 € (inklusive 120 000,00 € kalkulatorische Kosten). Die Nutzung der Entwicklung im Unternehmen zur kommerziellen Anwendung beginnt am 01.08.05. Es wird von einer gleichmäßigen Entwertung über zehn Jahre ausgegangen.

    Welche Posten sind nach IFRS zu bilanzieren (wenn die Ansatzvorschriften erfüllt sind)? Wie sind die Posten nach IFRS jeweils zu bewerten?

Vertiefung

2. Im Land X werden Fischereilizenzen an professionelle Hochseefischereibetriebe nach bestimmten Schlüsselgrößen und entsprechend bestimmter Referenzgrößen (Zahl der Fischkutter, Anzahl der Mitarbeiter) unentgeltlich und unbefristet vergeben. Für die Lizenzen hat sich ein aktiver Markt gebildet, der die Bedingungen des IAS 38.8 erfüllt. Fischereibetrieb A erwirbt im Geschäftsjahr 01 auf dem Markt eine Fischereilizenz zum Preis von 100 000,00 €. Da die Lizenz unbefristet ist, wird sie als immaterieller Vermögenswert mit unbestimmbarer Nutzungsdauer behandelt und nach IAS 38.107 nicht planmäßig abgeschrieben. Entsprechende Fischereilizenzen werden an den nachfolgenden Bilanzstichtagen zu folgenden Marktpreisen gehandelt:

Bilanzstichtag	Marktpreis (€)
2	180 000,00
3	150 000,00
4	70 000,00
5	120 000,00

a) Wie ist die Fischereilizenz nach der Neubewertungsmethode anzusetzen und wie sind die Fair Value Differenzen gegenüber dem Vorjahr im Abschluss nach IFRS zu erfassen?

b) Wie ist buchhalterisch zu verfahren, wenn die Fischereilizenz im Geschäftsjahr 06 für 125 000,00 € verkauft wird?

3. Die Pharmatech-AG hat die grundlegenden Forschungsarbeiten für ein neues Medikament zur Behandlung von Lungenerkrankungen am 01.10.03 abgeschlossen. Die mit dem Projekt betrauten Wissenschaftler haben ein mehrstufiges Konzept zur Entwicklung, Erprobung und Einführung des neuen Medikaments vorgelegt. Das Programm soll am 01.12.03 beginnen und am 30.09.04 mit einer Anwendungsstudie abgeschlossen werden. Auf der Vorstandssitzung am 01.11.03 wird die Entwicklung des Medikaments beschlossen. Beabsichtigt ist die Vermarktung des Medikaments über den Pharmaziegroßhandel, der nach Vorgesprächen bereit ist, das Medikament in sein Sortiment aufzunehmen. Vorprüfungen der Gesundheitsbehörde lassen eine Zulassung mit sehr hoher Wahrscheinlichkeit erwarten. Die Pharmatech-AG verfügt über die Produktions- und Vertriebskapazitäten zur Nutzung des Medikaments. Die Kosten für die Entwicklung werden nach einer Plankalkulation auf 80 000 000,00 € festgelegt. Studien zeigen, dass mindestens 500 000 Lungenerkrankte das Medikament zum Preis von 80,00 € pro Packung über einen Zeitraum von 2 Jahren nachfragen würden. Eine Packung reicht durchschnittlich für einen Monat. Die Pharmatech-AG verfügt über die entsprechenden finanziellen und technischen Mittel, das Projekt abzuschließen und das Medikament auf den Markt zu bringen.

Prüfen Sie, ob die postenspezifischen Kriterien zur Aktivierung von Entwicklungskosten erfüllt sind.

4. Die X-AG möchte einen neuen Prozessroboter herstellen, der bei den Unternehmen der Maschinenbauindustrie zu erheblichen Zeit- und Kostenersparnissen führen wird. Die grundlegenden Kenntnisse über die technischen Anforderungen müssen zunächst erarbeitet werden. Am 01.04.01 wird hiermit begonnen. Am 30.06.02 sind die Kenntnisse vorhanden. Für die Abrechnungsperiode 1.4.01–31.12.01 betragen die Ausgaben 350 000,00 €, die Ausgaben in der Zeit vom 1.1.02–30.6.02 belaufen sich auf 500 000,00 €. Am 01.10.02 wird die Entwicklungsphase mit der Konzipierung eines funktionsfähigen Prototyps begonnen. Das Ende der Testphase ist auf den 30.09.03 angesetzt. Die Entwicklungsausgaben in der Zeit vom 1.7.02–31.12.02 betragen 550 000,00 €, die Entwicklungsausgaben im Zeitraum 1.1.03–30.9.03 ergeben sich in Höhe von 650 000,00 €. Die Ausgaben für die Patenterteilung betragen 80 000,00 €; sie fallen Ende 03 an. Die Ansatzvoraussetzungen sind nach IFRS vollständig erfüllt. Die Herstellung wird im eigenen Haus vorgenommen, Marktstudien belegen eine hinreichende Nachfrage nach dem Robotertyp.

a) Welche Aufwandsarten können nach IFRS aktiviert bzw. erfolgswirksam behandelt werden? Geben Sie die entsprechenden Beträge an.

b) Wie erfolgt die bilanzielle Behandlung der Aufwendungen nach HGB?

6.10 Finanzinstrumente

Kontrolle

1. Die C-AG hat folgende Finanzinstrumente zu bewerten:

    A) Wertpapiere

    Es wurden am 11.10.04 Aktien zum Preis von 50 000,00 € erworben. Sie wurden der Kategorie Available-for-Sale zugewiesen. Der Kurs der Aktien beträgt am 31.12.04 58 500,00 €.

    A

    a) Wie ist zu buchen?

    Am 04.03.05 werden die Aktien zum Preis von 60 000,00 € verkauft.

    b) Welche Buchungen sind jetzt vorzunehmen?

    B) Cash Flow Hedge

    Es besteht seit 01.12.04 die feste Kaufabsicht, 100 Mengeneinheiten einer Ware zum Preis am 01.12.04 von 150,00 € pro Stück zu erwerben. Die Transaktion soll am 01.03.05 erfolgen. Die C-AG sichert diesen Preis am 01.12.04 durch einen Terminkauf ab. Der Marktpreis der Ware beträgt am Bilanzstichtag 31.12.04 140,00 € pro Stück und am 01.03.05 fällt er sogar auf 120,00 € pro Stück. Die Ware wird wie geplant am 01.03.05 erworben und am 01.04.05 zum Preis von 200,00 € weiterveräußert.

    Stellen Sie die Buchungen für den beschriebenen Sachverhalt zum 31.12.01, zum 01.03.05 und zum 01.04.05 auf.

6.12 Umlaufvermögen

Kontrolle

1. Ein Produktionsunternehmen fertigt die Produkte A und B. Die Einzelkosten von A bzw. B betragen 30,00 €/Stück bzw. 50,00 €/Stck. Im Jahr 04 werden 1 800 Stück von A und 2 200 Stück von B produziert. Die Gemeinkosten, im wesentlichen Fixkosten, betragen 328 000,00 € pro Jahr. Ende des Jahres 04 sind noch 100 Stück von Produkt A und 600 Stück von Produkt B auf Lager. Die Verkaufspreise belaufen sich bei Produkt A auf 135,00 €/Stück, bei Produkt B auf 195,00 €/Stück. Das Unternehmen verwendet eine Zuschlagskalkulation, bei der die Gemeinkosten proportional den Einzelkosten verrechnet werden. (Auf die Berücksichtigung von Umsatzsteuer kann verzichtet werden).

    a) Wie wird die Lagermenge am 31.12.04 nach IFRS bewertet?
    b) Wie hoch ist der Erfolg in 04 und wie erfolgt die Darstellung in der GuV-Rechnung nach dem Gesamt- bzw. Umsatzkostenverfahren?
    c) Wo wird die Menge in der Bilanz nach IFRS ausgewiesen?

2. Ein Bauwerk soll in 4 Jahren fertiggestellt werden. Die bei Vertragsschluss vereinbarten Erlöse betragen 1 500 Mio. €. Die Gesamtaufwendungen werden auf 1 420 Mio. € geschätzt. Am Ende des 2. Jahres wird ersichtlich, dass die Aufwendungen tatsächlich 1 430 Mio. € betragen. Im 3. Jahr wird eine Erweiterung des Projekts vereinbart, die zu

zusätzlichen Erlösen von 400 Mio. € und zu zusätzlichen Aufwendungen von 320 Mio. € führt. Der Projektfortschritt bemißt sich nach der Zahl der geleisteten Mann-Tage

Periode	1	2	3	4	Summe
Mann-Tage	2 500	3 500	1 500	2 500	10 000

Berechnen Sie für jedes Jahr den jeweiligen Gewinnausweis nach der „Percentage-of-Completion"-Methode.

6.13 Verbindlichkeiten und Rückstellungen

Kontrolle

1a. Bei einem Schadenersatzprozess bestehen folgende Wahrscheinlichkeiten für die Inanspruchnahme eines Unternehmens

20 %	600 000,00 €
30 %	700 000,00 €
30 %	800 000,00 €
20 %	900 000,00 €

Welcher Wert muss nach IFRS als Rückstellung angesetzt werden?

1b. In einem anderen Prozess ist die Wahrscheinlichkeit der Inanspruchnahme wie folgt verteilt:

10 %	1 200 000,00 €
15 %	1 000 000,00 €
75 %	0,00 €

Muss in diesem Fall nach IFRS eine Rückstellung angesetzt werden und – wenn ja – mit welchem Betrag?

0 Einführung

0.1 Aufgaben des Rechnungswesens

0.2 Gliederung des Rechnungswesens

0.3 Controlling

0.4 EDV-gestütztes Rechnungswesen

Lösungen

1. Siehe Band 1

2. Siehe Band 1

3. Für die Gründer sind eher strategische Informationen über den Zustand und die voraussichtliche Entwicklung der engeren und weiteren Unternehmensumwelt sowie die Entwicklung strategischer Potenziale im Unternehmen von Bedeutung, da es hier vorrangig um konstitutive Entscheidungen (Rechtsformwahl, Standort, grundlegende Ausrichtung des Produktionsprogramms und der angewandten Technologie etc.) geht. Instrumente sind beispielsweise die Marktanalyse, die Stärken-Schwächen-Analysen sowie die Portfolio- und die Lebenszyklusanalyse.

   Nach Ablauf des ersten Jahres nach der Gründung sind Buchhaltungsinformationen sowie Informationen aus der Kosten- und Leistungsrechnung bzw. Finanzrechnung (z.B. über die Ergebnis-, Finanzmittel-, Auftrags- und Lagerbestandsentwicklung) erforderlich. Instrumente sind die Ist- und Plankostenrechnung einschließlich Abweichungsanalyse in Bezug auf finanzielle Größen, Kosten- und Leistungs- sowie Erfolgsgrößen (Aufwands- und Ertragsgrößen, Rentabilitätsmessung, Kennzahlenanalyse).

   Zur Vorbereitung künftig zu treffender Entscheidungen empfiehlt sich die Plankostenrechnung, die Budgetierung, die Bilanzplanung sowie die Investitions- und Finanzplanung. Darüber hinaus werden Teilpläne für die betrieblichen Funktionsbereiche für den Planungszeitraum aufzustellen sein (Absatz-, Beschaffungs-, Personal-, Lagerhaltungs- und Produktionsplan).

4. Siehe Band 1

5. Siehe Band 1

6. a) Die Umsatzerlöse sowie die Ergebnisse lassen sich rückwirkend sowohl aus der Finanzbuchhaltung wie auch aus der Kosten- und Leistungsrechnung (Istkosten- und Leistungsrechnung) ermitteln. Für zukunftsbezogene Prognosen gibt die Planungsrechnung einschließlich der Plankostenrechnung wichtige Hinweise.

L

b) Die Ergebnisse und Umsätze verlaufen weitgehend parallel. Man erkennt einen Break-Even-Umsatz ungefähr bei 80 000,00 € (Ende des 1. Quartals). Ab diesem Umsatz kommt das Unternehmen in die Gewinnzone, bei niedrigeren Umsätzen wird ein Verlust erwirtschaftet (siehe Ende 5. Jahr).

c) Die Informationen aus dem Rechnungswesen lassen Rückschlüsse zu auf
- Soll-Umsätze bei vorgegebenen Gewinnzielen,
- Gewinnerwartungen bei prognostizierten Umsatzvorgaben,
- Break-Even-Analysen,
- ggf. Auswirkungen des Produktlebenszykluses auf Umsätze und Ergebnisse.

7. a) Es handelt sich um eine Finanzplanung zur Ermittlung von Finanzmittelbeständen bzw. Finanzmitteldeckungslücken. Eine Finanzplanung dient sowohl zur Vermeidung von Überbeständen an Zahlungsmitteln, die die Rentabilität mindern würden, wie auch zur Vermeidung von Deckungslücken, die zu temporären Zahlungsengpässen führen würden. Zu bedenken ist, dass Illiquidität bei jeder Rechtsform als Insolvenzgrund angesehen wird. Aber auch schon das übereilt notwendige Beschaffen liquider Mittel „um jeden Preis", d.h. ohne sorgfältige Konditionenvergleiche, wäre mit dem Ziel der Gewinnmaximierung nicht vereinbar.

b) Die vorgestellte Darstellung weist auf Einnahmen und Ausgaben in den einzelnen Monaten sowie die Endbestände auf dem Bankkonto zum Schluss eines jeden betrachteten Monats hin. Daraus ergeben sich Finanzmittelüberschüsse bzw. -fehlbeträge.

8. a) Die Darstellung zeigt realisierte Monatsumsätze des Jahres 2002 sowie Plan- und Istumsätze der einzelnen Monate des Jahres 2003. Dadurch ist die Vorgabe (= Plangröße) der realisierten Ist-Größe gegenübergestellt, was eine Abweichungsermittlung ermöglicht. Außerdem bildet es die Grundlage für eine Abweichungsanalyse sowie für die Feststellung von Verantwortlichkeiten für aufgetretene Abweichungen.

b) Mit der Darstellung ist sowohl ein Zeitvergleich (Umsatz März 2007 im Vergleich zum Umsatz März 2008) wie auch ein Soll-Ist-Vergleich (Gegenüberstellung von Plan- und Ist-Umsatz des Monats August 2008) möglich.

1 Kosten- und Leistungsrechnung

1.1 Aufgaben der Kosten- und Leistungsrechnung

1.1.1 Organisatorischer Zusammenhang zwischen Finanzbuchführung und Kosten- und Leistungsrechnung (Rechnungskreise I und II)

1.1.2 Zielkriterien für die Beurteilung der Kosten- und Leistungsrechnung

Kontrolle

1. Die Finanzbuchführung erfasst die Geschäftsfälle in **chronologischer Reihenfolge** und mündet am **Ende einer Rechnungsperiode** in die Bilanz und Gewinn- und Verlustrechnung. Die KLR ermittelt das Betriebsergebnis, unterstützt einzelfallbezogene Entscheidungsprobleme und ist nicht an Zahlungsvorgänge gebunden.

2. ■ Dokumentation (Nach- und Istrechnung)
   ■ Planung (Prognoseinformation, Vorgabeinformation)
   ■ Kontrolle (Soll-Ist-Vergleich, Abweichungsanalyse)
   Siehe Band 1!

3. Die entscheidungsorientierte Betrachtung geht von den inhaltlichen Problemen aus, die mit Hilfe der Informationen der Kosten- und Leistungsrechnung gelöst werden sollen. Die *Verfahren der Kostenrechnung* sind deshalb so auszugestalten, dass ihre Informationen unternehmerische Entscheidungen fundieren und diese kontrollieren können im Hinblick auf die Verwirklichung bestimmter Ziele (Unternehmens- und Bereichsziele). Die Informationen stehen als laufende Informationen für die Planung, Kontrolle und Analyse des Ergebnisses zur Verfügung oder fallweise für bestimmte Problemlösungen.

   Die **entscheidungsorientierte Kosten- und Leistungsrechnung** sowie **Controlling** führen zur **zielgesteuerten Planung und Kontrolle** (Kosten- und Ergebnis-Controlling) der Unternehmung und ihrer Teilbereiche.

4. Im Rahmen der Kosten- und Leistungsrechnung hat das Controlling vor allem folgende **Aufgaben:**
   ■ Planung (Aufstellung und Überwachung von Kosten-, Absatz- und Ergebnisplänen)
   ■ Berichterstattung und Interpretation (Soll-Ist-Vergleich, Abweichungsanalyse)
   ■ Beratung (Bewertende Information aller betrieblichen Entscheidungsträger) über den Stand der Zielerreichung.

5. Im Einkreissystem bildet die Finanzbuchführung mit der Kosten- und Leistungsrechnung eine Einheit (Verbindung durch geschlossenes System von Konten). Im Zweikreissystem werden Finanzbuchführung und Kosten- und Leistungsrechnung (in zwei Rechnungskreise) getrennt. Für die Kosten- und Leistungsrechnung bleibt im Rechnungskreis II die Kontenklasse 9 vorbehalten oder die Erfassung geschieht (meist) in statistisch-tabellarischer Form.

6. Unterschiedliche Aufgabenstellungen und Zielsetzungen beider Rechnungskreise erschweren eine kontenmäßige Verbindung der beiden Teilbereiche des Rechnungswesens. Die erforderliche kontenmäßige Abstimmung zwischen den beiden Rechnungskreisen führt zu einer Vielfalt von Kontenplänen, wodurch die zwischenbetriebliche Vergleichbarkeit erschwert wird.

L

7. a) Siehe Band 1 Seiten 25/26!

   b) Die Anforderung nach Vollständigkeit und Genauigkeit kann mit dem Kriterium der Wirtschaftlichkeit konkurrieren, wenn der angestrebte Grad der Genauigkeit nur mit einem unverhältnismäßig hohen Aufwand erreicht werden kann.

Vertiefung

8. **Prognoseinformationen** geben Auskunft über Auswirkungen von Handlungsalternativen. Erst wenn die Entscheidung über eine Alternative getroffen wurde, kommt es zur **Vorgabeinformation,** d.h. zur Vorgabe eines Kosten- bzw. Leistungssolls, das nicht über- bzw. unterschritten werden darf.

9. **Aktualität:**

   Eine periodenbezogene Planung, Kontrolle und Analyse des Ergebnisses sowie fallbezogene Problemlösungen können nur dann „richtig" sein, wenn das Zahlenmaterial ausreichend „zeitnah" ist.

   Relevanz:

   Für eine entscheidungsorientierte KuL-Rechnung benötigt man entscheidungsbedeutsame Informationen, um zu zuverlässigen Ergebnissen zu gelangen.

10. Die Bezeichnung externes und internes Rechnungswesen ist berechtigt, da die Zielsetzungen der beiden Rechnungskreise unterschiedlich sind: Der aus der Finanzbuchführung abgeleitete Jahresabschluss wendet sich an Außenstehende, die ein berechtigtes Informationsbedürfnis haben. Um zuverlässige Informationen zu gewährleisten, sind im Interesse der Bilanzadressaten gesetzliche Bestimmungen (steuer- und handelsrechtliche Rechtsnormen) erforderlich. – Im Gegensatz dazu ist die Kosten- und Leistungsrechnung ein rein nach innen gerichtetes Informationsinstrument, das interne und betriebsindividuelle Gegebenheiten berücksichtigt.

11. Einheitliche Gliederungsvorschriften für die Bilanz und Gewinn- und Verlustrechnung verlangen einen einheitlichen Kontenrahmen im europäischen Binnenmarkt (gleiche Kontenbezeichnungen) sowie die Anwendung des Zweikreissystems. Damit wird die nach außen orientierte Finanzbuchführung im Rechnungskreis I von den betriebsindividuellen Besonderheiten der Kosten- und Leistungsrechnung freigehalten. Dies wäre durch die kontenmäßige Verbindung im Einkreissystem nicht möglich.

12. a) Um am Markt rasch reagieren zu können, muss Kümmerle darauf achten, dass die Kosten- und Leistungsrechnung nicht nur vergangenheitsbezogen „dokumentiert", welche Kosten und Leistungen angefallen sind. Vielmehr sind die Erlöse und Kosten zu planen, um Abweichungen von den Planwerten, die bei den Erlösen durch den Konkurrenzdruck bedingt sein können, rasch zu erkennen und rechtzeitig gegenzusteuern. Die Kosten- und Leistungsrechnung muss ihm Informationen zur Verfügung stellen über die mögliche Preisuntergrenze am Absatzmarkt bzw. über Preisobergrenzen bei der Beschaffung von Produktionsfaktoren.

    b) „Aktualität" heißt u.a. „kurzfristige Rechnungen", z.B. monatlich bzw. Ansatz von zukünftig zu erwartenden Kosten bei der Planung. „Relevanz" wird nur erreicht, wenn die KuL-Rechnung so ausgestaltet wird, dass für die anstehenden Entscheidungen auch die erforderlichen Informationen zur Verfügung stehen. Der Ausbau muss sich an der „Wirtschaftlichkeit" messen lassen: Steht der Aufwand für die KuL-Rechnung in einem angemessenen Verhältnis zu den Informationen, die gewonnen werden?

1.2 Strömungsgrößen – Ausgaben, Aufwendungen, Kosten – Einnahmen, Erträge, Leistungen

1.2.1 Auswirkungen in den verschiedenen Ebenen des Rechnungswesens

1.2.2 Zusammenhänge zwischen den Ebenen des Rechnungswesens (Abgrenzungen)

Kontrolle

1. a) *Ausgaben:*   Abgänge von Geld in einer Periode;
   Aufwendungen: Ergebniswirksamer Werteverzehr in einer Periode;
   Kosten: Werteverzehr zur Erstellung und Verwertung betrieblicher Leistungen;
   Einnahmen: Zugänge von Geld in der Periode;
   Erträge: Ergebniswirksamer Wertezugang in einer Periode;
   Leistungen: Durch die betriebliche Tätigkeit bereitgestellte Güter

   b) Ausgaben – Einnahmen   ⟶   Zahlungssaldo   ⟶   Geldrechnung
   Aufwendungen – Erträge   ⟶   Gesamtvermögen   ⟶   Finanzbuchführung
   Kosten – Leistungen   ⟶   Betriebsergebnis   ⟶   KuL-Rechnung

   c) *Kosten:*   Grundkosten – Zusatzkosten
   Leistungen: Grundleistungen – Zusatzleistungen
   Neutrale Aufwendungen: Betriebsfremde, außerordentliche und periodenfremde Aufwendungen
   Neutrale Erträge: Betriebsfremde, außerordentliche und periodenfremde Erträge

2. a) *Ausgaben im engeren Sinne =*   *(Auszahlungen)* = Abflüsse von Geld
   Ausgaben im weiteren Sinne =   Ausgaben im engeren Sinne + Forderungsabgänge + Schuldenzugänge

   b) *Einnahmen im engeren Sinne =*   *(Einzahlungen)* = Zuflüsse von Geld
   Einnahmen im weiteren Sinne =   Einnahmen im engeren Sinne + Forderungszugänge + Schuldenabgänge.

3. a) Verluste aus Wertpapierverkäufen
   b) Schadensfälle
   c) Auflösung von zu niedrig angesetzten Rückstellungen der Vorperiode.

4. a) Zweckaufwand entspricht Grundkosten
   b) Betriebsertrag entspricht Leistungen

5. a) Neutraler Aufwand 1 000,00 €
   b) Zweckaufwand 2 500,00 €. Grundkosten 2 500,00 €
   c) Neutraler Aufwand in Höhe von 1 000,00 €
   d) Neutraler Aufwand 500,00 €

L

e) Geschäftsfall:
1. = betriebsfremder Aufwand (a)
2. = außerordentlicher Aufwand (c)
3. = periodenfremder Aufwand (d)

6. a) Grundkosten setzen einen entsprechenden Zweckaufwand in der Finanzbuchführung voraus. Da für die Tätigkeit des Unternehmers kein Entgelt bezahlt wird, entstehen weder Ausgaben noch Zweckaufwand.
   b) Grundleistungen setzen einen bestimmten Betriebsertrag in der Finanzbuchführung voraus. Da bei unentgeltlicher Lieferung jedoch kein Wertezugang (Ertrag) und keine Einnahmen entstehen, handelt es sich um Zusatzleistungen.

7. a) Neutraler Ertrag   =   400,00 €
   b) Neutraler Ertrag   =   249,00 €
   c) Betriebserträge   =   8 000,00 €
      = Leistungen   =   8 000,00 €
   d) Betriebserträge   =   500,00 €
      = Leistungen   =   500,00 €
   e) Periodenfremder Ertrag   =   1 200,00 €

8. a) Ausgaben, keine Aufwendungen, keine Kosten (Nichtaufwand, Nichtkosten)
   b) Ausgaben, keine Aufwendungen, keine Kosten (Nochnichtaufwand, Nochnichtkosten)
   c) Aufwendungen und Kosten, keine Ausgaben (Nichtmehrausgaben)
   d) Ausgaben, Aufwendungen, Kosten
   e) Aufwendungen und Kosten, keine Ausgaben

9. a) Einnahme, kein Ertrag, keine Leistung
   b) Einnahme, Ertrag und Leistung
   c) Einnahme, Ertrag, keine Leistung
   d) Leistung, kein Ertrag, keine Einnahme (Zusatzleistung)

Vertiefung

10.

Fall	Ebene 1		Ebene 2		Ebene 3	
Nr.	a) Ausgaben	b) Einnahmen	c) Aufwendungen	d) Erträge	e) Kosten	f) Leistungen
1	a)	–	–	–	–	–
2	a)	–	c)	–	e)	–
3	a)	–	–	–	–	–
4	–	b)	–	d)	–	f)
5	a)	–	c)	–	e)	–
6	–	b)	–	–	–	–
7	–	b)	–	d)	–	–
8	a)	–	–	–	–	–
9	a)	–	–	–	–	–
10	a)	–	c)	–	e)	–
11	a)	–	c)	–	–	–

11. a) **Einzahlungen:**   130 000,00 € – **Auszahlungen**   100 000,00 €
    Zahlungssaldo: Anfangsbestand: Fl. Mittel   50 000,00 €
                      + Einzahlungen   130 000,00 €
                      – Auszahlungen   100 000,00 €
                                                                         ─────────────
                                                                          80 000,00 €

b) Einnahmen i. w. S.: Einzahlungen 130 000,00 € + Forderungszugang
110 000,00 € + Verbindlichkeitenabgang
80 000,00 €, zusammen: 320 000,00 €

    Ausgaben i. w. S.: Auszahlungen 100 000,00 € + Forderungsabgang
70 000,00 € + Verbindlichkeitenzugang
90 000,00 €, zusammen 260 000,00 €

Einnahmenüberschuss: 320 000,00 €
     – 260 000,00 €
     60 000,00 €

c) Zahlungssaldo aus Einnahmen und Ausgaben im weiteren Sinne durch Bestandsvergleich

	Anfangsbestand	Schlussbestand	Bestandsveränderung
Flüssige Mittel	50 000,00	80 000,00	+ 30 000,00
Forderungen	150 000,00	190 000,00	+ 40 000,00
Verbindlichkeiten	110 000,00	120 000,00	– 10 000,00
Einnahmeüberschuss			**+ 60 000,00**

d) Die Liquiditätsbetrachtung erfährt eine Erweiterung. Durch den Einbezug künftig fälliger Forderungen bzw. Verbindlichkeiten erhält die Liquiditätsanalyse einen „dynamischen" Aspekt. Die Aussagefähigkeit wird im Vergleich zu der Ausgabe-Einnahmerechnung im engeren Sinne erweitert.

12. a)■ Materialverbrauch; Kauf in Vorperiode, Verbrauch in dieser Periode
   ■ Ein Teil der Löhne wurde vorausbezahlt.
   ■ Bestandserhöhungen entstehen aus der Produktion der Vorperiode; die für den Kauf von Rohstoffen erforderlichen Ausgaben können bereits in der Vorperiode erfolgt sein.
   ■ Die Zahlungen für einen Teil der Umsatzerlöse sind noch nicht eingegangen.

b) Betriebliche Leistungen (Betriebserträge)
   ■ Umsatzerlöse   585 200,00 €
   ■ Bestandserhöhungen   65 800,00 €
    651 000,00 €

Zweckaufwand
   ■ Löhne und Gehälter   325 500,00 €
   ■ Soziale Aufwendungen   160 500,00 €
   ■ Materialaufwand   230 200,00 €
   ■ Sonstige Aufwendungen   61 800,00 €   778 000,00 €
Verlust aus betrieblicher Tätigkeit   127 000,00 €

Neutrale Erträge
   ■ Erträge aus Beteiligungen   192 500,00 €
   ■ Erträge aus sonstigen Wertpapieren   48 500,00 €
   ■ Sonstige Zinsen   14 200,00 €
    255 200,00 €

Neutrale Aufwendungen
   ■ Kursverluste aus Wertpapierverkauf   11 200,00 €
   ■ Verlust aus dem Abgang von Gegenständen des Anlagevermögens   2 300,00 €   13 500,00 €
Gewinn aus nicht leistungsbezogener, unternehmensbezogener Tätigkeit   241 700,00 €

Gesamtergebnis   114 700,00 €

c) Trennt nicht nach dem Ergebnis aus betrieblicher Tätigkeit und nicht betrieblichen, unternehmensbezogenen Vorgängen. Aussagefähigkeit des Gewinns ist relativ gering, da er verdeckt, dass die betriebliche Tätigkeit einen Verlust eingebracht hat.

Informationen:

zu 5a) und 10 (Fall 11)
Spenden sind bei natürlichen Personen im Rahmen der §§ 4 Absatz 6, 10 b) und 34 g) EStG in bestimmter Höhe abzugsfähig (Näheres dazu in den entsprechenden Einkommensteuerdurchführungsverordnungen und Einkommensteuerrichtlinien). Unter Spenden im steuerlichen Sinn sind Zuwendungen (= Leistungen ohne Gegenleistung) zu verstehen, die zu einem begünstigten Zweck an einen begünstigten Empfänger geleistet werden. Abzugsfähige Spenden sind Zuwendungen an politische Parteien, Spenden zur Förderung staatspolitischer Zwecke (z.B. Zahlung an den Verein „Theodor-Heuss-Preise e.V. zur Förderung des demokratischen Staatswesens"), Spenden für sonstige Zwecke (Rotes Kreuz, Kirchen und andere). Nach § 10 b EStG bestehen für die Spendenabzugsfähigkeit Höchstbeträge (5 % des Gesamtbetrags der Einkünfte oder 2 ‰ des Umsatzes und der Löhne und Gehälter im Kalenderjahr; bei wissenschaftlichen, staatspolitischen und bei besonders förderungswürdigen Zwecken erhöht sich der Prozentsatz um weitere 5 %). Buchung auf Konto Privat.

Bei Kapitalgesellschaften werden die Spenden als betriebsfremde Aufwendungen gebucht (Kapitalgesellschaften haben kein Privatkonto). Sie kürzen insofern den Gewinn, aber ihr „nicht abzugsfähiger" Teil (siehe KStG) muss wieder dem Gewinn zugerechnet werden (sonst würde eine Bevorzugung gegenüber den natürlichen Personen eintreten).

1.3 Sachliche Abgrenzung

1.3.1 Unternehmensbezogene Abgrenzungen

Kontrolle

1. a) **Ermittlung der Ergebnisse**

    1. Periode:

Aufwendungen	Erträge	Neutrale Aufwendungen	Erträge	Kosten	Leistungen
160 000,00 25 000,00	185 000,00	40 000,00 30 000,00	70 000,00	120 000,00	115 000,00 5 000,00
185 000,00	185 000,00	70 000,00	70 000,00	120 000,00	120 000,00
Gesamtergebnis: + 25 000,00 (= Gesamtgewinn)		Neutrales Ergebnis: + 30 000,00 (= Neutraler Gewinn)		Betriebsergebnis: − 5 000,00 (= Betriebsverlust)	

2. Periode:

		Neutrale			
Aufwendungen	Erträge	Aufwendungen	Erträge	Kosten	Leistungen
188 000,00	155 000,00 33 000,00	60 000,00	15 000,00 45 000,00	128 000,00 12 000,00	140 000,00
188 000,00	188 000,00	60 000,00	60 000,00	140 000,00	140 000,00
Gesamtergebnis: – 33 000,00 (= Gesamtverlust)		Neutrales Ergebnis: – 45 000,00 (= Neutraler Verlust)		Betriebsergebnis: + 12 000,00 (= Betriebgewinn)	

b) Die Trennung des Gesamtergebnisses in die Teilergebnisse lässt erkennen, dass der in der 1. Abrechnungsperiode entstandene Gesamtgewinn aus dem neutralen Ergebnis stammt. Die betriebliche Tätigkeit ergibt einen Verlust. Bei anhaltender Tendenz wird der Unternehmer überlegen, ob er die betriebliche Tätigkeit nicht aufgeben soll.

In der 2. Abrechnungsperiode ist der Gesamtverlust in dem insgesamt negativen neutralen Ergebnis begründet. Die betriebliche Tätigkeit zeigt jedoch eine erfolgreiche Entwicklung.

2. a) Betriebsfremde Aufwendungen   = 10 000,00 € Spenden
   betriebsfremde Erträge   = 40 000,00 € Zinserträge

   b) Außerordentliche Aufwendungen   = 20 000,00 € aus Verlusten wegen Wertminderungen von Handelswaren

   außerordentliche Aufwendungen   = 40 000,00 € aus dem Abgang von Gegenständen des Anlagevermögens

   außerordentliche Erträge   = 30 000,00 € aus dem Abgang von Anlagegegenständen

   c) Periodenfremde Aufwendungen   = keine
   periodenfremde Erträge   = 25 000,00 € aus der Auflösung von Rückstellungen

   periodenfremde Erträge   = 15 000,00 € Erträge aus der Erstattung von Betriebssteuern

3. **Zusammensetzung der Leistungen des Betriebes:**
   Marktleistungen (Umsatzerlöse)   2 000 000,00 €
   Lagerleistungen (Bestandserhöhung)   160 000,00 €
   Innerbetriebliche Leistungen (aktivierte Eigenleistung)   80 000,00 €
   Gesamtleistung   2 240 000,00 €

L

4. a) Ergebnistabelle

Konto-Nr.	Konten	Rechnungskreis I		Rechnungskreis II			
		Ergebnisbereich = GuV		Abgrenzungsbereich		Kosten- u. Leistungsbereich	
		Finanzbuchführung		Unternehmensbezogene Abgrenzungen		Betriebsergebnisrechnung	
		Aufwendungen	Erträge	Neutrale		Kosten	Leistungen
				Aufwendg.	Erträge		
500	Umsatzerlöse für Erzeugnisse		300 000,00				300 000,00
52	Bestandserhöhung an Erzeugnissen		150 000,00				150 000,00
546	Erträge aus dem Abgang von Gegenständen des Anlagevermögens		65 000,00		65 000,00		
548	Erträge aus der Auflösung von Rückstellungen		15 000,00		15 000,00		
56	Erträge aus Finanzanlagen		15 000,00		15 000,00		
60	Aufwendungen für Roh-, Hilfs- und Betriebsstoffe	80 000,00				80 000,00	
62/63	Löhne, Gehälter	150 000,00				150 000,00	
64	Soziale Abgaben	50 000,00				50 000,00	
65	Abschreibungen auf Sachanlagen	70 000,00				70 000,00	
687	Werbung	50 000,00				50 000,00	
688	Spenden	6 000,00		6 000,00			
693	Verluste aus Schadensfällen	4 000,00		4 000,00			
700/770	Gewerbesteuer	40 000,00				40 000,00	
	Ergebnisse	450 000,00 +95 000,00	545 000,00	10 000,00 +85 000,00	95 000,00	440 000,00 +10 000,00	450 000,00
		545 000,00	545 000,00	95 000,00	95 000,00	450 000,00	450 000,00

b) **Gesamtergebnis:** (RK I)   **95 000,00**   Neutrales Ergebnis: 85 000,00

       Betriebsergebnis: <u>10 000,00</u>

       <u>95 000,00</u>

c) Das Gesamtergebnis des Unternehmens von 95 000,00 € wird im Wesentlichen aus dem neutralen Ergebnis gespeist (= 85 000,00 €). Dabei ist der hohe Ertragsanteil auffallend, der sich aus dem Abgang von Gegenständen des Anlagevermögens ergeben hat. Es ist anzunehmen, dass es sich hierbei um einen Vorgang handelt, der sich in den folgenden Perioden nicht ständig wiederholt. Deshalb dürfte diese „Erfolgsquelle" künftig nicht mehr zur Verfügung stehen. Bei dem relativ ungünstigen Betriebsergebnis fällt der hohe

Personalaufwand besonders ins Gewicht. Der hohe Anteil der Lagerleistung (Bestandserhöhung) an der gesamten Leistung des Betriebes (= ⅓) kann Ausdruck einer guten Auftragslage (zukünftig) oder aber auch Indiz zunehmender Absatzschwierigkeiten sein.

Vertiefung

5. a) Ergebnistabelle

Konto-Nr.	Konten	Rechnungskreis I		Rechnungskreis II		
		Ergebnisbereich = GuV		Abgrenzungsbereich	Kosten- u. Leistungsbereich	
		Finanzbuchführung		Unternehmensbezogene Abgrenzungen	Betriebsergebnisrechnung	
		Aufwendungen	Erträge	Neutrale	Kosten	Leistungen
				Aufwendg. · Erträge		
500	Umsatzerlöse für Erzeugnisse		700 000,00			700 000,00
52	Bestandsverminderung an Erzeugnissen	40 000,00			40 000,00	
53	Andere aktivierte Eigenleistungen		15 000,00			15 000,00
540	Erträge aus Vermietung		7 500,00	7 500,00		
545	Erträge aus der Herabsetzung der Pauschalwertberichtigung auf Kundenforderungen		3 500,00	3 500,00		
571	Zinserträge		5 000,00	5 000,00		
600	Aufwendungen für Roh-, Hilfs- und Betriebsstoffe	280 000,00			280 000,00	
62/63	Löhne, Gehälter	150 000,00			150 000,00	
640	Soziale Abgaben	35 000,00			35 000,00	
671	Miete für Anlagen	24 000,00			24 000,00	
687	Werbung	36 000,00			36 000,00	
696	Verluste aus dem Abgang von Gegenständen des Sachanlagevermögens	15 000,00		15 000,00		
700/770	Gewerbesteuer	19 000,00			19 000,00	
	Ergebnisse	599 000,00 + 132 000,00	731 000,00	15 000,00 + 1 000,00 · 16 000,00	584 000,00 + 131 000,00	715 000,00
		731 000,00	731 000,00	16 000,00 · 16 000,00	715 000,00	715 000,00

b) **Abstimmung der Ergebnisse:**

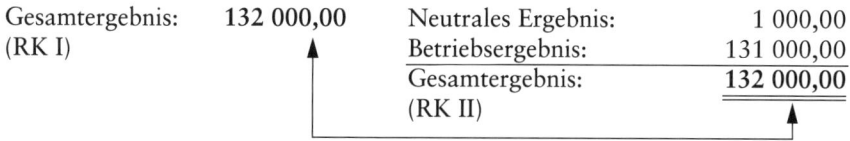

Gesamtergebnis: (RK I)	**132 000,00**		Neutrales Ergebnis:	1 000,00
			Betriebsergebnis:	131 000,00
			Gesamtergebnis: (RK II)	**132 000,00**

c) Die wesentliche „Erfolgsquelle" ergibt sich aus der betrieblichen Tätigkeit. Neutrales Ergebnis enthält oft „Einmaleffekte".

6. Der Geschäftsführer könnte das negative Gesamtergebnis rechtfertigen, wenn er bei einer Trennung in Betriebsergebnis und neutrales Ergebnis nachweisen kann, dass der Verlust z.B. auf neutrale, unternehmensbezogene Vorgänge zurückzuführen ist, während die betriebliche Tätigkeit, für die er weitgehend die Verantwortung trägt, erfolgreich verlaufen ist.

1.3.2 Betriebsbezogene Abgrenzung durch kostenrechnerische Korrekturen – kalkulatorische Kosten

Kontrolle

1. a) Arbeitsschritte (vgl. Tabelle in Band 1).

   b) In der Spalte „Kostenrechnerische Korrekturen" werden die Aufwendungen der Geschäftsbuchführung von den betriebsbezogenen Aufwendungen (Anders- und Zusatzkosten) abgegrenzt.

   Werden in der Kosten- und Leistungsrechnung z.B. höhere Abschreibungen verrechnet als bilanzielle Abschreibungen in der Finanzbuchführung (Anderskosten > Aufwendungen), so wird das im Vergleich zum Gesamtergebnis zu gering ausgewiesene Betriebsergebnis durch den entsprechenden Ausweis eines „Mehrertrages" in der Spalte „Kostenrechnerische Korrekturen" ausgeglichen und neutralisiert.

2.

Konten	Rechnungskreis I		Rechnungskreis II					
	Finanzbuchführung		Unternehmensbezogene Abgrenzungen		Kostenrechnerische Korrekturen		Kosten- und Leistungsbereich	
			Neutrale		Verrechnete			
	Aufwen-dungen	Erträge	Aufwen-dungen	Erträge	Aufwen-dungen	Erträge	Kosten	Leistungen
Summen:	780 000,00	1 030 000,00	110 000,00	380 000,00	30 000,00	35 000,00	675 000,00	650 000,00
Ergebnisse:	+ 250 000,00		+ 270 000,00		+ 5 000,00			− 25 000,00
Endsummen:	1 030 000,00	1 030 000,00	380 000,00	380 000,00	35 000,00	35 000,00	675 000,00	675 000,00

Abstimmung der Ergebnisse:

Gesamtergebnis (Rechnungskreis I)		+ 250 000,00
Ergebnis aus unternehmensbezogenen Abgrenzungen	+ 270 000,00	
Ergebnis aus kostenrechnerischen Korrekturen	+ 5 000,00	
Neutrales Ergebnis	+ 275 000,00	
Betriebsergebnis	− 25 000,00	
Gesamtergebnis (Rechnungskreis II)		+ 250 000,00

Vertiefung

3. a) **Ergebnistabelle** (Beträge in 1 000 €)

	Rechnungskreis I			Rechnungskreis II					
	Ergebnisbereich			Abgrenzungsbereich				Kosten- und Leistungsbereich	
	Finanzbuchführung			Unternehmensbezogene Abgrenzungen		Kostenrechnerische Korrekturen		Betriebsergebnis-rechnung	
				Neutrale		Verrechnete			
Konto-Nr.	Aufwen-dungen (–)	Erträge (+)		Aufwen-dungen (–)	Erträge (+)	Aufwen-dungen (–)	Kosten (+)	Kosten (–)	Leistun-gen (+)
50		4 800							4 800
2/52	250							250	
5 …		1 180			1 180				
60	1 250							1 250	
62/63	2 170							2 170	
6/7	200							200	
671	30							30	
7 …	2 250			2 250					
U-Lohn							48 ◄——— 48		
	6 150	5 980		2 250	1 180		48	3 948	4 800
Ergebnis		– 170			– 1 070	+ 48		+ 852	
	6 150	6 150		2 250	2 250	48	48	4 800	4 800

b)

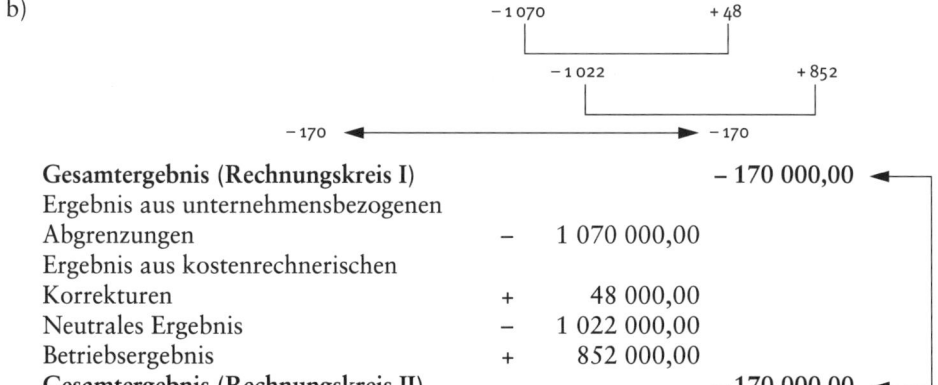

Gesamtergebnis (Rechnungskreis I)	**– 170 000,00**
Ergebnis aus unternehmensbezogenen Abgrenzungen	– 1 070 000,00
Ergebnis aus kostenrechnerischen Korrekturen	+ 48 000,00
Neutrales Ergebnis	– 1 022 000,00
Betriebsergebnis	+ 852 000,00
Gesamtergebnis (Rechnungskreis II)	**– 170 000,00**

Informationen:

Bereits im März 1980 hat der Bundesverband der Deutschen Industrie „Empfehlungen zur Kosten- und Leistungsrechnung" veröffentlicht. Die Empfehlungen gehen in ihren Beispielen davon aus, dass die gesamte Abgrenzungsrechnung tabellarisch durchgeführt wird (wie auch die übrigen Teile der Kostenrechnung). Die buchhalterische Betriebsabrechnung ist nicht vorgesehen, aber möglich, wenn hierfür Bedarf besteht. Mit der Ausgliederung der Kosten- und Leistungsrechnung in einen weitgehend verselbstständigten Rechnungskreis verfolgt man u.a. die Absicht, den Ansprüchen der EDV Rechnung zu tragen. Eine EDV-gerechte Struktur soll die Errichtung klar gegliederter Datenbänke und Gemeinschaftslösungen mittlerer und kleiner Unternehmen im Software-Bereich fördern. Vor allem aber will man deutlich machen, dass die Kosten- und Leistungsrechnung verselbstständigt werden muss, da sie wichtige Informationen liefert und sich deutlich von der Finanzbuchführung unterscheiden sollte.

c) **Ergebnistabelle** (Beträge in 1 000 €)

	Rechnungskreis I			Rechnungskreis II					
	Ergebnisbereich			Abgrenzungsbereich				Kosten- und Leistungsbereich	
	Finanzbuchführung			Unternehmensbezogene Abgrenzungen		Kostenrechnerische Korrekturen		Betriebsergebnisrechnung	
				Neutrale		Verrechnete			
Konto-Nr.	Aufwendungen (–)		Erträge (+)	Aufwendungen (–)	Erträge (+)	Aufwendungen (–)	Kosten (+)	Kosten (–)	Leistungen (+)
50			4 800						4 800
2/52	250							250	
5 ...			1 180		1 180				
60	1 250							1 250	
62	2 170							2 170	
6/7	200							200	
65	32					32	30	30	
7 ...	2 250			2 250					
U-Lohn							48	48	
	6 152		5 980	2 250	1 180	32	78	3 948	4 800
Ergebnis		– 172			– 1 070	+ 46		+ 852	
	6 152		6 152	2 250	2 250	78	78	4 800	4 800

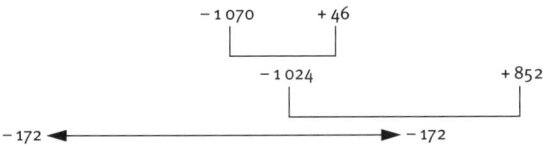

d) Zusatzkosten (Unternehmerlohn) = 48 000,00 €
   Anderskosten (c) von 30 000,00 € (Kalkulatorische Abschreibung)

4. Die Aussagen des Mitarbeiters treffen nicht zu. **Begründung:** Die Höhe der Abschreibungen in der Finanzbuchführung richtet sich meist nach den steuerlichen Möglichkeiten, während für den Ansatz der Abschreibungen in der Kosten- und Leistungsrechnung der „wirkliche" Werteverzehr bei der Leistungserstellung maßgebend ist. – Die Wagnisverluste, z.B. durch den Verderb an Rohstoffen, treten meist unregelmäßig und/oder in schwankender Höhe auf und würden bei unveränderter Übernahme in die Kostenrechnung die Preiskalkulation „verzerren". – Auch von den schwankenden Zinsen, die in der Änderung des Kapitalmarktzinses ihre Ursache haben, muss die Kosten- und Leistungsrechnung freigehalten werden. – Betrachtet man die Kosten pagatorisch (Kosten als Ausgaben), so wäre die Aussage richtig. Da jedoch auch die Arbeitskraft des Unternehmers im betrieblichen Leistungsprozess „verzehrt" wird, handelt es sich um Kosten, die im Interesse einer vollständigen Kostenerfassung zu verrechnen sind.

1.3.2.1 Kalkulatorische Abschreibungen

Kontrolle

1. a) **Bilanzielle Abschreibung[1]:**

Anschaffungskosten	480 000,00
– 20 % Abschreibung	96 000,00
Restwert Ende 1. Jahres	384 000,00
– 20 % Abschreibung	76 800,00
	307 200,00

Kalkulatorische Abschreibung:

10 % vom Anschaffungswert
480 000,00 = 48 000,00

b) Die bilanzielle Abschreibung wirkt nur in der Finanzbuchführung und beeinflusst damit die Ergebnisrechnung (Erfolgsrechnung) und das Gesamtergebnis. Die kalkulatorische Abschreibung wird in der Kosten- und Leistungsrechnung in der Spalte „Betriebsergebnisrechnung" erfasst. Sie wirkt als Gegenwert in der Spalte „Kostenrechnerische Korrekturen" des Rechnungskreises II und wird dadurch von der Ergebnisrechnung des Rechnungskreises I ferngehalten (ergebnisneutrale Wirkung).

Rechnungskreis I		Rechnungskreis II			
Ergebnisbereich		Kostenrechnerische Korrekturen		Kosten- und Leistungsbereich	
		Verrechnete			
Aufwendungen (–)	Erträge (+)	Aufwendungen (–)	Erträge (+)	Kosten (–)	Leistungen (+)
96 000,00		96 000,00	+ 48 000,00 − 48 000,00	– 48 000,00 *)	
			− 48 000,00	− 48 000,00	
– 96 000,00			− 96 000,00		

    *) Die kalkulatorischen Abschreibungen von 48 000,00 € in der Kosten- und Leistungsrechnung werden in der Spalte „Kostenrechnerische Korrekturen" neutralisiert, d.h. von der Ergebnisrechnung des Rechnungskreises I ferngehalten.

c) 1. Die kalkulatorische Abschreibung vom Wiederbeschaffungswert ermöglicht die Substanzerhaltung im Betrieb.

    2. Es ist in der Praxis schwierig, den Wiederbeschaffungswert zu berechnen, da die Preisentwicklung nicht genau vorhersehbar ist. Es könnte auch sein, dass der Betrieb die Selbstkosten niedrig halten möchte, um konkurrenzfähig zu bleiben.

2. a) Die Aussage ist richtig. Der Ansatz von kalkulatorischen Abschreibungen ist in das Ermessen des Unternehmers gestellt, d.h. gesetzliche Vorschriften sind nicht zu beachten. Entscheidend für die unternehmerische Entscheidung sind betriebswirtschaftliche Überlegungen (Substanzerhaltung, betriebliche Preispolitik).

b) Die Aussage ist nur bedingt richtig:
Im Regelfall sind die bilanziellen Abschreibungen höher als die kalkulatorischen. Dies gilt vor allem bei Anwendung der degressiven Abschreibung in den Anfangsjahren, wenn diese die lineare kalkulatorische Abschreibung übersteigt. Gegen Ende der Nut-

---

[1] Die degressive Abschreibung ist handelsrechtlich möglich, steuerrechtlich ab 2008 nicht mehr zulässig. Sie wirkt aber aus bestehenden Abschreibungsplänen noch nach.

zungsdauer bzw. wenn bilanziell mit der degressiven Methode das Anlagegut voll abgeschrieben ist, liegt die kalkulatorische Abschreibung über der bilanziellen bzw. es wird nur noch kalkulatorisch während einer Restnutzdauer abgeschrieben.

c) Die Aussage ist richtig. Die Zielsetzung der Finanzbuchführung und der Kosten- und Leistungsrechnung sind unterschiedlich, sodass die kalkulatorischen Abschreibungen im Regelfall von den bilanziellen Abschreibungen abweichen und damit ihrem Wesen nach Anderskosten sind.

d) Die Aussage trifft zu. Die bilanziell höheren Abschreibungen führen in der Finanzbuchführung zu einem geringeren Ergebnis (Gesamtergebnis) als in der Betriebsergebnisrechnung.

e) Die Aussage ist ungenau.
   Die mit Preisindizes hochgerechneten Tagespreise entsprechen den Wiederbeschaffungskosten am Tag der Abschreibung, nicht aber dem Wert der späteren Wiederbeschaffung.

Vertiefung

3. a) Kalkulatorische Abschreibung im 11. Jahr:

   8 1/3 % (= $\frac{1}{12}$) von 150 000,00 € = 12 500,00 €

   b) Ausschnitt aus der Ergebnistabelle

Konten	Rechnungskreis I			Rechnungskreis II		
	Ergebnisrechnung (FB)		Kostenrechnerische Korrekturen		Kosten- und Leistungsbereich	
			Verrechnete			
	Aufwendungen (–)	Erträge (+)	Aufwendungen (–)	Kosten (+)	Kosten (–)	Leistungen (+)
Abschreibung				12 500,00	12 500,00	
				+ 12 500,00 *)	– 12 500,00	
	± 0				± 0	

*) Anderskosten bzw. unechte Zusatzkosten = 12 500,00

Informationen:

In der Literatur wird gelegentlich der Betrag der Anderskosten, der den entsprechenden Zweckaufwand der Finanzbuchführung übersteigt, auch als unechte Zusatzkosten bezeichnet (vgl. auch Hinweis in Band 1, S. 40).

Im vorliegenden Beispiel ergäbe sich dann in

- den ersten 10 Jahren unechte Zusatzkosten von 2 500,00 € · 10 x = 25 000,00 €
- den letzten beiden Jahren der Nutzung (11. und 12. Jahr) 12 500,00 € · 2 = 25 000,00 €

4. a) Kalkulatorische und bilanzielle Abschreibung entsprechen einander:
   6 ⅔ % vom Anschaffungswert 240 000,00 € = 16 000,00 €

b) Im vorliegenden Falle ergeben sich keine Abweichungen zwischen den in der Finanzbuchführung erfassten Abschreibungen (Zweckaufwand) und den in der Kosten- und
Leistungsrechnung verrechneten kalkulatorischen Abschreibungen.

c) „Wiederbeschaffungswert" (Tageswert) = $\dfrac{240\,000 \cdot 150}{120}$ = $\underline{\underline{300\,000,00\ €}}$

Der Wert entspricht dem „Wiederbeschaffungswert" im Abschreibungsjahr (= 13.
Jahr), nicht dem Wert am Tage der Ersatzinvestition nach 15 Jahren. Offenbar will sich
die Unternehmung (erst ab dem 13. Jahr) an den höheren Wiederbeschaffungswert
„herantasten". Es ergeben sich folgende Schwierigkeiten:

Dem Zielkriterium der „Normalität" wird nicht entsprochen, wenn ab dem 13. Jahr
plötzlich höhere Abschreibungen (300 000,00 : 15 = 20 000,00 € per anno) angesetzt
werden. Außerdem erfolgt die Anpassung zu spät. Der für die Substanzerhaltung erforderliche Wert kann nicht mehr erreicht werden, da bisher (12 Jahre) vom niedrigeren
Anschaffungswert 240 000,00 € abgeschrieben wurde.

1.3.2.2 Kalkulatorische Zinsen

Kontrolle

1. a) **Berechnung des betriebsnotwendigen Kapitals nach der Restwertmethode:**

Anschaffungskosten		1 200 000,00 €
– 20 % kalkulatorische Abschreibung		240 000,00 €
Kalkulatorische Restwerte		960 000,00 €
+ durchschnittlicher Bestand des Umlaufvermögens		350 000,00 €
Betriebsnotwendiges Vermögen		1 310 000,00 €
– Abzugskapital		
Verbindlichkeiten aus Lieferungen	210 000,00 €	
Rückstellungen	6 000,00 €	
Anzahlungen	4 000,00 €	220 000,00 €
Betriebsnotwendiges Kapital		1 090 000,00 €

b) **Verrechnung als kalkulatorischer Zins** (vierteljährlich):

8 % von 1 090 000,00 € = 87 200,00 € : 4 = $\underline{\underline{21\,800,00\ €}}$

c)

Schmälerung des Gesamtergebnisses um	28 800,00 € (RK I)
Schmälerung des Betriebsergebnisses	21 800,00 € (RK II)
Ausgleich über „Kostenrechnerische Korrekturen"	7 000,00 € (RK II)

d) **Betriebsnotwendiges Kapital bei Durchschnittswertmethode:**

Anschaffungskosten Maschinen		
1 200 000,00 : 2	=	600 000,00 €
+ durchschnittlicher Bestand des UV	=	350 000,00 €
Betriebsnotwendiges Vermögen	=	950 000,00 €
– Abzugskapital (siehe a)	=	220 000,00 €
Betriebsnotwendiges Kapital	=	730 000,00 €

2. a) Diese Aussage trifft nur zu, wenn kein Abzugskapital zu berücksichtigen ist. In den kalkulatorischen Zinsen wird das gesamte Kapital (das zu verzinsende Fremd- und Eigenkapital), jedoch nicht das zinsfreie Fremdkapital erfasst.

   b) Die Aussage ist nur teilweise zutreffend. Kalkulatorische Zinsen sollen auch das zu verzinsende Fremdkapital berücksichtigen.

   c) Die Aussage ist richtig. Es ist praxisüblich, den Kapitalmarktzins (landesüblichen Zinsfuß) zugrunde zu legen.

   d) Die Aussage ist zutreffend. Es sollte das Kapital verzinst werden, das für den Zweck der Wiederbeschaffung „zurückgelegt" werden muss.

   e) Die Aussage trifft nur dann zu, wenn es sich nicht um betriebsnotwendige Vermögensposten handelt.

   f) Kalkulatorische Zinsen sind wesensverschiedene Kosten, d.h. ihre Höhe weicht bei zinsbelastetem Fremdkapital von den in der Kalkulation verrechneten Zinsen ab (= Anderskosten). Kalkulatorische Zinsen ausschließlich für das Eigenkapital sind dagegen Zusatzkosten, da ihnen in der Finanzbuchführung kein Aufwand und keine Ausgaben gegenüberstehen.

   Information:

   Übersteigen die kalkulatorischen Zinsen in der Kosten- und Leistungsrechnung die Zinsaufwendungen in der Finanzbuchführung, so ändert das am Wesen der kalkulatorischen Zinsen als Anderskosten grundsätzlich nichts. Lediglich der in der Kosten- und Leistungsrechnung verrechnete Zinsmehrbetrag kann als „unechte" Zusatzkosten bezeichnet werden.

Vertiefung

3. a) **Betriebsnotwendiges Anlagevermögen:**

Gebäude	450 000,00 €	
Maschinen	550 000,00 €	
Betriebs- und Geschäftsausstattung	75 000,00 €	1 075 000,00 €

   Betriebsnotwendiges Umlaufvermögen:

Vorräte	60 000,00 €	
Forderungen	86 000,00 €	
Bank	24 000,00 €	170 000,00 €
Betriebsnotwendiges Vermögen:		1 245 000,00 €
– Abzugskapital		
Verbindlichkeiten aus Lieferungen	95 000,00 €	
Rückstellungen	30 000,00 €	125 000,00 €
Betriebsnotwendiges Kapital:		1 120 000,00 €

   Kalkulatorische Zinsen:

7,5 % von 1 120 000,00 € = 84 000,00 € : 12	=	7 000,00 €
– Bankzinsen (240 : 12 = 20,00 €)	=	20,00 €
Zu verrechnende kalkulatorische Zinsen		6 980,00 €

Die tatsächlichen Zinsaufwendungen (Zinsausgaben) ergeben sich aus der Multiplikation von Kreditbetrag (Fremdkapital) und vereinbartem Kreditzins lt. Kreditvertrag.

b) Die Verrechnung eines Zinses als tatsächlich **entgangener Nutzen** (Opportunitätskosten) bei alternativer Anlage wird der Unternehmenssituation gerechter als der Ansatz eines zur Zeit geltenden Kapitalmarktzinses, der für das Unternehmen (wegen der hohen Eigenkapitalbasis) gegenwärtig von untergeordneter Bedeutung ist.

Der Ansatz von Wiederbeschaffungs- bzw. Tageswerten anstelle von Anschaffungswerten soll dazu beitragen, das Kapital zu verzinsen, das für den Zweck der Wiederbeschaffung bereitgehalten werden muss.

4. a) **Berechnung des betriebsnotwendigen Kapitals** (Beträge in 1 000 €):

	Anschaffungswerte	Kalkulatorische Abschreibung	Restwerte
Fabrikgebäude	200	45	155
Maschinen	550	100	450
Betriebs- und Geschäftsausstattung	120	25	95
Beteiligungen			95
Betriebsnotwendiges Anlagevermögen			795
Umlaufvermögen	255 Wertpap.	60	195
Betriebsnotwendiges Vermögen			990
– Abzugskapital			
Verbindlichkeiten		180	
Rückstellungen		15	195
Betriebsnotwendiges Kapital			795

b) **Kalkulatorische Zinsen:**
   8 % von 795 000,00 € = 63 600,00 €

c) **Auswirkungen auf „Kostenrechnerische Korrekturen"**

Rechnungskreis I		Rechnungskreis II			
Finanzbuchführung Ergebnisrechnung		Kostenrechnerische Korrekturen		Kosten- und Leistungsbereich	
		Verrechnete			
Aufwendg. (–)	Erträge (+)	Aufwendg. (–)	Kosten (+)	Kosten (–)	Leistungen (+)
– 15 000		+ 48 600	+ 63 600	– 63 600	

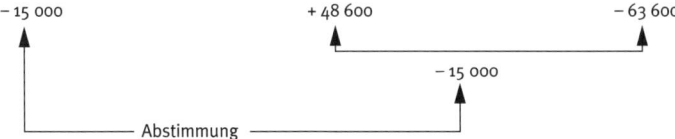

Der in Spalte „Kostenrechnerische Korrekturen" errechnete Saldo von 48 600,00 € entspricht den zusätzlich zu den Aufwendungen der Finanzbuchführung verrechneten Kosten der KuL-Rechnung (63 600,00 € – 15 000,00 €).

d) Die Aussage ist nur unter der Bedingung richtig, wenn bei der Gründung des Unternehmens von einer vorhandenen Neuausstattung von den jeweiligen Restwerten abgeschrieben wird. Anders, wenn der Aufbau der Unternehmung und deren Ausstattung sukzessive erfolgt bzw. wenn Anlagegüter bei unterschiedlicher Nutzungsdauer zu verschiedenen Zeitpunkten ersetzt werden. In diesen Fällen kann es im Durchschnitt zu nahezu gleich hohen kalkulatorischen Restwerten kommen, sodass die kalkulatorischen Zinsen nicht abnehmen.

1.3.2.3 Kalkulatorische Wagnisse

Kontrolle

1. a) **Wagniszuschläge:**

Beständewagnis $\quad = \dfrac{7\,500 \cdot 100}{150\,000} \quad = 5\,\%$

Vertriebswagnis $\quad = \dfrac{280 \cdot 100}{4\,000} \quad = 7\,\%$

Gewährleistungswagnis $\quad = \dfrac{30 \cdot 100}{12\,500} \quad = 0{,}24\,\%$

b) **Kalkulatorische Einzelwagnisse:**

Beständewagnis: 5 % von 125 000 000,00 = 6 250 000,00 d.h. p. M. = $\underline{520\,833{,}00\,€}$

Vertriebswagnis: 7 % von 4 200 000,00 = 294 000,00 d.h. p. M. = $\underline{24\,500{,}00\,€}$

Gewährleistungswagnis: 0,24 % von 11 900 000,00 = $\underline{28\,560{,}00\,€}$

2. a) Die Aussage ist zutreffend. Das allgemeine Unternehmungswagnis kann kalkulatorisch nicht erfasst und nicht versichert werden, da es das Unternehmen als Ganzes betrifft und nicht bzw. nicht nur sehr schwer vorhersehbar ist.

b) Die Aussage ist falsch. Die durch Fremdversicherungen abgedeckten Einzelwagnisse werden ohnehin kalkuliert und dürfen nicht noch einmal als „Kalkulatorische Wagnisse" verrechnet werden.

c) Die Aussage ist richtig. Durch Fremdversicherung abgedeckte Einzelrisiken sind mit Ausgaben verbunden, während die verrechneten kalkulatorischen Wagnisse zu Einnahmen führen, die auftretende Wagnisverluste ausgleichen sollen.

d) Die Aussage ist zutreffend. „Normalisierte Kosten" sind solche Wagniskosten, die durch „Periodisierung" der aperiodisch und in schwankender Höhe in der Vergangenheit eingetretener Wagnisverluste gebildet werden. Damit können die zukünftig zu erwartenden Verluste aufgefangen werden.

Vertiefung

3. a) Wagniszuschlag $\quad = \dfrac{450\,000{,}00 \cdot 100}{9\,000\,000{,}00} = 5\,\%$

5 % von 180 000,00 € $\quad = \underline{9\,000{,}00\,€}$

b) 693 Schadensfälle 5 000,00 an 280 Bank 5 000,00
(z.B. bei Nachbesserung)

Informationen:

Je nach vertraglich zugestandener bzw. gesetzlich zu leistender Verpflichtung können unterschiedliche und zusätzliche Buchungsvorgänge ausgelöst werden, z.B. bei Rücksendung, Umtausch.

c) Über den Preis fließen die kalkulatorisch verrechneten Wagnisse in den Betrieb zurück. Sie dienen der Abdeckung der eingetretenen (tatsächlichen) Wagnisverluste. Es ist berechtigt, von Selbstversicherung zu sprechen, da die zurückfließenden Beträge dem Verlustausgleich dienen, ohne dass eine Fremdversicherung beansprucht wird.

d)

Rechnungskreis I		Rechnungskreis II			
Ergebnisrechnung (FB)		Abgrenzungsbereich Kostenrechnerische Korrekturen		Kosten- und Leistungsbereich	
		Verrechnete			
Aufwendungen (−)	Erträge (+)	Aufwendungen (−)	Kosten	Kosten (+)	Leistungen (−) (+)
5 000,00 ────────		──▶ 5 000,00 ◀───	9 000,00	9 000,00	
		4 000,00			

```
                              + 4 000,00            − 9 000,00
                                  ▲                      ▲
                                  │                      │
        − 5 000,00 ◀──────────────────────────▶ − 5 000,00
```

Die eingetretenen Wagnisverluste in Höhe von 5 000,00 € wirken sich ausschließlich in der Finanzbuchführung aus. Die verrechneten kalkulatorischen Wagnisse mindern in der Kosten- und Leistungsrechnung das Betriebsergebnis um 9 000,00 €. In der Spalte „Kostenrechnerische Korrekturen" entsteht ein Korrektursaldo von 4 000,00 €.

e) Die Aussage kann durch folgende Argumente gestützt werden:

■ *Zielkriterium der „Vollständigkeit und Genauigkeit":*
Die KuL-Rechnung erfasst nicht nur die versicherten Einzelwagnisse, sondern im Sinne dieses Kriteriums auch die nicht versicherten bzw. nicht versicherbaren Einzelrisiken.

■ *Zielkriterium der „Objektivität":*
Durch die Erfassung werden die Kostenstruktur und das Betriebsergebnis vergleichbar im „zwischenbetrieblichen Vergleich".

■ *Zielkriterium der „Normalität":*
Auch dieses Ziel wird erfüllt, da die unregelmäßig (aperiodisch) und in schwankender Höhe auftretenden Wagnisverluste „periodisiert" und somit gleichmäßig in die KuL-Rechnung eingehen.

■ *Zielkriterium der „Relevanz":*
Die KuL-Rechnung wird aussagekräftiger: Das Betriebsergebnis, d.h. der verbleibende Gewinn zeigt (wenn auch die anderen kalkulatorischen Kosten eingerechnet werden) den Markterfolg des Betriebes bzw. die echte „Risikovergütung" für das Unternehmungswagnis.

Inwieweit durch den Einbezug kalkulatorischer Wagnisse das Zielkriterium der „Wirtschaftlichkeit" erfüllt wird, hängt von dem Erfassungsaufwand dieser kalkulatorischen Kostenart ab; eine allgemeine Aussage kann nicht getroffen werden.

1.3.2.4 Kalkulatorischer Unternehmerlohn und kalkulatorische Miete

Kontrolle

1. Die Aussagen b) und c) sind richtig. Als Zusatzkosten wird der kalkulatorische Unternehmerlohn in der Kosten- und Leistungsrechnung erfasst, er mindert das Betriebsergebnis und wird in der Spalte „Kostenrechnerische Korrekturen" im Rechnungskreis II „neutralisiert". Dadurch bleibt das Gesamtergebnis im Rechnungskreis I unbeeinflusst.

2. a) 3001 Privat A   30 000,00 €
   3002 Privat B   36 000,00 €   an 288 Kasse   66 000,00 €

   b)

Vergütungen	2 · 48 000,00 €	=	96 000,00 €
+ 1 % (2 · 0,5) von 4 100 000,00		=	41 000,00 €
Zu verrechnender Unternehmerlohn		=	137 000,00 €

   c) Bei überhöhtem Ansatz ginge die Vergleichbarkeit mit Unternehmen anderer Rechtsform, z. B. mit Kapitalgesellschaften, verloren. Außerdem könnte die Konkurrenzfähigkeit beeinträchtigt werden (Auswirkung auf den Preis).

3. a) Die Aussage ist nur teilweise richtig. Beim Unternehmerlohn handelt es sich nicht um Aufwand in der Finanzbuchführung, sondern – im Interesse einer vollständigen Kostenerfassung – um Kosten, die zusätzlich in der Kosten- und Leistungsrechnung angesetzt werden (Zusatzkosten). Es trifft zu, dass der Unternehmerlohn nicht ausgabewirksam ist und auch nicht zu betrieblichen Ausgaben führt, da der Unternehmer in der Personengesellschaft an sich selbst kein Gehalt bezahlt.

   b) Die Aussage ist richtig (vgl. Aussage zu a)).

   c) Die Aussage ist falsch. Der Geschäftsführer in einer Kapitalgesellschaft muss sein Gehalt als Einkommen versteuern (Einkünfte aus nicht selbstständiger Arbeit). Entsprechend ist der kalkulatorische Unternehmerlohn, der in der Finanzbuchführung nicht als Aufwand erscheint und damit nicht „abzugsfähig" ist, zu versteuern.

   d) Die Aussage ist teilweise zutreffend. Darüber hinaus hat die Verrechnung des kalkulatorischen Unternehmerlohns die Aufgabe,
   - die Vergleichbarkeit von Unternehmungen unterschiedlicher Rechtsform zu verbessern und den
   - mitarbeitenden Unternehmer für seine Leistung über den kalkulierten „Marktpreis" zu entschädigen.

Vertiefung

4. a) Kalkulatorische Miete wird angesetzt, um
   - bei Betrieben mit eigenen Grundstücken und Gebäuden eine Vergleichbarkeit in der Kostenrechnung mit Betrieben zu erreichen, die Miete zahlen;
   - bei Unternehmern oder Gesellschaftern, die dem Betrieb unentgeltlich private Räume zur Verfügung stellen, die entsprechenden Mietkosten im Preis zu verrechnen.

   b) In diesem Falle wurden die Gebäude- und Grundstücksaufwendungen zum größten Teil in den kalkulatorischen Abschreibungen, den Instandhaltungskosten u. a. verrechnet. Eine kalkulatorische Miete würde zu einer „Doppelbelastung" der Kalkulation führen und dem angestrebten Ziel (Vergleichbarkeit der Kostenrechnung mit Betrieben, die Miete zahlen) zuwiderlaufen.

c) Miete an Privat.

d) **Orientierungsmöglichkeiten:**

Die Höhe des kalkulatorischen Unternehmerlohns wird im Allgemeinen nach dem durchschnittlichen Gehalt eines leitenden Angestellten bemessen, der in einem Betrieb des gleichen Geschäftszweiges und ähnlicher Größe eine unternehmerähnliche Position bekleidet. Die kalkulatorische Miete orientiert man am zweckmäßigsten an der ortsüblichen Miete für gewerbliche Räume.

Gemeinsamkeiten:

Beim kalkulatorischen Unternehmerlohn und der kalkulatorischen Miete handelt es sich um Opportunitätskosten. In beiden Fällen werden Kosten für einen entgangenen Nutzen verrechnet: Der Unternehmer verzichtet auf eine Tätigkeit als Geschäftsführer in einem vergleichbaren Unternehmen bzw. auf eine anderweitige Vermietung eigener Gebäude bzw. Räume. Im Hinblick auf die Verrechnung handelt es sich bei beiden kalkulatorischen Kostenarten um Zusatzkosten, d.h. sie berühren nur die Kosten- und Leistungsrechnung und sind nicht ergebniswirksam. Durch ihre Erfassung in der Kostenrechnung wird eine Vergleichbarkeit mit Betrieben anderer Rechtsform (Unternehmerlohn) bzw. mit Miete zahlenden Betrieben erreicht (kalkulatorische Miete).

e) Im Einzelhandel werden Geschäftsräume häufig vermietet (Lage in Geschäftszentren) bzw. es ist in diesem Bereich eher möglich, geeignete private Räume dem Betrieb zur Verfügung zu stellen. Im Industriebetrieb muss das Gebäude vielfach den Fertigungsbedürfnissen angepasst werden. Die dadurch bedingten baulichen Erfordernisse schließen deshalb in der Regel eine Vermietung aus.

5. a) Durch den Ansatz einer vergleichbar (hohen) Miete würde die in der KuL-Rechnung anzustrebende Objektivität (Vergleichbarkeit) mit Unternehmen erreicht, die in gemieteten Räumen untergebracht sind.

   b) Die für das eigene Gebäude anfallenden Aufwendungen (Abschreibungen, Grundsteuer u.a.) müssen beim Ansatz einer kalkulatorischen Miete zur Vermeidung einer doppelten Verrechnung eliminiert, d.h. herausgerechnet werden.

1.4 Grundlagen der Kostentheorie

1.4.1 Abhängigkeit der Kosten vom Beschäftigungsgrad – andere Kosteneinflussgrößen

Kontrolle

1. a) Sie sind als gesamte K_f zeitabhängig, nicht beschäftigungsabhängig – wenigstens für eine Abrechnungsperiode.

   Sinkt die Beschäftigung nachhaltig, so wird versucht, die K_f abzubauen. Steigt sie auf Dauer, so sind sie aufzustocken (s. Anpassung, Investitionen) um eine/mehrere Stufen (stufenfixe Kosten).

   Als Stückkosten (k_f) steigen sie mit sinkendem und fallen mit steigendem Beschäftigungsgrad.

b) Falsch; sie sind als Gesamtkosten (K_v) beschäftigungsabhängig, als Stückkosten (k_v) fix = konstant (siehe Band 1, Seite 66).

c) Es verhält sich gerade umgekehrt (siehe Diagramm in Band 1, auf Seite 65).

d) Richtige Aussage.

e) Richtige Aussage. Ka und BG können auch in einer anderen Einheit, z.B. Stück, Arbeitsstunden, Umsatz angegeben werden.

f) Falsch (siehe Tabelle in Band 1, auf Seite 68). Sie sind im Allgemeinen die wichtigste Größe.

2. a)

Ausbringungsmenge	K_f €	k_f €
0	60 000,00	60 000,00[1]
1 000	60 000,00	60,00
2 000	60 000,00	30,00
3 000	60 000,00	20,00
Ka-Erweiterung		
4 000	100 000,00	25,00
5 000	100 000,00	20,00
6 000	100 000,00	16,67

b) Vgl. Band 1.

c) Bei 4 000 Stück höhere K_f als bei 3 000 Stück, erst ab 5 000 Stück Verbesserung der Kostensituation.

   Folgerung: Vor der Neuinvestition sollte sicher sein, dass Produktion und Absatz über 5 000 Stück liegen.

d) Bisherige Kapazität 3 999 Stück, also bei 3 000 Stück = rund 75 % Ausnutzung etwa 45 000,00 € Nutzkosten und etwa 15 000,00 € (25 %) Leerkosten.

3. a)

	(1)	(2)	(3)	(4)	(5)	(6)
x	K_v €	k_v €	K_v €	k_v €	K_v €	k_v €
100	2 000,00	20,00	1 600,00	16,00	2 200,00	22,00
200	4 000,00	20,00	2 400,00	12,00	5 000,00	25,00
300	6 000,00	20,00	3 000,00	10,00	9 000,00	30,00

b) Vgl. Band 1, Seite 67.

c) Neben dem bekannten linearen Verlauf der k_v deuten (3) und (4) auf einen degressiven Verlauf hin, d.h. durch Rabatte usw. sinken die K_v und k_v mit steigendem BG.

   (5) und (6) zeigen einen progressiven Verlauf, z.B. durch höhere Beschaffungskosten, Reparaturen, Überstundenentlohnung bei steigendem BG.

   Das Umgekehrte gilt für (3) und (4) und (5) und (6) bei fallendem Beschäftigungsgrad.

Vertiefung

4. Offenbar haben Investitionen (über Abschreibungen) die K_f erhöht; es gelang, durch sinkende Lohnkosten die K_v entsprechend zu senken.
Seltener ist die umgekehrte Entwicklung. Sie könnte auf eine Umstellung des Sortiments mit mehr lohnintensiver Fertigung (siehe K_v), verbunden mit Abbau der K_f, hindeuten.

---

[1] Bereitschaftskosten

5. (1) Nur K_v liegen vor. Kaum vorstellbar, allenfalls bei einer Fertigung, die nur Lohn- und Materialaufwendungen aufweist (siehe Anfertigung wertvollen Schmuckes). Aber die Lohnkosten haben auch fixe Bestandteile (siehe Kündigungsschutz).

   (2) Nur K_f liegen vor. Ebenfalls kaum vorstellbar. Allenfalls bei ausschließlicher Betrachtung einer Anlage, die unabhängig von der Menge „eingeschaltet" ist, z.B. Heizanlage, die bestimmte Temperaturgrade hält.

   (3) Die K_f betragen 8 000,00 €, die k_v (linear) je Stück 6,00 €.

   (4) Bei 7 000,00 € K_f verlaufen die K_v zunächst degressiv, ab 300 Stück dann progressiv.

   Nur bei ① entsteht bei jedem Beschäftigungsgrad ein Gewinn (Umsatz > Kosten), weil keine Fixkosten vorliegen. Liegen Fixkosten vor (② bis ④), so gibt es eine „Übergangsmenge" als Break-even-Point.

6. a) *Unmittelbar:* in kürzeren Abständen zu zahlende Zinsen, Mieten, auch Gehälter, regelmäßige Reparaturen, fixe Teile der Strom-, Telefon-, Fahrzeugkosten u.a.

      Mittelbar: Abschreibungen, Werbeaufwendungen und Zinsaufwendungen, die in großen Abständen Ausgaben auslösen u.a.

   b) ■ Fixe Kosten, bei 5-Jahresvertrag mittelbare Ausgaben. Ermäßigung der Miete um 16 ⅔ % bei langfristiger Festlegung.

      ■ K_v mit degressivem und progressivem Verlauf.

   c) Durch höheren Fixkostenanteil geringere Flexibilität und erhöhtes Risiko bei Beschäftigungsrückgang. Gefahr eines „Verwaltungswasserkopfes", der mit K_f belastet ist.

   d) Steigende K_f durch Ausdehnung („Kostensprung"). Bei Wegfall von Produkt 3 würden (mindestens zunächst) seine K_f bleiben. Der Inhaber ahnt (siehe Abschnitt Preisuntergrenzen), dass es vorteilhaft ist, wenn den K_f von Produkt 3 Einnahmen gegenüberstehen.

   e) Höhere Vorgaben können so viel höhere k_v, auch k_f bei maschineller Kontrolle auslösen, dass die „zusätzlichen Kosten" vergleichsweise gering sind.

   f) Es geht darum, Ausgleich zu schaffen durch Aufteilung der K_f auf höhere Mengen.

      Mögliche Maßnahmen:

      ■ Werbekampagne, was jedoch zusätzliche K_f auslöst.

      ■ weitere Preisherabsetzungen: Bei rasant steigenden Verkäufen können die k_f derart sinken, dass die Mindererlöse je Stück durch Stückkostensenkungen überkompensiert werden.

1.4.2 Ertragsgesetzliche Kostenverläufe

1.4.2.1 Allgemeines Ertragsgesetz (Produktionsfunktion Typ A)

Kontrolle

1. Siehe Band 1!

   a) Mehrere Produktionsfaktoren sind eingesetzt. Die Vermehrung *eines* Produktionsfaktors (andere bleiben konstant) führt zunächst zu einem steigenden und von einer bestimmten Grenze an zu einem abnehmenden Ertragszuwachs.

305

b) Die Faktoren sind gegenseitig austauschbar (substituierbar). Output in gleicher Höhe bei verschiedenen Kombinationen der Faktoren möglich.
Daraus ergibt sich die Frage: Welche Kombination ist optimal? (siehe auch „Prämisse" Band 1 auf Seite 71)

2. (Siehe Grafik Band 1)

W: An diesem Punkt endet die Phase steigender Ertragszuwächse. Übergang zur Phase fallender Ertragszuwächse (Grenzerträge).

O: Punkt der optimalen Kombination (vgl. 1b). Hier wird der höchste Ertrag je Einsatzfaktor erzielt.

S: Punkt des Ertragsmaximums, d.h. ab hier sinkt der Ertrag.

3. Verschiedene Produktionsfaktoren stehen zur Verfügung. Sie sind *gegenseitig austauschbar*. Jeder Faktor ist kontinuierlich vermehrbar. Bei Vermehrung eines Faktors bleiben die anderen konstant.

Vertiefung

4. Grenzertrag: zusätzlich produzierte Menge bei einer zusätzlich beigegebenen Mengeneinheit eines variablen Produktionsfaktors.
Differenzenquotient: Verhältnis zwischen Ertragszuwachs (Grenzertrag) und Änderungen des variablen Produktionsfaktors, z.B. Ertragszuwachs 5, Erhöhung der Einsatzmenge des Faktors 3
Differenzenquotient $= \dfrac{\Delta x}{\Delta r} = \dfrac{5}{3} = 1{,}67$ (umgekehrt, also $\dfrac{3}{5} = 0{,}6$, läge ein abnehmender Ertragszuwachs vor).

Differenzialquotient $= \Delta r$ „geht" nun gegen 0, d.h. wird unendlich (infinitesimal) klein. Entsprechende Veränderung von Δx, also

Differenzialquotient $= \dfrac{\delta x}{\delta r}$

Durch den Bezug auf die „kleinste" Einsatzmenge r entsteht eine Kurve (siehe Band 1, Seite 72). Wenn die Kurve aufgrund der Differenzenquotienten dargestellt würde, so hätte sie eine „eckige" Form.

5. Das Gesetz wurde für die Landwirtschaft entwickelt. Der steigende Einsatz des Faktors Düngemittel (Annahme: bisher kaum eingesetzt) bewirkt zunächst einen steigenden Ertragszuwachs je Einheit Düngemittel, der jedoch ab W sinkt (Überdüngung) und sich ab S ins Negative verkehrt (Schäden an Pflanzen, Bodenstruktur verschlechtert, Umweltschäden). Immer natürlich vorausgesetzt, die anderen Faktoren bleiben konstant. Wird die Bebauungsfläche (Faktor Boden) vergrößert, beginnt „das Spiel" von neuem.

6. Es handelt sich um den Wendepunkt (W), der anzeigt, ab welcher Menge (Ertrag) r der Ertragszuwachs abnimmt (der Einsatz von Einheiten r wird immer unwirtschaftlicher).

7. Solange noch ein winziger Ertragszuwachs entsteht, ist das Ertragsminimum noch nicht erreicht (trotz „schon längst" unwirtschaftlicher Produktion).

Bei Ertragszuwachs 0 (danach negative Werte) ist das Ertragsmaximum (Gesamtgewinn) erreicht, danach (siehe Punkt S) sinkt der Gesamtertrag. Demgegenüber zeigt das Ertragsoptimum (siehe Punkt 0) den Punkt mit dem höchsten Ertragszuwachs an. An dieser Stelle ist der höchste Durchschnittsertrag und eine optimale Kombination der Produktionsfaktoren erreicht.

8. Am Ende der „Phase" II (siehe Band 1 Seite 72 f.) entspricht der Grenzertrag dem Durchschnittsertrag. Es ist derjenige Punkt, wo die zunehmenden Grenzerträge in abnehmende übergehen.

9. Siehe Lösung 8!

   Fahrstrahl vom Nullpunkt bis 0; dort ist der größte Steigungswinkel (siehe Band 1, Seite 70)

   Prämisse: Partielle Faktorvariation, d.h. jeweils *ein* Faktor wird variiert, *die anderen* werden konstant gehalten.

10. a) Bis zum Punkt S steigt der Gesamtertrag, weil noch (zuerst steigende, später fallende) Grenzerträge vorhanden sind.

    b) Der Gesamtertrag wird durch die Summe der eingesetzten Mengen (r_1, r_2, ..., r_n) des variablen Faktors hervorgerufen, also gilt die Aussage.

    c) Bei angenommenen drei Faktoren A, B, C sind aufgrund der Substituierbarkeit folgende Möglichkeiten 1. bis 3. vorhanden:

Faktoren Möglichkeiten	A	B	C
1.	variiert	konstant	konstant
2.	konstant	variiert	konstant
3.	konstant	konstant	variiert

Ergebnis:
Keine feste Relation, wenn alle drei Faktoren im Gesamten betrachtet werden.
Feste Relation, wenn nur die (beiden) konstant gehaltenen Faktoren betrachtet werden.

1.4.2.2 Von der Produktionsfunktion Typ A zur Kostenfunktion – Kritische Kostenpunkte

Kontrolle

1. a) Zugrunde liegen folgende Funktionen:

   (1) Kostenfunktion (3. Grades)
        $K = 500 + 90\,x - 3x^2 + 0{,}04x^3$

   (2) Erlösfunktion (lineare Funktion)
        $E = 50x$

   > Grenzkostenkurve (K')

   (= 1. Ableitung der Gesamtkostenfunktion K)
   $K = 500 + 90x - 3x^2 + 0{,}04x^3$
   $K' = 90 - 6x + 0{,}12x^2$

Tiefpunkt der Grenzkostenkurve (K'):

(Wirkschwelle des Ertragsgesetzes)

Ableitung von K'; diese wird 0 gesetzt

$K'' = -6 + 0{,}24x = 0$

$x = \dfrac{6}{0{,}24} = 25$

Setzt man 25 in K' ein, so erhält man den zugehörigen Wert auf der y-Achse:

$y = 90 - 6 \cdot 25 + 0{,}12 \cdot 25^2 = 15$

K' (Tiefpunkt) = Grenzkostenminimum bei (25/15)

Variable Durchschnittskostenkurve (k_v)

$$k_v = \frac{K_v}{x} = \frac{90x - 3x^2 + 0{,}04x^3}{x} = 90 - 3x + 0{,}04x^2, \ x \neq 0$$

Tiefpunkt der variablen Durchschnittskostenkurve (k_v):

K' und k_v werden gleichgesetzt (Schnittpunkt K' und k_v) : $K' = k_v$

$90 - 6x + 0{,}12x^2 = 90 - 3x + 0{,}04x^2, \ x \neq 0$

$0{,}08x^2 - 3x = 0$

$x\,(0{,}08x - 3) = 0$

Da $x \neq 0$ gibt es nur einen Wert

$x = \dfrac{3}{0{,}08} = 37{,}5$

Eingesetzt in k_v ergibt den zugehörigen y-Wert, das Minimum der variablen Stückkosten:

$k_{v\,min} = 90 - 3 \cdot 37{,}5 + 0{,}04 \cdot 37{,}5^2$

$\qquad = 90 - 112{,}5 + 56{,}25$

$\qquad = 33{,}75$

also Minimum bei (37,5/33,75)

Andere Berechnung des Tiefpunktes:

Die Ableitung von k_v wird 0 gesetzt:

$k'_v = -3 + 0{,}08x = 0$

$x = \dfrac{3}{0{,}08} = 37{,}5$

> Durchschnittskostenkurve (k)

$$k = \frac{K}{x} = \frac{500}{x} + \frac{90x}{x} - \frac{3x^2}{x} + \frac{0{,}04x^3}{x}$$

$$= \frac{500}{x} + 90 - 3x + 0{,}04x^2$$

Tiefpunkt der Durchschnittskostenkurve (k):

Ableitung von k wird 0 gesetzt:

$$K' = -\frac{500}{x^2} - 3 + 0{,}08x = 0$$

Diese Gleichung wird mit x^2 durchmultipliziert unter der Bedingung, dass $x \neq 0$ ist:

$$-500 - 3x^2 + 0{,}08x^3 = 0 \cdot x^2 = 0$$

also eine Gleichung 3. Grades

Näherungslösung durch Iteration
(Einsetzen verschiedener Werte von x,
bis obige Gleichung erfüllt ist; also: linke Seite = Null ergibt):

x = 30:	$-500 - 3 \cdot 30^2 + 0{,}08 \cdot 30^3$	=	$-1\,040$
x = 40:	$-500 - 3 \cdot 40^2 + 0{,}08 \cdot 40^3$	=	-180
x = 50:	$-500 - 3 \cdot 50^2 + 0{,}08 \cdot 50^3$	=	$+2\,000$
x = 41:	$-500 - 3 \cdot 41^2 + 0{,}08 \cdot 41^3$	=	$-29{,}32$
x = 41,185	$-500 - 3 \cdot 41{,}185^2 + 0{,}08 \cdot 41{,}185^3$	=	$0{,}041$
y = 0			

b) **Wertetabelle** (Beträge in €)

x = Ausbringung

x	E	K	e	k	k_v	K'
0	0	500	50	–	–	90
10	500	1 140	50	114	64	42
20	1 000	1 420	50	71	46	18
(25)	(1 255)	(1 500)	50	(60)	(40)	(15)
30	1 500	1 580	50	52,67	36	18
40	2 000	1 860	50	46,50	34	42
50	2 500	2 500	50	50	40	90
60	3 000	3 740	50	62,33	54	162

c) **Break-even-Point:**

E = K (1. Schnittpunkt):

$$50x = 500 + 90x + 3x^2 + 0{,}04x^3$$

$$500 + 40x + 3x^2 + 0{,}04x^3 = 0$$

Lösung durch Näherungsverfahren (Iteration):

$$3x^2 = 500 + 40x + 0{,}04^3$$

$$x = \sqrt{\dfrac{500 + 40x + 0{,}04x^3}{3}}$$

$$x_1 = 32{,}6556 \qquad y_1 = 50 \cdot 32{,}6556 = 1\,632{,}78$$

Nutzengrenze (2. Schnittpunkt E und K):

$$x_2 = 50 \qquad y_2 = 50 \cdot 50 = 2\,500$$

Die anderen kritischen Punkte können dem Diagramm entnommen werden.

d) Anlehnung an Band 1, Seite 80

2. Siehe Seite 80!

3. Siehe Band 1, Seiten 73–76!

Kurz gefasst:

Ausgangspunkt ist die „monetäre Produktionsfunktion"

$$x = f\,(\underbrace{r_1 \cdot q_1}_{\text{variabel}};\ \underbrace{r_2 \cdot q_2 \ldots r_n \cdot q_n}_{\text{konstant}})$$

Kosten (K)

also „allgemeine" Form:

$$x = f\,(K)$$

daraus Umkehrfunktion:

$$K = f\,(x)$$

$$\uparrow$$

$$K_v + K_f$$

Geometrisch dargestellt durch Spiegelung an der 45°-Achse (siehe Seite 75); es ergibt sich die Kostenfunktion Typ A.

4. Siehe Band 1, Seite 75!

Phase I: Steigender Ertrag (durch) sinkende Kosten

Phase II: Steigende Kosten – abnehmender Ertrag

Phase III: Verstärkte Situation gemäß Phase II bis hin zum Sättigungspunkt und negativen Ertrag durch weiter steigende Kosten (Nutzengrenze überschritten)

5. Siehe Lösungen zu 1 und 2; ferner Band 1, Seite 81!

Vertiefung

6. Der Wendepunkt der Gesamtkostenkurve (W) zeigt an, dass ab diesem Punkt steigende Grenzkosten (K') die Gesamtkostenkurve wieder ansteigen lassen (das Ertragsgesetz beginnt zu wirken = Wirkschwelle). Der Wendepunkt (W) findet seine Entsprechung im Tiefpunkt von K'. In der Stückkostenkurve (k) besteht folgende Beziehung: Steigende Grenzkosten („abnehmende Ertragszuwächse") bewirken eine Verringerung des Degressionseffektes der Fixkosten, was sich nach dem Wendepunkt durch das zunehmende Wirken des Ertragsgesetzes in einer Abflachung der Stückkostenkurve zeigt.

7. Am Schnittpunkt K'/k_v liegt $k_{v\,min}$ vor. Ab W (siehe Seite 80) stieg K' zwar schon, die niedrigsten k_v (Durchschnittswert) werden jedoch erst bei größerer Menge (x) erreicht.

8. Bei der Funktion K = 0,06 x^3 – 2 x^2 + 50 x + 700 handelt es sich um keine lineare, sondern um eine Funktion 3. Grades mit S-förmigem Gesamtkostenverlauf, wie er für ertragsgesetzlich bedingte Kostenverläufe typisch ist.

   Aus der Funktion wird der „Fixkostenblock" (700) erkennbar, die Funktion hat in ihrem S-förmigen Verlauf einen Wendepunkt. Charakteristisch ist das negative Vorzeichen (– 2x^2) des quadratischen Gliedes.

   Bei einer Umformung der Funktion in der üblichen Schreibweise ergibt sich deutlich die „Spaltung" in fixe und variable Kosten (K_f und K_v):

$$K = \underbrace{700}_{K_f} + \underbrace{50\,x - 2\,x^2 + 0{,}06\,x^3}_{K_v}$$

9. B_{min}: K_f bleiben ungedeckt. In diesem Punkt werden wenigstens die durch Produktion (Produktionsschwelle) entstehenden variablen Kosten gedeckt. Bei einer Produktion über das Betriebsminimum hinaus wird **bei gleichem Preis** durch den zusätzlichen Output die Deckung der fixen Kosten zunehmend verbessert.

   B_{max}: Grenze mit Signal für Produktionseinstellung. Bei höherer Ausbringung gilt wie bei B_{min} e = k_v, aber Abstand (e < k_v) wird immer größer, während bei B_{min} durch sinkende k_v und K' eine „positive" Entwicklung abzusehen ist.

   G_{max}: K' = e. Der Gewinn steigt, solange K' < e, erreicht also bei K' = e die Obergrenze (wo bei präzise K' = e natürlich keinen G-Zuwachs mehr bringt).

10. Nach dem BO sind die Grenzkosten (K') immer noch kleiner als der Stückerlös (e). Solange aber e > K', wird mit jeder weiteren Produktionseinheit noch Gewinn hinzugefügt bis K' = e (G_{max}). Siehe hierzu grafische Darstellung Band 1, Seite 80 unterer Teil (Stückdiagramm).

11. a) Richtige Aussage

    b) (1) Die Aussage ist falsch. Auf das Steigungmaß hat der verminderte Anschaffungspreis keine Auswirkungen. Es verändert sich lediglich der „Fixkostenblock" nach unten (geringere Fixkostenhöhe). Es findet eine Parallelverschiebung der Gesamtkostenkurve nach unten statt.

       (2) Diese Aussage ist richtig.

       (3) Falsch, denn die Wirkschwelle des Ertragsgesetzes ist durch das Minimum der Grenzkosten gekennzeichnet.

1.4.3 Lineare Kostenverläufe – Verbrauchsfunktionen (Produktionsfunktion Typ B)

1.4.3.1 Vom ertragsgesetzlichen zum linearen Kostenverlauf

Kontrolle

1. Gründe für Abkehr von Funktion A:
   - Beliebige Substituierbarkeit trifft nicht zu
   - Existenz von konstanten Produktionsfaktoren bestritten (allenfalls in Landwirtschaft: Düngung variiert, Boden und Arbeit bleiben)

2. **Verbrauchsfunktion:**
   Feste „limitationale" Beziehung der Produktionsfaktoren bestehen zueinander (siehe Band 1). Die Verbrauchsfunktion ist „die Beziehung zwischen dem Verbrauch an Faktoreneinsatzmengen und der technischen Leistung einer maschinellen Anlage" (siehe Band 1).

3. Die Stückkosten (k) bestehen aus k_v (konstant) und k_f ($\frac{K_f}{x}$), d.h. bei steigender Ausbringung fallend. Die „fixen" (konstanten) k_v und die fallenden k_f bewirken, dass die Kurve der k mit steigender Ausbringung den Degressionseffekt verdeutlicht. Die Kurve der k_f, für sich allein betrachtet, verdeutlicht den Degressionseffekt (noch) ausgeprägter.

4. Siehe Diagramme Band 1!
   Die fixen Kosten, als K_f und k_f, wirken sich in beiden Funktionen gleich aus.
   Der Unterschied besteht in den K_v, die im Falle A S-förmig, im Falle B linear (als k_v konstant) verlaufen.

5.
K:	$100 \cdot 30$	=	3 000,00 €
$- \ K_v$:	$100 \cdot 20$	=	2 000,00 €
K_f			1 000,00 €

   Gesamtkostenfunktion
   $K = 1\,000 + 20\,x$

6. a)
K_v	$45 \cdot 10,00$	=	450,00 €
K_f			500,00 €
K			950,00 €

   b)
K_v	$54 \cdot 6,00$ €	=	324,00 €
K_f			1 000,00 €
K			1 324,00 €

7. **Anwendung auf Handelsbetrieb:**
   Grundsätzlich auch hier gültig.

   Anstelle der Bezugsgröße „Menge x" (siehe $\frac{K_f}{x}$) muss eine andere Bezugsgröße treten, z.B. Arbeitsstunden der Angestellten, Umsatz (je höher der Umsatz, desto geringer der Anteil der fixen Kosten in 1,00 € Umsatz).

8. **Limitationale Produktionsfaktoren im Handel:**
   Gewisse Beziehungen zwischen Arbeitseinsatz der Angestellten und „Verbrauch" an Waren (Wareneinsatz), aber nicht so „fest vorgegeben" wie im Industriebetrieb.

9. Innerhalb der jeweiligen Intensitätsgrade sind die Faktoreinsatzmengen limitational. Dem steht nicht entgegen, dass in den Stufen der Intensität der Betriebsmittel die Faktoreinsatzmengen jeweils verschieden sind (siehe Band 1).

10. Minima bei

- **linearem Verlauf:**
  k: Bei voller Ausnutzung der Kapazität
  K': sie entsprechen den k_v
  k_v: Wenn keine Änderung durch Anpassungsvorgänge eintritt (siehe Abschnitt 1.4.3.4), so bleiben die k_v über die ganze Bandbreite der Ausbringung hinweg gleich groß, also $k_v = k_{v\,min}$

- **ertragsgesetzlichem Verlauf:**
  (siehe Band 1, Abschnitt 1.4.2.2).
  Auf Seite 80 sind die folgenden kritischen Kostenpunkte zu beachten:
  k: ①
  K': W
  k_v: Schnittpunkt K' mit k_v (variable Durchschnittskosten); siehe Band 1.

11. Falsch.
Hier liegt ein linearer Kostenverlauf vor: die K_f sind zu erkennen, die K_v zeigen in den Phasen I, II und III zwar Veränderungen, sind jedoch innerhalb der jeweiligen Phase konstant.

12. a) Siehe auch Band 1:
Unmittelbare Beziehung nur bei Reduktion der Betrachtung auf den „Einsatz von Produktionsfaktoren und Maschinenleistung". Sonst keine unmittelbare Beziehung erkennbar, weil „weitere Produktionsfaktoren" (zusätzlicher Input) ins Spiel kommen.

b) Siehe Band 1:
„Zusammenfassende Würdigung der Verbrauchsfunktion."

c) Siehe Band 1:
„Ertragsgesetzliche Kostenfunktionen werden jedoch in Einzelfällen weder in der Industrie noch im Handel ganz ausgeschlossen."

Siehe auch Fußnote auf Band 1!

1.4.3.2 Kritische Kostenpunkte bei linearen Kostenfunktionen

Kontrolle

1. a) I.: 72 %;   II.: 50 %;   III.: 90 %;   IV.: 60 %

b) + e) $k_v = \dfrac{(122\,000 - 92\,000)}{(225 - 150)}$ =   400,00 €

K	122 000,00 €
K_v (225 St. · 400,00 €)	90 000,00 €
K_f	32 000,00 €

$$NS = \frac{(32\,000 + 10\,000)}{(600 - 400)} \qquad\qquad = \qquad 160 \text{ Stück}$$

$$M \text{ (bei Gewinn)} \qquad = \frac{(32\,000 + 10\,000)}{200} \qquad = \qquad 210 \text{ Stück}$$

$$M \text{ (bei Verlust)} \qquad = \frac{(32\,000 - 10\,000)}{200} \qquad = \qquad 110 \text{ Stück}$$

c) Entsprechend Band 1!

d)

	I.	II.	III.	IV.
E	108 000,00 €	75 000,00 €	135 000,00 €	90 000,00 €
K	104 000,00 €	82 000,00 €	122 000,00 €	92 000,00 €
G	4 000,00 €		13 000,00 €	
V		7 000,00 €		2 000,00 €

Betriebsoptimum: $\dfrac{32\,000}{250} + 400 \qquad\qquad = \qquad 528,00 \text{ € } (k_{min})$

Gewinnmaximum: $250 \cdot 600 - (32\,000 + 250 \cdot 400) \quad = \quad 18\,000,00 \text{ € } (G_{max})$

bzw.: $250 \cdot (600 - 528) \qquad\qquad = \quad 18\,000,00 \text{ €}$

2. a) **Ertragsgesetzlicher Kostenverlauf** (siehe Band 1):

BO → Optimale Kombination der Produktionsfaktoren, höchster Ertrag je Einsatzfaktor (Durchschnittsertrag)

G_{max} → nach dem BO weiter steigender Ertrag (Gewinn), da Grenzertrag > Grenzkosten. Dies gilt bis zum Punkt der Sättigung (S), darüber E' < K'.

Linearer Kostenverlauf:

An der Kapazitätsgrenze sind die Stückkosten am niedrigsten, also der Stückgewinn am höchsten. BO also gleich G_{max}. Anders ausgedrückt: An der Kapazitätsgrenze gilt

K beziehungsweise k = Minimum

E – K beziehungsweise e – k = Maximum

b) B_{min}: Der Preis deckt noch die variablen Durchschnittskosten. Im linearen Kostenverlauf nicht auftretend, es sei denn e = k_v, weil bei den K_v nicht von einer Kostendegression ausgegangen wird. B_{min} wäre also bei linearem Verlauf nur bei entsprechender Senkung des Preises bis auf k_v denkbar. Dann aber kein Kostenpunkt!

Nutzengrenze: Die K_v verlaufen linear, also steigt bis zum Erreichen der Kapazität der Gewinn (dann wieder erneute fixe Kosten – stufenfixe – „nötig"). Nutzengrenze auch bei einem S-förmigen Verlauf (mit progressivem Teil der K_v) siehe Band 1 S. 80–88.

3. **Berechnung der K_f** (Beträge in €):

auf	300 000,00 € Mehrumsatz entfallen	180 000,00 €	K (= K_v!)
auf	1,00 € Mehrumsatz entfällt	0,60 €	
K		1 050 000,00 €	
K_v	(1 200 000,00 · 0,6)	720 000,00 €	
K_f		330 000,00 €	

oder

K		1 230 000,00 €
K_v (1 500 000,00 · 6)		900 000,00 €
K_f		330 000,00 €

Break-even-Point: $\dfrac{300\ 000,00}{(1,00 - 0,60)}$ = 825 000,00 €

U für Gewinn 200 000,00: $\dfrac{330\ 000,00 + 200\ 000,00}{(1,00 - 0,60)}$ = 1 325 000,00 €

4. a) $\dfrac{280\ 000,00}{(1,00 - 0,80)}$ = 1 400 000,00 €

   b) $\dfrac{280\ 000,00 + 100\ 000,00}{(1,00 - 0,80)}$ = 1 900 000,00 €

   c) $\dfrac{280\ 000,00 - 40\ 000,00}{(1,00 - 0,80)}$ = 1 200 000,00 €

Vertiefung

5. a) Menge und Selbstkosten müssen zueinander gehören, d.h. es kann entweder von der hergestellten Menge und den Selbstkosten der Herstellung oder von der verkauften Menge und den Selbstkosten der Verkaufserlöse ausgegangen werden. Die Bestandsveränderungen sind demnach zu beachten.

   b) Bei steigender Absatzmenge sinkt der Anteil der fixen Kosten insgesamt und je Stück, bei sinkender Absatzmenge verhält es sich umgekehrt.

   c) Die Verfahren der Ermittlung der K_f sind ungenau. Ferner sind die variablen Kosten nicht exakt proportional. Dennoch ist die Berechnung sinnvoll, weil die Nutzenschwelle einen Anhaltspunkt für die „kritische Untergrenze" bietet. Auch in der Praxis sind die Betriebe bemüht, die (ungefähre) Nutzenschwelle (Break-even-Point) zu bestimmen.

6. a) (Beträge in €)

6 400 000,00 € Mehrumsatz bewirken	2 400 000,00 €	K_v
1,00 €	0,375	k_v

   Berechnung der K_f:

K	4 800 000,00 €
K_v (2 600 000 · 0,375)	975 000,00 €
K_f	3 825 000,00 €
oder	
K	7 200 000,00 €
K_v (9 000 000 · 0,375)	3 375 000,00 €
K_f	3 825 000,00 €

   b) $\dfrac{3\ 825\ 000,00 + 800\ 000,00}{(1,00 - 0,375)}$ = 7 400 000,00

   $\dfrac{3\ 825\ 000,00 - 500\ 000,00}{(1,00 - 0,375)}$ = 5 320 000,00

L

315

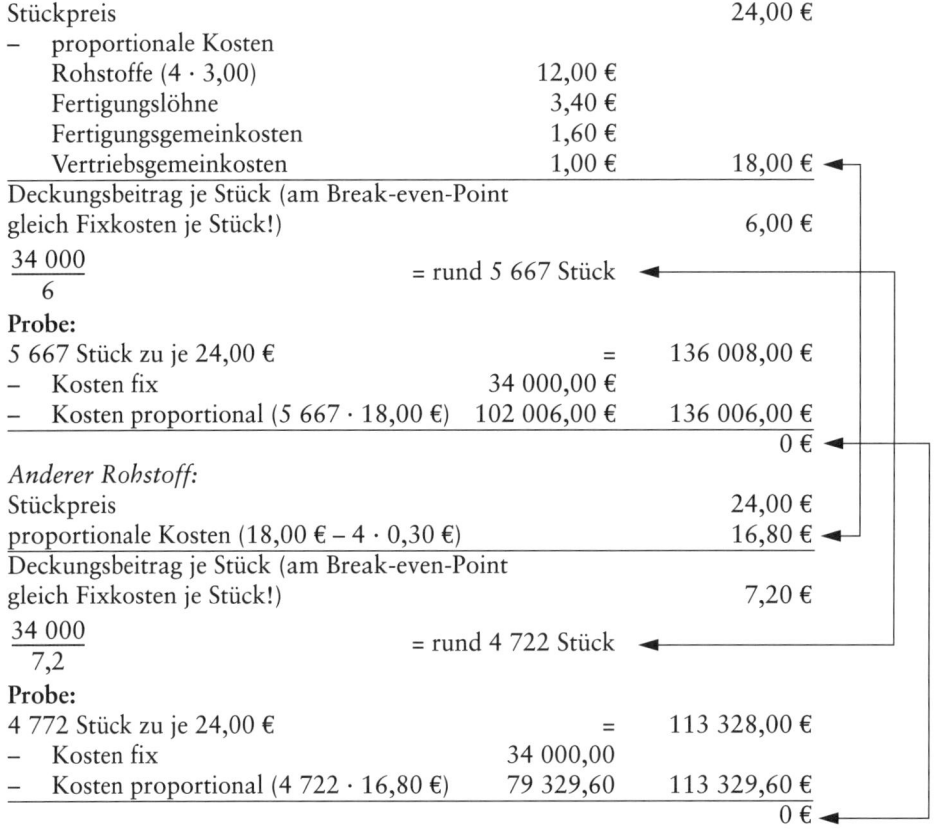

c) U   10 000 000,00 €
  – K
     K$_f$ 3 825 000,00 €
     K$_v$ (10 000 000,00 · 0,375)   3 750 000,00 €   7 575 000,00 €
  ───
     G   2 425 000,00 €

7. „Break-even-Point"
   Bisheriger Rohstoff:

   Stückpreis   24,00 €
   –   proportionale Kosten
       Rohstoffe (4 · 3,00)   12,00 €
       Fertigungslöhne   3,40 €
       Fertigungsgemeinkosten   1,60 €
       Vertriebsgemeinkosten   1,00 €   18,00 € ◄──
   ───
   Deckungsbeitrag je Stück (am Break-even-Point
   gleich Fixkosten je Stück!)   6,00 €

   $\dfrac{34\,000}{6}$ = rund 5 667 Stück ◄───

   Probe:
   5 667 Stück zu je 24,00 €   =   136 008,00 €
   –   Kosten fix   34 000,00 €
   –   Kosten proportional (5 667 · 18,00 €)   102 006,00 €   136 006,00 €
   ───
                                                                           0 € ◄──

   Anderer Rohstoff:
   Stückpreis   24,00 € ◄──
   proportionale Kosten (18,00 € – 4 · 0,30 €)   16,80 € ◄──
   ───
   Deckungsbeitrag je Stück (am Break-even-Point
   gleich Fixkosten je Stück!)   7,20 €

   $\dfrac{34\,000}{7,2}$ = rund 4 722 Stück ◄───

   Probe:
   4 772 Stück zu je 24,00 €   =   113 328,00 €
   –   Kosten fix   34 000,00
   –   Kosten proportional (4 722 · 16,80 €)   79 329,60   113 329,60 €
   ───
                                                                           0 € ◄──

Eine Senkung des Rohstoffeinsatzes um „nur" 1,20 (6 ⅔ % = ¹⁄₁₅) bewirkt, dass 16,7 % (⅙)
weniger Stück erforderlich sind, um den Break-even-Point zu erreichen!

8. K$_f$ = 400 Stück · (30,00 € – 12,00 €) = 7 200,00 €

   NS = $\dfrac{7\,200}{(20-12)}$ = 900 Stück   │   R = $\dfrac{7\,200}{400}$ + 12 = 18 + 12 = 30

   Anzahl für Stückgewinn 5,00 €:   │   e – R = 20 – 30 = –10

   X (Menge) = $\dfrac{7\,200}{(20-12-5)}$ = 2 400 Stück

Probe: oder:

E (2 400 · 20,00)   = 48 000,00 €   E = 20 · 2 400 St. = 48 000,00 €
– K, K$_f$ 7 200,00   K = 15 · 2 400 St. = 36 000,00 €
     K$_v$ (2 400 · 12) 28 800,00   36 000,00 €
G für 2 400 Stück   = 12 000,00 €   G für 2 400 St.   = 1 800,00 €
für   1 Stück   =   5,00 €   G für   1 St. =   5,00 €

9. a) Verfahren 1 ist vorzuziehen, weil je Stück 200,00 € zur Deckung der K$_f$ **und** für Gewinn verbleiben, bei Verfahren 2 nur 120,00 €. Dies dürfte den Vorteil von 1 bei den K$_f$ überkompensieren.

   b) **Verfahren 1:**

   E (1 500 · 600,00 €)   =   900 000,00 €
   – K, K$_f$ 200 000,00 €
        K$_v$ (1 500 · 400)   600 000,00 €   800 000,00 €
   G   =   100 000,00 €

   Verfahren 2:

   E (wie oben)   900 000,00 €
   – K, K$_f$ 120 000,00 €
        K$_v$ (1 500 · 480)   720 000,00 €   840 000,00 €
   G   60 000,00 €

   Anmerkung (Inhalt eines Folgekapitels): Hier nur Kosten vergleichen.

   $$\frac{(200\,000 - 120\,000)}{(480 - 400)} = 1\,000 \text{ Stück}$$

   Bei 1 000 Stück sind 1 und 2 gleich „günstig", *darüber* 1 (siehe oben); darunter jedoch 2, weil der Vorteil der K$_f$ wirksam wird. Er wäre am größten bei Menge 0 (200 000– 120 000 = 80 000).

10. **1. Jahr:** Innerhalb der Kapazität erreicht der Betrieb bei etwa 70 % der Ausnutzung, also relativ spät, die NS. G$_{max}$ an der Kapazitätsgrenze.

    2. Jahr: Der Betrieb erreicht innerhalb seiner Kapazität nicht mehr die Gewinnzone. Abhilfe: Reduktion der K$_v$ bzw. Erweiterung der Kapazität, die aber wohl mit einer Veränderung der Kostenstruktur, vor allem der K$_f$, zu erkaufen ist. Auch an eine Erlössteigerung ist zu denken, wobei aber, wie auch bei der Kapazitätsausweitung, immer an die Aufnahmefähigkeit des Marktes zu denken ist.

    3. Jahr: Die Erlöse liegen unter den Kosten, ja sogar unter den K$_v$. Es muss die Einstellung der Produktion ins Auge gefasst werden, denn auch bei Ausweitung des Absatzes werden nur steigende Verluste „produziert". Natürlich muss auch hier die Möglichkeit der Kostensenkung bzw. Erlössteigerung überprüft werden.

    Alle drei Jahre: Die sinkenden fixen Kosten bei steigenden variablen Kosten fallen auf. Hinweis auf ausgebliebene Investitionen bzw. eine stärker lohnintensive Fertigung.

11. **Berechnung der K_f** (Beträge in €):

U bei Break-even-Point (60 %)		900 000,00 €
K_v (900 000 · 75)		675 000,00 €
K_f		225 000,00 €
U bei 90 %		1 350 000,00 €
K		
K_f	225 000,00 €	
K_v (1 350 000 · 0,75)	1 012 500,00 €	1 237 500,00 €
G		112 500,00 €

1.4.3.3 Veränderungen der Kosten- und Erlösstrukturen

Kontrolle

1. a) $k_v = \dfrac{(660\,000 - 410\,000)}{(90 - 40)}$ $\qquad$ = $\qquad$ 5 000,00 €

K	660 000,00 €
K_v (90 · 5 000) $\qquad$ =	450 000,00 €
K_f	210 000,00 €

$$210\,000 + \frac{20}{100} \cdot 210\,000 + 5\,000 \cdot x + \frac{20}{100}\,(5\,000 \cdot x) = 8\,000\,x$$

$$252\,000 + 6\,000\,x = 8\,000\,x$$
$$2\,000\,x = 252\,000$$
$$x = 126$$

Probe:

E (126 · 8 000) $\qquad$ =		1 008 000,00 €
− K, K_f	210 000,00 €	
K_v	630 000,00 €	840 000,00 €
G (= 20 % von 840 000,00 €) $\qquad$ =		168 000,00 €

b) $8\,000 \cdot x - (210\,000 + 5\,000\,x)$ $\qquad = \dfrac{5}{100}\,(8\,000\,x)$

$$3\,000 \cdot x - 210\,000 = 400\,x$$
$$2\,600\,x = 210\,000$$
$$x = 80,77 \text{ Stück} \qquad \approx 81 \text{ Stück}$$

Probe:

E (81 · 8 000) $\qquad$ =		648 000,00 €
K, K_f	210 000,00 €	
K_v (81 · 5 000) $\qquad$ =	405 000,00 €	615 000,00 €
G (≈ 5 % von 648 000,00 €) $\qquad$ =		33 000,00 €

2. a) $600\,000 - \dfrac{5}{100}\,(600\,000) + 6\,500\,x - \dfrac{5}{100}\,(6\,500\,x)$ $\qquad = 9\,500\,x$

$$x = 171,428\,57..$$

Probe (genaue Rechnung, Stückzahl nicht aufgerundet):

E $(9\,500 \cdot 171{,}428\,57)$		=	$1\,628\,571{,}43$
K, K_f	$600\,000{,}00$ €		
K_v $(6\,500 \cdot 171{,}428\,57)$	$1\,114\,285{,}705$	=	$1\,714\,285{,}705$
V (= 5 % von $1\,714\,285{,}705$)		=	$85\,714{,}28$

b) $9\,500\,x - (600\,000 + 6\,500\,x) = \dfrac{2{,}5}{100}\,(9500\,x)$

$x = 217{,}194\,6$

Probe (genaue Rechnung; Stückzahl nicht aufgerundet):

E $(9\,500 \cdot 217{,}194\,6)$		=	$2\,063\,348{,}416$
K, K_f	$600\,000{,}00$ €		
K_v $(6\,500 \cdot 217{,}194\,6)$	$1\,411\,765{,}00$ €	=	$2\,011\,765{,}00$
G (= 2,5 % von $2\,063\,348{,}416$)		=	$51\,583{,}00$

3. (Beträge in €)

a) $\dfrac{390\,000{,}00}{(1{,}00 - 0{,}70)} = 1\,300\,000{,}00$

Probe:

U		$1\,300\,000{,}00$
K_f	$390\,000{,}00$	
K_v $(1\,300\,000 \cdot 0{,}7)$	$910\,000{,}00$	$1\,300\,000{,}00$
Ergebnis		$0{,}00$

b) Umsatz $1{,}00 - 10\ \% = 0{,}90$ =   100 %

    k_v $0{,}70$ =   77,78 %

$\dfrac{390\,000{,}00}{(1{,}00 - 0{,}7778)} = 1\,755\,001{,}76$

Probe:

Umsatz		$1\,755\,001{,}76$
K,		
K_f	$390\,000{,}00$	
K_v $(1\,755\,001{,}76 \cdot 0{,}7778)$	$1\,365\,040{,}00$	$1\,755\,040{,}00$
Ergebnis (gerundet)		$0{,}00$

c) Umsatz $1{,}00 + 0{,}03$ = $1{,}03$ =   100 %

    k_v $0{,}70$ =   67,96 %

$\dfrac{390\,000{,}00}{(1{,}00 - 67{,}96)} = 1\,217\,228{,}50$

Probe:

U		1 217 228,50
K,		
K_f	390 000,00	
K_v (1 217 228,50 · 0,679 6)	827 228,50	1 217 260,50
Ergebnis (gerundet)		0,00

Vertiefung

4. a) Gewinnzuschlag 30 %

$$\text{Break-even-Point} = \frac{1\ 000\ 000}{(2\ 500 - 1\ 000)} = 666,67 \text{ Stück}$$

also   66 ⅔ % = 666,67 Stück

100 % = 1 000   Stück   (= Kapazität)

$$1\ 000\ 000 + \frac{30}{100}(1\ 000\ 000) + 1\ 000\ x + \frac{30}{100}(1\ 000\ x) = 2\ 500\ x$$

$$x = 1\ 083 \text{ Stück}$$

b) Der Gewinnsatz von 30 % ist **nicht** erreichbar, weil die Kapazität auf 1 000 Stück begrenzt ist.

$$NS = \frac{1\ 000\ 000}{1\ 500} = 666,67 = 66 \tfrac{2}{3}\ \%; \text{ also}$$

100 % = 1 000 Stück

5. 4 500 · 45,00 + 4 500 · 54,00 + 54 x + 600 000 + 90 000 = 9 000 · 90 + 81 x

$$x = \text{rd. } 12\ 056 \text{ (Stück)}$$

Ergebnis:

Um einen Gewinn von 90 000,00 € zu erzielen, sind 9 000 Stück zum Preis von 90,00 € je Stück und 12 056 Stück zum Preis von 81,00 € je Stück (herzustellen) und abzusetzen; also insgesamt 21 056 Stück.

Probe (Beträge in €):

Verkaufserlöse:	9 000 · 90,00	=	810 000,00	
	12 056 · 81,00	=	976 536,00	1 786 536,00
Kosten fix			600 000,00	
Kosten proportional	4 500 · 45,00	=	202 500,00	
	16 556 · 54,00	=	894 024,00	1 696 524,00
Gewinn (rund)				90 000,00

6. (Beträge in €)

a) *Vorher:* $\dfrac{300\ 000,00}{(1,00 - 0,60)}$ = 750 000,00

nachher: $\dfrac{360\ 000,00}{(1,00 - 0,60)}$ = 900 000,00

b) *Vorher:*

U		1 000 000,00
K,		
K_f	300 000,00	
K_v	600 000,00	900 000,00
G		100 000,00

nachher:

U		1 000 000,00
K,		
K_f	360 000,00	
K_v (1 000 000,00 · 0,54)	540 000,00	900 000,00
G		100 000,00

Beurteilung:
Bei 1 000 000,00 € Umsatz bleibt der Gewinn in beiden Fällen gleich groß. Bei Umsätzen über 1 000 000,00 € zahlt sich die Kapazitätsausweitung aus (siehe c)).

c) $\dfrac{(360\ 000,00 - 300\ 000,00)}{(0,60 - 0,54)} = 1\ 000\ 000,00$ €, (Übergangsumsatz, vgl. mit b)).

7. (Beträge in €)

a) $\dfrac{(200\ 000,00 - 60\ 000,00)}{(1,00 - 0,50)} = 520\ 000,00$

$U = 0,5U - K_f = G$

$U - 0,5U = G + K_f$

$0,5U = 260\ 000$

$U = 520\ 000$

b) $0,85U - 0,5U - 200\ 000 = 60\ 000$

$0,35U = 260\ 000$

$U = 742\ 857,14$

c)
$$\overbrace{}^{\substack{1,10 \\ (1,00 + 10\ \%)}}$$

k_v	
0,50	$k_f + g$
= 45,454 5... %	54,545 4... %

$\dfrac{200\ 000,00 + 60\ 000,00}{0,545454} = 476\ 667,00$

321

1.4.3.4 Rationalisierungsinvestitionen

Kontrolle und Vertiefung

1. a) La 100 (in €)

K_f	1 600 000,00
K_v (30 000 · 120,00)	3 600 000,00
	5 200 000,00

La 101 (in €)

K_f	2 400 000,00
K_v (30 000,00 · 70,00)	2 100 000,00
	4 500 000,00

b) $x = \dfrac{(2\,400\,000 - 1\,600\,000)}{(120 - 70)} = \dfrac{800\,000}{50} = 16\,000$

c)

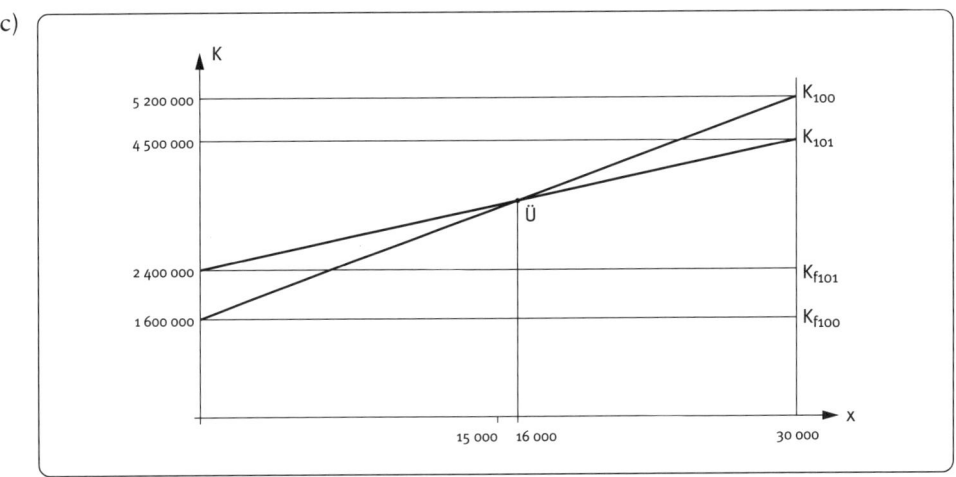

2. a) Kosten

K_f	900 000,00 €
K_v (1 500 · 800)	1 200 000,00 €
	2 100 000,00 €
Gewinn/Überschuss	80 000,00 €
Umsatz (intern)	2 180 000,00 €
Verrechnungspreis für 1 Stück	3 270,00 €

b) Kosten (€)

K_f	1 300 000,00
K_v (1 500 · 500)	750 000,00
	2 050 000,00
Überschuss	130 000,00
Umsatz (intern)	2 180 000,00

Ergebnis:

Knappe Verbesserung, aber bei Absatzschwankungen Einsatz der moderneren Maschine mit Risiken verbunden. Ferner: Problem der Finanzierung der neuen Maschine, Kostenremanenz der alten Maschine. Frage: Kann die alte Maschine veräußert werden?

3. a) ① $1\,500\,000 + 210\,x + 100\,000 = 610\,x$

$$x = 4\,000$$

② $1\,100\,000 + 250\,x + 100\,000 = 610\,x$

$$x = 3\,333{,}33$$

rund $3\,334$

b) ① $1\,500\,000 + 210\,x + 100\,000 = 488\,x$

$$x = 5\,755$$

② $1\,100\,000 + 250\,x + 100\,000 = 488\,x$

$$x = 5\,042$$

4. a)
$$x = \frac{\overset{K_f\,II}{2\,000\,000} - \overset{K_f\,I}{1\,000\,000}}{\underset{k_v\,I}{1\,250^{*)}} - \underset{k_v\,II}{450^{**)}} = 1\,250$$

$3{,}5$ Mio. $-\ 1$ Mio.

$= 2{,}5$ Mio. $:\ 2\,000$ St.

$= 1\,250\ (k_v I)$

$$\frac{900\,000\ K_v}{2\,000} = 450\ (K_v\ II)$$

b) I: $x = \dfrac{1\,000\,000}{1\,500 - 1\,250} = 4\,000$

II: $x = \dfrac{2\,000\,000}{1\,500 - 450} = 1\,904{,}75$

rd. $1\,905$

Erkenntnis:

Die Entscheidung muss gegen I fallen. Der K_f-Vorteil wird durch „unerträglich" hohe k_v überkompensiert.

Kontrolle

1. a) $X = \dfrac{(150\,000 - 78\,000)}{(420 - 240)} = 400$ Stück (Übergangsmenge)

b)

	bei 300 Stück (€)	bei 600 Stück (€)
k* Maschinengruppe	680,00	550,00
k* Roboter	740,00	490,00

c) Unterhalb der Übergangsmenge (400 Stück) wirkt sich die Fixkostenbelastung bei Robotereinsatz stärker aus als die Entlastung bei den k_v; es sind also eher Maschinengruppen einzusetzen. Oberhalb der Übergangsmenge umgekehrte Situation.

2. a) Lösung zu Aufgabe 1 zeigt, dass bei schwankendem Beschäftigungsgrad (oft unter Übergangsmenge) die weniger moderne Anlage flexibler ist. Umstellung erst bei erwarteter Dauerbeschäftigung auf hohem Niveau.

   b) Die K_f der alten Anlage bestehen weiter, mindestens zum Teil (Remanenz). Abhilfe durch Verkauf, Verschrottung bzw. Einsatzmöglichkeit in anderen Bereichen der Fertigung (wenn Mehrzweckmaschine). Oft als Reserveanlage beibehalten.

   c) Bei Vollauslastung: Marktchancen können nicht voll wahrgenommen werden. Bei verbesserten Anlagen müssen die gestiegenen K_f beachtet werden; d.h. (nur) kleine Absatzsteigerungen können höhere Stückkosten als bisher bedeuten.

3. a) $\dfrac{(500-250)}{0,08} = 3\,125$ Stück

   b) Alte Maschine: $\dfrac{250}{(0,50-0,37)} = 1\,923$ Stück $(0,29 + 0,08 = 0,37)$

   Neue Maschine: $\dfrac{500}{(0,50-0,29)} = 2\,381$ Stück

   c)

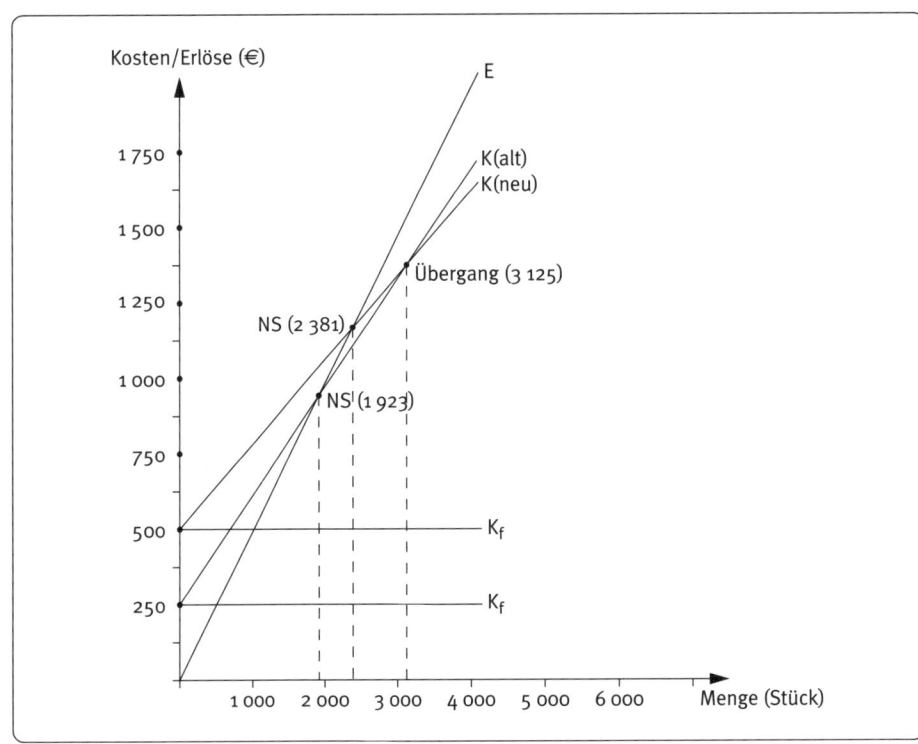

	Alte Maschine	Neue Maschine
Verkaufserlöse (8 000 · 0,5)	4 000,00	4 000,00
– proportionale Kosten	2 960,00 (8 000 · 0,37)	2 320,00 (8 000 · 0,29)
– fixe Kosten	450,00 (250 + 200)	700,00 (500 + 200)
Anteil am Betriebsergebnis	590,00	980,00

4. a) Handarbeit nur proportional (stark vereinfachte Betrachtung), daher immer 0,45

	100 000 Stück	200 000 Stück	300 000 Stück	400 000 Stück
Maschine	0,56	0,38	0,32	0,29
Automat	0,67	0,40	0,31	0,265

b) **Handarbeit   ⟶   Maschine:**

$$\frac{36\ 000}{(0,45 - 0,20)} = 144\ 004 \text{ Stück}$$

Probe:

Handarbeit:	144 000 · 0,45	=		64 800,00
Automat:	fix	=	36 000,00	
Automat:	proportional (144 000 · 0,2)	=	28 800,00	64 800,00
				0

Handarbeit   ⟶   Automat:

$$\frac{54\ 000}{(0,45 - 0,13)} = 168\ 750 \text{ Stück}$$

Probe:

Handarbeit:	168 750 · 0,45	=		75 937,50
Maschine:	fix	=	54 040,00	
Maschine:	proportional (168 750 · 0,13)	=	21 937,50	75 937,50
				0

Maschine   ⟶   Automat:

$$\frac{(54\ 000 - 36\ 000)}{(0,20 - 0,13)} = \text{rd. } 257\ 143 \text{ Stück}$$

Probe:

Maschine:	fix	=	36 000,00	
Maschine:	proportional (257 143 · 0,13)	=	51 828,60	87 428,60
Automat:	fix	=	54 000,00	
Automat:	proportional (257 143 · 0,13)	=	33 428,60	87 428,60
				0

5. *Erfolgsziele, Beschaffungs- und Investitionsentscheidungen im Profitcenter*

    5.2.2.1
$$600\ x - (105\ 000,00 + 250\ x) = (600\ x)$$
$$350\ x - 105\ 000,00 = 30\ x$$
$$320\ x = 105\ 000,00$$
$$x \approx 328 \text{ St } (328{,}125)$$

L

Umsatz also: $328 \cdot 600 = 196\,800{,}00$
Probe:

Umsatz		196 800,00
– Kosten		
K_f	105 000,00	
K_v (328 · 250)	82 000,00	187 000,00
G		9 800,00
= rund 5 % von		196 800,00

5.2.2.2 $105\,000 + \cdot\, 105\,000 + 250\,x + (250\,x) = 600\,x$

$$105\,000{,}00 + 10\,500{,}00 + 250\,x + 25\,x = 600\,x$$
$$115\,500{,}00 + 275\,x = 600\,x$$
$$325\,x = 115\,500{,}00$$
$$x \approx 355 \; (355{,}384\,600)$$

Umsatz also: $355 \cdot 600 = 213\,000{,}00$
Probe:

Umsatz		213 000,00
– Kosten		
K_f	105 000,00	
K_v (355 · 250)	88 750,00	193 750,00
G		19 250,00
= rund 10 % von		193 750,00

5.3. $105\,000 - \dfrac{15}{100} \cdot 105\,000 + 250\,x - \dfrac{15}{100}\,(250\,x) = 600\,x$

$$105\,000 - 15\,750 + 250\,x - 37{,}5\,x = 600\,x$$
$$89\,250 + 212{,}5\,x = 600\,x$$
$$387{,}5\,x = 89\,250{,}00$$
$$x \approx 230 \text{ St.}$$

Umsatz also: $230 \cdot 600 = 138\,000{,}00$

Probe:		138 000,00
Umsatz		138 000,00
– Kosten	105 000,00	
K_f		
K_v (230 · 250)	57 500,00	162 500,00
V (rund 15 % von 162 500,00)		24 500,00

5.4.		
k_v bisher		250,00
Senkung		20,00
(40 % von 250 = 100,00		
davon 20 % = 20,00)		
k_v nach Preisreduktion		230,00
+ Steigerung der k_v		100,00
k_v jetzt		330,00

Beurteilung durch Break-even-Point-Vergleich:

bisher

$$\frac{105\,000}{(600-250)} = 300$$

jetzt

$$\frac{65\,000}{(600-330)} = 241$$

Das Profitcenter gerät früher in die Gewinnzone, erzielt bei steigendem Absatz höhere Gewinne und kann die Vorgaben (siehe 2) leichter erfüllen.

Allerdings: Qualität und Liefertermine müssen „stimmen" und der Abbau von K_f bzw. ihr anderweitiger Einsatz im Betrieb müssen mindestens längerfristig möglich sein (Problem der Kostenremanenz).

5.5. Bildung eigenverantwortlicher Arbeitsgruppen, Optimierung der Arbeitsvorgänge, Vergabe von Vertrieb an Handelsvertreter, der Kundendienste, Montagen, Nachbesserungen an Selbstständige, Spitzenbedarf durch Überstunden (also nicht durch Neueinstellungen) abdecken (evtl. auch Vergabe nach außen, also Lohnaufträge), u.a. sinnvolle Vorschläge. Verbesserung der Produktivität um 10 % Senkung der Stückkosten um 10 %.

5.6. K_f jetzt: 65 000 + 30 000 =   95 000

k_v jetzt: 330 – 50 =   280

p jetzt: 600 – 60 =   540

Absatz bei 3.   230 Stück

Absatzsteigerung 20 %   46 Stück

zusammen   276 Stück

Ergebnisauswirkung:

Erlös: 276 · 540,00   149 040,00 €

K

Kv 276 · 250,00 =   69 000,00

Kf (siehe 3.)   105 000,00   174 000,00 €

Verlust   24 900,00 €

Der Vorschlag des Controllers ist abzulehnen, weil trotz Preissenkung (10 %) das Ergebnis unter 3. nicht erreicht wird, d.h. der Verlust vergrößert sich um 400,00 € (24 900 – 24 500).

5.7. Investitionsentscheidung

5.7.1 *Kritische Menge (Ü)*

$$\frac{800\,000 - 400\,000}{1\,460 - 960} = \frac{400\,000}{500} = 800$$

Probe:

A:

K_v	$800 \cdot 1\,460 =$	1 168 000,00 €
K_f		400 000,00 €
K		1 568 000,00 €
B:		
K	$800 \cdot 960 =$	768 000,00 €
K_f		800 000,00 €
K		1 568 000,00 €

5.7.2 Nutzenschwelle

A:

$$\frac{400\,000}{2\,600 - 1\,460} = 350{,}88, \text{ rund 351 Stück}$$

B:

$$\frac{800\,000}{2\,900 - 960} = 412{,}37, \text{ rund 413 Stück}$$

5.7.3 *Ergebnisgleichheit*

$$x \cdot 2\,600 - x \cdot 1\,460 - 400\,000 = x \cdot 2\,900 - x \cdot 960 - 800\,000$$
$$1\,140\,x - 400\,000 = 1\,940\,x - 800\,000$$
$$800\,x = 400\,000$$
$$x = 500 \text{ (Stück)}$$

Probe:

A:

E 500 · 2 600		$=$	1 300 000,00 €
K, K_f	400 000		
K_v (500 · 1 460)	730 000		1 130 000,00 €
G			170 000,00 €
B:			
E 500 · 2 900		$=$	1 450 000,00 €
K, K_f	800 000		
K_v(500 · 960)	480 000		1 280 000,00 €
G			170 000,00 €

5.7.4 *Diagramm siehe nächste Seite*

5.7.5 *Kommentierung der „weiteren Informationen" im Hinblick auf die Entscheidungsfindung*

- „**verschieden hohe Stückzahlen**": Risikoabwägung, Entscheidung, ob (vordergründig) kostengünstigere A um den Preis der Ablehnung von Aufträgen gewählt wird, oder ob die Versorgung der Abnehmer Vorrang haben soll. „Preis" dafür: Phasen mit ungünstiger (aber auch wieder mit sehr günstiger!) Kostensituation sind zu erwarten. Letztlich, eine Frage des „Temperaments" der Entscheidungsträger, auch ihrer positiven/negativen Gesamteinstellung.

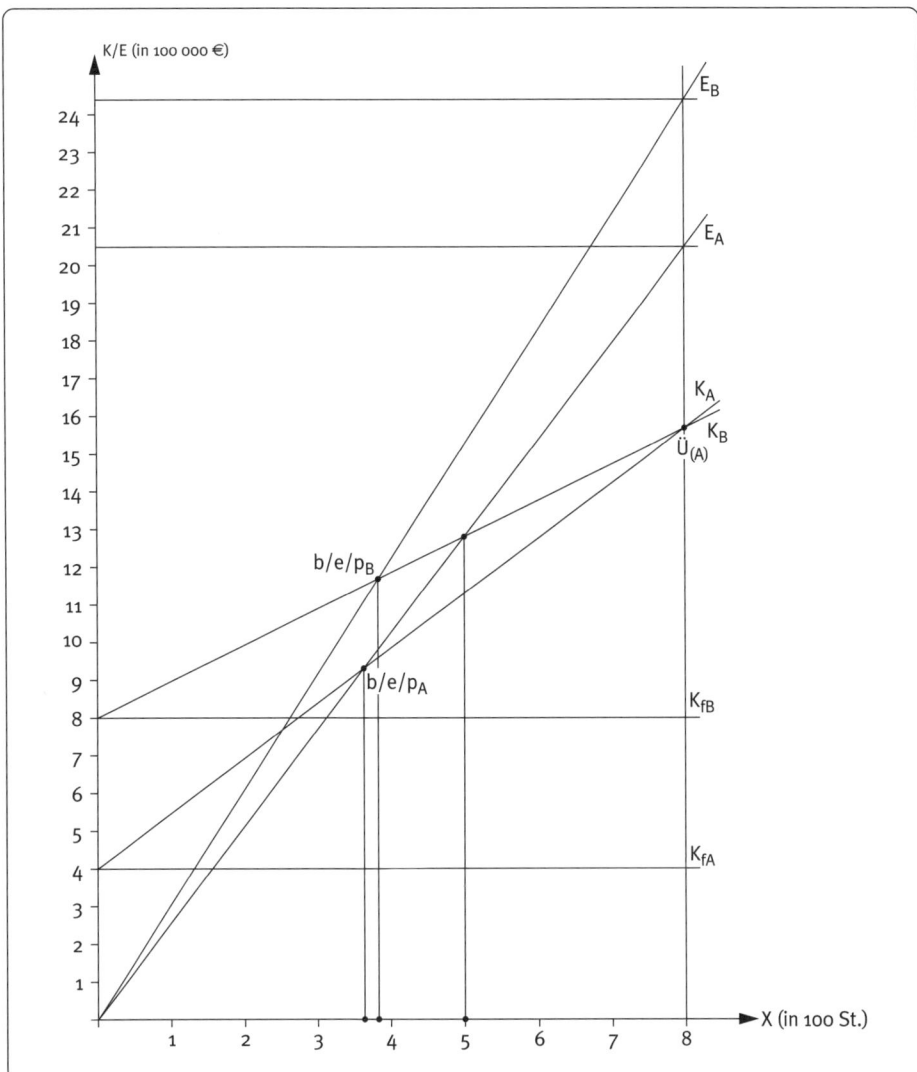

- **mittelfristig steigende Stückzahlen:**
  „Vorwärtsstrategie", unbedingt Einsatz von B.

- **Freisetzung von 8 Fachkräften:**
  Bei Knappheit von Fachkräften könnte die Entscheidung für A fallen, denn diese
  Kräfte werden evtl. wieder bzw. „woanders" benötigt, sind aber dann in anderen
  Betrieben untergekommen.

- **Drohende Kurzarbeit:** Durch Entscheidung für A wird Unruhe im Betrieb vermieden (siehe Betriebsrat, Mitwirkung); jederzeit wieder Einsatz bei A.
  Entscheidung für B:

Rationalisierung mit entsprechenden Zukunftsaussichten steht im Vordergrund (Auffassung: „Kurzarbeit nur vorübergehend"), Vorruhestand „versüßt" die (bitteren) Entlassungen zum Teil.

Ausfall und Kosten der Umschulung werden akzeptiert, denn eine kostengünstigere Entwicklung ist auf mittlere/längere Sicht zu erwarten.

- **Oberflächenveredlung:** Man sollte sich (wohl noch ohne äußeren Druck) für diese Investition entschließen. Sonderabschreibungen (siehe EStG) erleichtern die Entscheidung! Der Einsatz in anderen Bereichen drängt dazu, die höher dimensionierte Reinigungsanlage zu beschaffen (Vorausrechnung: In drei Jahren 70 % = 350 000,00 € abschreibbar. Bei Steuersatz von nur 40 % zahlt die Finanzverwaltung, praktisch bei Beginn der Nutzung, 140 000,00 € an der Investition).

- **Kreditaufnahme:**
  Die Senkung des Eigenkapitalanteils sollte keine Sorgen bereiten: Mit 28 % für deutsche Verhältnisse immer noch recht akzeptable Kennzahl. Anders die Zinsen, z.B. 8 % von 400 000,00 € = 32 000 00 € p. a. Frage hierbei: Sind die 32 000,00 € schon in den 800 000,00 € K_f enthalten?
  Selbst „wenn nicht": Die „Finanzabteilung" glaubt, die Liquiditätseinbuße verschmerzen zu können, d.h. es liegen offenbar geeignete Vorschaurechnungen vor.

Entscheidungsbewertungstabelle (Beispiel, andere Gewichtungen möglich)

Kriterien	Gewichtung %	Maschinengruppe A		Maschinengruppe B	
		Punkte	Gewichtete Bewertung (Prozentpunkte)	Punkte	Gewichtete Bewertung (Prozentpunkte)
Kostenvergleich	20	3	60	4	80
Ergebnisvergleich	25	2	50	4	100
Sozialer Bereich	15	4	60	2	30
Qualität	10	3	30	5	50
Finanzierung	10	4	40	3	30
Umweltfragen	10	2	20	4	40
Flexibilität am Markt	10	3	30	5	50
	100		290		380

Differenz 90 Punkte

5.7.6 *Bericht*:

Der Kosten- und Ergebnisvergleich wurde im vorliegenden Falle hoch „gewichtet", da längerfristig der Unternehmensbestand von der Kosten- und Ertragssituation entscheidend abhängt. Die „Sozialverträglichkeit" erhält danach den höchsten Stellenwert, weil bei der Entscheidung für die Alternative B gegebenenfalls Mitarbeiter „freigesetzt" werden (8 Mitarbeiter, davon 3 mit Vorruhestandsregelung). Qualität, Umweltfragen, Finanzierung und Flexibilität am Markt sind ebenfalls entscheidungsbedeutsame Kriterien, die „gleichgewichtig" eingeschätzt wurden.

Der gesamte Punktwert (Nutzwert) spricht für die Maschinengruppe B:

Geht man von einer zukünftig zu erwartenden Steigerung der Absatzzahlen aus, so sollte aus kostenrechnerischer und ergebnisorientierter Sicht die Entscheidung für B fallen. (Beide Anlagen liegen beim Break-even-Point praktisch gleichauf, schon bei 500 Stück liegt „Ergebnisgleichheit" vor, siehe 2.2 und 2.3).

Im sozialen Bereich ist die Entscheidung für B von Nachteil. Vielleicht ist es möglich, die 5 Mitarbeiter, für die eine Vorruhestandsregelung ausscheidet, vorübergehend in einem anderen Bereich des Unternehmens zu beschäftigen, da ein Anziehen des Absatzes später zu erwarten ist. Vielleicht sind die Mitarbeiter auch – wenigstens zum Teil – bereit, beim Abnehmer in der Direktmontage die angebotenen Stellen anzunehmen.

Qualitativ ist ebenfalls die Maschinengruppe B zu bevorzugen, da die Oberflächenveredelung die Qualität durch längere Lebensdauer verbessern („ressourcenschonend").

Aus umweltpolitischer Sicht ist B zu wählen, da die Errichtung einer „umweltschonenden" Anlage zunehmend auch in anderen Fertigungsbereichen verwendet werden kann und insofern eine „Zukunftsinvestition" darstellt.

Auch das Ziel, flexibel am Markt zu reagieren, z.B. bei steigendem Absatz lieferfähig zu sein, spricht für die Maschinengruppe B.

Die Finanzierung bleibt bei der Entscheidung für B lt. der „Finanzabteilung" gesichert; unberücksichtigt blieb dabei allerdings die Finanzierung der Reinigungsanlage. Inwieweit hier Steuervergünstigungen bzw. Leasing eine „Finanzentlastung" bringen kann, sollte ermittelt werden.

Insgesamt sollte, bei allen Vorbehalten im sozialen Bereich, auf eine „Vorwärtsstrategie" gesetzt werden und die Entscheidung für B fallen, denn

- „Rußfilter haben Zukunft", d.h. die gesetzlichen Auflagen werden sicher verschärft.
- Das Gleiche gilt für Anlagen, die dem Umweltschutz dienen.

1.4.3.5 Betriebliche Anpassungsprozesse

Kontrolle

1. $J = \dfrac{x}{T \cdot h} = \dfrac{3\,750}{150 \cdot 1}$ 25 (3 750 Stück) usw.

    a)

X Stück	K_f €	K_v €	K €	k_v €	k €	T (Std.)	J Stück/h
3 750	60 000,00	45 000,00	105 000,00	12,00	28,00	150	25
9 000	60 000,00	72 000,00	132 000,00	8,00	14,67	150	60
12 000	60 000,00	168 000,00	228 000,00	14,00	19,00	150	80

b) Vgl. Band 1

2. $T = \dfrac{x}{J \cdot n} = \dfrac{250}{50 \cdot 1} = 5$ h usw.

X Stück	K_f €	K_v €	K €	k_v €	k €	T	J
250	40 000,00	15 000,00	55 000,00	60,00	220,00	5	50
400	40 000,00	24 000,00	64 000,00	60,00	160,00	8	50
700	40 000,00	42 000,00	82 000,00	60,00	117,14	14	50
700	40 000,00	54 000,00	94 000,00	100,00	157,14	14	50

3. a)

X Stück	K_f €	K_v €	K €	k_v €	k €	T	J	n
560	8 000,00	16 800,00	24 800,00	30,00	49,60	7	4	20
840	14 000,00	25 200,00	39 200,00	30,00	46,67	7	4	30

b) Vgl. Bd.1

Vertiefung

4. ■ Intensitätsmäßige und/oder zeitliche Anpassung kommen in Frage.
   Präferenz für Intensität: Bei bisheriger geringer Intensität, denn zeitliche Anpassung setzt geeignete, auch arbeitswillige Kräfte voraus bzw. führt zu Kostendruck bei Überstunden.
   Umgekehrt ist bei erreichtem Maximum der Intensität die zeitliche Anpassung der einzige Ausweg.
   ■ Anhaltende Expansion lässt eine quantitative Anpassung vorteilhaft erscheinen.
   ■ Kombination der Anpassungsformen.

5. Steigerung der K_v bei 700 Stück (Kostenknick), möglich durch zeitliche bzw. intensitätsmäßige Anpassung mit Erhöhung der k_v.

   Bei gleich bleibendem Erlös/Stück erreicht der Betrieb bei etwa 900 Stück die Nutzengrenze. Die Kapazität liegt bei 1 250 Stück (ab 900 Stück steigt der Verlust). Wenn die variablen Kosten je Stück gleich geblieben wären (siehe K 1), so wäre bei Erreichen der Kapazität das Gewinnmaximum erreicht worden.

6. Durch den Kostensprung (stufenfixe Kosten) verschiebt sie die NS von NS 1 zu NS 2. Unmittelbar nach Ka 1 ist eine Art von Nutzengrenze.

   Erst bei deutlich gestiegener Menge entsteht ein Gewinn, der aber kaum höher als der Gewinn vor den Neuinvestitionen ist.

   Die Gefahr der Kostenremanenz wird durch die mit zwei Pfeilen gekennzeichneten gestrichelten Linien gezeigt.

   In diesem Fall werden die gestiegenen Risiken bei Beschäftigungsrückgang nicht durch die Chance eines höheren Gewinns im Bereich von Ka 2 ausgeglichen.

7.

Abrechnungszeitraum	X Stück	K_f €	K_v €	K €	k_v €	k €	h	J
1.	1 000	120 000,00	150 000,00	270 000,00	150,00	270,00	8	20
2.	1 200	120 000,00	180 000,00	300 000,00	150,00	250,00	8	24
3.	1 800	120 000,00	180 000,00 + 117 000,00	417 000,00	150,00 / 195,00	231,67	12	24
4.	3 600	240 000,00	648 000,00	888 000,00	180,00	246,67	8	24

8. a) Die Aussage ist weitgehend richtig, d. h. das Wort „stets" müsste entfallen. Wenn z. B. bisherige Überstunden mit entsprechender Bezahlung durch eine „Hausfrauenschicht" ersetzt werden, bzw. wenn eine zeitliche Anpassung „nach unten" erfolgt, dann tritt neben der möglichen linearen Reduzierung der variablen Kosten sogar eine Kostendegression ein.

   b) Ja, es darf die maximale Intensität noch nicht erreicht sein, bzw. es muss Vorsorge für mögliche Reparaturen getroffen werden, die möglichst zeitsparend ausgeführt werden müssen.

   c) Nein, die optimale Intensität ist dort erreicht, wo die Betriebsmittel mit den geringst möglichen Kosten, bezogen auf die gewünschte Ausbringung, eingesetzt werden.

   d) Richtig, die Nachfrage muss anhalten/nachhaltig steigen, und zwar nicht nur unwesentlich über die bisherige Kapazität hinaus. Informativ ist die Berechnung der NS vor bzw. nach der quantitativen Anpassung.

   e) Ja, eine Anpassung „nach unten", wobei allerdings die Kostenremanenz zu beachten ist. Also nicht nur Stilllegung, sondern größtmöglicher Abbau der K_f (Verkauf, anderweitiger Einsatz).

9. a) Die Reederei hat sich zu einer quantitativen Anpassung entschlossen.

   b) Eine zeitliche Anpassung kommt nicht in Frage; auch die intensitätsmäßige Anpassung scheidet aus (nur **eine** Fahrt täglich möglich). Ggf. hätte ein weiteres Boot gekauft werden können (kapazitätsmäßige Anpassung).

10. a) **Ausgangslage:**

   Für die Ausbringung von 8 000 Stück und für die Ermittlung der jeweiligen Anpassung gilt die folgende Ausgleichsgleichung: $x = T \cdot J \cdot n$.

x	=	Ausbringung
T	=	Arbeitszeit
J	=	Intensität (Leistungsvermögen in der Zeiteinheit)
n	=	Anzahl der Maschinen

   Für J gilt bei der Produktion von 8 000 Stück

   $$J = \frac{x}{T \cdot n} = \frac{8\,000}{160 \cdot 5} \qquad = 10 \text{ Stück/h}$$

   $$x = 160 \cdot 10 \cdot 5 \qquad = 8\,000 \text{ Stück}$$

   Stückkosten (k):

   Variable Stückkosten:

Materialeinzelkosten	0,40 €
Akkordlohn je Stück	0,60 €
Übrige variable Kosten (k_v bei Optimalintensität)	0,80 €
k_v insgesamt	1,80 €

   Gesamtkostenfunktion:

   $K = 15\,000 + 8\,000 \cdot 1,8$

   $$k = \frac{15\,000}{8\,000} + 1,80 = 1,88 + 1,80 = \underline{3,68\;€} \text{ bzw. } \frac{29\,400}{8\,000} = \underline{3,68\;€}$$

L

b) ■ **Intensitätsmäßige Anpassung**

Voraussetzung: Die Betriebsmittel sind in ihrer Leistungsabgabe variierbar. Unverändert bleibt die Arbeitszeit (T) und die Kapazität (n). Für die geplante Erhöhung der Produktion auf 9 600 gilt:

$$9\,600 = 160 \cdot 5 \cdot J$$

$$J = \frac{9\,600}{160 \cdot 5} = 12 \text{ Stück/h}$$

Diese Intensitätserhöhung ist laut Tabelle möglich, wird aber mit einer Erhöhung der variablen Stückkosten „erkauft".

Materialeinzelkosten	0,40 €
Akkordlohn je Stück	0,60 €
Übrige variable Kosten	1,05 €
k_v	2,05 €

Gesamtkostenfunktion:

$$K = 15\,000 + 2,05 \cdot 9\,600$$

$$k = \frac{15\,000}{9\,600} + 2,05 = 1,56 + 2,05 = 3,61 \text{ €}$$

■ **Zeitliche Anpassung**

In diesem Fall wird die Optimalintensität (J) eingehalten, ebenso die Kapazität (n). Voraussetzung für die Anpassung ist es, dass der Betriebsrat bzw. die Mitarbeiter bereit sind, die Mehrarbeit im erforderlichen Umfange zu leisten. Es gilt:

$$9\,600 = 10 \cdot 5 \cdot T$$

$$T = \frac{9\,600}{10 \cdot 5} = 192 \text{ h}$$

Ermittlung der variablen Stückkosten (k_v):

Materialeinzelkosten	0,40 €
Akkordlohn je Stück	0,60 €
Übrige variable Kosten	0,80 €
k_v (ohne Berücksichtigung von Überstunden)	1,80 €

Für 1 600 Stück (9 600 – 8 000) fallen beim Akkordlohn 25 % von 0,60 € = 0,15 € Akkordzuschlag an.

$$K = 15\,000 + 1,8 \cdot 9\,600 + 0,15 \cdot 1\,600 = 32\,520,00 \text{ €}$$

$$k = \frac{32\,520}{9\,600} = \underline{3,39 \text{ €}}$$

■ **Quantitative Anpassung**

Bei der quantitativen Anpassung wird – ohne Erhöhung der Arbeitszeit (T) und unter Einhaltung der Optimalintensität (J) – die Kapazität (n) erweitert. Die notwendige Zahl der Maschinen (n) lässt sich aus der folgenden Gleichung ermitteln:

$$9\,600 = 160 \cdot 10 \cdot n$$

$$n = \frac{9\,600}{160 \cdot 10} = 6 \text{ Maschinen}$$

Die **Gesamtkostenfunktion** heißt

$$K = 15\,000 + 3\,000 + 9\,600 \cdot 1,80$$

$$k = \frac{18\,000}{9\,600} + 1,80 = 1,88 + 1,80 = \underline{\underline{3,68\,€}}$$

c) **Alternative Entscheidungen**

Entscheidung unter kurzfristigen Aspekten:

Der zeitlichen Anpassung ist der Vorzug zu geben, falls Betriebsrat bzw. Mitarbeiter der Leistung von Überstunden zustimmen ($k = 3,39\,€$). Sind die Bedingungen für „Mehrarbeit" nicht gegeben, so kann eine intensitätsmäßige Anpassung erfolgen. Können Überstunden nur in einem etwas geringerem Umfang angesetzt werden, so kann eine Kombination der zeitlichen Anpassung (in reduziertem Umfang) mit intensitätsmäßiger Anpassung vorgenommen werden.

Eine quantitative Anpassung kommt nur in Frage, wenn die Nachfragesteigerung nachhaltig ist. Andernfalls kommt es zu der Erscheinung der Kostenremanenz. Diese bewirkt bei Absinken der Beschäftigung nur eine verzögerte Anpassung der nicht sofort abbaubaren Kosten, sodass es zum Anstieg der Fixkosten je Einheit kommt. Im vorliegenden Fall würden die fixen Kosten je Stück (k) auf 2,25 €, $\left(\dfrac{18\,000}{8\,000,00}\right)$, (bisher 1,88 €), ansteigen, wenn unterstellt wird, dass die Beschäftigung wieder auf 8 000 Stück absinkt. Die gesamten Stückkosten würden für diesen Fall dann auf 4,05 € ansteigen (2,25 + 1,80).

11. 1. **Zeitliche Anpassung** (Beträge von K_f bis k in €)

X	K_f	K_v	K	k_v	k	T	J
32 000	80 000	192 000	272 000	6	8,50	160	40
38 400	80 000	238 080 [1]	318 080	6/7,20 [1]	8,31	192	40

[1] 192 000 für 32 000 Stück (wie bisher)

$\dfrac{46\,080}{238\,080}$ für 6 400 Stück (6 400 · 7,20)

2. **Intensitätsmäßige Anpassung** (Beträge von K_f bis k in €)

X	K_f	K_v	K	k_v	k	T	J
38 400	80 000	268 800	348 800	7,00	9,08	160	50

3. **Quantitative Anpassung** (Beträge von K_f bis k in €)

X	K_f	K_v	K	k_v	k	T	J	N
32 000	80 000	192 000	272 000	6	8,50	160	40	5
38 400	95 000 [1]	230 400	325 400	6	8,47	160	40	7

[1] 80 000 + 15 000 = 95 000

4. Das „Zugeständnis" des Betriebsrates ist unbefriedigend (Unsicherheit). Die Steigerung der Intensität verursacht hohe Kosten. Dabei muss auch an mögliche Reparaturen gedacht werden.

Günstig erscheint die quantitative Anpassung: 20 % Mehrabsatz können mit einer zusätzlichen Maschine erreicht werden, die Kosten bewegen sich auf einem niedrigen Niveau. Die Risiken „Pünktlichkeit/Qualität" sind zu akzeptieren.

1.5 Vollkostenrechnung

1.5.1 Kostenartenrechnung

1.5.1.1 Kostenartenrechnung – Teilbereich der Kostenrechnung

1.5.1.2 Gliederung der Kosten

Kontrolle

1. a) Aus dem Betriebsergebnis der Kosten- und Leistungsrechnung

   b) Bei der Vollkostenrechnung werden alle Kosten den Kostenträgern zugerechnet; bei der Teilkostenrechnung wird nur ein Teil der Kosten – die variablen Kosten – den Kostenträgern zugerechnet.

   c) Teilbereiche: Kostenarten-, Kostenstellen-, Kostenträgerrechnung

   In der Kostenartenrechnung werden alle Kosten erfasst und gegliedert; sie sind somit die Basis für die anderen Teilbereiche der Kostenrechnung.

   d) Einzelkosten können dem einzelnen Kostenträger direkt zugerechnet werden (= stückbezogene Kosten), Gemeinkosten können als zeitraumbezogene Kosten nur mittelbar zugerechnet werden, da sie für alle Kostenträger gemeinsam anfallen.

   e) Siehe Band 1.

   Im Handel treten an die Stelle der Werkstoffkosten die Warenkosten. Außerdem besteht im Handelsbetrieb eine andere Kostengewichtung. Neben den Personalkosten sind vor allem die Raumkosten (im Einzelhandel die „Miete") sowie die Fuhrpark-, Transport- und Verpackungskosten neben den Werbe- und Reisekosten besonders bedeutsam.

2. ■ Unterscheidung nach der Art der verbrauchten Kostengüter

   Personalkosten:

Fertigungslöhne	180 000,00 €
Gehälter	75 000,00 €
Sozialversicherungsanteil des Betriebes	23 500,00 €
	278 500,00 €

   Werkstoffkosten:

Verbrauch an Fertigungsmaterial	38 500,00 €
Spezialwerkzeuge	12 150,00 €
	50 650,00 €

Kapitalkosten:

Kalkulatorische Zinsen	20 000,00 €
Kalkulatorische Abschreibungen	90 500,00 €
	110 500,00 €

Fremdleistungskosten:

Reparaturen am Betriebsgebäude
(Instandhaltung)   9 500,00 €

Kosten der menschlichen Gesellschaft:

Zahlung für Gewerbesteuer   6 500,00 €

■ Unterscheidung nach der Zurechenbarkeit auf die Kostenträger.

Einzelkosten:

Fertigungslöhne	180 000,00 €
Verbrauch an Fertigungsmaterial	38 500,00 €
Sondereinzelkosten der Fertigung (Spezialwerkzeuge)	12 150,00 €
	230 650,00 €

Gemeinkosten:

Alle übrigen Kosten, die „nach der Art der verbrauchten Kostengüter" gegliedert wurden.

Vertiefung

3. a) **Einzel- und Gemeinkosten in % der Gesamtkosten**

Kosten insgesamt lt. statistischer Betriebsergebnisrechnung		921 000,00 €
abzüglich Einzelkosten:		
Aufwendungen für Rohstoffe	354 500,00 €	
Fertigungslöhne	75 000,00 €	
Spezialverpackung (Sondereinzelkosten des Vertriebs)	9 500,00 €	439 000,00 €
Gemeinkosten		482 000,00 €

$$\text{Einzelkosten in \%} = \frac{439\ 500 \cdot 100}{921\ 000} = 47,72\ \%$$

$$\text{Gemeinkosten in \%} = \frac{481\ 500 \cdot 100}{921\ 000} = 52,28\ \%$$

b) **Kosten nach Art der verbrauchten Kostengüter in % der Gesamtkosten**

Personalkosten:

Löhne	132 500,00 €
Gehälter	101 500,00 €
Soziale Abgaben	77 200,00 €
Sonstige Personalaufwendungen	5 500,00 €
Aufwendungen für Altersversorgung	15 800,00 €
Kalkulatorischer Unternehmerlohn	9 000,00 €
	341 500,00 €

$$\frac{341\ 500 \cdot 100}{921\ 000} = 37,08\ \%$$

337

Werkstoffkosten:

Aufwendungen für Rohstoffe	354 500,00 €
Hilfs- und Betriebsstoffaufwand	75 500,00 €
	430 000,00 €

$$\frac{430\,000 \cdot 100}{921\,000} = 46,69\ \%$$

Kosten für Fremdleistungen:

Verpackungskosten	9 500,00 €
Mieten	15 200,00 €
Fremdreparaturen	28 800,00 €
Werbung	10 500,00 €
Büromaterial	1 500,00 €
	65 500,00 €

$$\frac{65\,500 \cdot 100}{921\,000} = 7,11\ \%$$

Kapitalkosten:

Kalkulatorische Abschreibungen	52 000,00 €
Kalkulatorische Wagnisse	9 200,00 €
Kalkulatorische Zinsen	10 800,00 €
	72 000,00 €

$$\frac{72\,000 \cdot 100}{921\,000} = 7,82\ \%$$

Kosten der menschlichen Gesellschaft:

Betriebssteuern	12 000,00 €

$$\frac{12\,000 \cdot 100}{921\,000} = 1,30\ \%$$

4. a) **Einzel- und Gemeinkosten**

Einzelkosten:

Aufwendungen für Waren	1 299 000,00 €
Vertriebsprovision	24 700,00 €
	1 323 700,00 €

Gemeinkosten:

Löhne	86 500,00 €
Gehälter	119 000,00 €
Soziale Abgaben	60 200,00 €
Kalkulatorische Abschreibungen	95 000,00 €
Betriebliche Steuern	52 700,00 €
Kalkulatorische Zinsen	37 500,00 €
Büromaterial	12 000,00 €
Energie, Treibstoffe	16 000,00 €
Werbung	4 500,00 €
Kalkulatorischer Unternehmerlohn	48 000,00 €
	531 400,00 €

zusammen (Gesamtkosten)   1 855 100,00 €

$$\text{Einzelkosten} = \frac{1\,323\,700 \cdot 100}{1\,855\,100} = 71,4\ \%$$

$$\text{Gemeinkosten} = \frac{531\,400 \cdot 100}{1\,855\,100} = 28,6\ \%$$

5. Kostengruppen nach der Art der verbrauchten Kostengüter

„Werkstoffkosten"

Warenkosten	1 299 000,00 €			
Energie, Treibstoffe	16 000,00 €	1 315 000,00 €	= 70,89 %	

Personalkosten:

Löhne	86 500,00 €		
Gehälter	119 000,00 €		
Soziale Abgaben	60 200,00 €		
Kalk. Unternehmerlohn	48 000,00 €	313 700,00 €	= 16,91 %

Kapitalkosten:

Kalk. Abschreibungen	95 000,00 €		
Kalk. Zinsen	37 500,00 €	132 500,00 €	= 7,14 %

Fremdleistungskosten:

Büromaterial	12 000,00 €		
Vertriebsprovision	24 700,00 €		
Werbung	4 500,00 €	41 200,00 €	= 2,22 %

Kosten der menschlichen Gesellschaft:

Betr. Steuern	52 700,00 €	= 2,84 %
insgesamt:	1 855 100,00 €	= 100 %

b) Provisionen sowie Transport- und Verpackungskosten stellen im Einzelhandel einen geringeren, Miete (siehe Ladenmieten in Ballungsräumen) dagegen einen herausragenden Kostenschwerpunkt dar.

6. a) **Personalkosten**

Jahr	X-AG		Y-AG	
	€	%	€	%
1998	3 099 Mio	100,0	4 463 Mio	100,0
1999	5 205 Mio	+ 67,9	6 413 Mio	+ 43,7
2000	8 260 Mio	+166,5	11 779 Mio	+163,9
2001	12 205 Mio	+293,8	15 192 Mio	+240,4

Zahl der Mitarbeiter

Jahr	X-AG		Y-AG	
	Anzahl	%	Anzahl	%
1998	122 601	100,0	192 000	100,0
1999	126 652	+ 3,3	183 000	− 4,7
2000	187 961	+ 53,3	247 000	+28,7
2001	218 822	+ 78,5	260 000	+35,4

Materialkosten

Jahr	X-AG		Y-AG	
	€	%	€	%
1998	5 698 Mio	100,0	9 092 Mio	100,0
1999	9 080 Mio	+ 59,4	11 598 Mio	+ 27,6
2000	15 216 Mio	+167,0	19 752 Mio	+117,3
2001	20 679 Mio	+262,9	31 331 Mio	+244,6

b) **Aufschlüsse**

In beiden Werken sind die Personalkosten bis zum Jahre 2003 ständig angestiegen. Im Ganzen liegen – bedingt durch die unterschiedliche Größe der beiden Automobilwerke (bis 2003) – die Personalkosten bei der Y-AG höher (vgl. hierzu auch die höhere Zahl an Mitarbeitern und den höheren Materialeinsatz).

Beide Werke befanden sich in den Jahren 2000 bis 2003 in einer abgeschwächten Phase der Automobilkonjunktur (vgl. die relativ geringere Zunahme aller 3 Größen). Bei der Y-AG ergaben sich ab 2000 gravierende Beschäftigungs- und Absatzprobleme, worauf die rückläufige Zahl an Mitarbeitern und der schwächere Anstieg der Materialkosten (+ 27,6 % gegenüber + 59,4 % bei X) deutlich hinweisen. Aus der relativ starken Zunahme der Zahl der Mitarbeiter bei X von 1976–1987 (+ 78,5 %) wird die expansive Entwicklung des Unternehmens sichtbar. Auch bei Y ist seit 1976 wieder ein deutlicher Aufwärtstrend erkennbar (vgl. Entwicklung der Mitarbeiter- und steigende Materialkosten). Die zunehmende Zahl von Mitarbeitern konnte trotz des starken Trends zur Automatisierung in der Automobilindustrie erreicht werden.

1.5.2 Kostenstellenrechnung

1.5.2.1 Einstufiger Betriebsabrechnungsbogen

Kontrolle

1. a) Gesamtkalkulation:

Fertigungsmaterial	150 000,00 €	
MGK	47 000,00 €	
Materialkosten		197 000,00 €
Fertigungslöhne	140 000,00 €	
FGK	179 000,00 €	
SEK der Fertigung	1 000,00 €	
Fertigungskosten		320 000,00 €
Herstellkosten der Produktion		517 000,00 €
– Bestandsvermehrung an fE		4 000,00 €
Herstellkosten des Umsatzes		513 000,00 €
VwGK		32 667,00 €
VtGK		34 333,00 €
Selbstkosten des Umsatzes		580 000,00 €

b) Gemeinkostenzuschlagssätze:

$$\text{MGKZ} = \frac{47\,000 \cdot 100}{150\,000} = 31,3\,\% \qquad \text{FGKZ} = \frac{179\,000 \cdot 100}{140\,000} = \underline{\underline{127,9\,\%}}$$

$$\text{VwGKZ} = \frac{32\,667 \cdot 100}{513\,000} = 6,4\,\% \qquad \text{VtGKZ} = \frac{34\,333 \cdot 100}{513\,000} = \underline{\underline{6,7\,\%}}$$

2. a) Aussage ist zu eng. Mit Hilfe des BAB werden die Zuschlagsätze für die Kalkulation ermittelt, ferner kann er als eine wichtige Vorstufe für die Kostenkontrolle angesehen werden, da Verantwortungsbereiche gebildet werden.

b) Aussage ist zutreffend. Es wird traditionell ein ursächlicher Zusammenhang unterstellt, d.h. z.B. bedingen höhere Fertigungslöhne auch höhere Fertigungsgemeinkosten.

c) Aussage ist falsch. Stelleneinzelkosten beziehen sich unmittelbar auf die Kostenstelle, die Einzelkosten sind dagegen dem Produkt direkt zurechenbar.

d) Die Aussage ist unrichtig. Die Bestandsvermehrungen sind von den HK der Produktion abzuziehen und die Bestandsverminderungen müssen addiert werden, damit die Herstellkosten der Produktion den Herstellkosten der abgesetzten Erzeugnisse entsprechen.

Vertiefung

3. a) **Einstufiger BAB mit Verteilung der Gemeinkosten**

Gemeinkostenarten	Zahlen der Kostenartenrechnung	Material	Fertigung	Verwaltung	Vertrieb
Gemeinkostenmaterial	15 000,00	2 000,00	12 000,00	800,00	200,00
Kraftstrom, Brennstoffe	14 000,00	1 500,00	8 500,00	2 000,00	2 000,00
Hilfslöhne	26 000,00	4 000,00	19 500,00	0,00	2 500,00
Gehälter	32 500,00	6 000,00	3 000,00	18 500,00	5 000,00
Fremdreparaturen	4 000,00	200,00	1 800,00	1 000,00	1 000,00
Betriebssteuern	18 900,00	2 700,00	8 100,00	5 400,00	2 700,00
Mieten	4 800,00	600,00	3 000,00	900,00	300,00
Kalkulatorische Abschreibungen	36 000,00	6 500,00	19 500,00	5 500,00	4 500,00
Kalkulatorischer Unternehmerlohn	12 000,00	1 200,00	2 400,00	6 000,00	2 400,00
Summe der Gemeinkosten	163 200,00	24 700,00	77 800,00	40 100,00	20 600,00

b) **Istzuschläge für die Gemeinkosten:**

Fertigungsmaterialverbrauch	240 000,00 €	
Materialgemeinkosten	24 700,00 €	
Materialkosten		264 700,00 €
Fertigungslöhne	120 000,00 €	
Fertigungsgemeinkosten	77 800,00 €	
Sondereinzelkosten der Fertigung	15 000,00 €	
Fertigungskosten		212 800,00 €
Herstellkosten		477 500,00 €
Verwaltungsgemeinkosten		40 100,00 €
Vertriebsgemeinkosten		20 600,00 €
Selbstkosten		538 200,00 €

Materialgemeinkostenzuschlag (MGKZ) $= \dfrac{24\,700 \cdot 100}{240\,000} = \underline{\underline{10,29\,\%}}$

Fertigungsgemeinkostenzuschlag (FGKZ) $= \dfrac{77\,800 \cdot 100}{120\,000} = \underline{\underline{64,83\,\%}}$

Verwaltungsgemeinkostenzuschlag (VwGKZ) $= \dfrac{40\,100 \cdot 100}{477\,500} = \underline{\underline{8,40\,\%}}$

Vertriebsgemeinkostenzuschlag (VtGKZ) $= \dfrac{20\,600 \cdot 100}{477\,500} = \underline{\underline{4,31\,\%}}$

c) Gemeinkostenmaterial: Materialentnahmescheine Hilfslöhne (Stempelkarten) und Gehälter (Gehaltslisten), Fremdreparaturen (Rechnungen)

d) Da die Stellengemeinkosten auf eine Kostenstelle nur mit Hilfe von Schlüsseln zugerechnet werden können, ergeben sich nicht nur zusätzliche Berechnungen, es entstehen durch die „Schlüsselung" auch ungenaue Zurechnungen auf die Kostenstellen.

4. a) **Fehlende Vertriebsgemeinkosten**

Summe der Gemeinkosten (lt. Ergebnistabelle):

Aufwendungen für Hilfs- und Betriebsstoffe	600 000,00 €
Gehälter, Hilfslöhne	1 100 000,00 €
Abschreibungen	520 000,00 €
Zinskosten	130 000,00 €
Sonstige Kosten (ohne Vertrieb)	996 000,00 €
Summe der Gemeinkosten	3 346 000,00 €
Summe der Gemeinkosten	3 346 000,00 €
– Summe der Kostenstellen (I – III)	3 280 000,00 €
Vertriebsgemeinkosten (IV)	66 000,00 €

Gemeinkostensummen im BAB:

Material	Fertigung I	Fertigung II	Verwaltung III	Vertrieb IV
120 000,00	1 300 000,00	960 000,00	900 000,00	66 000,00

b) **Zuschlagssätze für die Gemeinkosten:**

Fertigungsmaterial	1 500 000,00 €	
MGK	120 000,00 €	
Materialkosten		1 620 000,00 €
Fertigungslöhne I	1 000 000,00 €	
FGK I	1 300 000,00 €	
Fertigungslöhne II	1 600 000,00 €	
FGK II	960 000,00 €	
SEK der Fertigung	240 000,00 €	
Fertigungskosten		5 100 000,00 €
Herstellkosten der Produktion		6 720 000,00 €
– Bestandsvermehrungen		420 000,00 €
Herstellkosten des Umsatzes		6 300 000,00 €

$$\text{MGKZ} = \frac{120\,000 \cdot 100}{1\,500\,000} = \underline{\underline{8\,\%}} \qquad \text{FGKZ} = \frac{1\,300\,000 \cdot 100}{1\,000\,000} = \underline{\underline{130\,\%}}$$

$$\text{FGKZ II} = \frac{960\,000 \cdot 100}{1\,300\,000} = \underline{\underline{73{,}9\,\%}} \qquad \text{VwGKZ} = \frac{900\,000 \cdot 100}{6\,720\,000} = \underline{\underline{13{,}4\,\%}}$$

$$\text{VtGKZ} = \frac{66\,000 \cdot 100}{6\,300\,000} = \underline{\underline{1{,}1\,\%}}$$

c) **Ursachen der Abweichungen in den Tabellenspalten:**

Die Finanzbuchführung enthält neutrale Aufwendungen und Erträge, welche die Kosten- und Leistungsrechnung nicht tangieren:

Konto   546/125 000,00 €   (= außerordentliche Erträge)
Konto   696/100 000,00 €   (= außerordentlicher Aufwand)

Außerdem enthält die Kosten- und Leistungsrechnung Anderskosten, d.h. Kosten, die von den zugehörigen Aufwendungen der Finanzbuchführung abweichen:

Konto 65 Abschreibungen und Konto 760 Zinsen.
In beiden Fällen werden in Kosten- und Leistungsrechnung höhere Kosten verrechnet.

1.5.2.2 Mehrstufiger Betriebsabrechnungsbogen

Kontrolle

1. a) Neben den Hauptkostenstellen weist der mehrstufige BAB auch Hilfskostenstellen auf (allgemeine und gegebenenfalls besondere Hilfskostenstellen). Beim mehrstufigen BAB werden zuerst die Gemeinkosten der allgemeinen Hilfskostenstelle auf alle übrigen Kostenstellen umgelegt (Umlage 1), dann werden die Summen der besonderen Hilfskostenstellen auf die zugehörigen Kostenstellen verteilt (Umlage 2).

   b) Die Hauptkostenstellen sind in der Industrie die Fertigungsstellen, die Materialstelle und die Verwaltungs- und Vertriebsstellen. Im Handel sind die Hauptkostenstellen identisch mit den Abteilungen bzw. Warengruppen des Unternehmens.

   c) ■ Treppen- oder Stufenleiterverfahren
      ■ Mathematisches Verfahren (Gleichungsverfahren)

   Das Treppenverfahren ist einfach und entspricht somit der Wirtschaftlichkeit.
   Wird jedoch die „Ungenauigkeit" zu groß, so muss bei einem hohen Grad an gegenseitiger Leistungsverrechnung das aufwendigere mathematische Verfahren angewendet werden.

   Informationen:
   Auf die Darstellung des **Anbauverfahrens** wurde im Lehrbuch verzichtet, da es in der Regel zu Kostenverzerrungen führt, die dieses Verfahren nicht empfehlenswert machen. Das Verfahren vernachlässigt den innerbetrieblichen Leistungsaustausch zwischen den Hilfskostenstellen vollkommen. Die Hilfskostenstellen werden nur über die Hauptkostenstellen abgerechnet; es entstehen somit keine sekundären Gemeinkosten auf den Hilfskostenstellen. Das Verfahren ist vor allem dann unbrauchbar, wenn unter den Hilfskostenstellen Leistungen in größerem Ausmaße ausgetauscht werden.

   Schematische Darstellung: Anbauverfahren

   d) Die unmittelbar aus der Kostenartenrechnung und somit aus der Betriebsabrechnung der Kostenrechnung in den BAB übernommenen Werte werden als **primäre Gemeinkosten** bezeichnet. Die in den Hilfskostenstellen angefallenen Kosten, die anderen Kostenstellen durch Verrechnung angelastet werden, heißen **sekundäre Gemeinkosten**.

2. Gleichungsverfahren:

		Inputwerte		Outputwerte
		Primäre GK + Sek. GK	=	Leistungsabgabe zum Kostensatz
Stromerzeugung	(1)	$5\,000 + 200\,k_2 =$		$100\,000\,k_1$
Reparatur	(2)	$40\,000 + 10\,000\,k_1 =$		$4\,000\,k_2$
	(3)	$5\,000 - 100\,000\,k_1 =$		$-200\,k_2$
	(4)	$40\,000 + 10\,000\,k_1 =$		$4\,000\,k_2$

Gleichung (4) wird mit 10 multipliziert:

$$5\,000 - 100\,000\,k_1 = -200\,k_2$$
$$400\,000 + 100\,000\,k_1 = 40\,000\,k_2$$
$$405\,000 = 39\,800\,k_2$$

$$k_2 = \frac{405\,000}{39\,800} = 10{,}1758\ \text{€}$$

In Gleichung (1) eingesetzt, erhält man k_1:

$$5\,000 + 200 \cdot 10{,}1758 = 100\,000\,k_1$$
$$5\,000 + 2\,035{,}16 = 100\,000\,k_1$$

$$k_1 = \frac{7\,035{,}16}{100\,000} = 0{,}07\ \text{€}$$

Probe:

k_1 und k_2 werden in Gleichung (1) eingesetzt:

$$5\,000 + 200 \cdot 10{,}175 = 100\,000 \cdot 0{,}07035$$
$$7\,035 = 7\,035$$

Vertiefung

3. a) bis d) **Mehrstufiger BAB mit erweitertem Fertigungsbereich**

Kostenarten		Allg. Hilfs-kostenstelle		Fert.-Hilfs-kostenstelle	Fertigungsstellen				Verwaltung	Vertrieb
Bezeichnung	Zahlen der Kostenartenrechng.	Wärmeversorgung	Material	Technisches Büro	Zuschneiderei	Näherei	Büglerei			
€	€	€	€	€	€	€	€	€	€	€
Summe der primären Gemeinkosten	740 000	40 000 (1)	60 000	60 000	80 000	200 000	120 000	100 000	80 000	
Umlage (1)			1 600	1 600	4 800	7 200	14 400	6 400	4 000	
Zwischensumme		–	61 600	61 600	84 800	207 200	134 400	106 400	84 000	
Umlage (2)			(2)	13 200	30 800	17 600				
Gemeinkosten der Hauptkostenstellen	740 000	–	61 600	–	98 000	238 000	152 000	106 400	84 000	

e) **Zuschlagsätze:**

Fertigungsmaterial	310 000,00	
MGK	61 600,00	
Materialkosten		371 600,00
Fertigungslöhne Zuschneiderei	160 000,00	
FGK (Zuschneiderei)	98 000,00	
Fertigungslöhne Näherei	420 000,00	
FGK (Näherei)	238 000,00	
Fertigungslöhne Büglerei	180 000,00	
FGK (Büglerei)	152 000,00	
Fertigungskosten		1 248 000,00
Herstellkosten der Produktion		1 619 600,00
– Bestandsvermehrung uE	20 000,00	
+ Bestandsverminderung fE	70 000,00	50 000,00
Herstellkosten des Umsatzes		1 669 600,00

$$\text{MGKZ} = \frac{61\,600 \cdot 100}{310\,000} = \underline{\underline{19,9\,\%}} \qquad \text{FGKZ I} = \frac{98\,000 \cdot 100}{160\,000} = \underline{\underline{61,3\,\%}}$$

$$\text{FGKZ II} = \frac{238\,000 \cdot 100}{420\,000} = \underline{\underline{56,7\,\%}} \qquad \text{FGKZ III} = \frac{152\,000 \cdot 100}{180\,000} = \underline{\underline{84,4\,\%}}$$

$$\text{VwGKZ} = \frac{106\,400 \cdot 100}{1\,619\,600} = \underline{\underline{6,6\,\%}} \qquad \text{VtGKZ} = \frac{84\,000 \cdot 100}{1\,669\,600} = \underline{\underline{5,0\,\%}}$$

4. Dampferzeugung: $K_1 + x_{21} k_2 + x_{31} k_3 = X \cdot k_1$
   Stromleistung: $K_2 + x_{12} k_1 + x_{32} k_3 = X \cdot k_2$
   Reparatur: $K_3 + x_{13} k_1 + x_{23} k_2 = X \cdot k_3$

(1)	$5\,000 + 2\,000\,k_2 + 70\,k_3$	$= 60\,000\,k_1$
(2)	$10\,000 + 5\,000\,k_1 + 150\,k_3$	$= 80\,000\,k_2$
(3)	$9\,500 + 3\,500\,k_1 + 1\,000\,k_2$	$= 1\,000\,k_3$
(1)	$60\,000\,k_1 - 2\,000\,k_2 - 70\,k_3$	$= 5\,000$
(2)	$-50\,000\,k_1 + 80\,000\,k_2 - 150\,k_3$	$= 10\,000$
(3)	$-3\,500\,k_1 - 1\,000\,k_2 - 1\,000\,k_3$	$= 9\,500$

$k_1 = 0,10$ €; $k_2 = 0,15$ €; $k_3 = 10,00$ €

5. a) Die Auffassung ist zutreffend. Das Kriterium der „Richtigkeit und Genauigkeit" kann nur schwer erfüllt werden. Personalkosten sind dann Stellengemeinkosten, wenn der Einsatz des Verkaufspersonals „warengruppenübergreifend" erfolgt. Auch die Raumkosten und die Werbekosten können meist nicht als Stelleneinzelkosten festgelegt werden, d.h. eine „Schlüsselung" ist meist notwendig.

   b) Allgemeine Kostenstelle „Verwaltung": Zahl der Ausgangsrechnungen bei getrennter Abrechnung der Hauptkostenstellen; Zahl der in den Abteilungen beschäftigten Personen.

   Besondere Hilfskostenstelle „Fuhrpark": Fahrtenbuch, Lagerumschlag der Warengruppen, Volumen der zu transportierenden Waren.

6. Handels-BAB

a) – d)

Gemeinkosten-arten	Betrag	Verteilungs-schlüssel	Hilfskostenstellen		Hauptkostenstellen		
			Lager	Verwaltung	Damen-bekleidung	Herren-bekleidung	Kinder-bekleidung
Fremdleistungen	80 000	2:2:4:5:7	8 000	8 000	16 000	20 000	28 000
Personalkosten	960 000	Listen	240 000	160 000	200 000	240 000	120 000
Soziale Abgaben	192 000	6:4:5:6:3	48 000	32 000	40 000	48 000	24 000
Kalkulatorische Abschreibungen	800 000	5:4:2:6:3	200 000	160 000	80 000	240 000	120 000
Mieten	51 000	500:50:100:150:50	30 000	3 000	6 000	9 000	3 000
Betriebliche Steuern	250 000	1:1:8:10:5	10 000	10 000	80 000	100 000	50 000
Kalkulatorische Zinsen	125 000	1:1:8:10:5	5 000	5 000	40 000	50 000	25 000
	2 458 000		541 000	378 000	462 000	707 000	370 000
		3:5:2			113 400	189 000	75 600
		180:210:110			194 760	227 220	119 020
Gemeinkosten je Hauptkostenstelle					770 160	1 123 220	564 620
+ Einzelkosten					1 920 000	2 180 000	1 750 000
= Selbstkosten					2 690 160	3 303 220	2 314 620
HK-Zuschlag	$\frac{HK \cdot 100}{EK}$				40,11 %	51,52 %	32,26 %

e) Eine Warengruppen-Ergebnisrechnung erhält man, wenn den Selbstkosten die Umsatzerlöse je Warengruppe gegenübergestellt werden.

Die Genauigkeit ist nicht gegeben, weil die im „BAB" vorgenommenen „Schlüsselungen" sowie die in den Selbstkosten enthaltenen Fixkosten bei Beschäftigungsschwankungen das Ergebnis verfälschen.

Informationen:
Bei der Warengruppen-Ergebnisrechnung im Handel handelt es sich um eine Ergebnisermittlung nach dem **Umsatzkostenverfahren**. Bei diesem Verfahren werden den Umsatzerlösen der Periode die Kosten (Selbstkosten) der verkauften Waren gegenübergestellt und hieraus als Saldo das Ergebnis ermittelt.

1.5.3 Kostenträgerrechnung

1.5.3.1 Normalkostenrechnung – Kostenüberdeckung und Kostenunterdeckung

Kontrolle

1. a) Siehe Band 1.

   b) Siehe Band 1.

   c) Siehe Band 1.

2. a) Normalkosten sind Durchschnittswerte von Istkosten der Vergangenheit. Plankosten sind Werte, die sich an der zukünftigen Kostenentwicklung orientieren.

   b) Wenig geeignet, vor allem bei Beschäftigungsschwankungen. Außerdem werden Istkosten lediglich mit durchschnittlichen Istkosten der Vergangenheit verglichen, nicht mit zielorientierten Planwerten.

3. a)

	Istkosten	Über-Unterdeckung	%	Normalkosten
Fertigungsmaterial	170 000			170 000
Materialgemeinkosten	83 000	+ 19 000	60 %	102 000
Materialkosten	253 000			272 000
Fertigungslöhne	240 000			240 000
Fertigungsgemeinkosten	518 000	− 14 000	210 %	504 000
Fertigungskosten	758 000			744 000
Herstellkosten der Produktion	1 011 000			1 016 000
− Bestandsveränderungen	70 000			70 000
Herstellkosten des Umsatzes	941 000			946 000
Verwaltungsgemeinkosten	130 000	+ 22 400	15 %	152 400
Vertriebsgemeinkosten	49 000	− 1 700	5 %	47 300
Selbstkosten des Umsatzes	1 120 000	+ 25 700		1 143 700

Istgemeinkostenzuschläge:

$$\text{MGKZ} = \frac{83\ 000 \cdot 100}{170\ 600} = 48,8\ \% \qquad \text{FGKZ} = \frac{518\ 000 \cdot 100}{240\ 600} = 215,8\ \%$$

$$\text{VwGKZ} = \frac{130\ 000 \cdot 100}{1\ 011\ 600} = 12,9\ \% \qquad \text{VtGKZ} = \frac{49\ 000 \cdot 100}{941\ 600} = 5,21\ \%$$

   b) Über- und Unterdeckung siehe Tabelle unter a)

Vertiefung

4. Normalkostenrechnung in einem Handelsbetrieb

   a)

Gemeinkostenarten	Zahlen der Kostenartenrechnung	Kostenstellen (Warengruppen)	
		Warengruppe I	Warengruppe II
Istkosten	212 900	50 400	162 500
Normalkosten	204 000	54 000	150 000
Deckungsdifferenzen			
− Überdeckungen		+ 3 600	
− Unterdeckungen	− 8 900		− 12 500
Istzuschlagsätze:		42 %	65 %
Normalzuschlagsätze		45 %	60 %

   b) Die Aussagen sind gegebenenfalls einzuschränken, wenn bei Handelsbetrieben „Marktpreise" eine Angebotskalkulation nicht zulassen. In der Industrie ist die Bedeutung größer wegen der weit verbreiteten „Auftragsproduktion".

5. a)

Kostenarten		Kraft-zentrale	Material	Arbeits-vorberei-tung	Ferti-gung I	Ferti-gung II	Verwal-tung	Vertrieb
Bezeichnung	Zahlen der Kostenarten-rechnung	(A)	(B)	(C)	(D)	(E)	(F)	(G)
	€	€	€	€	€	€	€	€
Summe der primären Gemeinkosten	1 160 000	150 000	40 000	40 000	240 000	360 000	170 000	160 000
		(1)						
Umlage (1)			10 000	5 000	45 000	50 000	25 000	15 000
Zwischensumme		–	50 000	45 000	285 000	410 000	195 000	175 000
				(2)				
Umlage (2)					18 000	27 000		
Istkosten der Haupt-kostenstellen Normalkosten	1 160 000		50 000 36 000	–	303 000 270 000	437 000 384 000	195 000 222 750	175 000 148 500
Deckungsdifferenzen – Überdeckungen – Unterdeckungen			14 000		33 000	53 000	27 750	26 500
Istzuschläge			13,90 %		168,30 %	182,1 %	12,30 %	11,04 %
Normalzuschläge			10,00 %		150,00 %	160,00 %	15,00 %	10,00 %

b)

Bezeichnung der Kosten	Istkosten (Nachkalkulation)	%	Normalkosten (Vorkalkulation)	%
Fertigungsmaterial Materialgemeinkosten	360 000,00 50 000,00	13,9	360 000,00 36 000,00	10
Materialkosten	410 000,00		396 000,00	
Fertigungslöhne I	180 000,00		180 000,00	
Fertigungsgemeinkosten I	303 000,00	168,3	270 000,00	150
Fertigungslöhne II	240 000,00		240 000,00	
Fertigungsgemeinkosten II	437 000,00	182,1	384 000,00	160
Sondereinzelkosten der Fertigung	15 000,00		15 000,00	
Fertigungskosten	1 175 000,00		1 089 000,00	
Herstellkosten des Umsatzes	1 585 000,00		1 485 000,00	
Verwaltungsgemeinkosten	195 000,00	12,3	222 750,00	15
Vertriebsgemeinkosten	175 000,00	11,04	148 500,00	10
Selbstkosten des Umsatzes	1 955 000,00		1 856 250,00	

$$\text{MGKZ} = \frac{50\,000 \cdot 100}{360\,000} = \underline{\underline{13,9\ \%}} \qquad \text{FGKZ I} = \frac{303\,000 \cdot 100}{180\,000} = \underline{\underline{168,3\ \%}}$$

$$\text{FGKZ II} = \frac{437\,000 \cdot 100}{240\,000} = \underline{\underline{182,1\ \%}} \qquad \text{VwGKZ} = \frac{195\,000 \cdot 100}{1\,585\,000} = \underline{\underline{12,3\ \%}}$$

$$\text{VtGKZ} = \frac{175\,000 \cdot 100}{1\,585\,000} = \underline{\underline{11,04\ \%}}$$

c) Vgl. Gegenüberstellung „unter dem Strich" des BAB!

1.5.3.2 Kostenträgerzeitrechnung

Kontrolle

1. a) **Aufgaben:**
   - Erfassung der Einzel- und Gemeinkosten einer Abrechnungsperiode.
   - Zurechnung auf die einzelnen Kostenträger bzw. Kostenträgergruppen.
   - Gegenüberstellung der für die Kostenträger ermittelten Selbstkosten zu den Nettoverkaufserlösen je Kostenträger; dadurch Messung des Erfolgs in der KER.

   b) **Betriebsergebnis:**   Umsatzerlöse – Istkosten (Selbstkosten des Umsatzes)
   Umsatzergebnis: Umsatzerlöse – Normalkosten (Selbstkosten des Umsatzes)

2. a) Richtig muss es heißen: ... so ist das Umsatzergebnis < Betriebsergebnis

   Bei höheren Normalkosten als Istkosten ist bei gleichem Umsatzerlös das Umsatzergebnis kleiner als das Betriebsergebnis.

   b) Die Aussage ist nur dann richtig, wenn keine Beschäftigungsschwankungen bestehen, d.h. die Abweichung auf eine reine Verbrauchsabweichung zurückzuführen ist und für die Kosten Verrechnungspreise verwendet worden sind.

3. **Kostenträgerzeitblatt: Lebensmittelgroßhandel**

Bezeichnung der Kosten		Ist-kosten	Istzu-schlä-ge	Nor-mal-kosten	Normal-zuschlä-ge	Warengruppen					De-ckungs-diffe-renzen
						Trocken-sortiment	Obst	Gemüse	Tief-kühl-kost	Fein-kost	
1. Kosten-träger-zeitrech-nung	Warenkosten (Trockensortiment) Handlungskosten (Trockensortiment)										
	Selbstkosten (Trockensortiment)										
	Warenkosten (Obst) Handlungskosten (Obst)										
	Selbstkosten (Obst)										
	usw.										
	Selbstkosten d. Umsatzes Umsatzerlöse										
2. Ergeb-nisrech-nung	Umsatzergebnis + Kostenüberde-ckung/ – Kostenunterde-ckung										*)
	Betriebsergebnis										

*) + Kostenüberdeckung bzw.
   – Kostenunterdeckung

4. a)–c)

Kostenbezeichnung	Istkosten €	Istzu- schläge %	Normal- kosten €	Normal- zuschlag %	Kostenträger A €	Kostenträger B €	Deckungs- differenzen €
Fertigungsmaterial	705 000		705 000		425 000	280 000	
Materialgemeinkosten	32 000	4,5	35 250	5	21 250	14 000	+ 3 250
Materialkosten	737 000		740 250		446 250	294 000	+ 3 250
Fertigungslöhne I	134 000		134 000		50 000	84 000	
Fertigungsgemeinkosten I	185 000	138,1	214 400	160	80 000	134 400	+ 29 400
Fertigungslöhne II	92 000		92 000		42 000	50 000	
Fertigungsgemeinkosten II	162 000	176,1	188 600	205	86 100	102 500	+ 26 600
Fertigungskosten	573 000		629 000		258 100	370 900	+ 56 000
Herstellkosten der Produktion	1 310 000		1 369 250		704 350	664 900	+ 59 250
+ Minderbestand u. E.	+ 10 000		+ 10 000		+ 14 000	− 4 000	
− Mehrbestand f.E.	− 15 000		− 15 000		− 10 000	− 5 000	
Herstellkosten des Umsatzes	1 305 000		1 364 250		708 350	655 900	+ 59 250
Verwaltungsgemeinkosten	105 000	8	136 925	10	70 435	66 490	+ 31 925
Vertriebsgemeinkosten	79 000	6,1	109 140	8	56 668	52 472	+ 30 140
Sondereinzelkosten des Vertriebs	32 000		32 000		21 000	11 000	
Selbstkosten des Umsatzes	1 521 000		1 642 315		856 453	785 862	+ 121 315
Nettoverkaufserlös	1 560 000		1 560 000		950 000	610 000	
Umsatzergebnis			− 82 315		93 547	− 175 862	+ 121 315
Kostenüberdeckung			121 315				
Betriebsergebnis	39 000		39 000				

d) Das Umsatzergebnis wird als Differenz zwischen den Nettoverkaufserlösen und den in der Normalkostenrechnung ausgewiesenen Selbstkosten des Umsatzes ermittelt. Von diesem Umsatzergebnis unterscheidet sich das Betriebsergebnis durch die entstandenen Deckungsdifferenzen. Durch Hinzurechnung von Kostenüberdeckungen bzw. Abzug der Kostenunterdeckungen berichtigt man deshalb das Umsatzergebnis und gelangt damit zum Betriebsergebnis der Abrechnungsperiode.

Vertiefung

5. 1. Teil: Kostenträgerzeitblatt und Rekonstruktion der Betriebsergebnisrechnung

a) **Kostenträgerzeitblatt**

Kalkulatorischer Aufbau	Istkosten €	Istkosten %	Normalkosten €	Normalkosten %	Kostenträger K.-Fenster	Kostenträger H.-Fenster	Deckungs- differenzen
Fertigungsmaterial	250 000		250 000		140 000	110 000	
MGK	50 000	20	37 500	15	21 000	16 500	− 12 500
Materialkosten	300 000		287 500		161 000	126 500	
Fertigungslöhne	350 000		350 000		250 000	100 000	
FGK	480 000	137,1	455 000	130	325 000	130 000	− 25 000
Fertigungskosten	830 000		805 000		575 000	230 000	
HK der Produktion	1 130 000		1 092 500		736 000	356 500	
+ Bestandsminderung	10 000		10 000		5 000	5 000	
− Bestandsmehrung	40 000		40 000		10 000	30 000	
HK des Umsatzes	1 100 000		1 062 500		731 000	331 500	
VwGK	110 000	10	106 250	10	73 100	33 150	− 3 750
VtGK	50 000	4,5	53 125	5	36 550	16 575	+ 3 125
Selbstkosten	1 260 000		1 221 875		840 650	381 225	
Nettoverkaufserlöse	1 500 000		1 500 000		1 200 000	300 000	
Umsatzergebnis			+ 278 125		+ 359 350	− 81 225	
− Kostenunterdeckung			− 38 125				− 38 125
Betriebsergebnis	240 000		240 000				

Übereinstimmung

b) **Rekonstruktion der Betriebsergebnisrechnung**

Kosten	€	Leistungen	€
Fertigungsmaterial	250 000,00	Nettoverkaufserlöse	1 500 000,00
Fertigungslöhne	350 000,00	Bestandsvermehrung	40 000,00
Gemeinkosten	690 000,00		
Bestandsverminderung	10 000,00		
Gewinn	240 000,00		
	1 540 000,00		1 540 000,00

c) Herausnahme des Verlustprodukts „Holzfenster" aus dem Produktionsprogramm, wenn die Aufgabe der Sortimentsbindung mit den Kunststofffenstern nicht zu Kundenverlusten führt.

Rationalisierung im Bereich der Holzfensterfertigung, damit das Produkt wieder Gewinn abwirft. Eventuell Ausdehnung des Absatzes durch entsprechende Produktgestaltung bei Holzfenstern.

Falls Produktbindung nicht zwingend, weitere Absatzförderung der Kunststofffenster durch entsprechende Werbemaßnahmen (günstige Absatzprognosen wegen der Wärmedämmung).

2. Teil: Berücksichtigung von innerbetrieblichen Leistungen

a) Die Herstellkosten der Produktion bleiben unverändert, weil anstelle der Produktion für den Verkauf Fenster im Wert von 30 000,00 € ins eigene Fabrikgebäude eingebaut werden. Bei gleich bleibendem Verkauf (Verkauferlöse) muss eine weitere Bestandsverminderung von 30 000,00 € an fertigen Erzeugnissen zu den Herstellkosten der Produktion hinzugerechnet werden, sodass die HK des Umsatzes im vorliegenden Fall den HK der Produktion entsprechen (vgl. b).

b)
Herstellkosten der Produktion		1 130 000,00 €
– Mehrbestand an uE	40 000,00 €	
+ bisheriger Minderbestand an fertigen Erzeugnissen	10 000,00 €	
+ zusätzliche Bestandsminderung wegen innerbetrieblicher Leistungen (Abgang für den Verkauf)	**30 000,00 €**	
Herstellkosten des Umsatzes		1 130 000,00 €
Verwaltungsgemeinkosten		110 000,00 €
Vertriebsgemeinkosten		50 000,00 €
Selbstkosten		1 290 000,00 €
Nettoverkaufserlöse	1 450 000,00 €	
+ Aktivierte Eigenleistung	**30 000,00 €**	1 480 000,00 €
Betriebsergebnis		190 000,00 €

6. Die Auffassung des Mitarbeiters ist zutreffend. Bei stärkeren Umsatzschwankungen wird das Ergebnis je Warengruppe „verzerrt" wiedergegeben. Bei Umsatzanstieg werden die in den Selbstkosten enthaltenen Fixkosten als „proportionale Kosten" hochgerechnet. In diesem Falle erscheint das Ergebnis der Warengruppe zu ungünstig. Umgekehrt: Bei rückläufiger Beschäftigung erscheint das Ergebnis zu günstig.

1.5.3.3 Kostenträgerstückrechnung (Kalkulation): Divisionskalkulation (Arten, Zuschlagskalkulation)

Divisionskalkulation und Äquivalenzziffernrechnung

Kontrolle

1. a) Siehe Band 1!
   b) Siehe Band 1!

2. a) ■ Vor-, Zwischen- und Nachkalkulation
      ■ Divisionskalkulation, Divisionskalkulation mit Äquivalenzziffern
   b) Siehe Ausführungen in Band 1, Seite 154 ff.!

3. a) **Selbstkosten je Leistungseinheit:**

Roh-, Hilfs- und Betriebsstoffe	150 000,00 €
Fertigungslöhne	210 000,00 €
Gehälter	165 000,00 €
Soziale Abgaben	72 000,00 €
Betriebssteuern	36 000,00 €
Kalkulatorische Kosten	85 000,00 €
Sonstige Aufwendungen	62 000,00 €
Selbstkosten insgesamt	780 000,00 €

$$\text{Selbstkosten je Stück} = \frac{780\,000}{12\,000} = \underline{\underline{65,00\ €}}$$

   b) **Angebotspreis:**

Selbstkosten je Stück	65,00 €
+ Gewinn 20 %	13,00 €
Angebotspreis	78,00 €

   c) Es handelt sich im vorliegenden Falle um die Herstellung eines einheitlichen Massenerzeugnisses, das sämtliche Fertigungsstellen gleichmäßig tangieren dürfte.
   d) Die Gliederung in Kostenstellen ermöglicht eine Kostenkontrolle der einzelnen Fertigungsstellen. Dadurch werden Anhaltspunkte für eventuelle Rationalisierungsmaßnahmen gewonnen.

4. a) **Ermittlung der Selbstkosten (insgesamt)**

Konzentration	Mengen in l	Äquivalenzziff.	Rechnungs-einheiten	Restliche Kosten	Materialein-zelkosten	Selbstkosten insgesamt
I	7 000	1,0	7 000	14 000,00	35 000,00	49 000,00
II	4 000	2,0	8 000	16 000,00	32 000,00	48 000,00
III	1 000	1,5	1 500	3 000,00	5 500,00	8 500,00
			16 500	33 000,00		105 000,00

$$\text{Selbstkosten je RE} = \frac{\text{restliche Einzel- und Gemeinkosten}}{\text{Summe der Rechnungseinheiten}} = \frac{33\,000}{16\,500} = 2,00\ €$$

   b) **Selbstkosten je Liter:**

Konzentration I	49 000,00 : 7 000	=	7,00 € je l
Konzentration II	48 000,00 : 4 000	=	12,00 € je l
Konzentration III	8 500,00 : 1 000	=	8,50 € je l

Vertiefung

5. a)

Art.	Menge (0)	Warenein- satz (1)	Äquivalenz- ziffer (2)	Rechnungs- einheiten (3) (1 · 2)	Handlungs- kosten (4) (0,25 · RE)	Selbstkos- ten insg. (5) (1 + 4)	Selbst- kosten je Einheit (6) (5 : 0)
A	1 000	90 000	1,0	90 000	22 500	112 500	112,50
B	1 500	20 000	1,5	30 000	7 500	27 500	18,33
C	2 000	40 000	2,0	80 000	20 000	60 000	30,00
		150 000		200 000	50 000	200 000	

$$\text{Handlungskosten je Rechnungseinheit} = \frac{50\,000}{200\,000} = 0,25 \,/\, \text{RE}$$

b) Lagerumschlag, durchschnittliche Lagerdauer, Einkaufswerte der einzelnen Artikel (investiertes Kapital).

6. a) **Selbstkosten bei Anwendung der Divisionskalkulation:**

$$\text{Selbstkosten je Vase} = \frac{413\,000}{44\,000} = \underline{\underline{9,39\ \text{€}}}$$

b) **Bestimmung der Äquivalenzziffern**

(Formel: Volumen = $r^2 \cdot \pi \cdot h$)

Sorte	Volumen (PI = 3,13)	Äquivalenzziffer
I	1,0 cm · 1,0 cm · π · 8 = 8 π cm³	1,0
II	1,0 cm · 1,0 cm · π · 10 = 10 π cm³	1,25
III	1,5 cm · 1,5 cm · π · 8 = 18 π cm³	2,25

c) **Selbstkosten je Vase jeder Sorte**

Sorte	Menge	Äquivalenzziffer	Rechnungseinheiten	Selbstkosten je Vase
I	20 000	1,0	20 000	7,00 €
II	15 000	1,25	18 750	8,75 €
III	9 000	2,25	30 250	15,75 €
			59 000	

$$\text{Selbstkosten je RE} = \frac{413\,000\ \text{€}}{59\,000\ \text{RE}} = 7,00\ \text{€}$$

Probe:

20 000 ·	7,00	= 140 000,00 €
15 000 ·	8,75	= 131 250,00 €
9 000 ·	15,75	= 141 750,00 €
Selbstkosten insgesamt		= 413 000,00 €

d) **Folgen:**

- Vase Sorte I und II werden zu teuer verkauft; sie tragen Kosten der Sorte III.
- Bei entsprechenden Konkurrenzpreisen bei den Vasen I und II könnte es zu Umsatzeinbußen kommen.
- Bei erheblichem Rückgang des Umsatzes der Sorten I und II wird Sorte III ständig zu billig verkauft; damit wird bei der Sorte III als Gewinn betrachtet, was in Wirklichkeit Kosten sind.

e) Kostenerfassung und -rechnung werden ungenau, weil die unterschiedliche Höhe und damit das Volumen der Vasen unberücksichtigt bleiben.

Stufenweise Divisionskalkulation

1.

	Unternehmen insgesamt	Produkt I	Produkt II	Produkt III
Ausbringungsmenge		2 000,00 €	2 500,00 €	3 000,00 €
Herstellkosten	112 000,00 €	30 000,00 €	40 000,00 €	42 000,00 €
Herstellkosten je Ausbringungseinheit		15,00 €	16,00 €	14,00 €
Verwaltungs- und Vertriebsgemeinkosten	22 400 €			
Verwaltungs- und Vertriebsgemeinkostenzuschlagsatz	20 %			
Verwaltungs- und Vertriebsgemeinkosten je Ausbringungseinheit		3,00 €	3,20 €	2,80 €
Selbstkosten je Ausbringungseinheit		18,00 €	19,20 €	16,80 €

2.

Produktionsstufe	Stufenkosten	Vorleistungen	Gesamtkosten	Ausbringungsmenge	Lagerzuführungen bzw. -entnahmen
I	60 000 €			10 000	60 000 : 10 000 = 6,00 €
II	36 150 €	6 · 9 200 = 55 200,00 €	91 350	8 700	91 350 : 8 700 = 10,50 €
III	32 250 €	10,50 · 8 500 = 89 250,00 €	121 500	8 100	121 500 : 8 100 = 15,00 €
IV	33 750 €	15 · 8 800 = 132 000,00 €	165 750	8 500	165 750 : 8 500 = 19,50 €
V	40 500 €	19,50 · 9 000 = 175 500,00 €	216 000	9 000	216 000 : 9 000 = 24,00 €

3.

Produktionsstufe	Einsatzmenge	Ausbringungsmenge	Produktionskoeffizient	Produktionskoeffizient kumuliert
I		10 000		1,057 · 1,05 · 1,035 · 1,0 = 1,15
II	9 200	8 700	1,057	1,05 · 1,035 · 1,0 = 1,087
III	8 500	8 100	1,05	1,035 · 1,0 = 1,035
IV	8 800	8 500	1,035	1,0
V	9 000	9 000	1,0	

Produktionsstufe	Stufenkosten	Ausbringungs-menge	Stufenkosten je Ausbringungseinheit	Kumulierter Produktionskoeffizient	Kosten je Endprodukteinheit
I	60 000	10 000	6,00	1,15	6,90
II	36 150	8 700	4,15	1,087	4,51
III	32 250	8 100	3,98	1,035	4,12
IV	33 750	8 500	3,97	1,0	3,97
V	40 500	9 000	4,50		4,50
Selbstkosten je Produkteinheit					24,00

Zuschlagskalkulation

Kontrolle

1. a) Zuschlagssätze

   auf Lohnbasis: $\quad$ Gemeinkostenzuschlag $= \dfrac{100\,000 \cdot 100}{80\,000} = 125\ \%$

   auf Basis der Einzelkosten: $\quad$ Gemeinkostenzuschlag $= \dfrac{100\,000 \cdot 100}{105\,000} = 95,24\ \%$

   b) Selbstkosten der Kassettendecke

   auf Lohnbasis:

Fertigungsmaterial	700,00 €
Fertigungslöhne	1 500,00 €
Gemeinkostenzuschlag auf Lohnbasis 125 %	1 875,00 €
Selbstkosten	4 075,00 €

   auf Basis der Einzelkosten:

Fertigungsmaterial	700,00 €
Fertigungslöhne	1 500,00 €
Einzelkosten	2 200,00 €
Gemeinkostenzuschlag 95,24 %	2 095,28 €
Selbstkosten	4 295,28 €

   c) Die Lohnbasis ist dann angemessen, wenn der Betrieb arbeitsintensiv ist. Im vorliegenden Falle herrschen die Lohnkosten vor, sodass zwischen dem Lohn und den Gemeinkosten ein verursachungsgerechter Beziehungszusammenhang bestehen dürfte.

2. Kritisch ist gegen die summarische Zuschlagskalkulation vor allem einzuwenden, dass sich wohl kaum eine proportionale, die Kostenverursachung widerspiegelnde Beziehung zwischen den gesamten Gemeinkosten und nur einer Bezugsgröße finden lässt. Das Verfahren lässt sich relativ bedenkenlos anwenden, wenn die Gemeinkosten – gemessen an den Einzelkosten – einen nur unbedeutenden Anteil an den Gesamtkosten haben.

   Bei der differenzierenden Zuschlagskalkulation werden die Gemeinkosten nicht mehr pauschal zugerechnet, man verwendet vielmehr Zuschlagsbasen, die sich im Allgemeinen im ursächlichen Zusammenhang mit dem Entstehen der Gemeinkosten befinden. Damit kommt es zu einer insgesamt genaueren Verrechnung der Kosten.

Informationen:

In der Praxis wird die summarische Zuschlagskalkulation nur noch in Kleinbetrieben angewandt. Die Ungenauigkeiten werden hier meist aus Gründen eines vereinfachten Abrechnungsverfahrens in Kauf genommen.

3. a) $\text{HK-Satz } (B_2) = \dfrac{15\,000 \cdot 100}{75\,000} = \mathbf{20\ \%}$

$\text{HK-Satz } (B_3) = \dfrac{6\,750 \cdot 100}{45\,000} = \mathbf{15\ \%}$

b) Selbstkosten B_3:

BP mit USt	952,00 €	119 %
– USt (19 %)	152,00 €	19 %
BP	800,00 €	100 %
+ HK 15 %	120,00 €	15 %
SK	920,00 €	115 %

c) Hohe Personalintensität (Kundenberatung), hohe Lagerkosten (lange Lagerdauer), Serviceleistungen.

4. **Selbstkosten (Vorkalkulation) für eine Spezialkurbelwelle:**

Fertigungsmaterial	50,00 €	
MGKZ 30 %	15,00 €	
Materialkosten		65,00 €
Fertigungslöhne (Dreharbeiten)	25,00 €	
FGKZ (Dreherei) 100 %	25,00 €	
Fertigungslöhne (Schleifarbeiten)	20,00 €	
FGKZ (Schleiferei) 120 %	24,00 €	
Stücklizenzgebühr für Herstellung	15,00 €	
Fertigungskosten		109,00 €
Herstellkosten		174,00 €
VwGKZ 8 %		13,92 €
VtGKZ 8 %		13,92 €
Spezialverpackung		25,00 €
Selbstkosten (Vorkalkulation)		226,84 €

Vertiefung

5. **Kostenkontrolle für eine Kleinserie Heckenscheren:**

a) Fertigungsmaterial	4 000,00 €	
MGKZ 20 %	800,00 €	
Materialkosten		4 800,00 €
Fertigungslöhne (Kunststoffpresserei)	1 200,00 €	
FGKZ 149,5 %	1 794,00 €	
Fertigungslöhne (Wickelei)	1 500,00 €	
FGKZ 159 %	2 385,00 €	
Fertigungslöhne (Montage)	1 800,00 €	
FGKZ 119 %	2 142,00 €	
Fertigungskosten		10 821,00 €
Herstellkosten		15 621,00 €

VwGKZ 15,6 %	2 436,28 €
VtGKZ 6,5 %	1 015,37 €
Selbstkosten für die Kleinserie von 150 Stück	19 072,65 €

b) Selbstkosten für 1 Heckenschere:

19 072,65 € : 150 = 127,15 €

6. **Kalkulation in einer Stahlgroßhandlung:**

a) Die Wirtschaftlichkeit des Verfahrens.

b) Die Aufnahme stahlbegleitender und stahlergänzender Produkte sowie die künftige Lieferung „nach Maß" führen zu einer so weit gehenden Differenzierung und Veränderung in der Kostenstruktur, dass es schwierig sein dürfte, diesen Veränderungen durch eine „Kostengewichtung" mit Äquivalenzziffern gerecht zu werden.

1.5.3.4 Maschinenstundensatzrechnung

Kontrolle

1. a) **Laufstunden der Drehmaschinen (T_L):**

TL = 2 080 – 300 – 80 = 1 700 Stunden

b) **Kosten je Maschinenstunde für die einzelnen maschinenabhängigen Kosten**

c)

Maschinenabhängige Kosten	Berechnungen	
	halbautomatische Drehmaschine „MA 1" €	vollautomatische Drehmaschine „MA 2" €
Kalkulatorische Abschreibungen	$\dfrac{180\,000}{10 \cdot 1\,700} = 10,59$	$\dfrac{300\,000}{8 \cdot 1\,700} = 22,06$
Kalkulatorische Zinsen	$\dfrac{90\,000 \cdot 7}{100 \cdot 1\,700} = 3,71$	$\dfrac{150\,000 \cdot 7}{100 \cdot 1\,700} = 6,18$
Instandhaltung	$\dfrac{180\,000 \cdot 4}{100 \cdot 1\,700} = 4,24$	$\dfrac{300\,000 \cdot 4}{100 \cdot 1\,700} = 7,06$
Raumkosten	$\dfrac{8 \cdot 30}{1\,700} = 0,14$	$\dfrac{12 \cdot 30}{1\,700} = 0,21$
Energiekosten	$\dfrac{8 \cdot 60 \cdot 0,15}{100} = 0,72$	$\dfrac{20 \cdot 60 \cdot 0,15}{100} = 1,80$
Maschinenstundensätze c)	19,40	37,31

d) 1. **Maschinenstundensatzrechnung bzw. Zuschlagskalkulation:**

	€
15 Maschinenstunden zu je 19,40 €/h	291,00
Fertigungslohn	120,00
Restgemeinkostenzuschlag 200 % von 120,00 €	240,00
Fertigungskosten (MA 1)	651,00

	€
Fertigungslohn	120,00
FGKZ 500 %	600,00
Fertigungskosten	720,00

2. **Folgerung aus dem Vergleich:**

Bei der reinen Zuschlagskalkulation tragen die Wellen, welche die halbautomatische „MA 1" durchlaufen, auch die Kosten der teureren vollautomatischen Drehmaschine.

e) **Gründe für die Einführung der Maschinenstundensatzrechnung:**

Die Drehmaschinen verursachen stark abweichende Maschinenkosten (vgl. Maschinenstundensätze MA 1 = 19,40 €, MA 2 = 37,31 €). Fertigt z. B. die halbautomatische Drehmaschine MA 1 nur bestimmte Kostenträger, z. B. Wellen, so werden diese Fertigungsteile verursachungsgerecht nicht mit den Kosten der vollautomatischen Drehmaschine belastet. Außerdem zeigt der relativ hohe Fertigungsgemeinkostenzuschlag in der „Bohrerei" (500 %), dass die Fertigungslöhne als Bezugsgröße wegen der relativ hohen Maschinenkosten nicht mehr gerechtfertigt sind.

f) Fertigungsstelle „Dreherei"

Maschinenabhängige Kosten		Restgemeinkosten
MA I	MA II	

2. a) Restgemeinkosten werden auf die Fertigungslöhne bezogen. Ihnen werden alle Gemeinkosten der Fertigungsstellen zugeordnet, die nicht unmittelbar maschinenabhängig sind. Bestimmte Restgemeinkosten sind „personalabhängig", z. B. Gehälter, Hilfslöhne und Sozialkosten. Nicht unmittelbar personalabhängig sind z. B. Betriebssteuern, bestimmte Versicherungen und Kapitalkosten für die allgemeine Ausstattung von Kostenstellen, z. B. Raumkosten für Abstellflächen.

b) Die Aussage ist richtig. Die Normalsätze (Sollgrößen) sind Erfahrungssätze, die von den tatsächlich in der Periode anfallenden Laufstunden (durch nicht vorhersehbare Ausfallzeiten) abweichen.

c) Die Aussage ist zutreffend. Mit der Wahl von Maschinenstunden als Bezugsgröße wird versucht, das Proportionalitätsverhältnis zwischen den Gemeinkosten und der Bezugsgröße (Maschinenstunden) genauer zu bestimmen sowie die Gemeinkosten verursachungsgerechter zuzurechnen.

d) Die Aussage ist nur dann zutreffend, wenn die Produkte in einer Kostenstelle von Maschinen bzw. Maschinengruppen mit unterschiedlich hohen Maschinenkosten bearbeitet werden. Handelt es sich um Aggregate mit gleichen Maschinenkosten, so kann mit einem einheitlichen Fertigungsgemeinkostenzuschlag („Abteilungsstundensatz") gerechnet werden.

Vertiefung

3. a) **Ermittlung des Maschinenstundensatzes:**

Berechnung der Wiederbeschaffungskosten: 120 % = 120 000,00 €
140 % = 140 000,00 €

Abschreibungen	=	$\dfrac{140\ 000}{10 \cdot 1\ 600}$	=	8,75 €
Kalkulatorische Zinsen	=	$\dfrac{140\ 00 \cdot 10}{100 \cdot 2 \cdot 1\ 600}$	=	4,38 €
Instandhaltung	=	$\dfrac{140\ 000 \cdot 5}{100 \cdot 1\ 600}$	=	4,38 €
Raumkosten	=	$\dfrac{12 \cdot 80}{1\ 600}$	=	0,60 €
Energiekosten	=	$\dfrac{10 \cdot 70 \cdot 0,15}{100}$	=	1,05 €
Maschinenstundensatz			=	<u>19,16 €</u>

b) **Begründung des Betriebsberaters:**

Spezialmaschinen verursachen höhere, Universalmaschinen niedrigere Kapitalkosten. Bei einem einheitlichen Zuschlagsatz würden damit die Produkte, welche die Spezialmaschine nicht berühren, zu hoch (zu hohe Preise, unverkäuflich) und die Erzeugnisse, die mit Spezialmaschinen gefertigt werden, zu gering mit Kosten („Verkaufsrenner" ohne Gewinn) belastet. Durch die Einführung der Maschinenstundensatzrechnung erfolgt eine verursachungsgerechtere Kostenerfassung und Zurechnung auf die einzelnen Kostenträger.

4. a) **Trennung der Fertigungsgemeinkosten**

Gemeinkostenarten	Material	Fertigungsstellen					
		Dreherei		Fräserei		Lackiererei	
		D1 maschinenabhängige Kosten	Restgemeinkosten	F1 maschinenabhängige Kosten	Restgemeinkosten	L1 maschinenabhängige Kosten	Restgemeinkosten
Hilfslöhne	1 000,00		3 500,00		2 500,00		3 000,00
Gehälter	1 500,00		4 300,00		3 700,00		2 000,00
Soziale Abgaben	600,00		1 900,00		1 800,00		700,00
Kalkulatorische Abschreibungen	1 200,00	4 150,00		4 650,00		4 000,00	
Kalkulatorische Zinsen	400,00	1 600,00		1 850,00		1 350,00	
Raumkosten	50,00	1 800,00		1 500,00		250,00	
Instandhaltung	25,00	250,00		380,00		245,00	
Energiekosten	85,00	750,00		330,00		235,00	
Summe der Ist-Gemeinkosten	4 860,00	8 550,00	9 700,00	8 710,00	8 000,00	6 080,00	5 700,00
Bezugsgrößen:							
– Maschinenstunden (h)		450		410		220	
– Fertigungsmaterial (€)	48 600,00						
– Fertigungslöhne (€)			4 612,50		5 570,00		4 712,00
*) MGKZ / Restgemeinkostenzuschläge (%)	10		210,3		143,6		121
Maschinenstundensatz (€)		19,00		21,24		27,64	

*) Vgl. Berechnungen b) und c).

359

b) Restgemeinkostenzuschläge:

$$\text{RGKZ (Dreherei)} = \frac{9\,700 \cdot 100}{4\,612,50} = 210,3\,\%$$

$$\text{RGKZ (Fräserei)} = \frac{8\,000 \cdot 100}{5\,570} = 143,6\,\%$$

$$\text{RGKZ (Lackiererei)} = \frac{5\,700 \cdot 100}{4\,712} = 121,0\,\%$$

c) Maschinenstundensätze:

$$\text{D1} = \frac{8\,550}{450} = 19,00\,€$$

$$\text{F1} = \frac{8\,710}{410} = 21,24\,€$$

$$\text{L1} = \frac{6\,080}{220} = 27,64\,€$$

d) Nachkalkulation:

Fertigungsmaterial	80,00 €	
MGKZ 10 %	8,00 €	
Materialkosten		88,00 €
Maschinenkosten D 1		
10 Stunden zu 19,00 €	190,00 €	
Fertigungslöhne Dreherei	200,00 €	
RGKZ 210,3 %	420,60 €	
Maschinenkosten F 1		
7 Stunden zu 21,24 €	148,68 €	
Fertigungslöhne Fräserei	150,00 €	
RGKZ 143,6 %	215,40 €	
Maschinenkosten L 1		
3 Stunden zu 27,64 €	82,92 €	
Fertigungslöhne Lackiererei	120,00 €	
RGKZ 121 %	145,20 €	
Fertigungskosten		1 672,80 €
Herstellkosten		1 760,80 €

e) In der Vorkalkulation wird von Normalstunden und Normalkostensätzen ausgegangen.

Die Restgemeinkostensätze werden als Durchschnittssätze ermittelt, die vom jeweiligen Ist-Zuschlag des BAB in der Regel abweichen. Die Maschinenstundensätze des BAB werden aufgrund der tatsächlich angefallenen Maschinenstunden ermittelt, während die Normalstunden lediglich die durchschnittlichen Stillstandzeiten und Instandsetzungszeiten berücksichtigen.

5. a) Fertigungslöhne Sägerei (3 400 Stunden zu 15,00 €)   51 000,00 €

    b) Kalkulatorische Abschreibungen für M 2:

    Abschreibungsbetrag = $\dfrac{160\ 000}{8}$ = 20 000,00 €

    Preisindex: 1,25 von 20 000,00 € = **25 000,00 €** (Jahresabschreibung)

    Auswirkung auf die Werte im BAB:
    Zeile Kalkulatorische Abschreibung

    FGK (S) 168 000,00 €   Maschine A 1 125 000,00 €   Maschine A 2   **25 000,00 €**
                                                                   RGK   **18 000,00 €**

    Summen: Maschine A 2 = 54 700,00 €   RGK (S) = 48 600,00 €

    c) Maschinenstundensatz A 2: = $\dfrac{54\ 700}{1\ 600}$ = 34,19 €

    Restgemeinkostenzuschlagsatz = $\dfrac{48\ 600 \cdot 100}{51\ 000}$ = 95,29 €

1.5.3.5 Kalkulation des Verkaufspreises (Vorwärts-, Differenz- und Rückwärtskalkulation)

Kontrolle

1. a) Siehe Band 1!

    b) Siehe Band 1!

2. Einzelkosten in der Industrie werden differenziert nach Fertigungsmaterial und Fertigungslöhnen. Im Handel sind die Warenkosten = Einzelkosten.

    Die Gemeinkosten spalten sich in der Industrie nach Funktionsbereichen auf (MGK, FGK, VwGK, VtGK), im Handel nach Warengruppen.

    Gemeinsam ist der Bezug von Gemeinkosten auf Einzelkosten: Im Handel auf Warenkosten, in der Industrie auf das Fertigungsmaterial bzw. auf die Fertigungslöhne.

3. a) Nettoverkaufspreis – Bezugspreis: Ware A: 1 100 – 580   = 520

                                                          $\dfrac{520 \cdot 100}{580}$ = **89,7 % KZ**

                                                          $\dfrac{520 \cdot 100}{1\ 180}$ = **47,3 % Hsp**

                                         Ware B: 1 200 – 980   = 220

                                                            $\dfrac{220 \cdot 100}{980}$ = **22,4 % KZ**

                                                          $\dfrac{220 \cdot 100}{1\ 200}$ = **18,3 % Hsp**

    b) Es handelt sich für den Einzelhändler um den relevanten **Auszeichnungspreis**, also eine Vereinfachung.

4.

Bezugspreis	100,00 €		
+ HK 30 %	30,00 €		
Selbstkosten	130,00 €		
+ Gewinn 15 %	19,50 €		
Vorl. Verk. Preis	149,50 €	98 %	
Kd. Skonto 2 %	3,05 €	2 %	
Zielverkaufspreis	152,55 €	100 %	92 %
Kd. Rabatt 8 %	13,27 €		8 %
Verkaufspreis netto	165,82 €		100 %

Kalkulationszuschlag: 165,82 – 100 $\quad = \quad$ 65,82 %

Handelsspanne: $\dfrac{65,82 \cdot 100}{165,82}$ $\quad = \quad$ 39,69 %

5. Berechnung des Verkaufspreises:

	€	€	
Fertigungsmaterial	5 000,00		
MGKZ 15 %	750,00		
Materialkosten		5 750,00	
Fertigungslöhne	8 500,00		
FGKZ 130 %	11 050,00		
Fertigungskosten		19 550,00	
Herstellkosten		25 300,00	
VwGKZ 10 %		2 530,00	
VtGKZ 5 %		1 265,00	
Selbstkosten		29 095,00	
Gewinn 10 %		2 909,50	
Barverkaufspreis		32 004,50	
Skonto 2 %		653,15	i.H.
Zielverkaufspreis		32 657,65	
Rabatt 5 %		1 718,82	i.H.
Angebotspreis (Verkaufspreis)		34 376,47	

6. a)

	€	€
Fertigungsmaterial	350,00	
MGKZ 5 %	17,50	
Materialkosten		367,50
Fertigungsstelle Stanzerei:		
Maschinenstunden 6 · 21,50 €	129,00	
Fertigungslöhne 6 · 13,00 €	78,00	
Restgemeinkostenzuschlag 40 %	31,20	
Fertigungsstelle Formerei:		
Maschinenstunden 4 · 30,00 €	120,00	
Fertigungslöhne 4 · 13,50 €	54,00	
Restgemeinkostenzuschlag 50 %	27,00	
Fertigungsstelle Galvanik:		
Maschinenstunden 2 · 12,50 €	25,00	
Fertigungslöhne 8 · 13,50 €	108,00	

Restgemeinkostenzuschlag 60 %	64,80		
Sondereinzelkosten	80,00		
Fertigungskosten	717,00		
Herstellkosten	1 084,50		
Verwaltungsgemeinkosten 25 %	271,13		
Vertriebsgemeinkosten 20 %	216,90		
Selbstkosten	1 572,53		
Gewinn 12 %	188,70		
Barverkaufspreis	1 761,23	92,00 %	
Skonto 3 % (57,43)			
Provision 5 % (95,72)	153,15	8,00 %	
Zielverkaufspreis	1 914,38	100,00 %	96 %
Rabatt 4 %	79,77		4 %
Verkaufspreis (Angebotspreis)	1 994,15		100 %

Verkaufspreis je Stück: $\dfrac{1\,994,15}{400} = 4,99\ €$

b) **Berechnung des Gewinns** (in € und in %):   €

Selbstkosten	1 572,53	
+ Gewinn	17,23	= 1,1 %
Barverkaufspreis	1 589,76	
Skonto 3 % (51,84)		
Provision 5 % (86,40)	138,24	
Zielverkaufspreis	1 728,00	
Rabatt 4 %	72,00	
Konkurrenzpreis (4,5 · 400)	1 800,00	

Vertiefung

7. a) **Überprüfung des Ergebnisses der Vorkalkulation** (Beträge in €):

Fertigungsmaterial	400,00		
MGKZ 10 %	40,00		
Materialkosten		440,00	
Fertigungslöhne	180,00		
FGKZ 200 %	360,00		
Fertigungskosten		540,00	
Herstellkosten		980,00	
VwGKZ und VtGKZ 25 %		245,00	
Selbstkosten		1 225,00	
Gewinn 4 %		49,00	
Barverkaufspreis		1 274,00	
Kundenskonto 2 %		26,00	i. H.
Zielverkaufspreis		1 300,00	
Kundenrabatt 20 %		325,00	i. H.
Listenpreis		1 625,00	

L

b) **Maximaler Aufwand für Fertigungsmaterial** (Beträge in €):

Fertigungsmaterial	**364,36**	
Materialgemeinkosten 10 %	36,44	
Fertigungslöhne	180,00	
Fertigungsgemeinkosten 200 %	360,00	
Herstellkosten	940,80	
Verwaltungs- und Vertriebsgemeinkosten 25 %	235,20	a. H.
Selbstkosten	1 176,00	
Gewinn 4 %	47,04	a. H.
Barverkaufspreis	1 223,04	
Kundenskonto 2 %	24,96	v. H.
Zielverkaufspreis	1 248,00	
Kundenrabatt 20 %	312,00	v. H.
Neuer Angebotspreis	1 560,00	

Aufwendbares Fertigungsmaterial: $\underline{\underline{364,36\ €}}$

Maximal aufwendbare Fertigungslöhne, wenn der Fertigungsmaterialaufwand nicht gesenkt werden kann:

Herstellkosten	940,80 €
– Materialkosten	440,00 €
Fertigungskosten	500,80 €

500,80 € = 300 %   (FL = 100 %)

$$\text{Fertigungslöhne} = \frac{500,80 \cdot 100}{300} = \underline{\underline{166,93\ €}}$$

c) Die Minderung der Aufwendungen für Fertigungsmaterial kann erreicht werden durch die Ausnutzung einer starken Marktstellung als Abnehmer, durch entsprechende Vereinbarungen von Mengenrabatten u.a.

Eine Senkung der Fertigungslöhne kommt wegen der tarifvertraglichen Bindung im Allgemeinen nicht in Betracht. Anders bei übertariflich bezahlten Arbeitskräften bzw. freiwilligem Verzicht auf Teile des Lohns. Denkbar ist auch die Senkung von Lohnkosten durch technische Rationalisierung (Einsparung von Arbeitskräften).

8. a) **Vorwärtskalkulation:**

1 000 Stücke	3 500,00 €
– Rabatt 10 %	350,00 €
Zieleinkaufspreis	3 150,00 €
– Skonto 3 %	94,50 €
Bareinkaufspreis	3 055,50 €
Bezugskosten	34,50 €
Bezugspreis	3 090,00 €
+ Handlungskosten 30 %	927,00 €
Selbstkosten	4 017,00 €
+ Gewinn 20 %	803,40 €
Barverkaufspreis	4 820,40 €
+ Kundenskonto 2 %	107,12 €

+ Vertreterprovision 8 %	428,48 €	
Zielverkaufspreis	5 356,00 €	
+ Rabatt 5 %	281,89 €	
Listenpreis	5 637,89 €	
(= Angebot an Einzelhandel)		

b) Anteilige Schätzung, BAB

c) **Differenzkalkulation:**

Selbstkostenpreis	4 017,00 €	↓	(siehe a)
Verlust	597,00 €	=	Differenz
Barverkaufspreis	3 420,00 €	↑	90 %
+ Kundenskonto 2 %	76,00 €		
+ Vertreterprovision 8 %	304,00 €		10 %
Zielverkaufspreis	3 800,00 €	95 %	100 %
+ Kundenrabatt 5 %	200,00 €	5 %	
Listenpreis	4 000,00 €	100 %	

d) **Retrograde Kalkulation:**

Einkaufspreis	2 830,46 €		100 %
– Rabatt 10 %	283,05 €		10 %
Zieleinkaufspreis	2 547,41 €	100 %	90 %
– Skonto 3 %	76,42 €	3 %	
Bareinkaufspreis	2 470,99 €	97 %	
+ Bezugskosten	34,50 €		
Einstandspreis	2 505,49 €		100 %
+ Handlungskostenzuschlag 30 %			30 %
Selbstkostenpreis	3 257,14 €	100 %	130 %
+ Gewinnzuschlag 5 %	162,86 €	5 %	
Barverkaufspreis	3 420,00 €	105 %	
+ Kundenskonto 2 %	76,00 €		90 %
+ Vertreterprovision 8 %	304,00 €		10 %
Zielverkaufspreis	3 800,00 €	95 %	100 %
+ Kundenrabatt 5 %	200,00 €	5 %	
Verkaufspreis (Listenpreis)	4 000,00 €	100 %	

Neuer Preis: 2,83 €

(2 830,46 : 1 000)

e) Kalkulationszuschlag $= \dfrac{(4\,000,00 - 2\,505,49) \cdot 100}{2\,505,49} = $ **59,6 %**

Handelsspanne $= \dfrac{(4\,000,00 - 2\,505,49) \cdot 100}{4\,000,00} = $ **37,4 %**

1.5.4 Geschlossene Kostenrechnung (Gesamtschau der Kostenarten-, Kostenstellen-, Kostenträgerzeitrechnung)

Kontrolle und Vertiefung

1. **Aussage 1:** Nicht richtig. Begründung: Aufwendungen der Finanzbuchführung, z.B. Personalaufwendungen werden zwar in der Kostenrechnung zu Grundkosten und entsprechen dann den Aufwendungen. Anders, wenn z.B. kalkulatorische Abschreibungen von den bilanziellen Abschreibungen der Finanzbuchführung abweichen; kalkulatorische Abschreibungen sind dann Anderskosten, deren Abweichung in der Spalte „kostenrechnerische Korrekturen" erfasst werden. Außerdem kann die Kosten- und Leistungsrechnung Zusatzkosten enthalten, die in der Finanzbuchführung keine Entsprechung haben, z.B. kalkulatorischer Unternehmerlohn.

   Aussage 2: Diese Aussage ist richtig. Sie bedarf der Ergänzung: Die Kostenarten werden entsprechend ihrer Zurechnung auf die Kostenträger in Einzel- und Gemeinkosten eingeteilt; nach der Art der verbrauchten Kostengüter können Werkstoffkosten, Personalkosten, Kosten der menschlichen Gesellschaft u.a. unterschieden werden.

   Aussage 3: Die Aussage ist zutreffend.

   Aussage 4: Richtige Aussage.

   Aussage 5: Die Aussage trifft zu.

   Aussage 6: Die Aussage ist richtig. *Ergänzung:* Beim Angebotspreis wird mit Normalkosten (Vorkalkulation) gerechnet, bei der Nachkalkulation wird mit Istkosten gearbeitet.

2. **Aussage 1:** Zutreffend.

   Aussage 2: Die Aussage ist richtig. Es kommt zu einem Zeitvergleich. Einwand: Da Sollgrößen aufgrund von Analysen, die eine hohe Wirtschaftlichkeit gewährleisten, fehlen (z.B. aufgrund technischer Verbrauchsmessungen von Werkstoffen), wird beim Zeitvergleich „Schlendrian" mit „Schlendrian" verglichen.

   Aussage 3: Keine genauen Ergebnisse, da nicht die tatsächlichen Istkosten den Nettoverkaufserlösen gegenübergestellt werden, sondern die Normalkosten, die Durchschnittswerte der Vergangenheit sind.

   Aussagen 4 und 5: Zutreffend.

1.5.5 Plankostenrechnung (PKR) auf Vollkostenbasis

1.5.5.1 Starre Plankostenrechnung

1.5.5.2 Flexible Plankostenrechnung

Kontrolle

1. Das Zielkriterium der Relevanz im Hinblick auf die Kontrolle von Kostenstellen wird bei der flexiblen Plankostenrechnung in hohem Maß erfüllt, da sich die Verbrauchsabweichungen als Maßstab der Wirtschaftlichkeit ($K_{Ist} - K_{Soll}$) ermitteln lassen.

   Die starre PKR kann dem Zielkriterium nur wenig gerecht werden, da Verbrauchs- und Beschäftigungsabweichungen nicht getrennt werden können: Die Normalkostenrechnung entspricht dem Ziel noch weniger, da sie auf Plankosten verzichtet und auf durchschnittlichen Istkosten der Vergangenheit basiert: Die flexible PKR ist aufwendig, weil hier eine kostenarten- bzw. kostenstellenbezogene Trennung der Kosten in fixe und variable Bestandteile vorgenommen werden muss. Inwieweit die beiden Verfahren dem Zielkriterium der Wirtschaftlichkeit gerecht werden, hängt von den „Ergebnissen" ab, die mit der jeweiligen Rechnung erreichbar sind.

2. a) Die Aussage muss richtig heißen:
   ... liegt vor, wenn die Sollkosten (K_{Soll}) höher bzw. niedriger sind als die verrechneten Plankosten.

   b) Aussage ist richtig.

   c) Aussage ist richtig.

3. a) a1) Plankostenverrechnungssatz (k_{plan})

   $$k_{plan} = \frac{30\,000}{5\,000} = 6,00\ €$$

   a2) Verrechnete Plankosten (K_{verr})
   K_{verr}: $6,00 \cdot 4\,000 = 24\,000,00\ €$

   a3) Δ: $K_{verr} - K_{Ist}$
   $24\,000 - 28\,000 = 4\,000,00\ €$

   a4) Grafische Darstellung (entsprechend dem Muster in Band 1)

   b) b1) Proportionaler Plankostenverrechnungssatz (kr_{plan})

   $$kr_{plan} = \frac{20\,000}{5\,000} = 4,00$$

   b2) Fixer Plankostenverrechnungssatz (k_{fplan})

   $$k_{fplan} = \frac{10\,000}{5\,000} = 2,00\ €$$

   b3) $k_{plan} = 4,00 + 2,00 = \mathbf{6,00\ €}$
   (siehe a1)

   b4) $K_{verr} = 6,00 \cdot 4\,000 = 24\,000,00\ €$
   (siehe a2)

   b5) $\Delta = 24\,000 - 28\,000 = 4000,00\ €$
   (siehe a3)

   b6) $K_{Soll} = K_{fplan} + k_{vplan} \cdot B_{Ist}$
   $= 10\,000 + 4,00 \cdot 4\,000 = 26\,000,00\ €$

   b7) $\Delta V = K_{Ist} - K_{Soll}$
   $= 28\,000 - 26\,000 = 2\,000,00\ €$

   b8) $\Delta B = K_{verr} - K_{Soll}$
   $= 24\,000 - 26\,000 = 2\,000,00\ €$

   b9) (Skizze entsprechend dem Muster, siehe Band 1)

Vertiefung

4. Diese Aussage trifft zu.
Bei hohem Fixkostenanteil entstehen bei starken Beschäftigungsschwankungen „Plan-Ist"-Abweichungen, die dann in hohem Maße auf die Beschäftigungsabweichungen und nicht auf Verbrauchsabweichungen zurückzuführen sind.

5. $k_{plan} = \dfrac{K_{plan}}{B_{plan}} = \dfrac{4\,950}{5\,500} = 0{,}90\,€$

b) ■ Entspricht die Istbeschäftigung (B_{Ist}) der Planbeschäftigung (B_{Plan}), so kann die Abweichung Δ nicht auf eine Beschäftigungsabweichung zurückgeführt werden. Die Differenz von 300,00 € beruht dann auf einer Verbrauchsabweichung ΔV (5 250 – 4 950) und ist somit Indiz für Unwirtschaftlichkeit. Voraussetzung ist allerdings, dass Preisschwankungen ausgeschaltet und für den Vergleichszeitraum Verrechnungspreise zugrunde gelegt werden.

   ■ Bei 4 000,00 km betragen die zu verrechnenden Plankosten (K_{verr}):

$K_{verr} = 0{,}90 \cdot 4\,000 =$	3 600,00 €
$\underline{K_{Ist} =}$	3 600,00 €
Abweichung =	0

   In diesem Falle lässt sich die Beschäftigungsabweichung nicht eliminieren, weil eine Trennung in fixe und variable Kosten unterbleibt. Es kann jedoch im vorliegenden Falle von einer verbesserten Wirtschaftlichkeit ausgegangen werden, da durch den Fixkostencharakter von Kosten im Bereich des Fuhrparks bei Rückgang der Beschäftigung diese als Remanenzkosten wirksam bleiben.

c) Es handelt sich um eine starre Plankostenrechnung.

   Unter der Voraussetzung einer stabilen Beschäftigung kann – wie obiges Zahlenbeispiel zeigt – eine wirksame Kostenkontrolle erreicht werden. Dies ist bei Beschäftigungsschwankungen nicht mehr möglich. Trotzdem stellt die starre Plankostenrechnung einen Fortschritt dar, weil durch die Vorgabe von „zukunftsorientierten" Größen eine Zielsetzung der Wirtschaftlichkeit angestrebt wird und somit (trotz nicht voll zuverlässiger Info) das Kostenbewusstsein der Mitarbeiter im Bereich „Fuhrpark" gefördert wird.

1.6 Teilkostenrechnung

1.6.1 Deckungsbeitrag – Deckungsbeitragsrechnung

Kontrolle

1. a)

E für 6 000 Stück	342 000,00 €, für 1 Stück	57,00 €
$-\,K_v$	42 000,00 €, für 1 Stück	7,00
DB für 6 000 Stück	300 000,00 €, für 1 Stück	50,00 €

b) $NS = \dfrac{200\,000}{(57-7)} = 4\,000$ Stück

Ergebnisrechnungen

	2 000 Stück €	4 000 Stück (NS) €	6 000 Stück €	8 000 Stück €
E	114 000,00	228 000,00	342 000,00	456 000,00
K_v	14 000,00	28 000,00	42 000,00	56 000,00
DB	100 000,00	200 000,00	300 000,00	400 000,00
K_f	200 000,00	200 000,00	200 000,00	200 000,00
G			100 000,00	200 000,00
V	100 000,00	–		

c) Siehe Band 1!

2. Umsatzerlöse B   520 000,00 €

   K_v (640 000 – 300 000)   340 000,00 €

   DB   180 000,00 €

   K_f 300 000,00 €

   V   120 000,00 €

Die Auffassung des Inhabers ist falsch, weit nach Wegfall von B die K_f (mindestens zunächst) bleiben (Remanenz) und durch den fehlenden DB das Gesamtergebnis um 180 000,00 € sinkt.

Zusatzfrage: Welcher Umsatz ist erforderlich, um für B den BEP zu erreichen?

In 520 000,00 €   Umsatz   340 000,00 € K_v

in 1,00 €   Umsatz   0,653 85 € k_v

Break-even-Point: $\dfrac{300\,000}{(1,00 - 0,65385)} \approx 866\,676,60$ €

Vertiefung

3. a) Verlustprodukt, ausscheiden bzw. dann weiterproduzieren, wenn im Sortimentsverband nur so die Gewinnprodukte abgesetzt werden können.

   b) Der Betrieb befindet sich an der Nutzenschwelle:

      E – K_v = DB

      DB – K_f = 0

   c) **200 Stück:** Betrieb unterhalb der NS, Verlust bei positivem DB.

      600 Stück: Betrieb oberhalb der NS, Gewinnzone.

      800 Stück: Wie bei 200 Stück, aber offenbar quantitative Anpassung, d.h. hohe fixe Kosten sind zusätzlich (zwischen 601 und 800 Stück) entstanden.

      950 Stück: Betrieb wieder in der Gewinnzone; somit auch DB > K_f. Die gestiegenen K_f sind auf größere Mengen verteilt worden.

   d) Dies gilt kurzfristig; auf lange Sicht muss mindestens eine Deckung der Selbstkosten erfolgen (Vollkostenrechnung). Im Mehr-Produkt-Unternehmen können andere Produkte die nicht gedeckten K_f auch auf längere Sicht übernehmen. Bei Wegfall des Verlustprodukts blieben die K_f in vollem Umfang gedeckt.

4. a)

E	1 500 000,00 €
K_v (64 % von 1 500 000,00 €)	960 000,00 €
DB (36 % von 1 500 000,00 €)	540 000,00 €
K_f	560 000,00 €
V	20 000,00 €

Umsatzerlöse bei Verlust 20 000,00 €!

$$\frac{(560\,000 - 20\,000)}{(1,00 - 0,64)} = 1\,500\,000,00\,€$$

b) BEP: $\dfrac{560\,000}{(1 - 0,64)} = 1\,555\,556,00\,€$

Probe b,

E		1 555 556,00
Kf	560 000,00	
Kv	995 556,00	1 555 556,00
G/V		0

5. a) Siehe Werte im Diagramm!

$$e = \frac{800\,000}{500} = 1\,600$$

$$k_v = \frac{300\,000}{500} = 600$$

$$NS\,1 = \frac{200\,000}{(1\,600 - 600)} = 200\ \text{Stück}$$

$$NS\,2 = \frac{350\,000}{(1\,600 - 600)} = 350\ \text{Stück}$$

b) DB (Beträge in €)

	100 (Stück)	300 (Stück)	315 (Stück)	500 (Stück)
E	160 000,00	480 000,00	544 000,00	800 000,00
K_v	60 000,00	180 000,00	189 000,00	300 000,00
DB	100 000,00	300 000,00	315 000,00	500 000,00
K_f	200 000,00	200 000,00	350 000,00	350 000,00
V	− 100 000,00		− 35 000,00	
G		+ 100 000,00		150 000,00
e	1600,00	1 600,00	1 600,00	1 600,00
k_v	600,00	600,00	600,00	600,00
db	1 000,00	1 000,00	1 000,00	1 000,00
k_f	2 000,00	666,67	1 111,11	700,00
v	− 1 000,00		− 111,11	
g		+ 333,33		+ 300,00

c)

	250 Stück vor quantitativer Anpassung (€)	250 Stück nach quantitativer Anpassung (€)
E	400 000,00	400 000,00
K_v	150 000,00	150 000,00
DB	250 000,00	250 000,00
K_f	200 000,00	350 000,00
G	50 000,00	
V		100 000,00

Erkenntnis: Die Kostenremanenz bewirkt, dass sich nach Rückgang von 500 auf 250 Stück gegenüber dem früheren Gewinn von 50 000,00 € das Ergebnis um 150 000,00 € verschlechtert.

6. a)

Umsatz (100 %)	700 000,00 €
K_v (72 %)	504 000,00 €
DB (28 %)	196 000,00 €

b)

Einstandspreise (72 % von 700 000,00 €)	504 000,00 €
HK (196 000 – 36 000) = K_f	160 000,00 €
Selbstkosten	664 000,00 €
Gewinn	36 000,00 €

Zuschlagssätze:

$$\text{HKZ:} \quad \frac{160\,000 \cdot 100}{504\,000} = 31{,}75\ \%$$

$$\text{Gewinn:} \quad \frac{36\,000 \cdot 100}{664\,000} = 5{,}42\ \%$$

c)

Einstandspreise (72 % von 840 000,00 €)	604 800,00 €
HK (26,46 %)	160 000,00 €
Selbstkosten	764 800,00 €
Gewinn (9,83 %)	75 200,00 €
Umsatz	840 000,00 €

7. a) Teilkostenrechnung (TKR):

	März	April
P	20,00	20,00
k_v (5 400 : 900)	6,00	6,00
db	14,00	14,00
DB 14,00 · 900 bzw. · 540	12 600,00	7 560,00
K_f	10 000,00	10 000,00
Ergebnis	**+ 2 600,00**	**– 2 440,00**

Vollkostenrechnung (VKR):

	März	April
Selbstkosten	15 400,00	9 240,00*
Umsatzerlöse	18 000,00	10 800,00
Ergebnis	**+ 2 600,00**	**+ 1 560,00**

$$* \quad \frac{15\,400 \cdot 540}{900} = 9\,240{,}00$$

b) Die Ergebnisabweichung der Vollkostenrechnung ist darauf zurückzuführen, dass die in den Vollkosten enthaltenen Fixkosten beim Beschäftigungsrückgang von 40 % proportionalisiert = „heruntergerechnet" werden. Dadurch erscheint (fälschlich) ein Gewinn (+ 1 560,00 €), in Wirklichkeit ist jedoch lt. Teilkostenrechnung ein Verlust entstanden (– 2 440,00 €). Die VKR setzt also falsche Signale.

   c) Deckungsbetrag (1 000 · 14,00)   14 000,00 €

Deckungsbetrag (1 000 · 14,00)	14 000,00 €
$- K_f$	10 000,00 €
Ergebnis	+ 4 000,00 €

Hinweis:

$$\text{Break-even-Point} = \frac{10\,000}{14} \approx 715 \text{ Stück}$$

8. a) Umsatzerlöse

Umsatzerlöse	12 000,00 €
$- K$	10 000,00 €
Ergebnis (Periode)	+ 2 000,00 €
Ergebnis (Stück) (2 000,00 : 1 000)	+ 2,00 €

   b) „Hochrechnung"
      Vollkostenrechnung:

(falscher) Periodengewinn (2 000,00 · 2,00)   **4 000,00 €**

Durch "Hochrechnung" der Fixkosten werden die Selbstkosten zu hoch angesetzt.

Teilkostenrechnung:

p	12,00 €
k_v	6,00 €
db	6,00 €
DB (2 000 · 6,00)	12 000,00 €
K_f	4 000,00 €
(richtiger) Periodengewinn	**8 000,00 €**

   c) Beschäftigung 500 Stück

Vollkostenrechnung
(falscher) Periodengewinn (500 · 2,00)   **1 000,00 €**
Gewinn entsteht durch das „Herunterrechnen" der Fixkosten auf den niedrigen Beschäftigungsgrad.
Teilkostenrechnung

DB (500 · 6,00)	3 000,00 €
K_f	4 000,00 €
(richtiger) Periodenverlust	− 1 000,00 €

Hinweis

$$\text{Break-even-Point} = \frac{4\,000}{12 - 6} \approx 667 \text{ Stück}$$

9.

	16 000 Stück, €	32 000 Stück, €
E	64 000,00	128 000,00
K_v	70 000,00	140 000,00
Negativer DB	6 000,00	12 000,00
K_f	34 000,00	34 000,00
V	40 000,00	46 000,00

Falsche Entscheidung: Der Artikel bringt keinen DB. Bei Produktionssteigerung wird also lediglich der Verlust größer. Grund: Der negative DB verdoppelt sich und führt zu einer Ergebnisverschlechterung.

10. Aussagen

   a) Richtig. Begründung: Die Schwankungen des Beschäftigungsgrades werden im variablen Bereich eliminiert, d. h. jeder Menge (x) werden die K_v "sichtbar" ($E - K_v$ bzw. $P - k_v$) zugerechnet. Der Fixkostenblock bleibt unverändert und belastet die K je nach Stückzahl mehr oder weniger.

   b) Richtig
      Zu Teilkostenrechnung: Sie geht von den Marktpreisen aus. Bei gleich bleibenden Fixkosten ist die Höhe von db und DB entscheidend für die Stellung des Produktes am Markt.
      Zu Vollkostenrechnung: Bei der Preisbildung durch Kalkulation ist von den Selbstkosten (+ Gewinn und Verkaufszuschläge) auszugehen. Allerdings: Die ermittelten Selbstkosten gelten nur für einen bestimmten Beschäftigungsgrad. Wenn der Absatz schwankt, werden sie rasch mehr oder weniger "falsch".

   c) Richtig
      Die Aufteilung lässt erkennen, dass die Produkte nach Abgang des Teiles ("erzeugnisabhängig") der K_f, der ihnen zurechenbar ist, einen Verlust bringen.
      Es besteht somit die Möglichkeit, Verlustprodukte rasch zu erkennen, evtl. zu eliminieren bzw. kostensenkende Maßnahmen einzuleiten.
      Der unternehmensabhängige K_f-Block trifft alle Produkte.
      Voraussetzung: Analyse zwecks Aufteilung/Zurechung der K_f.

   d) Richtig
      An ihre Stelle trifft der db. Eine k-Ermittlung ist deswegen nicht möglich, weil der K_f-Block in seiner Gesamtheit verbleibt.

   e) Falsch
      Kalkulation und Preisbildung (1. Zuschlagskalkulation) bedingen, z. B. bei der Einführung neuer Produkte, die Vollkostenrechnung.

   f) Richtig
      Sie würde in diesem Falle über eine längere Zeit hinweg das Ergebnis für ein/mehrere Produkt(e) richtig ermitteln.

11. a) Vollkostenrechnung:

	Gesamt, €	Stück, €
Selbstkosten (K) Verlust (V)	275 000,00 40 000,00	137,50 20,00
Verkaufserlös (E)	235 000,00	117,50

     Teilkostenrechnung:

	Gesamt, €	Stück, €
Verkaufserlös (E/e) K_v/k_v	235 000,00 102 000,00	117,50 51,00
DB/db K_f	133 000,00 173 000,00	66,50
V/v	40 000,00	

   b) $NS = \dfrac{173\,000}{(117,50 - 51,00)} = 2\,601{,}5\ldots$ Stück, aufgerundet 2 602 Stück

c) Vollkostenrechnung (für 3 500 Stück):

	Gesamt, €	Stück, €
Selbstkosten (K/k)	481 250,00	137,50
Verlust (V/v)	70 000,00	20,00
Verkaufserlös (E/e)	411 250,00	117,50

Diese Rechnung ist **falsch**, weil Auswirkung von K_f nicht beachtet worden ist (s. auch b)).

Teilkostenrechnung:

	Gesamt, €	Stück, €
E/e	411 250,00	117,50
K_v/k_v	178 500,00	51,00
DB/db	232 750,00	66,50
K_f	173 000,00	
G/g	59 750,00	

Berichtigte Vollkostenrechnung:

	Gesamt, €	Stück, €
Selbstkosten (K/k)	351 000,00	100,43
Gewinn (G/g)	59 750,00	17,07
Verkaufserlöse (E/e)	411 250,00	117,50

1.6.2   Verfahren der Kostenauflösung

1.6.2.1 Synthetische Kostenauflösung als buchtechnisches Verfahren

Kontrolle

1. Kalkulationsschema

Fertigungsmaterial	1 000 000,00 €	
Materialgemeinkosten, davon fix 120 000,00	200 000,00 €	
Materialkosten		1 200 000,00 €
Fertigungslöhne	450 000,00 €	
Fertigungsgemeinkosten, davon fix 1 080 000,00	1 350 000,00 €	
Fertigungskosten		1 800 000,00 €
Herstellkosten der Erzeugung		3 000 000,00 €
Verwaltungsgemeinkosten		750 000,00 €
Vertriebsgemeinkosten		600 000,00 €
Selbstkosten der Erzeugung		4 350 000,00 €

Kostenauflösung

Fixe Kosten (Summe)	2 062 500,00 €
Variable Kosten (Summe)	2 287 500,00 €
Selbstkosten der Erzeugung	4 350 000,00 €

2. **Telefonkosten:** Grundbetrag (Anschluss) auf jeden Fall fix; Betrag aus Summe der Gebühreneinheiten grundsätzlich variabel, aber auch mit fixen Bestandteilen, weil sicher ein Teil vom Beschäftigungsgrad unabhängig ist. Schätzung notwendig.

   Abschreibungen auf Sachanlagen: Grundsätzlich fix, auch z.B. bei Stillstand der Maschinen. Variable Bestandteile bei Schichtbetrieb und dann, wenn die Abschreibung nach Leistungseinheiten berechnet wird. Überwiegend jedoch fix.

   Löhne: Sie werden grundsätzlich als typisch variabel angesehen, erhalten jedoch durch den ständig weiter ausgebauten Kündigungsschutz bzw. Kündigungsfristen fixe Bestandteile, die sich besonders bei sinkender Beschäftigung auswirken.

   Gehälter: Weitestgehend fix, da (wenigstens zunächst) unabhängig vom Beschäftigungsgrad.

   Miete: Bei langfristigen Verträgen eher fix, bei kurzfristiger Kündigungsmöglichkeit steigt der variable Anteil.

   Kraftfahrzeugsteuer: Fix, auch zu zahlen, wenn wenige km gefahren.

   Werbung: Weitgehend fix (siehe Erinnerungswerbung); variabel (progressiv), wenn bei sinkendem Beschäftigungsgrad stärker geworben wird, und variabel (degressiv), wenn bei steigendem Beschäftigungsgrad auf intensive Werbung verzichtet werden kann. Allerdings fraglich, ob sich die werbende Firma gerade so verhält!

   Fremdbauteile: Variabel; Bezug nur bei Bedarf (siehe geringere Fertigungstiefe).

   Grundsteuer: Fix.

   Zinsaufwand für Darlehensschuld: Je längerfristig die Verbindlichkeit ist, desto mehr fixer Charakter (kalkulatorische Zinsen ganz fix). Bei kurzfristigen Verbindlichkeiten (Überbrückungskredit, vorübergehende Finanzierung einer gestiegenen Produktion) eher variabel.

   Fremdreparaturen: Weitgehend fix, bei höherer Abnutzung durch Schichtbetrieb und bei Anpassung in der Intensität auch variable Bestandteile.

   Versicherungsaufwand: Weitgehend fix; variable Bestandteile insoweit, als z.B. bei verminderten Lagerbeständen die betreffenden Versicherungsaufwendungen zurückgehen und umgekehrt.

   Verbrauchtes Büromaterial: Überwiegend fix.

   Stromverbrauch: Grundgebühren fix; sonst variabel, soweit für Antrieb von Anlagen genutzt; weitgehend fix, soweit Verbrauch im Bereich der Verwaltung erfolgt.

3. **Voll variabel:** Einstandspreise der Waren.

   Weitestgehend fix: Personalaufwand, Mieten, Werbung, Abschreibungen. Bei den weiteren Handlungskosten kann im Handelsbetrieb von einer stärkeren fixen Ausrichtung ausgegangen werden, z.B. Stromverbrauch im Industriebetrieb mit hohen variablen Anteilen (Kraftstrom), im Handelsbetrieb (vor allem Beleuchtung) eher fix.

1.6.2.2 Analytische Kostenauflösung mit Differenzenquotientenverfahren

Kontrolle

1. a) Ausgehend z.B. von der Differenz Januar–April:

$$k_v = \frac{(1\,230\,000 - 880\,000)}{(4\,500 - 2\,000)} \qquad = \qquad 140,00\ €$$

$$K_v = 4\,500\ \text{Stück} \cdot 140,00\ € \qquad = 630\,000,00\ €$$

$$K_f = 1\,230\,000 - 630\,000 \qquad = 600\,000,00\ €$$

   b) Entsprechendes Diagramm Band 1.

2. k_v (je 1 % BG) $\qquad = \qquad \dfrac{(4\,400\,000 - 3\,650\,000)}{(80 - 55)} \qquad = \qquad 30\,000,00\ €$

   K_v (z.B. bei BG 80 %) $\qquad = \qquad 80 \cdot 30\,000,00 \qquad\qquad = \qquad 2\,400\,000,00\ €$

   $K_f \qquad\qquad = \qquad 4\,400\,000 - 2\,400\,000 \qquad = \qquad 2\,000\,000,00\ €$

Vertiefung

3. k_v (je 1,00 € Umsatz) $\qquad = \qquad \dfrac{1\,080\,000 - 900\,000}{1\,320\,000 - 720\,000} \qquad = \qquad 0,30\ €$

   $K_v = 1\,320\,000 \cdot 0,3 \qquad = \qquad 396\,000,00\ €$

   $K_f = 1\,080\,000 - 396\,000 \qquad = \qquad 684\,000,00\ €$

   oder

   $K_v = 720\,000 \cdot 0,3 \qquad = \qquad 216\,000,00\ €$

   $K_f = 900\,000 - 216\,000 \qquad = \qquad 684\,000,00\ €$

   Hinweis: $BEP = \dfrac{684\,000,00}{1,00 - 0,3} = 977\,143,00$

4. a) Rechnerisch (siehe Zahlen von I und II)

50 000,00 € mehr U	= 20 000,00 €	mehr K (proportional)
1,00 € mehr U	= 0,40 €	mehr k
K im II. Quartal (z.B.)	90 000,00 €	
K_v im II. Quartal (110 000 · 0,4)	44 000,00 €	
K_f	46 000,00 €	

   K_v jeweils $K - K_F$

   b) Siehe Diagramm in Band 1!

5. a) $k_v \qquad = \qquad \dfrac{800\,000 - 650\,000}{1\,120\,000 - 800\,000} \qquad = \qquad 0,468\,75\ €$

   $K_v = 800\,000 \cdot 0,468\,75 \qquad = \qquad 375\,000,00\ €$

   $K_f = 650\,000 - 375\,000 \qquad = \qquad 275\,000,00\ €$

   oder

   $K_v = 1\,120\,000 \cdot 0,46875 \qquad = \qquad 525\,000,00\ €$

   $K_f = 800\,000 - 525\,000 \qquad = \qquad 275\,000,00\ €$

b) **1. Monat:**

Umsätze	800 000,00 €
$- K_v$ (800 000 · 0,46875)	375 000,00 €
DB	425 000,00 €
$- K_f$	275 000,00 €
G	150 000,00 €

2. Monat:

Umsätze	1 120 000,00 €
$- K_v$ (1 120 000 · 0,46875)	525 000,00 €
DB	595 000,00 €
$- K_f$	275 000,00 €
G	320 000,00 €

c) BEP: $\dfrac{275\,000}{(1,00 - 0,46875)} \approx 517\,647,00\ €$

d) Umsatz $= \dfrac{275\,000,00 + 100\,000}{(1,00 - 0,46875)} \approx 705\,882,00\ €$

e) Umsatz $= \dfrac{275\,000,00 + 400\,000}{(1,00 - 0,46875)} \approx 1\,270\,588,00\ €$

f) Siehe Diagramm Band 1!

1.6.2.3 Grafisches Verfahren (Streupunktdiagramm)

Kontrolle

1. a) Entsprechend der Lösung a) im Fallbeispiel Band 1.

   b) **Berechnung von Durchschnittswerten:**

   Durchschnittliche Monatskosten $= \dfrac{390\,000}{12} = 32\,500,00\ €$

   Durchschnittliche Monatsmenge $= \dfrac{492}{12} = 41$ Stück

   (siehe Menge x im Diagramm)

   Abweichungsrechnung

Monat	Menge	Abweichungen von durchschnittlicher Menge
1.	20	− 21
2.	12	− 29
3.	24	− 17
4.	35	− 6
5.	46	+ 5
6.	30	− 11
7.	60	+ 19
8.	80	+ 39
9.	80	+ 39
10.	50	+ 9
11.	40	− 1
12.	15	− 26

(1) $k_v = \dfrac{(30\,000 - 25\,000)}{(46 - 35)}$ $\approx$ 454,545... €

K 30 000,00 €

$-\,K_v$ (46 · 454,545) $\approx$ 20 909,00 €

K_f 9 091,00 €

bzw.

(2) $k_v = \dfrac{(45\,000 - 25\,000)}{(60 - 20)}$ $\approx$ 500,00 €

K 45 000,00 €

$-\,K_v$ (60 · 500,00) 30 000,00 €

K_f 15 000,00 €

Hier eine kaum vertretbare Abweichung.

Vertiefung

2. a) Die Unterstellung im „reinen" Differenzenquotientenverfahren, die Mehrkosten bzw. die Minderkosten in den einzelnen Abrechnungszeiträumen seien proportional, stellt eine Vereinfachung dar, die zu Ungenauigkeiten führen kann.

Die variablen Kosten können degressive und progressive Bestandteile aufweisen. Ferner sind auch Schwankungen bei den fixen Kosten möglich (zusätzliche fixe Kosten durch Abschluss neuer Miet- und Darlehensverträge, Werbeaktionen, Abbau fixer Kosten durch Verkauf von Anlagen und auslaufende Miet- und Darlehensverträge; auch Veränderungen in der Höhe der Gehälter durch Neueinstellungen/Kündigungen).

Das Streupunktverfahren berücksichtigt diese Veränderungen und lässt eine Art durchschnittlicher fixer Kosten erkennen.

b) Das Einsetzen der Trendgeraden für die Kosten (K) und daraus die Feststellung der K_f ist oft recht willkürlich und führt sicher, wenn verschiedene Personen die Gerade unabhängig voneinander einsetzen, zu recht verschiedenen Werten für K_f. Die rechnerische Verfeinerung (möglichst zwei Rechnungen) mildert den Fehler. Gegebenenfalls sollte die Trendgerade erst nach den Berechnungen eingesetzt werden.

c) Schon von der Zeitersparnis her ist dem Streupunktverfahren ein Vorrang einzuräumen, vor allem, wenn rechnerisch verfeinert. Im buchtechnischen Verfahren muss oft geschätzt werden. Die Schätzfehler können sich kumulieren und das Bild noch mehr verfälschen. Das „reine" Differenzenquotientenverfahren kann demgegenüber eher als „genau" angesehen werden.

3.

Monate	Menge Stück	Kosten €	Abweichung von durchschnittlicher Menge	
1.	5 000	55 000,00	− 3 625	
2.	9 000	95 000,00	+ 375	
3.	7 000	80 000,00	− 1 625	(2)
4.	2 000	60 000,00	− 6 625	
5.	6 000	70 000,00	− 2 625	
6.	12 500	105 000,00	+ 3 875	
7.	13 500	120 000,00	+ 4 875	
8.	15 000	135 000,00	+ 6 375	(1)
9.	10 500	125 000,00	+ 1 875	
10.	8 000	85 000,00	− 625	
11.	11 500	115 000,00	+ 2 875	
12.	3 500	65 000,00	− 5 125	
zusammen	103 500	1 110 000,00		
Ø	8 625	92 500,00		

Die Trendgerade ergibt K_f von 20 000,00 € bis 25 000,00 €.

(1) $k_v = \dfrac{(115\ 000 - 70\ 000)}{(11\ 500 - 6\ 000)}$ $\qquad = 8,20\ €$

K	115 000,00 €
K_v (11 500 · 8,2)	94 300,00 €
K_f	20 700,00 €

(2) $k_v = \dfrac{(105\ 000 - 55\ 000)}{(12\ 500 - 5\ 000)}$ $\qquad = 6,66...€$

K	105 000,00 €
K_v (12 500 · 6,66)	83 333,00 €
K_f	21 667,00 €

Hier eine hinlängliche Genauigkeit.

Einsetzen der Trendgeraden:

Man stellt fest, dass die K_f etwa 20 000,00 € betragen müssen! Die vorausgegangenen Berechnungen können dabei allerdings einen Einfluss ausüben. Fraglich ist, ob man ohne Berechnungen auch auf etwa 20 000,00 € käme!

1.6.3 Vergleich von Voll- und Teilkostenrechnung

1. a) **Vollkostenrechnung**

	Gesamt, €	Stück, €
Selbstkosten (K) Verlust (V)	275 000,00 40 000,00	137,50 20,00
Verkaufserlöse (E)	235 000,00	117,50

Teilkostenrechnung

	Gesamt, €	Stück, €
Verkaufserlös (E/e) K_v/k_v	235 000,00 102 000,00	117,50 51,00
DB/db K_f	133 000,00 173 000,00	66,50 86,50
V/v	40 000,00	20,00

b) NS $= \dfrac{173\ 000}{(117,50 - 51,00)} = 2\ 601,5...$ Stück, aufgerundet 2 602 Stück

c) **Vollkostenrechnung** (für 3 500 Stück)

	Gesamt, €	Stück, €
Selbstkosten (K/k) Verlust (V/v)	481 250,00 70 000,00	137,50 20,00
Verkaufserlöse (E/e)	411 250,00	117,50

Diese Rechnung ist falsch, weil Auswirkung der K_f nicht beachtet worden ist (siehe auch b).

Teilkostenrechnung

	Gesamt, €	Stück, €
(E/e) K_v/k_v	411 250,00 178 500,00	117,50 51,00
DB/db K_f	232 750,00 173 000,00	66,50 49,43
G/g	59 750,00	17,07

Berichtigte Vollkostenrechnung

	Gesamt, €	Stück, €
Selbstkosten (K/k) Gewinn (G/g)	351 500,00 59 750,00	100,43 17,07
Verkaufserlöse (E/e)	411 250,00	117,50

2.

	16 000 Stück, €	32 000 Stück, €
E K_v	64 000,00 70 000,00	128 000,00 140 000,00
negativer DB K_f	6 000,00 34 000,00	12 000,00 34 000,00
V	40 000,00	46 000,00

Falsche Entscheidung, der Artikel bringt keinen DB. Bei Produktionssteigerung wird also lediglich der Verlust größer ($e < k_v$).

3. a) Richtige Aussage, es sei denn, die Forderung nach Vollständigkeit des Sortiments bedinge die Beibehaltung des Verlustproduktes.

   Es gilt hier: $e < k_v$

   b) Falsch. Es kommt auf den Deckungsbeitrag je Stück (db) an, der von einer bestimmten Menge an (Break-even-Point) die K_f abdeckt.

   c) Falsch. Änderungen des Beschäftigungsgrades führen zu veränderten Zuschlagsätzen.

   In der Vollkostenrechnung bleiben die bisherigen Zuschlagsätze erhalten. Überproportionale Gewinnsteigerungen bei Umsatzausweitungen bzw. der Eintritt in die Verlustzone bei Umsatzrückgang bleiben unerkannt.

   d) Richtig (siehe auch Abschnitt 1.6.4.1 Preisuntergrenzen). Nur die DB-Rechnung vermag die entsprechenden Ergebnisschwankungen darzustellen.

Vertiefung

4. Der Unternehmer „schüttet das Kind mit dem Bade aus"!

   Die Vollkostenrechnung als Stück- und Zeitrechnung ist unverzichtbar. In der Stückrechnung dient sie, unter der Voraussetzung eines weitgehend gleich bleibenden Beschäftigungsgrades, der Erstellung einer Einzelkalkulation mit Angebotspreis.

   In der Zeitrechnung werden Ist-Zuschlagsätze ermittelt und mit den Normal-(Soll-)Sätzen verglichen. Abweichungen zwischen „Ist" und „Soll" können u.a. ein Indiz für Beschäftigungsabweichungen sein.

5. a) Stückzahl: $\dfrac{196\,000}{(200 - 144)} = 3\,500{,}00\,€$

   Teilkostenrechnung (als Probe):

Verkaufserlöse (3 500 · 200)	700 000,00 €
– Proportionale Kosten (3 500 · 144)	503 000,00 €
Deckungsbeitrag	196 000,00 €
– Fixe Kosten	160 000,00 €
Gewinnbeitrag	36 000,00 €

   b) **Vollkostenrechnung:**

   Selbstkosten:

Proportionale Kosten (3 500 · 144)	504 000,00 €	
Fixe Kosten (196 000,00 DB – 36 000,00 G)	160 000,00 €	664 000,00 €
Gewinn		36 000,00 €
Verkaufserlöse		700 000,00 €

6. a) **Zeitweilig ungedeckt:** Abschreibungen, *alle nicht unmittelbar ausgabewirksamen fixen Kosten.*

   Stets gedeckt: Miete, Zinsen, Versicherungen, (fixe) Steuern (z.B. Kfz.-Steuer); *alle unmittelbar ausgabenwirksamen fixen Kosten.*

   b) **Gefahren:** Es wird mit falschen Zuschlagsätzen weitergerechnet. Bei Beschäftigungs-rückgang zu niedrige, bei Absatzbelebung zu hohe Sätze (dies hat jedoch mit der Preis-gestaltung nichts zu tun, sondern es geht um die **interne** Selbstkostenrechnung).

   Gegenmaßnahme: Monats- bzw. Vierteljahres-BAB, d.h. **häufige** Anpassung der Nor-malzuschlagsätze (siehe aber zeitlicher Aufwand für Klein- und Mittelbetriebe).

   c) Der höheren FGKZ deutet auf eine geringere Ausnutzung der Kapazität hin (Rückgang bei weitgehend fixen FGK). Berechnung dazu:

FL jetzt	200 000,00 €
FGK 400 %	800 000,00 €
FL bisher 266 667,00 €	(300 % = 800 000,00 €, 100 % = 266 677,00 €)

   also Rückgang von 266 667,00 € auf 200 000,00, d.h. um 25 %.

7. **Teilkostenrechnung** bei Verlust 20 000,00 €:

Umsatz	1 600 000,00 €	
K_v	1 140 000,00 €	
DB	460 000,00 €	
K_f	480 000,00 €	
V	20 000,00 €	
Bei 1 600 000,00 € Umsatz	1 140 000,00 €	K_v
bei 1,00 € Umsatz	0,7125 €	k_v
Umsatz bei einem Gewinn von	80 000,00 €	

   $$U = \frac{480\,000 + 80\,000}{(1{,}00 - 0{,}7125)} \approx 1\,947\,826{,}00\,€$$

Probe:

Umsatz	1 947 826,00 €
– K_v (1 947 826 · 0,7125)	1 387 826,00 €
– K_f	480 000,00 €
G	80 000,00 €

8. Voraussetzung für die Teilkostenrechnung ist eine „Teilung" der Kosten in fixe und variable Bestandteile (s. Abschnitt 1.6.2 Verfahren der Kostenauflösung, Band 1). Die variablen Kosten werden im Allgemeinen auf das Stück bezogen, die fixen Kosten als Block zusammengefasst.

Weiteres Vorgehen:

$$e - k_v = db$$

$$\frac{K_f}{db} = \text{Break-even-Point}$$

$$db \cdot x \quad = \quad DB$$

$$DB < K_f \quad = \quad V$$

$$DB > K_f \quad = \quad G$$

9. Diese Entscheidung ist nicht haltbar.

Der Deckungsbeitrag je 1,00 € ist bei B um 0,19 € höher als bei A, d.h. der Umsatz bei B muss nur um die Hälfte des Umsatzes von A ausgeweitet werden, um denselben positiven Effekt auf das Ergebnis zu erreichen.

Beispiel (Beträge in €)

	A	B
Umsatz	600 000,00 €	400 000,00 €
K_v	474 000,00 €	240 000,00 €
DB	126 000,00 €	160 000,00 €
K_f	90 000,00 €	180 000,00 €
G/V	+ 36 000,00 €	– 20 000,00 €
G		+ 16 000,00 €

Eine Umsatzsteigerung bei A **oder** B um 30 % ist möglich.

Annahme, der Entscheidung des Geschäftsführers werde gefolgt (Beträge in €):

	A	B
Umsatz	780 000,00	wie bisher
K_v	616 200,00	
DB	163 800,00	
K_f	90 000,00	
G/V	+ 73 800,00	– 20 000,00
G		+ 53 800,00

Entscheidung aufgrund der Teilkostenrechnung (Beträge in €):

	A	B
Umsatz	600 000,00	520 000,00
K_v	474 000,00	312 000,00
DB	126 000,00	208 000,00
K_f	90 000,00	180 000,00
G	+ 36 000,00	+ 28 000,00
G	+ 64 000,00	

Problematisch wird die Rechnung, wenn Steigerungen sowohl bei A wie auch bei B möglich sind. Eine weitere Orientierung ergibt sich, wenn der Umsatz berechnet wird, bei dem A **und** B gleich „günstig" sind:

$$\frac{180\,000 - 90\,000}{(0,79 - 0,60)} \approx 473\,684,00\ €$$

Bei Umsätzen darüber ist B, darunter A günstiger.

1.6.4 Einstufige Deckungsbeitragsrechnung – Anwendung bei betrieblichen Absatz- und Produktionsentscheidungen

1.6.4.1 Bestimmung von Preisuntergrenzen

Kontrolle

1. a) Mit „langfristiger" Untergrenze und Absatzausweitung:

$$E\ (4\,000 \cdot \frac{1\,500\,000}{2\,500})$$ 2 320 000,00 €

$$- K_v\ (\frac{500\,000 \cdot 4\,000}{2\,500})$$ 800 000,00 €

DB	1 520 000,00 €
$- K_F$	950 000,00 €
G	570 000,00 €

b) $E\ (8\,000 \cdot \frac{600}{3})$ 1 600 000,00 €

$$- K_v\ (\frac{500\,000 \cdot 8\,000}{2\,500})$$ 1 600 000,00 €

DB	0,00 €
K_f	950 000,00 €
V	950 000,00 €

Auswirkung: Verkauf zu **kurzfristiger** Preisuntergrenze.

K_f bleiben vollständig ungedeckt.

383

Anhebung des Preises von 200,00 €:

$$\frac{K_f}{x} = \frac{950\,000}{8\,000} = 118{,}75\ €, \text{ also auf} \qquad 318{,}75\ €$$

Probe:

E (8 000 · 318,75)		2 550 000,00 €
K, K_f	950 000,00 €	
K_v (8 000 · 200)	1 600 000,00 €	2 550 000,00 €
Ergebnis		0,00 €

c) Bei Beschäftigungsrückgang steigt die langfristige Preisuntergrenze, bei Beschäftigungssteigerung sinkt sie (Auswirkung der K_f). Dabei müssten bei Rückgang der Beschäftigung die Preise eher gesenkt, bei Steigerung der Beschäftigung die Preise eher angehoben werden.

Demgegenüber bedeutet e = k_v: klare Front. Jeder Betrag darüber bringt Deckungsbeiträge. Die Auswirkungen vorsichtiger Anhebungen über die k_v hinaus auf das Verhalten der Kunden sind zu beachten.

2. a)

Verkaufspreise (netto)		4 000 000,00 €
– Kundenrabatt 20 % v.H.		800 000,00 €
Zielverkaufspreis		3 200 000,00 €
– Kundenskonto + Provision 5 % v.H.		160 000,00 €
Barverkaufspreis		3 040 000,00 €
– K_v		2 540 000,00 €
DB		500 000,00 €

b)

K_v	2 540 000,00 €	(95 %)	
+ Kundenprovision 5 % v. H ($\frac{1}{19}$)	133 684,21 €	(5 %)	
Zielverkaufspreis	2 673 684,21 €	(100 %)	(80 %)
+ Kundenrabatt 20 % v.H. ($\frac{1}{4}$)	668 421,05 €		(20 %)
Verkaufspreis (netto)	3 342 105,26 €		(100 %)

Dieser (neue) Verkaufspreis entspricht 83,56 % des bisherigen. Also ist eine Herabsetzung der Preise um (bis zu) 16,44 % möglich.

3. Siehe Band 1!

Vertiefung

4. a)

E (14 000 · 370)	5 180 000,00 €
– K_v (14 000 · $\frac{1\,440\,000}{8\,000}$)	2 520 000,00 €
DB	2 660 000,00 €
– K_f	2 720 000,00 €
V	60 000,00 €

Ergebnis zwar um 100 000,00 € verbessert, aber immer noch Verlust, d.h. Preisaktion hat sich kaum gelohnt (nur Unruhe an der „Preisfront").

Intern sind jedoch soziale Gesichtspunkte (Erhaltung von Arbeitsplätzen) zu beachten.

b) e jetzt ($\frac{1\,440\,000}{8\,000}$)   180,00 €

    + k_f-Anteil $\left(\frac{2\,720\,000}{16\,000}\right)$ 170,00 €

    e (um k_f-Anteil erhöht)   350,00 € *)

    *) Es gilt jetzt e = k, d.h. die langfristige Preisuntergrenze bei 16 000 Stück beträgt 350,00 €/Stück kurzfristige Untergrenze: 180,00 €.

Es ist fraglich, ob eine Preisreaktion um (nur) 20 € zu einer Absatzsteigerung auf 16 000 Stück führt.

5. a) Herabsetzung von 600 000,00 € auf 560 000,00 €, also um 6 2/3 %. Herabsetzung von 600 000,00 € auf 420 000,00 €, also um 30 %.

   b) Umsatz = $\dfrac{(140\,000 + 20\,000 + 50\,000)}{(1,00 - 0,70)}$ ≈ 700 000,00 €

    Probe:

Umsatz		700 000,00 €
– Kosten		
K_f	140 000,00 €	
K_v (700 000 · 0,7)	490 000,00 €	630 000,00 €
Verlustausgleich + Gewinn		70 000,00 €

    variable Kosten zu 1 € Umsatz sind 0,70 €.

6. a) Die langfristige Preisuntergrenze entspricht den Selbstkosten, also e = k_v + k_f. Die unvermeidbaren Schwankungen des Beschäftigungsgrades verändern k_f und damit e ständig. Eine gewisse Abhilfe kann eine Anpassung durch monatliche bzw. vierteljährliche Kostenstellenrechnungen bzw. Kostenträgerzeitrechnungen bringen.

   b) Es entstehen zwar Deckungsbeiträge, aber es muss wegen möglicher negativer Auswirkungen auf das Käuferverhalten in kleinen Stufen vorgegangen werden. Wichtig ist auch die Orientierung an den Preisen der Konkurrenten. Wenn die Konkurrentenpreise kaum über „unserer" kurzfristigen Preisuntergrenze liegen, dann sind Maßnahmen zur Senkung der K_f und der k_v zu überlegen.

   c) Die Aussage ist falsch. Es verhält sich gerade umgekehrt.

   d) Die Einstandspreise sind K_v, ebenso ein (kleinerer!) Teil der HK. Eine Preisorientierung an den Einstandspreisen bedeutet also e < k_v, d.h. jeder Verkauf bringt einen Verlust.

   e) Im Allgemeinen nicht akzeptabel, da der Artikel zum sicheren Verlustträger wird. Ein (möglichst nur vorübergehender) Preis unter k_v kommt nur dann in Frage, wenn Gewinnartikel nur in Verbindung mit dem Verlustartikel absetzbar sind (Sortimentsverbund).

7. a)

Vollkostenrechnung/€		Teilkostenrechnung/€	
Selbstkosten bei 100 000 St.	4 000 000,00	Verkaufserlöse	4 050 000,00
Selbstkosten bei 90 000 St.	3 600 000,00	proportionale Kosten	2 970 000,00
		Deckungsbeitrag	1 080 000,00
Umsatzerlöse (90 000,00 · 45,00)	4 050 000,00	fixe Kosten	700 000,00
Gewinn	450 000,00	Gewinn(beitrag)	380 000,00

Die Proportionalisierung der K_f (in der Vollkostenrechnung) führt zu einem falschen Ergebnis.

b) **Vollkostenrechnung:**

Verkaufserlöse, 20 000 Stück zu je 38,00 €	=	760 000,00
Kosten, 20 000 · 40,00 (Selbstkosten je Stück)	800 000,00	
Zusatzkosten (Überstunden)	20 000,00	820 000,00
Verlust		60 000,00

Teilkostenrechnung:

Verkaufserlöse, 20 000 Stück zu je 38,00 €	=	760 000,00
proportionale Kosten, 20 000 · 33,00 €	=	660 000,00
Deckungsbeitrag		100 000,00
zusätzliche Kosten		20 000,00
Gewinn, zusätzlicher		80 000,00

Beurteilung:

In der Vollkostenrechnung werden die fixen Kosten „proportionalisiert". Die Vollkostenrechnung kann die Selbstkosten von 40,00 € nur als proportionale Kosten sehen. Die Selbstkosten je Stück betragen eben 40,00 €, der Verkaufserlös 38,00 €. Das sind pro Stück 2,00 € Verlust, bei 20 000 Stück also 40 000,00 €; hinzu kommen die 20 000,00 € zusätzliche Kosten. Der Verlust steigt auf 60 000,00 €. Die Bestellung des Kunden müsste abgelehnt werden.

Die Teilkostenrechnung berichtigt das falsche Bild der Vollkostenrechnung: Die ersten (ursprünglichen) 90 000 Stück tragen die fixen Kosten von insgesamt 700 000,00 €, d.h. weitere Mengen (hier 20 000 Stück) sind nur mit den proportionalen Kosten von 33,00 €/Stück belastet (also DB: 20 000 · 5,00 € = 100 000,00 €). Zusätzlich sind die 20 000,00 € Kosten für Überstunden zu betrachten, die aber die Erzielung eines (zusätzlichen) Gewinns nicht gefährden.

8. a) Die Deutsche Bahn AG soll sich notfalls mit einer Deckung der K_v begnügen, um den von Konkurrenten (Bus, Fluggesellschaften, auch eigenes Fahrzeug) umworbenen Urlaubsreisenden die Benutzung der Bahn nahe zu bringen.

    Im genannten Extremfalle würde der Preis aus der Summe von K_v / k_v + Provision bestehen.

   b) Die „Normaltarife" sollten (wenigstens in Zukunft) K_v und K_f abdecken, d.h. Reisesonderangebote, die nur gering über den K_v liegen, bringen schon einen zusätzlichen Gewinn.

   c) Jede Möglichkeit, das kaum abbaubare Defizit zu verringern, sollte wahrgenommen werden.

    Zusatzhinweis:

    Hotels verhalten sich ähnlich, wenn es darum geht, bisher nicht genutzte Dienstleistungen, vor allem an Wochenenden und für Reisegruppen, zu verkaufen.

9. a) **Verzicht auf Gewinnbeitrag:**

    A: Von 1 500 000,00 € auf 1 450 000,00 €, um 3 ⅓ %
    B: Von 2 400 000,00 € auf 2 360 000,00 €, um 1 ⅔ %
    C: Von 1 000 000,00 € auf   920 000,00 €, um 8 %

Verzicht auf DB:
A: Von 1 500 000,00 € auf 1 200 000,00 €, um 20 %
B: Von 2 400 000,00 € auf 2 040 000,00 €, um 15 %
C: Von 1 000 000,00 € auf   720 000,00 €, um 28 %

b) A: $\dfrac{250\,000}{(1,00 - 0,80)}$ = 1 250 000,00 €

   B: $\dfrac{320\,000}{(1,00 - 0,85)}$ = 2 133 333,00 €

   C: $\dfrac{200\,000}{(1,00 - 0,72)}$ = 714 286,00 €

Zusammen   4 097 619,00 €

Betrieb insgesamt:

Barverkaufspreise: A, B, C   4 900 000,00 €
K_f: A, B, C   770 000,00 €
K_v: A, B, C (= 80,816 327 % von 4 900 000,00)   3 960 000,00 €

BEP (insgesamt) $\dfrac{770\,000}{(1,00 - 0,80816327)}$ ≈   4 013 830,00 €

10. (Beträge in €)

a)

	Deckungsbeiträge III	
	bisher	jetzt
e	32,00	25,60
k_v	17,00	17,00
db	15,00	8,60
Menge/Stück	104	130
= DB	1 560,00	1 118,00

Notwendiger Absatz von III, um den bisherigen DB zu erreichen:

$\dfrac{1\,560}{8,6}$ = 181,395..., aufgerundet 182 Stück, $\dfrac{1\,118 + 300}{8,6}$ ≈ 165 Stück

b) Deckungsbeiträge bisher:

I	92 · 6,00	=	552,00 €
II	56 · 12,00	=	672,00 €
III	130 · 8,60	=	1 118,00 €
insgesamt			2 342,00 €

Deckungsbeiträge jetzt:

I	120 · 6,00	=	720,00 €
II	80 · 12,00	=	960,00 €
III	130 · 8,60	=	1 118,00 €
insgesamt			2 798,00 €
– Werbekosten (einmalige Fixkosten)			300,00 €
insgesamt			2 498,00 €

Auswirkung:
Der Deckungsbeitrag steigt geringfügig um 156,00 € (2 498,00 – 2 342,00).

11. Vorausberechnung:

$$\text{Neuer Stückerlös} = \frac{(40\ 000 + 52\ 000)}{16\ 000} = 5{,}75$$

a)

E (24 000 · 5,75)		138 000,00 €
– K_v (24 000 · $\frac{40\ 000}{16\ 000}$)		60 000,00 €
DB		78 000,00 €
K_f	52 000,00	
	30 000,00	82 000,00 €
V		4 000,00 €

Hinweis:
Bei 20 000 Stück entsteht ein Gewinn von 13 000,00 (115 000 – 50 000 = 65 000 – 52 000 = 13 000) durch Wegfall der sprungfixen Kosten. Also evtl. bei 20 000 Stück „haltmachen", aber Gefahr, potenzielle Abnehmer zu verprellen.

b) E = K_v K_f = V   DB = 0.
Die Produktion dient hier nur noch der Erhaltung von Arbeitsplätzen, der Marktposition und von Fachkräften. K_f = V kann vermieden werden (evtl. zum Teil), wenn K_f abgebaut bzw. die Anlagen zur Herstellung innovativer Produkte eingesetzt werden.

12. a)

Produkt	Standard	Super	insgesamt
$\bar{P}$, €	750,00	1 500,00	
k_v, €	500,00	800,00	
db, €	250,00	700,00	
Absatz, Stück	840	475	
DB, €	210 000,00	332 500,00	542 500,00
K_f, €			500 000,00
Periodenergebnis (Gewinn)			42 500,00

Der Gewinn sinkt um 87 500,00 € (130 000,00 – 42 500,00).

b)

Produkt	Standard	Super	insgesamt
$\bar{P}$, €	945, 00	1 620,00	
k_v, €	500,00	800,00	
db, €	445,00	820,00	
Absatz/Stück	600	400	
DB, €	267 000,00	328 000,00	595 000,00
K_f, €			500 000,00
Periodenergebnis (Gewinn)			95 000,00

c) ■ Die Festlegung der langfristigen Preisuntergrenze ist nicht möglich, weil die K_f nur „en bloc" angegeben sind. Zum Berechnen der Selbstkosten/Stück (k) der beiden Produkte müsste der jeweilige Anteil bekannt sein, d.h. eine mehrstufige DB-Rechnung vorliegen (s. Abschnitt 1.6.5.1 in Band 1).

- Problem bei stark schwankendem Beschäftigungsgrad: Der k_f-Anteil/Stück schwankt entsprechend, d.h. bei steigendem BG sinken die k_f, bei sinkendem BG steigen sie. Eine Preisanpassung entsprechend der sich so verändernden k wäre ein „marktkonträres" Verhalten. Außerdem würde sich „Unruhe" am Markt einstellen bei ständigen Preisanpassungen.

1.6.4.2 Entscheidungen über Zusatzaufträge

Kontrolle

1.

E	150 Stück zu je 1 800,00 €	=		270 000,00 €
	650 Stück zu je 1 200,00 €	=		780 000,00 €
				1 050 000,00 €

$-K_v$ $800 \cdot \dfrac{120\,000}{150}$ = 640 000,00 €

DB	410 000,00 €
$-K_f$	180 000,00 €
G	230 000,00 €

Einfacher:

DB für 650 Stück [650 · (1 200−800)]	260 000,00 €
Verlust bisher	30 000,00 €
G	230 000,00 €

Ergebnis:
Es kann zugeraten werden. Wenn nur die Preisuntergrenze = k_v von 800,00 €/Stück **und** der Verlustausgleich des 1. Monats erreicht werden soll, so könnte mit dem Preis bis auf 837,50 € herabgegangen werden (k_v 800 + $\dfrac{V\ 30\,000}{800\ \text{Stück}}$).

2. Ergebnis nach Zusatzauftrag:

Bisher Verlust (600 Stück zu 5,00 €)	3 000,00 €
DB für weitere 300 Stück [300 St. · (50 − 30)]	6 000,00 €
G aus 900 Stück	3 000,00 €
aus 1 Stück	3,33 €

3. a) $700\,000 + 90\,000 + (5\,000 \cdot 250) + 250\,x = 2\,000 \cdot 450 + 3\,000 \cdot 315 + 290\,x$

$$2\,040\,000 + 250\,x = 900\,000 + 945\,000 + 290\,x$$
$$40\,x = 195\,000$$
$$x = 4\,875$$

Probe:

E	(2 000 · 450)		= 900 000,00 €
	(3 000 · 315)		= 945 000,00 €
	(4 875 · 290)		= 1 413 750,00 €
			3 258 750,00 €
$-K, K_f$		700 000,00	
	K_v (9 875 · 250)	2 468 750,00	3 168 750,00 €
G			90 000,00 €

389

b) $90\,000 - 51\,000 = 39\,000{,}00$ €

$\dfrac{39\,000}{4\,875} = 8{,}00$ € Preisreduktion, also Erlös von 282,00 € (290 – 8)

4. a)

E für 400 Stück (400 St. · 600,00 €)	240 000,00 €
für 600 Stück zu je 480,00 =	288 000,00 €
	528 000,00 €
– K_v (1 000 · 360)	360 000,00 €
DB	168 000,00 €
K_f (100 000 + 70 000)	170 000,00 €
V	2 000,00 €

b) Entscheidung für **nur** 800 Stück:

E für 400 Stück	240 000,00 €
für 400 Stück zu je 480,00 =	192 000,00 €
	432 000,00 €
K_v (800 · 360)	288 000,00 €
	144 000,00 €
– K_f	100 000,00 €
G	44 000,00 €

c) $170\,000 + 400 \cdot 360 + 360\,x = 240\,000 + 480\,x$

$\qquad\qquad 120\,x = 74\,000$

$\qquad\qquad\quad x = 616{,}66..$

also zusammen 1016,66.. Stück

Probe:

E (400 · 600)	240 000,00 €
(616,67 · 480)	296 000,00 €
	536 000,00 €
– K_v (1 016,67 · 360)	366 000,00 €
DB	170 000,00 €
– K_f	170 000,00 €
	0,00 €

5. a)

U	400 000,00	(100 %)
K_v	340 000,00	(85 %)
DB	60 000,00	(15 %)
K_f	80 000,00	
V	– 20 000,00	

Umsatzhöhe: 400 000,00 €

b)

15 %	=	80 000,00
100 %	=	533 333,33

Probe:

U		533 333,33
K_v 533 333,33 · 0,85		453 333,33
DB		80 000,00
K_f		80 000,00
G/V		0,00

c)

U	533 333,33	(100 %)
K_v	453 333,33	(85 %)
DB	80 000,00	(15 %)
K_f	80 000,00	
V	0,00	

Mögliche Preissenkung: 15 %

6. a) Die mangelnde Ausnutzung der Kapazität erzwang „Aufträge um jeden Preis". Preise unter der langfristigen Preisuntergrenze (e < k), aber über der kurzfristigen Preisuntergrenze (e = k_v) wurden akzeptiert. Deckungsbeiträge und Ergebnisverbesserungen waren die Folge. Der „vorkalkulierte Verlust" ergibt sich bei einer reinen Vollkostenrechnung.

   b) Die IGM führt eine reine Vollkostenbetrachtung durch. Der sicher richtig gesehene Verlust von 20 Mio. € wäre bei Wegfall der Deckungsbeiträge des BMW-Auftrags noch höher ausgefallen.

   c) *Aussagen:*

      (1) „Normalerweise" dürfen solche Fehleinschätzungen nicht vorkommen. Der Kapazitätsausnutzung wurde Vorrang eingeräumt.

      (2) Preise unter Vollkosten können eine bestimmte Zeit durchgehalten werden. Der mögliche Abbau von K_f kann die Situation verbessern.

      (3) und (4) Die Erhaltung von Deckungsbeiträgen wurde zu Recht als wichtiger angesehen.

7. a) (1) Preisknick durch reduzierte Preise ab 100 Stück.

      (2) Drastische Preissenkung ab 400 Stück (Preis unter die Untergrenze!)

      (3) NS (Break-even-Point).

      (4) Nutzengrenze aufgrund der Preissenkung, siehe (2).

      (5) Kapazität bei 650 Stück.

      (6) Markierung der K_f.

      (7) Weitere Preissenkung (e < k) führt zu Verlust (ab 550 St.). Verlustmaximum bei Ausnutzen der Kapazität.

   b) dunkelgraue Zone = Verlustzonen, Gewinnzonen

      hellgraue Zone = Fläche des DB

   c) k_v: proportionaler Verlauf;

      K_f: bis 650 Stück innerhalb der Kapazität unverändert; ab 651 Stück wohl eine quantitative Anpassung erforderlich;

      E: bis 400 Stück positive Entwicklung, danach Ergebnisreduktion durch den 2. Knick. Produktion ab 400 Stück wohl aus anderen Gründen als vom Ergebnis her ausgedehnt, denn bei 400 Stück G_{max} (bei 650 Stück k_{min}).

1.6.4.3 Sortimentsentscheidungen im Mehr-Produkt-Unternehmen

Kontrolle

1. a) Rangfolge der Förderung: A, B, C.
   Das Verlustprodukt A hat den höchsten Deckungsbeitrag (db). 150 Stück Mehrabsatz von A erhöhen den Deckungsbeitrag um 9 000,00 €. Dazu wären 300 Stück des Produktes C (Produkt mit dem höchsten Stückgewinn beim derzeitigen BG) erforderlich.

   b) Die Vollkostenrechnung wird dem Produkt C Vorrang einräumen und dem Produkt A den letzten Platz zuweisen.

   c) Die Entscheidung müsste umgekehrt wie bei a) ausfallen, d.h. das Gewinnprodukt C mit dem geringsten db müsste den Absatzeinbruch auffangen.

2. a)

	Pa	Bü	Sch
	€	€	€
Verkaufspreise	2 500 000,00	2 000 000,00	1 600 000,00
– K.Rabatt (20 %)	500 000,00	400 000,00	320 000,00
Zielverkaufspreise	2 000 000,00	1 600 000,00	1 280 000,00
– K.Skonto 3 %	60 000,00	48 000,00	38 400,00
Barverkaufspreis	1 940 000,00	1 552 000,00	1 241 600,00
K_v	1 500 000,00	967 000,00	1 061 300,00
DB	440 000,00	585 000,00	180 300,00

DB insgesamt	1 205 300,00
K_f	899 000,00
Gewinn	306 300,00

b) Die Untersuchung nach dem db/ 1,00 € Umsatz ergibt für

Pa: $\dfrac{440\,000}{1\,940\,000}$ = 0,2268..., also 0,773 2 k_v

Bü: $\dfrac{585\,000}{1\,552\,000}$ = 0,3769..., also 0,623 1 k_v

Sch: $\dfrac{180\,300}{1\,241\,600}$ = 0,1452..., also 0,854 8 k_v

Der geringe db von Sch spricht für die Aufgabe dieses Produkts!

c) **Ergebnis nach Aufteilung:**

	Pa (€)	Bü (€)
Umsatz (U)	2 436 640,00	2 296 960,00
K_V (77,32 % bzw. 62,31 % vom U)	1 884 010,00	1 431 236,00
DB	552 630,00	865 724,00

DB insgesamt	1 418 354,00
K_f	899 000,00
Gewinn	519 354,00

Der Gewinn stieg von 306 300,00 € auf 519 354,00 €, also um knapp 70 %.

Vertiefung

3. a) Stückergebnisse bei Vollkostenrechnung

	I		II	
Fertigungsmaterial	2,40 €		1,60 €	
MGK 20 %	0,48 €		0,32 €	
Materialkosten		2,88 €		1,92 €
Fertigungslöhne	0,80 €		0,80 €	
FGK 100 %	0,80 €		0,80 €	
Fertigungskosten		1,60 €		1,60 €
Herstellkosten		4,48 €		3,52 €
Vw + VtGK 50 %		2,24 €		1,76 €
Selbstkosten		6,72 €		5,28 €
Verlust		0,12 €		
Gewinn				0,52 €
Verkaufspreis		6,60 €		5,80 €

b) In den Gemeinkosten sind fixe Kosten enthalten, die zum Teil vom Erlös abgedeckt werden. Wenn Produkt I gestrichen wird, dann entfällt dieser Deckungsbeitrag, das Ergebnis wird negativ beeinflusst. Es ist dringend davon abzuraten, das Produkt I aus dem Programm zu nehmen.

c) **Zusatzauftrag Produkt I**

Verkaufserlös		5,60 €
proportionale Kosten:		
MGK (0,48 : 2)	0,24 €	
FGK (0,80 : 2)	0,40 €	
Vw + Vt GK (25 % von 3,84; 0,24 + 0,40 + 2,40 + 0,80 = 3,84)	0,96 €	
Fertigungsmaterial	2,40 €	
Fertigungslöhne	0,80 €	4,80 €
Deckungsbeitrag je Stück		0,80 €
Deckungsbeitrag insgesamt (20 000 · 0,80)		16 000,00 €

Da die fixen Kosten vom Zusatzauftrag unbeeinflusst bleiben, entspricht der Deckungsbeitrag von 16 000,00 € einer Ergebnisverbesserung von 16 000,00 €. Produkt 1 kommt sicher aus den roten Zahlen.

d) **Kurzfristiger Preis für II** = proportionale Stückkosten

Fertigungsmaterial	1,60 €	
Fertigungslöhne	0,80 €	
MGK (0,32 : 2)	0,16 €	HK 2,96 €
FGK (0,80 : 2)	0,40 €	
Vw + VtGK (25 % von 2,96)	0,74 €	
proportionale Kosten = Kurzfristiger Preis	3,70 €	
Verkaufserlöse bisher	5,80 €	
mögliche Verbilligung um	2,10 €	(= 63,2 %)

Langfristige Preisgestaltung für II

Proportionale Kosten (siehe oben)		3,70 €
Fixe Kosten (siehe a) und c)):		
40 000 Stück · 0,40 (50 % von 0,80) =	16 000,00 €	
40 000 Stück · 0,16 (50 % von 0,32) =	6 400,00 €	
40 000 Stück · 2,22 (75 % von 2,96) =	88 800,00 €	
K_f	111 200,00 €	

(K_f errechnet aufgrund der Angaben zum bisherigen Stand der Produktion, also auf
Basis 40 000 Stück)

K_f, geteilt durch 25 000 Stück =	4,45 €
Selbstkosten = neuer Dauerpreis aufgrund der Vollkosten	8,15 €

Dieser Preis würde nur die Selbstkosten decken. Er liegt höher als der Gewinn brin-
gende Preis von 5,80 € bei einer Produktion von 40 000 Stück und wird ganz sicher bei
zurückgehender Nachfrage nicht attraktiv wirken, sondern das Interesse der Kunden
auf den Nullpunkt fallen lassen. Ganz anders der kurzfristige Preis von 3,70 €, der die
Nachfrage anzuregen vermag, die Menge steigert und damit die fixen Kosten auf eine
größere Anzahl verteilt. Voraussetzung für Verteilung der K_f: Vorsichtige Preiskorrek-
turen nach oben, wenigstens bis zu den ehemaligen Selbstkosten (siehe 5,28 € in a)),
sind daher eher möglich, wenn die Nachfrage angeheizt worden ist. Unter Umständen
geht die Stückzahl sogar über 40 000 hinaus (aber auf Ka achten), sodass der Rückgang der fixen Stückkosten einen niedrigeren Preis als 5,80 € auch auf Dauer erlaubt.

4. a) Da bei A K_v > E bzw. k_v > e, würde eine Förderung von A lediglich den Gesamtverlust
steigern.
Zu prüfen ist jedoch, ob und inwieweit die Umsätze B und C davon abhängen, dass A
mit angeboten wird.

b) DB B und C (bei voller Auslastung):

B	750 000,00 €
C	400 000,00 €
zusammen	1 150 000,00 €
– K_f insgesamt	1 080 000,00 €
G	70 000,00 €

5. a) Bei der mathematischen Kostenauflösung werden die proportionalen Kosten je Einheit
aus der Differenz zwischen zwei Beschäftigungsgraden ermittelt („Differenzquotient").
Die proportionalen Stückkosten werden hier auch als Grenzkosten bezeichnet. Im vorliegenden Falle wird am besten von der Differenz zwischen der höchsten und der niedrigsten Ausbringung ausgegangen (Monate November und August):

Auf 1 520 Stück entfallen	1 960,00 €	Gesamtkosten
auf 720 Stück entfallen	1 280,00 €	Gesamtkosten
800 Stück verursachen	680,00 €	Mehrkosten
1 Stück verursacht	0,85 €	Mehrkosten
1 520 Stück (1 520 · 0,85)	1 292,00 €	
Gesamtkosten	1 960,00 €	
fixe Kosten	668,00 €	

Die Rechnung würde genauer, wenn aus den Differenzen zweier aufeinander folgender Monate jeweils die proportionalen und die fixen Kosten ermittelt würden und daraus ein (eventuell gewogener!) Durchschnitt berechnet würde.

b) C wird produziert:

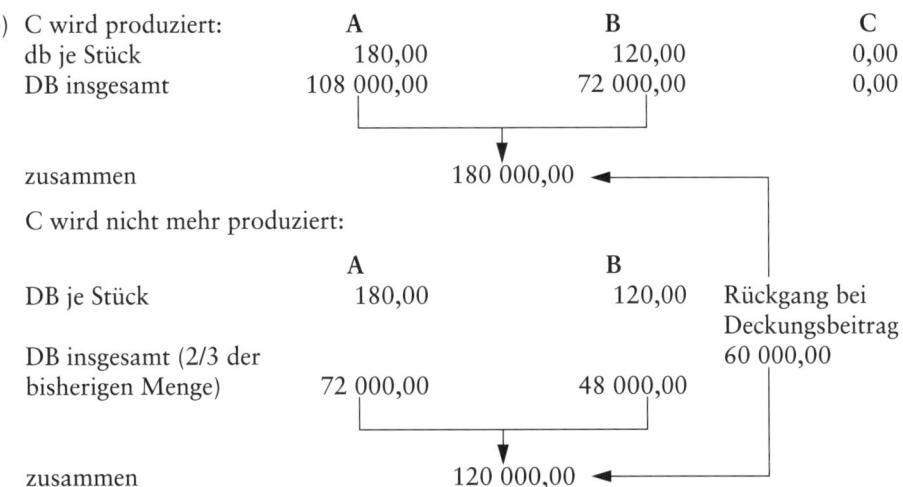

	A	B	C
db je Stück	180,00	120,00	0,00
DB insgesamt	108 000,00	72 000,00	0,00
zusammen		180 000,00	

C wird nicht mehr produziert:

	A	B	
DB je Stück	180,00	120,00	Rückgang bei Deckungsbeitrag 60 000,00
DB insgesamt (2/3 der bisherigen Menge)	72 000,00	48 000,00	
zusammen		120 000,00	

Der entgangene Deckungsbeitrag wirkt sich als Verlust aus. Wenn die 300 Stück C im Programm weiter geführt werden, dann bleiben die ehemaligen Mengen A und B (je 600 Stück) erhalten.

C liegt schon an der kurzfristigen Preisuntergrenze (Preis = proportionale Kosten). C kann im Preis soweit gesenkt werden, als die für den Erhalt von A und B notwendige Menge C (300 Stück) im Rückgang am Deckungsbeitrag (60 000,00 €) enthalten ist.

$$\frac{60\ 000}{300} = 200,00\ €$$

Ergebnis:

Der Preis von C kann (mit vollen € gerechnet) um bis zu 199,00 € (200,00−1,00) gesenkt werden. Immer noch liegt der Deckungsbeitragsverlust für A, B und C unter 60 000,00 €. Erst bei einer Preissenkung von 200,00 € und mehr kann C nicht mehr im Programm gehalten werden (Preissenkungen dieses Umfanges sind aber mehr als unwahrscheinlich, d.h. an eine Aufgabe von C darf unter diesen Verhältnissen nicht gedacht werden).

6. a) *db in 1,00 € Umsatz:*

A: $\frac{15}{50}$ = 0,30 €

B: $\frac{56}{280}$ = 0,20 €

C: $\frac{6,3}{18}$ = 0,35 €

Break-even-Point für A, B und C:

A: $\dfrac{132\,000}{0,30}$ = 440 000,00 €

B: $\dfrac{80\,000}{0,20}$ = 400 000,00 €

C: $\dfrac{175\,000}{0,35}$ = 500 000,00 €

b) *A günstiger als B:*

$\dfrac{132\,000 - 80\,000}{0,30 - 0,20}$ = 520 000,00 €, also A 520 001,00 €

Probe:

	A (€)	B (€)
Umsatz – K_v	520 000,00 364 000,00 (520 000 · 0,7)	520 000,00 416 000,00 (520 000 · 0,8)
DB – K_f	156 000,00 132 000,00	104 000,00 80 000,00
G	24 000,00	24 000,00

C günstiger als A:

$\dfrac{175\,000 - 132\,000}{0,35 - 0,30}$ = 860 000,00 €, also 860 001,00 €

Probe:

	C (€)	A (€)
Umsatz – K_v	860 000,00 559 000,00 (860 000 · 0,65)	860 000,00 602 000,00 (860 000 · 0,7)
DB – K_f	301 000,00 175 000,00	258 000,00 132 000,00
G	126 000,00	126 000,00

7. a)

	Deckungsbeitrag (je Stück)		
	A	B	C
p, € k_v, €	4 000,00 2 700,00	2 000,00 840,00	200,00 52,50
db, € Rangfolge	**1 300,00** ①	1 160,00 ②	147,50 ③

Deckungsbeitrag A: 50 Stück · 1 300,00 € = 65 000,00. Das Ergebnis wird insgesamt um 65 000,00 € verbessert, denn die fixen Kosten sind bereits abgedeckt (DBA > DBB bzw. DBC). Bei B und C geringere Ergebnisverbesserung.

Sortimentsentscheidungen (Rangfolgen):

	A	B	C
Teilkostenbasis (siehe Rangfolge oben)	①	②	③
Vollkostenbasis (siehe Ergebnisanteil)	①	③	②

b) Alternative 1: Aufnahme des Erzeugnisses D

B: 200 Stück · 1 160,00 db	232 000,00 €
D: 200 Stück · 5,00 € db (negativ)	1 000,00 €
Periodendeckungsbeitrag:	231 000,00 €
Alternative 2: Verzicht auf D	
Deckungsbeitrag B bei 200 Stück (1 160,00 · 200)	232 000,00 €
Deckungsbeitrag B bei 120 Stück (60 % von 200 Stück)	139 200,00 €
Verlust am Deckungsbeitrag B, wenn D entfällt	92 800,00 €

$$\frac{\text{verlorener Deckungsbeitrag B}}{\text{Menge}} \quad \frac{92\,800}{200} = \text{maximale Preisreduktion D} \qquad 46,40\,€$$

variable Stückkosten D (kurzfristige Preisuntergrenze)	75,00 €
– maximale Reduktion	46,40 €
reduzierter Stückpreis D	28,60 €

Beurteilung: Bei einem Stückpreis von 28,60 € für D spielt es keine Rolle, ob D erzeugt wird oder nicht. Bei einem Stückpreis darüber ist es günstiger, D anzubieten, um somit die volle Menge von B absetzen zu können, bei einem Stückpreis darunter sollte D entfallen.

Probe:

Verlust an DB bei Alternative 2:	92 800,00 €
D: 200 · 46,40 € Preisreduktion (negativer db)	92 800,00 €

Natürlich wird man von der max. Preisreduktion keinen Gebrauch machen (Gefahr: Einsturz des „Preisgebäudes").

8. a) Deckungsbeitrag T 301

	Gesamt (€)	Stück (€)
Verkaufserlöse (E)	384 000,00	400,00 (384 000 : 960)
– proportionale Kosten (K_v)	96 000,00	100,00 (96 000,00 : 960)
Deckungsbeitrag (DB)	288 000,00	300,00

$$\text{Nutzenschwelle:} \quad \frac{211\,200}{300} = \quad 704 \text{ Stück}$$

Probe:

Verkaufserlöse (704 · 404)		281 600,00 €
Kosten fix	211 200,00	
Kosten proportional (704 · 100)	70 400,00	281 600,00 €
		0,00 €

b)

	T 301	T 401
Verkaufserlöse (E)	384 000,00	320 000,00
proportionale Kosten (K$_v$)	96 000,00	181 760,00
Deckungsbeitrag je Artikel	288 000,00	138 240,00

Deckungsbeitrag (T 301 + 401)	426 240,00	
gesamte Fixkosten (T 301, 401, 501)	525 400,00	(211 200 + 98 240 + 215 960)
Ergebnis	– 99 160,00	
bisheriges Ergebnis	+ 68 800,00	(1 016 000,00 – 947 200,00)
		Verkaufserlöse Selbstkosten
Ergebnisminderung	167 960,00	

c) T 301 wird aufgegeben:

Verkaufserlöse	401	320 000,00	
	501	312 000,00	632 000,00
Kosten	401	280 000,00	
	501	360 000,00	
fixe Kosten	301	211 200,00	851 200,00
Verlust			219 200,00

T 401 wird aufgegeben:

Verkaufserlöse	301	384 000,00	
	501	312 000,00	696 000,00
Kosten	301	307 200,00	
	501	360 000,00	
fixe Kosten	401	98 240,00	765 440,00
Verlust			69 440,00

Folgerung:

Das Produkt mit den höheren fixen Kosten (T 301 vor T 401) sollte nach Möglichkeit weiterproduziert werden. Zu prüfen ist jedoch, ob und wann fixe Kosten abgebaut werden können.

Zu beachten ist, dass die Aufgabe des Verlustproduktes T 501 einen geringeren Verlust (siehe b) bringt als die Aufgabe des Gewinnprodukts T 301.

d)

	T 301	T 401	T 501
Verkaufserlös/Stück	400,00	500,00	600,00
proportionale Kosten/Stück	100,00	284,00	277,00
Deckungsbeitrag/Stück	300,00	216,00	323,00
Reihenfolge	②	③	①

Das Verlustprodukt T 501 rangiert an 1. Stelle!

e) Notwendiger Gesamtgewinn: bisheriger Gewinn 68 800,00 (aus T 301, 401 und 501) + 48 000,00 Verlustbeitrag von T 501 = zusammen 116 800,00.

Formel:

$$\frac{\text{Verlustbeitrag T 501}}{\text{Deckungsbeitrag je Stück von T 401 bzw. T 301}} = \text{Zusatzmenge von T 301 bzw. T 401}$$

Ausgleich mit Hilfe von T 301: $\dfrac{48\,000}{300} = 160$ Stück

Probe:

Deckungsbeitrag	301	1 120 (960 + 160) · 300,00 =	336 000,00
	401	640 · 216,00 =	138 240,00
	501	520 · 323,00 =	167 960,00
zusammen			642 200,00
gesamte fixe Kosten			525 400,00
Gewinn			116 800,00

Ausgleich mit Hilfe von T 401: $\dfrac{48\,000}{216} = 222,22\dots$ Stück

Entsprechende Probe (wie bei T 301) führt ebenfalls zu einem Gewinn von 116 800,00.

9. **Aussagen**

a) Dies trifft zu, wenn **kein** Sortimentsverbund besteht. Bei Sortimentsverbund ist zu überprüfen, inwieweit bei Wegfall des Verbundprodukts der Absatz anderer (Gewinn-) Produkte notleidet (Kostenremanenz beachten).

b) Richtig. Ein hoher DB deutet auf eine optimale Anpassung an den Sortimentsverbund hin.

c) Richtig. Die Vollkostenrechnung zeigt bei Produkten oft einen negativen Ergebnisbeitrag (K > E), obwohl diese nach Auskunft der Teilkostenrechnung durch einen Deckungsbeitrag (E > k_v) zur Gewinnmaximierung beitragen.

d) Richtig. Bei möglicher Absatzausdehnung trägt die Förderung von Produkten mit höherem db zur Gewinnmaximierung bei.

10. Bei E I fixe Kosten = Deckungsbeitrag = 30 % des Umsatzes (Gewinn = 0,00!), also K_v 700 000 und Umsatz 1 000 000 = 2 Teile (5 Teile = 2 500 000/3 Teile = 1 500 000).

a)

Erzeugnisgruppen	E I	E II	E III
Umsatz (2 : 5 : 3), hochgerechnet aus dem Prozentsatz proportionaler Kosten:	1 000 000,00 (100 %)	2 500 000,00 (100 %)	1 500 000,00 (100 %)
proportionale Kosten:	700 000,00 (70 %)	2 000 000,00 (80 %)	975 000,00 (65 %)
Deckungsbeitrag	300 000,00 (30 %)	500 000,00 (20 %)	525 000,00 (35 %)
fixe Kosten	300 000,00	260 000,00	385 000,00
Gewinnbeitrag (G)	0,00	240 000,00	140 000,00

G insgesamt   380 000,00

L

b) Förderungswürdiges Erzeugnis

Bei 1 000 000,00 Mehrumsatz bringen ein Mehr an Deckungsbeitrag:

I	II	III
300 000,00 (da 70 % prop.)	200 000,00 (da 80 % prop.)	350 000,00 (da 65 % prop.)
$(1,00 - 0,7 = 0,3;$	$(1,00 - 0,8 = 0,2;$	$(1,00 - 0,65 = 0,35;$
$0,3 \cdot 1\ 000\ 000,00)$	$0,2 \cdot 1\ 000\ 000,00)$	$0,35 \cdot 1\ 000\ 000,00)$
vorzuziehen gegenüber II		III wäre am günstigsten, ist
(trotz geringerem bisheri-		aber nicht steigerbar.
gen Deckungsbeitrag und		
bisherigem Gewinnbeitrag 0).		

Erkenntnis:

Die Vollkostenrechnung würde auf die falsche Fährte leiten; sie kann hier nicht zur richtigen Entscheidung beitragen! II scheinbar günstiger als I (und III), da höchster bisheriger Gewinn.

11. a) **Fixe Kosten, Gewinn**

auf	300 000,00 Mehrumsatz	150 000,00 Mehrkosten
auf	1,00 Mehrumsatz	0,50 Mehrkosten

daraus:

Selbstkosten	650 000,00 €
– proportionale Kosten (800 000 · 0,50)	400 000,00 €
fixe Kosten	250 000,00 €

bzw.

Selbstkosten	800 000,00 €
– proportionale Kosten (1 100 000,00 · 0,50)	550 000,00 €
fixe Kosten	250 000,00 €

$$\frac{(250\ 000 + 100\ 000)}{0,5} = 700\ 000,00\ €\ \text{Umsatz (für 100 000,00 € Gewinn)}$$

b) **E/K gesamt**

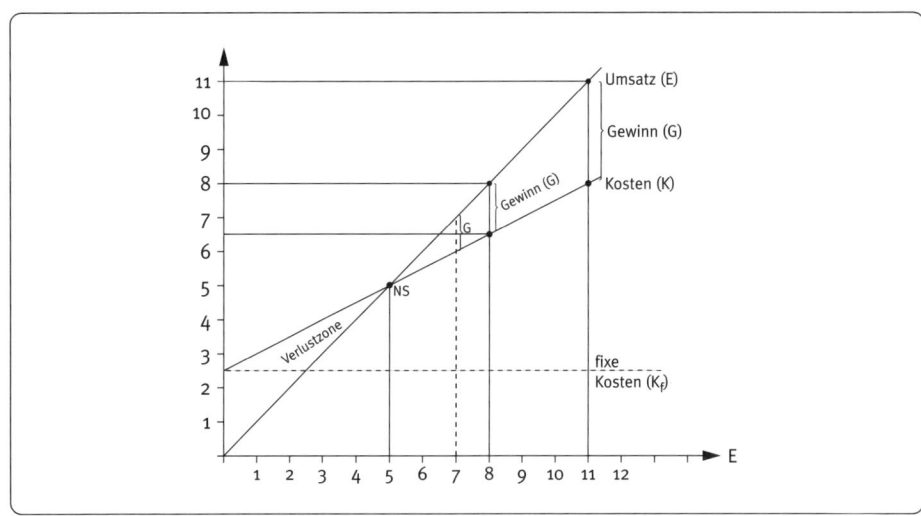

* Siehe Lösung a): Bei 700 000 E/U ergibt sich G 100 000.

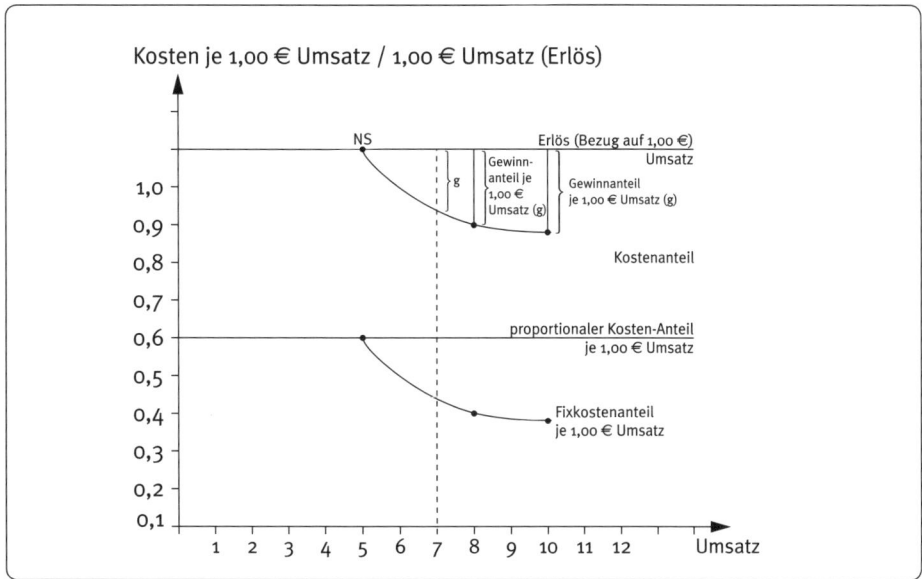

c) Deckungsbeiträge

	insgesamt	A	B	C
Umsätze	1 100 000,00	500 000,00	400 000,00	200 000,00
proportionale Kosten	550 000,00	320 000,00	170 000,00	60 000,00
Deckungsbeiträge (DB)	550 000,00	180 000,00	230 000,00	140 000,00
DB je m	16,176	9,00	23,00	35,00
fixe Kosten	250 000,00	100 000,00	100 000,00	50 000,00
Gewinn	300 000,00	80 000,00	130 000,00	90 000,00
Gewinn je m	8,824	4,00	13,00	22,50

d) Preissenkung („langfristig") in % (Grundlage: Preis je m):

Preis für A: $\dfrac{500\ 000}{20\ 000}$ 25,00

Gewinnanteil A	4,00	(16 %)
neuer Preis	21,00	

Preis für B: $\dfrac{400\ 000}{10\ 000}$ 40,00

Gewinnanteil B	13,00	(32,5 %)
neuer Preis	27,00	

Preis für C: $\dfrac{200\ 000}{4\ 000}$ 50,00

Gewinnanteil C	22,50	(45 %)
neuer Preis	27,50	

e) A scheidet aus   (niedrigster DB   9,00/m)
   C übernimmt   (höchster DB   35,00/m)

$$\frac{500\,000\ (\text{ehemaliger Umsatz A, jetzt C})}{50\ (\text{Preis C für 1 m})} = 10\,000\ \text{m}$$

Neues Fertigungsprogramm:

B bleibt, Gewinn			130 000,00 €
C 14 000 m (4 000 + 10 000) zu je			
35,00 DB	=	490 000,00	
fixe Kosten C + B (50 000 + 100 000)	=	150 000,00	340 000,00 €
neuer Gewinn			470 000,00 €
bisheriger Gewinn			300 000,00 €
Gewinnsteigerung um			170 000,00 €
			≙ 56 ⅔ %

12.

	A	B	C	D
db (€)	25,00	17,00	30,00	30,00
in % des Verkaufserlöses	36,23	37,78	30,61	42,86

Ergebnisse:

bisher	A:	22 · 25,00	=	550,00 €
	B:	16 · 17,00	=	272,00 €
	C:	11 · 30,00	=	330,00 €
	Summe der DB			1 152,00 €

nach Expansion	A:	18 · 25,00	=	450,00 €
	B:	19 · 17,00	=	323,00 €
	C:	5 · 30,00	=	150,00 €
	D:	8 · 30,00	=	240,00 €
	Summe der DB			1 163,00 €

Gestaltung der Absatzpolitik:

Rangfolge der Förderung:

D, B, A, C, d.h. es ist bei möglichen Umsatzsteigerungen vom höchsten prozentualen DB am Verkaufserlös (entspricht dem Deckungsbeitrag in 1,00 € Umsatz) auszugehen.

13. a) Die Zurechnung setzt Kostenanalysen voraus, die auf die betrieblichen Besonderheiten Rücksicht nehmen. Schätzungen können sicher nicht vermieden werden. K_f aus Maschinen, Fabrikgebäuden, Betriebsvorrichtungen sind je nach Nutzen den einzelnen Produkten zuzurechnen. Kosten im Bereich der Verwaltung und der Unternehmensleitung, zum Teil auch des Vertriebes, gehören eher zu den allen Produkten zuzurechnenden unternehmensfixen Kosten.

Fazit: Je genauer die erzeugnisfixen Kosten bestimmt werden können, desto ausgeprägter sind die Vorteile der mehrstufigen DB-Rechnung.

b) Die Erzeugnisse A und B sind in A 1 und A 2 bzw. B 1 und B 2 unterteilt worden, d.h. der Controller stuft jetzt A und B als Erzeugnisgruppen ein, die jeweils aus zwei artverwandten, aber nicht gleichen Erzeugnissen A 1 / A 2, B 1 / B 2 bestehen. Vier erzeugnisfixe Kostenblöcke sind zu erkennen (statt bisher zwei), d.h. der Controller ist in der Lage, „eine Stufe früher" Deckungsbeiträge zu ermitteln. Diese Deckungsbeiträge zeigen den Anteil der vier Erzeugnisse am gesamten Deckungsbeitrag. Gegebenenfalls können schon in dieser Stufe negative Deckungsbeiträge sichtbar werden (frühe Entscheidungshilfe für die Geschäftsleitung).

Wir haben es also bei der Darstellung c) mit einer Verfeinerung der mehrstufigen Deckungsbeitragsrechnung zu tun.

Jede weiter gehende Gliederung der mehrstufigen Deckungsbeitragsrechnung bringt zwar einen genaueren Einblick in das Kostengefüge, zu bedenken sind jedoch ausufernder Mehraufwand und Fehlermöglichkeiten bei den „Zuweisungen" der Fixkostenanteile.

c) Die mehrstufige Deckungsbeitragsrechnung wirkt sich positiv auf die genannten Ziele aus.

- Gewinnmaximierung: Produkte mit negativem Periodendeckungsbeitrag II können durch andere ersetzt werden bzw. es werden kostensenkende Maßnahmen eingeleitet.
- Marktgerechte Sortimentspolitik: Im Gegensatz zur einstufigen DB-Rechnung stehen rechtzeitig/früher Zahlen bereit, die zu einer Sortimentsänderung Anlass geben können. Die A-Produkte sollten (falls kein Sortimentsverbund mit B besteht) eliminiert werden, da nicht einmal die erzeugnisfixen Kosten gedeckt werden (negativer DB).
- Soziale Verantwortung: Die mehrstufige DB-Rechnung lässt Aussagen darüber zu, wie lange trotz eines negativen Deckungsbeitrags z.B. Arbeitsplätze erhalten bleiben sollten.
- Umsatzsteigerung: Sie ist vor allem bei denjenigen Produkten zu betreiben, deren Periodendeckungsbeitrag II (noch) positiv ist.
- Nutzenschwelle: Die Ermittlung erzeugnisfixer Kosten erlaubt, für jedes Produkt die NS gesondert zu errechnen. Annahme: Von Produkt A und B seien bisher je 100 Stück erzeugt und verkauft worden.

Dann gilt:

für A: NS = $\dfrac{250}{6-4}$ = 125 St.

für B: NS = $\dfrac{180}{9-4,2}$ = 37,5 St.

Erkenntnis: Bei A (bisher negativer DB II) fehlen noch 25 Stück zur NS, B hat einen großen Sicherheitsspielraum (100 – 37,5 = 62,5 Stück).

- Kapazitätsausnutzung: B ist zu fördern; gegebenenfalls sind freie Kapazitäten von A für eine Erweiterung bei B einzusetzen (Spezialanlagen für A können diese Möglichkeit ausschließen).
- Modernisierung: Der Blick ist auf A zu richten, bei dem die K_v dominieren. Ihre Reduktion auf die Hälfte könnte durch eine „Modernisierungsinvestition" eine angemessene Steigerung der erzeugnisfixen K_f und im Ergebnis einen positiven Periodendeckungsbeitrag II zulassen.
- Abbau der k_f: Abbau von Produktionsanlagen als Folge von Mehrschichtbetrieb (mit höheren k_v) bzw. Einsatz nicht voll ausgenutzter Anlagenkapazitäten in anderen Bereichen, lässt eine Senkung der K_f erwarten.

1.6.4.4 Optimales Sortiment in Engpasssituationen – relativer Deckungsbeitrag

Kontrolle

1. a)

Typen	Menge · Deckungsbeitrag je Stück = (Verkaufserlös – proportionale Kosten)		Deckungsbeitrag je Typ	Rangfolge
A	240 · 300	=	72 000,00	(3) (300)
B	350 · 1 200	=	420 000,00	(2) (1 200)
C	400 · 1 700	=	680 000,00	(1) (1 700)
		insgesamt	1 172 000,00	

b) **Relativer Deckungsbeitrag:**

Typen	$\dfrac{\text{Absoluter Deckungsbeitrag}}{\text{Fertigungszeit}}$ =		relativer Deckungsbeitrag	Rangfolge
A	$\dfrac{300}{3}$	=	100,00	(1)
B	$\dfrac{1\,200}{30}$	=	40,00	(3)
C	$\dfrac{1\,700}{20}$	=	85,00	(2)

Gesamter Deckungsbeitrag:

Deckungsbeitrag bisher (siehe a))	1 172 000,00 €
zusätzlicher Deckungsbeitrag durch Typ A:	
1 800 Stunden : 3 Stunden = 600 Stück zu je 300,00 =	180 000,00 € *)
Deckungsbeitrag mit Zusatzkapazität	1 352 000,00 €

*) 180 000 ≙ Gewinnerhöhung

c) **Berechnung der noch verfügbaren Fertigungsstunden:**

A 240 Stück · 3 Stunden	=	720 Stunden
B 350 Stück · 30 Stunden	=	10 500 Stunden
C 400 Stück · 20 Stunden	=	8 000 Stunden
bisher verfügbar		19 220 Stunden
Kürzung um		5 220 Stunden
noch verfügbar		14 000 Stunden

Gesamtdeckungsbeitrag aufgrund absoluter Deckungsbeiträge:

C 400 Stück zu je 20 Stunden = 8 000 Std. / 400 Stück · 1 700,00 =	680 000,00 €
B 200 Stück zu je 30 Stunden = 6 000 Std. / 200 · 1 200,00 =	240 000,00 €
A entfällt –	
14 000 Stunden	920 000,00 €

Gesamtdeckungsbeitrag aufgrund relativer Deckungsbeiträge:

A 240 Stück zu je 3 Std. =   720 Std. / 240 Stück · 300,00   =   72 000,00 €
C 400 Stück zu je 20 Std. =   8 000 Std. / 400 Stück · 1 700,00   =   680 000,00 €

B 176 Stück zu je 30 Std. = ◄— 5 280 Std. / 176 Stück · 1 200,00   =   211 200,00 €

                                14 000 Std.   963 200,00 €

Ergebnis: um 43 200,00 € höherer DG.

2. a) **Gegenüberstellung der Deckungsbeiträge**

	A	B
Verkaufserlöse	?	17,00
proportionale Kosten	?	13,50
absoluter Deckungsbeitrag	9,00 *)	3,50

*) Der Betrag, um den ein Preis die proportionalen Kosten übersteigt, muss der Deckungsbeitrag sein.

relativer Deckungsbeitrag (= hier DB/Minute)	0,60	0,35
	(9 : 15)	(3,50 : 10)
benötigte Fertigungszeit für B: 600 · 10	=	6 000 Min.
Ausfallmenge A: $\dfrac{6\,000}{15}$	=	400 Stück

b) Vergleich der Deckungsbeiträge aufgrund der

relativen DB: A 6 000 Minuten · 0,60   =   3 600,00 €
                  B 6 000 Minuten · 0,35   =   2 100,00 €

absoluten DB: A 400 Stück · 9,00   =   3 600,00 €
                  B 600 Stück · 3,50   =   2 100,00 €

Der Auftrag ist abzulehnen, weil der Gewinn um 1 500,00 (3 600 − 2 100) € gekürzt würde.

Vertiefung

3. a) Das Modell Amalfi ist bei den Verkaufsgesprächen besonders herauszuheben. Es hat den höchsten (absoluten) db.

   b) **Umsatzbezug:**

   Paare „Adria": $\dfrac{16\,800}{70}$ = 240 Stück

   DB „Adria": 240 · 42,00 €   =   10 080,00 €

   Paare „Amalfi": $\dfrac{16\,800}{120}$ = 140 Stück

   DB „Amalfi": 140 · 48,00 €   =   6 720,00 €

   Ergebnis:

   Vom erreichbaren Umsatz ausgehend ist dem Modell „Adria" Vorrang einzuräumen.

c) **Personalbezug:**

Die Personalkosten sind (weitestgehend) fix, können also in ihrer absoluten Höhe hier außer Betracht bleiben.

Beim Einsatz des Personals muss das Augenmerk auf den Deckungsbeitrag je einzusetzender Arbeitszeit (Minute) gerichtet werden.

Adria: $\dfrac{42}{10}$ = 4,20 €/Minute

Amalfi: $\dfrac{48}{15}$ = 3,20 €/Minute

Ergebnis:

Bei Verkäufen unter Zeitdruck erzielt „Adria" den höheren (relativen) Deckungsbeitrag.

4. a) **Stückdeckungsbeiträge, absolut**

	A	B	C
Stückerlös	28,00	45,00	60,00
proportionale Kosten	20,00	32,00	42,00
DB/Stück ≙ db/DB-Satz	8,00/28,6 %	13,00/28,9 %	18,00/30 %
Rangfolge (absolut)	③	②	①
DB insgesamt	960,00	780,00	450,00

Summe der DB	2 190,00
fixe Kosten	1 000,00
Gewinnbeitrag	1 190,00

Benötigte Zeit hier 7 500' = 125 h, d. h. unsere 3 Arbeiter müssten 5 Überstunden leisten (siehe auch c) mit evtl. steigenden k_v.

b) **Mögliche Stückzahlen (3 · 40 = 120 Stunden)**

A   120 Std. · 60 Min.   = 7 200 Min.;   7 200 : 30 = 240 Stück
B   120 Std. · 60 Min.   = 7 200 Min.;   7 200 : 40 = 180 Stück
C   120 Std. · 60 Min.   = 7 200 Min.;   7 200 : 60 = 120 Stück

Deckungsbeiträge hierbei: Rangfolge (relativ)

A   240 · 8,00   =   1 920,00   3
B   180 · 13,00   =   2 340,00   1
C   120 · 18,00   =   2 160,00   2

c) **Untersuchung, ob die Planung realisiert werden kann:**

A	120 · 30 Min.	3 600 Min.
B	60 · 40 Min.	2 400 Min.
C	25 · 60 Min.	1 500 Min.
		7 500 Min.
zur Verfügung stehen nur		7 200 Min.
fehlende Zeit		300 Min.

Die Menge A muss entsprechend reduziert werden und zwar um 300' : 30' = 10 Stück. Von A werden also nur noch 110 Stück (120 – 10) produziert (bei weiterer Verschärfung des zeitlichen Engpasses würde B als 2. Produkt ausscheiden).

Optimales Programm:		DB / G	Zeit
DB A	110 · 8,00 =	880,00	(3 300 Min.)
DB B	60 · 13,00 =	780,00	(2 400 Min.)
DB C	25 · 18,00 =	450,00	(1 500 Min.)
zusammen		2 110,00	(7 200 Min.)
fixe Kosten		1 000,00	
Gewinnbeitrag		1 100,00	

d)

Zeitverbrauch		relativer DB, €	
A 60 · 30 Minuten = 1 800 Min. B 15 · 40 Minuten = 600 Min. C 80 · 60 Minuten = 4 800 Min.		(8,00 : 30) 0,266.. (13,00 : 40) 0,325 (18,00 : 60) 0,30	
zusammen 7 200 Min. S 100 · 24 Minuten = 2 400 Min.		(7,00 : 24) 0,291	

Notwendige Stückzeit für S (gem. Kundenanfrage) 100 · 24 Min. = 2 400 Min.
Rangfolge: B, C, S, A

Möglichkeiten:

1. B und C bleiben, A entfällt. Dafür sind dann 75 Stück von S hereinzunehmen (1 800 : 24), also nicht die gewünschte Menge:

Auswirkung:			DB / G	Zeit
S	75 · 7,00	=	525,00	(1 800 Min.)
B	15 · 13,00	=	195,00	(600 Min.)
C	80 · 18,00	=	1 440,00	(4 800 Min.)
DB insgesamt			2 160,00	(7 200 Min.)
fixe Kosten			1 000,00	
Gewinn			1 160,00	

2. Sollte der Kunde nur abschließen, wenn er die vollen 100 Stück von S geliefert erhält, so kann bei zu erwartenden größeren Anschlussaufträgen auf den Spitzendeckungsbeitrag verzichtet werden:

			DB / G	Zeit
S	100 · 7,00	=	700,00	(2 400 Min.)
C	80 · 18,00	=	1 440,00	(4 500 Min.)
B	–		–	
DB insgesamt			2 140,00	(7 200 Min.)
fixe Kosten			1 000,00	
Gewinn			1 140,00	

B muss dann ebenfalls ausfallen.

5. a) + b)

	S	R	E
Absoluter Deckungsbeitrag Rangfolge, absolut	32,00 ③	36,00 ②	50,00 ①
Deckungsbeitrag je Engpasseinheit (relativer DB) Rangfolge, relativ	4,00 (32 : 8) ③	6,00 (36 : 6) ①	5,00 (50 : 10) ②

c) **Gewinnmaximales Programm**

Kapazität	840 Stunden · 60 Min.	=	50 400 Min.
R	2 300 Stück (Gebinde) · 6 Min.	=	13 800 Min.
E	2 600 Stück (Gebinde) · 10 Min.	=	26 000 Min.
S	1 325 · 8 Min. ◄――――――――――――――		10 600 Min.
	(10 600 : 8)		
			50 400 Min.

Betriebsergebnis: (Stück · db):

R	2 300 · 36,00	=	82 800,00 €
E	2 600 · 50,00	=	130 000,00 €
S	1 325 · 32,00	=	42 000,00 €
DB insgesamt			255 200,00 €
fixe Kosten			185 200,00 €
Gewinn			70 000,00 €

d) **Teilausfall bei Abnahme von E, Ausgleich durch S bzw. R:**

R	2 300 · 6 Min.	=	13 800 Min.
E	1 300 · 10 Min.	=	13 000 Min.
S	2 120 · 8 Min.	=	16 960 Min.
Zusammen bisher			43 760 Min.
weitere Stück R (R hat den höchsten relativen DB), also			6 640 Min.
6 640 : 6 Min. = rd. 1 106 Gebinde			
gesamte zur Verfügung stehende Zeit (siehe c))			50 400 Min.

Betriebsergebnis:

R	3 406 (2 300 + 1 106) · 36	=	122 616,00 €
E	1 300 · 50,00	=	65 000,00 €
S	2 120 · 32,00	=	67 840,00 €
DB insgesamt			255 456,00 €
fixe Kosten			185 200,00 €
Gewinn (Rundungsdifferenz)			70 256,00 €

Höherer G, da zusätzlicher Raum für R (mit dem höchsten relativen DB).

6. a)

	A	B	C	D
absoluter Deckungsbeitrag	20,00	10,00	16,00	5,00
Reihenfolge	(1)	(3)	(2)	(4)

Stundenbedarf bei je 1 000 Stück (gesamte Stunden in den einzelnen Fertigungsstellen mal 1 000)

	I	II	III
benötigte Stunden	19 000	17 000	18 000
Kapazität	20 000	21 000	14 000
Überschuss	1 000	4 000	
Fehlbetrag (d.h. Stelle III ist Engpassstelle)			4 000

Relative Deckungsbeiträge in der Engpassstelle (III)

	A	B	C	D
	2,66	5	4	1
	(20 : 7)	(10 : 2)	(16 : 4)	(5 : 5)
Reihenfolge	(3)	(1)	(2)	(4)

Gewinnmaximales Produktionsprogramm:

B	①	1 000 Stück zu je 2 Stunden	=	2 000 Stunden
C	②	1 000 Stück zu je 4 Stunden	=	4 000 Stunden
A	③	1 000 Stück zu je 7 Stunden	=	7 000 Stunden
D	④	200 Stück zu je 5 Stunden	←	1 000 Stunden
		(1 000 : 5)		

Kapazität in Kostenstelle III   14 000 Stunden

Betriebsergebnis:

B	1 000 Stück zu je 10,00	=	10 000,00 DB
C	1 000 Stück zu je 16,00	=	16 000,00 DB
A	1 000 Stück zu je 20,00	=	20 000,00 DB
D	200 Stück zu je 5,00	=	1 000,00 DB

Summe der Deckungsbeiträge	47 000,00
fixe Kosten	40 000,00
Gewinn (Betriebsergebnis)	7 000,00

b) **Mindestmenge D** (1 000 Stück)

Optimale Menge:

D	1 000 Stück zu je 5 Stunden	=	5 000 Stunden
B	1 000 Stück zu je 2 Stunden	=	2 000 Stunden
C	1 000 Stück zu je 4 Stunden	=	4 000 Stunden
A	abgerundet 428 Stück zu je 7 Stunden	←	3 000 Stunden
	(3 000 : 7 = 428)		

Kapazität in Kostenstelle III   14 000 Stunden

Betriebsergebnis:

D	1 000 Stück zu je 5,00	=	5 000,00 DB
B	1 000 Stück zu je 10,00	=	10 000,00 DB
C	1 000 Stück zu je 16,00	=	16 000,00 DB
A	428 Stück zu je 20,00	=	8 560,00 DB
Summe der Deckungsbeiträge			39 560,00
fixe Kosten			40 000,00
Verlust (Betriebsergebnis)			440,00

7. a) **Berechnung der k_v:**

A:	0,90 (0,3 · 3,00) + 1,00	=	1,90 €
B:	0,60 (0,2 · 3,00) + 1,20	=	1,80 €
C:	0,15 (0,05 · 3,00) + 1,50	=	1,65 €
D:	0,30 (0,1 · 3,00) + 0,90	=	1,20 €

Berechnung der db: Rangfolge bei absolutem db:

A:	2,35 – 1,90	=	0,45	②
B:	2,30 – 1,80	=	0,50	①
C:	1,75 – 1,65	=	0,10	④
D:	1,60 – 1,20	=	0,40	③

b) Berechnung der relativen DB

(Umrechnung auf 50 g = Engpasseinheit)   Rangfolge bei relativem db:

A:	bei 300 g	0,45		
	bei 50 g		0,075	④
B:	bei 200 g	0,50		
	bei 50 g		0,125	②
C:	bei 50 g		0,10	③
D:	bei 100 g	0,40		
	bei 50 g		0,20	①

c) **Optimales Programm** (jeweils 25 000 Gläser je Sorte gewünscht, aber Engpass bei den Heidelbeeren):

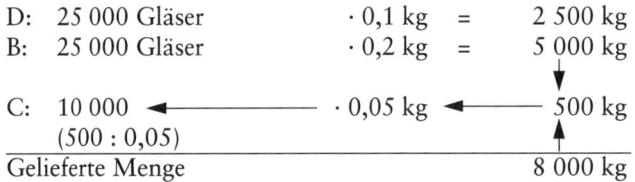

D:	25 000 Gläser	· 0,1 kg	=	2 500 kg
B:	25 000 Gläser	· 0,2 kg	=	5 000 kg
C:	10 000	· 0,05 kg		500 kg
	(500 : 0,05)			
Gelieferte Menge				8 000 kg

Produktionsprogramm bei Wahl des absoluten DB:

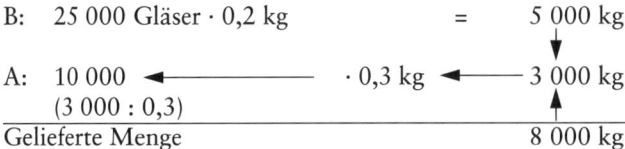

B:	25 000 Gläser · 0,2 kg	=	5 000 kg
A:	10 000	· 0,3 kg	3 000 kg
	(3 000 : 0,3)		
Gelieferte Menge			8 000 kg

Proben:

Optimales Sortiment (relativer DB):

D:	$25\,000 \cdot 0{,}45$	=	11 250,00
B:	$25\,000 \cdot 0{,}50$	=	12 500,00
C:	$10\,000 \cdot 0{,}10$	=	1 000,00
DB $\triangleq$ G			24 750,00

Sortiment bei absolutem DB:

B:	$25\,000 \cdot 0{,}50$	=	12 500,00
A:	$10\,000 \cdot 0{,}45$	=	4 500,00
DB $\triangleq$ G			17 000,00

Differenz
7 750,00

8. a) **Übergangsmenge:**

$$\frac{44\,000 - 19\,000}{7{,}80 - 5{,}40} \approx 10\,417 \text{ Stück}$$

Dies ist ein theoretischer Wert, der die Kapazität beider Anlagen übersteigt. Dennoch kann entnommen werden:

Anlage A ist vorzuziehen.

Ergebnisauswirkungen

	A (€)	B (€)
DB	27 000,00	39 000,00
	$(5\,000 \cdot 5{,}40)$	$(5\,000 \cdot 7{,}80)$
K_f	19 000,00	44 000,00
G/V	+ 8 000,00	− 5 000,00

Allerdings wird der Gewinn aus Anlage A (+ 8 000,00) durch die fixen Kosten der Anlage B (44 000,00) zu einem Verlust von 36 000,00 € reduziert.

b) siehe a); es entsteht ein Verlust von 5 000,00 €, die fixen Kosten der Anlage A (19 000,00 €) entfallen.

c) Break-even-Point B: $\dfrac{44\,000}{7{,}8}$ = 5 641 Stück

75 % entsprechen 5 641 Stück
100 % entsprechen ≈ 7 522 Stück
also Steigerung um 33 $\frac{1}{3}$ %.

d) **Änderung des BEP durch Preissenkung:**

$$\frac{44\,000}{5{,}8} \approx 7\,586 \text{ Stück}$$

75 % entsprechen 7 586 Stück
100 % entsprechen 10 115 Stück

Die notwendige Stückzahl geht deutlich über die Kapazität hinaus, d.h. die Preissenkung und gewünschte Sicherheitsspanne schließen sich aus.

e) (1)

DB (8 000 · 7,80)	62 400,00 €
− K_f	44 000,00 €
G	18 400,00 €

(2)

DB (8 000 · 7,80)	62 400,00 €
(2 000 · 4,80)	9 600,00 €
zusammen	72 000,00 €
− K_f (44 000 + 9 000)	53 000,00 €
G	19 000,00 €

(3)

DB (8 000 · 7,80)	62 400,00 €
(2 000 · 9,80)	19 600,00 €
zusammen	82 000,00 €
− K_f (44 000 + 12 000)	56 000,00 €
G	26 000,00 €

(4) Voller Einsatz der Zusatzanlage:

DB (6 000 · 7,80)	46 800,00 €
(4 000 · 9,80)	39 200,00 €
zusammen	86 000,00 €
− K_f (44 000 + 12 000)	56 000,00 €
G	30 000,00 €

9. a) Vom absoluten DB ausgehende Rangfolge: III, II, I.

Vom Lagerraum ausgehend:

Gesamter Rauminhalt $10 \cdot 6 \cdot 2,5 = 150 \text{ m}^3$

Warengruppe I:

$$\frac{150}{0,5} \qquad = \quad 300 \text{ Einheiten} \cdot db\ 32 \qquad = \quad 9\ 600,00 €$$

Warengruppe II:

$$\frac{150}{1,2} \qquad = \quad 125 \text{ Einheiten} \cdot db\ 64 \qquad = \quad 8\ 000,00 €$$

Warengruppe III:

$$\frac{150}{2,0} \qquad = \quad 75 \text{ Einheiten } db \cdot 120 \qquad = \quad 9\ 000,00 €$$

Rangfolge: I, III, II.

b) **Entscheidungen:**

Bei unbegrenzter Absatzmöglichkeit ist der Warengruppe I Priorität einzuräumen. Begründung: Die Lagermengen von I bringen insgesamt den höchsten Deckungsbeitrag.

1.6.4.5 Eigenfertigung oder Fremdbezug

Kontrolle

1. a) **Kurzfristiger Planungshorizont:**

k_v (0,40 €) < ep (2,00 €)

Entscheidung fällt für Eigenfertigung.

Langfristiger Planungshorizont:

Bezug:	200 000,00 · 2	=		400 000,00 €
Erzeugung:	K_v 200 000 · 0,4	=	80 000,00	
	K_f		140 000,00	220 000,00 €
	Ersparnis durch Erzeugung			180 000,00 €

b) Übergangsmenge = $\dfrac{140\,000}{(2 - 0,4)}$ = 87 500 Stück

Siehe auch Diagramm Band 1 mit seinen Vorteilen:
- Direkte Ablesbarkeit von Übergangsmenge und Ersparnis (bei Jahresabnahme)
- Ablesbarkeit von Mengen und Ersparnissen in beliebiger Weise (ohne zeitraubende Berechnungen).

Darstellung auf dem Diagramm a) + b)

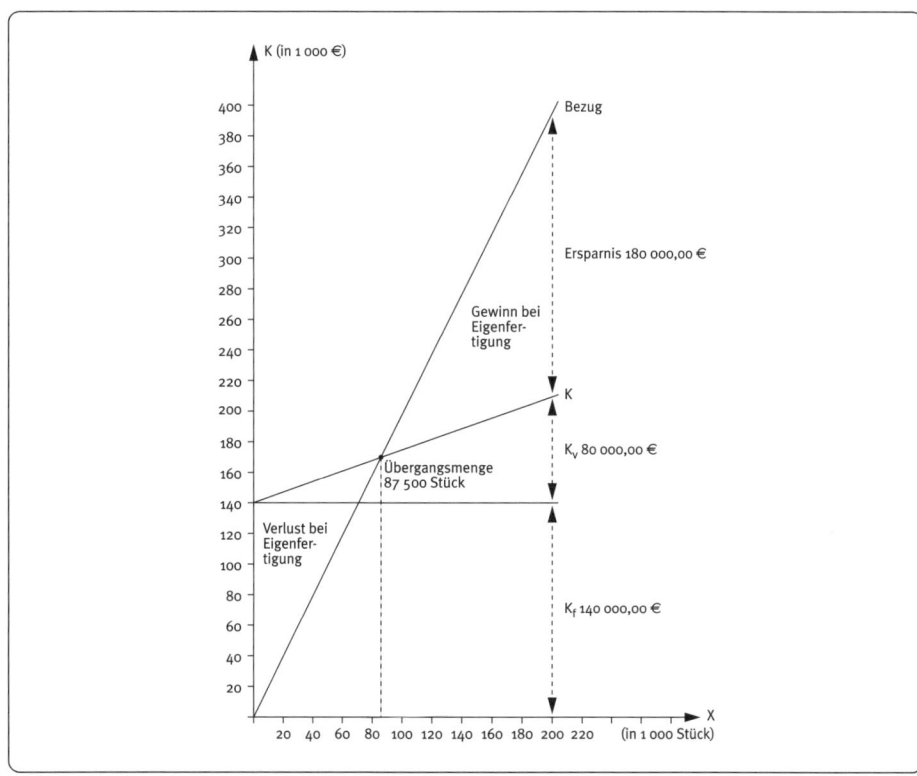

413

2. Vergleich Einstandspreise – variable Kosten

Einstandspreise	150 Stück · 1 600,00	=	240 000,00 €
Variable Kosten	150 Stück · 1 200,00	=	180 000,00 €
Kostenvorteil bei Eigenerzeugung			60 000,00 €

Opportunitätskosten:	
Verkaufserlöse des anderen Produkts	1 400,00 €
– proportionale Kosten (Grenzkosten)	1 100,00 €
Absoluter Deckungsbeitrag	300,00 €

Relativer Deckungsbeitrag = Deckungsbeitrag je Fertigungsstunde (Engpasseinheit): 300 : 12,5 = 24,00 €;
150 Stück D · 15 Stunden = 2 250 Stunden · 24,00 (Nutzenentgang je Stunde durch Wegfall des anderen Produkts) = 54 000,00 € Opportunitätskosten.

Zusammenstellung der Entscheidungsgrundlagen:

Kostenvorteil bei eigener Nutzung	60 000,00 €
Opportunitätskosten	54 000,00 €
Kostenvorteil durch Wegfall der Deckungsbeiträge der Handelswaren	6 000,00 €

Entscheidung: Typ D wird selbst hergestellt.

Zusatzinformation:

Preisuntergrenze bei Eigenfertigung:	
Grenzkosten (hier gleich variable Stückkosten)	1 200,00 €
Opportunitätskosten (15 Std. · 24,00)	360,00 €
Preisuntergrenze / Stück	1 560,00 €

Bei dem Fallbeispiel "Kapazitätsengpässe" (siehe Lösung in Band 1, Seite 222 f.) verhielte es sich so:

Variable Kosten IV / Stück	140,00 €
Opportunitätskosten (4 Std. · 20,00)	80,00 € *)
Preisuntergrenze IV / Stück	220,00 €

*) Typ IV benötigt 4 Stunden; (ausgefallener) DB des anderen Produktes je Stunde 20,00 €.

3. a) Absolute und relative Stückdeckungsbeiträge

	Gurtspanner	Rollladenverriegelung
Stückerlöse proportionale Kosten	5,00 4,00	10,00 6,00
absoluter Deckungsbetrag relativer Deckungsbetrag (je Minute)	1,00 0,166 ... (1,00 : 6)	4,00 1,00 (4,00 : 4)

Fertigungszeit für Verriegelungen 10 000 · 4 Min.	=	40 000 Min.

entfallene Menge für Gurtspanner: $\dfrac{40\,000}{6}$ — 6 667 Stück

Deckungsbeitrag der Verriegelungen 10 000,00 · 4	=	40 000,00
Deckungsbeitrag der entfallenen Gurtspanner 6 667 · 1,00	=	6 667,00
Mehrdeckungsbeitrag durch Eigenherstellung der Verriegelungen		33 333,00

Die Eigenfertigung ist zu empfehlen, wenn der Einstandspreis 6,67 € (10,00 – 3,33) übersteigt.

b) **Änderungen bei den proportionalen Kosten**

Grundsätzliche Alternativen: entweder bei Gurtspannern ermäßigen oder bei den Verriegelungen Spielraum für Erhöhungen feststellen.

Die Alternative, die proportionalen Kosten bei den Gurtspannern zu ermäßigen, scheidet aus, weil Preis und Fertigungszeit der Gurtspanner nie den günstigen relativen DB der Verriegelungen zulassen.

Welche Erhöhung der proportionalen Kosten ist bei den Verriegelungen möglich?

Der relative DB der Verriegelungen muss mit demjenigen der Gurtspanner übereinstimmen:

$$\frac{x}{4} = \frac{1}{6}$$

$x = \frac{2}{3}$, d. h. die proportionalen Stückkosten können bis zu ⅔ € = 0,67 € unter dem Verkaufserlös ansteigen, also bis auf 9,33 (6,00 + 3,33 bzw. 10,00 − 0,67).

Probe:

DB der Verriegelungen 10 000 · 0,66 ... =   6 667,00

DB der Gurtspanner   6 667 · 1,00   =   6 667,00

c) **Gegenüberstellung der Vorteile (erweiterte Lösung)**

Eigenfertigung	Fremdbezug
■ Unabhängigkeit von Lieferern ■ Sortimentsverbesserung im Sinne der Gewinnmaximierung ■ Ausnutzen der Kapazitäten (Leerkosten vermeiden) ■ Soziale Gründe (Arbeitsplätze erhalten bzw. schaffen)	■ Lagerhaltung (Rohstoffe u. a.) entfällt ■ Lagerhaltung der Verriegelung kann durch optimierte Beschaffungsplanung reduziert werden ■ Kapazitäten für Gewinn bringende Innovationen ■ bei stark schwankendem Bedarf (oft nur geringe Mengen benötigt) wird totes Kapital vermieden

Auch andere richtige Argumente möglich.

4. a) **Nutzenschwelle:** $\frac{200\,000}{10}$ = 20 000 Stück

   (12,50 − 2,50)

   Probe:

Verkaufspreise, 20 000 · 12,50	=	250 000,00 €
− Kosten fix	= 200 000,00	
− Kosten proportional (20 000 · 2,50)	= 50 000,00	250 000,00 €
		0,00 €

b) 70 % = 35 000 Stück [40 % = 20 000 Stück, siehe a)]

Verkaufspreise, 35 000 Stück zu je 12,50	=	437 500,00 €
− Kosten fix	= 200 000,00	
− Kosten proportional (35 000 · 2,50)	= 87 500,00	287 500,00 €
Gewinn		150 000,00 €

c) $\dfrac{200\,000}{(7,5 - 2,5)}$ = 40 000 Stück ≙ 80 % Kapazitätsausnutzung

Probe:

Bezug, 40 000 Stück zu je 7,50	=		300 000,00 €
– Herstellung K_f	=	200 000,00	
– Herstellung K_v (40 000 · 2,50)	=	100 000,00	300 000,00 €
			0,00 €

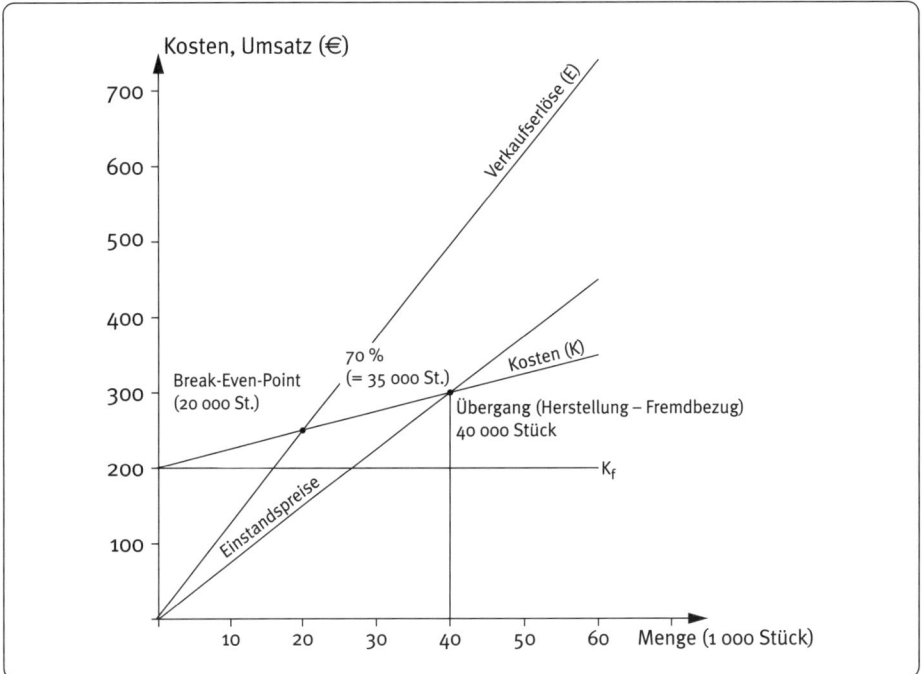

d) **Bezug der Gießkannen:**

Bei schwankender Nachfrage, die auch unter die Nutzenschwelle fallen kann, ist Fremdbezug günstiger (Abwälzung der Risiken auf den/die Lieferer). Allerdings sollten dann unter sozialen Gesichtspunkten freigesetzte Arbeitskräfte anderweitig beschäftigt werden bzw. ein Personalabbau durch natürliche Fluktuation abgewartet werden. Ferner tritt das Problem der Kostenremanenz auf, wenn die fixen Kosten nicht rasch genug abgebaut werden können (z.B. durch Veräußerung der Anlagen). Die Abhängigkeit von den Lieferern ist zu beachten.

Herstellen der Gießkannen:

Bei reger Nachfrage ist neu zu investieren, sprungfixe Kosten entstehen, der Break-even-Point rückt nach oben, die Risiken bei einer später doch möglichen Konjunkturabschwächung steigen.

5. a) Übergangsmenge

Vorausberechnungen:

	Kleinwerkstätte (K)	Werkstätte mittlerer Größe (WM)
	€	€
Abschreibungen	16 000,00	40 000,00
Zinsen (8 % aus ½ AK)	3 840,00	9 600,00

Berechnung K_f / K_v / k_v:

	K	WM
	€	€
Abschreibungen	16 000,00	40 000,00
Zinsen	3 840,00	9 600,00
Gehälter	20 000,00	20 000,00
Weitere K_f	16 000,00	20 000,00
K_f insgesamt	55 840,00	89 600,00
Löhne	88 000,00	58 000,00
Material	160 000,00	192 000,00
sonstige K_v	12 000,00	10 000,00
K_v insgesamt	260 000,00	260 000,00
k_v (je Auftrag)	32,50	26,00

Kritische Menge:

$$\frac{89\ 600 - 55\ 840}{32,50 - 26} = 5\ 194 \text{ Stück}$$

b) Entscheidung:

Da über 6 000 Aufträge im Jahr, kommt die Werkstatt mittlerer Größe in Frage.

Vergleich mit Fremdaufträgen:

Fremdaufträge: 6 000 · 42,00 =		252 000,00 €
Eigenleistungen:		
K_v 6 000 · 26,00 = 156 000,00		
K_f 89 600,00		245 600,00 €
Differenz zugunsten der Eigenleistungen		6 400,00 €

Rein rechnerisch sind Eigenleistungen günstiger, aber nicht so sehr, um ihre Nachteile vergessen zu machen:

■ Kostenremanenz bei sinkender Auftragszahl;
■ Probleme durch evtl. unumgänglichen Personalabbau und ähnliche sinnvolle Aussagen.

6. **Vollkostenrechnung (für Artikel B):**   **Teilkostenrechnung (für Artikel B):**

	Eigenfertigung €	Zukauf €
Verkaufserlöse	33,00	33,00
Kosten	32,00	25,00*)
Ergebnisauswirkung	+ 1,00	+ 8,00

	Eigenfertigung €	Zukauf €
Verkaufserlöse	33,00	33,00
Proportionale Kosten	16,00	25,00
Deckungsbeitrag	17,00	8,00
k_f	16,00	0,00
Ergebnisauswirkung	+ 1,00	+ 8,00

*) 23,00 + 2,00 Bezugskosten = 25,00 €

Überprüfung und Entscheidung: Bei geringer Kapazitätsauslastung bzw. geringer Menge bezogener Artikel B ist der Fremdbezug zu empfehlen (siehe Differenz von 8,00 €, siehe auch höhere Fixkostenbelastung/Stück bei reduzierter Menge). Bei größeren Mengen verringert sich der jetzt noch hohe Fixkostenanteil von 16,00 €/Stück ständig. Bei einer Verdoppelung der (hier unbekannten) Menge sinkt der Fixkostenanteil auf 8,00 € je Stück (16,00 € : 2), und ein Gewinnbeitrag von 9,00 € entsteht, also 1,00 € höher als bei Fremdbezug!

Es kann der **Prozentsatz** bestimmt werden, um den Produktion bzw. Absatz steigen müssen, damit Eigenfertigung und Fremdbezug gleich günstig sind. Darüber hinaus kann dann die Eigenfertigung empfohlen werden – immer natürlich unter der Voraussetzung, dass ein stetig hohes Niveau gehalten werden kann bzw. zu erwarten ist.

Prozentsatz:

16,00 € k_f bei (angenommenen)   200,00 Stück

9,00 € k_f (erforderlich bei Übergangsmenge) bei   355,55 Stück,

also 77,8 % mehr!

Probe:

Fremdbezug:

DB = G, $355,55 \cdot 8$ =   2 844,40 €

Eigenfertigung:

DB,	$355,55 \cdot 17$	=	6 044,35 €
$- K_f$	$355,55 \cdot 9$	=	3 199,95 €
G			2 844,40 €

7. $k_v = \dfrac{1\ 470\ 000 - 840\ 000}{4\ 500} = 140,00 \text{ €/Stück}$

Übergangsmenge $= \dfrac{840\ 000}{(350 - 140)} = 4\ 000 \text{ Stück}$

also ab 3 999 Stück „abwärts" ist Fremdbezug günstiger. NS $= \dfrac{840\ 000,00}{400,00 - 140,00} \approx 3\ 230$

Stückzahl für Kostenersparnis von 250 000,00 €:

$\dfrac{(840\ 000 + 250\ 000)}{(350 - 140)} \approx 5\ 190 \text{ Stück}$, d.h. Kapazität von 5 000 Stück reicht nicht aus.

Mögliche Kostenersparnis:

$$\frac{(840\,000 + x)}{(350 - 140)} = 5\,000 \text{ Stück} \qquad\qquad x = 210\,000{,}00 \text{ €}$$

Information: Darstellung von Fremdbezug (FB), Eigenfertigung (EF) und Erlöse (mit Ergebniswirkungen).

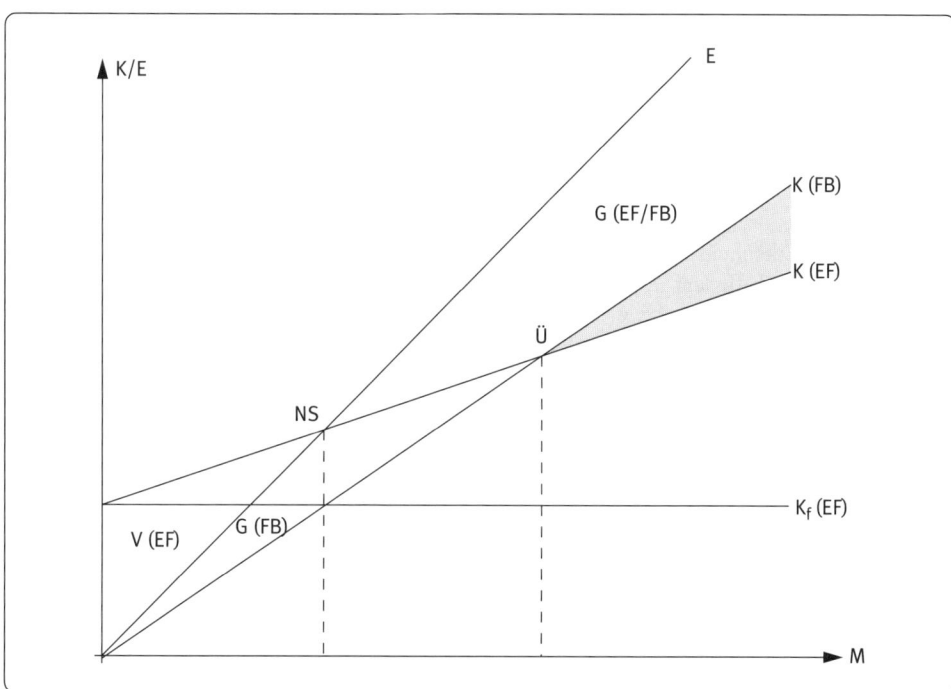

NS = Nutzenschwelle
FB = Fremdbezug
EF = Eigenfertigung
Ü = Übergangsmenge
M = Menge

Erkenntnisse: Bei Fremdbezug wird schon ab dem ersten Stück eine positive Auswirkung auf das Ergebnis erzielt, bei Eigenfertigung erst ab der NS. Infolge gleich bleibender K_f wird dann der Vorteil der EF immer deutlicher, und ab Ü (Ergebnis EF = Ergebnis FB) bringt die Eigenfertigung eine zusätzliche Verbesserung des Ergebnisses (grau unterlegt).

Bei Rückgang der Nachfrage allerdings ist bei Fremdbezug auch bei kleineren Mengen immer noch eine Steigerung des Ergebnisses zu verzeichnen.

Grau unterlegt: Zone, in der der Gewinnvorteil durch EF gegenüber dem FB deutlich wird.

8. a) Kostenvergleich

„M 30",	25 000 Stück · 80,00	=	2 000 000,00 €
K_v	25 000 Stück · 28,00	=	700 000,00 €
Kostenvorteil			1 300 000,00 €

Zeitbedarf für „M 30":

25 000 Stück · 15'	=	375 000'

$$\frac{375\,000'}{6'} = 62\,500 \text{ Stück „M 10" müssen entfallen}$$

Deckungsbeitrag „M 10":

62 500 Stück · (25,80 – 5)	1 300 000,00 €

Erkenntnis: Die Eigenfertigung von „M 30" bringt weder Kostenvorteile noch Nachteile.

b) Weitere Entscheidungskriterien:
- Frage, ob Bedarf „M 30" dauernd in Höhe von 25 000 Stück?
- Künftige Kosten- bzw. Bezugspreisentwicklung?
- Nachfrage- und Preisentwicklung beim Einfachprodukt „M 10"?

9. a)

Einstandspreise (10 000 · 38,00)	380 000,00 €
K_v bei Eigenfertigung (10 000 · 20,00)	200 000,00 €
Kostenvorteil	180 000,00 €

(rein kurzfristige Betrachtung)

b) Zeitbedarf bei Eigenfertigung:

10 000 Stück · 30'	=	300 000'

c) TV 3, die in dieser Zeit angefertigt werden könnten:

$$\frac{300\,000}{20} = 15\,000 \text{ Stück}$$

d) Deckungsbeiträge der 15 000 Stück TV 3:

15 000 Stück · (21 – 12)	= 135 000,00 €	(Opportunitätskosten)

e)

Kostenvorteil durch Eigenfertigung	180 000,00 €
Opportunitätskosten	135 000,00 €
Kostenvorteil trotz Wegfalls der Deckungsbeiträge von TV 3	45 000,00 €

Entscheidung für die Eigenfertigung von TB 16.

10. a) Kostenvorteil:

6 000 Stück · 1 000,00	=	6 000 000,00 €
K_v 6 000 Stück · 375,00	=	2 250 000,00 €
Vorteil		3 750 000,00 €

Zeitbedarf für „Stereo M 50 VHS":

6 000 Stück · 2 h	=	12 000 h

Entgangene Stückzahl „Video 8 Handycam":

$$\frac{12\,000}{6} = 2\,000 \text{ Stück}$$

Deckungsbeitrag „Video 8 Handycam":

2 000 Stück · (3 000–1 200)	3 600 000,00 €
Kostenvorteil	3 750 000,00 €
Opportunitätskosten	3 600 000,00 €
Vorteil für Eigenerzeugung „Stereo M 50 VHS"	150 000,00 €

Entscheidung: Der relativ geringe Vorteil für „Stereo M 50 VHS" sollte erst nach Beachtung weiterer Kriterien (siehe 10 b) eine Entscheidung für oder gegen Eigenfertigung erlauben.

Andere Darstellung zu a):

Bisher:	Kauf 6 000 · (1 500 – 1 000)	3 000 000,00 €
	Herstellung 2 000 · (3 000 – 1 200)	3 600 000,00 €
	zusammen	6 600 000,00 €

Nach Umstellung auf Eigenerzeugung 6 000 Stück · (1 500–375) = 6 750 000,00 €, also Differenz 150 000,00 € (6 750 000–6 600 000,00 €).

b) Freie Stunden für „Stereo M 50 VHS":
600 Stück zu je 6 Stunden = 3 600 h

Mögliche Anzahl „Stereo M 50 VHS":

$$\frac{3\,600\text{ h}}{2\text{ h}} = 1\,800 \text{ Stück}$$

Zusammenstellung:

M 50, Bezug (6 000 – 1 800) St. · (1 500 – 1 000)	2 100 000,00 €
Fertigung 1 800 St. · (1 500 – 375)	2 025 000,00 €
Video 8 HandyCam: (2 000 – 600) · (3 000 – 1 200)	2 520 000,00 €
zusammen	6 645 000,00 €

Also gegenüber dem bisherigen Sachverhalt einen um 45 000,00 € (6 645 000 – 6 600 000) verbesserten DB.

11. a) Vordergründig gesehen bringt die Eigenerzeugung von A einen entgangenen Gewinnbeitrag von 4 000,00 €, wäre also abzulehnen.

b) ■ Abbau von fixen Kosten im Bereich B, mindestens um 4 000,00 €
   ■ Maßnahmen im Bereich der zeitlichen bzw. intensitätsmäßigen Anpassung, die zu einer Senkung der k_v bei A führen.

   Senkung der k_v: $\dfrac{4\,000}{250} = 16,00$ €/Stück,

   Also auf mindestens 143,00 €/Stück (160,00 – 17,00);
   ■ Quantitative Anpassung „nach oben", d.h. spezielle Investition für A und entsprechende Nachfragesteigerung und Senkung der k.

Vernetzung zu Abschnitt 1.6

1. Sortimentsentscheidungen und Engpasssituationen

Homework (Ho) 3 000 · 160,00 ③	=	480 000,00
Business (Bu) 4 800 · 200,00 ②	=	960 000,00
Highclass (Hi) 2 000 · 300,00 ①	=	600 000,00
Summe der DB		2 040 000,00

2.1 **Herstellung** Reduktion um 11 000 h = 660 000; von bisher 28 800 h auf 17 800 h
Relativer db (db je Stunde) und Rangfolge:

Rangfolge

Ho: $\dfrac{160}{1,6\,\text{h}}$ = 100   1

Bu: $\dfrac{200}{3,33\,\text{h}}$ = 60   3

Hi: $\dfrac{300}{4\,\text{h}}$ = 75   2

Opt. Produktionsprogramm:

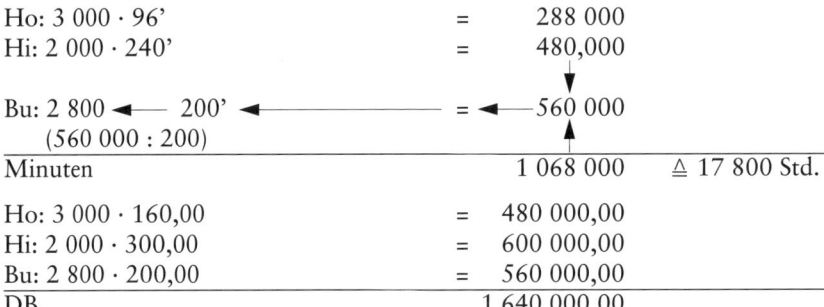

Ho: 3 000 · 96'	=	288 000
Hi: 2 000 · 240'	=	480,000
Bu: 2 800 ← 200' ←	= ←	560 000
(560 000 : 200)		
Minuten		1 068 000 ≙ 17 800 Std.

Ho: 3 000 · 160,00	=	480 000,00
Hi: 2 000 · 300,00	=	600 000,00
Bu: 2 800 · 200,00	=	560 000,00
DB		1 640 000,00

2.2 **Beschaffung**

Ho: 3 000 · 140[1]		=	420 000,00
Bu: 4 800 · 200		=	960 000,00
Hi: 320 · 300		=	96 000,00
DB		=	1 476 000,00

2.3 **Absatz**

	€	Minuten	
Ho: 2 500 · 160,00 =	400 000,00	2 400 000	(2 500 · 96)
Hi: 3 800 · 300,00 =	1 140 000,00	912 000	(3 800 · 240)
Bu: 4 200 · 200,00 =	840 000,00	840 000	(4 200 · 200)
DB	2 380 000,00	1 992 000	
Minuten lt. Monatsplanung		1 728 000[2]	
Differenz		264 000	

---

[1] (200 – 40 – 20)

[2] 28 800 h · 60

Wenn 264.000' „fehlen", dann muss B um 1 320 Stück $\left(\dfrac{264\,000'}{200'}\right)$ reduziert werden, der DB sinkt um 264 000,00 € (1 320 Stück · 200,00 €), also von 2 383 000,00 € auf 2 116 000,00 €.

3. $\dfrac{K_f}{ep - k_v} = \dfrac{420\,000}{(250 - 100)} = 2\,800$

Entscheidung: Erst, wenn Produktion und Absatz von Business nachhaltig unter 2 800 Stück sinken sollten, z.B. auf 2 000 Stück, ist ein Fremdbezug zu empfehlen.

Gegenüberstellungen:

Produktion:

x	db (300 – 100)	DB	K_f	Ergebnis
2 000	· 200	400 000	420 000	− 20 000
2 800	· 200	560 000	420 000	+ 140 000
4 800	· 200	960 000	420 000	+ 540 000

Handelsware:

x	db (300 – 250)	DB	Ergebnisausweitung *
2 000	50	100 000	+ 100 000
2 800	50	140 000	+ 140 000
4 800	50	240 000	+ 240 000

*) Problem: Der Fixkostenanteil von „Business" muss entweder von anderen Produkten abgedeckt (nachteilig) *oder* abgebaut (siehe Kostenremanenz) **oder** durch eine Mehrproduktion und Absatz anderer Produkte kompensiert werden. Gelingt dies nicht, dann muss *auf jeden Fall* von einem Fremdbezug abgeraten werden.

4. **Highclass Super**

4.1 Beanspruchung der Ka: 600 · 300'   =   180 000
    DB: 600 · 320,00 €   =   192 000,00 €

    Ausfall bei Business (Stück und DB) $\dfrac{180\,000'}{200'}$ = 900 Stück

    DB 900 · 200,00 €   =   180 000,00 €

4.2 Entscheidung: Die Umstellung lohnt sich rein rechnerisch gesehen. Zu bedenken ist aber:

  ■ Werden Kunden des Standardmodells Business wegen mangelnder Lieferbereitschaft bzw. Auftragsstornierungen verärgert? Evtl. könnte der Absatz noch über den Ausfall von 900 Stück zurückgehen. Mindestmengen könnten gefragt sein.

  ■ Nimmt der Markt auf die Dauer („nachhaltig") das teure Modell auf und in welcher Stückzahl? Eine Abnahme von nur 600 Stück ließe die Produktionsumstellung als Risiko erscheinen.

5. **Entscheidung auf rechnerischer Grundlage**

Kostenersparnis bei Eigenfertigung · absoluter db bei
Fremdbezug (ep – k_v) · Menge (x)
(150 – 40) · 500 = 55 000,00 €

Zeitbedarf bei Eigenfertigung: $500 \cdot 96'$ = 48 000 Min.
DB dieser 500 Stück $500 \cdot 16\ 000\ €$ = 80 000,00 €
db bei einem Lohnauftrag $180,00 - 45,00$ = 135,00 €

relativer db $\dfrac{135\ €}{60}$ = 2,25 € /Min.

bei 48 000 $48\ 000 \cdot 2,25$ = 108 000,00 €

Der höhere Nutzenentgang von 28 000,00 € (108 000,00 – 80 000,00) spricht für die Beibehaltung des Lohnauftrages. Dem stehen andere Überlegungen gegenüber:

- Der Lohnauftrag kann auslaufen.
- Der (Lohn-)Auftraggeber kann ein Preisdiktat verhängen („Rabatt von 30 %, sonst sind Sie nicht mehr dabei").
- Qualitätsprobleme und Lieferschwierigkeiten könnten eine Eigenfertigung der zusätzlichen Homeworker sinnvoll erscheinen lassen; u.a. sinnvolle Aussagen.

2. **Entscheidung über kurzfristige Preisuntergrenze, Zusatzauftrag sowie Eigenfertigung oder Fremdbezug**

2.1 **Absatzausdehnung von „Homeworker" 2000**
(Kapazitätsauslastung 2/3 = 1 000 Stück)

- **Alternative 1:** Konstanter Preis

Bisheriger Absatz 1 000 Stück Homeworker 2000 (DB 300 000 : db 300)

1 000 Stück · 300,00 € db	=	300 000,00 € DB
+ 500 Stück · 300,00 € db	=	150 000,00 € DB
1 500 Stück (Kapazität 100 %)	=	450 000,00 € DB

Bei entsprechend wirksamem Einsatz der Marketinginstrumente (u.a. Werbung) lässt sich durch den Verkauf je Stück ein zusätzlicher Deckungsbeitrag von 300,00 € erzielen. Der maximal mögliche Deckungsbeitrag ist 450 000,00 € bei voller Auslastung der Kapazität.

- **Alternative 2:** Preispolitik (hier: Absatzausdehnung durch Preissenkungen)

Unter Beachtung der vom „Absatzbereich" ermittelten Preiselastizität von 1.

- Modellrechnung bei Preissenkung um 10 %:

Bisheriger Preis	800,00 €
– 10 %	80,00 €
Neuer Preis	720,00 €
k_v	500,00 €
Stückdeckungsbeitrag	220,00 €

Bisheriger DB:	1 000 · 300,00 db = 300 000,00 €
Neuer DB:	1 100 · 220,00 db = 242 000,00 €
Ergebnisverschlechterung (DB)	**58 000,00 €**

- Modellrechnung bei Preissenkung um 20 %:

Bisheriger Preis	800,00 €
– 20 %	160,00 €
Neuer Preis	640,00 €

k_v	500,00 €	
Stückdeckungsbeitrag:	140,00 €	
Bisheriger Deckungsbeitrag:		300 000,00 €
Neuer Deckungsbeitrag 1 200 · 140,00		168 000,00 €
Ergebnisverschlechterung (DB)		**132 000,00 €**

Ergebnis: Die Modellrechnungen zeigen, dass Preissenkungen bei einer Preis-elastizität des Absatzes von 1 zwar zu einer höheren Kapazitätsauslastung, jedoch zu einer Verschlechterung des Deckungsbeitrages und somit zu einer Ergebnisverschlechterung führen.

Berücksichtigt man darüber hinaus den voraussichtlich mit Preissenkungen einhergehenden Imageverlust, so ist vom Einsatz der Preispolitik im vorliegenden Falle abzusehen. Auf längere Sicht werden die Kunden „abspringen", die mit einem höheren Preis einen hohen Qualitätsstandard der Erzeugnisse verbinden.

2.2 Entscheidung über einen Zusatzauftrag

Aus quantitativ-kostenrechnerischer Sicht gilt: Ein Zusatzauftrag ist anzunehmen, wenn

$$p > k_v$$

Bisheriger Preis	800,00 €
– 20 % Preissenkung	160,00 €
Preis für Zusatzauftrag	640,00 €
k_v	500,00 €
Stückdeckungsbeitrag (db)	140,00 €

Da p größer ist als k_v, sollte der Zusatzauftrag angenommen werden.

Falls durch den Zusatzauftrag die Kapazität voll genutzt werden kann, ergibt sich folgender Deckungsbeitrag:

1 000 Stück · 300,00 €/db	300 000,00 €
+ 500 Stück · 140,00 €/db	70 000,00 €
Möglicher Deckungsbeitrag	370 000,00 €

Da der Umfang des Zusatzauftrages nicht bekannt ist, gilt:

Jedes durch einen Zusatzauftrag verkaufte Stück bringt eine Ergebnisverbesserung von 140,00 €. Maximal kann eine Gewinnerhöhung bei voller Kapazitätsauslastung von 70 000,00 € (Deckungsbeitrag insgesamt 370 000,00 €) erzielt werden.

Unsere Beurteilung in der Arbeitsgruppe:

Aus rein kostenrechnerischer Sicht sollte der Zusatzauftrag angenommen werden.

Es besteht allerdings die Gefahr, dass es durch die hier vorgenommene „Preisspaltung" (räumliche Preisdifferenzierung) zu einem „Durchsickern" der Preissenkung bei den bisherigen Kunden kommt.

Im ungünstigsten Fall müssten Preiszugeständnisse auf „breiter Front" vorgenommen werden.

L

Modellrechnung für den „schlimmsten" Fall (worst case):

Deckungsbeitrag bei einem Absatz von 1 500 Stück:

$1500 \cdot 140,00$ €/db	=	210 000,00 €
Deckungsbeitrag		
bei Ablehnung eines Zusatzauftrages	=	300 000,00 €
Ergebnisverschlechterung also		– 90 000,00 €

Wir schlagen folgende Lösung vor:

Um durch den Zusatzauftrag eine verbesserte Kapazitätsauslastung und Ertragsverbesserung zu erzielen, sollte der Zusatzauftrag angenommen werden. Um allgemeine Preiszugeständnisse zu vermeiden, könnte der Zusatzauftrag für den neuen Kunden als „Sonderpreis" oder als „Einführungspreis" deklariert werden, der neuen Kunden aus östlichen Nachbarländern bei Erstaufträgen zugestanden wird.

Die mögliche Beschäftigungszunahme erfordert Anpassungsentscheidungen (intensitätsmäßige bzw. zeitliche Anpassung). Ggf. können Arbeitskräfte, die durch das „Outsourcing" von „Homeworker de Luxe" freigesetzt werden, im Produktbereich „Homeworker 2000" eingesetzt werden (siehe Problem bei 2.3).

2.3 Eigenfertigung oder Fremdbezug (Make-Or-Buy-Entscheidung) beim Produkt „Homeworker de Luxe"

Das Entscheidungsproblern kann hier nur unter langfristigem Planungshorizont gelöst werden, da die Firma Frison zur Übernahme der Fertigung nur bereit sein dürfte, wenn eine langfristige Produktabnahme gewährleistet ist.

- **Analyse unter Kostengesichtspunkten**
  Unter langfristiger Sicht gilt für die „Fremdbezugsentscheidung":

$$K_f + K_v \cdot x > ep \cdot x$$
$$160\,000,00 + 1\,150,00 \cdot 429* > 900,00 \cdot 429$$
$$160\,000,00 + 493\,350,00 > 386\,100,00$$
$$653\,350,00 > 386\,100,00$$

$$* \frac{DB \quad 150\,000,00}{db \quad 350,00} = 429 \text{ Stück}$$

Unter Kostengesichtspunkten sollte die Entscheidung für den Fremdbezug getroffen werden. Die variablen Kosten liegen über den Fremdbezugskosten, die Gesamtkosten (fixe + variable Kosten) sind ca. 70 % höher als die Kosten beim Fremdbezug. Problem der Kostenremanenz beachten Differenz 107 250,00 €

- **Analyse unter Ergebnisgesichtspunkten**

  - Eigenfertigung:

Kapazitätsauslastung	75 % ≙ ca. 429 St.	100 % ≙ 572 St.
Deckungsbeitrag (429 · 350,00 bzw. 572 · 350,00)	150 150,00	200 200,00
Fixe Kosten (K_f)	160 000,00	160 000,00
Verlust	**9 850,00**	
Gewinn		40 200,00

Break-even-Point:

$$x = \frac{K_f}{db}$$

$$x = \frac{160\ 000,00}{350,00} = 458\ \text{Stück}$$

■ Fremdbezug:

Berechnung bei einem Absatz von 429 Stück:

Umsatzerlöse 429 · 1 500,00	=	643 500,00 €
– Wareneinsatz (429 · 900,00)	=	386 100,00 €
Deckungsbeitrag	=	257 400,00 €
Fixe Kosten/K_f (Kostenremanenz unterstellt)	=	160 000,00 €
Ergebnis (Gewinn)	=	97 400,00 €

Andere Berechnungsweise

Differenz (siehe Eigenfertigung)	+ 107 250,00 €
Verlust bei 75 %	– 9 850,00 €
Unterschied	97 400,00 €

Vorläufiges Ergebnis unter „quantitativer Sicht":

Die Berechnungen (Kosten- und Ergebnisaspekte) zeigen, dass die Entscheidung für den Fremdbezug getroffen werden sollte (siehe hierzu auch die Ausführungen im Kurzbericht).

1.6.5 Erweiterte Formen der Deckungsbeitragsrechnung

1.6.5.1 Fixkostendeckungsrechnung

Kontrolle

1. a)

	A	B	C	D
db, €	32,00	17,00	105,00	165,00
Menge, Stück	2 600	3 200	1 800	1 500
DB, €	83 200,00	54 400,00	189 000,00	247 500,00

DB insgesamt	574 100,00 €
K_f	496 100,00 €
G	78 000,00 €

Beurteilung:

D erbringt den höchsten DB/Stück, d.h. D ist bei freien Kapazitäten und unbegrenzter Aufnahmefähigkeit des Marktes zu fördern.

Vergleich der DB-Sätze (Information):

	A	B	C	D
db, €	32,00	17,00	105,00	165,00
Rangfolge	(3)	(4)	(2)	(1)
DB-Satz, % (db in % des Stückerlöses)	53,34	34,00	52,50	38,89
Rangfolge	(1)	(4)	(2)	(3)

Die DB-Sätze ergeben eine andere Rangfolge als die absoluten DB. Bei einer bestimmten (möglichen) Umsatzsteigerung, ohne Präferenz für ein bestimmtes Ergebnis, ist von der Rangfolge nach DB-Sätzen auszugehen. Auch bei nach oben begrenzter Stückzahl (bzw. bei Engpässen!) verschiebt sich die Rangfolge. Das Produkt mit dem höchsten DB/1,00 € Umsatz ist besonders förderungswürdig.

b) (Beträge in €)

Kostenstellen	I			II
Erzeugnisgruppen	I	II		III
Erzeugnisarten	A	B	C	D
DB I (Ausgangs-DB) Erzeugnisfixkosten	83 200,00 42 000,00	54 400,00 69 000,00	189 000,00 60 000,00	247 500,00 83 000,00
DB II (Erzeugnisarten-DB)	+ 41 200,00	− 14 600,00	+ 129 000,00	164 500,00
Erzeugnisgruppenfixkosten	24 000,00	70 000,00		91 000,00
DB III (Erzeugnisgruppen-DB)	+ 17 200,00		+ 44 400,00	73 500,00
Kostenstellen(-Bereichsfixkosten)	10 000,00			25 000,00
	+ 51 600,00			+ 48 500,00
Unternehmensfixkosten	22 100,00			
Periodenergebnis (Gewinn)	78 000,00			

Beurteilung:

In der Schicht DB II zeigt B einen negativen DB, der aber durch die Zusammenfassung mit C im DB III wieder einen positiven DB hervorruft.

D erbringt einen beinahe so hohen DB wie A, B und C insgesamt.

c) Der negative DB (= Fixkostenüberschuss von 14 600,00 € wird wie folgt kompensiert):

$$\frac{14\,600}{(50-33)} = 859 \text{ Stück (aufgerundet)}$$

Ergebnisverbesserung:

Bisheriges Ergebnis	+ 78 000,00 €
+ Deckungsbeitrag (zusätzlicher) von B, 859 Stück	14 603,00 €
Ergebnis, wenn B den BEP erreicht	92 603,00 €

Zusatzinformation:

Annahme, bei DB ergibt sich für B **und** C ein negativer DB von 17 850,00 €. Welche Stückzahlen müssen für B bzw. C erreicht werden, um den BEP zu erreichen bzw. welche Umsatzsteigerung für B bzw. C muss durchgesetzt werden?

Lösungen

Stückbezug:

entweder

$$\frac{17\,850}{(50-33)} = 1\,050 \text{ Stück von B}$$

oder

$$\frac{17\,850}{(200-95)} = 170 \text{ Stück von C}$$

oder Aufteilung von 17 850,00 € auf B und C, z. B.

$$\frac{5\,950}{(50-33)} \quad \text{und} \quad \frac{11\,900}{(200-95)}$$

Umsatzbezug:

$$\frac{17\,850}{0,34} = 52\,500,00 \text{ € Umsatzsteigerung B}$$

oder

$$\frac{17\,850}{(0,525)} = 34\,000,00 \text{ € Umsatzsteigerung C}$$

2. a) Im Mehr-Produkt-Unternehmen hat die mehrstufige Deckungsbeitragsrechnung den Vorteil, dass die fixen Kosten auf verschiedene, betriebsindividuell festgelegte „Bereiche" aufgeteilt werden. Rechtzeitig kann sich in einem Bereich ein negativer Deckungsbeitrag zeigen. In der einstufigen DB-Rechnung hätten die Erzeugnisse mit positivem Deckungsbeitrag den negativen Deckungsbeitrag eines Bereiches übernommen, eine Art von „Mischkalkulation", Schwachstellen blieben unentdeckt.

   Beispiele:

   - Positive Deckungsbeiträge bis DB IV, erst die unternehmensfixen Kosten führen zu einem Verlustausweis. In diesem Falle muss der Verwaltungsbereich nach kostentreibenden Positionen durchforstet werden.
   - Negativer Deckungsbeitrag II für das Produkt B: Hier liegt die Schwachstelle (im Industriebetrieb) offenbar schon im Produktionsbereich. Kostensenkungen durch Rationalisierung, bessere Ablauforganisation usw. sind anzustreben. Unter anderem ähnliche Beispiele mit sinnvoller Aussage.

   b) Die stufenförmig aufeinander folgenden Deckungsbeiträge lassen eine Durchleuchtung der Unternehmung nach verschiedenen Bereichen zu. Einseitige und uniforme „Schuldzuweisungen" weichen einer differenzierten Betrachtung.

   c) In der einstufigen Rechnung ist der negative Deckungsbeitrag ein „Mischwert" aus sicher vorhandenen (in den Bereichen!) positiven und negativen Beiträgen. Der so berechnete Break-even-Point zeigt zwar die Nutzenschwelle der gesamten Unternehmung, merzt aber nicht gezielt einzelne Schwachstellen aus.

   Die mehrstufige DB-Rechnung versetzt uns in die Lage, den Break-even-Point in verfeinerter Form zu berechnen. Angesetzt wird an den Schwachstellen, unnötige und in der

Praxis schwer durchsetzbare Ausdehnungen von Produktion und Verkauf können unterbleiben. Die mehrstufige DB-Rechnung zwingt bei positivem Gesamtdeckungsbeitrag (Mischwert) dazu, den Hebel bei einzelnen negativen DB-Stufen anzusetzen, die sonst im positiven Gesamtergebnis untergegangen wären. Sie lässt eher eine Untersuchung nach Verantwortungsbereichen zu.

d) Vielgestaltige Sortimente, Ausstattung von Abteilungen, differenzierter Einsatz von Verkaufspersonal, Kosten einer zentralen Verwaltung lassen die mehrstufige DB-Rechnung als notwendig erscheinen.

Beispiel: In SB-Bereichen verkauft sich die Ware von selbst, Lagerung und Präsentation sind billig. Der Schmuckwarenbereich verlangt eine aufwendige „Performance", evtl. lange Verkaufsgespräche mit Einsatz geschulten Personals sind zu führen. Handelsbetriebe mit nur einer Warengattung, z. B. Schuhgeschäfte, können eher auf eine mehrstufige DB-Rechnung verzichten.

Vertiefung

3.

Filialen	I		II		II		IV	
Non-Food	(1)(2)(3)		(1)(2)(3)		(1)(2)(3)		(1)(2)(3)	
Food		(4)		(4)		(4)		(4)
Artikel		1 2 3 4 5		1 2 3 4 5		1 2 3 4 5		1 2 3 4 5
Umsatzerlöse	x x x	x x x x x	x x x	x x x x x	x x x	x x x x x	x x x	x x x x x
K$_v$	x x x	x x x x x	x x x	x x x x x	x x x	x x x x x	x x x	x x x x x
DB I (Ausgangs-DB)	x x x	x x x x x	x x x	x x x x x	x x x	x x x x x	x x x	x x x x x
Abteilungsfixkosten	x	x	x	x	x	x	x	x
DB II (Abteilungs-DB)	x	x	x	x	x	x	x	x
Filialfixkosten		x		x		x		x
DB III (Filial-DB)		x		x		x		x
Unternehmensfix-kosten				x				
Ergebnis				x				

4. a) Grundsätzlich sind Maßnahmen dieser Art immer richtig. Im vorliegenden Fall (Mehr-Produkt-Unternehmen) sicher ein „grobes Geschütz", denn erst eine Aufspaltung in eine mehrstufige DB-Rechnung kann Aufklärung über einzelne Schwachstellen geben und die Ursachenforschung zum Erfolg führen.

b) Wenn der Markt mitspielt, sicher ein geeignetes Mittel. Man verzichtet allerdings wieder darauf, Stellen/Bereiche aufzuspüren, die den/einen negativen Deckungsbeitrag verursachen.

c) Eine Absatzsteigerung wird erwartet! Wenn sie tatsächlich (und in notwendiger Höhe) eintritt, so werden die K$_f$ auf eine höhere Anzahl von Erzeugnissen verteilt und damit der BEP erreicht und überschritten.

Bei starrer Nachfrage allerdings ein Schritt in den Bereich eines weiter steigenden Verlustbeitrags.

d) Nachteilig sind die Schwierigkeiten bei der Zurechnung und Aufteilung der K_f. Sonst aber ist die Fixkostendeckungsbeitragsrechnung in der Tat der einzige Weg, diejenige „Stelle" in der Unternehmung zu bestimmen, die den Verlustbeitrag verursacht.

e) Werbekosten erhöhen die fixen Kosten. Dennoch ein erfolgreicher Weg, wenn der Absatz in der Weise steigt, dass der bisherige Verlustbeitrag ausgeglichen wird und gleichzeitig die zusätzlichen K_f abgegolten werden.

5. Letztlich sind, abgesehen von einigen kalkulatorischen Kosten, alle Kosten ausgabenwirksam, manche (siehe Anschaffung von AV, Verteilung über Abschreibungen) jedoch erst auf lange Sicht.

Eine Unterteilung nach Agthe ist demnach nur bei einer kurzfristigen Betrachtung sinnvoll. Man kann sich eine mehrstufige DB-Rechnung vorstellen, in der erst am Ende der tabellarischen Aufstellung die (zunächst) nicht ausgabenwirksamen Kosten abgezogen werden, d.h. negative Deckungsbeiträge werden „nach unten" verschoben. Durch Ansatz der ausgabenwirksamen Kosten sind positive Deckungsbeiträge noch in einer Stufe zu erwarten, die sonst bereits einen/mehrere negative Deckungsbeiträge aufweisen würden. Auf lange Sicht betrachtet ist die Trennung nicht sinnvoll.

6. Wenn die K_f in ihrer Gesamtheit als für einen längeren Zeitraum, unabhängig von der Ausnutzung der Kapazität, als unveränderlich angesehen werden, dann liegt es nahe, die K_f „en bloc" von der Summe der DB-Beträge abzusetzen, um so in der TKR das Ergebnis zu ermitteln.

Aber bei dieser eher „statischen" Betrachtung sollte wenigstens im Mehr-Produkt-Unternehmen Einblick in die DB der gewählten Bereiche möglich sein – eben durch die Fixkosten-DB. Hinzu kommt, dass die K_f keinesfalls über längere Zeiträume unveränderlich bleiben, sondern gerade durch die Erkenntnisse der mehrstufigen DB-Rechnung Impulse zum Abbau bzw. der Aufstockung von bereichsbezogenen Teilen der K_f gegeben werden.

Beispiel für Abbau: Verkauf/Vermieten von Anlagen, Freisetzung bei (übersetztem) Personalbestand u.a.

Beispiel für Aufstockung: Gezielte Werbemaßnahmen für eine bestimmte Warengruppe, Rationalisierung durch Ersatz- bzw. Neuinvestitionen u.a.

7. Die Fixkostenbeitragsrechnung macht es möglich, verschiedene k als Maßstab für eine langfristige Preisuntergrenze festzulegen.

Begründung: Die Gleichung $p = k = k_v + k_f$ legt den Preis in Höhe der Gesamtkosten je Stück fest, wobei der Teil k_f natürlich mit dem Beschäftigungsgrad schwankt. Bei der Fixkostendeckungsbeitragsrechnung können zu den k_v je nach Stufe Teile der k_f hinzugerechnet werden. Man hat also die Möglichkeit, als langfristige Preisuntergrenze Werte zwischen k_v und k festzulegen ($k_v + k_f$ je nach Stufe der mehrstufigen DB-Rechnung).

Wie entscheidet man sich? Die „dichter am Produkt" liegenden K_f (siehe Ermittlung des DB I und II) sollten mit hereingenommen werden, während z.B. derjenige Teil der K_f, der zu den unternehmensfixen Kosten zählt, weggelassen werden kann. Vorteil dieses Verfahrens: Besseres Herantasten an eine „optimale" langfristige Preisuntergrenze.

8. Einsatz im Ein-Produkt-Bereich: Meist wird aus Vereinfachungsgründen verzichtet. Dies ist akzeptabel, weil bei der Produktion nur eines Artikels die Kostenstellen- und die Kostenträgerrechnung ausreichende Möglichkeiten der Kostenkontrolle bieten (siehe Über- und Unterdeckungen).

Dennoch könnte auch hier, wie das folgende Schema zeigt, die mehrstufige DB-Rechnung Anwendung finden (Voraussetzung ist die Aufteilung der GK in den Kostenstellen in ihre fixen und variablen Bestandteile).

Umsatzerlöse	x
K_v (aus den Kostenstellen des BAB)	x
DB I (Ausgangs-DB), positiv	x
K_f (aus Kostenstelle I)	x
DB II, positiv	x
– K_f (aus Kostenstelle II)	x
DB III, negativ	x
– K_f (unternehmensbezogen, aus Kostenstellen Vw + Vt)	x
Ergebnis, negativ	x

Vorteil: Kostenstelle II zeigt den Übergang zum negativen DB, die ohnehin notwendige Kostenkontrolle muss schwergewichtig dort ansetzen.

9. a) + b) Eine Sortimentskontraktion beseitigt den Verlust nur dann, wenn es gelingt, die K_f des eliminierten Artikels Nr. 2 bzw. der Warengruppe B abzubauen, denn für alle sechs Artikel gilt: E > K_v.

Oder: Die verbliebenen Artikel können durch Umsatzausweitung die K_f des eliminierten Artikels übernehmen (evtl. nach teilweisem Abbau dieser K_f). Eine reine Kontraktion ohne zusätzliche Maßnahmen ist also abzulehnen. Ergebnisveränderung bei Kontraktion, d.h. Nr. 2, 3 und 4 entfallen:

Bisheriges Ergebnis	– 7
weggefallene DB I (3 + 50 + 30)	83
Ergebnis nach (reiner) Kontraktion	– 90

Ergebnis:

Die mehrstufige Deckungsbeitragsrechnung kann für sich allein keine Entscheidung über eine Kontraktion herbeiführen. Sie zeigt eben in präziserer Weise Ansatzpunkte zur Kostensenkung (siehe bei – 2 und bei – 5).

1.6.5.2 Relative Einzelkostenrechnung

Kontrolle

1. a)

Verkaufsabteilungen	(1)		(2)		
Artikel	A	B	C	D	E
Verkaufserlöse/Stück, €	65,00	98,00	48,00	72,00	115,00
Einzelkosten je Artikel, €	40,00	60,00	30,00	56,00	55,00
DB I /Stück	25,00	38,00	18,00	16,00	60,00
· Menge	200	500	350	460	640
DB I (Artikel-DB), €	5 000,00	19 000,00	6 300,00	7 360,00	38 400,00
Einzelkosten der Artikelgruppen/ Abteilungen, €		31 000,00		52 060,00 19 300,00	
DB II (Artikel-Gruppen-DB), €		− 7 000,00		+ 32 760,00	
Einzelkosten der Gesamtleistung, €			25 760,00		
Ergebnis, €			+ 760,00		

b) In der Verkaufsabteilung (1), Artikelgruppen A und B, entsteht der negative Deckungsbeitrag 7 000,00 €. In der Fixkostendeckungsbeitragsrechnung wären sämtliche K_v von den Verkaufserlösen abgezogen worden, d.h. der Deckungsbeitrag I enthielte nur die K_f und das Ergebnis. In der relativen Einzelkostenrechnung enthalten die „Einzelkosten je Artikel" fixe und variable, den Artikeln direkt zurechenbare Kosten, d.h. DB I enthält die restlichen K_f und K_v sowie das Ergebnis.

Der negative Deckungsbeitrag II (7 000,00 €) wäre in der mehrstufigen Deckungsbeitragsrechnung noch höher ausgefallen, weil dort schon in der ersten Rechenstufe (E − K_v) die K_v abgezogen worden sind, während in der Einzelkostenrechnung die Einzelkosten der Gesamtleistung (25 760,00 €) noch einen Teil der K_v enthalten.

Vorteil: Der negative DB II (7 000,00 €) ist entsprechend niedriger, d.h. im Sinne einer verursachungsgerechten Zurechnung präziser.

Schwachstellen können abgemildert werden, wenn die „Einzelkosten" in K_f und K_v aufgespalten werden, und ferner eine Unterteilung in unmittelbar und mittelbar ausgabenwirksame Kosten stattfindet.

2. Vergleiche mit 1:

a) **Vorteile:** Die Einzelkosten haben variable und fixe Bestandteile, während in der Fixkostendeckungsbeitragsrechnung eine strenge Trennung vorgenommen wird.
Versuch einer Vertiefung des Verursachungsprinzips.
Schema zum Vergleich

	I Fixkosten DB		II Relative Einzelkostenrechnung
Umsatzerlöse 1. Stufe	x x K_v(insgesamt)	= ≠	x K_v (Anteil) + K_f (Anteil)
DB I 2. Stufe	x x K_f(Anteil)	≥ ≠	x K_v (Anteil) + K_f (Anteil)
DB II 3. Stufe	x x K_f (Anteil)	≥ ≠	x K_v (Anteil) + K_f (Anteil)
DB III 4. Stufe Ergebnis	x x K_f (Anteil) x	≥ ≠ =	x K_v (Anteil) + K_f (Anteil) x

Deutlich erkennbar ist die unterschiedliche Höhe der DB, die je nach Zurechnung bei I größer / kleiner als bei II sein können.

Es ist der Versuch, K_v- und K_f-Anteile zusammenzufassen (wobei bei der relativen Einzelkostenrechnung von vornherein nicht getrennt wird), um eine möglichst genaue Zurechnung auf die einzelnen Bereiche zu erreichen. Die 3. Stufe z.B. stellt Einzelkosten dar. Bezogen auf die DB I handelt es sich jedoch (noch) um Gemeinkosten (relative Betrachtung).

b) **Nachteil:** Zeitlicher Aufwand und Schwierigkeiten durch die Notwendigkeit, eine Grundrechnung (Aufgliederungstabelle) zu erstellen (siehe Band 1 Seite 225). Fehler bei der Kostenaufteilung sind unvermeidlich.

c) Grundsätzlich kann ein Break-even-Point nicht berechnet werden.

Grund: Die jeweiligen Einzelkosten haben fixe und variable Bestandteile. Um negative Deckungsbeiträge auszugleichen, müssen diejenigen fixen Kosten, die im negativen DB (z.B. DB III in Aufgabe 1) enthalten sind, durch eine gestiegene Menge ausgeglichen werden. Diese K_f sind in der relativen Einzelkostenrechnung nicht gesondert dargestellt. Außerdem ist zu beachten, dass (siehe DB III in Aufgabe 1) in der folgenden/den folgenden Stufen in den abzuziehenden Einzelkosten auch variable Kosten enthalten sind.

Lösung des Problems: Zusätzliche Fixkostendeckungsrechnung mit Berechnung des Break-even-Point wie in Abschnitt 1.6.5.1, denn die dort berechneten DB I, II usw. beziehen sich lediglich auf fixe Kosten.

Vertiefung

3. Auf lange Sicht (siehe Nutzungsdauer von AV), z.B. auf eine Abrechnungsperiode von 10 Jahren bezogen, stimmt diese Aussage. Damit verschwinden die Unterschiede zwischen K_f und K_v und zwischen ausgabewirksam und ausgabenwirksam.

   Die Rechnung mit relativen Einzelkosten wird mit Verlängerung der Periode immer genauer, die Berechnung des Break-even-Points nach negativem DB ist möglich; es gibt „nur noch" K_v.

4. Die Berechnung von Preisuntergrenzen und von Break-even-Points stößt auf Schwierigkeiten, weil die Aufteilung in K_f und K_v entfällt.

5. Bestenfalls zur Berechnung von langfristigen Preisuntergrenzen, weil keine Trennung in fixe und variable Kosten vorausgegangen ist.

6. Ein interessanter Vorschlag, denn Umsatzsteigerungen allein sagen noch nichts über die Höhe des Ergebnisses aus.

   Ein selbstständig agierender Abteilungsleiter (Abteilung = Profit-Center) wird sein Augenmerk nicht nur auf den Umsatz, sondern auch auf die Kosten (K_v und K_f) richten. Dies gilt sowohl für die Fixkostendeckungsrechnung wie auch für die Rechnung mit relativen Einzelkosten. Eine Orientierung an Deckungsbeiträgen bietet sich auch an, wenn die Verkaufspreise von der Unternehmungsleitung fixiert worden sind.

7. Die kumulierten DB der Artikel/der Verkaufsabteilung weisen im Dezember auf das Gesamtergebnis der Periode hin. Die anfänglich negativen DB sind überkompensiert worden.

Die Einzelkosten der Verkaufsabteilung müssen, da sie nur geringe Änderungen aufweisen, fix oder doch weitgehend fix sein. Die offenbar umsatzschwachen und auch preisschwachen Monate J und F werden von einer positiven Entwicklung gefolgt, die sicher keine saisonalen Ursachen hat.

8. **1. Vorschlag:**

Vorteil: Negativer (steigender) DB und ein sicherer Verlust lassen ein Aufgeben der Filiale zwingend geraten sein.

Nachteil: Abnehmerkreise verschwinden auf Dauer, werden den Konkurrenten überlassen. Ein möglicher Aufschwung, z. B. am Ende einer Phase der Rezession, wird nicht genutzt.

2. Vorschlag:

Vorteil: Eine Aufsplitterung der Artikel durch relative Einzelkostenrechnung (auch durch Fixkostendeckungsrechnung) deckt Schwachstellen auf und kann durch Kontraktion des Sortiments bzw. gezielte Kostensenkungen positive DB bewirken. Auch die Hereinnahme ertragsstarker Artikel sollte erwogen werden.

Nachteil: Oft fehlt eine Untersuchung, inwieweit sich eine Kontraktion negativ auf den Umsatz der anderen Artikel auswirkt (Aussage: „Hier hat man ja keine Auswahl"). Die relative Einzelkostenrechnung bedarf neuer, oft zeitraubender und kostspieliger Organisationsformen. Eine unsachgemäße Vorbereitung des Verfahrens ergibt ein falsches Bild und führt zu Fehlentscheidungen.

1.6.6 Flexible Plankostenrechnung auf Teilkostenbasis (Grenzplankostenrechnung)

Kontrolle

1. a) Bei „normaler" Berechnung des BG ergäbe sich:

100 %	= Ka	300 000,00 €	
68 %	= BG	204 000,00 €	(Nutzkosten)
		96 000,00 €	Leerkosten

Bei plankostenbezogener Berechnung des BG ergibt sich:

90 %	=	300 000,00 €	
68 %	=	226 667,00 €	
		(Nutzkosten)	
Leerkosten		73 333,00 €	

b) Planverrechnungssatz $= \dfrac{120\,000}{30\,000} = 4,00$ €/Stück

Sollkosten	= 36 000 Stück · 4,00 €	=	144 000,00 €
Verbrauchsabweichungen: 160 000 – 144 000		=	16 000,00 €

Ergebnis: Es sind 16 000,00 € Kosten mehr entstanden als geplant.

Nutz- und Leerkosten:

Beschäftigungsgrad:

geplant   75 %   (30 000 Stück)
effektiv   90 %   (36 000 Stück)

Berechnung von Nutz- und Leerkosten:

90 % von 60 000,00 €	=	54 000,00 €	(Nutzkosten)
10 % von 60 000,00 €	=	6 000,00 €	(Leerkosten)

oder:

bei 75 %   15 000,00 €   Leerkosten
                                          (25 % von 60 000)

bei 90 % $\dfrac{15\,000 \cdot 75}{90}$ =   12 500,00 €   Leerkosten

also Nutzkosten 47 500,00 € (60 000–12 500).

Hinweis auf mögliche Grafik: Siehe Band 1!

2. **Vorteile:** Prognosefunktion, Festlegung von Planzahlen (die gegenüber den Istzahlen stets – mehr oder weniger – abweichen)

   Daraus ergibt sich der Zwang zu einer Untersuchung, worauf die Abweichung zurückzuführen ist. Dann entsprechende Erkenntnisse ableiten und Maßnahmen einleiten: Beispiele siehe Band 1!

   Nachteile: Festsetzung unrealistischer Zahlen, d.h. künftige mögliche Entwicklung zu wenig beachtet, zu sehr an Istzahlen der vergangenen Periode orientiert. Beispiele siehe Bd. 1 Seite 236!

3. Trotz Ansatzes der Fixkosten (Ist oder Plan) liegt hier eine Teilkostenrechnung vor, weil Änderungen des BG unbeachtet bleiben. Daraus gewisse Vorteile (siehe Lösung zu 2).

Vertiefung

4. **Planverrechnungssätze und Verbrauchsabweichungen:**

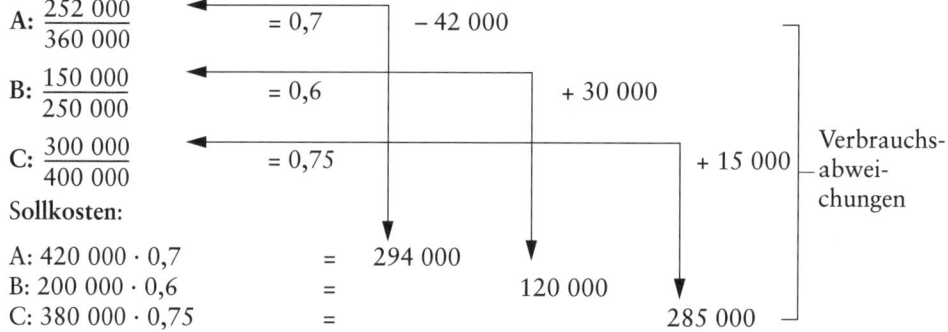

A: $\dfrac{252\,000}{360\,000}$ = 0,7   – 42 000

B: $\dfrac{150\,000}{250\,000}$ = 0,6   + 30 000

C: $\dfrac{300\,000}{400\,000}$ = 0,75   + 15 000   Verbrauchs- abwei- chungen

Sollkosten:

A: 420 000 · 0,7   =   294 000
B: 200 000 · 0,6   =   120 000
C: 380 000 · 0,75   =   285 000

Preisabweichungen:

A:	2 % von 420 000	=	– 8 400
B:	8 % von 200 000	=	– 16 000
C:	10 % von 380 000	=	+ 38 000

Nutz- und Leerkosten:

Ka 1 200 000	=	100 %
BG plan (siehe Summe Umsätze) 1 010 000	=	84,17 %
BG Ist (siehe Summe Umsätze) 1 000 000	=	83,33 %

Die Prozentsätze 84,17 und 15,83 bzw. 83,33 und 16,67 werden auf die K_f 500 000,00 € angewandt und ergeben die Nutz- und Leerkosten „plan" bzw. „ist".

5. Eine gewisse Anlehnung an die Istkosten vergangener Perioden als Ausgangszahlen ist notwendig und vertretbar. Daneben muss auf künftige Kostenentwicklungen geachtet werden:
   - Einrechnung der Inflationsraten
   - Verringerung der Fertigungstiefe
   - Verschiebungen von lohnintensiver zu kapitalintensiver Fertigung und umgekehrt
   - Bezüge aus dem Ausland
   - Verlagerung von Teilen der Fertigung in das Ausland
   - Innovationen, auch gespeist aus dem Ressort „F + E" (Forschung und Entwicklung), und andere sinnvolle Aussagen

6. Siehe Grafiken Band 1 (Preisabweichung)!

7. a) Die Grenzplankostenrechnung bezieht sich auf die folgende/folgende(n) Abrechnungsperiode(n). Aussage zur TKR richtig.

   b) Für die Berechnung von Angebotspreisen ungeeignet. Lediglich kurzfristige Preisuntergrenzen mit besonderer Beachtung der künftigen (geplanten) K_v können festgelegt werden.

   c) Im Mehr-Produkt-Betrieb (Industrie) bzw. Mehr-Artikel-Betrieb (Handel) so vorteilhaft wie bei der mehrstufigen „normalen" DB-Rechnung. Einziger Unterschied: Von den Planumsätzen werden die Plan-K_v abgezogen. Es ergibt sich ein Plan DB I, der dann in Stufen um die nicht in die Planungsrechnung aufgenommenen K_f gekürzt wird.

   Spezielle Vorteile für die Planungsrechnung sind nicht festzustellen.

   d) Richtige Aussage.

   e) Auch in der Grenzplankostenrechnung können, eben von Planzahlen, also Prognosezahlen ausgehend, Rangfolgen festgelegt werden, die dann von der Rangfolge nach Istzahlen abweichen können.

   Entsprechend kann dabei von absoluten DB, DB-Sätzen (Umsatzbezug) und relativen DB ausgegangen werden.

8. a) Siehe Band 1, Grafik!

b) **Verbrauchsabweichung:** Zwischen geplanten und verbrauchten Mengen bestehen Unterschiede (Fehler in den Stücklisten, Ausschuss, auch Diebstahl).

Beschäftigungsabweichung: Schwankende Produktions- und Absatzmengen mit ihren Auswirkungen auf die K_f wirken sich als Abweichung aus, wobei in der flexiblen Plankostenrechnung auf Teilkostenbasis die Beschäftigungsabweichungen unbeachtet bleiben.

9. a) Bei der vorliegenden Einzelkostenrechnung werden durch Zurechnung der „variablen" erzeugnisarten- bzw. erzeugnisgruppenabhängigen Einzelkosten für die *kurzfristig* zu treffenden Entscheidungen die notwendigen Informationen bereitgestellt (DB 1 und DB 2). Es kann u.a. ermittelt werden, welche absatzpolitischen Entscheidungen angezeigt sind aufgrund der möglichen Ergebnisanalyse bei den Erzeugnisgruppen bzw. den einzelnen Erzeugnisarten.

Die Aufspaltung in variable und fixe Kosten erlaubt auch eine längerfristig orientierte Analyse der Fixkosten und die Ableitung von entsprechenden Entscheidungen (Fixkostenmanagement). Der Ausweis ausgabewirksamer und nicht ausgabewirksamer Fixkosten ermöglicht darüber hinaus eine Liquiditätsbetrachtung und die Ermittlung des Cashflow (395 − 350 = 45).

b) Zusammensetzung des Periodenverlustes:

Deckungsbeitrag 2:	300 + 95 =	395
– ausgabewirksame Fixkosten		350
Cashflow		45
– nicht ausgabewirksame Fixkosten		70
Periodenverlust		25

Für Investitionen steht ein Cashflow von 45 zur Verfügung. Darüber hinausgehende Investitionen müssen „von außen" finanziert werden, d.h. durch Beteiligungs- bzw. Fremdfinanzierung.

Von den 70 nicht ausgabewirksamen Fixkosten bleiben 25 ungedeckt (= Periodenverlust). Ist diese Situation langfristig, so ist das Unternehmen nicht in der Lage, die notwendigen Ersatzinvestitionen (durch Abschreibungen) vorzunehmen. Ebenso können nicht alle Rückstellungen ausgabewirksam aufgelöst werden, z.B. wenn Prozesskosten für einen im Vorjahr gelaufenen Prozess anfallen.

Maßnahmen:

Kurzfristig muss versucht werden, z.B. durch Preispolitik, die Umsatzerlöse, besonders bei der Erzeugnisgruppe 2, zu erhöhen. Außerdem sind die variablen Einzelkosten, z.B. Materialeinzelkosten, auf die Möglichkeit einer Absenkung zu untersuchen.

Langfristig gilt es, durch „Fixkostenmanagement" Fixkosten auf Verwaltungsebene abzubauen, indem z.B. eine Hierarchiestufe (Gehälter als Fixkosten) aufgegeben wird (sog. Abbau eines Overhead). Oft kann es nur durch eine Kombination von Maßnahmen gelingen, den Periodenverlust zu beseitigen und den Bestand des Unternehmens langfristig zu sichern.

1.7 Weiterentwicklungen der Kosten- und Leistungsrechnung

1.7.1 Prozesskostenrechnung

1.7.1.1 Schwachstellen der traditionellen Vollkostenrechnung

1.7.1.2 Grundkonzept der Prozesskostenrechnung

Kontrolle

1. Siehe Bd.1.

2. siehe Bd.1.

3. Aussagen b), d) und e) sind richtig, Aussagen a) und c) sind falsch.

Vertiefung

4. Damenschuhe (Beträge in €)

Einzelverrichtungen	Anzahl	Kosten	Prozesskostensatz
Durchführung von Sonderbestellungen	150	2 400,00	16,00
Als Geschenk verpacken	50	500,00	10,00
Beratungsgespräche	450 à 15 Minuten	5 625,00	12,50
Bevorratung passender Strümpfe und Accessoires	900	7 200,00	8,00

Herrenschuhe (Beträge in €)

Einzelverrichtungen	Anzahl	Kosten	Prozesskostensatz
Durchführung von Sonderbestellungen	30	480,00	16,00
Als Geschenk verpacken	10	100,00	10,00
Beratungsgespräche	300 à 5 Minuten	1 350,00	4,50
Bevorratung passender Strümpfe und Accessoires	200	900,00	4,50

Kinderschuhe (Beträge in €)

Einzelverrichtungen	Anzahl	Kosten	Prozesskostensatz
Durchführung von Sonderbestellungen	50	480,00	9,60
Als Geschenk verpacken	30	100,00	3,33
Beratungsgespräche	200 à 10 Minuten	1 350,00	6,75
Bevorratung passender Strümpfe und Accessoires	200	900,00	4,50

L

5. a) **Damenschuhe**

Einstandskosten	110,00
Verpackungskosten	10,00
Beratung	12,50
Bevorratung von Komplementärprodukten	8,00
Summe Prozesskosten für operative Arbeiten	**30,50**
Umlage für dispositive Aufgaben (10 %)	3,05
Handlungskosten (Prozesskosten)	**33,55**
Handlungskosten in Prozent der Einstandskosten	30,50 %

Herrenschuhe

Einstandskosten	70,00
Sonderbestellungen	16,00
Beratung	4,50
Summe Prozesskosten für operative Arbeiten	**20,50**
Umlage für dispositive Aufgaben (10 %)	2,05
Handlungskosten (Prozesskosten)	**22,55**
Handlungskosten in Prozent der Einstandskosten	32,20 %

Kinderschuhe

Einstandskosten	55,00
Sonderbestellungen	9,60
Verpackung	3,33
Beratung	6,75
Bevorratung von Komplementärprodukten	4,50
Summe Prozesskosten für operative Arbeiten	**24,18**
Umlage für dispositive Aufgaben (10 %)	2,42
Handlungskosten (Prozesskosten)	**26,60**
Handlungskosten in Prozent der Einstandskosten	48,36 %

b) Die Unterschiede zur traditionellen Zuschlagskalkulation resultieren daraus, dass dort die Handlungskosten einer vergangenen Periode pauschal ins Verhältnis zu den Einstandskosten aller Artikel dieser Periode ins Verhältnis gesetzt wurde. Der sich so ergebende Kalkulationszuschlag wird einheitlich auf alle Artikel angewandt (Zuordnung nach dem Proportionalitätsprinzip).

Die Prozesskostenrechnung verteilt die Kosten verursachungsgerecht gemäß den für die einzelnen Artikel anfallenden Verrichtungen (Verursachungsprinzip).

1.7.2 Target Costing (Zielkostenmanagement)

1.7.2.1 Gründe für die Entstehung des Target Costing – Ziele

1.7.2.2 Zielkostenplanung

1.7.2.3 Zielkostensteuerung

1.7.2.4 Globalkonzepte zur Zielkostenbeeinflussung

Kontrolle

1. Siehe Band 1.

2. Antworten a) und e) sind falsch, Antworten b), c) und d) sind richtig.

Vertiefung

3. Target Costing für ein Fahrradmodell

   Gewichtungsmatrix bezogen auf die weichen Funktionen:

	Farbe W1	Form W2	Sitzkomfort W3	Lenkkomfort W4	Name/Prestige W5	Gewichtungsergebnis
Gewichtung	10	40	20	20	10	100
Rahmen K1	85 8,5	70 28	15 3,0	15 3,0	70 7,0	49,5
Felgen K2	5 0,5					0,5
Lenkstange K3				60 12,0	10 1,0	13,5
Reifen K4						0,0
Ventile K5						0,0
Sattel K6		10 4,0	80 16,0		10 1,0	21,0
Kette K7						0,0
Pedale K8		10 4,0	5 1,0	20 4,0		9,0
Gepäckständer K9	5 0,5	10 4,0				4,5
Kettenschaltung K10				5 1,0	10 1,0	2,0
						100,0

Gewichtungsmatrix bezogen auf die harten Funktionen:

	Geschwindig-keit H1	Stabilität/ Sicherheit H2	Zahl der Gänge H3	Funktionalität der Lenk-stange H4	Funktionalität des Sattels H5	Gewichtungs-ergebnis
	30	30	10	15	15	**100**
Rahmen K1	15 4,5	20 6,0		20 3,0	20 3,0	16,5
Felgen K2	5 1,5	15 4,5				6,0
Lenkstange K3		20 6,0			80 12,0	18,0
Reifen K4	10 3,0	10 3,0				6,0
Ventile K5		5 1,5				1,5
Sattel K6		5 1,5			80 12,0	13,5
Kette K7	10 3,0		20 2,0			5,0
Pedale K8	10 3,0	5 1,5				4,5
Gepäckstän-der K9		20 6,0				6,0
Kettenschal-tung K10	50 15,0		80 8,0			23,0
						100,0

Zielkostenindizes bezogen auf die weichen Funktionen:

Produktkomponente	Gewichtungsergebnis	Anteil an den HK	Zielkostenindex[1]
Rahmen K1	49,5	30	1,65
Felgen K2	0,5	7	0,07
Lenkstange K3	13,5	12	1,13
Reifen K4	0,0	7	0,00
Ventile K5	0,0	2	0,00
Sattel K6	21,0	12	1,75
Kette K7	0,0	5	0,00
Pedale K8	9,0	7	1,29
Gepäckständer K9	4,5	8	0,56
Kettenschaltung K10	2,0	10	0,20

---

[1] Gewichtungsergebnis: Anteil an dem HK = Zielkostenindex

Zielkostenindizes bezogen auf die harten Funktionen:

Produktkomponente	Gewichtungsergebnis	Anteil an den HK	Zielkostenindex[1]
Rahmen K1	16,5	30	0,55
Felgen K2	6,0	7	0,86
Lenkstange K3	18,0	12	1,50
Reifen K4	6,0	7	0,86
Ventile K5	1,5	2	0,75
Sattel K6	13,5	12	1,13
Kette K7	5,0	5	1,00
Pedale K8	4,5	7	0,64
Gepäckständer K9	6,0	8	0,75
Kettenschaltung K10	23,0	10	2,30

Gesamtzielkostenindices

Produktkomponente	ZI bezogen auf harte Funktionen	Gewichtungs-faktor für harte Funktionen	ZI bezogen auf weiche Funktionen	Gewichtungsfaktor für weiche Funktio-nen	Gesamt-ZI (bezogen auf harte und weiche Funktionen)
Rahmen K1	0,55	40 %	1,65	60 %	1,21[2]
Felgen K2	0,86	40 %	0,07	60 %	0,38
Lenkstange K3	1,50	40 %	1,13	60 %	1,28
Reifen K4	0,86	40 %	0,00	60 %	0,34
Ventile K5	0,75	40 %	0,00	60 %	0,30
Sattel K6	1,13	40 %	1,75	60 %	1,50
Kette K7	1,00	40 %	0,00	60 %	0,40
Pedale K8	0,64	40 %	1,29	60 %	0,77
Gepäckständer K9	0,75	40 %	0,56	60 %	0,64
Kettenschaltung K10	2,30	40 %	0,20	60 %	1,04

Die Komponenten mit einem Zielkostenindex kleiner 1,0 bedürfen der Rationalisierung, diejenigen mit einem Zielkostenindex größer 1,0 bedürften einer Produktwertsteigerung.

---

[1] Gewichtungsergebnis: Anteil an den HK = Zielkostenindex
[2] $0,55 \cdot 0,4 + 1,65 \cdot 0,6 = 1,21$

2 Finanzwirtschaft

2.1 Finanzierung

2.1.1 Finanzwirtschaftliche Vorgänge im betrieblichen Umsatzprozess

2.1.2 Ziele der Finanzwirtschaft

Kontrolle

1. a) Finanzierung ⟶ Bereitstellung von Geld- und Sachkapital (Kapitalbeschaffung)

   Investitionen ⟶ Kapital- oder Mittelverwendung

   b) Finanzierung ⟶ Siehe a)

   Desinvestition ⟶ Abfluss an Investitionsgütern (Abnahme im Investitionsbereich, Zunahme im Zahlungsbereich) = „Aktivtausch" bzw. Kapitalneubildung, wenn Desinvestition zuzüglich Gewinn („Bilanzverlängerung")

   c) Finanzierung ⟶ Siehe a)

   Kapitalabfluss ⟶ „Bilanzverkürzung", da Zahlungsbereich (Aktivseite) und Kapitalbereich (Passivseite) abnehmen.

2. Vier Phasen des betrieblichen Umsatzprozesses: Siehe Fallbeispiel im Band 1!

3. a) Mittel von „außen", z.B. Aufnahme eines Bankkredits. Es kommt zur „Bilanzverlängerung" (Zunahme des Zahlungs- und Kapitalbereichs).

   b) Mittel von „innen", z.B. Verkauf von Erzeugnissen mit Gewinn. Es kommt zur „Bilanzverlängerung", da der Zahlungsbereich zunimmt: Rückfluss (Umsatzerlös – Kosten = Gewinn), ebenso der Kapitalbereich (Eigenkapital).

4. a) Zusammenhang zwischen Unternehmensziel und dem Bereichsziel der Finanzierung: „Erhöhung der Rentabilität" verlangt im Bereich der Finanzierung nach der „Desinvestition" die sofortige Verwendung in einer „gewinnbringenden" Investition. Die Mittel dürfen nur kurzfristig auf „unverzinslichen" Girokonten gehalten werden.

   b) Siehe Band 1!

Vertiefung

5. a) Einbringung eines Grundstücks aus dem „Privatbesitz" des Unternehmers; Einbringung eines bisher privat genutzten Kraftwagens in das Betriebsvermögen.

   b) Eine Lieferantenschuld bzw. ein Bankkredit wird zurückgezahlt. Es kommt somit zu einer „Bilanzverkürzung", da der Zahlungsbereich (Aktivseite) und der Kapitalbereich (Verbindlichkeiten) auf der Passivseite abnehmen.

6. **(1a) Finanzierung:**

Die Aufnahme eines kurzfristigen Bankkredits schlägt sich nur im Kapitalbereich (Fremd-kapital) und im Zahlungsbereich (Bank) nieder. „Bilanzverlängerung". Phase 1 des Um-satzprozesses.

(1b) Investition:
Der Investitionsbereich (Rohstoffe) vergrößert sich, der Zahlungsbereich (Bank) nimmt ab. „Aktiv-Tausch". Phase 2 des Umsatzprozesses.

(2) Finanzierung und Investition:
Kapitalbereich (Eigenkapital) und Investitionsbereich (Grundstücke) nehmen zu. Die Ein-bringung von Grundstücken gehört zur Finanzierung, da Finanzierung nicht nur die Beschaffung von Geld-, sondern auch von Sachkapital einschließt. „Bilanzverlängerung". Phase 1 des Umsatzprozesses.

(3a) Umschichtungsvorgänge auf der Aktivseite der Bilanz:
Der Prozess der Leistungserstellung führt zu einer Umformung von Sachgütern (Rohstoffe, Maschinennutzungen) und Arbeits- und Dienstleistungen in Ertragsgüter (Halb- und Fer-tigfabrikate). Es tritt eine Umschichtung (Aktivtausch) teilweise im Investitionsbereich (Verbrauch von Rohstoffen und Umformung zu Fertigfabrikaten), teilweise durch Wech-selwirkung zwischen Zahlungsbereich und Investitionsbereich ein (z.B. Zahlung von Löh-nen und Eingang der Arbeitsleistungen in die Fertigfabrikate).

Der Bestand an Vermögen und Kapital wird nicht verändert. Es ist zwar eine betriebliche Leistung (Fertigfabrikate = Ertrag) erzielt worden, jedoch entspricht der Ertrag wertmäßig dem Aufwand, ein Gewinn oder Verlust entsteht nicht. Phase 2 des Umsatzprozesses.

(3b) Desinvestition und Finanzierung:
Der Absatz der Ertragsgüter führt über den Absatzmarkt zu einem Rückfluss der Geldmit-tel aus dem Investitionsbereich in den Zahlungsbereich, es tritt eine Desinvestition in Höhe der Gebäude- und Maschinenabschreibungen, des Materialverbrauchs, der investierten Löhne usw. ein. Der zufließende Gewinn vergrößert das Eigenkapital; es handelt sich um einen Finanzierungsvorgang. „Bilanzverlängerung", Phase 3 des Umsatzprozesses.

(4) Kapitalabfluss:
Es handelt sich um eine Aktiv- und Passivminderung. Mittel fließen ab (Zahlungsbereich und Kapitalbereich vermindern sich). „Bilanzverkürzung". Phase 4 des Umsatzprozesses.

2.2 Kapitalbedarfsrechnung

2.2.1 Bestimmungsfaktoren des Kapitalbedarfs

2.2.2 Finanzplan

Kontrolle

1. a) Höherer Kapitalbedarf

   b) Geringerer Kapitalbedarf

2. a) Geringerer Kapitalbedarf

   b) Größerer Kapitalbedarf

   c) Größerer Kapitalbedarf

   d) Geringerer Kapitalbedarf

   e) Im Beschaffungsbereich: Verringerung des Kapitalbedarfs. Im Absatzbereich: Vergrößerung des Kapitalbedarfs.

3. **Gründe:**
   Verstärkte Kundenorientierung, steigende Beratungsintensität in bestimmten Sparten des Handels, Tendenz zur Erweiterung der Sortimente, Intensivierung der Logistik, größere Werbeaktivitäten durch Konkurrenzdruck.

4. **Kapitalbindung:**
   Lagerdauer Rohstoffe 5 Tage – Zahlungsziel des Lieferanten 20 Tage + Fertigungszeit 4 Tage + Lagerdauer FE 15 Tage + Kundenziel 30 Tage = 34 Tage
   Kapitalbedarf = 500 · 34 = **17 000,00 €**

5. a) Absatzplan (meist als Bestandteil des Umsatzplus), Produktionsplan, Beschaffungsplan, Finanzplan.

   b) Der Absatzplan gilt als Leitplan, weil von diesem Plan der Umfang der Beschaffung im Beschaffungsplan und der Produktionsplan abhängen: Er bestimmt letztlich auch den Finanzierungsbedarf im Finanzplan.

6. **Finanzplan** (in €)

   a)

		Januar	Februar	März
1.	Anfangsbestand Bank	5 200,00		
2.	**Einnahmen lt.** Umsatzplan			
	Januar 78 000,00	40 % = 31 200,00	50 % = 39 000,00	10 % = 7 800,00
	Februar 90 000,00		40 % = 36 000,00	50 % = 45 000,00
	März 112 500,00			40 % = 45 000,00
	alte Forderungen	42 000,00	26 000,00	
	Summe der verfügbaren Mittel	78 400,00	101 000,00	97 800,00
	Ausgaben			
3.	Aus Beschaffungs- und Produktionsplan:			
	■ Rohstoffeinkäufe	18 000,00	18 000,00	18 000,00
	■ Personalkosten	35 000,00	35 000,00	35 000,00
	■ sonstige Fertigungskst.	8 000,00	8 000,00	8 000,00
4.	Verwaltungskosten	12 000,00	12 000,00	12 000,00
5.	Zahlung v. Verbindlk.	21 000,00	30 000,00	–
6.	Kreditzinsen	–	–	12 000,00
	Summe der Ausgaben	94 000,00	103 000,00	85 000,00
7.	Endbestand Bank /**Überschuss**	–	–	12 800,00
8.	**Fehlbetrag**/Bankkredit	– 15 600,00	– 2 000,000	–

   b) Im Monat Januar und Februar entsteht ein Fehlbetrag (finanzieller Engpass) von 15 600,00 € bzw 2 000,00 €. Der Betrieb gerät in Liquiditätsschwierigkeiten, wenn es nicht gelingt, den Engpass durch Kredit zu überbrücken. Auch der Überschuss im März von 12 800,00 € kann die Fehlbeträge von zusammen 17 600,00 € (15 600,00 + 2 000,00) nicht decken.

c) Entwicklung des Bankkontos mit eingeräumtem Kontokorrentkredit:

Anfangsbestand	Januar	5 200,00 €
Einnahmen	Januar	73 200,00 €
Ausgaben	Januar	94 000,00 €
Bankkredit		15 600,00 €
Einnahmen	Februar	101 000,00 €
Ausgaben	Februar	103 000,00 €
Bankkredit		17 600,00 €
Einnahmen	März	97 000,00 €
Ausgaben	März	85 000,00 €
Bankkredit		4 800,00 €

d) Folgende Möglichkeiten zur Überwindung des derzeitigen Engpasses sind zu prüfen:
- Erhöhung bzw. Vorverlegung der Einnahmen,
- Senkung bzw. zeitliche Verschiebung der Ausgaben.

Auf der Einnahmenseite müsste versucht werden, ältere Forderungen in größerem Umfang „einzutreiben". Durch Umsatzsteigerungen im Februar und März (siehe Umsatzplan) wird der Engpass zwar etwas abgebaut, ohne ihn ganz beseitigen zu können. Es sollten deshalb weitere Anstrengungen unternommen werden, den Umsatz im Planungszeitraum Februar und März noch über das bisherige Maß auszudehnen, soweit damit vor allem Lagerbestände abgebaut werden können (keine weiteren Ausgaben für die Produktion).

Auf der Ausgabenseite sollte versucht werden, das Zahlungsziel bei den Lieferanten etwas zu verlängern und vor allem auf der Kostenseite einzusparen (Personalkosten, Verwaltungskosten, Rohstoffkosten). – Die vorgeschlagenen Maßnahmen können im Allgemeinen erst lang- bzw. mittelfristig wirksam werden, sodass es erforderlich ist, den Liquiditätsengpass durch Kredit abzudecken.

Die Engpasssituation im Finanzierungsbereich wirkt sich auf die Beschaffungsplanung und Produktionsplanung aus (Preislimit für Beschaffung bzw. Einsparungen in der Produktion), aber auch die Absatzplanung über zusätzliche Produktion wird zumindest kurzfristig begrenzt.

e) **Vorschlag:** Beseitigung der finanziellen Engpasssituation binnen eines Jahres (Planungszeitraum).

Vertiefung

7. Kapitalbedarf je Tag:
$$\frac{720\,000,00}{360} = 2\,000,00\ €$$

Durchschnittliche Lagerdauer:
$$\frac{720\,000,00}{120\,000} = 6 \text{ x Umschlag}$$

$$\frac{360}{6} = 60 \text{ Tage}$$

Kapitalbindung: 60 Tage – Lieferantenziel 30 Tage = 30 Tage

Kapitalbedarf: Tgl. Kapitalbedarf · Kapitalbindung
2 000,00 · 30 = **60 000,00 €**

8. Der Finanzplan, der in der Regel den Planungshorizont von 1 Jahr nicht übersteigt, gehört zur operativen Planung. Im Gegensatz dazu ist die strategische Planung langfristig orientiert; sie hat z.B. durch eine entsprechende Gestaltung des Marketing, die Schaffung von Erfolgspotenzialen zum Ziel.

9. a) **Finanzplan: Januar – März 2007**

		Januar	Februar	März
1.	Anfangsbestand Bank	260 000,00	**214 425,00**	**308 850,00**
2.	**Einnahmen** lt. Umsatzplan			
	Januar 280 000,00		280 000,00	
	Februar 280 000,00			280 000,00
3.	Kundenford. lt. Bilanz	40 % = 192 000,00	40 % = 192 000,00	20 % = 96 000,00
	Summe der verfügbaren Mittel	452 000,00	686 425,00	684 850,00
	Ausgaben			
4.	Rohstoffe lt. Beschaffungsplan			40 000,00
5.	Sonstige Fertigungskosten und Verwaltungs- und Vertriebskosten (ohne Abschreibungen) monatlich 100 000,00 – 2 425,00 *)	97 575,00	97 575,00	97 575,00
6.	Fällige Verbindlichkeiten lt. Bilanz	20 % = 140 000,00	40 % = 280 000,00	25 % = 175 000,00
	Summe der Ausgaben	237 575,00	377 575,00	312 575,00
7.	**Endbestand** Bank / Überschuss	**214 425,00**	**308 850,00**	**372 275,00**

*) Abschreibungen: $\quad$ 1 % von 810 000,00 = $\quad$ 8 100 : 12 $\quad$ = $\qquad$ 675,00 im Monat

$\qquad\qquad\qquad\quad$ 5 % von 420 000,00 = 21 000 : 12 $\quad$ = $\qquad$ 1 750,00 im Monat

$\quad$ zusammen (nicht ausgabewirksam) $\qquad\qquad\qquad$ = $\qquad$ 2 425,00 im Monat

b) Aktiva $\qquad\qquad\qquad$ Zwischenbilanz zum 31.03.2007 $\qquad\qquad\qquad$ Passiva

Gebäude		Eigenkapital	
(810 000 – 2 025)[1]	807 975,00	(31.12.2006)	1 900 000,00
Maschinen		Gewinn bis 31.03.	150 000,00
(420 000 – 5 250)[2]	414 750,00	Darlehen	570 000,00
Rohstoffe (500 000 +		Verbindlichkeiten	
120 000 – 360 000)	260 000,00	(105 000 + 80 000)	185 000,00
Fertigerzeugnisse			
(AB 700 000,00 +			
3 · 165 000,00 –			
3 · 175 000,00	670 000,00		
Forderungen	280 000,00		
Bank	372 275,00		
	2 805 000,00		2 805 000,00

1) In den 3 Monaten werden mehr Erzeugnisse verkauft als hergestellt (Bestandsverminderung)

$\quad$ Dies ergibt sich aus folgender Rechnung:

Herstellkosten der Produktion (3 Monate) 3 · 165 000	=	495 000,00 €
Herstellkosten der verkauften Erzeugnisse (3 · 175 000)	=	525 000,00 €
Abgang vom Bestand (Mehrverkauf) Herstellkosten (= Bestandsverminderung)	=	30 000,00 €
Veränderung auf dem Konto Fertigerzeugnisse $\quad$ AB	=	700 000,00 €
SB	=	670 000,00 €
(= Bestandsverminderung)		30 000,00 €

---

[1] $\;$ 3 · 675,00 = 2025,00

[2] $\;$ 3 · 1 750,00 = 5 250,00

L

2) Siehe Finanzplan Ende März 2002!

3) Umsatzerlöse	$3 \cdot 280\,000,00$	=	840 000,00 €
– Herstellkosten der verkauften Erzeugnisse (siehe 1)	525 000,00		
– Verwaltungs- und Vertriebskosten $3 \cdot 55\,000,00$	165 000,00 (Selbstkosten)	=	690 000,00 €
Gewinn		=	150 000,00 €

Beurteilung der Finanzplanung:

In allen drei Perioden (Januar – März) übersteigen die Einnahmen die Ausgaben (mit zunehmender Tendenz). Selbst wenn man berücksichtigt, dass Ende Juni eine Teilrückzahlung des Darlehens (Rate) fällig wird und Zinsen zu zahlen sind, bestehen deutliche Anzeichen einer „Überliquidität". Dies bestätigt auch die Zwischenbilanz zum 31.03. (siehe Gegenüberstellung der Konten Bank und Forderungen zu den kurzfristigen Verbindlichkeiten). Das Bereichsziel ist nicht „übererfüllt". Im Interesse einer Verbesserung der Rentabilität sollten die „freien Mittel" zumindest teilweise durch entsprechende Anlage in den Umsatzprozess einbezogen werden.

2.3 Arten der Finanzierung im Überblick

2.3.1 Außen- und Innenfinanzierung

2.3.2 Vergleich der Eigen- und Fremdfinanzierung

Kontrolle

1. a) Kreditfinanzierung ⟶ Außenfinanzierung
      ⟶ Fremdkapital

   b) Abschreibungsfinanzierung ⟶ Innenfinanzierung
      ⟶ Kapitalfreisetzung

   c) Eigenfinanzierung ⟶ Außenfinanzierung
      ⟶ Eigenkapital

   d) Selbstfinanzierung ⟶ Innenfinanzierung
      ⟶ Eigenkapital

   e) Leasing ⟶ Außenfinanzierung
      ⟶ Fremdfinanzierung

2. Faustregel lässt sich rechtfertigen, da die Vorteile der Innenfinanzierung sowohl unter quantitativen als auch unter qualitativen Kriterien überwiegen (siehe Band 1).

3. Siehe Gegenüberstellung in Band 1 Seite 275!

4. a)

Investition	1 000 000,00
Fremdkapital Eigenkapital (10%)	900 000,00 100 000,00
Verschuldungsgrad	9
Gewinn aus Investition (15 %) – 9 % Zinsen	150 000,00 81 000,00
Reingewinn	69 000,00
R_{EK}	$\dfrac{69\,200 \cdot 100}{100\,000} = 69\,\%$

Mit wachsender Verschuldung wächst auch die Rentabilität des Eigenkapitals, solange der Fremdkapitalzins < Gewinn aus Investition (Leverageeffekt, hohe Risiken).

b) Von einem negativen Leverage-Effekt könnte man sprechen, wenn mit zunehmender Verschuldung die Eigenkapitalrentabilität abnimmt. Dies ist der Fall, wenn der Zins für das Fremdkapital über der Gesamtrentabilität liegt.

Beispiel: Rentabilität des Gesamtkapitals (R_{GK})   =   4 %
Zins für Fremdkapital (Z_{FK})   =   8 %

Gesamtkapital 1 000		Formel	R^{GK}
davon Eigenkapital	davon Fremdkapital		
1000	0	$4 + \dfrac{0}{1\,000}$ $(4-0)$	4 %
800	200	$4 + \dfrac{200}{800}$ $(4-8)$	3 %
500	500	$4 + \dfrac{500}{500}$ $(4-8)$	0 %

Lösungen zur „Grundlegenden Aufgabe" (von Formel ausgehend)

a) $20 = x + \dfrac{7}{3}\,(x-9)$

   $20 = x + \dfrac{7}{3}\,x - 21$

   $3\,\tfrac{1}{3}\,x = 41$
   $x = 12{,}3$

b) $x = 25 + \dfrac{6}{4}\,(25-10)$

   $x = 25 + 22{,}5$
   $x = 47{,}5$

c) $32 = 20 + \dfrac{8}{2}\,(20-x)$

   $32 = 20 + 80 - 4\,x$
   $4\,x = 48$
   $x = 12$

d) $\quad 25 = 15 + x \dfrac{10}{9} (15 - 6)$

$\quad\quad 25 = 15 + 9\,x$

$\quad\quad 9\,x = 10$

$\quad\quad x =$

19 Teile = 3 800 000

10 Teile = 2 000 000 (FK!)

9 Teile = 1 800 000 (EK!)

Verschuldungsgrad: $\dfrac{2\,000\,000}{1\,800\,000} = \dfrac{20}{18} = \dfrac{10}{9}$

5.

Alternative	1	2	3
Gesamtkapital	200 000,00	200 000,00	200 000,00
Fremdkapital Eigenkapital	0,00 200 000,00	100 000,00 100 000,00	180 000,00 20 000,00
a) Verschuldungsgrad	0	1,0	9,0
Gewinn der Investition (Bruttogewinn) – 8 % Fremdkapitalzinsen	20 000,00 0,00	20 000,00 8 000,00	20 000,00 14 400,00
Reingewinn	20 000,00	12 000,00	5 600,00
b) Rentabilität des Eigenkapitals	$\dfrac{20\,000 \cdot 10}{200\,000} = 10\,\%$	$\dfrac{12\,000 \cdot 100}{100\,000} = 12\,\%$	$\dfrac{5\,600 \cdot 100}{20\,000} = 28\,\%$

6. a) Der optimale Verschuldungsgrad ist dann erreicht, wenn es zu einem Ausgleich kommt zwischen maximaler Eigenkapitalrentabilität auf der einen Seite und Stabilität und Liquidität auf der anderen Seite (Risikoausgleich).

   b) Strebt ein Unternehmen die höchste Eigenkapitalrentabilität an, so muss es einen hohen Verschuldungsgrad in Kauf nehmen. Dies kann trotz Erreichen des „Siedepunktes" der Rentabilität zu Illiquidität („Gefrierpunkt") führen.

   c) Zwischen dem Verschuldungsgrad und der Eigenkapitalrentabilität besteht Zielkonkurrenz, d.h. der maximale Zielerfüllungsgrad eines Zieles beeinträchtigt die Erfüllung des anderen Zieles. Der optimale Verschuldungsgrad führt beide Zielsetzungen zum Kompromiss.

7. a) Die vertikalen Finanzierungsregeln befassen sich mit der Durchleuchtung der Kapitalstruktur des Unternehmens, z.B. mit dem Verhältnis Fremd- zu Eigenkapital.

   Die horizontalen Finanzierungsregeln stellen Beziehungen her zwischen den Positionen der Kapital- und Vermögensseite der Bilanz, z.B. in den verschiedenen goldenen Bilanzregeln.

   b) Das Anlagevermögen sollte durch das Eigenkapital gedeckt sein (Zielgröße 100 % bzw. 1). Die gemilderte Fassung der Goldenen Bilanzregel sagt aus: Das Anlagevermögen sollte durch das Eigenkapital zuzüglich dem langfristigen Fremdkapital gedeckt sein (Zielgröße 100 bzw. 1)

   c) Die Fassungen der Goldenen Bilanzregel lassen die unterschiedlichen Bindungen einzelner Vermögensteile und die Fristigkeit der Verbindlichkeiten nicht erkennen. Branchenbesonderheiten und konjunkturelle Einflüsse bleiben unbeachtet.

Vertiefung

8. Unternehmen A: Stabilität und Sicherheit – finanziertes Eigenkapital unterliegt nicht der Rückzahlungsverpflichtung. Es kommt hier eher eine horizontale Finanzierungsregel zur Anwendung. Zielkonkurrenz: Rentabilität des Eigenkapitals.

    Unternehmen B: Stabilität (langfristige Sicherung der Zahlungsverpflichtungen) – Regel: Goldene Bilanzregel – Zielkonkurrenz: Rentabilität des Eigenkapitals.

    Unternehmen C: Rentabilität (kein Entzug von Mitteln aus dem Umsatzprozess), Zielkonkurrenz: Liquidität bzw. Schmälerung der Rentabilität bei hohen Kontokorrentzinsen und wiederholten Liquiditätsengpässen.

    Unternehmen D: Rentabilität des Eigenkapitals (Maximierung): Einhalten der Regel, Investitionen mit Fremdkapital zu finanzieren, solange die Gesamtkapitalrentabilität größer ist als der Zins für das Fremdkapital. Zielkonkurrenz: Stabilität und Liquidität.

    Unternehmen E: Stabilität, da durch die Erhöhung langfristiger Schulden der Deckungsgrad für das Anlagevermögen bzw. Anlagevermögen + langfristig gebundenes Umlaufvermögen verbessert wird. Zielkomplementarität, wenn die Umschuldung höher zu verzinsende kurzfristige Schulden zugunsten niedriger zu verzinsende Schulden ablöst (Ziel: Rentabilität).

9. a) **Vertikale Finanzierungsregel:**

$$\frac{\text{EK } 1\,200\,000 \cdot 100}{\text{Bilanzsumme } 3\,000\,000} = 40 \text{ \% EK-Quote}$$

   b) **Goldene Bilanzregel:**

   ba) Deckungsgrad I $= \dfrac{\text{EK}}{\text{AV}} = \dfrac{1\,200}{1\,600} = 0{,}75$ bzw. $\dfrac{1\,200}{1\,600 + 200} = 0{,}67$[1]

   also < 1 (= angestrebtes Verhältnis nicht erreicht).

   bb) Deckungsgrad II $= \dfrac{\text{EK} + \text{langfr. FK}}{\text{AV}} = \dfrac{1\,200 + 900}{1\,600} = 1{,}31$ bzw. $\dfrac{1\,200 + 900}{1\,600 + 200} = 1{,}17$[1]

   also > 1 (= angestrebtes Verhältnis erreicht).

   c) Rentabilität:

   ca) $R^{EK} = \dfrac{96\,000 \cdot 100}{1\,200\,000} = 8 \text{ \%}$

   cb) $R^{GK} = \dfrac{(96\,000 + 105\,000) \cdot 100}{3\,000\,000} = \dfrac{201\,000 \cdot 100}{3\,000\,000} = 6{,}7 \text{ \%}$

---

[1] Bei Einbezug des langfristig gebundenen Umlaufvermögens.

d) Entscheidungsmatrix

Finanzierungsalternativen	Eigenfinanzierung			Fremdfinanzierung		
Neues Gesamtkapital (nach Investition)	3 400			3 400		
Fremdkapital Eigenkapital	1 800 1 600			2 200 1 200		
Verschuldungsgrad	1,125			1,833		
Gewinn (brutto) bei einer Gesamtkapitalrentabilität von a) 9 % b) 15 % c) 3 % − 8 % Zinsen	306 144	510 144	102 144	306 176	510 176	102 176
Reingewinn (netto)	162	366	− 42	130	334	− 74
EK-Rentabilität	10,13 %	22,88 %	0 %	10,83 %	27,83 %	0 %

Wenn man von dem Ziel der Maximierung der Eigenkapitalrentabilität ausgeht, so wäre – nach den Ergebnissen der Entscheidungsmatrix – die Fremdfinanzierung vorzuziehen. Betrachtet man die Kennziffern Stabilität und Sicherheit, so spricht diese Untersuchung eindeutig für die Finanzierungsart der Eigenfinanzierung.

Begründung:

Der Verschuldungsgrad verschlechtert sich von bisher 1,5 auf 1,8. Die Deckungsgrade im Rahmen der Kennziffern der Goldenen Bilanzregel bleiben im Wesentlichen erhalten.

(Aufgrund der weiteren Informationen, z.B. künftige Risiken wegen des erweiterten Produktionsprogramms, Schwierigkeiten bei Verwirklichung der Eigenfinanzierung im vorliegenden Falle u.a., entsprechender Begründung für Finanzierungsalternative I oder II entscheiden).

2.4 Fremdfinanzierung

2.4.1 Kreditgeschäft der Banken

2.4.1.1 Kreditvertrag

2.4.1.2 Sicherung der Kredite

2.4.1.3 Bankkredite unterschiedlicher Verfügbarkeit (Darlehen, Kontokorrentkredit)

Kontrolle

1. a) Unter einem Antrag versteht man die Bereitschaft, unter bestimmten Bedingungen Rechtsgeschäfte abzuschließen. Die vorliegenden Kreditgesuche enthalten keine Angaben über die Bedingungen, zu denen die Kreditgeschäfte abgeschlossen werden sollen.

   Ein Kreditvertrag kommt grundsätzlich zustande durch
   - die Kreditbewilligung aufgrund eines Kreditgesuchs (= Antrag) und die
   - Einverständniserklärung des Schuldners (= Annahme).

b)

	Verwendungszweck	Gegenstand der Übertragung	Laufzeit	Verfügungsart
Fall 1:	Produktivkredit (Investitions-Kredit)	Geldkredit	langfristig	Darlehen
Fall 2:	Produktivkredit (Saisonkredit)	Geldkredit	kurzfristig	Kontokorrentkredit
Fall 3:	Konsumkredit	Geldkredit	mittelfristig	Darlehen

2. a) Diskont-, Bürgschafts- und Zessionskredit.

   b) Lombard-, Sicherungsübereignungs- und Grundpfandkredit.

3. Beim verstärkten Personalkredit erhält der Kreditgeber durch die **schuldrechtliche** Haftung von Personen eine zusätzliche Sicherheit. Beim Realkredit erhält der Kreditgeber **sachenrechtliche** Ansprüche an bestimmten Vermögenswerten.

4. ▪ Diese Aussage ist *richtig*, denn es kommt auf die Einstellung des Schuldners an, ob ein Kredit einwandfrei abgewickelt werden kann. So kann z.B. ein Personalkredit sicherer sein als ein Sicherungsübereignungskredit, wenn die Maschinen etwa mehr als einmal zur Sicherung übereignet wurden.

   ▪ Diese Aussage ist *falsch* für Grundpfandkredite (Hypothek und Grundschuld), da sich der Gläubiger von der Vorbelastung bzw. Lastenfreiheit überzeugen kann und je nach seinen Wertvorstellungen die Kredithöhe entsprechend begrenzen kann. Außerdem kann die Rückzahlung des Kredits für den Schuldner unmöglich werden aus Gründen, die außerhalb seines Einflusses liegen (z.B. Krankheit, Rezession), und gleichzeitig den Wert seiner Sicherheiten unvorhergesehen sinken lassen (z.B. Wertpapiere, Gold etc).

5. Zutreffende Antwort = c).

6. a) **Stille Zession:**

   ▪ Der Drittschuldner wird von der Abtretung nicht benachrichtigt.
   ▪ Der Drittschuldner zahlt mit befreiender Wirkung an den Zedenten.

   Offene Zession:

   ▪ Der Drittschuldner wird von der Abtretung benachrichtigt.
   ▪ Der Drittschuldner kann nur an den Zessionar mit schuldbefreiender Wirkung bezahlen.

   b) Hypothek ist streng akzessorisch, d.h. sie ist vom Bestand und der dazugehörigen persönlichen Geldforderung abhängig.

   Die Grundschuld ist eine dingliche Schuld, die von der persönlichen Geldforderung losgelöst ist (= abstrakte Grundstücksbelastung).

7. ▪ einfache Handhabung;
   ▪ weitreichende Sicherung durch Wechselstrenge;
   ▪ Bank kann die Wechsel jederzeit verwerten, z.B. Verpfändung an Zentralbanken.

8. a) $Z_e = \dfrac{6 + \frac{5}{8}}{100 - 5} \cdot 100 = \dfrac{662,5}{95} = \mathbf{6,97\ \%}$

455

b) **Annuitätendarlehen**

Jahre	Darlehen Jahresanfang	*) Annuität	Zinsen 6 %	Tilgungsanteil	Darlehen am Jahresende
1	80 000	12 883	4 800	8 083	71 917
2	71 917	12 883	4 315	8 568	63 349
3	63 349	12 883	3 801	9 082	54 267
4	54 267	12 883	3 256	9 627	44 640
5	44 640	12 883	2 679	10 204	34 436
6	34 436	12 883	1 066	10 817	23 619
7	23 619	12 883	1 417	11 466	12 153
8	12 153	12 883	730	12 153	0
–		103 064	23 064	80 000	

*) $80\,000 \cdot 0{,}161\,103\,6 = 12\,883$

Ratentilgungsdarlehen

Jahre	Darlehen Jahresanfang	Zinsen 6 %	Tilgung Jahresende	Darlehen
1	80 000	4 800	10 000	70 000
2	70 000	4 200	10 000	60 000
3	60 000	3 600	10 000	50 000
4	50 000	3 000	10 000	40 000
5	40 000	2 400	10 000	30 000
6	30 000	1 800	10 000	20 000
7	20 000	1 200	10 000	10 000
8	10 000	600	10 000	–
–		21 600	80 000	–

Fälligkeitsdarlehen

Jahre	Darlehen Jahresanfang	Zinsen 6 %	Tilgung Jahresende	Darlehen
1	80 000	4 800	–	80 000
2	80 000	4 800	–	80 000
3	80 000	4 800	–	80 000
4	80 000	4 800	–	80 000
5	80 000	4 800	–	80 000
6	80 000	4 800	–	80 000
7	80 000	4 800	–	80 000
8	80 000	4 800	80 000	–
–		38 400	80 000	–

9. a) $Ze = \dfrac{3 \cdot 360}{30 - 10} = \dfrac{1\,080}{20} = 54\,\%$

Der Kontokorrentkredit (14,25 % + ggf. 4 %) ist lohnend.

b) $Ze = \dfrac{1{,}5 \cdot 360}{82} = 6{,}6\,\%$

In diesem Falle lohnt sich der KK-Kredit nicht.

Hinweis: Vereinfachte Lösung auf nicht finanzmathematischer Basis.

Vertiefung

10. a) **Bestellung der Grundpfandrechte:**
        durch Einigung (Auflassung) und Eintragung ins Grundbuch.
        Sicherungsübereignung:
        durch Einigung und Vereinbarung eines Besitzkonstituts.
        Verpfändung der Aktien:
        durch Einigung.

b) Lombardkredit:

Kurswert: 5 000 Aktien je 3,00 €	=	15 000,00 €
davon 50 %	=	7 500,00 €

Wert der Sicherungsübereignung:

Zeitwert = Neuwert	150 000,00 €
– Abschreibung	30 000,00 €
Zeitwert	120 000,00 €

davon 50 % = 60 000,00 €; aber maximal 50 000,00 € (Kreditlinie)

c) Lombardkredit:
- Das Kreditinstitut will auch bei sinkenden Kursen eine ausreichende Sicherheit;
- geringe Bonität der Wertpapiere;
- ungerechtfertigte starke Kurssteigerungen lediglich aufgrund von Spekulationen.

Grundschuldkredit:
- ungünstiger Standort;
- unangemessene Größe des Vorhabens;
- auf speziellen Verwendungszweck zugeschnittenes Gebäude.

d)

Versteigerungserlös	=	410 000,00 €
– Grundschuld 1. Rang	=	400 000,00 €
Rest für Grundschuld 2. Rang		10 000,00 €

Ergebnis:
- Die Grundschuld der Sparkasse (1. Rang) wird voll befriedigt.
- Die Grundschuld mit restlichen 50 000,00 € kann aus dem Grundstück nicht mehr befriedigt werden; bleibt aber als persönliche Forderung (40 000,00 €) bestehen.

e) 5 000 Aktien je 1,40 € = 7 000,00 €.

Der Lombardkredit bleibt mit restlichen 200,00 € unbefriedigt.

11. a) Bei **Alternative 1** (Fälligkeitsdarlehen) wird am Ende der Laufzeit der Gesamtbetrag von **1 000 000,00 €** getilgt. Zinsen fallen für 8 Jahre an (6,5 % von 1 000 000,00 €) 65 000 · 8 = **520 000,00 €**

Alternative 2: Ratentilgungsdarlehen

Jahre	Darlehen (Jahresanfang)	Zinsen 6,5 %	Tilgung	Darlehen (Jahresende)
1	1 000 000	65 000	125 000	875 000
2	875 000	56 875	125 000	750 000
3	750 000	48 750	125 000	625 000
4	625 000	40 625	125 000	500 000
5	500 000	32 500	125 000	375 000
6	375 000	24 375	125 000	250 000
7	250 000	16 250	125 000	125 000
8	125 000	8 125	125 000	–
		292 500	1 000 000	

b) **Beurteilung der Pläne:**

Das Fälligkeitsdarlehen minimiert den Aufwand und den Geldabfluss während der 7 Jahre Laufzeit auf den festen Betrag von jährlich 65 000,00 €. Lediglich im letzten Jahr wird ein Betrag von 65 000,00 € zuzüglich gesamter Tilgung von 1 000 000,00 € fällig. Anders beim Ratentilgungsdarlehen: Dieses führt zu einem doppelten bzw. nahezu dreifachen Abgang an liquiden Mitteln während der ersten 7 Jahre.

Geht man davon aus, dass für das erweiterte Produktionsprogramm eine Anlaufzeit notwendig ist (z.B. Aufbau der Kundendienstorganisation, Werbung) sowie Beschaffung von Gegenständen des Sachanlagevermögens, so ist unter der Zielsetzung der Liquidität das Fälligkeitsdarlehen die bessere Alternative. Betrachtet man Rentabilität als finanzwirtschaftliche Zielsetzung, so ist der Aufwand (Zinsaufwand) beim Fälligkeitsdarlehen beträchtlich höher (520 000,00 – 292 500) = 227 500,00 €.

Bei Beschränkung auf die beiden Finanzierungsvorschläge sollte man trotz der höheren Aufwendungen dem Fälligkeitsdarlehen den Vorrang einräumen, um vor allem in den ersten 3 Jahren die Liquidität durch den hohen Geldabfluss nicht zu gefährden.

Die Goldene Bilanzregel dürfte bei beiden Vorschlägen weiterhin eingehalten werden, da durch die Beteiligungsfinanzierung zumindest ein Teil der immateriellen Investitionen gedeckt werden und das Sachanlagevermögen durch langfristiges Fremdkapital gedeckt wird (exakte Zahlenangaben fehlen).

c) **Möglicher Kompromiss**

Jahre	Darlehen am Jahresanfang	Zinsen	Tilgung	Geldabfluss am Jahresende	Darlehen
1	1 000 000,00	65 000,00	–	65 000,00	1 000 000,00
2	1 000 000,00	65 000,00	–	65 000,00	1 000 000,00
3	1 000 000,00	65 000,00	–	65 000,00	1 000 000,00
4	1 000 000,00	65 000,00	200 000,00	265 000,00	800 000,00
5	800 000,00	52 000,00	200 000,00	252 000,00	600 000,00
6	600 000,00	39 000,00	200 000,00	239 000,00	400 000,00
7	400 000,00	26 000,00	200 000,00	226 000,00	200 000,00
8	200 000,00	13 000,00	200 000,00	213 000,00	–
Summe	–	390 000,00	1 000 000,00	1 390 000,00	–

Kompromissvorschlag:

Wie die Tabelle zeigt, wird durch die tilgungsfreie Zeit der Geldabfluss in den ersten 3 Jahren auf die Zinszahlungen minimiert; er entspricht somit dem Abfluss beim Fälligkeitsdarlehen in diesem Zeitraum. Die Zinsaufwendungen sind zwar höher als beim Ratentilgungsdarlehen (390 000,00 – 292 305,00 = 97 695,00 €), jedoch niedriger als beim Fälligkeitsdarlehen (190 000,00).

Der Vorschlag kann den Zielkonflikt zwischen Liquidität und Rentabilität lösen: Durch die tilgungsfreien Jahre wird, wie der Finanzplan zeigt, eine voraussichtlich ausreichende Liquidität gesichert. Mit der Ablösung von Zahlungsverpflichtungen ab dem 4. Jahr steigt die Liquiditätsbelastung stark an und nimmt dann bis zum Ende der Laufzeit leicht ab.

12. a) **Berechnung 1:**

30 Tage Ziel oder binnen 10 Tagen 2 % Skonto;
hieraus ergibt sich eine Skontobezugsspanne von
30 – 10 = 20 Tage, d.h.
20 Tage Kreditkosten 2 360 : 20 = 36 % (Jahreszinsen)

Berechnung 2:
30 Tage Ziel oder binnen 15 Tagen 2 % Skonto;
hieraus ergibt sich eine Skontobezugsspanne von 30 – 15 Tagen, d.h.
15 Tage Kreditkosten 2 360 : 15 = 48 % (Jahreszinsen)

Ergebnis: Die beiden Berechnungen zeigen, dass der Jahreszinssatz beim Lieferanten-kredit umgekehrt proportional zur Skontobezugsspanne ist.

b) *Beispiel:*
Unternehmen A bezieht Ware im Wert von 5 000,00 € beim Lieferanten L
- am 01.06. – Ziel 30 Tage – Zahlung am 01.07.
- am 01.07. – Ziel 30 Tage – Zahlung am 01.08.
- am 01.08. – Ziel 30 Tage – Zahlung am 01.09. usw.

Das Beispiel zeigt, dass das Unternehmen A ständig über einen eisernen Finanzierungs-bestand von 5 000,00 € verfügt.

13. a)

	Diskontkredit	Kontokorrentkredit (KK)	Darlehen
Gegenstand der Übertragung	Geldkredit	Geldkredit	Geldkredit
Verwendungszweck	Produktivkredit (Umsatzkredit)	Produktivkredit (Saison-Zwischenkredit)	Produktivkredit (Investitionskredit)
Laufzeit des Kredits	kurzfristig	kurzfristig	mittel- bis langfristig
Verfügungsart	sofort	bei Bedarf	sofort
Sicherheit	keine dingliche Sicherheit (verstärkter Personalkredit)	i.d.R. dingliche Sicherheit	i.d.R. dingliche Sicherheit

b) **Diskontkredit** am günstigsten: Geschäftsbank kann sich bei der Bundesbank jederzeit durch Wechselverpfändung refinanzieren. Wenig Aufwand, da der Diskont vom Wech-selbetrag sofort bei der Auszahlung abgezogen und einbehalten wird; Zinsbelastung, die nachträglich berechnet wird, sowie Kontrollen entfallen. Hohe Sicherheit wegen sog. Wechselstrenge.
Darlehen: Bereitstellung des Betrages notwendig, Zinsbelastung und Tilgungen erhö-hen Verwaltungsaufwand, ebenso die Stellung von Sicherheiten (Regelfall).
Kontokorrentkredit: Teuerster Kredit, da die Bank stets bei Inanspruchnahme Liquidi-tät bereitstellen und sich ggf. teuer refinanzieren muss.

c) Wechsel, fällig am 25.11.20. .   4 000,00 €
abzüglich Diskont (10.09. – 25.11.
        = 75/Tage/10,5 %)   87,50 €
Barwert am 10.09.20. .   3 912,50 €

Die Einnahmen steigen im September um 3 912,50 € und reduzieren den Fehlbetrag/ Bankkredit von 4 500,00 € auf 587,50 € und im Oktober auf 1 787,50 €.

d) **Auswirkungen auf Finanzplan bei KK-Kredit:**

	September	Oktober	November	Dezember
Bankkredit:	– 4 500,00	– 20 587,50	– 26 287,50	Kredit
Barwert Wechsel	+ 3 912,50	– 5 700,00	+ 5 340,00	abgedeckt
Schuld 10.09.	– 587,50	– 26 287,50	– 20 947,50	
KK-Kredit	– 20 000,00			
Schuld 10.09.	– 20 587,50			

Zinsen Kontokorrentkredit (exakte Berechnung hier nicht möglich, da Fälligkeiten der Einnahmen/Ausgaben nicht bekannt)

September: $\quad$ Zinsen $= \dfrac{45 \cdot 10 \cdot 13,25}{360} \qquad = \qquad 16,56\ €$

$\quad\qquad\qquad$ Zinsen $= \dfrac{205,87 \cdot 20 \cdot 13,25}{360} \qquad = \qquad 151,54\ €$

Oktober: $\quad\quad$ Zinsen $= \dfrac{210 \cdot 30 \cdot 13,25}{360} \qquad = \qquad 231,88\ €$

$\quad\qquad\qquad$ Zinsen $= \dfrac{52,87 \cdot 30 \cdot 17,25}{360} \qquad = \qquad 76,00\ €$

November: $\quad$ Zinsen $= \dfrac{209,475 \cdot 30 \cdot 13,25}{360} \qquad = \qquad 231,30\ €$

zusammen: $\qquad\qquad\qquad\qquad\qquad\qquad\qquad = \qquad 707,28\ €$

Darlehen: $\quad$ Zinsen $= \dfrac{200 \cdot 12,5 \cdot 4}{360} \qquad = \qquad 833,33\ €$[1]

zuzüglich Kontokorrentzinsen im September aus 587,50 € und im Oktober aus 1 787,50 €.

Kostengesichtspunkte legen den Kontokorrentkredit nahe.

Kreditart Gesichtspunkte	Darlehen	Kontokorrentkredit
Anpassung an den jeweiligen Kapitalbedarf	Nein	Ja
Art der Rückzahlung	Nein	Ja
Laufzeit des Kredits	Ja	Ja
Deckung unvorhergesehenen Kapitalbedarfs	Nein	Ja

Entscheidung zugunsten des Kontokorrentkredits, da er

- nur entsprechend den Erfordernissen beansprucht werden kann;
- evtl. auch vorzeitig „rückzahlbar" ist;
- von der Bank evtl. auch aufgestockt wird, wenn die Kontenbewegungen zufriedenstellend sind;
- nur bei bestimmter Beanspruchung teurer ist als das Darlehen.

2.4.2 Kapitalmarktkredite

2.4.2.1 Schuldscheindarlehen

2.4.2.2 Festverzinsliche Kapitalmarktpapiere

Kontrolle

1. a) Durch die Übernahme der vollen Kreditsumme durch die Bank wird verhindert, dass der Kreditnehmer das benötigte Kapital nicht in voller Höhe erhält.

    b) Lebensversicherungen wollen den Vermögensbedarf decken, der durch die zeitliche Ungewissheit des menschlichen Lebens entstehen kann. Kennzeichnend ist, dass die

---

[1] Bei den Zinsrechnungen wird der Einfachheit halber von 360 Tagen und 30 Tagen ausgegangen.

volle Versicherungsleistung für den Fall des Todes von der ersten Beitragszahlung an gesichert werden kann. Durch verzinsliche Ansammlung der jährlichen Prämien („Sparprämien") entsteht eine Prämienreserve, die dem Ausgleich dient zwischen dem Minderbedarf der früheren Jahre und dem Mehrbedarf der späteren Jahre. Deshalb stehen den Lebensversicherungen als Kapitalsammelbecken langfristig Gelder zur Verfügung, die sie als Schuldscheindarlehen ausleihen können.

c) Der Kapitalmarktzins bei der Industrieobligation liegt etwa ¼–½ % über dem Nominalzins des Schuldscheindarlehens. Es fallen bei der Industrieobligation Emissionskosten an (einmalige und wiederkehrende).

Für das Schuldscheindarlehen besteht – im Gegensatz zur Industrieobligation – keine Veröffentlichungspflicht.

d) Die Maßnahmen bzw. Aufgaben dienen dem Schutz der Gläubiger.

2. a) $Ze = \dfrac{\left(8 + \dfrac{5}{10} \cdot 100\right)}{95}$ =   **8,94 %**   **Kreditsumme 1000,00 €**

b) $Ze = \dfrac{\left(8 + 2 + \dfrac{5+4}{10}\right) \cdot 100}{95 - 4}$ =   **11,97 %**

c) $Ze = \dfrac{\left(8 + 2 + \dfrac{5+4}{5,5} \cdot 100\right)}{95 - 4}$ =   **12,8 %**   **mittlere Laufzeit 5,5 Jahre**

d) $Ze = \dfrac{\left(8 + 2 + \dfrac{5+4}{6,5^1} \cdot 100\right)}{95 - 4}$ =   **12,5 %**

3. a) $Ze = \dfrac{9 + \dfrac{(0,35 + 6)}{7} \cdot 100}{94 - 0,5}$

$\dfrac{(9 + 0,90) \cdot 100}{93,5}$ =   **10,58 %**

Emissionskosten: 700 000,00 von Basis 140 000,00   =   0,5 %
laufende Kosten: 350 000,00 von Basis 140 000,00   =   0,25 %

$tm = 3 + \dfrac{1 + 7}{2}$ = 7 Jahre

b) Zinsbetrag insgesamt:
In 3 tilgungsfreien Jahren:

3 · 9 % von 140 000 000	=	37 800 000,00 €
Tilgungsjahre (Summenformel)		
½ · (12 600 000 + 1 800 000)[2]	=	50 400 000,00 €
Zinsbelastung insgesamt:		88 200 000,00 €

---

[1] $tm = 2 + \dfrac{1 + 8}{2} = 6,5$

[2] Zinsen im 1. Tilgungsjahr + Zinsen im letzten Tilgungsjahr.

c) **Buchungen:**

02.01.2006:
Konto Obligationäre

bzw. Bank	131 600 000,00 / Anleiheschuld	1 400 000,00 €
Fiktives Aktivum	8 400 000,00 /	
Emissionskosten	700 000,00 / Bank	700 000,00 €

31.12.2006:

Zinsaufwand	12 600 000,00 / Sonst. Verbindl.	12 600 000,00 €
Abschreibungen fikt. Aktivum	840 000,00 / Fiktives Aktivum	840 000,00 €
10 % von 8 400 000,00 €		

02.01.2011:

Zinsaufwand	12 600 000,00 / Bank	12 600 000,00 €
Anleiheschuld	20 000 000,00 / Bank	20 000 000,00 €

4. ■ Umtauschverhältnis (Wandlungsverhältnis)
   ■ Umtauschtermin und Umtauschfrist
   ■ ggf. zu leistende Zuzahlung je Stück (fest bzw. variabel)

5. a) Kurswert der Wandelanleihe

beim Tausch 200,00 zu 100 %	=	200,00 €
+ Zuzahlung je Stück (100 · 0,60 €)		60,00 €
Aufwand für 100 Aktien beim Erwerb über Wandelanleihe		260,00 €
Kurswert der Aktien (100 · 2,80 €)		280,00 €
Vorteil beim Erwerb der Wandelanleihe		20,00 €

   b) Die Nachfrage nach Wandelanleihen wird solange steigen, bis der Kurs für die Wandelanleihe den Wert erreicht, dass dieser einschließlich Zuzahlung dem Aktienkurs entspricht.

6. *Aus der Sicht des Anlegers:*
   ■ Der Obligationär kann einen Geldwert in einen Sachwert umtauschen, er wird vom Gläubiger zum Teilhaber. Beim Umtausch können Vorteile erzielt werden; außerdem kann der Anleger mit der Wandelanleihe eine unsichere Entwicklung der Aktie zunächst einmal abwarten.
   ■ Der Inhaber einer Optionsanleihe kann zusätzlich zu dem festverzinslichen Papier (Geldwert) durch die Ausübung des Optionsrechts Aktien kaufen und damit einen Sachwert erwerben. Durch den bei der Emission festgelegten Bezugskurs der Aktie können sich Vorteile ergeben.
   Ggf. kann der Obligationär die Optionsscheine an der Börse verkaufen.

   Aus der Sicht der Unternehmung:
   ■ Mit der Wandelanleihe wird zunächst Fremdkapital zugeführt, das später – soweit die Obligationäre von ihrem Umtauschrecht Gebrauch machen – in Eigenkapital umgewandelt wird. Damit kann das Fremdkapital abgebaut bzw. reduziert werden. Aus bilanztechnischer Sicht handelt es sich um einen reinen Tauschvorgang: Das Eigenkapital nimmt um den Betrag zu, um den das Fremdkapital reduziert wird.
   ■ Bei der Optionsanleihe bleibt die Schuld – allerdings relativ niedrig verzinslich – bestehen; darüber hinaus wird Eigenkapital zugeführt, soweit die Obligationäre ihre Optionsrechte ausüben.

7. a) Bei 200 Aktien entsteht ein Gewinn von $200 \cdot 1{,}60\ €$[1] $=\quad +\ 320{,}00\ €$

   bzw. $\qquad\qquad\qquad 200 \cdot 3{,}00\ €\qquad\qquad = \quad +\ 600{,}00\ €$

   bzw. $\qquad\qquad\qquad 200 \cdot 4{,}20\ €\qquad\qquad = \quad +\ 840{,}00\ €$

   bzw. $\qquad\qquad\qquad 200 \cdot (-\ 0{,}60\ €)\qquad = \quad -\ 120{,}00\ €$

   b) Rechnerischer Wert des Optionsscheins:

   $$\frac{320}{2} = 160; \quad \frac{600}{2} = 300; \quad \frac{840}{2} = 420; \quad \frac{120}{2} = 60 \text{ (minus!)}$$

   Probe $200 \cdot 1{,}60 = 320; 200 \cdot 3 = 600$
   $\qquad\ \ 200 \cdot 4{,}20 = 840; 200 \cdot -0{,}6 = -120$

   Hebelwirkung:

   Eine Kurserhöhung (siehe obiges Beispiel) von 7,60 auf 9,00 € (Erhöhung um 18,4 %) führt zu einer überproportionalen Erhöhung des Wertes des Optionsscheins von 160 auf 300 (= 87,5 %).

Vertiefung

8. a) Tilgung am Ende der Laufzeit in **einem** Betrag.

   Vorteile für den Emittenten:

   Der ungekürzte Kreditbetrag steht dem Unternehmen langfristig zur Investition zur Verfügung, ohne dass während der Phase des Auf- und Ausbaues Tilgungsbeträge zu bestreiten sind. Die Zahlungsbereitschaft ist deshalb während dieser Zeit weniger gefährdet.

   Nachteile für den Emittenten:
   - Kein Abbau der Schuldenlast während der Laufzeit.
   - Höhere Zinsbelastung als z.B. bei Ratentilgung.

   b) Durch den Vorbehalt einer vorzeitigen Kündigung können Emittenten, wenn sie – früher als angenommen – über Mittel verfügen, Schulden abbauen und dadurch auch die Zinsbelastung senken. Ferner stehen bei vorzeitiger Ablösung die z.B. mit Grundpfandrechten belasteten Grundstücke für neuen Kreditbedarf zur Verfügung.

   c) Effektiver Zins (ze)

   $$p = \frac{\text{Zins} \cdot 100}{\text{Kapital}}$$

Jahreszins: 7,5 % von 150 Mio. € $\qquad =$	11,25	Mio. €
Emissionskosten: 4,5 Mio. : 10	0,45	Mio. €
wiederkehrende Kosten (p.a.)	0,75	Mio. €
Disagio (0,375 Mio. : 10)	0,037 5	Mio. €
Zinsbelastung	12,487 5	Mio. €

---

[1] Gewinn je Aktie $7{,}60 - 6{,}00 = 1{,}60; 9{,}00 - 6{,}00 = 3{,}00; 10{,}20 - 6{,}00 = 4{,}20; 6{,}00 - 5{,}40 = 0{,}60$ (Verlust).

Kapitaleinsatz: 150,00   Mio. €
– Emissionskosten   4,5   Mio. €
– Disagio (0,25 % von 150)   0,375   Mio. €
     145,125   Mio. €

$$ze = \frac{12{,}487\ 5 \cdot 100}{145{,}125} = 8{,}6\ \%$$

oder **mit Faustformel:**   Symbole:

$$ze = \frac{zn + kw + \dfrac{d + ke}{t}}{k - ke} \cdot 100$$

$$= \frac{7{,}5 + 0{,}5 + \dfrac{0{,}25 + 3}{10}}{99{,}75 - 3} \cdot 100$$

$$= \frac{8 + 0{,}325}{96{,}75} \cdot 100 = \frac{832{,}5}{96{,}75} = 8{,}60\ \%$$

zn = Nominalzins
ke = Emissionskosten in % des Nominalbetrages (4,5 : 1,5 = 3 %)
kw = wiederkehrende Kosten in Prozent des Nominalbetrages (0,75 : 1,5 = 0,5 %)
d = Disagio
t = Laufzeit
k = Ausgabekurs

d) Emission 150 Mio. €   Bank 149,625 Mio. € / Anleihe 150 Mio. €
zum Kurs von 99 ¾ %:   Disagio 0,375 Mio. €
Zahlung der Emissionskosten: Emissionsaufwand 4,5 Mio. € / Bank 4,5 Mio. €

9. a)

Aktiva	Bilanz nach dem Umtausch der Wandelanleihen		Passiva
Vermögen	400	Gezeichnetes Kapital	**240**
		Kapitalrücklage	**45**
		Gesetzliche Rücklage	**15**
		andere Gewinnrücklagen	**40**
		Übrige Passiva	**60**
	400		400

b)

Aktiva	Bilanz vor Ausgabe der Optionsanleihen		Passiva
Vermögen	400	Gezeichnetes Kapital	**200**
		Kapitalrücklage	**5**
		Gesetzliche Rücklage	**15**
		andere Gewinnrücklagen	**40**
		Optionsanleihe	**80**
		Übrige Passiva	**60**
	400		400

Aktiva	Bilanz nach Ausübung der Optionsrechte		Passiva
Vermögen	480	Gezeichnetes Kapital	**240**
		Kapitalrücklage	**45**
		Gesetzliche Rücklage	**15**
		andere Gewinnrücklagen	**40**
		Optionsanleihe	**80**
		Übrige Passiva	**60**
	480		480

10. **Teil 1:** *Entscheidung über die Art derFinanzirung*

a1) **Kapitalerhöhungen gegen Einlagen:**
- Beteiligungsfinanzierung als Form der Eigenfinanzierung
- Kapital steht i.d.R. unbefristet zur Verfügung.

Finanzierung aus Teilschuldverschreibungen:
- langfristige Fremdfinanzierung
- Zins- und Rückzahlungsverpflichtung

b1) Die Belastung der Ertragssituation führt zu geringeren Dividendenausschüttungen. Die damit im Zusammenhang stehende schlechte Bewertung der Allunion-Aktie an der Börse sowie die auch für 2004 ungünstig erscheinende Unternehmenssituation signalisieren der Verwaltung der AG, dass es wohl in der Hauptversammlung schwierig sein dürfte, für eine Kapitalerhöhung zum gegenwärtigen Zeitpunkt die erforderliche Mehrheit zu finden. Hinzu kommt, dass die bei der Ausgabe einer Teilschuldverschreibung anfallenden Zinsen – im Gegensatz zu den Dividenden – und die Emissionskosten steuerlich voll abzugsfähig sind. Außerdem gewinnt bei der ständig fortschreitenden Geldentwertung das Werk: Als Schuldnerin hat die AG immer nur den zum Zeitpunkt der Kreditaufnahme aufgenommenen nominellen Schuldbetrag zu tilgen, während die Gläubiger der Teilschuldverschreibung zum Zeitpunkt der Rückzahlung einen geringeren Geldwert zurückerhalten.

c1) Ein Schuldscheindarlehen ist in der Regel bis zu einer Höhe von ca. 2 Mio. € zu erhalten. Ein Kredit in Höhe von ca. 280 Mio. € kann nur über den Kapitalmarkt durch Ausgaben von Teilschuldverschreibungen aufgebracht werden.

Teil 2: *Ausstattung der Industrieobligation*

a2) **Mittelzufluss:**

300 000 000,00 € zu 98,5 %	295 500 000,00 €
– Emissionskosten	12 000 000,00 €
	283 500 000,00 €

Die Mittel reichen aus, da der ungefähre Kapitalbedarf 280 Mio. € beträgt.

b2) **Emissionskosten:**
- Börsenzulassungsgebühr
- Provision
- Notariatsgebühren

c2) Z.B. Kosten der Kurspflege, Einlösungsgebühren für Zinsscheine.

d2) Die AG muss damit rechnen, dass die Rationalisierungsmaßnahmen und vor allem die Investitionen zur Erweiterung des Produktionsprogramms sowie ein durchschlagender Erfolg am Absatzmarkt Zeit benötigen. Die Liquiditätslage und damit die Sicherheit des Unternehmens könnte gefährdet werden, wenn schon kurz nach dem Zeitpunkt der Kreditaufnahme neben dem Zinsendienst bereits erhebliche Beträge für die Tilgung aufgebracht werden müssten.

e2) **Zinsbelastung:**

1. – 5. Jahr = 7 % von 300 000 000,00 € · 5	= 105 000 000,00 €
6. – 15. Jahr = $\frac{10}{2}$ (21 000 000 + 2 100 000)[1]	= 115 500 000,00 €
Insgesamt	220 500 000,00 €

---

[1] Formel: $\frac{n}{2}$ ($a_1 + a_n$)

a_1 = Zinsen 7 % v. 300 Mio.	= 21,0 Mio. €
a_n = Zinsen 7 % v. 30 Mio.	= 2,1 Mio. €

11. **Teil 1:**

a1) Wandelanleihen und Optionsanleihen sind im Allgemeinen relativ niedriger verzinslich als die Industrieobligationen in Normalform. Ferner wird zu einem späteren, von der AG zu beeinflussenden Zeitraum, Fremdkapital abgelöst (bei der Wandelanleihe), zumindest teilweise. Bei der Optionsanleihe wird neben dem relativ niedriger verzinslichen Fremdkapital, das während der Laufzeit erhalten bleibt, Eigenkapital zusätzlich beschafft.

Mit der Ausgabe von Anleihen in Sonderform aktiviert die AG auch die Anleger, die nicht nur Teilhaberrechte und Sachwerte, sondern bevorzugt eine Geldwertanlage bevorzugen. – Bei der Deutschen Walzwerke AG kann festgestellt werden, dass der hohe Kapitalbedarf durch die neue Modellpolitik hohe Kapitalsummen verlangt, die parallel Kapitalerhöhungen (Kapitalerhöhung gegen Einlagen und genehmigtes Kapital) und die Emission von Anleihen zu möglichst günstigen Bedingungen verlangen.

b1) Während bei der Wandelanleihe, innerhalb der Umtauschfrist kein zusätzliches Eigenkapital zugeführt, sondern lediglich Fremd- in Eigenkapital umgetauscht wird, gilt aus der Sicht der emittierenden AG die Optionsanleihe als attraktiver, da unter Beibehaltung eines niedrigeren Zinses die Wahrscheinlichkeit besteht, dass der AG während der Optionsfrist **zusätzliches Eigenkapital** zufließt, falls die Obligationäre von ihrem Optionsrecht Gebrauch machen. Wegen der mit dem Optionsschein verbundenen Spekulationsmöglichkeiten – neben einer sicheren festverzinslichen Anlage – wird von einem zunehmenden Abnehmerkreis die Anlage in Optionsanleihen als interessante Kapitalanlage angesehen. Dieser Trend wird in den Emissionen der AG berücksichtigt.

c1) Die Ausgabe einer Optionsanleihe führt zu einer Erhöhung des Eigenkapitals, wenn die Obligationäre von ihrem Optionsrecht Gebrauch machen. Es muss eine bedingte Kapitalerhöhung vorgenommen werden, weil zum Zeitpunkt der Emission noch nicht feststeht, inwieweit Optionsrechte ausgeübt werden und es damit zu der Erhöhung des Grundkapitals kommt.

Teil 2:

a2) Mittelzufluss: 250 000 000,00 €   bei einem Emissionspreis von 100 %
abzüglich
Emissionskosten   10 000 000,00 €   4% von 250 000 000,00 €
Nettomittelzufluss   240 000 000,00 €

b2) **Effektiver Zins:**

Zinszahlung insgesamt:
3 % von 250 Mio. € = 7,5 Mio. €

$$ze = \frac{(\text{Zinsen} + \text{Kosten}) \cdot 100}{K \text{ (Auszahlungsbetrag)}}$$

Jahreszinsen 3 % von 250 Mio.   =   7,5 Mio. €
Emissionskosten   =   1,0 Mio. €
(10 Mio. : 10)

Wiederkehrende Kosten
0,2 % von 250 Mio.   =   0,5 Mio. €
Gesamte Zinsbelastung   =   9,0 Mio. €

$$ze = \frac{9 \cdot 100}{240^{*)}} = \underline{\underline{3,75\ \%}}$$

*)	Anleihe	250 000 000,00 €
	– Emissionskosten	10 000 000,00 €
	Auszahlung	240 000 000,00 €

oder mit der **Faustformel**:

$$ze = \frac{3 + 0,2 + \dfrac{4}{10}}{96} \cdot 100$$

$$= \frac{3,6 \cdot 100}{96} = \underline{\underline{3,75\ \%}}$$

c2)

Options-scheine	Aktienkurse (Nennwert 1,00 €)	Kursteige-rung in %	Optionspreis 8,14 je € Stück	Gesamtpreis für Aktien	Rechneri-scher Wert der Option	Zunahme*) des Optionswertes in %
2	8,00		$150 \cdot 8,14 = 1\,221$	$150 \cdot 8 = 1\,200$	$-\dfrac{21}{2} = -10,5$	
		9,25				45
2	8,74		$150 \cdot 8,14 = 1\,221$	$150 \cdot 8,74 = 1\,311$	$\dfrac{90}{2} = 45$	
		4,6				66,6
2	9,14		$150 \cdot 8,14 = 1\,221$	$150 \cdot 9,14 = 1\,371$	$\dfrac{150}{2} = 75$	
		30,6				280
2	11,94		$150 \cdot 8,14 = 1\,221$	$150 \cdot 11,94 = 1\,791$	$\dfrac{570}{2} = 285$	

Verhältnis für Option = 2 : 3

*) Hebelwirkung
Die Tabelle zeigt die Hebelwirkung: Gegenüber der Steigerung der Aktienkurse steigen die Werte der Optionsscheine überproportional

Teil 3:

Die AG verfolgte das Ziel, für ihre hohen Investitionen auch den internationalen Kapitalmarkt zu „aktivieren". Die unterschiedlichen Zinssätze sind Ausdruck für die in den einzelnen Ländern Schweiz, USA und Bundesrepublik Deutschland bestehenden Kapitalmarktsituationen. Die AG musste die Euro-Anleihe mit einem relativ hohen Nominalzins ausstatten, weil 2005 am inländischen Kapitalmarkt eine niedrig verzinsliche Anleihe nicht unterzubringen ist. Die Schweiz ist zwar ein Niedrigzinsland, aber die ständige Kursteigerung des CHF wirkt sich ungünstig bei der Rückzahlung der Anleihe aus.

Information:

Zum 01.01.1993 ist das **Zinsabschlaggesetz** in Kraft getreten. Einkünfte aus Ertrag auf Kapital unterliegen einem 30prozentigen Zinsabschlag durch die auszahlende Bank.

467

2.4.3 Sonderformen der Fremdfinanzierung

2.4.3.1 Leasing

Kontrolle

1. Während bei der Normalform der Fremdfinanzierung dem Kreditnehmer Mittel überlassen werden, die er je nach vereinbarter Tilgungsart zurückzahlen muss, werden beim Leasing keine Geldmittel, sondern Nutzungsrechte an Gegenständen übertragen. Die Anschaffungskosten werden durch die Mietzahlungen während der Nutzungszeit aufgebracht. Es handelt sich um einen Sachkredit, nicht um einen Geldkredit. Die Leasingzahlungen, welche die Anschaffungskosten übersteigen, gelten als Zins- und Kostenanteil.

2. Nach dem Leasinggegenstand wird Mobilien- und Immobilienleasing unterschieden; nach dem Leasinggeber unterscheidet man direktes Leasing (Herstellerleasing) und indirektes Leasing (eigentliches Leasing über eine spezielle Leasinggesellschaft).

3. a) Die Unterscheidung Operate- und Finanzierungs-Leasing wird nach dem Gesichtspunkt der Kündbarkeit bzw. der vertraglichen Verpflichtung getroffen:
   Operate-Leasing: Der Vertrag ist lt. BGB jederzeit kündbar, das Investitionsrisiko liegt beim Leasinggeber.
   Finanzierungs-Leasing: das Investitionsrisiko trägt während der Grundmietzeit der Leasingnehmer.

   b) Vollamortisations- und Teilamortisationsvertrag sind Unterscheidungen nach der Vertragsgestaltung im Hinblick auf die Verwertung des Leasinggegenstandes.
   Beim Vollamortisationsvertrag werden die Leasingraten so angesetzt, dass die Vollamortisation am Ende der Grundmietzeit erreicht wird. Entsprechend hoch sind die Leasingraten.
   Beim Teilamortisationsvertrag werden die vom Leasinggeber aufgebrachten Kapitalsummen am Ende der Grundmietzeit nur zum Teil gedeckt.

   c) Bei EDV-Anlagen schreitet der technische Fortschritt sehr rasch voran, sodass der Ansatz eines Restwertes am Ende der Grundmietzeit nur schwer festzusetzen ist, weil oft nicht abgesehen werden kann, inwieweit eine Anlage noch sinnvoll genutzt werden kann. Anders bei Automobilen: hier lassen sich Restwerte nach der Grundmietzeit absehen und im Voraus festlegen.

   d) Sind die Anforderungen des Leasing-Erlasses erfüllt, so hat der Leasingnehmer die Möglichkeit, die Leasingraten als steuermindernden Aufwand zu erlassen (keine Aktivierungspflicht des Leasinggegenstandes beim Leasingnehmer).

4. Kostenvergleiche a) und b)

	Kreditkauf					Leasing	Unterschied *) Leasing/ Kreditkauf	
Jahr	Tilgung	Zinsen	Geldabfluss	Abschreibungen	Aufwand	Zahlungen	Auszahlung	Aufwand
1.	50 000	45 000	95 000	50 000	95 000	180 000	+ 85 000	+ 85 000
2.	50 000	40 500	90 500	50 000	90 500	180 000	+ 89 500	+ 89 500
3.	50 000	36 000	86 000	50 000	86 000	180 000	+ 94 000	+ 94 000
4.	50 000	31 500	81 500	50 000	81 500	180 000	+ 98 500	+ 98 500
Zwischenergebnis a)								
	200 000	153 000	353 000	200 000	353 000	720 000	+ 367 000	+ 367 000

5.	50 000	27 000	77 000	50 000	77 000	36 000	− 41 000	− 41 000
6.	50 000	22 500	72 500	50 000	72 500	36 000	− 36 500	− 36 500
7.	50 000	18 000	68 000	50 000	68 000	36 000	− 32 000	− 32 000
8.	50 000	13 500	63 500	50 000	63 500	36 000	− 27 500	− 27 500
9.	50 000	9 000	59 000	50 000	59 000	36 000	− 23 000	− 23 000
10.	50 000	4 500	54 000	50 000	54 000	36 000	− 18 500	− 18 500
Summe b)	500 000	247 500	747 500	500 000	747 500	936 000	+ 185 500	+ 188 500

*) + = Mehr bei Leasing (Auszahlung bzw. Aufwand)
   − = Weniger bei Leasing (Auszahlung bzw. Aufwand)

c) Ausgaben und Aufwand sind bei Leasing deutlich höher und bei vordergründiger Betrachtung könnte gegen Leasing entschieden werden. Anders verhält es sich, wenn durch Leasing, in unserem Beispiel die 500 000,00 €, für andere betriebliche Zwecke freigestellt werden, d.h. der Betrieb hätte z.B. weiteres Anlagevermögen kaufen können. Der Ertrag für 10 Jahre aus den 500 000,00 € kann nur geschätzt werden, dürfte aber den Mehraufwand durch Leasing übertreffen.

Daneben muss natürlich auch der Markt beobachtet werden, denn es ist nicht sicher, ob der Markt alle Erzeugnisse aufzunehmen vermag, die mit Hilfe des Leasinggutes **und** des mit den 500 000,00 € erworbenen zusätzlichen Investitionsgutes produziert werden.

Vertiefung

5. Leasing ist nicht nur stets teurer als der eigenfinanzierte Kauf, es ist in der Regel auch teurer als der Kauf auf Kredit. Leasing ist nur dann beim eigenfinanzierten Kauf günstiger, wenn der Investor die Mittel anderweitig so anlegen kann, dass der Gewinn aus der Investition höher ist als der aus dem Leasing-Geschäft zu erzielende Gewinn.

   Im Vergleich zum fremdfinanzierten Kauf schneidet Leasing schlechter ab, wenn die aufzuwendenden Ratenzahlungen des Leasing den Kosten beim Kreditgeschäft gegenübergestellt werden. **Grund:** Zusätzlich zu den Zinsen und Refinanzierungskosten sind in den Raten die Verwaltungskosten, die kalkulatorischen Wagnisse und der Gewinn der Leasing-Gesellschaft einbezogen.

6. a) Der in Prospekten genannte Vorteil gilt nur für den Zeitpunkt der ersten Nutzung der gemieteten Anlage. Sobald Leasingraten anfallen, wird jedoch Kapital beansprucht. Dieser zeitlich verzögerte Kapitaleinsatz trifft jedoch nicht nur beim Leasing zu, er gilt in noch größerem Maße für den Kredit- und Ratenkauf. Die Aussage ist deshalb nur teilweise richtig. Sie hat nur Gültigkeit, wenn Leasing mit dem eigenfinanzierten Kauf verglichen wird.

   Hinweis:

   Der Leasingnehmer kann die gesamte Leasingrate (Zins, Kosten und Tilgungsbetrag) als Betriebsausgabe geltend machen. Bei der Kreditfinanzierung sind AfA, in der Regel niedrigere Zinsen, aber keine Tilgungsbeträge abzugsfähig.

   b) Die obige Aussage trifft nur für den Fall zu, dass der Leasing-Gegenstand dem Leasinggeber zugerechnet wird. Dies setzt voraus, dass die Grundmietzeit mehr als 40 % bzw. weniger als 90 % der betriebsgewöhnlichen Nutzungsdauer beträgt (vgl. Leasing-Erlass).

Im Interesse einer gleichmäßigen Besteuerung wurde im Steuerrecht (Leasing-Erlass) bestimmt, dass ein Leasing-Gegenstand dem Leasinggeber zugerechnet werden muss, wenn die Grundmietzeit mindestens 40 % und nicht mehr als 90 % der betriebsgewöhnlichen Nutzungsdauer des Leasing-Gegenstandes beträgt. Wird dieser zeitliche Spielraum eingehalten und der Gegenstand beim Leasinggeber bilanziert, so kann der Leasingnehmer die *vollen Leasingraten* (Tilgung + Zinsen + Kosten) als **Betriebsausgaben absetzen.** Beträgt jedoch die Grundmietzeit weniger als 40 % bzw. mehr als 90 % der betriebsgewöhnlichen Nutzungsdauer, so wird das Anlagegut dem Leasingnehmer zugerechnet. In diesem Falle bilanziert der Leasingnehmer den Gegenstand und schreibt ihn nach der betriebsgewöhnlichen Nutzungsdauer ab; von der Leasingrate kann er nur die Zinsen und Kosten, jedoch nicht den Tilgungsbeitrag als Betriebsausgabe geltend machen.

Um Ihren Kunden die volle Ausnutzung der steuerlichen Vorteile des Leasings zu ermöglichen, haben die Leasing-Gesellschaften die Grundmietzeit den steuerrechtlichen Erfordernissen angepasst.

c) Die Aussage ist nur bedingt richtig. Dafür spricht, dass sich die Leasing-Gesellschaft in der dinglichen Sicherheit für ihre Finanzierung auf das juristische Eigentum am Leasing-Gegenstand beschränkt, während Banken beim Kreditkauf das Investitionsobjekt nur teilweise beleihen oder bei höherer Beleihung Zusatzsicherheiten verlangen. Allerdings kann der gesamte Kreditspielraum durch Leasing nicht wesentlich erweitert werden, weil der Kreditgeber im Rahmen der Kreditwürdigkeitsprüfung alle Zahlungsverpflichtungen des Kreditnehmers berücksichtigt, d.h. auch Leasing-Verpflichtungen. – Wenn auch Leasing-Verpflichtungen nicht unmittelbar aus der Bilanz ersichtlich sind, so sind bei Kapitalgesellschaften Leasing-Verpflichtungen anzugeben, soweit diese für die Beurteilung der Finanzlage notwendig sind (HGB § 285, Ziff. 2).

7. a) Kann direktes oder indirektes Leasing sein; geht aus dem Text nicht hervor, Mobilienleasing, Finanzierungsleasing, Vollamortisationsvertrag mit Verlängerungsoption.

b)

Jahr	Kreditkauf					Leasing	Unterschied Leasing/Kreditkauf	
	Tilgung 20 %	Zinsen 10 %	Geldabfluss	Abschreibungen	Aufwand	Ratenzahlungen	Auszahlungen	Aufwand
1.	100 000	50 000	150 000	50 000	100 000	110 000	– 40 000	+ 10 000
2.	100 000	40 000	140 000	50 000	90 000	110 000	– 30 000	+ 20 000
3.	100 000	30 000	130 000	50 000	80 000	110 000	– 20 000	+ 30 000
4.	100 000	20 000	120 000	50 000	70 000	110 000	– 10 000	+ 40 000
5.	100 000	10 000	110 000	50 000	60 000	110 000	± 0	+ 50 000
6.				50 000	50 000	50 000	+ 50 000	0
7.				50 000	50 000	50 000	+ 50 000	0
8.				50 000	50 000	50 000	+ 50 000	0
9.				50 000	50 000	50 000	+ 50 000	0
10.				50 000	50 000	50 000	+ 50 000	0
Summe	500 000	150 000	650 000	500 000	650 000	800 000	+ 150 000	+ 150 000

Die Vergleichsrechnung zeigt, dass in den ersten 5 Jahren das Leasing zu einer um 100 000,00 € (650 000 – 550 000) geringeren Auszahlungsbelastung führt als der vergleichbare Kreditkauf. In den Folgejahren übersteigt der Geldabfluss beim Leasing die Zahlungen beim Kredit um jeweils 50 000,00 €. Die Aufwandsbelastung ist in den ersten 5 Jahren beim Leasing höher und in den letzten 5 Jahren entspricht die Aufwandsbelastung der Kreditfinanzierung. Insgesamt führt Leasing zu einer um 150 000,00 € höheren Zahlungs- und Aufwandsbelastung.

Hinweis:

Der Leasing-Gegenstand ist bei dieser Vertragsgestaltung beim Leasinggeber zu bilanzieren, weil die Bedingungen des Leasing-Erlasses erfüllt sind: Die Grundmietzeit muss mindestens 40 % und höchstens 90 % der ND des Wirtschaftsgutes sein und die Anschlussmiete (im Falle je 50 000,00 €) ≥ Werteverzehr des WG bei linearer Abschreibung.

c) **Anschluss-Vergleichsrechnung**

Jahr	Kreditkauf				Leasing		
	Zinsen	Abschrei-bungen	insgesamt	Steuerminde-rung 40 %	Leasing-rate	Steuerminde-rung 40 %	Steuerminderung Kreditkauf/Leasing
1.	50 000	50 000	100 000	40 000	110 000	44 000	− 4 000
2.	40 000	50 000	90 000	36 000	110 000	44 000	− 8 000
3.	30 000	50 000	80 000	32 000	110 000	44 000	− 12 000
4.	20 000	50 000	70 000	28 000	110 000	44 000	− 16 000
5.	10 000	50 000	60 000	24 000	110 000	44 000	− 20 000
6.		50 000	50 000	20 000	50 000	20 000	0
7.		50 000	50 000	20 000	50 000	20 000	0
8.		50 000	50 000	20 000	50 000	20 000	0
9.		50 000	50 000	20 000	50 000	20 000	0
10.		50 000	50 000	20 000	50 000	20 000	0
insges.	150 000	500 000	650 000	260 000	800 000	320 000	− 60 000

L

Die Anschluss-Vergleichsrechnung führt insgesamt zu einer Steuerentlastung von 60 000,00 € zugunsten des Leasing (320 000 – 260 000). Während der Nutzungsdauer entsteht in den ersten 5 Jahren eine um 60 000,00 € höhere Steuerentlastung beim Leasing.

d) Geht man in der ersten Vergleichsrechnung (vgl. b) aus, so bringt der Leasing-Vertrag eine um jeweils 150 000,00 € höhere Auszahlungs- und Aufwandsbelastung für das Unternehmen. Betrachtet man nur die ersten 5 Jahre der Nutzung, so ergibt sich in jedem Jahr stets eine geringere Auszahlungsbelastung (bei erhöhter Aufwandsbelastung) von Leasing gegenüber der Kreditfinanzierung. – Zieht man als weitere Entscheidungshilfe die Steuerbelastung (vgl. Anschluss-Vergleichsrechnung) heran, so ergibt sich eine zusätzliche Steuerentlastung im gleichen fünfjährigen Zeitraum von insgesamt 60 000,00 € im Vergleich zum Kreditkauf. Dies ergibt eine Entlastung in der Auszahlung von 160 000,00 € (100 000,00 € + 60 000,00 €). Diese hohe Liquiditätsentlastung kommt dem Unternehmen in seiner jetzigen Situation sehr entgegen, da die durch Erweiterung der Anlagen bedingten Kreditaufnahmen größere Belastungen durch aufzubringende Tilgungsbeträge und Zinsen verursachen. Es ist auch denkbar, dass die für den Erweiterungskredit zusätzlich erforderlichen Sicherheiten nicht mehr gegeben werden können. Das Unternehmen dürfte sich für die Finanzierung durch Leasing entscheiden.

Durch die Steuerminderung von 60 000,00 € beim Leasing reduziert sich – auf die gesamte Laufzeit bezogen – die Mehrbelastung bei Leasing von 150 000,00 € auf 90 000,00 €. Bei höheren Steuersätzen (> 40 %) sinkt die Mehrbelastung des Leasing noch stärker.

8. a) **Aufwandsvergleich**

Jahr	Tilgung	Kreditkauf				Leasing Zahlungen	Unterschied Leasing/ Kreditkauf [3]	
		Zinsen	Geldabfluss	Abschrei-bungen [4]	Aufwand		Auszahlung	Aufwand
1.	109 375	70 000	179 375	87 500	187 500	420 000	+ 240 625	+ 262 500
2.	109 375	61 250	170 625	87 500	148 750	420 000	+ 249 375	+ 271 250
3.	109 375	52 500	161 875	87 500	140 000	420 000	+ 258 125	+ 280 000
Zwischen-ergebn.								
	328 125	183 750	511 875	262 500	446 250	1 260 000	+ 748 125	+ 813 750
4.	109 375	43 750	153 125	87 500	131 250	42 000	− 111 125	− 89 250
5.	109 375	35 000	144 375	87 500	122 500	42 000	− 103 275	− 80 500
6.	109 375	26 250	135 625	87 500	113 750	42 000	− 93 625	− 71 750
7.	109 375	17 500	126 875	87 500	105 000	42 000	− 84 875	− 63 000
8.	109 375	8 750	118 125	87 500	96 250	42 000	− 76 125	− 54 250
9.	−	−	−	87 500	87 500	42 000	+ 42 000	− 45 000
10.	−	−	−	87 500	87 500	42 000	+ 42 000	− 45 000
Summen	875 000 [1]	315 000 [2]	1 190 000	875 000	1 190 000	1 554 000	+ 364 000	+ 364 000

1) $\quad$ 96 % = 840 000

$\qquad$ 100 % = 875 000

2) $\quad$ mit Summenformel: $s = \dfrac{8}{2}$ (70 000 + 8 750)= 315 000

3) $\quad$ + = mehr bei Leasing

$\qquad$ − = weniger bei Leasing

4) $\quad$ 10 % von 840 000 $\qquad\qquad$ = $\quad$ 84 000

$\qquad$ 10 % v. Disagio 35 000 $\qquad$ = $\quad\underline{\quad 3\ 500}$

$\qquad$ zusammen $\qquad\qquad\qquad\qquad$ $\underline{\quad 87\ 500}$

b) **Beurteilung:** Deutlich höhere Liquiditätsbelastung bei Leasing (364 000). Kostenbelastung (Aufwand) ebenfalls 364 000. Bei 50 % Ertragsteuern 182 000. Wenn durch Leasing allerdings nur die Hälfte des AW, also 420 000, freigesetzt wird, dann genügt eine zinsbringende Anleihe der 420 000 zu 8 ⅔ %, um „gleichzuziehen" (364 000 : 10 = 36 400; 36 400 sind 8 ⅔ % von 420 000).

9. a) **Kredit**

	Liquidität	Kosten
Abschreibung Anlage 16 ⅔ %	−	250 000,00
Abschreibung Disagio (⅙ von 26 531) *)	−	4 422,00
Zinsen 10 % v. 1 326 531,00	132 653,00	132 653,00
eigene Mittel	200 000,00	
Summen	332 653,00	387 075,00

*) $\quad$ 1 500 000,00 − 200 000,00 $\qquad$ = $\quad$ 1 300 000,00

$\qquad$ 98 % $\qquad\qquad\qquad\qquad\qquad$ = $\quad$ 1 300 000,00

$\qquad$ 100 % $\qquad\qquad\qquad\qquad\qquad$ = $\quad$ 1 326 531,00

$\qquad$ 2 % $\qquad\qquad\qquad\qquad\qquad\;$ = $\quad$ 26 531,00

Leasing

	Liquidität	Kosten
Installation	16 000,00	−
Abschreibung Installation	−	4 000,00
Miete (2,5 % v. 150 000 = 37 500 · 12)	450 000,00	450 000,00
Summen	466 000,00	454 000,00

b) **Mehrbelastung**

	Liquidität	Kosten
bei Leasing p.a. p. Monat	133 347,00 11 112,25	66 925,00 5 577,08

c) Kosten für 6 Jahre bei Kredit 6 · 387 075,00   =   2 322 450,00
Kosten bei Leasing:
erste 4 Jahre 4 · 454 000,00   =   1 816 000,00
Miete 5. + 6. Jahr 2 · 45 000,00   =   90 000,00
zusammen   1 906 000,00
dazu kommt beim Leasing die Möglichkeit,
die 200 000,00 anzulegen, z.B. zu 10 %,
also 6 · 20 000,00   =   120 000,00
                                         1 786 000,00

Kostenvorteil bei Leasing 536 450,00 (2 322 450,00 – 1 786 000,00)

2.4.3.2 Factoring

Kontrolle

1. ■ Bei der Wechseldiskontierung handelt es sich um einen Verkauf von Wechseln an die Bank vor Fälligkeit des Wechsels – es erfolgt Bankgutschrift unter Abzug von Zins (Diskont).
Beim Factoring handelt es sich um die „Bevorschussung" („Diskontierung") von Buchforderungen; vergleichbar mit dem Wechsel ist die Finanzierungsfunktion des Factorings, bei der Zinsen von der „verkauften Forderungssumme" abgezogen werden.
Die Zinsen sind beim Wechseldiskontkredit niedriger – wegen der günstigen Refinanzierungsmöglichkeit (Beleihung von Wechseln); beim Factoring höher wegen der ungünstigeren Refinanzierungsmöglichkeit des Factors (Zinshöhe etwa mit Zinsen des Kontokorrentkredites vergleichbar).
In beiden Fällen handelt es sich um eine Kapitalfreisetzung zur Verbesserung der Liquidität der Unternehmung.
   ■ Beim Factoring erfolgt die Forderungsabtretung zur Erfüllung, beim Zessionskredit zur Sicherheit. Der Zessionar kann die Forderungen zurückgeben und bessere verlangen, während der Factor alle Forderungen ankauft und diese nicht mehr zurückgeben kann. Der Beleihungssatz ist bei der Zession geringer (ca. 50 %), beim Factoring ist der Abschlag für die Bevorschussung maximal 20 %.
Während beim Zessionskredit durch die Sicherheitsleistung Mittel zugeführt werden, handelt es sich beim Factoring lediglich um eine Kapitalfreisetzung zur Verbesserung der Liquiditätslage.

2. Die Finanzierungsfunktion wird in der Bilanz durch einen Aktivtausch sichtbar:
Bank an Kundenforderungen (mit einem Abschlag).

3. Für kleinere und mittlere Unternehmen ist das Factoring vor allem unter Kostengesichtspunkten vorteilhaft, insbesondere dann, wenn der Factor die Debitorenbuchhaltung übernimmt und durch den Einsatz von EDV-Anlagen rationell abwickelt, ebenso Mahnwesen

und Beitreibung der Forderungen. Große Unternehmen benötigen häufig die Dienstleistungsfunktion des Factors nicht, wenn sie selbst über EDV-Anlagen verfügen und die Finanzierungsfunktion über Wechselkredite günstiger abwickeln können. Die Finanzlage kleinerer Betriebe gestattet es vielleicht nicht, Lieferantenskonti auszunutzen. Erst durch Factoring werden sie fähig, Skonti zu beanspruchen, um ihre Erträge steigern zu können. Factoring wirkt sich dann rentabilitäts- und liquiditätsfördernd aus.

4. Das Sperrkonto hat die Aufgabe, beim Factor Beträge aus der Kapitalfreisetzung zurückzuhalten (Guthaben des Anschlusskunden), um damit Kürzungen von Rechnungsbeträgen, z.B. aufgrund von Retouren, Mängelrügen usw. decken zu können.

5. **Abrechnung:**

Umsatz (30 Tage Ziel)		1 000 000,00 €
– Sperrkonto 10 %		100 000,00 €
Kapitalfreisetzung		900 000,00 €
– Zinsen 0,9 % p.M.	8 100,00 €	
– Dienstleistungsgebühr 1,5 %	15 000,00 €	23 100,00 €
Barauszahlung		876 900,00 €

6. a)

		Tage	Zinszahlen
18 560,00	fällig 19.01. (Stichtag)	–	–
42 920,00	fällig 15.02.	27	11 588
33 640,00	fällig 01.03.	41	13 792
49 880,00	fällig 31.03.	71	35 415
145 000,00			60 795

Mittlere Verfallzeit (t):

$$\frac{60\ 795}{\frac{K}{100}} = \frac{60\ 795}{1\ 450}$$

$= 41{,}93$

$= 42$ Tage

Mittlerer Verfalltag:

19.01. + 42 Tage $= 02.03.$

Factoringkosten:

Überwachung, Einzug 2,5 % von 145 000,00 €	=	3 625,50 €
Risikoübernahme 1,5 % von 145 000,00 €	=	2 175,00 €
Zinsen 145 000,00 € (31.12.-02.03)		2 180,96 €
		7 980,96 €

$$\frac{145\ 000 \cdot 61 \cdot 9}{100 \cdot 365} = 2\ 180{,}95^{[1]}$$

b)

Forderungen	145 000,00 €
– 15 % Sperrkonto	21 750,00 €
Kapitalfreisetzung	123 250,00 €
– Factoring-Kosten	7 980,96 €
Barauszahlung	115 269,04 €

---

[1] Hier wird von 365 Tagen und „monatsgenauer" Rechnung ausgegangen (s. auch S. 465).

Vertiefung

7. Die Unternehmenssituation verlangt, die Liquidität und die Ertragslage zu verbessern (teure Kontokorrentkredite, Wegfall von Skontierungsmöglichkeiten). Um diese „Schwachstellen" zu beseitigen, bietet es sich an, gegebenenfalls der Factoring-Gesellschaft die Finanzierungs- und Delkrederefunktion zu übertragen (siehe: Forderungsausfälle liegen über dem Durchschnitt). Sollte die schleppende Zahlungsweise der Kunden auf mangelnde „Erziehung" durch das betriebsinterne Mahnwesen verursacht sein, z.B. weil nur gelegentlich gemahnt bzw. darauf verzichtet wurde, so ist ein Kostenvergleich zwischen externer Debitorenbuchhaltung (mit organisiertem Mahnwesen) erforderlich. In einer weiteren Vergleichsrechnung ist zu belegen, ob die Delkrederegebühr angemessen und welcher Kostenvorteil aus der Diskontierung bei gleichzeitigem Skontierungsertrag und Wegfall der Kontokorrentkredite entsteht.

8. a) Forderung   719 200,00 €
   Factoring-Kosten

3,75 % aus 719 200,00 €	26 970,00 €	
10,5 % Zinsen für 31 Tage	6 413,69 €	33 383,69 €
Barauszahlung		685 816,31 €

   $$\text{Zinsen} = \frac{719\,200 \cdot 10{,}5 \cdot 31}{100 \cdot 365} = 6\,413{,}69\ €$$

   b) $ze = \dfrac{33\,383{,}69 \cdot 100 \cdot 365}{719\,200 \cdot 31} = 54{,}65\ \%$

9. In der Bilanz der Muster-GmbH zeigt sich die Verbesserung der „Liquidität" in der Zunahme des Bankguthabens und in der Abnahme der Forderungen.

   Hinzu kommt der Abbau der Kreditoren.

   Die Auswirkung des Factoring wird in der Gewinn- und Verlustrechnung deutlich. Den Aufwendungen für das Factoring in Höhe von 145 325,00 € steht ein Ertrag von 230 000,00 € gegenüber.

2.5 Eigenfinanzierung (Beteiligungsfinanzierung) am Beispiel der Kapitalerhöhung bei der Aktiengesellschaft

2.5.1 Kapitalerhöhung gegen Einlagen (AktG §§ 182–191)

2.5.2 Genehmigtes Kapital (AktG §§ 202 ff.)

Kontrolle

1. a) Geeignet zur Eigenfinanzierung
   - durch die Aufteilung des Kapitals in kleine Beträge
   - hohe Verkehrsfähigkeit (Fungibilität) der Anteile durch den Handel an der Börse
   - Kapital von Seiten der Aktionäre nicht kündbar.

   b) Rechte aus der Stammaktie: Stimmrecht, Recht auf Dividende, Bezugsrecht, Recht auf Liquidationserlös.

2. Wer Eigentum erwirbt, soll Einfluss nehmen können auf die Geschicke des Unternehmens, in dem sein Kapital risikobehaftet eingesetzt ist; deshalb sind stimmrechtslose Vorzugsaktien auf die Hälfte des gesamten Grundkapitals begrenzt.

3. Der Rückkauf eigener Aktien bedeutet „Kapitalrückzahlung". Zum Schutz der Gläubiger wird der Rückkauf begrenzt auf 10 % bzw. auf Einzelfälle.

4. a) **Buchung der Aktienemission** (200 000 Aktien zu je 2,80 €):

Forderungen an		an	Grundkapital	200 000,00
Aktionäre	560 000,00		Agio	360 000,00
Bank	560 000,00	an	Forderungen A.	360 000,00
Emissionskosten (GuV)	4 000,00	an	Bank	4 000,00
Agio	360 000,00	an	Kapitalrücklage	360 000,00

b) **Bilanzausschnitt nach der Kapitalerhöhung:**

Aktiva		Bilanz der AG	Passiva
Geldkonten	736 000,00	Gezeichnetes Kapital	1 400 000,00
Emissionskosten	4 000,00	Kapitalrücklage	440 000,00
Übrige Aktiva	23 320 000,00	Gewinnrücklagen	
		Gesetzliche Rücklage	40 000,00
		Andere Gewinnrücklagen	2 480 000,00
		Übrige Passiva	19 700 000,00
	24 060 000,00		24 060 000,00

Vermögenszuwachs:	Zugang flüssiger Mittel	560 000,00
	abzüglich Emissionskosten	4 000,00
		556 000,00

Hinweis:
Bei dem Bilanzausschnitt handelt es sich noch nicht um den zu veröffentlichenden Jahresabschluss, sondern um eine interne Zwischenbilanz zum Zeitpunkt der Kapitalerhöhung. Eine Erfassung der Gründungskosten als **aktive Rechnungsabgrenzung** kann in der Praxis in diesem Falle nur intern vorgenommen werden. Auf diese Möglichkeit wurde aus didaktischer Sicht verzichtet, da aktive Rechnungsabgaben Ausgaben **vor** dem Bilanzstichtag sind, die erst zu Aufwand **nach** dem Bilanzstichtag werden (z.B. vorausbezahlte Versicherungsprämien), was jedoch nicht hier vorliegt (Ausgaben und Aufwendungen der gleichen Periode).

c) **Bezugsverhältnis:**

1 200 000,00 : 200 000   = 6 : 1

d) **Mittelkursberechnung** (Kapitalverwässerung):

1 200 000 Aktien zu je 3,60 €	=	4 320 000,00 €
200 000 Aktien zu je 2,80 €	=	560 000,00 €
1 400 000 Aktien	=	4 880,00,00 €
1 Aktie		3,485 71 ... €

Mittelkurs: 3,485 71... je Aktie zu 1,00 €

e) Bezugsrecht = $\dfrac{3{,}6 - 2{,}8}{\dfrac{6}{1} + 1} = \dfrac{0{,}8}{7} = 0{,}114\,285\,7\ldots$

Daraus Mittelkursberechnung (siehe auch d)

Kurs einer alten Aktie	3,600 000 0
– abzüglich Bezugsrecht	0,114 285 7
Mittelkurs	3,485 71...

f) Beim Besitz von 10 alten Aktien stehen dem Aktionär 1 junge Aktie zu (BV 6 : 1). Die „Bezugsrechtspitze" ist bei 4 Aktien = 4 Bezugsrechte (10 – 6). Verkauf von 4 Bezugsrechten = 4 · 0,4571428 = 1,8285712 Der Erlös deckt seinen eingetretenen Kursverlust bei den 4 Aktien (4 · 0,1142857 = 0,4571428).

Vermögen **vor** der Kapitalerhöhung:		
10 Aktien zu 3,60 €	=	36,00
Vermögen **nach** der Kapitalerhöhung:		
10 Aktien zu 3,485 71	=	34,857 1
Kauf von einer jungen Aktie		2,80
		32,057 1
Wert der 11. Aktie		3,485 7
		32,514 2
Erlös aus den Bezugsrechten 4 · 0,1142857		0,457 1
rund		35,999 8

5. a) Bezugsverhältnis = 2 : 1
   Bezugsrecht (rechnerischer Wert): $\dfrac{25 - 13}{\dfrac{2}{1} + 1} = \dfrac{12}{3} = 4{,}00\ €$

   b) Bezugsverhältnis = 3 : 1
   Bezugsrecht (rechnerischer Wert): $\dfrac{18 - 10}{\dfrac{3}{1} + 1} = \dfrac{8}{4} = 2{,}00\ €$

   c) Bezugsverhältnis = 6 : 1
   Bezugsrecht (rechnerischer Wert): $\dfrac{21 - 14}{\dfrac{6}{1} + 1} = \dfrac{7}{7} = 1{,}00$

6. a) Es bleibt dem Vorstand überlassen, Zeitpunkt und Ausmaß der Kapitalerhöhung im Rahmen des genehmigten Kapitals zu bestimmen.

   b)

Grundkapital bisher	25 000 000,00 € (5 000 000 Stück)	
Kapitalerhöhung	5 000 000,00 € (1 000 000 Stück)	≙ 100 %
benötigt	6 000 000,00 €	≙ 120 %

   also 5,00 € + 20 % = 6,00 €

   Bezugskurs einer jungen Aktie 6,00 € bei 5,00 € Nennwert. BV 5 : 1 (also 5,00 € + 1,00 € = 6,00 €).

   Das Agio von 1 Mio. € (6 Mio. €–5 Mio. €) muss in die Kapitalrücklage eingestellt werden (HGB § 272, Abs. 2, Ziff. 1).

477

c) Der durch „Kursverwässerung" eintretende Verlust wird durch das dem „Altaktionär" zustehende Bezugsrecht ausgeglichen, das ggf. verkauft werden kann (siehe Zahlenbeispiel Band 1, Seite 326).

d) Wert des Bezugsrechts = $\dfrac{7,80 - 6}{\dfrac{5}{1} + 1}$ = 0,30 €/Aktie

Um die neue Aktie zu erwerben, benötigt ein Käufer 5 Bezugsrechte (Bezugsverhältnis 5 : 1).

Aufwand:

Kaufpreis für eine junge Aktie	6,00 €
+ 5 Bezugsrechte (5 · 0,30 €)	1,50 €
zusammen	7,50 €

Vertiefung

7. a) Ziele: Wirtschaftliches Ziel „Ausdehnung des Geschäftsvolumens (Expansion)"; Soziales Ziel: Erfolgsbeteiligung (investive Erfolgsbeteiligung).

   b) Kapitalerhöhung gegen Einlagen, genehmigtes Kapital.

8. a) 10 : 1 gibt das Bezugsverhältnis an. Es zeigt, wie sich das bisherige Grundkapital zur Kapitalerhöhung verhält. Im vorliegenden Falle ist das alte Grundkapital 1,5 Mrd. €, die Erhöhung 0,15 Mrd. €; die Erhöhung entspricht also 10 : 1.

   b) $\dfrac{x - 44}{\dfrac{10}{1} + 1}$ = 1,20 $\Rightarrow$ $x - 44 = 11 \cdot 1,20$
   $x = 11 \cdot 1,2 + 44$
   $\underline{x = 57,20 \text{ je Aktie}}$

   c) ■ 3 junge Aktien zum Bezugskurs von 44,00 € = 132,00 €
      23 Bezugsrechte je 1,20   27,60 €
      (M. besitzt 7 Bezugsrechte; er benötigt aber für
      3 Aktien (3 · 10 BR) 30 BR

      159,60 €

      ■ Verkauf von 7 Bezugsrechten: 7 · 1,20   8,40 €

   d) Das Bezugsrecht wird während der Bezugsrechtsfrist an der Börse gehandelt. Der Kurs richtet sich nach Angebot und Nachfrage, stimmt deshalb in der Regel nicht mit dem rechnerischen Wert überein.

   e) Das genehmigte Kapital der HV vom 13.07.2004 wurde durch das Bezugsangebot vom 19.03.2005 nur zu 50 % ausgeschöpft. Auf die Ausgabe stimmrechtsloser Vorzugsaktien wurde verzichtet und der Ausgabe von Stammaktien der Vorzug gegeben.

   f) Die AG wollte die bisherigen Vorzugsaktionäre von der Möglichkeit, stimmberechtigte Stammaktien zu erwerben, nicht ausschließen, um den Erfolg der Kapitalerhöhung zu sichern. Außerdem sollte durch das Bezugsrecht der Werteverlust ausgeglichen werden, der durch die „Kursverwässerung" entsteht. Wachstum bedeutet, Investitionen vorzunehmen, die erst lang- und mittelfristig ertragbringend sind. Wesentlich ist, solche auf Expansion ausgerichteten Investitionen mit Eigenkapital zu finanzieren, um das Unternehmen abzusichern.

2.5.3 Kapitalerhöhung aus Gesellschaftsmitteln (AktG §§ 207–220)

2.5.4 Bedingte Kapitalerhöhung – Emission von Belegschaftsaktien (AktG §§ 192–201)

Erweiterte Information zu Kapitalerhöhung aus Gesellschaftsmitteln

■ Kapitalerhöhung ohne Geldmittelzufluss

Bei der **Kapitalerhöhung aus Gesellschaftsmitteln** werden Rücklagen (Gewinn- bzw. Kapitalrücklagen) in Grundkapital umgewandelt (AktG § 207). Es handelt sich um eine Grundkapitalerhöhung bei gleichzeitiger Abnahme der Gewinn- oder Kapitalrücklagen. Buchungstechnisch stellt dieser Vorgang einen „Passivtausch" dar. Die Bilanzsumme bleibt gleich, weil der Betrag der Kapitalerhöhung von den Rücklagen abgebucht und dem Grundkapitalkonto zugeschrieben wird. Es entsteht also kein zusätzliches Eigenkapital.

Der wesentliche Unterschied zur Kapitalerhöhung gegen Einlagen besteht darin, dass die Kapitalerhöhung aus Gesellschaftsmitteln auch keinen Geldzufluss bewirkt. Durch „Kursverwässerung" (mehr Aktien bei gleichbleibendem Eigenkapital) wird die Verkäuflichkeit der Aktien verbessert (siehe Beispiel auf S. 480 f.).

Die Kapitalerhöhung aus Gesellschaftsmitteln kann mit oder ohne Ausgabe junger (neuer) Aktien erfolgen. Bei **Nennwertaktien** *müssen* **Berichtigungsaktien** ausgegeben werden (AktG § 207 Abs. 2). Bei *Stückaktien kann auf* die Ausgabe neuer Aktien verzichtet werden. Da die Stückaktien keinen festen Nennwert haben, können sie im Wert (fiktiver Nennwert) veränderlich sein. Bei der Kapitalerhöhung aus Gesellschaftsmitteln ohne Ausgabe von Berichtigungsaktien steigt der fiktive Nennwert entsprechend. S. auch AWG § 182 Abs.1 Satz 53.

■ Anpassung des Grundkapitals an das wirkliche Eigenkapital

Für den Aktionär bedeutet die Kapitalerhöhung aus Gesellschaftsmitteln, dass ihm ein Teil seines bisherigen Anteils an den Rücklagen nunmehr in Form von Aktien zur Verfügung gestellt wird, falls Berichtigungsaktien ausgegeben werden. Das Vermögen der Aktionäre bleibt deshalb unverändert. Die dem Aktionär zusätzlich überlassenen Aktien werden **Berichtigungsaktien** genannt, da durch die Umbuchung das Grundkapital insofern eine Berichtigung erfährt, als eine in früheren Jahren betriebene überhöhte Bildung von „anderen Gewinnrücklagen" korrigiert und damit das Grundkapital dem tatsächlich ausgewiesenen Eigenkapital angepasst wird. (Anteil des Grundkapitals am Eigenkapital steigt).

Durch die Ausgabe von Berichtigungsaktien entsteht – wie bei der Kapitalerhöhung gegen Einlagen – eine „Kursverwässerung", d.h. der bisherige Kurs der Aktien wird gesenkt.[1] Der Bilanzkurs ist dabei eine Kennziffer, die das Verhältnis zwischen dem bilanzierten Eigenkapital und dem Grundkapital ausdrückt. Dieser Kurs zeigt – im Gegensatz zum an der Börse notierten Kurs der Aktie – den „inneren Wert" einer Aktie aufgrund der in der AG vorhandenen Eigenkapitalsubstanz. Auch wenn keine Berichtigungsaktien ausgegeben werden, sind Rücklagen auf Grundkapital umzubuchen.

$$\text{Bilanzkurs in \%} = \frac{\text{Eigenkapital (Grundkapital + Rücklagen)} \cdot 100}{\text{Grundkapital (gezeichnetes Kapital)}}$$

---

[1] Junge Aktien zu 0,00 € bezogen.

Aktiennennwerte müssen innerhalb einer Aktiengesellschaft einheitlich[1] sein. Deshalb wird der Bilanzkurs auch in Euro berechnet:

$$\text{Bilanzkurs in Euro} = \frac{\text{Eigenkapital (Grundkapital + Rücklagen)}}{\text{Grundkapital (gezeichnetes Kapital)}}$$

Bei Vergleich von AGs evtl. Umrechnung auf *einen* Nennwert notwendig.

Oft ist die Senkung nur rein rechnerisch festzustellen, denn meist steigt der Börsenkurs rasch auf das alte Niveau, weil die Finanzkraft der Berichtigungsaktien ausgebenden Aktiengesellschaft besonders hoch eingeschätzt wird.

Beispiel:

Das Grundkapital (gezeichnete Kapital) einer AG in Höhe von 8 Mio. € ist lt. Satzung in 4 Mio. Stückaktien eingeteilt. Das Grundkapital soll bei gleichem fiktiven Nennwert um 2 Mio. € durch die Verwendung der „Gewinnrücklagen" erhöht werden.

Kapitalerhöhung also im Verhältnis 4:1

Situation 1: *Berichtigungsaktien werden ausgegeben.*
Der „innere Wert der Aktien wird mit Hilfe des Bilanzkurses festgestellt. Wie hoch ist der Bilanzkurs in % und in € vor und nach der Kapitalerhöhung? Wie wirkt sich die Ausgabe von Berichtigungsaktien auf das Vermögen eines Aktionärs aus, der 4 Aktien besitzt?

Situation 2: *Es werden keine Berichtigungsaktien ausgegeben.*
Wie wirkt sich dies auf das Vermögen eines Aktionärs aus, der 4 Aktien besitzt?

Situation 1

A	Bilanz in Mio. € vor Kapitalerhöhung	P	A	Bilanz in Mio. € nach Kapitalerhöhung	P
Vermögen	20	Gezeichnetes Kapital 8	Vermögen	20	Gezeichnetes Kapital 10
		Gewinnrücklagen 10			Gewinnrücklagen 8
		Verbindlichkeiten 2			Verbindlichkeiten 2
	20	20		20	20

$$\textbf{Bilanzkurs in \% vor der Kapitalerhöhung} = \frac{18\,000\,000 \cdot 100}{8\,000\,000} = 225\,\%$$

$$\textbf{Bilanzkurs in \% nach der Kapitalerhöhung} = \frac{18\,000\,000 \cdot 100}{10\,000\,000} = 180\,\%$$

Durch die Ausgabe von Berichtigungsaktien wird der Bilanzkurs von 225 % auf 180 % gesenkt, d.h. vor der Kapitalerhöhung aus Gesellschaftsmitteln betrug das je Aktie verbriefte Eigenkapital das 2,25fache oder 225 % des (fiktiven) Nennwerts der Aktie. Nach der Kapitalerhöhung aus Gesellschaftsmitteln beträgt das je Aktie verbriefte Eigenkapital nur noch das 1,8fache oder 180 % des (fiktiven) Nennwerts der Aktie.

---

[1] Unterschiedliche Aktiennennwerte führen zu unterschiedlich hohen Bilanzkursen. Der Bilanzkurs kann in % berechnet werden (s. S. 479), sodass er für alle Nennwerte Gültigkeit hat.

Bei gleichem Nennwert 2,00 € (8 Mio. Grundkapital : 4 Mio. Stückaktien) der Berichtigungsaktien ergibt sich daraus ein **Bilanzkurs in Euro** je Aktie

- vor der Kapitalerhöhung: fiktiver Nennwert bei Bilanzkurs in % = Bilanzkurs in €

  $2 \cdot 225\ \%$ = 4,50 €

- nach der Kapitalerhöhung: fiktiver Nennwert bei Bilanzkurs in % = Bilanzkurs in €

  $2 \cdot 180\ \%$ = 3,60 €

Vermögen eines Aktionärs, der vor der Kapitalerhöhung 4 Aktien besitzt:

- vor der Kapitalerhöhung	$4 \cdot 4,50\ €$	= 18,00 €
- nach der Kapitalerhöhung	$5 \cdot 3,60\ €$	= 18,00 €
(4 Aktien + 1 Berichtigungsaktie)		
Vermögenszuwachs =		0,00 €

Situation 2:

Bei gleichbleibender Aktienzahl und deshalb erhöhtem fiktiven Nennwert von 2,00 € auf 2,50 € (10 Mio. Grundkapital : 4 Mio. Stückaktien) ergibt sich daraus ein **Bilanzkurs in Euro** je Aktie

- vor der Kapitalerhöhung: fiktiver Nennwert · Bilanzkurs in % = Bilanzkurs in €

  $2,00\ € \cdot 225\ \%$ = 4,50 €

- nach der Kapitalerhöhung: fiktiver Nennwert · Bilanzkurs in % = Bilanzkurs in €

  $2,50\ € \cdot 180\ \%$ = 4,50 €

Vermögen eines Aktionärs, der vor der Kapitalerhöhung 4 Aktien besitzt:

- vor der Kapitalerhöhung	$4 \cdot 4,50\ €$	= 18,00 €
- nach der Kapitalerhöhung	$4 \cdot 4,50\ €$	= 18,00 €
(4 Aktien + 1 Berichtigungsaktie)		
Vermögenszuwachs		= 0,00 €

Situation 1 zeigt, dass die Aktie „preiswerter" und somit ihre Verkäuflichkeit verbessert wird. Dies liegt im Interesse der Erschließung neuer Käuferschichten. Die Kurssenkung hat aber auch zur Folge, dass sich die wirkliche Verzinsung[1] (Dividendenrendite) der Aktien erhöht, ohne den Dividendenbetrag je Aktie zu erhöhen. Wird die gleich bleibende Dividende je Aktie auf einen niedrigeren Kurs bezogen, erhöht sich die Realdividende. Somit kann die AG aus „optischen Gründen" den Dividendenbetrag je Aktie konstant halten, für die Aktionäre kommt es aber zu einer „attraktiveren" Anlage.

Dividendenrendite bei Situation 1 und 2 (Gleichbehandlung):

Auf das oben stehende Beispiel bezogen ergibt sich folgende Veränderung in der Dividendenrendite (Realdividende), wenn von einer Dividende von 0,10 € je 2,00 € fiktiver Nennwert je Stückaktie ausgegangen wird, also bei Situation 2 0,125 € je 2,50 € fiktiver Nennwert.

$$\text{Dividendenrendite vor der Kapitalerhöhung} = \frac{0,1 \cdot 100}{2,25} = 4,4\ \% \text{ (beide Situationen)}$$

$$\text{Dividendenrendite nach der Kapitalerhöhung Situation 1} = \frac{0,1 \cdot 100}{1,8} = 5,56\ \%$$

$$\text{Situation 2} = \frac{0,125 \cdot 100}{2,25} = 5,56\ \%$$

---

[1] Bezogen auf den Bilanzkurs, nicht auf den Börsenkurs. Die Dividende ist wegen „Gleichbehandlung" auf 0,125 € je 2,50 € – fiktiver Nennwert zu erhöhen.

Immer vorausgesetzt, die Aktiengesellschaften senken nicht die Dividende, was aber gelegentlich vorkommt und dann als „Taschenspielertrick" auf Unwillen stößt.

- **Gesetzliche Voraussetzungen**

Die Kapitalerhöhung aus Gesellschaftsmitteln, zu deren Beschluss eine Dreiviertelmehrheit des in der Hauptversammlung vertretenen Aktienkapitals erforderlich ist, wird mit der Eintragung des Beschlusses über die Grundkapitalerhöhung ins Handelsregister wirksam (AktG § 207).

Bei der Kapitalerhöhung aus Gesellschaftsmitteln können die anderen Gewinnrücklagen in voller Höhe umgewandelt werden, es sei denn, die Zweckbestimmung der Rücklagen lässt dies nicht zu. Die gesetzlichen Rücklagen und die Kapitalrücklagen sind umwandlungsfähig, soweit sie zusammen 10 %[1] des bisherigen Grundkapitals übersteigen (AktG § 208).

Fallbeispiel

Bilanz vor Kapitalerhöhung aus Gesellschaftsmitteln

Anlagevermögen	520 000	Gezeichnetes Kapital	50 000
Umlaufvermögen	240 000	Kapitalrücklagen	100 000
		Gewinnrücklagen	
		1. gesetzliche Rücklagen	5 000
		2. andere Gewinnrücklagen	200 000
		Übrige Passiva	405 000
Bilanzsumme	760 000	Bilanzsumme	760 000

Aktienkurs vor der Kapitalerhöhung: 18,00 €
Aktienanzahl vor der Kapitalerhöhung: 25 000 Stück
Das Grundkapital soll über den Zugriff auf die anderen Gewinnrücklagen auf 100 000,00 € erhöht werden.

① Wie verändern sich dadurch Grundkapital, Rücklagen und Eigenkapital?

② Es werden Berichtigungsaktien ausgegeben. Der fiktive Nennwert bleibt unverändert. Berechnen Sie den Mittelkurs nach der Kapitalerhöhung und den rechnerischen Wert des Bezugsrechtes.

③ Es werden keine Berichtigungsaktien ausgegeben. Berechnen Sie den fiktiven Nennwert vor und nach der Kapitalerhöhung aus Gesellschaftsmitteln.

④ Wie könnte der Börsenkurs auf die Ausgabe von Berichtigungsaktien (Fall 2) und bei Verzicht auf Berichtigungsaktien (Fall 3) reagieren? Wie ist dies zu begründen?

⑤ Erstellen Sie die Bilanz nach der Kapitalerhöhung aus Gesellschaftsmitteln und geben Sie den Zufluss an liquiden Mitteln an.

---

[1] Oder einen in der Satzung bestimmtem höheren Prozentsatz.

Lösungen

① Das Grundkapital erhöht sich von 50 000 auf 100 000.
Das Eigenkapital bleibt insgesamt unverändert, lediglich die Zusammensetzung ändert sich.

② Der fiktive Nennwert vor der Kapitalerhöhung beträgt 2,00 € (50 000 : 25 000). Wird nun das Grundkapital bei gleich bleibendem fiktiven Nennwert um 50 000 € erhöht, werden 25 000 Berichtigungsaktien (50 000 : 2) ausgegeben. Der fiktive Nennwert bleibt bei 2,00 € (100 000 : 50 000).

$$\text{Mittelkurs} = \frac{\text{alte Aktien} \cdot \text{Kurs} + \text{junge Aktien} \cdot \text{Kurs}}{\text{Anzahl alte Aktien} + \text{Anzahl junge Aktien}}$$

$$= \frac{25\,000 \cdot 18 + 25\,000 \cdot 0}{25\,000 + 25\,000} = 9,00\,€$$

$$\begin{aligned}
\text{Wert des Bezugsrechts} &= \text{Kurs der alten Aktie} - \text{Mittelkurs}\\
&= 18 - 9\\
&= 9\ (€)
\end{aligned}$$

oder in die Bezugsrechtsformel eingesetzt:

$$B = \frac{18 - 0}{\frac{1}{1} + 1} = 9$$

Kj = 0, da junge Aktien unentgeltlich überlassen werden
Bezugsverhältnis = 1 : 1, da Grundkapital von 50 000 € um 50 000 € erhöht wird, also im Verhältnis 1 : 1.

③ Fiktiver Nennwert vor Kapitalerhöhung: GK: Anzahl der Aktien = 50 000 : 25 000 = 2,00 €
Fiktiver Nennwert nach Kapitalerhöhung: GK: Anzahl der Aktien = 100 000 : 25 000 = 4,00 €.

④ Bei der Ausgabe von Berichtigungsaktien (Fall 2) sind nach der Kapitalerhöhung aus Gesellschaftsmitteln mehr Aktien ausgegeben als zuvor. Das Eigenkapital bleibt aber insgesamt gleich, es ändert sich lediglich die Zusammensetzung. Da nun gleich bleibendes Eigenkapital auf mehr Aktien als bisher verteilt wird, muss der Wert der Aktie sinken.

Wird die Kapitalerhöhung ohne Ausgabe von Berichtigungsaktien durchgeführt (Fall 3), ist nicht nur das Eigenkapital, sondern auch die Aktienanzahl unverändert. Deshalb bleibt der Wert der Aktie, auf das Eigenkapital bezogen, konstant, auf das gezeichnete Kaptital jedoch als fiktiver Nennwert von 2,00 € auf 4,00 € erhöht. Es ändert sich lediglich die Zusammensetzung des Eigenkapitals.

⑤

Bilanz nach der Kapitalerhöhung aus Gesellschaftsmitteln

Anlagevermögen	520 000	Gezeichnetes Kapital	100 000
Umlaufvermögen	240 000	Kapitalrücklagen	100 000
		Gewinnrücklagen	
		1. gesetzliche Rücklagen	5 000
		2. andere Gewinnrücklagen	150 000
		Übrige Passiva	405 000
Bilanzsumme	760 000	Bilanzsumme	760 000

Es fließen keine liquiden Mittel zu.

■ Bei der **Kapitalerhöhung aus Gesellschaftsmitteln** handelt es sich um eine Kapitalerhöhung **ohne Geldmittelzufluss** (keine Eigenfinanzierung).

→ Umwandlungsfähige offene Rücklagen werden in Grundkapital umgewandelt.

→ Buchungsmäßig handelt es sich um einen **Passivtausch** (Buchung: offene Rücklagen an Grundkapital).

→ **Der Bezugskurs** der jungen Aktien wird bei der Berechnung des Bezugsrechts = 0 gesetzt.

→ **Zweck** der Kapitalerhöhung aus Gesellschaftsmitteln

Durch Anpassung des Grundkapitals an das ausgewiesene Eigenkapital entsteht dividendenberechtigtes Eigenkapital.	Senkung des Aktienkurses zur Erschließung neuer Aktionärsschichten (bei Ausgabe von Berichtigungsaktien).	Stabilisierung des Dividendensatzes bei verbesserter Dividendenrendite (Dividendenkontinuität) Anpassung der Dividende, wenn keine Berichtigungsaktien angegeben werden

Kontrolle

1. a) **Kapitalerhöhung gegen Einlagen:**

   Mittel fließen schlagartig in voller Höhe zu.

   Genehmigtes Kapital

   Vorstand hat die Entscheidungsfreiheit binnen 5 Jahren und kann **Zeitpunkt** und jährliches **Ausmaß** der Kapitalerhöhung und Kapitalzufuhr bestimmen.

   Kapitalerhöhung aus Gesellschaftsmitteln: Kein Mittelzufluss; keine Erhöhung des Eigenkapitals. Anpassung des Grundkapitals an das wirkliche Eigenkapital.

   Bedingte Kapitalerhöhung siehe Band 1, S.334 oben

   b) Absenkung des Kurses und damit Verbesserung der Dividendenrendite; dadurch wird die anschließende Kapitalerhöhung attraktiver am Kapitalmarkt. Dies gilt insbesondere für Aktiengesellschaften, deren Dividendenrendite im Vergleich zu anderen Aktiengesellschaften relativ niedrig ist.

2. a) **Buchung der Kapitalberichtigung und ihrer Kosten:**

   Umwandlungsfähige Rücklagen (Kapitalrücklage + gesetzliche Rücklage, soweit sie 10 % des Grundkapitals übersteigen) und andere Gewinnrücklagen

volle Entnahme aus Kapitalrücklage (andere Entscheidungen möglich)[1]			100 000,00
+ umwandlungsfähige andere Gewinnrücklage (Rest)			500 000,00
Kapitalerhöhung aus Gesellschaftsmitteln			600 000,00
Kapitalrücklage	100 000,00	an Grundkapital 600 000,00	
andere Gewinnrücklagen	500 000,00		
Emissionskosten (GuV)	16 000,00	an Bank	16 000,00

---

[1] damit Mindestbestand 10 % von 2,4 Mio. € = 240 000,00 € (Kapitalrücklage 20 000,00 + gesetzliche Rücklage 220 000) erreicht.

Stand der Konten nach der Kapitalerhöhung:

Aktiva	Vereinfachte Bilanz		Passiva
Vermögen	6 224 000,00	Gezeichnetes Kapital	3 000 000,00
Emissionskosten*)	16 000,00	Kapitalrücklage	20 000,00
		gesetzliche Rücklage	220 000,00
		andere Gewinnrücklagen	300 000,00
	6 240 000,00		6 240 000,00

*) Die Emissionskosten kürzen den auf die Kapitalerhöhung folgenden Jahresüberschuss. Bis zu diesem Zeitpunkt werden sie aktiviert und dann als Aufwand in die GuV-Rechnung übernommen.

Sieht man von den Emissionskosten ab, die den Jahresüberschuss der Periode belasten, so bleibt durch den Passivtausch das Vermögen unverändert (Vermögen vor und nach der Kapitalerhöhung 6 240 000,00). In obiger Darstellung ergibt sich das Vermögen als Saldo (6 240 000 – 16 000).

b) **Bezugsverhältnis:** 2 400 000 : 600 000 = 4 : 1

c) **Innerer Wert der Aktien:**

Bilanzkurs **vor** der Kapitalerhöhung $= \dfrac{6\ 240\ 000 \cdot 100}{2\ 400\ 000} = 260\ \%$

Bilanzkurs **nach** der Kapitalerhöhung $= \dfrac{6\ 240\ 000 \cdot 100}{3\ 000\ 000} = 208\ \%$

Bezogen auf die 5,00-€-Aktie: 13,00 € bzw. 10,40 €

d) Bezugsrecht: $= \dfrac{13 - 0}{\frac{4}{1} + 1} = \dfrac{13}{5} = 2{,}60$ € je 5,00-€-Aktie

e) 1. **Verkauf des „Spitzenbetrages":**

Schmelzle verkauft 2 Bezugsrechte zu 2,60 = 5,20 €

2. **Auswirkungen auf Vermögen:**

Bisheriges Vermögen 30 Aktien zu 13,00 = 390,00 €

Durch „Kapitalverwässerung" Vermögensverlust

30 Aktien zu je 10,40 €	=	312,00 €
+ 7 · 10,40	=	72,80 €
+ Verkauf 2 Bezugsrechte (siehe oben 1.)	=	5,20 €
Gesamtvermögen		390,00 €

f) 1. **Dividendensumme:**

vor der Kapitalerhöhung:
2 400 000 : 5 = 480 000 Aktien zu je 0,60 = 288 000,00 €

nach der Kapitalerhöhung:
3 000 000 : 5 = 600 000 Aktien zu je 0,60 = 360 000,00 €

2. **Auswirkung auf Dividendenrendite:**

Dividende $\qquad$ 0,60 €

Bisherige Dividendenrendite $\quad = \dfrac{0,60 \cdot 100}{13} \quad = \underline{\underline{4,62\ \%}}$

(260 % entspricht 13,00 € je 5,00-€-Aktie)

Nach der Kapitalerhöhung $\quad = \dfrac{0,60 \cdot 100}{10,4} \quad = \underline{\underline{5,77\ \%}}$

Seit 01.01.2001 gilt das „Halbeinkünfteverfahren", d.h. nur die Hälfte der Dividende wird besteuert, also bei einem Steuersatz von 40 % auf die Dividende von 0,60 Steuerersparnis 0,12 €. Diese 0,12 € können bei Berechnung der Dividendenrendite zugeschlagen werden (0,60 + 0,12 = 0,72).

Information: Gegenüberstellung von Nennwertaktien und nennwertlosen Aktien (= Aktien mit fiktivem Nennwert). Grundlage: Zahlenmaterial aus Aufgabe 2.

Nennwertaktien	Nennwertlose Aktien
Vor Erhöhung des Grundkapitals: $\dfrac{2\,400\,000}{5} = 480\,000$ Aktien	Vor Erhöhung des Grundkapitals: $\dfrac{2\,400\,000}{480\,000} = 5,00$ (fiktiver Nennwert)
Nach Erhöhung des Grundkapitals: $\dfrac{3\,000\,000}{5} = 600\,000$ Aktien	Nach Erhöhung des Grundkapitals: $\dfrac{3\,000\,000}{480\,000} = 6,25$ (= fiktiver Nennwert)

3. a) ■ Bedingte Kapitalerhöhung oder genehmigtes Kapital
   - ■ Verwendung anderer Gewinnrücklagen
   - ■ Rückkauf eigener Aktien (bis max. 10 % des Grundkapitals)
   - ■ Bei unentgeltlicher oder verbilligter Überlassung von Belegschaftsaktien ist der Vorteil steuer- und sozialabgabenfrei, wenn er nicht größer ist als die Hälfte des Wertes der Vermögensbeteiligung.

   b) Ziele: Siehe Band 1, Seite 334!

Vertiefung

4. a) ■ Das Grundkapital wird erhöht, die gesetzlichen Rücklagen nehmen um den gleichen Betrag ab (Umstrukturierung des Eigenkapitals).
   - ■ Das Vermögen der AG bleibt unverändert.

   b) $B = \dfrac{2,52 - 0}{\dfrac{20}{1} + 1} = 0,12$ €

   c) 1. 200 Bezugsrechte à 0,12 € $\qquad = \quad$ 24,00 €

   2. **Barvermögen** (200 · 0,12 €) $\qquad = \quad$ 24,00 €

   Aktienvermögen
   200 Aktien zu je 2,40 € $\qquad = \quad \underline{480,00\ €}$

   Gesamtvermögen $\qquad\qquad \underline{504,00\ €}$

   Damit ist der Verlust durch die Kursverwässerung ausgeglichen (200 Aktien zu 2,52 € sind ebenfalls 504,00 € wert).

5. Die „Thesaurierung[1]" von Gewinnen über mehrere Jahre schließt Aktionäre an der Ausschüttung aus, wenn die AG nicht „ertragsorientiert" die Aktionäre durch höhere Dividenden teilhaben lässt.

Aus Gründen der Dividendenkontinuität (nur vorsichtige Änderungen des Dividendensatzes) bevorzugt die AG oft als Maßnahme eine Kapitalerhöhung aus Gesellschaftsmitteln. Bei gleich bleibendem bzw. nur mäßig angehobenem Dividendensatz erhalten die Aktionäre mehr Dividende, wenn „zusätzlich" so genannte Berichtigungsaktien ausgegeben werden. Auf diese Weise können die Interessen der Aktionäre und der Verwaltung ausgeglichen werden. Wenn keine Berichtigungsaktien ausgegeben werden, so verstärkt sich der Druck auf eine Dividendenerhöhung.

6. a) **Rechnerischer Wert des Bezugsrechts für die jungen Aktien nach der Ausgabe von Berichtigungsaktien:**

Bisheriges Grundkapital	560 Mio. €
Geplantes Grundkapital	800 Mio. €
Erhöhung insgesamt	240 Mio. €
davon Aufbringung durch	
Berichtigungsaktien (7 : 1)	80 Mio. €
Restaufbringung durch Kapital-	
erhöhung gegen Einlagen	160 Mio. €

hieraus folgt für das Bezugsverhältnis:
Berichtigungsaktien 560 : 80 = 7 : 1
Kapitalerhöhung gegen Einlagen

$$560 \text{ Mio. €}$$
$$+ 80 \text{ Mio. €}$$
$$640 \text{ Mio. €}$$
$$640 : 160 = 4 : 1$$

$$B = \frac{25,8125 - 19}{\frac{4}{1} + 1} = 1,362\,5 \text{ €}$$

$$\text{Mittelkurs} = \frac{7 \cdot 29,50 + 1}{8} = 25,812\,5$$

b) **Mögliche Absichten des Vorstandes:**
  - Anpassung des Grundkapitals an das ausgewiesene Eigenkapital
  - höhere Dividende an Altaktionäre als Ausgleich für zurückbehaltene Gewinne in früheren Jahren
  - Erlangung der Zustimmung der Altaktionäre für das Vorhaben, da diese dadurch nur Vorteile haben

c) **Deckung des Investitionsbedarfs:**

Kapitalzufluss: 160 000 000 : 5 = 32 000 000 Aktien zu je 19,00 € = 608 Mio. €

Ergebnis: Für die Investition von 600 Mio. € reicht die Kapitalerhöhung gegen Einlagen aus. Selbst die Emissionskosten könnten gedeckt werden.

d) **Aufzuwendender Betrag Lechners:**

Berichtigungsaktien: BV = 7 : 1

500 : 7 = 71, Rest 3; Bezugsrechtsspitze 3 · 4,50	=	13,50 €
Kapitalerhöhung gegen Einlage (BV 4 : 1)		
571 : 4 = 142, Rest 3; Bezugsrechtsspitze 3 · 1,60	=	4,80 €
Verkaufserlöse aus Bezugsrechtsspitzen		18,30 €

---

[1] thesaurieren (lat.) = Geld horten. (lat. Thesaurus = Schatz)

Kaufpreis für 142 junge Aktien zu 19,00	=		2 698,00 €
− Erlöse aus Bezugsrechten			
aus Berichtigungsaktien		13,50	
aus Kapitalerhöhung gegen Einlagen		4,80	18,30 €
Aufzuwendender Betrag			2 679,70 €

7. **Sachverhalt 1:**

a1) Mittelzufluss: 12 Mio. Aktien zu je 18,00 € je Aktie   =   **216 Mio. €**

       Agio: 216 Mio. € – 60 Mio.   =   **156 Mio. €**

b1) **Dividenden:**

$0,90 \cdot 120$ Mio. A.	=	108,0 Mio. €
$0,30$ *) $\cdot 12$ Mio. A.	=	3,6 Mio. €
zusammen		111,6 Mio. €

     *) 0,9 für 4 Monate (0,9 : 3), Dividendennachteil 0,6 (0,9 – 0,3)

c1) **Bezugsrechtswert:**

Bezugsrechtswert (B): $\dfrac{26 - (18 + 0,6)}{\dfrac{10}{1} + 1} = 0,672\ 7...$

     *) Der Dividendennachteil von 6,00 € (⅔ von 9) wirkt wie eine Erhöhung des Bezugskurses der jungen Aktien.

ohne Dividendennachteil: $B = \dfrac{26 - 18}{\dfrac{10}{1} + 1} = \quad 0,727\ 2...$

d1)a) Bilanzkurs **vor** der KE $= \dfrac{915 \cdot 100}{600} = \quad 152,5\ \%$ (je Aktie 7,625)

    b) Bilanzkurs **nach** der KE *) $= \dfrac{1\ 131 \cdot 100}{660} = \quad 171,4\ \%$ (je Aktie 8,57)

     *) Grundkapital 600 + 60 = 660 Mio.

Eigenkapital:	nachher	vorher
Grundkapital	660 Mio. €	600 Mio. €
+ gesetzl. Rücklagen	65 Mio. €	65 Mio. €
+ Kapitalrücklage/neu	156 Mio. €	–
+ andere Gewinnrücklagen	250 Mio. €	250 Mio. €
	1 131 Mio. €	915 Mio. €

e1) **Bezugskurs für eine junge Aktie:**

6 : 1	= 600 : x		100 : 120	= 5 : x (€)
6 x	= 600		100 x	= 6 00
x	= 100		x	= 6,00 €

Probe: 6 · 20 000 000 Aktien = 120 Mio. € (100 000 000 : 5 = 20 000 000)

Sachverhalt 2:

a2) Zusätzliche € : $600 \cdot \frac{3}{8} \cdot 150\,\%$ (Sachverhalt 2)   337,5 Mio. €

      oder   (Sachverhalt 1)   − 216,0 Mio. €

      8 T = 600 Mio.   Zusätzlicher Betrag   121,5 Mio. €

      3 T = 225 Mio.

      225 Mio. zu 150 %   =   337,5 Mio.

b2) **Rendite eines Altaktionärs:**

      Dividende   0,75*) € je 5,00 € Nennwert

      Rendite = $\dfrac{0,90 \cdot 100}{26}$ = **3,46 %**

      + ersparte Steuer 40 % aus ½ Dividende = 0,15, also Dividende effektiv 0,90.

      *) 15 % von 5,00 € = 0,75 €

c2) **Dividende nach der Kapitalerhöhung zur Errechnung der gleichen Rendite:**

      $\dfrac{26 - 7{,}5^{*)}}{\frac{8}{3} + 1}$ = 5,045 5   *) 5 + 50 %

      26 − 5,045 5 = 20,954 5 (= rechnerischer Durchschnittswert-Wert)

      x : 3,46 = 20,954 5 : 100

      x ≈ 0,73 (Dividende)

d2) **Bezugsrechtskauf:**   10 : 1 = x : 100 (B)

                          x = 1 000 Bezugsrechte

                          für 100 junge Aktien braucht er   1 000 Bezugsrechte

                          aus 300 alten Aktien vorhanden   − 300 Bezugsrechte

                          noch zu kaufen   700 Bezugsrechte

e2) 600 Bezugsrechte für Kauf von 60 jungen Aktien vorhanden

      60 · 18,00 € für diese 60 jungen Aktien = 1 080,00 €

      10 000,00 € − 1 080,00 € = **8 920,00 € Restgeld**

      1 junge Aktie kostet   (S. Sachverhalt 1)   (KW)   18,00 €

      + 10 · 0,7272 € *)   (B)   + 7,27 €

                                                   25,27 €

      *)   siehe Lösung zu c1, S. 488!

      8 920 : 25,27 = 352,99 ⟶ rd. **352 Aktien**

      Mit 10 000,00 € und 600 Bezugsrechten können also

      352 + 60 = 422 junge Aktien

      gekauft werden. Für 353 Aktien noch 0,31 € aufzahlen.

Sachverhalt 3

a3) 600 : 255 = **40 : 17** Bezugsverhältnis

      Gesetzliche Rücklage + Kapitalrücklage

      müssen zusammen 10 % v. 600 Mio. = **60 Mio. €** betragen.

      Umwandlungsfähig sind demnach:

      Eigenkapital 915 Mio. − 600 Grundkapital − 60 Mio. = 255 Mio. €.

b3) $B = \dfrac{26^{*)}}{\dfrac{40}{17} + 1} = 7{,}75$ *) 26 (Ka) – 0 (Kj); Bezugskurs der jungen Aktien = 0

26,00 – 7,75 € = **18,25 €** rechn. Durchschnittswert (= gesunkener Wert)

c3) Durch den „Gratis"-Erwerb der jungen Aktien gewinnt der Aktionär keinen unmittelbaren Vermögenszuwachs. Er hat also nichts „gratis" (= geschenkt) bekommen. Die „Gratisaktien" bewirken eine geplante Kursberichtigung → Berichtigungsaktien. Beweis dafür ist, dass kein unmittelbarer Vermögenszuwachs stattfindet. Andererseits sinkt durch Ausgabe von „Gratisaktien" häufig der Kurs nicht, ja steigt sogar über den bisherigen Kurs (= Ausweis für Status einer AG, die sich „Gratisaktien" leisten kann).

Vermögenswert vor Kapitalerhöhung:
40 · 26 = **1 040,00 €**

Vermögenswert nach Kapitalerhöhung:

40 · 18,25 € (Durchschnittswert)	730,00 €
+ 40 · 7,75 € (Bezugsrechtswert)	310,00 €
	1 040,00 €

bzw. *57 · 18,25 =* **1 040,00 €**

8. a) ■ Bedingte Kapitalerhöhung nach AktG § 192
   ■ Genehmigtes Kapital nach AktG § 202, Abs. 4
   ■ Rückkauf eigener Aktien an der Börse (bis max. 10 % des Grundkapitals) AktG § 71, Abs. 1, Ziff. 2
   ■ Verwendung anderer Gewinnrücklagen nach AktG § 204, Abs. 3.

   b) Die Unternehmung wollte dadurch erreichen, dass die zur Verfügung gestellte Zahl von Belegschaftsaktien nicht nur von den kapitalstärkeren leitenden Angestellten erworben werden, sondern dass jeder Mitarbeiter – auch bei geringerem Einkommen – die Möglichkeit erhält, sich in gleicher Weise an der AG zu beteiligen.

   c) **Vorteile:** Durch die Festlegung auf einen 50 %igen Vorteil (Erwerbskurs = halber Börsenkurs) erlangt der einzelne Mitarbeiter nicht nur eine Aktie zum halben Preis, er kann über den Vorteil auch lohn- und sozialversicherungsfrei (vermögenswirksame Anlage) verfügen. Außerdem wird der Mitarbeiter an den künftigen Erträgen und am gegebenenfalls steigenden Kurswert beteiligt. Ferner erwirbt er einen Substanzwert, wodurch der Mitarbeiter nicht am Inflationsrisiko (wohl aber am Kursrisiko!) beteiligt ist, wie dies z. B. bei festverzinslichen Wertpapieren der Fall ist.

   d) Die Sperrfrist soll bewirken, dass eine Vermögensbildung in Arbeitnehmerhand stattfindet (vgl. Absicherung der Vorteile von c).

   Ferner soll dadurch bewirkt werden, dass sich der Mitarbeiter länger an das Unternehmen gebunden fühlt.

9. a) Vermeidung von Einflüssen unerwünschter Anleger (z. B. Fremdinteressen ausländischer Anleger)

   Unternehmensziel: Steigerung der Leistung der Mitarbeiter, wobei im Börsenreport die Teilhabermöglichkeit und das „Wir-Gefühl" angesprochen wird („Jeder kann ein Stück der AG kaufen", „Kursentwicklung hängt aber auch von unserem gemeinsamen Erfolg ab").

b) AktG § 71 – Kauf eigener Aktien.

c) **Zufluss an Mitteln aus Belegschaftsaktien:**

100 000 Aktien zu je 10,50 € = 1 050 000,00 €
(ohne Berücksichtigung von Emissionskosten)

d) **Überprüfung der Dividendenrendite:**

100 Aktien je 0,50 € Bardividende   =   50,00 €

$$\text{Rendite} = \frac{50 \cdot 100}{1\,050} = 4,76\,\%$$

$$\text{Rendite} = \frac{57,5 \cdot 100}{1\,050} = 5,48\,\% \text{ unter Beachtung von 30 \% Steuer auf Halbeinkünfte}$$

(30% von 0,25 = 0,075)

Die Angaben der Schwarzbach-AG („knapp 4 %") sind weitgehend zutreffend.

2.6 Selbstfinanzierung

2.6.1 Offene Selbstfinanzierung

Kontrolle

1. In beiden Fällen wird das Eigenkapital erhöht. Während jedoch bei der Eigenfinanzierung die Mittel von außen zugeführt werden, z.B. durch Aufnahme eines Gesellschafters, entstehen die Mittel bei der offenen Selbstfinanzierung „innen", d.h. durch den Gewinn, der durch den betrieblichen Umsatzprozess entsteht.

2. a) Aussage ist richtig – siehe Aufgabe 1.

   b) Aussage ist richtig – siehe Aufgabe 1.

   c) Aussage ist nur teilweise richtig. Auch der Kommanditist kann dann einen Beitrag leisten, wenn er seinen Gewinnanteil nicht auszahlen lässt und z.B. dazu verwendet, seine Einlage zu erhöhen.

   d) Aussage ist zutreffend, da Entnahmen eine „Vorwegverwendung" des Gewinns sind, Einlagen erhöhen durch Zuführung von Mitteln durch die Anteilseigner die Eigenfinanzierung.

   e) Aussage ist zu berichtigen.

   „Selbstfinanzierung" = Gewinnanteil – Privatentnahmen. Die Einlagen erhöhen zwar auch das Eigenkapital, stammen jedoch nicht aus der Selbst-, sondern aus der Eigenfinanzierung (Außenfinanzierung).

3. *Otto Merkle:*   25 000,00 €   Eigenfinanzierung
                       18 000,00 €   Selbstfinanzierung
                       (48 000,00 € – 30 000,00 €)

Kurt Merkle: 0,00 €   Eigenfinanzierung
                 20 000,00 €   Selbstfinanzierung
                 (60 000,00 € – 40 000,00 €)

4. a) Jahresüberschuss (nach Steuern)   540 000,00 €
      – Verlustvortrag   25 000,00 €
                                                                          515 000,00 €

Einstellung in gesetzliche Rücklagen
AktG § 150 Abs. 5 % von 515 000,00 =   25 750,00
Einstellung in andere Gewinn-
rücklagen (keine Ausschöpfung
des Spielraums nach AktG § 58 Abs. 2
i. V. m. 58 Abs. 1, Satz 3 – wegen Höhe
der Dividende *)   39 250,00   65 000,00 €

Bilanzgewinn	450 000,00 €
Dividendensumme: 0,18 € bei 2 500 000 Aktien	450 000,00 €
Gewinnvortrag	–

*) Von dem nach Abzug der gesetzlichen Rücklage verbleibenden Gewinn werden nur 39 250,00 € die
anderen Gewinnrücklagen eingestellt, damit die zugesicherte Dividende von 0,18 € je 1,00-€-Aktie
gezahlt werden kann. Der gesetzliche Spielraum für die Einstellung in die anderen Gewinnrücklagen
wäre 540 000,00 – 25 000,00 – 25 750,00 = 489 250,00 : 2 = 244 625,00 €

b) ■ Gesetzliche erzwungene Selbstfinanzierung   =   25 750,00 €
   ■ Freiwillig veranlasste Selbstfinanzierung   =   39 250,00 €

c) **Selbstfinanzierungsgrad**

   vor der Zuführung von Gewinnrücklagen:

   $$\frac{485\,000 \cdot 100}{2\,500\,000} = \underline{19,4\ \%} \qquad (220\,000 + 290\,000 - 25\,000 = 485\,000)$$

   nach der Zuführung von Gewinnrücklagen:

   $$\frac{575\,000 \cdot 100}{2\,500\,000} = \underline{23,0\ \%} \qquad (220\,000 + 290\,000 + 25\,750 + 39\,250 = 575\,000)$$

5. a) **Gesetzlich erzwungene Selbstfinanzierung**: Einstellung in die „gesetzlichen Rücklagen"
      nach AktG § 150 Abs. 2. Die freiwillig veranlasste Selbstfinanzierung beruht auf einem
      „willkürlichen" Ausschöpfen eines gesetzlichen Spielraums oder auf der Satzung der
      AG.

   b) **Freiwillig veranlasste Selbstfinanzierung:**
      ■ Zuweisung durch Beschluss von Vorstand und Aufsichtsrat in „andere Gewinnrückla-
        gen" zum Zeitpunkt der Feststellung des Jahresabschlusses [AktG § 58 Abs. 2, Satz 1]
      ■ Stellt die Hauptversammlung den Jahresabschluss fest, so kann die Satzung über
        eine Zuweisung in „andere Gewinnrücklagen" (AktG § 58 Abs. 1) bestimmen.
      ■ Weitere Beträge können später durch die Hauptversammlung in Gewinnrücklagen
        eingestellt werden [AktG § 58 Abs. 3]
      ■ Nach Ausschüttung der Dividendensumme ist der „Restüberschuss" über den Bilanz-
        gewinn (Gewinnvortrag) ein Teil der freiwillig veranlassten Selbstfinanzierung.

Vertiefung

6. a) Die Akku-AG war bemüht – aus Gründen der „Optik" –, die Dividenden zu stabilisieren (2000 = 7,00, 2002 = 7,00). Bei Ertragseinbrüchen (2001 = 236 Mio. €) wurde die Dividende auf 0,50 € gekürzt. 2003 erbrachte den Aktionären 0,90 € bei einem auf 555 Mio. € (nach Steuern) angestiegenen Jahresüberschuss. 2004 wurde – entsprechend der verbesserten Ertragslage – die Dividende auf 0,90 und ab 2004 auf 1,00 € angehoben. Trotz rückläufigem Jahresüberschuss blieb die Dividende in den Folgejahren 2005 und 2006 stabil.

   b) Der Vorwurf des Aktionärs stimmt insoweit, als die Akku-AG die Aktionäre nicht im gleichen Ausmaß an der Ertragssteigerung beteiligt waren (siehe Jahresüberschuss und Dividende 2000, 2002 und 2004). Trotz rückläufigem Jahresüberschuss blieb die Dividende jedoch 2005 und 2006 stabil. Auf der anderen Seite hat die Akku-AG als forschungsintensives Unternehmen im Bereich der Elektrotechnik hohen Investitionsbedarf, der verstärkt durch Selbstfinanzierung gedeckt werden muss (Risiko).

   Dem kurzfristigen Anleger wird die Stärkung des Eigenkapitals in Kurszuwächsen „vergütet"; der langfristige Anleger kann bei weiteren Steigerungen des Jahresüberschusses künftig – neben einer stabilen Dividende – mit der Ausgabe von Berichtigungsaktien rechnen, durch welche er zusätzliches dividendenberechtigtes Kapital erhält. – Die „überzogene" Äußerung des Aktionärs hätte der Akku-AG signalisieren können, ggf. Teile der gebildeten Rücklagen in dividendenberechtigtes Grundkapital umzuwandeln (Berichtigungsaktien).

L

7.

Ertragsorientierte Div.Politik	Dividendenkontinuität
Sicht der AG (Vorteil): Wenn die Aktionäre bei Dividendenlosigkeit an den Aktien festhalten, dann nutzt die AG zinsloses Kapital **Sicht der Aktionäre (Vorteil):** ■ Klarheit darüber, wie es um die Unternehmung steht ■ spätere Ertragsaussichten, wenn der Jahresüberschuss investiert wird. **Sicht der AG (Nachteil):** ■ Gefahr, dass die Aktionäre die Aktien abstoßen ■ wenn der Kurs niedrig ist, dann ist die Mittelzufuhr bei Kapitalerhöhung entsprechend niedrig ■ Imageverlust der Firma. ■ Gefahr „feindlicher Übernahme" **Sicht des Aktionärs (Nachteil):** ■ Schädigung der Kleinaktionäre ■ Neben der Dividendenlosigkeit müssen Kursverluste hingenommen werden.	**Sicht der AG (Vorteile):** ■ Aktie für langfristige Anleger attraktiv ■ relativ hoher Kurs ■ bei Kapitalerhöhungen Ausgabe über pari möglich (Stärkung der Rücklagen) ■ Dividendenoptik sorgt für guten Ruf an der Börse ■ schlechte Ertragslage wird durch Auflösung offener Rücklagen verdeckt ■ Image bei Aktionären mit Stabilisierung des Kurses **Sicht der Aktionäre (Vorteil):** Dividendenauszahlung entspricht besonders den Wünschen der Kleinaktionäre. **Sicht der AG (Nachteile):** ■ Wenn die Optik erhalten werden soll, dann auch bei schlechter Ertragslage Zwang zur Dividendenzahlung (Ausschüttung früher erzielter Gewinne) ■ Mittel werden ausgeschüttet, die evtl. besser investiert würden. **Sicht des Aktionärs (Nachteile):** ■ die Aktie ist für Neuanleger oft zu teuer ■ die Aktie wird bei (späterer) plötzlicher Dividendenlosigkeit große Kursverluste hinnehmen müssen.

8. a) Jahresüberschuss:

Aktiva		Bilanz zum 31.12.20. .		Passiva
Immaterielle Anlagewerte	60 400 000,00	Gezeichnetes Kapital		32 500 000,00
Finanzanlagen und Sachanlagen	8 200 000,00	Kapitalrücklage		1 000 000,00
Vorräte	5 450 000,00	Gesetzliche Rücklage		3 230 500,00
Geldvermögen	850 000,00	Andere Gewinnrücklagen		15 500 000,00
Sonstige Posten des UV	6 130 500,00	Rückstellungen		5 250 000,00
		Verbindlichkeiten gegenüber Kreditinstituten		11 150 000,00
		Sonstige Verbindlichkeiten		4 300 000,00
		Jahresüberschuss (Saldo)		8 100 000,00
	81 030 500,00			81 030 500,00

b) **Verwendung des Jahresüberschusses:**

Jahresüberschuss   8 100 000,00

Einstellung in andere Gewinnrücklagen
70 % vom Jahresüberschuss *)

$$\frac{8\ 100\ 000}{2} = 4\ 050\ 000,00$$

Bilanzgewinn   4 050 000,00

*) Bei Einstellung von 70 % in andere Gewinnrücklagen lt. Satzung würden die anderen Gewinnrücklagen 50 % des Grundkapitals übersteigen (70 % von 8 100 000 = 5 670 000 + vorhandene andere Gewinnrücklagen 15 500 000 zusammen 21 170 000; dies sind 65,1 % vom Grundkapital 32 500 000,00). An die Stelle der Satzungsbestimmungen tritt dann der gesetzliche Zwang nach AktG § 58 Abs. 2 Satz 1 (Einstellung von 50 % des Jahresüberschusses).

c) Dividende: $\dfrac{4\ 050\ 000 \cdot 5}{32\ 500\ 000} = 0{,}623$ €/Aktie, aufgerundet 0,63 €

2.6.2 Verdeckte Selbstfinanzierung

Kontrolle

1. a) Bei der offenen Selbstfinanzierung wird der Gewinn, der erwirtschaftet wurde, in der Bilanz ausgewiesen; er führt zu einer Erhöhung des ausgewiesenen Eigenkapitals.
Anders bei der verdeckten Selbstfinanzierung:
Durch Unterbewertung der Aktiva bzw. Überbewertung der Schulden wird der tatsächlich erzielte Gewinn nicht voll ausgewiesen; es entstehen stille Rücklagen.

   b) Vom Standpunkt des Unternehmens aus ergeben sich folgende Vorteile aus der verdeckten Selbstfinanzierung:
   ■ Der Gewinn wird, z.B. durch überhöhte Abschreibungen, in spätere Jahre verlagert; durch die dadurch erzielte Steuerverkürzung entsteht in den ersten Jahren der Nutzung ein Zinsgewinn.

■ In Aktiengesellschaften können durch Gewinnverlagerungen auch in Verlustjahren Dividenden bezahlt und dadurch eine gleichmäßige Dividendenzahlung erreicht werden (Dividendenpolitik).

Steuerstundung: Vorteil gegenüber der offenen Selbstfinanzierung, da die Versteuerung in spätere Perioden verlagert wird, wenn es zur Auflösung der stillen Rücklagen kommt.

2. Der Fiskus ist auf laufende Steuereinnahmen und deren Sicherung angewiesen. Deshalb begrenzt das Steuerrecht die Bildung stiller Rücklagen in stärkerem Maße als das Handelsrecht.

3. **Gesetzlich erzwungen:** Der Gesetzgeber zwingt zur Bildung stiller Reserven, durch Aktivierungsverbot, z.B. die Aktivierung eines höheren Verkehrswertes in Perioden nach der Anschaffung.

Freiwillig veranlasst: Festlegung im Rahmen eines gesetzlich eingeräumten Spielraums, z.B. volle Abschreibung geringwertiger Wirtschaftsgüter statt Abschreibung über die Nutzungsdauer.

4. a) **Bilanziertes Eigenkapital:**
das in der Bilanz ausgewiesene Eigenkapital

Wirkliches Eigenkapital:
Bilanziertes Eigenkapital + Stille Rücklagen (Reserven)

b) **Bilanziertes Eigenkapital bei der AG:**
Grundkapital + Offene Rücklagen + Gewinnvortrag

Wirkliches Eigenkapital bei der AG:
Grundkapital + Offene Rücklagen + Gewinnvortrag + Stille Rücklagen (Reserven)

5. a) **Tabelle: Bildung und Auflösung stiller Reserven**

Ende der Jahre	1	2	3	4	5	6
Abschreibungen kalkulatorisch 1 000 €	10	10	10	10	10	10
Abschreibungen bilanziell 1 000 €	15	15	15	15		
Stille Rücklagen T€ ■ Bildung ■ Auflösung	– 5	– 5	– 5	– 5	+ 10	+ 10

b) Die Auflösung der stillen Rücklagen ist nicht an einem Buchungsvorgang erkennbar. Ab dem 5. Jahr wird bilanziell nicht mehr abgeschrieben. Durch diese Aufwandsminderung erhöht sich – gewissermaßen unmerklich – der Gewinn im 5. und 6. Jahr um je 10 000,00 €.

6. a)

Anschaffungswert	36 000,00 €
Abschreibungen nach 4 Jahren (4 · 7 200,00)	28 800,00 €
Restwert nach 4 Jahren	7 200,00 €
Verkaufserlös, möglicher	20 000,00 €
verdeckte Selbstfinanzierung	12 800,00 €

Auflösung sichtbar bei Verkauf

Buchungsvorgang (vereinfachte Buchung) unter Berücksichtigung von 16 % Umsatzsteuer:

Finanzkonto	23 800,00	an Fuhrpark	7 200,00
		Erträge aus dem Abgang von AV	12 800,00
		Umsatzsteuer	3 800,00

b) stille Rücklage = 5 000,00 €
stille Rücklage = 10 000,00 €
stille Rücklage = 0,00 €
stille Rücklage = 0,00 €

Vertiefung

7. a) Die Bildung willkürlicher stiller Rücklagen, z.B. willkürlich erhöhter Abschreibungen oder Rückstellungen, darf der Gesetzgeber nicht zulassen, da der Gewinn dadurch beliebig manipuliert und der Ausweis des erwirtschafteten Gewinns in der Bilanz nach Belieben verschleiert werden könnte (geringe Aussagekraft der Bilanz). Interessen der Anteilseigner und der Gläubiger würden gefährdet.

b) Durch die folgenden Bestimmungen des HGB wird der Bildung stiller Willkürrücklagen vorgebeugt:

- **HGB § 253 Abs. 2 Satz 1:** Bei den Gegenständen, deren Nutzung zeitlich begrenzt ist, sind die Anschaffungs- und Herstellkosten um **planmäßige** Abschreibungen ... zu vermindern.

  Durch die Vorschrift, planmäßige Abschreibungen anzusetzen, d.h. die Höhe der Abschreibungen im Voraus in einem Abschreibungsplan festzulegen, wird die Bildung von Willkürrücklagen verhindert.

- **HGB § 253 Abs. 2 Satz 3:** Ohne Rücksicht darauf, ob die Nutzung zeitlich begrenzt ist, können bei Gegenständen des Anlagevermögens außerplanmäßige Abschreibungen ... vorgenommen werden, um die Gegenstände mit dem niedrigsten Wert, der ihnen zum Abschlusstag beizulegen ist.

  In der Vorschrift kommt zum Ausdruck, dass der Gesetzgeber die Grenze der außerplanmäßigen Abschreibungen an der tatsächlich eingetretenen Wertminderung orientiert. Damit ist eine Obergrenze für die Bildung stiller Rücklagen auch bei den außerplanmäßigen Abschreibungen gezogen worden.

- **HGB § 253 Abs. 1 Satz 2:** Rückstellungen sind „nach **vernünftiger** kaufmännischer Beurteilung" zu bilden. Die Bestimmung will die Bildung stiller Willkürrückstellungen ausschließen.

- **HGB §§ 279/280:** Nach 279 Abs. 1 Satz 1 darf § 253 Abs. 4 über die Bildung stiller Rücklagen bei Kapitalgesellschaften nicht zugelassen werden. § 280 verbietet für Kapitalgesellschaften grundsätzlich die Beibehaltung niedriger Wertansätze (Wertaufholungsgebot).

8. Den Äußerungen des Vorstandes kann voll zugestimmt werden. Durch die „verdeckte Selbstfinanzierung" bleiben Gewinnteile im Unternehmen. Es können dadurch teure Kre-

ditaufnahmen vermieden werden, die Investitionen finanzieren sich somit günstig. Die Sichtweite der Kleinaktionäre ist auf den ersten Blick stichhaltig. Es muss jedoch berücksichtigt werden, dass „rentable" Investitionen sich zumindest mittelfristig auf den Gewinn auswirken und somit indirekt die Höhe der künftigen Dividende beeinflussen.

9. a) **Bilanziertes Eigenkapital:**

Gezeichnetes Kapital	500 000 €
+ Kapitalrücklagen	10 000 €
+ gesetzliche Rücklagen	40 000 €
+ andere Gewinnrücklagen	90 000 €
+ Gewinnvortrag	10 000 €
	650 000 €

Börsenkurswert (BKW) (Beträge in 1 000 €):

$$\text{BKW} = \frac{\text{Grundkapital} \cdot \text{Kurs}}{100}$$

$$= \frac{500\,000 \cdot 6,75}{5} = \underline{\underline{675\,000}}$$

Vermutete stille Rücklagen:

Börsenkurswert	675 000
– bilanziertes Eigenkapital	650 000
	25 000

b) **Bilanzkurs (BK):**

$$\text{BK} = \frac{\text{bilanziertes Eigenkapital}}{\text{Grundkapital}}$$

$$= \frac{650\,000 \cdot 100}{500\,000} = 130\,\%; \text{ (je Aktie } \frac{135}{20} = 6,5)$$

c)
Börsenkurs	=	6,75 € (je 5,00-€-Aktie)
– Bilanzkurs	=	6,50 € (je 5,00-€-Aktie)
vermutete stille Rücklage	=	0,25 € (je 5,00-€-Aktie)

Es ist grundsätzlich richtig, dass überhöhte Abschreibungen den Gewinn schmälern und damit das Eigenkapital in der Bilanz verschleiern bzw. die Möglichkeiten zur Gewinnausschüttung (Dividende) reduzieren.

Ob die Argumente der Schutzvereinigung im vorliegenden Falle stichhaltig sind, muss bezweifelt werden. Die vermuteten stillen Rücklagen betragen nur 0,25 € je Aktie, insgesamt also 25 000,00 €. Berücksichtigt man die relativ hohen Rückstellungen des Unternehmens, in denen ebenfalls stille Rücklagen enthalten sein können, so dürften die durch die Abschreibungen entstandenen stillen Rücklagen je Aktie unter 0,25 € liegen. Im Übrigen ist auch nicht bekannt, was die Schutzvereinigung unter einer „angemessenen" Dividende versteht.

d) Der Börsenkurs bildet sich durch Angebot und Nachfrage und wird folglich von allen Komponenten beeinflusst, von denen Angebot und Nachfrage abhängen:

z.B.
- Dividendenankündigungen
- allgemeine Konjunkturentwicklung
- Branchenentwicklung
- wirtschafts- und sozialpolitische Maßnahmen
- innen- und außenpolitische Lage.

Der Börsenkurs schwankt oft stark („Volatilität").

2.7 Umfinanzierung

Kontrolle

1. a) Kapitalfreisetzungen, die auch als Umfinanzierungen im weiteren Sinne bezeichnet werden, führen zu Umschichtungen im Aufbau des Vermögens, z.B. aus dem Rückfluss von Abschreibungen.

   Umfinanzierungen im engeren Sinne betreffen nur die Maßnahme, die Umschichtungen im Kapitalaufbau (Passivseite der Bilanz) berühren, z.B. Umwandlung von kurzfristigem Fremdkapital in langfristiges Fremdkapital.

   b) Der Gewinn fließt – wie die Kosten – durch Verwertung der betrieblichen Leistungen am Markt in den Betrieb zurück (= Innenfinanzierung).

   Während es sich jedoch bei der Selbstfinanzierung um Finanzierung aus dem Gewinn handelt, welche das Bilanzvolumen vergrößert, sind Kapitalfreisetzungen lediglich Umschichtungsvorgänge auf der Vermögensseite der Bilanz.

2. a) Vorübergehende Kapitalfreisetzung: Fall 2, 3 und 4.

   b) Endgültige Kapitalfreisetzung: Fall 1.

3. a) **Freigesetzte Mittel:**

Umsatzerlös	240 000,00 €
– Gewinnsteuer 30 %	
von 175 000,00 €[1]	72 000,00 €
	168 000,00 €

   b) **Bisheriger Kapitalbedarf:**

Tagesbedarf an Rohstoffen 1 500 kg zu je 3,00 €		=	4 500,00 €
bei 30 Tage Lieferzeit ergibt sich ein			
Mindestbestand von	30 · 4 500,00 €	=	135 000,00 €
+ eiserner Bestand (6-Tage-Bedarf) 6 · 4 500,00 €		=	27 000,00 €
			162 000,00 €

---

[1] Umsatzerlös – Buchwert

498

Neuer Kapitalbedarf:

Bei 7 Tagen Lieferzeit ergibt sich ein			
Mindestbestand von	$7 \cdot 4\,500,00$ €	=	31 500,00 €
+ eiserner Bestand (4-Tage-Bedarf)	$4 \cdot 4\,500,00$ €	=	18 000,00 €
			49 500,00 €

Rationalisierungserfolg:

bisheriger Kapitalbedarf	=	162 000,00 €
neuer Kapitalbedarf	=	49 500,00 €
		112 500,00 €

c) Die bisherigen Außenstände haben sich im Umsatz wie folgt umgeschlagen:

$$\text{Umschlag der Forderungen} = \frac{36\,000\,000}{6\,000\,000} = 6$$

$$\text{Durchschnittliches Kundenziel} = \frac{360}{6} = 60 \text{ Tage}$$

Durch die Reorganisation des Mahnwesens gelingt es, die durchschnittliche Zeit bis zum Eingang der Forderungen auf 40 Tage zu verkürzen. Dies bedeutet bei gleichem Umsatz eine Erhöhung des Forderungsumschlags

$$\text{Umschlag der Forderungen} = \frac{360}{40} = 9$$

Bisher hat sich der durchschnittliche Forderungsbestand von 600 000,00 € 6 mal umgeschlagen; bei gleichem Umsatz und 9-fachen Umschlag betragen in Zukunft die durchschnittlichen Außenstände nur noch 4 000 000,00 € (9 · 4 000 000,00 = 36 000 000,00).

Rationalisierungserfolg:

Bisherige durchschnittliche Außenstände	=	6 000 000,00 €
Künftige durchschnittliche Außenstände	=	4 000 000,00 €
Verringerung der Außenstände	=	2 000 000,00 €

4. Zu einer Umschichtung innerhalb des Eigenkapitals kommt es, wenn bei der AG offene Gewinnrücklagen in Grundkapital im Rahmen einer Kapitalerhöhung aus Gesellschaftsmitteln vorgenommen wird. In diesem Falle wird kein neues Kapital zugeführt, es wird lediglich aus nicht dividendenberechtigten Rücklagen dividendenberechtigtes Grundkapital.

Vertiefung

5.

	a) Vermehrung des Vorratsvermögens	b) Schuldentilgung	c) Anlage in Wertpapieren
Vorteile:	Durch Verwendung im betrieblichen Umsatzprozess kann die Rentabilität gesteigert werden, wobei auf teure Außenfinanzierung verzichtet werden kann.	Verbesserung der Liquidität bzw. der Ertragslage, wenn kurzfristige und verzinsliche Verbindlichkeiten abgebaut werden.	Verbesserung der Rentabilität. Möglichkeit des Verkaufs der Papiere an der Börse bei Bedarf.
Nachteile:	Engpässe treten auf, wenn der Umsatzprozess die verwendeten Mittel nicht zum Zeitpunkt der Wiederanlage zur Verfügung stellt oder wenn Mittel im Vorratsvermögen „einfrieren".	Gefahr, dass die durch den Schuldenabbau gewonnenen Mittel „zweckfremd" verwendet werden und zur Reinvestition nicht zur Verfügung stehen.	Gefahr des Kursverlustes, wenn Papiere zum Zeitpunkt einer Baisse an der Börse verwertet müssen.

6. Die endgültige Kapitalfreisetzung stimmt mit dem Verkaufserlös = 15 000,00 € überein.

7. **Bisheriger Kapitalbedarf:**

Tagesbedarf an Rohstoffen 2 000 kg zu 5,00	=	10 000,00 €
Mindestbestand bei 25 Tagen (25 · 10 000,00)	=	250 000,00 €
+ eiserner Bestand (5-Tage-Bedarf) (5 · 10 000,00)	=	50 000,00 €
bisheriger Kapitalbedarf		300 000,00 €

Neuer Kapitalbedarf:

Bei 10 Tagen Lieferzeit ergibt sich (10 · 10 000,00)	=	100 000,00 €
Eiserner Bestand (8 000,00 · 5)	=	40 000,00 €
neuer Kapitalbedarf		140 000,00 €

Rationalisierungserfolg:	bisheriger Kapitalbedarf	300 000,00 €
	jetziger Kapitalbedarf	140 000,00 €
		160 000,00 €

8. a) Mittelfreisetzung: $\dfrac{450\ 000 \cdot 9}{45} = \underline{\underline{90\ 000,00\ €}}$

   b) Durch die Übernahme der Finanzierungsfunktion könnten die gesamten Forderungen bevorschusst werden („Diskontierung"). Diese Maßnahme könnte nicht nur die Liquidität, sondern auch die Rentabilität verbessern. Es muss aber auch an eine Übertragung der Dienstleistungsfunktion gedacht werden. Dabei sind die Dienstleistungsgebühr mit den Kosten der vorgesehenen Reorganisation des Mahnwesens und den Kosten der Debitorenbuchhaltung zu vergleichen.

   c) Durch die Finanzierungsfunktion kommt es beim Factoring zu einer vorübergehenden Kapitalfreisetzung (Umfinanzierung im weiteren Sinne).

2.8 Finanzierung aus Abschreibungsrückflüssen

2.8.1 Kapitalfreisetzungs- und Kapazitätserweiterungseffekt

2.8.2 Erweiterung der Gesamtkapazität – Entstehung von Scheingewinnen

Kontrolle

1. Siehe Band 1!

2. Siehe Band 1!

3. Aussage a) trifft zu.

4. a) **Abschreibungsplan**

Jahre	① Zahl der Maschinen	② Ansch.-werte	③ Abschreibungen 1/8 von ②	④[1] Buchwerte	⑤ Abschreib.- mittel ③ + ⑥	⑥ Restgeld
B. 1. Jahr	10	500 000	–	–		–
E. 1. Jahr			62 500	437 500	62 500	–
B. 2. Jahr	+ 1 = 11	550 000		487 500		12 500
E. 2. Jahr			68 750	418 750	81 250	

Jahre	① Zahl der Maschinen	② Ansch.-werte	③ Abschreibungen 1/8 von ②	④[1] Buchwerte	⑤ Abschreib.- mittel ③ + ⑥	⑥ Restgeld
B. 3. Jahr E. 3. Jahr	+ 1 = 12	600 000	 75 000	468 750 393 750	– 106 250	31 250 –
B. 4. Jahr E. 4. Jahr	+ 2 = 14	700 000	 87 500	493 750 406 250	 93 750	6 250 –
B. 5. Jahr E. 5. Jahr	+ 1 = 15	750 000	 93 750	456 250 362 500	 137 500	43 750 –
B. 6. Jahr E. 6. Jahr	+ 2 = 17	850 000	 106 250	462 500 356 250	 143 750	37 500 –
B. 7. Jahr E. 7. Jahr	+ 2 = 19	950 000	 118 750	456 250 337 500	 162 500	43 750 –
B. 8. Jahr E. 8. Jahr	+ 3 = 22 – 10 = 12	1 100 000	 137 500	487 500 350 000	 150 000	12 500 –
B. 9. Jahr	+ 3 = 15	750 000		500 000		–

b) Ausdehnung der Kapazität bis zum Ende des 5. Jahres um 5 Maschinen = 50 %.

c) Die im Text geschilderten Voraussetzungen treffen in obigem Beispiel nicht zu. Eine Kapitalfreisetzung von mehr als 50 % wird zwar erreicht, eine Verdoppelung der Kapazität ergibt sich jedoch nicht. Der Umfang der Erhöhung der Produktionskapazität hängt nämlich im jeweiligen Einzelfall davon ab, ob die Abschreibungen zu Beginn des folgenden Kalenderjahres sofort im vollen Umfang zur Anschaffung neuer Maschinen verwendet werden können.

d) Der kritische Punkt der Substanzerhaltung ist am Ende des 8. Jahres gegeben. Wenn man unterstellt, dass der Betrieb in die Kapazität von 22 Maschinen „hineingewachsen" ist, so wird diese Kapazität in den folgenden Jahren nicht mehr erreicht (vgl. Tabelle).

Dieser kritische Punkt könnte hinausgeschoben bzw. gemildert werden durch sukzessive jährliche Anschaffung der Anlagegüter, die durch Außenfinanzierung in den Anfangsjahren beschafft werden.

5. a) **Gegenüberstellung der Abschreibungsverläufe:**

Tabellen zur Ermittlung der Kapazitätsentwicklung bei linearer und degressiver Abschreibung

Lineare Abschreibung (10 %)

Jahr	Maschinenbestand Ansch.-werte Stück / €	Abschreib. €	Reinvestition aus Abschreib. € / Stück	Restwerte €	Restgeld nach Reinvestion €
Anf. 1. J. Ende 1. J.	3 / 30 000,00 + 3 / 30 000,00	 3 000,00		30 000,00 27 000,00	
Anf. 2. J. Ende 2. J.	= 6 / 60 000,00 6 / 60 000,00	 6 000,00		57 000,00 51 000,00	
Anf. 3. J. Ende 3. J.	8 [2] / 80 000,00 8 / 80 000,00	 8 000,00		71 000,00 63 000,00	
Anf. 4. J. Ende 4. J.	11 [3] / 110 000,00 11 / 110 000,00	 11 000,00	10 000,00 / 1	93 000,00 82 000,00	7 000,00
Anf. 5. J. Ende 5. J.	12 [4] / 120 000,00 12 / 120 000,00	 12 000,00	10 000,00 / 1	92 000,00 80 000,00	8 000,00
Anf. 6. J.	14 [5] / 140 000,00		20 000,00 / 2	100 000,00	

---

[1] Buchwerte 2-zeilig: AB und SB. ③ = Differenz zwischen erster und zweiter Zeile von ④.

[2] 6 + 2 = 8

[3] 8 + 2 + 1 (aus Abschreibungswert) = 11

[4] 11 + 1 (aus Abschreibungswert) = 12

[5] 12 + 2 (aus Abschreibungswert 12 000 + Restgeld 8 000)

Degressive Abschreibung $(2 \cdot 10 \% = 20 \%)$

Jahr	Maschinenbestand Ansch.-werte Stück	Maschinenbestand Ansch.-werte €	Abschreib. €	Reinvestition aus Abschreib. €	Reinvestition aus Abschreib. Stück	Restwerte €	Restgeld nach Reinvestion €
Anf. 1. J.	3	30 000,00				30 000,00	
Ende 1. J.	3	30 000,00	6 000,00			24 000,00	
Anf. 2. J.	6	60 000,00				54 000,00	
Ende 2. J.	6	60 000,00	10 800,00			43 200,00	
Anf. 3. J.	9[1]	90 000,00		10 000,00	1	73 200,00	6 800,00
Ende 3. J.	9	90 000,00	14 640,00			58 560,00	
Anf. 4. J.	13[2]	130 000,00		20 000,00	2	98 560,00	1 440,00
Ende 4. J.	13	130 000,00	19 712,00			78 848,00	
Anf. 5. J.	15[3]	150 000,00		20 000,00	2	98 848,00	1 152,00
Ende 5. J.	15	150 000,00				118 848,00	
Anf. 6. J.	17[4]	170 000,00	23 769,60	20 000,00	2	95 078,10	4 921,60

Bei linearer Abschreibung von 10 % können bis zu Beginn des 6. Jahres 4 Maschinen zusätzlich finanziert werden. Bei der degressiven Abschreibung[5] können im gleichen Zeitraum – über den Plan (10 Ma) hinausgehend – weitere 7 Maschinen beschafft werden. Im Vergleich zur linearen Methode können also 3 Maschinen mehr angeschafft werden.

b) Eine Investition bedeutet immer eine Zunahme der fixen Kosten. Lässt sich kein zusätzlicher Absatz mehr erreichen, dann bewirken diese Kosten eine Zunahme der Kosten je Stück. In Zeiten konjunkturellen Aufschwungs sind Investitionen im Allgemeinen unbedenklich. Es ist also Voraussetzung für diese Investitionen, dass der Höhepunkt der Konjunktur noch nicht überschritten ist. – Gravierend kann sich bei rückläufiger Beschäftigung auch die Tatsache der Kostenremanenz auswirken. So kann z.B. die Zahl der Beschäftigten dem Beschäftigungsrückgang nicht ohne weiteres angepasst werden. Hauptsächlich arbeitsrechtliche, aber auch soziale und psychologische Gründe verhindern eine rasche Anpassung.

6. a) Finanzierung aus Abschreibungen dieser Periode: insgesamt 5 Maschinen. Begründung: Aus kalkulatorischen Abschreibungen fließen dem Unternehmen (vgl. Abschreibung in Betriebsergebnisrechnung = Kosten) 200 000,00 € zu. Mit diesem Betrag können 4 Maschinen zu je 50 000,00 € finanziert werden. Wird der Gesamtgewinn (vgl. Erfolgsrechnung) an die Gesellschafter ausgeschüttet, so bleiben durch die höhere bilanzielle Abschreibung (250 000,00 €) weitere 50 000,00 € im Betrieb gebunden, d.h. infolge der Nichtausschüttung dieses Betrages (vgl. Tabellen) kann eine weitere 5. Maschine finanziert werden.

    b) Zusammenfassen der Mittel:

    Abschreibungsfinanzierung: 200 000,00 € (= 4 Maschinen)
    verdeckte Selbstfinanzierung: 50 000,00 € (= 1 Maschine)

    c) Die Gesamtkapazität lässt sich erhöhen, da mit der Beschaffung von Maschinen auch aus der verdeckten Selbstfinanzierung zusätzliche Investitionen möglich sind, und zwar über die aus den kalkulatorischen Abschreibungen freigesetzten Mittel hinaus.

---

[1] 6 + 2 + 1
[2] 9 + 2 + 2
[3] 13 + 2
[4] 15 + 2
[5] Die degressive Abschreibung ist handelsrechtlich möglich, steuerrechtlich ab 2008 nicht mehr zulässig. Sie wirkt aber aus bestehenden Abschreibungsplänen noch nach.

d) Es können finanziert werden:

zunächst:	4 Maschinen aus Abschreibungsfinanzierung	(200 000,00 €)
	1 Maschine aus verdeckter Selbstfinanzierung	(50 000,00 €)
hinzu kommt:	1 Maschine aus offener Selbstfinanzierung (Gewinn)	(50 000,00 €)
=	6 Maschinen insgesamt	(300 000,00 €)

Vertiefung

7. Abschreibungen haben die Aufgabe, den Werteverzehr im Anlagevermögen als Wertminderung zu erfassen. Über den Umsatzerlös müssen die Abschreibungen „verdient" werden. Sie dienen dazu, am Ende der Nutzungszeit ein Ersatzanlagegut zu beschaffen (Ziel: Substanzerhaltung). Bei der „Finanzierung aus Abschreibungsrückflüssen" werden zur Ausdehnung der Periodenkapazität tatsächlich die für Ersatzinvestitionen benötigten Mittel „vorwegverwendet". Im vorliegenden Falle (ständig verbesserte Auftragslage) werden die Abschreibungen am Markt „verdient" und sofort in die „Erweiterung" investiert. Hier liegt eine andere Zielsetzung vor. Zu beachten ist jedoch im vorliegenden Falle der Zeitpunkt des Ausscheidens der „Erstausstattung der 10 Maschinen" nach 5 Jahren; hier entsteht ein „kritischer Punkt", d.h. es muss bei unveränderter Auftragslage dafür gesorgt werden, dass die Substanz nach diesem Ausscheiden erhalten werden kann (ggf. eine Form der Außenfinanzierung).

8. a) **Abschreibungstabelle**

Jahre	Pkwbestand Stück 1 000 €		Abschreibungen 1 000 €	Reinvestition 1 000 € Stück		Buchwerte (Restwerte) 1 000 €	Restgeld nach Reinvestition 1 000 €
Anf. 1. J.	10	200				200	
Ende 1. J.	10	200	50	–	–	150	
Anf. 2. J.	12	240	–	40	2	190	10
Ende 2. J.	12	240	60	–		130	
Anf. 3. J.	15	300	–	60	3	190	10
Ende 3. J.	15	300	75	–		115	
Anf. 4. J.	19	360	–	80	4	195	5
Ende 4. J.	9	180	95	–		100	
Anf. 5. J.	14	280	–	100	5	200	–
Ende 5. J.	12	240	70	–		130	
Anf. 6. J.	15	300	–	60	3	190	10
Ende 6. J.	12	240	75	–		115	
Anf. 7. J.	16	320	–	80	4	195	5
Ende 7. J.	12	240	80	–		275	
Anf. 8. J.	16	320	–	80	4	355	5
Ende 8. J.	11	100	80	–		275	
Anf. 9. J.	15	180		80	4	355	5

b) Maximale Erweiterung bis zum Beginn des 4. Jahres von 10 auf 19 Pkw. Zu Beginn des 5. Jahres tritt eine Kapazitätskrise auf, wenn nach dem Ausscheiden von 10 Pkw aus dem 1. Jahr der Anschaffung nur noch 5 Zugänge aus Abschreibungserlösen gegenüberstehen.

c) Bei 15–16 Pkw stabilisiert sich der Bestand der Pkw (ab dem 6. Jahr).

d) **Perioden- und Gesamtkapazität (LE = Leistungseinheiten)**

Jahr	Pkw-Bestand	Ansch. Werte Restwerte / Abschreibungen	Periodenkapazität	Gesamtkapazität
Anf. 1. J. Ende 1. J.	10	200 000,00 – 50 000,00	10 · 30 000 = 300 000 LE	10 · 30 000 · 4 = 1 200 000 LE – 10 · 30 000 · 1 = 300 000 LE
Anf. 2. J.	+ 2 = 12	150 000,00 40 000,00 Rest 10 000,00	12 · 30 000 = 360 000 LE	+ 2 · 30 000 · 4 = 240 000 LE 1 140 000[1] (900 000 + 240 000)

[1] Die Differenz in der Gesamtkapazität (1 200 000 – 1 140 000 = 60 000 LE) beruht darauf, dass nach der Reinvestition zu Beginn des 2. Jahres ein Rest von 10 000,00 verbleibt. Dieser Rest entspricht einer Maschinenkapazität von ½ Maschine. Wird diese („noch") nicht genutzte Leistungsmöglichkeit berücksichtigt, so gleicht sich die Differenz rechnerisch aus (0,5 · 30 000 · 4 = 60 000 LE). Damit zeigt sich, dass die Gesamtkapazität unverändert bleibt (1 140 000 + 60 000 = 1 200 000).

e) **Zusammensetzung der Finanzierung:**

Anfang	1. Jahr:	10 Fahrzeuge je 20 000,00	=	200 000,00 €	AW
Ende	1. Jahr:	20 % bilanzielle Abschreibung	=	40 000,00 €	
Anfang	2. Jahr:	Reinvestition		40 000,00 €	

Finanzierung
+ 2 Fahrzeuge je 20 000,00 = 40 000,00 €, also
2 Fahrzeuge aus Abschreibungsfinanzierung
Periodenkapazität: (2 · 30 000) + 60 000 LE (vgl. d))
Gesamtkapazität: ± 0 (1 200 000 LE)

Kein Fahrzeug verdeckt selbst finanziert, da bilanzielle Abschreibung < kalkul. Abschreibung; offen selbstfinanziert ½ Fahrzeug (50 000 – 40 000 = 10 000).

9. a) Eine Kapazitätserweiterung tritt in diesem Falle nicht ein. Zwar kommt es zu einer Freisetzung von Mitteln aus der Gesamtanlage; diese können jedoch nicht für eine Erweiterungsinvestition verwendet werden, da die Gesamtanlage eine produktionstechnische Einheit darstellt und Teilaggregate nicht selbstständig nutzungsfähig sind.

   b) Unterstellt man gleich bleibende Technik und damit gleiche Leistungsfähigkeit der Maschinen, so bedeuten steigende Wiederbeschaffungskosten eine Abschwächung des Kapazitätserweiterungseffektes, da die freigesetzten Abschreibungsbeträge aus niedrigeren „historischen" Anschaffungswerten stammen.

   c) Wenn die Abschreibungen voll in den Preis verrechnet werden können, so können diese zum Zwecke der Kapazitätserweiterung vorweg verwendet werden. Allerdings zieht eine Kapazitätserweiterung einen erhöhten Kapitalbedarf im Umlaufvermögen nach sich, der dann nicht aus dem Gewinn, sondern durch Kreditfinanzierung gedeckt werden muss.

   d) Der Kapazitätserweiterungseffekt wird in diesem Falle durch verdeckte Selbstfinanzierung verstärkt.

   e) Solange die degressiven Abschreibungsbeträge die vergleichbaren linearen Abschreibungsmittel übersteigen, bewirkt die degressive Methode eine Verstärkung des Kapazitätserweiterungseffektes.

10. a) Aussage ist richtig.

    b) Aussage ist richtig.

    c) Die Aussage ist nur bedingt richtig.

    Werden die kalkulatorischen und bilanziellen Abschreibungen vom Anschaffungswert in gleicher Höhe angesetzt, so ist die volle Differenz zum Wiederbeschaffungswert ein Scheingewinn, was zum Substanzverlust führt.

    Werden – wie bei der vorliegenden Aussage – die kalkulatorischen Abschreibungen vom höheren Wiederbeschaffungswert gerechnet, so lassen sich auch hier Substanzverluste nicht vermeiden. Begründung: Über den Umsatzerlös kehren zwar die im Preis verrechneten Wiederbeschaffungskosten in das Unternehmen zurück. Den höheren Wiederbeschaffungskosten stehen aber die Anschaffungskosten als Basis der bilanziellen Abschreibungen im GuV-Konto gegenüber, sodass auch hier ein Scheingewinn entsteht.

11. a) **Zahl der Arbeitsplätze:**   €

02.01.2002	5 Arbeitsplätze je 20 000,00	100 000,00
	– 40 % degressive Abschreibung	40 000,00
Restwert am 31.12.2002		60 000,00
02.01.2003	+ 2 Arbeitsplätze (aus Abschr.)	40 000,00
	= 7 Arbeitsplätze	100 000,00
	– 40 % Abschreibung 2003	40 000,00
Restwert am 31.12.2003		60 000,00
02.01.2004	+ 2 Arbeitsplätze (aus Abschr.)	40 000,00
	= 9 Arbeitsplätze	100 000,00
	– 40 % Abschreibung 2004	40 000,00
Restwert am 31.12.2004		60 000,00
02.01.2005	+ 2 Arbeitsplätze (aus Abschr.)	40 000,00
	= 11 Arbeitsplätze	100 000,00
	– 40 % Abschreibung 2005	40 000,00
Restwert am 31.12.2005		60 000,00
02.01.2006	+ 2 Arbeitsplätze (aus Abschr.)	40 000,00
	= 13 Arbeitsplätze	100 000,00
	– 40 % Abschreibung 2006	40 000,00
Restwert am 31.12.2006		60 000,00

Im Jahre 2006 sind 13 Arbeitsplätze im Betrieb.

b1) **Kredit zu Beginn 2007:**

Zur Berechnung der Höhe des Kredits ist zunächst einmal der Restwert der Erstausstattung zu ermitteln, da der Lieferer die Anlagen zum Restwert in Zahlung nimmt.

Anschaffungswert am 02.01.2002		100 000,00
– 40 % Abschreibung 2002 (degressiv)		40 000,00
Restwert 31.12.2002		60 000,00
– 40 % Abschreibung 2003		24 000,00
Restwert 31.12.2003		36 000,00
– 40 % Abschreibung 2004		14 400,00
Restwert 31.12.2004		21 600,00
– 40 % Abschreibung 2005		8 640,00
Restwert 31.12.2005		12 960,00
– 40 % Abschreibung 2006		5 184,00
Restwert 31.12.2006		7 776,00

Kosten der Ersatzinvestition Anfang 2007	=		100 000,00
– Erlös aus Verkauf der Erstausstattung	=	7 776,00	
– Abschreibungen für 2006	=	40 000,00	47 776,00
Benötigter Kredit ab 02.01.2007			52 224,00

b2) Kreditdauer:

Der Kredit wird zunächst bis Ende 2007 benötigt, da die im Verkaufspreis einkalkulierten Abschreibungen hereinkommen.

Kredit am 02.01.2007 (siehe b1)	52 224,00
Abschreibungen 2007 *) 40 % von 152 224,00	60 890,00
Überschuss für Reinvestition ab 02.01.2004	8 666,00

*) Am 02.01.2007 sind vorhanden:

13 Arbeitsplätze – Restwert	60 000,00
– Erstausstattung (Restwert)	7 776,00
benötigter Kredit ab 02.01.2007	52 224,00
+ 5 Neuausstattungen 02.01.2007	100 000,00
	152 224,00
– 40 % degressive Abschreibungen 2007	60 890,00 (gerundet)
Restwert am 31.12.2007–13 Ausstattungen	91 334,00

b3) Art des Kredits:

Es empfiehlt sich ein Kontokorrentkredit, weil sich der ursprüngliche Kreditbetrag durch die im Umsatzerlös hereinkommenden Abschreibungsbeträge fortlaufend abbaut.

c) Es handelt sich um die Abschreibungsfinanzierung, eine Art der Innenfinanzierung.

Aktionär: Die hohen Abschreibungen schmälern den Jahresüberschuss und die Dividenden. Andererseits wird die Vermögenssubstanz der Gesellschaft und ihre Kapazität vergrößert. Aussicht auf Steigerung des Aktienkurses.

Arbeitnehmer: Bei geringeren Abschreibungen vielleicht höherer Lohn möglich. Die hohen Abschreibungen (Kosten) verhindern eine mögliche Preisherabsetzung. Diese Finanzierungsart schafft jedoch neue Arbeitsplätze, erhöht die Nachfrage nach Arbeitskräften, was bei Lohnforderungen eher Erfolg verspricht.

2.9 Investitionsrechnung

2.9.1 Statische Verfahren

2.9.1.1 Kostenvergleichsrechnung

Kontrolle

1. a) Alternativinvestition

Alternativinvestition	Investitionsgüter	
	A (€)	B (€)
Abschreibungen	28 000,00	40 000,00
Zinsen	16 500,00	18 700,00
sonstige K_f	60 000,00	80 000,00
Summe der K_f	104 500,00	138 700,00
– Summe der K_v bei 6 500 Auslastung	98 000,00	112 000,00

K	$202\,500,00$	$250\,700,00$
$k_f + k_v = k$	$\dfrac{104\,500}{6\,500} + 15,08$	$\dfrac{138\,700}{6\,500} + 17,23$
Entscheidung für A	$= 31,16$	$= 38,57$
Entscheidung für B	$\dfrac{104\,500}{4\,000} + 15,08$ $= 41,21$	$= 38,57$
[1] Abschreibungen [2] Zinsen	$\dfrac{290\,000 - 10\,000}{10} = 28\,000$ $\dfrac{(290\,000 + 10\,000) \cdot 11}{2 \cdot 100} = 16\,500$	$\dfrac{330\,000 - 10\,000}{8} = 40\,000$ $\dfrac{(330\,000 + 10\,000) \cdot 11}{2 \cdot 100} = 18\,700$

b) **Ersatzinvestition**

Ersatzinvestition	Investitionsgüter	
	alt	Ersatz
Abschreibungen	–	$41\,500,00$
Minderung des Liquidationswertes[1]	$18\,750,00$	–
Zinsen[2]	$6\,250,00$	$17\,900,00$
sonstige K_f	$96\,000,00$	$84\,000,00$
Summe der K_f	$121\,000,00$	$143\,400,00$
Summe der K_v bei 42 000/26 000 Stück	$300\,000,00$	$380\,000,00$
Gesamtkosten (K)	$421\,000,00$	$523\,400,00$
	$\dfrac{300\,000}{42\,000} + 7,14^3$	$\dfrac{380\,000}{26\,000} + 14,62^3$
Stückkosten (k)	$= 10,02$	$= 20,14$

Der Ersatz des alten Investitionsgutes ist **nicht** zu empfehlen.

ca) $\quad 78\,000 + 420\,x = 150\,000 + 240\,x$

$\qquad\qquad 180\,x = 72\,000$

$\qquad\qquad\quad x = 400$

cb) Nach ca) ist bei Stückzahl 300 die Fertigung auf der Maschinengruppe, bei Stückzahl 600 auf dem Industrieroboter günstiger.

cc) Neue und verbesserte Anlagen sind wegen ihrer höheren K_f im Allgemeinen erst ab einer bestimmten Stückzahl günstiger. Dies sollte bei (Ersatz-)Investitionen ebenfalls beachtet werden.

---

1 $\quad \dfrac{100\,000 - 25\,000}{4} = 18\,750$

2 $\quad \dfrac{(100\,000 + 25\,000) \cdot 10}{2 \cdot 100}$ $\qquad \dfrac{345\,000 + 13\,000 \cdot 10}{2 \cdot 100}$

$\qquad\quad = 6\,250$ $\qquad\qquad\quad = 17\,900$

3 $\quad \dfrac{300\,000}{42\,000} = 7,14$

$\quad \dfrac{380\,000}{26\,000} = 14,62$

2. **Kapitalkosten** und **Kapitaldienst** sind identische Begriffe (auf die Periode bezogen): Man versteht darunter den Ansatz von

- Abschreibungen:

$$\frac{\text{Anschaffungskosten} - \text{Restwert}}{\text{Nutzungsdauer}}$$

- Zinsen:

$$\frac{(\text{Anschaffungskosten} + \text{Restwert}) \cdot \text{Zinssatz}}{2 \cdot 100}$$

Betriebskosten (siehe Band 1) mit fixen und variablen Bestandteilen

Kritische Auslastung: Sie beschreibt die Stückzahl, bei der die Stückkosten zweier Investitionsgüter gleich groß sind (Übergangsmenge), z.B. $K_{fA} + k_{vA} \cdot x = K_{fB} + k_{vB} \cdot x$

Resterlöswert: Betrag, den ein Investitionsgut nach Ablauf eines Teils bzw. der vollen Nutzungsdauer als Veräußerungserlös erbringt.

3. **Beurteilung:** siehe Band 1, Seite 366 f.

Eignung für Investitionen: Unter Bezugnahme auf eine Abrechnungsperiode geeignet für reinen Kostenvergleich in

- Alternativinvestitionen,
- Berechnungen der kritischen Menge,
- Entscheidungen, ob (jetzt oder später) bereits eine Ersatzinvestition vorteilhaft ist.

4. **Periodenrechnung:**
- Bei Alternativinvestitionen liegt eine gleich große Auslastung der Investitionsgüter vor.
- Berechnung der kritischen Menge, bezogen auf *eine* Abrechnungsperiode.

Bezug auf die Leistungseinheit:
- Unterschiedlich hohe Auslastung der alternativen Investitionsgüter.
- Entscheidung für oder gegen ein Ersatzwirtschaftsgut. Die Hereinnahme von Resterlöswerten und der Wegfall der Abschreibungen beim gebrauchten Investitionsgut lassen einen Vergleich auf Basis der Gesamtkosten nicht zu.

5.

Alternativentscheidung	Ersatzentscheidung
Ermittlung der Gesamtkosten unter Beachtung der Abschreibungen aus AK minus Restwert und der durchschnittlichen Zinsen aus $$\frac{\text{AK} + \text{Restwert}}{2}$$ Dies gilt für die alternativen Investitionsgüter.	Ermittlung der Gesamtkosten der Ersatzwirtschaftsgutes unter Beachtung der Abschreibungen, der Zinsen aus der Summe von $\frac{\text{AK} + \text{Restwert}}{2}$; dazu die K_f. Diese Gesamtsumme verglichen mit der Summe aus jährlicher Minderung des Resterlöses (Liquidationserlös) + Zinsen aus der Summe der Resterlöse; dazu die K_f. Vgl. Band 1, Seite 365 f.!

Vertiefung

6. Es muss nicht das Ende der Nutzungsdauer abgewartet werden. Schon nach einem bzw. zwei weiteren Jahren der Nutzung, also nach 7 bzw. 8 Jahren der Nutzung, kann eine neue Rechnung (mit aktuellen Zahlen) zu einem anderen Ergebnis führen.

7. a) **Berichtsjahr**

Ersatzinvestition	Investitionsgüter	
	gebraucht	Ersatz
Abschreibungen		30 600,00
Minderung des Liquidationswertes[1]	12 000,00	–
Zinsen[2]	7 200,00	20 040,0
sonstige K_f	70 000,00	80 000,00
Summe der K_f	89 200,00	130 640,00
Summe der K_v bei 8 000 Stück	196 000,00	180 000,00
Gesamtkosten (K)	285 200,00	310 640,00
Stückkosten (k)	$\dfrac{89\,200}{8\,000} + 24{,}50$ $= 34{,}65$	$\dfrac{130\,640}{8\,000} + 22{,}50$ $= 38{,}83$

Ergebnis: Das gebrauchte Investitionsgut ist (noch) nicht zu ersetzen.

Folgejahr

Ersatzinvestition	Investitionsgüter	
	gebraucht	Ersatz
Abschreibungen	–	28 000,00
Minderung des Liquidationswertes[3]	7 500,00	–
Zinsen[4]	4 950,00	16 500,00
sonstige K_f	70 000,00	60 000,00
Summe der K_f	82 450,00	104 500,00
Summe der K_v bei 7 000 Stück	175 000,00	150 000,00
Gesamtkosten (K)	257 450,00	254 500,00
	$\dfrac{82\,450}{7\,000} + 25{,}00$ $= 36{,}78$	$\dfrac{104\,500}{7\,000} + 21{,}43$ $= 36{,}36$

Schlussfolgerung: Im Folgejahr spricht ein (hauchdünner) Vorsprung für das Ersatzwirtschaftsgut.

b) **Drei Möglichkeiten der Investition** (vgl. mit Aufgabe 1a):

ba)

Entscheidung bei drei Möglichkeiten	Investitionsgüter		
	A	B	C
Abschreibung	17 000,00	18 000,00	21 000,00
Zinsen	7 080,00	7 920,00	9 360,00
K_f, sonstige	66 000,00	70 000,00	80 000,00
Summe K_f	90 080,00	95 920,00	110 360,00
K_v (bei 15 000 Stück)	138 750,00	127 500,00	90 000,00
K	228 830,00	223 420,00	200 360,00
$k_f + k_v = k$	$\dfrac{90\,080}{15\,000} + 9{,}25$	$\dfrac{95\,920}{15\,000} + 8{,}50$	$\dfrac{110\,360}{15\,000} + 6{,}00$
Entscheidung für C	$= 15{,}26$	$= 14{,}89$	$= 13{,}36$

---

[1] $\dfrac{90\,000 - 30\,000}{5} = 12\,000$

[2] $\dfrac{(90\,000 + 30\,000) \cdot 12}{2 \cdot 100} = 7\,200$ $\dfrac{(3200\,00 + 14\,000) \cdot 12}{2 \cdot 100} = 20\,040$

[3] $\dfrac{60\,000 - 30\,000}{4} = 7\,500$

[4] $\dfrac{(60\,000 + 30\,000) \cdot 11}{2 \cdot 100} = 4\,950$ $\dfrac{290\,000 + 10\,000 \cdot 11}{2 \cdot 100} = 16\,500$

bb) Übergang A ⟶ B:
$$90\,080 + 9{,}25\,x = 95\,920 + 8{,}5\,x$$
$$0{,}75\,x = 5\,840$$
$$x = 7\,787 \text{ (kritische Menge)}$$

Übergang B ⟶ C:
$$95\,920 + 8{,}5\,x = 110\,360 + 6\,x$$
$$2{,}5\,x = 14\,440$$
$$x = 5\,776 \text{ (kritische Menge)}$$

Übergang A ⟶ C:
$$90\,080 + 9{,}25\,x = 110\,360 + 6\,x$$
$$3{,}25\,x = 20\,280$$
$$x = 6\,240 \text{ (kritische Menge)}$$

bc) Absatz 5 000 Stück: Es kommt die Anlage A in Frage.
Absatz 6 000 Stück: ebenfalls   Einsatz von A am günstigsten.
Absatz 6 500 Stück: Einsatz von C am günstigsten (dann A).

Probe zu 5 000 Stück: **Probe** zu 6 000 Stück:

A: $\dfrac{90\,080}{5\,000} + 9{,}25 = 27{,}27$ €/St. $\dfrac{90\,080}{6\,000} + 9{,}25 = 24{,}26$ €/St.

B: $\dfrac{95\,820}{5\,000} + 8{,}50 = 27{,}66$ €/St. $\dfrac{95\,820}{6\,000} + 8{,}50 = 24{,}35$ €/St.

C: $\dfrac{110\,360}{5\,000} + 6{,}00 = 29{,}07$ €/St. $\dfrac{110\,360}{6\,000} + 6{,}00 = 24{,}39$ €/St.

8. Grundsätzlich ist die Orientierung am Kostenvorteil je Maschine richtig. Dabei ist jedoch zu beachten:
   - Der Ertrag je Stück kann bei der Laser-Maschine höher sein (größere Präzision, höhere Qualität).
   - Der Kostennachteil für die alte Maschine kann wegen evtl. Nacharbeiten an den Blechteilen noch größer werden.
   - Vielleicht beruht der Kostenvorteil auf einer relativ hohen erzeugten Menge. Es ist zu überlegen, ob diese Menge auf die Dauer zu halten ist. Bei einer einmaligen Spitzenperiode wäre der Ersatz (mit sicher höheren K_f) besser unterblieben.

9. **Kritische Menge:**
$$250\,000 + 33\,x = 300\,000 + 28\,x$$
$$5\,x = 50\,000$$
$$x = 10\,000$$

Gesamtkosten hierbei (für A **und** B) z.B. von A ausgehend:

	B	A
K_f	300 000,00	250 000,00 €
K_v (10 000 · 28) und (10 000 · 33)	280 000,00	330 000,00 €
K	580 000,00	580 000,00 €
k	58,00	58,00 €

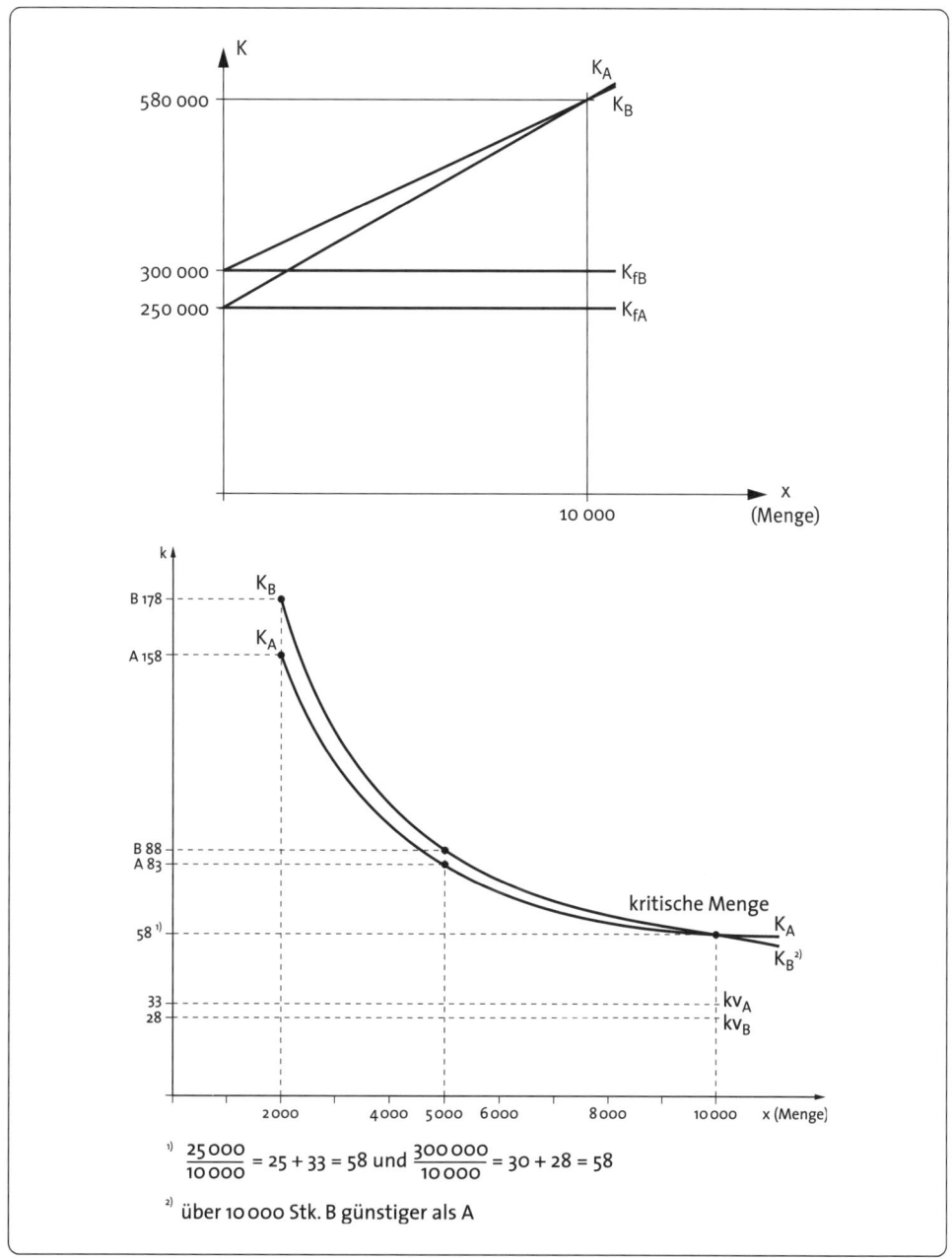

$$\frac{25\,000}{10\,000} = 25 + 33 = 58 \quad \text{und} \quad \frac{300\,000}{10\,000} = 30 + 28 = 58$$

[2] über 10 000 Stk. B günstiger als A

L

10. Zielgrößen für alle Verfahren der statischen Investitionsrechnung

Statische Verfahren, Vergleich von	quantifizierbare	ökonomische (qualitative)
Kosten	Gegenüberstellung der Kosten	■ Qualität ■ Umweltschutz ■ Erhaltung von Arbeitsplätzen ■ Entwicklungstendenzen (Trend) ■ Lieferbereitschaft mit Termineinhaltung u. ä
Gewinne	Zusätzliche Betrachtung der Erträge. Die Differenz aus Erträgen und Kosten ist entscheidend.	
Rentabilität	Gewinne als Prozentsatz der eingesetzten Kapitalien	
Amortisationszeiten	Zeitliche Betrachtung: In welcher Zeit (Jahre) decken die Kapitalrückflüsse (Gewinne + Abschreibungen) die investierten Beträge ab?	

2.9.1.2 Gewinnvergleichsrechnung

Kontrolle

1. A: 240 000,00 € − 160 000,00 € = 80 000,00 €
   80 000,00 € : 640 Stück = 125,00 €
   B: 320 000,00 € − 220 000,00 € = 100 000,00 €
   100 000,00 € : 825 Stück = 121,21 €

2. **Kritische Mengen:**

   Eine kritische Menge (= Übergangsmenge) ist hier nicht feststellbar, weil $(e - k_v)$ **und** K_f des Investitionsgutes B beide größer sind als bei A, d.h. *bei jeder Menge* ist A günstiger als B.

   Break-even-Points:

   A: $\dfrac{150\ 000}{80}$ = 1 875 Stück

   B: $\dfrac{180\ 000}{120}$ = 1 500 Stück

3. **Wesen:** Kosten **und** Erlöse fließen in die Vergleichsrechnung ein. Niedere Kosten nützen bei niederen Erlösen nichts, hohe Kosten können durch sehr hohe Erlöse überkompensiert werden.

   Vorteil: Einseitigkeit entfällt. Absatz- und Erlösbereich werden beachtet.

   Nachteil: Durch (vorübergehend) hohe Erlöse kann die Kostenüberwachung ins Abseits geraten (siehe auch Band 1 Beurteilung).

Vertiefung

4. Vergleich von Gewinn der „alten" Investitionsgüter (entstandene Zahlen) mit den prognostizierten Zahlen eines Ersatzwirtschaftsgutes. Dabei kann oft von gleich bleibenden Erlösen ausgegangen werden, während die Kosten des Ersatzwirtschaftsgutes schwerer einzuordnen sind. Durch höhere Qualität können natürlich auch die Erlöse (Preis je Stück) steigen. Optimaler Zeitpunkt: Sobald beim Vergleich (am Ende einer Abrechnungsperiode) ein Gewinnvorteil des Ersatzgutes festgestellt wird.

5. a) **Kritische Menge:**

$$250 + 0,37\ x = 500 + 0,29\ x$$
$$0,08\ x = 250$$
$$x = 3\ 125\ (\text{Stück})$$

b) **Break-even-Points:**

alte Maschine:

$$\frac{250}{(0,50 - 0,37)} = 1\ 923\ (\text{Stück})$$

neue Maschine:

$$\frac{500}{(0,50 - 0,29)} = 2\ 381\ (\text{Stück})$$

c)

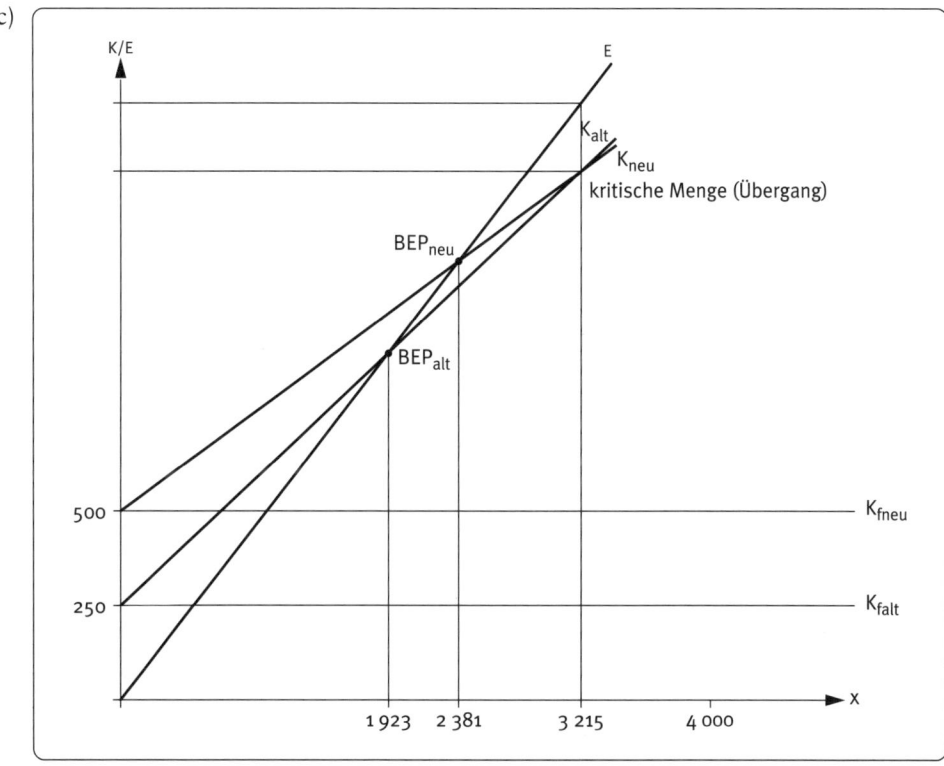

L

d) **Alte Maschine:**

E, 8 000 · 0,50 €	=	4 000,00 €
− K, K_f	450,00 €	
K_v (8 000 · 0,37)	2 960,00 €	3 410,00 €
G		590,00 €

Neue Maschine:

E		=	4 000,00 €
– K, K_f	700,00 €		
$\quad K_v$ (8 000 · 0,29)	2 320,00 €		3 020,00 €
G			980,00 €

6. a) **Gewinnvergleichsrechnung:**

Anlage I:

E (560 Stück · 250,00 €)		140 000,00 €
K, K_f	80 000,00 €	
$\quad K_v$ (560 · 110,00 €)	61 600,00 €	141 600,00 €
Verlust insgesamt		1 600,00 €
je Stück		2,86 €

Anlage II:

E (800 Stück · 250,00 €)		200 000,00 €
K, K_f	110 000,00 €	
$\quad K_v$ (800 · 60,00 €)	48 000,00 €	158 000,00 €
G insgesamt		42 000,00 €
je Stück		52,50 €

b) **Kritische Mengen:**

Kostenvergleich:

$$\frac{110\ 000 - 80\ 000}{110 - 60} = \frac{30\ 000}{50} = 600 \ (\text{Stück})$$

Gewinnvergleich:

$$250\ x - 110\ x - 80\ 000 = 250\ x - 60\ x - 110\ 000$$
$$140\ x - 80\ 000 = 190\ x - 110\ 000$$
$$50\ x = 30\ 000$$
$$x = 600 \ (\text{Stück})$$

Beurteilung:

Bei gleich hohen Stückerlösen der Produkte beider Anlagen sind die kritischen Mengen nach der Kostenvergleichs- und der Gewinnvergleichsrechnung gleich groß (vgl. mit Fallbeispiel Band 1, S. 370 f.).

7. a) **Gegenüberstellung bei 3 000 Stück (Beträge in €)**

	gebraucht	Ersatz
E	240 000	270 000
– K, K_f	– 100 000	– 140 000
$\quad K_v$	– 168 000	– 120 000
Ergebnis	– 28 000	+ 10 000

b) **Break-even-Points:**

„gebraucht": $\dfrac{100\,000}{80 - \left(\dfrac{280\,000}{5\,000}\right)}$ = 4 167 (Stück)

„Ersatz": $\dfrac{140\,000}{90 - \left(\dfrac{240\,000}{6\,000}\right)}$ = 2 800 (Stück)

Kritische Mengen:

Kostenvergleich: $\dfrac{140\,000 - 100\,000}{56 - 40}$ = 2 500 (Stück)

Gewinnvergleich:

$$80\,x - 56\,x - 100\,000 = 90\,x - 40\,x - 140\,000$$
$$24\,x - 100\,000 = 50\,x - 140\,000$$
$$26\,x = 40\,000$$
$$x = 1\,539 \text{ (Stück)}$$

Bei beiden kritischen Mengen wird noch kein Gewinn erzielt, da in beiden Fällen die BEPs nicht erreicht werden.

Aussage des Kostenvergleichs: Ab 2 500 Stück ist das Ersatzgut günstiger.

Aussage des Gewinnvergleichs: Ab 1 539 ist das Ergebnis bei Einsatz des Ersatzgutes besser („weniger negativ").

8. a) **Exakte Gewinnfeststellung:**

Grundsätzlich gilt:

Erlöse – Kosten = Gewinn

Eine exakte Gewinnbestimmung ist nur soweit möglich, als E und K eines bzw. mehrerer Produkte dem Investitionsgut genau zugerechnet werden können. Oft jedoch ist ein Investitionsgut für mehrere Produkte eingesetzt bzw. ein Produkt wird von mehreren Investitionsgütern be- und verarbeitet. Hier müssten Möglichkeiten (z.B. Schlüssel) für eine Aufspaltung von E und K gefunden werden – sicher eine mühevolle Aufgabe, die dann nicht zu exakten Ergebnissen führen kann (siehe zusätzliche Probleme bei schwankendem Beschäftigungsgrad).

b) Siehe Lösung zu 6 b).

Voraussetzung: Gleich hohe Stückerlöse der von den alternativen Investitionsgütern erzeugten Produkte.

Begründung: Bei der Gewinnvergleichsrechnung nach Aufgabe 6 b) kann auf beiden Seiten „250 x" entfallen. Es bleiben die Beträge der Kostenvergleichsrechnung übrig!

L

2.9.1.3 Rentabilitätsvergleichsrechnung

Kontrolle

1. Investitionsgüter A und B:

$$R_A = \frac{(132\ 750 - (76\ 000 + 30\ 000 + 20\ 000)) \cdot 100}{\frac{(160\ 000 - 10\ 000)}{2}} = 9\ \%$$

$$R_B = \frac{(125\ 700 - (56\ 000 + 32\ 000 + 24\ 000)) \cdot 100}{\frac{(144\ 000 - 5\ 000)}{2}} = 19{,}7\ \%$$

Anlage B bringt die höhere Rentabilität. Anlage A bleibt sogar unter dem banküblichen Zinssatz (hier mit 11 % vorgegeben).

2. Ersatzanlage:

$$R = \frac{(600\ 000 - 537\ 500) \cdot 100}{\frac{540\ 000 - 40\ 000}{2}} = 25\ \%$$

3. Siehe Band 1.
   - **Wesen:** Ertrag – Kosten = Gewinn;
     wird auf das eingesetzte Kapital (AK – Liquidationserlös) bezogen bzw. die Kostendifferenz zwischen Altanlage und Ersatzanlage = „Gewinn aus Ersatzanlage" wird bezogen auf AK Neuanlage – möglicher Resterlös.
   - **Vorteil:** Klarer Vergleich mit Rentabilität einer (gesamten) Unternehmung bzw. mit (langfristigem) Bankeinsatz.
     Nachteile: siehe Band 1, Seite 374.

4. **Unterschiede** zu
   - *Kostenvergleichsrechnung:* Dort **nur** Kostengegenüberstellung, keine Erträge/Gewinne beachtet. Möglichkeit der Berechnung der kritischen Menge.
   - *Gewinnvergleichsrechnung:* Vergleich der absoluten Gewinne (Gewinne in €), keine Betrachtung der Verzinsung des eingesetzten Kapitals.
     Möglichkeit der Berechnung von BEPs und der „kritischen Auslastungsmengen" in Gegenüberstellung von *Gewinnvergleich* und *Kostenvergleich*.

5. Siehe Band 1.

   Sie dürfen bei der Gewinnermittlung (E – K) nicht abgezogen werden, wohl aber die entstandenen Zinsen.

   Beispiel: Kalkulatorische Zinsen 20 000,00, entstandene Zinsen 30 000,00

	Abzug (kalkulatorische Zinsen)	Abzug (entstandene Zinsen)
E	600 000,00	600 000,00
K	470 000,00	480 000,00
G	130 000,00	120 000,00

Vertiefung

6. Überbrückung bei bestimmten Unterschieden: Es wird von einer „fiktiven Differenzinvestition" (siehe Band 1) ausgegangen.

7. Rentabilität von A:

$$R_A = \frac{40\,000 \cdot 100}{\dfrac{300\,000}{2}} = 26,67\ \%$$

Rentabilität von B: (mit Differenzinvestition)

$$R_B = \frac{(22\,000 + 12\,000) \cdot 100}{\dfrac{300\,000}{2}} = 22,67\ \%$$

Entscheidung: Vorrang hat Investitionsgut A.

Anmerkung: Die Differenzinvestition trägt mit 12 000,00 € (= 10 % der Differenz 120 000,00 €) zum Gewinn bei. Bei den 12 000,00 € sind die („fiktiven") Abschreibungen auf die Differenz von 120 000,00 € schon beachtet. Wenn die fiktiven Abschreibungen noch zu berechnen wären, so müssten 20 % von 120 000,00 € (also ausgehend von der Nutzungsdauer fünf Jahre) angesetzt werden; weitere Verschlechterung für B.

8. $$R = \frac{(560\,000 - 470\,000) \cdot 100}{\dfrac{1\,250\,000 - 50\,000}{2}} = 15\ \%$$

Begründung: Der Beschäftigungsgrad ist hier nicht relevant; es fehlt die Unterscheidung in K_f und K_v.

In den Kosten sind die kalkulatorischen Zinsen enthalten. Nötig sind für die Rentabilitätsvergleichsrechnung:

E – K = G, AK und Restwert (= mutmaßlicher Resterlös).

Entscheidung: Der alternative Erwerb kommt nicht in Frage. Rentabilitätsdifferenz 5 % (20 % – 15 %).

2.9.1.4 Amortisationsvergleichsrechnung

Kontrolle

1. a) $$t_{WA} = \frac{735\,000 - 15\,000}{130\,000 + 72\,000} = 3,6\ \text{Jahre}$$

$$t_{WB} = \frac{610\,000 - 10\,000}{110\,000 + 75\,000} = 3,2\ \text{Jahre}$$

Stellungnahme: In beiden Fällen wird die Vorgabe unterschritten. Investitionsgut B ist vorteilhafter.

b) $t_W = \dfrac{420\,000 - 30\,000}{60\,000 + 65\,000} = 3{,}12$ Jahre *)

*) $30\,000 : 6 = 65\,000$

Es kann von der Kostenersparnis 60 000,00 € ausgegangen werden, da beim Kosten-vergleich, der zu den 60 000,00 € geführt hat, die höheren kalkulatorischen Zinsen beachtet worden sind.

Kalkulatorische Zinsen 48 000,00 €, entstandene 28 000,00 €. In diesem Falle müssten bei Berechnung der Kostenersparnis 28 000,00 € beachtet werden, d.h. die Kostenersparnis stiege um 20 000,00 €, auf (48 000,00 € – 28 000,00 €) 80 000,00 € (60 000,00 € + 20 000,00 €).

2. Siehe Band 1!

Wesen: Zeitvergleichsrechnung mit liquiditätsmäßiger Betrachtung. *Fragestellung:* In welcher Zeit (Jahre) fließt das eingesetzte Kapital (AK – Restwert) über die jährlichen Summen aus Gewinn und in den Erlösen eingerechneten Abschreibungen (vgl. mit Cashflow, Band 1, S. 354 f) zurück. Je kürzer der Zeitraum, desto weniger Risiko, desto günstiger!

Vorteil:

- Einfache Rechnung.
- Liquiditätsbezug, für den Praktiker oft entscheidend.

Nachteil:

- Festlegung der Zeit oft ohne Realitätsbezug, vor allem bei stark schwankenden Erträgen (siehe auch BG).
- Höhe des Gesamtrückflusses wird zugunsten einer möglichst kurzen Zeit oft weniger gewichtet.
- Rückflüsse *nach* Amortisationszeit sollten beachtet werden.
- Unterschiedliche Nutzungsdauer nicht berücksichtigt.

3.
- **Die Finanzierung aus Abschreibungsrückflüssen** ist eine isolierte Betrachtung, bezogen auf gleichartige Investitionsgüter. Der Zeitabschnitt ist die Nutzungsdauer. Bei den Abschreibungen kann von linearer oder degressiver Abschreibung ausgegangen werden. Die Restwerte werden im Allgemeinen außer Ansatz gelassen (Näheres dazu im Abschnitt 2.8). Der Gewinn(-anteil) bleibt unbeachtet.
- **Die Amortisationsvergleichsrechnung** versucht, den Gewinn je Investitionsgut (soweit dies möglich ist, z.B. bei Massenfertigung eines/weniger Artikel **nur** auf diesem Investitionsgut) zu ermitteln und berechnet den Quotienten aus AK – Restwert und jährlichem Gewinn + Abschreibungen, eine geldmäßige Betrachtung, eine Art von „Teil-Cashflow-Rechnung", die sich nur auf das eine zu amortisierende Investitionsgut bezieht.

Frage: Nach wie viel Jahren sind seine AK – Restwert wieder „hereingespielt"?

4. Die Schwankungen von Gewinn und Kosten werden eingeebnet. Allerdings: Auf die Zukunft bezogen bleiben Imponderabilien. *Frage:* Was ist die geeignete „Repräsentativ-Periode"?

Nachträglich, also am Ende der Nutzungsdauer gesehen, kann gesagt werden, wie hoch die Amortisationszeit effektiv war. Dies nützt aber für die Investitionsplanungen (Alternativen bzw. Ersatzinvestitionen) nichts.

Es bleibt bei (unsicheren) Schätzungen, z.B. geschätzt im Boom, folgende Perioden stehen jedoch im Zeichen einer Rezession.

Vertiefung

5. a) Amortisationszeit der Produktionsanlagen

	A	B
AK, €	180 000,00	140 000,00
Rückflüsse nach 3 Jahren, €	160 000,00	135 000,00
4 Jahren, €	200 000,00	167 000,00
Amortisationszeit (ungefähre Jahre)	3,5	3,15625 **)
Monate	42*)	38

*) 3,5 Jahre = 42 Monate (160 000 in 3 Jahren, 200 000 in 4 Jahren, also 180 000 ≙ 3,5 Jahre).

**) 3,15625 Jahre · 12 = 37,875 = 38 Monate (135 000 in 3 Jahren, 167 000 in 4 Jahren, also 140 000 ≙ 3,15625 Jahre)

b) Boom, Rezession;

Konjunkturzyklen;

Managementfehler;

Maßnahmen der Kostensenkung greifen nicht;

Preisrutsch

und andere sinnvolle Aussagen.

c) Durchschnittswertrechnung:

A: $\dfrac{30\,000 + 50\,000 + 80\,000 + 40\,000 + 20\,000 + 20\,000}{6}$

$= \dfrac{240\,000}{6}$ $= 40\,000$

$\dfrac{180\,000}{40\,000}$ $= 4,5$ Jahre

B: $\dfrac{20\,000 + 45\,000 + 70\,000 + 32\,000 + 15\,000 + 15\,000}{6}$

$= \dfrac{197\,000}{6}$ $= 32\,833,33$

$\dfrac{140\,000}{32\,833,33}$ $= 4,264$ Jahre

6. *Zu hoher Ansatz:* „Beruhigende" Amortisationszeit, Druck auf Gewinnmaximierung und Kostenminimierung lässt nach. Liquiditätsnachteile. „Frommer Selbstbetrug".

Zu niederer Ansatz: Realitätsferne, Resignation bei den Betroffenen, aber auch (gerade in Zeiten einer Rezession) heilsamer Druck, die Kosten zu senken.

In der Praxis: Effektive Amortisationszeit weicht ab von der festgelegten. Es sollte versucht werden, empirisch bzw.durch zwischenzeitliche Anpassung an die Absatz- und Ertragssituation eine Annäherung an die (erst „später") feststellbare effektive Zeit zu erreichen.

7. Ergänzende Rechnungen: Die Rentabilitätsvergleichsrechnung kann zur Ergänzung herangezogen werden. Sie liefert Unterlagen über die Verzinsung des durchschnittlichen Kapitaleinsatzes, also eine zusätzliche nachhaltige Betrachtungsweise. Die Amortisationsvergleichsrechnung beschränkt sich auf die Aussage darüber, innerhalb welcher Zeit die Summe aus Abschreibungen und Gewinn die Ak (bzw. AK – Restwert) abgedeckt ist.

Denkbar wäre z.B. eine Nutzungsdauer von 4 Jahren, die *auch ohne Gewinn* zu einer „günstigen" Amortisationszeit von 4 Jahren führte. Rentabilität hier = 0. *Hinweis:* Investitionsgüter mit „zu langer" Amortisationszeit können zu einer attraktiven Rentabilität, verglichen z.B. mit dem langfristigen Bankzinssatz, führen.

8. $t_w = \dfrac{260\,000 - 26\,000}{30\,000 + 29\,250^*)} = 3{,}95$ Jahre   *) $260\,000 - 26\,000 = 234\,000$, davon 12,5 %

Die Bedingungen sind (knapp) nicht erfüllt.

9. a) **Ersatzinvestition**, vermutlich mit folgenden Investitionszielen: Bessere Qualität (= verringerter Ausschuss), Anwendung moderner Fertigungstechniken, sinkende Reparaturkosten; bessere Verzinsung des eingesetzten Kapitals, raschere Amortisation, günstigere Stückkosten, höherer Gewinn (Stück/insgesamt).

   b) **Alternativentscheidungen bei**

   (1) **Kostenvergleichsrechnung:** Entscheidung für B, da Stückkosten um 60,00 € (240–180) niedriger sind.

   (2) **Gewinnvergleichsrechnung:**

A	Erlöse (8 000 · 300)	2 400 000,00 €
	Kosten (8 000 · 240)	1 920 000,00 €
	Gewinn insgesamt	480 000,00 €
	je Stück	60,00 €
B	Erlöse (8 000 · 250)	2 000 000,00 €
	Kosten (8 000 · 180)	1 440 000,00 €
	Gewinn insgesamt	560 000,00 €
	je Stück	70,00 €

Die Entscheidung fällt für B.

Hinweis: Die Qualität B muss für die Abnehmer (noch) akzeptabel sein.

   (3) **Rentabilitätsrechnung:** $\dfrac{x \cdot e - x \cdot k}{\dfrac{AK}{2}}$

   A: $R_A = \dfrac{(2\,400\,000 - 1\,920\,000) \cdot 100}{\dfrac{1\,400\,000}{2}} = 68{,}6\ \%$

   B: $R_B = \dfrac{(2\,000\,000 - 1\,440\,000) \cdot 100}{\dfrac{2\,200\,000}{2}} = 50{,}9\ \%$

Die Entscheidung fällt zugunsten von A.

   (4) **Amortisationsrechnung:** $\dfrac{AK}{\text{Gewinn p.a.} - \text{Abschreibung}}$

   $t_{WA} = \dfrac{1\,400\,000}{480\,000 + 140\,000} = 2{,}25$ Jahre (etwa 27 Monate)

   $t_{WB} = \dfrac{2\,200\,000}{560\,000 + 220\,000} = 2{,}82$ Jahre (etwa 34 Monate)

Entscheidung für A wegen der kürzeren Amortisationszeit.

c) Siehe Band 1; dazu Arbeitsplatzsicherung durch Beibehalten einer Anlage, die mehr Arbeitskräfte beschäftigt, konjunkturelle Risiken (Rückgang der BG).

d) Näheres im Folgeabschnitt 2.9.2; siehe auch Band 1.

Statisch: zeitliche Unterschiede in der Entstehung der Aufwendungen und Erträge bleiben unbeachtet.

Dynamisch: Durch Auf- und Abzinsungen (Zinseszinsen) werden Ausgaben (nicht Aufwendungen) und Einnahmen (nicht Erträge) auf einen späteren bzw. auf den jetzigen Zeitpunkt „hochgerechnet" bzw. „herabgerechnet".

Problem: Festlegung des „richtigen" Kapitalisierungszinssatzes (Kalkulationszinssatzes).

2.9.2 Dynamische Verfahren

Kontrolle

Ermittlung von End- und Barwert:

1. **Formel:** $K_0 \cdot q_n = K_n$
   $50\,000 \cdot 1{,}469\,328 = 73\,466{,}40$ € (Endwert)

2. **Formel:** $K_n \cdot \dfrac{1}{q^n} = K_0$
   $50\,000 \cdot 0{,}680\,583 = 34\,029{,}15$ € (Barwert)

Auf- und Abzinsungen bei mehrmaligen Zahlungen

3. **Barwert:** Wert, der bei mehreren, zeitlich aufeinander folgenden Zahlungen „heute" gezahlt werden kann, z.B. wir schulden in den folgenden 5 Jahren jeweils am Jahresende 5 000,00 €. Welcher Betrag ist nach Beachtung von Zinseszinsen zu Beginn der Laufzeit *auf einmal* zu bezahlen?

   Endwert: Wert, der bei mehreren zeitlich aufeinander folgenden Zahlungen unter Beachtung von Zinseszinsen am Ende der Laufzeit angewachsen ist, z.B. wir zahlen jährlich 10 000,00 € ein. Welcher Betrag steht nach 8 Jahren zur Verfügung?

4. **Statisch:** Beachtet werden *Kosten und Erträge* (oft auch als Erlöse bezeichnet), d.h. in den Kosten sind ausgabenlose Positionen enthalten bzw. Positionen, die noch nicht Ausgaben sind; in den Erträgen Beträge, die noch nicht Einnahmen sind.

   Dynamisch: *Ausgaben und Einnahmen* (Zahlungsströme) sind Gegenstand der Rechnungen. Ihr unterschiedlicher zeitlicher Anfall wird durch Berechnung von Zinseszinsen ausgeglichen. So können die bei Einsatz verschiedener Investitonsgüter entstehenden Ausgaben und Einnahmen, die *zeitlich verschoben* entstehen, vergleichbar gemacht werden.

   Siehe auch Vergleich in Band 1.

5. *Sinn der dynamischen Investitionsrechnung* ist es ja gerade, durch Auf- und Abzinsung die Ausgaben und Einnahmen aller Nutzungsperioden auf *einen Bezugszeitpunkt* („jetzt" oder „später") hin zu bündeln.

6. **Endwerte**

   a) *einmalige Zahlung:*

   $$K_0 \cdot q^n = K_n$$
   $$160\,000 \cdot 2{,}143\,589 = 342\,974{,}24 \ \text{€}$$

   b) *mehrfache, gleich große Zahlungen:*

   $$K_n = e \cdot \frac{q^n - 1}{q - 1}$$
   $$K_n = 15\,000 \cdot 17{,}548\,735$$
   $$ = 263\,231{,}03 \ \text{€}$$

7. **Barwerte**

   a) *einmalige Zahlung:*

   $$K_n \cdot \frac{1}{q^n} = K_0$$
   $$250\,000 \cdot 0{,}547\,034 = 136\,758{,}50 \ \text{€}$$

   b) *mehrfache, gleich große Zahlungen:*

   $$K_0 = e \cdot \frac{q^n - 1}{q^n (q - 1)}$$
   $$K_0 = 24\,000 \cdot 5{,}146\,123$$
   $$ = 123\,506{,}95 \ \text{€}$$

2.9.2.1 Kapitalwertmethode

Kontrolle

1.

Jahre	Abzinsungsfaktoren bei 11,5 %	Überschüsse A, €	Barwerte A, €	Überschüsse B, €	Barwerte B, €
1	0,896 861	45 000	40 358,75	62 000	55 605,38
2	0,804 360	72 000	57 913,92	41 000	32 978,76
3	0,721 399	98 000	70 697,10	52 000	37 512,75
4	0,646 994	60 000	38 819,64	60 000	38 819,64
5	0,580 264	72 000	41 779,01	80 000	46 421,12
6	0,520 416	57 000	29 663,71	103 000	53 602,85
7	0,466 741	76 000	35 472,32	47 000	21 936,83
8	0,418 602	67 000	28 046,33	32 000	13 395,26
9	0,375 428	61 000	22 901,11	–	
10	0,336 706	60 000	20 202,36	–	
Liquidationserlöse	0,336 706	25 000	8 417,65	15 000	6 279,03 [1]
Barwerte (ohne LiErlöse) AK		668 000	394 271,90 360 000,00	477 000	306 551,62 360 000,00
Kapitalwerte			+ 34 271,90		– 53 448,38
Überschüsse, gesamt (mit LiErlösen)		693 000		492 000 [2]	

[1] 15 000 · 0,418 602, denn B steht nach 8 Jahren zum Verkauf.
Die Entscheidung fällt für A, da der Kapitalwert um 87 720,28 € höher ist als bei B.
[2] Überschüsse + Liquidationserlös 15 000,00

Anmerkung:

B hat einen negativen Kapitalwert, d. h. es erfüllt die Vorgabe des Zinssatz von 11,5 % nicht. Die Verzinsung muss deutlich niedriger liegen als 11,5 %. Dabei sind die Überschüsse von B (einschl. Liquidationserlös) um 132 000,00 € (492 000,00 – 360 000,00) höher als die AK. Erst die Zinseszinsrechnung ergibt das klare (hier negative) Bild für B. Bei einem Zinssatz von 7,08 % ergibt sich ein Kapitalwert von 0, d. h. B könnte bei einer Vorgabe von ca. 7 % gerade noch „vorteilhaft" sein. Berechnungsmöglichkeit siehe Seite 398 ff. in Band 1.

Trotz der um 201 000,00 € (693 000,00 – 492 000,00) höheren Überschüsse von A ist der Kapitalwert A lediglich um 87 720,28 (34 271,90 + 53 448,38) höher.

2.

Zinssatz %	Auszahlung „heute" €	Einzahlung nach 8 Jahren, abgezinst, *) €	Unterschied + – €
5	1 200 000	1 421 361,90	+ 221 361,90
6	1 200 000	1 317 565,20	+ 117 565,20
7	1 200 000	1 222 218,90	+ 22 218,90
8	1 200 000	1 134 564,90	– 65 435,10
9	1 200 000	1 053 918,60	– 146 081,40

*) $2\,100\,000 \cdot \dfrac{1}{q^n}$

Der Zinssatz liegt zwischen 7 und 8 %, also deutlich unter den 10 % der (günstigeren) externen Anlage. Bei 7,5 % ergäbe sich eine abgezinste Einzahlung von 1 177 474,20 €, also liegt die Verzinsung zwischen 7 und 7,5 % (bei genauerer Berechnung).

Noch genauere Berechnung:

$1\,200\,000 \cdot$ x (Aufzinsungsfaktor für 8 Jahre) $= 2\,100\,000$

$\qquad\qquad x = 1,75$

$\qquad\qquad x = q^8$

Durchsicht der Tabelle der Aufzinsungsfaktoren bei 8 %. Es ergibt sich

bei 7 % 1,718 186
bei 7,5 % 1,783 478

		Differenzen
q^8 bei 7 %	1,718 186	0,031 814
	1,75	
q^8 bei 7,5 %	1,783 478	0,033 478

Zinssatz also ungefähr 7,1 % (0,033 478 : 0,031 814 = rund 1)

Grafische Darstellung:

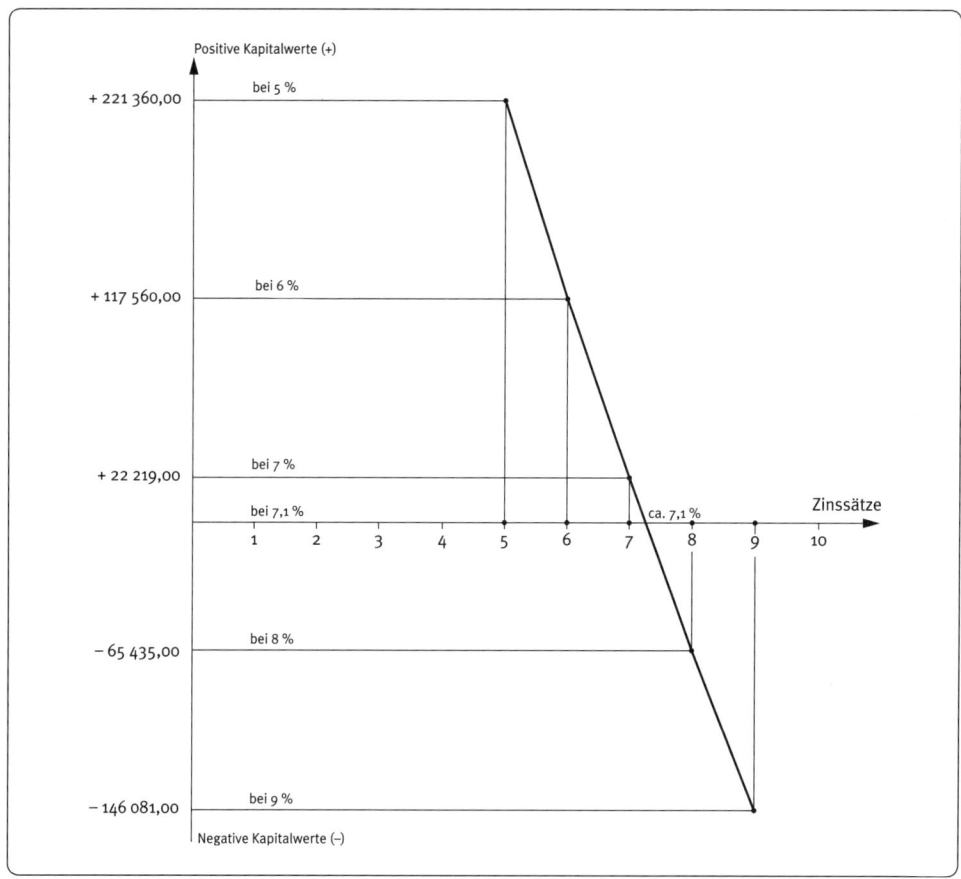

3. Die Höhe des Kapitalwertes ist abhängig von
   - Von der Höhe des vorgegebenen / gewünschten Kalkulationszinssatz.
   - Der Höhe der Überschüsse (sie können trotz hoher Vorgabe bei den Zinssätzen auch nach Abzinsung die Einzahlungen kompensieren).
   - Von der Laufzeit einer Investition (je länger, desto niedriger die abgezinsten Überschüsse).

4. **Vorteile:**
   - Ausgaben und Einnahmen, zum Teil identisch mit Aufwendungen und Erträgen, werden auf einen Zeitpunkt, z.B. den Zeitpunkt der Investition durch Anwendung der Zinseszinsrechnung „herabgerechnet". Damit kann man sich einer realistischen Betrachtungsweise nähern („Zinsverluste" durch spätere Überschüsse).
   - Der effektive Kalkulationszinssatz kann berechnet werden. Durch Vergleich mit dem vorgegebenen (gewünschten) Zinssatz und mit abgezinsten Einzahlungen auf Grund verschiedener Zinssätze nähert man sich dem Zinssatz, bei dem gilt: Auszahlung = abgezinste Einzahlung. Ein Blick in die Tabelle zeigt den Zinssatz an dieser Stelle – oft nur ungefähr. Dies reicht aber für einen Vergleich mit dem vorgegebenen Kalkulationszinssatz (siehe Aufgabe 2).

Nachteile:

- Zurechnung der Ausgaben und Einnahmen sind
  - zeitlich,
  - bezogen auf das Investitionsgut,
  - der Höhe nach (Schätzungen)

  schwierig und umso unsicherer, je länger die Nutzung andauert.
- Die Höhe des Kalkulationszinsfußes ist oft willkürlich festgesetzt. Sie sollte eigentlich während der (langen) Nutzungsdauer variiert werden.
- Unterschiedliche Höhen von Investitionen führen zu Differenzinvestitonen mit Zahlen, die sich oft im „Reich der Fantasie" bewegen.

5. **Positiver Kapitalwert:** Die abgezinste Einnahme ist höher als die Ausgabe bzw. die Summe der abgezinsten Überschüsse ist höher als die Investition. In beiden Fällen kann Ausgabe bzw. Investition als empfehlenswert angesehen werden. Der Kalkulationszinssatz wird überschritten.

   Negativer Kapitalwert: In diesem Falle verhält es sich gerade umgekehrt. Von der Ausgabe bzw. Investition ist abzuraten. Der Kalkulationszinssatz wird nicht erreicht.

   Kapitalwert 0: Abgezinste Einnahme ist gleich Ausgabe bzw. Summe der abgezinsten Überschüsse gleich Höhe des Investitionsbetrages. In diesem Falle ist der gewünschte / vorgegebene Kalkulationszinsfuß erreicht bzw. es wird derjenige Zinsfuß errechnet, bei dem die Bedingungen

   - abgezinste Einnahme = Ausgabe
   - Summe der abgezinsten Überschüsse = Investitionsbetrag

   erreicht sind.

   Die Investition zum vorgegebenen Kalkulationszinssatz ist „gerade noch" vorteilhaft.

Vertiefung

6. **Verkauf nach 4 Jahren:**

   250 000 x = 330 000
   x = 1,32

		Differenz	rund
bei 7 %	1,310 796	0,009 204	2 Teile
	1,32		
bei 7,5 %	1,335 469	0,015 469	3 Teile

   Die Verzinsung beträgt 7,2 %. Der Kalkulationszinssatz von 8 % wird nicht erreicht.

   Verkauf nach 6 Jahren:

   250 000 x = 450 000
   x = 1,8

		Differenz
bei 10 %	1,771 561	0,028 439
	1,8	
bei 10,5 %	1,820 429	0,020 429

Die Verzinsung beträgt ungefähr 10,3 %. Der Kalkulationszinssatz von 10 % wird leicht überschritten.

7.

Jahre	Abzinsungsfaktoren	Überschüsse I €	Barwerte I €	Überschüsse II €	Barwerte II €
1	0,909 091	40 000	36 363,64	35 000	31 818,19
2	0,826 446	60 000	49 586,76	80 000	66 115,68
3	0,751 315	72 000	54 094,68	45 000	33 809,18
4	0,683 013	75 000	51 225,98	28 000	19 124,36
5	0,620 921	56 000	34 771,58	66 000	40 980,79
6	0,564 474	–	–	50 000	28 223,70
7	0,513 158	–	–	60 000	30 789,48
Liquidationserlös	0,513158	16 000	8 210,53		
Barwerte AK Kapitalwerte			234 253,17 240 000,00 – 5 746,83		250 861,38 270 000,00 – 19 138,62
Gesamt		319 000		364 000	

Ergebnis: Beide Anlagen haben das Ziel verfehlt, aber I steht um 13 391,79 € „günstiger" da. Evtl. ist der Kalkulationszinsfuß zu hoch angesetzt worden.

Genauer: I $340\,000 \cdot x = 319\,000$

                    $x = 1{,}3291$

      II $270\,000 \cdot x = 364\,000$

                    $x = 1{,}3481$

Laut Tabelle: Bei I ≈ 5,5 %

               bei II ≈ 4,5 %

8. Der Liquidationserlös ist ebenfalls als Überschuss zu behandeln und auf den Zeitpunkt der Anschaffung des betreffenden Investitionsgutes abzuzinsen.

Ein Liquidationserlös trägt demnach bei,
- einen positiven Kapitalwert weiter zu verbessern,
- einen negativen Kapitalwert zu verringern bzw. auszugleichen (Kapitalwert dann 0) oder sogar einen positiven Kapitalwert zu erreichen.

9. a) Falsch, denn die Einnahmen sind zuerst um die Ausgaben zu kürzen, die Überschüsse abzuzinsen und deren Summe mit den AK zu vergleichen.
Überschüsse (abgezinst) > AK = positiver Kapitalwert
Überschüsse (abgezinst) < AK = negativer Kapitalwert

    b) Dies ergibt erst die Summe der Barwerte (einfachere Rechnung: Periodenüberschüsse, also Einnahmen – Ausgaben, abzinsen). Dann die Differenz zwischen Barwerten und AK festlegen. Diese Differenz ist der Kapitelwert.

    c) Unklar ausgedrückt. Was heißt hier „alle Zahlungen"? Man könnte meinen, die Summen aus Einnahmen und Ausgaben seien abzuzinsen. Letztlich ist die Aussage weitestgehend falsch.

10. a) Richtig, denn der steigende „i" bedeutet eine Abzinsung auf immer niedrigere Barwerte – bis hin zu Kapitalwert 0 und schließlich negativen Kapitalwerten.

    b) Falsch, denn ein Liquidationswert/-erlös trägt immer zur Verbesserung des Kapitalwerts bei.

    c) Richtig, denn bei steigender Nutzungsdauer sinken die Barwerte der Einnahmen bzw. Überschüsse, aber insgesamt steigt die Summe der (möglichen) Überschüsse.

Durch *spätere* Einnahmen / Überschüsse tritt ein „Zinsverlust" auf, den die niedrigeren Barwerte nachweisen.

11. a)

$$C_0 = \ddot{U} \cdot \frac{q^n - 1}{q^n(q - 1)} - a_0$$

Kapitalwert   Barwertfaktor

C_0 =   80 000 · 4,170 294 – 300 000

C_0 =   + 33 623,52 (€)

Positiver Kapitalwert, ja zur Investition.

b) $\dfrac{300\ 000}{80\ 000} = 3{,}75$

In der Tabelle wird nachgesehen bei Barwertfaktor und bei 6 Jahren.

Es ergibt sich:

		Differenz zu 3,75	Teile
bei 14 %	3,888 668	0,138 6681	
		3,75	
bei 14,5 %	3,392 225	0,357 775	$\frac{2,6}{3,6}$

3,6 Teile = 0,5 %
1 Teil = 0,14 %

Ergebnis: 14,14 %, d.h. bei diesem Kalkulationszinssatz ist die Investition gerade noch lohnend.

c) *Bezugnahme auf a):*

$$C_0 = C_0 \text{ (laut a))} + L \cdot \frac{1}{q^n}$$

$C_0 = 33\ 623{,}52 + 40\ 000 \cdot 0{,}520\ 416$

$\quad = 33\ 623{,}52 + 20\ 816{,}64 \longleftarrow$

$\quad = + 54\ 440{,}16$

Beurteilung: Der Liquidationserlös steigert den Kapitalwert. Umso eher lohnt sich also die Investition.

Bezugnahme auf b):

C_0	= 0 + 20 816,64 $\longleftarrow$
80 000 x – 300 000	= 20 816,64
80 000 x	= 320 816,64
x	= 4,010 208

In der Tabelle wird nachgesehen bei Barwertfaktor und bei 6 Jahren. Es ergibt sich

		Differenz zu 4,010 208	Teile
bei 13 %	3,997 550	0,012 658	1
	4,010 208		
bei 12,5 %	4,053 839	0,043 631	4

Ergebnis: Ungefähr 12,9 %. Die Investition ist lohnend. (1,4% über 11,5%)

L

12. **(1) Südalu GmbH**

Jahre	Abzinsungsfaktor	NC13		NC14	
		Überschüsse, €	Barwerte, €	Überschüsse, €	Barwerte, €
1.	0,892 857	250 000	223 214,25	450 000	401 785,65
2.	0,797 194	330 000	263 074,02	490 000	390 625,06
3.	0,711 780	360 000	256 240,80	540 000	384 361,20
4.	0,635 518	360 000	228 786,48	520 000	330 469,36
5.	0,567 427	290 000	164 553,83	490 000	278 039,23
Liquidationserlöse	0,567 427	200 000	113 485,40	300 000	170 228,10
Barwerte			1 249 354,78		1 955 508,60
AK			1 000 000,00		1 500 000,00
C_0			249 354,78		455 508,60
				Differenz	
				206 153,82 €	

Entscheidung für NC14.

(2) ■ **als fiktive Differenzinvestition (12 %):**

$$C_0 = -500\,000 + 200\,000 \cdot 3{,}604776$$
$$= 220\,954{,}80$$

Ergebnis:	**€**
Kapitalwert bei NC13	249 354,78
Kapitalwert bei Differenzinvestition	220 954,80
zusammen	470 309,58
Kapitalwert NC14 (siehe (1))	455 508,60
	14 800,89

Bei Annahme der Differenzinvestition übertrifft der Kapitalwert von NC13 (einschließlich der unsicheren Differenzinvestition) denjenigen von NC14 um 14 800,89 €.

■ **als reale Differenzinvestition (14 %):**

$$C_0 = -500\,000 + 180\,000 \cdot 3{,}433081 + \frac{50\,000}{1{,}925\,415}\,{}^*)$$
$$[*] \quad \text{oder: } 50\,000 \cdot 0{,}519369]$$
$$C_0 = -500\,000 + 617\,954{,}58 + 25\,968{,}43$$
$$C_0 = 143\,923{,}01\ €$$

Kapitalwert bei NC13	249 354,78 €
Kapitalwert bei Differenzinvestition	143 923,01 €
zusammen	393 277,79 €
Kapitalwert NC14	455 508,60 €
	62 230,81 €

Die reale Differenzinvestition mildert den Unterschied zwischen NC13 und NC14. Es bleibt jedoch ein Betrag von 62 230,81 € zugunsten von NC14.

Es kann sein, dass andere Gründe (z.B. Probleme bei der Finanzierung der 500 000,00 €) dennoch für NC13 sprechen. Weitere Untersuchungen im betriebswirtschaftlichen Bereich mit qualitativen Ausrichtungen sind zu empfehlen („Vernetzung" von Rechnungswesen und BWL).

2.9.2.2 Methode des internen Zinssatzes

Vergleichen Sie Teile der folgenden Lösungen mit Zusatzlösungen in Abschnitt 2.9.2.1 Kapitalwertmethode (siehe Lösungen zu Aufgaben 2, 6, 10)

Kontrolle

1. a)

Jahr	Überschüsse €	Kalkulationszinssatz 6 %		Kalkulationszinssatz 14 %	
		Abzinsungsfaktor	Barwerte €	Abzinsungsfaktor	Barwerte €
1.	166 000	0,943 396	156 603,74	0,877 193	145 614,04
2.	187 000	0,889 996	166 429,25	0,769 468	143 890,52
3.	205 000	0,839 619	172 121,90	0,674 972	138 369,26
4.	229 000	0,792 094	181 389,53	0,592 080	135 586,32
5.	264 000	0,747 258	197 276,11	0,519 369	137 113,42
6.	289 000	0,704 961	203 733,73	0,455 587	131 664,64
7.	305 000	0,665 057	202 842,39	0,399 637	121 889,29
8.	320 000	0,627 412	200 771,84	0,350 559	112 178,88
Summen AK	1 965 000		1 481 168,49 1 400 000,00		1 066 306,37 1 400 000,00
Kapitalwerte C_{01}/C_{02}			+ 81 168,49		− 333 693,63

Diff. 414 862,12

b) Kapitalwert 0

$$r = 6 + (81\ 168,49 \cdot \frac{14 - 6}{414\ 862,12})$$
$$r = 7,57\ \%$$

bzw.

$$r = 14 - (333\ 693,63 \cdot \frac{14 - 6}{414\ 862,12})$$
$$r = 7,57\ \%$$

c) **Grafische Lösung:**

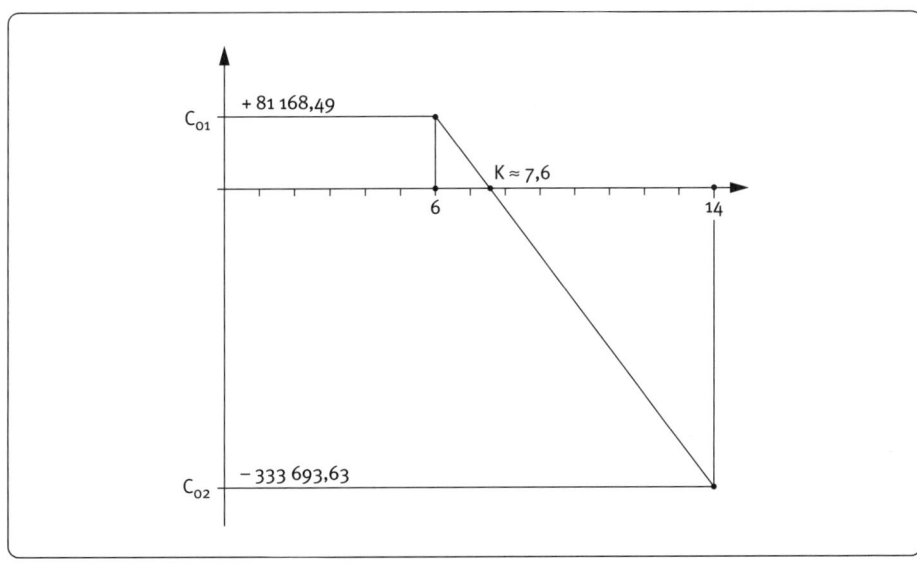

529

d) Der interne Zinssatz 7,57 % weicht vom Kalkulationszinssatz nach unten ab. Entscheidung also gegen die geplante Investition.

Überprüfung der Höhe des (oft willkürlich) angesetzten Kalkulationszinssatzes, auch unter Beachtung von Konjunktursituation und Marktposition der Unternehmung bzw. qualitativen Gesichtspunkten. Gegebenenfalls begnügt sich der Investor mit 7,57 %!

2. 1. **Lösung (rechnerisch):**

$$150\,000 \cdot \frac{q^n - 1}{q^n(q - 1)} - 640\,000 = 0$$

$$\frac{q^n - 1}{q^n(q - 1)} = \frac{640\,000}{150\,000} = 4,266\,667 \text{ (Barwertfaktor)}$$

Aus der Tabelle der Barwertfaktoren wird entnommen:

6 Jahre Nutzungsdauer ergeben bei 11 % einen Barwertfaktor von 4,230538, bei 10 % 4,292179. Demnach:

		Differenz zuTeile 4,266 667
Bei 11 %	4,230 538	0,036 1293
	4,266 667	
bei 10,5 %	4,292 179	0,025 5122

Ergebnis: Kalkulationszinssatz ungefähr 10,7 %.

Die Vorgabe von 14 % wird nicht erreicht.

2. **Lösung (rechnerisch):**

$C_{01} = -640\,000 + 150\,000 \cdot 4,111\,407 = -23\,288,95$
$C_{02} = -640\,000 + 150\,000 \cdot 4,622\,880 = +53\,432,00$

$$r = 12 - 23\,288,95 \cdot \frac{12 - 8}{76\,720,95} = 10,8\,\%$$

bzw.

$$r = 8 + 53\,432 \cdot \frac{12 - 8}{76\,720,95} = 10,8\,\%$$

12 % und 8 % sind Versuchszinssätze

Grafische Lösung:

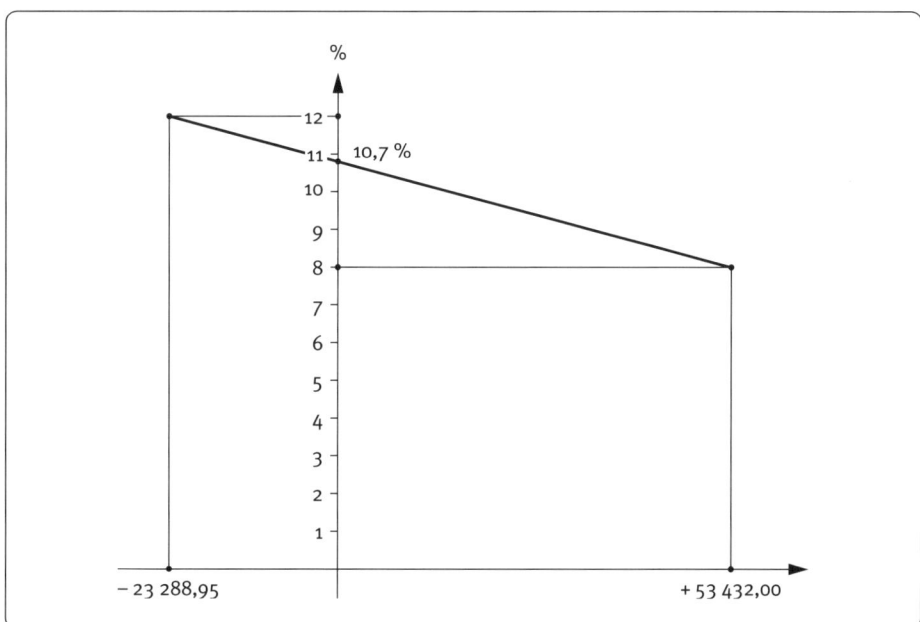

3. a) **Vorteile:**

Aufgrund geplanter Überschüsse (Einnahmen – Ausgaben), auf die die Zinseszinsrechnung angewandt wird, wird die effektive Verzinsung des investierten Kapitals ermittelt. *Erst dann* wird mit einem Kalkulationszinsfuß (festgesetzt, geschätzt, an Bankzinssatz angelehnt) verglichen und unter Beachtung betriebswirtschaftlicher Aspekte entschieden:

- Anschauliche Methode, die zu Vergleichen mit der Rentabilitätsvergleichsrechnung anregt.
- Verschiedene Lösungsverfahren dienen der Bestätigung und der Kontrolle.

Nachteile:

- Zurechnung der Zahlenreihen für Einnahmen/Ausgaben schwierig, fehlerbehaftet, oft unmöglich.
- Zukunftsprognosen der Zahlenreihen sind mit größten Unwägbarkeiten behaftet.
- Vergleichbarkeit bei Alternativen umso geringer, je verschiedener die AK sind („Hilfe" über Differenzinvestitionen).
- Probleme, wenn Überschüsse (vor allem zu Beginn und am Ende der Nutzungsdauer) negativ sind.

b) Nur auf diese Weise, bei Kapitalwert 0, wird der interne Zinsfuß ermittelt. Kapitalwerte darüber und darunter

- entstehen bei der Kapitalwertmethode durch Ansatz eines vorgegebenen Kalkulationszinsfußes,
- sind Hilfsgrößen, die bei Ansatz von Versuchszinssätzen (sie sind eine Art vorgegebener Kalkulationszinssätze) der Berechnung des internen Zinssatzes dienen.

c) Sie sollten so angesetzt werden, dass sie den (späteren) internen Zinsfuß möglichst „eng einklammern". Unter Umständen müssen neue „Versuche" unternommen werden.

d) Bei geringen Unterschieden kann man (für z. B. alternative Investitionsgüter) für die zu vergleichenden Investitionen die Rechenmethode wie bei Fallbeispiel 2 (Band 1, Seite 411 ff.) anwenden. Bei größeren Unterschieden (wo ist die Grenze, was heißt größer?) ist im Differenzbetrag der AK eine Differenzinvestition anzunehmen/vorzunehmen, deren Ergebnis beim Investitionsgut mit den niedrigeren AK einzubauen ist, z. B. berechneter interner Zinsfuß 8 % bei AK von 200 000,00 €, interner Zinsfuß bei Differenzinvestition 50 000 € 12 %. Durchschnittszinsfuß (gewogen) 8,8 %.

e) Bei unbestimmter Nutzungsdauer (nur bestimmte Investitionsgüter, wie Grundstücke Pacht, Beteiligungen Gewinnanteil) sind Abzinsungen auf „heute" nicht möglich; es fehlen die festgelegten/sich ergebenden Jahre der Nutzung.

Es wird einfach der jährliche Überschuss/Gewinn als Prozentsatz der AK ausgedrückt. Vgl. auch Rentabilitätsrechnung bei Auswertung von Jahresabschlüssen: Die Unternehmung hat eine „unbestimmte Lebensdauer".

Vertiefung

4. a) Restwert 0,00 €

$$C_0 = -80\ 000 + 12\ 000 \cdot \underbrace{\frac{q^n - 1}{q^n(q-1)}}_{\text{Barwertfaktor}}$$

$$\text{Barwertfaktor} = \frac{80\ 000}{12\ 000} = 6{,}666\ 667$$

Aus der Tabelle der Barwertfaktoren wird entnommen:

Bei 8,5 % und 10 Jahren 6,561348, bei 8 % und 10 Jahren 6,710 081.
Also „gute" 8%

Genauere Rechnung:

		Differenz zu	Teile
bei 8,5 %	6,561 348	0,105 319	2,43
	6,666 667		
bei 8 %	6,710 081	0,043 414	1
			3,43

3,43 Teile = 0,5
1 Teil   = 0,15
Rendite also ungefähr 8,15 %

b) Restwert 40 000,00 €

$$C_0 = -80\ 000 + 12\ 000 \cdot \text{Barwertfaktor} + 40\ 000 \cdot \text{Abzinsungsfaktor}$$

Es sind Versuchszinssätze zu wählen, z. B. 6 % und 13 %:

$$\begin{aligned}
C_{01} &= -80\ 000 + 12\ 000 \cdot 7{,}360\ 087 + 40\ 000 \cdot 0{,}558\ 395 \\
&= -80\ 000 + 88\ 321{,}04 + 22\ 335{,}80 \\
&= +30\ 656{,}84
\end{aligned}$$

$$C_{02} = -80\,000 + 12\,000 \cdot 5{,}426\,243 + 40\,000 \cdot 0{,}294\,588$$
$$= -80\,000 + 65\,114{,}92 + 11\,783{,}52$$
$$= -3\,101{,}55$$

$$r = 6 + 30\,656{,}84 \cdot \frac{(13 - 6)}{33\,758{,}39} = 12{,}36$$

$$r = 13 - 3\,101{,}55 \cdot \frac{(13 - 6)}{33\,758{,}39} = 12{,}36\ \%$$

Ergebnis: 12,36 %

c) Restwert 80 000,00 € (nur denkbar bei extremer Inflation bzw. Knappheit; mehr ein Gedankenspiel, um in Extremfällen die Auswirkung von sehr hohen Restwerten darzustellen). Versuchszinssätze 6 % und 14,5 %.

$$C_{01} = -80\,000 + 12\,000 \cdot 7{,}360\,087 + 80\,000 \cdot 0{,}558\,395$$
$$= -80\,000 + 88\,321{,}04 + 44\,671{,}60$$
$$= +52\,992{,}64$$

$$C_{02} = -80\,000 + 12\,000 \cdot 5{,}115\,908 + 80\,000 \cdot 0{,}258\,193$$
$$= -80\,000 + 61\,390{,}90 + 20\,655{,}44$$
$$= +2\,046{,}34$$

Ergebnis: Grob geschätzt knapp 15 % (unsere Tabelle, siehe Band 1, reicht nur bis 14,5 %). Grafik dazu:

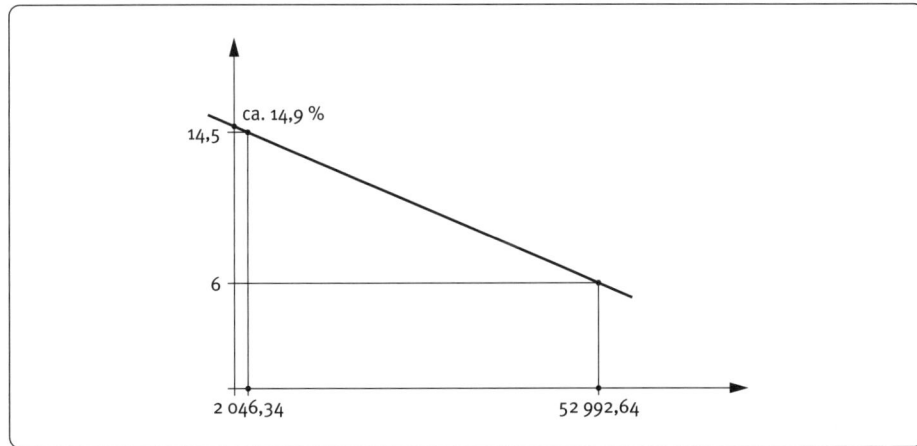

5. a) Überprüfung, ob Ziel erreicht

Jahre	Abzinsungsfaktor bei 10 %	Überschüsse €	Barwerte €
1.	0,909 091	120 000	109 090,92
2.	0,826 446	80 000	66 115,68
3.	0,751 315	50 000	37 565,75
4.	0,683 013	20 000	13 660,26
	0,683 013	10 000	6 830,13
Summe			233 262,74
AK			230 000,00
Kapitalwert			+ 3 262,74

Ziel erreicht, da gerade noch positiver Kapitalwert

b) **Tatsächliche Verzinsung**

Versuchszinssätze 8 % und 12 %

Jahre	Abzinsungsfaktor bei 8 %	Abzinsungsfaktor bei 12 %	Überschüsse €	Barwerte bei 8 % €	Barwerte bei 12 % €
1.	0,925 920	0,892 857	120 000	111 110,40	107 142,84
2.	0,857 339	0,797 194	80 000	68 587,12	63 775,52
3.	0,793 832	0,711 780	50 000	39 691,60	35 589,00
4.	0,735 030	0,635 518	20 000	14 700,60	12 710,36
	0,735 030	0,635 518	10 000	7 350,30	6 355,18
Barwerte AK				241 440,02 230 000,00	225 572,90 230 000,00
Kapitalwerte				+ 11 440,02	− 4 427,10

Beachte andere (alternative) Kennzeichnungen:

$$I_r = 0,08 + (11\ 440 \cdot \frac{0,12 - 0,08}{15\ 867})$$

$$= 0,1088$$

$$I_r = 0,12 - (4\ 427 \cdot \frac{0,12 - 0,08}{15\ 687})$$

$$= 0,1088$$

Ergebnis: 10,88 %

Grafische Darstellung:

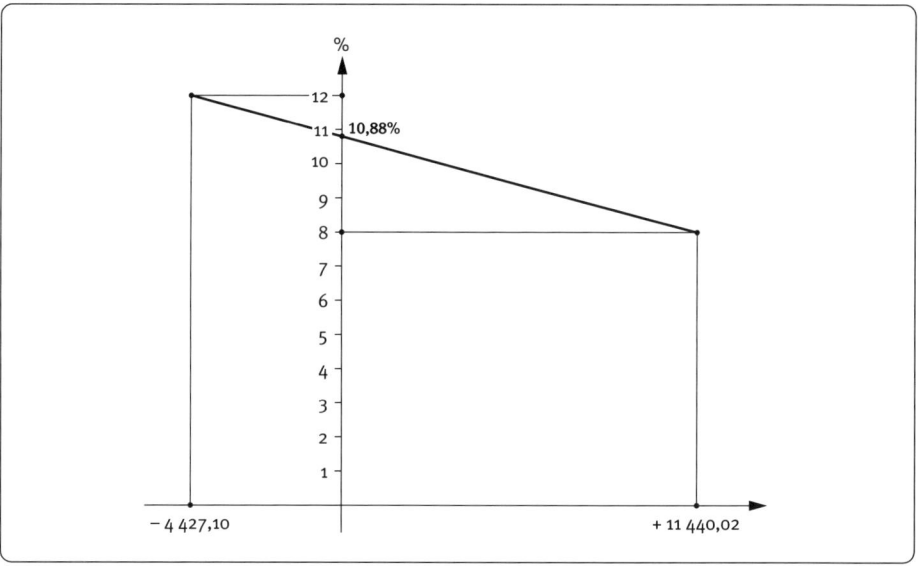

6. a) **Entscheidung:**

Ü. Barwerte – a_0 = 0
70 000 · x – 480 000 = 0

$$x = \frac{480\ 000}{70\ 000}$$

x = 6,857 143

Nachschlagen in den Tabellen ergibt:

		Differenz zu 6,857 143	Teile
bei 9,5 %	6,983 839	0,126 696	2,9158
	6,857 143		
bei 10 %	6,813 692	0,043 451	1,0
			3,9158

3,915 8 Teile = 0,5 %   1 Teil = 0,13 %

Ergebnis: 9,9 %. Entscheidung (rein rechnerisch) gegen die Investition.

Grafische Darstellung (Abweichung zu 9,9 % durch Rundungen)(siehe b):

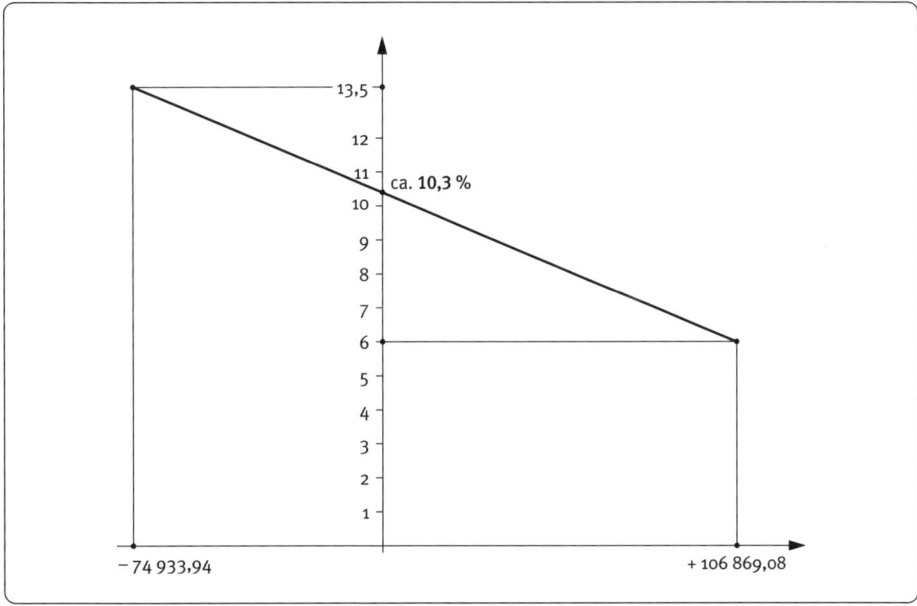

b) Ausgehend von 13,5 %:   von 6%

C_0 = – 480 000 + 70 000 · 5,786 658 C_0 = – 480 000 + 70 000 · 8,383 844

= – 74 933,94   = + 106 869,08

Der negative Kapitalwert bestätigt (wenigstens), dass der gewünschte Zinssatz (13,5 %) nicht erreicht wird (insoweit Lösung a) „präziser").

7. In der Senkrechten positiven und negativen C_0, in der Waagrechten Versuchszinssätze und (im Schnittpunkt) den internen Zinsfuß.

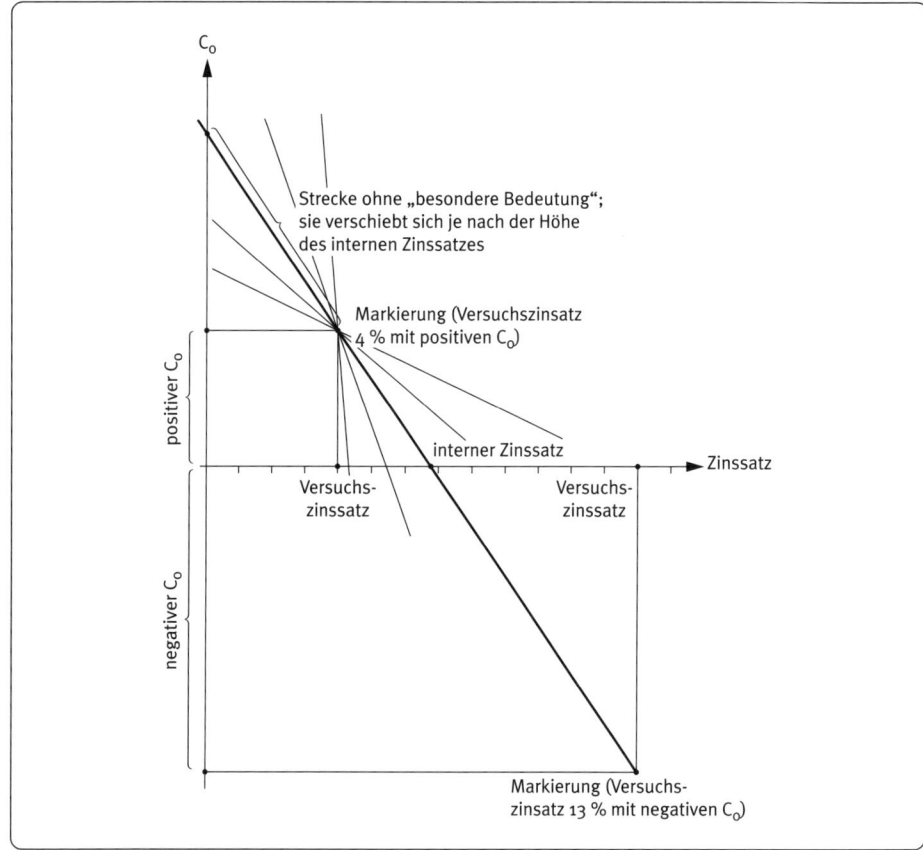

Anmerkungen: Im Fallbeispiel (Band 1), sowie in den Lösungen zu 2. und 6. kann entsprechend variiert werden.

8. a) **Entscheidung für ein Investitionsgut**

Jahre	Abzinsungsfaktor bei 14 %	Barwerte, €	
		A	B
1.	0,877 193	263 157,90	219 298,25
2.	0,769 468	215 451,04	176 977,64
3.	0,674 972	175 492,72	128 344,68
4.	0,592 080	118 416,00	88 812,00
5.	0,519 369	–	72 711,66
Liquidationserlös nach 4./5. Jahr	0,592 080	23 683,20	
	0,519 369		10 387,38
Summe Barwerte		796 200,86	696 437,61
AK		720 000,00	720 000,00
Kapitalwert (C_0)		+ 76 200,86	– 23 562,39

Entscheidung: Investitionsgut A geht deutlich über die Anforderung hinaus, B erreicht die Vorgabe nicht.

b)

Jahr	Abzinsungsfaktor bei 8 %	Barwerte €	Abzinsungsfaktor bei 12 %	Barwert €
1	0,925 926	277 778,00	0,892 857	267 857,10
2	0,857 339	240 054,92	0,797 194	223 214,32
3	0,793 832	206 396,32	0,711 780	185 062,80
4	0,735 030	147 006,00	0,635 518	127 103,60
Liquidationserlöse	0,735 030	29 401,20		25 420,72
		900 636,44		828 658,54
AK		720 000,00		720 000,00
Kapitalwerte (C_{01}/C_{02})		+ 180 636,44		+ 108 658,54

Berechnung des internen Zinssatzes:

„von unten":

$$I_r = 0{,}08 + (180\ 636{,}44 \cdot \frac{0{,}12 - 0{,}08}{71\ 977{,}90}) = 0{,}18$$

„von oben":

$$I_r = 0{,}12 + (108\ 658{,}54 \cdot \frac{0{,}12 - 0{,}08}{71\ 977{,}90}) = 0{,}18$$

Ergebnis: Interner Zinssatz 18 %.

Grafische Darstellung für A:

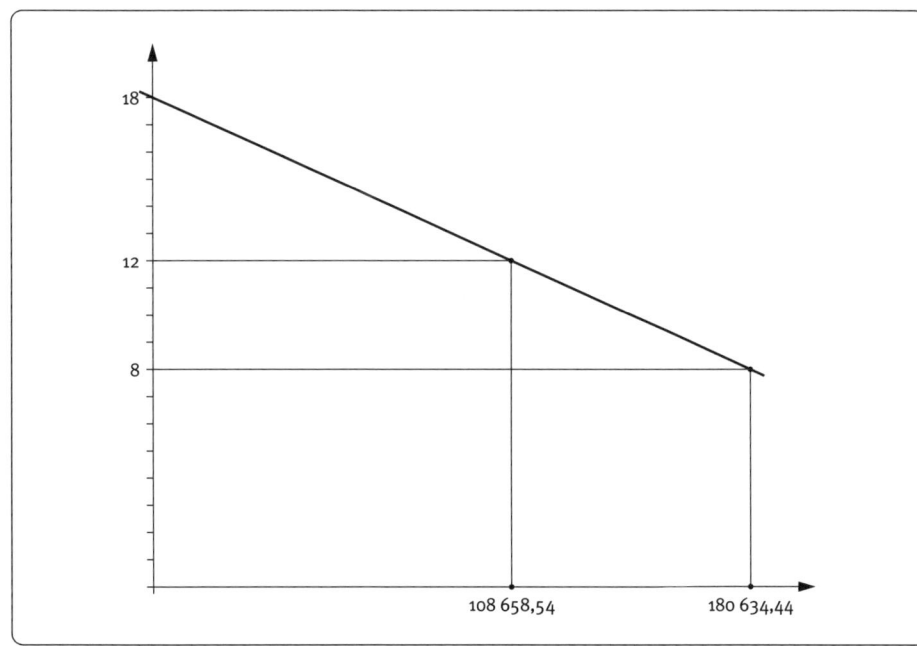

9. a) Das stimmt nur dann, wenn gilt: $- a_0 + (e - a) \cdot$ Barwertfaktor > 0.

   b) Der erste Teil der Aussage (also vor „bzw.") ist richtig, die nominellen Rückflüsse müssen jedoch in Barwerte umgerechnet („abgezinst") werden.

   c) Das ist falsch. In diesem Falle entsprechen sich vielmehr Kalkulationszinssatz und interner Zinssatz.

   d) **Ablauf der Investition (Darstellung):**

   - $- 300\,000$: Ausgabe bei Investition/Hergabe eines Kredits
   - $+\ \ 45\,000$: Vier Zahlungen, jeweils am Ende der ersten vier Jahre
   - $+ 300\,000$: Rückzahlung der Investition (z.B. Wiederverkauf eines Grundstücks zum Preis bei Investition).

   In die Rechnung gehen die abgezinsten 4 mal 45 000 und der Liquidationserlös von 300 000 ein. *Möglich auch:* Zinsen von 15 % (300 000 / 45 000) werden jedes Jahr eingenommen (also keine Zinseszinsen), Rückzahlung (= Einnahme) am Ende des 4. Jahres).

   e) **Aussagen**

   - richtig;
   - nur dann richtig, wenn die Rechnung den Kapitalwert 0 ergeben soll;
   - falsch, kein logischer Zusammenhang;
   - richtig, es liegt keine gewünschte und keine entstandene Verzinzung vor.

2.9.2.3 Annuitätenmethode

Information:

Berechnungen bei Ersatz eines alten durch ein neues Investitionsgut (siehe Aufgabe 3 e)):

Symbole:

A = altes Investitionsgut

N = neues (Ersatz-) Investitionsgut

t_0 = jetziger, heutiger Zeitpunkt

t_1 = Zeitpunkt in *einem* Jahr

L = Liquidationserlös

$i\ =\ \dfrac{p}{100}$

d = Annuität

- **Formel für Annuität (d_A) des alten Investitionsgutes, *mit Liquidationserlös:***

$$d_A = \ddot{U}_A \qquad - (L_A{}^{t}_{0} \cdot i) \qquad - (L_A{}^{t}_{0} - L_A{}^{t}_{1})$$

jährlicher Überschuss	Zinsen, da heute möglicher Liquidationserlös noch ein Jahr länger gebunden bleibt	Betrag, um den der Liquidationserlös (durch Nutzung um ein weiteres Jahr) niedriger ist

- **Formel für Annuität des neuen Investitionsgutes,** *mit* Liquidationserlös (siehe Formel für „Gleich große jährliche Überschüsse bei zeitlich begrenzter Nutzungsdauer"):

$$d_A = \ddot{U}_N - (a_{0N} - \frac{L}{n}) \cdot \frac{q^n - 1}{q^n(q-1)}$$

jährlicher Überschuss — abgezinster Liquidationserlös — Kapitalwieder-gewinnungsfaktor

Kontrolle

1. a) **Kapitalwert**

Jahr	Überschüsse, €	Abzinsungsfaktor bei 10 %	Barwert, €
1	160 000	0,909 091	145 454,56
2	190 000	0,826 446	157 024,74
3	210 000	0,751 315	157 776,15
4	220 000	0,683 013	150 262,86
5	240 000	0,620 921	149 021,09
Summe			759 539,35
AK			700 000,00
Kapitalwert (C_0)			+ 59 539,35

b) **Annuität,** Entscheidung

d = 59 539,35 · 0,263 797 = 15 706,30

Eine positive Annuität, also Entscheidung für die Anschaffung.

oder: Anuität

AK	700 000,00 · 0,263 797 =	184 657,9 · 5	=	923 289,50
Ü (abgezinst)	759 539,35 · 0,263 797 =	200 364,2 · 5	=	1 001 821,00
Positive Annuitäten		**15 706,3 · 5**	=	**78 531,50**

2. $d = 80\,000 - (750\,000 - \frac{30\,000}{2{,}367364}) \cdot 0{,}155\,820$

   $d = 80\,000 - (750\,000 - 12\,672{,}32) \cdot 0{,}155\,820$

   $d = 80\,000 \cdot 114\,890{,}40$

   $d = -34\,890{,}40$

Die Annuität ist mit 34 890,40 € negativ. Die Vorgabe des Kalkulationszinsfußes wird nicht erreicht.

Auch hier ist eine Lösung mit der Kapitalwertmethode möglich (siehe Formeln, Aufgaben und Lösungen in Abschnitt 2.9.2.1).

3. a) **Wesen:** „Zerhacken" des Kapitalwertes (siehe Abschnitt 2.9.2.1) in *gleich große* Jahreszahlungen, deren Summe wegen der Verteilung auf die Jahre der Nutzungsdauer und der Umrechnung auf gleich große Beträge *nicht* dem Kapitalwert bzw. der Summe der Kapitalwerte entspricht. Berechnungen mit Hilfe des Kapitalwiedergewinnungsfaktors. Vorteilhaftigkeit siehe Band 1 Seite 417.

b) **Vorteile:**
- Aussagen zu günstigen, ungünstigen Investitionen;
- in den meisten Fällen einfache Berechnung;
- Anlehnung an (bereits behandelte) Kapitalwertmethode;
- **keine Rechnung mit Differenzinvestitionen notwendig, wenn AK und Nutzungsdauer verschieden hoch sind.**

Nachteile:
- Zurechenbarkeit der Zahlungsreihen schwierig (dies gilt auch für andere Methoden!)
- Ungewissheit, ob die erwarteten (geschätzten) Zahlungsreihen der Höhe nach und zeitlich zutreffen. (Problem freilich jeder Prognose; siehe z.B. Plankostenrechnung).

c) Umwandlung des/der Kapitalwerte in „Annuitäten". Wegfall von Hilfsrechnungen, wenn bei Alternativen AK und Nutzungsdauer stärker (was heißt aber „stärker"?) differieren.

d) Die Anwendung des Kapitalwiedergewinnungsfaktors ermöglicht dies: „Umformung in gleich hohe jährliche Überschüsse der alternativen Investitionsobjekte".

e) Vergleich der Annuitäten von gebrauchtem und Ersatzinvestitionsgut. In dem Jahr, in dem die Annuität des Ersatzgutes höher ist, sollte / kann der Ersatz erfolgen.

Vertiefung

4. a) $\text{d} = \ddot{\text{U}} - \text{a}_0 \cdot \text{Kapitalwiedergewinnungsfaktor}$
   $\text{d} = 200\,000 - 800\,000 \cdot 0{,}263\,797$
   $\text{d} = -11\,037{,}60$

   Ergebnis: negative Annuität, die Investition lohnt sich nicht.

   b) $200\,000 - \dfrac{q^n - 1}{q^n(q-1)} - 800\,000 = 0$

   $\dfrac{q^n - 1}{q^n(q-1)} = \dfrac{800\,000}{200\,000} = 4{,}0$

   Aus der Tabelle der Barwertfaktoren wird entnommen: 5 Jahre ND ergeben bei 7,5 % den Faktor 4,045 885.

   Genauere Lösung:

		Differenz zu 4,0	Teile
bei 7,5 %	4,045 885	0,045 885	6,3
	4,0		
bei 8 %	3,992 710	0,007 290	1,0

   Ergebnis: Der interne Zinssatz beträgt rund 7,9 %, die Investition lohnt sich nicht.

   c) Mit Liquidationserlös 80 000,00 €

   $\text{d} = 200\,000 - \left(800\,000 - \dfrac{80\,000}{1{,}610\,510}\right) \cdot 0{,}263\,797$

   $\text{d} = 200\,000 - (800\,000 - 49\,673{,}71) \cdot 0{,}263\,797$

   $\text{d} = 200\,000 - 197\,933{,}82 = +2\,066{,}18$

   Der Liquidationserlös von 80 000,00 € führt zu einer positiven Annuität, d.h. die Investition ist jetzt vorteilhaft.

5. a) **Mit Annuitätenfaktor**

   bei 9 %:

   $$d \;=\; 200\,000 \cdot 0{,}139651 \qquad =\quad 27\,930{,}20$$
   $$\text{mal } 12 \qquad\qquad =\quad 335\,162{,}40$$

   bei 11 %:

   $$d \;=\; 200\,000 \cdot 0{,}154027 \qquad =\quad 30\,805{,}40$$
   $$\text{mal } 12 \qquad\qquad =\quad 369\,664{,}80$$

   Ergebnis: Die Vorstellungen des Versicherungsnehmers sind nicht erfüllt, denn die Versicherung zahlt nur 24 000 · 12 = 288 000,00 € aus.

   b) + c) **Methode des internen Zinssatzes:**

   Kalkulationszinsfuß der Versicherung:

   $$24\,000 \;=\; 200\,000\,x$$
   $$x \;=\; \frac{24\,000}{200\,000} = 0{,}12$$

   Jetzt in Tabelle bei 12 Jahren in Spalte „Annuitätenfaktor" nachsehen:

		Anteile
bei 6 %	0,119 277	1
	0,12	
bei 6,5 %	0,122 568	3

   Ergebnis: Die Versicherung hat mit rd. 6,1 % gerechnet. Damit auch c) gelöst!

   Information:

   Überprüfung mit Barwertfaktor (Berechnung von Kapitalwerten, Band 1, S. 398 f.)

   bei 9 %

   $$24\,000 \cdot 7{,}160725 - 200\,000 = x$$
   $$x = -\,28\,142{,}60$$

   bei 11 %

   $$24\,000 \cdot 6{,}492356 - 200\,000 = x$$
   $$x = -\,44\,183{,}46$$

   Die negativen Werte deuten darauf hin, dass die Versicherung mit einer Verzinsung rechnet, die den Vorstellungen des Versicherungsnehmers nicht entspricht.

6. a) **14 % Kalkulationszinssatz:**

   $$d \;=\; 200\,000 - \left(2\,000\,000 - \frac{3\,000\,000}{1{,}925415}\right) \cdot 0{,}291\,284$$
   $$=\; 200\,000 - (2\,000\,000 - 1\,558\,105{,}66) \cdot 0{,}291\,284$$
   $$=\; 200\,000 - 128\,716{,}75$$
   $$=\; +\,71\,283{,}25$$

   Die Investition kann empfohlen werden.

b) **15 Jahre Nutzungsdauer:**

$$d = 150\,000 - (2\,000\,000 - \frac{4\,000\,000}{7,137938}) \cdot 0,162\,809$$

$$= 150\,000 - (2\,000\,000 - 560\,385,93) \cdot 0,162809$$

$$= 150\,000 - 234\,382,13$$

$$= -84\,382,13$$

Von der Investition ist abzuraten.

c) **Kalkulationszinssatz bei Annuität 0:**

bei 10 % gilt:

$$d = 200\,000 - (2\,000\,000 - \frac{3\,000\,000}{1,610510}) \cdot 0,263\,797$$

$$d = 200\,000 - (2\,000\,000 - 1\,862\,764) \cdot 0,263\,797$$

$$d = 163\,798$$

bei 7 % gilt:

$$d = 200\,000 - (2\,000\,000 - \frac{3\,000\,000}{1,402552}) \cdot 0,243\,891$$

$$d = 200\,000 - (2\,000\,000 - 2\,138\,958) \cdot 0,243\,891$$

$$d = +233\,891$$

Bei genauester Berechnung, hebt sich der Klammerausdruck auf, also $2\,000\,000 - 2\,000\,000 = 0$, und übrig bleibt $d = 200\,000,00$ € (q^n bei ca. 8,5 %/5 Jahre = 1,503 658); $\frac{3\,000\,000}{1,5} = 2\,000\,000$. Dies entspricht dem erwarteten Jahresgewinn von 200 000,00 €.

Berechnung:

$$d = 200\,000 - (2\,000\,000 - \frac{3\,000\,000}{1,5}) \cdot 0,291\,284$$

$$d = 200\,000 - (2\,000\,000 - 2\,000\,000) \cdot 0,291\,284$$

$$d = 200\,000 - 0 = 200\,000$$

Grafik:

Auf der y-Achse Zinssätze 1 % bis 10 % einsetzen, auf der x-Achse die Klammerausdrücke bei 7 % und 10 % (siehe oben „bei 10 % gilt", „bei 7 % gilt") jeweils mal zugehörigem $\frac{q^n(q-1)}{q^n-1}$.

Schnittpunkte auf der y-Achse bei ca. **8,5 %**.

Bedeutung von Annuität 0: Wie bei Kapitalwert 0 gilt auch hier: Unter Beachtung der bedingungen ist die Investition gerade noch vorteilhaft.

Erläuterung: Der Zinssatz von ca. 8,5 % ergibt bei den Daten unter 6 a) eine Annuität von genau 200 000,00 € Annuität (siehe 6 b)):

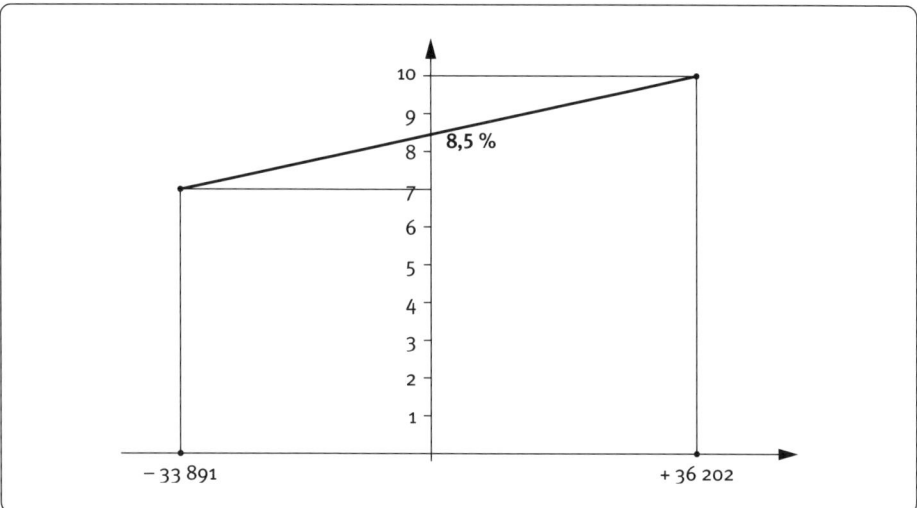

Annuität bei 6 b):

$$d = 150\,000 - (2\,000\,000 - \frac{4\,000\,000}{x}) = 0$$

x = 2,162 162, d.h. bei 14 % und nur ca. 6 Jahren Nutzungsdauer ergibt sich eine Annuität von 0.

Probe:

$$
\begin{aligned}
d &= 150\,000 - (2\,000\,000 - \frac{4\,000\,000}{2\,162\,162}) \\
&= 150\,000 - (2\,000\,000 - 1\,850\,000) = 0
\end{aligned}
$$

7. a) **Kapitalwerte**

Li = Liquiditätserlöse

Jahre	Abzinsungsfaktor 14 %	Überschüsse A €	Barwerte A €	Überschüsse B €	Barwerte €
1	0,877193	75 000	65 789,48	80 000	70 175,44
2	0,769468	60 000	46 168,08	75 000	57 710,10
3	0,674972	60 000	40 498,32	75 000	50 622,90
4	0,592080	55 000	32 564,40	65 000	38 485,20
5	0,519369	50 000	25 968,45	60 000	31 162,14
6	0,455587	40 000	18 223,48	55 000	25 057,29
7	0,399637			50 000	19 981,85
8	0,350559			45 000	15 775,16
Li$_A$	0,455587	10 000	4 555,87		
Li$_B$	0,350559			15 000	5 258,39
Summen			233 768,08		314 228,47
AK		220 000	220 000,00	300 000	300 000,00
Co$_A$ / Co$_B$			+ 13 768,08		+ 14 228,47

Entscheidung aufgrund der Kapitalwerte für B.

543

b) **Vergleich mit Annuitätenmethode:**

$d_A =$ 13 768,08 · 0,257 157   =   3 540,56 €
       (= 100 %)   (= 100 %)

$d_B =$ 14 228,47 · 0,215570   =   3 067,23 €
       (= 103,35 %)   (= 86,6 %)

Nach dieser Methode ist A vorzuziehen.

Beurteilung: Die Umrechnung der „ermittelten Kapitalwerte in gleich große (uniforme) jährliche Zahlungen" führt zu einer gleichmäßigen Verteilung auf die Investitionszeit (siehe Band 1, Seite 400 unten). Die Folge kann sein: Kapitalwertmethode und Annuitätenmethode führen zu unterschiedlichen Entscheidungen. Der höhere prozentuale Unterschied bei den beiden Methoden (100 %/103,35 % bzw. 100 %/86 %) lässt eine Entscheidung zugunsten der Annuitätenmethode vorteilhafter erscheinen.

8. a) Alle 3 Methoden können angewandt werden (siehe b) bis d))

   b) **Zahlenmodell über 15 Jahre Laufzeit (Kapitalwertmethode):**

      Vergleiche bei verschiedenen Zinssätzen (Beträge in €):

bei 11 %:	1 500 000 · 7,190 870	=	10 786 305
Investition			10 000 000
Differenz			+ 786 305
bei 8 %:	1 500 000 · 8,559 479	=	12 839 219
Investition			10 000 000
Differenz			+ 2 839 219
bei 14 %:	1 500 000 · 6,142 168	=	9 213 252
Investition			10 000 000
Differenz			− 786 748

bei 10 %:	1 500 000 · 7,606 080	=	11 409 120
Investition			10 000 000
Differenz			+ 1 409 120
(= positiver Kapitalwert bei 10 %)			
Die Bedingung des Kreditinstituts ist erfüllt.			

   c) **Methode des internen Zinssatz:**

$$1\,500\,000\,x - 10\,000\,000 = 0$$

$$x = \frac{10\,000\,000}{1\,500\,000}$$

$$x = 6,666\,667$$

Nachzuschlagen in Tabelle, Spalte $\dfrac{q^n - 1}{q^n(q-1)}$:

		Differenz zu 6,666 667	Teile
bei 12 %	6,810 864	0,144 197	4,27
	6,666 667		
bei 12,5 %	6,632 894	0,033 773	1

Ergebnis: Der interne Zinssatz liegt bei rund 12,4 %.

Zu Grafik: Auf y-Achse Zinssätze von 0–14 % eintragen. Auf x-Achse (positive bzw. negative) Kapitalwerte bei 11 % und 14 % (siehe b)) einsetzen. Punkte festlegen und verbinden: Schnittpunkt mit y-Achse bei ca. 12,4 %.

L

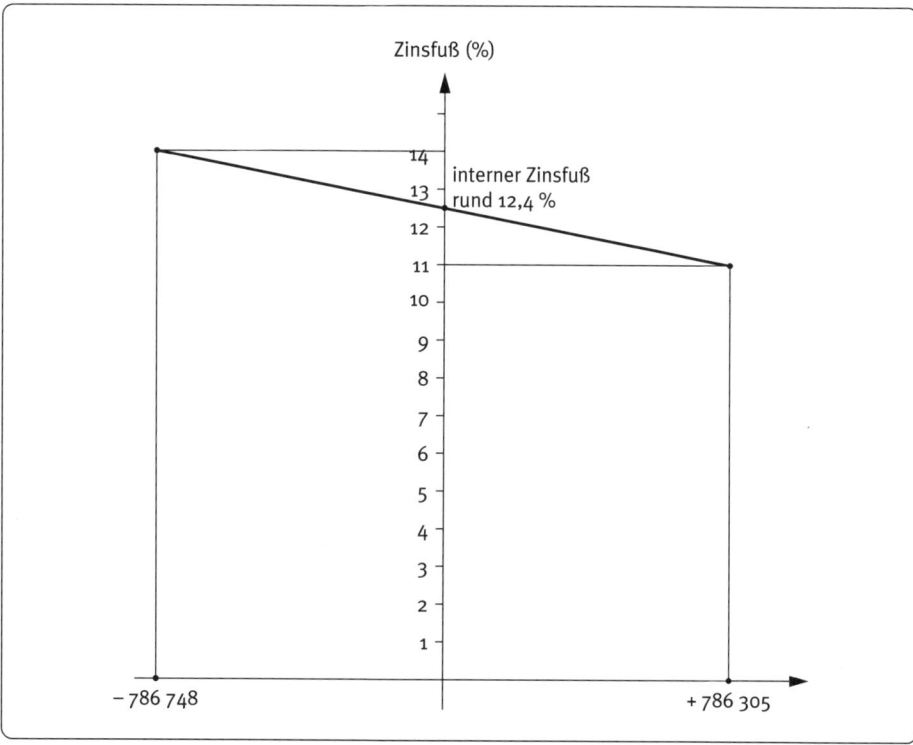

d) **Jährlicher Gebührenteil bei exakt 10 % (Annuitätenmethode):**

e	=	10 000 000	· 0,131 474	=	1 314 740
15 · e	=	19 721 100			
Investition		10 000 000			
Mehrzahlung		9 721 100			

545

Der jährliche Gebührenanteil betrüge bei 10 % 1 314 740,00 €, also weniger als das Kreditinstitut tatsächlich verlangt, nämlich 1 500 000,00 €, die ungefähr 12,4 % entsprechen.

e) Der Betrag von 10 000 000,00 € muss nicht selbst aufgebracht (Eigen-/Selbstfinanzierung) werden, weitere Kredit-Spielräume bleiben. Der Betrag von 10 000 000 € wird „elegant" getilgt (15 · 1 500 000 = 22 500 000 enthalten Zinsen und Tilgung). Vorteil des gleich bleibenden Jahresbetrags für finanzielle Dispositionen.

Voraussetzung, damit der Entsorger auf das Geschäft eingeht: Die Gemeinde zahlt jährlich 1 500 000,00 €, einen Betrag, der Kosten und Gewinnanspruch des Entsorgers abdeckt.

3 Bewertung nach Handels- und Steuerrecht

3.1 Ziele der Bewertung

3.2 Grundsätze ordnungsmäßiger Bilanzierung

Kontrolle

1. a) Siehe Band 1!

   b) Gläubiger wünschen niedrigere Wertansätze, damit der Gewinnausweis und die Gewinnausschüttung verringert werden. Ziel ist die Sicherheit des gewährten Kredits, was durch Bildung stiller Rücklagen am ehesten gewährleistet ist. Tätige Gesellschafter sind an höheren Wertansätzen interessiert; sie streben nicht nur eine angemessene Verzinsung an, sondern sind auch an einer erfolgreichen Darstellung des Unternehmens nach außen interessiert. Außenstehende Teilhaber haben in der Regel als vorrangiges Ziel eine attraktive Anlage ihres Kapitals (Dividende, Kursgewinne) im Unternehmen, z. B. Kleinaktionäre.

   c) Durch unterschiedliche Bewertung ein und derselben wirtschaftlichen Vorgänge können verschieden hohe Gewinne und Verluste ausgewiesen werden. Es liegt im Interesse der verschiedenen Bilanzadressaten, dass Verfälschungen des Periodenerfolges durch Über- und Unterbewertung grundsätzlich vermieden werden.

   Rechtsvorschriften (Bewertungsgrundsätze) sind erforderlich, damit die Interessen aller Bilanzadressaten gewahrt werden und ein Interessenausgleich möglich ist.
   - Handelsrechtliche Vorschriften sollen einerseits verhindern, dass der Betrieb seine Lage günstiger darstellen kann, als sie tatsächlich ist (zum Schutz der Gläubiger); andererseits soll nicht zugelassen werden, dass er seine Lage ungünstiger ausweisen kann (zum Schutz der Anteilseigner).
   - Steuerrechtliche Vorschriften verhindern Gewinnverlagerungen und somit „Steuerverschiebungen" in kommende Perioden. Der in einer Periode erzielte Gewinn wird somit die Grundlage der Besteuerung. Die Steuereinnahmen des Staates in den einzelnen Perioden werden gesichert und eine gleichmäßige Besteuerung erreicht.

   Die Einhaltung der Grundsätze ordnungsgemäßer Bilanzierung ist erforderlich, damit sich ein Kaufmann und „ein sachverständiger Dritter" jederzeit die erforderliche Übersicht über das Geschäftsvermögen in angemessener Zeit verschaffen können.

2. - Gläubigerschutz im Handelsrecht.
   - Periodengerechter Gewinn im Steuerrecht (siehe Band 1)

3. a) Die Transportkosten für die neu angeschaffte Maschine müssen aktiviert werden. (Sie sind „einmalig und anschaffungsnah")

   b) Verstoß gegen die formelle Ordnungsmäßigkeit.

   c) Verstoß gegen den Grundsatz der Bilanzwahrheit (Verstoß gegen das Vollständigkeitsprinzip, da nicht der volle Wert bilanziert wurde; HGB § 246 Abs. 1).

Vertiefung

4. Eine eindeutige Abgrenzung ist nicht möglich, da sich die verschiedenen Bilanzierungs-grundsätze inhaltlich zum Teil überschneiden.

   Beispiel:

   Werden Vorräte getrennt ausgewiesen und in der folgenden Bilanz zusammengefasst, so wird damit gleichzeitig gegen den Grundsatz der Bilanzklarheit und den Grundsatz der formellen Bilanzkontinuität verstoßen.

5. Weder die Befolgung handelsrechtlicher noch steuerlicher Vorschriften führt zu einer „wah-ren" Bilanz, weil beide – wenn auch im unterschiedlichen Umfang – zulassen, dass Vermö-genspositionen bewusst unterbewertet werden. Auch die Auffassungen der Betriebswirt-schaftslehre über die Wertansätze in der Bilanz sind sehr unterschiedlich, je nach den Zwecksetzungen, die man mit der Bewertung verfolgt. Eine absolute Bilanzwahrheit gibt es also nicht. Die Wertansätze können nur „relativ wahr" sein, d.h. bezogen auf den Zweck, den man mit einer Bilanzierung erreichen will. Zweckmäßig ist es zu sagen, eine Bilanz ist „richtig", dann nämlich, wenn die Wertansätze geeignet sind, den mit der Bilanzierung erstrebten Zweck (z.B. nominelle oder substanzielle Kapitalerhaltung, Gläubigerschutz oder periodengerechte Gewinnermittlung) zu erreichen und zwar unter Beachtung der jeweils gegebenen wirtschaftlichen Gesamtsituation (konstante, sinkende, steigende Preise).

6. ■ Die Bilanzierung der unbebauten Grundstücke mit 140 000,00 € stellt einen Verstoß gegen den Grundsatz der materiellen Bilanzkontinuität dar. Vermögensgegenstände, also auch unbebaute Grundstücke dürfen höchstens mit den Anschaffungskosten bilan-ziert werden [HGB § 253 Abs. 1].
   ■ Die Personenkraftwagen müssen auf dem Konto „Fuhrpark" ausgewiesen werden: Ver-stoß gegen die Bilanzklarheit [HGB § 243 Abs. 2] – übersichtliches Kontierungssystem. Die Personenkraftwagen dürfen nicht voll abgeschrieben werden, sondern nur planmäßig entsprechend ihrer Nutzungsdauer. Verstoß gegen den Grundsatz der Bilanzwahrheit: der Bilanzansatz bleibt unter dem gesetzlich zugelassenen Wert.
   ■ Verstoß gegen den Grundsatz der Bilanzwahrheit, da die Firma über die tatsächlichen Forderungsausfälle der Vergangenheit hinaus (statt 7 % 15 %) Wertberichtigungen angesetzt hat.
   ■ Nach HGB § 252 Abs. 1, Ziff. 4 ist vorsichtig zu bewerten. Nach HGB § 249 Abs. 1, der die entsprechende Bewertungsvorschrift gibt, müssen Rückstellungen für ungewisse Verbindlichkeiten gebildet werden. Im vorliegenden Falle handelt es sich bis zur Ent-scheidung des Gerichts um eine drohende Verpflichtung, bei der ungewiss ist, ob sie überhaupt zu einer Verbindlichkeit führt und wie hoch diese dann ist; HGB § 249 Abs. 1 trifft also zu.
   Nach dem Wortlaut dieser Vorschrift besteht also ein Zwang („Muss") zum Ansatz der Rückstellung.
   Die Nichtbilanzierung einer Rückstellung ist deshalb ein Verstoß gegen die Bilanzwahrheit, da ja die Schulden (auch ungewisse) nicht ausgewiesen werden [vgl. HGB § 246 Abs. 1].
   ■ Verstoß gegen den Grundsatz der materiellen Bilanzkontinuität (willkürlicher Wechsel einer Bewertungsmethode; vgl. HGB § 252 Abs. 1, Ziff. 6 und § 284 Abs. 2)
   ■ Verstoß gegen Grundsatz der materiellen Bilanzkontinuität (siehe vorhergehenden Fall): Wertzusammenhang (Wertfortführung) wird aufgegeben.

3.3 Wertarten in Handels- und Steuerrecht

3.3.1–3.3.6 Anschaffungs-, Herstellungs- und Wiederbeschaffungskosten – vom Tages- bis zum Teilwert

Kontrolle

1. a) Gemeiner Wert und Teilwert.

   b) Tageswert, Gemeiner Wert, Anschaffungskosten, Verkehrswert, Markt- und Börsenpreis, beizulegender Wert.

2. a)
Kaufpreis	48 500,00 €
Überführungskosten	350,00 €
Zulassungsgebühren	155,00 €
Anschaffungskosten (AK)	49 005,00 €

   HGB § 255 Abs. 1

   b)
Kaufpreis	6 441,00 €
Transportkosten	150,00 €
Transportversicherung	25,00 €
Anschaffungskosten	6 616,00 €

   HGB § 255 Abs. 1

   Diskont und Spesenbelastung sind (sofortige) Aufwendungen, keine AK.

3. a) Beratungskosten eines Architekten

   b) Gebühr für Notariat und Grundbuchamt (nat. nicht Notariatsgebühren bei Eintrag einer Grundschuld bzw. Hypothek)

   f) Grunderwerbsteuer

   Hinweise:

   Nach HGB § 255 Abs. 3 *dürfen* Zinsen für Fremdkapital als AK angesetzt werden, soweit sie auf den Zeitraum der Herstellung entfallen (z. B. Kreditzinsen für Kredit, der auf die Herstellung eines Schiffes zeitlich abgestimmt ist).

   zu d) Sonderfall: vom Käufer übernommene *rückständige* Grundsteuer ist zu aktivieren.

   Inseratkosten („Grundstück gesucht") nicht zu aktivieren
   Untersuchung der Bodenbeschaffenheit: Kosten zu aktivieren

4. a) **Handelsrecht:**
   Materialgemeinkosten, Fertigungsgemeinkosten, Sondereinzelkosten der Fertigung.
   Steuerrecht:
   Verwaltungsgemeinkosten.

   Hinweis:

   In der Literatur wird der Begriff der bilanzrechtlichen Herstellungskosten als ungenau bezeichnet. Treffender wäre die Bezeichnung Herstellungsaufwendungen; weil bilanzrechtlich nur die effektiven aufwands- und ausgabewirksamen (pagatorischen) Kosten in die Herstellungskosten eingehen (nicht die Zusatzkosten).

   b) Der bilanzrechtliche Begriff der Herstellungskosten legt die tatsächlich angefallenen Aufwendungen zugrunde. Für zu bewertende Lagerbestände sind noch keine Vertriebskosten angefallen.

5. a) **Handelsrecht:**   **Steuerrecht:**

25 000,00 €	Fertigungsmaterial	25 000,00 €
72 000,00 €	Fertigungslöhne	72 000,00 €
9 500,00 €	Sondereinzelkosten der Fertigung	9 500,00 €
106 500,00 €	Materialgemeinkosten (5 200 – 400)	4 800,00 €
	Fertigungsgemeinkosten (70 000 – 2 000)	68 000,00 €
		179 300,00 €

   b) Bilanzpolitischer Spielraum nach Handelsrecht:

Materialgemeinkosten	(5 200 – 400)	=	4 800,00 €
Fertigungsgemeinkosten	(70 000 – 2 000)	=	68 000,00 €
Verwaltungsgemeinkosten	(10 700 – 600)	=	10 100,00 €
			82 900,00 €

   Bilanzpolitischer Spielraum nach Steuerrecht:
   zuzüglich zu aktivieren

Verwaltungsgemeinkosten	(10 700 – 600)	=	10 100,00 €

6. a) Siehe Band 1!

   b) Siehe Band 1!

   c) Der bilanzpolitische Spielraum ist im Handelsrecht groß: Das bilanzierende Unternehmen hat beim derivativen Firmenwert ein Wahlrecht: Nichtaktivierung oder Aktivierung (aber dann Pflicht zur Abschreibung binnen der 4 Folgejahre bzw. Abschreibung innerhalb der voraussichtlichen Nutzungsdauer (HGB § 255 Abs. 4)).[1]

   d) Es besteht Aktivierungspflicht. Er muss binnen 15 Jahren (linear) abgeschrieben werden. Bei außergewöhnlicher Wertminderung ist auch eine Teilwertabschreibung möglich.

   e) Substanz- und Firmenwert

Durch Umbewertung ermittelte Tageswerte	9,00 Mio. €
– abzüglich Verbindlichkeiten	3,00 Mio. €
	6,00 Mio. €
Kaufpreis	8,00 Mio. €
Firmenwert	2,00 Mio. €

7. a) Der Teilwert als „Fiktion", da der Gesamtkaufpreis eines Betriebes normalerweise nicht bekannt und die Veräußerung eines Betriebes der seltene Ausnahmefall ist.

   b) Mit dem Teilwert als steuerlich untere Wertgrenze soll die Bildung stiller Rücklagen und damit einer Gewinnverlagerung in kommende Perioden vorgebeugt werden.

   c) Der gemeine Wert ist der Einzelveräußerungspreis, der für ein Wirtschaftsgut, das losgelöst von einem Betrieb am Markt veräußert wird, erzielt werden kann. Er ist also ein objektiver Wert, der auf der allgemeinen Auffassung beruht, wie sie in der Marktlage am Bilanzstichtag ihren Ausdruck findet und nicht bedingt ist durch die persönliche Auffassung eines Unternehmers über die zu erwartende wirtschaftliche Entwicklung.

   Der Teilwert dagegen ist der Wert, der einem Wirtschaftsgut im Rahmen eines gesamten Betriebes, also in Verbindung mit allen anderen Wirtschaftsgütern eines Betriebes zukommt.

   d) Siehe Bd.1!

---

[1] Die Bemessung des handelsrechtlichen Herstellungskostenbegriffs wird durch das Bilanzrechtsmodernisierungsgesetz neu geregelt und den steuerlichen Vorschriften angenähert (§ 255 Abs. 2 und 3 E-HGB).

Vertiefung

8. a) Die Aktivierung der Anschaffungsnebenkosten bewirkt, dass im Jahr 2005 das Ergebnis um 1 700,00 € höher ausgewiesen wird gegenüber einer Nichtaktivierung dieser Posten. Bei einer Nichtaktivierung würden die Anschaffungsnebenkosten die GuV-Rechnung des Jahres 2005 als Aufwand belasten (also Ergebnis um 1 700,00 € gekürzt).

Die Aktivierung der Anschaffungsnebenkosten im Jahr 2005 erhöht den Wert der Warenbestände, die 2006 verkauft werden. Das Ergebnis des Jahres 2006 wird um 1 700 € geringer, da der Aufwand für Wareneinsatz um die Anschaffungsnebenkosten zugenommen hat. (Gewinn 2006: Erlös 18 000,00 € – Wareneinsatz 16 700,00 € = 1 300,00 € Gewinn). Also Ergebniskürzung von 2000 mit 2002 verlagert.

   b) Wird die Aktivierung der Anschaffungsnebenkosten 2005 unterlassen, gehen dieselben als Aufwand in die GuV-Rechnung ein und vermindern 2005 den Gewinn um 1 700,00 €.

Der Aufwand für Wareneinsatz im Jahr 2006 ist um 1 700,00 € geringer durch die Nichtaktivierung der Anschaffungsnebenkosten. Somit ist der Gewinn 2006 um 1 700,00 € größer. (Gewinn 2006: Erlös 18 000,00 € – Wareneinsatz 15 000,00 € = 3 000,00 € Gewinn).

9. ■ Betrieb, der wenig produziert, jedoch seine Lagerbestände verkauft: a)

   Begründung:
   Verkauft er die Bestände früherer Perioden, so ensteht im Jahr des Verbrauchs ein viel zu hoher Gewinn, wenn in den Herstellungskosten die anteiligen Gemeinkosten nicht enthalten sind.

   ■ Betrieb, der in der laufenden Periode viel produziert, jedoch wenig verkauft: b)

   Begründung:
   Bilanziert das Unternehmen mit dem zulässigen Mindestbetrag, gehen die anteiligen Gemeinkosten voll als Aufwand in die GuV-Rechnung ein, mindern den Erfolg und somit auch die Steuerzahlung dieser Periode.

10. a) ■ Bewertung, wenn bilanzpolitisch ein möglichst niedriger Gewinn ausgewiesen werden soll:

Fertigungsmaterial:	250 · 150,00 €	=	37 500,00 €
Fertigungslöhne:	250 · 110,00 €	=	27 500,00 €
Sondereinzelkosten:	250 · 15,00 €	=	3 750,00 €
			68 750,00 €

   ■ Bewertung, wenn bilanzpolitisch ein möglichst hoher Gewinn ausgewiesen werden soll:

   Gesamtkosten bei Normalbeschäftigung
   = fixe Kosten   +   variable Kosten
   = 124 000,00 €   +   1 600 · 275,00 € = 564 000,00 €
   Kosten je Stück bei Normalbeschäftigung
   = 564 000,00 € : 1 600
   = 352,50 €
   Bewertung: 250 Stück je 352,50 €   =   88 125,00 €

b) **Bilanzpolitischer Spielraum**[1]:

obere Wertgrenze	=	88 125,00 €
– untere Wertgrenze	=	68 750,00 €
		19 375,00 €

11. **a) Niedrigstmöglicher handelsrechtlicher Wertansatz:**

Fertigungsmaterial (1 200 000 : 2)	600 000,00 €
+ Fertigungslöhne (600 000 : 2)	300 000,00 €
= **Herstellungskosten nach Handelsrecht**	900 000,00 €

[Untergrenze; HGB § 255, Abs. 2]

Bilanzansatz:

Herstellungskosten des Schlussbestandes[2]:	342 000,00 €

b) Niedrigstmöglicher steuerrechtlicher Wertansatz:

Variable Stückkosten (1 980 000 : 2) 990 000,00 : 10 000 St.	=	99,00 €
Fixkosten insgesamt 420 000,00 (840 000 : 2)		
– Zusatzkosten[3] 120 000,00 (240 000) :2)		
300 000,00 : 20 000 St.[4] =		15,00 €
		114,00 €

nach Steuerrecht Untergrenze

Bilanzansatz:

Herstellungskosten des Schlussbestandes:	433 200,00 €

(3 800 · 114,00 €)

12. Zum Zeitpunkt des Kaufes war der Kaufpreis der Fremdfirma höher als die Summe ihrer Aktivwerte.

a) Mindestabschreibung nach HGB § 255, Abs. 4 = 25 %.

Abschreibung im 4. Jahr	=	150 000,00 €

Derivativer Firmenwert:

4 · 150 000,00 €	=	**600 000,00 €**

b) Abschreibung mit jährlich 25 %.

Alternativ (Handelsrecht) hätte das Unternehmen nach der voraussichtlichen Nutzungsdauer abschreiben können (Begründung im Anhang).[5]

Steuerrechtlich muss der Firmenwert (linear) binnen 15 Jahren (= 6 ⅔ %) abgeschrieben werden.

Jährliche Abschreibung 600 000,00 : 15	=	40 000,00 €	AfA
In 4 Jahren	=	160 000,00 €	
AK	=	600 000,00 €	
– Afa		160 000,00 €	
Restwert Ende 4. Jahr	=	440 000,00 €	

---

[1] Die Bemessung des handelsrechtlichen Herstellungskostenbegriffs wird durch das Bilanzrechtsmodernisierungsgesetz neu geregelt und den steuerlichen Vorschriften angenähert (§ 255 Abs. 2 und 3 E-HGB).

[2] 900 000,00 : 10 000 = 90,00 · 3 800 = 342 000,00 €

[3] Bilanziert werden dürfen nur aufwandsgleiche Kosten.

[4] Die Fixkosten müssen auf die Normalbeschäftigung umgerechnet werden: Damit werden die nicht produktionsabhängigen „Leerkosten" eliminiert, d. h. es kommt nur zum Ansatz der produktionsbedingten Fixkosten

[5] Die Bemessung des handelsrechtlichen Herstellungskostenbegriffs wird durch das Bilanzrechtsmodernisierungsgesetz neu geregelt und den steuerlichen Vorschriften angenähert (§ 255 Abs. 2 und 3 E-HGB).

13. a) Der niedrigere Teilwert ist begründet. Es handelt sich um eine Fehlentscheidung (Fehl-investition).

    b) Begründet, da das Wirtschaftsgut nachhaltig nicht mehr voll genutzt werden kann.

    c) Unbegründet, da eine überdurchschnittlich lange Lagerdauer von Erzeugnissen allein noch keinen Grund darstellt, einen niedrigeren Teilwert nachzuweisen.

Hinweis:

Eine Teilwertabschreibung ist bei Vorräten in der Regel dann erforderlich, wenn ihr Wert unter die Wiederbeschaffungs- bzw. Wiederherstellungskosten gesunken ist. Sie ist in diesen Fällen auch dann vorzunehmen, wenn die Verkaufspreise sich noch nicht vermindert haben. Ggf. liegen aber auch die Wiederbeschaffungs- bzw. Wiederherstellungskosten noch über dem niedrigeren Teilwert. Dies ist beispielsweise der Fall, wenn die Verkaufspreise erheblich gesunken sind, sodass sie nach Abzug von anfallenden Aufwendungen niedriger sind als die Wiederbeschaffungs- bzw. Wiederherstellungskosten. Nach einem Urteil des BFH vom 22. August 1968 (BStBl. S. 801) kommt eine Teilwertabschreibung von Vorräten in Frage

- bei einem Sinken der Wiederbeschaffungskosten
- bei einem Sinken des Verkaufspreises „unter den Betrag aus Selbstkosten zuzüglich durchschnittlicher Unternehmergewinn"
- bei einer weiteren Wertminderung aus verschiedenen Gründen.

Literatur:

Coenenberg, A. G.: Jahresabschluß und Jahresabschlußanalyse, 16. Aufl. Landsberg 1997, Seite 74.
Wöhe, G.: Bilanzierung und Bilanzpolitik; 9. Aufl. München 1997, Seite 407 ff.

3.4 Grundsätze der Bewertung (Bewertungsprinzipien)

3.4.1 Zielsetzungen von Handels- und Steuerbilanz – Maßgeblichkeitsgrundsatz

3.4.2 Die einzelnen Bewertungsgrundsätze in Handels- und Steuerbilanz

Kontrolle

1. a) ■ Unbebaute Grundstücke = Anschaffungskosten 250 000,00 €

    HGB § 253 Abs. 1:

    Vermögensgegenstände sind höchstens zu den Anschaffungskosten anzusetzen.

    Ergebnis:
    Die Obergrenze der Bewertung sind die Anschaffungskosten.

    HGB § 253 Abs. 2.

    Bei den Anlagegegenständen, deren Nutzung zeitlich begrenzt ist, sind die Anschaffungskosten um planmäßige Abschreibungen zu vermindern.

    Ergebnis:
    Auf unbebaute Grundstücke dürfen keine planmäßigen Abschreibungen vorgenommen werden.

- Rohstoffe = Tageswert 70 000,00 €

HGB § 253 Abs. 3:

Bei Vermögensgegenständen des Umlaufvermögens sind Abschreibungen vorzunehmen, um diese mit einem niedrigeren Wert anzusetzen, der sich aus einem Börsen- oder Marktpreis am Abschlussstichtag ergibt (hier: der niedrigere Tageswert).

b) Das Realisationsprinzip besagt, dass Gewinne und Verluste erst dann ausgewiesen werden dürfen, wenn sie durch den Umsatzprozess in Erscheinung getreten sind. Das Prinzip schließt die Beachtung von Wertsteigerungen über die Anschaffungs- oder Herstellungskosten aus.

- Die unbebauten Grundstücke müssen also mit 250 000,00 € bewertet werden.

Da nach dem Realisationsprinzip am Bilanzstichtag bereits erkennbare, aber durch Umsatz noch nicht eingetretene Wertminderungen nicht berücksichtigt werden, hat das Handelsrecht – und ihm folgend auch das Steuerrecht – das Niederstwertprinzip in die gesetzlichen Bewertungsvorschriften eingeführt.

Dieses Prinzip besagt, dass von zwei möglichen Wertansätzen jeweils der niedrigere angesetzt werden muss oder darf und damit eine Aufwandsantizipation verlangt bzw. erlaubt wird:

- Bei den Rohstoffen gilt das strenge NWP, da es sich hierbei um Gegenstände des UV handelt.

Wertansatz also 70 000,00 €.

Da Ertragsantizipationen unzulässig sind, vollzieht sich die Bewertung im Hinblick auf erwartete Gewinne und erwartete Verluste ungleichmäßig. Deshalb wurde für die dargestellten Bewertungsprinzipien der Begriff Imparitätsprinzip (Ungleichheitsprinzip) geprägt. Dieses Prinzip besagt:

1. noch nicht durch Umsatz realisierte Gewinne dürfen nicht ausgewiesen werden; es gilt also das Realisationsprinzip;
2. noch nicht durch Umsatz realisierte Verluste müssen oder dürfen berücksichtigt werden; das Realisationsprinzip gilt also nicht, an seine Stelle tritt, z.B. beim UV das Niederstwertprinzip.

Maßgeblichkeitsprinzip der Handelsbilanz für die Steuerbilanz:
Die für die beiden Beispiele in der Handelsbilanz angesetzten Werte müssen auch in die Steuerbilanz übernommen werden.

2. a)

Bewertung	Wertänderung	Auswirkungen	
		als Aufwand/Ertrag im GuV-Konto	Mehrung/Minderung des Eigenkapitals in der Bilanz
des Vermögens	Werterhöhung	Ertrag	Mehrung
	Wertminderung	Aufwand	Minderung
der Schulden	Werterhöhung	Aufwand	Minderung
	Wertminderung	Ertrag	Mehrung

b) - Werden die Vermögenswerte zu hoch eingeschätzt, so entstehen Scheingewinne, da rein rechnerisch ein Ertrag ausgewiesen wird, der in Wirklichkeit nicht entstanden ist. Dieser ausgewiesene Mehrertrag vergrößert den Gewinn und damit das Eigenkapital, sofern keine Gewinnausschüttung erfolgt.

Kommt es jedoch zu einer Ausschüttung solcher Scheingewinne, so wird das Eigenkapital des Unternehmens aufgezehrt und damit den Gläubigern Haftungskapital entzogen.

- Werden die Vermögenswerte zu niedrig eingeschätzt (Wertminderung), so entstehen Scheinverluste, da rein rechnerisch Aufwendungen ausgewiesen werden, die noch nicht entstanden sind. Dieser ausgewiesene Mehraufwand verringert den Gewinn bzw. vergrößert den Verlust, sodass – gegenüber einer Wertbeibehaltung – das Eigenkapital verringert wird.

- Den Kapitaleignern werden zustehende Gewinnanteile, dem Staat Steuereinnahmen vorenthalten.

3. Von einer „Umkehrung des Maßgeblichkeitsprinzips" kann deshalb gesprochen werden, weil die steuerlichen Wertansätze maßgeblich werden für die Handelsbilanz.

Der weitere Ermessensspielraum bei der Höhe der Wertansätze, den die handelsrechtlichen Vorschriften zulassen, wird dann nicht nach betriebswirtschaftlichen Überlegungen ausgenutzt, sondern der Betrieb orientiert sich an den steuerlich zulässigen Wertansätzen.

Die Handelsbilanz verliert damit u.U. die wesentliche Funktion, ein Instrument für eine Analyse der wirtschaftlichen Situation und damit ein wichtiges Hilfsmittel für betriebliche Entscheidungen zu sein.

4. a) Diskussion verschiedener Beispiele. (s. auch Band 1, Unterbewertung, 2 b)

b) **HGB § 253 Abs. 2:**

Bei den Gegenständen des Anlagevermögens, deren Nutzung zeitlich begrenzt ist, sind die Anschaffungs- oder Herstellungskosten um planmäßige Abschreibungen zu vermindern. Der Plan muss die Anschaffungs- bzw. Herstellungskosten auf die Geschäftsjahre verteilen, in denen der Vermögensgegenstand voraussichtlich genutzt wird.

Durch HGB § 253 Abs. 2 werden einerseits Überbewertungen ausgeschlossen (das abnutzbare Anlagevermögen ist um Abschreibungen zu vermindern); andererseits wird eine willkürliche Verminderung des Periodenerfolges dadurch verhindert, dass die Abschreibung planmäßig nach einer entsprechenden Abschreibungsmethode erfolgen muss.

HGB § 253 Abs. 1, Satz 2:

Rückstellungen sind nur „in Höhe des Betrages anzusetzen, der nach vernünftiger kaufmännischer Beurteilung" notwendig ist.

5. a)

16 000 Stück je 15,00 €	=	240 000,00 €
+ 1,1 % Spesen vom Kurswert	=	2 640,00 €
Ansatz im AV		242 640,00 €

Buchungssatz:

Wertpapiere des Anlagevermögens an Bank 242 640,00 €

b) Die Bundschuh-Electronic-AG hat am Bilanzstichtag 31. Dezember 2004 zwei Werte zur Wahl:

- die Anschaffungskosten in Höhe von 242 640,00 €

oder

- den Tageswert in Höhe von 226 464,00 € (16 000 Aktien je 14,00 € + 1,1 % Spesen).

Begründung:

Im Anlagevermögen gilt nach HGB § 253 Abs. 2, Satz 3, das gemilderte Niederstwertprinzip. Der Ansatz des niedrigeren Tageswertes 226 464,00 € ist nur dann zwingend, wenn dieser Wert voraussichtlich von Dauer ist. Es ist zu beachten: Auch bei Wertherabsetzung sind die anteiligen Spesen (pauschal 1.1 % vom Kurswert) zu aktivieren.

c) Zum 31. Dez. 2005 kommen nur die Anschaffungskosten in Höhe von 242 640,00 € in Betracht (Wertaufholungsgebot nach HGB § 280 Abs. 1. HGB § 253 Abs. 5 und § 280 Abs. 2 stehen für Kapitalgesellschaften angesichts der Wertaufholungspflicht für den Teilwert (EStG § 6) nicht zur Verfügung.) Obergrenze aber sind die AK (siehe a).

d) Zum 31. Dezember 2006 sind die Aktien mit 177 760,00 € (16 000 Stück · 11,00 € + 1,1 % Spesen) zu bewerten, da voraussichtlich eine dauernde Wertminderung vorliegt. Dem entspricht eine steuerliche Teilwertabschreibung.

e) 31. Dezember 2004: 226 464,00 € (strenges Niederstwertprinzip)
31. Dezember 2005: Wertaufholung auf die AK von 242 640,00 €, nicht darüber hinaus, da sonst Ausweis eines nicht realisierten Gewinns.

6. Wert der Schuld am 01.07.2005: $\dfrac{120\,000}{1{,}215} = 98\,765{,}43\,€$

Wert der Schuld am Bilanzstichtag 31.12.2005: $\dfrac{120\,000}{1{,}155} = 103\,896{,}10\,€$

Bewertung am 31.12.2005: zum **höheren** Rückzahlbetrag (Höchstwertprinzip, Ausweis eines nicht realisierten Verlustes)
Umrechnung zum niedrigeren Geldkurs: 1,00 € ist nur 1,215 bzw. 1,155 USD wert. Man braucht also „mehr" €, um die USD auszugleichen.

Vertiefung

7. HGB § 255 Abs. 2 und Abs. 3:
Untere Wertgrenze für die Bewertung zu Herstellungskosten sind die Einzelkosten (Fertigungsmaterial, Fertigungslöhne und Sondereinzelkosten der Fertigung).

Das Maßgeblichkeitsprinzip wird durchbrochen, wenn diese handelsrechtliche untere Wertgrenze angesetzt, das Steuerrecht dagegen (EStG § 6 und EStR R 33) als untere Wertgrenze in den Herstellungskosten den zusätzlichen Einbezug der Material- und Fertigungsgemeinkosten zwingend vorschreibt.

8. a) **Handelsbilanz:**

Anschaffungskosten	=	16 000,00 €
– 20 % Abschreibung für 1/2 Jahr	=	1 600,00 €
Wertansatz 31.12.	=	14 400,00 €

Steuerbilanz:

Anschaffungskosten	=	16 000,00 €
– 100 % Abschreibung	=	16 000,00 €
Wertansatz 31.12.	=	0,00 €

b) Die unterschiedlichen Wertansätze sind nicht zulässig. Nach EStG § 5 sind die Ansätze in der Handelsbilanz maßgebend für die Steuerbilanz, d. h. die nach den Bestimmungen des HGB ermittelten Wertansätze gelten auch für die Bewertung in der Steuerbilanz.

Will das bilanzierende Unternehmen die Steuervergünstigung durch Sofortabschreibung der geringwertigen Wirtschaftsgüter in Anspruch nehmen, so setzt dies voraus, dass auch in der Handelsbilanz voll abgeschrieben wird (umgekehrte Maßgeblichkeit).

9. a) Eine Aussetzung der degressiven Abschreibung bewirkt, dass ein investierendes Unternehmen im Anschaffungsjahr bzw. in den entsprechenden Folgejahren (so lange die degressive Abschreibung höher wäre als die lineare) nur noch die niedrigeren linearen Abschreibungsbeträge als Aufwand ansetzen kann. **Folge:** Der Periodenerfolg wäre größer.

Eine Erhöhung des degressiven Abschreibungssatzes bewirkt, dass ein Unternehmen höhere Abschreibungsbeträge als Aufwendungen ansetzen kann. **Folge:** Der Periodenerfolg wird geringer.

b) Verschiedene Diskussionsbeiträge.

10. Diese Vorschrift (HGB § 254) musste der Gesetzgeber einfügen, weil nahezu alle aus wirtschafts-, konjunktur- und sozialpolitischen Zielsetzungen vom Steuergesetzgeber zugelassenen Unterbewertungen, die zu Gewinnverschiebungen auf spätere Perioden und damit zu zinslosen Steuerstundungen führen, Kann-Vorschriften sind und folglich der Wertansatz der Handelsbilanz für die Steuerbilanz maßgeblich ist.

Eine wirtschaftspolitisch gewünschte Steuerverschiebung durch Bildung stiller Rücklagen muss also zuvor in der Handelsbilanz vollzogen werden, damit sie in die Steuerbilanz übernommen werden kann.

Ohne diese Vorschrift bestünde die Gefahr, dass die Unternehmer durch die handelsrechtlichen Bewertungsvorschriften gehindert würden, steuerliche Abschreibungsmöglichkeiten auszunutzen.

3.4.3 Sonderposten und Rücklageanteil

Kontrolle

1. a) ■ Teilweise, temporäre Eigenfinanzierung, Verbesserung der Liquidität durch Steuerersparnis.
   ■ Erträge und damit Ertragssteuern werden „hinausgeschoben", ggf. auf Dauer „gehortet" (s. Übertrag von Sopo auf Grundstücke).
   ■ Zinsaufwand durch „ersparte" Steuerbeträge geringer.

   b) Steuerentlastung (im Allg. vorübergehend) zum Zwecke der Investitionsförderung.

   c) Passivierung der Sonderposten anstelle von Ertragsausweis. Übertrag auf Aktivkonten mit der Folge verringerter Abschreibungen und damit höherem Ergebnis (im Falle der abnutzbaren WG). „Verteilung" des Sopo.

   Bei § 7 g EStG gewinnerhöhende Auflösung der Rücklage „auf einmal".

d) Eigenkapitalanteil: Differenz zwischen dem Gesamtbetrag der Sonderposten und dem Fremdkapitalanteil.

Fremdkapitalanteil: Die Steuerschuld, abhängig vom individuellen Steuersatz, wird gestundet.

Unterschiede in der Gewichtung: Je höher der Ertragssteuersatz ist, desto niedriger ist der Eigenkapitalanteil und umgekehrt.

2. a) Der Sonderposten mit Rücklageanteil hat die Aufgabe, Aufwendungen, welche als Steuererleichterungen und nicht als wirtschaftliche Wertminderungen anzusehen sind, gesondert darzustellen. Damit soll insbesondere den Analysten des handelsrechtlichen Abschlusses ermöglicht werden, steuerliche Erleichterungen, die über die umgekehrte Maßgeblichkeit in die Handelsbilanz kommen, zu erkennen.

Dabei kommen zwei Fallgruppen in Betracht:

- Steuerfreie Rücklagen (§ 247 Abs. 3 HGB),
- Indirekt vorgenommene steuerliche Abschreibungen, welche die handelsrechtlich gebotenen Abschreibungen übersteigen (§ 281 Abs. 1 HGB).

b) Veräußerungsgewinne werden bei Bildung einer steuerfreien Rücklage (Sonderposten mit Rücklagenanteil) zwar in diesem Jahr nicht versteuert, in welchem das begünstigte Wirtschaftsgut ausscheidet, durch die Übertragung der Rücklage auf das Ersatzwirtschaftsgut verringert sich allerdings dessen Abschreibungspotenzial, sodass über verminderte Abschreibungen und demzufolge höhere Steuerbilanzgewinne über die Nutzungsdauer des Ersatzwirtschaftsgutes der Veräußerungsgewinn einer Besteuerung zugeführt wird.

c) Durch die Bildung eines Sonderpostens mit Rücklageanteil als steuerfreie Rücklage werden die Erfolge aus der Veräußerung eines Wirtschaftsgutes erst über die Nutzungsdauer des Ersatzwirtschaftsgutes ausgewiesen und versteuert. Dadurch

- werden die Steuern später bezahlt → positiver Zinseffekt
- werden die Steuern gleichmäßiger bezahlt → Progressionseffekt, sofern sich der Steuerpflichtige in der Progressionszone des EST-Tarifs befindet.

d) „Steuerfreie" (vorübergehend, Steuerstundung) Rücklage:

- Rücklage für Ersatzbeschaffung
- Investitionsrücklage
- Rücklage für kleine und mittlere Betriebe (Ansparabschreibung), § 7 g EStG

Indirekte steuerliche Abschreibung:

- Bei Rücklage für Ersatzbeschaffung: Reduzierte Abschreibung nach Übertrag des Sonderpostens. Dafür kein Ausweis des Ertrags bei Schadensersatz. Der reduzierte Teil entspricht einer indirekten Abschreibung.
- Bei Investitionsrücklage: Keine Offenlegung stiller Reserven, dafür reduzierte planmäßige Abschreibung. Der reduzierte Teil (= nicht offen gelegte stille Reserven) kann als indirekte Abschreibung bezeichnet werden.
- Bei Rücklage gem. § 7 g EStG: Nach Auflösung des Sonderpostens, der einer indirekten Abschreibung von z.B. 40 % entspricht, erfolgen reduzierte direkte Abschreibungen auf den Restwert.

<u>Zur Beachtung:</u> Keine Verwechslung mit der bekannten indirekten Abschreibung, die durch den Buchungssatz „Abschreibungen AV an Wertberichtigung AV" ausgedrückt wird (siehe auch die indirekte Abschreibung auf Forderungen).

3.

Jahre 2004 und 1.–8. Jahr	planmäßige/unplanmäßige Abschreibung Hdls.- und StR. (umgekehrte Maßgeblichkeit) TEUR	Bildung/Auflösung der Sopo/ über Kto. Maschinen TEUR	Übertragung von stillen Reserven TEUR	Auswirkung auf	
				Ergebnis TEUR	Stand der Steuerstundung TEUR
2005	160[1]	+ 320	+ 320	+ 160	
1.	185[2]	– 320	– 40	– 320 + 40 – 280	– 20	140
2.	185		– 40	+ 40	– 20	120
3.	185		– 40	+ 40	– 20	100
4.	185		– 40	+ 40	– 20	80
5.	185		– 40	+ 40	– 20	60
6.	185		– 40	+ 40	– 20	40
7.	185		– 40	+ 40	– 20	20
8.	185		– 40	+ 40	– 20	0
Summen	1480		– 320		

Maschinen			Abschreibungen	
AB	1 440 000	③ 160 000	① 160 000	
③	1 800 000	② 1 280 000	⑤ 185 000	
		④ 320 000	u.s.w noch 7x	
		⑤ 185 000		
		u.s.w noch 7x		

Versicherungsforderung/Bank			Sonderposten	
②		② 600 000	③ 2 088 000	④ 320 000	② 320 000

Vorsteuer	
③	288 000

			50 %
Abschreibung statt	8 225 000 = 1 800 000		900 000
nun	8 185 000 = 1 480 000		740 000
Diff.	40 000 · 8 = 320 000		160 000
davon 50 %	20 000		
dies mal 8	=		160 000

---

[1] Abs. 2002 (²⁄₃) 10 % v. 2 400 000 = 240 000 davon ²⁄₃ = 160 000

[2] AK 1 800 000 – SoPo 320 000 = 1 480 000 : 8 = 185 000

Anmerkung: Bei verbliebenen AK 1 800 000 wären 225 000 p.a abzuschreiben (1 800 000 : 8 = 225 000)

Ohne RfE (SoPo):

Mehr Steuer von 320 000   160 000

Steuerbelastung (volle Abs.) 50 % von 180 000 = 900 000

                                           740 000 ◄─────┐
                                                         │
Mit RfE (SoPo):   │

Steuerbelastung 50 % von 1 480 000 = 740 000 ◄──────────┘

4.

Nettomethode		Bruttomethode	

Gebäude/Grundstücke

Stand 01.10.05	800 000	① 800 000
01.05.06 ③	3 600 000	④ 2 400 000
		⑤ 24 000

Gebäude/Grundstücke

Stand 01.10.05	800 000	① 800 000 31.12.06
01.05.	360 000	72 000

Bank

① 3 200 000	③ 3 600 000

Bank

① 3 200 000 1.10	1.5. 3 600 000

sonstige betriebliche Erträge

31.12.06 ②	2 400 000	① 2 400 000
		31.12. 2 400 000

sonstige betriebliche Erträge

	① 2 400 000
	31.12.06 24 000

Abschreibungen

⑤ 24 000	

Abschreibungen

31.12.06 72 000	

sonstige betriebliche Aufwendungen

31.12. 2 400 000	

sonstige betriebliche Aufwendungen

31.12.06 2 400 000	

Sonderposten

④ 2 400 000	31.12.05
	② 2 400 000

Sonderposten

31.12.06 24 000	31.12.05
24 000	② 2 400 000

Abs. Ende 2003 + Auflösung
der Sonderposten:

3 % von (3 600 000 – 2 400 000)

= 36 000, davon ⅔ Abs. f. 8 Monate
= 24 000

Abs. Ende 2003 + Auflösung
der Sonderposten:

3 % v. 3 600 000 = 108 000

davon ⅔ Abs. f. 8 Monate
= 72 000

3 % v. 240 000 = 72 000

davon ⅔ = 48 000

Ergebnisauswirkung:

+ 2 400 000 sobE

– 2 400 000 sobA

– 24 000 Abs. ──────┐
                    ├── {
Ergebnisauswirkung:

+ 2 400 000 sobE

– 2 400 000 sobA

+ 48 000 sobE

– 72 000 Abschr.

Zu unterscheiden:

- Übertrag des Sonderpostens auf ein „neues" Gebäude: Die Abschreibungen sinken, die Ertragssteuern steigen entsprechend, d.h. der Steuervorteil bei Bildung der Rücklage amortisiert sich über die betriebsgewöhnliche Nutzungsdauer des Gebäudes.
- Übertrag des Sonderpostens auf ein Grundstück: Keine planmäßige Abschreibung möglich, d.h. wenn sich keine außerplanmäßigen Abschreibungen ergeben bzw. das Grundstück nicht verkauft wird, bleibt die positive Auswirkung der Bildung des Sonderpostens erhalten.

5. Steuerliche Erleichterungen führen zu erhöhtem Aufwand in früheren Jahren und sollen eine Liquiditätserleichterung für das Unternehmen darstellen. Würde der Aufwand ohne gesonderte Kennzeichnung in die Handelsbilanz übernommen (z.B. als Abschreibung), so könnten die Analysten Fehlschlüsse ziehen. Sie interpretieren Abschreibungen als wirtschaftliche Wertminderung und nicht als Ausübung eines steuerlichen Wahlrechts als vorweggenommenen Auswand.

a) Die Kennzeichnung der Sonderabschreibung als steuerliche Wahlrechtsausübung, welche über die umgekehrte Maßgeblichkeit in die Handelbilanz Eingang findet (§ 5 Abs. 1 Satz 2 EStG), kann auf zwei Arten erfolgen:

Variante 1: durch Anhangangaben über die nur nach steuerrechtlichen Vorschriften vorgenommenen Abschreibungen (§ 281 Abs. 2 HGB),

Variante 2: durch Bildung eines Sonderpostens mit Rücklageanteil.

b) Im vorstehenden Beispiel wird im Jahr vor der Anschaffung die Ansparrücklage in Höhe von 40 % der geschätzten Anschaffungskosten gebildet. Sie ist im Jahr der Anschaffung (spätestens nach zwei Jahren) in voller Höhe wieder aufzulösen.

Darüber hinaus wird im Jahr der Anschaffung die Sonderabschreibung in Anspruch genommen und in Höhe von 20 % der Anschaffungskosten ein Sonderposten mit Rücklageanteil gebildet. Bis zum Ende des Begünstigungszeitraumes (5 Jahre) bleibt der Sonderposten bestehen. Er wird in den Jahren 6–8 erfolgserhöhend aufgelöst.

Buchung im Jahr vor der Anschaffung
Einstellungen in den Sonderposten mit Rücklageanteil
    an Sonderposten mit Rücklageanteil 40 % von 160 000   6400

Maschinen	160 000	
Vorsteuer	25 600	
an Verbindlichkeiten		186 600

Auflösung der Ansparrücklage
| Sonderposten mit Rücklageanteil | 64 000 | |
| an Erträge aus der Auflösung des Sonderpostens mit Rücklageanteil | | 64 000 |

L

Abschreibung
    an Anlagen (volle Jahres-AfA, da im ersten Halbjahr bezogen)   20 000

Einstellung in den Sonderposten mit Rücklageanteil
    an Sonderposten mit Rücklageanteil 20 % der Anschaffungskosten   32 000

Buchung in den Jahren 2 bis 5 jeweils
Abschreibung
    an Anlagen   20 000

Nach dem Ende des Begünstigungszeitraumes (insgesamt 5 Jahre) erfolgt die Fortsetzung der planmäßigen linearen Abschreibung bei gleichzeitiger Auflösung des Sonderpostens mit Rücklageanteil.

Buchung in den Jahren 6 bis 8 jeweils
Abschreibung
    an Anlagen   20 000

Sonderposten mit Rücklageanteil
    an Erträge aus der Auflösung des Sonderpostens
        mit Rücklageanteil   10 666

Als alternative Darstellung mit Hilfe einer Anhangangabe wäre im Jahr der Anschaffung zu buchen

---

Abschreibung
    an Anlagen   52 000

+ Anhangangabe nach § 281 Abs. 2 Satz 1 HGB über die nur nach steuerrechtlichen Vorschriften vorgenommenen Abschreibungen (hier: 32 000).

---

c)

Handelsrechtlich		Steuerrechtlich		Sonderposten mit Rücklageanteil	
Abschreibung	Restbuchwert	Abschreibung	Restbuchwert	Veränderung	Bestand
20 000	140 000	52 000	108 000	+ 32 000	32 000
20 000	120 000	20 000	88 000	0	32 000
20 000	100 000	20 000	68 000	0	32 000
20 000	80 000	20 000	48 000	0	32 000
20 000	60 000	20 000	28 000	0	32 000
20 000	40 000	9 333	18 667	− 10 667	21 333
20 000	20 000	9 333	9 334	− 10 667	10 667
20 000	0	9 334	0	− 10 667	0

3.5 Bewertungsvereinfachungsverfahren

3.5.1 Gewogener Durchschnitt

3.5.2 Verbrauchsfolgeverfahren Fifo und Lifo

Kontrolle

1. a) Bei der Einzelbewertung wird für jeden Vermögensgegenstand für sich allein und unabhängig von der Wertermittlung aller anderen Vermögensgegenstände der Wertansatz bestimmt. Als einzelner Vermögensgegenstand gilt jedes Gut, das getrennt veräußerbar, d.h. selbstständig verkehrsfähig ist.

   Bei den Bewertungsvereinfachungsverfahren wird bei den Anschaffungskosten der zu bewertenden Schlussbestände von einer angenommenen Reihenfolge des Verbrauchs in der vorausgegangenen Periode ausgegangen. Dieses Verfahren kann angewandt werden, wenn es sich um gleichartige Güter handelt, die im Allgemeinen in großer Zahl vorhanden sind und die nicht nach ihren verschiedenen Anschaffungs- bzw. Herstellungskosten gelagert werden.

   b) Alle Verfahren der Bewertungsvereinfachung unterstellen eine bestimmte Zusammensetzung der Anschaffungskosten.

   c) Beim **Fifo-Verfahren** wird unterstellt, dass die zuerst beschafften oder hergestellten Gegenstände auch zuerst verbraucht oder veräußert worden sind.

   Beim **Lifo-Verfahren** wird unterstellt, dass stets die zuletzt beschafften Gegenstände zuerst verbraucht oder veräußert worden sind.

2. a) **Verfahren des gewogenen Durchschnitts:**

AB	5 m^3 zu je 495,00 €	=	2 475,00 €
Zugang	10 m^3 zu je 504,00 €	=	5 040,00 €
Zugang	25 m^3 zu je 500,00 €	=	12 500,00 €
Zugang	8 m^3 zu je 510,00 €	=	4 080,00 €
Zugang	10 m^3 zu je 508,00 €	=	5 080,00 €
	58 m^3	=	29 175,00 €

gewogener Durchschnittspreis (Anschaffungskosten) $\frac{29\,175,00}{58} = 503,02$ €

Bewertung nach dem strengen Anschaffungskostenprinzip (AK-Prinzip)

SB 13 m^3 zum gewogenen Durchschnittspreis 503,02 €	=	6 539,26 €
SB 13 m^3 zum Tageswert 504,00 €	=	6 552,00 €
Wertansatz nach HGB § 253 Abs. 3 (AK = Obergrenze)	=	6 539,26 €

Lifo-Verfahren:

5 m³ zu je 495,00 €	=	2 475,00 €
8 m³ zu je 504,00 €	=	4 032,00 €
13 m³	=	6 507,00 €

Bewertung nach dem strengen Niederstwertprinzip (NWP)

SB 13 m³ nach dem Lifo-Verfahren	=	6 507,00 €
SB 13 m³ zum Tageswert 504,00 €	=	6 552,00 €
Wertansatz nach HGB § 253 Abs. 3	=	6 507,00 €

Fifo-Verfahren:

10 m³ zu je 508,00 €	=	5 080,00 €
3 m³ zu je 510,00 €	=	1 530,00 €
13 m³	=	6 610,00 €

Bewertung nach dem AK-Prinzip:

SB 13 m³ nach dem Fifo-Verfahren	=	6 610,00 €
SB 13 m³ zum Tageswert 504,00 €	=	6 552,00 €
Wertansatz nach HGB § 253 Abs. 3 (AK = Obergrenze)	=	6 552,00 €

b) Die Möbelfabrik muss ihren Bestand mit 6 507,00 € ausweisen.

Begründung:

Je geringer der Wertansatz für den Schlussbestand ist, desto größer ist der in der GuV-Rechnung ausgewiesene Aufwand für Stoffverbrauch.

Hinweis:

In der Steuerbilanz kann dieser Wert angesetzt werden, wenn die entsprechende Verbrauchsfolge nachgewiesen werden kann.

3. a) Diese Aussage ist falsch.

Das Lifo-Verfahren führt bei steigenden Preisen zu einem niedrigeren Wertansatz, weil die Schlussbestände mit den niedrigsten Preisen der Anfangsbestände bzw. der Zugänge bewertet werden.

b) Diese Aussage ist richtig.

Beim Fifo-Verfahren werden die Schlussbestände mit den Anschaffungskosten der zuletzt beschafften Güter bewertet.

c) Diese Aussage ist falsch.

Das Fifo-Verfahren kann steuerlich nur gewählt werden, wenn die Verbrauchsfolge nachgewiesen werden kann und der Wertansatz unter dem jeweiligen Markt- oder Börsenpreis (Tageswert) liegt.

d) Diese Aussage ist falsch.

Die Sammelbewertung ist nur zulässig, wenn es sich um annähernd gleichartige Güter handelt

- die in großer Zahl vorhanden sind und
- die nicht nach ihren verschiedenen Anschaffungs- bzw. Herstellungskosten gelagert werden.

e) Diese Aussage ist richtig.

Sinken die Preise, werden beim Lifo-Verfahren die Schlussbestände zu den höheren Anschaffungskosten der Anfangsbestände bzw. der Zugänge bewertet. Diese Überbewertung ist nicht möglich, da der niedrigere Tageswert die Obergrenze der Bewertung bildet (NWP).

Vertiefung

4. a) Flüssige Stoffe: Verfahren des gewogenen Durchschnitts;

   Feste Stoffe: Zugänge und Entnahmen jeweils von oben: Lifo-Verfahren;

   Feste Stoffe: Die Beschickung der Behälter erfolgt von oben, die Entleerung jedoch von unten: Fifo-Verfahren.

   b) Das Unternehmen wird die **Lifo-Methode** bevorzugen, wenn die Preise steigen.

   Begründung:
   Das Lifo-Verfahren führt bei steigenden Preisen zu einem niedrigen Wertansatz, weil die Schlussbestände mit den niedrigsten Preisen der Anschaffungsbestände bzw. der Zugänge erfasst werden.

   Das Unternehmen wird die **Fifo-Methode** bevorzugen, wenn die Preise sinken.

   Begründung:
   Die Schlussbestände werden mit den gesunkenen Anschaffungskosten der zuletzt beschafften Güter bewertet.

   c) Das Fifo-Verfahren ist nur dann steuerlich zulässig, wenn:
   - das Unternehmen z.B. durch die Art der Lagerung nachweisen kann, dass die Verbrauchsfolge dieser Methode entspricht.
     und
   - dadurch das strenge Niederstwertprinzip bzw. AK-Prinzip, das über die Handelsbilanz auch für die Steuerbilanz maßgebend ist, nicht verletzt wird.

   Das Lifo-Verfahren ist steuerrechtlich zugelassen. Voraussetzung ist, dass diese Bewertung auch in der Handelsbilanz vorgenommen wird.

   Für die Bewertung der flüssigen Stoffe ist das Verfahren des gewogenen Durchschnitts zulässig bei konstanten oder steigenden Preisen. Im Falle sinkender Preise führt das Niederstwertprinzip zu einem niedrigeren Ansatz.

5. a) **Verfahren des gewogenen Durchschnitts:**

AB	30 000 ME zu je 7,00 €	=	210 000,00 €
Zugänge	20 000 ME zu je 8,00 €	=	160 000,00 €
Zugänge	25 000 ME zu je 10,00 €	=	250 000,00 €
Zugänge	40 000 ME zu je 10,50 €	=	420 000,00 €
	115 000 ME	=	1 040 000,00 €

$$\text{gewogener Durchschnittspreis} = \frac{1\ 040\ 000,00}{115\ 000} = 9,04 \text{ €}$$

Wertansatz: 20 000 ME zu je 9,04 €   = 180 800,00 €
Fifo-Verfahren:
20 000 ME zu je 10,50 €   = 210 000,00 €
Lifo-Verfahren:
20 000 ME zu je 7,00 €   = 140 000,00 €

b) **Verfahren des gewogenen Durchschnitts:**

A	Bilanz		P
Vermögen	880 000,00	Eigenkapital	950 000,00
Rohstoffe	180 800,00	Bilanzgewinn	110 800,00
	1 060 800,00		1 060 800,00

Fifo-Verfahren:

A	Bilanz		P
Vermögen	880 000,00	Eigenkapital	950 000,00
Rohstoffe	210 000,00	Bilanzgewinn	140 000,00
	1 090 000,00		1 090 000,00

Lifo-Verfahren:

A	Bilanz		P
Vermögen	880 000,00	Eigenkapital	950 000,00
Rohstoffe	140 000,00	Bilanzgewinn	70 000,00
	1 020 000,00		1 020 000,00

c) Sollen die Gewinnreserven voll genützt werden, so ist das Fifo-Verfahren anzuwenden, da hier der Bilanzgewinn am größten ist.

d) **Verfahren des gewogenen Durchschnitts:**

AB	50 000 ME zu je 15,00 €	=	750 000,00 €
Zugänge	15 000 ME zu je 11,00 €	=	165 000,00 €
Zugänge	6 000 ME zu je 10,00 €	=	60 000,00 €
Zugänge	4 000 ME zu je 8,00 €	=	32 000,00 €
	75 000 ME	=	1 007 000,00 €

gewogener Durchschnittspreis $= \dfrac{1\ 007\ 000,00}{75\ 000} = 13,43\ €$

$30\ 000 \cdot 13,43 = 402\ 900,00\ €$
Bewertung nach dem strengen Niederstwertprinzip:

30 000 ME zu je 8,00 €   =   240 000,00 €

Lifo-Verfahren:

30 000 ME zu je 15,00 €   =   450 000,00 €

Bewertung nach dem strengen Niederstwertprinzip:

30 000 ME zu je 8,00 €   =   240 000,00 €

Fifo-Verfahren:

4 000 ME zu je 8,00 €	=	32 000,00 €
6 000 ME zu je 10,00 €	=	60 000,00 €
15 000 ME zu je 11,00 €	=	165 000,00 €
5 000 ME zu je 15,00 €	=	75 000,00 €
30 000 ME	=	332 000,00 €

Bewertung nach dem strengen Niederstwertprinzip:

30 000 ME nach Fifo	=	332 000,00 €
30 000 ME zum Tageswert 8,00 €	=	240 000,00 €
Wertansatz nach HGB § 253 Abs. 3	=	240 000,00 €

Auswirkungen auf den ausschüttungsfähigen Gewinn bei allen drei Bewertungsverfahren (durchweg NWP mit 240 000,00 € anzuwenden).

A	Bilanz		P
Vermögen	880 000,00	Eigenkapital	950 000,00
Rohstoffe	240 000,00	Bilanzgewinn	170 000,00
	1 120 000 00		1 120 000,00

e) Verschiedene, auch entgegengesetzte Argumente zu den Aussagen von Vorstand und Betriebsrat.

3.6 Bilanzpolitischer Spielraum in Handels- und Steuerbilanz

3.6.1 Zusammenfassender Überblick über die bilanzpolitischen Instrumente

3.6.2 Begrenzung des bilanzpolitischen Spielraums bei Kapitalgesellschaften

Kontrolle

1. a) Siehe Band 1!

   b) Siehe Band 1!

   c) Es sind die gesetzlich eingeräumten Bilanzierungs- und Bewertungswahlrechte! Zu den Bilanzierungswahlrechten gehören die Aktivierungs- und Passivierungswahlrechte, zu den Bewertungswahlrechten die Methoden- und Wertansatzwahlrechte.

2. a) Aussage ist richtig.

   b) Die Aussage lautet richtig;
   Bilanzierungswahlrecht in der Handelsbilanz kann in der Steuerbilanz zu Bilanzierungsgeboten bzw. Bilanzierungsverboten führen.

   c) Aussage lautet richtig:
   Passivierungswahlrechte in der Handelsbilanz führen zu Passivierungsverboten in der Steuerbilanz.

   d) Die Aussage ist zutreffend.
   Beispiele hierzu in Band 1.

e) Diese Aussage ist zwar im Ganzen zutreffend wegen des Maßgeblichkeitsprinzips. Es gibt jedoch in Einzelfällen Abweichungen (siehe Beispiel Band 1, Seite 444 f.).

3. *Beispiele:*

1. Bemessung der Herstellungskosten beim Vorratsvermögen: In Handelsbilanz **mindestens** Einzelkosten (FM + FL + SEK + d. Ft.), **höchstens** Einzelkosten + Gemeinkosten des Material-, Fertigungs- und Verwaltungsbereichs (FM + FK + MGK + FKG + SEK d. Ft + VwGk). In der Steuerbilanz erstreckt sich der bilanzpolitische Spielraum bis auf die Höhe der Verwaltungskosten, d. h. diese können aktiviert oder als Aufwand verrechnet werden.

2. In Steuerbilanz besteht eine Aktivierungspflicht für ein Damnum (Disagio). Die Verteilung muss nach der Gesamtlaufzeit der Verbindlichkeit vorgenommen werden. In der Handelsbilanz dagegen besteht Aktivierungswahlrecht, d.h. es kann das gesamte Damnum im ersten Jahr der Nutzung voll als Aufwand verrechnet werden.

4. Siehe Band 1.

5. Die Bildung stiller Rücklagen soll im Interesse der Darstellung der Unternehmenslage und -entwicklung eingeschränkt (Unterbewertungsverbote), die Auflösung in „Krisenjahren" durch das Wertaufholungsgebot verhindert bzw. vermindert werden, indem Werterholungen im Jahr ihrer Entstehung aufgedeckt werden müssen. Wegen der Haftungsbeschränkung bei Kapitalgesellschaften hielt der Gesetzgeber die o.g. Sondervorschriften für notwendig.

6. Verzichtet die Kapitalgesellschaft aus steuerlichen Gründen auf eine Bilanzierung der „Wertaufholung" [HGB § 280 Abs. 2] in der Handelsbilanz, so liegt es im Interesse der Darstellung der wirklichen Vermögenslage des Unternehmens, wenn die „Unterbewertungen" (stille Rücklagen) im Anhang ausgewiesen und erläutert werden.

7.

Anschaffungskosten/ Restwerte Abschreibung 10 % linear	Handelsbilanz planmäßige/ außerplanmäßige Abschreibung/Wertaufholung	Fiktiver Abschreibungs- verlauf	Steuerbilanz AfA mit Teilwertabschreibung
Anschaffungskosten – planmäßige Abschr./AfA	100 000,00 10 000,00	100 000,00 10 000,00	100 000,00 10 000,00
Restwert Ende 1. Jahr – planmäßige Abschr./AfA	90 000,00 10 000,00	90 000,00 10 000,00	90 000,00 10 000,00
Restwert Ende 2. Jahr – außerplanmäßige Abschr./Teilwertabschreibung	80 000,00 38 000,00	80 000,00 10 000,00	80 000,00 38 000,00
Restwert Ende 3. Jahr planmäßige Abschreibung ($\frac{1}{7}$ von 42 000,00)	42 000,00 6 000,00	70 000,00 10 000,00	42 000,00 6 000,00
Restwert Ende 4. Jahr + Zuschreibg. (Wertaufholg.) – Abschreibung (60 000 : 6)	36 000,00 24 000,00 *) 10 000,00	60 000,00	36 000,00 24 000,00 10 000,00
Restwert Ende 5. Jahr weitere Abschreibungen jeweils 10 000,00 also 5 · 10 000 ...	50 000,00 10 000,00 ...		50 000,00 10 000,00 ...
Restwert Ende 10. Jahr	0,00		0,00

*) 60 000,00 (Buchwert nach fiktiver Abschreibung) – 36 000,00 = 24 000,00 (Zuschreibung)

Vertiefung

8. a)

Listenpreis	19 000,00 €
– 2 % Skonto	380,00 €
	18 620,00 €
+ Transportkosten	1 000,00 €
+ Montagekosten	1 400,00 €
AHK nach EStG § 6 Abs. 1, Ziff. 1, bzw. HGB § 253 Abs. 1	21 020,00 €
– Abschreibungen (degressiv 20 %, nach Vereinfachungsregel 10 %)	2 102,00 €
Bilanzierung am 31.12.20. .	18 918,00 €
Gewinnminderung: bisheriger Bilanzansatz	19 500,00 €
jetziger Ansatz	18 918,00 €
	582,00 €

b)

Listenpreis	500,00 €
– 5 % Rabatt	25,00 €
Zieleinkaufspreis	475,00 €
– 2 % Skonto	9,50 €
AHK	465,50 €
– Abschreibungen (linear 25 %, davon 3/4) rund	116,50 €
Bilanzierung am 31.12.20 . .	349,00 €
Gewinnerhöhung: bisherige Abschreibung (als GWG)	465,50 €
korrigierte Abschreibung	116,50 €
	349,00 €

c)

Aktivierung (ohne Umsatzsteuer) am 02.06. [EStG § 6 Abs. 2]	50 000,00 €
abzüglich Abschreibung 12 1/2 % (1/8)	6 250,00 €
Bilanzansatz zum 31.12.2006	43 750,00 €
nach EStG § 7 (1) i.V.m. HGB § 246 Abs. 1	
Gewinnminderung: bisheriger Bilanzansatz	58 000,00 €
jetziger Ansatz	43 750,00 €
	14 250,00 €

d) Firmenwert (ohne Umsatzsteuer) 31.12.2007 60 000,00 €

Nach EStG § 6 Abs. 1 Ziff. 2 besteht für den derivativen Firmenwert Aktivierungs-pflicht. Aktivierung am 31.12. unter Berücksichtigung von Abschreibungen gemäß EStG § 7 Abs. 1:

60 000,00 € – AfA (15 Jahre ND) = 6 ⅔ %, hiervon 10/12		3 334,00 €
	=	56 666,00 €
Gewinnerhöhung:		56 666,00 €

e)

Bilanzansatz zum 31.12.2007 nach EStG § 6 Abs. 1 Ziff. 2	20 000,00 €
Niedrigerer Teilwert begründet.	
Gewinnminderung	10 000,00 €

f) | Materialeinzelkosten | | 250,00 € |
|---|---|---|
| MGK 10 % | | 25,00 € |
| Fertigungslöhne | | 180,00 € |
| FGK 120 % | | 216,00 € |
| SEK der Fertigung | | 29,00 € |
| Herstellungskosten nach EStG § 6, R 6.3 EStR | | 700,00 € |
| Bilanzierung zum 31.12.2007: 20 · 700 = | | 14 000,00 € |

Ergebnis: Der Bilanzansatz ist richtig

g) | AB | 01.01.2007 | 130 · 17,00 | 2 210,00 € |
|---|---|---|---|
| Zugänge | 01.04.2007 | 150 · 16,00 | 2 400,00 € |
| | 15.06.2007 | 120 · 19,00 | 2 280,00 € |
| | 11.10.2007 | 200 · 17,00 | 3 400,00 € |
| AB + Zugänge | | 600 m | 10 290,00 € |
| Abgänge | | 450 m | |
| Endbestand | 31.12.2007 | 150 m | 2 572,50 € |

Der gewogene Durchschnittspreis (nach R 6.8 Abs. 4 EStR) wurde richtig ermittelt, das Niederstwertprinzip jedoch nicht beachtet.

Bewertung zum niedrigeren Marktpreis:

Bilanzierung am 31.12.2007:	150 · 16,00 =	2 400,00 €
Gewinnminderung:	bisheriger Ansatz	2 572,50 €
	korrigierter Ansatz	2 400,00 €
		172,50 €

h) 1. Bilanzierung der Wechsel zum „abgezinsten Barwert":

Wechselbetrag	15 000,00 €
abzüglich Diskont 9 % /90 t	337,50 €
Bilanzierung am 31.12.2007 nach EStG § 6 Abs. 1 siehe Ziff. 2	14 662,50 €
Gewinnminderung:	337,50 €

2. Aktienbeschaffung zu Anschaffungskosten:

500 Stück zu je 32,50 €	16 250,00 €
zuzüglich Spesen	190,00 €
Anschaffungskosten nach EStG § 6 Abs. 1 Ziff. 2	16 440,00 €

Die Maklergebühr und Provision sind Anschaffungsnebenkosten, die aktiviert werden müssen.

Die Anschaffungskosten von 16 440,00 € bilden die Obergrenze (AK-Prinzip). Also Reduktion der Bewertung um 2 370,00 € (18 810 – 16 440).
Übrigens: Die 18 810,00 € sind „doppelt" falsch, weil Bezugsspesen, dazuhin die falschen, abgezogen worden sind.

i) Ansatz zum Geldkurs am 10.12. zum höheren Briefkurs (1,60 CHF für 1,00 € erforderlich, nicht nur 1,58 CHF).

Also $\dfrac{50\,000}{1,60}$ = 31 250,00 €

Ansatz zum 31.12.: Ebenfalls zum Briefkurs, der aber gestiegen ist (man braucht jetzt (statt 1,60 CHF) 1,61 CHF für 1 €).

Also $\dfrac{50\,000}{1,61}$ = 31 055,90 € als Wertansatz.

Daraus folgt: Gewinn um 390,64 € (31 446,54 – 31 055,90) gemindert.

j)

Forderungsbestand	928 200,00 €
darin enthaltene USt 19 %	148 200,00 €
Forderung ohne Umsatzsteuer	780 000,00 €
daraus Pauschalwertberichtigung 5 %	39 000,00 €
Effektiver Wert der Forderungen (netto)	741 000,00 €
Gewinnerhöhung: bisherige Pauschalwertberichtigung	42 900,00 €
korrigierte Pauschalwertberichtigung	39 000,00 €
	3 900,00 €

k) Bei den Unterschieden zum Festpreis von 4 000,00 € bzw. 9 000,00 € handelt es sich um einen „Verlust aus einem schwebenden Geschäft". Die Bildung einer Rückstellung in Höhe von 9 000,00 € (ohne USt) ist notwendig, da zum Zeitpunkt der Bilanzierung die zukünftige Teuerung hinreichend genau festliegt [HGB § 249 i.V.m. § 253 Abs. 1].

Ergebnis: Der Bilanzansatz ist richtig.

l) Im vorliegenden Fall darf der Betrag von 8 000,00 € nicht als Rückstellung gebucht werden. Begründung: Das Bilanzierungswahlrecht in der Handelsbilanz wird zum Bilanzierungsverbot in der Steuerbilanz (hier: Einheitsbilanz), weil die Reparaturen nicht binnen 3 Monaten des neuen Geschäftsjahres nachgeholt werden.

Gewinnerhöhung: 8 000,00 €

m) Bilanzierung zum 31.12.2007   150 000,00 €

Die Bilanzierung erfolgte zum Rückzahlungsbetrag (Höchstwertprinzip der Handelsbilanz ist zwingend für Steuerbilanz; [HGB § 253 Abs. 1]

Die Erfassung des Damnums als Aufwand im Jahr der Auszahlung des Darlehens ist steuerrechtlich verboten (EStR R 37 Abs. 3). Es ist auf die Laufzeit des Darlehens zu verteilen.

Folgende Buchungen sind vorzunehmen:

- bei Darlehensaufnahme
  Bank   141 000,00
  Aktive Rechnungsabgr.   9 000,00   an langfr. Verbindlichkeiten   150 000,00
- am Bilanzstichtag (31.12.2007)
  Damnum (Aufwand)   450,00   an Aktive Rechnungsabgrenzung   450,00

Gewinnerhöhung: bisheriger Aufwand (Damnum)	9 000,00 €
korrigierter Aufwand (Damnum)	450,00 €
	8 550,00 €

9. a) Ausnutzung des degressiven Abschreibungssatzes in der Steuerbilanz [EStG § 7 Abs. 2] führt auch in der Handelsbilanz zum gleichen Ansatz. Begründung: Umkehrung des Maßgeblichkeitsprinzips (HGB § 254).

b) Begründung des Ansatzes, vgl. a).

c) Für Patente besteht sowohl in der Handelsbilanz als auch steuerrechtlich Aktivierungspflicht.
   Ergebnis: Gleichlautende Ansätze.

d) Für den derivativen Firmenwert besteht in der Handelsbilanz Aktivierungswahlrecht, in der Steuerbilanz Aktivierungspflicht.

Ansatz in Steuerbilanz (zwingend)	56 666,00 €
Ansatz in Handelsbilanz (Verzicht auf Aktivierung)	0,00 €
Gewinnminderung in Handelsbilanz	56 666,00 €

(60 000,00 – 3 334,00 [6 2/3 % von 60 000 = 4 000,00; davon 10/12] = 3 334,00) Abweichung der Ergebnisse durch zwingende steuerrechtliche Vorschriften.

e) Nach dem Maßgeblichkeitsprinzip keine Abweichung im Wertansatz. Da es sich um eine dauernde Wertminderung handeln dürfte, ist in der Handelsbilanz eine außerplanmäßige Abschreibung vorzunehmen [HGB § 253, Abs. 2]. In der Steuerbilanz ist die entsprechende Teilwertabschreibung anzusetzen.

f) In der Steuerbilanz ist der niedrigste Bilanzansatz 14 000,00 €
   In der Handelsbilanz ergibt sich als niedrigster Ansatz:

Materialeinzelkosten	250,00 €
Fertigungslöhne	180,00 €
Sondereinzelkosten der Fertigung	29,00 €
Herstellungskosten nach HGB § 253 Abs. 2	459,00 €
Bilanzansatz: 20 · 459,00 =	9 180,00 €

Gewinnminderung in Handelsbilanz: 4 820,00 € (14 000,00 € abzüglich 9 180,00 €)

g) Ansatz unter Beachtung des Niederstwertprinzips: 2 400,00 €
   Bewertung in Handelsbilanz: 150 · 16,00   =   2 400,00 €

Ergebnis: Handels- und Steuerbilanz stimmen in diesem Falle überein (Maßgeblichkeitsprinzip).

h) Keine abweichende Bewertung in Handels- und Steuerbilanz wegen des Maßgeblichkeitsprinzips.

i) Strenges Niederstwertprinzip [HGB § 253 Abs. 3] in der Handelsbilanz führt nach dem Maßgeblichkeitsgrundsatz zum entsprechenden Ansatz in der Steuerbilanz.

j) Der Ansatz in Handels- und Steuerbilanz entspricht einander. Begründung: HGB § 253 Abs. 3, EStG § 6 Abs. 1, Ziff. 2 (Maßgeblichkeitsprinzip).

Hinweis:

HGB und Einkommensteuergesetz enthalten keine besonderen Vorschriften über die Bewertung von Forderungen. Deshalb sind die allgemeinen Bestimmungen maßgebend. Nach HGB § 253 Abs. 3 müssen die AHK bzw. ein niedrigerer Wertansatz in der Handelsbilanz und nach EStG § 6 Abs. 1 Ziff. 2 der niedrigere Teilwert in der Steuerbilanz angesetzt werden. Das grundsätzlich geltende Prinzip der Einzelbewertung würde gerade bei den Forderungen einen hohen Arbeitsaufwand verursachen. Jede einzelne Forderung müsste einer Prüfung im Hinblick auf ihre Bonität unterzogen werden. Zur Vereinfachung der Forderungsbewertung erlaubt der Gesetzgeber eine Pauschalwertberichtigung, deren Höhe sich nach den durchschnittlichen (tatsächlich) ausgefallenen Forderungen richtet.

In der Praxis wird meist ein gemischtes Verfahren angewendet. Forderungen, für die am Bilanzstichtag keine klaren Verhältnisse bestehen (Vergleichsantrag, Konkurseröffnung), werden einzeln bewertet und die restlichen Forderungen pauschal (Erfahrungssatz) abgeschrieben.

k) In Handelsbilanz gleichlautender Wertansatz (Maßgeblichkeitsprinzip).

l) In Handelsbilanz besteht ein Aktivierungswahlrecht:
Ansatz der Rückstellung mit 8 000,00 €

m) Gleichlautender Ansatz in Handels- und Steuerbilanz für das Darlehen (150 000,00 €).

Begründung: Höchstwertprinzip nach [HGB § 253 Abs. 1] und Maßgeblichkeitsprinzip.

Das Damnum kann jedoch wegen des in der Handelsbilanz bestehenden Wahlrechts – im Gegensatz zur Steuerbilanz – sofort abgeschrieben werden.

Buchung nach HGB § 250 Abs. 3 bei Darlehensaufnahme:

Bank	141 000,00	an Lgfr. Vbl.	150 000,00
Damnum	9 000,00		
(20 % von 9 000,00)	in Steuerbilanz = 1 800,00/in 3 Monaten:		450,00 €
	in Handelsbilanz		9 000,00 €
			8 550,00 €

Zusammenfassung:

Eine Analyse der Fälle ergibt, dass der Gewinn in der Handelsbilanz kleiner gehalten werden kann als in der Steuerbilanz.

Fälle:	Gewinnminderung gegenüber Steuerbilanz:
d) Firmenwert	56 666,00 €
f) Herstellungskosten	4 820,00 €
k) Damnum	8 550,00 €
l) Rückstellung	8 000,00 €
zusammen	78 036,00 €

Hinweis:

Zum bilanzpolitischen Spielraum in Handels- und Steuerbilanz

Das Handelsrecht bietet größere Bilanzierungs- und Bewertungsspielräume als das Bilanzsteuerrecht (vgl. auch obige Aufgabe 3).

Das steuerliche Bilanzrecht mit seinen speziellen Bilanzierungs- und Bewertungsvorschriften beschränkt den Aktionsraum der Steuerbilanzpolitik. In Ausnahmefällen erfolgt jedoch auch über den Maßgeblichkeitsgrundsatz eine Einengung des Entscheidungsspielraumes. Dies gilt z. B. für die Teilwertabschreibung nach EStG § 6 Abs. 1. Das dort festgelegte Abwertungswahlrecht bei voraussichtlich dauernder Wertminderung wird infolge von EStG § 5 Abs. 1 zu einer Abwertungspflicht, wenn das handelsrechtliche Niederstwertprinzip den niedrigeren Wertansatz zwingend vorschreibt. Der Maßgeblichkeitsgrundsatz erlaubt es nicht, die Handelsbilanz vollständig von der Steuerbilanzpolitik zu trennen. Dies wird besonders deutlich bei Unternehmen, die nur eine einzige Jahresbilanz nach Maßgabe handels- und steuerrechtlicher Vorschriften erstellen (sog. Einheitsbilanz). Diese Unternehmen sind meist Nicht-Kapitalgesellschaften, sie sind durchweg personenbezogen orientiert mit einer engen Verbindung von Firmen- und Anteilseignerinteressen. Bei diesen Unternehmen hat der han-

573

delsrechtliche Jahresabschluss bei weitem nicht die strenge Ausschüttungs- bzw. Entnahmesperrwirkung gegenüber Anteilseignern wie bei Kapitalgesellschaften. Deshalb ist hier auch die Handelsbilanzpolitik meist entbehrlich. Die Bilanzpolitik kann sich überwiegend oder ausschließlich an steuerbilanzpolitischen Kriterien ausrichten. Bilanzpolitik, vollzogen über die Einheitsbilanz, ist nahezu ausschließlich Steuerbilanzpolitik.

Anders bei Kapitalgesellschaften (insbesondere Aktiengesellschaften): Diese Unternehmen verfolgen gegenüber ihren „Handelsbilanzadressaten" andere oder wenigstens zeitlich anders geregelte finanzpolitische Verteilungsstrategien als gegenüber dem Fiskus. Da das Handelsbilanzrecht größere Bewertungsspielräume bietet als das Steuerbilanzrecht, kann den handelsbilanzabhängigen Gewinninteressenten ein größerer Teil des erwirtschafteten Periodenergebnisses zugunsten der Unternehmung vorenthalten werden als dem Fiskus. Allgemein: Im Bereich der Handelsbilanz wird früher als im Bereich der Steuerbilanz bzw. in höherem Maße Aufwandsantizipation mit Ausschüttungssperrwirkung betrieben.

10. a) Möglichst günstige Darstellung der Unternehmenssituation.

    b) wie bei a)

    c) wie a) und b)

    d) wie a) – c)

    e) Möglichst niedrige Wertansätze.

11. a) Für die Werterhöhung von 80 000,00 € (nach Wegfall der voraussichtlich dauernden Wertminderung) besteht nach HGB § 280 Abs. 1 in der Handelsbilanz das Wertaufholungsgebot. HGB § 280 Abs. 2 ist wegen der steuerlichen Pflicht zur Teilwertaufholung nicht anzuwenden.

    b) Der Wert der Auslandsbeteiligung ist auf die Anschaffungskosten von 2 500 000 € aufzuholen. HGB § 280 Abs. 2 ist wegen der steuerlichen Pflicht zur Teilwertaufholung nicht anzuwenden.

    c) Bei gleicher Unternehmensstrategie besteht nach HGB § 253 Abs. 5 und § 254 in den Fällen a)–b) die Möglichkeit, vom Beibehaltungswahlrecht Gebrauch zu machen. Dies bedeutet, dass beim Vorgang a) handelsrechtlich ein um 80 000,00 € niedrigerer Wert, d.h. der vorausgegangene Buchwert von 160 000,00 € angesetzt werden kann, bei Vorgang b) ein um 1 500 000,00 € niedrigerer Wert, nämlich der vorausgegangene Buchwert von 1 000 000,00 €, angesetzt werden kann. Eine weitere handelsrechtliche Möglichkeit zur Bildung stiller Rücklagen ist durch HGB § 253 Abs. 4 gegeben. Diese Abschreibung hat allerdings keine steuerliche Entsprechung und führt deshalb zu einer weiteren Verringerung des handelsrechtlichen Gewinns (also über 1 500 000,00 € hinaus) nicht aber zu einer Reduzierung des Steuerbilanzgewinns.

3.7 Latente Steuern (Aktive und passive Steuerabgrenzung)

Kontrolle

1. a) Wenn bei **Kapitalgesellschaften** das handelsrechtliche vom steuerrechtlichen Ergebnis abweicht, so sind zwei Fälle zu unterscheiden.

   (1) Ergebnis in der Handelsbilanz > Ergebnis in der Steuerbilanz:
   Zur *Anpassung der Ergebnisse* **muss** in der Handelsbilanz eine Rückstellung für latente Steuern angelegt werden. Sie mindert das Ergebnis der Handelsbilanz.

   (2) Ergebnis in der Handelsbilanz < Ergebnis in der Steuerbilanz:
   Zur *Anpassung der Ergebnisse* **kann** in der Handelsbilanz ein aktiver Abgrenzungsposten angelegt werden. Er erhöht das Ergebnis in der Handelsbilanz:

   HGB § 274 beschreibt die Aufgabe der Steuerabgrenzungen:
   Abs. 1:... „in Höhe der voraussichtlichen Steuerbelastung nachfolgender Geschäftsjahre eine Rückstellung ...“
   Abs. 2:... „in Höhe der voraussichtlichen Steuerentlastung nachfolgender Geschäftsjahre ein Abgrenzungsposten als Bilanzierungshilfe ...“

   b) Ausfluss des Vorsichtsprinzips. Die Passivierung (Rückstellung) kürzt das Ergebnis, während eine Aktivierung das Ergebnis verbessert. Also Zwang zur Passivierung, Freiwilligkeit bei Aktivierung.

2. a) **Ergebnis HB > Ergebnis StB:**

   Der Zwang zur Rückstellungsbildung verhindert in der Tat eine „geschönte“ Handelsbilanz gegenüber einer „realistischen“ Steuerbilanz (HGB § 274 Abs. 1: „so ist zu bilden...“). Insoweit Einengung, es sei denn, die Kapitalgesellschaft erstellt von vornherein eine Einheitsbilanz.

   Ergebnis HB < Ergebnis StB:

   Hier voller bilanzpolitischer Spielraum erhalten, da die Bildung einer aktiven Abgrenzung nicht vorgeschrieben ist. HGB § 274 Abs. 2: ... „darf gebildet werden...“).

   b) Richtig, siehe Band 1, Seite 460 unten ... („muss angelegt werden“)

   c) Nein, da „HB < StB.“
   Aktive Abgrenzung *darf* gebildet werden.

3. a) Nein, hier „umgekehrte Maßgeblichkeit“. Die HB muss sich an die StB anpassen, d.h. wenn in StB gWG, dann auch in HB – oder eben in HB und StB Abschreibung aufgrund der Nutzungsdauer.

   b) Nein, Zwang in HB (HGB § 249). HB dann „maßgeblich“ für StB.

   c) Nein, da steuerlich nur dann zulässig, wenn auch in HB gemäß den steuerlichen Vorschriften vorgegangen wird (umgekehrte Maßgeblichkeit).[1]

   d) Aktivierung auch in der StB vorgeschrieben, also Parallelität, d.h. keine Abgrenzung.

---

[1] Nach dem Referentenentwurf für das Bilanzrechtsmodernisierungsgesetz soll die umgekehrte Maßgeblichkeit abgeschafft werden. Die degressive Abschreibung ist steuerrechtlich ab 2008 nicht mehr zulässig. Sie wirkt aber aus bestehenden Abschreibungsplänen noch nach.

Wenn dagegen in der HG nicht aktiviert, dann ist das Ergebnis in der HB kleiner als in der StB. Es **darf** (HGB § 274 Abs. 2) ein aktiver RAP angelegt werden (siehe auch Beispiel 2 in Band 1.

4. Angenommener Satz der Steuern vom Einkommen und Ertrag −30 %. Beträge in €.

S	(aktivierte) Aufwendungen für Ingangsetzung u. Erweiterung	H	S	Abschreibungen	H
20.	1 000 000	Folgejahre:		Folgejahre:	
		1. 250 000	1.	250 000	
		2. 250 000	2.	250 000	
		3. 250 000	3.	250 000	
		4. 250 000	4.	250 000	
	1 000 000	1 000 000		1 000 000	

S	Aufwendungen für latente Steuern	H	S	Rückstellungen für latente Steuern	H
20.	550 000		Folgejahre:	20.	550 000
			1. 75 000		
			2. 75 000		
			3. 75 000		
			4. 75 000		
			300 000		

S	Erträge latente Steuern	H
	Folgejahre:	
	1.	75 000
	2.	75 000
	3.	75 000
	4.	75 000
		300 000

Andere Darstellung zu 4 (Beträge in 1 000 €)

Jahre	Gewinn vor Steuern/Steuer/Abschreib.	HB Differenz	→ StB
Jahr der Aktivierung	angenommener Gewinn vor Steuern	6 000	6 000
	Aufwand	0	1 000
		6 000	5 000
	Steuer (Satz 30 %)	1 800 ← 300 →	1 500
Folgejahre: 1. Jahr:	angenommener Gewinn vor Steuern	4 000	4 000
	Abschreibung 25 % v. 1 000	250	0
		3 750	1 200
	Steuer (Satz 30 %)	1 125 ← 75 →	2 200
2. Jahr	angenommener Gewinn vor Steuern	5 000	5 000
	Abschreibung 25 % von 1 000	250	0
		4 750	5 000
	Steuer (Satz 30 %) usw. im 3. und 4. Jahr	1 425 ← 75 →	1 500

Ergebnis:

Im Jahr der Aktivierung in der HB 300 mehr als in der StB; dafür in den folgenden 4 Jahren in der HB je 75 zusammen, also 300 weniger als in der StB. Es erfolgte also ein Ausgleich!

5. Angenommener Satz der Steuern am Einkommen und Ertrag 30 %.

S	Reparaturaufwand	H		S	Rückstellungen		H
1.	100 000	⟶	GuV	SB	100 000	1.	100 000
2.	100 000	⟶	GuV			EB	100 000
3.	100 000	⟶	GuV	SB	200 000	2.	100 000
4.	100 000	⟶	GuV			EB	200 000
5.	100 000	⟶	GuV	SB	300 000	3.	100 000
						EB	300 000
				SB	400 000	4.	100 000
						EB	400 000
				SB	**500 000**	5.	100 000

S	Aktive latente Steuern	H		S	Ertrag aus latenten Steuern		H
1.	30 000	SB	30 000	GuV	⟵	1.	30 000
AB	30 000			GuV	⟵	2.	30 000
2.	30 000	SB	60 000	GuV	⟵	3.	30 000
AB	60 000			GuV	⟵	4.	30 000
3.	30 000	SB	90 000	GuV	⟵	5.	30 000
AB	90 000						
4.	30 000	SB	120 000				
AB	120 000						
5.	30 000	**SB**	**150 000**				

Nach 5 Jahren stehen sich Rückstellungen von 500 000,00 € und die RAP von 150 000,00 € gegenüber. Annahme, die Rechnung für die Reparatur laute über netto 500 000,00 €. Dann wird die Rückstellung von 500 000,00 € ergebnisneutral aufgelöst (Rückstellungen 500 000,00 + Vorsteuer 95 000,00 an Bank 595 000,00). Die ARAP (150 000,00 €) wird ergebniswirksam aufgelöst.

Auswirkungen auf das Ergebnis:

1. Jahr bis 5. Jahr jeweils 100 000 − 30 000	=	70 000
mal 5	=	350 000
+ Auflösung der ARAP im 5. Jahr		150 000
zusammen		500 000

Vertiefung

6. Angenommener Steuersatz 30 %.

S	Aufwand Disagio	H		S	Darlehen		H
(1)	60 000					(1)	1 000 000

S	Bank	H		S	Ertrag latente Steuern		H
(1)	940 000					(2)	18 000

S	Aktive RAP (latente Steuern)	H	S	Steuern vom Einkommen von Ertrag	H
(2)	18 000	(3) 1 800	(3) 1 800		
		usw. die	usw. die		
		folgenden 9 Jahre	folgenden 9 Jahre		

Erläuterung:

Im ersten Jahr (1 + 2):

Aufwand 60 000, Ertrag 18 000, Aufwand 1 800	=	– 43 800
folgende 9 Jahre · Aufwand 1 800 · 9	=	– 16 200
zusammen Aufwand		60 000

Andere Darstellung (die Gewinne vor Steuern sind angenommen):

			Differenz	
		HB	←→	SVB
1. Jahr:	Gewinn vor Steuern	1 000		1 000
	Abschreibung Disagio	60		6
		940		994
	Steuersatz 30 %	282	← 16,2	298,2
2. Jahr:	Gewinne vor Steuern	1 200		1 200
	Abschreibung Disagio	–		6
		1 200		1 194
	Steuersatz 30 %	360	1,8	358,2
	usw. die folgenden			
	8 Jahre (8 · 1,8)		14,4	

Ergebnis:

In *Steuerbilanz* im 1. Jahr 16,2 mehr, in der *Handelsbilanz* die folgenden 9 Jahre 9 · 1,8 = 16,2 mehr. Also Ausgleich über die Laufzeit hinweg.

7. a) Nach HGB § 274 Abs. 1 fällt das Ergebnis in der HB höher aus als in der StB, d.h. in der StB werden stille Rücklagen gelegt (siehe Fallbeispiel 1, Band 1, Seite 461 f.), in der HB wird das höhere, „eher richtige" Ergebnis ausgewiesen, also in der HB keine oder doch geringere stille Rücklagen gelegt.

   b) Ein Posten, der in der StB voll abzusetzen ist (siehe wieder Fallbeispiel 1) wird aktiviert (Bilanzierungshilfe). So wird ein „freundlicheres" Ergebnis erzielt, evtl. sogar ein Verlustausweis/Jahresfehlbetrag vermieden.

8. **Vorteile der Bewertung nach Handelsrecht:**

   HGB § 274 Abs. 1: „Schönung" der Bilanz, Vermeiden eines Verlustausweises, „Verteilung" von Aufwendungen auch auf die folgenden Jahre, in denen Gewinn erwartet wird; Kurspflege, Zusatzdividende u. ä. sinnvolle Aussagen.

   HGB § 274 Abs. 2: Bei zunächst voller Abschreibung (siehe Fallbeispiel 2) wird eine „Milderung" durch Bildung eines ARAP (mit Ausweis eines Ertrages) erreicht, der über die Jahre hinweg aufzulösen ist. Folge: Freundlicheres Bilanzbild.

9. Aus dem Text geht indirekt hervor:

In der StB Aufwendungen für Ingangsetzung ───▶ Betriebsausgabe, „Aufwandsrückstellung" nicht erlaubt.

S	Aufwend. für Ingang-setzung (Aktivposten)		H	S	Abschreibungen		H
20..	1 500 000	Folgejahre:		Folgejahre:			
		1.	375 000	1.	375 000		
		2.	375 000	2.	375 000		
		3.	375 000	3.	375 000		
		4.	375 000	4.	375 000		
			1 500 000		1 500 000		

S	Aufwend. für latente Steuern		S	Rückstellungen für latente Steuern		H
20.	450 000			Folgejahre	20..	450 000
			1.	112 500		
			2.	112 500		
			3.	112 500		
			4.	112 500		
				450 000		

S	Erträge (latente Steuern)		H
		1.	112 500
		2.	112 500
		3.	112 500
		4.	112 500
			450 000

S	Reparaturaufwand		H	S	Rückstellungen		H
20..	600 000	───▶	GuV		20..	600 000	
1.	600 000	───▶	GuV		1.	600 000	
2.	600 000	───▶	GuV		2.	600 000	
3.	600 000	───▶	GuV		3.	600 000	
4.	600 000	───▶	GuV		4.	600 000	
	3 000 000					3 000 000	

S	Aktive latente Steuern		H	S	Ertrag aus latente Steuern		H
20..	180 000				20..	180 000	
1.	180 000				1.	180 000	
2.	180 000				2.	180 000	
3.	180 000				3.	180 000	
4.	180 000				4.	180 000	
	900 000					900 000	

Ausweise in der Bilanz (siehe Band 1 „Vergleich ... Saldierung")

Bilanz 20. . :

Rückstellung	450 000,00
ARAP	180 000,00
Ausweis (Passivierung)	270 000,00

Bilanz 1. Jahr:

Rückstellung (450 000 – 112 500)	337 500,00
ARAP (180 000 + 180 000)	360 000,00
Ausweis (Aktivierung)	22 500,00

Bilanz 2. Jahr:

Rückstellung (337 500 – 112 500)	225 000,00
ARAP (360 000 + 180 000)	540 000,00
Ausweis (Aktivierung)	315 000,00

usw. im 3. und 4. Jahr.

Bilanz 3. Jahr:

Rückstellung (225 000 – 112 500)	112 500,00
Aktive latente Steuern (540 000 + 180 000)	720 000,00
Ausweis (Aktivierung)	607 500,00

Bilanz 4. Jahr:

Rückstellung (112 500 – 112 500)	0,00
Aktive latente Steuern (720 000 – 180 000)	540 000,00
Ausweis (Aktivierung)	540 000,00

Behandlung am Ende des 5. Jahres (20. . + 4 Jahre!):

Rückstellung für latente Steuern	0,00
ARAP (latente Steuern)	900 000,00

Bei Eintritt des Aufwands, z.B. Großreparatur, wird die Rückstellung (für Aufwand) von 3 000 000,00 € aufgelöst, z.B. Rechnung über 3 000 000,00 € + 16% MSt. ebenso die ARAP (latente Steuern von 1 800 000). Vgl. mit Lösung zu 5 (5 hat nur mit Aufwandsrückstellung zu tun!)

Hinweis zur buchtechnischen Behandlung:

Verrechnung von ARAP (latente Steuern) mit Rückstellungen (latente Steuern, also)

20. .

Rückstellung 180 000 an ARAP	180 000,00

(Saldo auf Rückstellung noch 450 000 – 180 000 = 270 000)

1. Jahr:

Rückstellung 337 500 an ARAP	337 500,00

(Saldo auf ARAP 180 000 + 180 000 – 337 500 = 22 500)

2. Jahr:

Rückstellung 225 000 an ARAP	225 000,00

(Saldo auf ARAP 315 000)

3. Jahr:

Rückstellung 125 500 an ARAP	125 500,00

(Saldo auf ARAP 607 500)

4. Jahr:

Rückstellung jetzt auf 0 gebracht, also ARAP mit 900 000,00 ausweisen. Diese ARAP von 900 000,00 wird dann am Ende des 4. Jahres, wie bereits erwähnt, ergebniswirksam aufgelöst.

Andere Darstellung zu 9 (Gewinnbeträge 4000, 5000 und 6000 sind angenommen):

Angaben	HB 1 000 €	Differenz 1 000 €	StB 1 000 €	Steuern in HB 1 000 €	Steuern in StB 1 000 €
20.. Gewinn vor Steuern	4 000 −450 −600 +180 3 130		4 000 −1 500 2 500		
Steuern (30 %)	939	◄— + 189 —►	750	939	750
1. Jahr: Gewinn vor Steuern	5 000 −375 +112,5 −600 +180 4 317,50		5 000 0 5 000		
Steuern 30 %	1 295,25	◄—− 204,75 —►	1 500	1 295,25	1 500
2. Jahr: Gewinn vor Steuern	6 000 −375 +112,5 −600 +180 5 317,50		6 000 6 000		
Steuern 30 %	1 595,25	◄—− 204,75 —►	1 800	1 595,25	1 800
3 + 4. Jahr bei Annahme von (wieder) 6 000 Gewinn vor Steuern		◄—− 204,75 —► ◄—− 204,75 —►		1 595,25 1 595,25	1 800 1 800
Zwischensummen Ende 4. Jahr		◄— − 630 —►		7 020	7 650
(Annahme Aufwand v. genau 3 000 000 StB durch Reparatur u. 900 000 in HB d. Auflösung ARAP)		◄— +630 —►	−270 (30 % von 900 000 Aufwand*)		−900 (30 % von 3 000 000 Aufwand**)
		0	6 750		6 750

*) Auflösung ARAP 900 000   **) Gesamtaufwand vom 3 000 000 tritt ein.

Informationen zu „Latenten Steuern"

Bildung einer Rückstellung (1. Fallbeispiel ① in Band 1)

■ **Auswirkungen in der Steuerbilanz:**

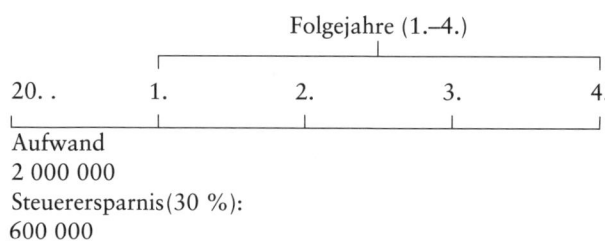

Folgejahre (1.–4.)

20..   1.   2.   3.   4.

Aufwand
2 000 000
Steuerersparnis (30 %):
600 000

Zusammenfassung:

Aufwand	2 000 000
Steuerersparnis (30 % v. 2 000 000)	600 000

■ Auswirkungen in der Handelsbilanz:

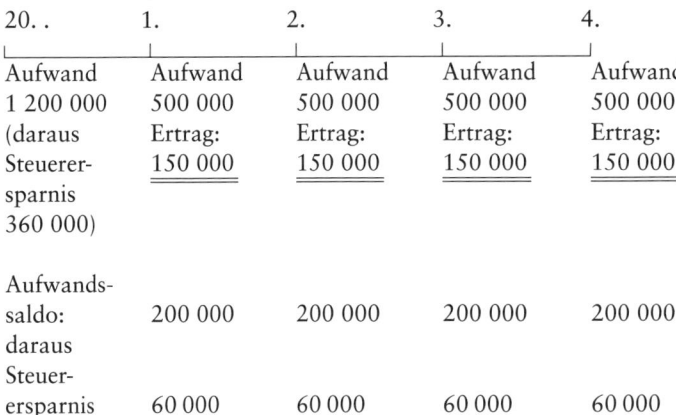

20..	1.	2.	3.	4.
Aufwand 1 200 000 (daraus Steuerersparnis 360 000)	Aufwand 500 000 Ertrag: 150 000	Aufwand 500 000 Ertrag: 150 000	Aufwand 500 000 Ertrag: 150 000	Aufwand 500 000 Ertrag: 150 000
Aufwandssaldo: daraus Steuerersparnis	200 000 60 000	200 000 60 000	200 000 60 000	200 000 60 000

Zusammenfassung:

Aufwand insgesamt: 2 000 000 (1 200 000 + 200 000 + 200 000 + 200 000 + 200 000)
Steuerersparnis insgesamt: 600 000 (360 000 + 60 000 + 60 000 + 60 000 + 60 000)

Bildung eines Aktiven Abgrenzungsposten (siehe Fallbeispiel ② in Band 1)

■ **Auswirkung in der Steuerbilanz**

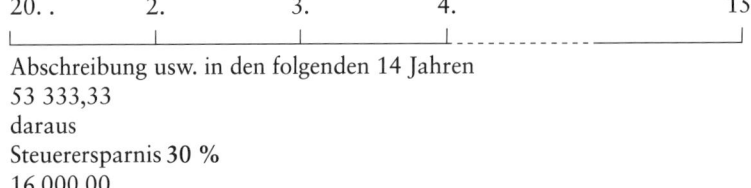

20..	2.	3.	4.	15.

Abschreibung usw. in den folgenden 14 Jahren
53 333,33
daraus
Steuerersparnis **30 %**
16 000,00

Zusammenfassung:

Aufwand: 15 · 53 333,33   = 800 000
Steuerersparnis: 15 · 16 000   = 240 000 (= 30 % von 800 000)

■ **Auswirkungen in der Handelsbilanz:**

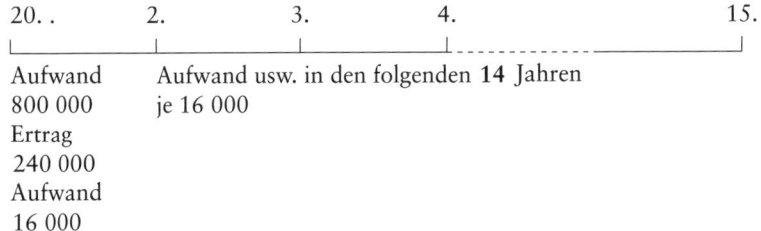

20..	2.	3.	4.	15.

Aufwand   Aufwand usw. in den folgenden **14** Jahren
800 000   je 16 000
Ertrag
240 000
Aufwand
16 000

Zusammenfassung:

Aufwand insgesamt: 800 000 + 15 · 16 000			=	1 040 000
Ertrag				240 000
Aufwandssaldo				800 000
Steuerersparnis 30 % von 800 000				240 000
oder				
Steuerersparnis	1. Jahr:	30 % von 560 000 *)	=	168 000
		30 % von 16 000	=	4 800
	2. – 15. Jahr	14 · (30 % von 16 000)	=	67 200
zusammen				96 000

*) 800 000 – 240 000

L

583

4 Jahresabschluss und Gewinnverwendung

4.1 Einzelunternehmung und Personengesellschaften

4.1.1 Gliederungswahlrechte bei der Bilanz und Gewinn-und Verlustrechnung

4.1.2 Offenlegungswahlrechte (Publizitätswahlrechte)

4.1.3 Wahlrechte bei der Gewinnverwendung

Kontrolle

1. a) Einzelunternehmung bzw. Personengesellschaft: Bilanz und GuV-Rechnung.
   Kapitalgesellschaften: Bilanz, GuV-Rechnung, Anhang.
   Der Lagebericht (Kapitalgesellschaften) ergänzt den Jahresabschluss.
   b) Unterschiedliche Bewertung/Auffassung mit entsprechender Begründung.

2. a) Mindestanforderungen:
   Einhaltung der Grundsätze ordnungsmäßiger Buchführung. Der Jahresabschluss soll demnach klar und übersichtlich sein. In der Bilanz sind das Anlage- und Umlaufvermögen, das Eigenkapital, die Schulden und die Rechnungsabgrenzungsposten gesondert auszuweisen und hinreichend aufzugliedern.
   b) Offenlegungswahlrecht:
   Grenzen bei großen Gesellschaften, die dem Publizitätsgesetz unterliegen. Keine Grenzen beim Wahlrecht der Gewinnverwendung.

3. Sie hat nur Bedeutung, wenn keine vertraglichen Regelungen getroffen wurden.

In den Lösungen 4, 5, 9, 10 und 11 ist das Jahr mit 365 Tagen, die Monate tagesgenau und der Februar stets mit 28 Tagen angesetzt.

4. a) **Zinsgutschriften bzw. Zinsbelastungen:**
   Horst Mozer
   Zinsberechnung für Kapital, Entnahmen und Einlagen:

				Tage	Zinszahlen
31.12.	H	1 200 000,00		15	180 000
15.01.	S	10 000,00			
	H	1 190 000,00		75	892 500
31.03.	H	20 000,00			
	H	1 210 000,00		20	242 000
20.04.	S	9 000,00			
	H	1 201 000,00		56	672 560
15.06.	S	7 000,00			
	H	1 194 000,00		77	919 380
31.08.	H	30 000,00			
	H	1 224 000,00		122	1 493 280

$$\frac{4\,399{,}70 \cdot 4}{365} = 48\,216{,}11\ \text{€}$$

Guthabenzinsen

Otto Mozer

Zinsgutschrift 4 % aus 800 000,00 €	=	32 000,00 €
Zinsbelastung lt. Berechnung Folgeseite	=	433,97 €
Guthabenzinsen	=	31 566,03 €

Zinsbelastung Otto Mozer für Entnahmen:

Arithmetische Summenformel (als hier vereinfachte Rechnung):

$$s = \frac{n}{100}\,(a1 + an)\;\; \frac{2\,000}{100} \cdot 6\,(330 + 0) \quad\quad = \quad 39\,600 \text{ Zinszahlen}$$
$$= \quad 433,97 \text{ €/Zinsen}^1$$

b) Tabelle für die Gewinnverteilung (Beträge in €)

Gesellschafter	Kapital am 01.01.20..	Zinsen 4 %	Restanteil[2] 1 : 1	Gesamtanteil	Entnahmen Einlagen	Kapital am 31.12.20..
Horst Mozer	1 200 000,00	+ 48 216,11	50 000,00	98 216,11	+ 50 000,00 − 26 000,00	1 322 216,11
Otto Mozer	800 000,00	+ 31 566,03	50 000,00	81 566,03	24 000,00	857 566,03
		79 782,14	100 000,00	179 782,14		

[2]

Reingewinn:	179 782,14
– Zinsen:	79 782,14
	100 000,00 : 2 = 50 000,00 € Restgewinn

c) Buchungssätze für den Abschluss der Privatkonten und für die Gewinnanteile:

S	Privat Horst M.		H	S	Privat Otto M.		H
15.01	10 000,00	31.03.	20 000,00		24 000,00	EK	24 000,00
20.04.	9 000,00	31.08.	30 000,00	(31.01.–31.12.)			
15.06.	7 000,00						
FK M.	24 000,00						
	50 000,00		50 000,00				

S	Gewinn und Verlust	H
EK H.M. 98 216,11		
EK O.M. 81 566,03		

S	Kapital Horst M.		H	S	Kapital Otto M.		H
SB.	1 322 216,11	AB. 1 200 000,00		Pr.	24 000,00	AB	800 000,00
		GuV 98 216,11		SB.	857 566,03	GuV	81 566,03
		Privat 24 000,00			881 566,03		881 566,03
	1 322 215,00	1 322 216,11					

Buchungssätze:

GuV	98 216,11	an	Kapital H.M.	98 216,11
GuV	81 566,03	an	Kapital O.M.	81 566,03
Privat H. M.	24 000,00	an	Kapital H.M.	24 000,00
Kapital O.M.	24 000,00	an	Privat O.M.	24 000,00

---

[1] Summarische Zinsrechnung: $\frac{39\,600 \cdot 4}{365}$ = 433,97. Wenn als Zinsstaffel mit monatlich 30 Tagen gerechnet wird, ergeben sich 443,18 € Zinsen.

5. a) **Gewinnverteilungstabelle**

Gesell-schafter	Kapital am 01.01.	Gewinn-voraus	Zinsen 5 %	Restanteil 2:2:1	Gewinnan-teile insg.	Entnah-men	Kapitalzu-wachs	Kapital am 31.12.
A	250 000,00	24 000,00	12 273,15	18 051,02	54 324,17	12 000,00	42 324,17	292 324,17
B	100 000,00	24 000,00	4 834,30	18 051,02	46 885,32	7 200,00	39 685,32	139 685,32
C	40 000,00 (50 000,00)	–	1 500,00	9 025,51	10 525,51	–	10 525,51	50 000,00 (525,51)*
		48 000,00	18 607,45	45 127,55	111 735,00			

*) Sonstige Verbindlichkeit bis zur Auszahlung

Jahresreingewinn:	111 735,00	Restanteile:
– Gewinnvoraus	48 000,00	A = 2 · 9 026,00 = 18 051,02
– Zins	18 607,45	B = 2 · 9 026,00 = 18 051,02
Restgewinn	45 127,55 : 5 = 9 025,51 = 1 Teil	C = 1 · 9 026,00 = 9 025,51

Zinsberechnungen:

Komplementär A

Guthabenzinsen 5 % aus 250 000,00	12 500,00
– Zinsen für Privatentnahmen lt. Aufstellung in Nebenrechnung	226,85
	12 273,15

Komplementär B

Guthabenzinsen 5 % aus 100 000,00	5 000,00
– Zinsen für Privatentnahmen lt. Nebenrechnung	165,70
	4 834,30

Kommanditist C

Guthabenzinsen 5 % aus 40 000,00	2 000,00
– Zinsen für ausstehende Einlagen (5 % aus 10 000,00)	500,00
	1 500,00

Nebenrechnungen:

Komplementär A	4 000,00	260 t	Zz	10 400
	8 000,00	77 t	Zz	6 160
			Zz	16 560

$$\frac{16\,560 \cdot 5}{365} = 226,85$$

Komplementär B $\quad$ Zz $\quad \dfrac{12\,096 \cdot 5}{365} =$ 165,70 €

(Zz 12 096 ergeben sich als Summe der Zz für die sechs Entnahmen von je 1 200,00 €., Tage monatsgenau).

b) **Buchungssätze:**

Kapital Komplementär A	12 000,00	an	Privat Komplementär A	12 000,00
Kapital Komplementär B	7 200,00	an	Privat Komplementär B	7 200,00
GuV	54 324,17	an	Kapital Komplementär A	54 324,17
GuV	46 885,32	an	Kapital Komplementär B	46 885,32
GuV	10 525,51	an	Ausstehende Einlage C	10 000,00
		an	Gewinnanteil C (Sonstige Verbindlichkeiten)	525,51

587

Kontendarstellung:

S	Kp. Kompl. A		H		S	Komm. Kapital C		H
Privat A	12 000,00	AB	250 000,00				AB	50 000,00
		GuV	54 324,17					

S	Kp. Kompl. B		H		S	Ausweh. Einl. C		H
Privat B	7 200,00	AB	100 000,00		AB	10 000,00	GuV	10 000,00
		GuV	46 885,32					

S	Privat A		H		S	Privat B		H
(12 000)		Kp. A	12 000,00		(7 200)		Kp. B	7 200,00

S	GuV		H		S	Gewinnanteil		H
Versch.							GuV	525,51
Konten	111735,00							

Vertiefung

6. a) Unternehmen betreibt „Windowdressing", d. h. es setzt sich zum Ziel, den Bilanzadressaten einen möglichst umfassenden Einblick in die Lage des Unternehmens zu gewähren aufgrund der Expansionsbestrebungen (Kredite, evtl. Teilhaber).

   b) Offenbar gehört es zur Zielsetzung des Komplementärs, den 8 Kommanditisten den Einblick in die Vermögenslage des Unternehmens in nur minimalem Umfang zuzugestehen. Der Einfluss soll durch knappe Informationen gering bleiben.

   c) Es handelt sich um eine Personengesellschaft mit stark kapitalistischem Einschlag. Die Annäherung an eine GmbH ist ausgeprägt. Durch „leistungsbezogene" Tätigkeitsvergütungen soll die Vergleichbarkeit mit den Kapitalgesellschaften gewährleistet sein, der Verzicht auf „Entnahmen" (Ausschüttungen) dient der Stärkung der Innenfinanzierung (Selbstfinanzierung).

7. Ermöglicht bereits einen befriedigenden Einblick in die Vermögens-, Finanz- und Ertragslage des Unternehmens. In der GuV-Rechnung wird jedoch auf aussagefähige Zwischensummen verzichtet, welche die Staffelform (§ 275 HGB) ermöglicht, z.B. Ergebnis aus gewöhnlicher Geschäftstätigkeit, außerordentliches Ergebnis.

8. a) Diese Festlegung im Gesellschaftsvertrag dient der Klarstellung, welcher Gewinn der Verwendung zugrunde gelegt wird. Damit werden spätere Streitigkeiten vermieden.

   b) Bei der bisherigen OHG sind beide Gesellschafter als Geschäftsführer tätig. Neben der Verzinsung ihrer Kapitalien erhalten sie – als Vergütung für ihre Leistung – den Restgewinn „nach Köpfen" [HGB § 121 Abs. 3]. Da der künftige Kommanditist Otto Schulze von der Geschäftsführung ausgeschlossen ist, soll nach Auffassung des Steuerberaters der Komplementär Müller für seine Tätigkeit als geschäftsführender Gesellschafter eine Vergütung erhalten. Müller dürfte diese Regelung u.U. als nicht ausreichend erachten, da er im Gegensatz zu Schulze künftig nur noch allein persönlich haftet. Es sollte deshalb eine andere Schlüsselung des Restgewinns zugunsten von Müller erwogen werden. Weitere adressatenabhängige Vorschläge.

9. Gewinnverteilung einer OHG

a) Gewinnverteilungstabelle

Gesell-schafter	Kapital am 01.01.	Gewinn-voraus	Zinsen 5 %	Rest 1:1	Gesamt-gewinn	Entnah-men	Kapital-zuwachs	Kapital am 31.12.
A. M.	350 000,00	–	16 789,86	9 990,89	26 786,75	24 000,00	2 780,75	352 780,75
B. M.	300 000,00	36 000,00	14 398,36	9 990,89	60 389,25	20 000,00	40 389,25	340 389,25
		36 000,00	31 188,22	19 981,78	87 170,00			

Gewinn:	87 170,00
– Gewinnvoraus	36 000,00
– Zinsen	31 170,00
Restgewinn	20 000,00 : 2 = 10 000,00

Zinsberechnungen:

Arthur Meffert

5 % aus 350 000,00	=	17 500,00	Gutschrift
6 % aus 43 200 Zinszahlen	=	710,14	Belastung
Gutschrift		16 789,86	

Bruno Meffert

5 % aus 300 000,00	=	15 000,00	Gutschrift
6 % aus 36 000 Zinszahlen	=	601,64	Belastung
Gutschrift		14 398,36	

b) Buchungssätze:

Kapital der Gesellschafter:

Kapital Arthur Meffert	24 000,00	an	Privat Arthur Meffert	24 000,00
Kapital Bruno Meffert	20 000,00	an	Privat Bruno Meffert	20 000,00
GuV	26 780,75	an	Kapital Arthur Meffert	26 780,75
GuV	60 389,25	an	Kapital Bruno Meffert	60 389,25

10. a) Gewinnverteilungstabelle

Gesell-schafter	Kapital am 01.01.	Zinsen 6 %	Rest 1:1:1	Gesamt-anteil	Entnahmen	Kapital-zuwachs	Kapital am 31.12.
H. D.	650 000,00	+ 39 000,00 – 507,22 + 38 492,78	23 024,04	61 516,82	22 400,00	39 116,82	689 116,82
R. M.	550 000,00	+ 33 000,00 – 452,88 + 32 547,12	23 024,03	55 571,15	20 000,00	35 571,15	585 571,15
A. B.	–	–	23 024,03	23 024,03	18 000,00	5 024,03	5 024,03
		71 039,90	69 072,10	140 112,00			

Gewinn	140 112,00
– Zinsen	71 039,90
Restgewinn	69 072,00 : 3 = 23 024,03 €

L

Berechnung der Zinsen:

Entnahmen Heinz Dieterle:

Beträge	Datum	Tage	#
5 600	31.03.	275	15 400
5 600	30.06.	184	10 304
5 600	30.09.	92	5 152
5 600	31.12.	–	–
			$\dfrac{30\,856 \cdot 6}{365} = 507{,}22 \text{ €}$

Entnahmen Rolf Marquardt:

Beträge	Datum	Tage	#
5 000	31.03.	275	13 750
5 000	30.06.	184	9 200
5 000	30.09.	92	4 600
5 000	31.12.	–	–
			$\dfrac{27\,550 \cdot 6}{365} = 452{,}88$

b) **Buchungssätze:**

Kapital Heinz Dieterle	22 400,00	an	Privat Heinz Dieterle	22 400,00
Kapital Rolf Marquardt	20 000,00	an	Privat Rolf Marquardt	20 000,00
Kapital Anton Bader	18 000,00	an	Privat Anton Bader	18 000,00
GuV	61 516,82	an	Kapital Heinz Dieterle	61 516,82
GuV	55 571,15	an	Kapital Rolf Marquardt	55 571,15
GuV	23 024,03	an	Kapital Anton Bader	23 024,03

c) Die Kreditwürdigkeit der OHG wird zum Zeitpunkt des Eintritts von Anton Bader in die OHG verbessert, da er gegenüber den Gesellschaftsgläubigern unmittelbar und mit seinem Privatvermögen haftet. Weitere adressatenabhängige Diskussionsbeiträge sind möglich.

d) Anton B. könnte in diesem Falle seine Position als Gesellschafter der OHG nicht mehr halten. Da er als bisheriger Gesellschafter – ohne Rücksicht auf die Ertragslage des Unternehmens – seinen Lebensunterhalt bestreiten muss, sollte er von der OHG ein Gehalt (Kosten der OHG) bekommen, auch wenn kein Gewinn erzielt wird.

11. a) **Zinsberechnung:**

Komplementär Möller (M)			Tage	Zinszahl
31.12.	Anfangskapital	450 000,00	74	333 000
15.03.	Einlage	30 000,00		
		480 000,00	107	513 600
30.06.	Entnahme	20 000,00		
		460 000,00	51	234 600
20.08.	Einlage	10 000,00		
		470 000,00	133	625 100
31.12.	Entnahme	15 000,00		
31.12		455 000,00	0	
				1 706 300

$$\text{Zinsen M} \qquad \frac{1\,706\,300 \cdot 6}{365} = 28\,048,77$$

Kommanditist Vollmer

Zinsgutschriften:	6 % aus 70 000,00 (100 000 – 30 000,00)	=	4 200,00
	6 % aus 25 000,00 für 199 Tage	=	817,81
			5 017,81

Zinsbelastungen:	6 % aus 30 000,00		
	für 166 Tage	818,63	
	6 % aus 5 000,00		
	für 199 Tage	163,56	982,19
Gutschrift Vollmer			4 035,62

b)

Gesell-schafter	Kapital am 01.01.	Gewinn-voraus	Zinsen 5 %	Rest 2:1	Gesamt-anteile	Entnahmen Einlagen	Kapital-zuwachs	Kapital 31.12.
M	450 000,00	24 000,00	28 048,77	83 231,07	135 279,84	– 35 000,00 + 40 000,00	140 279,84	590 279,84
V	70 000,00 (100 000,00)	–	4 035,62	41 615,54	45 651,16	+25 000,00	70 651,16	100 000,00 (40 651,16)
		24 000,00	32 084,39	124 846,61	180 931,00			

Gewinn	180 931,00	Möller: 2 · 41 621,33	=	83 242,66
– Gewinnvoraus	24 000,00	Vollmer	=	41 621,33
– Zinsen	32 084,39			
Restgewinn	124 846,61 : 3 = 41 615,5366..			

c) **Buchungssätze:**

15.06.2007:	Bank	25 000,00	an ausstehende Einlage	
31.12.2007:			Vollmer	25 000,00
Privat Komplementär Möller	5 000,00	an Kapital Komplementär Möller	5 000,00	
(Saldo 40 000 – 35 000)				
GuV		180 931,00	an Kapital Komplementär Möller	135 279,84
			an ausstehende Kommandit-einlage Vollmer	5 000,00
			an Gewinnanteil Vollmer	40 651,16

Hinweise:

Für den Ausweis des Eigenkapitals bei Einzelunternehmung, OHG und KG gelten die allgemeinen Gliederungsvorschriften nach HGB § 247 Absatz 1. Danach ist in der Bilanz das Eigenkapital gesondert auszuweisen und **ausreichend aufzugliedern**. Was eine ausreichende Aufgliederung im Einzelnen ist, wird der Auslegung überlassen.

12. a) **Gewinn- bzw. Verlustanteile nach Verteilungsmodell 1**

(Tätigkeitsvergütung und Zinsen werden anteilig aus dem Gewinn bezahlt)

Modell 1

Situation bei Jahresreingewinn 80 000,00 €

Gesellschafter	Anfangskapital	Tätigkeits-vergütung	Zinsen 6 %	Restanteil 4:1	Gesamtanteil
Komplementär Betz Kommanditist Dreher	400 000,00 100 000,00	36 000,00	24 000,00 6 000,00	11 200,00 2 800,00	71 200,00 8 800,00
		36 000,00	30 000,00	14 000,00	80 000,00

Reingewinn	80 000,00	
– Tätigkeitsvergütung	36 000,00	
– Zinsen	30 000,00	
Restgewinn	14 000,00 : 5 = 2 800,00 € · 1 =	2 800,00 €
		Kommanditist D
	2 800,00 € · 4 =	11 200,00 €
		Komplementär B

Situation bei Jahresreingewinn 8 800,00 €

Gesellschafter	Anfangskapital	Tätigkeits-vergütung	Zinsen	Restanteil 1:1	Gesamtanteil
Komplementär Betz Kommanditist Dreher	400 000,00 100 000,00	4 800,00	3 200,00 800,00	– –	8 000,00 800,00
		4 800,00	4 000,00		8 800,00

Anteilige Zurechnung des Jahresreingewinns:

Betz 6 % Zinsen aus 400 000,00   24 000,00
Tätigkeitsvergütung   36 000,00   zusammen 60 000,00

Dreher 6 % Zinsen aus 100 000,00   6 000,00

Anteilige Zurechnung also 60 000 : 6 000 = 10 : 1
11 Teile = 8 800,00   Betz   10 Teile (10 · 800) =   8 000,00
 1 Teil = 800,00   Dreher   1 Teil (1 · 800) =   800,00

Situation bei Jahresverlust 8 000,00 €

Gesellschafter	Anfangskapital	Verlustanteil
Komplementär Betz Kommanditist Dreher	400 000,00 100 000,00	6 400,00 1 600,00
		8 000,00

Anteilige Aufteilung des Verlustes: 4:1

5 Teile	=	8 000,00	
1 Teil	=	1 600,00	Kommanditist Dreher
4 Teile	=	6 400,00	Komplementär Betz

Buchungen bei Modell 1 klar, „wie üblich"

b) **Gewinn- bzw. Verlustverteilung nach Verteilungsmodell 2**
(Tätigkeitsvergütung und Zinsen sind gewinnunabhängige Aufwendungen)

Modell 2

Jahresreingewinn 80 000,00 €

Gesellschafter	Anfangskapital	Tätigkeitsver-gütung	Znsen 6 %	Restanteil 4:1	Gesamtanteil
Komplementär Betz Kommanditist Dreher	400 000,00 100 000,00	36 000,00	24 000,00 6 000,00	11 200,00 2 800,00	71 200,00 8 800,00
		36 000,00	30 000,00	14 000,00	80 000,00

Gewinn (vorläufig)	80 000,00
– Tätigkeitsvergütung als Aufwand	36 000,00
– Zinsen als Aufwand	30 000,00
korrigierter Gewinn	14 000,00 : 5 = 2 800,00

Ergebnis: Gegenüber Modell 1 ergibt sich in diesem Falle keine Änderung. (Buchungen wie bei Modell 1)

Situation bei Jahresreingewinn 8 800,00 €

Gesellschafter	Anfangskapital	Tätigkeitsvergütung	Zinsen 6 %	Verlustanteil
Komplementär Betz Kommanditist Dreher	400 000,00 100 000,00	36 000,00	24 000,00 6 000,00	52 960,00 4 240,00
		36 000,00	30 000,00	57 200,00

Jahresreingewinn	8 800,00
– Aufwendungen (Tätigkeitsvergütung und Zinsen)	66 000,00
Verlust (korrigiert)	57 200,00
davon Anteil Betz	36 000,00
Rest (= 5 T)	21 200,00
Anteil Dreher 1 T =	4 240,00
Gesamtanteil Betz (36 000 + 4 T · 4240 = 16 960) zusammen =	52 960,00
zusammen	57 200,00

GuV

B	36 000,00	Gewinn		8 800,00
B + D	30 000,00	Verlust: (rechnerisch)		
		B		52 960,00
		D		4 240,00
	66 000,00			66 000,00

Gehalt B[*)]

Bank	36 000,00	GuV	36 000,00

Kapital B

		?

Zinsaufwand

Bank B	24 000,00	GuV	30 000,00
Bank D	6 000,00		

Kommanditkap. D

		?

[*)] als Entnahmen behandelt

Verlustvortrag B

GuV	4 240,00

Für Zwecke der ESt-Besteuerung ist natürlich von einem Gewinn von 8 800,00 € auszugehen. Absprache unter B und D. Anlehnung an Modell mit entsprechender Situation (8 000,00 für B, 800,00 für D). Kapitalveränderungen sind davon unabhängig.

Situation bei Jahresverlust 8 000,00 €

Gesellschafter	Anfangskapital	Tätigkeitsvergütung	Zinsen 6 %	Verlustanteil
Komplementär Betz Kommanditist Dreher	400 000,00 100 000,00	36 000,00	24 000,00 6 000,00	66 400,00 7 600,00
		36 000,00	30 000,00	74 000,00

Verlust (in GuV ausgewiesen)	8 000,00
– Aufwendungen (Tätigkeitsvergütung und Zinsen) 36 000 + 30 000 =	66 000,00
Verlust bei Verteilung	74 000,00
davon Anteil Betz (Tätigkeitsvergütung)	36 000,00
Rest (5 Teile)	38 000,00
Anteil Dreher (1 Teil)	7 600,00
Gesamtanteil Betz (36 000 + 4 T · 7600 = 30 400) zusammen	66 400,00
zusammen	74 000,00

GuV

Verlust	8 000,00	Verlust B[*)]	66 400,00
B	36 000,00	Verlust D[*)]	7 600,00
B + D	30 000,00	[*)] jeweils rechnerisch	
	74 000,00		74 000,00

Gehalt B[*)]			Kapital B	
Bank	36 000,00	GuV 36 000,00		?

Zinsaufwand			Kommanditkap. D	
Bank B	24 000,00	GuV 30 000,00		?
Bank D	6 000,00			

[*)] als Entnahmen behandelt

Verlustvortrag B	
GuV 7 600,00	

Für Zwecke der ESt-Besteuerung ist natürlich von einem Gewinn von 8 000,00 € auszugehen. Absprachen bzw. Anlehnung an Modell 1, entsprechender Situation (6 400,00
Verlust für A, 1 600,00 für B). Kapitalveränderungen sind davon unabhängig.

c)

Verteilungsmodell 1	Verteilungsmodell 2
Vorteile: ■ Die volle Tätigkeitsvergütung bzw. Verzinsung des Kapitals wird nur gewährt, wenn der Jahresgewinn hierzu ausreicht (siehe Alternative 1 und 2). Dies kann im Interesse der Substanzerhaltung des Unternehmens als positiv bewertet werden. ■ Der Komplementär hat ein besonderes Interesse, auf „Erfolgskurs zu steuern", da ein zu geringer Gewinn bzw. ein Verlust Tätigkeitsvergütung und Verzinsung entsprechend kürzen bzw. wegfallen.	**Vorteile:** ■ Ohne Rücksicht auf die Ertragslage (vgl. alle 3 Alternativen) erhält der Komplementär die ihm für seine Leistung zustehende Vergütung bzw. beide Gesellschafter bekommen die vereinbarte Verzinsung ihres Kapitals (ausgezahlt). ■ Zu Gewinnverlagerungen zur Wahrung von „Ansprüchen an den Gewinn" besteht kein Anlass.
Nachteile: ■ In gewinnschwachen Jahren bzw. bei Verlust fallen Tätigkeitsvergütung bzw. Kapitalverzinsungen schlechter aus bzw. ganz weg. Der Kommanditist wird besonders betroffen, da er auf die Geschäftspolitik keinen Einfluss nehmen kann. Ausgleich beim Komplementär über Entnahmen. ■ Bei Bilanzaufstellungen (Bewertung) besteht die Gefahr, dass der Gewinn so „manipuliert" wird, dass die Ansprüche der Gesellschafter bzw. bestimmmter Gesellschafter voll bzw. weitgehend gedeckt werden (Gewinnverlagerungen).	**Nachteile:** Aus der Sicht des Unternehmens und der Gläubiger führt die Verrechnung von Tätigkeitsvergütung und Zinsen als Aufwand (Entnahmecharakter) zu einer Verringerung des Gewinns bzw. einer Erhöhung des Verlustes (rein rechnerisch). Kapitalzuwachs kann dadurch verringert bzw. Eigenkapitalverzehr beschleunigt werden. (Entnahmen).

Hinweis:

Nach Buchwald/Tiefenbacher „Die zweckmäßige Gesellschaftsform" (Heidelberg) werden nur beim Verteilungsmodell 2 „die Leistungen der Gesellschafter" richtig abgegolten. Nur bei diesem Verfahren können nicht einzelne Gesellschafter durch Verlagerung des Gewinns von einem Jahr auf das andere gewinnen. Dadurch sind Streitigkeiten bei der Bilanzaufstellung ausgeschlossen. Steuerlich wird vom echten Ergebnis (+80 000,00/+8 800,00/–8 000,00) ausgegangen.

13. a) **Buchung des Gewinnanteils am 31.12.2007:**

GuV	35 000,00	an	Verlustanteil Kommanditist B	20 000,00
		an	Ausstehende Einlagen Kommanditist B	10 000,00
		an	Gewinnanteil B	5 000,00

Soweit der Kommanditist seine Einlage nicht voll geleistet hat bzw. durch Verlust unter der vereinbarten Höhe liegt, hat er keinen Anspruch auf Auszahlung seines Gewinnanteils [HGB § 169 Abs.1, Satz 2]

b) **Buchungen beim Ausscheiden des B am 31.12.2007:**

Der Kommanditist hat Anspruch auf das jetzt voll einbezahlte Kommanditkapital und den gutgeschriebenen Gewinnanteil von 5 000,00 €:

Buchungssatz:

Kommanditkapital B	60 000,00	an	Sonstige Verbindlichkeiten	65 000,00
Gewinnanteil B	5 000,00	an		

Hinweis:

Es wird von der sog. Buchwertklausel im Gesellschaftsvertrag ausgegangen, d.h. stille Rücklagen und den anteiligen Firmenwert erhält in diesem Falle der ausscheidende Gesellschafter nicht ausgezahlt.

c) **Stand der Konten zum 31.12.2007:**

S	Ausstehende Einlage B	H	S	KommanditKapital B	H*)
(10 000,00)	(1)	10 000,00	(2)	60 000,00	(60 000,00)

*) negatives Kapitalkonto (70 000,00 Verlustanteil – 60 000,00 Kommanditkapital).

S	Verlustanteil B	H	S	Bank	H
(70 000,00)	(3)	60 000,00	(1)	10 000,00	
	(4)	10 000,00			

S	Komplementär A	H	S	Sonstige Verbindlichkeiten	H
(4)	10 000,00	(300 000,00)	(3)	60 000,00	(2) 60 000,00

Buchungen:

(1) Einzahlung der ausstehenden Einlage (Der Kommanditist ist aufgrund des Gläubigerschutzes gezwungen, seine ausstehende Einlage zu leisten):

Bank	10 000,00	an	Ausstehende Einlage B	10 000,00

(2) B hat Anspruch auf seine geleistete Einlage:

Kommanditkapital	60 000,00	an	Sonstige Verbindlichk.	60 000,00

(3) Kommanditist B nimmt nach HGB § 167 Abs. 3 bis zur Höhe seiner geleisteten Einlage (50 000,00) und der ausstehenden Einlage (10 000,00), siehe Buchung (1), am Verlust teil:

Sonstige Verbindlichk.	60 000,00	an	Verlustanteil B	60 000,00

(4) Die restlichen 10 000,00 Verlust, für die der Kommanditist nicht haftet, müssen vom Komplementär A übernommen werden:

Komplementärkapital A	10 000,00	an	Verlustanteil B	10 000,00

14. a) Die Aussage ist nicht zutreffend. Verlustanteile können zwar – wie die „ausstehende Kommanditeinlage" – auf der Aktivseite ausgewiesen werden. Es handelt sich beim Verlustanteil jedoch um einen aktiven Wertberichtigungsposten zum Kommanditkapital, der die Einlage mindert, während es sich bei den ausstehenden Einlagen um „echte" Forderungen der KG an den Kommanditisten handelt, weil die Einlageverpflichtung nicht erfüllt ist.

b) Die Aussage ist richtig [HGB § 167 Abs. 2].

c) Die Aussage stimmt [HGB § 171 Abs. 1].

d) Die Aussage ist richtig, denn die Grundsätze ordnungsmäßiger Bilanzierung verlangen den Ausweis der „vollen Einlageverpflichtung". Sie sind ein Teil der Haftung der Kommanditisten.

e) Diese Behauptung ist in der Regel zutreffend. Der Kommanditist kann jedoch seinen „Gewinnanteil" als „verzinsliches Darlehen" der KG mittel- bzw. langfristig überlassen.

Hinweis:

In der Praxis werden für den Kommanditisten zusätzlich zu seinem Kapitalkonto Darlehenskonten angelegt, die folgende Vorgänge aufnehmen:

S	Darlehen Kommanditist B	H
Entnahmen, z.B. für Einkommensteuer-Vorauszahlungen, aber auch für Ausahlungen jeder Art (z.B. Gewinnanteile) bzw. auf Kommanditkapital B umgebuchte Beträge bei Kapitalerhöhungen		Gewinnanteile, die soweit nicht ausbezahlt*), zinsbringend stehenbleiben (Zinsaufwand für KG, zusätzliche Einkünfte aus Gewerbebetrieb für Kommanditisten)

*) Häufig keine volle Auszahlung der Gewinnanteile, sondern Selbstfinanzierung durch einbehaltene Gewinnanteile.

4.2 Kapitalgesellschaften am Beispiel der AG

4.2.1 Phasen der Erstellung des Jahresabschlusses

4.2.2 Gliederungsvorschriften für die Bilanz und Gewinn- und Verlustrechnung

4.2.2.1 Aufbau des Bilanzschemas (Kontoform) mit Anlagen- und Verbindlichkeitenspiegel

4.2.2.2 Aufbau der Gewinn- und Verlustrechnung nach dem Gesamtkosten- und dem Umsatzkostenverfahren

4.2.2.3 Erweiterung der Gewinn- und Verlustrechnung – Ergebnisverwendung

4.2.3 Anhang

4.2.4 Lagebericht

4.2.5 Offenlegungs- und Prüfungspflichten

Kontrolle

1. a) Der Jahresabschluss der AG setzt sich zusammen aus Bilanz, GuV-Rechnung und Anhang. Durch den Lagebericht erfährt der Jahresabschluss eine Ergänzung.

   b) Phasen: Aufstellung durch Vorstand, Prüfung durch Abschlussprüfer und Aufsichtsrat, Feststellung durch Vorstand und Aufsichtsrat bzw. Hauptversammlung, Bekanntmachung im Handelsregister bzw. im Bundesanzeiger (größenabhängige Prüfungs-, Gliederungs- und Offenlegungspflichten).

2. a) Vgl. Sachdarstellung Band 1.

   b) Gezeichnetes Kapital (I) + Kapitalrücklagen (II) + Gewinnrücklagen (III) mit Untergliederung + Gewinnvortrag bzw. – Verlustvortrag aus dem Vorjahr (IV) + Jahresüberschuss bzw. – Jahresfehlbetrag (V).

   Nach teilweiser Ergebnisverwendung bei der AG tritt an die Stelle der Positionen IV Gewinn- bzw. Verlustvortrag und der Position V Jahresüberschuss bzw. -fehlbetrag die Position IV Bilanzgewinn bzw. Bilanzverlust.

   c) Der Jahresüberschuss ist das positive Jahresergebnis (Periodenergebnis), das sich nach Abzug der Aufwendungen von den Erträgen ergibt. Der Bilanzgewinn ist der ausschüttungsfähige Höchstbetrag, der nach Abzug eines evtl. Verlustvortrages zum Jahresüberschuss und nach Einstellungen in bzw. nach Entnahmen aus offenen Rücklagen verbleibt.

3. a) Durch vorgeschriebene Mindestgliederungen der Bilanz und Gewinn- und Verlustrechnung sowie das weitgehende Saldierverbot von aktiven und passiven Bestandskonten bzw. von Erträgen und Aufwendungen in der GuV-Rechnung.

   Das Bilanzschema gewährt Bilanzinteressenten Einblick in die Vermögens- und Kapitalstruktur der Bilanz, die GuV-Rechnung in die Ertragslage und in die Erfolgsquellen des Unternehmens. Durch die Staffelrechnung werden im Vergleich zur Kontoform

597

informative Zwischenergebnisse ausgewiesen, wie Ergebnis aus gewöhnlicher Geschäftstätigkeit, außerordentliches Ergebnis, Jahresüberschuss.

b) Der Anlagenspiegel hat die Aufgabe, die Bewegungen im Anlagevermögen (Zugänge, Umbuchungen, Abgänge, Zuschreibungen, Abschreibungen) von Geschäftsjahr zu Geschäftsjahr ersichtlich zu machen.

c) Aufgaben des Lageberichts: Darstellung der allgemeinen, branchenspezifischen und betriebsindividuellen Lage des Unternehmens. Beurteilung der zukünftigen Entwicklung, Angaben über Forschungsvorhaben. Der Sozialbericht, der zum Teil als selbstständiger Teil des Lageberichts gefasst ist, beschreibt die Situation der Mitarbeiter im Betrieb (u. a. Ausgaben für Altersversorgung, Werksverpflegung, Aus- und Weiterbildung, Unterstützung von ausgeschiedenen Mitarbeitern). Zum Sozialbericht gehören auch Ausführungen über den Umweltschutz (Ausgaben für Luftreinhaltung, Lärmminderung u. a.).

Vertiefung

4. a) Nach AktG § 150 Abs. 2, Ziff. 1, sind die gesetzlichen Vorschriften im vorliegenden Falle erfüllt (10 % des Grundkapitals sind überschritten); Kapitalrücklage + gesetzliche Rücklage = 405 000 €).

b) 5 000 Aktien · 15,00 € je Aktie = 75 000,00 € (Nennwert 5 000 · 5,00 € = 25 000,00 €) Die Zuweisung ist richtig: Sie entspricht dem auf der Aktivseite der Bilanz ausgewiesenen Buchwert für eigene Aktien. Eine Ausschüttungssperre liegt vor, weil durch den Ausweis als gesetzliche Rücklage (Rücklage für eigene Anteile) nach HGB § 272 Abs. 4 dieser Betrag einer möglichen Gewinnausschüttung (Dividendenzahlung) entzogen wird. So wird verhindert, dass das Vermögen der Gesellschaft um den Betrag dieser Aktien vermindert wird und hierdurch eine „Auflösung" zum Zweck verminderter Gewinnausschüttung ggf. eine indirekte Rückzahlung von haftendem Eigenkapital an die Aktionäre erfolgt.

c) Gesetzlicher Spielraum des Vorstandes:

Jahresüberschuss	1 100 000,00 €
Einstellung in Rücklage für eigene Aktien nach HGB § 272 Abs. 4	75 000,00 €
Einstellung in andere Gewinnrücklagen nach AktG § 58 Abs. 2 i.V.m. § 58, Satz 3,	512 500,00 €

$$\frac{1\,100\,000}{2} = 550\,000$$

In Wirklichkeit hat der Vorstand nur 465 000,00 € in andere Gewinnrücklagen eingestellt. Er hat somit auf eine Zuweisung von 85 000,00 € (550 000,00 € – 465 000,00 €) verzichtet. Die Einstellungsquote beträgt 45,4 % (465 000,00 € = 45,4 % von 1 025 000,00 €).

d)

Bilanzgewinn	610 000,00 €
Dividende 1,00 € je 5,00-€-Aktie für 595 000 Stück *)	595 000,00 €
Gewinnvortrag	15 000,00 €

*) Gezeichnetes Kapital 3 000 000	=	600 000 Aktien
abzüglich eigene Aktien	=	5 000 Aktien
(nicht dividendenberechtigt, § 71 b AktG)		
dividendenberechtigtes Kapital = 2 975 000,00	=	595 000 Aktien

e) 1. Teil: Lagebericht – aufgeteilt in Bericht über allgemeine Lage und Situation des Unternehmens.

   2. Teil: Zukünftige Erwartungen – Angaben über Forschung.

   3. Teil: Sozialbericht (u.a. Ausbildung von Jugendlichen, Bekämpfung der Jugendarbeitslosigkeit).

f) Anlagenspiegel und zusätzliche Angaben geben nicht nur Einblick in die Höhe der Investitionen und Abschreibungen, es werden im Anhang auch die einzelnen Beteiligungen und Investitionsvorhaben konkret genannt; darüber hinaus werden bei den Abschreibungen die angewandten Methoden erläutert.

g) Durch Aufgliederung und Saldierungen bei jedem einzelnen Verbindlichkeitsposten (bei großen Kapitalgesellschaften) erhält der Bilanzadressat Einblick in die Fälligkeiten von Verbindlichkeiten (kurz-, mittel- und langfristige Verbindlichkeiten); ferner lässt sich die jeweilige Absicherung der Verbindlichkeit erkennen. Im vorliegenden Fall der Chemiewerke AG überwiegen die langfristigen Restlaufzeiten.

h) Als „Betriebsergebnis" im vorliegenden Fall ergibt sich:

Pos. 1–4 zusammen	22 440 000 €
– Pos. 5–8	22 095 000 €
„Betriebsergebnis"	3 345 000 €

Dieses „Betriebsergebnis" ist nicht identisch mit dem in der Kosten- und Leistungsrechnung (Betriebsergebnisrechnung) ermittelten Betriebsergebnis. So enthält z.B. die Position 4 „Sonstige betriebliche Erträge" auch periodenfremde Erträge (Erträge aus der Auflösung von Rückstellungen), außerordentliche Erträge (Erträge aus dem Abgang von Gegenständen des Anlagevermögens), Positionen, die in der K- und L-Rechnung abgegrenzt und nicht als Leistungen gelten; dies gilt auch für die Position 8 „Sonstige betriebliche Aufwendungen". Die außerordentlichen und periodenfremden Beträge werden aus der K- und L-Rechnung von den Kosten ferngehalten und abgegrenzt.

Die Zusammenfassung der Positionen 9–12 als „Finanzergebnis" ist sinnvoll und kann die Aussagefähigkeit der Staffelrechnung noch verbessern. Im vorliegenden Falle ergibt sich folgendes „Finanzergebnis":

Erträge (Pos. 9 und 10)	155 000 €
Aufwendungen (Pos. 11 und 12)	490 000 €
„Finanzergebnis" (Saldo)	– 335 000 €

Die über den gesetzlichen Zwang hinausgehende Nutzung der Staffelform, wie sie in der Chemiewerke-AG vorgesehen ist, verdeutlicht die „Erfolgsquellen" des Ergebnisses der „gewöhnlichen Geschäftstätigkeit".

„Betriebsergebnis" *)	3 345 000 €
„Finanzergebnis"	– 335 000 €
Ergebnis aus gewöhnlicher Geschäftstätigkeit	3 010 000 €

   *) nicht zu verwechseln mit dem Betriebsergebnis der Kosten- und Leistungsrechnung

i) Die Bilanzpolitik der AG ist darauf ausgerichtet, die für Kapitalgesellschaften bestehenden gesetzlichen Möglichkeiten zur Bildung stiller Rücklagen auszunutzen.

Belege aus dem Anhang:

- Verzicht auf das Wertaufholungsgebot [HGB § 280 Abs. 2] bei Grundstücken – vgl. Anlagenspiegel 1.

L

■ Bevorzugung degressiver Abschreibungsverfahren bei beweglichen Anlagegütern, Übergang zur linearen Abschreibung zum „günstigsten Zeitpunkt" – vgl. Bemerkungen zum Anlagenspiegel 1 (Band 1)

■ Bei den aktivierten Eigenleistungen wurde der handelsrechtlich niedrigste Wert angesetzt (unter steuerlichem Wertansatz).

j) Gründe könnten sein:

■ Umstellungskosten auf das Umsatzkostenverfahren;

■ Voraussetzungen in der Kosten- und Leistungsrechnung (entsprechender BAB) könnten fehlen;

■ Bilanzadressaten sollen weiterhin umfassenden Einblick in die jährliche Aufwands- und Ertragsstruktur des Unternehmens gewährt werden (Aufsichtsrat könnte auf gewohnte Darstellung Wert legen).

Hinweis:

Zum Wahlrecht zwischen GKV und UKV: Die Bundessteuerberaterkammer empfiehlt die Anwendung des Gesamtkostenverfahrens. Sie sieht den Vorteil dieses Verfahrens darin, dass es:

■ dem Jahresabschlussleser den Gesamtaufwand des Jahres in der Aufgliederung nach Arten zeigt,

■ im Regelfall weniger aufwendig als das UKV ist und geringere Anforderungen an die Buchführung bzw. Kostenrechnung stellt und

■ darüber hinaus von den Kreditinstituten für aussagefähiger als das UKV gehalten wird.

5.

Bilanz-position	Jahr	Anfangs-bestand zu AHK (1)	Zugänge zu Geschäftsj. AHK (2)	Abgänge im Geschäftsj. zu AHK (3)	Umbuchun-gen AHK (4)	Abschrei-bungen (kumuliert) (5)	Zuschrei-bungen im Geschäftsj. (6)	Buchwert des Geschäftsj. (7)	Buchwert des Vor-jahres (8)	Abschrei-bungen des Ge-schäftsj. (9)
A II,2	1997		+ 100 000			– 20 000		80 000	–	20 000
	1998	100 000				– 36 000		64 000	80 000	16 000
	1999	100 000				– 48 800		51 200	64 000	12 840
	2000	100 000				– 59 040		40 960	51 200	10 240
	2001	100 000		100 000		– 63 136		–	40 960	4 096 *)
	2002	–		–	+63 136			–	–	

*) anteilige Abschreibung für die Zeit vom 01.01.2001–30.06.2001 (20 % : 2 = 10 %, 10 % von 40 960 = 4 096).

Feststellung des Buchwertes für den Abgang (Spalte 3):

„Abgangswert" (Anschaffungskosten)	100 000,00
– kumulierte Abschreibungen bis 2000 (59 040,00)	
zuzüglich Halbjahresabschreibung 2001 (4 096,00)	63 136,00
Restwert beim Abgang	36 864,00

Buchung bei Abgang: (30.06.2001) Kasse 46 400,00 an Erlöse aus dem Abgang von Gegenständen des AV 40 000,00
Umsatzsteuer 6 400,00

Erträge aus dem Abgang von AV 36 864,00 an an Maschinelle Anlagen 36 864,00

Buchung am 31.12.2001: Erlöse aus dem Abgang von AV 36 864,00 an an Erträge aus dem Abgang von AV 36 864,00

Erträge aus dem Abgang von AV 3 136,00 an GuV 3 136,00

6. Werden in der Finanzbuchführung für die indirekte Abschreibung auf Anlagegüter (wie im IKR vorgesehen) Wertberichtigungskosten eingerichtet, so können für die Erstellung des Anlagenspiegels die folgenden Werte unmittelbar aus dem Kontensystem abgelesen werden: Aus dem Konto „Wertberichtigungen" die kumulierten (angesammelten) Abschreibungen, bei Abgängen bleiben die „historischen" Anschaffungs- und Herstellungskosten auf den Anlagekonten erhalten und können damit unverändert in die Spalte Abgänge übernommen werden.

7. a)

Bilanz-position	Jahr	An-fangsbe-stand zu AHK (1) €	Zugänge im Geschäftsj. zu AHK (2) €	Abgänge im Ge-schäftsj. zu AHK (3) €	Umbuchun-gen AHK (4) €	Abschrei-bungen (kumuliert) (5) €	Zuschrei-bungen im Geschäftsj. (6) €	Buchwert des Geschäftsj. 31.12.19.. (7) €	Buchwert des Vor-jahres (8) €	Abschrei-bungen des Ge-schäftsj. (9) €
A.II/2	2004		480 000			− 60 000		420 000	−	60 000
	2005	480 000	240 000			− 150 000	10 000	570 000	420 000	100 000
	2006	720 000	120 000	50 000		− 242 500		547 500	570 000	105 000

Hinweis: In 2007 AHK von 790 000 (480 000 + 240 000 + 120 000 − 50 000)

Abschreibungen kumuliert bis Ende 2006 (siehe Spalte 9, 160 000 + 105 000)		265 000,00 €
– Zuschreibung aus dem Vorjahr (berichtigt zu hohe Abschreibungen der Vorjahre)	=	10 000,00 €
– kumulierte Abschreibung der am 30.06.2006 ausscheidenden Maschine (5 000,00 + 5 000,00 + 2 500,00)	=	12 500,00 €	22 500,00 €
verbleibende kumulierte Abschreibungen		242 500,00 €

b)
Anschaffungskosten 2004	=	50 000,00 €
– Abschreibungen bis 30.06.2005	=	12 500,00 €
Buchwert beim Ausscheiden	=	37 500,00 €
– Verkaufserlös (netto, ohne USt)	=	25 000,00 €
Mindererlös	=	12 500,00 €

8.
Jahresüberschuss	250 000,00
– Verlustvortrag	30 000,00
	220 000,00
Einstellung in gesetzliche Rücklage 5 % von 220 000,00 nach AktG § 150 Abs. 2 Satz 1	11 000,00
Korrigierter Jahresüberschuss	209 000,00
a) 70 % Einstellung in andere Gewinnrücklagen	146 300,00
b) Bilanzgewinn	62 700,00
c) Jahresüberschuss	400 000,00
Verlustvortrag	30 000,00
korrigierter Jahresüberschuss	370 000,00
Einstellung in andere Gewinnrücklagen nach AktG § 58 Abs. 2[1]	185 000,00
Bilanzgewinn	185 000,00

---

[1] Eine satzungsgemäße Einstellung ist nach AktG § 58 Abs. 2, Satz 3, nicht zulässig, da im vorliegenden Falle die anderen Gewinnrücklagen mehr als die Hälfte des Grundkapitals übersteigen würden. Anstelle von Absatz 2, Satz 3, gilt dann die gesetzlich höchstzulässige Einstellung von 50 % nach Abs. 2, Satz 1. – Eine Einstellung in die gesetzlichen Rücklagen unterbleibt, da diese bereits auf 10 % des Grundkapitals aufgefüllt sind.

9. Jahresüberschuss 550 000,00
    + Gewinnvortrag 5 000,00
    .... 555 000,00
    Einstellung in die gesetzliche Rücklage 5 % vom JÜ 550 000,00 = ... 27 500,00
    .... 527 500,00
    a) Einstellung in die anderen Gewinnrücklagen nach AktG § 58 Abs. 2 i.V.m.
       § 58 Abs. 1 Satz 3, 50 % von (550 000,00 – 27 500,00) = 522 500,00 ... 261 250,00
    b) Bilanzgewinn 266 250,00

    Dividende: $\dfrac{266\,250,00 \cdot 100}{5\,000\,000} = 5,...\%$ ($\triangleq$ 0,25 € je Aktie)

    1 000 000 Aktien zu je 0,25 € = 250 000 € Dividendensumme
    Restbetrag 16 250,00 (Vortrag auf neue Rechnung):
    Bilanzgewinn 266 250,00
    – Dividende 250 000,00
    Gewinnvortrag 16 250,00

10. a) Jahresfehlbetrag 150 000,00
       Ausgleich durch:
       – Gewinnvortrag 30 000,00
       – Entnahme aus anderen Gewinnrücklagen ...... 120 000,00 ... 150 000,00

    Die gesetzliche Rücklage darf nicht angewendet werden, da sie zusammen mit der Kapitalrücklage 10 % des Grundkapitals noch nicht erreicht hat [AktG § 150 Abs. 3, Ziff. 1].

    b) Jahresüberschuss 18 000,00
       – Verlustvortrag 25 000,00
       .... – 7 000,00
       Entnahmen aus gesetzlicher Rücklage 7 000,00
       Jahresfehlbetrag .... –

    Der Verlustvortrag darf durch Entnahmen aus gesetzlichen Rücklagen gedeckt werden [AktG § 150 Abs. 4, Satz 1, Ziff. 2].

11. a) Jahresüberschuss 92 000 000,00
       Gewinnvortrag 500 000,00
       .... 92 500 000,00

    Einstellung in gesetzliche Rücklagen nach
    AktG § 150 Abs. 2, Ziff. 1, 5 % von 92 000 000,00
    (= 4 600 000,00, aber Auffüllung auf 20 Mio benötigt 2 Mio) ... 2 000 000,00
    Einstellung in Rücklagen für eigene Aktien nach
    HGB § 272 Abs. 4, 20 000 Aktien zu je 35,00 € ... 700 000,00
    Einstellung in andere Gewinnrücklagen nach
    AktG § 58 Abs. 2, 1 i.V.m. § 58 Abs. 1, Satz 3

    $\dfrac{92\,000\,000 - 2\,000\,000}{2}$ = ... 45 000 000,00 – 47 700 000,00

    Bilanzgewinn (minimales Angebot) 44 800 000,00
    Maximales Angebot: volle Ausschüttung von 92 500 000,00 – 2 000 000,00 – 700 000,00 € = 89 800 000,00 €

b) Die Hauptversammlung ist bei ihren Beschlussfassungen an die Höhe des vorgeschlagenen Bilanzgewinns gebunden. Sie kann

- der von Vorstand und Aufsichtsrat vorgeschlagenen vollen Ausschüttung des Bilanzgewinns zustimmen (Regelfall); vgl. AktG §174 Abs. 1!
- beschließen, von dem Bilanzgewinn weitere Beträge in Rücklagen einzustellen bzw. den vollen Bilanzgewinn zu thesaurieren [siehe AktG § 58 Abs. 3].

12. **Aktivseite:**
- Das Anlagevermögen ist weder aufgegliedert noch entsprechend untergegliedert in Sachanlagen und Finanzanlagen; außerdem fehlt der Anlagenspiegel des Geschäftsjahres mit Anlagenentwicklung in der Bilanz. (Dieser kann auch wahlweise in Anhang übernommen werden).
- Im Umlaufvermögen ist die Reihenfolge der Posten unrichtig: Die Forderungen schließen an die Vorräte an und nicht umgekehrt. Bei den Forderungen fehlt der „Davon-Vermerk", in dem die Restlaufzeit von mehr als einem Jahr anzugeben ist. Vgl. HGB § 268 Abs. 4.
- Aufteilung der flüssigen Mittel.

Passivseite:
- Die Positionen Gezeichnetes Kapital (≙ Grundkapital), satzungsmäßige Rücklagen und andere Gewinnrücklagen sind neben dem Bilanzgewinn mit A. Eigenkapital zu überschreiben.
- Es fehlt der Ausweis der gesetzlichen Rücklagen; offenbar sind diese in den übrigen Gewinnrücklagen enthalten; es fehlt ein Rücklagenspiegel (allerdings auch im Anhang darstellbar).
- Langfristige Verbindlichkeiten kommen in der Reihenfolge vor den (kurzfristigen) Verbindlichkeiten aus Warenlieferungen; außerdem fehlt die Angabe der Restlaufzeiten bis zu einem Jahr. Vgl. HGB § 268 Abs. 5.
- Da eine Bilanzaufstellung nach teilweiser Ergebnisverwendung stattfindet, ist dann in der Position IV. nur der Bilanzgewinn, nicht der Gewinnvortrag auszuweisen; dieser ist in den Bilanzgewinn einzuschließen (3 320 + 80 = 3 400). Vgl. HGB § 268 Abs. 1!

13. a) **GuV-Rechnung nach dem Gesamtkostenverfahren [HGB § 275 Abs. 2]:**

1.	Umsatzerlöse	3 500 000,00
2.	Erhöhung des Bestandes an fertigen und unfertigen Erzeugnissen (+ 150 000,00 – 120 000,00)	30 000,00
3.	sonstige betriebliche Erträge (Kt. Nr. 546, 548)	13 650,00
4.	Materialaufwand	
	a) Aufwendungen für Roh-, Hilfs- und Betriebsstoffe und für bezogene Waren	2 700 000,00
5.	Personalaufwand	
	a) Löhne und Gehälter — 320 000,00	
	b) soziale Abgaben — 90 000,00	410 000,00
6.	Abschreibungen	
	a) auf immaterielle Vermögensgegenstände und Sachanlagen	210 000,00
7.	sonstige betriebliche Aufwendungen (Kto. 68, 695)	59 000,00
8.	Erträge aus Beteiligungen (Kto. Nr. 55)	15 700,00
9.	Zinsen und ähnliche Erträge (Kto. Nr. 571)	10 800,00
10.	Zinsen und ähnliche Aufwendungen (Kto. Nr. 75)	19 500,00
11.	**Ergebnis der gewöhnlichen Geschäftstätigkeit**	171 650,00
12.	außerordentliche Erträge	–

13. außerordentliche Aufwendungen (Kto. Nr. 76)   34 500,00

14. **außerordentliches Ergebnis**   34 500,00

15. Steuern vom Einkommen und Ertrag (Kto. Nr. 77)   60 000,00

16. sonstige Steuern (Kto. Nr. 70)   15 200,00

17. **Jahresüberschuss**   61 950,00

b) 17. Jahresüberschuss   61 950,00

     18. Gewinnvortrag (Vorjahr)   5 200,00

          67 150,00

     19. Einstellung in satzungsmäßige Rücklagen   10 000,00

     20. Einstellung in andere Gewinnrücklagen nach
AktG § 58 Abs. 2; (50 % von 61 950,00)   30 975,00   40 975,00

     21. **Bilanzgewinn**   26 175,00

c) **Vor** der Ergebnisverwendung:

802	GuV	61 950,00	an	34	Jahresüberschuss	61 950,00
332	Gewinnvortrag	5 200,00	an	801	Schlussbilanz	5 200,00
34	Jahresüberschuss	61 950,00	an	801	Schlussbilanz	61 950,00

Nach teilweiser Ergebnisverwendung:

802	Jahresüberschuss	61 950,00[1]	an	323	Satzungsmäßige Rücklagen	10 000,00
332	Gewinnvortrag	5 200,00[1]	an	324	Andere Gewinnrück-lagen	30 975,00
			an	335	Bilanzgewinn	26 175,00

Abschlussbuchungen:

323	Satzungsmäßige Rücklagen	10 000,00	an	801	Schlussbilanz	10 000,00
324	Andere Gewinnrück-lagen	30 975,00	an	801	Schlussbilanz	30 975,00
335	Bilanzgewinn	26 175,00	an	801	Schlussbilanz	26 175,00

d) **Bilanzausschnitt vor der Ergebnisverwendung**   Passiva

	Zugang*)	31.12.20. .**)
A. Eigenkapital		
I Gezeichnetes Kapital		...
II Kapitalrücklage		...
III Gewinnrücklagen		
1. gesetzliche Rücklage	–	...
2. Rücklage für eigene Aktien	– ...	...
3. Satzungsmäßige Rücklagen	–	...
4. andere Gewinnrücklagen	–	...
IV Gewinnvortrag		5 200,00
V Jahresüberschuss		61 950,00

*)   Einstellung in die Gewinnrücklagen im Berichtsjahr.

**) Schlussbestand (Summe Eigenkapital) am Geschäftsjahresende unverändert bzw. verändert nach
Zugängen. Summe: 5 200 + 61 950 = 67 150

---

[1]   In Schlussbilanz als Passivposten enthalten

Bilanzausschnitt nach der teilweisen Ergebnisverwendung Passiva

		Zugang*)	31.12.20 . .**)
	A. Eigenkapital		
	I Gezeichnetes Kapital		...
	II Kapitalrücklagen		...
	III Gewinnrücklagen		
	1. gesetzliche Rücklage	...	...
	2. Rücklage für eigene Aktien	...	...
	3. Satzungsmäßige Rücklagen	10 000,00	...
	4. andere Gewinnrücklagen	30 975,00	...
	IV Bilanzgewinn		26 175,00

*) Einstellung in die Gewinnrücklagen im Berichtsjahr.
**) Schlussbestand (Summe Eigenkapital) am Geschäftsjahresende unverändert bzw. verändert nach Zugängen. Summe: 10 000 + 30 975 + 26 175 = 67 150

14. a) **Gewinn- und Verlustrechnung nach dem Gesamtkostenverfahren**

(HGB § 275 Abs. 2), (Beträge in 1 000 €)

1. Umsatzerlöse (140 000 – 7 000 – 1 000)		+	132 000
2. Verminderung der Bestände an u.E. und f.E. (– 1 000 + 200)		–	800
3. andere aktivierte Eigenleistungen		+	400
4. sonstige betriebliche Erträge (300 + 40)		+	340
5. Materialaufwand			
a) Aufwendungen für Roh-, Hilfs- und Betriebsstoffe		–	30 000
b) Aufwendungen für bezogene Leistungen		–	1 000
6. Personalaufwand			
a) Löhne und Gehälter		–	48 000
b) soziale Abgaben ...		–	10 000
7. Abschreibungen auf Sachanlagen		–	8 000
8. sonstige betriebliche Aufwendungen		–	11 600
9. Erträge an Beteiligungen		+	8 000
10. Zinsen und ähnliche Aufwendungen		–	2 000
11. Ergebnis der gewöhnlichen Geschäftstätigkeit		+	29 340
12. Steuern vom Einkommen und vom Ertrag		–	16 000
13. sonstige Steuern		–	1 000
14. Jahresüberschuss			12 340

b) **Gewinn- und Verlustrechnung nach dem Umsatzkostenverfahren** (HGB § 275 Abs. 3)

■ Ermittlung der „angepassten Kosten" in der Betriebsabrechnung

Kostenarten	1 000 €	Material	Fertigung	Verwaltung	Vertrieb
Summen	78 300	2 500	54 000	18 000	3 800
Fertigungsmaterial	18 000	18 000	–		
Fertigungslöhne	15 000	–	15 000		
Summen	111 300	89 500		18 000	3 800
– kalkul. Abschreib.	– 6 000	– 4 200[1]		– 1 200	– 600
+ buchhalt. Abschreib.	+ 8 000[2]	+ 5 600		+ 1 600	+ 800
– kalkul. Zinsen	– 3 000	– 2 500[3]		– 200	– 300
– Gewerbesteuer	– 1 700	– 1 100[4]		– 400	– 200
berichtigte Kosten	108 600	87 300		**17 800**	3 500
+ Bestandsminderung		800			
		86 500			
– Eigenleistungen		400			
+ angepasste Herstellkosten		**86 100**			

■ Kontendarstellung

```
                unfertige und
S            fertige Erzeugnisse           H
AB        uE 200  │ EB          fE 1000
                  │ Eigenleistung   400
                  │ angepasste
                  │ Herstell-
                  │ kosten des
                  │ Umsatzes   86 100
```

■ Aufstellung der GuV-Rechnung nach dem UKV

1. Umsatzerlöse	+	132 000	
2. Herstellkosten des Umsatzes	–	86 100	
3. Bruttoergebnis vom Umsatz	+	45 900	
4. Vertriebskosten	–	3 500	
5. Allgemeine Verwaltungskosten	–	17 800	
6. Sonstige betr. Erträge 340 + 400 Eigenleistungen	+	740	
7. Sonstige betriebliche Aufwendungen	–	2 000	◄———— *)
8. Erträge aus Beteiligungen	+	8 000	
9. Zinsaufwendungen	–	2 000	
10. Ergebnis aus gewöhnlicher Geschäftstätigkeit usw. wie bei GKV	+	29 340	

*) Der Differenzbetrag (2 000) muss die „restlichen" betrieblichen Aufwendungen darstellen.

---

[1] 600 + 3 600

[2] Um 33 ⅓ % höher als kalkul. Abschreibung, Aufteilung in den Kostenstellen im Verhältnis wie kalkulatorische Abschreibung.

[3] 500 + 2 000

[4] 100 + 1 000

15. Das Gesamtkostenverfahren hat die engere Verbindung zur internen GuV-Rechnung. HGB § 275 Abs. 3 fasst zwar die Posten der internen GuV-Rechnung zusammen, aber die wesentlichen Positionen der internen GuV-Rechnung, wie Material- und Personalaufwand, sowie Abschreibungen sind nach HGB § 275 Abs. 2 wiederzuerkennen. Siehe auch Pos. 2. und 3.

Verkürzte Darstellung des Gesamtkostenverfahrens (angenommene Zahlen)

Position Nr.	KontenNr. der Finanzbuchführung	Bezeichnung der Positionen	€	
1	500	Umsatzerlöse		500 000,00
2	522	Bestandserhöhung		+ 10 000,00
3	53	aktivierte Eigenleistungen		+ 25 000,00
4	546/548	sonst. betriebliche Erträge		+ 10 000,00
		Zwischensumme		545 000,00
5	60	Materialaufwand	− 50 000,00	
6/7	62/63, 65	betriebliche Aufwendungen	− 230 000,00	
8	67/68	sonst. betriebl. Aufwendungen	− 45 000,00	325 000,00
		Zwischenergebnis		220 000,00
9–13	55/75	Finanzergebnis		+ 20 000,00
14		**Ergebnis der gewöhnlichen Geschäftstätigkeit**		240 000,00
16	693	Außerordentlicher Aufwand	− 80 000,00	
17		**Außerordentliches Ergebnis**		− 80 000,00
		Zwischenergebnis		160 000,00
18–19	70/770	Steuern		− 70 000,00
20		**Jahresüberschuss**		90 000,00

Verkürzte Darstellung des Umsatzkostenverfahrens in Staffelform (angenommene Zahlen):
(vgl. Darstellung GKV Band 1)

Position	Bezeichnung der Position	€	
1	Umsatzerlöse		500 000,00
2	Herstellungskosten der zur Erzeugung der Umsatzerlöse erbrachten Leistungen		− 215 000,00
3	**Bruttoergebnis vom Umsatz**		285 000,00
4	Vertriebskosten	− 30 000,00	
5	allgemeine Verwaltungskosten	− 45 000,00	75 000,00
	Zwischenergebnis		210 000,00
6	Sonstige betriebliche Erträge		+ 10 000,00
7	entfällt		
8–12	Finanzergebnis		+ 20 000,00
13	**Ergebnis aus gewöhnlicher Geschäftigkeit**		240 000,00
15	Außerordentliche Aufwendungen	− 80 000,00	
14–16	**Außerordentliches Ergebnis**		− 80 000,00
	Zwischenergebnis		160 000,00
17–18	Steuern		− 70 000,00
19	**Jahresüberschuss**		90 000,00

16. Verbindung zur Kostenrechnung durch

- Feststellen der Herstellkosten des Umsatzes (Kostenstellen- und Kostenträgerzeitrechnung; allerdings „angepasst" an HGB § 275 Abs. 3; d.h. abzugsfähige Steuern herausgefiltert (siehe Pos. 17 und 18) ebenso kalkulatorische Kosten.
- 4. Vertriebskosten und 5. allgemeine Verwaltungskosten; entnommen aus BAB und vermindert um Steueranteile bzw. kalkulatorische Kosten.

- Fertigungsmaterial, Fertigungslöhne und Abschreibungen (bilanzmäßige) sind in den Positionen 2., 4., 5. „versteckt". Sie waren im BAB auf die Kostenstellen aufgeteilt worden. Nach HGB § 275 Abs. 2 (GKV) werden diese Positionen einzeln aufgeführt.

- Die Bestandsveränderungen sind in Position 2 enthalten, die Eigenleistungen werden zweckmäßigerweise in Position 6 integriert.

17. **Aufstellung nach HGB § 275 Abs. 3 für den Handelsbetrieb**

1. Umsatzerlöse	x ⌐ 1	5. allgemeine Verwaltungskosten	x^2
2. Wareneinsätze	x ⌐	6. sonstige betriebliche Erträge	
3. Bruttoergebnis vom Umsatz (= Rohgewinn)	x	7. sonstige betriebliche Aufwendungen	x^3
4. Vertriebskosten	x^2	usw. wie beim Industriebetrieb	

18. **Auswirkungen der bilanzpolitischen Bewertungsmöglichkeiten**

Bewertungsmöglichkeiten	GKV (HGB § 275 Abs. 2)	UKV (HGB § 275 Abs. 2)
(1) Anlagevermögen, z.B. Abschreibungen a) überhöhte bzw. maximal mögliche	a) Pos. 7a steigt entsprechend, Pos. 14 reduziert	a) Pos. 2., 5. und 7 enthalten (hohe) Abschreibungsanteile Pos. 13 wie Pos. 14 bei GKV
b) Mindestabschreibung	b) Pos. 7a relativ kleiner Betrag, Pos. 14 entspr. größer	b) Pos. 2., 5. und 7 mit fallenden Abschreibungsanteilen Pos. 13. wie Pos. 14 bei GKV
(2) Umlaufvermögen z.B. u · E und f · E; a) Wertobergrenze ausgeschöpft	a) Pos. 2 zeigt Erhöhung Pos. 6a) (Gehälter) u. 7a) reduziert, evtl. auch Pos. 8 Grund: Beträge in aktivierten MGK; FGK, auch VwGK enthalten)	a) Verminderung von Pos. 2. und 5. von Pos. 3. und 13
b) Wertuntergrenze gewählt (bewertet mit Einzelkosten)	b) Pos. 2 vermindert, entspr. Erhöhung von Pos. 6a), 7a), auch 8	b) Entgegengesetzte Auswirkung wie bei (2) a)
(3) Fremdkapital: In Frage kommen praktisch nur die Rückstellungen z.B. Pensionsrückstellungen a) Erhöhung durch Reduktion des „Rechnungsinsfußes" (vgl. EStG § 6a Abs. 3)	a) Pos. 6b) erhöht, Pos. 14 entsprechend vermindert	a) Erhöhte Aufwendungen über BAB verteilt: Pos. 2., 5., 6. erhöht, Pos. 3. und 13. entsprechend vermindert
b) Verminderung durch Erhöhung des „Rechnungsinsfußes"	b) Entgegengesetzte Auswirkung wie bei (3) a).	b) Entgegengesetzte Auswirkung wie bei 3a)

---

[1] Beträge aus den entsprechenden Konten der Finanzbuchführung.

[2] Handlungskosten, aufgeteilt nach Erfahrung bzw. aufgrund einer ausgebauten Betriebsabrechnung in die Bereiche „Vertrieb" und Verwaltung.

[3] Diese Position enthält außerordentliche (keine Verwechslung mit Position 15), aperiodische und „nicht unmittelbar betriebliche" (z. B. Aufwendungen für Werkswohnungen) Aufwendungen. Die sonstigen betrieblichen Aufwendungen nach HGB § 275 Abs. 3 sind nicht identisch mit Position 8 nach HGB § 275 Abs. 2.

5 Auswertung des Jahresabschlusses

5.1 Auswertung der Bilanz

5.1.1 Aufstellung einer Strukturbilanz

Kontrolle

1. Aktiva   Strukturbilanz   Passiva

	1 000 €	%		1 000 €	%
Anlagevermögen			**Eigenkapital**		
Immaterielle Vermögensgegenstände	4 000	2,9	Gezeichnetes Kapital	48 000	
Sachanlagen	61 760	44,3	Kapitalrücklage	9 600	
Finanzanlagen	28 000	20,1	Gewinnrücklagen einschließl. Gewinn-vortrag	19 520	
Zwischensumme Anlagevermögen	93 760	67,3	Zwischensumme Eigenkapital *)	77 120	55,3
Umlaufvermögen			**Fremdkapital**		
Vorräte	25 600	18,3	Lang- und mittelfristiges Fremdkapital	40 960	29,4
Forderungen			Kurzfristiges Fremdkapital	21 120	15,2
■ lang- u. mittelfristig	1 920	1,4	Rechnungsabgrenzung	160	0,1
■ kurzfristig (unter 1 Jahr)	9 120	6,5			
flüssige Mittel	7 200	5,2			
Rechnungsabgrenzung	1 760	1,3			
Zwischensumme Umlaufvermögen	45 600	32,7	Zwischensumme Fremdkapital **)	62 240	44,7
Gesamtvermögen	139 360	100,0	Gesamtkapital	139 360	100,0

*) **Eigenkapital** (1 000 €):
gezeichnetes Kapital		48 000
Kapitalrücklage		9 600
Gewinnrücklagen		19 200
Bilanzgewinn	8 960	
Dividende, 9 600 000 · 0,90	= 8 640	(kfr. Verb.)
Gewinnvortrag		320
Eigenkapital		77 120

$$\frac{8\ 960\ 000}{960\ 000} = 0{,}933, \text{ also } 0{,}90 \text{ € je Aktie}$$

) **Fremdkapital (1 000 €)
lang- und mittelfristig: 12 800 + 22 400 + 5 760 = 40 960
kurzfristig: 1 920 + 1 120 + 1 600 + 640 + 5 600 + 1 280 + 320 + 8 640 = 21 120

Der Gewinnvortrag kann in die Gewinnrücklagen integriert werden. Die Dividende ist Bestandteil des kurzfristigen Fremdkapitals. Andere Auffassung: Der Bilanzgewinn wird voll als kfr. FK angesehen (der Gewinnvortrag hat kaum Einfluss auf die Gliederungszahlen bzw. er ist „noch nicht ausgeschüttete Dividende"). Bei manchen AGs kein Gewinnvortrag, da „ungerade" Dividende ausgeschüttet (z.B. Schering AG).

2. ■ **Bilanz einer Unternehmung**
Auf der Aktivseite sinkt der Anteil des Anlagevermögens ständig. Mögliche Gründe: Sinkende Buchwerte der Anlagen als Folge der Abschreibungen; offenbar bleiben Ersatzinvestitionen aus. Gefahr der Veralterung der Anlagen.

Die Zahlen der Passivseite zeigen ein Absinken des Eigenkapitalanteils. Offenbar muss die Unternehmung Verluste hinnehmen. Risiken durch hohen Fremdkapitalanteil (Zinsen, Tilgungszahlungen).

- **Bilanzen dreier Unternehmungen desselben Geschäftszweiges**
  Vor allem der Vergleich der ersten mit der dritten Bilanz zeigt die Unterschiede. In der ersten Bilanz kann auf Bestrebungen zur Erhaltung moderner Anlagen und hohe Ausstattung mit Eigenkapital geschlossen werden. In der dritten Bilanz ist die Eigenkapitaldecke erheblich kürzer. Der Anlagenbestand ist entweder veraltet oder zu gering. Fraglich ist, ob die Unternehmung am Markt zu bestehen vermag. Tilgungen und Zinszahlungen an die Kreditgeber sind Belastungen, von denen bei der Finanzplanung ausgegangen werden muss.

- **Unternehmungen verschiedener Geschäftszweige**
  Es ist so gut wie keine Aussage möglich, weil die branchentypischen Besonderheiten unbekannt sind. Die Dominanz des Umlaufvermögens ist z.B. in einem Warenhandelsbetrieb durchaus „normal".

Vertiefung

3. Die HGB §§ 251, 268 Abs. 7 und 285 Nr. 3 weisen auf mögliche Verpflichtungen „außerhalb der Bilanz" (unter dem Strich) hin, die je nach möglicher Inanspruchnahme dem Fremdkapital zuzuordnen und entsprechend beim Eigenkapital (beides rein „statistisch") abzuziehen sind.
   Die Vorschriften von § 268 Abs. 5 und 285 Nr. 1 und 2 des HGB dienen u.a. auch einer weiteren Aufgliederung des Fremdkapitals in der Strukturbilanz (siehe Aufstellung eines Verbindlichkeitsspiegels im Anhang des Jahresabschlusses von AGs).

4. Diese Posten (mit Ausnahme der eigenen Aktien) werden mit dem Eigenkapital (gezeichnetes Kapital + Rücklagen) verrechnet, d.h. sie kürzen das Eigenkapital.
   Eigene Aktien werden mit ihren Anschaffungskosten aktiviert (siehe Position B.III.2 in HGB § 266 Abs. 2); auf der Passivseite wird (siehe A.III.) ein entsprechender Passivposten gebildet (siehe HGB § 272 Abs. 4). Die eigenen Aktien verkörpern je nach Börsenkurs einen bestimmten Wert. Wenn die eigenen Aktien für den Verkauf an die Belegschaft zu einem Kurs unter dem Börsenkurs verkauft werden, so entsteht insoweit ein Aufwand, der sich beim folgenden Abschluss auf die Höhe des Eigenkapitals auswirken kann.

Bilanzauszug vor dem Kauf eigener Aktien (€)

...	...	...	...
Bank	600 000,00	Andere Gewinnrücklagen	3 000 000,00
...	...		

Bilanzauszug nach dem Kauf eigener Aktien (€)

...	...	...	...
Eigene Anteile	400 000,00	Rücklage für eigene Anteile	400 000,00
Bank	200 000,00	Andere Gewinnrücklagen	2 600 000,00
...	...	...	...

Die eigenen Aktien könnten allenfalls dann als Kürzungsposten des Eigenkapitals angesehen werden, wenn im Sanierungsverfahren ein Kapitalschnitt geplant ist, d.h. das gezeichnete Kapital wird reduziert. Wenn eigene Aktien vorhanden sind, so würden sie in diesem Falle vernichtet.

5. Es liegt eine noch akzeptable Vereinfachung vor, wenn es sich um relativ geringe bzw. gleich bleibende Rechnungsabgrenzungen handelt.
   Aktive Rechnungsabgrenzung: z. B. im Voraus bezahlte Zinsen auf Fremdkapital. Im Gegensatz zu den kurzfristigen Forderungen ist bereits bezahlt worden. Die „Forderung" besteht im Anspruch auf die Nutzung von Fremdkapital in der folgenden Abrechnungsperiode.
   Passive Rechnungsabgrenzung: z. B. im Voraus eingegangene Mieterträge. Die (kurzfristige) Verbindlichkeit besteht im Anspruch des Mieters auf Nutzung des Mietobjekts in der folgenden Abrechnungsperiode.

6. Im Gegensatz zu den absoluten Zahlen erlauben die Gliederungszahlen (relative Zahlen) einen sofortigen Vergleich. Das Berechnen von Prozentzahlen kann also als eine zusätzliche Aufbereitung angesehen werden.
   Andererseits sagen die Prozentzahlen nichts über die Größe der Unternehmung, über ihr „Volumen", ihre Bedeutung am Markt aus.

7. Bei den *sonstigen kurzfristigen Verbindlichkeiten* hat die Unternehmung Güter bzw. Dienstleistungen bereits erhalten, der Zahlungsausgleich muss noch erfolgen. Bei den *erhaltenen Anzahlungen auf Bestellungen* gewährt der Käufer dem Lieferer eine Art von Kredit. Die Rückzahlung des Kredits wird durch Lieferung von Waren bzw. Dienstleistungen bewirkt.

L

5.1.2 Bilanzkennzahlen

5.1.2.1 Kapitalstruktur

5.1.2.2 Vermögensstruktur

5.1.2.3 Anlagendeckung (Kapitalverwendung)

5.1.2.4 Liquidität

Kontrolle

1. Aktiva   Aufbereitete Bilanz   Passiva

	1 000 €	%		1 000 €	%
Anlagevermögen Sachanlagen Finanzanlagen	 3 130,0 400,0	 70,3 9,0	**Eigenkapital** Gezeichnetes Kapital Kapitalrücklage Gewinnrücklagen Gewinnvortrag	 1 500,0 75,0 925,0 8,0*)	 33,7 1,7 20,8 0,2
Zwischensumme Anlagevermögen	3 530,0	79,3	Zwischensumme Eigenkapital	2 508,0	56,4
Umlaufvermögen Vorräte Forderungen Flüssige Mittel Rechnungsabgrenzung	 460,0 267,5 190,0 5,0	 10,3 6,0 4,3 0,1	**Fremdkapital** Lang- u. mittelfristiges Fremdkapital Kurzfristiges Fremdkapital Rechnungsabgrenzung	 800,0 1 132,5 12,0	 18,0 25,3 0,3
Zwischensumme Umlaufvermögen	922,5	20,7	Zwischensumme Fremdkapital	1 944,5	43,6
Gesamtvermögen	4 452,5	100,0	Gesamtkapital	4 452,5	100,0

*)   300 000 Aktien · 0,70 € = 210 000,00 €
      Bilanzgewinn 218 000 – Dividende 210 000 = Gewinnvortrag 8 000

a) Kapitalstruktur:

$$\frac{2\,508 \cdot 100}{4\,452,5} = 56,3\,\%$$

Verschuldungsgrad:

$$\frac{1\,944,5 \cdot 100}{2\,508} = 77,53\,\%$$

Anlagendeckung:

Deckungsgrad I:

$$\frac{2\,508 \cdot 100}{3\,530} = 71\,\%$$

Deckungsgrad II:

$$\frac{(2\,508 + 800) \cdot 100}{3\,530} = 93,7\,\%$$

Vermögensstruktur:

Anlageintensität (Quote):

$$\frac{3\,530 \cdot 100}{4\,452,5} = 79,3\,\%$$

Beteiligungsquote:

$$\frac{400 \cdot 100}{4\,452,5} = 8,9\,\%$$

Vorratsquote:

$$\frac{460 \cdot 100}{4\,452,2} = 10,3\,\%$$

Beurteilung:

Die vorliegende Bilanz (ohne Zeitvergleich) lässt nur eine allgemeine Beurteilung zu (siehe Sachdarstellung „Allgemeine Aussagen", Band 1, Seiten 522 ff.). Die hohe Eigenkapitalquote und der entsprechend niedere Verschuldungsgrad (unter 100 % bzw. 1,0) lassen auf der „Finanzierungsseite" ein günstiges Bild erkennen.

Anders bei der Anlagendeckung: Ein Teil des Anlagevermögens muss durch kurzfristiges Fremdkapital aufgebracht werden (siehe Fälligkeitsrisiken).

Typisch für den Industriebetrieb ist die Vermögensstruktur. Dennoch erscheint das Umlaufvermögen eher unterrepräsentiert (Risiken für Produktionsbereitschaft). Evtl. sind unmittelbar vor der Bilanzaufstellung hohe Investitionen im AV vorgenommen worden.

b) **Liquidität**

1. Grades (1 000 €)

flüssige Mittel (44 + 36 + 110)	190	kurzfristige Verbindlichkeiten:	
		Rückstellungen (80 + 41,7)	121,70
		Verbindlichkeiten LL	550,00
		sonstige Verbindlichkeiten	187,00
		Schuldwechsel	63,80
		Dividende (siehe oben)	210,00
	190	Zusammen	1 132,50
	= 16,8 %		= 100 %

$$\frac{190 \cdot 100}{1\ 132,50} = 16,8\ \%$$

2. Grades (1 000 €)

flüssige Mittel	190	kurzfristige Verbindlichkeiten	1 132,50
Forderungen LL – Delkredere	267,5	(siehe 1. Grad)	
	457,5		1 132,50
	= 40,4 %		= 100 %

$$\frac{457,5 \cdot 100}{1\ 132,50} = 40,4\ \%$$

3. Grades (1 000 €)

siehe 2. Grad	457,50	kurzfristige Verbindlichkeiten	1 132,50
Vorräte (300 + 70 + 90)	460,00	(siehe 1.Grad)	
	917,50		1 132,50
	= 100 %		= 100 %

$$\frac{917,5 \cdot 100}{1\ 132,50} = 81\ \%$$

Beurteilung der Liquiditäten:

Die Zahlungsbereitschaft gibt zu großen Bedenken Anlass. Eine Rettung ist nur durch sofortige, relativ hohe Kreditaufnahme bzw. durch eine Kapitalerhöhung zu erwarten.

2. Aktiva   Strukturbilanzen (Vergleich)   Passiva

	Berichtsjahr		Vorjahr			Berichtsjahr		Vorjahr	
	1 000 €	%	1 000 €	%		1 000 €	%	1 000 €	%
Anlagevermögen					**Eigenkapital**				
Immaterielle Vermögensgegenstände	–	–	–	–	Gezeichn. Kapital	1 000		800	
					Kapitalrücklage	210		60	
Sachanlagen	1 650	60	1 490	54,6	Gewinnrücklagen	840		790	
Finanzanlagen	–	–	300	11	Gewinnvortrag	5		10	
Zwischensumme Anlagevermögen	1 650	60	1 790	65,6	Zwischensumme Eigenkapital	2 055	74,7	1 660	60,9

Umlaufvermögen					Fremdkapital				
Vorräte	140	5,1	260	9,5	Lang- u. mittelfr. Fremdkapital	325	11,9	523	19,1
Forderungen					Kurzfr. Fremdkapital (bis 1 Jahr)	370	13,4	543	19,9
– lang- u. mittelfristig	–	–	–	–					
– kurzfristig (unter 1 Jahr)	350	12,7	330	12,1					
Flüssige Mittel	609	22,1	343	12,6					
Rechnungsabgrenzung	2	0,1	5	0,2	Rechnungsabgr.	1	–	2	0,1
Zwischensumme Umlaufvermögen	1 151	40	936	34,4	Zwischensumme Fremdkapital	696	25,3	1 068	39,1
Gesamtvermögen (Bilanzsumme)	2 751	100	2 728	100	Gesamtkapital (Bilanzsumme)	2 751	100	2 728	100

Aufgliederung des Bilanzgewinns in kurzfristiges Fremdkapital und Eigenkapital
(Beträge in €):

	Berichtsjahr	Vorjahr
Bilanzgewinn	105 000,00	58 000,00
Dividende	100 000,00	56 000,00
Gewinnvortrag (= Eigenkapital)	5 000,00	2 000,00

Dividendenberechnung

Berichtsjahr: 105 000 : 200 000 = 0,525,
also 0,50 € je Aktie (200 000 · 0,5 = 100 000 Dividende)

Vorjahr: 58 000 : 160 000 = 0,362 5,
also 0,35 € je Aktie (160 000 · 0,35 = 56 000)

Anlagendeckung und Liquidität (in Klammern Vorjahr):

Deckungsgrad I:

$$\frac{2\ 055 \cdot 100}{1\ 650} = 124,5\ \%$$

$$\left(\frac{1\ 660 \cdot 100}{1\ 790} = 92,74\ \%\right)$$

Deckungsgrad II:

$$\frac{(2\ 055 + 325) \cdot 100}{1\ 650} = 144,24\ \%$$

$$\left(\frac{(1\ 660 + 523) \cdot 100}{1\ 790} = 121,96\ \%\right)$$

Liquidität:

1. Grad:

$$\frac{609 \cdot 100}{370} = 164,6\ \%$$

$$\left(\frac{343 \cdot 100}{543} = 63,17\ \%\right)$$

2. Grad:

$$\frac{(609 + 350) \cdot 100}{370} = 259,2\ \%$$

$$\left(\frac{(343 + 330) \cdot 100}{543} = 123,94\ \%\right)$$

3. Grad:

$$\frac{(609 + 350 + 140) \cdot 100}{370} = 297\ \%$$

$$\left(\frac{(343 + 330 + 260) \cdot 100}{543} = 171,82\ \%\right)$$

Reihenfolge stets: Berichtsjahr – Vorjahr

Kapitalstruktur:

Eigenkapitalquote:

$$\frac{2\,055 \cdot 100}{2\,751} = 74,7\ \%$$ $$(\frac{1\,660 \cdot 100}{2\,728} = 60,85\ \%)$$

Fremdkapitalquote (als Differenz zu 100 %):

25,3 %   (39,4 %)

Verschuldungsgrad:

$$\frac{696 \cdot 100}{2\,055} = 33,9\ \% \ (0,339)$$ $$(\frac{1\,068 \cdot 100}{1\,660} = 64,34\ \% \ (0,643))$$

Vermögensstruktur:

Anlagenquote:

$$\frac{1\,650 \cdot 100}{2\,751} = 60\ \%$$ $$(\frac{1\,790 \cdot 100}{2\,728} = 65,6\ \%)$$

Vorratsquote:

$$\frac{140 \cdot 100}{2\,751} = 5,1$$ $$(\frac{260 \cdot 100}{2\,728} = 9,5\ \%)$$

Quote der Forderungen und flüssigen Mittel:

$$\frac{959 \cdot 100}{2\,751} = 34,9\ \%$$ $$(\frac{673 \cdot 100}{2\,728} = 24,7\ \%)$$

Beurteilung:

Durch die Kapitalerhöhung im Verhältnis 4 : 1 (Ausgabe zu 8,75 €[1] je Aktie im Nennwert von 5,00 €) ist die ohnehin günstige *Eigenkapitalquote* weiter verbessert und das Fremdkapital entsprechend zurückgedrängt worden. Ein Vorteil in möglichen Krisenjahren, denn die Dividendenzahlungen können eingeschränkt werden, nicht aber die Bedienung des Fremdkapitals durch Zinsen und Tilgungen. Weitere Verfestigung des Unternehmungsziels „finanzielle Unabhängigkeit". Besonders deutlich zeigt sich die hervorragende finanzielle Situation der Unternehmung im *Verschuldungsgrad*. Im Berichtsjahr ist das Eigenkapital auf das Dreifache des Fremdkapitals angestiegen (Risikominderung).

Andererseits kann bei niedrigen Fremdkapitalzinsen durch einen höheren Fremdkapitalanteil eine bessere Verzinsung des Eigenkapitals erreicht werden (siehe Leverage-Effekt).

Die *Vermögensstruktur* zeigt eine ungefähr gleich bleibende Anlagenquote, wobei jedoch im vorliegenden Falle der Abgang (Verkauf) der Finanzanlagen erst dann als Kennzahl zum Ausdruck kommt, wenn eine besondere „*Beteiligungsquote*" errechnet würde. Die *Vorrätequote* ist deutlich abgesunken. Die Gründe sind in einem rascheren Lagerumschlag zu suchen bzw. in einer bewussten Reduktion der Lagerbestände durch termingerechte Lieferungen („just-in-time").

---

[1] 40 000 Aktien zu je 5,00 = 200 000,00
350 000 (200 000 + 150 000) : 40 000 = 8,75

Die flüssigen Mittel sind fast verdoppelt worden (siehe Auswirkungen bei der Liquidität), sicher ein Rest der Erlöse aus Verkauf der Beteiligungen. In diesem Rahmen ist auch der beachtliche Zugang bei den Wertpapieren des UV zu sehen. Wir haben es hier wohl mit einer vorübergehenden (zinsbringenden) Anlage zu tun.

Die *Deckung der Anlagen* zeigt in beiden Graden beruhigende Ziffern. Im Berichtsjahr ist sogar die „goldene Bilanzregel" überschritten worden. Der Rückgang des langfristigen Fremdkapitals ist mehr als ausgeglichen worden durch Zugänge beim Eigenkapital.

Die Grade der *Stichtagsliquidität zeigen geradezu eine Überliquidität*, wohl hervorgerufen durch den Verkauf der Beteiligungen und die Kapitalerhöhung. Es sind Beträge vorhanden, die nach Anlage drängen, und im Gesamturteil über die Unternehmung kann sicher auf eine wahrscheinliche Expansion hingewiesen werden, wobei der Unternehmung bei Darlehen und Lieferkrediten wohl noch ein größerer Kreditspielraum zur Verfügung steht.

3. **Kapitalstruktur:**

2006	2007

$$\frac{500\,000 \cdot 100}{740\,000} = 68\ \% \qquad \frac{480\,000 \cdot 100}{1\,120\,000} = 43\ \%$$

$$\frac{240\,000 \cdot 100}{740\,000} = 32\ \% \qquad \frac{640\,000 \cdot 100}{1\,120\,000} = 57\ \%$$

$$\frac{240\,000 \cdot 100}{500\,000} = 48\ \% \qquad \frac{640\,000 \cdot 100}{480\,000} = 133\ \%$$

Verschlechterung der Eigenkapitalquote (Verlustjahr bzw. hohe Entnahmen bzw. Kapitalrückzahlung), reine Fremdfinanzierung in 2001.

Anlagendeckung:

2006   2007
                   I

$$\frac{500\,000 \cdot 100}{360\,000} = 139\ \% \qquad \frac{480\,000 \cdot 100}{520\,000} = 92\ \%$$

II

$$\frac{(480\,000 + 410\,000) \cdot 100}{520\,000} = 171\ \%$$

Risikoarme Finanzierung der Anlageninvestitionen; auch ein Teil des Umlaufvermögens langfristig finanziert. In 2001 AV durch Deckungsgrad II finanziert (1,71 = 171 %).

(In 2000 kein langfristiges Fremdkapital, also Deckungsgrad I = Deckungsgrad II).

Vermögensstruktur:

2006   2007

$$\frac{360\,000 \cdot 100}{740\,000} = 49\ \% \qquad \frac{520\,000 \cdot 100}{1\,120\,000} = 46\ \%$$

$$\frac{380\,000 \cdot 100}{740\,000} = 51\ \% \qquad \frac{600\,000 \cdot 100}{1\,120\,000} = 54\ \% \qquad \text{UV : Gesamtvermögen}$$

$$\frac{360\,000 \cdot 100}{380\,000} = 95\ \% \qquad \frac{500\,000 \cdot 100}{600\,000} = 86{,}7\ \% \qquad \text{AV : UV}$$

Die Relationen Anlage- zu Gesamtvermögen bleiben weitgehend erhalten (offenbar ausgewogen).

Die Relation UV zu Gesamtvermögen kann bei dominierendem UV (Warenhandel) berechnet werden. Die Relation AV zu UV gilt eher für den Industriebetrieb. Allerdings muss beim AV darauf geachtet werden, ob es

- relativ neu ist (hoher Buchwert)
- relativ alt ist (niederer Buchwert)
- durch fortlaufende Ersatzinvestitionen erneuert wird (ideal, weil dann AV vergleichbar bleibt).

4.

A	€	%	Aufbereitete Bilanz	€	%	P
AV	196 001,00	36,42	Eigenkapital	15 000,00	2,78	
UV	342 000,00	63,60	Fremdkapital,			
			langfristig	100 000,00	18,59	
			kurzfristig	423 001,00	78,63	
	538 001,00	100,00		538 001,00	100,00	

Kapitalstruktur:

$$\frac{15\ 000 \cdot 100}{538\ 001} = 2,78\ \%$$

$$\frac{523\ 001 \cdot 100}{538\ 001} = 97,20\ \%$$

$$\frac{523\ 000 \cdot 100}{15\ 000} = 3\ 487\ \%\ (\text{Verschuldungsgrad})$$

Anlagendeckung, Deckungsgrade I und II:

$$\frac{15\ 000 \cdot 100}{196\ 001} = 7,65\ \%\ (\text{D I})$$

$$\frac{(15\ 000 + 100\ 000) \cdot 100}{196\ 001} = 58,7\ \%\ (\text{D II})$$

Vermögensstruktur:

$$\frac{196\ 001 \cdot 100}{538\ 001} = 36,43\ \%$$

$$\frac{342\ 000 \cdot 100}{538\ 001} = 64,16\ \%\ (\text{UV: Gesamtvermögen})$$

$$\frac{196\ 001 \cdot 100}{342\ 000} = 57,31\ \%\ (\text{AV : UV})$$

Beurteilung:
Katastrophale Lage durch Eigenkapitalschwund, drohende Risiken durch hohe kurzfristige Verschuldung. Hohe Vorratszahlen deuten auf stagnierenden Verkauf hin. Geringe liquide Mittel. Keine Ersatzinvestitionen.

5.

	K	A	V
a)			x
b)	x		
c)	x		
d)		x	
e)			x
f)		x	
g)		x	

6. a) Nein, das AV sollte zum EK bzw. der Summe aus EK und langfristigem FK in Beziehung gesetzt werden. Ziel dabei: 100 % bzw. darüber.

   b) Darlehen ■ Kurz vor Fälligkeit;
       Waren ■ soweit eiserner Bestand (Festwert);
       Fahrzeuge ■ beim Autohändler;
       Grundstücke ■ im Immobilien-Gewerbe (soweit der Verkäufer Eigentümer ist).

   c) Falsch, da Anlagenintensität für den Industriebetrieb mit hohen Investitionen typisch ist.

   d) Unter Sicherheitsaspekten richtig (aber in der Praxis selten erreicht).

   e) Doch: konkursreifer Betrieb, Eigenkapital ist aufgezehrt.

   f) Rechenfehler, denn Eigenkapital kann nicht größer als Gesamtkapital sein (im Allgemeinen Gesamtkapital = Eigenkapital + Fremdkapital).

7. a) Günstige Situation (siehe Branche); nach Neueinlage von Eigenkapital (Kapitalerhöhung, Eigenfinanzierung) bzw. Tilgung von Fremdkapital.

   b) Reduktion gegenüber Vorjahr, aber immer noch überzogen, d.h. Bestände an Waren und Geld zu hoch; Stagnation des Absatzes, Gefahr zu geringer Verzinsung durch unnötige Vermögensteile. Weitere Möglichkeit: AV schon stark abgeschrieben und nicht bzw. kaum erneuert, UV daher (relativ) hoch, bzw. Handelsbetrieb liegt vor.

   c) Sehr gute Konstellation; zu prüfen allerdings, ob nicht bei niederem Zinssatz der Fremdkapitalanteil erhöht werden sollte. Im AV können auch hohe Beteiligungen enthalten sein.

   d) Positive Entwicklung, vor allem bei hohem Zinsniveau; Schuldentilgung gegenüber dem Vorjahr; im Vergleich zur Branche sehr günstige Konstellation.

   e) Starke Verbesserung erkennbar, entweder zusätzliches Eigenkapital (Eigenfinanzierung) eingelegt oder langfristiges Fremdkapital (Fremdfinanzierung) aufgenommen. Eigenkapital + langfristiges Fremdkapital = langfristiges Kapital.

   f) Offenbar Überalterung der Anlagen durch fehlende Neu- bzw. Ersatzinvestitionen. Gefahr durch plötzlichen Ausfall der abgewirtschafteten Anlagen. Möglich auch überhöhtes Umlaufvermögen (AV hat „normale" Höhe; siehe oben b)) als Reserve vor erwarteter Preissteigerung bzw. (negativ) hohe Lagerbestände durch schleppende Verkäufe.

   Bei Handelsbetrieben gilt stets: AV < UV

8. *1. Grad:*   *2. Grad:*   *3. Grad:*
    100 000 = 100 %   100 000 = 100 %   100 000 = 100 %
     30 000 = 30 % (0,3)   110 000 = 110 % (1,1)   200 000 = 200 % (2,0)

9. a)   270 000   = 100,0 %
          82 000   = 30,6 %
         270 000   = 100,0 %
         427 000   = 158,4 %

   b) ■ Eigenkapital nachschießen (Kapitalerhöhung),
      ■ (langfristiges) Fremdkapital aufnehmen,
      ■ überzähliges Vermögen veräußern, z.B. Wertpapiere, Beteiligungen, Grund und Boden,

- Konsolidierung kurzfristiger Verbindlichkeiten (Umwandlung in langfristige Verbindlichkeiten = Umschuldung),
- Verbindlichkeiten → Eigenkapital (ein Gläubiger wird Gesellschafter),
- Zahlungsaufschub (Moratorium),
- Vergleichsverfahren u. ä. (Gläubiger verzichten auf einen Teil ihrer Ansprüche).

Vertiefung

10. a) 1. Jahr: 192 000,00 = 100 %
          39 000 = 20,3 %   bzw. $\dfrac{39\ 000}{192\ 000} = 0{,}203$

    2. Jahr: 210 000,00 = 100 %
          261 000,00 = 124,3 %   bzw. $\dfrac{261\ 000}{210\ 000} = 1{,}243$

    deutliche Verbesserung im 2. Jahr.

    b) Aufstocken (vor allem) des langfristigen Bankkredits (Darlehen), aber offenbar auch Selbstfinanzierung (Gewinnanteile einbehalten) bzw. Eigenfinanzierung durch Kapitalerhöhung (Einlagen).

11. a) 31.12.2006: 160 000,00 = 100 %
             110 000,00 = 68,75 %   bzw. $\dfrac{110\ 000}{160\ 000} = 0{,}6875$

    31.03.2007: 225 000,00 = 100 %
             280 000,00 = 124,4 %   bzw. $\dfrac{280\ 000}{225\ 000} = 1{,}244$

    30.06.2007: 15 000,00 = 100 %
             112 000,00 = 746,7 %   bzw. $\dfrac{112\ 000}{15\ 000} = 7{,}47$

    b) Verflüssigung von AV, Reduktion der Vorräte, daraus bestritten Rückzahlung am langfristigen Fremdkapital, Geschäftsbelebung (siehe mehr Geld und Forderungen). Positive Entwicklung trotz Steigerung der kurzfristigen Schulden.

    c) „Gesundschrumpfung" der Unternehmung mit radikaler Schuldentilgung (kurzfristige). Nicht unbedingt nur positiv, weil Gefahr besteht, dass der Bestand an Vorräten zu sehr absinkt und evtl. zu viele zinslose flüssige Mittel vorhanden sind.
    Jetzt sollte nach Investitionen die Erzeugung neuer Artikel mit höherem Ertrag vorangetrieben werden wobei die kurzfristigen Verbindlichkeiten durchaus zur Finanzierung der Vorräte erhöht werden können (UV kurzfristig zu finanzieren).

12. Verteilung des Jahresüberschusses

Jahresüberschuss	4 000 000,00
+ Gewinnvortrag	80 000,00
	4 080 000,00
− Zuweisung zur gesetzlichen Rücklage (5 % von 4 000 000,00 = 200 000,00, aber zu 30 % fehlen nur noch 150 000,00) *)	150 000,00
	3 930 000,00
− Zuweisung zu den anderen Gewinnrücklagen (50 % von 3 850 000,00)	1 925 000,00
Bilanzgewinn	2 005 000,00
− Dividende (1,00 € je Aktie)	2 000 000,00
Gewinnvortrag	5 000,00

Dividende : 2 005 000 : 2 000 000 = 1,0025; also 1,00 € je Aktie

*) Kapitalrücklage 2 000 000,00 + gesetzliche Rücklage 850 000,00 = 2 850 000,00; 30 % von 10 000 000,00 = 3 000 000,00; also Differenzbetrag 150 000,00.

Eigenkapital:

Grundkapital	10 000 000,00	
Kapitalrücklagen	2 000 000,00	
gesetzliche Rücklagen	1 000 000,00	(30 %)
Andere Gewinnrücklagen	4 925 000,00	
Gewinnvortrag	5 000,00	17 930 000,00 (= 43,1 %)

Fremdkapital:

Rückstellungen	5 000 000,00	
Verbindlichkeiten	16 000 000,00	
RAP	700 000,00	
Dividendenverbindlichkeit	2 000 000,00	23 700 000 (= 56,9 %)
Gesamtkapital		41 630 000,00 (= 100 %)

Kapitalstruktur:

$$\frac{17\ 930\ 000 \cdot 100}{41\ 630\ 000} = 43,1\ \% \ (0,431)$$

Verschuldungsgrad:

$$\frac{23\ 700\ 000 \cdot 100}{17\ 930\ 000} = 132,2\ \% \ (1,322)$$

Information (Quelle: Deutsche Bundesbank):

Vermögens- und Kapitalstruktur ausgewählter Unternehmen

Durchschnitt aus vier aufeinander folgenden Jahren

Kennzahl	Einzel-kauf-leute	Personen-gesell-schaften	Kapital-gesell-schaften
	in % der Bilanzsumme [1]		
Sachanlagen [2]	33,2	28,9	20,0
Vorräte	33,2	30,2	32,3
Kassenmittel [3]	3,2	4,8	6,0
Forderungen [2]	29,0	33,8	38,9
kurzfristige	28,0	31,5	37,1
darunter aus Lieferungen u. Leistungen	19,7	20,7	23,9
langfristige	1,0	2,2	1,8
Wertpapiere	0,1	0,3	0,4
Beteiligungen	0,7	1,6	1,8
Eigenmittel [4][5]	8,7	10,0	15,5
Verbindlichkeiten	87,2	81,4	71,4
kurzfristige	60,2	52,6	57,6
langfristige	27,0	28,8	13,7
Rückstellungen [5]	3,9	8,5	13,1
Nachrichtlich: Anzahl der Unternehmen	4 732	9 275	10 974

1 Abzüglich Berichtigungsposten zum Eigenkapital und Wertberichtigungen.
2 Abzüglich Wertberichtigungen.
3 Kasse, Bank und Postgiroguthaben.
4 Einlagen bzw. gezeichnetes Kapital, Rücklagen sowie Gewinnvortrag abzüglich Berichtigungsposten zum Eigenkapital.
5 Einschl. anteiliger Sonderposten mit Rücklageanteil.

Komponenten der Eigenmittel ausgewählter Unternehmen

	Einzelkaufleute	Personengesellschaften	Kapitalgesellschaften
Position	in % der Bilanzsumme [1]		
Eigenmittel (berichtigt) [2] [3] davon:	8,0	9,0	15,1
Einlagen/gezeichnetes Kapital	13,7	12,3	9,4
Rücklagen [3] darunter:	0,6	– 0,3	7,0
Gewinnrücklagen	–	0,6	2,9
Kapitalrücklagen	–	0,2	0,9
in Abzug gebrachter Berichtigungsposten zum Eigenkapital [4] darunter:	6,3	3,1	1,3
Überschuldung	5,9	1,7	0,7
Ausleihung an Gesellschafter	0,1	1,0	0,2
Nachrichtlich; Gesellschafterdarlehen mit Fremdkapitalcharakter	0,4	14,3	6,1
Nicht bilanziertes nachgewiesenes Privatvermögen	[5] 27,7	[5] 19,1	–

1 Abzüglich Berichtigungsposten zum Eigenkapital und Wertberichtigungen.

2 Abzüglich Berichtigungsposten zum Eigenkapital.

3 Einschl. anteiliger Sonderposten mit Rücklagenanteil.

4 Ausstehende Einlagen, Forderungen und Darlehen an Gesellschafter, soweit vom Eigenkapital abzusetzen, Abgrenzungsposten für latente Steuern, Geschäfts- oder Firmenwert, Disagio, nicht durch Eigenkapital gedeckter Fehlbetrag, Überschuldung und sonstige Berichtigungsposten zum Eigenkapital.

5 Bezogen auf die kumulierte Bilanzsumme der Unternehmen, bei denen die Position ausgewiesen ist.

Innen- und Außenfinanzierung ausgewählter Unternehmen des Verarbeitenden Gewerbes

Durchschnitt aus vier aufeinander folgenden Jahren

Position	Einzelkaufleute	Personengesellschaften	Kapitalgesellschaften
	in % des Mittelaufkommens		
Innenfinanzierung	59,3	63,4	53,7
Nettoveränderung der Kapitalkonten	– 0,4	1,6	.
Nichtentnommene Gewinne	.	.	4,2
Abschreibungen	53,8	51,0	40,8
Zuführung zu Rückstellungen	3,1	4,0	7,7
Übrige Innenfinanzierung	2,8	6,9	1,0
Außenfinanzierung	40,7	36,6	46,3
Nettoveränderung des gezeichneten Kapitals und der Kapitalrücklagen	.	.	13,3
Veränderung der Verbindlichkeiten	40,7	36,6	33,0
darunter Veränderung der Bankverbindlichkeiten	23,5	17,1	15,1
Mittelaufkommen	100	100	100
Nachrichtlich: Jahresüberschuss	40,8	43,5	17,1

Information: (siehe Band 1):

Schemata für Kapitalstruktur, Anlagendeckung, Vermögensstruktur und Liquidität
Schema zu den Beziehungen zwischen (1) Kapitalstruktur (2) Anlagendeckung (3) Vermögensstruktur

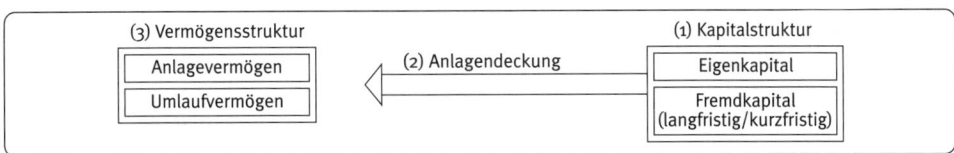

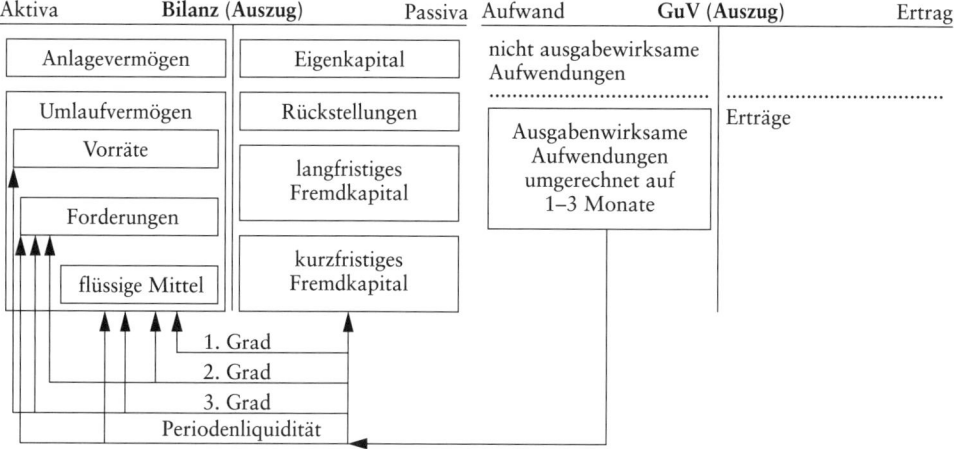

Die Periodenliquidität beachtet zusätzlich die kurzfristig zu erwartenden ausgabenwirksamen Aufwendungen – eine Art kurzfristiger Finanzplanung bzw. Finanz-Vorausschau.

13. a) Kennzahlen zur **Liquidität** (vor allem 2. Grades, auch unter Beachtung ausgabenwirksamer Aufwendungen im Sinne einer kurzfristigen Finanzplanung), **Kapitalstruktur** (Verhältnis des Eigen- zum Gesamtkapital im Vergleich mehrerer Abrechnungsperioden mit Branchenkennzahlen. Bei der gewünschten Erhöhung der Eigenkapitalquote muss auch der Anlagendeckungsgrad beachtet werden).

Die soziale Einstellung kann am Stand des „Sozialkapitals" Pensionsrückstellungen gemessen werden, ein **langfristiges Fremdkapital**, das mit zur Anlagendeckung herangezogen werden kann (Deckungsgrad II).

b) Es wurde eine rein *quantitative* Betrachtung vorgenommen. Nicht beachtet wurden mögliche Verbindlichkeiten, die „unter dem Strich" zu nennen sind (siehe Bürgschaft, Wechselobligo). Ferner können Anmerkungen im Lagebericht unbeachtet geblieben sein, z.B. weniger gute Aussichten für die allgemeine Konjunktur, für den Geschäftszweig, für die betreffende Unternehmung; reduzierte Ausgaben für Forschung und Entwicklung; Fehlen innovativer Produkte bei z. Z. noch regem Absatz u.Ä.

c) HGB §§ 264 Abs. 2, 265 (vor allem Abs. 1 bis 3), 266, 268, 270, 272, 284 Nr. 3, 285 Abs. 1 bis 3.

Wenn *qualitative* Momente herangezogen werden sollen, dann ist auch HGB § 289 von Bedeutung.

d) „Langfristiges" (Anlagen) wird zum Teil „kurzfristig" finanziert.

Das Risiko durch Kündigung bzw. bei Fälligkeit der kurzfristigen Verbindlichkeiten ist unübersehbar. Maßnahme: Erhöhung des Eigenkapitals bzw. kurzfristiges durch langfristiges Fremdkapital zu ersetzen (Konsolidierung).

e) Zu viele flüssige Mittel (über den notwendigen Stand der Barliquidität hinaus) sind vorhanden und nicht ertragbringend angelegt. Mindestens sollte die Unternehmung bei einem Überhang an flüssigen Mitteln an (vorübergehend) zinsbringende Anlage denken (Festgelder, Wertpapiere des Umlaufvermögens u.a.).

f) Die Aussage kann nicht ohne Kritik hingenommen werden. Wieder ist neben dem *quantitativen* das *qualitative* Moment zu untersuchen. Schleppender Eingang von Forderungen, zweifelhafte Forderungen, entgangene Liefererskonti können das Bild ins Negative verschieben. Ferner muss für ausgabenwirksame Aufwendungen eine Liquiditätsreserve gehalten werden.

14. $DG\ II = \dfrac{(2\,000\,000 + 8\,000\,000)}{(3\,500\,000 + 5\,800\,000)} = 1{,}08$

Eigentlich bleibt bei Berechnung des DG II das UV, auch Teile davon, außer Ansatz.

Berechnung des DG II unter Beachtung dieses „üblichen" Vorgehens:

$DG\ II = \dfrac{10\,000\,000}{3\,500\,000} = 2{,}86$

also ein fundamentaler Unterschied zum „Warenhaus".

Dennoch ist die Berechnung des Warenhauses sinnvoll!

Begründung: Ein bestimmter Warenbestand muss gehalten werden, um Risiken der Beschaffung zu vermeiden und ständige Verkaufsbereitschaft (notwendige Lagerhaltung) zu erhalten. Damit gewinnt der durchschnittliche Warenbestand „Anlagencharakter". Auch im Industriebetrieb könnten „eiserne Bestände" in das AV integriert werden (siehe aber verringerte Fertigungstiefen und Lieferungen „just in time").

5.1.3 Bewegungsbilanz

Kontrolle

1. a) **Bewegungsbilanz**

Mittelverwendung	Bewegungsbilanz (1 000 €)		Mittelherkunft
Aktivmehrung		**Passivmehrung**	
Zunahme AV		Zunahme EK	
– Sachanlagen	26 400	Gewinnrücklagen	6 100
– Finanzanlagen	5 000	Zunahme FK	5 960
Zunahme UV			
– Vorräte	14 210		
– Forderungen	3 826		
– flüssige Mittel	224		
Passivminderung		**Aktivminderung**	
Abnahme FK		Abnahme AV	
lang- u. mittelfristig	10 400	Abschreibungen	41 000
		Anlagenabgänge	7 000
Gesamtsumme	60 060	Gesamtsumme	60 060

Finanzierungsvorgänge:

- Gewinnrücklagen: Selbstfinanzierung
- Zunahme FK: Fremdfinanzierung (auch wenn Zugänge aus Bilanzgewinn enthalten sind. Die AG schuldet den Aktionären noch nicht bezahlte Dividende).
- Abschreibungen: Abschreibungsfinanzierung
- Anlagenabgänge: Umfinanzierung

Investitionen: Im AV und im UV, vor allem gespeist aus Abschreibungen und Anlagenabgängen.

623

b) **Verfeinerte Bewegungsbilanz**

Mittelverwendung Bewegungsbilanz (1 000 €) Mittelherkunft

		%			%
Langfristiger Bereich – Investitionen: Zugang Sachanlagen Zugang Finanzanlagen – Verminderung des langfristigen FK	 26 400 5 000 10 400	 – 44,0 8,3 17,3	**Innenfinanzierung** – Selbstfinanzierung – Abschreibungsfinanzierung – Umfinanzierung	 6 100 41 000 7 000	 10,2 68,3 11,6
Zwischensumme: langfrist. Bereich	41 800	69,6	Zwischensumme: Innenfinanzierung	54 100	90,1
Kurzfristiger Bereich Zunahme UV – Vorräte – Forderungen – flüssige Mittel	 14 210 3 826 224	 23,7 6,3 0,4	**Außenfinanzierung:** Zunahme der kurzfristigen Fremdfinan- zierung (Kreditfinanzierung)	 5 960	 9,9
Zwischensumme: kurzfristiger Bereich 18 260	 30,4		Zwischensumme: Außenfinanzierung	5 960	9,9
Mittelverwendung insgesamt	60 060	100,0	Mittelherkunft insgesamt	60 060	100,0

Ergänzende Bewertung:

Diese Form der Bewegungsbilanz lässt gegenüber a) zusätzliche Aussagen zu:

- *Prozentsätze:* Rasche Vergleiche auf einen Blick möglich.
- *Innen- und Außenfinanzierung:* Die AG ist in der Lage, 90 % der Finanzierung aus eigener Kraft durchzuführen. Dabei dominiert die Abschreibungsfinanzierung, d. h. die Ertragslage erlaubt offenbar, die Abschreibungen höchstmöglich anzusetzen.
- *Investitionen:* Sie werden durch die Abschreibungen abgedeckt.
- *Langfristiges Fremdkapital:* Seine Verminderung ist ebenfalls durch die „Finanzierungswirkung" der Abschreibungen möglich (69,6 % ungefähr gleich 68,3).
- *Kurzfristiger Bereich:* Die Vorräte ragen heraus. Offenbar wird mit einer Belebung des Geschäftes gerechnet. Sie sind nur zum Teil kurzfristig finanziert, während der Anstieg der Forderungen und flüssigen Mittel (wie üblich und völlig unbedenklich) aus kurzfristiger Fremdfinanzierung stammt.

Vertiefung

2. **1. Finanzierungsrechnung:**

Mittelherkunft durch reine Innenfinanzierung (Selbst-, Abschreibungs- und Fremdfinanzierung), wobei der besonders hohe Rückstellungsanteil auf die Bildung stiller Rücklagen hindeutet. In beachtlichem Rahmen auch die Steigerung der Rücklagen mit Erhöhung des Bilanzgewinns. Keine Kreditaufnahmen.

Bei der Mittelverwendung können die Verbindlichkeiten weiter abgebaut werden; im Übrigen „gleichmäßige" Verteilung der Mittel auf Anlage- und Umlaufvermögen, sicher im Sinne eines kontinuierlichen Wachstums.

2. Finanzierungsrechnung:

Diese Rechnung ist gekennzeichnet durch eine weitere Ausweitung im Bereich von Anlage- und Umlaufvermögen. Offenbar ist ein Teil des Zugangs der flüssigen Mittel bereits investiert worden. Bei der Finanzierung muss die AG ihre Verbindlichkeiten anheben; ferner wendet sie sich an die Aktionäre (Eigenfinanzierung). Sehr stark wird aber auch wieder auf die Erhöhung der Rückstellungen und die Abschreibungs- und Umfinanzierungspolitik gesetzt.

Sicher sind bei den Rückstellungen vor allem diejenigen für Pensionen hoch dotiert worden. Diese Beträge können in bestimmten Rahmen wie Eigenkapital („Sozialkapital") angesehen werden. Alles in allem hat sich die Unternehmung wieder weitgehend auf die eigenen Kräfte verlassen.

3. Finanzierungsrechnung:

Ein Investitionsschub ist sichtbar. Unbedeutenden Veränderungen am offenbar rasch umgeschlagenen Umlaufvermögen stehen die weiter gestiegenen Anlagezugänge gegenüber. Die Fremdfinanzierung durch Erhöhung der Verbindlichkeiten fängt die Steigerung des Umlaufvermögens auf. Bei den Rückstellungen hat die AG anscheinend ihre Möglichkeiten der Steigerung allmählich ausgeschöpft. Es dominiert die Umfinanzierung und die Abschreibungsfinanzierung (Ausnutzung der Höchstbeträge an Abschreibungen). Die Zugänge des Anlagevermögens werden voll durch Innenfinanzierung ermöglicht.

Interessant ist in allen drei Jahren die Zuordnung der Rückstellungserhöhungen zur Innenfinanzierung. Rückstellungen für Bürgschaften, Prozesse, Garantieleistungen, Gewerbesteuer u.a. sind Erhöhung von Verbindlichkeiten und gehören eigentlich zur Außenfinanzierung. Wenn die AG ihre Rückstellungsbeträge der Innenfinanzierung zuordnet, so können die Gründe nur darin liegen, dass über Pensionsrückstellungen die Belegschaft zur Finanzierung herangezogen wird bzw. durch überhöhte Rückstellungen stille Rücklagen gebildet werden.

Trend:

Nach einem eher „ruhigen" 1. Jahr bahnt sich im Folgejahr schon eine Ausweitung an, die im 3. Jahr eine auffallende Steigerung erfährt. Die Ertragskraft der Unternehmung ist so groß, dass lediglich die Zugänge am Umlaufvermögen durch Fremdkapital aufzubringen sind. Dabei dürfte es sich um kurzfristige Verbindlichkeiten handeln, die leicht durch die laufenden Geldeingänge abgedeckt werden können (siehe Kennzahlen der Liquidität, wofür aber hier keine Unterlagen vorhanden sind).

3. Formaler Aufbau:

Die AG (Inland) geht bei der Aufstellung der Bewegungsbilanz nicht von der üblichen (buchhalterisch mehr einleuchtenden) Darstellung aus: Der Finanzierungsteil nimmt die linke Seite der Bewegungsbilanz ein, rechts stehen die Investierungen.

Die AG (Inland und Ausland) zeigt das Bild einer gesamten weltumspannenden Unternehmung, AG (Inland) stellt die Zahlen der deutschen Werke dar.

Außen- und Innenfinanzierung halten sich in beiden Fällen etwa die Waage. Ohne die Kapitalerhöhung im Inland (mit einem Ausgabekurs je angenommener 5,00-€-Aktie von etwa 11,00 €[1]) hätten die vor allem auf Erhöhung der Sachanlagen und den Erwerb von Beteiligungen gerichteten Investitionen nicht oder nur durch massiven Einsatz von Fremdkapital aufgebracht werden können. Im Außenbereich der „Gesamt-AG" fällt die Steigerung der Verbindlichkeiten auf, dem allerdings eine fast adäquate Erhöhung der Vorräte, Forderungen und flüssigen Mittel gegenübersteht.

Die Finanzierungskraft der Unternehmung zeigt sich bei der AG (Inland) sehr deutlich: Etwa 76 % der Finanzierungsmittel werden durch Abschreibungs- bzw. Umfinanzierung und durch Eigenfinanzierung aufgebracht (bei der „Gesamt-AG" sinkt diese Zahl auf etwa 55 %).

---

[1] 400 Mio. $\triangle$ 100 % : 20 = 5,00 €
870 Mio. $\triangle$ 217,5 % : 20 = 10,875 €

Im Bereich „Verwendung der Mittel" können einigen Posten nur nach näheren Erläuterungen, z.B. aus dem Anhang, verstanden werden. Die „Minderungsposten" bei der „Gesamt-AG" hängen mit den Auslandsverflechtungen zusammen, der Posten „Minderung des Sonderpostens mit Rücklageanteil" (siehe Abschnitt 3.4.3) stellt den Abbau eines Passivpostens dar, der auf Anlagegüter übertragen wird, d.h. auf der Finanzierungsseite unter den Abgängen bei den Sachanlagen zu finden ist, bzw. der bei der Auflösung als Ertrag im Jahresüberschuss/Bilanzgewinn erscheint. Näheres dazu siehe EStG § 6b.

4. Mittelverwendung   Bewegungsbilanz   Mittelherkunft

	1 000 €		1 000 €
Aktivmehrung		**Passivmehrung**	
AV:		FK:	
Sachanlagen	300	langfristig	97
Beteiligungen	16	kurzfristig	18
UV:		**Aktivminderung:**	
Vorräte	120	Abschreibungen (AV)	180
ARAP	9	Abgang (AV) (60 + 40)	100
Bilanzverlust	18		
Passivminderung:		UV:	
EK: Rücklagen	45	Forderungen	125
FK: Bilanzgewinn	42	flüssige Mittel	30
Gesamtsumme	550	Gesamtsumme	550

Mittelverwendung   Verfeinerte Bewegungsbilanz   Mittelherkunft

	1 000 €	%		1 000 €	%
Langfristiger Bereich			**Innenfinanzierung**		
Investitionen			Abschreibungsfinanzierung	180	32,7
Sachanlagen	300	54,5	Umfinanzierung		
Finanzanlagen	16	2,9	Abgänge Anlagen	100	18,2
Verminderung:			Forderungen	125	22,7
Eigenkapital (600–555)[1]	45		flüssige Mittel	30	5,5
Zwischensumme langfristiger Bereich	361	65,6	Zwischensumme	435	79,1
Kurzfristiger Bereich			**Außenfinanzierung**		
Bilanzverlust	18	3,3	Fremdkapitalzuführung		
Bilanzgewinn	42	7,6	langfristig	97	17,6
Umlaufvermögen			kurzfristig	18	3,3
Vorräte	120	21,9			
ARAP	9	1,6			
Zwischensumme kurzfristiger Bereich	189	34,4	Zwischensumme	115	20,9
Mittelverwendung	550	100,0	Mittelherkunft	550	100,0

Zur Beachtung: Der Bilanzverlust von 18 000 vermindert das Eigenkapital. Aus dem Bilanzgewinn des Vorjahres von 42 000 werden 39 600 (72 000 · 0,55) ausgeschüttet, der Rest von 2 400 erhöht als Gewinnvortrag das Eigenkapital. Aus Bilanzgewinn 42 000 wird Dividende 39 600 (Ausschüttung Mitte Berichtsjahr) und Eigenkapitalmehrung 2 400.

Entwicklung der Unternehmung:

Im Berichtsjahr ist mit einem negativen Ergebnis abgeschlossen worden, das zu einer Verminderung des Eigenkapitals um etwa 10 % geführt hat. Die Unternehmung betreibt aber „Vorwärtsstrategie" (Investition im AV, Abschreibungspolitik, Verkauf gebrauchter Vermögensgegenstände), die auch mit Fremdkapital zu finanzieren ist. Diese Finanzierung ist zum großen Teil langfristig. Es kann also noch von einer „soliden" Finanzierung gesprochen wer-

---

[1] auch 600 – 537 = 63, dann 18 Bilanzverlust weglassen

den (Rückzahlung der neu aufgenommenen Kredite wohl erst nach Jahren zu erwarten; Höhe des Zinssatzes allerdings nicht bekannt). Der langfristige Bereich wurde zu über 100 % aus Innenfinanzierung gedeckt, wobei aber eine Abschreibungs- bzw. Umfinanzierung in dieser Höhe in den folgenden Jahren nicht erwartet werden kann. Abbau des (überhöhten?) Forderungsbestands und Rückgang der (notwendigen) flüssigen Mittel kompensieren den Vorrätezugang und entsprechen, miteinander verrechnet, ungefähr dem kurzfristigen Bereich.

Ergebnis:

Nach Rückschlägen Versuch, neu am Markt Fuß zu fassen. Schuldenkonsolidierung durch langfristige Finanzierung.

5. Mittelverwendung   Bewegungsbilanz   Mittelherkunft

Aktivmehrung	1 000 €	Passivmehrung	1 000 €
AV:		FK:	
Sachanlagen	400	Dividende	360 ⌉
Finanzanlagen	600	Eigenkapital	⎹ 378
UV:		gesetzliche Rücklage	18 ⎹
Forderungen	178	Gewinnvortrag	18 ⌋
flüssige Mittel	628	**Aktivminderung:**	
Sonstiges UV	12	Anlagevermögen	
Passivminderung:		Abschreibung	398
Fremdkapital		Abgänge (80 + 524)	604
langfristig (174 + 150)	324	Umlaufvermögen:	
kurzfristig	26 *)	Vorräte	686
EK:		Bilanzverlust (Verlustvortrag)	110
andere Gewinnrücklagen	26		
Gesamtsumme	2 194	Gesamtsumme	2 194

```
*)   Verminderung der kurzfristigen Schulden            510
     Vermehrung der kurzfr. Rückstellungen (974 – 490)  484
     Saldo                                               26
```
Die beiden Posten können auch brutto (unsaldiert) eingesetzt werden.

Mittelverwendung   Verfeinerte Bewegungsbilanz   Mittelherkunft

Langfristiger Bereich	1 000 €	%	Innenfinanzierung	1 000 €	%
Investitionen:			Abschreibung	398	18,1
Sachanlagen	400	18,2	Umfinanzierung		
Finanzanlagen	600	27,3	Abgänge AV	604	27,6
Verminderte Rücklagen	26	1,2	Vorräte	686	31,3
Fremdkapital langfr.	324	14,8	Bilanzverlust	110	5,0
			Selbstfinanzierung (Eigenkapital),	36	1,6
			18 + 18[1]		
Zwischensumme	1 350	61,5	Zwischensumme	1 834	83,6
kurzfristiger Bereich			**Außenfinanzierung**		
UV:			Dividende (aus Bilanzgewinn)	360	
Forderungen	178	8,1			
flüssige Mittel	628	28,7			
Sonstige UV	12	0,5			
FK:					
kurzfr. Schulden	26	1,2			
Zwischensumme	844	38,5	Zwischensumme	360	16,4
Mittelverwendung	2 194	100,0	Mittelherkunft	2 194	100,0

---

[1] 18 Erhöhung der gesetzlichen Rücklage + 18 Gewinnvortrag.

Jahresüberschuss des Berichtsjahres (Information):

Jahresüberschuss	480
− Verlustvortrag	110
	370
+ Entnahme aus anderen Gewinnrücklagen	26
− Einstellung in gesetzliche Rücklage	18
Bilanzgewinn	378
− Dividende 400 000 · 0,90 €	360
Gewinnvortrag	+ 18

Dividendenberechnung: $\dfrac{378\ 000}{400\ 000} = 0{,}945$, also 0,90 € je Aktie

Die Vermehrung der Sachanlagen wird durch Eigenkapitalzugang und Abschreibungen aufgebracht, wobei bei der Höhe der Abschreibungen auf die Entstehung stiller Reserven hinzuweisen ist und fallende Beträge in den Folgejahren erwartet werden dürfen.

Bei den Finanzanlagen hat ein Tausch (Abgang 524, Zugang 600) stattgefunden. Dabei lässt die Höhe des Bilanzgewinns auf einen Ertrag bringenden, allerdings „einmaligen" Verkauf der „alten" Finanzanlagen schließen. Durch Erwerb der Neuanlagen soll offenbar dieser „Erfolg" zu einem späteren Zeitpunkt wiederholt werden. Die Minderung der langfristigen und in geringerem Umfang der kurzfristigen Schulden (durch Verrechnung mit den vermehrten kurzfristigen Rückstellungen) zeigt die Ertragskraft der Unternehmung – wenigstens im Berichtsjahr.

Ergebnis: Die Unternehmung steht auf zwei Beinen: Erhaltung und möglicherweise Verbesserung der Ertragskraft durch Ersatzinvestitionen mit einem Höchstmaß an Abschreibungen. Mindestens gleichrangig aber Erwerb und Ertrag bringender Verkauf von Beteiligungen (Finanzanlagen), worauf wohl auch der sprunghafte Anstieg des Ergebnisses im Berichtsjahr zurückzuführen ist. Man wird den Verdacht nicht los, dass der Erfolg aus der „eigentlichen" betrieblichen Tätigkeit (Chemie-Industrie) nicht an erster Stelle steht. Durchaus möglich erscheint, dass im Folgejahr das Ergebnis wieder absinkt. Zusätzliche Auskünfte könnte eine Strukturergebnisrechnung bringen (siehe Abschnitt 5.2.1).

6. a) Reiner Aktivtausch. Zugang beim Aktivkonto „eigene Anteile" (Mittelverwendung lang- bzw. kurzfristiger Bereich), bei den flüssigen Mitteln ein Abgang (Mittelherkunft). Umfinanzierung. Auf der Passivseite „Rücklagentausch".

   b) Die Bilanzkennzahl Anlagendeckung ist eine statistische Betrachtung zum Ende der jeweiligen Abrechnungsperioden. Sie zeigt, inwieweit das Anlagevermögen durch Eigen- bzw. langfristiges Fremdkapital gedeckt ist.

   In der Bewegungsbilanz wird die Entwicklung des Anlagevermögens innerhalb einer Abrechnungsperiode gezeigt, wobei auf die einzelnen Finanzierungsarten geschlossen werden kann, die z.B. zu einer Vermehrung beigetragen haben (Dynamische Betrachtung).

   c) Üblicherweise wird die Summe der Abschreibungen auf das Anlagevermögen als Abschreibungsfinanzierung (Mittelherkunft, Innenfinanzierung) bezeichnet. Streng genommen gehören aber nur die nutzungsbedingten Abschreibungen (kalkulatorische

Abschreibungen bzw. lineare Abschreibungen bzw. Leistungsabschreibungen) dazu. Die darüber hinausgehenden Beträge müssten eigentlich als Zugang beim Eigenkapital angesehen werden, aber als verdeckte Selbstfinanzierung.

d) In diesem Falle müsste der Jahresüberschuss (noch) als Zugang beim Eigenkapital (Mittelverwendung) angesehen werden.

Aussagekräftiger ist eine Bewegungsbilanz, wenn die ganze oder teilweise Gewinnverwendung durchgeführt worden ist (HGB § 268 Abs. 1). Man sieht dann, in welchem Umfang der Jahresüberschuss zur Selbstfinanzierung beigetragen hat (Rücklagenzuweisung) bzw. der Fremdfinanzierung zuzurechnen ist (Bilanzgewinn).
Der Jahresfehlbetrag ist auf jeden Fall ein Abgang beim Eigenkapital.

e) Die vorliegende Darstellung in der Bewegungsbilanz ist abzulehnen. Gründe: Es wird nur der Saldo der Sachanlagen ausgewiesen, der auf 700 000,00 € Umfinanzierung schließen lässt. Nicht sichtbar werden die Abschreibungsfinanzierung (1 500 000,00 €), die echte Umfinanzierung (2 200 000,00 €) und die Investierung im Bereich der Sachanlagen.

f) Auf der Seite der Mittelherkunft: Starke Abgänge bei den Vermögensgegenständen, Zugänge beim Fremdkapital (vor allem das kurzfristige), keine Erhöhung der Eigenkapitalanteile (vor allem der Rücklagen).

Auf der Seite der Mittelverwendung: Im Vergleich zu früheren Abrechnungsperioden sinkende oder gar ausbleibende Zugänge der Vermögensgegenstände. Rückläufiger Jahresüberschuss bzw. Bilanzgewinn.

Ausweis von Fehlbetrag bzw. Verlustvortrag (Abgang am Eigenkapital).

Überhöhte Beträge der Zugänge bei den Vorräten bzw. bei den Forderungen können auf Absatzschwierigkeiten (betriebliches Problem) bzw. auf schleppenden Forderungseingang (konjunkturelles Problem) hinweisen.

g) **Mittelherkunft:**

- Liefereranzahlung als Zugang bei flüssigen Mitteln; erhöht die kurzfristigen Verbindlichkeiten;
- Kapitalrücklage (Eigenfinanzierung);
- Rücklage für eigene Aktien: Vermehrung eines Passivpostens (entsprechende Verminderung der anderen Gewinnrücklagen), kein Finanzierungsvorgang, denn auf der Mittelverwendungsseite steht ein gleich großer Posten (eigener) Aktien (Zugang beim UV) gegenüber;
- Abschreibung auf Beteiligungen (Abschreibungsfinanzierung);
- Aufnahme einer Anleihe (Fremdfinanzierung, langfristig);
- Verkauf eigener Anteile (Umfinanzierung), entspricht auf der Passivseite Übernahme der Rücklage für eigene Anteile wieder auf andere Gewinnrücklagen;
- Erhöhung des gezeichneten Kapitals (Eigenfinanzierung); meist verbunden mit Erhöhung der Kapitalrücklage (Ausgabe über pari);
- im Bau befindliche Anlagen (Umfinanzierung).

Mittelverwendung:

- Liefereranzahlung (Zugang Aktiva bei flüssigen Mitteln);
- Ermäßigung der gesetzlichen Rücklage (Abgang Passiva, langfristiger Kapitalbedarf);
- Auflösung von Rückstellungen (Abgang Passiva, kurzfristiger Kapitalbedarf, bei Pensionsrückstellungen langfristiger);

- Wertaufholung (Zugang Aktiva, gleichzeitig vorübergehender Zugang beim Eigenkapital; in den späteren Abrechnungsperioden Ausgleich durch entsprechend erhöhte Abschreibungen);
- Abgang beim Bilanzgewinn (kurzfristiger Kapitalbedarf).

7. ■ Burgstadt hat im Gegensatz zur üblichen Darstellung die Tabelle in der Reihenfolge Mittelherkunft und Mittelverwendung aufgestellt.
■ Die rechte Seite lässt eine Gliederung nach lang- und kurzfristigem Bereich erkennen. Der dominierende Zugang des AV muss bei einem Handelsunternehmen als Übernahme von Firmen bzw. als Einrichtung von Filialen mit Grunderwerb/Gebäudeerstellung gewertet werden. Die mäßigen Erhöhungen des UV dürften im Rahmen dieser Expansion liegen. Sie müssten preisbereinigt (siehe Inflation) und mit den Entwicklungen vergangener Jahre verglichen werden.
■ Auf der Finanzierungsseite muss zuerst eine Gliederung im Sinne der verfeinerten Bewegungsbilanz erfolgen.

Mittelherkunft

	Innenfinanzierung	
	Einstellung in (Gewinn-) Rücklagen	45,0
	Einstellung in Sonderposten	27,8
	Abschreibungsfinanzierung	592,6
	Umfinanzierung	
	(Anlagenabgänge)	
	Außenfinanzierung	346,6
	Fremdkapitalzuführung	
	mittel- und langfristige	
	Verbindlichkeiten	
	Kapitalerhöhung	480,2
	(Nominalkapital + Kapitalrücklage)	
	Pensionsrückstellungen	47,3
	sonstige Verbindlichkeiten	76,0
	Bilanzgewinn	100,8
	Mittelherkunft insgesamt	1 716,3

Erläuterungen:

- Kapitalerhöhung (480,2), Rücklagenzuweisungen (45 + 27,8) und Abschreibungen (592,6) zusammen 1 145,6, bestreiten die Investitionen im AV (1 148,0).
- Die Abgrenzung zwischen Innen- und Außenfinanzierung ist nicht exakt möglich, weil Anlagenabgänge und Zunahme der mittel- und langfristigen Verbindlichkeiten in einem Posten erfasst sind (siehe Summe 346,6).
- Unterstellt, $\frac{2}{3}$ von 346,6 = 231 sind Außenfinanzierung, dann sind zusammen mit dem Rest der Außenfinanzierung (47,3 + 76,0 + 100,8 = 224,1), also insgesamt rund 455, die Anforderungen für den kurzfristigen Bereich von zusammen 522,5 (268,8 + 33,3 + 57,3 + 76,7 + 86,4) nahezu abgedeckt. Der fehlende Rest wird durch Innenfinanzierung aufgebracht.

Zusammenfassende Beurteilung:

Die auf Expansion ausgerichtete Unternehmung kann sich auf solide Formen der Finanzierung stützen.

5.2 Auswertung der Ergebnisrechnung

5.2.1 Aufstellung einer Strukturergebnisrechnung (Strukturerfolgsrechnung)

Kontrolle

1.

Nr.	Bezeichnung der Position	Beträge in 1 000 €	%
1	Umsatzerlöse	30 000	
2	Verminderung des Bestands an fertigen und unfertigen Ergebnissen	− 500	92,8
3	Andere aktivierte Eigenleistungen	800	2,5
4	Sonstige betriebliche Erträge	1 500	4,7
	Gesamtertrag des Betriebes	31 800	100,0
5	Materialaufwand	11 800	42,4
6	Personalaufwand	7 700	27,7
7	Abschreibungsaufwand	4 000	14,4
8	Sonstige betriebliche Aufwendungen	4 300	15,5
	Gesamte betriebliche Aufwendungen	27 800	100,0
	Betriebsergebnis	+ 4 000	111,1
9/10	Erträge aus Beteiligungen	800	
11	Erträge aus Ausleihungen, Zinsen und ähnliche Erträge	1 100	
	Finanzerträge	1 900	
12	Abschreibungen auf Finanzwerte	1 600	
13	Zinsen und ähnliche Aufwendungen	700	
	Finanzaufwendungen	2 300	
	Finanzergebnis	− 400	− 11,1
14	Ergebnis der gewöhnlichen Geschäftstätigkeit	+ 3 600	100/109,1
15	Außerordentliche Erträge	900	
16	Außerordentliche Aufwendungen	1 200	
17	Außerordentliches Ergebnis	− 300	− 9,1
	Jahresergebnis vor Steuern	+ 3 300	100,0
18/19	Steueraufwand	1 300	39,4
20	Jahresergebnis nach Steuern (Jahresüberschuss)	2 000	60,6

Beurteilung:

Das negative Finanzergebnis sollte danach untersucht werden, ob es sich um einen einmaligen Vorgang (Teilwertabschreibung der Beteiligungen) handelt, wofür hier viel spricht, oder ob auf die Dauer mit einem negativen Betrag zu rechnen ist. Dann müssten entsprechende Entscheidungen, wie rechtzeitiger Verkauf der Beteiligung bzw. Abbau hoch verzinslicher Schulden getroffen werden. Andererseits sind aber auch hohe Finanzerträge zu erkennen, d. h. bei Wegfall des (einmaligen) Postens 12 ist das Finanzergebnis deutlich positiv.

Die übrigen Positionen dürften sich in normalen Relationen bewegen. Der relativ niedrige Steueraufwand deutet auf steuerlich begünstigte Gewinnausschüttungen hin.

Vertiefung

2. Konten der Kontengruppen 54 bis 58. Konten 691, 692, 696, 700, 73, Kontengruppen 74 bis 77 und 79.

3. Posten 9. bis 17. aus der veröffentlichten GuV-Rechnung.

   Weitere Informationen: Aufteilung der Steuern in Betriebssteuern z.B. Gewerbesteuer und in „nicht abzugsfähige" Steuern, z.B. Körperschaftssteuer. Anteil der außerordentlichen (nicht im Sinne von 15. und 16.) betriebsfremden und periodenfremden Aufwendungen und Erträge in den Posten 8. und 4.

Für die Zwecke der Kostenrechnung ist das gesamte Spektrum der IKR (Klassen 5–7), aber auch die Inhalte des Rechnungskreises II, erforderlich.

4. **Betriebsergebnis:**

Umsatzerlöse

– Herstellkosten (enthält Material- und Personalaufwand; siehe § 285 Nr. 8 HGB)
– Vertriebskosten
– Verwaltungskosten
+ sonstige betriebliche Erträge
– sonstige betriebliche Aufwendungen
Finanzergebnis (wie bei GKV)   ...
Ergebnis der gewöhnlichen Geschäftstätigkeit ...
Außerordentliches Ergebnis (wie GKV)   ...
Jahresüberschuss/-fehlbetrag vor Steuern   ...
Steuern (wie GKV)   ...
Jahresüberschuss/-fehlbetrag nach Steuern   ...

5.2.2 Ergebniskennzahlen

5.2.2.1 Ergebnisstruktur

5.2.2.2 Aufwands- und Ertragsstrukturen

Kontrolle

1. Vier Kennzahlen der Ergebnisstruktur (in Klammer Kennzahlen vor 5 Jahren)
   - **Anteil des Betriebsergebnisses:** Das Betriebsergebnis (operatives Ergebnis) ist negativ. 70 %
   - **Anteil des Finanzergebnisses:**
   $$\frac{2\,000\,000 \cdot 100}{1\,000\,000} = 200\ \% \ (30\ \%)$$
   - **Anteil des Ergebnisses der gewöhnlichen Geschäftstätigkeit:**
   $$\frac{1\,000\,000 \cdot 100}{1\,900\,000} = 52{,}6\ \% \ (95\ \%)$$
   - **Anteil des außerordentlichen Ergebnisses:**
   $$\frac{900\,000 \cdot 100}{1\,900\,000} = 47{,}4\ \% \ (5\ \%)$$

Die negative Entwicklung wird durch das Zahlenmaterial untermauert:

Negatives operatives Ergebnis, gekennzeichnet auch durch die (nahezu) Halbierung des Ergebnisses aus gewöhnlicher Geschäftstätigkeit.

Der positive Jahresüberschuss beruht auf „Fremdeinflüssen" durch das Finanzergebnis (mit Risiken, da hier kaum Einfluss) und auf dem wohl einmaligen außerordentlichen Ergebnis.

Die Unternehmung muss die Unternehmensziele neu gewichten und dem „Kerngeschäft" mehr Aufmerksamkeit widmen.

Materialintensität:
$$\frac{3\,500\,000 \cdot 100}{13\,500\,000} = 25{,}9\ \%\ (33{,}8\ \%)$$

Personalintensität:
$$\frac{5\,200\,000 \cdot 100}{13\,500\,000} = 38{,}5\ \%\ (52\ \%)$$

Abschreibungsintensität:
$$\frac{1\,800\,000 \cdot 100}{13\,500\,00} = 13{,}3\ \%\ (8\ \%)$$

Umsatzquote:
$$\frac{10\,000\,000 \cdot 100}{12\,500\,000} = 80\ \%\ (88\ \%)$$

Quote der sonstigen betrieblichen Erträge:
$$\frac{1\,000\,000 \cdot 100}{12\,500\,000} = 8\ \%\ (3\ \%)$$

Die Reduktion der Personal- und Materialintensität deutet auf Rationalisierung und verringerte Lagerhaltung, auch Einsparungen beim Material hin. Dazu passt die gestiegene Abschreibungsintensität (Investitionen).

Allerdings sind die Umsatzerlöse (siehe Quote) im Verhältnis zu den sonstigen betrieblichen Erträgen abgesunken (Preiskämpfe ?). Hier müsste näher untersucht werden, woraus die sonstigen betrieblichen Erträge bestehen. Entstehen sie auf Dauer oder liegen einmalige Erträge dieser Art vor (Anlagenverkäufe u. a.).

Im Ganzen eine Entwicklung, die noch zu keiner Sorge Anlass gibt, deren Trend aber im Auge behalten werden sollte.

2. a) Das Ergebnis aus betrieblicher Tätigkeit (Betriebsergebnis) muss negativ sein (300 000,00 €). Es wird zwar durch das positive Finanzergebnis ausgeglichen. Allerdings müssen 600 000,00 € zusätzlich von „außen" zufließen, um das Finanzergebnis in der angegebenen Höhe zu erreichen. Bei andauerndem negativen Betriebsergebnis und positivem Finanzergebnis drängt sich der Gedanke auf, die betriebliche Tätigkeit zu beenden und das Heil in Beteiligungen zu suchen.

   b) Offenbar liegen sehr hohe Steuernachzahlungen aus vergangenen Abrechnungsperioden vor, wobei wohl das diesjährige Jahresergebnis relativ schlecht ausgefallen ist.

   c) Ohne den sicher nur einmaligen „Ausrutscher" beim außerordentlichen Ergebnis wäre ein Jahresüberschuss von 3 000 000,00 € erzielt worden. Es kann also nicht (unbedingt) von einer schwierigen Lage der Unternehmung gesprochen werden.

   d) Offenbar mussten Verluste bei verbundenen Unternehmen ausgeglichen werden, die das Finanzergebnis nachteilig beeinflusst haben. Aber der Jahresüberschuss von 950 000,00 € darf nicht darüber hinwegtäuschen, dass dazu sicher nur die wohl einmaligen außerordentlichen Erträge beigetragen haben. Wenn sich im Folgejahr die betriebliche Situation nicht bessert, dann kann ein Fehlbetrag erwartet werden.

3. a) Gegenüber dem Branchendurchschnitt lag der Vergleichsbetrieb noch im Vorjahr stark zurück. Offenbar bestand ein Nachholbedarf bei den Investitionen. Die hohe Kennzahl des Berichtsjahres zeigt, dass der Vergleichsbetrieb dies erkannt hat. Ersatz- und vielleicht auch Erweiterungsinvestitionen mit den hohen anfänglichen Abschreibungsbeträgen (degressive Abschreibung) bewirkten (zunächst) eine Überschreitung des Branchendurchschnitts.

    b) Die Umsatzquote als Bestandteil des Gesamtertrags liegt deutlich unter dem Branchendurchschnitt und sinkt weiter in Besorgnis erregender Weise ab. Mögliche Ursachen: Preiszugeständnisse im Gefolge verstärkter Konkurrenz, Reklamationen, veraltetes Sortiment, sonstige betriebliche Erträge relativ hoch (Ursachen nur durch Untersuchungen der internen GuV-Rechnungen feststellbar) u. a. sinnvolle Aussagen.

    c) Die personelle Überbesetzung ist offenkundig („Personalwasserkopf"). Im Berichtsjahr ist eine langsame Anpassung an den Branchendurchschnitt erkennbar. Mögliche Investitionen beginnen zu greifen, ein Personalabbau ist möglich, der aus sozialen Gründen in Form der „natürlichen Fluktuation" bzw. durch vorgezogene Pensionierungen durchgeführt werden sollte.

    d) Im Vorjahr ein sehr hoher Anteil, vermutlich durch Verkauf von Anlagen, nachträglichem Eingang von abgeschriebenen Forderungen, Rückstellungsauflösungen, gewissen periodenfremden (aber betrieblichen) Erträgen. Nach diesem Schub fallen diese Erträge im Berichtsjahr ab. Sie können in den folgenden Jahren den guten „Mittelwert" des Branchendurchschnitts erreichen. Leider gibt die externe GuV-Rechnung nach HGB § 275 Abs. 2 keine Auskunft über die sonstigen betrieblichen Erträge. Allenfalls könnte der Anhang als Auskunftsteile herangezogen werden: HGB § 284 Abs. 2 Nr. 3, § 285 Nr. 5 auch Nr. 12.

    Der Anlagenspiegel (HGB § 268 Abs. 2) zeigt Abgänge von Anlagegegenständen, allerdings nur ihren jeweiligen Buchwert. Dennoch lässt eine hohe Zahl von Abgängen auf entsprechend hohe betriebliche Erträge schließen, weil noch (im Allgemeinen) über Buchwert veräußert werden kann.

4. Materialintensität:

$$\frac{5\,368 \cdot 100}{9\,459} = 56{,}75\,\%$$ $$\frac{10\,055 \cdot 100}{18\,319} = 54{,}88\,\%$$

$$\frac{11\,748 \cdot 100}{21\,053} = 55{,}8\,\%$$ $$\frac{13\,462 \cdot 100}{24\,784} = 54{,}31\,\%$$

Trotz der Umsatzverdoppelung bleibt die Materialquote, d. h. Mengenrabatte sind durch steigende Materialpreise ausgeglichen worden.

Anteil der Personalaufwendungen:

$$\frac{2\,676 \cdot 100}{11\,603} = 23{,}1\,\%$$ $$\frac{5\,972 \cdot 100}{20\,445} = 29{,}2\,\%$$

$$\frac{6\,701 \cdot 100}{24\,036} = 27{,}9\,\%$$ $$\frac{8\,705 \cdot 100}{28\,114} = 31{,}0\,\%$$

Stellungnahme:

Der Umsatzsprung, evtl. durch Übernahme bzw. Fusion erreicht, führt zu einem deutlichen Anstieg der Personalaufwendungen. Vielleicht sind jetzt höher qualifizierte Mitarbeiter vorhanden, die den Anstieg hervorrufen. Zu bedenken ist auch das Ergebnis von Tarifverträgen. Im dritten Jahr gelingt es, den Anteil der Personalaufwendungen zu senken. Er würde im 4. Jahr nur noch ca. 26 % betragen, wenn nicht die außerordentlichen Personalaufwendungen zu Buche schlügen. Wir können nur vermuten, worauf sie zurückzuführen sind: Jubiläumsaufwendungen, erstmalige Dotierung von Pensionsrückstellungen, Abfindungszahlungen.

Vertiefung

5. **Materialintensität:** (Kontonummern 6 000, 6 001, 603 und 604)

$$\frac{3\ 371\ 600 \cdot 100}{9\ 460\ 400} = \quad 35,6 \%$$

(500, 511, 52, 5 432, 544, 512 und 5 002)
(700, 701, 709 und 770)

Personalintensität: (Arbeitsintensität) (Kontonummern 6 200, 6 201, 6 21,63 und 64)

$$\frac{2\ 419\ 400 \cdot 100}{8\ 749\ 600} = \quad 27,65 \%$$

(Konten 600 und 696)

Abschreibungsintensität: $\dfrac{574\ 000^{*)} \cdot 100}{8\ 749\ 600} = \quad 6,6 \%$

*) Konto 652–654 (evtl. mit 6911, aber nicht mit 651, da zu Finanzergebnis).

6. a) *Arbeitsintensität steigt:* Quote des Personalaufwands steigt, des Materialaufwands fällt relativ. Die Abschreibungsintensität sinkt, ebenso der Umsatz je Kopf.

   Kapitalintensität: Quote der Abschreibungen steigt, evtl. auch die Zinsbelastung, wenn Fremdfinanzierung vorliegt. Umsatz pro Kopf steigt, die Quote des Personalaufwands fällt.

   b) **Anstieg, Ursachen:**

   Materialaufwand: Einstandspreise sind gestiegen, Wegfall von Einkaufsvorteilen, verbesserte Produktqualität durch Einsatz teurerer Materialien.

   Steuerbelastung: Änderungen in der Steuergesetzgebung, auslaufende Abschreibungen, Steuernachzahlungen.

   Zinsen: Neuverschuldung zu höheren Zinsen; gleich bleibende Zinsen, aber durch Umsatzrückgang sinkt die Gesamtleistung.

   Senkung, Ursachen:

   Abschreibungen: Investitionen unterbleiben, die Beträge der (degressiven) Abschreibung sinken von Jahr zu Jahr.

Arbeitsintensität: Durch entsprechende Tarifabschlüsse steigen die Löhne und Gehälter, während der Umsatz nicht im gleichen Maße gesteigert werden kann. Neueinstellungen, die nicht bzw. noch nicht zu entsprechenden Umsatzausweitungen geführt haben.

c) In den Posten betriebliche Erträge und betriebliche Aufwendungen sind betriebsfremde, periodenfremde und außerordentliche Aufwendungen und Erträge enthalten, die z. B. bei den betrieblichen Erträgen nicht der Gesamtleistung zugerechnet werden sollten.

Die Steuerposten können, nur dann in abzugsfähige (Betriebs-)Steuern und in nicht abzugsfähige Steuern aufgeteilt werden, wenn die interne GuV-Rechnung vorliegt.

Vorteile: Die „echte" betriebliche Gesamtleistung (= Gesamtertrag) liegt vor, wenn die Vergleichbarkeit mit Nichtkapitalgesellschaften gewährleistet ist.

d) *Diagnosefunktion:* Aufnahme des derzeitigen Standes, auch im Vergleich mit den Zahlen vergangener Abschlüsse.

Prognosefunktion: Aus den Zahlen der Diagnose soll auf künftige Auswertungszahlen geschlossen werden. Hier ist auch der Lagebericht eine Hilfe, der z. B. auf mögliche Veränderungen beim Aufwand für Personalkosten und Material bzw. auf konjunkturelle Schwankungen hinweist. Schlüsse auf künftige Auswertungszahlen sind möglich.

e) Die Kritiker stellen zu Recht fest: Im Gesamtertrag (Band 1 S. 546) sind nur Verkaufspreise und Herstellungskosten enthalten. Die „sonstigen betrieblichen Erträge" sind ein Sammelsurium (siehe auch c)).

7. **Beispiel Daimler-Chrysler:** „Normalfall", d. h. die Ursachen der Gewinnentstehung ergeben insgesamt 100 %.

Beispiel Hoch-Tief:

Gewinn vor Steuern	103 941
35,7 % negative Ergebnisse (24,8 + 10,9)	− 37 107
135,7 % positive Ergebnisse (Finanzergebnis)	+ 141 048
100 % = Gewinn vor Steuern	+ 103 941

a) *Daimler-Chrysler:* Relativ hohes Finanzergebnis. Damals noch unbedeutendes Beteiligungsergebnis. Daher kann unter Beachtung der Steuern wohl davon ausgegangen werden, dass die Gewinnausschüttung vom Finanzergebnis getragen wird.

b) *VIAG:* Neben dem negativen Finanzergebnis wird das Gesamtergebnis vor allem vom außerordentlichen Ergebnis geprägt, d. h. es müssen Verluste großen Ausmaßes entstanden sein, die im Anhang zu nennen sind. Trost: Das negative außerordentlich Ergebnis kann einmalig sein.

c) *Krupp:* Das Betriebsergebnis ist positiv, muss aber die übrigen negativen Ergebnisse, vor allem das (hoffentlich) einmalige außerordentliche Ergebnis abdecken.

d) *Preußag:* Positive Gesamtentwicklung. Angemessene Verschuldung. Außerordentliches Ergebnis sollte im Detail bekannt sein (einmalig oder auf Dauer?).

e) *Hoch-Tief:* Völlige Abhängigkeit vom Finanzergebnis, das wohl von lukrativen Beteiligungen herrührt (s. obige Berechnung).

f) *Neckarwerke:* Kleinere Belastung durch die Beteiligungen (Verlustübernahmen?), aber auch recht positives Betriebsergebnis kompensiert. Hohe Belastung durch Finanzergebnis.

g) *Bergmann:* Von der betrieblichen Seite her kann nur eine ungünstige Prognose gestellt werden, zumal davon auszugehen ist, dass das positive außerordentliche Ergebnis einmalig ist. „Umstellung" auf „Finanztransaktionen" ist zu empfehlen.

5.2.2.3 Rentabilität

Kontrolle

1. a) Rentabilität der Kapitalien

Eigenkapital, Vorjahr (Klammerzahlen Mio. €):

$$108\ 000\ (80 + 1,6 + 6,4 + 22 - 2) \quad = \quad 100,0\ \%$$
$$14\ 800 \qquad\qquad\qquad\qquad\quad = \quad13,7\ \%$$

Zu kürzen um die Zuweisung („Einstellung in")zu den anderen Gewinnrücklagen 2, die erst Mitte des Vorjahres zugewiesen worden sind.

Kapitalrücklage und gesetzliche Rücklage zusammen 10 % = 8 000 (siehe AktG § 150 Abs. 2) des gezeichneten Kapitals (im AktG als Grundkapitel bezeichnet).

Eigenkapital, Berichtsjahr (Klammerzahlen sind Mio. €):

$$140\ 000\ (100 + 11,6 + 6,4 + 23,5 - 1,5) = \quad 100,0\ \%$$
$$7\ 500 \qquad\qquad\qquad\qquad\qquad = \quad5,4\ \%$$

Zuweisung zu den anderen Gewinnrücklagen 1,5 kürzen wie im Vorjahr, da erst am Ende des Berichtsjahres zugewiesen. Wenn die Kapitalerhöhung in der Mitte des Berichtsjahres erfolgt, dann dürfte streng genommen nur die Hälfte von 20 000 (Nominalkapital) bzw. die Hälfte des Agio von 10 000 verzinst werden.

Nicht die Aufgabe gefragt, aber hier gelöst:

Fremdkapital, Vorjahr:		Fremdkapital, Betriebsjahr:	
180 000	= 100,0 %	210 000	= 100,0 %
9 600 (Zinsaufwand)	= 5,33 %	16 800	= 8,0 %

Deutliche Erhöhung der Zinsbelastung und damit Gläubigerabhängigkeit (wenn die 16 800 nur auf das langfristige Fremdkapital bezogen, dann sogar 10,5 %).

Gesamtkapital, Vorjahr:			Gesamtkapital, Berichtsjahr:	
288 000,00		= 100,0 %	350 000	= 100,0 %
24 400 Zinsaufwand + Jahresüberschuss	= 8,5 %	24 300	= 6,9 %	

Ergebnis:

Im Vorjahr „lohnt" sich die Aufnahme von Fremdkapital, da die Verzinsung des Eigenkapitals überwiegt = Indiz für die Möglichkeit Gewinn bringender Anlage, auch von Fremdkapital. Im Berichtsjahr umgekehrt: Hohe Fremdkapitalzinsen bei unbefriedigender Eigenkapitalverzinsung drücken das Ergebnis und zeigen Gefahr von Abhängigkeit.

Umsatz, Vorjahr:	Umsatz, Berichtsjahr:
14 800 sind 2,3 % von 640 000	7 500 sind 1,34 % von 560 000

Die Umsatzreduktion ist von einer überproportionalen Senkung der Umsatzrentabilität begleitet. Hohe fixe Kosten können sich ausgewirkt haben. Ein endgültiges Urteil ist nur dann möglich, wenn die gesamtwirtschaftliche Entwicklung bzw. die durchschnittlichen Branchenzahlen bekannt sind. Ferner Orientierung in der Kostenrechnung.

L

b) **Kurs/Gewinn-Verhältnis**, auch als Price-Earnings Ratio bezeichnet[1]

Vorjahr:

$$\frac{\text{Jahresüberschuss } 14\,800\,000}{\text{Anzahl Aktien } 16\,000\,000} = 0{,}925 \quad \text{Gewinn je Aktie}$$

$$\frac{\text{Kurs } 25}{\text{Gewinn je Aktie } 0{,}925} = 27{,}03 \quad \text{Kurs/Gewinn-Verhältnis}$$

Berichtsjahr:

$$\frac{7\,500\,000}{20\,000\,000} = 0{,}375 \quad \text{Gewinn je Aktie}$$

$$\frac{15}{0{,}375} = 40 \quad \text{Kurs/Gewinn-Verhältnis}$$

Zusätzliche Überlegung (Information):

Vorjahr: 0,80 € Dividende
0,80 sind 3,4 % (effektive Verzinsung) des Kurswertes 25

Berichtsjahr: 0,30 € Dividende
0,30 sind 2 %, (effektive Verzinsung) des Kurswertes 15

Ergebnis:

Die Verschlechterung des KGV um etwa 50 % wird von einer (entsprechenden) Senkung der effektiven Verzinsung um 37,5 % begleitet. Diese „Parallelentwicklung" braucht dann nicht einzutreten, wenn der Kurs der Aktien von Gesichtspunkten beeinflusst wird, die nicht unmittelbar gewinnabhängig sind, wie spekulative Momente, Zukunftsentwicklungen, allgemeiner Konjunkturtrend, politische Entscheidungen. Auf lange Sicht dürfte jedoch immer eine parallele Entwicklung eintreten, weil der Ertrag die entscheidende Beurteilungsposition ist.

c) **RoI (Kapitalertragszahlen)**

Vorjahr:

$$\frac{14\,800 \cdot 640\,000}{640\,000 \cdot 302\,800^2} \qquad \begin{aligned} 14\,800 &= \text{Jahresüberschuss} \\ 640\,000 &= \text{Umsatz(erlöse)} \end{aligned}$$

$$0{,}0231 \cdot 2{,}1136 = 0{,}0488$$

---

[1] In steigendem Maß bürgert sich statt „Price-Earning Ratio" der deutsche Begriff Kurs/Gewinn-Verhältnis (abgekürzt KGV) ein. Hier eine relativ teure Aktie.
Gleichzeitig hat das KGV in Analysen und Aktionärsberatungen („Wie teuer ist die Aktie wirklich?") eine größere Bedeutung als bisher gewonnen.

[2] Eigenkapital + Fremdkapital + Bilanzgewinn = Gesamtkapital; im Vorjahr (80 000 + 1 600 + 6 400 + 22 000 + 12 800 + 120 000 + 60 000) bzw. im Berichtsjahr: (100 000 + 11 600 + 6 400 + 23 500 + 6 000 + 160 000 + 50 000). Summe = Gesamtkapital

Berichtsjahr:

$$\frac{7\,500 \cdot 560\,000}{560\,000 \cdot 357\,500^1} \qquad \begin{aligned} 7\,500 &= \text{Jahresüberschuss} \\ 560\,000 &= \text{Umsatz(erlös)} \end{aligned}$$

$$0{,}0134 \cdot 1{,}566 = 0{,}021$$

Beurteilung:

Umsatzgewinn und Kapitalumschlag haben sich verschlechtert (kumulative Wirkung auf RoI); in stärkerem Maß der Umsatzgewinn (um etwa 50 %), offenbar durch die überproportional angestiegenen Fremdkapitalzinsen. Die Auswirkung der Kapitalerhöhung mit (sicher) entsprechenden Investitionen fand nicht oder noch nicht in einem gestiegenen Umsatz mit entsprechender Umschlagshäufigkeit des Kapitals seine Auswirkung. Offenbar sind Innovationen und Investitionen zu lange aufgeschoben worden.

2.

	Bilanz	GuV
a)	Eigenkapital + Fremdkapital	Jahresüberschuss + Fremdkapitalzinsen
b)	Eigenkapital (gezeichnetes Kapital + Rücklagen + Gewinnvortrag)	Jahresüberschuss
c)	–	Jahresüberschuss, Umsatz

3. a) Der Zinsaufwand ist die Vergütung für das Fremdkapital.

   b) Zinsfreies Fremdkapital, wie Lieferantenverbindlichkeiten, Wechselschulden, wird zugerechnet. Allerdings kann der nicht beanspruchte Skonto als Zinsverlust angesehen werden, z. B. eine Verbindlichkeit von 33 000,00 €, bei der ein Skonto von 2 % aus 33 000,00 € = 660,00 € nicht abgezogen wird, ist mit Zinsen von 660,00 € „belastet". Wird Skonto abgezogen, so erhöht der Skontobetrag den Gewinn. Bei exakter Berechnung der Fremdkapitalzinsen müsste man demnach nicht abgezogene Liefererskonti den Fremdkapitalzinsen zuschlagen. Der Zinssatz des Fremdkapitals würde sich hierbei nach oben verschieben, weil der Skontosatz einem Jahreszinssatz von 20 bis 50 % (je nach Liefererkonditionen) bei den Verbindlichkeiten aus Lieferung und Leistung entspricht. Man müsste den Anteil der nicht mit Skonto bezahlten Verbindlichkeiten (Anfangsbestand) feststellen. Aus Vereinfachungsgründen werden die Skonti nicht beachtet.

   c) Finanzierung: Eigenkapital zu niedrig ausgewiesen (scheinbar negative Erscheinung) Rentabilität: Prozentsatz zu hoch, weil Eigenkapital (= 100 %) niedrig ausgewiesen (scheinbar positive Entwicklung).

4. a) **OHG**

Gewinn	414 000,00 €
– Unternehmerlohn (12 · 2 · 7 000)	168 000,00 €
bereinigter Gewinn = Zinsen auf das am 01.01.2006 eingesetzte Kapital	246 000,00 €
1 600 000,00 (Kapital A + B am 01.01.2006) =	100,000 %
246 000,00 =	15,375 %

---

[1] Eigenkapital + Fremdkapital + Bilanzgewinn = Gesamtkapital; im Vorjahr (80 000 + 1 600 + 6 400 + 22 000 + 12 800 + 120 000 + 60 000) bzw. im Berichtsjahr: (100 000 + 11 600 + 6 400 + 23 500 + 6 000 + 160 000 + 50 000). Summe = Gesamtkapital

Andere Version der Lösung:

Die Bilanz wird als die Bilanz des Berichtsjahrs, also auf den 31.12.20.. angesehen, Entnahmen und Einlagen 20.. sind beachtet, der Gewinn 20.. ist auf die Kapitalkonten A und B umgebucht worden. In diesem Falle ist zunächst das Eigenkapital zum 01.01.20.. zu berechnen.

Kapitalstand am 31.12.2006		1 600 000,00 €
+ Entnahmen	120 000,00 €	
– Einlagen	80 000,00 €	+ 40 000,00 €
– Gewinn 20..		– 414 000,00 €
Kapitalstand am 01.01.2006		1 226 000,00 €
1 226 000,00 €	=	100,00 %
246 000,00 €	=	20,07 %

b) **KG**

Berechnung des Kapitals am 01.01.2006:

Kapitalstand am 31.12.20.. (800 + 1 200 + 1 000 + 160)		3 160 000,00 €
– ausstehende Einlage (300 000,00 € + 150 000,00 €)		450 000,00 €
		2 710 000,00 €
+ Entnahme Komplementär		120 000,00 €
		2 830 000,00 €
– Gewinnanteil (493 800 – 150 000 – 180 000)		163 800,00 €
Kapitalstand am 01.01.2006		2 666 200,00 €

Zinsen auf das eingesetzte Kapital:

Gewinn laut GuV-Rechnung		493 800,00 €
– Unternehmerlohn (12 · 9 000,00 €)		108 000,00 €
+ Darlehenszinsen 10 % v. 160 000,00 €) = Gewinn B		16 000,00 €
Zinsen auf das eingesetzte Kapital		401 800,00 €
2 666 200,00 €	=	100,00 %
401 800,00 €	=	15,07 %

Erläuterungen:

- *Kapitalberechnung:*
  Die ausstehende Einlage ist nach dem Stand vom 01.01.20.. zu kürzen.
  Die Entnahmen A sind mit Kapital A zum 31.12.20.. verrechnet worden, also Addition. Der Gewinnanteil A ist auf den 31.12.20.. dem Kapitalkonto zugebucht worden, also Subtraktion. Darlehen B (160 000,00 €) ist als zusätzliches Kapital anzusehen (siehe Zinsen auf Darlehen B).
- *Zinsberechnung:*
  Der Gewinn ist um den Unternehmerlohn zu kürzen. Die Zinsen auf Darlehen B sind zusätzlicher Gewinn.

5. a) **Eigenkapital:**

112 000,00	=	7 % von 1 600 000,00

Gesamtkapital:

2 000 000,00 (1 600 000 + 400 000)	=	100,2 %
144 000,00 (112 000 + 32 000[1])	=	7,2 %

---

[1] 8 % von 400 000,00 = 32 000,00

Umsatz:

3 000 000,00	=	100,000 %
112 000,00	=	3,733 %

b) **Eigenkapital:**

54 Mio.	=	15,43 % von 350 Mio.

Gesamtkapital:

1 200 Mio.	=	100,000 %
130,5 Mio. (54 Mio. + 9 % von 850 Mio. = 76,5 Mio.)	=	10,875 %

Umsatz:

54 Mio.	=	2 % von 2 700 Mio.

Verzinsung des langfristigen Fremdkapitals (Zusatzfrage):

Fremdkapital	850		
kurzfristiges (unverzinsliches!) Fremdkapital	340		
langfristiges Fremdkapital	510	=	100 %
Zinsen (9 % von 850,00)	76,5	=	15 %

Hinweis: Beim Vergleich von Nichtkapitalgesellschaften mit Kapitalgesellschaften muss der Gewinn vor Berechnung der Rentabilität vergleichbar gemacht werden. Aber auch Verfeinerung bei Kapitalgesellschaften möglich.

Nichtkapitalgesellschaften		Kapitalgesellschaften
Gewinn		Jahresüberschuss
– Unternehmerlohn		+ nicht abzugsfähige Steuern
angepasster Gewinn	=	angepasster Gewinn

Vertiefung

6. **Unternehmung A:**

Die hohe Verzinsung des Fremdkapitals zieht trotz niederer Eigenkapitalrendite die Gesamtkapitalrendite in die Höhe. Risiko bei hohem Fremdkapitalanteil.

In diesem Rahmen ein Zahlenbeispiel: Eigenkapital 10 000 000,00 €. Wie hoch ist das Fremdkapital, wenn die Fremdkapitalrendite angenommene 12 % beträgt?

$$\frac{1,7}{100} \cdot 10\,000\,000 + \frac{12}{100}\,x = \frac{5,8}{100}\,(10\,000\,000 + x)$$

$$x = 6\,612\,903 \text{ (Fremdkapital)}$$

Probe:

12 % von	6 612 903	=	793 548
1,7 % von	10 000 000	=	170 000
	16 612 903		963 548
5,8 % von	16 612 903	=	963 548

Unternehmung B:

Entweder Eigenkapital aufgezehrt oder Verlustjahr; die Zinsbelastung auf Fremdkapital bleibt. Hohe Fremdkapitalzinsen, weil in den 10 % das zinsfreie Fremdkapital mit einbezogen ist. Die hohen Fremdkapitalzinsen können den Verlust verursacht haben.

Unternehmung C:

Eigen- und Fremdkapitalrendite entsprechen sich. Im Übrigen offenbar florierende Unternehmung, die sich jedoch im Hinblick auf evtl. kommende magere Jahre (mit fixen Fremdkapitalzinsen) jetzt schon mit dem Abbau des Fremdkapitals bzw. dessen extrem hoher Zinsbelastung (siehe Umschuldung) befassen müsste. Dazu Stärkung der Liquidität notwendig; nicht nur auf Geschäftsausweitung achten.

Unternehmung D:

Die günstige Kreditaufnahme zeigt sich dadurch, dass das eingesetzte Eigenkapital 12 % Verzinsung erbringt, das Fremdkapital aber offenbar erheblich billiger zu erhalten ist. Unter Beachtung der Gläubigerabhängigkeit kann eine weitere Kreditaufnahme empfohlen werden.

Im Rahmen der Zahlen von Unternehmung D ein **Zahlenbeispiel**: Fremdkapital 600 000,00 €, Fremdkapitalrendite 6 %. Wie hoch ist das Eigenkapital, wie hoch ist der Reingewinn?

Lösung mit „Mischungsrechnung"

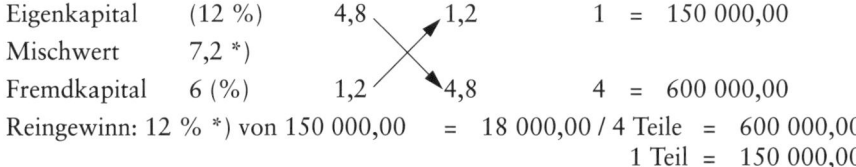

Eigenkapital	(12 %)	4,8	1,2	1	=	150 000,00
Mischwert	7,2 *)					
Fremdkapital	6 (%)	1,2	4,8	4	=	600 000,00

Reingewinn: 12 % *) von 150 000,00   =   18 000,00 / 4 Teile = 600 000,00

1 Teil = 150 000,00

Andere Lösung:

$$36\,000 + \frac{12}{100}\, x = \frac{7,2}{100}\,(600\,000 + x)$$

$$x = 150\,000 \text{ (Eigenkapital)}$$

7. Die Darstellung zeigt in allen vier Jahren negative Risikoprämien oder, anders ausgedrückt, unter Beachtung des höheren Risikos bei Einsatz von Eigenkapital müssten die Kurven spiegelbildlich verkehrt sein, z. B. so (gestrichelter Verlauf jetzt oben):

Eigenkapitalrenditen

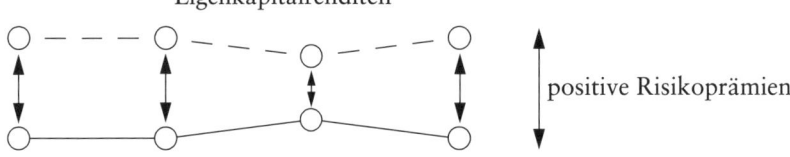

positive Risikoprämien

Fremdkapitalrenditen

Zu beachten ist, dass das Fremdkapital im Allgemeinen besonders gesichert ist (Gläubigerschutz).

Ergebnis:

Die Überschrift stimmt.

Die Differenzen zwischen Eigen- und Fremdkapitalrenditen sollten positiv sein; damit der Einsatz von Risikokapital attraktiv bleibt.

Auf längere Sicht wird eine negative Risikoprämie dazu führen, dass Investitionen im Bereich des AV reduziert werden. Damit wird letztlich auch der Spielraum für langfristiges Fremdkapital verkürzt (z. B. in Form der Ausgabe von festverzinslichen Wertpapieren).

Politische Einflüsse und Veränderungen in der Mentalität der Anleger müssten sicher mit beachtet werden, wenn nach Gründen für die Entwicklung der betroffenen Jahre gefragt wird.

8. a) Die Aktien sind „teurer" geworden. Offenbar hat die Börse auf eine positive Entwicklung reagiert, die sich auch auf die Prognosen erstreckt.

   Vielleicht war auch das Ergebnis des Vorjahres eher auf betriebsfremde, periodenfremde oder außerordentliche Einflüsse bzw. auf das günstige Finanzergebnis zurückzuführen, während der Jahresüberschuss des Berichtsjahres vor allem aus betrieblicher Tätigkeit bestritten wird.

   b) Bei den angegebenen KGVs kann davon ausgegangen werden, dass schon das Ergebnis des Vorjahres und noch mehr das Ergebnis des Berichtsjahres niedrig gewesen ist. Sicher lauten auch die Prognosen ungünstig, (trotz des günstigen KGV), die Kurse sinken.

   c) Die AG hat 420 000 Aktien.

   Vorjahr:

   $$\text{Gewinn je Aktie} = \frac{10\ 500\ 000}{8\ 400\ 000} \qquad\qquad = 1,25\ €$$

   $$\text{Gewinn je Aktie } 1,25 \cdot \text{KGV } 14 \qquad\qquad = 17,50 \text{ Börsenkurs}$$

   Berichtsjahr:

   $$\text{Gewinn je Aktie} = \frac{6\ 300\ 000}{8\ 400\ 000} \qquad\qquad = 0,75\ €$$

   $$\text{Gewinnt je Aktie } 0,75 \cdot \text{KGV } 10 \qquad\qquad = 7,50 \text{ Börsenkurs}$$

   Der Jahresüberschuss ist um 40 % gesunken: Diese Entwicklung findet ihren Ausdruck im gesunkenen Kurs (Kursverlust für Aktionäre). Der Kurssturz muss aber noch andere Ursachen haben.

   Andererseits ist jedoch zu beachten, dass für Käufer, die im Berichtsjahr kaufen, der Jahresüberschuss 10 % des Börsenkurses beträgt, während im Vorjahr die entsprechende Zahl nur 7,14 % beträgt. Die Aktie ist, auch vom KGV her gesehen, billiger geworden.

9. a) $0,02\ x = 0,08$

   $\qquad x = 4$

   Die Kapitalumschlagsziffer muss auf 4 gesteigert werden. Möglichkeiten und Maßnahmen dazu:

   1. **Umsatzsteigerung** auf 512 000 000,00 € (= 4 · 128 000 000,00 €). Der Betriebsgewinn von 6 400 000;00 € muss dann entsprechend steigen (möglich durch gleich bleibende K_f bei steigendem Umsatz), damit die Umsatzrendite erhalten bleibt.

   $320\ 000 : 6\ 400 = 512\ 000 : x$

   $\qquad\qquad x = 10\ 240$ (neuer Betriebsgewinn 10 240 000,00)

   Maßnahmen:

   Steigerung des Umsatzes durch Werbemaßnahmen, aber auch Preisherabsetzungen sind möglich, weil bei höherem Umsatz die fixen Kosten je 1,00 € Umsatz (bisher 30 % des Gesamtumsatzes) kleiner werden.

Versuch einer Berechnung der Preissenkung (Beträge in 1 000 €):

Umsatz bisher	320 000
davon proportionale Kosten 70 %	224 000
Deckungsbeitrag	96 000
Betriebsgewinn	6 400
Fixe Kosten	89 600

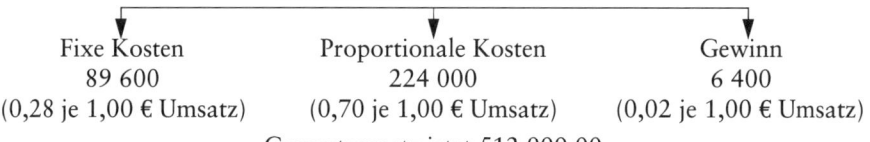

Gesamtumsatz bisher 320 000

Fixe Kosten	Proportionale Kosten	Gewinn
89 600	224 000	6 400
(0,28 je 1,00 € Umsatz)	(0,70 je 1,00 € Umsatz)	(0,02 je 1,00 € Umsatz)

Gesamtumsatz jetzt 512 000,00

Fixe Kosten	Proportionale Kosten
89 600	358 400
(0,175 je 1,00 € Umsatz)	(0,7 je 1,00 € Umsatz)

zusammen 0,875 Kosten je 1,00 € Umsatz (0,175 + 0,70), bisher 0,98 (0,28 + 0,70), also kann der Preis entsprechend gesenkt werden, denn der Gewinn braucht nur 10 240,00 zu betragen und nicht 512 000.00 · 0,125 (1,00 − 0,875) = 64 000,00 €.

Gewinnsenkung:

K (89 600 + 358 400)	448 000,00
+ G	10 240,00
U jetzt	458 240,00
U bisher	512 000,00
Differenz (= 10,5 % Preissenkung)	53 760,00

2. **Reduktion des Gesamtkapitals** auf 80 000,00 €, denn:

$$\frac{320\,000}{80\,000} = 4$$

Der Abbau von 48 000,00 eingesetzten Kapitals (Eigen- bzw. Fremdkapital) ist nur dann möglich, wenn Kapitalfehlleitungen („totes Kapital") erkannt werden (nicht bzw. schlecht ausgenutzte Anlagen, zu hohe Vorratsbestände u. a.) bzw. Beteiligungen, auch Wertpapiere (nicht betriebsnotwendiges Kapital) abgestoßen werden.

b) 10 240,00 Betriebsgewinn sind notwendig, der Umsatz wird gleich x gesetzt.

$$0{,}7\,x + 89\,600 + 10\,240 = x$$
$$x = 332\,800$$

Probe:

$$\frac{10\,240}{332\,800} \cdot \frac{332\,800}{128\,000}$$

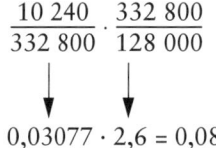

$$0{,}03077 \cdot 2{,}6 = 0{,}08$$

c) $\qquad 2,5 \ x = 0,08$

$\qquad\qquad x = 0,032$

$$\frac{x}{320\ 000} = 0,032$$

$\qquad\qquad x = 10\ 240$

6 400,00 + 60 % = 10 240,00, also Steigerung um 60 %

Reduktion der proportionalen Kosten:

Umsatz		320 000
– fixe Kosten	89 600	
– Gewinn	10 240	99 840
proportionale Kosten		220 160

bisher 224 000,00, also Senkung um 1,69 %

d) $\dfrac{\text{Umsatz}}{\text{Gesamtkapital}}$ = Zahlen aus dem Schema

Die AG selbst hinkt hinter der „Gruppe" her. Die Gründe liegen wohl darin, dass bei der „Gruppe" I LG Handelsbetriebe integriert sind (der Handelsbetrieb kommt mit weniger Kapital aus, d. h. er hat einen schnelleren Kapitalumschlag).

Im Ganzen ansteigende Tendenz, d. h. es gelingt der I LG-Gruppe offenbar, das Gesamtkapital immer besser zu nutzen (Rationalisierung, Abbau unnötigen Eigen- bzw. Fremdkapitals, z. B. durch Reduzieren der Lagerbestände und Verkauf nicht betriebsnotwendiger Vermögensteile, siehe JIT-Produktion (JIT = just in time), d. h. Verlagerung der Lagerhaltung auf die Lieferer, bei denen aber dann höhere Kosten entstehen, deren Abwälzung auf die Kunden versucht bzw. notwendig wird.

Risiken von JIT bei Streiks!

10. a) Nicht beanspruchter (abgezogener) Liefererskonto kann als Fremdkapitalzinsen (Zinsen auf den Bareinkaufspreis) angesehen werden. Wenn diese Beträge in einer Abrechnungsperiode erfasst würden, so könnten sie in einer verfeinerten Rechnung den effektiv gezahlten Fremdkapitalzinsen zugeschlagen werden. Im Allgemeinen entspricht der Skonto einem recht ansehnlichen Zinsfuß.

Beispiel:

Konditionen: 3 % Skonto bei Zahlungen innerhalb 10 Tagen, 30 Tage netto Kasse.

Lösung: (vereinfachte Rechnung)

Angenommener Rechnungsbetrag	100,00 €
– Skonto 3 % (= Zinsen für 20 Tage)	3,00 €
Zahlung (= verzinstes Kapital)	97,00 €

Zinsfuß = $\dfrac{3 \cdot 100 \cdot 360}{97 \cdot 20}$ = 55,67 (%)

b) Der als Prozentsatz des Kapitals ausgedrückte Jahresüberschuss bzw. Summe aus Jahresüberschuss und Fremdkapitalzinsen entsteht während der Abrechnungsperiode und steht dann als zusätzliches Kapital zur Verfügung. Wenn wir davon ausgehen (was

645

nicht der Wirklichkeit entsprechen muss), dass Jahresüberschuss (und Zinsen) gleichmäßig zuwachsen, dann ist die Mittelwertrechnung genauer, als wenn wir das Anfangskapital als Grundlage nehmen.

c) Der Gewinn von Nichtkapitalgesellschatten muss um einen angemessenen Unternehmerlohn gekürzt, der Gewinn der Kapitalgesellschaften um die nicht abzugsfähigen Steuern,
also Körperschaft- und Vermögensteuer (übrigens auch um die Spenden), erhöht werden.

d) Die Verzinsung des Eigenkapitals steigt, weil vom aufgenommenen Fremdkapital ein
Teil seiner Verzinsung an den/die Gläubiger abgeführt werden muss. Das Risiko liegt
darin, dass bei umgekehrten Vorzeichen die Fremdkapitalzinsen ohne Rücksicht auf die
Lage der Unternehmung in der abgesprochenen Rendite hervorrufen. Eigenkapital
kann im Gegensatz zum Fremdkapital auch zinslose (dividendenlose) Jahre „verkraften". Zu achten ist auch auf mögliche Liquiditätsprobleme bei Fremdkapitaltilgung
und Zinszahlung.

e) Der erhöhte Umsatz führt deshalb nicht zu einem verbesserten Satz der Rentabilität,
weil die Kosten stärker gestiegen sind.

Eine gegenteilige Entwicklung wäre denkbar, wenn die Unternehmung unrentable
Abteilungen stillgelegt bzw. Beteiligungen mit ständig negativem Finanzergebnis abgestoßen hätte. Auch andere sinnvolle Aussagen!

f) Auch beim KGV könnte der Gewinn je Aktie als Prozentsatz, in diesem Fall des Börsenkurses, ausgedrückt werden. Aber beim KGV gehen wir vom anteiligen Jahresüberschuss (je Aktie) aus, während bei der Effektivverzinsung die Bruttodividende als Prozentsatz des Kaufpreises der Aktie (= damaliger Börsenkurs beim Kauf) ausgedrückt
wird. Bei der Bruttodividende sind also Zuweisungen zu den Rückladen abgezogen
bzw. Einstellungen aus den Rücklagen zugezählt worden.

11. a) 4 (2 + 1) + 1 · (2 + 1) + 1 · (2 + 1) dies entspricht
4 · (80 + 12) + 2 · 28 + 20 + 2 · 18 + 10 = 490

b) Bei Einigkeit über Berechnung und Gewichtung kann „Gesamtscore" als Vergleichszahl verwandt werden. Folgende Unternehmungsziele werden repräsentiert:

Kapitalverzinsung und Umsatzrendite, die maximiert werden sollen;

Erreichen einer günstigen Kapitalstruktur (möglichst hoher Eigenkapitalanteil) und
Erhöhung der Zahlungsbereitschaft (angemessener, auch nicht zu hoher) Anteil der
flüssigen Mittel am Gesamtvermögen;

permanentes Wachstum, wobei sicher die absoluten Zahlen inflationsbereinigt sein
müssen.

c) Doppelgewichtung: Innerhalb der drei Bereiche werden die Verzinsung des Eigenkapitals, der Anteil des Eigenkapitals und die Bilanzsumme (Anwachsen der Vermögensgegenstände) als besonders wichtig angesehen.

Faktor 4: Eindeutig im Vordergrund steht die Rentabilität, offenbar aus der Überlegung
heraus, dass sich Sicherheit und Wachstum „automatisch" daraus ergeben können.

Informationen zur Kapitalrentabilität (aus Kerth/Wolf, Bilanzanalyse und Bilanzpolitik)
„Du Pont-System" (Aufgliederung der Positionen von RoI)

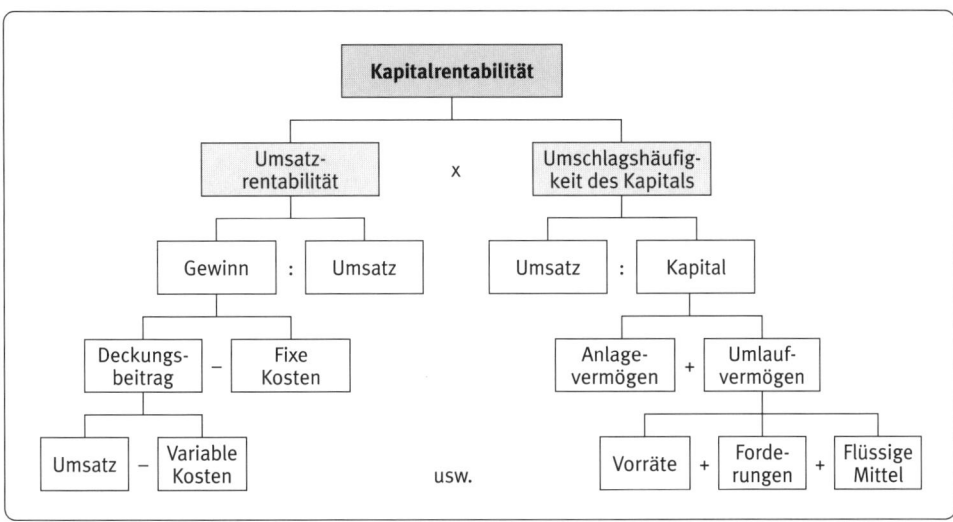

L

12. a) „Umsatzrentabilität" mit „$\dfrac{\text{Gewinn}}{\text{Umsatz}}$" und „Umschlagshäufigkeit" mit „$\dfrac{\text{Umsatz}}{\text{Kapital}}$" sind auf gleicher Höhe angeordnet und mit einem Multiplikationszeichen (x) verbunden.

   b) „Von unten her" gerechnet und bezogen auf mehrere Artikel werden Deckungsbeiträge ermittelt. Die K_f können „en bloc" (einstufig) abgezogen werden. Ebenso ist eine Aufteilung der K_f (mehrstufig) möglich.

   c) Das angefügte System ist von der Finanzbuchhaltung abgeleitet.

5.2.2.4 Cashflow und Kapitalflussrechnung; Berechnung des Cashflow aus einer angepassten und vereinfachten GuV-Rechnung

Kontrolle

1. a) Direktes Verfahren:

Einnahmewirksame Erträge	1 200
Ausgabewirksame Aufwendungen	800
Cashflow	400

   Indirektes Verfahren (Praktikerformel):

Jahresfehlbetrag	– 200
Ausgabelose Aufwendungen	+ 700
Einnahmelose Erträge	– 100
Cashflow	400

   b) Die Höhe des Cashflow ist sehr positiv zu bewerten. 90 % der geplanten Investitionen (400 von 445 = 90 %) werden „von innen" finanziert. Nur 10 % der Mittel müssen „von außen" beschafft werden.

   $$\text{Cashflow-Umsatzrate} = \frac{0{,}4\,\text{Mrd.} \cdot 100}{1\,\text{Mrd.}} = 40\,\%$$

2. Formel für die Berechnung des Jahresüberschusses aus dem Bilanzgewinn:

Bilanzgewinn
– Entnahmen aus den Rücklagen
+ Zuweisungen zu den Rücklagen
– Gewinnvortrag + Verlustvortrag
= Jahresüberschuss

Berechnung des Jahresüberschusses im Berichtsjahr:

Jahresüberschuss	8 700
Gewinnvortrag	300[1]
	9 000
Einstellung in andere Gewinnrücklagen[2]	7 000
Bilanzgewinn	2 000

Berechnung des Cashflow:

Jahresüberschuss	8 700
Abschreibung Sachanlagen	21 000
Erhöhung langfristiger Rückstellungen	1 500
Cashflow insgesamt	31 200

daraus **Cashflow je Aktie**, ausgehend vom Grundkapital des Vorjahres:

$$\frac{40\ 000\ 000}{50} = 8\ 000\ 000 \text{ Aktien}$$

$$\frac{31\ 200\ 000}{8\ 000\ 000} = 3{,}90 \text{ € je Aktie}$$

Für Berichtsjahr: 10 000 000 Aktien und 3,12 Cashflow (Aktie)

Hinweis auf Abschreibung als Bestandteil des Cashflow:

- Sachanlagen, einkalkuliert,
- Finanzanlagen, nicht einkalkuliert, kürzt aber als Aufwand den Ertrag und die ertrags-abhängigen Steuern.

Im Allgemeinen wird dieser Unterschied nicht beachtet, d.h. die gesamten Abschreibungen auf AV werden als Bestandteil des Cashflow angesehen.

---

[1] Bilanzgewinn Vorjahr   6 700
Dividende 8 000 000 Aktien · 0,80 €   6 400
Gewinnvortrag in das Berichtsjahr   300

[2] Offenbar Beschluss der Hauptversammlung, den anderen Gewinnrücklagen einer überhöhten Betrag zuzu-weisen. Die Zuweisung zur Kapitalrücklage stammt aus der Kapitalerhöhung: Ausgabekurs der jungen Aktien.

Kapitalerhöhung	10 000 000 €
Agio	8 000 000 €
zusammen	18 000 000 €

Ausgabekurs: 18 000 000 : 2 000 000 Aktien = 9,00 €
Kapitalerhöhung (4 : 1) hat keine Auswirkung auf die Berechnung des Cashflow.

Beurteilung (Cashflow und Finanzierung der Unternehmung):

Cashflow		31 200
Investitionen Sachanlagen	54 600	
Investitionen Beteiligungen	3 000	
Investitionen Umlaufvermögen	2 400	
Schuldentilgung (kurzfristige Rückstellung)	1 500	
Mögliche Dividende (0,20 € je Aktie, 10 000 Stück)	2 000	63 500
Deckungslücke (Überhang)		32 300

Ausgleich der Deckungslücke durch:

Erhöhen lang- und kurzfristiger Verbindlichkeiten	10 000	
aus Kapitalerhöhung (10 000 + 8 000)	18 000	
Gewinnvortrag (nicht ausgeschütteter Bilanzgewinn; 6 700 – Dividende 6 400)	300	
Abgänge beim AV[1]	8 700	37 000
Überhang	4 700	

Eigen- und Fremdfinanzierung waren erforderlich, um die Erweiterungsinvestitionen zu finanzieren. Daneben ist das „Opfer" der Aktionäre zu beachten (siehe hohe Gewinnrücklagen und entsprechend niedriger Bilanzgewinn). Die Fremdverschuldung hat nur unbedeutend zugenommen. Verbindlichkeiten Zunahme 10 000 000 €, kurzfristige Rückstellungen Abgang 1 500 000 €, also effektiv 8 500,00 €. Es bleibt dann ein Deckungsüberhang (freie Mittel). Interessant wäre jetzt zu beobachten, wie sich die Investitionen auf den Cashflow der Folgejahre auswirken.

3. **Vergleich von Darstellungen zu Cashflow und Investitionen**

   a) **Rheinstahl AG:**

   Die Deckungslücke in den schwierigen Jahren 2002 und 2004 ragt heraus. Nur mit weiterer Verschuldung konnten die Investitionen aufgebracht werden: Dividendenlosigkeit in diesen Jahren.

   b) **Chemiegruppe AG:**

   Es fällt auf, dass der Großteil des Cashflow aus Abschreibungsbeträgen besteht, die kontinuierlich ansteigen und insofern ein sicheres Finanzierungsmittel darstellen. Demgegenüber sprunghafte Entwicklung der Erträge (Jahresüberschüsse), mit denen offensichtlich bei Entstehung des Cashflow weniger sicher gerechnet werden kann; aber durchweg Deckungsüberhang.

   c) **Fahrzeugwerke AG:**

   Imponierend steigender Cashflow, der in allen Jahren die Investitionsvorhaben abdeckt. Die Investitionen steigen aber noch schneller, und es könnte bei weiterer Ausdehnung der Investitionsprogramme die Notwendigkeit zusätzlicher und anderweitiger Abdeckung eintreten (Kapitalerhöhungen – eigen, fremd). Investitionen in % des Cashflow: 1996: 48,3; 2004: 73,3; 2005: 92,6).

---

[1] Buchwerte; der Ergebnisanteil steckt im Cashflow.

4. Berechnung des Jahresergebnisses:

Jahresfehlbetrag	– 6 800
– Verlustvortrag	– 300
	– 7 100
Entnahme aus den Gewinnrücklagen	+ 9 500
Bilanzgewinn	+ 2 400

Berechnung des (betrieblichen!) Cashflow:

Jahresfehlbetrag		– 6 800
+ Verluste aus Abgang von AV	10	
+ Aufwendungen aus Verlustübernahme	700	+ 710
		6 090
– Erträge aus Beteiligungen	30	
– Erträge aus Auflösung von Rückstellungen	80	
– Erträge aus Abgang von AV	50	– 160
„betrieblicher Fehlbetrag"		– 6 250
+ Abschreibungen auf Sachanlagen		+ 10 800
Cashflow		+ 4 550

Zusatzaufgabe mit Lösung:

Aus dem Geschäftsbericht der Vereinigten Aluminiumwerke AG geht u. a. hervor: „Der Cashflow je Aktie im Nennwert von 5,00 € beträgt 3,68. Nach Ausschüttung einer Dividende von 0,60 € je Aktie auf das Grundkapital von 150 Mio. € verblieb bei den Investitionen ein Deckungsüberschuss (Liquiditätsreserve) von 12 400 000,00 €.

Wie viel € aus dem Cashflow wurden investiert?

150 000 000 : 50	=	30 000 000	Aktien
30 000 000 · 3,68	=	110 400 000,00	Cashflow
– Dividende 30 000 000 Aktien · 0,60	=	18 000 000,00	
		92 400 000,00	
– Liquiditätsreserve		12 400 000,00	
Investitionen		80 000 000,00	

Vertiefung

5. Vereinigte Fahrzeugwerke AG:

Der Cashflow hat nicht ausgereicht, die Investitionen abzudecken. Es muss von einem verringerten Jahresüberschuss ausgegangen werden. In diesem Falle kann trotz durchgeführtem Investitionsprogramm und entsprechend hohen Abschreibungen notwendig werden, den Fehlbetrag durch Fremdfinanzierung abzudecken.

Nutzfahrzeuge AG:

Abschreibungen und Erhöhung der langfristigen Rückstellungen, insgesamt 2 524 Mrd. € (3 211 000 000,00 – 687 317 861,00) reichen beinahe aus, die Investitionen in die Sachanlagen zu finanzieren. Den Rest von etwa 500 Mio. € bringt der Jahresüberschuss auf. Beinahe 200 Mio. € können für Rücklageneinstellung und Dividende zur Verfügung gestellt werden.

6. Mittelherkunft   Bewegungsbilanz (1 000 €)   Mittelverwendung

Vermehrung Aktiva		Verminderung Aktiva	
Sachanlagen	103 900	Sachanlagen, Abgänge	25 000
Finanzanlagen	30 000	Abschreibungen	33 200
Sonstige UV	5 600	Finanzanlagen, Abgänge	10 000
Wertpapiere	200	Abschreibungen	13 800
sonstige liquide Mittel	700	Vorräte	13 200
		geleistete Anzahlungen	1 500
		Zahlungsmittel	1 000
Verminderung Passiva		**Vermehrung Passiva**	
Anleihen	8 000	Grundkapital	20 000
kurzfristige Verbindlichkeiten	1 900	Kapitalrücklage	10 000
kurzfristige Bankkredite	2 000	Gewinnrücklagen	5 000
Dividende (16 000 000 · 0,70)	11 200	Rückstellungen, Pensionen 4 000	
		lang-/mittelfristig	4 000
		kurzfristig	1 100
		mittel- u. langfristige Verbindlichk.	5 000
		erhaltene Anzahlungen	2 400
		Bilanzgewinn (14 600 –	
		Gewinnvortrag 300)	14 300
	163 500		163 500

Andere Darstellung:

Saldo der beiden Bilanzwerte (14 300 – 11 200 = 3 100) als „Vermehrung Passiva" einsetzen. Dadurch Reduktion der Bewegungsbilanzsummen um 11 200.

Berechnung des Jahresüberschusses im Berichtsjahr (Beträge in 1 000 €):

Bilanzgewinn Vorjahr	11 500	
– Dividende (16 000 000 Aktien · 0,70 €)	11 200	
Gewinnvortrag aus Vorjahr	300	
Jahresüberschuss	**19 300**	
+ Gewinnvortrag aus Vorjahr	300	
	19 600	Rechenweg
– Einstellung in Gewinnrücklagen	5 000	
Bilanzgewinn im Berichtsjahr	14 600	

Mittelherkunft
aus Geschäftstätigkeit:

Jahresüberschuss		19 300
Abschreibungen auf Sachanlagen		33 200
Abschreibungen auf Finanzanlagen		13 800
Anlagenabgänge, Sachanlagen	25 000	
Finanzanlagen	10 000	35 000
Erhöhung Pensionsrückstellungen		4 000
Erhöhung lang- und mittelfristiger Rückstellungen		4 000
Cashflow		**109 300**

Verminderungen, Vorräte	12 600	
Verminderungen, geleistete Anzahlung	1 500	
Erhöhung, Grundkapital	20 000	
Erhöhungen, Kapitalrücklage	10 000	
Gewinnrücklagen (noch im Jahresüberschuss enthalten!)	–	
kurzfristige Rückstellung	1 100	
mittel- und langfristige Verbindlichkeiten	5 000	
erhaltene Anzahlungen	2 400	
Mittelzufluss aus Finanzierungsvorgängen	52 600	
Gesamtsumme Mittelherkunft (109 300 + 52 500)		**161 900**

Mittelverwendung:

Zugänge Sachanlagen	103 900	
Zugänge Finanzanlagen	30 000	
Zugänge sonstiges UV	5 600	
Verminderung; Anleihe	8 000	
Verminderung, kurzfristige Verbindlichkeiten	1 900	
Dividende	11 200	160 600
Veränderung Nettoliquidität[1]		+ 1 300
Gesamtsumme Mittelverwendung		161 900

7. a) Abschreibungsbeträge und Rückstellungserhöhungen treten zum Jahresüberschuss hinzu, d. h. diese Kennzahlen verbessern die Kennzahlen der Kapitalrentabilität dadurch, dass die gesamte Finanzkraft der Unternehmung (für Investitionen und Schuldentilgung) sichtbar wird.

b) Je größer der Cashflow, desto kleiner der Quotient.

Ein Quotient von 1 bzw. kleiner als 1 zeigt ein sehr günstiges Bild der Unternehmung, denn der Cashflow eines Jahres deckt das investierte Eigenkapital ab: Umgekehrt ist ein Quotient von größer als 5 ein Indiz dafür, dass es Jahre dauern kann, bis das Eigenkapital über den Cashflow wieder „hereinverdient" worden ist – also ein negatives Bild.

---

[1] **Entwicklung der Nettoliquidität**

Position	Vorjahr	Berichtsjahr	Veränderungen + –
Zahlungsmittel	+ 4 000	+ 3 000	– 1 000
Wertpapiere	+ 500	+ 700	+ 200
sonstige liquide Mittel	+ 1 300	+ 1 400	+ 100
kurzfristige Verbindlichkeiten (Bank)	– 7 000	– 5 000	+ 2 000
	– 1 200	+ 100	+1 300

Erläuterung zur Berechnung von Cashflow, Mittelherkunft und -verwendung sowie Nettoliquidität laut Schema:
Zu den Summen der Bewegungsbilanz besteht ein Unterschied von 1 000,00 (162 900,00 – 161 900,00). Grund: Verrechnung der Zahlungsmittelabgänge von 1 000,00 mit den Abgängen bei den kurzfristigen Bankkrediten von 2 000,00 in der Tabelle „Entwicklung der Nettoliquidität".

c) Der Umsatzbezug des Cashflow ist erst dann aussagekräftig, wenn entweder innerhalb derselben Branche oder mehrerer Jahre einer Unternehmung verglichen wird. Die Umsatz-Cashflow-Rate stellt eine Art von „verbesserter" Umsatzrentabilität dar.

d) Unabhängig vom Geschäftszweig, aber auch innerhalb des Geschäftszweiges und einer Unternehmung (aufeinander folgende Jahre) hat sich der Cashflow je Aktie als wichtige Vergleichszahl eingebürgert. Zusätzlich ein Indiz dafür, inwieweit das Nominalkapital durch den Cashflow „verdient" wird.

e) Die Tilgungsdauer in Jahren (als Ziel der Berechnungen unter e)) zeigt, wie beim augenblicklichen Stand eine Entschuldung des Betriebs erfolgen könnte (mit Zeitangabe in Jahren). Es ist ein mehr theoretischer Wert, weil sich die betriebliche Situation rasch ändern kann und sich sicher über die Jahre hinweg ändern wird.

f) Die Unternehmung setzt ein Limit („bis hierher und nicht weiter") für ihre Verschuldung. Auch hier ist aber zu bedenken, dass bei sinkendem Cashflow in der Folgezeit das 3,5-fache rasch überschritten werden kann, wobei dann ein Schuldenabbau in Richtung auf die Sicherheitsgrenze (3,5 Jahre) kaum möglich ist.

8. a) *Entweder* den Gewinn aus Kapitalgesellschaften belassen und denjenigen der Personenunternehmung um den Unternehmerlohn und die Privatsteuern ermäßigen

oder den Gewinn aus Personenunternehmen belassen und denjenigen der Kapitalgesellschaften um den angemessenen Unternehmerlohn (Bezüge der Führungsorgane) und die nicht abzugsfähigen Steuern (zum „Gewinn vor Steuern") erhöhen.

b) In Zeiten des Booms ein Trost für unterkapitalisierte Unternehmungen. Insoweit ist die Aussage richtig. Andererseits müssen aber bei sinkendem Cashflow die (bekannten) Risiken eines hohen Fremdkapitalanteils gesehen werden.

c) Höchstmögliche Abschreibungen (degressiv; Sonder-, außerplanmäßig) und höchstmögliche Dotierung der Rückstellungen führen zu einem hohen Cashflow, wenigstens im Jahre des Beginns dieser Bilanzpolitik! Von der Bildung stiller Reserven ist dabei auszugehen, die das „günstige" Bild verfälschen.

d) Die Kennzahl Cashflow ist primär vergangenheitsorientiert. Zukunftsbezug kann insoweit erkannt werden; als seit Jahren ein gleichbleibend hoher Cashflow zu verzeichnen ist, also wohl auch in Zukunft! Wenn im Folgejahr hohe Investitionen geplant sind, dann kann von einem steigenden Cashflow ausgegangen werden (höhere Abschreibungen zu erwarten).

9. Mit steigendem Anteil sind Abschreibungen und Rückstellungen im Cashflow enthalten. Im 2. Jahr offenbar ein Einstellungsschub mit der Zusicherung einer Betriebsrente, im 3. Jahr Normalisierung der Entwicklung im Pensionsbereich (normale Zuführung auf erhöhtem Belegschaftsstand) und gewaltiger Investitionsschub mit Ausnutzung der Abschreibungsmöglichkeiten. Verbesserung des Jahresvergleichs: Zusätzlich absolute Zahlen. Der Jahresüberschuss kann z. B. im 3. Jahr in € höher als im 1. Jahr sein, sofern im 3. Jahr die erhöhten Abschreibungen hinzugerechnet werden.

10. Der KCV ist durchweg niedriger als der KGV. Grund: Durch Hereinnahme der Abschreibungen und eines Teils der Rückstellungen wird der Teiler größer (nicht nur Jahresüberschuss, sondern auch Abschreibung + Zuführung zu den Rückstellungen je Aktie). Die

Aussagekraft der Tabelle liegt also in der jeweiligen Differenz zwischen KCV und KGV. Je größer sie ist (KCV > KGV), desto mehr kann von hohen Abschreibungen und Rücklagenzuführungen ausgegangen werden.

Natürlich spielt auch die absolute Höhe des Jahresüberschusses eine Rolle (bei niedrigerem Jahresüberschuss besonders hoher KGV), ferner der oft aus irrationalen Gründen schwankende Börsenkurs der Aktien.

Jedenfalls sollten vom KGV her „teure" Aktien auf ihren KCV untersucht werden.

Denkbar wären auch folgende Fälle:

KCV	KGV	Urteil
5	− 2	Jahresfehlbetrag, (hohe Abschreibungen, auch hohe Einstellung in langfr. Rückstellungen)
9	9	weder Investitionen noch Abschreibung, noch Zuweisung zu langfr. Rückstellungen.

11. **2005:**

Der Cashflow macht das 3,5-fache des Jahresüberschusses aus, ein deutliches Indiz für die hohe Finanzkraft der Unternehmung.

2006:

Eine offenbar verfeinerte Cashflow-Rechnung nimmt Bewertungsschwankungen auf und lässt trotz gestiegener Abschreibungen und Zuweisung zu mittel- und langfristigen Rückstellungen (ohne Pensionsrückstellungen) eine eigentlich unmögliche Konstellation entstehen: Jahresüberschuss > Cashflow. Cashflow 2000 und 2001 sind in etwa gleich groß, der Jahresüberschuss aber zeigt eine sprunghafte Änderung, d. h. die Cashflow-Rechnung gleicht Ergebnissprünge aus. In 2001 hat sich die AG „hochgerechnet"(„kreative Buchhaltung"), nicht besser abgeschnitten, wie die folgende Berichtigungsrechnung zeigt (Mio. €):

Jahresüberschuss 2006		6 809
Stornierung des „Bewertungstricks":		
Pensionsrückstellung	4 253	
Vorräte	1 300	5 553
berichtigter Jahresüberschuss		1 256
Plusbeträge der vorliegenden Rechnung:		+ 3 443
		+ 80
		+ 1 206
angenommene Erhöhung der Pensions-rückstellung wie im Vorjahr 2005		+ 883
Cashflow		6 874

(der höhere Betrag gegenüber dem ausgewiesenen Cashflow von 5 991 sind die angenommenen 883).

Abschreibung auf vermietete Fahrzeuge (Leasing): Siehe Block Mittelverwendung! Ihr Wegfall der Abschreibungen kann mit der gesonderten Abrechnung im Leasinggeschäft begründet werden. Leasing gehört nicht zum operativen Geschäft.

Der Vergleich der Jahresüberschüsse zeigt die größere Bedeutung des KCV.

Die separate Darstellung der Nettoliquidität ist eben eine dynamische Betrachtung (Posten der Liquidität 2. Grades enthalten)

5.2.2.5 Wertschöpfung

Kontrolle

1. a) Der hohe und gestiegene Anteil für die Mitarbeiter fällt auf. Rücklageneinstellungen, Steuern und Zinsbelastung halten sich absolut und (nahezu auch) relativ auf gleicher Höhe. Daneben relativ niedriger Anteil der Kapitalgeber. Blick auf Entstehung der „Wertschöpfung": Expansionen zeigen sich neben gestiegenem Umsatz vor allem in den Positionen Aufwendungen für R.H.BSt. und den Abschreibungen. Das Absinken der „sonstigen betrieblichen Aufwendungen" kann erst nach Aufschlüsselung kommentiert werden.

   b) Der steigende Mitarbeiteranteil ist sicher auf Lohnerhöhungen und Steigerungen im sozialen Bereich zurückzuführen. Die sonstigen Posten lassen Kontinuität erkennen. Generell arbeitsintensive Fertigung.

2. Der Gesamtblock Wertschöpfung ist mehr dem volkswirtschaftlichen, die Einzelposten (siehe auch Behandlung im Rechnungswesen) mehr dem betriebswirtschaftlichen Bereich zuzuordnen.

3. a) Die Wertschöpfung sinkt entsprechend (sie wird auf die „Vorleistenden" verlagert).

   b) Diese Dividende bzw. der Rücklagenanteil an der Dividende ist keine Wertschöpfung der Abrechnungsperiode, sondern stammt aus Wertschöpfungen (siehe Unternehmensanteile) vergangener Perioden.

   c) Steuern steigen; Rücklageneinstellungen und Dividenden können steigen.
   Keine Auswirkung auf den Mitarbeiteranteil.
   All dies auf die absoluten Zahlen bezogen.

   d) Jahresergebnis nach Steuern geringer als bisher; Rücklageneinstellungen und/oder Dividende müssen sinken. Mitarbeiteranteil und Zinsen für FK bleiben in ihrer absoluten Höhe gleich.

4. a) *Unternehmensleistung (Umsätze):* ohne Bestandsveränderungen und hier keine Eigenleistungen.

   Vorleistung: höherer Anteil am Umsatz als im Industriebetrieb, da Wareneinsatz aus „unbearbeiteten Posten" (eben Waren) besteht.

   b)

	2005		2004	
Mitarbeiter (Personalaufwendungen)	2 592	(78,2 %)	2 386	(74,8 %)
Staat (Steuern)	457	(13,8 %)	544	(17,1 %)
Kreditgeber (Zinsen)	63	(1,9 %)	39	(1,2 %)
Aktionäre (Dividende)	158	(4,8 %)	135	(4,2 %)
Im Unternehmen bleiben (Rücklagen)	45	(1,3 %)	86	(2,4 %)
zusammen	3 315	(100,0 %)	3 190	(100,0 %)

Vertiefung

5. Tatsächliche Grundlage für die Besteuerung:

Wertschöpfung	x
– Personalaufwendungen	x
– Zinsen	x
Jahresüberschuss vor Steuern	x

(Besteuerungsgrundlage)

Eine Besteuerung nach Wertschöpfung würde betriebliche Aufwendungen ebenfalls besteuern!

Hauptargument gegen den Vorschlag: Benachteiligung von Branchen mit hoher Wertschöpfung durch relativ niedrige Vorleistungen. Durch unterschiedliche Vorleistungsanteile (Vergleich Industrie – Handel; siehe Aufgabe 4a) und Personalaufwandsanteile dürfte der Grundsatz einer gerechten Besteuerung nicht realisiert werden.

Ggf. Steuerrecht komplex, da Steuersätze nach Wirtschaftszweigen festzusetzen waren.

6. **Veränderungen bei**

 - **Vorleistungen:** sinkende Abschreibungen, aber Überkompensation durch Fertigteilbezug. Im Ganzen steigende Vorleistungen.
 - **Wertschöpfung:** Im Ganzen sinkend durch steigende Vorleistungen. Aber sinkender Personalaufwand und dadurch bleibender (zusätzlicher) Verteilungsspielraum für die anderen Positionen der Wertschöpfung.

Mögliche Gesamtauswirkung einer verringerten Fertigungstiefe (schließlich auch „Zweck der Übung": Höherer Jahresüberschuss mit steigenden Anteilen für Unternehmung und Aktionäre).

Wenn der Jahresüberschuss beachtlich steigt, kann die Wertschöpfung höher als bisher liegen.

7. **Verschiebung innerhalb der Vorleistungen:**

Sonstige betriebliche Aufwendungen (sie enthalten den Mietaufwand für die Anlagen) steigen; dafür fallen die Abschreibungen. Also keine signifikante Auswirkung (abhängig von Höhe der Leasingkosten). Im Wertschöpfungsbereich steigen die Zinsen dann, wenn der Leasingnehmer wirtschaftlicher Eigentümer ist (dies eher Ausnahmefall).

8. *In absoluten Zahlen:*

Personalaufwendungen geringer, der Zinsanteil kann höher liegen, wenn große Läger finanziert werden müssen (dies kann der Industriebetrieb durch steigende Lieferungen „just-in-time" einschränken), der Handel nur zum Teil.

9. a) **A-AG** (Mio. €, in Klammern %)

	2005		2004	
Personalaufwand	23 199	(67,8)	22 371	(79,3)
Zinsaufwand	926	(2,7)	637	(2,3)
Steuern	⌐ 2 743 544	(9,6)	⌐ 2 981 514	(12,4)
Rücklagenzuweisungen	5 870	(17,2)	984	(3,5)
Gewinnüberschuss	379	(1,1)	27	(0,1)
„konzernfremde Gesellschafter"	(446 – 67)		(56 – 29)	
Dividende (= Bilanzgewinn)	560	(1,6)	691	(2,4)
	34 221	(100,0)	28 205	(100,0)

B-AG (Mio. €, in Klammern %)

	2005		2004	
Personalaufwand	4 700	(68,7)	4 499	(73,65)
Zinsaufwand	⌐ 450	(8,5)	⌐ 280	(6,6)
Zinsaufwand Leasing	└ 132		└ 125	
Steuern	⌐ 889	(14,7)	⌐ 618	(12,2)
	└ 114		└ 130	
Rücklagenzuweisungen	364	(5,3)	260	(4,2)
Gewinnüberschuss für				
„andere Gesellschafter"	1	(–)	8	(0,1)
Dividende (= Bilanzgewinn)	193	(2,8)	188	(3,1)
	6 843	(100,0)	6 108	(100,0)

C-AG (Mio. €, in Klammern %)

	2005		2004	
Personalaufwand	16 207	(77,8)	15 144	(83,5)
Zinsaufwand	1 608	(7,8)	841	(4,6)
Steuern	1 949	(9,4)	1 356	(7,5)
Rücklagenzuweisungen	649	(3,1)	446	(2,5)
(– Ant. „anderer Gesellschafter")	(682 – 33)		(647 – 201)	
Gewinnüberschuss für andere Gesellschafter	54	(0,3)	42	(0,2)
Dividende = Bilanzgewinn)	338	(1,6)	308	(1,7)
	20 705	(100,0)	18 137	(100,0)

Im Vergleich sind die Unterschiede der 3 branchengleichen Gesellschaften nicht groß.

Zur Beachtung: Die Wertschöpfungsrechnungen können nur in groben Zügen aufgestellt werden, da zu verschiedenen Positionen nähere Angaben fehlen.

b) Alle 3 Unternehmen: Der Personalaufwand ragt heraus, besonders bei der C-AG mit offenbar hohem „Haustarif". Die B-AG hat den höchsten Dividendenanteil, die A-AG 2005 eine hohe Rücklagenzuweisung.

c) + d) Alle 3 Unternehmen: Reduktion der Personalaufwendungen, bei der C-AG auf hohem Stand verharrend. Dividendenanteil bei der B-AG auf hohem Stand gehalten. Zinsbelastungen bei der A-AG am geringsten.

10. **Internet AG** in 1 000 € (in Klammern %)

	2005		2004	
Personalaufwendungen	1 174 775	(92,2)	1 191 343	(92,4)
Zinsaufwendungen	72 780	(5,7)	60 504	(4,7)
Steuern	26 831	(2,1)	15 033	(1,2)
Rücklagenzuweisungen	–	(0)	–	(0)
Bilanzgewinn (= Dividende)	–	(0)	22 404	(1,7)
	1 274 386	(100,0)	1 289 284	(100,0)

Die Wertschöpfung fließt in 2005 voll der Belegschaft, Kreditgebern und der öffentlichen Hand zu.

Die Vorleistungen sind so hoch, dass ein Jahresfehlbetrag in 2005 ausgewiesen wird. Unternehmung befindet sich in einer kritischen Lage.

In 2004 noch ein Bilanzgewinn mit Dividendenausschüttung (Höhe im Vergleich zur Höhe des Umsatzes sicher bereits niedrig).

11. **Rheinmetall AG,** Zahlen in %

	2005	2004
Mitarbeiter	78,8	82,7
Öffentliche Hand	8,7	8,2
Darlehensgeber	2,1	2,5
Aktionäre	2,0	2,1
Unternehmung	8,4	4,5
	100,0	100,0

Bei abnehmendem Anteil der Personalkosten, auch (geringer) bei der Zinsbelastung wird die Unternehmung gestärkt (fast Verdopplung der Rücklagenzuweisung). Dividendenkontinuität ist angestrebt.

12. (Zahlen in Mio. €)

Berechnung des Jahresüberschusses und des Bilanzgewinns:

Unternehmensleistung		18 264
– Abzüge laut Aufgabentext		11 928
= Wertschöpfung		6 336
– Personalaufwendungen	5 025	
Steuern	921	
Zinsen	122	6 068
Jahresüberschuss		268
– Rücklagenzuweisung		225
Bilanzgewinn		43

Hinweis:

Der hier berechnete Bilanzgewinn entspricht der Dividende von 43.

Berechnung des Cashflow (Praktikerformel):

Jahresüberschuss		268
Abschreibungen	824	
	281	1 105
Cashflow		1 373
+ (unbekannte) Zuweisungen zu den lfr. Rückstellungen		?
		?

5.3 Grenzen der Aussagefähigkeit des Jahresabschlusses

Kontrolle

1. a) Die ohnehin vorhandene Dominanz des Fremdkapitals wird noch dadurch verstärkt, dass die Schulden „unter dem Strich" einbezogen werden. Je. nach Grad der „pessimistischen" Erwartung müssen bis zu 9 600 000,00 € zum Fremdkapital addiert werden. So kann sich ein Verschuldungsgrad bis zu 2,74 (entsprechend 274 %) ergeben.

   b) Oberflächlich gesehen liegt der Cashflow je Aktie in der Tat weit über dem Branchendurchschnitt (10 000 000 : 250 000 = 40,00 €).

Wenn jedoch eine Art mittlerer Cashflow (für die Folgejahre) berechnet wird, so würde sich bei gleich bleibendem Jahresüberschuss der Cashflow auf insgesamt 4 500 000,00 € belaufen, also auf 18,00 € je Aktie. Es kann nicht die Rede von einem herausragenden Cashflow sein.

c) In der derzeitigen Situation kann nur zur Aufnahme von Fremdkapital, ja sogar zum Abbau (mit anderweitiger Anlage) von Eigenkapital geraten werden. Das Fremdkapital verzinst sich durchschnittlich mit 5 %, kann jedoch im Betrieb mit 8 % angelegt werden.

Anders nach Erhöhung der Fremdkapitalzinsen auf über 8 %. Die Gesamtkapitalrendite wird steigen, die Eigenkapitalrendite sinkt. Hinzu kommt noch, dass Fremdkapital durch Tilgung und Zinszahlung fristgerecht „bedient" werden muss, während bei Eigenkapital den Eigentümern ein Wegfall der Verzinsung bzw. die Kürzung zugemutet werden kann („dividendenlose" Jahre).

d) **Schulung der Belegschaft:** Qualitätsverbesserung, Wegfall von Mängelrügen („Qualitätsoffensive"), Kulanzzahlungen sinken. Steigerung des Ergebnisses, der Rentabilität, Sinken der Verbindlichkeiten unter dem Strich (siehe 1 a)).

Ausgaben „F + E": Zunächst sinkende Ergebnisse (mit Auswirkung auf die Rentabilität), aber künftig verbesserte Ergebnisse erhofft.

Beschäftigungsgrad: Vermutlich wird der „Break-even-Point" später als bisher, wenn überhaupt, erreicht, d. h. Jahresfehlbetrag, keine Verzinsung des Eigenkapitals.

Übergang auf Leasing: Kennzahlen der Vermögensstruktur verändert, konventionelle Berechnung der Anlagendeckung gibt ein falsches Bild. Zunächst verbesserte Liquidität, aber in der Finanzplanung sind die monatlichen Leasingraten zu beachten.

Wertuntergrenzen: Ergebnis entsprechend gedrückt, Bildung stiller Rücklagen. Errechnete Rentabilität niedriger als effektive. Ergebnisse in der Folge wieder höher (Zweischneidigkeit der Bilanz).

Kreditausweitung: Auswirkungen auf Verschuldungsgrad, Deckungsgrad II, Kapitalstruktur. Auswirkung auf die Vermögensstruktur je nachdem, ob die Kreditausweitung im Bereich des AV oder des UV sichtbar wird. Leverageeffekt ist zu beachten.

Kulanzgewährung: Erhöhung der Verbindlichkeiten „unter dem Strich" mit Auswirkung auf den (effektiven) Verschuldungsgrad. In diesem Zusammenhang ist die Mängelhaftung nach dem 01.01.2002 zu sehen.

Unternehmenssteuern: Verbesserung der Gewinnsituation, Möglichkeiten der Selbstfinanzierung, Verbesserung der Rentabilität, Steigerung der liquiden Mittel (siehe Liquidität 1. Grades). Verschiebung bei Aufteilung der Wertschöpfung.

Weitere sinnvolle Aussagen zu 1 a) – d) sind möglich.

Vertiefung

2. a) EK-Quote = (Vorjahr)
$$\frac{\text{EK } 1\,596\,200 \cdot 100}{\text{GK } 4\,577\,370} = 34,9\,\%$$

EK-Quote = (Berichtsjahr)
$$\frac{\text{EK } 2\,372\,300 \cdot 100}{\text{GK } 5\,043\,720} = 47,03\,\%$$

FK-Quote (100 – EK-Quote): Vorjahr   = 65,1 %
(Berichtsjahr)   = 52,97 %

$$\text{Verschuldungsgrad (Vorjahr)} = \frac{\text{FK } 2\,981\,170\ (\cdot\ 100)}{\text{EK } 1\,596\,200} = 1,87\ (187\ \%)$$

FK hier einschließlich PRAP (auch ohne PRAP möglich)

$$\text{Verschuldungsgrad (Berichtsjahr)} = \frac{\text{FK } 2\,662\,420\ (\cdot\ 100)}{\text{EK } 2\,372\,300} = 1,12\ (112\ \%)$$

$$\text{Deckungsgrad II (Vorjahr)} = \frac{(\text{EK } 1\,596\,200 + \text{lfr. FK } 1\,389\,700)\cdot 100}{\text{AV } 2\,223\,600} = 134,3\ \%$$

$$\text{Deckungsgrad II (Berichtsjahr)} = \frac{(\text{EK } 2\,372\,300 + \text{lfr. FK } 1\,266\,100)\cdot 100}{\text{AV } 2\,932\,300} = 124,1\ \%$$

Beurteilung:

Gegenüber der Branche deutlich höhere Eigenkapitalquote und niedrigere Verschuldungsgrade: Die Unternehmung möchte sich von Fremdkapital unabhängig machen, worauf auch die geplante weitere Erhöhung des Eigenkapitals im Verhältnis 2 : 1 hinweist. Ein attraktiver Ausgabekurs für die jungen Aktien ist je nach der Höhe der Beanspruchung des Kapitalmarkts sicher unabdingbar.

Nach den Kapitalerhöhungen wird eine Eigenkapitalquote von über 50 % und ein Verschuldungsgrad unter 1,0 erreicht. Schon der Deckungsgrad I wird die volle Deckung des Anlagevermögens bringen.

Zu beachten ist natürlich immer: Werden die jungen Aktien übernommen oder nicht? Auf jeden Fall sollte bei dem Ausmaß der Kapitalerhöhung eine Übernahme der jungen Aktien mit der Hausbank (dann zu einem niedrigeren Kurs) abgesprochen werden.

b) **Rentabilität:**

$$\text{Eigenkapital} = \frac{386\,600 \cdot 100}{2\,372\,300} = 16,3\ \%$$

$$\text{Gesamtkapital} = \frac{(386\,600 + 72\,000) \cdot 100}{5\,034\,720} = 9,11\ \%$$

$$\text{Umsatz} = \frac{386\,600 \cdot 100}{9\,401\,000} = 4,1\ \%$$

$$\text{Anzahl der Aktien} = \frac{950\,000\,000}{5} = 198\,000\,000\ \text{Stück}$$

$$\text{Gewinn/Aktie} = \frac{386\,600\,000}{190\,000\,000} = 2,035\ €$$

$$\text{KGV} = \frac{24}{2,035} = 11,8\ \text{mal, d. h. die Aktie}$$

kostet rund das 12fache des auf sie entfallenden Gewinns.

Beurteilung:

Ertragssteigerungen sind notwendig, denn die Rentabilitätszahlen der Branche werden nicht erreicht. Preissteigerungen, Kosteneinsparungen müssten überprüft werden. Möglicherweise sollte auch der Beschäftigungsgrad gesteigert werden, notfalls um den Preis niedrigerer Erlöse (für das einzelne Produkt).

Das KGV zeigt: Die Aktie ist im Augenblick recht billig, d. h. bei einer Kapitalerhöhung können relativ niedrige Geldeingänge für die jungen Aktien erwartet werden; also Termin dieser Erhöhung evtl. hinausschieben. Dabei ist noch zu beachten: Alle Möglichkeiten der Werterhöhung sind bereits ausgereizt. Es muss also davon ausgegangen werden, dass von dieser Seite aus keine „Ertragsverbesserung" mehr möglich ist.

c) **Bewegungsbilanz (B)**

Mittelverwendung   Einfache B   (1 000 €)   Mittelherkunft

A-Mehrung:		P-Mehrung:	
Sachanlagen	2 184 800	Gezeichnetes Kapital	190 000
UV		Kapitalrücklage	380 000
flüssige Mittel	48 000	Gewinnrücklagen	206 100
P-Minderung:		A-Minderung:	
Fremdkapital		Sachanlagen	
langfristig	123 600	– Abschreibungsfinanzierung	674 000
kurzfristig	193 550	– Umfinanzierung	572 400
RAP	1 600	Finanzanlagen	
		– Abschreibungsfinanzierung	29 700
		– Umfinanzierung	200 000
		Weitere Umfinanzierung	
		– Vorräte	192 570
		– Forderungen	102 180
		RAP	4 600
	2 551 550		2 551 550

Mittelverwendung   Verfeinerte B (1 000 €)   Mittelherkunft

	1 000 €	%		1 000 €	%
Langfristiger Bereich			**Innenfinanzierung**		
– Investitionen			– Selbstfinanzierung	206 100	8,1
Sachanlagen	2 184 800	85,6	– Abschreibungsfinanzierung	703 700	27,6
Verminderung langfr.			– Umfinanzierung	1 071 750	42,0
Fremdkapitals	123 600	4,8			
Zwischensumme	2 308 400	90,4	Zwischensumme	1 981 550	77,7
Kurzfristiger Bereich			**Außenfinanzierung**		
Umlaufvermögen	48 000	1,9	Kapitalerhöhung	190 000	7,4
Verminderung kurzfr.			Beteiligungsfinanzierung	380 000	14,9
Fremdkapitals	193 550	7,6			
RAP	1 600	0,1			
Zwischensumme	243 150	9,6	Zwischensumme	570 000	22,3
Mittelverwendung insgesamt	2 551 550	100,0	Mittelherkunft insgesamt	2 551 550	100,0

Beurteilung:

Die Finanzkraft der Unternehmung zeigt sich in der hohen Rate der Innenfinanzierung (77,7 %) wie auch in dem hohen Betrag (und %), der für den langfristigen Kapitalbedarf (45 %), vorwiegend für Investitionen, bereitgestellt wird. Die Modernisierung der Anlagen soll offenbar die Ertragslage verbessern helfen. $\dfrac{1\,981\,550 \cdot 45}{77,7} = 1\,147\,616$

Zu Bedenken Anlass geben die Verpflichtungen „unter dem Strich": Bei ganzer oder auch schon bei teilweiser Inanspruchnahme würden die zu erwartenden Aufwendungen zulasten des Eigenkapitals gehen (über Rückstellungen, sichtbar in AG als Jahresfehlbeträge ≙ Minderung von Eigenkapital) und sich entsprechend negativ auf eine künftige Bewegungsbilanz auswirken (Passivminderung; langfristiger Kapitalbedarf, allerdings nicht zugunsten von Investitionen). Die Bewegungsbilanz muss, wenigstens als „Sandkastenspiel", auch einmal unter diesem Aspekt gesehen werden.

d) (Beträge in 1 000 €)

	Vorjahr	Berichtsjahr
Jahresüberschuss	307 000	386 600
Abschreibungen	388 000	703 700[1]
Erhöhung der langfristigen Rückstellungen	150 000	250 000
Cashflow insgesamt	845 000	1 340 300
Cashflow je Aktie	5,56	7,054
	(bei 152 000 000 Stück Aktien)	(bei 190 000 000 Stück Aktien)

Beurteilung:

Der Cashflow bewegt sich ungefähr auf Höhe der Branche. Wenn jedoch die „Eintagsfliegen" überhöhte Abschreibung und Erhöhung der Pensionsrückstellungen ausgeklammert werden, da liegt der Cashflow im Berichtsjahr unterhalb des Branchendurchschnitts (etwa 4,50 €). Zur Beachtung: Ohne Zugänge von 250 000,00 € beim langfristigen Fremdkapital (Pensionsrückstellung) durch Abgänge von 373 600,00 überkompensiert (1. Bewegungsbilanz mit Minderung um 123 600,00).

Allerdings lassen gekürzte Abschreibungen und Rückstellungen den Jahresüberschuss ansteigen, d. h. ggf. Cashflow je Aktie unverändert.

e) Material:

$$\frac{4\,194\,300 \cdot 100}{7\,321\,000} \qquad = \quad 57,3\,\%$$

$$\frac{4\,868\,630 \cdot 100}{8\,930\,330} \qquad = \quad 54,5\,\%$$

Personal:

$$\frac{2\,011\,800 \cdot 100}{7\,321\,700} \qquad = \quad 27,5\,\%$$

$$\frac{2\,528\,900 \cdot 100}{8\,930\,330} \qquad = \quad 28,3\,\%$$

Abschreibung:

$$\frac{388\,000 \cdot 100}{7\,321\,700} \qquad = \quad 5,3\,\%$$

$$\frac{674\,000 \cdot 100}{8\,930\,330} \qquad = \quad 7,55\,\%$$

Beurteilung:

In der Abschreibungsquote kaum ein Unterschied zur Branche (wenn man den Investitionsschub beachtet). Die Unternehmung arbeitet materialintensiver als die Branche. Nach der Zusatzinvestition wird sich dies noch *verstärken*, denn verringerte Fertigungstiefe heißt: Es wird mehr „Material" (Fremdbauteile) bezogen, weniger selbst hergestellt bzw. bearbeitet. Die Lohnaufwendungen entstehen dann ebenso bei den Zulieferern wie auch ein Teil der Abschreibungen. Vorteile und Risiken sind abzuwägen.

f) **Liquidität:**

1. Grad:

$$\frac{263\,900 \cdot 100}{1\,391\,020} \qquad = \quad 19,0\,\%$$

2. Grad:

$$\frac{1\,120\,720 \cdot 100}{1\,391\,020} \qquad = \quad 80,6\,\%$$

---

[1] 674 000 AV + 29 700 Finanzanlagen

3. Grad. $\dfrac{2\ 099\ 820^*) \cdot 100}{1\ 391\ 020} = 151{,}0\ \%$

*) Summe des UV, gekürzt um ARAP (2 102 420 – 2 600), auch mit ARAP möglich (kein relevanter Unterschied).

Beurteilung:

„Nachholbedarf" bei den Liquiditäten ersten und zweiten Grades. Die höhere Liquidität dritten Grades kann als Ursache einen „Vorratsstau" haben, der durch schleppenden Absatz (siehe Ertragsziffern) hervorgerufen wird.

Die „schwebenden Geschäfte" lassen jedoch für die Liquidität zweiten Grades eine günstige Prognose zu: Bei ihrer Realisierung wird sich die Liquidität zweiten Grades signifikant verbessern, auf etwa 111 % · (1 120 720 + 420 000) mal 100, geteilt durch 1 391 020.

Zur Verbesserung der Liquidität ersten Grades können ein Ausbau des Mahnwesens bzw. Zahlungsanreize durch erhöhte Skonti (auch Übergang auf Factoring) beitragen. Evtl. Erhöhung kurzfristiger Kredite (vorübergehend), um Zahlungsengpässe zu vermeiden.

3. a) **Bewegungsbilanz** (verfeinert)

Mittelverwendung   Bewegungsbilanz   Mittelherkunft

	Mio. €	%		Mio. €	%
Langfristiger Bereich Investitionen			Innenfinanzierung Selbstfinanzierung	32,8	19,3
– Sachanlagen	90	52,9	(Zuweisung anderer		
– Finanzanlagen	35	20,6	Gewinnrücklagen) Abschreibungsfinanzierung	67,0	39,4
			Finanzierung aus Pensions-		
			rückstellungen	2,0	1,2
			Umfinanzierung	26,0	15,3
Zwischensumme: Langfristige Mittelverwendung	125	73,5	Zwischensumme: Innenfinanzierung	127,8	75,2
Kurzfristiger Bereich – Investitionen Forderungen	11	6,5	Außenfinanzierung Zunahme langfristiger Ver-		
Abnahme			bindlichkeiten	40,0	23,5
– kurzfr. Verbindlichkeiten	26	15,3	Zunahme		
– andere Rückstellungen	8	4,7	kurzfr. Verbindlichkeiten (Dividende)	2,2	1,3
Zwischensumme: Kurzfristiger Kapitalbedarf	45	26,5	Zwischensumme: Außenfinanzierung	42,2	24,8
Mittelverwendung insges.	170	100,0	**Mittelherkunft insgesamt**	170,0	100,0

Rekonstruktion – Auszug aus dem Anlagenspiegel

	Buchwert 01.01.	Zugang im GJ	Abschreibung GJ	Buchwert 31.12.
Sachanlagen	247	➡ 90	⬅ 48	⬅ 289
Finanzanlagen	115	➡ 35	⬅ 19	⬅ 131
			67	

Buchwerte (01.01. und 31.12.), ebenso Abschreibungen, sind bekannt. Zugänge damit berechenbar (Kontendarstellung möglich).

b) **Strukturergebnisrechnung**

Positionsbezeichnung	Berichtsjahr	Vorjahr
Umsatzerlöse	900	850
+ Bestandsveränderungen	12	8
+ andere aktivierte Eigenleistungen	8	
Sonstige betriebliche Erträge	3	4
Gesamtleistung (betriebliche Erträge)	923	862
Materialaufwendungen	491	460
Personalaufwendungen	297	296
Abschreibungen Sachanlagen	48	38
Sonstige betriebliche Aufwendungen	2	2,5
Betriebliche Aufwendungen	838	796,5
Zwischensumme: Betriebsergebnis	85	65,5
Erträge aus Finanzanlagen = Finanzerträge	37	20
Abschreibungen auf Finanzanlagen	19	12
Zinsen und ähnliche Aufwendungen	30,2	26
Finanzaufwendungen	49,2	38
Zwischensumme: Finanzergebnis	− 12,2	− 18
Ergebnis aus gewöhnlicher Geschäftstätigkeit	72,8	47,5
Jahresergebnis **vor** Steuern	72,8	47,5
Gesamter Steueraufwand	18,0	8,5
Jahresergebnis (Jahresüberschuss)	54,8	39,0

Anteile der Zwischenergebnisse am Ergebnis aus gewöhnlicher Geschäftstätigkeit:

$$\text{Betriebsergebnis} = \frac{85 \cdot 100}{72,8} \quad = \quad 116,8 \ \% \ (\text{BJ})$$

$$= \frac{65,5 \cdot 100}{47,5} \quad = \quad 137,9 \ \% \ (\text{VJ})$$

Dies bedeutet, dass das Finanzergebnis, das in beiden Jahren negativ ist, im ersten Fall (BJ) um 16,8 % und im Vorjahr sogar um 37,9 % das Ergebnis aus gewöhnlicher Geschäftstätigkeit schmälert.

Material-, Personalaufwendungen und Abschreibungen an der Gesamtleistung:

	Berichtsjahr	Vorjahr
Materialanteil	$= \dfrac{491 \cdot 100}{923} = 53,2 \ \%$	$\dfrac{460 \cdot 100}{862} = 53,36 \ \%$
Anteil der Personalaufwendungen	$= \dfrac{297 \cdot 100}{923} = 32,2 \ \%$	$\dfrac{296 \cdot 100}{862} = 34,3 \ \%$
Anteil der Abschreibungen auf Sachanlagen	$= \dfrac{48 \cdot 100}{923} = 5,2 \ \%$	$\dfrac{38 \cdot 100}{862} = 4,4 \ \%$

Umsatzentwicklung: Zunahme 900 − 850 = 50

$$\frac{50 \cdot 100}{850} = 5,9 \ \% \ (\text{Steigerung})$$

c) **Cashflow:**

Berichtsjahr:	Jahresüberschuss	54,8
	+ Pensionsrückstellungen	2,0
	+ Abschreibungen (48 + 19)	67,0
		123,8 Mio. €

Vorjahr:	Jahresüberschuss	39,0
	+ Pensionsrückstellungen	2,0
	+ Abschreibungen (38 + 12)	50,0
		91,0 Mio. €

KGV (Price-Earnings-Ratio):

$$\text{Gewinn pro Aktie (Berichtsjahr)} = \frac{54,8 \text{ Mio. €}}{22\,000\,000 \text{ Stück}} = 2,491 \text{ €}$$

$$\text{Gewinn pro Aktie (Vorjahr)} = \frac{39 \text{ Mio. €}}{22\,000\,000 \text{ Stück}} = 1,773 \text{ €}$$

$$\text{Kurs-Gewinn-Verhältnis (Berichtsjahr)} = \frac{9}{2,491} = 3,6$$

$$\text{Kurs-Gewinn-Verhältnis (Vorjahr)} = \frac{7}{1,773} = 3,9$$

Aussagewert und Cashflow und Price-Earnings-Ratio:
Durch die Cashflow-Berechnung wird der Teil der Umsatzerlöse erfasst, dem keine ausgabewirksamen Aufwendungen entsprechen. Es ist also der Betrag, der für Investitionen, Schuldentilgung und Dividendenzahlungen zur Verfügung steht. Demnach soll der Cashflow Maßstab sein:

- Für die Finanzkraft des Unternehmens, d. h. aus eigener Kraft Investitionen vorzunehmen (Selbstfinanzierungsspielraum), Schulden zu tilgen und Dividenden zu zahlen. Damit wird gleichzeitig eine Aussage über die Wachstumsmöglichkeiten des Unternehmens getroffen.
- Für die Ertragskraft des Unternehmens, d. h. die Fähigkeit, künftig Gewinne zu erwirtschaften.

Das Kurs/Gewinn-Verhältnis ist eine Methode zur Aktienbewertung. Das Verhältnis besagt, das Wievielfache des Reingewinns je Aktie den Kurs einer Aktie ausmacht. Die errechnete Kennziffer ist hauptsächlich bei zwischenbetrieblichen Vergleichen wesentlich für die Beurteilung der Preiswürdigkeit einer Aktie. Preisgünstig ist eine Aktie dann, wenn bei gleicher Ertragskraft (Gewinn) die Kennziffer relativ niedrig liegt.
Für die Chemiewerke-AG bedeutet der erheblich vergrößerte Cashflow, dass die Finanzkraft, das Wachstum und die Ertragsaussichten des Unternehmens positiv zu beurteilen sind. Die Aktie dürfte an der Börse attraktiv sein, da sie trotz höherem Gewinn gegenüber dem Vorjahr preisgünstiger bewertet wird.

d) **Kennziffern der Rentabilität:**

Bereinigter Gewinn (Berichtsjahr)	Jahresüberschuss	54,8 Mio. €
	– Erträge aus aufgelösten Rückstellungen	3,0 Mio. €[1]
	berichtigt	51,8 Mio. €
Bereinigter Gewinn (Vorjahr)	Jahresüberschuss	39,0 Mio. €
	Erträge aus aufgelösten Rückstellungen	4,0 Mio. €[1]
	berichtigt	35,0 Mio. €

Rentabilität des Eigenkapitals:

Vorjahr:

194 Mio. €[2]	=	100,00 %
35 Mio. €	=	18,04 %

---

[1] Ausgeschieden, um den Jahresüberschuss zu „normalisieren"
[2] 110 + 8 + 3 + 92,2 = 213,2 – (39 – 19,8) = 213,2 – 19,2 = 194 (Einstellung in andere Gewinnrücklagen)

Berichtsjahr:

213,2 Mio. €	=	100,0 %
51,8 Mio. €	=	24,3 %

Rentabilität des Gesamtkapitals:

Vorjahr:
720 Mio. €[1] = 100,0 %
61 Mio. €[2] = 8,5 %

Berichtsjahr:
759 Mio. € = 100,0 %
82 Mio. €[3] = 10,8 %

Umsatzrentabilität:

$$\text{Umsatzrentabilität (Vorjahr)} = \frac{35 \cdot 100}{850} = \underline{\underline{4,1\ \%}}$$

$$\text{Umsatzrentabilität (Berichtsjahr)} = \frac{51,8 \cdot 100}{900} = \underline{\underline{5,8\ \%}}$$

e) Die Entwicklung der Chemiewerke-AG ist positiv zu bewerten. Dies gilt für den Finanzierungsbereich und die Ergebnisentwicklung.

Die Finanzkraft zeigt sich in der hohen Innenfinanzierungsquote von 75,3 %. Die positive Cashflow-Entwicklung deutet auf steigende Ertragserwartungen und künftiges Wachstum des Unternehmens. Die Neuinvestitionen im Sachanlagevermögen signalisieren die Ausdehnung der Produktionskapazität, die Investitionen in den Finanzanlagen (Beteiligungen) eine Einflussnahme auf andere Unternehmen. Das Unternehmen ist durch die Umsatzentwicklung in die neue Betriebsgröße hineingewachsen. Die Ergebnisanalyse (Rentabilitätskennziffer) bestätigt den Erfolg der Investitionen.

Zu den Neuinvestitionen in die Sachanlagen und zur Verbesserung der Liquidität haben neben der Aufnahme von Fremdkapital (16,5 Mio.) auch die hohen Innenfinanzierungspositionen (zus. 52,6 Mio.) beigetragen (siehe c) Cashflow).

f) ■ **Bilanzposition:**

■ Finanzanlagen: Die Angabe verbessert die Aussage zum Finanzergebnis bzw. im Anlagenspiegel, da angegeben wird, dass es sich um eine Beteiligung an einer branchengleichen Kapitalgesellschaft handelt.

■ Die Angabe zur Restlaufzeit der Forderungen von unter einem Jahr verbessert die Liquiditätsbeurteilung; ebenso die Angaben zu den Restlaufzeiten der Verbindlichkeiten.

■ **Positionen GuV-Rechnung:**

■ Durch die Angabe zu den „Sonstigen betrieblichen Erträgen" wird klar, dass es sich um einen periodenfremden Ertrag handelt. Dieser korrigiert den „Jahresüberschuss" und präzisiert somit die Berechnung der Rentabilitäten.

■ Die Angaben zu den „Sonstigen betrieblichen Aufwendungen" erlauben eine bessere Durchleuchtung der Aufwandsstruktur und verdeutlichen die Aussagen bei der Beurteilung der Liquidität („Finanzvorschaurechnung"), da alle genannten Aufwendungen mit Ausgaben verbunden sind.

■ **Lagebericht:**

Die Angabe zum Umsatz stellt klar, dass es sich um eine „echte" Absatzsteigerung handelt und „Preisinflation" nur geringfügig am Umsatzplus beteiligt ist. Damit gewinnt die Umsatzrentabilität in ihrer Aussage an Genauigkeit.

---

[1] 759 – 39

[2] 26 + 35 = 61 (Zinsen + berichtigter Jahresüberschuss)

[3] 30,2 + 51,8 = 82 (Zinsen + berichtigter Jahresüberschuss)

4. Leasing und Factoring

	Leasing	Factoring
Bilanz	Reduzierter AV bzw. kein Wachstum des AV trotz Expansion	B. II. 1 reduziert oder (fast) voll wegfallend B. IV (evtl. stark) erhöht
GuV	intern: Mietaufwand (Leasing) entsteht/steigt, Abschreibungen fallen; Reparaturaufwand abhängig vom Vertrag. extern: Sonstige betriebliche Aufwendungen steigen; Abschreibungen fallen.	keine Änderungen, abgesehen von Factoring-Aufwendungen (intern auf besonderem Konto; extern in „Sonstige betriebliche Äufwendungen")
Anhang	allgemeine Erläuterungen gemäß HGB § 284 Abs. 1	wie bei Leasing (siehe neben). HGB § 268 Abs. 4: Reduktion dieser Posten, sofern es sich um gestundete Forderungen aus B. II. 1 handelt.

b) Die Trennung in Liquidität ersten und zweiten Grades entfällt. Verbesserung der Liquidität ersten Grades durch bisherige Liquidität 2. Grades.

c) **Leasing:** Reduktion des AV, daher Deckungsgrad I mit „günstigerer" Kennzahl. In GuV: Veränderungen in den Ergebnisstrukturen (Verschiebungen), z. B. „Abschreibungsintensität" sinkt, ebenso Anteil des Abschreibungsaufwandes.

Änderung des Abschreibungsaufwandes auch bei Cashflow zu beachten (eigentlich müssten die Mietzahlungen für AV Bestandteil des Cashflow werden), ebenso bei der Wertschöpfung: Bei den Vorleistungen sind Positionsverschiebungen und Unterschiede in der Höhe (Abschreibungen → Mietaufwand) zu beachten.

Factoring: Bedeutende „Verbesserung" der Liquidität (Gegenüberstellung zu den kurzfr. Verbindlichkeiten). In GuV gleichen sich Abschreibungen und Miete weitestgehend aus.

d) **Grundlagen:**

Bilanz und GuV-Rechnung in Band 1 Seite 306 ff.

Leasing (Annahme: Verkauf von AV und anschließend geleast):

Bilanz ohne Leasing: siehe Band 1 Seite 306 ff.; mit Leasing (unmittelbar nach Übergang).

Aktiva	Bilanz (€), mit Leasing		Passiva
A. AV		A. Eigenkapital	
II. Finanzanlagen		I. Gezeichnetes Kapital	1 500 000
1. Beteiligungen	400 000	II. Kapitalrücklage	75 000
B. UV		III. Gewinnrücklagen	
I. Vorräte (zus)	460 000	1. gesetzliche	125 000
II. Forderungen und		2. andere	2 800 000[1]
sonstige VA	311 500	IV. Bilanzgewinn	218 000
III. Kasse, Postgiro, Bank	5 276 000[2]	B. Rückstellungen	321 700
C. RAP	5 000	C. Verbindlichkeiten	1 400 800
		D. RAP	12 000
	6 452 500		6 452 000

GuV: Ohne Leasing siehe Band 1

Mit Leasing Verkauf des AV: Sonstige betriebliche Erträge steigen um den Veräußerungsgewinn, entsprechend der Jahresüberschuss.

In den Folgejahren: Position 7a) entfällt bzw. ist stark ermäßigt, dafür steigt Position 8.

Factoring:

Bilanz:

Ohne Factoring: Siehe Band 1.

Mit Factoring: Die Bilanz (vgl. Band 1) ändert sich wie folgt: Position II./1 verschwindet, der Betrag von 267 500,00 abzüglich Factoringkosten erhöht die Position III./2. Jahresüberschuss entsprechend gekürzt. Forderungsabschreibungen entfallen weitgehend. Dies führt wieder zu einer Verbesserung des Ergebnisses.

GuV:

Abgesehen von den Factoringkosten, die die Position „Sonstige betriebliche Aufwendungen" erhöhen und den Jahresüberschuss kürzen, keine Änderung.

5. a) Die Erzeugnisse (Aktiva) werden höher bewertet, die Rückstellungen niedriger. Beide Maßnahmen verbessern (rein rechnerisch) das Ergebnis. Der Vorstand will ein höheres Ergebnis ausweisen. Gründe:
   - Kurspflege;
   - Kapitalerhöhung geplant;
   - Vorwürfe der Aktionäre wegen schlechter Geschäftsführung und niedriger Dividende entkräften;
   - höhere Kreditwürdigkeit u. a. sinnvolle Aussagen.

   b) - Rentabilität, da Gewinn hochgerechnet;
   - Konstitution: UV nach „oben" verschoben;
   - Deckungsgrad: UV erhöht im Vergleich zum gleich bleibenden FK. Erhöhung abgedeckt durch Scheingewinn;
   - Cashflow: Er sinkt (evtl sogar negativ), weil keine Zuführung, sondern Auflösung der Rückstellungen.

   Aber:

   Auswirkung gemäß „Zweischneidigkeit der Bilanz: Die Werterhöhung bei den Erzeugnissen führt im Folgejahr zu einem höheren „Einsatz" beim Verkauf und damit zu einem niedrigeren Ergebnis (Minderergebnis entspricht der Werterhöhung des Vorjahres).

---

[1] Die stillen Rücklagen von 2 000 000,00 € sind den offenen Rücklagen gutgeschrieben worden. In der Folgeperiode muss mit einer Versteuerung des Veräußerungsgewinns gerechnet werden (es sei denn, Behandlung nach EStG § 6 b).

[2]
Buchwert verkauftes AV	3 130 000,00
Stille Rücklagen	2 000 000,00
Verkaufserlöse (netto)	5 130 000,00
Bestand flüssige Mittel	146 000,00
Stand auf III.	5 276 000,00

6 Grundzüge der Internationalen Rechnungslegung

6.4 Jahresabschlussbestandteile und -inhalte gemäß internationalen Rechnungslegungsnormen

Kontrolle

1. Other Comprehensive Income sind die Eigenkapitalveränderungen, die nicht aus Transaktionen mit den Eigenkapitalgebern (Gesellschaftern) resultieren und auch nicht über die GuV-Rechnung abgebildet werden. Sie resultieren aus Wertschwankungen oder Transaktionen mit Dritten, stellen aber keine erfolgswirksamen Vorgänge dar, sondern werden direkt ins Eigenkapital unter gesonderten Posten innerhalb des Eigenkapitals gebucht. Man unterscheidet

   - Neubewertungsrücklage bzw. Zeitwertrücklage
   - Rücklage aus Währungsumrechnungsposten
   - Rücklage aus der Erstanwendung von IFRS (IFRS 1)

   Beispiele für Buchungsvorgänge ins Other Comprehensive Income sind

   - Währungsumrechnungsposten nach IAS 21
   - Fair Value Bewertung von Available for Sale Wertpapieren nach IAS 39
   - Cash Flow Hedges nach IAS 39
   - Neubewertung von Sachanlagen (IAS 16) und immateriellen Vermögenswerten (IAS 38) als Allowed Alternative Treatment
   - Änderung wesentlicher Fehler nach IAS 8
   - Methodenänderungen nach IAS 8
   - Umstellungseffekte aus der Erstanwendung von IFRS nach IFRS 1
   - versicherungsmathematische Gewinne oder Verluste nach IAS 19, 93 B

Eigenkapitalveränderungen Changes in Equity		
Konzerngesamtergebnis Comprehensive Income		Einlagen/Entnahmen Investments from and Distributions to Owners
Jahresüberschuss/ -fehlbetrag Net Income	übriges Konzernergebnis Other Comprehensive Income	

6.7 Sachanlagevermögen

Kontrolle

1. a) Sofern ein anderes Verfahren die Wertentwicklung nicht besser abbildet, ist die lineare Abschreibung zu wählen.

   b) Fortgeführte AHK Ende 02 400 000,00 € – 2 · 50 000,00 € = 300 000,00 €. Zu vergleichen ist mit dem höheren Wert aus Nutzungswert (Value in Use) und Einzelveräußerungspreis (Fair Value less Cost to Sell) also ist 280 000,00 € der erzielbare Betrag (Recoverable Amount). Es ist ein Impairment notwendig

c) Erfolgsneutrale Zuschreibung um 300 000,00 €

Buchung: Grundstück an Neubewertungsrücklage

d) Wertminderung
Buchung:
Neubewertungsrücklage 300 000,00 €
Außerplanmäßige Abschreibungen 600 000,00 €

an Grundstück 900 000,00 €

e) Wertzuschreibung

Grundstück 1 400 000,00 €

an Ertrag 600 000,00 €
Neubewertungsrücklage 800 000,00 €

Vertiefung

2. Anschaffungskosten 150 000,00 €, Nutzungsdauer 6 Jahre, lineare Abschreibung pro Jahr 25 000,00 €

Ende Jahr	Abschreibung (–) Zuschreibung (+)	Buchwert Anlagen	Neubewertungsrücklage	Zuführung (–) Reduzierung (–)
1	– 25 000,00	125 000,00		
2	– 25 000,00 + 20 000,00	120 000,00	20 000,00	+ 20 000,00
3	– 30 000,00	90 000,00	15 000,00	– 5 000,00
4	– 30 000,00 – 10 000,00 – 40 000,00	10 000,00	0,00	– 5 000,00 – 10 000,00
5	– 5 000,00	5 000,00	0,00	0,00
6	– 5 000,00	0,00	0,00	0,00

Buchung(en)

Ende Jahr	Buchungssatz	Erfolgswirksamkeit
1	Abschreibung an Anlagen 25 000,00	erfolgswirksam
2	Abschreibung an Anlagen 25 000,00 Anlagen an Neubewertungsrücklage 20 000,00	erfolgswirksam erfolgsunwirksam
3	Abschreibung an Anlagen 30 000,00 Neubewertungsrücklage an andere Gewinnrücklagen 5 000,00	erfolgswirksam erfolgsunwirksam
4	Abschreibung an Anlagen 30 000,00 Neubewertungsrücklage an andere Gewinnrücklagen 5 000,00 Neubewertungsrücklage an Anlagen 10 000,00 Außerplanmäßige Abschreibungen an Anlagen 40 000,00	erfolgswirksam erfolgsunwirksam erfolgsunwirksam erfolgswirksam
5	Abschreibung an Anlagen 5 000,00	erfolgswirksam
6	Abschreibung an Anlagen 5 000,00	erfolgswirksam

3. Der Buchwert der Cash Generating Unit (CGU) beträgt

Sachanlagen	100 000,00 €
Immaterielle Anlagen	200 000,00 €
Aktien	50 000,00 €
Goodwill	80 000,00 €
Buchwert	430 000,00 €

a) Nutzungswert 500 000,00 €
Der Buchwert ist werthaltig, ein Impairment ist nicht vorzunehmen.

b) Nutzungswert 400 000,00 €
Der Buchwert ist nicht werthaltig, es ist ein Impairment vorzunehmen. Nach IAS 36 ist zunächst der Goodwill außerplanmäßig abzuschreiben (IAS 36.104).

Buchung: Außerplanmäßige Abschreibung an Goodwill 30 000,00

c) Nutzungswert 200 000,00 €
Der Buchwert ist nicht werthaltig, es ist ein Impairment in Höhe von 230 000,00 € vorzunehmen. Nach IAS 36 ist zunächst der Goodwill außerplanmäßig abzuschreiben (IAS 36.104).

Buchung: Außerplanmäßige Abschreibung an Goodwill 80 000,00 €

Reicht dies nicht aus, um die Wertminderung der CGU zum Ausdruck zu bringen, so sind die anderen Assets der CGU proportional zu ihren Buchwerten abzustocken. Allerdings darf der dabei angesetzte Buchwert nicht unter den höheren Wert fallen aus Einzelveräußerungspreis (Fair Value less Cost to Sell), Nutzungswert (Value in Use) oder Null (IAS 36.104-105). Da die Wertpapiere bereits mit dem Börsenpreis angesetzt sind, was ihrem Einzelveräußerungspreis entspricht, nehmen sie nicht an dem Impairment der CGU teil. Der noch zu verrechnende Wertminderungsaufwand in Höhe von 230 000,00 € – 80 000,00 € = 150 000,00 € ist wie folgt zu verteilen:

$$\text{Sachanlagen} \qquad \frac{100\,000,00 \cdot 150\,000,00}{300\,000,00} = \; 50\,000,00$$

$$\text{Immaterielle Vermögenswerte} \qquad \frac{200\,000,00 \cdot 150\,000,00}{300\,000,00} = \; 100\,000,00$$

zu verteilende Wertminderung insgesamt: $\qquad\qquad$ 150 000,00 €

4. Buchwert am 31.12.05:

01.07.04 Anschaffungskosten	1 500 000,00 €
Abschreibung 04	75 000,00 €
fortgeführte AHK 31.12.04	1 425 000,00 €
Abschreibung 05	150 000,00 €
fortgeführte AHK 31.12.05	1 275 000,00 €

Um über die Notwendigkeit eines Impairments zum 31.12.05 entscheiden zu können, muss der erzielbare Betrag ermittelt werden. Dieser ist der höhere Betrag aus

- Einzelveräußerungspreis (Fair Value less Cost to Sell) und
- Nutzungswert (diskontierter Betrag künftiger Einzahlungsüberschüsse)

Einzelveräußerungspreis

Fair Value 31.12.05	1 280 000,00 €
Cost to Sell	80 000,00 €
Fair Value less Cost to Sell	1 200 000,00 €

Nutzungswert

$$\text{Value in Use} = \frac{320\,000,00}{1,1} + \frac{320\,000,00}{1,1^2} + \frac{320\,000,00}{1,1^3} + \frac{320\,000,00}{1,1^4}$$
$$= 290\,909,00 + 264\,463,00 + 240\,420,00 + 218\,565,00 = 1\,014\,357,00$$

Da der erzielbare Betrag der höhere Wert aus Einzelveräußerungspreis und Nutzungswert ist, ist im vorliegenden Fall von 1 275 000,00 € um 75 000,00 € auf 1 200 000,00 € abzuschreiben. Der niedrigere Nutzungswert bleibt bei der Bemessung des außerplanmäßigen Abschreibungsbetrags (Impairment Loss) außer Betracht.

Buchung:
Außerplanmäßige Abschreibung an Anlagen 75 000,00 €

5. Anschaffungskosten 800 000,00 €

Planmäßige Abschreibung 03	50 000,00 €
Fortgeführte AHK 31.12.03	750 000,00 €
Planmäßige Abschreibung 04	100 000,00 €
fortgeführte AHK 31.12.04	650 000,00 €
erzielbarer Betrag 31.12.04	520 000,00 €
Außerplanmäßige Abschreibung	130 000,00 € (Impairment Loss)
Restnutzungsdauer 6,5 Jahre	
künftige planmäßige Abschreibung pro Jahr 520 000 : 6,5 = 80 000,00 €	
Buchwert 31.12.04	520 000,00 €
Planmäßige Abschreibung 05	80 000,00 €
fortgeführte AHK 31.12.05	440 000,00 €
Planmäßige Abschreibung 06	80 000,00 €
fortgeführte AHK 31.12.06	360 000,00 €

Mögliche Wertaufholung: fortgeführte AHK zum 31.12.06 nach dem ursprünglichen Abschreibungsplan.

ursprüngliche AHK	800 000,00 €
Kumulierte planm. Abschreibung	350 000,00 €
fortgeführte AHK zum 31.12.06	450 000,00 € nach dem ursprünglichen Abschreibungsplan

mögliche Wertaufholung 450 000,00 – 360 000,00 = 90 000,00 €

Das Benchmark Treatment nach IAS 16.30 lässt keine Fair Value Bewertung über den fortgeführten Anschaffungskosten zu. Vielmehr ist der Buchwert mit dem erzielbaren Betrag (höherer Wert aus Einzelveräußerungspreis (Fair Value less Cost to Sell) und Nutzungswert (Value in Use)) zu vergleichen. Der Fair Value von 500 000,00 € ist also für die Bewertung irrelevant.

6. Die Fertigungsanlage kann am 31.12.01 zum Fair Value bewertet werden. Sollte dieser höher sein als die fortgeführten Anschaffungskosten, so wäre die Werterhöhung erfolgswirksam durch Bildung einer Neubewertungsrücklage zu berücksichtigen. Sollte der Fair Value niedriger sein als die fortgeführten Anschaffungskosten, so wäre erfolgswirksam eine außerplanmäßige Abschreibung zu buchen.

Anschaffungskosten	720 000,00 €
Abschreibung 04	90 000,00 €
fortgeführte AHK 31.12.04	630 000,00 €
Fair Value 31.12.04	700 000,00 €
Zuschreibung zum 31.12.04	70 000,00 €

Buchung Anlagen an Neubewertungsrücklage 70 000,00 €
Verteilung des Anlagenbuchwertes auf die Restnutzungsdauer
700 000,00 : 7 = 100 000,00
Verteilung der Neubewertungsrücklage auf die Restnutzungsdauer
70 000,00 : 7 = 10 000,00

7.

Jahr	Abschreibung	Anlagenbuchwert	Bildung/Auflösung	Buchwert Neubewertungsrücklage
01.01.01		1 600 000,00		400 000,00
31.12.01	200 000,00	1 400 000,00	− 50 000,00	350 000,00
31.12.02	200 000,00	1 200 000,00	− 50 000,00	300 000,00
31.12.03	200 000,00	1 000 000,00	− 50 000,00	250 000,00
31.12.04	200 000,00	800 000,00	− 50 000,00	200 000,00
Fall a)		900 000,00	100 000,00	300 000,00
Fall b)		800 000,00		200 000,00
Fall c)		700 000,00	− 100 000,00	100 000,00
Fall d)		600 000,00	− 200 000,00	0,00
Fall e)	100 000,00	500 000,00	− 200 000,00	0,00

In den Jahren 1–4 sind der Anlagenbuchwert von 1 600 000,00 € erfolgswirksam auf die Restnutzungsdauer zu verteilen (Abschreibungen an Anlagen 200 000,00 €), gleichzeitig ist die Neubewertungsrücklage von 400 000,00 € erfolgsneutral auf die Restnutzungsdauer zu verteilen (Neubewertungsrücklage an andere Gewinnrücklagen 50 000,00 €).

Ausgehend von den vorläufigen Buchwerten zum 31.12.04 ergeben sich für die betrachteten Fälle folgende Erklärungen:

Fall a) Fair Value 900 000,00 €: Es ist eine weitere Fair Value Erhöhung über die bisherigen Buchwerte hinaus durchzuführen. Der Anlagenbuchwert erhöht sich um 100 000,00 €, ebenfalls die Neubewertungsrücklage; sowohl der Anlagenbuchwert wie auch die Neubewertungsrücklage sind auf die Restnutzungsdauer zu verteilen.

Buchung
Anlagen an Neubewertungsrücklage 100 000,00 €

Fall b) Fair Value 800 000,00 €: Der Fair Value entspricht dem aktuellen Buchwert. Es sind keine buchhalterischen Anpassungen vorzunehmen.

Fall c) Fair Value 700 000,00 €: Es ist eine Fair Value Minderung um 100 000,00 € eingetreten. Diese wird zu Lasten der Neubewertungsrücklage gebucht.

Buchung: Neubewertungsrücklage an Anlagen 100 000,00 €.

Die neuen Restbuchwerte der Anlage und der Neubewertungsrücklage sind auf die Restnutzungsdauer zu verteilen.

Fall d) Fair Value 600 000,00 €: Es ist eine Fair Value Minderung um 200 000,00 € eingetreten. Diese entspricht dem Buchwert der Neubewertungsrücklage und wird zu deren Lasten gebucht.

Buchung: Neubewertungsrücklage an Anlagen 200 000,00 €.

Die neuen Restbuchwerte der Anlage und der Neubewertungsrücklage sind auf die Restnutzungsdauer zu verteilen.

Fall e) Fair Value 500 000,00 €: Es ist eine Fair Value Minderung um 300 000,00 € eingetreten, die den Buchwert der Neubewertungsrücklage übersteigt. Es ist die Neubewertungsrücklage vollständig aufzulösen und der übersteigende Betrag als außerplanmäßiger Abschreibungsaufwand zu erfassen.

Buchung Neubewertungsrücklage	200 000,00 €
außerplanmäßige Abschreibungen	100 000,00 €
	an Anlagen 300 000,00 €

6.9 Intangible Assets

Kontrolle

1. Es sind erfolgswirksam zu verrechnende Forschungskosten und aktivierungspflichtige Entwicklungskosten zu unterscheiden.

Forschungsphase: 01.02.04 - 31.01.05
Ausgaben pro Monat 600 000,00 €
Aufwand im Jahr 04: $11 \cdot 600\,000,00 = 6\,600\,000,00$ €
Aufwand im Jahr 05: $1 \cdot 600\,000,00 = 600\,000,00$ €
Entwicklungsphase 01.02.05 – 30.06.06

Aktivierungspflichtige Ausgaben pro Monat: Einzelkosten und zurechenbare Gemeinkosten, allerdings ohne kalkulatorische Kosten:
580 000,00 € + 500 000,00 € = 1 080 000,00 €

Aktivierung im Jahr 02: $11 \cdot 1\,080\,000,00 = 11\,880\,000,00$ €
Aktivierung im Jahr 03: $6 \cdot 1\,080\,000,00 = \underline{6\,480\,000,00}$ €
Aktiven am 30.06.06 $\overline{18\,360\,000,00}$ €

Mit dem Start der kommerziellen Nutzung beginnt die planmäßige Abschreibung der Entwicklungskosten auf die Nutzungsdauer des entwickelten Anlagegutes; diese ergibt sich oft aus dem Lebenszyklus der damit gefertigten Erzeugnisse.

Somit ist im Jahr 06 ein Abschreibungsaufwand in Höhe von

$$18\ 360\ 000{,}00 : 10 \cdot \frac{5}{12} = 765\ 000{,}00 \ \text{€}$$

zu verrechnen.

Vertiefung

2. a) Wenn der Fischereibetrieb A die Neubewertungsmethode zur Bewertung der Fischereilizenz anwendet, ergibt sich folgendes Bild:

Jahr	Zugangswert	Neubewertungsbetrag	Veränderung Neube-wertungsrücklage	Bestand Neubewer-tungsrücklage	Aufwand	Ertrag
1	100 000,00					
2		180 000,00	+ 80 000,00	80 000,00		
3		150 000,00	− 30 000,00	50 000,00		
4		70 000,00	− 50 000,00	0,00	30 000,00	
5		120 000,00	+ 20 000,00	20 000,00		30 000,00

b) Beim Verkauf der Fischereilizenz wird die Neubewertungsrücklage aufgelöst und der Betrag in die GuV-Rechnung übernommen (Recycling).

Die Buchungen lauten

Zahlungsmittel   145 000,00 €
            an Immaterielle Vermögenswerte   120 000,00 €
            Ertrag   5 000,00 €
            MwSt.   20 000,00 €
Neubewerttungsrücklage an Ertrag 20 000,00 €

3. Es sind die Aktivierungskriterien von IAS 38.57 zu überprüfen.

- technische Anwendbarkeit: Es existiert ein Programm zur spezifischen Entwicklung eines Medikaments zur Heilung von Lungenerkrankungen. Die Forschungsphase ist überwunden. Die technische Anwendbarkeit ist gegeben.

- Absicht zur Fertigstellung: Der Vorstandsbeschluss vom 01.11.04 bekundet diese Absicht.

- Fähigkeit zur Eigennutzung oder zum Verkauf: Es wurden die für den Verkauf erforderlichen Vertriebskanäle geschaffen und für tauglich befunden.

- Existenz eines aktiven Marktes: Vorstudien haben die Nachfrage untersucht. Sie lassen auch einen positiven Ergebnisbeitrag erwarten.
  Erträge 80 · 24 · 500 000,00 = 96 Mio.
  Aufwendungen   80 Mio.
  erwarteter Ergebnisbeitrag   16 Mio.

- Verfügbarkeit von Ressourcen zum Abschluss der Entwicklung und zur Nutzung bzw. Verkauf: Die Ressourcen sind laut den Angaben vorhanden.

- Verlässliche Bewertung der zuzurechnenden Entwicklungskosten: Das Projektcontrolling zeigt mit hinreichender Präzision, welche zurechenbaren Kosten geplant und budgetiert sind.

Ergebnis: Die Voraussetzungen für die Aktivierung von Entwicklungskosten sind erfüllt.

4. Während der Zeit vom 01.04.01 bis 30.06.02 erwirbt sich die X-AG die grundlegenden Kenntnisse über die technischen Anforderungen. Es handelt sich um Tätigkeiten, die der Forschungsphase zuzuordnen sind. Die in dieser Zeit anfallenden Ausgaben sind als Aufwand erfolgswirksam in die GuV-Rechnung zu übernehmen. Die Aufwandsbelastung in der Periode 01 beträgt 350 000,00 €, in der Periode 02 sind Aufwendungen von 500 000,00 € zu verbuchen.

Während der Zeit vom 01.10.02 bis 30.09.03 wird ein funktionsfähiger Prototyp konzipiert. Dieses Stadium erfüllt die Voraussetzungen der Entwicklungsphase. Die in diesem Zeitraum anfallenden Ausgaben sind als immaterieller Vermögenswert zu aktivieren und über die Nutzungsdauer des Roboters abzuschreiben. Der Buchwert des aktivierten immateriellen Vermögenswertes beträgt am 31.12.02 550 000,00 €, am 30.09.02 insgesamt 1 200 000,00 €. Die Patentausgaben selbst in Höhe von 80 000,00 € sind als gesonderter immaterieller Vermögenswert in der Bilanz 03 anzusetzen und über die Patentlaufzeit abzuschreiben. Die planmäßige Abschreibung beginnt mit dem Einsatz der Entwicklung zur kommerziellen Nutzung.

Nach § 248 Abs. 2 HGB ist die Aktivierung nicht entgeltlich erworbener immaterieller Vermögenswerte untersagt. Im vorliegenden Fall wären alle Ausgaben erfolgswirksam als Aufwand in der Periode zu behandeln, in welcher die Ausgaben angefallen sind.

6.10 Finanzinstrumente

Kontrolle

1. A a) Buchungen:

> 11.10.04 Kauf der Wertpapiere
> Wertpapiere Available for Sale an Kasse 50 000,00 €

> Wertsteigerung zum 31.12.04
> Wertpapiere Available for Sale an Neubewertungsrücklage 8 500,00 €

> Verkauf der Wertpapiere am 04.03.05
> Kasse 60 000,00 €
> Neubewertungsrücklage 8 500,00 €
>> an Wertpapiere Available for Sale   58 500,00 €
>> Ertrag   10 000,00 €

B) Cash Flow Hedge

Es handelt sich um die Absicherung zukünftiger Zahlungen, somit um einen Cash Flow Hedge, wenn die weiteren Voraussetzungen für ein Hedge Accounting erfüllt sind. Dieser Cash Flow Hedge ist zum Fair Value zu bewerten, wobei Wertänderungen bis zum Abrechnungszeitpunkt erfolgsneutral im Other Comprehensive Income dargestellt werden.

Am 01.12.04 wird der aktuelle Marktpreis durch einen Terminkauf (Derivat) abgesichert. Der Fair Value des Derivates ist somit Null.

Am 31.12.04 zeigt sich ein Verlust, da die Ware zum Tageskurs günstiger erworben werden könnte als es dem gesicherten Terminkurs entspricht. Der Verlust ist – da es sich um einen Cash Flow Hedge handelt – erfolgsneutral zu erfassen.

Buchung

Other Comprehensive Income an Rückstellungen $(140 - 150) \cdot 100 = -1\,000,00$ €

Am 01.03.02 tritt ein weiterer Verlust auf in Höhe von $(120 - 140) \cdot 100 = -2\,000,00$ €

Buchung

Other Comprehensive Income an Rückstellungen 2 000,00 €

Die Ware wird am 01.03.05 bezogen. Der Marktpreis (Bilanzansatz) beträgt $120 \cdot 100$, der gesicherte Kurs beträgt $150 \cdot 100$.

Buchungen

Waren 15 000,00 €
Vorsteuer 2 400,00 €
             an Zahlungsmittel 17 400,00 €

Abschreibungen an Waren 3 000,00 €
Rückstellungen an Ertrag 3 000,00 €

Nach Abwicklung des Transaktionsvorgangs ist das Other Comprehensive Income aufzulösen und in die GuV-Rechnung umzubuchen (Recycling).

Buchung

Aufwand an Other Comprehensive Income 3 000,00 €

Am 01.04.05 wird die Ware zu $200 \cdot 100 = 20\,000,00$ € verkauft.

Buchung

Zahlungsmittel 23 200,00 €
             an Umsatzerlöse 20 000,00 €
             MwSt.   3 200,00 €

Wareneinsatz an Waren 12 000,00 €

Somit ergibt sich für die GuV-Rechnung des Jahres 05 folgendes Bild:

GuV-Rechnung 02

Wareneinsatz	12 000,00	Umsatzerlöse	20 000,00
Aufwand	3 000	Ertrag aus der Auflösung von Rückstellungen	3 000,00
Abschreibung auf Waren	3 000,00		
Gewinn	5 000,00		
	23 000,00		23 000,00

Der Gewinn ist die Differenz zwischen dem Umsatzerlös und dem gesicherten Kaufpreis der Ware. Ohne Absicherung wäre er um 3 000,00 € höher gewesen. Dieser Effekt wird in der Periode 1 zwar durch Rückstellungen zulasten des Eigenkapitals antizipiert, erfolgswirksam jedoch erst bei Erfüllung des Geschäfts erfasst.

6.12 Umlaufvermögen

Kontrolle

1. IAS 2.12 - 14 sehen einen enggefassten Vollkostenansatz für die Bewertung von Vorräten zu Herstellungskosten vor. Die Einzelkosten betragen für Produkt A 30,00 €, für Produkt B 50,00 €, die fixen Gemeinkosten betragen 328 000,00 €, dies führt zu einem Zuschlagsatz von 200 %. Nach der Zuschlagmethode sind die Bestände wie folgt zu bewerten:

Produkt	Stückzahl	Einzelkosten		Gemeinkosten		Herstellungskosten	
A	1 800	30,00	54 000,00	60,00	108 000,00	90,00	162 000,00
B	2 200	50,00	110 000,00	100,00	220 000,00	150,00	330 000,00
			164 000,00		328 000,00		492 000,00

Die GuV-Rechnung nach dem Gesamtkostenverfahren ergibt sich wie folgt:

Umsatz A	(1 800 – 100) · 135	229 500,00 €	
Umsatz B	(2 200 – 600) · 195	312 000,00 €	
Bestandserhöhung A	100 · 90	9 000,00 €	
Bestandserhöhung B	600 · 150	90 000,00 €	
Gesamterträge			640 500,00 €
Einzelkosten A	1 800 · 30	54 000,00 €	
Einzelkosten B	2 200 · 50	110 000,00 €	
Gemeinkosten		328 000,00 €	
Gesamtkosten			492 000,00 €
Gewinn			148 500,00 €

Die GuV-Rechnung nach dem Umsatzkostenverfahren zeigt sich wie folgt:

Umsatz A	(1 800 – 100) · 135	229 500,00 €
Umsatz B	(2 200 – 600) · 195	312 000,00 €
Umsatzkosten A	(1 800 – 100) · 90	153 000,00 €
Umsatzkosten B	(2 200 – 600) · 150	240 000,00 €
Gewinn		148 500,00 €

Der Bilanzausweis erfolgt unter dem Umlaufvermögensposten Fertige Erzeugnisse (finished goods).

2. Berechnungsgrundlagen nach dem Kenntnisstand des jeweiligen Bilanzstichtags

Periode	Umsatz	Projektaufwendungen
1	1 500,00	1 420,00
2	1 500,00	1 430,00
3	1 900,00	1 750,00
4	1 900,00	1 750,00

Berechnung des Projektfortschritts

Periode	Berechnung	Ergebnis (kumulierter Projektfortschritt)
1	2 500,00/10 000,00	25 %
2	6 000,00/10 000,00	60 %
3	7 500,00/10 000,00	75 %
4	10 000,00/10 000,00	100 %

Periode	Berechnung	Ergebnis kumuliert	Periodenergebnis
1	Umsatz 1 500,00 · 25 % Aufwand 1 420,00 · 25 % Gewinn	375,00 355,00 20,00	375,00 − 355,00 = 20,00
2	Umsatz 1 500,00 · 60 % Aufwand 1 430,00 · 60 % Gewinn	900,00 858,00 42,00	42,00 − 20,00 = 22,00
3	Umsatz 1 900,00 · 75 % Aufwand 1 750,00 · 75 % Gewinn	1 425,00 1 312,50 112,50	112,50 − 42,00 = 70,50
4	Umsatz 1 900,00 · 100 % Aufwand 1 750,00 · 100 % Gewinn	1 900,00 1 750,00 150,00	150,00 − 112,50 = 37,50

6.13 Verbindlichkeiten und Rückstellungen

1. a) Arithmetisches Mittel 750 000,00 €

b) kein Ansatz von Rückstellungen, wenn die Eintrittswahrscheinlichkeit unter 30 % liegt

7 Literaturverzeichnis

7.1 Kosten- und Leistungsrechnung

BARTH, Th.: Kosten- und Erfolgsrechnung für Industrie und Handel, 1. Aufl., Stuttgart 2006

COENENBERG, A.G.: Kostenrechnung und Kostenanalyse, 6. überarbeitete Aufl., Stuttgart 2007

DÄUMLER, K.D., GRABE, J.: Kostenrechnung 1, 9. überarbeitete Aufl., Herne/Berlin 2003

DÄUMLER, K.D., GRABE, J.: Kostenrechnung 2. Deckungsbeitragsrechnung, 8. überarbeitete Aufl., Herne/Berlin 2006

EBERT, G.: Kosten- und Leistungsrechnung, 10. überarbeitete Aufl., Wiesbaden 2004

EISELE, W.: Technik des betrieblichen Rechnungswesens. Buchführung, Kostenrechnung, Sonderbilanzen, 7. überarbeitete Aufl., München 2002

HABERSTOCK, L.: Kostenrechnung 1, 12. Aufl., Berlin 2005

HABERSTOCK, L.: Kostenrechnung 2, (Grenz-) Plankostenrechnung, 10. neu bearbeitete Aufl., Berlin 2008

HEINHOLD, M.: Kosten und Erfolgsrechnung in Fallbeispielen, 4. überarbeitete Aufl., Stuttgart 2007

JORASZ, W.: Kosten- und Leistungsrechnung, 4. überarbeitete Aufl., Stuttgart 2008

JOST, H.: Kosten- und Leistungsrechnung, 7. aktualisierte Aufl., Wiesbaden 1997

KICHERER, H-P.: Kosten- und Leistungsrechnung, 2. Aufl., München 2000

KILGER, W., PAMPEL, I., VIKAS, K.: Flexible Plankostenrechnung und Deckungsbeitragsrechnung, 12. überarbeitete Aufl., Wiesbaden 2007

OLFERT, K.: Kostenrechnung, 15. überarbeitete Aufl., Ludwigshafen 2008

RIEBEL, P.: Einzelkosten- und Deckungsbeitragsrechnung. Grundfragen einer markt- und entscheidungsorientierten Unternehmensrechnung, 7. überarbeitete und wesentlich erweiterte Aufl., Wiesbaden 1994

SCHUMACHER, B.: Kosten- und Leistungsrechnung für Industrie und Handel, 5. aktualisierte und erweiterte Aufl., Ludwigshafen 2006

SCHWEITZER, M., KÜPPER, H.U.: Systeme der Kosten- und Erlösrechnung, 8. überarbeitete und erweiterte Aufl., München 2003

STEGER, J.: Kosten- und Leistungsrechnung, 4. überarbeitete Aufl., München 2006

WEBER, J., WEISSENBERGER, B.: Einführung in das Rechnungswesen, 7. überarbeitete und erweiterte Aufl., Stuttgart 2006

WITTHOFF, H.W.: Kosten- und Leistungsrechnung der Industriebetriebe, 4. verbesserte und erweiterte Aufl., Stuttgart 2001

WÖHE, G., DÖRING, U.: Einführung in die Allgemeine Betriebswirtschaftslehre, 22. neu bearbeitete Aufl., München 2005

7.2 Finanzwirtschaft

BIEG, H., KUSSMAUL, H.: Investitions- und Finanzmanagement, 3 Bände, München 2000

DÄUMLER, K.D.: Betriebliche Finanzwirtschaft, 9. Aufl., Herne/Berlin 2008

KORNDÖRFER, W.: Allgemeine Betriebswirtschaftslehre, 13. überarbeitete Aufl., Wiesbaden 2003

OLFERT, K., REICHEL, Ch.: Finanzierung, 13. aktualisierte Aufl., Ludwigshafen 2005

OLFERT, K., REICHEL, Ch.: Investition, 10. aktualisierte und verbesserte Aufl., Ludwigshafen 2006

OLFERT, K., REICHEL, Ch.: Kompakt-Training Finanzierung, 5. aktualisierte und verbesserte Aufl., Ludwigshafen 2005

OLFERT, K., REICHEL, Ch.: Kompakt-Training Investition, 4. Aufl., Ludwigshafen 2006

PERRIDON, L., STEINER, M.: Finanzwirtschaft der Unternehmung, 14. überarbeitete und erweiterte Aufl., München 2007

WÖHE, G., BILSTEIN, J.: Grundzüge der Unternehmensfinanzierung, 9. überarbeitete und erweiterte Aufl., München 2002

7.3 Bewertung nach Handels- und Steuerrecht

BIEG, H., KUSSMAUL, H.: Externes Rechnungswesen, 4. überarbeitete und erweiterte Aufl., München 2006

COENENBERG, A.G.: Jahresabschluss und Jahresabschlussanalyse, 20. überarbeitete Aufl., Stuttgart 2005

DITGES, J., ARENDT, U.: Bilanzen, 12. überarbeitete und aktualisierte Aufl., Ludwigshafen 2007

EISELE, W.: Technik des betrieblichen Rechnungswesens. Buchführung, Kostenrechnung, Sonderbilanzen, 7. überarbeitete Aufl., Müncen 2002

GREFE, C.: Kompakt-Training Bilanzen, 5. ergänzte und aktualisierte Aufl., Ludwigshafen 2007

KRESSE, W.: Die neue Schule des Bilanzbuchhalters, Bd.1, 11. überarbeitete Aufl., Stuttgart 2004

MEYER, C.: Bilanzierung nach Handels- und Steuerrecht, 19. Aufl., Herne/Berlin 2008

7.4 Jahresabschluss und Gewinnverwendung

COENENBERG, A.G.: Jahresabschluss und Jahresabschlussanalyse, 20. überarbeitete Aufl., Stuttgart 2005

DITGES, J., ARENDT, U.: Bilanzen, 12. überarbeitete und aktualisierte Aufl., Ludwigshafen 2007

GREFE, C.: Kompakt-Training Bilanzen, 5. ergänzte und aktualisierte Aufl., Ludwigshafen 2007

HEINHOLD, M.: Der Jahresabschluss, neue Auflage, München 2007

SCHILDBACH, Th.: Der handelsrechtliche Jahresabschluss, 8. überarbeitete Aufl., Herne/Berlin 2008

7.5 Auswertung des Jahresabschlusses

BAETGE, I., KIRSCH, H-J., THIELE, St.: Bilanzanalyse, 2. überarbeitete und erweiterte Auflage, Düsseldorf 2004

COENENBERG, A.G.: Jahresabschluss und Jahresabschlussanalyse, 20. überarbeitete Aufl., Stuttgart 2005

GRÄFER, H.: Bilanzanalyse, 9. überarbeitete Aufl., Herne/Berlin 2005

HESSE, K., FRAILING, R., FRAILING, W.: Wie beurteilt man eine Bilanz? 20. Aufl., Wiesbaden 2000

HEYD, R.: Die Kunst Bilanzen zu lesen, 7. überarbeitete Aufl., Stuttgart 2001

KÜTING, K., WEBER, C.P.: Die Bilanzanalyse, 8. überarbeitete Aufl., Stuttgart 2006

7.6 Grundzüge der internationalen Rechnungslegung

BORN, K.: Rechnungslegung International, 5. aktualisierte und erweiterte Aufl., Stuttgart 2007

BUCHHOLZ, R: Internationale Rechnungslegung, 6. neu bearbeitete Aufl., Berlin 2007

BUCHHOLZ, R.: Grundzüge des Jahresabschlusses nach HGB und IFRS, 3. überarbeitete Aufl., München 2005

COENENBERG, A.G.: Jahresabschluss und Jahresabschlussanalyse, 20. überarbeitete Aufl., Stuttgart 2005

DITGES, J., ARENDT, U.: Kompakt-Training Internationale Rechnungslegung nach IFRS, 3. Aufl., Ludwigshafen 2008

GRÜNBERGER, D.: IFRS 2008, 6. überarbeitete Aufl., Herne/Berlin 2007

HAYN, S., WALDERSEE, GRAF, G.: IFRS/US-GAAP/HGB im Vergleich, 6. überarbeitete Aufl., Stuttgart 2006

HEYD, R.: Internationale Rechnungslegung, Stuttgart 2003

HEYD, R.: Grundlagen der Internationalen Rechnungslegung, Sternenfels/Berlin 2003

HEYD, R.: Bilanzierung A-Z, Gabler Business Wissen, Wiesbaden 2005

HEYD, R.: Rechnungslegung nach IFRS – eine Einführung, Troisdorf 2005

HEYD, R., LUTZ-INGOLD, M.: Immaterielle Vermögenswerte und Goodwill nach IFRS, München 2005

JEBENS, C.: IAS kompakt, Stuttgart 2003

VON KEITZ, I.: Praxis der IASB – Rechnungslegung, 2. überarbeitete Aufl., Stuttgart 2005

KIRSCH, H.: Einführung in die internationale Rechnungslegung nach IFRS, 5. überarbeitete Aufl., Herne/Berlin 2008

KPMG Deutsche Treuhandgesellschaft (Hrsg.): US-GAAP, Rechnungslegung nach US-amerikanischen Grundsätzen, Grundlagen der US-GAAP und SEC-Vorschriften, 4. Aufl., Düsseldorf 2007

KPMG Deutsche Treuhandgesellschaft (Hrsg.): International Financial Reporting Standards, 4. überarbeitete und erweiterte Aufl., Stuttgart 2007

KREMIN-BUCH, B.: Internationale Rechnungslegung, 4. überarbeitete Aufl., Wiesbaden 2008

KRESSE, W., LEUZ, N.: Die neue Schule des Bilanzbuchhalters, Band 6, Internationale Rechnungslegung, Internationales Steuerrecht, 2. überarbeitete und erweiterte Aufl., Stuttgart 2005

KUHN, S., SCHARPF, P.: Rechnungslegung von Financial Instruments nach IFRS IAS 32, IAS 39 und IFRS 7, 3. überarbeitete und erweiterte Aufl., Stuttgart 2006

LEIBFRIED, P., WEBER, I.: Bilanzierung nach IAS/IFRS, Wiesbaden 2003

LÜDENBACH, N.: IFRS Haufe Praxisratgeber, 5. Aufl., Freiburg 2008

MANDLER, U.: Der deutsche Mittelstand vor der IAS-Umstellung 2005, Herne/Berlin 2004

PELLENS, B., FÜLBIER, R., GASSEN, J.: Internationale Rechnungslegung, 7. überarbeitete und erweiterte Aufl., Stuttgart 2008

PETERSEN, K., BANSBACH, F., DORNBACH, E. (Hrsg.): IFRS Praxishandbuch, 3. aktualisierte und überarbeitete Aufl., München 2008

RUHNKE, K.: Rechnungslegung nach IFRS und HGB, Stuttgart 2005

SCHILDBACH, T.: US-GAAP, Amerikanische Rechnungslegung und ihre Grundlagen, 2. überarbeitete und aktualisierte Aufl., München 2002

SPANHEIMER, J.: Internationale Rechnungslegung, Düsseldorf 2002

TANSKI, J.: Sachanlagen nach IFRS, München 2005

WINKELJOHANN, N.: Rechnungslegung nach IFRS, 2. überarbeitete und erweiterte Aufl., Herne/Berlin 2006

WOLZ, M.: Grundzüge der Internationalen Rechnungslegung nach IFRS, München 2005

WÖLTJE, J.: Trainingshandbuch IFRS, 1. Aufl., München 2007

7.7 Lexika, Software

HEYD, R.: Lexikon Rechnungswesen und Controlling, Troisdorf 2005

Rechnungswesen Office (CD-ROM), Haufe Verlagsgruppe, Freiburg 2000

Stichwortverzeichnis

Steuern sparen leicht gemacht

Gerhard Dürr
Das Steuer-Taschenbuch
Der Ratgeber für Studierende und Eltern
2008. XII, 169 Seiten, Broschur
€ 16,80
ISBN 978-3-486-58409-7

Alles rund um das Thema Steuern – für Studierende und Eltern.

Die eine kellnert, der andere jobbt in einem Unternehmen oder an der Hochschule, wieder andere absolvieren Praktika in den Semesterferien. Nahezu jeder Studierende tut es – er arbeitet parallel zu seinem Studium.
Sobald der akademische Nachwuchs einer bezahlten Tätigkeit nachgeht, muss er sich an steuerliche Spielregeln halten.

Dieses Steuer-Taschenbuch macht den Studierenden fit für das Leben als Steuerzahler und gibt auch den Eltern nützliche Tipps: Der Autor erklärt die steuerlichen Grundbegriffe sowie die Steuerberechnung und -erhebung verständlich. Neben der Besteuerung von Studentenjobs thematisiert er sogar Schenkungen und Erbschaften.

Kurzum: Alles Wissenswerte zum Thema Steuern und viele Steuerspar-Tipps für Studierende und deren Eltern.

Gerhard Dürr ist im Bereich kaufmännische Bildung tätig. Er ist Lehrbeauftragter an mehreren Hochschulen und Autor verschiedener Lehrbücher.

Oldenbourg

Das Original:
Wirtschaftswissen komplett

Artur Woll
Wirtschaftslexikon

10., vollständig neubearbeitete Auflage 2008
863 S. | gebunden
€ 29,80 | ISBN 978-3-486-25492-1

Der Name »Woll« sagt bereits alles über dieses
Lexikon. Das Wollsche Wirtschaftslexikon erfüllt das
verbreitete Bedürfnis nach zuverlässiger Wirtschafts-
information in vorbildlicher Weise. Längst ist der
»Woll« das Standardlexikon im Ausbildungsbereich.
Es umfasst die Kernbereiche Betriebswirtschaftslehre,
Volkswirtschaftslehre und die Grundlagen der Statistik, aber auch die wirtschaftlich bedeutsamen Teile
der Rechtswissenschaft. Besonderer Wert wurde auf
eine möglichst knappe, jedoch zuverlässige Stichwort-
abhandlung gelegt.

**Das Wirtschaftslexikon eignet sich nicht nur für den
akademischen Gebrauch, sondern richtet sich auch
an Praktiker in Wirtschaft und Verwaltung.**

Prof. Dr. Dr. h. c. mult. Artur Woll
lehrt Volkswirtschaftslehre an der
Universität Siegen.

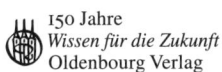
150 Jahre
Wissen für die Zukunft
Oldenbourg Verlag

Oldenbourg

Bestellen Sie in Ihrer Fachbuchhandlung oder
direkt bei uns: Tel: 089/45051-248, Fax: 089/45051-333
verkauf@oldenbourg.de

»Ein einleuchtendes Konzept.«

Robert C. Rickards
Kostensteuerung kompakt
2008 | 210 S. | broschiert
€ 19,80 | ISBN 978-3-486-58386-1

Will man die Kosten des operativen Geschäfts kompetent planen und kontrollieren und die Leistungen von Managern sachlich beurteilen, muss man das Instrumentarium der Kostensteuerung ausschöpfen können.

Hier schließt »Kostensteuerung kompakt« als eigenständiger Band an den erfolgreichen Vorgängerband »Budgetplanung kompakt« an. Konzepte und Methoden der Kostensteuerung werden auf einem sprachlich hohen Niveau und anhand vieler praktischer Beispiele eingeführt und vertieft. Besondere Attraktivität erhält dieses Buch durch zahlreiche Übungsaufgaben zu jedem Kapitel und die zugehörigen Lösungswege. Hilfreich ist auch hier wieder das zweisprachige Glossar der Fachbegriffe.

Das Buch bietet allen Studierenden, insbesondere denen an Fachhochschulen, den idealen Zugang zu dieser Welt. Die Kostensteuerung ist leicht verständlich und gut lernbar. Rickards erschließt und vermittelt die thematischen Zusammenhänge wissenschaftlich fundiert und praktisch anwendbar.

Über den Autor:
Prof. Dr. Robert C. Rickards lehrt Controlling und betriebliches Rechnungswesen an der Hochschule Harz in Wernigerode. Gleichzeitig ist er kommissarischer Direktor des TUI Lehrstuhls für Internationales Management an der Handelshochschule Leipzig.

Oldenbourg

150 Jahre
Wissen für die Zukunft
Oldenbourg Verlag

Bestellen Sie in Ihrer Fachbuchhandlung oder
direkt bei uns: Tel: 089/45051-248, Fax: 089/45051-333
verkauf@oldenbourg.de